Höhenstufen

kolline Stufe
Stufe der wärmeliebenden Laubwälder mit Eichen, Hainbuchen, Buchen, Linden und Kastanien. Nutzung hauptsächlich durch Wein- und Ackerbau.

montane Stufe
Stufe der Buchen- und Buchen-Tannenwälder, in den Inneralpen mit Föhren- und Fichtenwälder. Nutzung hauptsächlich durch Wiesen und Weiden.

subalpine Stufe
Stufe der Heidelbeer-Fichtenwälder, Lärchen- und Arvenwälder; zur Waldgrenze hin oft in Zwergstrauchheiden übergehend; vorwiegend Weidenutzung.

alpine Stufe
(inkl. nivale Stufe). Stufe der alpinen Rasen oberhalb der natürlichen Waldgrenze; oberhalb der Schneegrenze nur Pflanzen an Sonderstandorten.

Vegetations-Höhenstufen

Höhenstufe	Jura	Nordalpen	Inneralpen	Südalpen
alpin		> 1900 m	> 2200 m	> 2000 m
subalpin	> 1000 m	1200–1900 m	1500–2200 m	1500–2000 m
montan	700–1000 m	500–1200 m	800–1500 m	900–1500 m
kollin	< 700 m	< 500 m	< 800 m	< 900 m

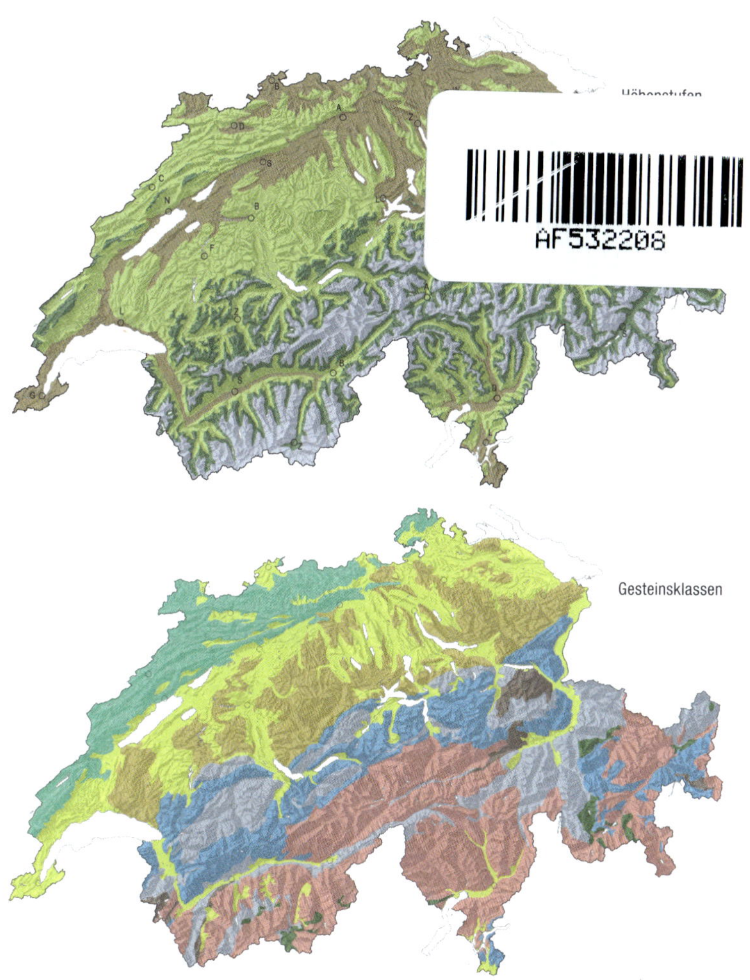

Flora Helvetica
Exkursionsflora

Stefan Eggenberg
Christophe Bornand
Philippe Juillerat
Michael Jutzi
Adrian Möhl
Reto Nyffeler
Helder Santiago

Flora Helvetica
Exkursionsflora

2., überarbeitete und ergänzte Auflage

Zeichnungen von
Stefan Eggenberg und Adrian Möhl

Haupt Verlag

Der Exkursionsband der Flora Helvetica wurde mit Unterstützung der folgenden Institutionen realisiert:

Eidg. Forschungsanstalt für Wald,
Schnee und Landschaft WSL

2. Auflage: 2022
1. Auflage: 2018

ISBN 978-3-258-08282-0

Zeichnungen: Stefan Eggenberg und Adrian Möhl
Verbreitungskarten: Info Flora (www.infoflora.ch)
Gestaltung und Satz: Die Werkstatt Medien-Produktion GmbH, D-Göttingen

Umschlagabbildungen
Vorne: *Ranunculus glacialis* (Foto: Michael Jutzi)
Hinten: *Dianthus superbus* (Foto: Christophe Bornand)

Wir verwenden FSC®-Papier. FSC® sichert die Nutzung der Wälder gemäß sozialen, ökonomischen und ökologischen Kriterien.
Gedruckt in Deutschland

MIX
Papier aus verantwortungsvollen Quellen
FSC® C013736

Diese Publikation ist in der Deutschen Nationalbibliografie verzeichnet.
Mehr Informationen dazu finden Sie unter http://dnb.dnb.de.

Der Haupt Verlag wird vom Bundesamt für Kultur für die Jahre 2021–2024 unterstützt.

www.haupt.ch

Inhalt

Tafelverzeichnis

1. Vorworte

Vorwort zur zweiten Auflage

Seit dem Erscheinen der ersten Auflage sind vier Vegetationsperioden verflossen. Wie oft nach dem Erscheinen einer neuen Exkursionsflora, wurden zahlreiche Unklarheiten und Fehler in den Texten entdeckt, die sich erst bei der konkreten Anwendung manifestieren. Dank vielen Hinweisen können nun mit der zweiten Auflage wesentlich verbesserte Bestimmungsschlüssel präsentiert werden. Die zweite Auflage liefert aber auch 480 neue oder verbesserte Illustrationen, zusätzliche Arten, erweiterte Bestimmungsschlüssel, ergänzte Beschreibungstexte und, zum ersten Mal in einer schweizerischen Exkursionsflora, einen Schlüssel zur Identifizierung von *Rubus*, der auf einer modernen Behandlung der Gattung basiert.

Die aktualisierten Schlüssel liegen hier in Buchform vor und stehen gleichzeitig in einem Update der «Flora Helvetica App» zur Verfügung.

Die Autoren

Vorwort zur ersten Auflage

Die vielen in der Schweiz zur Verfügung stehenden Florenwerke könnten glauben machen, dass eine neue Exkursionsflora für die Bestimmung der Gefässpflanzen im Gelände überflüssig sei. Doch die Flora in der Schweiz ist einem ständigen Wandel unterworfen. Zu den über 2600 einheimischen Arten gesellen sich jedes Jahr weitere Neophyten, manchmal nur vorübergehend, oft aber heimisch werdend und nicht selten mit Ähnlichkeit zu den bereits ansässigen Arten. Auch zu den einheimischen Arten gibt es immer wieder neue Erkenntnisse zur Abgrenzung, und aus der Felderfahrung finden sich neue, hilfreiche Merkmale. Nicht zuletzt verändern die neuen Erkenntnisse aus der molekularsystematischen Forschung die Namen und Klassifikation unserer Flora. Insbesondere auf der Rangstufe der Familie wurden in jüngster Vergangenheit verschiedene Taxa neu gefasst, basierend auf immer verlässlicher und detaillierter rekonstruierten Verwandtschaftsbeziehungen. Aus diesen Gründen ergibt sich der Bedarf, Florenwerke immer wieder zu überarbeiten und zu erweitern.

Die «Flora Helvetica» hat sich in den letzten zwanzig Jahren in der Schweiz zu einem Standardwerk für die Feldbotanik entwickelt. Mit der Kombination aus Bildern, Beschreibungen und dem Bestimmungsschlüssel in einer App hat sich die Produktepalette erweitert und ist noch anwendungsfreundlicher geworden. Damit ist aber auch die Bedeutung der Bestimmungsschlüssel gewachsen, und es hat sich aufgedrängt, diese auszubauen und zu überarbeiten. Von dieser Überarbeitung sollte aber nicht nur die App profitieren. Durch die digitale Verknüpfung einer Vielzahl von Informationen über die Arten bestand nun die Möglichkeit, den bisherigen Schlüsselband der «Flora Helvetica» zu einer eigenständigen Exkursionsflora auszubauen. Um die Verwendung der Bestimmungsschlüssel zu erleichtern, wurden unzählige Illustrationen und Verbreitungskarten beigefügt, da Bilder oft rascher und sicherer helfen als Worte und weil die bisher bekannte Verbreitung einer Art die Bestimmung plausibilisiert.

Die meisten Schlüssel der Exkursionsflora sind neu geschrieben worden. Bei der hohen Zahl an behandelten Arten können sich daher auch Fehler und Unklarheiten eingeschlichen haben. Wir bitten die Nutzer dieses Buches, uns auf Mängel aufmerksam zu machen, damit sie in zukünftigen Auflagen eliminiert werden können.

Die Autoren hoffen, damit der wachsenden Gemeinde der Feldbotanikerinnen und Feldbotaniker eine willkommene Hilfe in die Hand zu geben. Die Exkursionsflora hat dann ihren schönsten Zweck erfüllt, wenn sie nicht nur präzise Bestimmungen für alle wild wachsenden Pflanzen ermöglicht, sondern auch die Freude am Entdecken sowie am Erkennen und Benennen unserer Pflanzenwelt nährt.

Die Autoren

2. Autorenschaft und Danksagung

Die Idee zum Ausbau des «Flora-Helvetica»-Schlüsselbandes ist vor vielen Jahren nach der Lancierung der «Flora Helvetica-App» entstanden. Gleichzeitig wurde klar, dass eine vollständige Neubearbeitung der Schlüssel in einem breit abgestützten Team erfolgen soll. Viele Vorbereitungen zur eigentlichen Schlüsselerstellung wurden von **David Aeschimann** (CJB: Conservatoire et Jardin Botaniques de la Ville de Genève) geleitet. Als Hauptautor des «Nouveau Binz» und der «Flora Alpina» konnte er seine langjährige Erfahrung bei den Vorarbeiten zur Verfügung stellen. Zudem konnte sich das Team vom Schlüsselbändchen der «Flora Helvetica» von **Gerhart Wagner** inspirieren lassen, das seinerseits auf vielen Schlüsselangaben von **Hans Hess** und **Elias Landolt** basierte (Hess et al. 1967/72). Bei diesen Vorarbeiten, aber auch in der darauffolgenden Koordination mit der Überarbeitung der App war **Beat Bäumler** (CJB) zuständig. **Andreas Gygax** hat gleichzeitig die Koordination mit dem Bildband sichergestellt. Diese hervorragende Zusammenarbeit zwischen den Teilprodukten von «Flora Helvetica» war von unschätzbarem Wert.

Das Team der Hauptautoren für die Neubearbeitung der Schlüssel hat die Arbeit wie folgt aufgeteilt: **Reto Nyffeler** (Institut für Systematische und Evolutionäre Botanik, Universität Zürich) für die Familienschlüssel; **Christophe Bornand** (Info Flora) für alle Familien der Pteridophyta sowie die Familien Salicaceae, Oxalidaceae und Rosaceae; **Adrian Möhl** (Info Flora) für die Familien Apiaceae, Araliaceae, Asteraceae (Gattung *Taraxacum*), Campanulaceae (2. Aufl.), Haloragaceae, Potamogetonaceae, Plantaginaceae p.p. und Primulaceae; **Philippe Juillerat** (Info Flora) für die Boraginaceae, Brassicaceae, Lentibulariaceae, Orobanchaceae (Gattung *Orobanche*) und Polygalaceae; **Michael Jutzi** (Info Flora) für die Familien Caprifoliaceae, Cistaceae, Crassulaceae, Droseraceae (2. Aufl.), Garryaceae, Grossulariaceae, Hypericaceae, Linaceae, Malvaceae, Orchidaceae, Pontederiaceae, Saxifragaceae, Thymelaeaceae, Violaceae und Vitaceae (2. Aufl.); **Helder Santiago** (Info Flora) für die Balsaminaceae (2. Aufl.), Cactaceae (2. Aufl.), Cabombaceae, Capparaceae, Celastraceae, Cornaceae, Ephedraceae, Euphorbiaceae, Hydrangeaceae, Iridaceae, Molluginaceae, Nelumbonaceae, Nyctaginaceae, Nymphaeaceae, Oleaceae, Oxalidaceae (2. Aufl.), Phrymaceae, Resedaceae, Taxaceae, Tropaeolaceae und Typhaceae (2. Aufl.). Die übrigen Familien wurden durch **Stefan Eggenberg** (Info Flora) bearbeitet.

Neben den Hauptautoren haben weitere Expertinnen und Experten mitgeholfen, einzelne Familien und Gattungen zu bearbeiten: **Ulrich Graf** (WSL) die Cyperaceae und die Gattung *Festuca*; **Sabine Joss** die Familie Violaceae; **Sandra Reinhard** die Familien Cucurbitaceae, Lythraceae und Menyanthaceae. **Yorick Ferrez** stand bei der Überarbeitung der Gattungen *Myosotis* und *Rubus* zur Seite; **Thomas Wilhalm** bei der Überarbeitung der Gattung *Festuca*; **Markus Peintinger** bei der Bearbeitung der Gattung *Deschampsia*; **Thomas Ulrich** bei der Überarbeitung der Gattung *Epipactis* (2. Aufl.). **Ste-**

fan Birrer und **Thomas Stalling** gaben uns wertvolle Hinweise zu verschiedenen Gattungen der Poaceae.

Für die 2. Auflage hat **Andreas Gygax** bei der Überarbeitung der Familien Aizoaceae, Droseraceae, Fabaceae, Juncaginaceae, Mazaceae, Montiacaea, Phytolaccaceae, Plumbaginaceae, Portulacaceae, Scheuchzeriaceae und Tamaricaceae mitgeholfen.

Die meisten Zeichnungen stammen von Stefan Eggenberg, viele auch von Adrian Möhl. Bei einigen Gattungen wurden sie unterstützt von Sascha Wettstein, Elisabeth Eggenberg und Osvaldo Alberto Serres Hänni.

Bei der Erstellung des Werkes haben zahllose weitere Personen mitgearbeitet. In wichtigen Phasen der Tabellenbearbeitung unterstützten uns Jonas Duvoisin, Giotto Roberti, Deborah Schäfer, Carolina Senn, Osvaldo Alberto Serres Hänni und Louisa Wyss. Viel Dank gebührt der Übersetzerin, Anne-Laure Maire, und dem «relecteur» Christian Purro. Sie haben uns während den Übersetzungsarbeiten immer wieder auf Fehler oder Unklarheiten hingewiesen. Bei der Übersetzung wurde Anne-Laure Maire unterstützt durch Christophe Bornand und Maiann Suhner sowie für die zweite Auflage durch Osvaldo Alberto Serres Hänni und Anne Berger.

Einen besonderen Dank möchten wir an die zahlreichen aufmerksamen Nutzerinnen und Nutzer richten, welche uns auf Fehler in der ersten Auflage der Exkursionsflora aufmerksam machten oder Verbesserungsvorschläge einbrachten. Besonders viele Hinweise erhielten wir von Andrea Persico, Babette und Matthias Baltisberger, Giacomo Catenazzi, Jérémie Guénat, Jonas Brännhage, Markus Bichsel, Michèle Büttner, Rolf Holderegger, Muriel Bendel, Pascal Vittoz, Patrick Morier, Sandra Reinhard, Stefan Birrer und Ursi Tinner.

Das Projekt wurde von einem ganzen Team beim Haupt Verlag begleitet und unterstützt. Wir bedanken uns für die sehr angenehme Zusammenarbeit mit Gabriela Bortot, Martin Lind und Patrizia Haupt.

3. Anleitung zum Gebrauch der Exkursionsflora

Angaben zur Flora
Die Exkursionsflora von «Flora Helvetica» ist ein feldtauglicher Bestimmungsschlüssel. Darin werden insgesamt 3917 Taxa (Sippen) aufgeschlüsselt, darunter 164 Aggregate (Kleinartengruppen), 3335 Arten und 418 Unterarten. Mit Ausnahme einiger neu in der Schweiz aufgetauchten Taxa sind sämtliche behandelten Taxa in der «Flora Helvetica-Checklist 2017» enthalten und folgen damit dem taxonomischen und nomenklatorischen Standard von Info Flora. Grundsätzlich werden nur wild wachsende Pflanzen berücksichtigt. Es ist jedoch bei manchen Kulturpflanzen oft schwierig zu beurteilen, ob sie zeitweise verwildern, und so ist zu erwarten, dass selten oder bisher nicht dokumentierte verwilderte Taxa nicht in der Exkursionsflora enthalten sind.

Abgrenzung des Gebietes
Während die Checklist auch Taxa der grenznahen Gebiete auflistet, sind in der Exkursionsflora, wie auch im Bildband von «Flora Helvetica», nur die in der Schweiz wild wachsend beobachteten Taxa enthalten. Hingegen werden sämtliche Arten der «Roten Liste Gefässpflanzen» (Bornand et al., 2016) in der Exkursionsflora berücksichtigt.

Alphabetische Abfolge der Familien und Gattungen
Die Abfolge der Familien und Gattungen orientiert sich an der Praxis. Es hat sich bewährt, die grossen Verwandtschaftsgruppen zu unterscheiden: Die Exkursionsflora beginnt mit den Gefässsporenpflanzen (Pteridophyten), gefolgt von den Nacktsamern (Gymnospermen), den basalen Bedecktsamern (basale Angiospermen), den einkeimblättrigen Bedecktsamern (Monocotyledonen), den hornblattartigen Bedecktsamern (Ceratophyllales) und schliesst mit der grossen Verwandtschaftsgruppe der dreifurchenpolligen Bedecktsamer (Eudicotyledonen). Diese Reihenfolge wiederspiegelt die aktuellen Kenntnisse über die stammesgeschichtlichen Verwandtschaftsverhältnisse der Gefässpflanzen. Innerhalb dieser grossen Verwandtschaftsgruppen sind die Familien alphabetisch angeordnet. Auch die Gattungen innerhalb der Pflanzenfamilien sind jeweils alphabetisch angeordnet.

Bestimmungsschlüssel – eine Pflanzenart bestimmen
Zum Bestimmen einer Pflanzenart wird zunächst mithilfe des Familienschlüssels (Kapitel 4) die Pflanzenfamilie bestimmt. Und dann wird bei der entsprechenden Familie mit der Bestimmung der Gattung und anschliessend der Art (und bei Bedarf der Unterart) fortgefahren. Oft wird eine Pflanze bereits im Familienschlüssel bis auf einzelne Gattungen aufgeschlüsselt. Die Bestimmung erfolgt durchgehend mit dichotomen Schlüsseln. Aus einem Paar von gegensätzlichen Aussagen zu Pflanzenmerkmalen muss derjenigen weiter gefolgt werden, welche für die zu bestimmende Pflanze (besser) zutrifft. Es ist sehr zu empfehlen, jeweils beide Aussagen des Paares sorgfältig und vollständig zu lesen. Oft werden Aussagen zu mehreren Merkmalen unterbreitet, und die Bestätigung

aller dieser Eigenschaften macht eine Bestimmung zuverlässiger.

Innerhalb der Artenschlüssel kann gelegentlich ein verschachtelter Unterschlüssel angetroffen werden. Mit solchen Unterschlüsseln werden die Kleinarten (Gruppe von sehr ähnlichen Arten) eines Aggregates oder die Unterarten einer Art ausgeschlüsselt. Mit dieser Verschachtelung wird angedeutet, dass eine Bestimmung nicht zwingend und oft schwierig ist. In vielen dieser Fälle wird vollständiges Material benötigt, und es braucht oft Erfahrung im Interpretieren der Merkmalsverhältnisse. Gegebenenfalls ist es daher ratsam und sicherer, die Bestimmung auf der Ebene des «normalen» Schlüssels abzuschliessen.

Gelegentlich kommt es vor, dass eine Art an verschiedenen Orten eines Artenschlüssels identifiziert werden kann. Um Platz zu sparen, wird bei einer solchen «Zweit- oder Drittnennung» auf den Ort verwiesen, wo weitere Angaben zu Art (Wuchshöhe, Ökologie, Lebensraumtypen, Verbreitungskarte, Illustration) zu finden sind.

Morphologische Beschreibung der Arten und Unterarten

Eine ausführliche morphologische Beschreibung der Arten und Unterarten ist hilfreich, um eine Bestimmung abzusichern, und wäre damit auch für eine Exkursionsflora wünschenswert. Leider würden diese Beschreibungen aber den Umfang des Buches allzu sehr aufblähen. Daher wurden nur dann zusätzliche Merkmale aufgeführt, wenn die Bestimmungen schwierig sind oder entscheidende Merkmale oft fehlen. Diese Zusatzbeschreibungen folgen jeweils direkt auf die Schlüsselfrage und sind daher *vor* der Namensnennung eines Taxons zu suchen. Für weitere Merkmale sei jeweils auf die Beschreibungen im Bildband (Lauber, Wagner & Gygax, 2018) verwiesen.

Bilder sind oft viel aussagekräftiger als umständliche Beschreibungen, und in der vorliegenden Exkursionsflora wurden daher in grosszügiger Weise Illustrationen beigefügt. Sie finden sich entweder direkt neben dem Text (der im Schlüsseltext eingefügte Pfeil hilft, die Illustration zu interpretieren) oder auf Übersichtstafeln.

26 Blatt vollständig stielrund, röhrig, 1–6 mm dick, Oberfläche glatt, ohne Rillen, frischgrün **17**

→ *Allium schoenoprasum*

\- Blatt oberseits mit schmaler oder breiter Rinne (zumindest über einen Teil des Blattes) **27**

Abb. 1. Bei der «Zweitnennung einer Art» im gleichen Schlüssel wird mit der Ziffer (hier: 17) auf den Ort des Schlüssels verwiesen, an dem die Art (hier: *Allium schoenoprasum*) ausführlicher beschrieben wird.

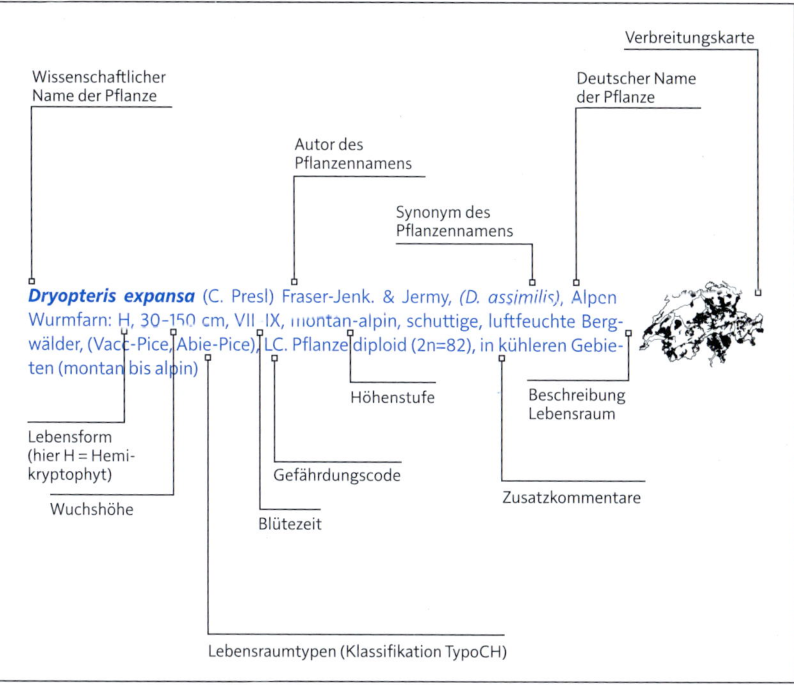

Abb. 2. Elemente einer Artbeschreibung

Wissenschaftlicher Name der Pflanze

Der verwendete wissenschaftliche Name entspricht den Vorgaben der «Flora Helvetica-Checklist» von 2017.

Autor des Pflanzennamens

An den wissenschaftlichen Namen der Pflanze schliesst sich Autorennamen (bzw. deren nach IPNI standardisierten Abkürzungen) an, die sogenannten Autorenzitate. Mit den Autorenzitaten kann eine Verwechslung bei gleichlautenden wissenschaftlichen Namen vermieden werden. Allerdings gibt das Autorenzitat keine Auskunft über den morphologischen Umfang einer Sippe.

Synonym des Pflanzennamens

Viele wissenschaftliche Artnamen besitzen Synonyme, und selbst innerhalb der jüngeren Floren in der Schweiz wurde für das gleiche Taxon nicht immer derselbe Name verwendet. Allerdings werden hier nur die wichtigsten Synonymisierungen angegeben. Für umfassende Verweise zu Synonymen sei auf den Synonymie-Index von Info Flora verwiesen.

Deutscher Name der Pflanze

Mit wenigen Ausnahmen wird jeweils der vom Bildband (Wagner, Lauber & Gygax, 2018) und von Info Flora verwendete deutsche Artname in analoger Schreibweise auch hier verwendet. Bei Differenzen oder Zweifelsfällen empfehlen wir jeweils den ersterwähnten deutschen Artnamen auf der Webseite von Info Flora (www.infoflora.ch) zu verwenden.

Lebensform

Die Lebensform der Art wird mit einem Code ausgewiesen. Die Information stammt zu einem grossen Teil aus der «Flora Indicativa« (Landolt et al., 2010). Die Legende zu den Codes findet sich auf der Innenseite des vorderen Buchdeckels.

Wuchshöhe

Angegeben wird jeweils der Wuchshöhebereich, in dem eine ausgewachsene Pflanze üblicherweise anzutreffen ist. Die Angabe «(10–)30–50 cm» ist wie folgt zu lesen: Die Pflanze wächst normalerweise 30–50 cm hoch, es gibt aber immer wieder Individuen, die lediglich 10–30 cm gross werden. Für horizontal wachsende Pflanzen wird die Wuchslänge angegeben. Ist die Länge anstelle der Höhe gemeint, wird dies entsprechend erwähnt.

Blütezeit

Angegeben wird jeweils die übliche Blütezeit der Pflanze. Damit können Frühblüher, Frühlingsblüher, Sommer- und Herbstblüher unterschieden werden. Es gilt zu beachten, dass einzelne Individuen an Sonderstandorten auch ausserhalb der angegebenen üblichen Blütezeit blühend angetroffen werden können.

Höhenstufen

Mit dieser Angabe wird die Höhenverbreitung der Pflanze charakterisiert. Eine Angabe «(kollin-) montan-subalpin (-alpin)» ist wie folgt zu lesen: Die Pflanze wächst üblicherweise von der montanen bis zur subalpinen Stufe, ist vereinzelt aber auch in der kollinen oder alpinen Stufe anzutreffen. Die Höhenstufen erstrecken sich in den verschiedenen Bioregionen über unterschiedliche Meereshöhen. Die Zonengrenze kollin zu montan liegt zwischen 500 m (Mittelland) und 900 m (Südalpen). Die Zonengrenze montan zu subalpin liegt auf der Alpennordseite bei 1200 m, in den Inneralpen und in den Südalpen bei 1500 m. Die Zonengrenze subalpin zu alpin entspricht der natürlichen Waldgrenze und liegt in den Nordalpen bei 1900 m, in den Zentralalpen bei 2200 m und in den Südalpen bei 2000 m.

Eine Karte zur Verteilung der Höhenstufen in der Schweiz findet sich auf der Innenseite des vorderen Buchdeckels.

Lebensraum

Es werden die Lebensräume aufgezählt, in denen eine Pflanze typischerweise vorkommt. Auf eine Umschreibung in deutscher Sprache folgt die Angabe der TypoCH-Lebensraumtypen mit der Abkürzung ihrer wissenschaftlichen Bezeichnung. Beispiel: «schuttige, luftfeuchte Bergwälder, (Vacc-Pice, Abie-Pice)». Die Abkürzungen stehen für Vaccinio-Picenion (TypoCH: 6.6.2 Heidelbeer-Fichtenwald) und Abieti-Picenion (TypoCH 6.6.1 Tannen-Fichtenwald). Die Abkürzungen der TypoCH-Einheiten sind auf der hinteren Umschlag-Innenseite aufgeführt. Für weitergehende Information sei auf das Referenzwerk (Delarze et al., 2015) verwiesen.

Indigenat

Die Angabe zum Indigenat einer Pflanze ist der «Checklist 2017» entnommen (Juillerat et al., 2018). Wir unterscheiden drei Hauptkategorien:

1. Urwüchsige; indigene Pflanzen,
2. Archäophyten; durch menschliche Tätigkeiten eingewandert und bereits vor 1500 n. Chr. verwildert,
3. Neophyten; durch menschliche Tätigkeiten eingewandert und erst nach 1500 n. Chr. in unserer Flora als Wildpflanze beobachtet.

Die Kategorien 1 und 2 werden als «einheimisch» betrachtet. Manche Archäophyten oder Neophyten bleiben vom Sameneintrag aus kultivierten Beständen abhängig und sind somit nicht vollständig eingebürgert. Sie werden im Text als «kultivierter Archäophyt» bzw. «kultivierter Neophyt» bezeichnet.

Fehlt im Beschreibungstext einer Pflanze die Angabe über das Indigenat, dann handelt es sich um ein indigenes, also urwüchsiges Taxon.

Gefährdung

Die Angabe zur Gefährdung stammt aus der «Roten Liste für Gefässpflanzen» (Bornand et al., 2016). Gezeigt wird der Gefährdungscode nach der IUCN-Skala: LC (ungefährdet), NT (potenziell gefährdet), VU (verletzlich), EN (stark gefährdet), CR (vom Aussterben bedroht), RE (in der Schweiz ausgestorben).

Zusatzkommentare

Bei etlichen Arten werden Zusatzinformationen hinzugefügt, die bei der Artbestimmung hilfreich sein könnten.

Illustrationen

Bei vielen Taxa wird ein Bild hinzugefügt, um im Schlüsseltext erwähnte Merkmale zu illustrieren. Ein im Text eingefügter Pfeil (→) verknüpft das illustrierte Merkmal mit dem Text. Für solche randlichen Illustrationen steht nur wenig Platz zur Verfügung. Die Darstellungen erfolgen in sehr unterschiedlichen Massstäben, damit der jeweils zur Verfügung stehende Platz optimal ausgenutzt werden kann. Innerhalb einer Gattung wird trotzdem versucht, die Grössenunterschiede anzudeuten, indem die einander gegenübergestellten Illustrationen unterschiedlich gross dargestellt werden. Die Grössenunterschiede sind relativ und nicht absolut zu interpretieren. Sind die absoluten Grössenunterschiede wichtig, dann sind sie im Bestimmungstext angegeben. Wenn Illustrationen grösser dargestellt werden oder viele Illustrationen einender gegenübergestellt werden, dann sind sie in Tafeln zusammengefasst.

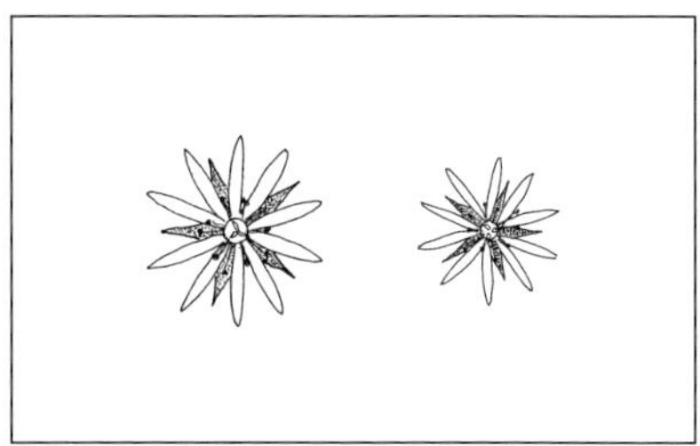

Abb. 3. Relative Grössenunterschiede: Die Blüte von *Stellaria palustris* (links) wird grösser dargestellt als die Blüte von *Stellaria graminea* (rechts).

Verbreitungskarte

Die in den Karten dargestellte Verbreitung eines Taxons innerhalb der Schweiz stammt aus der Funddatenbank von Info Flora. Das dargestellte Fundraster basiert auf den Kartierflächen von Welten & Sutter (1982). Alte Funde (vor der Publikation des Verbreitungsatlasses von 1982), die bisher in einer Kartierfläche nicht bestätigt wurden, sind in der Karte mit einem schwarzen Punkt markiert.

4. Familienschlüssel

Der Schlüssel in diesem Kapitel dient der Bestimmung von Pflanzen, welche nicht bereits durch Vorkenntnisse einer Pflanzenfamilie zugeordnet werden können. Dieser Bestimmungsschlüssel unterscheidet zum Einstieg die drei Lebensformengruppen Holzpflanzen, Krautpflanzen und Wasserpflanzen. Die an Pflanzen im Feld relativ einfach zugänglichen Merkmale unterscheiden sich im überwiegenden Fall nach den primären Lebensräumen (Wasser versus Land) und der Natur der Verholzung (Holzpflanzen versus Krautpflanzen). Bei den Wasserpflanzen, und in geringerem Masse bei den Holzpflanzen, kommen fast ausschliesslich Merkmale des vegetativen Baus zur Anwendung, während Krautpflanzen ohne Merkmale der Blüten mit diesem Schlüssel nicht bestimmt werden können. Bei den Holzpflanzen sind ausserdem auch Merkmale der Früchte von Wichtigkeit.

Der hier vorgestellte Schlüssel ist nicht nur für die Bestimmung von Pflanzen mit unbekannter Familienzugehörigkeit dienlich, sondern kann auch als Lernhilfe für die Vertiefung von Feldbotanikkenntnissen zur Familienansprache genutzt werden. Hierfür werden die Schlüssel «von hinten» (d. h. vom Endpunkt ausgehend) durchgearbeitet und die Merkmalsdiagnosen für die jeweiligen Taxa zusammengetragen. In der gleichen Art können auch Kenntnisse zur Ansprache von höheren taxonomischen Gruppen (siehe Klassifikation unten) mittels Tendenzmerkmalen (d. h. häufig auftretende Merkmalssyndromen) erarbeitet werden.

Der vorliegende Bestimmungsschlüssel bildet nur punktuell die phylogenetischen Verwandtschaftsverhältnisse ab. Die nachfolgend wiedergegebene hierarchische Klassifikation der einheimischen Gefässpflanzen gibt in vereinfachter Form eine kompakte Zusammenfassung von deren Stammesgeschichte wieder. Die lineare Anordnung der Familien folgt dem vorgeschlagenen System der Angiosperm Phylogeny Group (APG IV, 2016) und der Pteridophyte Phylogeny Group (PPG I, 2016). Paraphyletische taxonomische Gruppen sind mit einem Stern (*) gekennzeichnet.

Embryophyten (Landpflanzen)

Bryophyten* (Moose, einschliesslich Leber-, Laub-, Hornmoose)

Tracheophyten (Gefässpflanzen)

Pteridophyten* (Gefässsporenpflanzen)

Bärlapppflanzen

Familien: Lycopodiaceae, Isoëtaceae, Selaginellaceae

Farnpflanzen

Schachtelhalme

Familie: Equisetaceae

Ursprüngliche Farne (eusporangiate Farne)

Familie: Botrychiaceae

Echte Farne (leptosporangiate Farne)

Familien: Osmundaceae, Salviniaceae, Marsileaceae, Pteridaceae, Dennstaedtiaceae, Aspleniaceae, Cystopteridaceae, Woodsiaceae, Onocleaceae, Blechnaceae, Athyriaceae, Thelypteridaceae, Dryopteridaceae, Polypodiaceae

Spermatophyten (Samenpflanzen)

Gymnospermen (Nacktsamer)

Familien: Ginkgoaceae, Ephedraceae, Pinaceae, Cupressaceae, Taxaceae

Angiospermen (Bedecktsamer)

I Basale Angiospermen*

Familien: Nymphaeaceae, Cabombaceae, Aristolochiaceae, Lauraceae

II Monokotyledonen (Einkeimblättrige Bedecktsamer)

Familien: Acoraceae, Araceae, Tofieldiaceae, Alismataceae, Butomaceae, Hydrocharitaceae, Scheuchzeriaceae, Juncaginaceae, Potamogetonaceae, Dioscoreaceae, Melanthiaceae, Colchicaceae, Liliaceae, Orchidaceae, Iridaceae, Asphodelaceae, Amaryllidaceae, Asparagaceae, Arecaceae, Commelinaceae, Pontederiaceae, Typhaceae, Juncaceae, Cyperaceae, Poaceae

III Ceratophyllales (Hornblattartige Bedecktsamer)

Familie: Ceratophyllaceae

IV Eudicotyledonen (Dreifurchenpollige Bedecktsamer)

Basale Eudicotyledonen*

Familien: Papaveraceae, Lardizabalaceae, Berberidaceae, Ranunculaceae, Nelumbonaceae, Platanaceae, Buxaceae

Superrosiden

Steinbrechartige (Saxifragales)

Familien: Paeoniaceae, Cercidiphyllaceae, Grossulariaceae, Saxifragaceae, Crassulaceae, Haloragaceae

Rosiden

Familien: Vitaceae, Zygophyllaceae, Fabaceae, Polygalaceae, Rosaceae, Elaeagnaceae, Rhamnaceae, Ulmaceae, Cannabaceae, Moraceae, Urticaceae, Fagaceae, Juglandaceae, Betulaceae, Cucurbitaceae, Celastraceae, Oxalidaceae, Hypericaceae, Elatinaceae, Violaceae, Salicaceae, Euphorbiaceae, Linaceae, Geraniaceae, Lythraceae, Onagraceae, Staphyleaceae, Anacardiaceae, Sapindaceae, Rutaceae, Simaroubaceae, Cytinaceae, Malvaceae, Thymelaeaceae, Cistaceae, Tropaeolaceae, Resedaceae, Capparaceae, Cleomaceae, Brassicaceae

Superasteriden

Sandelholzartige (Santalales)

Familie: Santalaceae

Nelkenartige (Caryophyllales)

Familien: Tamaricaceae, Plumbaginaceae, Polygonaceae, Droseraceae, Caryophyllaceae, Amaranthaceae, Aizoaceae, Phytolaccaceae, Nyctaginaceae, Molluginaceae, Montiaceae, Portulacaceae, Cactaceae

Asteriden

Familien: Hydrangeaceae, Cornaceae, Balsaminaceae, Polemoniaceae, Ebenaceae, Primulaceae, Sarraceniaceae, Actinidiaceae, Ericaceae, Garryaceae, Rubiaceae, Gentianaceae, Apocynaceae, Boraginaceae, Convolvulaceae, Solanaceae, Oleaceae, Gesneriaceae, Plantaginaceae, Scrophulariaceae, Linderniaceae, Acanthaceae, Bignoniaceae, Lentibulariaceae, Verbenaceae, Lamiaceae, Mazaceae, Phrymaceae, Paulowniaceae, Orobanchaceae, Aquifoliaceae, Campanulaceae, Menyanthaceae, Asteraceae, Adoxaceae, Caprifoliaceae, Pittosporaceae, Araliaceae, Apiaceae

Teilschlüssel I

1 Pflanze untergetaucht flutend oder an der Oberfläche schwimmend oder im Boden wurzelnd und dann mit Blättern an der Wasseroberfläche, nur Blütenstände und grundständige Blätter aus dem Wasser ragend, falls Sprosse über der Wasseroberfläche liegen, dann Sprossachsen kriechend, niederliegend oder gelegentlich an der Spitze aufsteigend **Teilschlüssel II - Wasserpflanzen** (S. 22)

- Pflanze an Land oder im Wasser im Boden wurzelnd, selten auf einer anderen Pflanze wachsend, falls im Wasser stehend, dann zumindest ein Teil der Sprosse über der Wasseroberfläche deutlich aufsteigend oder aufrecht (nur bei Hochwasser eventuell vollständig untergetaucht) **2**

2 Baum, Strauch oder Halbstrauch, gelegentlich Zwerg- und Spalierstrauch, oder Liane oder ausdauernder Epiphyt. Sprossachsen zumindest am Grund über dem Boden verholzt und ausdauernd, höchstens diesjährige Stängel noch krautig **Teilschlüssel III - Holzpflanzen** (S. 25)

- Kraut oder ausdauernde Staude, gelegentlich krautige Polsterpflanze oder Sukkulente mit Wasserspeichergewebe. Sprossachsen an der Basis nicht oder nur sehr wenig verholzt, kurzlebig oder ausdauernd **3**

3 Pflanze bildet Sporangien und vermehrt sich durch Sporen **Teilschlüssel IV - Gefässsporenpflanzen** (S. 32)

- Pflanze bildet Blüten mit Staub- und/oder Fruchtblättern und vermehrt sich mit Samen **4**

4 Krautpflanze zur Blütezeit oder ganzjährig ohne grüne Blätter oder weitgehend blattlose Stammsukkulente **Teilschlüssel V - Blattlose Krautpflanzen** (S. 34)

- Krautpflanze zur Blütezeit mit grünen Blättern **5**

5 Pflanze mit parallelnervigen (streifen-, bogennervig) Blättern. Blüten vorwiegend 3-, selten 2-zählig *(Maianthemum)* oder mehrzählig. Blütenhülle gleichartig, nur selten ungleichartig in kelch- und kronähnliche Blütenhülle differenziert, oder reduziert. Blätter einfach und ungeteilt, manchmal stielrund *(Allium, Juncus)*, Blattrand ganzrandig **Teilschlüssel VI - Parallelnervige Krautpflanzen** (S. 35)

- Pflanze mit netznervigen Blättern, selten parallelnervig, dann aber mit quer verlaufenden, feinen zusätzlichen Nerven. Blüten meist 4- oder 5-zählig, selten 3- oder 6-zählig *(Aristolochia, Asarum, Pulsatilla, Rumex, Tamus)* oder mehrzählig. Blütenhülle doppelt und ungleichartig in kelch- und kronartige Blütenhülle differenziert oder einfach oder reduziert. Blätter einfach, gelappt oder zusammengesetzt, Blattrand gezähnt oder ganzrandig **6**

6 Blütenhülle fehlend oder einfach und entweder kelch- oder kronartig oder doppelt, aber nicht nach Form oder Färbung deutlich in zwei Kreise differenziert (für Vertreter mit blumenähnlichen Körbchen- oder Köpfchen-Blütenständen siehe Alternative) **Teilschlüssel VII - Netznervige Krautpflanzen ohne oder mit einfacher Blütenhülle** (S. 37)

- Blütenhülle doppelt, deutlich in Kelch und Krone differenziert (auch wenn schuppenähnlich, z. B. bei *Plantago*), teilweise der äussere Kreis stark modifiziert und dann schuppen- oder borstenförmig. Blüten teilweise dicht gepackt und von Hüllblättern eingefasst in blumenähnlichen Blütenständen **Teilschlüssel VIII - Netznervige Krautpflanzen mit doppelter Blütenhülle** (S. 40)

Teilschlüssel II - Wasserpflanzen

1	Pflanze nicht in Stängel und Blätter gegliedert, oval bis eiförmig, kleiner als 10 mm, entweder einzeln, auf dem Wasser schwimmend oder lang gestielt, kreuzweise verbunden und untergetaucht im Wasser treibend (Gattungen: *Lemna, Spirodela, Wolffia*)	***Araceae*** (S. 90)
-	Pflanze mit Stängel und Blättern, deutlich grösser als 10 mm	**2**
2	Sprossachse im Boden wurzelnd, gestaucht und Blätter rosettig angeordnet, oder unterirdisch verzweigt und Blätter in Büscheln	**3**
-	Sprossachse gestreckt, mit deutlich ausgebildeten Internodien, im Wasser flutend oder frei an der Wasseroberfläche schwimmend	**15**
3	Blätter mit deutlich ausgebildetem Blattstiel oder Blattspreite in Blattstiel verschmälert	**4**
-	Blätter lang, bandförmig oder rundlich, ohne erkennbaren Blattstiel	**11**
4	Blattspreite schmal löffelartig, meist kürzer als 3 cm (Gattung: *Limosella*)	***Scrophulariaceae*** (S. 783)
-	Blattspreite breit, rundlich bis rautenförmig, deutlich länger als 3 cm	**5**
5	Blattspreite rautenförmig, Blattrand vorne gezähnt (Gattung: *Trapa*)	***Lythraceae*** (S. 603)
-	Blattspreite ganz oder geteilt, Blattrand glatt	**6**
6	Blütenhülle 4- bis vielzählig (wenn 3-zählig, dann Unterwasserblätter mehrfach gabelig geteilt, Gattung: *Cabomba*). Blattspreite gabel- oder netznervig (Gattungen: *Nuphar, Nymphaea, Nelumbo*)	**7**
-	Blütenhülle 3-zählig. Blattspreite parallel- oder bogennervig, teils mit Querverbindungen	**9**
7	Blütenhülle 3-zählig	***Cabombaceae*** (S. 78)
-	Blütenhülle 4- bis vielzählig	**8**
8	Blätter kreisrund, ohne Einschnitt bis zum Blattstiel (peltat)	***Nelumbonaceae*** (S. 610)
-	Blätter rund oder oval, bis zum Blattstiel eingeschnitten	***Nymphaeaceae*** (S. 79)
9	Pflanze frei auf dem Wasser schwimmend, Rosetten durch Stängel verbunden und Blätter nierenförmig, auf der Wasseroberfläche schwimmend. Blüten eingeschlechtig (Gattung: *Hydrocharis*)	***Hydrocharitaceae*** (S. 138)
-	Pflanze im Boden wurzelnd, einzeln, Blätter grundständig, meist über die Wasseroberfläche ragend. Blüten zwittrig	**10**
10	Blütenhülle doppelt, äusserer Kreis kelchartig	***Alismataceae*** (S. 81)
-	Blütenhülle einfach, beide Kreise kronartig	***Butomaceae*** (S. 100)
11	Blattrand stachelig gezähnt (Gattung: *Stratiotes*)	***Hydrocharitaceae*** (S. 138)
-	Blattrand glatt	**12**
12	Pflanze mit Ausläufern (Gattung: *Litorella*)	***Plantaginaceae*** (S. 644)
-	Pflanze ohne Ausläufer	**13**
13	Blätter bandförmig, 20–50 cm lang. Blüten unscheinbar, unter Wasser ausgebildet (Gattung: *Vallisneria*)	***Hydrocharitaceae*** (S. 138)
-	Blätter lineal, bis 10 cm lang. Blüten über der Wasseroberfläche ausgebildet	**14**
14	Blüte disymmetrisch, Kronblätter weiss (Gattung: *Subularia*)	***Brassicaceae*** (S. 396)
-	Blüte monosymmetrisch, Kronblätter blau (Gattung: *Lobelia*)	***Campanulaceae*** (S. 438)
15	Blätter an der Wasseroberfläche oberseits rau mit Haaren oder Papillen (Gattungen: *Azolla, Salvinia*)	***Salviniaceae*** (S. 66)
-	Blätter an der Wasseroberfläche kahl und glatt, oder nur untergetauchte Blätter vorhanden	**16**

16 Im Wasser untergetauchte Blätter tief geteilt und mit schmalen, linealen Blattabschnitten oder zusammengesetzt, allenfalls zusätzlich einfache, teils gelappte Schwimmblätter vorhanden **17**

\- Im Wasser untergetauchte Blätter einfach, ganzrandig oder gezähnt **23**

17 Pflanze mit Fangbläschen oder mit rundlichen Fangklappen **18**

\- Pflanze ohne Fangeinrichtungen **19**

18 Blätter quirlständig, mit breitem Stiel und muschelförmiger Klappe sowie einigen linealen Blattteilen. Blüten grünlich weiss (Gattung: *Aldrovanda*) ***Droseraceae*** (S. 501)

\- Blätter fehlend, blattartige, gabelig verzweigte Sprossteile wechsel- oder quirlständig und oft mit Fangblasen besetzt. Blüten gelb (Gattung: *Utricularia*) ***Lentibulariaceae*** (S. 599)

19 Blätter kammartig geteilt, in 4-blättrigen Quirlen, Blattabschnitte ganzrandig **20**

\- Blätter (mehrfach) gabelig geteilt, wechsel- oder quirlständig, dann aber Blattabschnitte fein gezähnelt **21**

20 Pflanze kahl. Blüten klein, in wenigblütigen Ähren angeordnet (Gattung: *Myriophyllum*) ***Haloragaceae*** (S. 570)

\- Pflanze, insbesondere die über der Wasseroberfläche liegende Blütenstandsachse, mit kurzen, roten Drüsen und einzelnen weissen Haaren besetzt. Blüten deutlich gestielt, in weit auseinanderliegenden Quirlen angeordnet (Gattung: *Hottonia*) ***Primulaceae*** (S. 676)

21 Blätter quirlständig. Pflanze frei im Wasser treibend (Gattung: *Ceratophyllum*) ***Ceratophyllaceae*** (S. 257)

\- Blätter wechselständig. Pflanze fest im Grund wurzelnd **22**

22 Blätter einfach bis mehrfach zusammengesetzt, mit gegenständigen, linealen bis flächigen Blattteilen ***Apiaceae*** (S. 273)

\- Blätter unregelmässig tief geteilt, mit schmalen, linealen Blattteilen, allenfalls vorhandene Schwimmblätter einfach, flächig ausgebildet (Gattung: *Ranunculus*) ***Ranunculaceae*** (S. 683)

23 Blätter wechselständig, demnach nur ein Blatt pro Knoten, nur selten die obersten unter dem Blütenstand gegenständig **24**

\- Blätter gegen- oder quirlständig, demnach 2 oder mehr Blätter pro Knoten **32**

24 Blätter lineal bis schmal eiförmig, parallelnervig **25**

\- Blätter rund, oval, oder lanzettlich, netznervig **29**

25 Blätter 2-zeilig angeordnet. Blüten in dichten, ährigen oder kopfigen Blütenständen oder in Ährchen mit Spelzen als Teilblütenstände **26**

\- Blätter 3-zeilig angeordnet. Blüten in Spirren- oder Ähren-Blütenständen **28**

26 Blüten getrenntgeschlechtig, in separaten Teilblütenständen übereinander angeordnet (Gattung: *Sparganium*) ***Typhaceae*** (S. 253)

\- Blüten zwittrig, nicht in separaten Teilblütenständen getrennt **27**

27 Stängel mit Knoten. Blüten in Ährchen mit Spelzen. Staubblätter 3 ***Poaceae*** (S. 172)

\- Stängel ohne Knoten. Blüten in dichten Ähren. Staubblätter 4 (Gattung: *Potamogeton*) ***Potamogetonaceae*** (S. 247)

28 Stängel im Querschnitt (schwach) 3-kantig. Blüten ohne Blütenhülle, aber mit Tragblättern in den ährenförmigen Teilblütenständen ***Cyperaceae*** (S. 101)

\- Stängel im Querschnitt rund oder oval. Blüten mit einfacher Blütenhülle in 2 Kreisen, in Spirren- oder Rispen-Blütenständen ***Juncaceae*** (S. 143)

29 Blüten mit vielen Staubblättern und vielen getrennt stehenden Fruchtblättern. Blätter nierenförmig, deutlich gelappt, mit 3–5 flachen Lappen (Gattung: *Ranunculus*) ***Ranunculaceae*** (S. 683)

- Blüten mit 10 oder weniger Staubblättern, selten bis 14. Fruchtblätter zu einem Fruchtknoten verwachsen **30**

30 Staubblätter 10–14, Fruchtknoten unterständig. Blattspreite lanzettlich (Gattung: *Ludwigia*) ***Onagraceae*** (S. 615)

- Staubblätter 5, Fruchtknoten unter- oder oberständig. Blattspreite rund, Stiel in der Mitte eingefügt **31**

31 Fruchtknoten oberständig. Blätter auf dem Wasser schwimmend, unterseits drüsig punktiert. Blattrand glatt (Gattung: *Nymphoides*) ***Menyanthaceae*** (S. 608)

- Fruchtknoten unterständig. Blätter meist über das Wasser erhoben, Blattrand wellig-gekerbt (Gattung: *Hydrocotyle*) ***Araliaceae*** (S. 300)

32 Blätter quirlständig, gelegentlich die unteren nur gegenständig **33**

- Blätter gegenständig **37**

33 Blattquirle 3-zählig, selten Blätter gegenständig **34**

- Blattquirle 4- bis vielblättrig **35**

34 Blätter lineal, deutlich gezähnt, am Grund scheidig erweitert (Gattung: *Najas*) ***Hydrocharitaceae*** (S. 138)

- Blätter breit eiförmig, breit am Stängel ansetzend, ganzrandig oder sehr fein gezähnelt, bogennervig (Gattung: *Groenlandia*) ***Potamogetonaceae*** (S. 247)

35 Pflanze dicht verzweigt. Blätter länglich, unter Wasser in Quirlen mit 3–8 Blättern (Gattungen: *Elodea, Lagarosiphon*) ***Hydrocharitaceae*** (S. 138)

- Pflanze wenig verzweigt. Blätter schmal zungenförmig, unter Wasser in Quirlen von 6–16 Blättern **36**

36 Blätter am Grund mit 1–2 mm langen, linealen Nebenblättern (Gattung: *Elatine*) ***Elatinaceae*** (S. 503)

- Blätter ohne Nebenblätter (Gattung: *Hippuris*) ***Plantaginaceae*** (S. 644)

37 Blüten klein, eingeschlechtig, unter der Wasseroberfläche **38**

- Blüten auffällig, zwittrig, über der Wasseroberfläche **39**

38 Im Wasser untergetauchte Blätter lineal, bis 30 mm lang, ohne Blatthäutchen an der Basis, mit ausgerandeter Spitze. Sprosse oft zusätzlich mit terminaler Rosette aus lanzettlichen bis ovalen Schwimmblättern (Gattung: *Callitriche*) ***Plantaginaceae*** (S. 644)

- Im Wasser untergetauchte Blätter lang, lineal, bis 100 mm lang, mit stängelumfassendem Blatthäutchen und 2 kleinen Blattschuppen, mit aufgesetzter Spitze (Gattung: *Zannichellia*) ***Potamogetonaceae*** (S. 247)

39 Blüten 3- oder 4-zählig **40**

- Blüten 5- oder 6-zählig **43**

40 Fruchtknoten unterständig. Blütenhülle einfach, grün (Gattung: *Ludwigia*) ***Onagraceae*** (S. 615)

- Fruchtknoten oberständig. Blütenhülle doppelt **41**

41 Blüten monosymmetrisch, Kronblätter verwachsen, Kronröhre kurz (Gattung: *Veronica*) ***Plantaginaceae*** (S. 644)

- Blüten radiärsymmetrisch, Kronblätter frei **42**

42 Blätter schmal eiförmig, deutlich gestielt. Fruchtblätter zu einem Fruchtknoten verwachsen. Kapselfrucht (Gattung: *Elatine*) ***Elatinaceae*** (S. 503)

- Blätter lineal, deutlich verdickt, sitzend. Fruchtblätter weitgehend getrennt. Balgfrüchte (Gattung: *Crassula*) ***Crassulaceae*** (S. 493)

43 Blüten 5-zählig, Kronblätter weiss, ohne Kelch, aber mit 2 kelchartigen Hochblättern (Gattung: *Montia*) ***Montiaceae*** (S. 609)

- Blüten 6-zählig, Kronblätter rosa, oft fehlend, Kelch becherartig mit 6–12 langen, oft abstehenden Zähnen (Gattung: *Lythrum*) ***Lythraceae*** (S. 603)

Teilschlüssel III - Holzpflanzen

1 Blätter bis 150 cm lang, ausdauernd, handförmig geteilt, Blattspreite fächerförmig gefaltet. Stamm meist unverzweigt, bis 20 cm dick, dicht mit braunen Fasern und Blattstielbasen bedeckt (Gattung: *Trachycarpus*) ***Arecaceae*** (S. 93)

- Blätter andersartig, Blattspreite nicht fächerförmig gefaltet **2**

2 Pflanze sparrig verzweigt, weniger als 1 m hoch, mit blattartig verbreiterten, spitzig stechenden Kurztrieben. Blätter schuppenförmig an der Basis der Kurztriebe. Blüten meist einzeln, auf der Unterseite der Kurztriebe (Gattung: *Ruscus*) ***Asparagaceae*** (S. 93)

- Pflanze ohne blattartig verbreiterte Kurztriebe **3**

3 Pflanze dicht verzweigter Strauch mit verdornten Sprossachsen oder rutenartigen, aufrechten Ästen, bis 3 m hoch. Blätter klein oder fehlend. Blüten monosymmetrisch, mit nach oben gerichteter Fahne (Schmetterlingsblüte) ***Fabaceae*** (S. 515)

- Pflanze unterschiedlicher Wuchsform. Blätter nadelförmig, schuppenförmig oder flächig. Blüten ohne Fahne oder, wenn mit Fahne, dann Blätter gefiedert oder 3-teilig **4**

4 Blätter nadel- oder schuppenförmig oder durch seitlich umgerollten Blattrand nadelähnlich, weniger als 2 mm breit (bei *Loiseleuria procumbens* gelegentlich bis 3 mm breit) **5**

- Blätter flächig, deutlich breiter als dick, mehr als 3 mm breit **16**

5 Blätter schuppenförmig, ± der Sprossachse anliegend, bis 7 mm lang (gelegentlich zusätzlich nadelförmige Blätter vorhanden) **6**

- Blätter nadelförmig, mindestens 10 mm lang **9**

6 Pflanze sommergrün. Schuppenblätter wechselständig. Blüten mit Blütenhülle, 5-zählig ***Tamaricaceae*** (S. 793)

- Pflanze immergrün. Schuppenblätter gegen- oder quirlständig. Blüten ohne Blütenhülle oder mit Blütenhülle, 4-zählig **7**

7 Schuppenblätter am Grund mit 2 abwärtsgerichteten Spitzchen. Blüten zwittrig, mit Blütenhülle (Gattung: *Calluna*) ***Ericaceae*** (S. 503)

- Schuppenblätter ohne Spitzchen am Grund. Blüten eingeschlechtig, ohne Blütenhülle **8**

8 Schuppenblätter bräunlich, gegenständig und bis zur Mitte scheidig miteinander verwachsen, weit auseinanderstehend. Äste zwischen den Knoten grün, fein gefurcht. Samen je mit 2 roten, fleischigen Zapfenschuppen (Gattung: *Ephedra*) ***Ephedraceae*** (S. 72)

- Schuppenblätter grün, gegen- oder quirlständig, frei, dicht aneinanderstehend und die Äste bedeckend. Samen in Zapfen mit verholzenden oder lederartigen Zapfenschuppen ***Cupressaceae*** (S. 69)

9 Nadeln sommergrün, im Herbst abfallend, ± weich **10**

- Nadeln immergrün, steif **11**

10 Nadeln an stark gestauchten (knotenförmigen) Kurztrieben in Büscheln, teilweise einzeln an jungen Langtrieben (Gattung: *Larix*) ***Pinaceae*** (S. 73)

- Nadeln an fiederblattartigen Kurztrieben, im Herbst als Ganzes abfallend ***Cupressaceae*** (S. 69)

11 Zwergstrauch mit niederliegenden oder aufsteigenden Ästen, bis 30 cm hoch. Nadelblätter an der Spitze abgerundet, nicht stechend. Blüten mit Blütenhülle. Kapsel- oder beerenartige Steinfrucht **12**

- Baum oder Spalierstrauch mit spitzen, stechenden Nadeln. Blüten ohne Blütenhülle. Samen in Zapfen oder einzeln, nicht von Frucht eingefasst **13**

12 Staubblätter 10 oder weniger (Gattungen: *Empetrum, Erica, Loiseleuria*) ***Ericaceae*** (S. 503)

- Staubblätter viele, mehr als 10 (Gattung: *Fumana*) ***Cistaceae*** (S. 488)

13 Nadeln in Quirlen zu 3, starr, stechend, oberseits mit hellem Streifen. Samen in beerenartigen Zapfen (Gattung: *Juniperus*) ***Cupressaceae*** (S. 69)

- Nadeln einzeln oder in Büscheln von 2 oder 5, oberseits nie mit hellem Streifen. Samen in holzigen oder lederigen Zapfen oder einzeln, von Samenmantel (Arillus) umgeben **14**

14 Nadeln in Büscheln von 2 oder 5 in Kurztrieben (Gattung: *Pinus*) ***Pinaceae*** (S. 73)

- Nadeln stets einzeln entlang der Langtriebe **15**

15 Nadelbasis ohne herablaufende Leiste. Pflanze einhäusig. Samen in holzigen Zapfen ***Pinaceae*** (S. 73)

- Nadelbasis als grüne Leiste am Zweig herablaufend. Pflanze zweihäusig. Samen von fleischigem, rotem Samenmantel umgeben (Gattung: *Taxus*) ***Taxaceae*** (S. 75)

16 Pflanze epiphytisch, sparrig dichotom verzweigter, immergrüner Kleinstrauch (Gattung: *Viscum*) ***Santalaceae*** (S. 773)

- Pflanze terrestrisch, im Boden wurzelnd **17**

17 Pflanze windend oder mit Ranken klimmend, nicht selbstständig aufsteigend **18**

- Pflanze ohne Stütze aufsteigend bis aufrecht wachsend oder niederliegend als Spalierstrauch **27**

18 Blätter ausnahmslos gefiedert oder gefingert **19**

- Blätter einfach, ungeteilt oder gelappt, gelegentlich zudem einige zusammengesetzte Blätter **21**

19 Blätter gegenständig, unpaarig gefiedert. Stiel, Rhachis und Fiederstiele rankend. Frucht zahlreiche Nüsschen mit federig behaartem Griffel (Gattung: *Clematis*) ***Ranunculaceae*** (S. 683)

- Blätter wechselständig, gefingert (wenn unpaarig gefiedert, vgl. Fabaceae, Gattung *Wisteria*) **20**

20 Teilblätter ganzrandig, deutlich gestielt. Ohne Sprossranken. Balgfrüchte (Gattung: *Akebia*) ***Lardizabalaceae*** (S.599)

- Teilblätter gezähnt. Stängel mit kurzen Sprossranken, teils mit Haftscheiben. Blau gefärbte Beerenfrüchte (Gattung: *Parthenocissus*) ***Vitaceae*** (S. 804)

21 Blätter gegenständig. Blüten weiss, gelblich oder rötlich, monosymmetrisch, mit langer Röhre (Gattung: *Lonicera*) ***Caprifoliaceae*** (S. 448)

- Blätter wechselständig **22**

22 Blüten monosymmetrisch, Blütenhülle röhrig verwachsen, U-förmig gekrümmt (Gattung: *Aristolochia*) ***Aristolochiaceae*** (S. 77)

- Blüten radiärsymmetrisch, Blütenhülle zu einem grossen Teil getrenntblättrig oder fehlend **23**

23 Pflanze mit Ranken oder Haftorganen **24**

- Pflanze windend, ohne haftende oder rankende Organe **25**

24 Pflanze mit Sprossranken. Blätter sommergrün. Blüten in lockeren Rispen (Gattungen: *Parthenocissus, Vitis*) ***Vitaceae*** (S. 804)

- Pflanze mit kurzen Haftwurzeln. Blätter immergrün, 3- bis 5-lappig oder eiförmig. Blüten in einfachen, kugeligen Dolden (Gattung: *Hedera*) ***Araliaceae*** (S. 300)

25 Krone violett. Staubbeutel zu einer Röhre zusammenneigend (Gattung: *Solanum*) ***Solanaceae*** (S. 789)

- Krone weiss oder gelblich. Staubblätter einzeln **26**

26 Blütenhülle doppelt, Blüten bis 5 cm Durchmesser. Staubblätter viele. Knoten mit sehr kleinen Nebenblättern (Gattung: *Actinidia*) ***Actinidiaceae*** (S. 259)

- Blütenhülle einfach, Blüten klein. Staubblätter 8. Knoten mit Nebenblatthülle (Ochrea) (Gattung: *Fallopia*) ***Polygonaceae*** (S. 665)

27 Blätter zusammengesetzt, gefiedert oder gefingert **28**

- Blätter einfach, gelappt bis geteilt, aber nie zusammengesetzt **45**

28 Blätter immergrün **29**

- Blätter sommergrün **30**

29 Blätter mit 2–4 Fiederpaaren, Fiedern oberseits glänzend grün, mit 6–9 Stacheln am Fiederrand. Seitliche Fiedern sitzend, Endblättchen lang gestielt (Gattung: *Mahonia*) ***Berberidaceae*** (S. 378)

- Blätter 3- oder 5-teilig gefingert, Fiedern ohne Stacheln (jedoch Sprossachsen und Blattstiele mit feinen bis groben, gebogenen Stacheln) (Gattung: *Rubus*) ***Rosaceae*** (S. 705)

30 Blätter 5- bis 9-teilig gefingert (Gattung: *Aesculus*) ***Sapindaceae*** (S. 774)

- Blätter unpaarig gefiedert, selten paarig gefiedert, oder 3-teilig **31**

31 Sprossachse und Blattrhachis dicht stachelig (Gattung: *Aralia*) ***Araliaceae*** (S. 300)

- Sprossachse und Blattrhachis ohne Stacheln **32**

32 Blätter durchscheinend drüsig punktiert, mit intensivem Geruch (Gattung: *Ruta*) ***Rutaceae*** (S. 761)

- Blätter ohne durchscheinende Drüsen **33**

33 Blätter gegenständig, gelegentlich an Schösslingen bei einigen Knoten leicht verschoben *(Fraxinus excelsior)* **34**

- Blätter wechselständig **38**

34 Beerenähnliche Steinfrucht. Blüten in doldigen oder kegelförmigen Rispen, Griffel kurz, Narben kopfig (Gattung: *Sambucus*) ***Adoxaceae*** (S. 259)

- Kapsel-, Beeren-, Nuss- oder Bruchfrucht. Griffel verlängert **35**

35 Frucht eine zweisamige Bruchfrucht. Fiederblätter unregelmässig grob gezähnt. Blätter meist mit 3–5 Fiedern, die mittlere Fieder vergrössert und oft 3-lappig (Gattung: *Acer*) ***Sapindaceae*** (S. 774)

- Frucht eine blasige Kapsel, Beere oder Nuss **36**

36 Strauch mit überhängenden, teils kletternden Ästen. Beerenfrucht, bei Reife schwarz (Gattung: *Jasminum*) ***Oleaceae*** (S. 611)

- Baum. Kapsel- oder Nussfrucht **37**

37 Blüten in Büscheln, ohne Blütenhülle. Einsamige, geflügelte Nussfrucht (Gattung: *Fraxinus*) ***Oleaceae*** (S. 611)

- Blüten in hängender, lockerer Rispe, mit doppelter Blütenhülle. Blasige Kapselfrucht (Gattung: *Staphylea*) ***Staphyleaceae*** (S. 793)

38 Fiederblätter ganzrandig oder ± ganzrandig **39**

- Fiederblätter fein bis grob gezähnt **42**

39	Strauch. Beerenfrucht (Gattung: *Jasminum*)	***Oleaceae*** (S. 611)
-	Niedriger bis hoher Baum. Trockene Schliess- oder Öffnungsfrucht	**40**
40	Öffnungsfrucht (Hülse). Blüten monosymmetrisch, oberes Kronblatt als Fahne	***Fabaceae*** (S. 515)
-	Schliessfrucht. Blüten radiärsymmetrisch, mit reduzierter Blütenhülle	**41**
41	Fiederblätter oval, unterseits in den Nervenwinkeln mit Haarbüscheln (Gattung: *Juglans*)	***Juglandaceae*** (S. 574)
-	Fiederblätter lanzettlich, zugespitzt, Fiederblattgrund oft asymmetrisch und mit einigen Drüsenzähnen (Gattung: *Ailanthus*)	***Simaroubaceae*** (S. 788)
42	Blätter an der Blattstielbasis mit Nebenblättern, diese mit dem Blattstiel verwachsen (Gattungen: *Rosa, Rubus, Sorbaria, Sorbus*)	***Rosaceae*** (S. 705)
-	Blätter an der Blattstielbasis ohne Nebenblätter	**43**
43	Blüten in Büscheln. Geflügelte, einsamige Nussfrucht (Gattung: *Fraxinus*)	***Oleaceae*** (S. 611)
-	Blüten in lockerer Rispe. Kapsel- oder Steinfrucht	**44**
44	Fiederblätter regelmässig gezähnt, Fiedern lanzettlich, am Grund nie eingeschnitten, unterseits blaugrün (Gattung: *Rhus*)	***Anacardiaceae*** (S. 272)
-	Fiederblätter unregelmässig gezähnt, Fiedern am Grund oft eingeschnitten, gelappt. Blasig aufgewölbte Kapselfrucht (Gattung: *Koelreuteria*)	***Sapindaceae*** (S. 774)
45	Blätter gegen- oder quirlständig	**46**
-	Blätter wechselständig	**66**
46	Blätter immergrün	**47**
-	Blätter sommergrün	**51**
47	Blätter bis 25 mm lang, sitzend oder sehr kurz gestielt (Gattung: *Buxus*)	***Buxaceae*** (S. 437)
-	Blätter meist über 30 mm lang, deutlich gestielt	**48**
48	Blattrand glatt	**49**
-	Blattrand gezähnt	**50**
49	Blüten einzeln, gross. Krone blau bis violett (Gattung: *Vinca*)	***Apocynaceae*** (S. 299)
-	Blüten in traubigen Blütenständen. Krone weiss bis grünlich (Gattungen: *Olea, Phillyrea*)	***Oleaceae*** (S. 611)
50	Blattrand fein gezähnt. Blätter nur kurz gestielt. Blüten in lang gestieltem, zymösem Blütenstand (Gattung: *Euonymus*)	***Celastraceae*** (S. 486)
-	Blattrand grob gezähnt. Blätter deutlich gestielt. Blüten in Rispe (Gattung: *Aucuba*)	***Garryaceae*** (S. 555)
51	Halbstrauch, nur an der Basis verholzt, oder Spalierstrauch. Blütenhülle doppelt, Krone auffällig	**52**
-	Strauch mit aufwärtsgerichteten Ästen oder Baum. Blütenhülle anders	**55**
52	Krone verwachsen, monosymmetrisch	**53**
-	Krone frei, radiärsymmetrisch	**54**
53	Mehrere Blüten pro Tragblatt im Blütenstand	***Lamiaceae*** (S. 576)
-	Jeweils nur 1 Blüte pro Tragblatt im Blütenstand (Gattung: *Verbena*)	***Verbenaceae*** (S. 796)
54	Kelchblätter 3, unterschiedlich gross (Gattung: *Helianthemum*) oder 5, 2 äussere mit herzförmigem und 3 innere mit abgerundetem Grund (Gattung: *Cistus*)	***Cistaceae*** (S. 488)
-	Kelchblätter 5, alle gleich gross und gleich angeordnet (Gattung: *Hypericum*)	***Hypericaceae*** (S. 572)

55 Blätter handnervig, mit 5 oder mehr prominenten Blattadern sternförmig von der Blattspreitenbasis ausgehend **56**

\- Blätter fiedernervig, mit nur 1 oder 3 prominenten Blattadern von der Blattspreitenbasis ausgehend, zusätzlich weitere Adern entlang der zentralen Hauptader **59**

56 Blätter handförmig 5-lappig. Spaltfrucht mit 2 einseitig geflügelten Nüssen (Gattung: *Acer*) ***Sapindaceae*** (S. 774)

\- Blätter eiförmig oder schwach 3-lappig. Kapselfrucht **57**

57 Nebenblätter vorhanden, mit dem Blattstiel verwachsen, klein, lineal. Pflanze zweihäusig. Blütenhülle fehlend. Balgfrucht (Gattung: *Cercidiphyllum*) ***Cercidiphyllaceae*** (S. 487)

\- Nebenblätter fehlend. Pflanze mit zwittrigen Blüten. Blütenhülle doppelt, monosymmetrisch. Kapselfrucht **58**

58 Blattspreite am Grund gerundet oder gestutzt. Hülsenähnliche Kapselfrucht, hängend (Gattung: *Catalpa*) ***Bignoniaceae*** (S. 384)

\- Blattspreite am Grund tief herzförmig. Ovale, zugespitzte Kapselfrucht in verzweigtem, aufwärtsgerichtetem Stand (Gattung: *Paulownia*) ***Paulowniaceae*** (S. 643)

59 Kronblätter bis (fast) zum Grund frei **60**

\- Kronblätter zu einer schlanken Röhre verwachsen, oben mit freien Kronblattlappen **63**

60 Blattrand gezähnt, wenn wellig und ganzrandig, dann mit rot gefärbter Kapselfrucht **61**

\- Blattrand ganzrandig **62**

61 Blattrand sehr fein gezähnt oder wellig und ganzrandig. Rot gefärbte, 4- oder 5-fächerige Kapselfrucht, Samen mit orange gefärbtem Arillus (Gattung: *Euonymus*) ***Celastraceae*** (S. 486)

\- Blattrand deutlich gezähnt. Trockene Kapselfrucht mit vielen Samen ohne Arillus (Gattungen: *Deutzia, Philadelphus*) ***Hydrangeaceae*** (S. 571)

62 Blätter bogennervig, mit 6–8 auffälligen Seitenadern, nicht lederig. Blüten zu 10 und mehr, in doldenartigem Büschel oder Scheinrispe. Kronblätter weiss oder gelblich grün (Gattung: *Cornus*) ***Cornaceae*** (S. 493)

\- Blätter regelmässig fiedernervig, leicht lederig. Blüten 1–3, nur kurz gestielt. Kronblätter rot, geknittert (Gattung: *Punica*) ***Lythraceae*** (S. 603)

63 Blüten mit 2 Staubblättern, radiärsymmetrisch (Gattungen: *Forsythia, Ligustrum, Syringa*) ***Oleaceae*** (S. 611)

\- Blüten mit 4–5 Staubblättern, radiär- oder monosymmetrisch **64**

64 Blüten sitzend, zu 2–18 in Gruppen oder dichten Ähren. Griffel deutlich ausgebildet (Gattungen: *Linnaea, Lonicera, Symphoricarpos*) ***Caprifoliaceae*** (S. 448)

\- Blüten deutlich gestielt, in Schirmrispe oder walzenförmiger Rispe am Ende der Sprosse. Griffel undeutlich ausgebildet oder in der schlanken Kronröhre versteckt **65**

65 Blüten in Schirmrispe, teilweise die Randblüten monosymmetrisch vergrössert, steril. Fruchtknoten unterständig. Steinfrucht (Gattung: *Viburnum*) ***Adoxaceae*** (S. 259)

\- Blüten in langer, vielblütiger Rispe, nie mit vergrösserten Randblüten. Fruchtknoten oberständig. Kapselfrucht (Gattung: *Buddleja*) ***Scrophulariaceae*** (S. 783)

66 Blätter immergrün **67**

\- Blätter sommergrün **77**

67 Aufrechter Strauch oder Baum, meist grösser als 150 cm **68**

\- Zwergstrauch, teils nur mit wenigen basalen Verzweigungen, meist kleiner als 120 cm oder niederliegende oder mit Haftwurzeln kletternde Äste **73**

68 Unterseite der Blätter und junge Äste dicht mit Schildhaaren bedeckt (Gattung: *Elaeagnos*) ***Elaeagnaceae*** (S. 502)

\- Blätter und Äste ohne Schildhaare **69**

69 Blütenhülle einfach, gelblich und 6-zählig oder grünlich und 4-zählig. Blätter ganzrandig. Frucht dunkelblau bis schwarz ***Lauraceae*** (S. 78)

\- Blütenhülle doppelt (Kelch und Krone), Kronblätter weiss **70**

70 Kronblätter frei **71**

\- Kronblätter verwachsen **72**

71 Blätter ganzrandig. Blütenhülle 4-zählig ***Lauraceae*** (S. 78)

\- Blätter gezähnt bis ganzrandig. Blütenhülle 5-zählig. Frucht rot oder schwarz (Gattungen: *Prunus, Pyracantha*) ***Rosaceae*** (S. 705)

72 Blüten eingeschlechtig. Staubblätter 4, selten 5. Beerenfrucht (Gattung: *Ilex*) ***Aquifoliaceae*** (S. 300)

\- Blüten zwittrig. Staubblätter 5. Kapselfrucht (Gattung: *Pittosporum*) ***Pittosporaceae*** (S. 644)

73 Blätter nicht blühender Äste deutlich 3-lappig, ansonsten rautenförmig. Blüten in einfacher Dolde. Blauschwarze Steinfrucht (Gattung: *Hedera*) ***Araliaceae*** (S. 300)

\- Blätter einfach oder gefiedert, nicht gelappt und nicht rautenförmig. Blüten nicht in Dolden **74**

74 Blüten mit einfacher Blütenhülle, Kelch mit schlanker Röhre und spreizenden, kronblattartigen Zipfeln (Gattung: *Daphne*) ***Thymelaeaceae*** (S. 793)

\- Blüten mit doppelter, in Kelch und Krone differenzierter Blütenhülle **75**

75 Kronblätter verwachsen, Staubblätter 10 oder weniger ***Ericaceae*** (S. 503)

\- Kronblätter frei, Staubblätter ca. 20 oder viele **76**

76 Nebenblätter als rückwärtsgerichtete Dornen. Staubblätter viele, am Grund leicht miteinander verwachsen. Beerenfrucht (Gattung: *Capparis*) ***Capparaceae*** (S. 448)

\- Nebenblätter laubig, lineal. Staubblätter ca. 20. Apfelfrucht (Gattung: *Cotoneaster*) oder Sammelnussfrucht (Gattung: *Dasiphora/Potentilla*) ***Rosaceae*** (S. 705)

77 Blattrand entlang der einfachen, nicht gelappten Blätter ganzrandig **78**

\- Blattrand gezähnt oder Blätter gelappt **86**

78 Unterseite der Blätter mit Schildhaaren. Seitenäste oft zu Dornen abgewandelt (Gattung: *Hippophaeë*) ***Elaeagnaceae*** (S. 502)

\- Pflanze ohne Schildhaare **79**

79 Blütenhülle fehlend. Blüten getrenntgeschlechtig, beide Geschlechter in Kätzchen-Blütenstand. Kapselfrucht mit behaarten Samen (Gattung: *Salix*) ***Salicaceae*** (S. 761)

\- Blütenhülle vorhanden, einfach oder doppelt. Blüten einzeln, in Büschel, Rispe oder Ähre. Apfel-, Stein- oder Beerenfrucht **80**

80 Blüten eingeschlechtig. Beerenfrucht, meist grösser als 5 cm Durchmesser (Gattung: *Diospyros*) ***Ebenaceae*** (S. 502)

\- Blüten zwittrig. Frucht anders, wenn eine Beere, dann kleiner als 3 cm Durchmesser **81**

81 Blütenhülle einfach. Kelch verwachsen, mit abstehenden, kronblattähnlichen Zipfeln. Zur Zeit des Laubaustriebs bereits mit beerenartigen Früchten (Gattung: *Daphne*) ***Thymelaeaceae*** (S. 793)

\- Blütenhülle doppelt, mit Kelch und Krone **82**

82 Blüten kleiner als 8 mm im Durchmesser. Kelch grösser als die Krone **83**

\- Blüten grösser. Krone deutlich grösser als der Kelch **84**

83 Blätter ohne Nebenblätter. Blüten lang gestielt, zu 15–30 in ausladender Rispe an den Astenden. Krone gelblich grün oder rötlich (Gattung: *Cotinus*) ***Anacardiaceae*** (S. 272)

\- Blätter mit hinfälligen Nebenblättern. Blüten in wenigblütigem Büschel. Krone weiss, kürzer als der Kelch, die Staubblätter umschliessend (Gattung: *Frangula*) ***Rhamnaceae*** (S. 703)

84 Blüten monosymmetrisch, oberes Kronblatt als Fahne ausgebildet. Hülsenfrucht (Gattung: *Cercis*) ***Fabaceae*** (S. 515)

\- Blüten radiärsymmetrisch. Frucht andersartig **85**

85 Stein-, Apfel-, Nussfrucht, teils in Sammelfrucht zusammengefasst ***Rosaceae*** (S. 705)

\- Beerenfrucht (Gattung: *Lycium*) ***Solanaceae*** (S. 789)

86 Blattspreite handnervig, mit 5, selten 3 (*Celtis*) prominenten Blattadern sternförmig von der Blattspreitenbasis ausgehend, Blattspreite breit elliptisch oder eiförmig oder ahornblattartig gelappt **87**

\- Blattspreite fiedernervig, einfach oder mehrfach fiederartig gelappt. Blattspreite mindestens 2x so lang wie breit **93**

87 Blattspreite einfach, ohne Lappung **88**

\- Blattspreite ahornblattartig gelappt **89**

88 Blattspreite lanzettlich, am Grund verschmälert, mit 3 prominenten Blattadern. Blüten einzeln oder in Büscheln (Gattung: *Celtis*) ***Cannabaceae*** (S. 447)

\- Blattspreite breit eiförmig, oft am Grund asymmetrisch, mit 5 oder mehr prominenten Blattadern. Rispenartiger Blütenstand mit verwachsenem Hochblatt (Gattung: *Tilia*) ***Malvaceae*** (S. 604)

89 Strauch bis 2 m hoch. Äste aufrecht, teilweise mit Dornen. Blüten radiärsymmetrisch, 5-zählig, mit doppelter Blütenhülle (Gattung: *Ribes*) ***Grossulariaceae*** (S. 569)

\- Baum mit Stamm oder, wenn Strauch, dann mit breit ausladenden Ästen und grossen Blättern (Blattspreite 10 cm und länger) **90**

90 Sparrig verzweigter Strauch mit dicken Ästen und locker angeordneten Blättern. Mit Milchsaft (Achtung: fototoxische Reaktion auf der Haut). Früchte in birnenförmigem, fleischigem Fruchtstand (Gattung: *Ficus*) ***Moraceae*** (S. 610)

\- Baum, Äste nicht auffallend dick **91**

91 Alle Blätter 3- bis 7-lappig, mit groben, spitz auslaufenden Zähnen. Blüten in kugeligem, hängendem, verholzendem Blütenstand (Gattung: *Platanus*) ***Platanaceae*** (S. 661)

\- Zusätzlich zu gelappten Blättern an den Langtrieben auch noch einfache, eiförmige oder im Umriss runde Blätter **92**

92 Blätter kahl oder rauhaarig. Fruchtverband fleischig, mit Steinfrüchten (Gattung: *Morus*) ***Moraceae*** (S. 610)

\- Blätter unterseits dicht weissfilzig. Kapselfrucht mit behaarten Samen (Gattung: *Populus*) ***Salicaceae*** (S. 761)

93 Blattspreite fiederlappig, mit 2–8 zur Seite orientierten Abschnitten **94**

\- Blattspreite der meisten einfach (selten bei junger Pflanze gelappt) **95**

94 Grosser Baum, ohne Dornen. Blütenhülle reduziert. Blattspreite fiederlappig, mit etwa 4–8 zur Seite orientierten, spitzen oder buchtig-stumpfen, zu ⅓–⅔ eingeschnittenen Abschnitten. Nussfrucht, teilweise von Achsenbecher eingefasst (Gattung: *Quercus*) ***Fagaceae*** (S. 552)

\- Strauch oder kleiner Baum mit Kurztriebdornen. Blütenhülle doppelt, Kronblätter weiss. Apfelfrucht (Gattung: *Crataegus*) ***Rosaceae*** (S. 705)

95 Strauch mit Dornen anstelle der Blätter der Langtriebe. Blätter in Büscheln an Kurztrieben. Blattrand stachelig gezähnt. Blüten 3-zählig (Gattung: *Berberis*) ***Berberidaceae*** (S. 378)

\- Baum, Strauch oder Spalierstrauch ohne Dornen oder mit Sprossdornen. Blätter an Langtrieben. Blüten 4- bis mehrzählig **96**

96 Baum, mit Milchsaft (Achtung: fototoxische Reaktion auf der Haut). Fruchtverband fleischig, mit Steinfrüchten (Gattungen: *Broussonetia, Morus*) ***Moraceae*** (S. 610)

\- Baum oder Strauch, ohne Milchsaft. Frucht anders **97**

97 Blütenhülle reduziert, Blüten eingeschlechtig, zumindest die männlichen Blüten in Kätzchen **98**

\- Blütenhülle einfach oder doppelt, Blüten zwittrig **100**

98 Blüten in aufrechten Kätzchen, zweihäusig. Kapselfrucht mit behaarten Samen (Gattung: *Salix*) ***Salicaceae*** (S. 761)

\- Blüten meist in hängenden Kätzchen, einhäusig. Nussfrüchte, teils durch Fruchtbecher eingefasst, teils geflügelt **99**

99 Nussfrucht geflügelt oder einzeln und von Blatthülle eingefasst ***Betulaceae*** (S. 380)

\- Nussfrucht einzeln oder zu wenigen teilweise oder vollständig in Achsenbecher eingefasst ***Fagaceae*** (S. 552)

100 Blätter meist mit asymmetrischer Basis der Blattspreite. Blütenhülle einfach. Geflügelte Nussfrucht (Gattung: *Ulmus*) ***Ulmaceae*** (S. 794)

\- Blätter mit ± symmetrischer Basis der Blattspreite. Blütenhülle doppelt. Frucht anders, keine Nuss **101**

101 Staubblätter 5, vor den Kronblättern stehend. Steinfrucht mit 2–4 Kernen (Gattung: *Rhamnus*) ***Rhamnaceae*** (S. 703)

\- Staubblätter viele. Vielfältige Fruchtformen, teils von Blütenachsenbecher umschlossen (Apfelfrucht), teils als Sammelfrucht ***Rosaceae*** (S. 705)

Teilschlüssel IV - Gefässsporenpflanzen

1 Wasserpflanze, auf dem Wasser schwimmend, gelegentlich am Grund aufliegend, aber nicht im Boden wurzelnd ***Salviniaceae*** (S. 66)

\- Land- oder Sumpfpflanze, im Boden wurzelnd, nur selten vollständig im Wasser stehend und untergetaucht **2**

2 Stängel hohl. Blätter unscheinbar, stark reduziert (Mikrophylle), an den Nodien zu gezähnten, stängelumfassenden Manschetten verwachsen. Sporangienstände an der Spitze der Stängel, zapfenartig (Gattung: *Equisetum*) ***Equisetaceae*** (S. 47)

\- Stängel nicht hohl oder Sprossachse ausschliesslich unterirdisch. Blätter unterschiedlich gebaut, nicht zu Manschetten verwachsen. Sporangienstände nicht zapfenartig **3**

3 Blätter binsenförmig, teils mit kleeblattähnlicher Spreite. Sporangien unterschiedlich gross **4**

\- Blätter nadelförmig, schuppenförmig oder mit flächiger Spreite. Sporangien alle gleich gross **5**

4 Blätter am Grund scheidig verbreitert, rosettig gedrängt an gestauchter Sprossachse. Sporangien einzeln, in den Achseln der Blätter. Wurzeln dunkel (Gattung: *Isoëtes*) ***Isoëtaceae*** (S. 45)

\- Sporangienstände kugel- oder bohnenförmig, sitzend oder gestielt am Grund der Blätter ***Marsileaceae*** (S. 63)

5 Blätter höchstens 10 mm lang, nadel- oder schuppenförmig, von der Sprossachse sparrig abstehend oder sich dachziegelartig überdeckend. Sporangien einzeln in den Achseln von Blättern **6**

\- Blätter deutlich über 10 mm lang, mit flächiger, einfacher oder zusammengesetzter Spreite. Sporangien nie einzeln in den Achseln von Blättern **7**

6 Pflanze kräftig und steif. Blätter meist länger als 3 mm (bei *Diphasiastrum alpinum* oft nur 2 mm), ohne Häutchen am Grund. Sporangien gleich gestaltet und gleich grosse Sporen enthaltend, entweder in den Achseln von nadelförmigen Laubblättern oder in verlängerten Ähren mit anliegenden Tragblättern ***Lycopodiaceae*** (S. 45)

\- Pflanze zart, moosähnlich. Blätter spiralig oder 4-zeilig angeordnet, 1-4 mm lang, mit kleinem Häutchen am Grund. Sporangien unterschiedlich gross, Makro- oder Mikrosporen enthaltend, in Ähren mit abstehenden Tragblättern (Gattung: *Selaginella*) ***Selaginellaceae*** (S. 47)

7 Pflanze bildet nur ein oberirdisches, gegabeltes Blatt mit einem sterilen und einem fertilen Blattabschnitt ***Ophioglossaceae*** (S. 68)

\- Pflanze bildet mehrere Blätter in einer Rosette oder entlang des kriechenden Rhizoms **8**

8 Pflanze mit deutlich unterschiedlich gestalteten (dimorphen) Blättern. Fertile (Sporangien tragende) Blätter im Zentrum der Rosette umgeben von sterilen Blättern **9**

\- Pflanze mit monomorphen oder nur undeutlich dimorphen (bei *Dryopteris cristata*) Blättern **12**

9 Fertile Blätter, mit einem oberen, rispenartigen, Sporangien tragenden Blattabschnitt sowie einem unteren Abschnitt mit sterilen Blattteilen (Gattung: *Osmunda*) ***Osmundaceae*** (S. 63)

\- Fertile Blätter ohne sterile Blattteile **10**

10 Blattstiel mindestens so lang wie die 3- bis 4-fach gefiederte Blattspreite. Pflanze 15–30 cm hoch (Gattung: *Cryptogramma*) ***Pteridaceae*** (S. 64)

\- Blattstiel im Vergleich zur einfach gefiederten Blattspreite sehr kurz (kaum 10 cm lang) **11**

11 Sterile Blätter dem Boden aufliegend, wintergrün. Pflanze 30–50 cm hoch (Gattung: *Blechnum*) ***Blechnaceae*** (S. 56)

\- Sterile Blätter steif aufrecht, in trichterförmiger Rosette stehend, sommergrün. Pflanze 50–150 cm hoch (Gattung: *Matteuccia*) ***Onocleaceae*** (S. 63)

12 Blätter unterseits dicht spreuschuppig, dadurch zumindest in der Jugend die Sori verdeckt **13**

\- Blätter unterseits kahl oder zerstreut spreuschuppig, Sori sichtbar oder allenfalls vom umgerollten Blattrand bedeckt **14**

13 Blätter fiederschnittig, Blattspreite im Umriss schmal lanzettlich, Blattstiel meist deutlich kürzer als die halbe Länge der Blattspreite (Gattung: *Asplenium [= Ceterach]*) ***Aspleniaceae*** (S. 51)

\- Blätter doppelt gefiedert, Blattspreite im Umriss lanzettlich, Blattstiel meist deutlich länger als die halbe Länge der Blattspreite (Gattung: *Notholaena*) ***Pteridaceae*** (S. 64)

14 Blattrand (bei älteren Blättern) umgerollt oder Sori nur entlang vom Rand der Blattspreite (randnah) **15**

\- Blattrand nie umgerollt, Sori nicht auf den Rand der Blattspreite beschränkt **17**

15 Sori rundlich oder länglich und nierenförmig ***Thelypteridaceae*** (S. 66)

\- Sori am Blattrand in zusammenhängenden oder unterbrochenen Linien **16**

16 Blätter 3- bis 4-fach gefiedert, gross, bis 300 cm lang (Gattung: *Pteridium*) ***Dennstaedtiaceae*** (S. 58)

\- Blätter einfach gefiedert oder, wenn 2- bis 3-fach gefiedert, dann Blätter klein, nur bis 20 cm lang ***Pteridaceae*** (S. 64)

17 Sori länglich bis streifenförmig, ± gerade **18**

\- Sori wurmförmig gebogen oder rundlich **19**

18 Blätter wintergrün. Pflanze ausdauernd (Gattungen: *Asplenium, Phyllitis*) ***Aspleniaceae*** (S. 51)

\- Blätter sommergrün. Pflanze kurzlebig (Gattung: *Anogramma*) ***Pteridaceae*** (S. 64)

19 Blattstiel an der Basis mit 5–7, selten 3 Leitbündeln ***Dryopteridaceae*** (S. 58)

\- Blattstiel an der Basis mit 2, selten 1 oder 3 Leitbündeln **20**

20 Blätter einfach, fiederschnittig. Sori ohne Indusien (Gattung: *Polypodium*) ***Polypodiaceae*** (S. 64)

\- Blätter ein- bis mehrfach gefiedert. Sori zumindest in der Jugend mit Indusien **21**

21 Indusien unterseits bis zum Grund in haarförmige Zipfel zerschlitzt (Gattung: *Woodsia*) ***Woodsiaceae*** (S. 67)

\- Indusien nicht zerschlitzt **22**

22 Blätter kurz gestielt, in Rosette angeordnet. Sori rund oder länglich, Indusien seitlich angewachsen oder sehr früh fehlend (Gattung: *Athyrium*) ***Athyriaceae*** (S. 56)

\- Blätter deutlich gestielt. Sori rundlich, Indusien eiförmig, an der breiten Seite zur Fiederbasis hin angewachsen oder Indusien fehlend ***Cystopteridaceae*** (S. 57)

Teilschlüssel V - Blattlose Krautpflanzen

1 Pflanze stammsukkulent und kaktusartig. Sprossachse stark verdickt, aus runden bis ovalen Segmenten mehrfach verzweigt oder unverzweigt, mit Warzen oder Rippen, mit Areolen und borstenartigen oder starren stechenden Dornen ***Cactaceae*** (S. 438)

\- Pflanze nicht stammsukkulent, andersartig gebaut **2**

2 Stängel ohne Wurzeln, aber mit Haustorien an der Wirtspflanze haftend, gelblich bis rötlich gefärbt. Blüten klein, in kopfigen Knäueln (Gattung: *Cuscuta*) ***Convolvulaceae*** (S. 490)

\- Stängel im Boden wurzelnd. Blüten unterschiedlich, aber nicht in kopfigen Knäueln **3**

3 Stängel halmartig, im Querschnitt rund oder 3-kantig. Blüten ohne auffällige Blütenhülle **4**

\- Stängel nicht halmartig. Blüten mit auffälliger Blütenhülle **5**

4 Stängel im Querschnitt rund. Blüten mit trockenhäutiger Blütenhülle in zwei Kreisen (Gattung: *Juncus*) ***Juncaceae*** (S. 143)

\- Stängel im Querschnitt (schwach) 3-kantig. Blüten ohne Blütenhülle, aber mit Tragblättern des ährigen Teilblütenstandes ***Cyperaceae*** (S. 101)

5 Blütenhülle 3-zählig **6**

\- Blütenhülle 4- oder 5-zählig **10**

6 Blüte monosymmetrisch ***Orchidaceae*** (S. 156)

\- Blüte radiärsymmetrisch **7**

7 Pflanze verzweigt **8**

\- Pflanze unverzweigt, eine Blüte oder ein Büschel mit bis zu 3, aus dem Boden brechende Blüten treibend **9**

8 Pflanze mit büschelig angeordneten, grünen Kurztrieben (Phyllokladien). Blüten an den Knoten der Äste, weiss (Gattung: *Asparagus*) ***Asparagaceae*** (S. 93)

\- Pflanze binsenartig, blaugrün, mit bräunlichen Blattscheiden. Blüten blassblau, selten weiss (Gattung: *Aphyllanthes*) ***Asparagaceae*** (S. 93)

9 Staubblätter 3. Einige schmale, grasartige, mit hellem Mittelnerv versehene Blätter zur Zeit der Blüte noch wenig entwickelt (Gattung: *Crocus*) ***Iridaceae*** (S. 140)

- Staubblätter 6. Wenige breite Blätter später im Frühjahr oder erst im Herbst erscheinend (Gattungen: *Bulbocodium, Colchicum*) ***Colchicaceae*** (S. 100)

10 Blüten röhren- oder zungenförmig in Körbchen-Blütenständen zusammengefasst. Körbchen einzeln oder in traubigen Gesamtblütenständen (Gattungen: *Petasites, Tussilago*) ***Asteraceae*** (S. 302)

- Blüten nicht in Körbchen-Blütenständen zusammengefasst **11**

11 Krone ± radiärsymmetrisch, 4-zählig (seitliche Blüten) oder 5-zählig (terminale Blüte). Staubblätter 8 oder 10 (Gattung: *Monotropa*) ***Ericaceae*** (S. 503)

- Krone deutlich monosymmetrisch, 2-lippig. Staubblätter 4 (Gattungen: *Lathraea, Orobanche*) ***Orobanchaceae*** (S. 623)

Teilschlüssel VI - Parallelnervige Krautpflanzen

1 Blütenhülle vorhanden, zumeist in zwei 3-zähligen Kreisen (*Maianthemum* 2-zählig). Blüten in verschiedenartigen Blütenständen **2**

- Blütenhülle fehlend oder aus Borsten oder Haaren bestehend. Blüten von trockenhäutigen Trag-, Vor- und/oder Hüllblättern (Poaceae: Spelzen) eingefasst und zu ährigen (Poaceae: Ährchen) oder kopfigen Teilblütenständen zusammengefasst, diese wiederum zu unterschiedlichen Gesamtblütenständen vereinigt **29**

2 Blütenhülle stark reduziert, meist kürzer als 5 mm, gelblich grün, weiss, bräunlich, oft trockenhäutig **3**

- Blütenhülle auffällig, bunt, seltener gelblich grün, meist länger als 5 mm **8**

3 Blüten in dichten Knäueln oder in lockeren Spirren. Blätter flach, grasartig oder rund, hohl (Gattungen: *Juncus, Luzula*) ***Juncaceae*** (S. 143)

- Blüten in Trauben oder Kolben **4**

4 Blütenhülle 4-blättrig, bis 3 mm lang, (grünlich) weiss. Laubblätter meist 2, gestielt, Grund herzförmig (Gattung: *Maianthemum*) ***Asparagaceae*** (S. 93)

- Blütenhülle 6-blättrig oder stark reduziert **5**

5 Blätter schwertförmig, reitend, weitgehend grundständig **6**

- Blätter nicht schwertförmig **7**

6 Pflanze 50–150 cm hoch. Blätter entlang des 3-kantigen Stängels. Blüten in einem Kolben-Blütenstand (Gattung: *Acorus*) ***Acoraceae*** (S. 81)

- Pflanze bis 30 cm hoch. Blätter grundständig. Blüten in einem Trauben-Blütenstand (Gattung: *Tofieldia*) ***Tofieldiaceae*** (S. 253)

7 Alle Blüten im Blütenstand ohne Tragblätter. Stängel unbeblättert, nur grundständige Blätter (Gattung: *Triglochin*) ***Juncaginaceae*** (S. 151)

- Untere Blüten im traubigen Blütenstand mit grossen Tragblättern. Stängel beblättert (Gattung: *Scheuchzeria*) ***Scheuchzeriaceae*** (S. 252)

8 Staubblätter 1 (mit 2 getrennten Pollenfächern), selten 2 (*Cypripedium*), mit der Narbe zu einer zentralen Säule verwachsen. Fruchtknoten unterständig, oft gedreht ***Orchidaceae*** (S. 156)

- Staubblätter 3 oder mehr **9**

9 Staubblätter 3. Fruchtknoten unterständig ***Iridaceae*** (S. 140)

- Staubblätter 6 oder 9 oder viele. Fruchtknoten unter- oder oberständig **10**

10	Staubblätter 9. Blüten in Dolden (Gattung: *Butomus*) **Butomaceae** (S. 100)	
-	Staubblätter 6 oder viele	**11**
11	Fruchtknoten unterständig (beachte: *Bulbocodium* und *Colchicum* (Colchicaceae) haben den oberständigen Fruchtknoten zur Blütezeit unterirdisch in der Sprossknolle angelegt)	**12**
-	Fruchtknoten oberständig	**13**
12	Blütenstand eine reichblütige Traube. Blätter in dichten Rosetten, mit Stachelspitze und Blattrand mit Stacheln oder wenigen Fasern (Gattungen: *Agave, Yucca*) **Asparagaceae** (S. 93)	
-	Blütenstand eine wenigblütige Dolde oder Blüten einzeln, mit 1 oder 2 Hochblättern. Blätter locker, grundständig (Gattungen: *Galanthus, Leucojum, Narcissus*) **Amaryllidaceae** (S. 83)	
13	Blüten monosymmetrisch	**14**
-	Blüten radiärsymmetrisch	**15**
14	Wenige Blüten locker in einem Büschel, von einem gefalteten Hochblatt umgeben (Gattung: *Commelina*) **Commelinaceae** (S. 101)	
-	Alle Perigonblätter blau bis hellviolett, das obere mit einem gelben Fleck. Blüten in einer dichten Ähre. Pflanze frei auf dem Wasser flutend **Pontederiaceae** (S. 247)	
15	Der äussere Kreis der Blütenhülle kelchartig	**16**
-	Der äussere Kreis der Blütenhülle nicht kelchartig	**17**
16	Fruchtblätter frei, meist zahlreich, einsamige Balgfrüchte **Alismataceae** (S. 81)	
-	Fruchtblätter zu einem 3-fächerigen Fruchtknoten verwachsen. Kapselfrucht (Gattung: *Tradescantia*) **Commelinaceae** (S. 101)	
17	Pflanze nur mit grundständigen Blättern in Büscheln, gelegentlich entlang der unteren Hälfte der Sprossachse (ohne den Blütenstand) mit der Blattscheide den Stängel umfassend, keine grünen oder nur vergleichsweise kleine, lineale, grüne Blätter im lockeren, traubigen Blütenstand	**18**
-	Pflanze mit wechsel- oder quirlständig beblätterten Stängeln oder, wenn grundständige Blätter vorhanden, dann auch mit grünen Blättern im Blütenstand	**27**
18	Blüten einzeln oder in Büscheln bis zu 3 aus dem Boden brechend, zusammen mit 2–3 grundständigen Laubblätter. Fruchtknoten unterirdisch (Gattung: *Bulbocodium*) **Colchicaceae** (S. 100)	
-	Blüten einzeln an langen Stielen oder in doldigem oder traubigem Blütenstand	**19**
19	Blüten einzeln, an langen Stielen aus dem Boden ragend (Gattungen: *Erythronium, Tulipa*) **Liliaceae** (S. 151)	
-	Blüten in einfachem oder zusammengesetztem, traubigem oder doldigem Blütenstand	**20**
20	Blütenstand eine vielblütige Dolde, mit Hochblatthülle (Gattung: *Allium*) **Amaryllidaceae** (S. 83)	
-	Blütenstand andersartig	**21**
21	Blütenhülle blau, allenfalls zusätzlich mit hellen bis weissen Streifen (Gattungen: *Hyacinthoides, Muscari, Puschkinia, Scilla*) **Asparagaceae** (S. 93)	
-	Blütenhülle nicht blau	**22**
22	Blütenhülle gelb, orange oder rot (Gattung: *Hemerocallis*) **Asphodelaceae** (S. 99)	
-	Blütenhülle weiss, gelegentlich mit braunen Adern	**23**
23	Blüten in dichter, vielblütiger Traube. Perigonblätter mit braunem Mittelstreifen (Gattung: *Asphodelus*) **Asphodelaceae** (S. 99)	
-	Blüten in lockerer Traube	**24**

24 Blütenhüllblätter zumindest am Grund deutlich miteinander verwachsen **25**

\- Blütenhüllblätter bis zum Grund frei **26**

25 Blütenhülle rundlich glockig, zum grossen Teil miteinander verwachsen, Spitzen umgebogen. Rote Beerenfrucht (Gattung: *Convallaria*) ***Asparagaceae*** (S. 93)

\- Blütenhülle trichterförmig, nur am Grund wenig verwachsen. Kapselfrucht (Gattung: *Paradisea*) ***Asparagaceae*** (S. 93)

26 Blätter blaugrün. Blütenstiele gegliedert. Blütenhüllblätter beidseitig weiss (Gattung: *Anthericum*) ***Asparagaceae*** (S. 93)

\- Blätter grün, allenfalls mit hellem Mittelnerv. Blütenstiele nicht gegliedert. Blütenhüllblätter zumindest unterseits grünlich oder gelblich grün (Gattung: *Ornithogalum*) ***Asparagaceae*** (S. 93)

27 Fruchtknoten im oberen Teil getrennt, 3 getrennte Griffel mit Narben aufweisend (Gattung: *Veratrum*) ***Melanthiaceae*** (S. 155)

\- Fruchtknoten vollständig verwachsen **28**

28 Blütenhüllblätter zu einer Röhre verwachsen, weiss, freie Spitzen gelblich grün (Gattung: *Polygonatum*) ***Asparagaceae*** (S. 93)

\- Blütenhüllblätter bis zum Grund frei, weiss, gelb, orange bis rot und purpurn, oft dunkel gefleckt (Gattungen: *Fritillaria, Gagea, Lilium, Lloydia, Streptopus*) ***Liliaceae*** (S. 151)

29 Stängel (Halm) rund oder oval (nie 3-kantig) im Querschnitt, mit Knoten (Ausnahme: *Molinia*), zwischen den Knoten hohl. Blätter 2-zeilig angeordnet. Blüten meist zwittrig, je von 2 Spelzen umhüllt (bei den weiblichen Blüten von *Zea mays* fehlen diese Spelzen, die Blüten sind in achselständige, kolbige Blütenstände mit Hüllblättern zusammengefasst). Ährenförmige Teilblütenstände (Ährchen) von meist 2 Hüllblättern (Hüllspelzen) eingefasst ***Poaceae*** (S. 172)

\- Stängel meist 3-kantig, gelegentlich im oberen Abschnitt rund oder abgerundet, ohne Knoten, mit Mark gefüllt (Ausnahme: *Carex hirta*). Blätter 3-zeilig angeordnet **30**

30 Weibliche Blüten in 1 kolbigen oder mehreren gestielten, kugeligen Blütenständen vereinigt, männliche Blütenstände oberhalb der weiblichen, ebenfalls kugelig oder walzenförmig ausgebildet (Gattungen: *Sparganium, Typha*) ***Typhaceae*** (S. 253)

\- Weibliche Blüten in 1 oder mehreren, ährenförmigen Teilblütenständen, nicht in kugeligen oder kolbigen Blütenständen vereinigt, oder Blüten zwittrig ***Cyperaceae*** (S. 101)

Teilschlüssel VII - Netznervige Krautpflanzen ohne oder mit einfacher Blütenhülle

1 Blüten in einem Kolben-Blütenstand, umgeben von einem grünlich weissen, gelben oder dunkel violettbraunen Hüllblatt (Spatha) (Gattungen: *Arum, Calla, Dracunculus, Lysichiton*) ***Araceae*** (S. 90)

\- Blüten nicht in einem Kolben-Blütenstand, welcher von einem Hüllblatt umschlossen ist **2**

2 Blütenstand aus einer weiblichen und mehreren männlichen Blüten bestehend. Blüten ohne Blütenhülle, nur aus 1 Fruchtknoten oder 1 Staubblatt gebildet. Achsenbecher fasst zymösen Blütenstand (Cyathium) ein, mit 4 kissen- oder sichelförmigen Drüsen am Becherrand und 2 Hochblättern an dessen Basis (Gattung: *Euphorbia*) ***Euphorbiaceae*** (S. 510)

\- Blüten nicht in einem Achsenbecher zu einer Scheinblüte zusammengefasst **3**

3 Pflanze mit sehr langen, windenden, gelegentlich auch kriechenden Sprossen, zweihäusig, mit eingeschlechtigen, 3-zähligen Blüten oder weibliche Blüten in zapfenförmigem Blütenstand **4**

- Pflanze keine windenden Sprosse bildend. Blüten und Blütenstand verschieden **5**

4 Blütenhülle reduziert. Blätter 3- oder 5-lappig, obere oft einfach. Weibliche Blüten in dichter, zapfenartiger Ähre (Gattung: *Humulus*) ***Cannabaceae*** (S. 447)

- Blütenhülle 3-zählig. Blätter einfach, mit herzförmigem Grund. Weibliche Blüten einzeln oder in wenigblütiger Traube (Gattung: *Tamus*) ***Dioscoreaceae*** (S. 137)

5 Blütenhülle kelchartig, grünlich oder bräunlich gefärbt oder aussen grün und innen weiss bis gelblich grün, oder äusserer kelchartiger Kreis sehr schnell abfallend **6**

- Blütenhülle kronartig, auffällig gefärbt **21**

6 Blätter fiedrig oder handförmig zusammengesetzt **7**

- Blätter einfach **8**

7 Pflanze zweihäusig. Blattspreite einfach handförmig zusammengesetzt, Blattstiel ohne verbreiterte Blattstielbasis (Gattung: *Cannabis*) ***Cannabaceae*** (S. 447)

- Pflanze zwittrig. Blattspreite 2- bis 3-fach zusammengesetzt, Blattstiel an der Basis verbreitert (Gattungen: *Actaea, Thalictrum*) ***Ranunculaceae*** (S. 683)

8 Blätter gegen- oder quirlständig **9**

- Blätter wechselständig **13**

9 Blätter sitzend. Blattrand glatt **10**

- Blätter gestielt. Blattrand gezähnt **12**

10 Blätter gegenständig, wenn quirlständig, dann Kapselfrucht mit 1 Fach ***Caryophyllaceae*** (S. 459)

- Blätter quirlständig, zumindest einige deutlich schmal umgekehrt eiförmig. Kapselfrucht mit 2–5 Fächern **11**

11 Fruchtknoten oberständig ***Molluginaceae*** (S. 608)

- Fruchtknoten unterständig ***Rubiaceae*** (S. 752)

12 Basis der Blattspreite verschmälert. Pflanze ohne Brennhaare (Gattung: *Mercurialis*) ***Euphorbiaceae*** (S. 510)

- Basis der Blattspreite herzförmig. Pflanze mit Brennhaaren (Gattung: *Urtica*) ***Urticaceae*** (S. 795)

13 Blätter sitzend, lineal, ganzrandig **14**

- Blätter deutlich gestielt, zumindest im unteren Teil der Pflanze, mit flächiger Blattspreite **16**

14 Fruchtknoten unterständig (Gattung: *Thesium*) ***Santalaceae*** (S. 773)

- Fruchtknoten ober- oder mittelständig **15**

15 Blüten teller- oder schalenförmig, nicht bauchig rundlich ***Caryophyllaceae*** (S. 459)

- Blüten im unteren Teil bauchig rundlich, einzeln in den Blattachseln, mit 2 Tragblättern (Gattung: *Thymelaea*) ***Thymelaeaceae*** (S. 793)

16 Fruchtknoten unterständig. Spaltfrucht ***Apiaceae*** (S. 273)

- Fruchtknoten oberständig oder Pflanze eingeschlechtig. Kapsel- oder Nussfrucht **17**

17 Blattrand gezähnt. Nebenblätter sehr klein und unauffällig **18**

- Blattrand glatt oder gewellt. Nebenblätter fehlend **19**

18 Blüten eingeschlechtig, in dichten Knäueln in den Blattachseln (Gattung: *Acalypha*) **Euphorbiaceae** (S. 510)

\- Blüten zwittrig, in lockerer, gestielter Rispe (Gattung: *Macleaya*) **Papaveraceae** (S. 637)

19 Blüten eingeschlechtig. Pflanze ausdauernd, mit blütenlosen Sprossen. Wurzelsystem reich verzweigt (Gattungen: *Parietaria, Soleirolia*) **Urticaceae** (S. 795)

\- Blüten zwittrig (Ausnahmen: *Amaranthus* und *Atriplex*). Pflanze kurzlebig, alle Sprosse mit Blüten (Ausnahme: *Chenopodium bonus-henricus*). Wurzelsystem nur wenig verzweigt **20**

20 Blüten mit verbreitertem, schalenförmigem Blütenboden, einzeln. Blütenhülle innen gelblich (Gattung: *Tetragonia*) **Aizoaceae** (S. 262)

\- Blüten ohne verbreiterten Blütenboden, zu mehreren in dichtem Büschel. Blütenhülle unterschiedlich gefärbt, nicht gelb **Amaranthaceae** (S. 262)

21 Blüte monosymmetrisch **22**

\- Blüte radiärsymmetrisch **24**

22 Blüten mit langer, teils gebogener Röhre mit verbreitertem Grund und trichterförmigem Eingang. Blätter einfach (Gattung: *Aristolochia*) **Aristolochiaceae** (S. 77)

\- Blüten teils mit Sporn, aber ohne lange Röhre. Blätter tief gelappt oder zusammengesetzt **23**

23 Staubblätter 4 oder 6. Schotenähnliche Kapselfrucht. Kelchblätter 2, schuppenförmig, früh abfallend (an den Knospen erkennbar). Kronblätter 4 in 2 Kreisen **Papaveraceae** (S. 637)

\- Staubblätter viele. Balg- oder Nussfrucht. Keine Kelchblätter. Kronblätter 5 oder mehr **Ranunculaceae** (S. 683)

24 Blütenhülle 3-zählig, in der unteren Hälfte verwachsen, bräunlich rot (Gattung: *Asarum*) **Aristolochiaceae** (S. 77)

\- Blütenhülle frei, allenfalls zusätzlich ein verbreiterter, schalenförmiger Blütenboden **25**

25 Blütenhülle grünlich gelb, 4-zählig. Griffel 2. Kapselfrucht. Blüten von gelblich grünen Hochblättern umgeben (Gattung: *Chrysosplenium*) **Saxifragaceae** (S. 777)

\- Pflanze andersartig **26**

26 Blätter deutlich gestielt, eingeschnitten, gelappt oder zusammengesetzt. Nebenblätter vorhanden (Gattungen: *Alchemilla, Aphanes, Sanguisorba*) **Rosaceae** (S. 705)

\- Blätter gestielt, aber ohne Nebenblätter oder, wenn Nebenblätter vorhanden, dann Blätter einfach **27**

27 Kronblätter 2+2, Kelch 2, früh abfallend. Pflanze mit Milchsaft (Gattungen: *Chelidonium, Eschscholtzia, Glaucium, Meconopsis, Papaver*) **Papaveraceae** (S. 637)

\- Blüten andersartig. Pflanze ohne Milchsaft **28**

28 Blattrand gezähnt **Ranunculaceae** (S. 683)

\- Blattrand glatt **29**

29 Blütenstand eine dichte Traube, Blüten lang gestielt. Dunkel gefärbte, gerippte Beerenfrucht (Gattung: *Phytolacca*) **Phytolaccaceae** (S. 644)

\- Blütenstand ein Dichasium oder dichte Ähre, selten wenige Blüten in Büschel. Kapsel- oder Nussfrucht (Ausnahme: *Cucubalus* mit Beere, ohne Rippen) **30**

30 Blätter gegenständig, meist ungestielt. Nebenblätter fehlend oder getrennt, schuppenförmig **Caryophyllaceae** (S. 459)

\- Blätter wechselständig, gestielt oder sitzend. Nebenblätter zu einer Nebenblatthülle (Ochrea) verwachsen **Polygonaceae** (S. 665)

Teilschlüssel VIII – Netznervige Krautpflanzen mit doppelter Blütenhülle

1	Blütenstand ein Körbchen, Köpfchen oder Kolben mit einer Hülle aus kelch- oder kronblattartigen Hochblättern	**2**
-	Blütenstand anders, wenn Köpfchen oder Kolben, dann ohne Kranz von kelch- oder kronblattartigen Hochblättern oder nur mit bis zu 12 kleinen Einzelblüten	**5**
2	Blätter gegenständig **_Caprifoliaceae_** (S. 448)	
-	Blätter wechsel- oder grundständig, wenn anders, dann Blüten mit Röhren aus 5 verwachsenen Staubbeuteln	**3**
3	Staubbeutel zu einer Röhre verwachsen, Narbe mit 2 zurückgerollten Ästen. Nussfrucht **_Asteraceae_** (S. 302)	
-	Staubeutel frei, Narbe kopfig oder mit meist 3, selten 2 (Gattung: *Jasione*) Ästen. Kapsel- oder Spaltfrucht	**4**
4	Hochblätter stechend oder weiss bis rötlich gefärbt. Spaltfrucht **_Apiaceae_** (S. 273)	
-	Hochblätter grün und nicht stechend. Kapselfrucht **_Campanulaceae_** (S. 438)	
5	Blüten mit vom Kelch oder von der Krone gebildetem Sporn oder mit deutlicher Aussackung	**6**
-	Blüten ohne Sporn, gelegentlich aber Krone leicht ausgebuchtet	**11**
6	Sporn vom Kelch (der äusseren Blütenhülle) gebildet und bunt gefärbt, weniger als 5 grün gefärbte Kelchblätter	**7**
-	Sporn von der Krone (der inneren Blütenhülle) gebildet, 5 grün gefärbte Kelchblätter	**8**
7	Ein Kelchblatt vergrössert, trichter- oder helmförmig, kronblattartig, restliche Kelchblätter grün. Kronblätter ganzrandig. Blätter gezähnt, lanzettlich oder eiförmig, Blattstiel basal. Kapselfrucht, Samen werden mit Druck weggeschleudert **_Balsaminaceae_** (S. 378)	
-	Alle Kelchblätter kronblattartig und ungleich gross. Kronblätter in der Mitte gewimpert. Blätter ganzrandig, rundlich und schildförmig. Bruchfrucht **_Tropaeolaceae_** (S. 794)	
8	Blätter oft mit gefransten oder gefiederten Nebenblättern **_Violaceae_** (S. 797)	
-	Blätter ohne Nebenblätter	**9**
9	Fruchtknoten unterständig. Staubblatt 1. Alle Blätter gegenständig (Gattung: *Centranthus*) **_Caprifoliaceae_** (S. 448)	
-	Fruchtknoten oberständig. Staubblätter 4. Blätter wechsel-, gegen- oder grundständig	**10**
10	Blätter in grundständiger Rosette, auf der Oberseite drüsig-klebrig, seitlicher Blattrand nach oben gebogen (Gattung: *Pinguicula*) **_Lentibulariaceae_** (S. 599)	
-	Blätter wechselständig, im unteren Teil oft gegenständig, ganzrandig. Das obere Kronblatt bildet den Sporn (Gattungen: *Antirrhinum, Asarina, Cymbalaria, Chaenorhinum, Kickxia, Linaria, Misopates*) **_Plantaginaceae_** (S. 644)	
11	Blüten schmetterlingsblütenartig, monosymmetrisch, mit freiem, nach oben gerichtetem, fahnenförmigem Kronblatt und 2 freien, seitlich angeordneten, bunten Blütenblättern («Flügel» genannt)	**12**
-	Blüten andersartig, nicht schmetterlingsblütenartig	**13**
12	Blätter zusammengesetzt, selten einfach, mit Nebenblättern. Flügel von der Krone gebildet **_Fabaceae_** (S. 515)	
-	Blätter einfach, ohne Nebenblätter. Flügel vom Kelch gebildet **_Polygalaceae_** (S. 663)	
13	Blätter grundständig, aufsteigend, schlauchförmig, oben mit trichterartiger Insektenfalle (Gattung: *Sarracenia*) **_Sarraceniaceae_** (S. 777)	
-	Blätter nicht schlauchförmig und oben trichterartig	**14**

14	Blätter klebrig durch viele kleine oder einzelne, deutlich sichtbare Drüsenhaare	**15**
-	Blätter nicht auffällig klebrig durch Drüsenhaare (Drüsenhaare können aber vorhanden sein)	**16**
15	Blüten radiärsymmetrisch. Drüsenhaare lang, rötlich gefärbt (Gattung: *Drosera*) ***Droseraceae*** (S. 501)	
-	Blüten monosymmetrisch. Drüsen kurz und sehr dicht auf der Blattoberseite (Gattung: *Pinguicula*) ***Lentibulariaceae*** (S. 599)	
16	Blüten mit deutlich oder nur schwach monosymmetrischer, verwachsener Krone, teils deutlich 2-lippig	**17**
-	Blüten mit freier Krone oder mit verwachsener, radiärsymmetrischer Krone	**31**
17	Fruchtknoten unterständig. Schliessfrucht ***Caprifoliaceae*** (S. 448)	
-	Fruchtknoten oberständig. Kapsel- oder Bruchfrucht	**18**
18	Fruchtknoten 4-teilig. Bruchfrucht	**19**
-	Fruchtknoten rundlich bis säulenförmig oder scheibenförmig. Kapselfrucht	**21**
19	Teilblütenstände monochasial (Wickel). Blätter meist wechselständig. Pflanze oft borstig steif behaart (ohne *Phacelia*) ***Boraginaceae*** (S. 384)	
-	Teilblütenstände dichasial (in Halbquirlen) oder Blüten einzeln. Blätter gegenständig. Pflanze nicht auffallend borstig behaart	**20**
20	Blüten in gegenständigen Halbquirlen, daher mehrere Blüten pro Tragblatt ***Lamiaceae*** (S. 576)	
-	Blüten in ährigem Blütenstand, daher 1 Blüte pro Tragblatt ***Verbenaceae*** (S. 796)	
21	Staubblätter 5	**22**
-	Staubblätter 4 oder 2	**23**
22	Blüten in monochasialen Teilblütenständen (Gattung: *Phacelia*) ***Boraginaceae*** (S. 384)	
-	Blüten in Ähren (Gattung: *Verbascum*) ***Scrophulariaceae*** (S. 783)	
23	Staubblätter 2 (Gattungen: *Gratiola, Pseudolysimachion, Veronica*) ***Plantaginaceae*** (S. 644)	
-	Staubblätter 4	**24**
24	Blätter (zumindest die oberen) fiederteilig oder gefiedert	**25**
-	Blätter einfach, gelegentlich grob gezähnt. Oberlippe der Krone breit helmförmig oder flächig	**26**
25	Oberlippe der Krone reduziert, kürzer als die Unterlippe (Gattung: *Acanthus*) ***Acanthaceae*** (S. 259)	
-	Oberlippe der Krone der Länge nach gefaltet und daher sehr schmal, länger als die Unterlippe (Gattung: *Pedicularis*) ***Orobanchaceae*** (S. 623)	
26	Blätter wechselständig (Gattungen: *Digitalis, Erinus*) ***Plantaginaceae*** (S. 644)	
-	Blätter gegenständig (bei *Euphrasia* oft obere Blätter wechselständig)	**27**
27	Kelch 4-zählig, Zähne ± gleichmässig (Gattungen: *Bartsia, Euphrasia, Melampyrum, Odontites, Rhinanthus, Tozzia*) ***Orobanchaceae*** (S. 623)	
-	Kelch 5-zählig, gelegentlich deutlich 2-lippig	**28**
28	Blüten in endständigen Rispen oder achselständigen, zymösen Teilblütenständen (Gattung: *Scrophularia*) ***Scrophulariaceae*** (S. 783)	
-	Blüten einzeln oder in traubigen Teilblütenständen	**29**
29	Krone gelb, mit roten Flecken und Adern (Gattung: *Mimulus*) ***Phrymaceae*** (S. 643)	
-	Krone blau, mit weissen Flecken, teils zusätzlich mit gelben Punkten auf der Unterlippe	**30**

30 Blätter ganzrandig. Krone blau mit weissen Flecken auf allen Kronlappen (Gattung: *Lindernia*) ***Linderniaceae*** (S. 602)

- Blätter vorne gezähnt. Krone violettblau, mit weissem Fleck und gelben Punkten auf der Unterlippe (Gattung: *Mazus*) ***Mazaceae*** (S. 607)

31 Pflanze windend oder durch Ranken kletternd, lange Sprosse bildend **32**

- Pflanze nicht mittels Ranken oder durch Winden kletternd, meist niederliegend bis aufrecht **33**

32 Pflanze windend, mit Milchsaft. Blüten zwittrig ***Convolvulaceae*** (S. 490)

- Pflanze mit Ranken, ohne Milchsaft. Blüten eingeschlechtig ***Cucurbitaceae*** (S. 499)

33 Kronblätter zumindest an der Basis deutlich verwachsen, radiärsymmetrisch oder ganz leicht monosymmetrisch **34**

- Kronblätter bis zur Basis frei **51**

34 Blätter gegen- oder quirlständig **35**

- Blätter wechsel- oder grundständig **42**

35 Fruchtknoten unterständig oder halb unterständig **36**

- Fruchtknoten oberständig **38**

36 Griffel sehr kurz oder fehlend ***Adoxaceae*** (S. 259)

- Griffel lang, schlank **37**

37 Blätter gegenständig ***Caprifoliaceae*** (S. 448)

- Blätter in Quirlen von 4 oder mehr ***Rubiaceae*** (S. 752)

38 Blüten zu vielen in dichten, kugeligen oder verlängerten Blütenständen (Gattungen: *Globularia, Plantago*) ***Plantaginaceae*** (S. 644)

- Blüten gestielt, einzeln oder in traubigem, doldigem oder rispigem Blütenstand oder sitzend, zu wenigen in Büscheln **39**

39 Blüten von kelchähnlichem, 5-teiligem Hüllblattkreis eingefasst, zu wenigen in Büscheln dicht beieinander, öffnen sich erst gegen Abend (Gattung: *Mirabilis*) ***Nyctaginaceae*** (S. 611)

- Blüten mit Kelch und Krone, einzeln oder in traubigem oder rispigem Blütenstand, öffnen sich tagsüber **40**

40 Pflanze mit Milchsaft (Gattungen: *Asclepias, Vincetoxicum*) ***Apocynaceae*** (S. 299)

- Pflanze ohne Milchsaft **41**

41 Fruchtknoten mit 2 deutlichen Narbenästen ***Gentianaceae*** (S. 555)

- Fruchtknoten mit langem Griffel und kopfiger Narbe ***Primulaceae*** (S. 676)

42 Fruchtknoten unterständig ***Campanulaceae*** (S. 438)

- Fruchtknoten oberständig **43**

43 Staubblätter 2x so viele wie Kronblätter (Gattung: *Pyrola*) ***Ericaceae*** (S. 503)

- Staubblätter so viele wie Kronblätter **44**

44 Narbenäste 3 ***Polemoniaceae*** (S. 662)

- Narbenäste 2 oder Narbe kopfig **45**

45 Staubbeutel aus der Kronröhre ragend, dicht nebeneinanderliegend **46**

- Staubbeutel nicht dicht nebeneinander, teils in der Kronröhre verborgen **47**

46 Blätter in grundständiger Rosette, runzelig, auf der Unterseite mit rotbraunen Haaren (Gattung: *Ramonda*) ***Gesneriaceae*** (S. 569)

- Blätter wechselständig, kahl ***Solanaceae*** (S. 789)

47 Blätter 3-teilig zusammengesetzt (Gattung: *Menyanthes*) ***Menyanthaceae*** (S. 608)

- Blätter einfach oder unpaarig gefiedert **48**

48	Blüte in monochasialen Teilblütenständen (wenn einzeln, dann Krone blau mit gelben Schlundschuppen; *Eritrichium*)	***Boraginaceae*** (S. 384)
-	Blüte in traubigen, ährigen, doldigen oder kugeligen Blütenständen (wenn einzeln, dann Krone weiss, rosa oder gelb)	**49**
49	Blüte 4- oder 5-zählig, 2-lippig. Staubfäden frei, nur am Grund angewachsen (Gattungen: *Globularia, Plantago*)	***Plantaginaceae*** (S. 644)
-	Blüte 5-zählig, radiärsymmetrisch. Staubfäden mit der Krone verwachsen, Staubbeutel vor den Kronblättern stehend	**50**
50	Kelch trockenhäutig oder mit rot gefärbtem Rand	***Plumbaginaceae*** (S. 662)
-	Kelch grünlich, nicht trockenhäutig oder rötlich gefärbt	***Primulaceae*** (S. 676)
51	Blüten monosymmetrisch	**52**
-	Blüten radiärsymmetrisch	**53**
52	Krone hell gelblich gefärbt. Kelch 4- oder 6-zählig	***Resedaceae*** (S. 703)
-	Krone rosa bis rötlich gefärbt. Kelch 5-zählig (Gattung: *Dictamnus*)	***Rutaceae*** (S. 761)
53	Blätter fleischig, saftig verdickt oder lederig	**54**
-	Blätter laubig	**58**
54	Nebenblätter in Haare aufgelöst, in den Achseln der gegen- oder wechselständigen Blätter	***Portulacaceae*** (S. 676)
-	Nebenblätter fehlend, keine Haare in den Blattachseln	**55**
55	Blätter gegenständig. Blüten 3–5 cm (Gattung: *Delosperma*)	***Aizoaceae*** (S. 262)
-	Blätter grund- oder wechselständig (wenn gegenständig, dann Blüten kleiner als 3 cm)	**56**
56	Kelch 2-teilig, früh hinfällig oder fehlend	***Montiaceae*** (S. 609)
-	Kelch 5- oder mehrteilig, bleibend	**57**
57	Griffel so viele wie Kronblätter	***Crassulaceae*** (S. 493)
-	Griffel 2	***Saxifragaceae*** (S. 777)
58	Pflanze mit 1 Blattquirl aus 4, selten 5 oder 6 Blättern. Blüte terminal, 4-, selten 5- oder 6-zählig (Gattung: *Paris*)	***Melanthiaceae*** (S. 155)
-	Pflanze anders gebaut	**59**
59	Blüten mit schlankem, röhrenförmigem Achsenbecher, 6-zählig, mit Aussenkelch (Gattung: *Lythrum*)	***Lythraceae*** (S. 603)
-	Blüten ohne oder mit nur sehr kurzem Achsenbecher (dann aber nicht 6-zählig)	**60**
60	Blüten 2-zählig (Gattung: *Circaea*) oder 4-zählig, mit 8 Staubblättern (Gattungen: *Epilobium, Oenothera*). Fruchtknoten unterständig	***Onagraceae*** (S. 615)
-	Blüten andersartig	**61**
61	Blätter gegenständig	**62**
-	Blätter wechselständig	**68**
62	Viele Staubblätter	**63**
-	Staubblätter 1x oder 2x so viele wie Kronblätter	**65**
63	Blätter zusammengesetzt (Gattung: *Clematis*)	***Ranunculaceae*** (S. 683)
-	Blätter einfach	**64**
64	Kelch 3- oder 5-zählig mit 3 grossen und 2 kleinen Kelchblättern	***Cistaceae*** (S. 488)
-	Kelch 5-zählig, alle gleich gross	***Hypericaceae*** (S. 572)
65	Blattrand gezähnt	***Geraniaceae*** (S. 563)
-	Blatt ganzrandig	**66**

66	Blätter gefiedert, mit 5–8 Fiederpaaren (Gattung: *Tribulus*) ***Zygophyllaceae*** (S. 805)	
-	Blätter einfach	**67**
67	Staubblätter 2x so viele wie Kronblätter oder, wenn Staubblätter gleich viele wie Kronblätter, dann alle Blätter gegenständig ***Caryophyllaceae*** (S. 459)	
-	Staubblätter gleich viele wie Kronblätter. Blätter im oberen Teil der Pflanze wechselständig ***Linaceae*** (S. 601)	
68	Viele Staubblätter	**69**
-	Wenige Staubblätter, meist entweder 1x oder 2x so viele wie Kronblätter	**73**
69	Kelch mit Aussenkelch oder Kelch mit mehr als 5 Kelchblättern (z. B. *Dryas*)	**70**
-	Kelch ohne zusätzlichen Aussenkelch, zum Teil früh abfallend	**71**
70	Staubfäden zu einer Röhre verwachsen ***Malvaceae*** (S. 604)	
-	Staubfäden frei ***Rosaceae*** (S. 705)	
71	Kelch 2-teilig, früh hinfällig ***Papaveraceae*** (S. 637)	
-	Kelch 5- und mehrteilig	**72**
72	Blüten gross, über 6 cm Durchmesser. Balgfrucht filzig behaart. Narbe rot ***Paeoniaceae*** (S. 637)	
-	Blüten klein, meist weniger als 5 cm Durchmesser (wenn grösser, dann gelb und nicht rot oder weiss). Balgfrucht kahl. Narben nicht auffällig rot (Gattungen: *Adonis, Callianthemum, Ranunculus*) ***Ranunculaceae*** (S. 683)	
73	Blüten klein, etwa 5 mm Durchmesser, in geknäuelten Blütenständen (Gattungen: *Corrigiola, Telephium*) ***Caryophyllaceae*** (S. 459)	
-	Blüten grösser, über 1 cm Durchmesser, in andersartigen Blütenständen	**74**
74	Staubblätter 2x so viele wie Kronblätter	**75**
-	Staubblätter 1x oder 1,5x so viele wie Kronblätter, allenfalls zusätzlich Staminodien	**78**
75	Blüten 4- bzw. 2-zählig	**76**
-	Blüten 5-zählig	**77**
76	Blätter mit durchscheinenden Punkten (Gattung: *Ruta*) ***Rutaceae*** (S. 761)	
-	Blätter ohne durchscheinende Punkte (Gattung: *Epimedium*) ***Berberidaceae*** (S. 378)	
77	Griffel nach der Blüte verlängert. Bruchfrucht ***Geraniaceae*** (S. 563)	
-	Griffel nach der Blüte nicht verlängert. Kapselfrucht ***Oxalidaceae*** (S. 636)	
78	Fruchtknoten unterständig ***Apiaceae*** (S. 273)	
-	Fruchtknoten halb unterständig oder oberständig	**79**
79	Kelch mit Aussenkelch (Gattung: *Sibbaldia*) ***Rosaceae*** (S. 705)	
-	Kelch ohne Aussenkelch	**80**
80	Blütenhülle 4-zählig, Staubblätter 6, selten 5 ***Brassicaceae*** (S. 396)	
-	Blütenhülle 5-zählig, Staubblätter 5, oft zusätzlich 5 Staminodien	**81**
81	Blätter stängelständig, ohne grundständige Rosette. Blattspreite lanzettlich ***Linaceae*** (S. 601)	
-	Blätter in grundständiger Rosette, zusätzlich einzelne, teils verwachsene Blätter am Stängel	**82**
82	Zumeist 1 ungestieltes Blatt stängelständig, grundständige Blätter gestielt. Blattspreite herzförmig (Gattung: *Parnassia*) ***Celastraceae*** (S. 486)	
-	Unterhalb des Blütenstandes jeweils 2 sitzende Blätter zu einem Trichter verwachsen (Gattung: *Claytonia*) ***Montiaceae*** (S. 609)	

5. Pteridophyten Gefässsporenpflanzen

Isoëtaceae — Brachsenkrautgewächse

Isoëtes — Brachsenkraut

Die Untersuchung der Megasporen-Oberfläche lässt sich auch ohne die Zerstörung ganzer Pflanzen bewerkstelligen. Es genügt, ein einzelnes, äusseres Blättchen zu entnehmen. Die Megasporen befinden sich am verbreiterten Blattgrund.

1 Blätter dunkelgrün, steif, binsenartig. Megasporen runzelig →

Isoëtes lacustris L., See-Brachsenkraut: Ah, 5-10 cm, VII-IX, alpin, nährstoffarme, kiesige Seeufer, (Litt), VU

\- Blätter hellgrün, schlaff. Megasporen stachelig →

Isoëtes echinospora Durieu, Stachelsporiges Brachsenkraut: Ah, 5-10 cm, VII-IX, nährstoffarme, kiesige Seeufer, (Litt), CR

Lycopodiaceae — Bärlappgewächse

1 Sporangien in den Blattwinkeln. Pflanze büschelig (Abb. Tafel 1, S. 48) — ***Huperzia***

\- Sporangien in endständigen Ähren. Pflanze kriechend — **2**

2 Blätter schuppenförmig, angedrückt, kreuzweise gegenständig in 4 Reihen. Spross kantig (Abb. Tafel 1, S. 48) — ***Diphasiastrum***

\- Blätter abstehend, spiralig angeordnet. Spross rund — **3**

3 Blätter aufrecht abstehend. Spross kurz und niederliegend. Ähre undeutlich abgesetzt. Spross kurz, niederliegend (Abb. Tafel 1, S. 48) — ***Lycopodiella***

\- Blätter fast waagrecht abstehend. Spross lang kriechend und verzweigt. Ähren deutlich abgesetzt. Spross lang kriechend, verzweigt (Abb. Tafel 1, S. 48) — ***Lycopodium***

Diphasiastrum — Flachbärlapp

1 Sporangienähren mindestens 2 cm lang gestielt, zu (1-)2-4(-6) — **2**

\- Sporangienähren sitzend oder höchstens bis 2 cm lang gestielt, zu 1-2(-3) — **3**

2 Sprosse ober- und unterseits fast gleich. Spross wenig abgeflacht (Abb. Tafel 1, S. 48)

Diphasiastrum tristachyum (Pursh) Holub, Zypressen-Flachbärlapp: Ch, 5-20 cm, VIII-IX, montan-subalpin, Zwergstrauchheiden, lichte Nadelwälder, (Call-Geni), RE

\- Sprosse ober- und unterseits deutlich verschieden. Spross unterseits deutlich abgeflacht (Abb. Tafel 1, S. 48)

Diphasiastrum complanatum (L.) Holub, Gemeiner Flachbärlapp: Ch, 5-20 cm, VII-IX, (montan-) subalpin, Nadelwälder, Zwergstrauchheiden, (Dicr-Pini, Vacc-Pice), EN

3 Blätter der Sprossunterseite deutlich gestielt, gekniet (Abb. Tafel 1, S. 48)

Diphasiastrum alpinum (L.) Holub, Alpen-Flachbärlapp: Ch, 3–12 cm, VII–IX, subalpin-alpin, Zwergstrauchheiden, Borstgrasrasen, (Juni-nana, Rhod-Vacc, Nard), LC

- Blätter der Sprossunterseite meist ungestielt, nicht gekniet (Abb. Tafel 1, S. 48)

Diphasiastrum ×issleri (Rouy) Holub, Isslers Flachbärlapp: Ch, 5–20 cm, VII–IX, kollin-subalpin (-alpin), Zwergstrauchheiden, lichte Nadelwälder, (Juni-nana, Call-Geni), EN

Huperzia Tannenbärlapp

- Sporangien in den Winkeln der Blätter. Blätter zu 4–5 quirl- oder schraubenständig, sehr dicht stehend, 4–8 mm lang und bis 2 mm breit, fein zugespitzt, ganzrandig oder fein gezähnt (Abb. Tafel 1, S. 48)

Huperzia selago (L.) Schrank & Mart., Tannen-Bärlapp: Ch, 5–25 cm, VII–X, (kollin-) subalpin-alpin, kalkarme Magerrasen, Zwergstrauchheiden, (Nard, Juni-nana, Rhod-Vacc, Eric-PiUn), LC

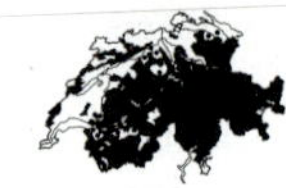

Lycopodiella Moorbärlapp

- Blättchen aufrecht abstehend. Spross kurz und niederliegend. Ähre undeutlich abgesetzt (Abb. Tafel 1, S. 48)

Lycopodiella inundata (L.) Holub, Moor-Bärlapp: Ch, 2–10 cm, VII–X, kollin-subalpin, Torfmoore, Schlenken, (Cari-lasi), VU

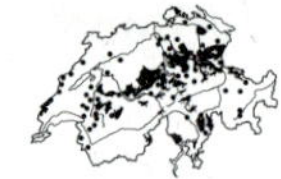

Lycopodium Bärlapp

1 Sporangienähre sitzend, meist einzeln, 1,5–3 cm lang. Blätter spitzt aber nicht in ein Haar auslaufend (Abb. Tafel 1, S. 48)

Lycopodium annotinum L., Wald-Bärlapp: Ch, 10–30 cm, VI–IX, (montan-) subalpin, Nadelwälder, Zwergstrauchheiden, (Vacc-Pice), LC

- Blätter am Ende mit einem weissen Spitzchen (Achtung: Haarspitzen oft bei alten Blättern abgebrochen, deshalb bei jungen Blätter, z. B. am Ende der kriechenden Triebe, kontrollieren)

Lycopodium clavatum L., Keulen-Bärlapp: Ch, 5–30 cm, VII–IX, (montan-) subalpin, Nadelwälder, Magerrasen, Zwergstrauchheiden, (Call-Geni), NT

a Sporangienähre zu (1-)2–3(-5), auf einem 2–10(-18) cm langen Stiel. Jeder Sporangienähre kurz gestielt. Blätter 4–5(-6) mm lang. Seitentriebe weit kriechend.

Lycopodium clavatum L. subsp. ***clavatum***, Keulen-Bärlapp: Ch, 5–30 cm, VII–IX, (montan-) subalpin, Nadelwälder, Magerrasen, (Call-Geni)

- Sporangienähre einzeln (seltener zu 2) auf einem bis zu 3(-4) cm langen Stiel (selten auch ungestielt; falls zwei Sporangienähre, dann ungestielt). Blätter 3–4(-5) mm lang. Seitentriebe kurz kriechend bis aufrecht

Lycopodium clavatum subsp. ***monostachyon*** (Grev. & Hook.) Selander, Keulen-Bärlapp: Ch, 5–10 cm, VII–IX, subalpin, Zwergstrauchheiden, (Lois-Vacc)

Selaginellaceae — Moosfarngewächse

Selaginella — Moosfarn

1 Blätter alle gleich, spiralig angeordnet, wimprig gezähnt. Vegetative Triebe aufsteigend (Abb. Tafel 1, S. 48)

Selaginella selaginoides (L.) Schrank & Mart., Dorniger Moosfarn: Ch, 4–8 cm, VI–VIII, (montan-) subalpin-alpin, kalkreiche, eher feuchte Gebirgsrasen, Zwergstrauchheiden, Flachmoore, (Poio-alpi, Sesl, Cari-dava), LC

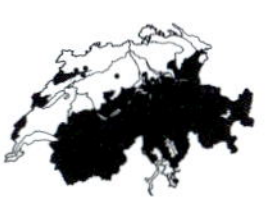

- Blätter → 4-zeilig, zweigestaltig, ganzrandig. Pflanze mit fadenförmigem, weit kriechendem Stängel (Abb. Tafel 1, S. 48)

Selaginella helvetica (L.) Link, Schweizer Moosfarn: Ch, 3–20(–30) cm, kriechend, VI–VIII, (kollin-) montan-subalpin, kalkreiche, schattige Felsen, Mauern, Magerrasen, (Cyst, Cirs-Brac), LC

Equisetaceae — Schachtelhalmgewächse

Equisetum — Schachtelhalm

Die Hybriden können durch vegetatives Wachstum ausgedehnte Kolonien bilden. Eine Ausschlüsselung aller bekannten Hybriden würde den Rahmen einer Exkursionsflora sprengen.

1 Stängel mit einer Sporangienähre **2**

- Sporangienähre fehlend, oder es besteht ein Verdacht auf eine Hybridform (alternativer Schlüssel zur Bestimmung steriler Pflanzen und Hybriden) **10**

2 Sporangienähre mit aufgesetztem Spitzchen. Stängel grün **3**

- Sporangienähre mit stumpfer Spitze. Stängel grün oder anders **5**

3 Untere Blattscheiden → weisslich, von zwei schwarzen Ringen gesäumt. Stängel dunkelgrün, Zentralhöhle mehr als ⅔ des Stängelquerschnitts einnehmend (Abb. Tafel 1, S. 48)

Equisetum hyemale L., Winter-Schachtelhalm: Ch, 50–150 cm, V–VII, kollin-subalpin, wechselfeuchte Pionierfluren, Auenwälder; wasserzügige Hänge in lichten Wäldern, meist herdenweise, (Alni-inca, Frax), LC

- Untere Blattscheiden grün, immer ohne schwarzen Ring am Grund **4**

4 Pflanze weniger als 40 cm hoch. Stängel dünn, 2–3 mm breit, unverzweigt oder nur vereinzelt an der Basis verzweigt. Blattscheiden dreifarbig grün-schwarz-weiss: unten grün, dann mit 4–10 schwarzen Zähnen, schliesslich ein Saum aus einem breiten, weissen Hautrand (Abb. Tafel 1, S. 48)

Equisetum variegatum Schleich., Bunter Schachtelhalm: Ch-G, 10–30 cm, V–VIII, montan-subalpin (-alpin), kalkreiche, sandige Schwemmebenen, Flachmoore; kiesig-sandige Orte, Alluvionen, (Cari-bico, Cari-dava), LC

- Pflanze vielgestaltig, 10–100 cm hoch. Stängel 2–9 mm breit, im Allgemeinen auf der gesamten Länge verzweigt (selten nur an der Basis oder unverzweigt). Blattscheiden des Haupttriebs deutlich länger als breit, mit (4–)8–15(–26) lange bleibenden, dreieckigen Zähnen, diese mit pfriemförmiger, früh abfallender Spitze (Abb. Tafel 1, S. 48)

Equisetum ramosissimum Desf., Ästiger Schachtelhalm: Ch, 30–90 cm, V–VI, kollin-montan, wechselfeuchte, sandige Flussufer; sandige, trockene Böden an Flussufern, (Epil-flei, Agro-Rumi), NT

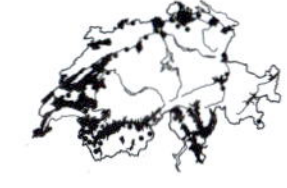

Tafel 1

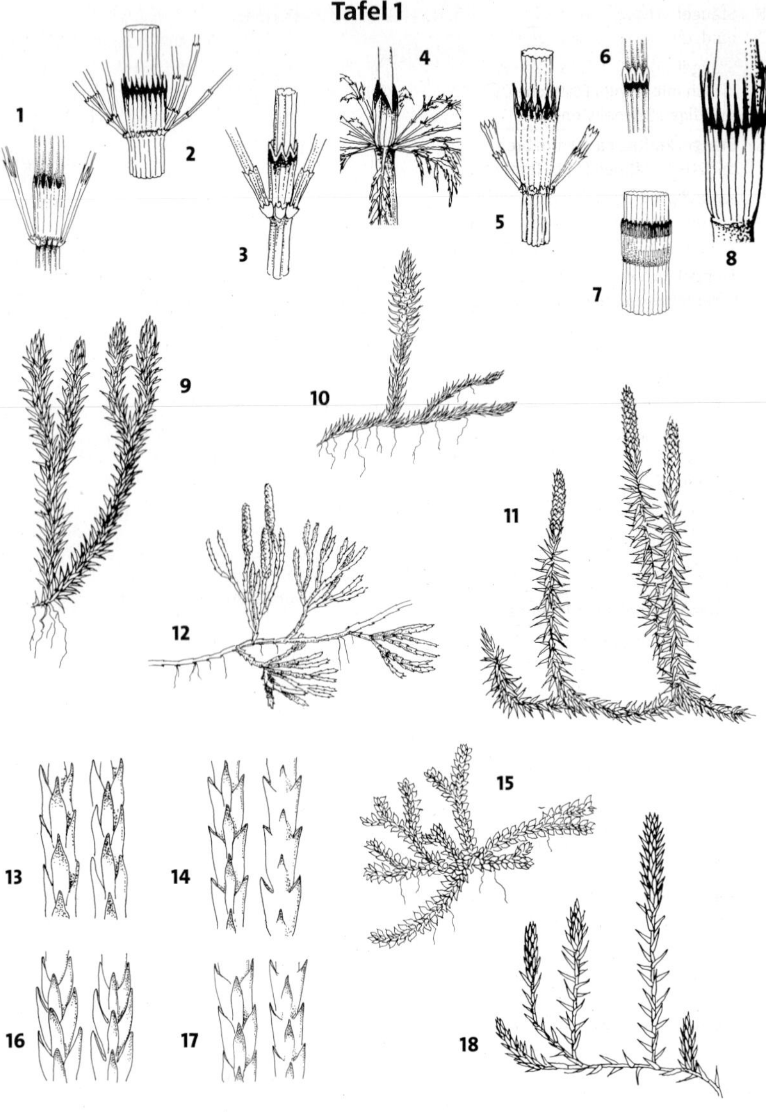

Equisetaceae. Stängelscheiden: 1. *Equisetum arvense*, 2. *E. fluviatile*, 3. *E. palustre*, 4. *E. sylvaticum*, 5. *E. ramosissimum*, 6. *E. variegatum*, 7. *E. hyemale*, 8. *E. telmateia*
Lycopodiaceae. Habitus und Schuppen: 9. *Huperzia selago*, 10. *Lycopodiella inundata*, 11. *Lycopodium annotinum*, 12. *Diphasiastrum alpinum*; Sprosse (links: Oberseite, rechts: Unterseite): 13. *D. tristachyum*, 14. *D. complanatum*, 16. *D. alpinum*, 17. *D. ×issleri*
Selaginellaceae. Habitus: 15. *Selaginella helvetica*, 18. *S. selaginoides*

5 Stängel und Blattscheiden ohne Chlorophyll, weisslich oder rötlich, ohne quirlständige Seitenäste, nach der Sporenreife rasch absterbend **6**

- Stängel und Blattscheiden grün. Selten Stängel zu Beginn weisslich oder rötlich mit grünen Blattscheiden, später ergrünend (Stängel dann mit quirlständigen Seitenästen) **7**

6 Stängel kräftig, ca. 10 mm breit. Sporangienähre 4-8 cm lang. Blattscheiden mit 20-35 Zähnen (Abb. Tafel 1, S. 48)

Equisetum telmateia Ehrh., Riesen-Schachtelhalm: G, 20-50 cm, III-V, kollin-montan, kalkreiche Auenwälder, Quellfluren; nasse Orte in Laubwäldern, seltener Moore, (Frax, Alni-inca), LC

- Stängel weniger kräftig, ca. 5 mm breit. Sporangienähre 1,5-5 cm lang. Blattscheiden mit weniger als 15 Zähnen (Abb. Tafel 1, S. 48)

Equisetum arvense L., Acker-Schachtelhalm: G, 10-20 cm, III-V, kollin-subalpin, wechselfeuchte Pionierfluren, Wegränder, Ufer, Bahnareale, Alluvionen, (Conv-Agro, Agro-Rumi, Poly-Chen), LC. Kann mit *E. palustre* verwechselt werden, hier ist jedoch das unterste Glied der Seitenäste deutlich kürzer als die dazugehörige Blattscheide am Haupttrieb

7 Seitenäste nochmals 1-2x verzweigt. Fertile Stängel grün werdend. Blattscheiden unten grün, oben mit langen braunen Zähnen (Abb. Tafel 1, S. 48)

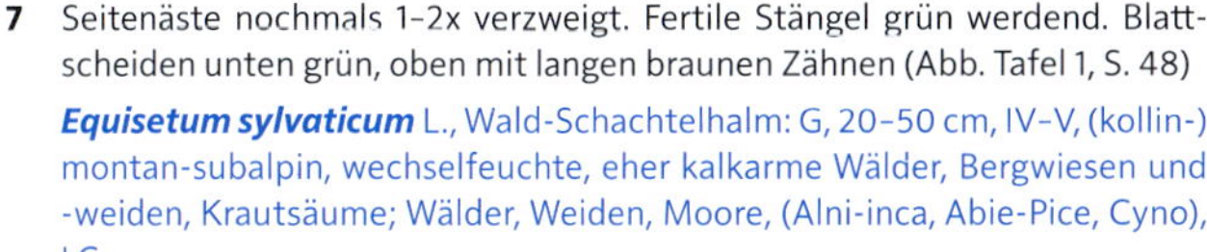

Equisetum sylvaticum L., Wald-Schachtelhalm: G, 20-50 cm, IV-V, (kollin-) montan-subalpin, wechselfeuchte, eher kalkarme Wälder, Bergwiesen und -weiden, Krautsäume; Wälder, Weiden, Moore, (Alni-inca, Abie-Pice, Cyno), LC

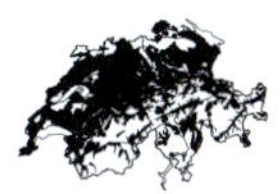

- Seitenäste fehlend oder nur einfach, unverzweigt **8**

8 Blattscheiden grünlich, ca. 15 mm lang, etwas bauchig, dem Stängel nicht eng anliegend, mit langen Zähnen. Stängelrippen mit hohen, spitzen Papillen → (Lupe!, nur noch bei *E. sylvaticum* so). Fertile (Sporen tragende) Stängel zu Beginn weisslich hellbraun, später ergrünend

Equisetum pratense Ehrh., Wiesen-Schachtelhalm: G, 10-30(-50) cm, V-VI, (montan-) subalpin, lichte, eher kalkarme Auenwälder, wechselfeuchte Laubmischwälder, Waldränder; feuchte Wiesen, Schluchten, (Alni-inca), LC

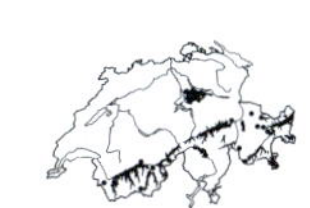

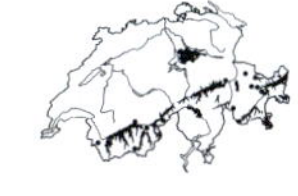

- Blattscheiden grün, meist weniger als 10 mm lang, dem Stängel eng anliegend, mit kurzen, schwarzen Zähnen. Stängel grün **9**

9 Stängel dünn, 2-3 mm breit, tief gefurcht. Zentralhöhle klein, eng, nur bis ⅙ des Stängeldurchmessers (Abb. Tafel 1, S. 48)

Equisetum palustre L., Sumpf-Schachtelhalm: G, 20-60 cm, VI-IX, kollin-subalpin (-alpin), Flachmoore, Nasswiesen, Gräben; Sumpfwiesen, (Cari-fusc, Cari-dava, Calt), LC

- Stängel kräftig, steif, 5-10 mm breit, glatt oder gerieft, hohl (Zentralhöhle sehr gross, ⅘ des Stängeldurchmessers) (Abb. Tafel 1, S. 48)

Equisetum fluviatile L., Schlamm-Schachtelhalm: G, 30-120 cm, V-VII, kollin-subalpin, Seeufer, Grossseggenriede, Bruchwälder; Verlandungspionier in Seen, Teichen, Gräben, (Alni-glut, Phra, Magn), LC

10 Untere Blattscheiden weisslich (an jungen Trieben blassgrün), von zwei schwarzen Ringen umgeben (bei *E. ×trachyodon* manchmal vollständig schwarz). Sporangienähre, sofern vorhanden, mit aufgesetzter Spitze **11**

- Untere Blattscheiden grün, am Grund immer ohne schwarzen Ring **13**

11 Obere Blattscheiden gleich wie die unteren. Stängel dunkelgrün. Sporen gut ausgebildet. Pflanze schattiger und feuchter Standorte (Abb. Tafel 1, S. 48) **3**

→ *Equisetum hyemale*

- Obere Blattscheiden anders als die unteren. Sporen nicht entwickelt. Pflanze erträgt exponierte Standorte **12**

12 Untere Blattscheiden rasch schwarz werdend, mit länger bleibenden Zähnen als bei *E. ×moorei*. Silikatablagerungen an den Seiten der Zweige sich nicht berührend. Blattscheiden weniger als 1,5x so lang wie breit

Equisetum ×trachyodon A. Braun, *(E. ×mackayi)*, Rauzähniger Schachtelhalm: G, 20–50 cm, VII–VIII, kollin, wechselfeuchte, kalkreiche Flussufer, Weidengebüsche, Nasswiesen, (Moli, Cari-bico), VU. Hybride aus *E. hyemale* und *E. variegatum*

- Obere Blattscheiden bleiben grün, bei ausgewachsener Pflanze ohne schwarzen Ring am Grund. Silikatablagerungen an den Seiten der Zweige sich berührend. Blattscheiden 1,5x so lang wie breit

Equisetum ×moorei Newman, Moores Schachtelhalm: 20–50 cm, sandige Böschungen, Halbtrockenrasen, DD. Hybride aus *E. hyemale* und *E. ramosissimum*

13 Stängel mit gleichmässig verteilten, quirlständigen Seitenästen. Seitenäste markig, gefüllt, ohne zentrale Höhle **14**

- Stängel verzweigt (oft nur unregelmässig verzweigt) oder unverzweigt. Seitenäste hohl, mit zentraler Höhle (Stängel durchschneiden und mit der Lupe betrachten!) **17**

14 Stängel dick (ca. 1 cm breit), Stängelglieder elfenbeinfarben, im Jahresverlauf braun werdend. Seitenäste nicht weiter verzweigt, zahlreich (20–40 pro Quirl) (Abb. Tafel 1, S. 48) **6**

→ *Equisetum telmateia*

- Stängel weniger dick, Stängelglieder grün. Weniger als 20 Seitenäste pro Quirl **15**

15 Seitenäste nochmals verzweigt, 4-kantig (Querschnitt). Zähne der Blattscheiden zu 2–4(–6) grossen, bräunlichen, häutigen Zipfeln vereinigt (Abb. Tafel 1, S. 48) **7**

→ *Equisetum sylvaticum*

- Seitenäste nicht weiter verzweigt. Zähne der Blattscheiden zahlreich, nicht zu häutigen Zipfeln vereinigt **16**

16 Seitenäste im Querschnitt 3-kantig. Rippen des Haupttriebs mit Höckern aus Silikatablagerungen besetzt (Lupe!). Im unteren Teil der Pflanze: Unterstes Glied der Seitenäste gleich lang oder kürzer als die dazugehörige Blattscheide. Im oberen Teil der Pflanze: Unterstes Glied der Seitenäste länger als die dazugehörige Blattscheide. Art der Walliser und Bündner Alpen **8**

→ *Equisetum pratense*

- Seitenäste im Querschnitt 4-eckig. Unterstes Glied der Seitenäste überall deutlich länger als die dazugehörige Blattscheide. Art häufig, verbreitet (Abb. Tafel 1, S. 48) **6**

  Equisetum arvense L., Acker-Schachtelhalm: Kann mit *E. palustre* verwechselt werden, hier ist jedoch das unterste Glied der Seitenäste deutlich kürzer als die dazugehörige Blattscheide am Haupttrieb

17 Pflanze weniger als 40 cm hoch. Stängel dünn, 2-3 mm breit, unverzweigt oder nur vereinzelt an der Basis verzweigt. Blattscheiden ± so lang wie breit, dreifarbig grün-schwarz-weiss: unten grün, dann mit 4-10 schwarzen Zähnen, schliesslich ein Saum aus einem breiten, weissen Hautrand (Abb. Tafel 1, S. 48) **4**

  → *Equisetum variegatum*

- Stängel und Blattscheiden anders **18**

18 Stängel glatt oder gerieft, stark ausgehöhlt (Zentralhöhle bis 4/5 des Stängelquerschnitts ausfüllend), kräftig, 5-10 mm breit (Abb. Tafel 1, S. 48) **9**

  → *Equisetum fluviatile*

- Stängel stark gefurcht, Zentralhöhle maximal ½ des Stängelquerschnitts einnehmend **19**

19 Stängel 2-9 mm breit, Zentralhöhle ca. ½ des Stängelquerschnitts einnehmend. Sporangienähre, sofern vorhanden, mit aufgesetzter Spitze (Abb. Tafel 1, S. 48) **4**

  → *Equisetum ramosissimum*

- Stängel dünn, 2-3 mm breit, fast gefüllt (Zentralhöhle weniger als ½ des Stängelquerschnitts einnehmend. Sporangienähre, sofern vorhanden, stumpf (Abb. Tafel 1, S. 48) **9**

  → *Equisetum palustre*

Aspleniaceae Streifenfarngewächse

1 Blätter ungeteilt (Abb. Tafel 2, S. 52) ***Phyllitis***

- Blätter geteilt (Abb. Tafel 2, S. 52) ***Asplenium***

Asplenium Streifenfarn

Es gibt zahlreiche Hybridisierungen, aber in der Natur sind sie nur selten anzutreffen. Die Hybriden sind an den deformierten Sporen erkennbar (Mikroskop!). Selbst zwischen den Unterarten von *A. trichomanes* existieren Hybriden, was die Bestimmung dieser Taxa noch weiter erschwert. Mikroskopische Untersuchungen sollten daher die (oft wenig zuverlässigen) makroskopischen Beobachtungen ergänzen.

1 Blätter unterseits vollständig von Spreuschuppen bedeckt (Abb. Tafel 2, S. 52)

  Asplenium ceterach L., *(Ceterach officinarum)*, Schriftfarn: H, 5-20 cm, V-VIII, kollin (-montan), kalkreiche Felsen, Mauern, (Cent-Pari, Pote), LC

- Blätter unterseits kahl oder nur mit vereinzelten Spreuschuppen **2**

2 Blätter ungeteilt, 3-lappig, 3-teilig oder 1- bis 2-fach gabelig geteilt **3**

- Blätter 1- bis 3-fach gefiedert, mit mind. 2 Paar gleichmässig entlang der Blattspindel verteilten Seitenfiedern **4**

Tafel 2

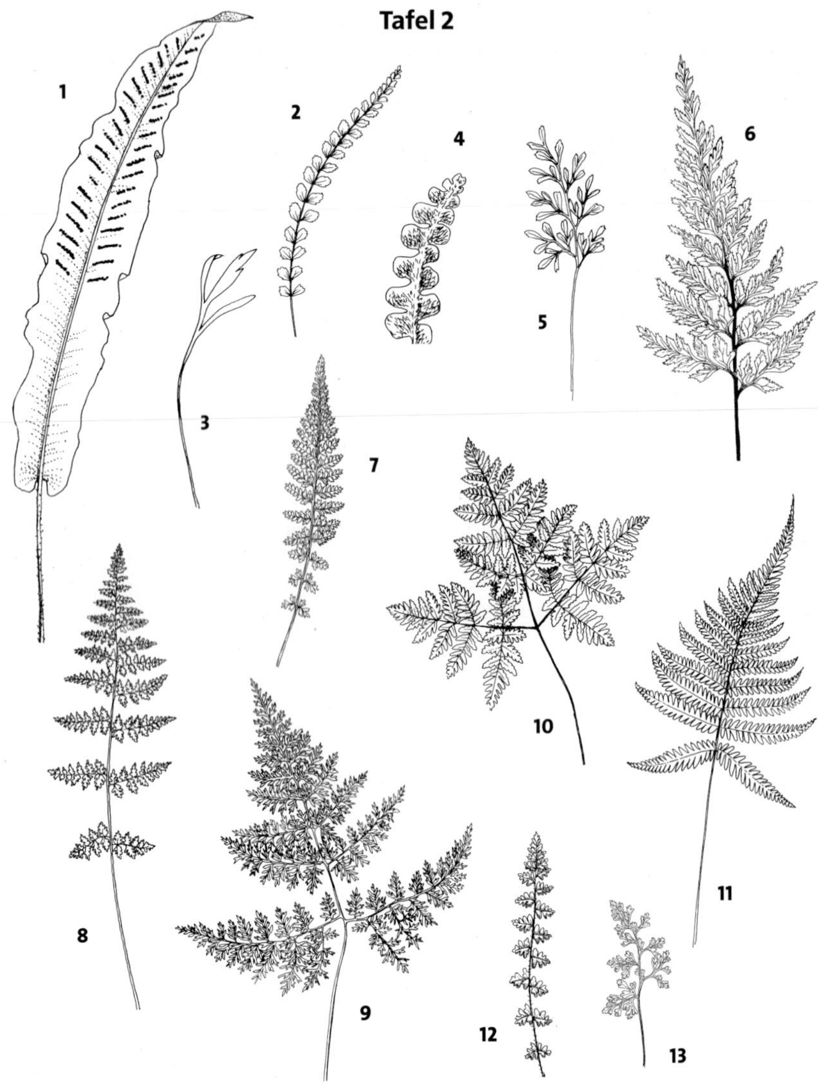

Aspleniaceae. Farnwedel (Blatt): 1. *Phyllitis scolopendrium*, 2. *Asplenium trichomanes*, 3. *A. septentrionale*, 4. *A. ceterach*, 5. *A. ruta-muraria*, 6. *A. adiantum-nigrum*, 7. *A. fontanum*
Cystopteridaceae. Farnwedel (Blatt): 8. *Cystopteris fragilis*, 9. *C. montana*, 10. *Gymnocarpium dryopteris*
Thelypteridaceae. Farnwedel (Blatt): 11. *Phegopteris connectilis*
Woodsiaceae. Farnwedel (Blatt): 12. *Woodsia alpina*
Pteridaceae. Farnwedel (Blatt): 13. *Anogramma leptophylla*

3 Blattspreite gabelartig in 2-4 schmale Abschnitte unterteilt, diese meist mehr als 1,5 cm lang. Auf Silikatfelsen (Abb. Tafel 2, S. 52)

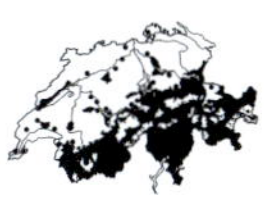

Asplenium septentrionale (L.) Hoffm., Nordischer Streifenfarn: H, 5-15 cm, VII-X, kollin-alpin, kalkarme Felsen, Mauern, (Andr-vand, Cent-Pari), LC

- Blattspreite einfach, 3-lappig oder 3-teilig, Abschnitte meist weniger als 1,5 cm lang. Auf Kalkfelsen

Asplenium seelosii Leyb., Dolomit-Streifenfarn: H, 5-10 cm, sickerfeuchte Spalten überhängender Dolomitfelswände, kalkstet

4 Blattspreite und Blattstiel auf beiden Seiten drüsig **5**

- Blattspreite nicht oder nur schwach drüsig **6**

5 Blattspindel grün, im untersten Teil braun. Untere Abschnitte der Spreite etwas kürzer als die mittleren

Asplenium petrarchae (Guérin) DC., Strichfarn: H, 5-12 cm, Felsen, Mauern, auf Kalk, kultivierter Neophyt

- Ganze Blattspindel grün. Untere Abschnitte der Spreite länger als die mittleren. Blattabschnitt →

Asplenium lepidum C. Presl, Zarter Streifenfarn: H, 5-10 cm, Spalten senkrechter und überhängender Kalkfelswände. Leicht zu verwechseln mit jungen Blättern von *A. ruta-muraria*, die ebenfalls ± drüsig sein können

6 Blätter einfach gefiedert **7**

- Blätter zumindest am Grund 2- bis 3-fach gefiedert **10**

7 Blattspindel ganz oder zumindest teilweise grün **8**

- Blattstiel und -spindel vollständig schwarzbraun (Basis des Blattstiels manchmal bei jungen Blättern grün, später schwarzbraun werdend) (Abb. Tafel 2, S. 52)

Asplenium trichomanes L., Braunstieliger Streifenfarn: H, 5-20(-35) cm, VII-VIII, kollin-subalpin (-alpin), Felsen, Mauern, (Andr-vand, Pote), LC

a Blätter dem Substrat anliegend (Blattspindel folgt exakt den Unregelmässigkeiten des Felsens oder der Mauer). Blätter brüchig, derb. Fiederchen länglich, deutlich gekerbt →, die untersten sich gegenseitig überdeckend, oft mit 2 gegenständigen Öhrchen. Kalkliebende Pflanze schattiger Orte

Asplenium trichomanes subsp. ***pachyrachis*** (Christ) Lovis & Reichst., Dickstieliger Braunstieliger Streifenfarn: H, mässig trockene, halbschattige bis schattige Karbonatfelsen, Mauern

- Blätter ausgebreitet bis aufrecht, dem Substrat nicht dicht anliegend. Blätter ± weich, selten etwas lederig. Fiederchen ganzrandig oder nur leicht gezähnt **b**

b Fertile Blätter plötzlich in die Spitze verschmälert, mit meist grossem Endblatt. Fiederchen besonders in der unteren Hälfte des Blattes ± deutlich spiessförmig, mit gezähntem Blattrand. Kalkliebende Pflanze halbschattiger Orte

Asplenium trichomanes subsp. ***hastatum*** (Christ) S. Jess., Geöhrter Braunstieliger Streifenfarn: H, schattige Karbonatfelsspalten, Mauern

- Fertile Blätter allmählich in die Spitze verschmälert, mit kleinerem Endblatt. Fiederchen meist alle länglich bis rundlich **c**

c Blattspindel rotbraun. Fiederchen kleiner (2,5–7,5 mm lang) und rundlicher, schräg am Blattstiel stehend →, im oberen Teil des Blattes ± auseinandergerückt. Pflanze kalkfliehend

Asplenium trichomanes L. subsp. ***trichomanes***, Kalkmeidender Braunstieliger Streifenfarn: H, schattig-feuchte Felsen, Mauern, nur über Silikat- und Serpentingestein, kalkmeidend

- Blattspindel schwarzbraun. Fiederchen grösser (4–12 mm lang), länglich oval →, eher dicht stehend und sich manchmal berührend, ± senkrecht am Blattstiel stehend. Die verbreitetste Unterart, auf allen Substraten

Asplenium trichomanes subsp. ***quadrivalens*** D. E. Mey., Tetraploider Braunstieliger Streifenfarn: H, schattige Felsen, Geröll, Mauern, Steinbrüche, über Kalkgestein und basenreichem Silikatgestein

8 Blattspindel an der Basis schwarzbraun, an der Spitze bis zu ⅓ oder ¼ der Länge grün. Pflanze stark an Serpentinfelsen gebunden. Fiederchen →

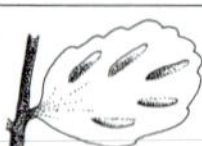

Asplenium adulterinum Milde, Braungrünstieliger Streifenfarn: H, 5–15 (-20) cm, VII–VIII, kollin-subalpin, serpentinhaltige Felsen, (Aspl-serp), NT

- Blattspindel vollständig grün (Blattstiel über ± lange Strecken grün oder braun) **9**

9 Fiederchen länglich schmal, meist an der Spitze eingeschnitten, die untersten Fiederchen deutlich länger als die mittleren. Pflanze auf Silikatfelsen

Asplenium ×alternifolium Wulfen, Deutscher Streifenfarn: H, 3–15 cm, VII–IX, kollin-subalpin, kalkarme Felsen, (Andr-vand). Hybride aus *A. septentrionale* und *A. trichomanes*

- Fiederchen oval, stark gekerbt →, die unteren etwa gleich lang wie die mittleren (Blattspreite parallelrandig). Pflanze auf Kalkfelsen

Asplenium viride Huds., Grünstieliger Streifenfarn: H, 10–20 (-30) cm, VII–VIII, montan-alpin, schattige, kalkreiche Felsen, Mauern, Schuttfluren, (Cyst, Peta-para), LC

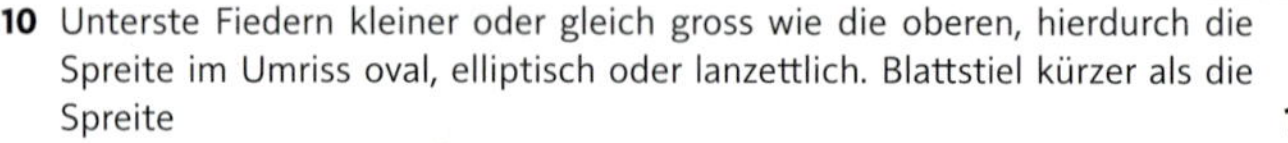

10 Unterste Fiedern kleiner oder gleich gross wie die oberen, hierdurch die Spreite im Umriss oval, elliptisch oder lanzettlich. Blattstiel kürzer als die Spreite **11**

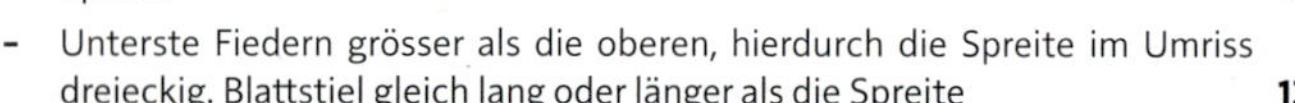

- Unterste Fiedern grösser als die oberen, hierdurch die Spreite im Umriss dreieckig. Blattstiel gleich lang oder länger als die Spreite **13**

11 Blattspreite nach unten stark verschmälert, mittlere Fiederchen mehr als 2x so lang wie die unteren, spitzzähnig →. Pflanze meist auf Kalkfelsen (Abb. Tafel 2, S. 52)

Asplenium fontanum (L.) Bernh., Quell-Streifenfarn: H, 7–20 cm, VII–IX, kollin-montan (-subalpin), schattige, kalkreiche Felsen, Mauern, (Cyst, Pote), LC

- Blattspreite am Grund nur leicht verschmälert, mittlere Fiederchen weniger als 2x so lang wie die unteren. Pflanze ausschliesslich auf Silikatfelsen **12**

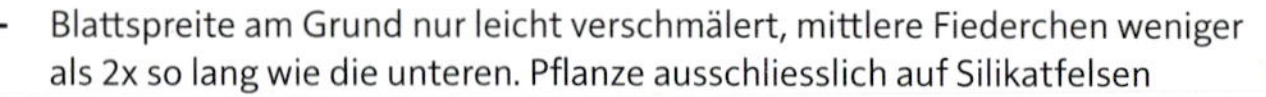

12 Blattspreite der fertilen Blätter meist mehr als 3x so lang wie breit. Fiederchen gezähnelt →

Asplenium foreziense Magnier, Foreser Streifenfarn: H, 5–20 cm, VI–IX, kollin-montan, trockenwarme, kalkarme Felsen, Mauern, (Andr-vand), EN

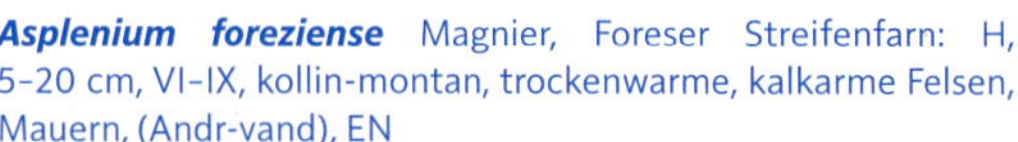

- Blattspreite meist weniger als 3x so lang wie breit. Fiederzähne zugespitzt →

Asplenium billotii F. W. Schultz, Billots Streifenfarn: H, 8-20 cm, VIII-IX, kollin, warme, kalkarme Felsen, Mauern, (Andr-vand), CR

13 Blattstiel nur am Grund braunschwarz **14**

- Blattstiel bis über die Mitte braun oder rotbraun (Abb. Tafel 2, S. 52)

Asplenium adiantum-nigrum aggr., Schwarzstieliger Streifenfarn: H, kollin-montan, kalkarme Fels- und Mauerspalten, steinige Wälder

a Blattspreite weich, glanzlos, meist nicht überwinternd. Pflanze ausschliesslich auf Serpentinfelsen. Fiederchen fächerförmig →

Asplenium cuneifolium Viv., Keilblättriger Streifenfarn: H, 10-40 cm, VII-X, montan-subalpin, serpentinhaltige Felsen, (Aspl-serp), VU. Kann auf Serpentinfelsen mit *A. adiantum-nigrum* verwechselt werden, dieser hat jedoch lederigere, ausdauernde Blätter, leicht grössere Sporen ((30-)34-38(-44) µm). Die Sporen von *A. cuneifolium* sind (27-)30-34 (-36) µm gross

- Blätter derb, glänzend, meist überwinternd **b**

b Fiedern 1. Ordnung allmählich zugespitzt, aufwärts gekrümmt. Fiederchen mit schmalen Spitzen → (Abb. Tafel 2, S. 52)

Asplenium adiantum-nigrum L., Schwarzstieliger Streifenfarn: H, 10-30 cm, VI-X, kollin-montan, trockenwarme, kalkarme Laubwälder, Felsen, Mauern, (Quer-pube, Andr-vand), LC

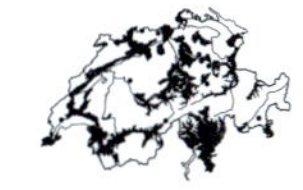

- Fiedern 1. Ordnung in eine lange, nach vorne gerichtete Spitze ausgezogen. Fiederchen mit sehr schmalen Spitzen →

Asplenium onopteris L., Spitzer Streifenfarn: H, 10-40 cm, V-X, kollin, trockenwarme, kalkarme Laubwälder, Gebüsche, Felsen, Mauern, (Quer-pube, Andr-vand), VU. Der Habitus von *A. ×ticinense* L. [*adiantum-nigrum* × *onopteris*] ähnelt dem von *A. onopteris* stark. Der Hybride tritt teilweise in grossen Beständen auf, auch ohne die Elternarten. Man erkennt ihn anhand der fehlenden Sporen und seiner ausladenden Grösse (> 20 cm)

14 Grössere Blattabschnitte über 3 mm breit (Abb. Tafel 2, S. 52)

Asplenium ruta-muraria L., Mauerraute: H, 5-15(-25) cm, VII-IX, kollin-alpin, sonnige, kalkreiche Felsen, Mauern, (Cent-Pari, Pote), LC. Ausschliesslich anhand mikroskopischer oder genetischer Merkmale können 2 Unterarten unterschieden werden: Die Unterart *ruta-muraria* ist tetraploid (2n=144), ihre Sporen 42-50 µm gross, weit häufiger, mit breiterer ökologischer Amplitude. Die Unterart *dolomiticum* Lovis & Reichst. ist diploid (2n=72), ihre Sporen 34-40 µm gross, tritt selten in Dolomit- oder Kalkfelsspalten in den Südalpen auf

- Blattabschnitte nicht über 3 mm breit **15**

15 Blattstiel bis 3x so lang wie die Spreite. Fiederchen fächerförmig →

Asplenium ×murbeckii Dörfl., Murbecks Streifenfarn: H, 5–12 cm, VII–IX, kalkarme Felsen, (Andr-vand)

- Blattstiel höchstens 2x so lang wie die Spreite **16**

16 Blattstiel grösstenteils braun. Blattspreite der Fiederchen seitwärts gekrümmt, länglich → **9**

→ *Asplenium ×alternifolium*

- Blattstiel nur zuunterst braun. Blattspreiten aufrecht, dichte Büschel bildend. Fiederchen meist waagrecht stehend, aufwärts gekrümmt, stark eingeschnitten →

Asplenium fissum Willd., Gespaltener Streifenfarn: H, 5–15 cm, VII–IX, montan-alpin, luftfeuchte, schattige Felsen, Schuttfluren, (Peta-para, Cyst), DD

Phyllitis Hirschzunge

- Blätter ungeteilt, länglich lanzettlich, fast ganzrandig, am Grund herzförmig. Sori strichförmig, schräg nach vorne gerichtet (Abb. Tafel 2, S. 52)

Phyllitis scolopendrium (L.) Newman, *(Asplenium scolopendrium)*, Hirschzunge: H, 15–60 cm, VI–VIII, kollin-subalpin, luftfeuchte Felsen, Schluchtwälder, Mauern, (Luna-Acer, Cyst), LC

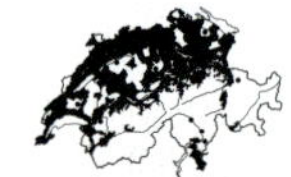

Athyriaceae Frauenfarngewächse

Athyrium Frauenfarn

1 Sori länglich oder hufeisenförmig. Schleier bleibend, oft bewimpert → (Abb. Tafel 3, S. 59)

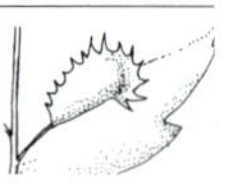

Athyrium filix-femina (L.) Roth, Wald-Frauenfarn: H, 30–120 cm, VII–IX, kollin-subalpin (-alpin), frische, krautreiche Wälder, (Abie-Fage, Loni-Fage, Abie-Pice), LC

- Sori rundlich. Schleier verkümmert und früh abfallend (Abb. Tafel 3, S. 59)

Athyrium distentifolium Opiz, Gebirgs-Frauenfarn: H, 30–120 cm, VII–IX, (montan-) subalpin (-alpin), Hochstaudenfluren, Grünerlengebüsche, Bergwälder, (Aden, Alne-viri, Vacc-Pice), LC

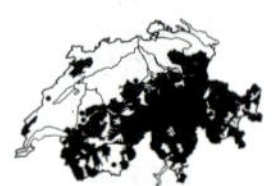

Blechnaceae Rippenfarngewächse

Blechnum Rippenfarn

- Alle Blattabschnitte ganzrandig. Fertile Blätter steif aufrecht in der Mitte der Rosette, von sterilen Blättern umgeben, heller grün und mit schmaleren Abschnitten → als die sterilen Blätter

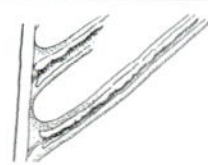

Blechnum spicant (L.) Roth, Rippenfarn: H, 20–45 cm, VII–IX, montan-subalpin, bodensaure Bergwälder, Zwergstrauchheiden, LC

Cystopteridaceae — Blasenfarngewächse

1 Blatt im Umriss dreieckig, kaum länger als breit. Sori ohne Schleier. Rhizom lang kriechend (Abb. Tafel 2, S. 52) — ***Gymnocarpium***

- Blatt im Umriss schmal, viel länger als breit (vgl. aber die breit dreieckige *C. montana*). Sori mit Schleier, dieser nur an einer Stelle unter den Sporangien angewachsen. Rhizom kurz, nicht kriechend — ***Cystopteris***

Cystopteris — Blasenfarn

1 Blattspreite dreieckig-eiförmig, meist kürzer als der Stiel (Abb. Tafel 2, S. 52)

Cystopteris montana (Lam.) Desv., Berg-Blasenfarn: H, 10–40 cm, VII–VIII, montan-subalpin (-alpin), schattige, luftfeuchte Felsen, Schuttfluren, Bergwälder, LC

- Blattspreite oval-lanzettlich, meist länger als der Stiel **2**

2 Nerven in die Buchten der Blattzähne auslaufend →

Cystopteris alpina (Lam.) Desv., *(C. regia)*, Alpen-Blasenfarn: H, 5–20 cm, VII–VIII, subalpin-alpin, schattige, eher feuchte Felsen, (Cyst), LC

- Nerven in die Spitzen der Blattzähne auslaufend → (Abb. Tafel 2, S. 52)

Cystopteris fragilis aggr., Zerbrechlicher Blasenfarn

a Sporen stachelig, Blätter 2- bis 3-fach gefiedert

Cystopteris fragilis (L.) Bernh., Zerbrechlicher Blasenfarn: H, 10–40 cm, VII–IX, kollin-alpin, luftfeuchte Felsen, Mauern, Schutthalden, (Cyst, Luna-Acer), LC

- Sporen runzelig, Blätter 2-fach gefiedert

Cystopteris dickieana R. Sim, Dickies Blasenfarn: H, 10–40 cm, VI–IX, alpin, schattige Felsen, (Cyst), DD

Gymnocarpium — Eichenfarn

1 Blattstiel kahl, nicht drüsig (Abb. Tafel 2, S. 52)

Gymnocarpium dryopteris (L.) Newman, Eichenfarn: G, 10–45 cm, VI–IX, montan-subalpin, kalkarme, humusreiche Bergwälder, (Abie-Fage, Abie-Pice), LC

- Blattstiel beidseits fein drüsig (zumindest auf den Achsen, meist auch auf beiden Seiten der Blattspreite)

Gymnocarpium robertianum (Hoffm.) Newman, Ruprechtsfarn: G, 10–40 cm, VI–IX, (kollin-) montan-subalpin, kalkreiche Schuttfluren, sandige Gebüsche, Wälder, (Peta-para, Stip-cala), LC

Dennstaedtiaceae — Adlerfarngewächse

Pteridium — Adlerfarn

- Blätter 3- bis 4-fach gefiedert. Pflanze bis über 2 m hoch (Abb. Tafel 3, S. 59)

  Pteridium aquilinum (L.) Kuhn, Adlerfarn: G, 3 m, VII–IX, kollin-subalpin, bodensaure Wälder, Zwergstrauchheiden, magere Weiden, (Saro, Call-Geni, Luzu-Fage, Quer-robo), LC

Dryopteridaceae — Wurmfarngewächse

1 Schleier nierenförmig, in der Bucht angewachsen, bisweilen fehlend → 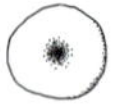 ***Dryopteris***

- Schleier rundlich, in der Mitte angewachsen → **2**

2 Blätter 1- bis 2-fach gefiedert, Sori auf der Unterseite der Fiedern oder Fiederchen in 2 Reihen ***Polystichum***

- Blätter einfach gefiedert, Sori auf der Unterseite der Fiedern verstreut oder in 4–8 Reihen ***Cyrtomium***

Cyrtomium — Sichelfarn

1 Fiedern (1. Ordnung) gross, die mittleren 2–3,5x so lang wie breit. Blätter glänzend, überwinternd, mehrere Jahre erhalten bleibend und sich fortlaufend erneuernd

  Cyrtomium falcatum (L. f.) C. Presl, Mond-Sichelfarn: H, 20–50 cm, schattige Orte, kultivierter Neophyt

- Fiedern (1. Ordnung) schmaler, die mittleren ca. 4–5x so lang wie breit. Blätter matt, nur bis zum nächsten Sommer erhalten bleibend

  Cyrtomium fortunei J. Sm., Fortunes Sichelfarn: H, 50–80 cm, VI–VII, kollin, feuchte Mauern, Felsen, (Cyst), Neophyt

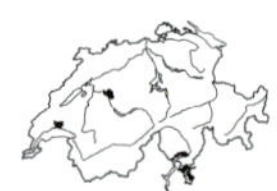

Dryopteris — Wurmfarn

Die Blattabschnitte 1. Ordnung werden «Fiedern» und die Blattabschnitte 2. Ordnung «Fiederchen» genannt. Selten werden auch Hybriden beobachtet, allerdings nur im Beisein beider Elternarten.

1 Blätter stark drüsig. Pflanze kalkliebend, oft im Kalkschutt wachsend (Abb. Tafel 3, S. 59)

  Dryopteris villarii (Bellardi) Schinz & Thell., Villars' Wurmfarn: H, 15–60 cm, VII–VIII, subalpin-alpin, kalkreiche Schutthalden, (Peta-para, Thla-rotu), LC

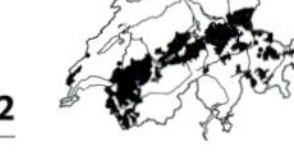

- Blätter nicht oder nur schwach drüsig **2**

2 Ansatzstelle der Fiedern an der Blattspindel schwarz oder violett überlaufen (Unterseite der untersten und mittleren Fiederchen in frischem Zustand untersuchen, das Merkmal verschwindet z. T. beim Trocknen) **3**

- Ansatzstelle der Fiedern an der Blattspindel auf der Unterseite der Blätter nicht schwarz oder violett überlaufen **4**

Tafel 3

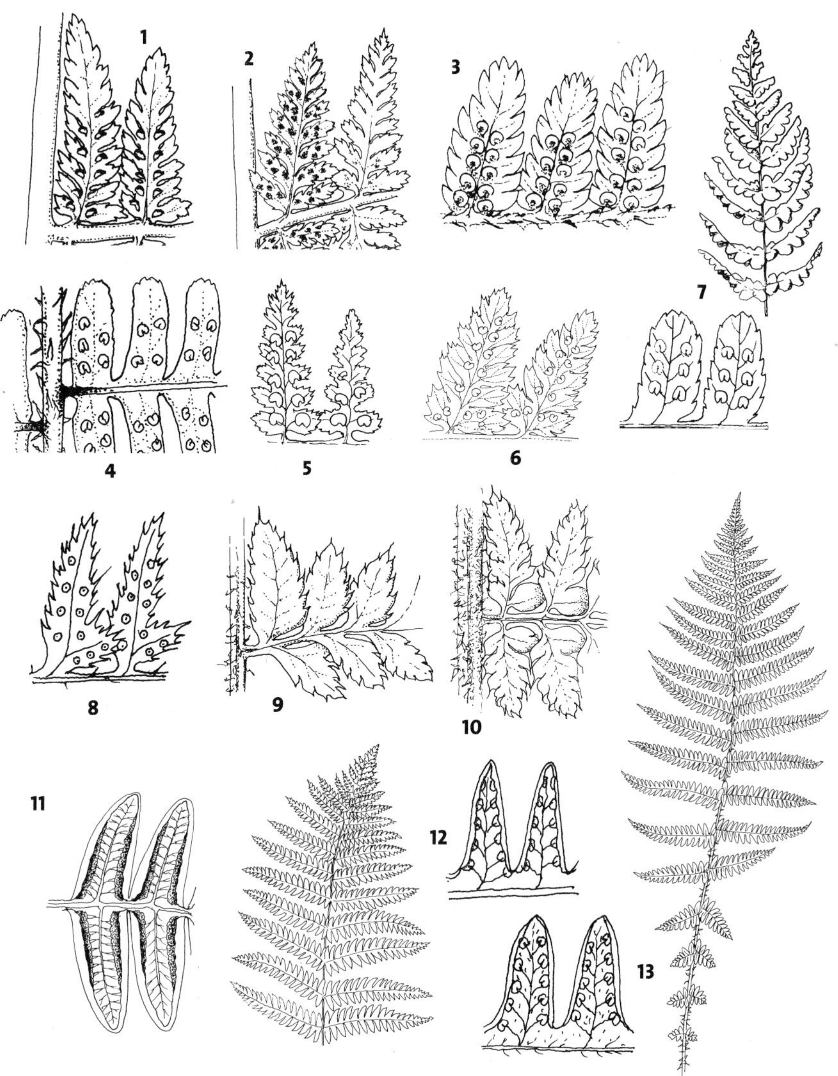

Athyriaceae. Fiederchen (Fiedern letzter Ordnung): 1. *Athyrium filix-femina*, 2. *A. distentifolium*
Dryopteridaceae. Fiederchen: 3. *Dryopteris filix-mas*, 4. *D. affinis*, 5. *D. villarii*, 6. *D. dilatata*, 7. *D. cristata*, 8. *Polystichum lonchitis*, 9. *P. aculeatum*, 10. *P. setiferum*
Dennstaedtiaceae. Fiederchen: 11. *Pteridium aquilinum*
Thelypteridaceae. Wedel und Fiederchen: 12. *Thelypteris palustris*, 13. *Oreopteris limbosperma*

3 Fiederchen teilweise gestielt, ⅓ oder bis ½ der Breite eingeschnitten, stachelspitzig

Dryopteris remota (Döll) Druce, Entferntfiedriger Wurmfarn: H, 30–80 cm, VII–VIII, kollin-montan, mässig feuchte, krautreiche Laubmischwälder, Nadelwälder, (Fagetalia, Luna-Acer), LC. Verwechslungsgefahr mit *D. carthusiana*

- Fiederchen ± alle mit der Achse verbunden, beinahe ganzrandig bis schwach gezähnt, mit abgerundeter oder stumpfer Spitze. Blätter derb, überwinternd. Schleier bleibend (Abb. Tafel 3, S. 59)

Dryopteris affinis (Lowe) Fraser-Jenk., Schuppiger Wurmfarn: H, 30–120 cm, VII–IX, kollin-subalpin, luftfeuchte, schattige Buchenwälder, Nadelwälder, (Abie-Fage), LC

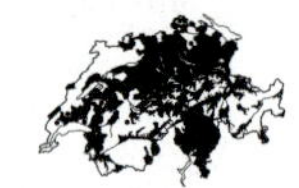

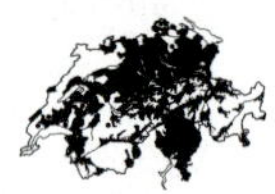

a Blätter wenig derb, schwach glänzend. Untere Fiedern oft asymmetrisch, mit meist deutlich gezähnten Fiederchen. Blattstiel mit braunen bis rötlichen Spreuschuppen bedeckt

Dryopteris affinis subsp. ***borreri*** (Newman) Fraser-Jenk., Borrers Wurmfarn: H, Schluchtwälder, Waldschläge, Hochstaudenfluren, LC

- Blätter derb, glänzend. Untere Fiedern meist symmetrisch, mit gezähnten, gekerbten oder ganzrandigen Fiederchen. Blattstiel mit auffälligen rotbraunen Spreuschuppen besetzt **b**

b Fiederchen schmal, trapezförmig, mit V-förmigen Zwischenbuchten. Untenstehende Fiederchen der unteren Fiedern voneinander abgerückt, die oberen oft gestielt

Dryopteris affinis subsp. ***pseudodisjuncta*** (Fraser-Jenk.) Fraser-Jenk., Eleganter Wurmfarn: H, Bachtäler, Waldhänge, kalkliebend, DD

- Fiederchen parallelrandig, sich auf mehr als der Hälfte ihrer Länge berührend **c**

c Basis der mittleren Fiedern die Blattspindel verdeckend. Fiederchen deutlich gezähnt, mit abgerundeter Spitze

Dryopteris affinis subsp. ***cambrensis*** Fraser-Jenk., Walisischer Wurmfarn: H, Schluchtwälder, frische bis feuchte Waldhänge

- Basis der mittleren Fiedern die Blattspindel nicht bedeckend. Fiederchen beinahe ganzrandig (an den Fiederchen der untersten Blattfiedern manchmal mit undeutlichen Zähnen), abgerundet oder mit stumpfer Spitze

Dryopteris affinis (Lowe) Fraser-Jenk. subsp. ***affinis***, Schuppiger Wurmfarn: H, Nadel-, Laubmischwälder, LC

4 Blätter einfach gefiedert, Abschnitte 1. Ordnung fiederteilig. Untere Fiedern nicht oder nur wenig asymmetrisch, die unteren Fiederchen ± gleich lang wie die oberen **5**

- Blätter 2- bis 4-fach gefiedert. Abschnitte 1. Ordnung deutlich fiederspaltig oder fiederschnittig. Untere Fiedern deutlich asymmetrisch, die unteren Fiederchen länger als die oberen **7**

5 10–20 Fiederpaare. Grösste Fiedern 2–3x so lang wie breit. Pflanze nasser Standorte (Moore, sumpfige Wälder, Röhricht) mit zwei unterschiedlichen Blattformen: Fertile Blätter länger und aufrechter als die sterilen (Abb. Tafel 3, S. 59)

Dryopteris cristata (L.) A. Gray, Kamm-Wurmfarn: H, 30–100 cm, VII–IX, kollin-montan, Torfmoore, Bruchwälder, (Cari-lasi, Alni-glut), VU

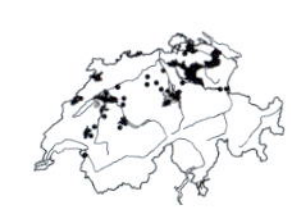

- 20–35 Fiederpaare. Grösste Fiedern 4–6x so lang wie breit. Alle Blätter gleich gestaltet **6**

6 Blätter nicht überwinternd. Schleier bei der Reife schrumpfend (Abb. Tafel 3, S. 59)

Dryopteris filix-mas (L.) Schott, Echter Wurmfarn: H, 30–120 cm, VII–IX, kollin-subalpin (-alpin), krautreiche, mässig feuchte Laubmischwälder, Nadelwälder, Hochstaudenfluren, (Fagetalia, Vacc-Pice, Luna-Acer, Aden), LC

- Blätter derb, überwinternd. Schleier bleibend. In frischem Zustand ist die Ansatzstelle der Fiedern an den Blattstiel schwarz bis violett überlaufen **3**

→ Dryopteris affinis

7 Spreuschuppen am Blattstiel alle einfarbig hellbraun →

Dryopteris carthusiana (Vill.) H. P. Fuchs, Dorniger Wurmfarn: H, 15–90 cm, VII–VIII, kollin-subalpin, bodensaure Laubmischwälder, Moor-, Bruchwälder, (Quer-robo, Alni-glut, Luzu-Fage), LC

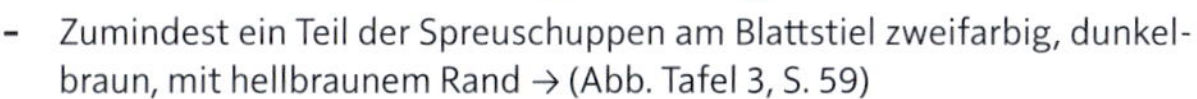

- Zumindest ein Teil der Spreuschuppen am Blattstiel zweifarbig, dunkelbraun, mit hellbraunem Rand → (Abb. Tafel 3, S. 59)

Dryopteris dilatata aggr., Breiter Wurmfarn: H, sickerfrische bis feuchte, oft schuttreiche Laub- und Nadelmischwälder, Hochstaudenfluren, Wegböschungen, kalkmeidend. *D. dilatata* und *D. expansa* lassen sich nur anhand ihrer Chromosomenzahl sicher unterscheiden

a Das nach unten weisende Fiederchen der untersten Fieder höchstens halb so lang wie die Fieder. Spreuschuppen am Blattstiel zweifarbig. Fiederchen der mittleren Fiedern gerade und plötzlich in die Spitze verschmälert. Spreite dunkelgrün. Sporen dunkelbraun, Oberfläche dicht feinstachelig

Dryopteris dilatata (Hoffm.) A. Gray, Breiter Wurmfarn: H, 20–150 cm, VII–VIII, montan-subalpin (-alpin), schattige, krautreiche Bergwälder, Hochstaudenfluren, (Abie-Pice, Vacc-Pice, Aden), LC. Pflanze tetraploid (2n=164), weit verbreitet (kollin bis subalpin, selten alpin)

- Das nach unten weisende Fiederchen der untersten Fieder ist mehr als halb so lang wie die Fieder. Spreuschuppen am Blattstiel mehrheitlich einfarbig, hellbraun, einige zweifarbig, mit undeutlichem Kontrast. Fiederchen der mittleren Fiedern oft gebogen, allmählich in die Spitze auslaufend. Sporen hellbraun, Oberfläche zerstreut warzig

Dryopteris expansa (C. Presl) Fraser-Jenk. & Jermy, *(D. assimilis)*, Alpen-Wurmfarn: H, 30–150 cm, VII–IX, montan-alpin, schuttige, luftfeuchte Bergwälder, (Vacc-Pice, Abie-Pice), LC. Pflanze diploid (2n=82), in kühleren Gebieten (montan bis alpin)

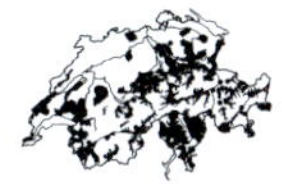

Polystichum Schildfarn

Hybriden werden nur im Beisein beider Elternarten beobachtet, dann allerdings relativ häufig. Sie werden am sichersten anhand deformierter Sporen identifiziert.

1 Blätter einfach gefiedert: Fiedern nur am Rand gezähnt (Abb. Tafel 3, S. 59)

Polystichum lonchitis (L.) Roth, Lanzenfarn: H, 20–50 cm, VII–IX, montan-subalpin (-alpin), Bergwälder, Schuttfluren, felsige Bergweiden, (Abie-Pice, Vacc-Pice, Peta-para), LC

- Blätter 2- bis 3-fach gefiedert: Fiedern bis auf den Mittelnerv geteilt, Fiederchen ± einzeln stehend **2**

2 Blattspreite am Grund kaum verschmälert (untere Blattfiedern nur wenig kürzer als die mittleren). Fiederchen kurz und fein gestielt und am Grund mit abgesetztem Lappen (Abb. Tafel 3, S. 59)

Polystichum setiferum (Forssk.) Woyn., Borstiger Schildfarn: H, 30–70 cm, VI–VIII, kollin-montan, luftfeuchte, wärmeliebende Laubmischwälder, Schluchtwälder, (Luna-Acer, Orno-Ostr), LC. Kann mit *P.* ×*bicknell*ii (Christ) Hahne [*aculeat*um × *setiferum*] verwechselt werden: Bei diesem Fiederchen schräg stehend, beinahe sitzend. Pflanze meist kräftig, keine Sporen ausbildend

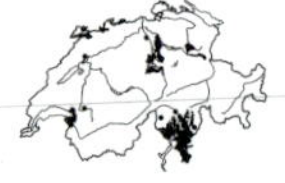

- Blattspreite am Grund meist verschmälert (untere Blattfiedern höchstens halb so gross wie die mittleren). Fiederchen ± sitzend **3**

3 Fiedern 1. Ordnung allmählich zugespitzt. Blätter steif, derb, überwinternd. Blattoberseite kahl (Abb. Tafel 3, S. 59)

Polystichum aculeatum (L.) Roth, Gelappter Schildfarn: H, 25–70 cm, VI–IX, montan-subalpin, luftfeuchte Bergwälder, Schluchtwälder, (Abie-Fage, Luzu-Fage, Luna-Acer), LC. Kann mit *P.* ×*illyricum* (Borbás) Hahne [*aculeatum* × *lonchitis*] verwechselt werden: Bei diesem Fiedern intermediär zu den beiden Elternarten, stärker eingeschnitten, länglicher als bei *P. lonchitis*, weniger eingeschnitten bzw. länglicher als bei *P. aculetum*, keine Sporen ausbildend

- Fiedern 1. Ordnung kurz zugespitzt oder stumpf. Blätter dünn, weich, dicht spreuschuppig, nicht überwinternd. Blattoberseite mit fadenförmigen Schuppen (besonders an den jungen Blättern gut zu erkennen, im Laufe des Jahres verkahlend)

Polystichum braunii (Spenn.) Fée, Brauns Schildfarn: H, 30–70 cm, VII–IX, montan-subalpin, luftfeuchte, kalkarme Bergwälder, (Luna-Acer, Loni-Fage), NT

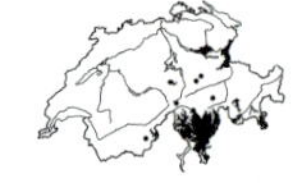

Marsileaceae Kleefarngewächse

1 Blätter lineal-pfriemförmig *Pilularia*
- Blätter 4-zählig, lang gestielt *Marsilea*

Marsilea Kleefarn

- Stängel kriechend, mit Schwimmblättern oder Luftblättern. Blätter kleeartig, 4-zählig →, lang gestielt. Teilblättchen keilförmig, kahl

Marsilea quadrifolia L., Kleefarn: G, 8-15 cm, VII-X, kollin, Teiche, Tümpel, (Litt), CR

Pilularia Pillenfarn

- Blätter lineal-pfriemförmig, 3-10 cm hoch, binsenartig, ca. 1 mm dick, meist büschelig auf weit kriechendem Rhizom. Sporangienhüllen einzeln am Grund der Blätter, kugelig, Durchmesser ca. 3 mm

Pilularia globulifera L., Pillenfarn: H, 3-10 cm, VII-IX, kollin, Teiche, Tümpel, (Litt), CR

Onocleaceae Straussenfarngewächse

Matteuccia Straussenfarn

- Abschnitte der sterilen Blätter fiederschnittig. Sterile Blätter trichterförmig angeordnet. Fertile Blätter 1-6, steif aufrecht, bei Sporenreife brauner Spreite

Matteuccia struthiopteris (L.) Tod., Straussenfarn: H, 30-140 cm, VI-VIII, kollin (-montan), feuchte Wälder, Auenwälder, (Frax, Alni-inca), VU

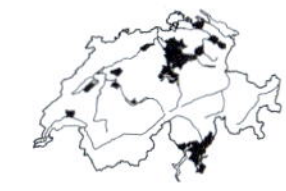

Osmundaceae Königsfarngewächse

Osmunda Königsfarn

- Sporangienstand den oberen Teil des doppelt gefiederten Blattes bildend. Pflanze 60-200 cm hoch

Osmunda regalis L., Königsfarn: G-H, 60-200 cm, VI-VII, kollin, feuchte Wälder, Quellfluren, (Alni-glut), VU

Polypodiaceae Tüpfelfarngewächse

Polypodium Tüpfelfarn

Eine sichere Bestimmung bedingt meist eine mikroskopische Untersuchung der Paraphysen (pilzhyphenartige Gebilde) zwischen den Sporangien oder der Annuluszellen am Rand der Sporangien, auch um die verschiedenen Hybriden zu unterscheiden. Letztere sind nicht selten und kommen auch in Abwesenheit der Elternarten vor. Man erkennt sie an den deformierten und unterschiedlich grossen Sporen.

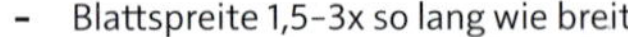

1 Blattspreite (3-)4-5x so lang wie breit. Sekundärnerven 1-2(-3)x gegabelt. Sporenreife von Juni bis September. Anulus mit 10-15 dickwandigen Zellen (Mikroskop!). Keine Paraphysen

Polypodium vulgare L., Gemeiner Tüpfelfarn: H, 10-40 cm, VII-VIII, kollin-subalpin (-alpin), schattige Felsen, Mauern, felsige Wälder, (Cyst, Cent-Pari, Abie-Pice, Quer-robo), LC

- Blattspreite 1,5-3x so lang wie breit **2**

2 Blattspreite 2-3x so lang wie breit, nach vorne allmählich verschmälert (selten plötzlich abgerundet). Sekundärnerven 3-4x gegabelt. Sporenreife von September bis März. Zwischen den Sporangien keine Paraphysen vorhanden (50-fache Vergrösserung!). Anulus mit 6-10 dickwandigen Zellen

Polypodium interjectum Shivas, Gesägter Tüpfelfarn: H, 20-50 cm, VIII-XII, kollin, feuchte, schattige Felsen, Wälder, Mauern, (Cyst, Cent-Pari), LC

- Blattspreite 1,5-2x so lang wie breit, oft plötzlich verschmälert. Sporenreife Dezember bis März. Paraphysen zwischen den Sporangien vorhanden (50-fache Vergrösserung!)

Polypodium cambricum L., Gallischer Tüpfelfarn: H, 20-50 cm, XII-III, kollin, warme Felsen, Mauern, (Pote, Cyst, Cent-Pari), VU

Pteridaceae Saumfarngewächse

1 Spreite unterseits vollständig mit Spreuschuppen bedeckt ***Notholaena***

- Spreite unterseits kahl oder nur mit vereinzelten Spreuschuppen **2**

2 Sori nicht randständig. Spreite sehr dünnhäutig. Pflanze ein- (zwei)jährig, sehr klein, 3-10(-15) cm hoch ***Anogramma***

- Sori randständig. Pflanze mehrjährig, grösser als 15 cm **3**

3 Fertile und sterile Blätter deutlich verschieden. Fertile Fiederchen eingerollt. Gebirgspflanze, auf Silikat ***Cryptogramma***

- Fertile und sterile Blätter gleich gestaltet **4**

4 Sori in unterbrochener Linie. Das oberste Blattsegment fächerförmig, weniger als 3 cm lang ***Adiantum***

- Sori in ununterbrochener Linie, vom umgerollten Blattrand ± verdeckt. Das oberste Blattsegment länglich, zugespitzt, meist mehr als 3 cm ***Pteris***

Adiantum Frauenfarn

- Fiedern letzter Ordnung auf haardünnen, dunklen Stielen, fächerig eingeschnitten-gelappt, am Grund keilförmig verschmälert →

  Adiantum capillus-veneris L., Venushaar: H, 5–20 cm, VI–IX, kollin, warme, luftfeuchte Quellfluren, (Adia), VU

  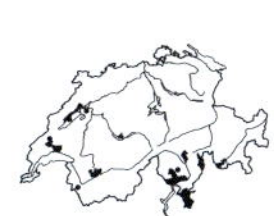

Anogramma Nacktfarn

Die Gattung umfasst bei uns nur eine Art, die extrem selten und als einzige einheimische Farnart einjährig ist.

- Sterile Blätter nah am Boden liegend, kurz gestielt, breit gefiedert →. Fertile Blätter aufrecht, länger gestielt und mit schmaleren Fiedern (Abb. Tafel 2, S. 52)

  Anogramma leptophylla (L.) Link, Dünnblättriger Nacktfarn: T, 3–10 cm, III–IV, kollin-montan, wärmeliebende, schattige Felsnischen, luftfeuchte Balmen, (Cyst, Andr-vand), EN

Cryptogramma Rollfarn

- Fertile und sterile Blätter verschieden gestaltet. Blattspreite im Umriss oval bis dreieckig, 3- bis 4-fach gefiedert, lang gestielt. Sterile Fiederchen breit, die fertilen schmal →

  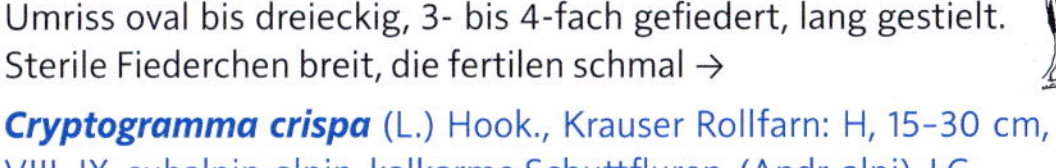

  Cryptogramma crispa (L.) Hook., Krauser Rollfarn: H, 15–30 cm, VIII–IX, subalpin-alpin, kalkarme Schuttfluren, (Andr-alpi), LC

  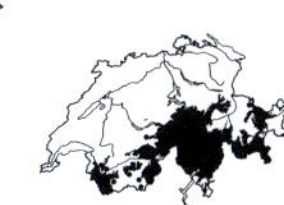

Notholaena Pelzfarn

- Blattspreite 10–20 cm lang, 3–6 cm breit, lederig, oberseits dunkelgrün, unterseits dicht mit braunen Spreuschuppen bedeckt →

  Notholaena marantae (L.) Desv., *(Paragymnopteris marantae)*, Pelzfarn: H, 10–20 cm, V–VII, kollin (-montan), sonnige, serpentinhaltige Felsen, Mauern, (Aspl-serp), EN

Pteris Saumfarn

1 Blätter mit 3–5(–9) Fiederpaaren, das unterste 2-teilig. Blattstiel lang, drüsig

  Pteris cretica L., Kretischer Saumfarn: H, 30–90 cm, VI–VIII, kollin, feuchte Felsnischen, schattige Quellfluren, (Adia), VU

- Blätter mit mehr als 10 Fiederpaaren. Blattstiel kurz, schuppig

  Pteris vittata L., Gebänderter Saumfarn: H, (20–)30–100 cm, VII–X, Kalkfelsen, Mauern, Neophyt

Salviniaceae Schwimmfarngewächse

1 Blätter klein, höchstens 3 mm lang, entlang der Sprossachse angeordnet **_Azolla_**

- Blätter grösser, ca. 1 cm lang, auf der Wasseroberfläche ausgebreitet **_Salvinia_**

Azolla Algenfarn

- Schwimmpflanze (ausser in trockenfallenden Sümpfen), bis 5 cm gross. Reich verzweigt, Zweige wechselständig (2-zeilig erscheinend), vollständig mit winzigen Blättern bedeckt →. Blätter ca. 1 mm gross, stumpf eiförmig, glänzend grün, oft rotbraun überlaufen

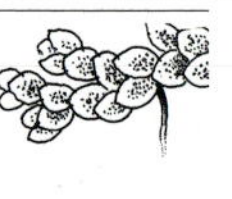

Azolla filiculoides Lam., Grosser Algenfarn: Ap, warme, eutrophe Stillgewässer, strömungsarme Fliessgewässer, Neophyt

Salvinia Schwimmfarn

1 Blätter oberseits mit Sternhaaren (4 nicht miteinander verwachsene, auf Papillen stehende Haare) →. Schwimmblätter höchstens 18 mm lang. Sporokarpe zu 3–8 in kugeligen Köpfchen an der Wurzelbasis

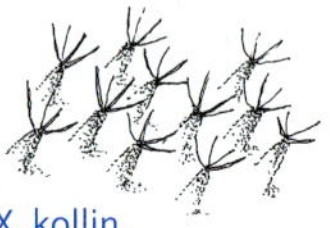

Salvinia natans (L.) All., Schwimmfarn: Ap, 5–15 cm, VII–IX, kollin, Seen, Teiche, (Lemn), Neophyt

- Blätter oberseits mit jeweils 4 auf Papillen stehenden Haaren, die an der Spitze verwachsen sind («Schneebesen-Haare») →. Schwimmblätter oft über 18 mm lang. Sporokarpe zu 5–20 kettenartig aneinandergereiht an verlängerten, nach unten gerichteten Ästen

Salvinia molesta D. S. Mitch., Grosser Schwimmfarn: Ap, 5–15 cm, VI–IX, kollin, Seen, Teiche, (Lemn), Neophyt

Thelypteridaceae Sumpffarngewächse

1 Blätter zumindest am Grund doppelt gefiedert, weniger als 30 cm lang **_Phegopteris_**

- Blätter einfach gefiedert. Blattspreite meist mehr als 30 cm lang **2**

2 Blattspreite deutlich mehr als 2x so lang wie der Stiel, am Grund verschmälert, die unteren Abschnitte nicht mehr als 2 cm lang (Abb. Tafel 3, S. 59) **_Oreopteris_**

- Blattspreite 0,5–2x so lang wie der Stiel, am Grund nicht oder nur wenig verschmälert **_Thelypteris_**

Oreopteris Bergfarn

- Blätter 30–120 cm lang, in dichter Rosette. Spreite stark nach unten allmählich verschmälert, unterseits drüsig (Abb. Tafel 3, S. 59)

Oreopteris limbosperma (All.) Holub, *(Thelypteris limbosperma)*, Bergfarn: H, 30–120 cm, VI–IX, montan-subalpin, Hochstaudenfluren, krautreiche Bergwälder, (Aden, Vacc-Pice, Abie-Fage), LC

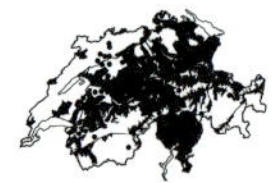

Phegopteris Buchenfarn

- Blätter doppelt fiederschnittig. Unterstes Fiederpaar schräg abwärtsgerichtet (Abb. Tafel 2, S. 52)

  Phegopteris connectilis (Michx.) Watt, Buchenfarn: G, 10–30 cm, VI–IX, kollin-subalpin, schattige, eher kalkarme Staudenfluren, krautreiche Wälder, (Abie-Fage, Abie-Pice), LC

Thelypteris Lappenfarn

- Blätter 30–100 cm lang, nicht rosettig. Spreite nach unten kaum verschmälert, unterseits nur in der Jugend drüsig. Blattrand umgerollt → (Abb. Tafel 3, S. 59)

  Thelypteris palustris Schott, Sumpffarn: G, 30–100 cm, VII–IX, kollin-montan (-subalpin), Bruchwälder, Moore, Ufer, (Alni-glut, Sali-cine, Phal), VU

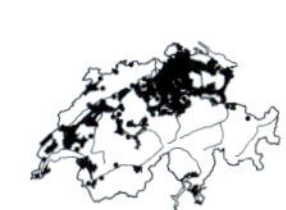

Woodsiaceae Wimperfarngewächse

Woodsia Wimperfarn

1 Blattstiel an der Basis spreuschuppig, sonst Pflanze ± kahl

Woodsia pulchella Bertol., Zierlicher Wimperfarn: H, 2–10 cm, VII–VIII, subalpin-alpin, schattige, kalkreiche Felsen, (Cyst), EN

- Blattstiel und Blattunterseite zerstreut spreuschuppig **2**

2 Grösste Fiedern 1–1,5x so lang wie breit, 1- bis 4-lappig (davon 1–2 tief gelappt), unterseits nicht oder nur spärlich spreuschuppig (Abb. Tafel 2, S. 52)

Woodsia alpina (Bolton) Gray, Alpen-Wimperfarn: H, 3–12 cm, VII–IX, subalpin-alpin, kalkarme Felsen, (Andr-vand), LC

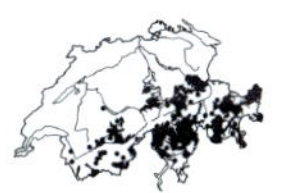

- Grösste Fiedern 2–2,5x so lang wie breit, 4- bis 8-lappig (davon 3–6 tief gelappt), unterseits dicht spreuschuppig

Woodsia ilvensis (L.) R. Br., Südlicher Wimperfarn: H, 10–20 cm, VII–VIII, montan-subalpin (-alpin), kalkarme Felsen, (Andr-vand), VU

Ophioglossaceae Natternzungengewächse

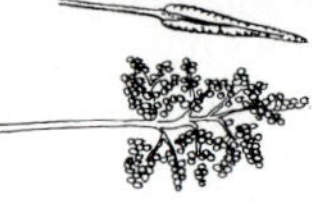

1 Steriler Blattteil ungeteilt. Sporangienstand ährig → ***Ophioglossum***

- Steriler Blattteil geteilt. Sporangienstand rispig → ***Botrychium***

Botrychium Mondraute

1 Steriler Blattteil sitzend, nahe der Mitte oder darüber abzweigend **2**

- Steriler Blattteil gestielt, wenig über dem Grund abzweigend **5**

2 Steriler Blattteil länglich, einfach gefiedert, Abschnitte ungeteilt, steif → (Abb. Tafel 4, S. 70)

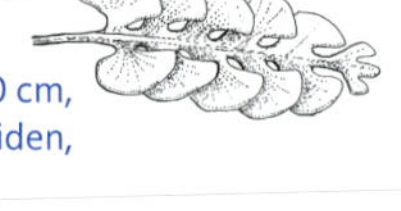

Botrychium lunaria (L.) Sw., Echte Mondraute: G, 5–20 cm, V–VIII, kollin-alpin, Magerrasen, Bergwiesen und -weiden, (Nard, Sesl, Poio-alpi), LC

- Steriler Blattteil im Umriss dreieckig, Abschnitte geteilt **3**

3 Steriler Blattteil 2- bis 3-fach gefiedert, dünn, schlaff (Abb. Tafel 4, S. 70)

Botrychium virginianum (L.) Sw., Virginische Mondraute: G, 15–30 cm, VI–VIII, montan-subalpin, schattige, nährstoffarme Bergwiesen und -weiden, Waldränder, (Abie-Fage, Nard), CR

- Steriler Blattteil einfach gefiedert, fleischig, steif **4**

4 Blattabschnitte und Zähne spitz oder stumpf (Abb. Tafel 4, S. 70)

Botrychium lanceolatum (S. G. Gmel.) Ångstr., Lanzettliche Mondraute: G, 5–15 cm, VII–VIII, subalpin-alpin, trockene, kalkarme Magerrasen, (Nard), CR

- Blattabschnitte und Zähne breit gerundet bis ausgerandet (Abb. Tafel 4, S. 70)

Botrychium matricariifolium (Döll) W. D. J. Koch, Ästige Mondraute: G, 10–20 cm, VI–VII, kollin-montan, trockene, kalkarme Magerrasen, (Nard, Call-Geni), CR

5 3–8 cm hoch. Steriler Blattteil 3-teilig oder fiederteilig (Abb. Tafel 4, S. 70)

Botrychium simplex E. Hitchc., Einfache Mondraute: G, 3–8 cm, VII–VIII, kollin-subalpin, wechselfeuchte Magerrasen, Pionierfluren, (Nard, Call-Geni), CR

- 5–20 cm hoch. Steriler Blattteil 2- bis 3-fach gefiedert (Abb. Tafel 4, S. 70)

Botrychium multifidum (S. G. Gmel.) Rupr., Vielspaltige Mondraute: G, 5–20 cm, VIII, kollin-subalpin, trockene, kalkarme Magerrasen, Zwergstrauchheiden, (Nard, Call-Geni), CR

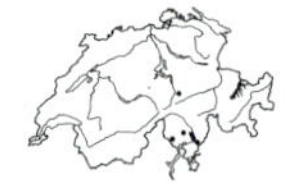

Ophioglossum Natterzunge

- Sporangienstand ährenförmig auf einem länglich eiförmigen, ungeteilten und ganzrandigen, gelbgrünen, fettig glänzenden, am Grund trichterförmig in den langen Stiel verschmälerten Blatt

Ophioglossum vulgatum L., Gemeine Natterzunge: G, 10–20(–30) cm, VI–VII, kollin-montan, wechselfeuchte Wiesen und Weiden, Krautsäume, (Moli), VU

6. Gymnospermen Nacktsamer

Cupressaceae Zypressengewächse

1	Blätter nadelförmig	**2**
-	Blätter schuppenförmig	**3**
2	Nadeln sommergrün, daher weich, krautig, hellgrün, am Zweig 2-zeilig und wechselständig angeordnet. Frucht ein trockener Zapfen	***Taxodium***
-	Nadeln immergrün, stechend, zu 3 in Quirlen am Zweig angeordnet. Frucht beerenartig	***Juniperus***
3	Schuppenzweige im Querschnitt rundlich oder 4-kantig. Zapfen beerenartig oder trocken	**4**
-	Schuppenzweige im Querschnitt flach. Zapfen 1–2 cm breit	**5**
4	Zapfen beerenartig (Scheinbeere)	***Juniperus***
-	Zapfen holzig, 2–4 cm breit, mit schildförmigen, vor der Reife eng aneinanderliegenden Schuppen	***Cupressus***
5	Beschuppte Zweige beiderseits ± gleichfarbig. Zapfenschuppen mit hornartigem, zurückgekrümmtem Fortsatz (Abb. Tafel 4, S. 70)	***Platycladus***
-	Beschuppte Zweige unterseits heller, oft mit weisser Zeichnung. Zapfenschuppen mit oder ohne Höcker, aber ohne hornartigen, zurückgekrümmten Fortsatz	**6**
6	Wipfel überhängend. Zapfen ± kugelig, mit schildförmigen Schuppen, vor der Reife eng aneinanderliegend (Abb. Tafel 4, S. 70)	***Chamaecyparis***
-	Zapfen eiförmig-länglich, Schuppen überlappen sich dachziegelig. Reife Zapfen glockenförmig spreizend (Abb. Tafel 4, S. 70)	***Thuja***

Chamaecyparis Scheinzypresse

- Kegelförmiger Baum mit meist überhängendem Wipfel. Kantenschuppen 2–6 mm lang, gekielt, mit feinen Spitzchen. Durch helle Ränder entsteht auf der Zweigunterseite eine weisse, X-förmige Zeichnung →. Zapfen kugelig, ca. 1 cm dick, jung bereift (Abb. Tafel 4, S. 70)

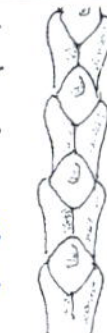

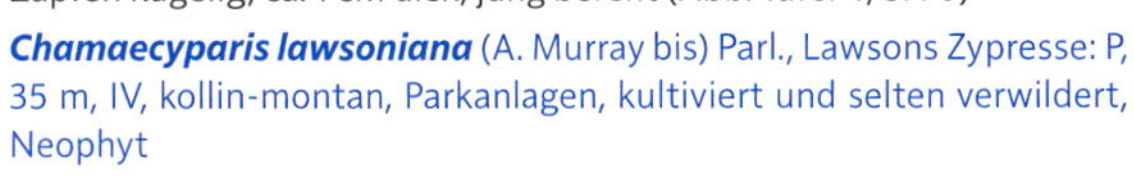

Chamaecyparis lawsoniana (A. Murray bis) Parl., Lawsons Zypresse: P, 35 m, IV, kollin-montan, Parkanlagen, kultiviert und selten verwildert, Neophyt

Tafel 4

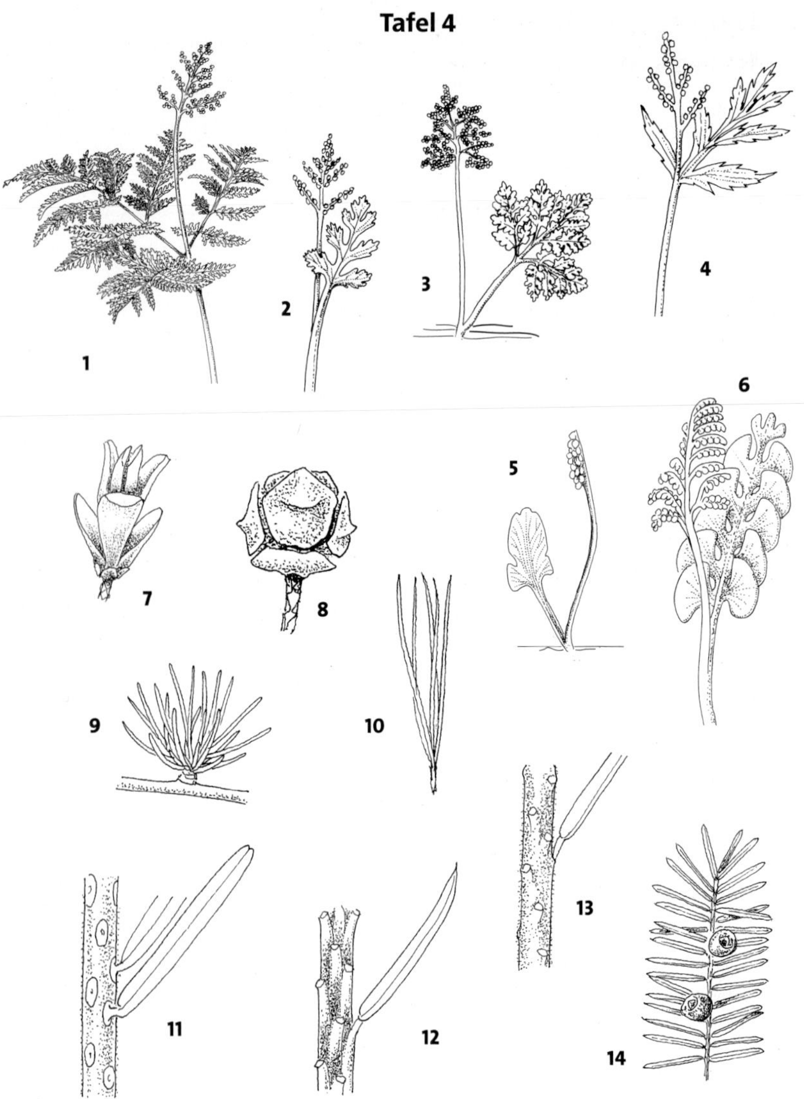

Ophioglossaceae. Habitus: 1. *Botrychium virginianum*, 2. *B. matricariifolium*, 3. *B. multifidum*, 4. *B. lanceolatum*, 5. *B. simplex*, 6. *B. lunaria*

Cupressaceae. Zapfen: 7. *Thuja occidentalis*, 8. *Chamaecyparis lawsoniana*

Pinaceae. Kurztriebe und Nadeln: 9. *Larix decidua*, 10. *Pinus cembra*, 11. *Abies alba*, 12. *Picea abies*, 13. *Pseudotsuga menziesii*

Taxaceae. 14. *Taxus baccata:* Zweig mit Beerenzapfen

Cupressus Zypresse

- Säulenförmiger Baum, lang zugespitzt. Beschuppte Zweige fast stielrund, Schuppenblätter ca. 1 mm lang, dunkelgrün →. Zapfen kugelig, 2-4 cm dick

  Cupressus sempervirens L., Echte Zypresse: P, 5-20 m, II-IV, kollin, Parkanlagen, kultiviert und selten verwildert, kultiviert

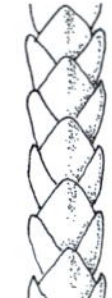

Juniperus Wacholder

1 Niederliegender Strauch. Zerrieben stark riechend Blätter grösstenteils schuppenförmig, 1-3 mm lang, dachziegelig 4-reihig →. Beerenzapfen 5-7 mm dick, schwarzblau, bereift

Juniperus sabina L., Sefistrauch: Cp, 10-30 cm, IV-V, kollin-subalpin (-alpin), trockenwarme Zwergstrauchheiden, (Juni-sabi, Onon-Pini), LC

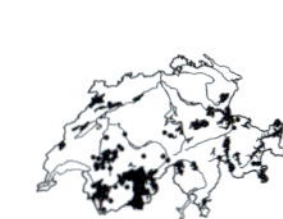

- Niederliegender oder aufrechter Strauch. Alle Blätter nadelförmig, graugrün, 1-2 cm lang, stachelspitzig, in 3-zähligen Quirlen. Beerenzapfen → 3-6 mm dick, schwarzblau, bereift

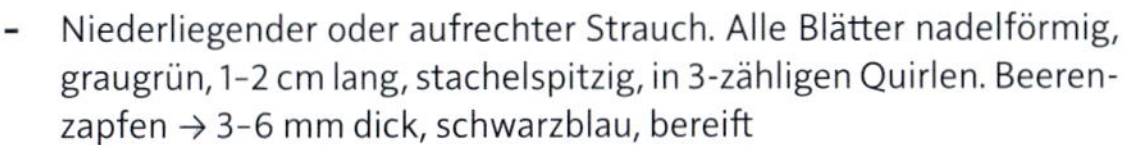

Juniperus communis L., Echter Wacholder: 0,2-10 m, IV-VIII, kollin-alpin, lichte Wälder, trockene Hänge, LC

a Aufrechter Strauch oder Baum. Nadeln (8-)10-15(-20) mm lang, 1-1,5 mm breit, abstehend, starr →

Juniperus communis L. subsp. ***communis***, Gewöhnlicher Wacholder: Ph-P, 3 m, IV-V, kollin-montan (-subalpin), magere, eher trockene Weiden, Gebüsche, lichte Wälder, (Call-Geni, Eric-PiSy, Quer-pube), LC

- Spalierartiger Zwergstrauch. Nadeln 4-8(-12) mm lang, 1,5-2,5 mm breit, anliegend bis schräg abstehend, biegsam, oft nach innen gekrümmt →

  Juniperus communis subsp. ***alpina*** Čelak., *(J. nana)*, Zwerg-Wacholder: Ph-Cp, V-VIII, (subalpin-) alpin, mässig trockene Zwergstrauchheiden, Bergweiden, (Juni-nana), LC

Platycladus Lebensbaum

- Strauch oder kleiner, kegelförmiger Baum. Schuppenblätter 7-8 mm lang, mit einer Furche, beiderseits gleichfarbig, ohne weisse Zeichnung →. Zapfen kugelig, 1-2 cm lang, bläulich bereift. Zapfenschuppen mit einem zurückgekrümmten, hornartigen Fortsatz

  Platycladus orientalis (L.) Franco, *(Thuja orientalis)*, Morgenländischer Lebensbaum: P, 10-15 m, IV, kollin (-montan), Gärten, Parkanlagen, kultiviert und selten verwildert, Neophyt

Taxodium Sumpfzypresse

- Stamm an der Basis auffallend verbreitert, mit längsrissiger Borke. Nadeln hellgrün, weich, abgeflacht, 0,5-2 cm lang, wechselständig stehend, im Herbst abfallend. Zapfen kugelig, 2-3 cm dick

  Taxodium distichum (L.) Rich., Zweizeilige Sumpfzypresse: P, 20-40 m, IV, kollin, Gärten, Parkanlagen, kultiviert und selten verwildert, Neophyt

Thuja Lebensbaum

1 Beschuppte Zweige unterseits heller, aber ohne auffällige weisse Zeichnung. Bis 20 m hoher Baum in vielen Variationen. Schuppenblätter mit Höcker →, zerrieben nach gewürztem Apfelmus riechend. Zapfen hellbraun, 10-15 mm lang. Zapfenschuppen ohne Dornen (Abb. Tafel 4, S. 70)

Thuja occidentalis L., Amerikanischer Lebensbaum: P, 15 m, IV, kollin (-montan), Gärten, Parkanlagen, kultiviert und selten verwildert, Neophyt

- Beschuppte Zweige unterseits mit auffälliger weisser Zeichnung. Bis 50 m hoher Baum in etlichen Variationen. Schuppenblätter ohne deutliche Höcker →. Zapfen braun, 18-22 mm lang, Zapfenschuppen mit dornigem Fortsatz

Thuja plicata D. Don, Riesen-Lebensbaum: P, 50 m, IV, kollin-montan, Gärten, Parkanlagen, kultiviert und selten verwildert, Neophyt

Ephedraceae Meerträubelgewächse

Ephedra Meerträubchen

- Stark verzweigter Zwergstrauch mit schachtelhalmartigem Aussehen. Zweige grün, aufrecht, beinahe parallel, mehrheitlich > 1 mm Durchmesser, mit > 2 cm langen Internodien. Blätter schuppenartig, 2-3 mm lang, gegenständig, unten verwachsen. Zweihäusig. Weibliche Zapfen mit 2 Samenanlagen. Frucht eine rote Scheinbeere mit 2 Samen

  Ephedra helvetica C. A. Mey., *(Ephedra distachya* subsp. *helvetica)*, Schweizer Meerträubchen: Ch, 50-100 cm, V, kollin-montan, kalkreiche Felsensteppen, Mauern, (Stip-Poio), VU. Die Unterscheidung von *E. helvetica* C.A. Mey, *E. negrii* Nouviant und *E. distachya* basiert auf morphologischen Unterschieden. Die bisherigen molekularen Untersuchungen konnten die Auftrennung in drei Arten nicht stützen

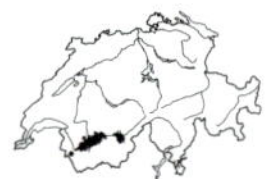

Pinaceae Kieferngewächse

1 Nadeln in 2- oder mehrzähligen Büscheln **2**

- Nadeln einzeln stehend **3**

2 Nadeln an Kurztrieben zu 15-30 gebüschelt. Baum sommergrün (Abb. Tafel 4, S. 70) ***Larix***

- Nadeln zu 2 oder 5. Baum immergrün (Abb. Tafel 4, S. 70) ***Pinus***

3 Nadeln mit tellerförmiger Basis dem Zweig aufsitzend. Zapfen aufrecht, nicht abfallend, auf dem Baum die Schuppen verlierend (Abb. Tafel 4, S. 70) ***Abies***

- Nadeln ohne «Tellerfüsschen». Zapfen als Ganzes abfallend **4**

4 Nadeln 4-kantig, stechend, am Grund ohne Stielchen, fast mit voller Breite dem Zweig aufsitzend (beim Abreissen junger Nadeln löst sich ein Teil der Rinde). Deckschuppen nicht unter den Zapfenschuppen hervorragend (Abb. Tafel 4, S. 70) ***Picea***

- Nadeln flach, nicht stechend, am Grund mit deutlichem Stielchen. 3-zähnige Deckschuppen weit unter den Zapfenschuppen hervorragend (Abb. Tafel 4, S. 70) ***Pseudotsuga***

Abies Tanne

1 Einjährige Triebe mit gescheitelten Nadeln (in eine Ebene ausgerichtet), die Zweige sichtbar. Junge Seitenzweige behaart (Lupe!). Nadeln 15-30 mm lang (Abb. Tafel 4, S. 70)

Abies alba Mill., Weiss-Tanne: P, 60 m, V, montan (-subalpin), tiefgründige Laubmischwälder, Nadelwälder, (Abie-Fage, Abie-Pice), auch kultiviert, LC

- Einjährige Triebe dicht schraubig benadelt, die Zweige daher kaum sichtbar. Junge Seitenzweige kahl. Nadeln (20-)30-45 mm lang

Abies nordmanniana (Steven) Spach, Nordmanns Tanne: P, 50 m, V, kollin-montan, Parkanlagen, Forste, angepflanzt (Christbaumplantagen!) und selten verwildert, kultivierter Neophyt

Larix Lärche

1 Junge Triebe kahl, unbereift. Nadeln weich, hellgrün, 1,5-3 cm lang, nicht gestreift, an Kurztrieben zu 15-40 gebüschelt. Reife Zapfen 2-6 cm lang, mit gerade vorgestreckten, kaum zurückgerollten Samenschuppen. Wald bildender Baum. Borke grau- bis rotbraun, tief gefurcht (Abb. Tafel 4, S. 70)

Larix decidua Mill., Europäische Lärche: P, 50 m, V-VI, subalpin, Wälder, besonders Nadelwälder, (Lari-Pine, Vacc-Pice, Eric-PiUn), auch kultiviert, LC

- Junge Triebe bläulich bereift. Nadeln blaugrün, unterseits weiss gestreift, an Kurztrieben zu 20-40 gebüschelt. Reife Zapfen 2-3(-4) cm lang, 1-1,3x so lang wie breit, mit abstehenden, am der Spitze deutlich zurückgerollten Samenschuppen

Larix kaempferi (Lamb.) Carrière, Japanische Lärche: P, 30 m, V, (kollin-) montan, Wälder, als Forstbaum angepflanzt und gelegentlich verwildert, ebenso der Hybride *L. decidua* × *kaempferi*

Picea Fichte

- Wald bildender Baum. Borke grau- bis rotbraun, wenig gefurcht, in dünnen Schuppen abfallend. Zweige ± rundum benadelt. Nadeln steif, stechend zugespitzt, 1-2,5 cm lang, 4-kantig. Zapfen hängend, 10-15 cm lang (Abb. Tafel 4, S. 70)

Picea abies (L.) H. Karst., Fichte: P, 50 m, V, (kollin-) montan-subalpin, humusreiche Bergwälder, Laubmischwälder, (Vacc-Pice, Abie-Pice, Spha-Pice, Fagetalia), LC

Pinus Föhre, Kiefer

1 Nadeln zu 5 gebüschelt **2**

- Nadeln zu 2 gebüschelt **3**

2 Nadeln derb, 4-8 cm lang. Krone jung kegelförmig, später fast säulenförmig oder unregelmässig. Borke graubraun, schuppig. Zapfen eiförmig, 5-8 cm lang und 5 cm dick, violettgrau, kompakt bleibend (Abb. Tafel 4, S. 70)

Pinus cembra L., Arve: P, 25 m, VI-VIII, subalpin (-alpin), Bergwälder, (Lari-Pine, Rhod-Vacc), LC

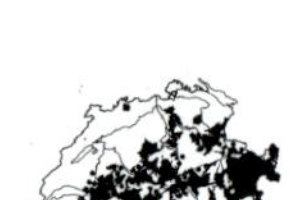

- Nadeln weich, 8-10 cm lang. Krone locker kegelförmig. Borke lange glatt bleibend, später tief gefurcht. Zapfen zylindrisch, 15-20 cm lang, meist gebogen, Schuppen stark spreizend

Pinus strobus L., Weymouths-Kiefer: P, 60 m, V, kollin (-montan), Wälder, Pionierwälder, angepflanzt und selten verwildert, Neophyt

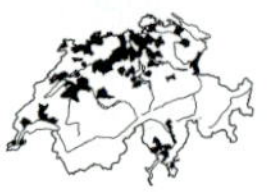

3 Nadeln (8-)10-17 cm lang **4**

- Nadeln 3-8 cm lang **5**

4 Nadelscheiden dunkelgrau, 1-2 cm lang. Krone kegel- bis kandelaberförmig. Borke über den ganzen Stamm dunkelgrau, in grobe Platten gefurcht. Zapfen gelb- bis dunkelbraun, 4-10 cm lang

Pinus nigra J. F. Arnold, Schwarz-Föhre: P, 40 m, V-VI, kollin-montan, Parkanlagen, Wälder, angepflanzt und selten verwildert, Neophyt

- Nadelscheiden hell gelbbraun, ca. 1 cm lang. Krone schirmförmig (nur jung kegelförmig). Borke rotbraun, in grobe Platten gefurcht. Zapfen rotbraun, 10-15 cm lang

Pinus pinea L., Pinie: P, 25 m, V-VI, kollin, Parkanlagen, angepflanzt und selten verwildert, kultivierter Neophyt

5 Zapfen deutlich gestielt, abwärtsgebogen, 3-6 cm lang. Stamm oben rötlich verfärbt. Nadeln graugrün bis bläulich grün, 1-1,5(-2) mm breit

Pinus sylvestris L., Wald-Föhre: P, 40 m, V, kollin-subalpin, trockenwarme Wälder, wechselfeuchte Wälder, felsige Pionierwälder, (Eric-PiSy, Onon-Pini, Moli-Pini, Fagetalia), auch angepflanzt, LC

- Zapfen fast sitzend, abstehend. Stamm in der ganzen Länge grau. Nadeln dunkelgrün, 1-2 mm breit

Pinus mugo Turra, *(P. montana)*, Berg-Föhre: 5 m, VI-VII, montan-subalpin, Kampfzone an der Waldgrenze, LC

a Niederliegend, strauchartig, mit bogig aufsteigenden Ästen. Zapfen 2-5 cm lang, ± symmetrisch. Schild der Schuppe → wenig aufgewölbt und kaum nach unten gebogen

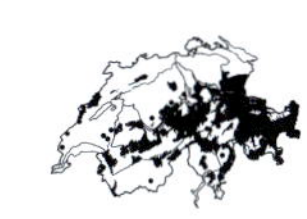

Pinus mugo Turra subsp. ***mugo***, Leg-Föhre: Ph, 5 m, VI-VII, montan-subalpin, Legföhrenbestände, Zwergstrauchheiden, (Eric-PiUn, Eric, Rhod-Vacc), LC

- Aufrechter Baum. Zapfen 3-7 cm lang, asymmetrisch. Schild der Schuppe (unterster Teil) → deutlich aufgewölbt und oft hakig nach unten gebogen

Pinus mugo subsp. ***uncinata*** (DC.) Domin, Aufrechte Berg-Föhre: P, 25 m, VI-VII, montan-subalpin, Moorwälder, Kampfzone an der Waldgrenze, (Eric-PiUn, Betu, Ledo-Pini, Spha-Pice), LC

Pseudotsuga Douglasie

- Borke längs gefurcht, grau- bis rotbraun. Junge Triebe fein behaart. Nadel nicht stechend, 2-4 cm lang, zerrieben nach Orangen duftend. Deckschuppen zungenartig weit unter den Zapfenschuppen hervorragend, 3-zipflig (Abb. Tafel 4, S. 70)

Pseudotsuga menziesii (Mirb.) Franco, Douglasfichte: P, 50 m, V, kollin-montan, Wälder, (Carp), angepflanzt und selten verwildert, kultivierter Neophyt

Taxaceae Eibengewächse

Taxus Eibe

- Zweihäusiger Baum mit breiter, oben abgerundeter Krone. Rinde mit sich ablösenden, braunroten Streifen. Blätter nadelförmig, dunkelgrün, flach, oberseits mit erhabenem Nerv. Frucht eine rote Scheinbeere → (Abb. Tafel 4, S. 70)

Taxus baccata L., Eibe: P, 20 m, IV, kollin-montan (-subalpin), schattige Wälder, luftfeuchte Schluchtwälder, Parkanlagen, (Fagetalia, Moli-Pini), LC. Die Gattung wurde in jüngerer Zeit von Spjut (Spjut, 2008) in eine Vielzahl Arten aufgetrennt. Derselbe Autor hat dazu Bestimmungsschlüssel erarbeitet. Kultivierte, sich verwildernde Eiben-Arten schliessen *T. canadensis*, *T. fastigiata*, *T. cuspidata* und ihre Hybriden ein. Neuere molekulare Arbeiten stützen die Auftrennung in verschiedene Arten nicht

7. Angiospermen I Basale Bedecktsamer

Aristolochiaceae Osterluzeigewächse

1 Stängel niederliegend und wurzelnd. Blatt nierenförmig. Blüten radiärsymmetrisch, glockig, bräunlich, 3-zählig **_Asarum_**

- Stängel aufrecht. Blatt herzförmig. Blüten 2-seitig-symmetrisch, langröhrig **_Aristolochia_**

Aristolochia Osterluzei

1 Blätter gestielt, tief herzförmig, matt hellgrün, kahl, 3-15 cm lang, zerrieben aromatisch. Stängel aufrecht, hin- und hergebogen. Blüten 2-3 cm lang, zu 2-8 in den Blattachseln, Röhre und Zunge gelb →

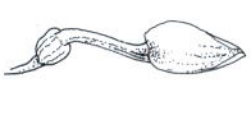

Aristolochia clematitis L., Echte Osterluzei: G, 30-80 cm, V-VIII, kollin, sonnige, nährstoffreiche Krautsäume, Gebüsche, Weinberge, (Aego, Erag), Archäophyt, EN

- Blätter fast sitzend und stängelumfassend, tief herzförmig, mattgrün, unterseits bläulich, 3-5 cm lang, kahl. Stängel niederliegend oder aufrecht, hin- und hergebogen. Blüten 3-5 cm lang, einzeln, mit gelber Röhre und rotbrauner Lippe →

Aristolochia rotunda L., Rundknollige Osterluzei: G, 10-40 cm, V, kollin, trockenwarme, nährstoffreiche Gebüschsäume, Mauern, (Aego), EN

Asarum Haselwurz

- Stängel kriechend. Blätter dunkelgrün, glänzend, nierenförmig, lederig, 3-6 cm breit. Blüten unter den Blättern am Grund der Pflanze versteckt, 1-2 cm lang, rotbraun, mit 3 Zipfeln →. Frucht eine kugelige Kapsel

Asarum europaeum L., Europäische Haselwurz: G, 5-10 cm, IV-V, kollin-montan, kalkreiche Laubwälder, Gebüsche, (Carp, Ceph-Fage), LC

Cabombaceae — Haarnixengewächse

Cabomba — Haarnixe

- Wasserpflanze. Schwimmblätter im Umriss schmal elliptisch →, Blattabschnitte > 1 mm breit. Untergetauchte Blätter gegenständig, selten zu 3, alle Zipfel in einer Ebene →. Blüten weiss, gelb oder rosa, meist mit 2–4 Fruchtblättern und 6 Staubgefässen

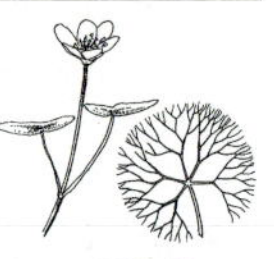

Cabomba caroliniana A. Gray, Karolina-Haarnixe: Ah, 0,5–2 m, VII–IX, kollin, Stillgewässer, Neophyt

Lauraceae — Lorbeergewächse

1 Blätter lanzettlich, 0,5–1 cm lang gestielt, zerrieben nach Lorbeer riechend. Blüten 4-zählig ... ***Laurus***

\- Blätter elliptisch, 1–3 cm lang gestielt, zerrieben nach Kampfer riechend. Blüten 6-zählig ... ***Cinnamomum***

Cinnamomum — Kampferbaum

- Immergrüner Baum. Blätter → wechselständig, bis 3 cm lang gestielt, oberseits glänzend dunkelgrün, zerrieben nach Kampfer riechend, im Gegensatz zur auch kultivierten *C. camphora* nicht 3-, sondern fiedernervig. Blüten klein, bis 3 mm, gelblich, 6-zählig. Frucht schwarz

Cinnamomum glanduliferum (Wall.) Meisn., Drüsiger Kampferbaum: P, 15 m, IV–V, kollin, warme, kalkarme Pionierwälder, Laubwälder mit immergrünem Unterholz, (Robi), kultiviert und selten verwildert, Neophyt

Laurus — Lorbeer

- Immergrüner, zweihäusiger Strauch. Blätter → 5–10 cm lang, dunkelgrün, unterseits heller, breit lanzettlich, mit gewelltem Rand und bis 1 cm langem, oft rötlichem Blattstiel, zerrieben aromatisch. Blüten 4-zählig, gelblich weiss, in doldigen Blütenständen in den Blattachseln. Frucht schwarz

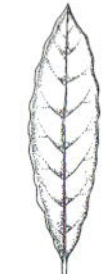

Laurus nobilis L., Edel-Lorbeer: Ph-P, 1–5 m, IV, kollin, trockenwarme Laubmischwälder mit immergrünem Unterholz, Pionierwälder, (Carp, Quercetea ilicis), kultiviert und verwildert, Archäophyt, LC

Nymphaeaceae Seerosengewächse

Verwechslungsgefahr: Es sei darauf hingewiesen, dass die Gattung *Nymphoides* (Menyanthaceae) Schwimmblätter aufweist, die den Blättern von *Nuphar* sehr ähnlich sind.

1 Blattspreite fast kreisrund. Blattnerven → weit stehend, am Blattrand mit grossem Winkel öffnend und netzartig miteinander verbunden. Blüten weiss. Kelchblätter 4, grün ***Nymphaea***

- Blattspreite länger als breit. Blattnerven → eng stehend, am Blattrand mit kleinem Winkel öffnend, nicht netzartig miteinander verbunden. Blüten gelb. Kelchblätter 5, gelb, kronblattartig ***Nuphar***

Nuphar Teichrose

1 Blütendurchmesser 3-5 cm. Narbenscheibe in der Mitte vertieft, mit 15-20 nicht bis zum Rand reichenden, radiären Streifen. Blattspreite 30-40 cm gross, mit 23-28 Seitennerven auf jeder Seite des Mittelnervs

Nuphar lutea (L.) Sm., Grosse Teichrose: Ah, VI-VIII, kollin-montan, Seen, Teiche, (Nymp), LC

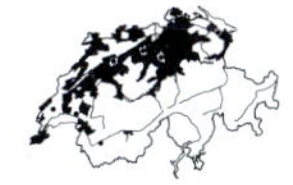

- Blütendurchmesser 2-3 cm. Narbenscheibe flach, mit 8-10 bis zum Rand reichenden, radiären Streifen. Blattspreite bis 13 cm gross, mit 11-18 Seitennerven auf jeder Seite des Mittelnervs. Am Ansatzpunkt des Blattstiels ein gelblicher Punkt

Nuphar pumila (Timm) DC., Kleine Teichrose: Ah, VII-VIII, (kollin-) montan (-subalpin), nährstoffarme Seen, Teiche, (Nymp), EN. Der Hybride *N. lutea* × *N. pumila* hat intermediäre Merkmale zwischen beiden Eltern und scheint *N. pumila* allmählich zu verdrängen

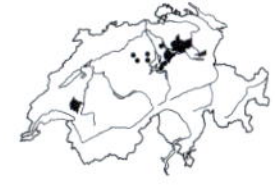

Nymphaea Seerose

1 Blattgrund ± gerade. Blüten weiss. Innere Staubgefässe linear. Narbenscheibe in der Regel mit mehr als 14 Strahlen

Nymphaea alba L., Weisse Seerose: Ah, V-IX, kollin (-montan), Seen, Teiche, (Nymp), NT. Die zahlreichen Hybrid-Seerosen, die sich in natürlichen Gewässern etabliert haben, können in der Regel anhand ihrer grossen, meist rosa oder gelben Blüten erkannt werden

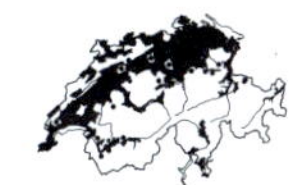

- Blattgrund mit gebogenem Hauptnerv, auf der Blattunterseite hervorstehend. Blüten weiss. Innere Staubgefässe in der Mitte bauchig verbreitert. Narbenscheibe in der Regel mit weniger als 14 Strahlen

Nymphaea candida C. Presl, Kleine Seerose: Ah, VII-IX, kollin, Seen, Teiche, (Nymp), Neophyt

8. Angiospermen II (Monocotyle) Einkeimblättrige Bedecktsamer

Acoraceae — Kalmusgewächse

Acorus — Kalmus

Die Gattung ist bei uns mit nur einer neophytischen Art vertreten. Um sie von der vegetativ sehr ähnlichen *Iris pseudacorus* zu unterscheiden, vergleicht man am besten den Geruch der Blätter. Während *Iris* fast geruchlos ist, haben die Blätter von *Acorus* einen stark aromatischen, zitronenartigen Duft.

- Blätter schwertlilienartig (2-zeilig), lineal, steif aufrecht, grasgrün mit Gelbstich, am Rand oft streckenweise gewellt →, 0,5–2 cm breit. Stängel 3-kantig. Blüten in 4–10 cm langem, scheinbar seitenständigem Kolben mit laubblattartigem, langem Hochblatt

  Acorus calamus L., Kalmus: G, 50–150 cm, VI, kollin-montan, Röhrichte, (Phra), Neophyt. Vermehrung in Mitteleuropa ausschliesslich vegetativ

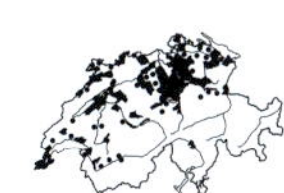

Alismataceae — Froschlöffelgewächse

Die Familie umfasst ausschliesslich Sumpf- und Wasserpflanzen.

1	Aus dem Wasser ragende Blätter pfeilförmig. Blüten eingeschlechtig	***Sagittaria***
-	Aus dem Wasser ragende Blätter oval, lanzettlich oder herzförmig. Blüten zwittrig	**2**
2	Blütenstand doldig, ohne Etagen (selten unter der Dolde ein zweiter Blütenquirl). Blütenboden und Frucht kugelig, Teilfrüchte daher in einer Kugel angeordnet	***Baldellia***
-	Blütenstand mit 2–4 quirligen Etagen. Blütenboden und Frucht flach, Teilfrüchte daher kreisförmig angeordnet	**3**
3	Aus dem Wasser ragende Blätter am Grund tief herzförmig. Quirläste mehrblütig	***Caldesia***
-	Aus dem Wasser ragende Blätter am Grund seicht herzförmig, gestutzt oder in den Stiel zusammengezogen. Quirläste einblütig	***Alisma***

Alisma — Froschlöffel

Alle Arten sind Sumpf- oder Wasserpflanzen, die je nach Wuchsort sehr vielgestaltig sein können.

1 Stängel niederliegend oder aufrecht, schon in der unteren Hälfte verzweigt. Die meisten Blätter untergetaucht, ungestielt, bandförmig, 3–10 mm breit. Landblätter am Ende stumpf. Staubblätter etwa so lang wie die Fruchtblätter, Staubbeutel < 1 mm. Griffel hakenförmig, deutlich kürzer als der Fruchtknoten

Alisma gramineum Lej., Grasblättriger Froschlöffel: G, (6–)10–30(–80) cm, VI–VIII, kollin, nährstoffreiche Stillgewässer, (Pota), EN

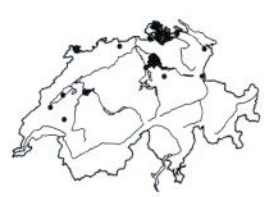

- Stängel aufrecht, meist erst in der oberen Hälfte verzweigt. Pflanze nie mit untergetauchten, bandförmigen Blättern. Blätter spitz. Staubblätter 2x so lang wie die Fruchtblätter, Staubbeutel > 1 mm. Griffel fast gerade, etwa so lang wie der Fruchtknoten **2**

2 Blätter breit → (nur bis 3x so lang wie breit), am Grund abgerundet oder etwas herzförmig. Blütenstand höher als breit. Innere Perigonblätter rundlich, fast weiss, sich gegen Mittag öffnend. Griffel lang, fädig, Narbe fein papillös (nur mit Lupe sichtbar)

Alisma plantago-aquatica L., Gemeiner Froschlöffel: G, 20–100 cm, VI–VIII, kollin-montan, schlammige Seeufer, Flussufer, Teiche, (Phal), LC

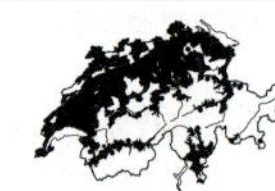

- Blätter schmal → (mehr als 3x so lang wie breit), in den Stiel verschmälert. Blütenstand oft kaum höher als breit. Innere Perigonblätter spitz, meist weissrosa, sich am Vormittag öffnend (am Mittag bereits welkend). Griffel kurz, Narbe grob papillös (ohne Lupe sichtbar)

Alisma lanceolatum With., Lanzettblättriger Froschlöffel: G, 10–100 cm, VI–VIII, kollin-montan, schlammige Stillgewässer, Teiche, Ufer, (Phal, Phra), EN

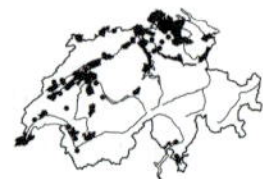

Baldellia Igelschlauch

Die Gattung lässt sich vegetativ am charakteristischen Geruch der Blätter erkennen. Diese riechen stark nach frischem Koriander.

- Blätter schmal lanzettlich, in einen langen Stiel verschmälert, flutend oder aus dem Wasser ragend. Blüten in einfacher Dolde (selten darunter ein 2. Quirl). Innere Perigonblätter weiss oder rosa mit gelbem Grund. Früchtchen → ca. 2 mm lang, in kugeligen Köpfchen

Baldellia ranunculoides (L.) Parl., *(Echinodorus ranunculoides)*, Igelschlauch: G, 5–30(–50) cm, VI–VII, kollin, wechselfeuchte Pionierfluren, Seeufer, (Litt), CR

Caldesia Caldesie

- Schwimmblätter tief herzförmig (die ersten noch oval), 3–8 cm lang. Blütenstand in mehreren Etagen. Zumindest einzelne Quirläste mehrblütig

Caldesia parnassifolia (L.) Parl., Caldesie: Ah-G, 20–60 cm, VII–IX, kollin, Seeufer, Röhrichte, (Phra), RE

Sagittaria Pfeilkraut

1 Mittelabschnitt bei voll entwickelten Blättern → 1–4 cm breit. (Achtung: Blattformen generell sehr variabel!) Blüten 1,5–2,5 cm breit, eingeschlechtig (untere weiblich, obere männlich). Perigonblatt am Grund meist dunkelrot verfärbt. Staubbeutel purpurn. Fruchtschnabel kurz, nach oben gerichtet

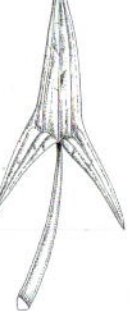

Sagittaria sagittifolia L., Echtes Pfeilkraut: Ah-G, 30–100 cm, VI–VIII, kollin, Seeufer, Gräben, (Phra, Glyc-Spar), EN

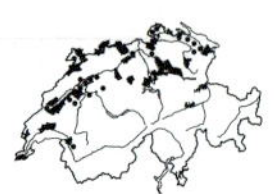

\- Mittelabschnitt bei voll entwickelten Blättern → 6–12 cm breit. Blüten 3–4 cm breit, neben eingeschlechtigen selten auch zwittrige Blüten vorhanden. Perigonblatt am Grund weiss. Staubbeutel gelb. Fruchtschnabel deutlich, rechtwinklig abstehend

Sagittaria latifolia Willd., Breitblättriges Pfeilkraut: Ah-G, 30–100 cm, VII–IX, kollin, Ufer, Röhrichte, Gräben, (Magn, Glyc-Spar), kultiviert und verwildert, Neophyt

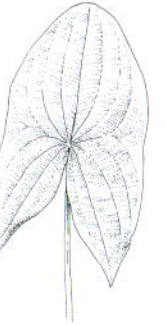

Amaryllidaceae Amaryllisgewächse

1 Fruchtknoten oberständig. Blütenstand doldenartig, meist kugelig bis halbkugelig. Blätter nach Lauch riechend ***Allium***

\- Fruchtknoten unterständig (Knoten unterhalb der Blüte). Blätter nicht nach Lauch riechend **2**

2 Perigonblätter im unteren Teil zu einer (meist grünen) Röhre verwachsen. Blüte mit einem becherartigen Nebenperigon («Nebenkrone») ***Narcissus***

\- Perigonblätter frei. Blüten ohne Nebenperigon **3**

3 Innere Perigonblätter zusammenneigend, die äusseren abstehend, viel länger als die inneren ***Galanthus***

\- Äussere Perigonblätter gleich lang wie die inneren, Blüten daher glockenförmig ***Leucojum***

Allium Lauch

1 Blüten und/oder Brutzwiebeln vorhanden **2**

\- Blüten (bzw. Brutzwiebeln) nicht vorhanden (Bestimmung nach Blattmerkmalen - ohne verwilderte Kulturpflanzen!) **21**

2 Blütenstand → mit Brutzwiebeln **3**

\- Blütenstand → ohne Brutzwiebeln **8**

3 Blätter 5–25 mm breit, flach oder rinnig **4**

\- Blätter 1–4 mm breit, flach oder rund (und hohl) **6**

4 Stängel 3-kantig. Nur ein grundständiges, 5–25 mm breites Blatt. Nebst den Brutzwiebeln meist nur eine oder gar keine Blüte. Blüte weiss

Allium paradoxum (M. Bieb.) G. Don, Wunder-Lauch: G, 15–30 cm, IV–V, kollin, Gebüschsäume, Waldränder, (Aego), kultiviert und selten verwildert, Neophyt

\- Stängel ± rund. Pflanze mit mehreren Blättern **5**

5 Blüten weiss oder rosa, ± deformiert (unfruchtbar). Doldenhülle einblättrig, in eine sehr lange Spitze ausgezogen. Blätter 10–15 mm breit, blaugrün, Blattrand glatt

Allium sativum L., Knoblauch: G, 30–80 cm, VI, kollin-montan (-subalpin), Gärten, Äcker, kultiviert und selten verwildert, Neophyt

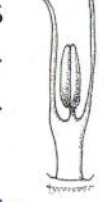

- Blüten dunkelviolett (sehr selten weisslich). Doldenhülle 2-blättrig, bis 2 cm lang, ohne verlängerte Spitze. Blätter 5–12 mm breit, gekielt, Blattrand rau (fein wimperartig gezähnelt). Staubblätter kürzer als die Perigonblätter. Staubfäden mit Seitenzähnen →

  Allium scorodoprasum L., Schlangen-Lauch: G, 50–100 cm, VI–VII, kollin, feuchte Krautsäume, Wegränder, Auenwälder, (Conv, Frax), NT

6 Blätter flach, nirgends röhrig, unterseits mit 3–5 kräftigen, glatten Kanten. Blüten violett. Staubblätter 2x so lang wie die Perigonblätter. Bulbillen spindelförmig **18**

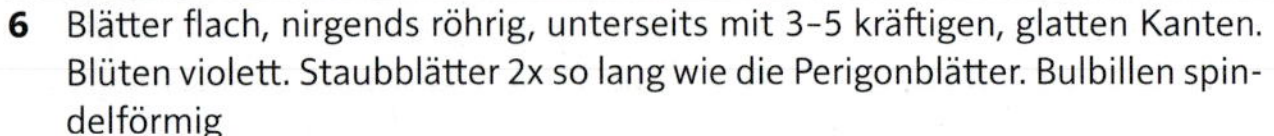

→ *Allium carinatum* subsp. *carinatum*

- Blätter zumindest im unteren Teil röhrig, hohl, unterseits mit rauen Kanten. Blüten violett oder grünlich. Staubblätter so lang oder wenig länger als die Perigonblätter **7**

7 Blütenstand mit 2 bleibenden Hüllblättern, Hüllblattspitzen sehr lang gezogen (meist > 5 cm). Stängelbasis verschmälert. Blätter hohl, 1–4 mm breit, am Grund ohne Blatthäutchen, oberseits breit rinnig (aber manchmal eingerollt!). Furchen auf der Unterseite breiter als die (wenigen) Rippen. Geschmack mild, kohlartig (Name!). Bulbillen spindelförmig

Allium oleraceum L., Ross-Lauch: G, 30–80 cm, VII–VIII, kollin-subalpin, mässig trockene Krautsäume, Wegränder, Steinrasen, (Trif-medi, Fuma-Euph, Alyss-Sedi), LC

- Blütenstand mit 1 hinfälligen Hüllblatt, Hüllblattspitze max. 2 cm lang. Stängelbasis verbreitert. Blätter hohl, 2–4 mm breit, am Grund mit kurzem Blatthäutchen, oberseits schmal rinnig, oft fast stielrund. Unterseits mit vielen Rippen. Furchen schmaler als die Rippen. Geschmack scharf knoblauchartig. Bulbillen tropfenförmig

  Allium vineale L., Weinberg-Lauch: G, 30–80 cm, VI–VIII, kollin-montan, trockenwarme, leicht ruderale Krautsäume, Äcker, Weinberge, (Fuma-Euph, Conv-Agro), Archäophyt, LC

8 Stängel mindestens 1 cm dick und bis 120 cm hoch. Blüten zu (20–)50–150 in dichten Kugeln. Selten verwilderte Nutzpflanze **9**

- Stängel < 1 cm dick und bis 60(–80) cm hoch **11**

9 Stängel nicht aufgeblasen. Pflanze blaugrün. Blätter 2–5 cm breit. Blüten glockig, in dichter, runder Kugel, rosa oder weisslich. Staubblätter länger als die Perigonblätter

Allium porrum L., Gemüse-Lauch: G, 30–60(–100) cm, VI, kollin-montan, Gärten, Äcker, kultiviert und selten verwildert, kultivierter Archäophyt

- Stängel im unteren Teil bauchig aufgeblasen. Perigonblätter zuletzt sternförmig ausgebreitet **10**

10 Blütenstiele viel länger als die Blüten. Staubfäden am Grund mit 2 stumpfen Zähnchen →. Blüten grünlich weiss

Allium cepa L., Küchen-Zwiebel: G, 60–120 cm, VI, kollin-montan, Gärten, Äcker, kultiviert und selten verwildert, kultivierter Archäophyt

- Blütenstiele etwa so lang wie die Blüten. Staubfäden am Grund ohne Zähnchen →. Blüten weiss, manchmal rot gestreift

  Allium fistulosum L., Winter-Zwiebel: G, 80 cm, VI, kollin-montan, Gärten, kultiviert und selten verwildert, Neophyt

11 Die meisten Blätter 1,5–5 cm breit, breit lanzettlich oder oval **12**

- Die meisten Blätter weniger als 1,2 cm breit, flach oder röhrig **14**

12 Blüten grünlich gelb. Stängel beblättert. Blätter matt, allmählich in einen sehr kurzen Stiel verschmälert, mit langen Blattscheiden. In Herden wachsende Alpenpflanze

Allium victorialis L., Allermannsharnisch: G, 30–60 cm, VI–VIII, (montan-) subalpin-alpin, kalkreiche Gebirgsrasen, Hochstaudenfluren, (Cari-ferr, Cala), LC

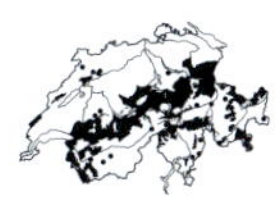

- Blüten weiss. Stängel blattlos. Pflanze tieferer Lagen **13**

13 Blätter gestielt (die Spreite plötzlich in einen Stiel verschmälert). Blattspreite oberseits glänzend, unterseits matt (vgl. die ähnliche *Convallaria majalis*). Blütenstand halbkugelig. Perigonblätter lanzettlich, spitz, weiss. Waldpflanze tieferer Lagen

Allium ursinum L., Bärlauch: G, 20–40 cm, IV–V, kollin-montan, krautreiche Buchenwälder, Auenwälder, Gebüschsäume, (Gali-Fage, Frax, Alni-inca), LC

- Blätter ungestielt, breit lanzettlich, matt. Blütenstand vielblütig, flach doldig. Perigonblätter elliptisch, ± stumpf, weiss. Verwilderte Zierpflanze

Allium nigrum L., Schwarzer Lauch: G, 40–100 cm, VI–VIII, kollin, Gartenränder, trockenwarme Krautsäume, Neophyt

14 Stängel scharf 2- bis 4-kantig, ohne Stängelblätter (Blätter alle ± grundständig). Dolden halbkugelig bis fast flach **15**

- Stängel rund, mit oder ohne Stängelblätter. Dolden kugelig oder halbkugelig **16**

15 Blätter oberseits flach, 1–3 mm breit, unterseits scharf gekielt. Staubblätter die Blüte nicht überragend →. Blüten hellrosa. An feuchten Stellen wachsend

Allium angulosum L., Kantiger Lauch: G, 30–70 cm, VII–VIII, kollin, Nasswiesen, Flachmoore, (Moli), VU

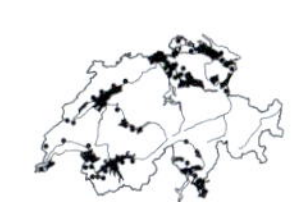

- Blätter beidseitig ± flach, ungekielt, 2–4 mm breit, mattgrün, an der Spitze abgerundet. Zumindest ein Teil der Staubblätter die Blüte überragend →, Staubfäden ohne Zähne. Blüten rosa. An trockenen Stellen wachsend

Allium lusitanicum Lam., *(A. montanum)*, Berg-Lauch: G, 30–70 cm, VII–IX, kollin-subalpin, basenreiche Felsgrusfluren, Trockenrasen, Föhrenwälder, (Alyss-Sedi, Sedo-Vero, Fest-vari), LC

16 Blätter zumindest im unteren Teil röhrenförmig, hohl, oberseits oft mit einer Rinne **17**

- Blätter flach, nicht röhrig **18**

17 Blüten hellviolett (selten weiss). Blätter vollkommen röhrig, ohne Rinne. Staubblätter ohne Seitenzähne →, viel kürzer als die länglichen Perigonblätter

Allium schoenoprasum L., Schnittlauch: G, 10–40 cm, V–VIII, (kollin-) subalpin-alpin, kalkreiche Flachmoore, Nasswiesen, Bachufer, (Caridava, Moli), LC

- Blüten dunkelviolett. Blätter oberwärts breit rinnig. Staubblätter etwas länger als die Perigonblätter, an der Spitze der Staubfäden mit 2 fädigen Seitenzähnen →, meist aus der Blüte ragend! Hüllblätter 1 oder 2, kurz zugespitzt

  Allium sphaerocephalon L., Kugelköpfiger Lauch: G, 30–90 cm, VI–VII, kollin-montan (-subalpin), kalkreiche Trockenrasen, Felsensteppen, (Xero, Stip-Poio), LC

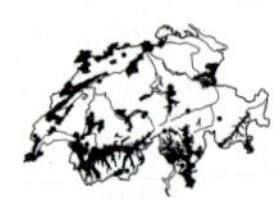

18 Doldenhüllblätter 2, ungleich lang, zumindest eines in eine lange, die Dolde überragende Spitze ausgezogen (oft auch abstehend oder nach unten gerichtet). Staubblätter die Blüte weit überragend, die Staubfäden ohne Seitenzähne. Blätter unterseits → mit 3–5 kantigen Rippen

Allium carinatum L., Gekielter Lauch: G, 30–80 cm, VII–VIII, kollin-subalpin, Magerwiesen, NT

- **a** Blätter 1–2 mm breit. Dolde vielblütig, ohne Brutzwiebeln. Blüten kräftig rosa

  Allium carinatum subsp. ***pulchellum*** Bonnier & Layens, Schöner Gekielter Lauch: G, VII–VIII, kollin, kalkreiche Trockenrasen, (Xero), VU

- **-** Blätter 2–4 mm breit. Dolde wenigblütig, mit Brutzwiebeln. Blüten rosa bis hellrosa

  Allium carinatum L. subsp. ***carinatum***, Gewöhnlicher Gekielter Lauch: G, VII–VIII, kollin-subalpin, mässig trockene Krautsäume, Magerrasen, Gebüsche, (Gera-sang, Meso)

- Doldenhüllblätter häutig, kürzer als die Dolde **19**

19 Dolde wenigblütig, halbkugelig. Blütenstiele ca. so lang wie die Blüte. Blätter alle fast grundständig, 2–4 mm breit und bis 20 cm lang. Staubfäden nur am Grund mit kleinen, stumpfen Zähnchen (erst beim Öffnen der Blüte sichtbar) →. Felspflanze, bei der (auch ohne Graben) am Grund oft die typischen netzartig zerfasernden Zwiebelhüllen erkennbar sind

Allium lineare L., *(A. strictum)*, Steifer Lauch: G, 20–60 cm, VIII, montan-subalpin, kalkarme Felsen, Felsgrusfluren, Steppenrasen, (Sedo-Scle, Stip-Poio), VU

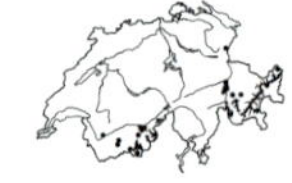

- Dolde kugelig. Die meisten Blütenstiele viel länger als die Blüte. Blätter über den Stängel verteilt. Pflanze tiefgründiger Böden **20**

20 Blätter (3–)5–8 mm breit, glatt. Blütenstiele ungleich lang (die nach oben gerichteten länger), 3–5x so lang wie die Perigonblätter. Blüten rosa bis dunkelviolett. Nur die schmalen, spitzen Zähnchen der Staubfäden → ragen aus der Blüte heraus

Allium rotundum L., Kugeliger Lauch: G, 30–60 cm, VI–VII, kollin, trockenwarme, kalkreiche Äcker, Wegränder, (Fuma-Euph), CR

- Blätter nur 2–4(–5) mm breit. Blütenstiele 2–3x so lang wie die Perigonblätter. Blüten hellrosa bis weiss. Staubfäden → ohne Zähne. Die ganzen Staubblätter weit aus der Blüte herausragend. Pflanze der Flachmoore

  Allium suaveolens Jacq., Wohlriechender Lauch: G, 20–50 cm, VII–IX, kollin, kalkreiche Flachmoore, Nasswiesen, (Moli), EN

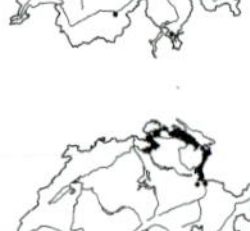

21 Blätter flach, 5–50 mm breit **22**

- Blätter röhrig, halb stielrund oder flach (und dann nur 2–4(–5) mm breit) **25**

22 Blätter gestielt, 20–50 mm breit **23**

\- Blätter nicht in einen Stiel verschmälert, 5–12 mm breit **24**

23 Blätter graugrün, matt, Blattstiel sehr kurz. Alpenpflanze **12**

→ *Allium victorialis*

\- Blätter frischgrün, oberseits glänzend, Blattstiel deutlich. Waldpflanze **13**

→ *Allium ursinum*

24 Blattrand und Kiel (auf der Unterseite) rau →, wimperartig stumpf gezähnelt (Lupe!). Blätter 6–12 mm breit, in der Knospenlage gefaltet **5**

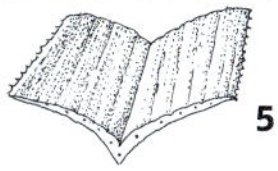

→ *Allium scorodoprasum*

\- Blattrand und Kiel glatt oder mit ganz feinen, regelmässigen Zähnchen (Lupe!). Blätter 5–8 mm breit, in der Knospenlage flach aufeinanderliegend **20**

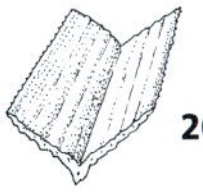

→ *Allium rotundum*

25 Blätter stielrund, halb stielrund oder röhrig **26**

\- Blätter flach, breiter als dick, im Querschnitt V-förmig oder breit U-förmig **30**

26 Blatt vollständig stielrund, röhrig, 1–6 mm dick, Oberfläche glatt, ohne Rillen, frischgrün **17**

→ *Allium schoenoprasum*

\- Blatt oberseits mit schmaler oder breiter Rinne (zumindest über einen Teil des Blattes) **27**

27 Blätter frischgrün, die gut entwickelten 4–8 mm breit **28**

\- Blätter graugrün (oft bereift), auch die gut entwickelten nur 1–3(–4) mm breit **29**

28 Blätter unterseits fein gerieft, am Grund ohne Blatthäutchen, oberseits meist bis zur Spitze breit rinnig (aber manchmal eingerollt!). Furchen auf der Unterseite breiter als die (wenigen) Rippen. Geschmack mild, kohlartig (Name!) **7**

→ *Allium oleraceum*

\- Blätter ungerieft, derb, am Grund mit kurzem Blatthäutchen, oberseits flach rinnig, oft fast stielrund. Unterseits mit vielen Rippen. Furchen schmaler als die Rippen. Geschmack scharf knoblauchartig **17**

→ *Allium sphaerocephalon*

29 Blätter fein gerieft, unten röhrig, am Grund mit einem kurzen Blatthäutchen. Im unteren Teil rinnig, fast 3-kantig (3- bis 5-rippig), im oberen Teil stielrund werdend. Geschmack scharf knoblauchartig **29**

→ *Allium vineale*

\- Blätter markig, halb stielrund, oberseits flach(rinnig), in der Rinne gerieft, ohne Blatthäutchen **18**

→ *Allium carinatum* subsp. *pulchellum*

30 Blätter unterseits gerippt oder gekielt, mit scharfer Mittelrippe **31**

\- Blätter unterseits abgerundet, glatt oder gefurcht, aber ohne scharfe Mittelrippe **33**

31 Blatt unterseits gerippt, neben der Mittelrippe auf der Unterseite mit weiteren, fast gleich starken Rippen **18**

→ *Allium carinatum* subsp. *carinatum*

- Blatt unterseits gekielt, neben der gekielten Mittelrippe keine weiteren markanten Rippen (Blätter unten im Querschnitt dreieckig) **32**

32 Blätter alle ± grundständig. Stängel kantig. Blatthäutchen fehlend **15**

→ *Allium angulosum*

- Blätter grund- und stängelständig. Stängel stielrund. Blatthäutchen vorhanden **20**

→ *Allium suaveolens*

33 Blätter alle grundständig, unterseits kaum gerieft, fast glatt. Stängel (v. a. nach oben hin) kantig, Blattscheiden kurz **15**

→ *Allium lusitanicum*

- Blätter grund- und stängelständig, unterseits deutlich fein gerieft-gefurcht. Stängel stielrund **34**

34 Blätter nur 1–2 mm breit, Stängelblätter auch im mittleren Teil des Stängels. Blattscheiden lang und eng **18**

→ *Allium carinatum* subsp. *pulchellum*

- Blätter 3–4 mm breit, Stängelblätter nur im untersten Teil des Stängels **19**

→ *Allium lineare*

Galanthus Schneeglöckchen

1 Blätter oberseits frischgrün, ± glänzend, 6–20(–30) mm breit, oft mit einer Kapuzenspitze. Innere Perigonblätter nur am Ende grün →

Galanthus woronowii Losinsk., *(G. ikariae)*, Woronow-Schneeglöckchen: G, 10–25 cm, II–III, kollin (-montan), Gärten, Parkanlagen, Krautsäume, kultiviert und selten verwildert, Neophyt

- Blätter matt, (bläulich) dunkelgrün bis blaugrün **2**

2 Blätter 3–8(–10) mm breit, (bläulich) dunkelgrün, am Ende mit einer Knorpelspitze. Innere Perigonblätter nur am Ende grün →

Galanthus nivalis L., Gewöhnliches Schneeglöckchen: G, 10–20 cm, (I–)II–III, kollin-montan, Gärten, Laubwälder, Obstgärten, (Tili-plat, Frax), LC

- Blätter 10–30 mm breit, blaugrün. Innere Perigonblätter am Ende und am Grund grün →

Galanthus elwesii Hook. f., Grossblütiges Schneeglöckchen: G, 10–30 cm, II–V, kollin (-montan), Gärten, Parkanlagen, Krautsäume, kultiviert und selten verwildert, Neophyt

Leucojum Märzenglöcken, Sommerglöckchen

1 Blütenstand 1- (2-)blütig. Pflanze 10–30 cm hoch. Blätter lineal, frisch- bis dunkelgrün, fleischig, bis 1 cm breit. Blüten glockig, hängend, Perigonblätter weiss, mit grüner Spitze

Leucojum vernum L., Märzenglöckchen: G, 10–30 cm, (II–)III–IV, kollin-montan (-subalpin), mässig feuchte Laubwälder, Wiesen und Weiden, (Frax, Luna-Acer, Calt), LC

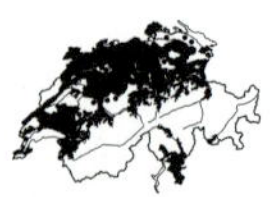

- Blütenstand 3- bis 7-blütig. Pflanze 30-50 cm hoch. Blätter bis 1,5 cm breit. Blüten wie bei *L. vernum*

Leucojum aestivum L., Sommerglöckchen: G, 30-50 cm, IV-V, kollin, warme Nasswiesen, feuchte Gebüsche, (Moli, Sali-alba), EN

Narcissus Narzisse, Osterglocke

1 Nebenperigon («Nebenkrone») trichterförmig bis lang becherförmig, 10-40 mm hoch, dunkelgelb bis orange. Stängel einblütig. Perigonblätter gelb oder weiss **2**

- Nebenperigon kurz becherförmig, (2-)4-9 mm hoch, gelb mit (meist) rötlichem Rand. Stängel ein- bis mehrblütig. Perigonblätter stets weiss

Narcissus poëticus aggr., Weisse Narzisse: G, kollin-subalpin, NT

a Stängel (1-) 2- bis 3-blütig. Perigonröhre (unterhalb der Perigonblätter!) 20-25 mm lang, hellgelb, Rand weisslich. Perigonblätter 18-22 mm lang. Blätter 7-10 mm breit

Narcissus ×medioluteus Mill., Zweiblütige Narzisse: G, 15-40 cm, IV-V, kollin, Gärten, Parkanlagen, Krautsäume, kultiviert und selten verwildert, Neophyt. Fixierter Hybride aus *N. pseudonarcissus* und *N. poëticus*

- Stängel einblütig. Perigonröhre 20-30 mm lang, gelb, Rand rot. Blätter 5-13 mm breit **b**

b Alle 6 Staubblätter auf gleicher Höhe eingefügt, alle Staubbeutel aus der Perigonröhre ragend. Nebenperigon 8-12 mm breit. Perigonblätter 22-30 mm lang, meist nicht überlappend. Blätter nur 5-8 mm breit

Narcissus radiiflorus Salisb., Weisse Berg-Narzisse: G, 20-40 cm, V, montan-subalpin, mässig feuchte Bergwiesen, Rostseggenhalden, (Poly-Tris, Cari-ferr), NT

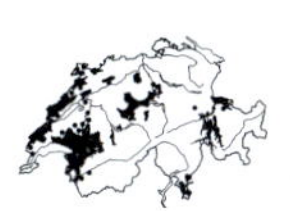

- Staubblätter ungleich hoch eingefügt, die 3 unteren Staubbeutel in der Perigonröhre eingeschlossen bleibend. Perigonblätter 20-25 mm lang **c**

c Nebenperigon 12-15 mm breit, 2-3 mm hoch. Perigonblätter sich meist überlappend (mehrere Blüten vergleichen!). Blätter (5-)7-13 mm breit

Narcissus poëticus L., Weisse Garten-Narzisse: G, 20-40 cm, IV-V, kollin-montan, mässig feuchte, nährstoffreiche Wiesen, (Poly-Tris), auch kultiviert und verwildert, Archäophyt, DD

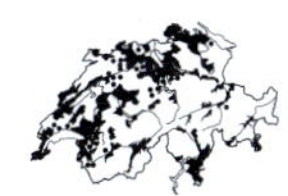

- Nebenperigon 8-12 mm breit, 3-5 mm hoch. Perigonblätter 22-30 mm lang, meist nicht überlappend. Blätter nur 5-8 mm breit

Narcissus ×verbanensis (Herb.) M. Roem., Langensee-Narzisse: G, 20-30 cm, IV-V, kollin-montan, mässig feuchte Wiesen und Weiden, (Arrh), VU. Fixierter Hybride aus *N. radiiflorus* und *N. poëticus*

2 Nebenperigon etwa gleich lang wie die freien Perigonzipfel, trichterförmig, dunkelgelb. Perigonröhre 15-25 mm lang. Blätter lineal, stumpf, fleischig

Narcissus pseudonarcissus L., Osterglocke: G, 15-40 cm, III-IV, montan-subalpin, Bergwiesen und -weiden, Obstgärten, lichte Laubwälder, NT

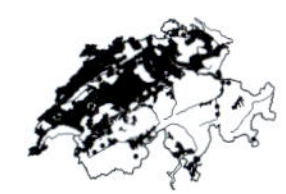

- Nebenperigon deutlich kürzer als die freien Perigonzipfel, lang becherförmig, gelb oder orange. Perigonröhre 9–15 mm lang. Perigonblätter gelb, hellgelb bis fast weiss

  Narcissus ×incomparabilis Mill., Unvergleichliche Narzisse: G, 20–40 cm, IV, kollin-montan, Gärten, Parkanlagen, Krautsäume, kultiviert und selten verwildert, Neophyt

Araceae — Aronstabgewächse

1	Schwimmende Wasserpflanze	**2**
-	Land- oder Uferpflanze	**5**
2	Pflanze salatartige, schwimmende Blattrosetten bildend	***Pistia***
-	Pflanze kleine, schwimmende, blattartige, oft linsenförmige Kleinsprosse bildend («Wasserlinsen»)	**3**
3	Blättchen (bzw. blattartige Sprosse) ohne Wurzeln	***Wolffia***
-	Blättchen (bzw. blattartige Sprosse) mit Wurzeln	**4**
4	Wurzeln büschelig an den Blättchen	***Spirodela***
-	Wurzeln einzeln an den Blättchen	***Lemna***
5	Blätter fussförmig geteilt. Spatha schwarzrot	***Dracunculus***
-	Blätter ungeteilt (verkehrt eiförmig, herz- oder spiessförmig)	**6**
6	Blätter verkehrt eiförmig, am Grund verschmälert, nach der Blüte 40–120 cm lang. Spatha gelb	***Lysichiton***
-	Blätter am Grund herz- oder spiessförmig, 5–30(–40) cm lang. Spatha weisslich bis grünlich	**7**
7	Blätter herzförmig. Spatha weiss, flach	***Calla***
-	Blätter spiessförmig. Spatha grünlich, tütenförmig	***Arum***

Arum — Aronstab

1 Blätter → spiessförmig, im Frühjahr erscheinend, grün, manchmal dunkel gefleckt. Oberster (= sichtbarer) Teil des Kolbens dunkelbraun. Früchte rot

Arum maculatum L., Gemeiner Aronstab: G, 15–40 cm, IV–V, kollin (-montan), frische, krautreiche Laubmischwälder, Auenwälder, (Gali-Fage, Luna-Acer, Frax), LC

- Blätter → spiessförmig, im Herbst erscheinend, hellgrün, mit weisslichen Adern. Oberster Teil des Kolbens zunächst gelb, dunkler werdend. Früchte rotorange

Arum italicum Mill., Italienischer Aronstab: G, 60(–100) cm, IV–V, kollin, wechselfeuchte Krautsäume, Auenwälder, (Sali-alba, Conv), ausserhalb des TI aus Kultur verwildert, Archäophyt, NT

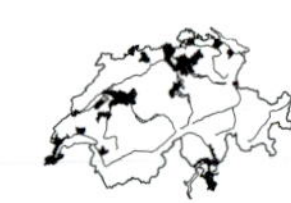

Calla Drachenwurz

- Blätter → herz- oder nierenförmig, bis ca. 10 cm breit. Spatha 3-7 cm lang, innen weiss, aussen grünlich, flach, Kolben kurz

Calla palustris L., Drachenwurz: Ah-G, 15-40 cm, VI-VII, kollin-montan, Grossseggenriede, Ufer, (Magn), EN

Dracunculus Schlangenwurz

- Blattstiele bis 30 cm lang, wie Schlangenhaut gescheckt. Spreite fussförmig in 11-13 Abschnitte geteilt. Spatha 10-30 cm lang, schwarzviolett

Dracunculus vulgaris Schott, Schlangenwurz: G, 40-80 cm, V, kollin, warme Krautsäume, Hecken, aus Kultur verwildert, Neophyt

Lemna Wasserlinse

Alle Arten sind Schwimmpflanzen, die sich vor allem oder sogar ausschliesslich vegetativ vermehren.

1 Blattartige Glieder unter der Wasseroberfläche schwebend, länglich, 7-10 mm lang, in einen deutlichen Stiel verschmälert, 1- (bis 3-)nervig, durchscheinend, meist kreuzweise kettenartig zusammenhängend →

Lemna trisulca L., Dreifurchige Wasserlinse: Ap, V-IX, kollin (-montan), Stillgewässer, (Lemn), NT

- Blattartige Glieder auf der Wasseroberfläche schwimmend, rundlich, einzeln oder in Gruppen von 2-10 **2**

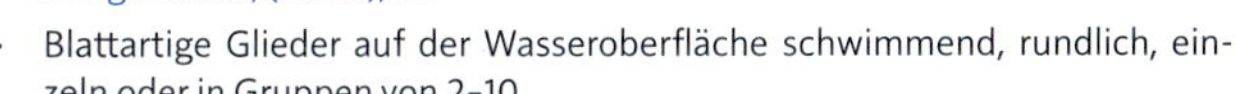

2 Glieder mit (3-)5-7 Nerven, oberseits flach, unterseits bauchig gewölbt →, mit Netzmuster (Lupe!), (3-)3,5-6 mm breit, rundlich, 1-1,5x so lang wie breit

Lemna gibba L., Buckelige Wasserlinse: Ap, V-IX, kollin (-montan), nährstoffreiche Stillgewässer, (Lemn), CR

- Glieder 1- bis 3-nervig, beiderseits flach **3**

3 Glieder oberseits entlang der Mittellinie mit (2-)3-5 Höckern →, mit Lupe aus Seitenansicht gut erkennbar. Oberseite olivgrün (bei anderen Arten grasgrün), Unterseite fast immer rötlich (wie *Spirodela*, aber nur mit 1 Würzelchen)

Lemna turionifera Landolt, Turionen-Wasserlinse: Ap, VI-VII, kollin (-montan), Stillgewässer, (Lemn), DD

- Glieder oberseits höchstens über dem Wurzelansatz mit 1-2 Höckern. Oberseite hell- bis dunkelgrün, Unterseite grün oder grünbraun

Lemna minor aggr., Kleine Wasserlinse: Ap, kollin-montan, Teiche, Gräben, Tümpel, (Lemn)

a Glieder 0- bis 1-nervig, stets symmetrisch (Lupe, durchfallendes Licht!), 1-2(-3) mm breit, 1-2x so lang wie breit, mattgrün. Oberseite mit schwach ausgeprägtem Rücken. Gliederspitze spitzbogig, in der Seitenansicht nicht herabgebogen →. Wurzeln höchstens 1 cm lang

Lemna minuta Humb. & al., Winzige Wasserlinse: Ap, V-IX, kollin-montan, Stillgewässer, (Lemn), Neophyt

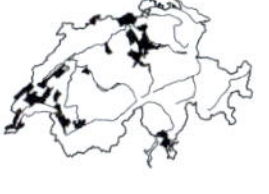

- Glieder 3-nervig, oft asymmetrisch und oft nur schwer erkennbar (bei alten, zerfallenden Gliedern besser sichtbar), (2-)3-5 mm breit, 1,2-2x so lang wie breit, etwas glänzend. Oberseite flach oder abgerundet, ohne Rücken. Gliederspitze breit abgerundet, in der Seitenansicht etwas herabgebogen →. Wurzeln stets >1 cm lang

Lemna minor L., Kleine Wasserlinse: Ap, V-IX, kollin-montan (-subalpin), Stillgewässer, Röhrichte, (Lemn, Phra), LC

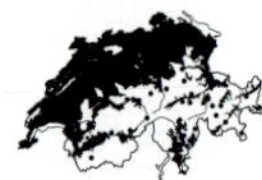

Lysichiton Stinktierkohl

- Blätter verkehrt eiförmig, nach der Blüte 40-120 cm lang und bis 80 cm breit. Spatha leuchtend gelb, Kolben 5-15 cm lang

Lysichiton americanus Hultén & H. St. John, Amerikanischer Stinktierkohl: H, 50-120 cm, IV-V, kollin, Bachufer, Gräben, (Glyc-Spar), kultiviert und selten verwildert oder angesiedelt, Neophyt

Pistia Wassersalat

- Blätter hellgrün, schwammig, wie ein Kopfsalat in einer Rosette angeordnet. Jede Rosette mit zahlreichen Wasserwurzeln

Pistia stratiotes L., Wassersalat: Ap, kollin, nährstoffreiche Stillgewässer, (Lemn), kultivierte Aquarienpflanze, gelegentlich verwildert oder angesiedelt, Neophyt

Spirodela Teichlinse

- Glieder rundlich, beiderseits flach, unterseits meist rötlich (vgl. daher die einwurzelige *Lemna turionifera*), oberseits grün oder leicht rötlich, (3-)5-8 mm breit. Jedes Glied mit einem Bündel aus (2-)7-10(-20) Wasserwurzeln →

Spirodela polyrhiza (L.) Schleid., Teichlinse: Ap, V-IX, kollin (-montan), nährstoffreiche Stillgewässer, (Lemn), NT

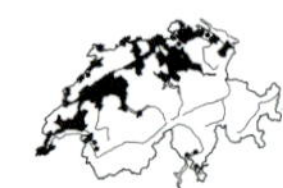

Wolffia Entenlinse

- Sprosse wurzellos, ein linsenförmiges Körnchen →, nur 0,5-1 mm gross, halbkugelig (oberseits flacher), einzeln oder zu 2 auf der Wasseroberfläche treibend. Zwischen den Fingern zerrieben ergibt sich ein Gefühl von feinen Körnchen

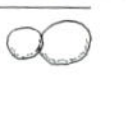

Wolffia arrhiza (L.) Wimm., Entenlinse: Ap, V-IX, kollin, nährstoffreiche Stillgewässer, (Lemn), In der Schweiz bisher nicht nachgewiesen, könnte aber durch Wasservögel leicht eingeführt werden

Arecaceae Palmen

Trachycarpus Hanfpalme

- Stamm bis 20 cm breit, von den Fasern der Blattscheiden eingehüllt. Blätter fächerförmig, mit 50-100 cm langem, am Rand gezähntem Blattstiel

  Trachycarpus fortunei (Hook.) H. Wendl., Fortunes Hanfpalme: P, 15 m, III-VI, kollin, warme Laubwälder, Kastanienwälder, stark in Ausbreitung begriffen, Neophyt

Asparagaceae Spargelgewächse

1	Blätter in sehr grossen Rosetten (60-300 cm breit), schwertförmig, stachelig bespitzt, (30-)50-200 cm lang, fleischig (sukkulent) oder nicht fleischig	**2**
-	Blattrosette fehlend oder höchstens 40 cm breit	**3**
2	Blätter 100-200 cm lang, steif und dickfleischig (sukkulent). Blattrand stachelig gezähnt	***Agave***
-	Blätter (30-)50-80 cm lang, derb, nicht fleischig. Blattrand faserig, mit sich lösenden, gekräuselten Fasern	***Yucca***
3	Immergrüner Strauch mit lederigen, spitzen Scheinblättern (Phyllokladien, blattartig verbreiterte Sprosse). Blüten klein, weiss	***Ruscus***
-	Krautpflanze	**4**
4	Blätter nadelförmig (eigentlich Scheinblätter), in Büscheln entlang der Stängel und Äste	***Asparagus***
-	Blätter mit flächiger Spreite	**5**
5	Stängel beblättert. Blüten weiss	**6**
-	Stängel blattlos, alle Blätter grundständig. Blüten weiss, rosa, blau oder graubraun	**8**
6	Blätter mehr als 4, am Stängel 2-zeilig oder quirlig angeordnet. Blüten röhrig, hängend	***Polygonatum***
-	Blätter 2(-3). Perigonblätter frei oder zu einem Glöckchen verwachsen	**7**
7	Blätter herzförmig. Perigonblätter 4, frei	***Maianthemum***
-	Blätter breit lanzettlich. Perigonblätter 6, zu einem Glöckchen verwachsen	***Convallaria***
8	Perigonblätter verwachsen (glockenförmig oder krug- bis kugelförmig)	**9**
-	Perigonblätter getrennt oder höchstens bis zu 40 % ihrer Länge verwachsen	**10**
9	Blütenstand sehr locker. Blüten glockenförmig, weiss. Blätter 2, breit lanzettlich	***Convallaria***
-	Blütenstand dicht. Blüten krug- bis kugelförmig, blau oder braun. Blätter lineal- oder schmal lanzettlich	***Muscari***
10	Blüten blau, rosa oder weiss mit blauen Streifen	**11**
-	Blüten weiss oder weiss mit grünen Streifen	**13**
11	Am Grund des Blütenstiels 2 (ungleich) lange, schmale Deckblätter	***Hyacinthoides***
-	Am Grund des Blütenstiels ohne (selten mit 1 kurzen) Deckblatt	**12**

12 Blüte im Zentrum mit einer verwachsenen Nebenkrone (aus verwachsenen Staubblättern). Freier Teil der Staubblätter < 1 mm lang ***Puschkinia***

\- Blüte ohne Nebenkrone. Staubblätter frei, am Grund der Blüte angewachsen, freier Teil somit > 3 mm lang ***Scilla***

13 Blüten innen weiss, aussen grün ***Ornithogalum***

\- Blüten innen und aussen weiss **14**

14 Blütenstand einseitswendig, Blüten trichterförmig. Blütenstiele nicht gegliedert ***Paradisea***

\- Blütenstand ± allseitswendig, Blüten radförmig. Blütenstiele gegliedert ***Anthericum***

Agave Agave

\- Blattrosetten sehr gross, bis 3 m breit. Blätter schwertförmig, 1-2 m lang und bis 25 cm breit, graugrün, fleischig (sukkulent). Blütenstand 4-8 m hoch, kandelaberartig. Pflanze nach der Blüte absterbend

Agave americana L., Agave: Ch-H.ha, 1-2 m, VII-VIII, kollin, trockenwarme Felsen, kultiviert und verwildert, Neophyt

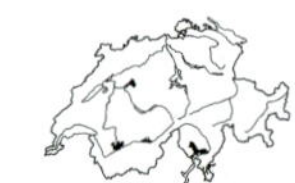

Anthericum Graslilie

1 Stängel oben ästig. Perigonblätter nur 10-14 mm lang, die inneren deutlich breiter als die äusseren. Griffel gerade, länger als die Perigonblätter

Anthericum ramosum L., Ästige Graslilie: H, 30-80 cm, VI-VIII, kollin-subalpin (-alpin), trockene, kalkreiche Krautsäume, Schutthalden, (Gera-sang, Stip-cala), LC

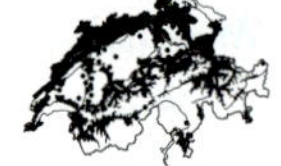

\- Stängel unverzweigt. Perigonblätter alle gleich, 16-25 mm lang. Blätter grundständig, lineal, 3-7 mm breit und bis 40 cm lang. Griffel vorne aufwärtsgebogen, kürzer als die Perigonblätter →

Anthericum liliago L., Astlose Graslilie: H, 30-60 cm, V-VI, kollin-montan (-subalpin), Trockenrasen, trockene Krautsäume, lichte Wälder, (Xero, Gera-sang), LC

Asparagus Spargel

1 Nadelartige (Schein-)Blätter in Büscheln zu 3-8 →, bis 2 cm lang. Schuppenblätter an der Basis gespornt. Blütenstiel etwa in der Mitte gegliedert. Perigonblätter bis 5 mm lang. Staubbeutel ca. 1 mm lang

Asparagus officinalis L., Gemüse-Spargel: G, 30-80 cm, V-VI, kollin, trockenwarme Krautsäume, Schuttplätze, (Gera-sang, Conv-Agro), auch kultiviert und verwildert, Archäophyt, LC

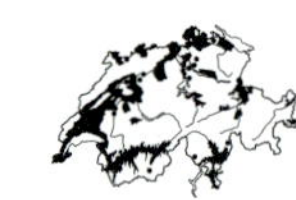

\- Nadelartige (Schein-)Blätter in Büscheln zu 10-25 →, haarfein, bis 3 cm lang. Schuppenblätter ohne spornartige Ausbuchtung. Blütenstiel direkt unterhalb der Blüte gegliedert. Perigonblätter 5-8 mm lang. Staubbeutel ca. 0,5 mm lang

Asparagus tenuifolius Lam., Zartblättriger Spargel: G, 30-80 cm, V, kollin-montan, trockenwarme Gebüsche, lichte Eichenwälder, (Orno-Ostr, Quer-pube), VU

Convallaria Maiglöckchen

- Blätter meist 2, ± grundständig, breit lanzettlich, allmählich in den Stiel verschmälert (kein abgesetzter Stiel), oberseits matt, unterseits glänzend, Blattspitze nach vorne gebogen (vgl. ähnliche *Allium ursinum*). Blütenglöckchen weiss in einer 5- bis 10-blütigen Traube →

  Convallaria majalis L., Maiglöckchen: G, 10–25 cm, V, kollin-subalpin (-alpin), wechseltrockene Laubwälder, Schuttfluren, (Ceph-Fage, Peta-para), LC

Hyacinthoides Hasenglöckchen

1 Blüten einseitswendig, duftend. Blüten nickend, schmal glockenförmig, blau, Zipfel nach aussen gebogen. Staubbeutel blass

Hyacinthoides non-scripta (L.) Rothm., Hasenglöckchen: G, 10–30 cm, IV–V, kollin-montan, sonnige, eher kalkarme Laubwälder, Krautsäume, (Carp, Trif-medi), Neophyt

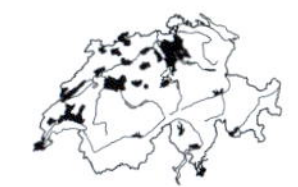

- Blüten allseitswendig, geruchlos. Blüten ± nickend, breit glockenförmig, blau, rosa oder weiss, Zipfel nach aussen gebogen. Staubbeutel dunkelblau

  Hyacinthoides hispanica (Mill.) Rothm., Spanisches Hasenglöckchen: G, 20–40 cm, III–IV, kollin-montan, Parkanlagen, kultiviert und selten verwildert, Neophyt

Maianthemum Schattenblume

- Stängel mit 2 (selten 3) über der Mitte einander genäherten, herzförmigen, kurz gestielten Blättern →. Blüten in einer endständigen Traube. Perigonblätter 4, weiss, frei, 2–3 mm lang

  Maianthemum bifolium (L.) F. W. Schmidt, Zweiblättrige Schattenblume: G, 5–20 cm, V, kollin-subalpin, magere, eher kalkarme Wälder, Gebüsche, Bergwiesen, (Fagetalia, Abie-Pice, Vacc-Pice, Nard), LC

Muscari Traubenhyazinthe

1 Traube locker, 8–25 cm lang, an der Spitze mit einem Schopf lang gestielter, violettblauer, steriler Blüten. Fertile Blüten grünlich braun

Muscari comosum (L.) Mill., Schopfige Traubenhyazinthe: G, 30–70 cm, IV–V, kollin-montan, ruderale Trockenrasen, Krautsäume, Weinberge, (Conv-Agro, Fuma-Euph), LC

- Traube dicht, 2–6 cm lang. Fertile Blüten blau **2**

2 Blätter meist 2–3, aufrecht abstehend, breit lanzettlich, 5–12 mm breit, vorne am breitesten, mit Kapuzenspitze, ca. so lang wie der Stängel. Blüten blau bis hellblau, weiss gesäumt →, geruchlos

Muscari botryoides (L.) Mill., Kleine Traubenhyazinthe: G, 10–20 cm, III–IV, kollin-montan (-subalpin), nährstoffreiche Wiesen und Weiden, (Arrh, Cyno, Poly-Tris), Archäophyt, VU

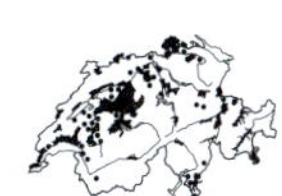

- Blätter zahlreich (3–7), schmal lineal, nur 2–6 mm breit, oberseits rinnig. Blüten blau bis dunkelblau **3**

3 Blüten kugelig →, die unteren waagrecht abstehend, blau, mit schwachem Veilchenduft. Blätter oberseits glänzend, etwas bläulich schimmernd

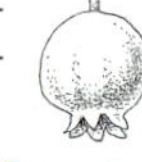

Muscari armeniacum Baker, Armenische Traubenhyazinthe: G, 15–30 cm, III–V, kollin-montan, Gartenränder, Krautsäume, (Aego, Fuma-Euph), Neophyt

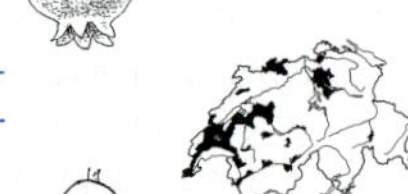

- Blüten länglich eiförmig →, die unteren nach dem Aufblühen nickend, dunkelblau, mit starkem Pflaumenduft. Blätter frischgrün

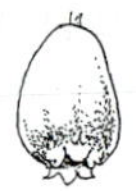

Muscari neglectum aggr.: NT

a Frucht vorne gerundet. Fruchtklappen (von der Seite her gesehen) verkehrt eiförmig. Blätter 3–4 mm breit, oberseits rinnig, stets länger als der Stängel

Muscari neglectum Guss., Weinberg-Traubenhyazinthe: G, 15–30 cm, IV, kollin-montan, Weinberge, Gartenränder, Krautsäume, (Fuma-Euph, Aego), Archäophyt, DD

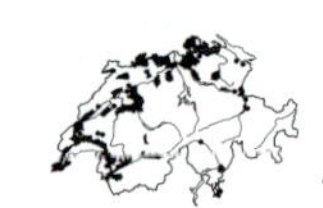

- Frucht vorne eingesenkt, Fruchtklappen (von der Seite her gesehen) fast rund. Blätter nur 1–3 mm breit, oberseits nur gefurcht, kürzer oder länger als der Stängel

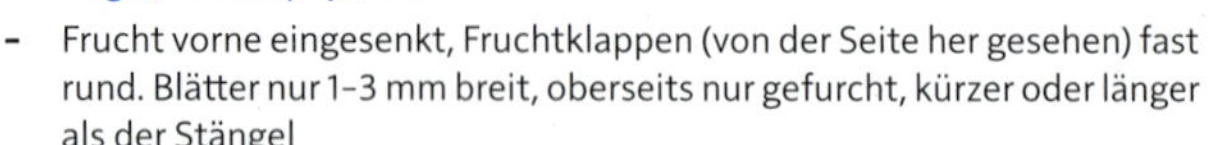

Muscari racemosum (L.) Mill., Gemeine Traubenhyazinthe: G, 10–30 cm, IV, kollin-montan, Weinberge, Gartenränder, Krautsäume, Halbtrockenrasen, (Fuma-Euph, Aego, Meso), Archäophyt, DD

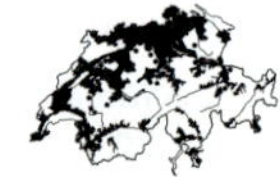

Ornithogalum **Milchstern**

1 Blütenstand eine Doldentraube (untere Blütenstiele viel länger als die oberen). Blütenstiele 3–8 cm lang

Ornithogalum umbellatum aggr.: 10–30 cm. Die Beschreibung der Artengruppe *O. umbellatum* ist unsicher; es gibt verschiedene Konzepte. Aus Kultur verwilderte Kleinarten sind der einheimischen *O. umbellatum* sehr ähnlich und können nur mit Zwiebelmerkmalen sicher unterschieden werden

a Blätter 1–3(–4) mm breit, mit einem hellen Mittelnerv. Perigonblätter etwas kleiner, bis 5 mm breit. Untere Fruchtstiele aufrecht abstehend. Fruchtkapsel fast doppelt so lang wie breit →

Ornithogalum gussonei Ten., *(O. angustifolium)*, Gussones Milchstern: G, 10–25 cm, IV–V, kollin (-montan), kalkreiche Trockenrasen, (Dipl, Scorzonero-Chrysopogonetalia), Neophyt

- Blätter (2–)3–7 mm breit, mit einem hellen Mittelnerv. Perigonblätter bis 7 mm breit. Fruchtkapsel etwa so lang wie breit **b**

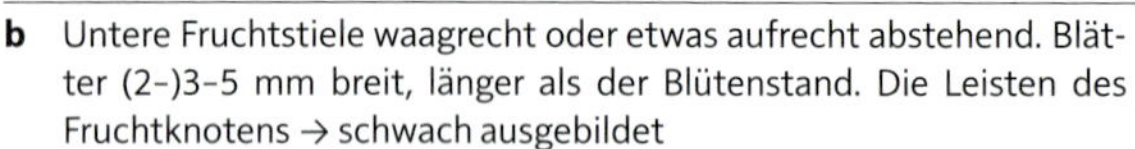

b Untere Fruchtstiele waagrecht oder etwas aufrecht abstehend. Blätter (2–)3–5 mm breit, länger als der Blütenstand. Die Leisten des Fruchtknotens → schwach ausgebildet

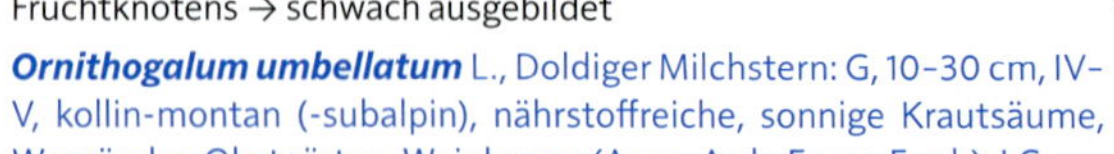

Ornithogalum umbellatum L., Doldiger Milchstern: G, 10–30 cm, IV–V, kollin-montan (-subalpin), nährstoffreiche, sonnige Krautsäume, Wegränder, Obstgärten, Weinberge, (Aego, Arrh, Fuma-Euph), LC

- Untere Fruchtstiele etwas nach unten geschlagen. Blätter 4–8 mm breit, nur wenig länger als der Blütenstand. Die Leisten des Fruchtknotens kräftig ausgebildet

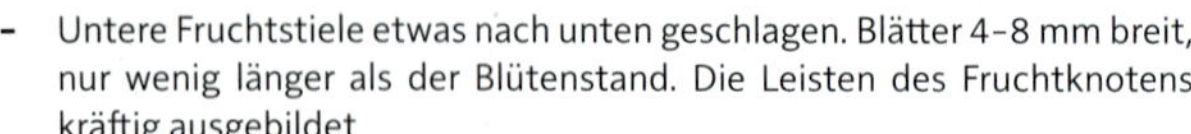

Ornithogalum divergens Boreau, Spreizender Milchstern: G, 10–30 cm, IV–V, kollin, Gartenränder, Neophyt

- Blütenstand eine Traube. Blütenstiele meist weniger als 2 cm lang **2**

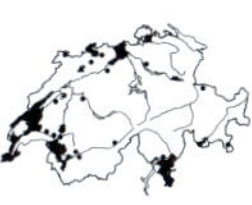

2 Blütenstand 20- bis 50-blütig, allseitswendig. Blätter 5–15 mm breit, zur Blütezeit bereits abgestorben. Blütenstiele abstehend, viel länger als die Tragblätter. Fruchtsiele aufgerichtet

Ornithogalum pyrenaicum L., *(Loncomelos pyrenaicum)*, Pyrenäen-Milchstern: G, 30–100 cm, V–VI, kollin-montan, Krautsäume, lichte Wälder, NT

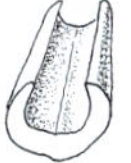

a Blüten gelbgrün. Blätter breit rinnig →

Ornithogalum pyrenaicum L. subsp. ***pyrenaicum***, Pyrenäen-Milchstern: G, V–VI, kollin-montan, wärmeliebende, eher feuchte Laubmischwälder, Gebüsche, (Carp, Orno-Ostr, Prun-Rubi), NT

- Blüten blass grünlich weiss. Blätter schmal rinnig →

Ornithogalum pyrenaicum subsp. ***sphaerocarpum*** (A. Kern.) Hegi, Kugelfrüchtiger Pyrenäen-Milchstern: G, V–VI, kollin, trockenwarme Krautsäume, Wegränder, Weinberge, (Gera-sang, Onop), Neophyt

- Blüten 3- bis 14-blütig, einseitswendig. Blütenstiele kürzer als die Tragblätter. Staubfäden bandförmig **3**

3 Blätter zur Blütezeit noch vorhanden, 5–12 mm breit. Innere Staubblätter mit einer zahnlosen Mittelnervleiste →. Griffel zur Blütezeit länger als der Fruchtknoten

Ornithogalum nutans L., *(Honorius nutans)*, Nickender Milchstern: G, 20–50 cm, IV–V, kollin, warme, nährstoffreiche Krautsäume, Obstgärten, (Aego, Trif-medi), Archäophyt, VU

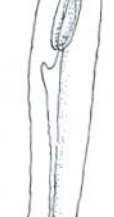

- Blätter zur Blütezeit vertrocknet, 5–10 mm breit. Innere Staubblätter innen mit einer Leiste, die mit einem Zahn endet →. Griffel zur Blütezeit höchstens so lang wie der Fruchtknoten

Ornithogalum boucheanum (Kunth) Asch., *(Honorius boucheanus)*, Bouchés Milchstern: G, 20–50 cm, IV–V, kollin, trockene Unkrautfluren, Gartenränder, Weinberge, (Arct), kultiviert und selten verwildert, Neophyt

Paradisea Trichterlilie

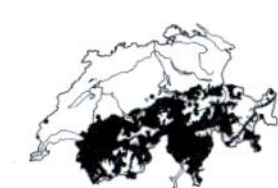

- Alle Blätter grundständig, lineal, 2–8 mm breit und bis 25 cm lang. Blüten → meist zu 2–5 in einer einseitswendigen Traube. Blüten weiss, trichterförmig, 3–5 cm lang

Paradisea liliastrum (L.) Bertol., Weisse Trichterlilie: H, 30–50 cm, VI–VII, montan-subalpin (-alpin), Bergwiesen und -weiden, Rasenhänge, (Cari-ferr, Fest-vari, Nard), LC

Polygonatum Salomonssiegel

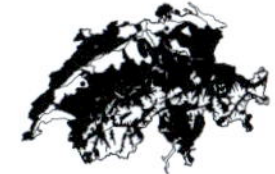

1 Blätter zu 3–7 quirlig, lineal-lanzettlich. Blüten in 2- bis 5-blütigen, dünn gestielten, hängenden Trauben in den Blattachseln

Polygonatum verticillatum (L.) All., Quirlblättriges Salomonssiegel: G, 30–80 cm, V–VII, montan-subalpin (-alpin), frische, krautreiche Bergwälder, Hochstaudenfluren, (Loni-Fage, Abie-Fage, Abie-Pice, Aden), LC

- Blätter 2-zeilig-wechselständig, elliptisch bis eiförmig **2**

2 Stängel rund. Blüten geruchlos, 10–20 mm lang, über dem Fruchtknoten verengt, Perigonzipfel spreizend →. Blüten in 2- bis 5-blütigen, hängenden Trauben in den Blattwinkeln. Staubfäden behaart

Polygonatum multiflorum (L.) All., Vielblütiges Salomonssiegel: G, 30–60 cm, V–VII, kollin-montan, krautreiche Wälder, (Fagetalia, Luna-Acer), LC

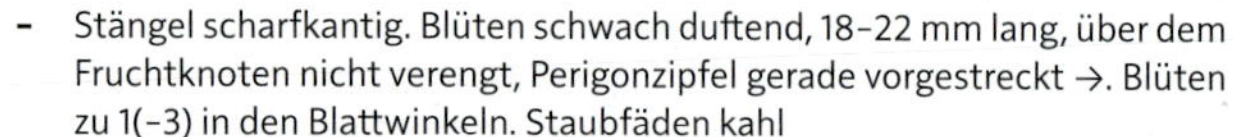

- Stängel scharfkantig. Blüten schwach duftend, 18–22 mm lang, über dem Fruchtknoten nicht verengt, Perigonzipfel gerade vorgestreckt →. Blüten zu 1(–3) in den Blattwinkeln. Staubfäden kahl

Polygonatum odoratum (Mill.) Druce, Echtes Salomonssiegel: G, 20–40 cm, V–VI, kollin-subalpin, sonnige, trockene Krautsäume, Gebüsche, Schuttfluren, (Gera-sang, Berb, Quer-pube), LC

Puschkinia Kegelblume

- Blätter 1–2(–3), 7–15 mm breit, vorne am breitesten, mit Kapuzenspitze. Blütentraube (3-) 5- bis 12-blütig. Blüten offen glockig, mit einer Innenkrone. Perigonblätter weiss, mit blauem Mittelstreif, ca. 1 cm lang

Puschkinia scilloides Adams, Kegelblume: G, 10–20(–30) cm, Rabatten, Parkanlagen, Neophyt

Ruscus Mäusedorn

- Immergrüner, stacheliger, bis 1 m hoher Strauch. Seitensprosse zu derben Blättern umgewandelt (Phyllokladien) →, diese bis 1 cm lang, in eine scharfe, stechende Spitze ausgezogen. Blüten klein, weiss

Ruscus aculeatus L., Stechender Mäusedorn: G-Cp, 1 m, III–IV, kollin, trockenwarme, kalkreiche Laubmischwälder, (Quer-pube, Tili-plat, Orno-Ostr), LC

Scilla Blaustern

1 Blüten nickend, breit glockenförmig. Perigonblätter frei oder höchstens am Grund (bis zu 10 %) verwachsen, tiefblau, mit dunklerem Mittelstreif, 12–15 mm lang. Griffel 4–8 mm lang. Blätter 1–2(–5)

Scilla siberica Haw., Sibirischer Blaustern: G, 10–20(–30) cm, III–IV, kollin-montan, nährstoffreiche Krautsäume, (Aego), kultiviert und verwildert, Neophyt

- Blüten ± aufrecht (nach oben oder zur Seite gerichtet), himmelblau (selten rosa), offen sternförmig **2**

2 Blüten ohne weisse Mitte. Perigonblätter frei (ohne Röhre), nur 6–12 mm lang, hellblau. Blätter 2, lineal-lanzettlich, 3–10(–15) mm breit, mit Kapuzenspitze. Blütentraube etwas einseitig, mit (2–)3–7 Blüten

Scilla bifolia L., Zweiblättriger Blaustern: G, 10–25 cm, III–IV, kollin-montan, warme Laubmischwälder, Auenwälder, (Carp, Frax), LC

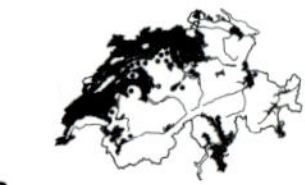

- Blüten mit weisser Mitte. Perigonblätter (10–)12–22 mm lang, am Grund zu einer sehr kurzen, 2–6 mm langen Röhre verwachsen (Blüten umdrehen!) **3**

3 Blütentraube mit nur 1-2(-4) Blüten. Perigonblätter 14-22 mm lang, hellblau, die 3 inneren wirken oft etwas zerknittert. Blätter 2-4, 5-15 mm breit, mit Kapuzenspitze

Scilla luciliae (Boiss.) Speta, Schneestolz: G, 5-20 cm, II-IV, kollin-montan, Parkanlagen, kultiviert und selten verwildert, Neophyt

- Blütentraube mit 4-12 Blüten. Perigonblätter (10-)12-15 mm lang, hellblau, die 3 inneren wirken oft etwas zerknittert. Blätter 2-4, 5-15 mm breit, oft zurückgebogen und mit Kapuzenspitze

Scilla forbesii (Baker) Speta, Forbes-Blaustern: G, 10-20(-30) cm, Parkanlagen, Neophyt

Yucca — Palmlilie

- Blattrosette gross, bis über 1 m breit, grundständig oder am Ende eines kurzen (!) Stämmchens. Blätter schwertförmig, 2-4 cm breit, hart, mit stacheliger Spitze. Rand mit sich lösenden, gekräuselten Fasern. Blüten gross, glockig, weiss

Yucca filamentosa L., Fädige Palmlilie: 1-4 m, warme Gebüsche, Neophyt

Asphodelaceae — Affodillgewächse

1 Blüten weiss (mit dunklem Mittelnerv), sternförmig. in dichten, vielblütigen, allseitswendigen Trauben ***Asphodelus***

- Blüten gelb oder orange, trichterförmig, in 5- bis 12-blütigen, einseitswendigen Trauben ***Hemerocallis***

Asphodelus — Affodill

- Alle Blätter grundständig, lineal, fleischig-rinnig, 50-70 cm lang und 20-25 mm breit. Blütenstand eine bis 50 cm lange, dichte Traube. Perigonblätter weiss mit braunem Mittelnerv, ca. 2 cm lang

Asphodelus albus Mill., Weisser Affodill: H, 50-120 cm, V-VII, montan-subalpin, trockene Staudenfluren, Bergwiesen und -weiden, (Sesl), VU

Hemerocallis — Taglilie

1 Blüten trichterförmig, zu 8-12. Perigonblätter gelb, spitz, nur mit Längsadern, am Rand nicht wellig. Blätter dunkelgrün, 40-70 cm lang und 7-15 mm breit

Hemerocallis lilioasphodelus L., Gelbe Taglilie: G, 40-100 cm, VI, kollin-montan, Gartenränder, sonnige Buchenwälder, kultiviert und selten verwildert, Neophyt

- Blüten trichterförmig, zu 5-10. Perigonblätter orange bis ziegelrot, stumpf, mit Längs- und Queradern, am Rand wellig. Blätter gelbgrün, 40-120 cm lang und 12-30 mm breit

Hemerocallis fulva (L.) L., Gelbrote Taglilie: G, 60-100(-150) cm, VII-VIII, kollin, Schuttplätze, Gartenränder, Unkrautfluren, (Arct), kultiviert und verwildert, Neophyt

Butomaceae Schwanenblumengewächse

Butomus Schwanenblume

- Alle Blätter grundständig, grasartig, 2-zeilig. am Grund ca. 1 cm breit, 3-kantig, unten gekielt, oben flach. Blattinneres grün (bei *Sparganium* weiss). Blütenstand doldig. Blütenstiele unterschiedlich lang. Innere 3 Perigonblätter weissrosa mit dunkleren Adern. Staubblätter 9. Fruchtblätter 6

  Butomus umbellatus L., Schwanenblume: G, 60–150 cm, VI–VII, kollin, Seeufer, Teiche, (Phra), VU

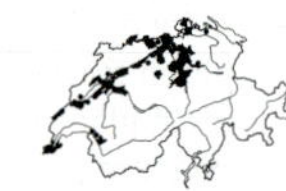

Colchicaceae Zeitlosengewächse

1 Griffel 1, oben 3-spaltig. Blätter mit den Blüten erscheinend. Blütezeit im Frühjahr. Perigonblätter frei, keine Röhre bildend ***Bulbocodium***

- Griffel 3, bis zum Grund frei. Blätter zur Blütezeit fehlend. Blütezeit im Spätsommer. Perigonblätter zu einer Röhre verwachsen ***Colchicum***

Bulbocodium Lichtblume

- Blätter rinnig, bis 20 cm lang und (entfaltet) bis 1,5 cm breit (grösste Breite etwa in der Mitte), zu 3–5(–6) mit den Blüten erscheinend, aufrecht, stumpf, mit Kapuzenspitze. Blüten zu 1–2(–3). Perigonblätter nicht verwachsen, der breite Teil bis 5 cm lang, rosa oder weiss

  Bulbocodium vernum L., Lichtblume: G, 5–20 cm, II–III(–V), (kollin-) montan-subalpin, wechseltrockene Steppenrasen, Felsrasen, (Stip-Poio), NT

Colchicum Zeitlose

1 Blütenröhre weisslich, freier Teil der Perigonblätter 4–6 cm lang. Griffel an der Spitze allmählich verdickt →. Narbe deutlich herablaufend, 1,5–2 mm lang. Ausgewachsene Blätter (im Frühjahr) mit einer Kapuzenspitze, bis 5 cm breit und bis 25 cm lang, an der Basis einen deutlichen Stängel bildend

  Colchicum autumnale L., Herbst-Zeitlose: G, 5–25 cm, VIII–X, kollin-subalpin, wechselfeuchte, mässig nährstoffreiche Wiesen und Weiden, (Arrh, Poly-Tris, Moli), LC. Stark giftig

- Blütenröhre unten grünlich oder gelblich verfärbt, freier Teil der Perigonblätter 2–3 cm lang. Griffel an der Spitze plötzlich verdickt →, Narbe dadurch kopfig, kaum 1 mm lang, nicht oder nur sehr kurz herablaufend. Ausgewachsene Blätter (im Frühjahr) mit einer Kapuzenspitze, nur 1–2 cm breit (grösste Breite über der Mitte), an der Basis keinen Stängel bildend

  Colchicum alpinum DC., Alpen-Zeitlose: G, 5–10(–20) cm, VII–IX, montan-subalpin, Bergwiesen, (Poly-Tris), NT. Stark giftig

Commelinaceae — Commelinagewächse

1 Blüten zygomorph. 3 fertile und 3 sterile Staubblätter, Staubfäden kahl — ***Commelina***

- Blüten radiär. Alle 6 Staubblätter fertil, Staubfäden behaart — ***Tradescantia***

Commelina — Kommeline

- Stängel niederliegend-aufsteigend, oft an den Knoten wurzelnd, unten feinhaarig, oben kahl. Blätter eiförmig-lanzettlich, bis 2 cm breit, glänzend. Blüten zygomorph →, von einem gefalteten Hüllblatt umgeben. Äussere Perigonblätter grün (kelchartig), die inneren blau, 8-12 mm lang bzw. weiss (das untere)

Commelina communis L., Kommeline: Ch-T, 30-70 cm, VII-X, kollin, trockenwarme Krautsäume, Wegränder, (Aego, Pani-Seta), Neophyt

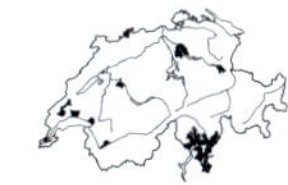

Tradescantia — Dreimasterblume

1 Blütenblätter → (innere Perigonblätter) blau, 14-20 mm lang. Blätter grasartig, frischgrün, 15-40 cm lang und 1-2 cm breit, am Grund mit kurzer Scheide. Stängel aufrecht oder aufsteigend. Äussere Perigonblätter grün (kelchartig), behaart

Tradescantia virginiana L., Virginische Dreimasterblume: H, 25-50 cm, V-IX, kollin, Krautsäume, Wegränder, (Pani-Seta), Neophyt

- Blütenblätter → (innere Perigonblätter) weiss, 8-9 mm lang. Blätter eiförmig, zugespitzt, 3-5 cm lang, frischgrün oder etwas rötlich überlaufen, am Grund scheidig den Stängel umhüllend. Stängel niederliegend und oft Teppiche bildend. Äussere Perigonblätter grün (kelchartig), behaart

Tradescantia fluminensis Vell., Rio-Dreimasterblume: H, 15-40 cm, V-IX, kollin, Krautsäume, Wegränder, (Pani-Seta), Neophyt

Cyperaceae — Sauergräser

Mitarbeit von Ulrich Graf

1 Blütenstand scheinbar seitenständig (ein aufgerichtetes Hochblatt setzt den Stängel fort) — **2**

- Blütenstand endständig — **5**

2 Ährchen in dichten, kugeligen, gestielten Köpfchen, einzelne Ährchen von blossem Auge nicht unterscheidbar (Abb. Tafel 5, S. 102) — ***Scirpoides***

- Ährchen in lockeren oder gedrängten Gruppen stehend, von blossem Auge unterscheidbar — **3**

3 Pflanze ausdauernd, 30-300 cm hoch. Stängel fest, zumindest einzelne dicker als 1,5 mm (Abb. Tafel 5, S. 102) — ***Schoenoplectus***

- Pflanze meist einjährig, bis 15 cm hoch. Stängel zart, 0,3-1,5 mm dick — **4**

4 Ährchen nur 2-3 mm lang und ca. 2 mm breit. Hochblatt («oberer Stängelteil») viel kürzer als der Stängel (Abb. Tafel 5, S. 102) — ***Isolepis***

- Ährchen 4-12 mm lang und 2-3 mm breit, Hochblatt fast so lang wie der Stängel (Abb. Tafel 5, S. 102) — ***Schoenoplectus***

Tafel 5

Cyperaceae. Blütenstand: 1. *Blysmus compressus*, 2. *Bolboschoenus maritimus*, 3. *Cyperus flavescens* (mit Ährchen), 4. *Cladium mariscus*, 5. *Eleocharis palustris* und *E. ovata*, 6. *Eriophorum latifolium* und *E. scheuchzeri*, 7. *Elyna myosuroides*, 8. *Kobresia simpliciuscula*, 9. *Isolepis setacea*, 10. *Rhynchospora alba*, 11. *Schoenoplectus pungens*, 12. *Schoenus nigricans*, 13. *Scirpoides holoschoenus*, 14. *Scirpus sylvaticus*, 15. *Trichophorum cespitosum*

5	Pflanze binsenförmig, mit reduzierten (unscheinbaren) Blattspreiten	**6**
-	Pflanze nicht binsenförmig, mit deutlich ausgebildeten Blattspreiten	**7**
6	Alle Blattscheiden ohne Spreiten, diese allenfalls als kleine Spitze ausgebildet (Abb. Tafel 5, S. 102)	***Eleocharis***
-	Zumindest die oberste Blattscheide mit kurzer bis 4 cm langer Spreite (Abb. Tafel 5, S. 102)	***Trichophorum***
7	Blütenstand nach der (frühen) Blüte bald mit weissem Wollschopf (Perigonborsten als lange, weisse Haare) (Abb. Tafel 5, S. 102)	***Eriophorum***
-	Blütenstand nach der Blüte ohne Wollschopf (Perigonborsten unauffällig oder fehlend)	**8**
8	Blütenstand ein dünnes, einfaches, endständiges, 1-2 cm langes Ährchen, schmal zylindrisch, kaum dicker als der Stängel (1-2 mm dick), ohne Hochblatt. Blätter grundständig, borstenförmig	**9**
-	Blütenstand entweder verzweigt oder deutlich breiter als der Stängel	**10**
9	Hinter jeder Deckspelze 2 Blüten: je 1 männliche und 1 weibliche Blüte nebeneinanderstehend (links) → (Abb. Tafel 5, S. 102)	***Elyna***
-	Hinter jeder Deckspelze nur 1 Blüte (rechts) →	***Carex***
10	Blüten eingeschlechtig, pro Deckspelze nur mit Staubblättern oder nur mit Fruchtknoten →. Früchte von einem offenen oder verwachsenen Vorblatt umgeben (nicht mit der Deckspelze zu verwechseln!)	**11**
-	Blüten zwittrig, in der Achsel der Deckspelzen mit Staubblättern und Fruchtknoten →. Früchte nicht von einem Vorblatt umgeben	**12**
11	Vorblatt der weiblichen Blüten der Länge nach zu einem Fruchtschlauch verwachsen, die Frucht vollständig einschliessend (links) →. Blatt flach oder borstenförmig	***Carex***
-	Vorblatt der weiblichen Blüten nicht verwachsenen, die Frucht nicht ganz einschliessend (rechts) →. Blütenstand zusammengesetzt aus 3-10 aufrecht anliegenden oder wenig abstehenden Ährchen. Blatt borstenförmig, rinnig (Abb. Tafel 5, S. 102)	***Kobresia***
12	Blattrand → schneidend scharf gesägt. Blatt 5-15 mm breit. Ährchen zu Köpfchen geknäuelt, die Köpfchen zu vielen eine lange, schmale Rispe bildend. Pflanze 80-150 cm hoch (Abb. Tafel 5, S. 102)	***Cladium***
-	Blattrand glatt oder fein gezähnelt, nie schneidend	**13**
13	Gesamtblütenstand eine zusammengesetzte, kompakte Ähre, die Teilblütenstände 2-zeilig angeordnet (Abb. Tafel 5, S. 102)	***Blysmus***
-	Ährchen anders angeordnet	**14**
14	2-3 Blüten pro Ährchen (selten mehr). Unterste 2-4 Deckspelzen ohne Blüten und kürzer als die oberen, Blüten tragenden Deckspelzen	**15**
-	Ährchen vielblütig (meist mehr als 5 Blüten pro Ährchen). Alle Deckspelzen mit Blüten oder die untersten 1-2 Deckspelzen ohne Blüten (und diese länger oder gleich lang wie die oberen, Blüten tragenden Deckspelzen)	**16**

15 Fast stets nur 1 Blütenköpfchen. Deckspelzen und Blüten im Ährchen 2-zeilig angeordnet. Stängel (mit Ausnahme des Hochblattes) blattlos. Pflanze in dichten Horsten (Abb. Tafel 5, S. 102) ***Schoenus***

- Meist mehrere Blütenköpfchen. Tragblätter und Blüten im Ährchen schraubig angeordnet. Stängel beblättert. Pflanze mit Ausläufern (Abb. Tafel 5, S. 102) ***Rhynchospora***

16 Stängel nur am Grund beblättert, keine Perigonborsten (die Blüte umgebende Borsten) vorhanden **17**

- Stängel weit hinauf beblättert, Perigonborsten meist vorhanden **18**

17 Blüten im Ährchen 2- oder 3-zeilig angeordnet. Blatthäutchen häutig oder fehlend. Griffel kahl. Narben 2 oder 3 (Abb. Tafel 5, S. 102) ***Cyperus***

- Blüten schraubig angeordnet. Blatthäutchen aus Haaren. Griffel lang fransig behaart. Narben 2 ***Fimbristylis***

18 Blütenstand wenig verzweigt, bis 6 cm lang, die Ährchen in sitzenden und 1-7(-12) gestielten Köpfchen, Ährchen (3-)10-50 mm lang. Reife Früchte 3-4 mm lang. Die grössten Hochblätter viel länger als der Blütenstand (Abb. Tafel 5, S. 102) ***Bolboschoenus***

- Blütenstand reich verzweigt, allseitig ausladend, bis über 30 cm lang. Ährchen 3-12 mm lang. Reife Früchte 0,6-1,3 mm lang. Die grössten Hochblätter oft kaum länger als der Blütenstand (Abb. Tafel 5, S. 102) ***Scirpus***

Blysmus Quellbinse

- Ährchen in einer flachen, 2-zeiligen, endständigen Ähre. Blätter bis 4 mm breit, vom Grund an verschmälert, gekielt, dunkelgrün glänzend (Abb. Tafel 5, S. 102)

Blysmus compressus (L.) Link, Zusammengedrückte Quellbinse: G, 10-30 cm, VII-VIII, kollin-subalpin (-alpin), wechselfeuchte, kalkreiche Trittrasen, Flachmoore, (Agro-Rumi, Cari-dava), LC

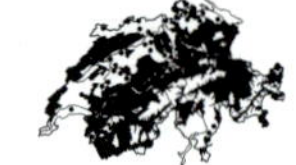

Bolboschoenus Strandbinse

- Stängel scharf 3-kantig, beblättert. Hochblätter den kopfigen Blütenstand weit überragend. Ährchen zu 2-5, je 1-3 cm lang (Abb. Tafel 5, S. 102)

Bolboschoenus maritimus aggr., Meer-Strandbinse: G, 30-120 cm, VI-VIII, kollin, Fluss-, Seeufer in warmen Regionen, (Phal), CR

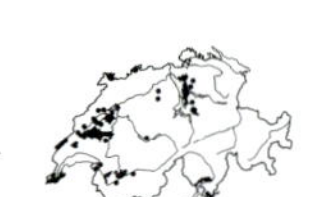

a Blütenstand verzweigt, mit einer zentralen Gruppe sitzender Ährchen und 2-7 lang gestielten Köpfchen (Stiele meist mehr als 2x so lang wie die Ährchen im sitzenden Köpfchen). Mehr Ährchen in gestielten Köpfchen als Ährchen im sitzenden Köpfchen **b**

- Blütenstand einfach kopfig oder verzweigt mit einer zentralen Gruppe von sitzenden Ährchen und 1-2(-4) kurz gestielten Köpfchen (Stiele meist weniger als 2x so lang wie die Ährchen im sitzenden Köpfchen). Weniger Ährchen in gestielten Köpfchen als Ährchen im sitzenden Köpfchen **c**

b Stängel meist bis auf ¾–⅘ seiner Höhe beblättert (selten nur bis ⅔). Griffel stets mit 3 Narben. Frucht 1,6–1,8 mm breit, im Querschnitt gleichseitig dreieckig →. Ausläuferknollen meist 3–4 cm breit

Bolboschoenus yagara (Ohwi) A. E. Kozhevn., *(Scirpus yagara)*, Yagara-Strandbinse: G, 30–120 cm, VI–VIII, kollin, Fluss-, Seeufer in warmen Regionen, (Phal), möglicherweise auf natürlichem Wege eingewandert, vermutlich eingewandert

- Stängel meist bis auf ⅔ seiner Höhe beblättert. Griffel mit 2 oder 3 Narben. Frucht 2–2,4 mm breit, im Querschnitt flach dreieckig, selten flach oder einseitig schwach gewölbt →. Ausläuferknollen meist 1,2–3 cm breit

Bolboschoenus laticarpus Marhold & al., Breitfrüchtige Strandbinse: G, 30–120 cm, VI–VIII, kollin, Fluss-, Seeufer in warmen Regionen, (Phal), CR

c Meist (3–)7–10 sitzende Ährchen im ungestielten zentralen Köpfchen. Griffel meist mit 3 Narben. Frucht im Querschnitt flach mit gewölbtem Rücken bis rundlich dreieckig →, flach bei 2 Narben. Durchmesser der Ausläuferknollen 2–3 cm

Bolboschoenus maritimus (L.) Palla, *(Scirpus maritimus)*, Gewöhnliche Strandbinse: G, 30–120 cm, VI–VIII, kollin, Fluss-, Seeufer in warmen Regionen, (Phal), Neophyt

- Meist 3–7(–11) sitzende Ährchen im ungestielten zentralen Köpfchen. Griffel meist mit 2 Narben. Frucht flach mit ausgekehlten Flächen →. Ausläuferknollen 0,5–1,5 cm breit

Bolboschoenus planiculmis (F. W. Schmidt) T. V. Egorova, *(Scirpus planiculmis)*, Flachfrüchtige Strandbinse: G, 30–120 cm, VI–VIII, kollin, Fluss-, Seeufer in warmen Regionen, (Phal), CR

Carex Segge

Bearbeitet von Ulrich Graf und Stefan Eggenberg

Hinweis: Die Tragblätter der Blüten werden hier «Deckspelzen» genannt.

1 Blütenstand aus einem einzigen Ährchen bestehend →, Gesamtblütenstandsachse unverzweigt

Gruppe I - Einährige Seggen

- Blütenstand aus mehreren Ährchen bestehend (Gesamtblütenstand mit Seitenachsen) **2**

2 Alle Ährchen mit männlichen und weiblichen Blüten →, Ährchen daher ähnlich aussehend, oder männliche Blüten in den mittleren Ährchen und weibliche Blüten in den oberen und unteren Ährchen

Gruppe II - Gemischtährige Seggen

- Männliche Blüten nur in den oberen, weibliche Blüten in den unteren Ährchen (getrenntährig) **3**

3 Weibliche Ährchen schmal, fingerförmig am Ende des Stängels angeordnet, die Spitze der männlichen erreichend →

Gruppe III - Fingerförmige Seggen

- Weibliche Ährchen nicht fingerförmig angeordnet **4**

Tafel 6

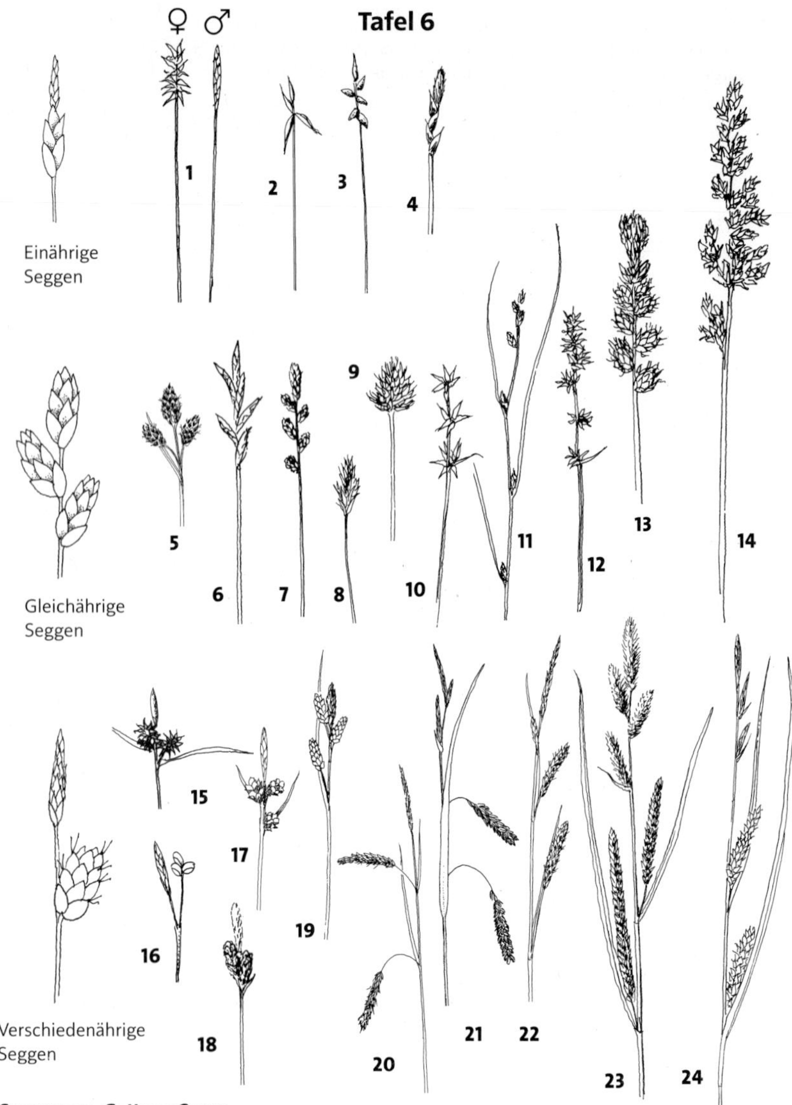

Cyperaceae, Gattung *Carex*
Blütenstand einähriger Seggen: 1. *Carex davalliana* (weibliches und männliches Ährchen), 2. *C. pauciflora,* 3. *C. pulicaris*, 4. *C. rupestris*
Blütenstand gleichähriger Seggen: 5. *Carex atrata,* 6. *C. brizoides,* 7. *C. canescens,* 8. *C. curvula,* 9. *C. foetida,* 10. *C. echinata,* 11. *C. remota,* 12. *C. leersii,* 13. *C. disticha,* 14. *C. paniculata*
Blütenstand verschiedenähriger Seggen: 15. *Carex flava,* 16. *C. alba,* 17. *C. pilulifera,* 18. *C. caryophyllea,* 19. *C. pallescens,* 20. *C. ferruginea,* 21. *C. flacca,* 22. *C. sempervirens,* 23. *C. acutiformis,* 24. *C. rostrata*

4 Blattscheiden oder Blätter deutlich behaart (insbesondere bei jungen Blättern)

Gruppe IV - Behaarte Seggen (Blätter)

- Blattscheiden oder Blätter (fast) vollständig kahl **5**

5 Blütenstand mit 2-4 männlichen Ährchen → (mehrere Individuen untersuchen!)

Gruppe V - Seggen mit mehreren männlichen Ährchen

- Blütenstand mit höchstens 1 männlichen Ährchen **6**

6 Blütenstand ohne schlankes männliches Ährchen an der Spitze, das endständige Ährchen an der Spitze mit weiblichen Blüten und am Grund mit männlichen Blüten →

Gruppe VI - Getrenntährige Seggen mit weiblichen Blüten an der Spitze

- Blütenstand endet in einem schlanken Ährchen aus männlichen Blüten (bei *C. atrofusca* oft fehlend) **7**

7 Fruchtschläuche überall oder nur auf den Kanten behaart → (Lupe!)

Gruppe VII - Getrenntährige Seggen mit behaarten Fruchtschläuchen

- Fruchtschläuche kahl (höchstens am Schnabel spärlich behaart) **8**

8 Narben 2 →. Fruchtschlauch flach gewölbt, linsenartig, ohne oder mit sehr kurzem Schnabel

Gruppe VIII - Getrenntährige Seggen mit 2 Narben

- Narben 3 →. Fruchtschlauch auf mind. 1 Seite stark gewölbt, mit oder ohne Schnabel

Gruppe IX - Getrenntährige Seggen mit 3 Narben

Gruppe I - Einährige Seggen

1 Ährchen eingeschlechtig, Pflanze zweihäusig **2**

- Ährchen unten mit weiblichen, oben mit männlichen Blüten. Pflanze einhäusig **3**

2 Stängel oben rau, meist scharf 3-kantig. Pflanze dichte Horste bildend. Fruchtschläuche matt, mit undeutlichen Nerven und langem, gebogenem Schnabel →. Blätter hell- bis dunkelgrün, stumpf 3-kantig, meist rau (Abb. Tafel 6, S. 106)

Carex davalliana Sm., Davalls Segge: H, 10–30 cm, IV(–VII), kollin-subalpin (-alpin), kalkreiche Flachmoore, (Cari-dava), LC

- Stängel glatt (selten rau), oft fast stielrund. Pflanze mit langen Ausläufern. Fruchtschläuche glänzend, mit deutlichen Nerven und kurzem, geradem Schnabel →. Blätter blaugrün, am Grund hohlrinnig, zur Spitze hin stumpf 3-kantig, glatt

Carex dioica L., Zweihäusige Segge: G, 10–20 cm, IV(–VII), kollin-subalpin, kalkreiche Flachmoore, (Cari-dava), VU

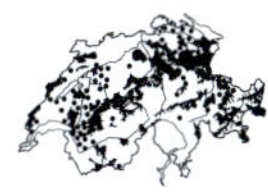

3 Narben 2 →. Die 5–10 weiblichen Blüten an der Blütenstandsachse locker stehend. Deckspelzen früh abfallend, reife Fruchtschläuche hängend. Fruchtschläuche ca. 4 mm lang, beiderseits ähnlich verschmälert (vgl. *C. pauciflora*!) Stängel rundlich, glatt (Abb. Tafel 6, S. 106)

Carex pulicaris L., Floh-Segge: H, 5–25 cm, V–VI, (kollin-) montan-subalpin, Flachmoore, (Cari-dava, Cari-fusc), NT

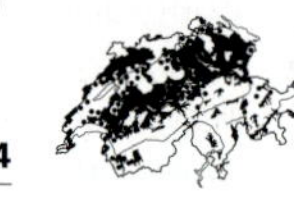

- Narben 3. Weibliche Blüten dicht stehend **4**

4 Blütenachse als Borste aus dem Fruchtschlauch zu etwa ⅓ herausragend, die 3 Narben daher scheinbar seitenständig →. Fruchtschläuche zuerst aufrecht, später zurückgeschlagen. Stängel dünn, auch oben glatt. Blätter höchstens halb so lang wie der Stängel. Pflanze mit Ausläufern

Carex microglochin Wahlenb., Spitzen-Segge: G, 5–20 cm, VI–VIII, (montan-) subalpin-alpin, Flachmoore, Schwemmebenen, (Cari-bico), VU

- Keine Borste aus dem Fruchtschlauch herausragend **5**

5 Ährchen mit 3–15, ca. 3 mm langen, aufrechten Fruchtschläuchen →. Deckspelzen bleibend, abgerundet, dunkelbraun. Pflanze der Gebirgs-Felsrasen. Verwechslungsmöglichkeit mit *Elyna*, aber Stängel 3-kantig, rau. Blatt flach (Abb. Tafel 6, S. 106)

Carex rupestris All., Felsen-Segge: H, 5–15 cm, VII–VIII, (subalpin-) alpin, kalkreiche Gratrasen, Felsrasen, (Elyn, Cari-firm), LC

- Ährchen mit 2–6(–7) länglichen, 5–8 mm langen, rückwärtsgerichteten bzw. hängenden Fruchtschläuchen →. Fruchtschläuche zur Basis hin kurz, zur Spitze hin lang verschmälert (vgl. *C. pulicaris* !). Deckspelzen früh abfallend. Pflanze der Hochmoore (Abb. Tafel 6, S. 106)

Carex pauciflora Lightf., Wenigblütige Segge: G, 5–20 cm, V–VI, (montan-) subalpin, Hochmoore, (Spha-mage), NT

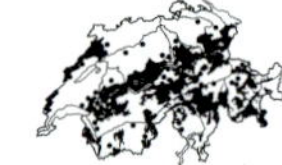

Gruppe II – Gemischtährige Seggen

1 Blütenstand nur ca. 1(–2) cm lang, mit wenigen, kurzen, einander genäherten Ährchen an der Spitze und im Umriss daher kopfig, kugelig bis eiförmig. Blätter nur 0,5–2(–4) mm breit **2**

- Ährchen in einem verlängerten Blütenstand, im Umriss daher länglich eiförmig oder walzlich. Blätter (1–)2–8 mm breit **10**

2 Das kugelige Blütenstandköpfchen von 2–5 langen Hochblättern umgeben **3**

- Blütenstand nicht von langen Hochblättern umgeben **4**

3 Fruchtschläuche grün, schmal, bis 10 mm lang, mit langem Schnabel. Unterstes Hochblatt aufgerichtet →, bildet die scheinbare Fortsetzung des Stängels. Pflanze kleine, hellgrüne Hörstchen bildend. Seltene Sumpf-Pionierpflanze

Carex bohemica Schreb., Böhmische Segge: H, 10–50 cm, VIII–IX, kollin, warme, wechselfeuchte Pionierfluren, (Nano), CR

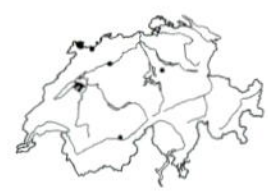

- Fruchtschläuche weiss, später auch hell rötlich bräunlich, 4–5 mm lang, ohne Schnabel. Unterstes Hochblatt abstehend →. Blätter steif, graugrün. Seltene Gebirgspflanze

Carex baldensis L., Monte Baldo-Segge: H, 10–60 cm, V–VII, montan-subalpin, steinige, kalkreiche Gebirgsrasen, Felsrasen, (Sesl), VU

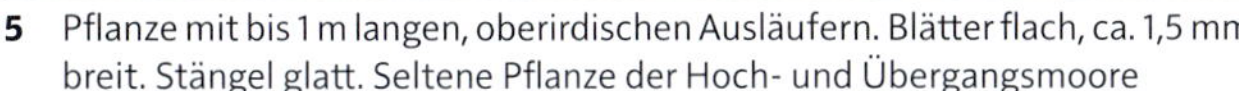

4 Pflanze mit verlängerten Ausläufern, die einzelnen Triebe voneinander entfernt stehend **5**

- Pflanze dichte bis lockere Horste bildend (*C. foetida* bildet neben Horsten oft auch kurze Ausläufer!) **7**

5 Pflanze mit bis 1 m langen, oberirdischen Ausläufern. Blätter flach, ca. 1,5 mm breit. Stängel glatt. Seltene Pflanze der Hoch- und Übergangsmoore

Carex chordorrhiza L. f., Schnurwurzel-Segge: G, 5–20 cm, V–VI, kollin-montan, Torfmoore, Schlenken, (Cari-lasi), EN

- Pflanze mit langen unterirdischen Ausläufern, einen Rasen aus locker stehenden Trieben bildend **6**

6 Gebirgspflanze. Stängel kurz und kräftig, ca. 2 mm dick. Blätter rinnig-borstenförmig, 0,5–1 mm breit. Blütenstand ein fast kugeliges, 1 cm langes Köpfchen aus sparrig abstehenden Fruchtschläuchen. Deckspelzen braun, mit breitem Hautrand, etwas kürzer als der Fruchtschlauch →, dieser ca. 3,5 mm lang, zugespitzt, mit brauner Spitze

Carex maritima Gunnerus, *(C. incurva)*, Binsenblättrige Segge: G, 3–15 cm, VII–VIII, subalpin-alpin, wechselfeuchte Schwemmebenen, Bachufer, (Caribico), VU

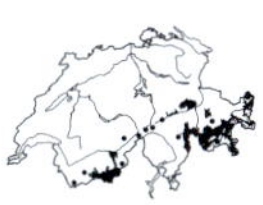

- Pflanze tieferer Lagen. Stängel auffallend dünn, nur ca. 1 mm dick. Blätter 1–2 mm breit. Pflanze der kollin-montanen Stufe. Blütenstand ein schmales Köpfchen mit einzeln erkennbaren, schmal länglichen Ährchen aus anliegenden Fruchtschläuchen →. Deckspelzen hell- oder dunkelbraun, mit hellem Mittelnerv und häutigen Rändern, etwa so lang wie die Fruchtschläuche. Ährchen nicht gekrümmt (vgl. *C. brizoides*). Blätter kürzer als der Stängel

Carex praecox Schreb., Frühe Segge: G-H, 10–30 cm, kollin-montan, trockenwarme, sandige, kalkreiche Pionierfluren, trockene Ruderalfluren, (Alyss-Sedi), EN

7 Blätter ohne auffällig gekrümmte, vergilbte Spitzen. Narben 2. Fruchtschlauch flach, 2-kantig **8**

- Blätter borstig, von der Spitze her früh vergilbend und sich ± krümmend. Narben 3. Fruchtschlauch 3-kantig, gekielt →. Pflanze dicht horstig. Stängel glatt. Ährchen zu einem länglichen Köpfchen vereinigt. Männliche Blüten an der Spitze der Ährchen, weibliche am Grund. Gebirgspflanze trockener Rasen (Abb. Tafel 6, S. 106)

Carex curvula All., Krumm-Segge: 5–20 cm, (subalpin-) alpin, LC

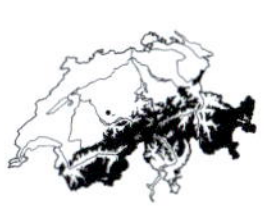

a Blattquerschnitt hohlrinnig bis flach, mit deutlicher Rinne über dem Mittelnerv →, stark gekrümmt. Deckspelzen braun. Wurzeln gelblich. Auf sauren Böden

Carex curvula All. subsp. ***curvula***, Gewöhnliche Krumm-Segge: H, magere Gebirgsrasen mit langer Schneebedeckung, LC

- Blattquerschnitt halbmondförmig, ohne Rinne über dem Mittelnerv →, schwach gekrümmt. Deckspelzen hellbraun. Wurzeln braun. Auf Kalk

Carex curvula subsp. ***rosae*** Gilomen, Rosas Krumm-Segge: H, VII–VIII, kalkreiche Gebirgsrasen, Grate, (Elyn), LC

8 Blütenstand ein dichtes, 1-1,5(-2) cm langes Köpfchen →, die einzelnen Ährchen kaum erkennbar. Weibliche Blüten am Grund der Ährchen, männliche an der Spitze. Deckspelzen dunkelbraun, ohne Hautrand. Stängel nur 5-20 cm hoch. Fruchtschlauch allmählich in einen langen Schnabel verlängert. Teppiche bildende Pflanze der alpinen Schneetälchen (Abb. Tafel 6, S. 106)

Carex foetida All., Schneetälchen-Segge: H, 5-25 cm, VII-VIII, (subalpin-) alpin, kalkarme Schneetälchen, (Sali-herb)

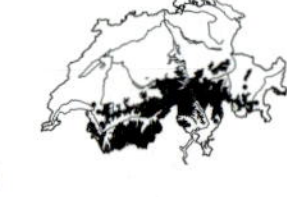

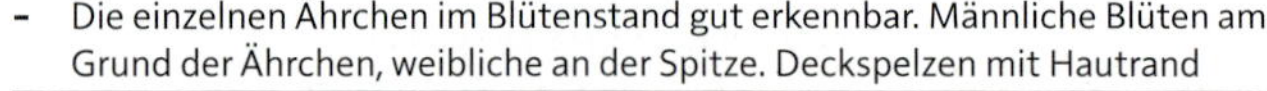

- Die einzelnen Ährchen im Blütenstand gut erkennbar. Männliche Blüten am Grund der Ährchen, weibliche an der Spitze. Deckspelzen mit Hautrand **9**

9 Stängel 15-30 cm, scharf 3-kantig, oben stark rau. Blätter V-förmig gefaltet, graugrün. Deckspelzen hellbraun mit häutigem Rand. Fruchtschläuche braun bis graubraun, nervig. Schnabelöffnung auf einer Fruchtseite nach unten gezogen →. Grundständige Scheiden hellbraun, matt. Seltene Pflanze der Hoch- und Übergangsmoore

Carex heleonastes L. f., Torf-Segge: H, 10-30 cm, V-VI, kollin-subalpin, Torfmoore, Schlenken, (Cari-lasi), EN

- Stängel 5-20 cm, stumpfkantig, glatt oder zuoberst schwach rau. Blätter flach oder schwach rinnig, grasgrün. Deckspelzen rotbraun bis braun, mit weissem Hautrand. Fruchtschläuche braun bis gelbbraun, feinnervig →. Grundständige Scheiden braun, glänzend. Pflanze der alpinen Schneetälchen

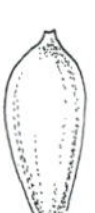

Carex lachenalii Schkuhr, Schneehuhn-Segge: H, 5-20 cm, VII-VIII, (subalpin-) alpin, kalkarme, wechselfeuchte Pionierfluren, Schneetälchen, Flachmoore, (Sali-herb), LC

10 Ährchen voneinander entfernt stehend, die grössten Abstände über 1 cm lang **11**

- Keine grösseren Abstände (von über 1 cm) zwischen den einzelnen Ährchen im Blütenstand **13**

11 Mehrere Ährchen mit langen Hochblätter. Das unterste den Blütenstand weit überragend. Untere Ährchen weit (mehrere cm) voneinander entfernt stehend. Pflanze grasgrün, feste Horste bildend (Abb. Tafel 6, S. 106)

Carex remota L., Lockerährige Segge: H, 10-60 cm, V-VII, kollin-montan, schattige, feuchte Krautsäume, Auenwälder, (Frax, Alni-inca, Conv), LC

- Höchstens das unterste Ährchen mit einem längeren Hochblatt **12**

12 Stängel nur 0,5-1,2 mm dick, eher schlaff, scharf 3-kantig. Ährchen meist einzeln stehend, das unterste 3-4 cm abgerückt **22**

→ *Carex divulsa*

- Stängel 1-2 mm dick, eher steif, stumpf 3-kantig. Einige Ährchen jeweils einen Knäuel bildend, das unterste nur 1-2 cm abgerückt (Abb. Tafel 6, S. 106) **22**

→ *Carex leersii*

13 Pflanze durch Ausläufer Bestände oder Teppiche bildend. Stängel auffallend dünn, nur ca. 1 mm dick **14**

- Pflanze dichte oder lockere Horste bildend (höchstens mit ganz kurzen Ausläufern). Stängel schmal oder kräftig **16**

14 Blätter 4–5 mm breit, blaugrün. Stängel kräftig, bis 2,5 mm dick, rau. Untere und obere Ährchen weiblich, die mittleren (zumindest an der Spitze) männlich, der Blütenstand wirkt daher zur Fruchtzeit schopfig, sich nach oben hin verbreiternd. Fruchtschlauch → eiförmig, zugespitzt, flachgedrückt, oben mit geflügeltem Rand (Abb. Tafel 6, S. 106)

Carex disticha Huds., Zweizeilige Segge: G, 30–70 cm, V, kollin-montan, wechselfeuchte Grossseggenriede, Ufer, (Magn), NT

\- Blätter 1–3 mm breit, grasgrün. Stängel dünn, nur bis 1 mm dick, nur oben rau. Alle Ährchen zweigeschlechtig, Blütenstand an der Spitze nicht verbreitert **15**

15 Ährchen zuletzt hakig nach aussen gekrümmt. Blätter 2–3 mm breit, schlaff, so lang wie der Stängel oder länger. Deckspelzen weiss oder gelblich glänzend, mit grünem Mittelnerv. Fruchtschläuche → abstehend (Abb. Tafel 6, S. 106)

Carex brizoides L., Zittergras-Segge: G-H, 30–60(–100) cm, V–VI, kollin (-montan), feuchte Wälder, Schlagfluren, Säume, (Frax, Atro), LC

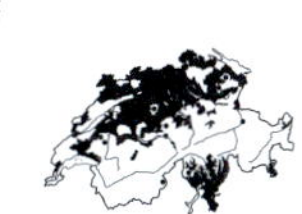

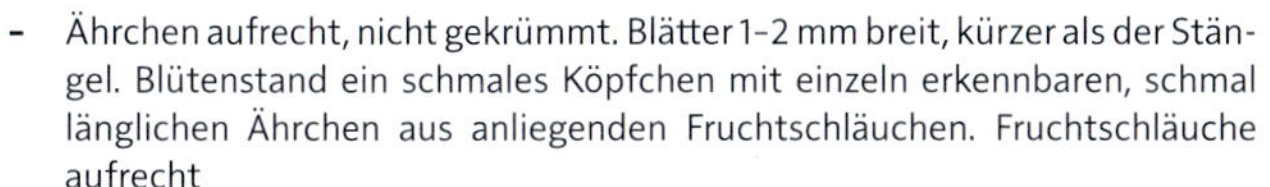

\- Ährchen aufrecht, nicht gekrümmt. Blätter 1–2 mm breit, kürzer als der Stängel. Blütenstand ein schmales Köpfchen mit einzeln erkennbaren, schmal länglichen Ährchen aus anliegenden Fruchtschläuchen. Fruchtschläuche aufrecht **6**

→ *Carex praecox*

16 Blütenstand ährenrispig, Ährchen zumindest im unteren Teil des Blütenstandes zu mehreren und teilweise gestielt **17**

\- Blütenstand ährig, die Ährchen einzeln an der Blütenstandsachse sitzend **19**

17 Pflanze lockere Horste bildend. Blütenstand nur 2–3 cm lang, ährenrispig (Äste kurz, einfach, anliegend). Fruchtschlauch länger als die Deckspelzen, stark glänzend, fast ohne Nerven →. Stängel unten rund, oben 3-kantig, Fruchtschlauch und die grau- bis gelbbraunen Blattscheiden glänzend

Carex diandra Schrank, Draht-Segge: H, 20–60 cm, V–VI, kollin-montan (-subalpin), Torfmoore, Schlenken, (Cari-lasi), VU

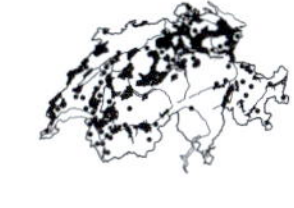

\- Pflanze dichte, bultenartige Horste bildend. Gut ausgebildete Blütenstände bis 12 cm lang, deutlich rispig (Äste lang, meist etwas abstehend). Fruchtschlauch so lang wie die Deckspelze, glänzend oder matt, mit oder ohne deutliche Nerven. Stängel scharf 3-kantig mit ebenen Flächen **18**

18 Blatt 2–3 mm breit, flach. Triebgrund mit dichtem Faserschopf aus schwarzbraunen, stark zerfasernden Blattscheiden. Stängel scharf 3-kantig mit etwas eingewölbten Seitenflächen. Blütenstand mit aufrecht abstehenden Ästen. Fruchtschläuche mit 10–14 deutlichen Nerven →, matt, mit abgesetztem Schnabel, 2,5–3 mm lang

Carex appropinquata Schumach., Sonderbare Segge: H, 30–80 cm, V–VI, kollin-montan, Grossseggenriede, Bruchwälder, (Magn, Alni-glut), NT

- Blatt 4–8 mm breit, flach. Triebgrund ohne Faserschopf, nur mit dunkelbraunen, glänzenden Scheiden. Stängel 3-kantig, mit flachen Seiten. Blütenstand durch bogig abstehende Äste oft nickend. Fruchtschläuche → ohne Nerven (oder am Grund schwach nervig), glänzend, in den Schnabel verschmälert, ca. 3 mm lang (Abb. Tafel 6, S. 106)

Carex paniculata L., Rispen-Segge: H, 30–100 cm, V–VI, kollin-subalpin (-alpin), Nasswiesen, Grossseggenriede, Bruchwälder, Ufer, (Magn, Alni-glut), LC

19 Deckspelzen mit verlängerter Grannenspitze, diese meist so lang wie die Deckspelzen. Hochblätter abstehend, pfriemlich, mit entwickelter Spreite (bis 5 cm lang). Blätter 2–5 mm breit, die der Spreite abgewandte Seite der Blattscheiden auffällig gewellt →

Carex vulpinoidea Michx., Falsche Fuchs-Segge: H, 20–100 cm, V–VI, kollin, Ufer, nasse Pionierfluren, (Agro-Rumi, Magn), Neophyt

- Deckspelzen höchstens mit kurzer Stachelspitze. Obere Hochblätter spelzenartig, die untersten auch mit Spreite **20**

20 Stängel ± deutlich geflügelt, kräftig, auch im oberen Drittel noch 2,5–4 mm dick und bis über 1 m lang **21**

- Stängel im oberen Drittel 0,5–2,5 mm breit, nicht geflügelt, die Flächen eben, nach innen oder nach aussen gewölbt **22**

21 Fruchtschläuche lackartig glänzend, hellbraun oder grünlich, beiderseits mit deutlichen Nerven. Hochblätter meist gut entwickelt, länger als das zugehörige Ährchen, mit bleichen Öhrchen. Triebgrund mit hellbraunen, kaum fasernden Scheiden. Bogenhöhe der Blatthäutchen → 10–15 mm

Carex otrubae Podp., *(C. cuprina, C. nemorosa)*, Hain-Segge: H, 30–70 (-130) cm, V–VI, kollin, wechselfeuchte Trittrasen, Gräben, (Agro-Rumi), NT

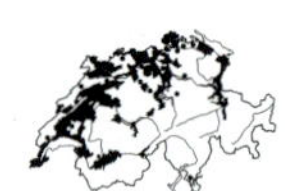

- Fruchtschläuche matt bis seidig glänzend, dunkelbraun oder rotbraun, Nerven auf der Innenseite undeutlich. Hochblätter kurz, mit braunen Öhrchen. Triebgrund mit schwärzlichen, zerfasernden Scheiden. Bogenhöhe der Blatthäutchen → 2–5 mm

Carex vulpina L., Fuchs-Segge: H, 30–100 cm, V–VI, kollin-montan, Grossseggenriede, Ufer, (Magn), EN

22 Männliche Blüten am Grund der Ährchen (im fruchtenden Stadium mit «leeren» Deckspelzen), weibliche an der Spitze **23**

- Männliche Blüten an der Spitze der Ährchen, weibliche am Grund. Blütenstand eine 2–15 cm lange Ähre aus dicht oder locker angeordneten, knäueligen Ährchen. Pflanze horstig oder dichtrasig. Reife Fruchtschläuche gelbgrün bis hellbraun, beidseits flach oder auf dem Rücken nur schwach gewölbt

Carex muricata aggr., Stachel-Segge: H, 20–100 cm, V–VIII, LC

a Alle Ährchen dicht beisammen oder das unterste etwas (0,5–1 cm) abgerückt, gut entwickelter Blütenstand → 2–3(–5) cm lang. Stängel oben scharf 3-kantig **b**

- Ährchen ± voneinander entfernt (mit Abständen von 1–4 cm), gut entwickelter Blütenstand → 4–15 cm lang. Stängel scharf oder stumpf 3-kantig **c**

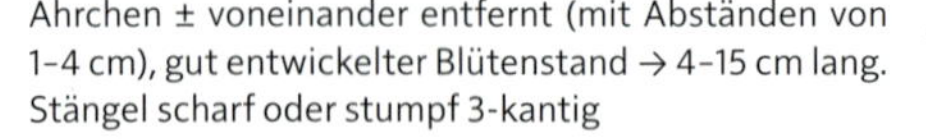

b Fruchtschlauch (4,5-)5-6 mm, beim untersten Drittel mit einer Querrille und das unterste Drittel mit Schwammgewebe gefüllt →. Blatthäutchenbogen 2-4x so hoch wie breit. Faserschopf am Grund schwarzviolett, alte Wurzeln beim Ankratzen violett

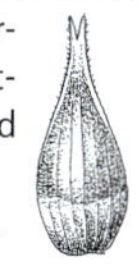

Carex spicata Huds., Dichtährige Stachel-Segge: H, 20-60 cm, V-VI, kollin-montan (-subalpin), wechselfeuchte Wegränder, Schlagfluren, (Atro, Agro-Rumi), LC

- Fruchtschlauch 3-4 mm, ohne Rille und ohne Schwammgewebe →. Bogen des Blatthäutchens etwa so hoch wie breit. Faserschopf braun, alte Wurzeln beim Ankratzen braun

Carex pairae F. W. Schultz, *(C. muricata)*, Pairas Stachel-Segge: H, 30-80 cm, V-VII, kollin-montan (-subalpin), eher trockene Krautsäume, Wegränder, (Trif-medi), LC

c Stängel nur 0,5-1,2 mm dick, eher schlaff, scharf 3-kantig. Ährchen meist einzeln stehend, das unterste 3-4 cm abgerückt. Reife Fruchtschläuche schief aufrecht (nicht sparrig abstehend, wie bei den übrigen Kleinarten). Bogen des Blatthäutchens etwa so hoch wie breit →. Blätter 2-3 mm breit, schlaff

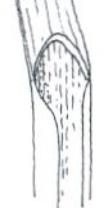

Carex divulsa Stokes, Unterbrochenährige Stachel-Segge: H, 20-80 cm, V-VIII, kollin, eher trockene Gebüschsäume, Schlagfluren, (Atro), LC

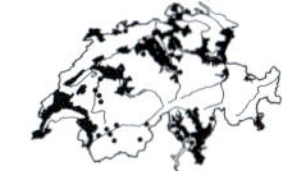

- Stängel 1-2 mm dick, eher steif, stumpf 3-kantig. Einige Ährchen jeweils einen Knäuel bildend, das unterste nur 1-2 cm abgerückt. Reife Fruchtschläuche sparrig abstehend. Bogen des Blatthäutchens breiter als hoch →. Blätter 2,5-4 mm breit (Abb. Tafel 6, S. 106)

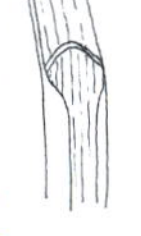

Carex leersii F. W. Schultz, *(C. guestphalica)*, Leers Stachel-Segge: H, 30-100 cm, VI, kollin, Waldränder, lichte Wälder, Gebüsche, Schlagfluren, (Atro, Trif-medi), LC

23 Reife Fruchtschläuche im Ährchen sparrig-igelig, waagrecht abstehend oder zurückgeschlagen, mehr als 2x so lang wie breit **24**

- Reife Fruchtschläuche der Ährchenachse anliegend oder aufrecht abstehend, höchstens 1,5x so lang wie breit **25**

24 Ährchen 3-5(-8), eiförmig oder kugelig, einem Morgenstern ähnlich →. Blütenstand bis 3 cm lang. Blatt 1-2 mm breit. Stängel steif aufrecht oder gebogen, glatt oder nur zuoberst rau (Abb. Tafel 6, S. 106)

Carex echinata Murray, Igelfrüchtige Segge: H, 10-30 cm, V-VII, kollin-subalpin (-alpin), kalkarme Flachmoore, (Cari-fusc), LC

- Ährchen 7-12(-15), länglich →, 5-12 mm lang. Blütenstand bis 6 cm lang. Blatt 3-4 mm breit. Stängel schlaff, oben oft überbogen, ca. 1 mm dick, weit hinab rau

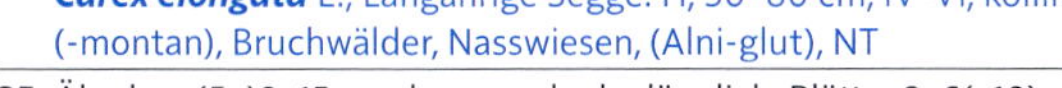

Carex elongata L., Langährige Segge: H, 30-80 cm, IV-VI, kollin (-montan), Bruchwälder, Nasswiesen, (Alni-glut), NT

25 Ährchen (5-)8-15 mm lang, oval oder länglich. Blätter 2-6(-10) mm breit **26**

- Ährchen 3-5 mm lang, kugelig. Reife Fruchtschläuche ungeflügelt, braun bis dunkelbraun, ihr Schnabel auf dem Rücken geschlitzt →. Blütenstand 1,5-3 cm lang. Blätter grasgrün, nur 1,5-2 mm breit. Blatthäutchen meist stumpf

Carex brunnescens (Pers.) Poir., Bräunliche Segge: H, 20-50(-70) cm, VII, subalpin (-alpin), kalkarme Flachmoore, feuchte Weiden, (Cari-fusc, Nard), LC

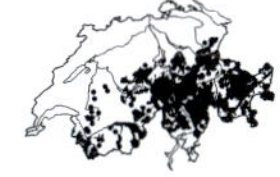

a Stängel kräftig, aufrecht. Ährchen dichtblütig. Fruchtschlauch hell- bis dunkelbraun, schwach nervig. Lichtpflanze

Carex brunnescens (Pers.) Poir. subsp. ***brunnescens***, Gewöhnliche Bräunliche Segge: LC

- Stängel zart, bogig geschlängelt. Ährchen lockerblütig. Fruchtschlauch olivgrün mit braunen Flecken, deutlich nervig. Schattenpflanze

Carex brunnescens subsp. ***vitilis*** (Fr.) Kalela, Flecht-Segge: DD

26 Pflanze gras- bis gelbgrün. Blütenstand 2-4 cm lang, zur Fruchtzeit ca. 1,5 cm breit, Ährchen oval, einander dicht genähert. Fruchtschlauch → am Rand geflügelt, 3,5-5 mm lang. Stängel ca. 2 mm dick, scharf 3-kantig. Blätter 2,5-3 mm breit

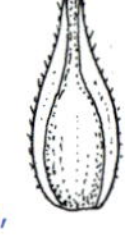

Carex leporina L., *(C. ovalis)*, Hasenpfoten-Segge: H, 20-40(-60) cm, V-VII, kollin-subalpin (-alpin), wechselfeuchte, kalkarme Magerrasen, Zwergstrauchheiden, (Nard, Call-Geni), LC

- Pflanze graugrün. Blütenstand (2-)3-7 cm lang, zur Fruchtzeit nur ca. 1 cm breit, Ährchen oft etwas voneinander entfernt stehend. Fruchtschlauch → am Rand nicht geflügelt, graugrün bis graubraun, ihr Schnabel nicht geschlitzt. Blätter 2-6 mm breit. Blatthäutchen meist spitz (Abb. Tafel 6, S. 106)

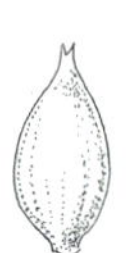

Carex canescens L., Graue Segge: H, 20-40 cm, V-VII, montan-subalpin (-alpin), kalkarme Flachmoore, Nasswiesen, (Cari-fusc), LC

Gruppe III - Fingerförmige Seggen

1 Das unterste Ährchen etwas abgesetzt. Weibliche Ährchen 5- bis 10-blütig, 10-25 mm lang. Blätter 15-25 cm lang und 3-5 mm breit, knickrandig. Grundscheiden purpurrot, glänzend. Fruchtschlauch →

Carex digitata L., Finger-Segge: H, 10-30 cm, IV-V, kollin-subalpin, Laubmischwälder, (Gali-Fage, Abie-Fage, Quer-pube), LC

- Alle Ährchen einander genähert. Weibliche Ährchen 2- bis 6-blütig **2**

2 Stängel bis 15 cm, ± aufrecht. Weibliche Ährchen bis 10 mm lang. Fruchtschlauch → stark behaart. Blätter nur 5-15 cm lang und 3--5 mm breit, knickrandig. Grundscheiden rot, glänzend

Carex ornithopoda Willd., Vogelfuss-Segge: H, 5-15(-25) cm, IV-VI, kollin-subalpin (-alpin), mässig trockene, kalkreiche Wälder, Waldränder, Magerrasen, (Eric-PiSy, Ceph-Fage, Meso), LC

- Stängel 3-8 cm, stark gebogen. Weibliche Ährchen kürzer. Fruchtschlauch → kahl. Blätter 5-15 cm lang und nur 2-3 mm breit, knickrandig. Grundscheiden rot, matt

Carex ornithopodioides Hausm., Alpen-Vogelfuss-Segge: H, 5-10 cm, IV-VI, subalpin-alpin, schuttige, kalkreiche Schneetälchen, Gebirgsrasen, (Arab-caer), LC

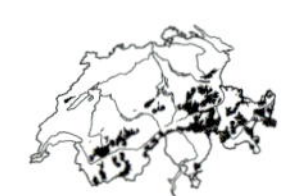

Gruppe IV - Behaarte Seggen (Blätter)

1 Fruchtschlauch kahl (vgl. auch *C. alba*, oft mit behaarten Blättern) **2**

- Fruchtschlauch behaart (vgl. auch *C. tomentosa*) **3**

2 Weibliche Ährchen gelbgrün, bis 2 cm lang, dicht beieinander stehend. Blütenstand 3-5 cm lang. Blätter 2-3(-4) mm breit. Fruchtschläuche ohne Schnabel → (vgl. die ähnliche *C. hostiana*!)

Carex pallescens L., Bleiche Segge: H, 20-50 cm, V, kollin-subalpin (-alpin), kalkarme Magerrasen, Zwergstrauchheiden, (Nard), LC

- Weibliche Ährchen bis 2-4 cm lang, entfernt stehend, lockerblütig. Deckspelzen stachelspitzig →. Blätter (3-)4-10 mm breit

Carex pilosa Scop., Wimper-Segge: G-H, 30-50 cm, IV-VI, kollin (-montan), frische Laubwälder, (Frax, Luzu-Fage), LC

3 Blätter und Blattscheiden und Fruchtschläuche → dicht behaart. Blätter (3-)4-6 mm breit, etwas glänzend. Grundscheiden matt dunkelbraun, oft etwas rötlich. Pflanze mit langen Ausläufern

Carex hirta L., Behaarte Segge: G-H, 10-60 cm, IV-VI, kollin-montan (-subalpin), wechselfeuchte Trittrasen, Wegränder, (Agro-Rumi), LC

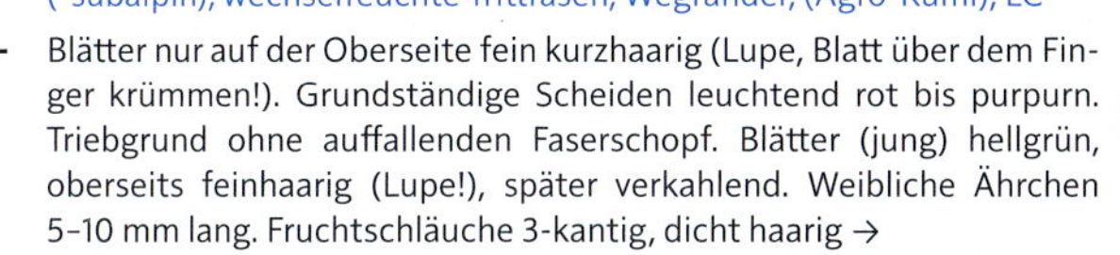

- Blätter nur auf der Oberseite fein kurzhaarig (Lupe, Blatt über dem Finger krümmen!). Grundständige Scheiden leuchtend rot bis purpurn. Triebgrund ohne auffallenden Faserschopf. Blätter (jung) hellgrün, oberseits feinhaarig (Lupe!), später verkahlend. Weibliche Ährchen 5-10 mm lang. Fruchtschläuche 3-kantig, dicht haarig →

Carex montana L., Berg-Segge: H, 10-30 cm, (III-)IV-V, kollin-subalpin, eher trockene, kalkreiche Magerrasen, Wälder, (Meso, Ceph-Fage, Querpube, Moli-Pini), LC

Gruppe V - Seggen mit mehreren männlichen Ährchen

1 Fruchtschlauch auf der ganzen Fläche behaart →. Blätter blaugrün, sehr schmal, 1-1,5 mm breit, weibliche Ährchen 2, voneinander abgerückt

Carex lasiocarpa Ehrh., Faden-Segge: Ah-G, 40-100 cm, V-VI, kollin-montan (-subalpin), Torfmoore, Schlenken, (Cari-lasi), VU

- Fruchtschlauch kahl **2**

2 Pflanze grosse, feste, oft bultenartige Horste bildend. Blattscheiden ± netzfaserig zerfallend. Blatt 4-5 mm breit. Grundständige Scheiden bis 5, gelbbraun, gekielt, bis 10 cm lang. Fruchtschläuche mit deutlichen Nerven. Narben 2 →

Carex elata All., Steife Segge: H, (30-)60-120 cm, V, kollin-montan (-subalpin), Grossseggenriede, Ufer, Bruchwälder, (Magn, Alni-glut), LC

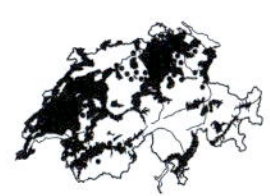

- Pflanze mit kurzen oder verlängerten Ausläufern, oft Bestände bildend. Blattscheiden mit oder ohne Fasernetz. Narben 2 oder 3 **3**

3 Weibliche Ährchen lang gestielt und zuletzt hängend. Fruchtschlauch braunschwarz, rau punktiert →. Blätter 3-5 mm breit, graugrün (Abb. Tafel 6, S. 106)

Carex flacca Schreb., Schlaffe Segge: G-H, 20-80 cm, IV-VI, kollin-subalpin (-alpin), wechselfeuchte Wegränder, Magerrasen, Wälder, Schuttfluren, (Moli, Moli-Pini, Meso), LC

\- Weibliche Ährchen höchstens kurz gestielt **4**

4 Narben 2. Fruchtschlauch ungeschnäbelt. Blattscheiden nicht netzförmig zerfasernd **5**

\- Narben 3. Fruchtschlauch kurz oder lang geschnäbelt. Blattscheiden mit oder ohne Fasernetz **6**

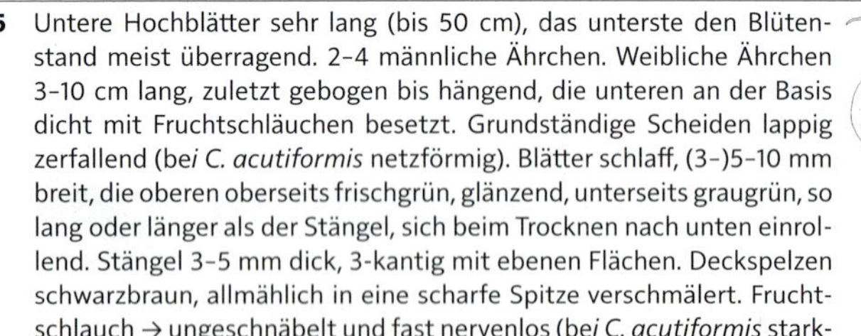

5 Untere Hochblätter sehr lang (bis 50 cm), das unterste den Blütenstand meist überragend. 2-4 männliche Ährchen. Weibliche Ährchen 3-10 cm lang, zuletzt gebogen bis hängend, die unteren an der Basis dicht mit Fruchtschläuchen besetzt. Grundständige Scheiden lappig zerfallend (bei *C. acutiformis* netzförmig). Blätter schlaff, (3-)5-10 mm breit, die oberen oberseits frischgrün, glänzend, unterseits graugrün, so lang oder länger als der Stängel, sich beim Trocknen nach unten einrollend. Stängel 3-5 mm dick, 3-kantig mit ebenen Flächen. Deckspelzen schwarzbraun, allmählich in eine scharfe Spitze verschmälert. Fruchtschlauch → ungeschnäbelt und fast nervenlos (bei *C. acutiformis* starknervig)

Carex acuta L., Schlanke Segge: G, 50-150 cm, V-VI, kollin-montan, Ufer, Grossseggenriede, (Magn), LC

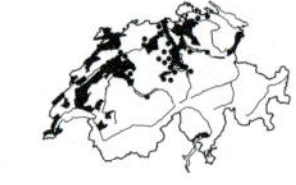

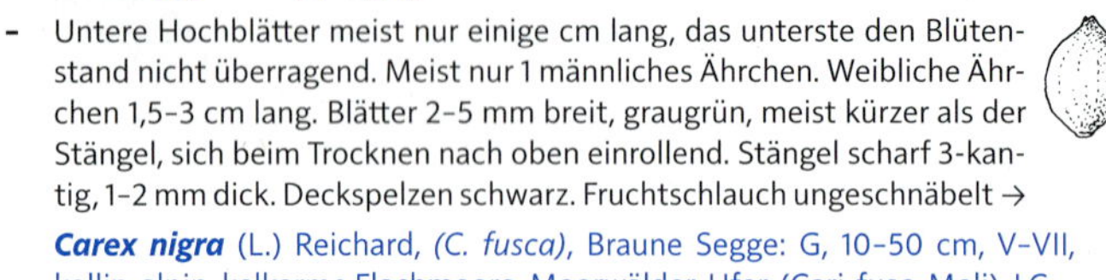

\- Untere Hochblätter meist nur einige cm lang, das unterste den Blütenstand nicht überragend. Meist nur 1 männliches Ährchen. Weibliche Ährchen 1,5-3 cm lang. Blätter 2-5 mm breit, graugrün, meist kürzer als der Stängel, sich beim Trocknen nach oben einrollend. Stängel scharf 3-kantig, 1-2 mm dick. Deckspelzen schwarz. Fruchtschlauch ungeschnäbelt →

Carex nigra (L.) Reichard, *(C. fusca)*, Braune Segge: G, 10-50 cm, V-VII, kollin-alpin, kalkarme Flachmoore, Moorwälder, Ufer, (Cari-fusc, Moli), LC

6 Männliche Ährchen hellbraun, dünn. Fruchtschlauch viel länger als die Deckspelzen. Blattscheiden netzfaserig **7**

\- Männliche Ährchen dunkelbraun, dick. Fruchtschlauch kaum länger als die Deckspelzen. Blattscheiden mit oder ohne Fasernetz **8**

7 Pflanze graugrün. Stängel stumpfkantig, nur im Blütenstand rau. Unterstes Hochblatt bis 2x so lang wie der Blütenstand. Weibliche Ährchen 6-8(-10) mm breit. Fruchtschlauch 4-5,5 mm lang, plötzlich in den Schnabel verschmälert → (Abb. Tafel 6, S. 106)

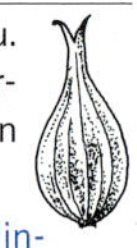

Carex rostrata Stokes, Schnabel-Segge: G, 30-80(-100) cm, V-VI, kollin-subalpin (-alpin), nährstoffarme Ufer, Torfmoore, Grossseggenriede, (Cari-lasi, Magn), LC

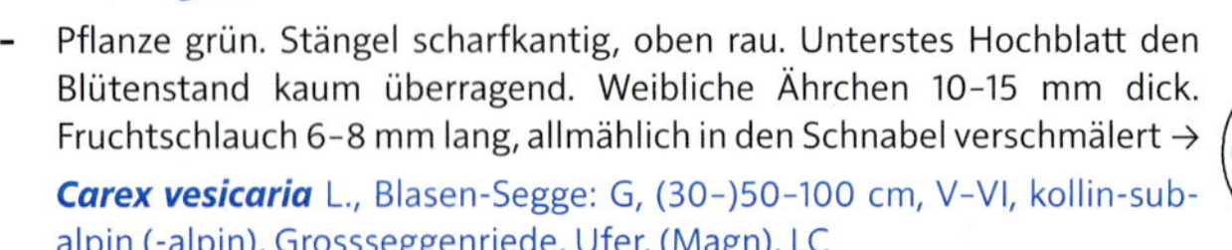

\- Pflanze grün. Stängel scharfkantig, oben rau. Unterstes Hochblatt den Blütenstand kaum überragend. Weibliche Ährchen 10-15 mm dick. Fruchtschlauch 6-8 mm lang, allmählich in den Schnabel verschmälert →

Carex vesicaria L., Blasen-Segge: G, (30-)50-100 cm, V-VI, kollin-subalpin (-alpin), Grossseggenriede, Ufer, (Magn), LC

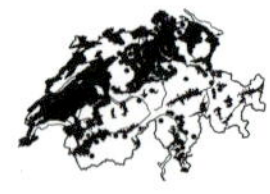

8 Pflanze graugrün. Blatt 5–10 mm breit. Grundständige Scheiden stark netzfaserig zerfallend (bei *C. acuta* ohne Fasernetz!). Weibliche Ährchen aufrecht, 5–7 mm breit. Deckspelzen allmählich in eine scharfe Spitze verschmälert. Fruchtschläuche → beidseitig flach gewölbt, matt, starknervig (Abb. Tafel 6, S. 106)

Carex acutiformis Ehrh., Scharfkantige Segge: G, 50–120 cm, V–VI, kollin-montan, feuchte Wälder, Ufer, Moore, (Frax, Alni-inca, Magn, Phra), LC

- Pflanze grün, Blatt. 10–20 mm breit. Grundständige Scheiden meist in Fetzen zerfallend. weibliche Ährchen zur Fruchtzeit nickend, 8–12 mm breit. Deckspelzen plötzlich in eine lange, schmale Spitze verschmälert. Fruchtschläuche → im Querschnitt rundlich, glänzend

Carex riparia Curtis, Ufer-Segge: G-H, 50–120(–200) cm, V–VI, kollin (-montan), nährstoffreiche Ufer, Grossseggenriede, Auenwälder, (Magn, Alni-inca, Alni-glut), NT

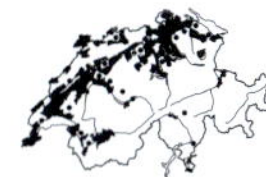

Gruppe VI – Getrenntährige Seggen mit weiblichen Blüten an der Spitze

1 Stängel gebogen, oft niederliegend. Narben 2. Fruchtschläuche hellgrau, linsenförmig flach, ohne Schnabel →, mit feinen Papillen besetzt. Deckspelzen abgerundet, schwarz mit hellem Mittelnerv. Pflanze meist in Wassernähe

Carex bicolor All., Zweifarbige Segge: H, 5–20 cm, VII, subalpin-alpin, kalkreiche, wechselfeuchte Schwemmebenen, Wasserläufe, (Cari-bico), NT

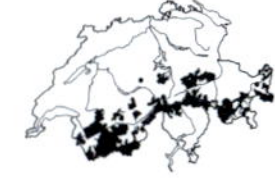

- Stängel gerade. Narben 3. Fruchtschlauch mit kurzem oder langem Schnabel **2**

2 Deckspelzen braun, mit grünem Mittelnerv und mit grannenartiger Spitze. Die der Spreite abgewandte Seite der grundständigen Scheiden netzfaserig zerfallend **3**

- Deckspelzen dunkelbraun bis schwarz, spitz oder stumpf, aber ohne grannenartige Spitze. Die der Spreite abgewandte Seite der grundständigen Scheiden meist in Fetzen zerfallend **4**

3 Pflanze graugrün. Ährchen kugelig oder keulenförmig. Unterstes Hochblatt den Blütenstand überragend. Fruchtschläuche undeutlich nervig, Zähne des Schnabels spreizend →

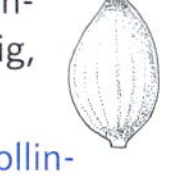

Carex buxbaumii Wahlenb., Buxbaums Segge: H, 30–70 cm, V–VI, kollin-subalpin, kalkreiche Flachmoore, Ufer, (Magn, Cari-dava), VU

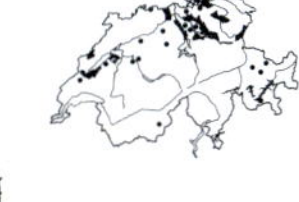

- Pflanze grasgrün. Ährchen zylindrisch. Unterstes Hochblatt den Blütenstand nicht überragend. Fruchtschläuche mit deutlichen Nerven, Zähne des Schnabels gerade →

Carex hartmanii Cajander, Hartmans Segge: H, 30–70 cm, V–VI, kollin (-montan), kalkreiche Nasswiesen, Flachmoore, (Moli), EN

4 Untere Ährchen gestielt, aufrecht oder nickend. Blütenstand nicht kopfig, 2-5(-10) cm lang. Fruchtschlauch braunschwarz →. Deckspelzen schwarz mit rotem Mittelnerv (Abb. Tafel 6, S. 106)

Carex atrata L., Trauer-Segge: H, 5-60 cm, VI-VIII, subalpin-alpin, LC

- **a** Blätter 3-4 mm breit. Ährchen 1-2 cm lang

  Carex atrata L. subsp. ***atrata***, Gewöhnliche Trauer-Segge: H, 15-40 cm, VI-VIII, kalkreiche Gratrasen, Schuttfluren, (Elyn, Drab-Sesl), LC

- **-** Blätter 5-9 mm breit. Ährchen 1,5-3 cm lang

  Carex atrata subsp. ***aterrima*** (Hoppe) Hartm., Grosse Trauer-Segge: H, 30-60 cm, VI-VIII, feuchte, kalkreiche Rasenhänge, Flachmoore, (Cari-ferr, Cari-dava), LC

- Ährchen sitzend, einen kopfigen, 1-2 cm langen Blütenstand bildend **5**

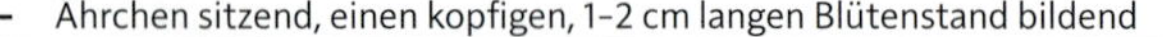

5 Fruchtschlauch → gelbgrün, 2-2,5 mm lang und ca. 1 mm breit. Stängel zumindest oben rau. Ährchen kugelig bis eiförmig, meist kurz gestielt. Blätter 1-2(-3) mm breit. Sehr seltene Pflanze kalter Gebirgsbäche

Carex norvegica Retz., Norweger Segge: H, 5-30 cm, VII-VIII, subalpin-alpin, wechselfeuchte Ufer, Schwemmebenen, (Cari-bico), VU

- Fruchtschlauch schwarz mit hellem Rand →, 3-4 mm lang und ca. 2 mm breit. Stängel glatt. Ährchen eiförmig, sitzend. Blätter 2-4 mm breit. Pflanze der Gebirgsrasen

Carex parviflora Host, Kleine Trauer-Segge: H, 5-30 cm, VI-VIII, subalpin-alpin, feuchte, kalkreiche Gebirgsrasen, Schneetälchen, (Arab-caer), LC

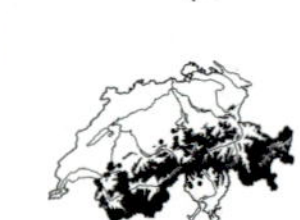

Gruppe VII - Getrenntährige Seggen mit behaarten Fruchtschläuchen

1 Pflanze mit 1-2 grundständigen, 10-20 cm lang gestielten, weiblichen Ährchen. Blätter derb, dunkelgrün, 1,5-2 mm breit. Stängel dünn, schlaff, 3-kantig, rau. Weibliche Ährchen 2- bis 6-blütig. Fruchtschlauch → verkehrt eiförmig, 4-5 mm lang, am Grund fast gestielt, nur an der Spitze kurzhaarig

Carex halleriana Asso, *(C. alpestris, C. gynobasis)*, Hallers Segge: H, 20-40 cm, IV-VI, kollin-montan, trockenwarme, kalkreiche Pionierfluren, Trockenrasen, Gebüschsäume, (Xero, Gera-sang, Onon-Pini), NT

- Pflanze ohne grundständige, lang gestielte, weibliche Ährchen. Weibliche Ährchen in der oberen Hälfte des Stängels. Stängel unterschiedlich gestaltet **2**

2 Weibliche Ährchen sehr gross, kugelig, 2,5-4,2 cm breit. Fruchtschläuche 12,5-20 mm lang →, nach allen Seiten sparrig abstehend («grosse Morgensterne»)

Carex grayi Carey, Morgenstern-Segge: H, 40-70 cm, nährstoffreiche Ruderalfluren, Neophyt

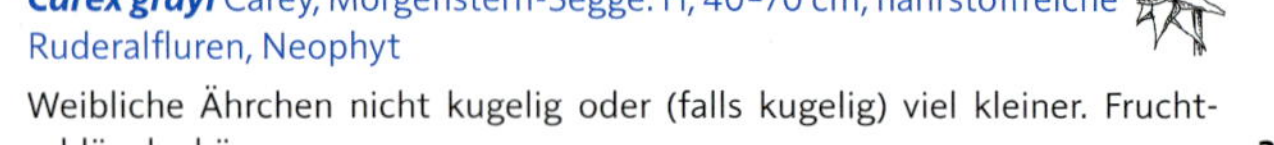

- Weibliche Ährchen nicht kugelig oder (falls kugelig) viel kleiner. Fruchtschläuche kürzer **3**

3 Unterstes Hochblatt (unter dem Blütenstand) ohne oder mit sehr kurzer Scheide (weniger als 2 mm lang) **4**

- Unterstes Hochblatt mit deutlicher Scheide (mind. 2 mm lang) **12**

4 Pflanze Horste bildend, ohne Ausläufer **5**

- Pflanze mit Ausläufern **8**

5 Narben 2. Fruchtschläuche → innerseits flach. Blätter fadenförmig, nur 0,2-0,5 mm breit, meist gekrümmt. Weibliche Ährchen 1-2. Felspflanze

Carex mucronata All., Stachelspitzige Segge: H, 15-35 cm, V-VII, montan-subalpin (-alpin), kalkreiche Felsen, Felsrasen, (Pote, Cari-firm), LC

- Narben 3. Fruchtschläuche im Querschnitt rundlich. Blätter 2-5 mm breit, gekrümmt oder gestreckt. Weibliche Ährchen 1-3. Trockenwiesenpflanze **6**

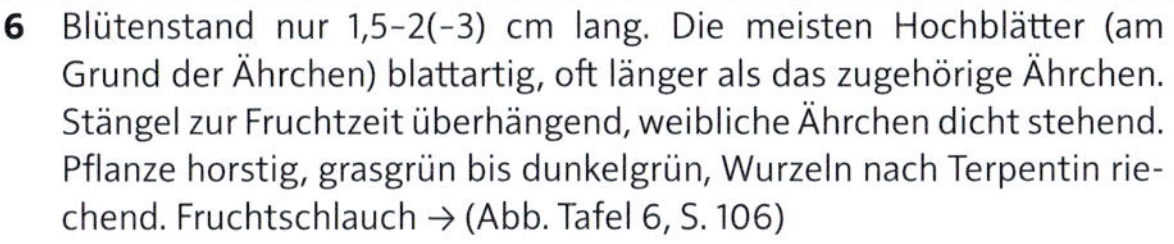

6 Blütenstand nur 1,5-2(-3) cm lang. Die meisten Hochblätter (am Grund der Ährchen) blattartig, oft länger als das zugehörige Ährchen. Stängel zur Fruchtzeit überhängend, weibliche Ährchen dicht stehend. Pflanze horstig, grasgrün bis dunkelgrün, Wurzeln nach Terpentin riechend. Fruchtschlauch → (Abb. Tafel 6, S. 106)

Carex pilulifera L., Pillen-Segge: H, 10-40 cm, IV-V, kollin-montan (-subalpin), kalkarme Magerrasen, Waldränder, (Nard, Epil-angu, Call-Geni), LC

- Blütenstand (1,5-)2,5-3(-4) cm lang. Die meisten Hochblätter spelzenartig, trockenhäutig, das unterste gelegentlich mit ausgebildeter Spreite **7**

7 Grundständige Scheiden leuchtend rot bis purpurn. Triebgrund ohne auffallenden Faserschopf. Blätter (jung) hellgrün, oberseits feinhaarig (Lupe!, vgl. *C. humilis*), später verkahlend. Weibliche Ährchen 5-10 mm lang. Fruchtschläuche 3-kantig, dichthaarig →

Carex montana L., Berg-Segge: H, 10-30 cm, (III-)IV-V, kollin-subalpin, eher trockene, kalkreiche Magerrasen, Wälder, (Meso, Ceph-Fage, Querpube, Moli-Pini), LC

- Grundständige Scheiden gelbbraun bis braun. Triebgrund mit auffallendem Faserschopf. Blätter beiderseits kahl. Weibliche Ährchen 12-20 mm lang. Fruchtschläuche → mit rundlichem Querschnitt, kurzborstig bis fast kahl

Carex fritschii Waisb., Fritschs Segge: H, 30-60 cm, V, kollin-montan (-subalpin), trockenwarme, kalkarme Magerrasen, Kastanienwälder, (Quer-robo, Meso), LC

8 Unterstes Hochblatt (unter dem Blütenstand) mit grüner Spreite, nicht mit trockenhäutigem Rand **9**

- Unterstes Hochblatt ohne Spreite oder mit kurzer borstlicher Spreite, dann aber mit trockenhäutigem Rand **11**

9 Weibliche Ährchen lang gestielt und zuletzt hängend. Fruchtschlauch braunschwarz, rau punktiert →. Blätter 3-5 mm breit, graugrün (Abb. Tafel 6, S. 106)

Carex flacca Schreb., Schlaffe Segge: G-H, 20-80 cm, IV-VI, kollin-subalpin (-alpin), wechselfeuchte Wegränder, Magerrasen, Wälder, Schuttfluren, (Moli, Moli-Pini, Meso), LC

- Weibliche Ährchen aufrecht. Fruchtschlauch graugrün bis graubraun, stark behaart. Blätter nur 1-3 mm breit **10**

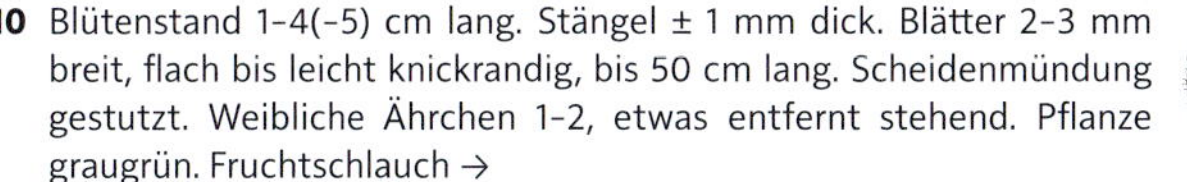

10 Blütenstand 1-4(-5) cm lang. Stängel ± 1 mm dick. Blätter 2-3 mm breit, flach bis leicht knickrandig, bis 50 cm lang. Scheidenmündung gestutzt. Weibliche Ährchen 1-2, etwas entfernt stehend. Pflanze graugrün. Fruchtschlauch →

Carex tomentosa L., Filz-Segge: G-H, 20-40 cm, IV-V, kollin-montan, magere, kalkreiche Nasswiesen, wechselfeuchte Krautsäume, (Moli), NT

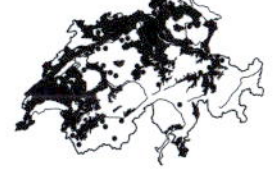

- Blütenstand 10-15(-20) cm lang. Stängel 1-2 mm dick. Blätter nur 1-1,5 mm breit, rinnig-borstig, nicht gekielt, bis 1 m lang, steif aufgerichtet, Scheidenmündung mit deutlichem, meist purpurnem Hautkragen. Weibliche Ähren 1-3, entfernt stehend. Pflanze blaugrün

  Carex lasiocarpa Ehrh., Faden-Segge: Ah-G, 40-100 cm, V-VI, kollin-montan (-subalpin), Torfmoore, Schlenken, (Cari-lasi), VU

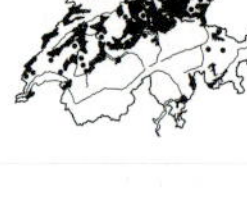

11 Deckspelzen → breit abgerundet, stumpf, dunkelbraun, ohne grünen Mittelstreifen, rundum mit weissem Hautrand, an der Spitze fransig bewimpert

  Carex ericetorum Pollich, Heide-Segge: H, 10-30 cm, III-V(-VIII), kollin-alpin, trockene Magerrasen, Föhrenwälder, (Elyn, Moli-Pini, Dicr-Pini), NT

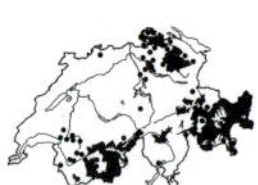

- Deckspelzen → ± spitz oder stachelspitzig, braun, mit breitem, grünem Mittelstreifen, nicht bewimpert (Abb. Tafel 6, S. 106)

  Carex caryophyllea Latourr., Frühlings-Segge: H, 10-30 cm, III-IV, kollin-subalpin (-alpin), trockene Wiesen und Weiden; trockene Magerrasen, Gebüschsäume, (Meso, Cirs-Brac, Xero), LC

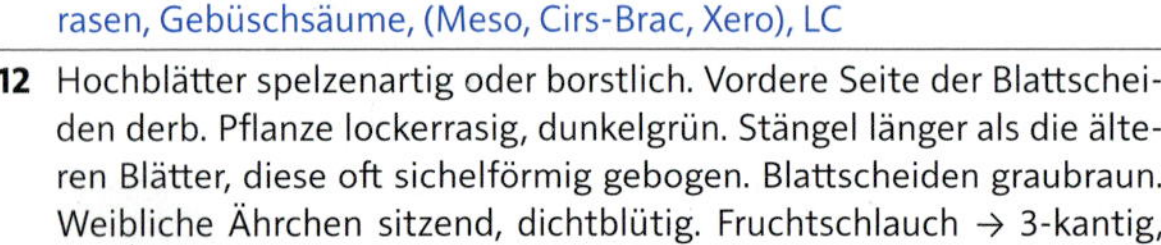

12 Hochblätter spelzenartig oder borstlich. Vordere Seite der Blattscheiden derb. Pflanze lockerrasig, dunkelgrün. Stängel länger als die älteren Blätter, diese oft sichelförmig gebogen. Blattscheiden graubraun. Weibliche Ährchen sitzend, dichtblütig. Fruchtschlauch → 3-kantig, am Grund stielförmig verschmälert **11**

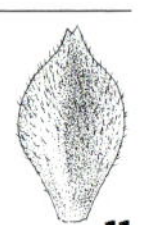

  → *Carex caryophyllea*

- Die meisten, zumindest aber das unterste, Hochblätter blattartig. Vordere Seite der Blattscheiden dünnhäutig. Pflanze horstig oder lockerrasig, hellgrün, graugrün oder dunkelgrün. Stängel länger oder kürzer als die älteren Blätter **13**

13 Weibliche Ährchen zur Fruchtzeit überhängend. Fruchtschläuche spärlich behaart **14**

- Weibliche Ährchen zur Fruchtzeit aufrecht oder leicht nickend. Fruchtschläuche dicht oder spärlich behaart **15**

14 Pflanze dicht horstig, ohne Ausläufer. Blätter 1-2 mm breit. Weibliche Ährchen lockerblütig 2-3 cm lang. Fruchtschläuche 3,5-4,5 mm lang, mit deutlichen Nerven, auf den Flächen behaart, plötzlich in Schnabel verschmälert →

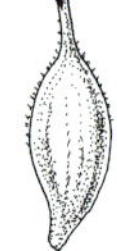

  Carex austroalpina Bech., Südalpen-Segge: H, 30-60(-90) cm, V-VI, kollin-subalpin, steinige, kalkreiche Rasenhänge, Felsrasen, (Sesl), VU

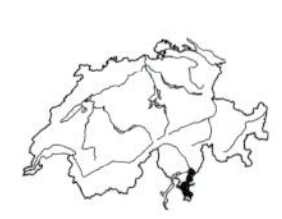

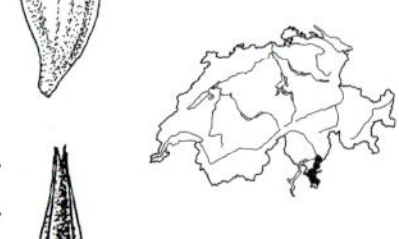

- Pflanze mit langen Ausläufern. Blätter 2-5 mm breit, etwas schlaff. Weibliche Ährchen dichtblütig. Fruchtschläuche 5-6(-7) mm lang, ohne Nerven, nur auf den Kanten behaart, mit verlängertem, 2-zähnigem Schnabel →

  Carex frigida All., Eis-Segge: G-H, 10-40 cm, VI-VIII, subalpin-alpin, kalkreiche Quellfluren, Bachufer, (Crat, Cari-bico, Cari-dava), LC

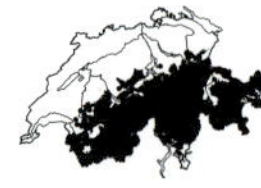

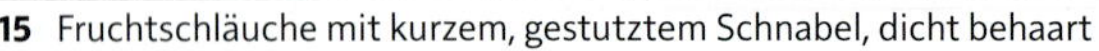

15 Fruchtschläuche mit kurzem, gestutztem Schnabel, dicht behaart **16**

- Fruchtschläuche mit kürzerem oder längerem, 2-zähnigem Schnabel, dicht oder spärlich behaart **17**

16 Stängel nur 2-10 cm hoch, viel kürzer als die bis 25 cm langen und 1-1,5 mm breiten Blätter (vgl. die lang bleibenden, strohigen Vorjahresblätter!). Blütenstand meist mehr als 8 cm lang, sehr früh blühend (später muss er zwischen den Blättern «gesucht» werden), weibliche Ährchen nur 3-blütig, entfernt stehend. Hochblätter spelzenartig, braun. Pflanze horstig-dichtrasig, oft «Hexenringe» bildend. Grundscheiden rotbraun. Blätter dunkelgrün, oberseits kahl (bei *C. montana* fein behaart), oft borstenförmig eingerollt

Carex humilis Leyss., Niedrige Segge: H, 3-10 cm, III-IV, kollin-subalpin, trockenwarme, kalkreiche Wälder, Trockenrasen, Felsen, (Quer-pube, Onon-Pini, Xero, Stip-Poio), LC

- Stängel über 10 cm hoch. Blütenstand bis 3 cm lang, weibliche Ährchen dichtblütig, das unterste etwas gestielt. Das männliche Ährchen dick, keulenförmig. Das unterste Hochblatt meist blattartig, mit 0,5-1 cm langer Scheide, die anderen spelzenartig. Pflanze bildet Horste mit dichtem, grauschwarzem Faserschopf am Grund. Blätter steif, ca. 2 mm breit, am Rand sehr rau. Stängel kürzer als die älteren Blätter, zuletzt übergebogen. Grundscheiden schwarzbraun. Fruchtschlauch →

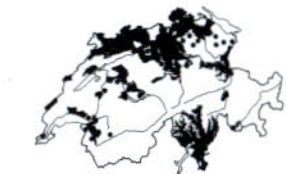

Carex umbrosa Host, Schatten-Segge: H, 20-40 cm, IV-V, kollin-montan, krautreiche Laubwälder, Krautsäume, (Carp, Quer-pube, Trif-medi), LC

17 Pflanze mit Ausläufern, am Grund ohne Faserschopf. Fruchtschläuche → dicht oder spärlich behaart. Stängel scharf 3-kantig, oben rau, untere Scheiden faserig zerfallend. Weibliche Ährchen aufrecht. Fruchtschläuche zusammengedrückt 3-kantig, Kanten dicht behaart (sonst spärlich), mit kurzem Schnabel und deutlichen Nerven. Deckspelzen rotbraun. Blätter 2-3 mm breit

Carex fimbriata Schkuhr, Fransen-Segge: H, 20-40 cm, VII-VIII, alpin, kalkarme Felsrasen, (Cari-curv), NT

- Pflanze Horste bildend, am Grund mit dichtem Faserschopf. Stängel stumpf 3-kantig, fast rund. Fruchtschläuche → nur auf den Kanten behaart, mit langem Schnabel, ohne Nerven, glänzend. Deckspelzen vorne mit Hautrand. Blätter 2-5 mm breit (Abb. Tafel 6, S. 106)

Carex sempervirens Vill., Immergrüne Segge: H, 20-60 cm, VI-VIII, (montan-) subalpin-alpin, trockene Gebirgsrasen, Felsrasen, (Sesl, Fest-vari, Cari-ferr, Cari-firm), LC

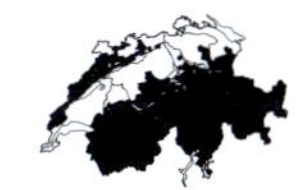

Gruppe VIII - Getrenntährige Seggen mit 2 Narben

1 Untere Hochblätter (Blätter am Grund der Ährchen) sehr lang (bis 50 cm), das unterste den Blütenstand meist überragend. Pflanze stets mit langen Ausläufern. Weibliche Ährchen 3-10 cm lang, zuletzt gebogen bis hängend, die unteren an der Basis dicht mit Fruchtschläuchen → besetzt. Blätter schlaff, (3-)5-10 mm breit, oberseits grasgrün, unterseits graugrün

Carex acuta L., Schlanke Segge: G, 50-150 cm, V-VI, kollin-montan, Ufer, Grossseggenriede, (Magn), LC

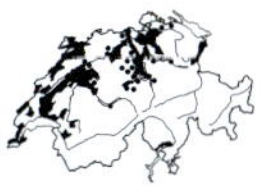

- Untere Hochblätter meist nur wenige cm lang, das unterste den Blütenstand nicht überragend, selten so lang wie dieser. Pflanze mit oder ohne Ausläufer. Blätter meist steif **2**

2 Blätter fadenförmig, nur 0,2–0,5 mm breit, meist gekrümmt. Weibliche Ährchen 1–2. Fruchtschläuche fein borstig behaart →. Felspflanze

Carex mucronata All., Stachelspitzige Segge: H, 15–35 cm, V–VII, montan-subalpin (-alpin), kalkreiche Felsen, Felsrasen, (Pote, Cari-firm), LC

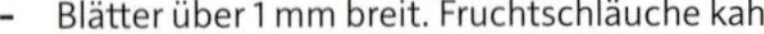

- Blätter über 1 mm breit. Fruchtschläuche kahl **3**

3 Pflanze mit unterirdischen Ausläufern (aber oft büschelig wachsend!), oft Bestände bildend. Grundscheiden braun, in Fetzen zerfallend (ohne Fasernetz). Weibliche Ährchen 1,5–3 cm lang. Blätter 2–5 mm breit, graugrün. Stängel scharf 3-kantig. Fruchtschlauch →

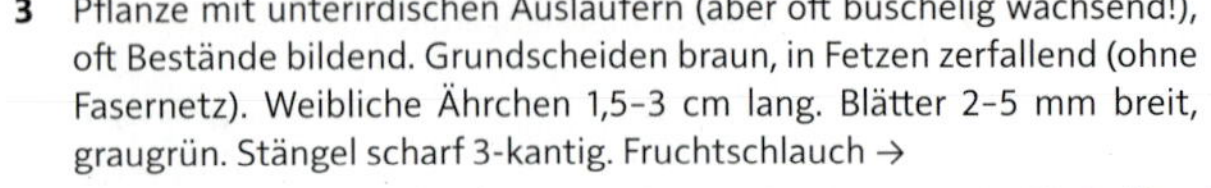

Carex nigra (L.) Reichard, Braune Segge: G, 10–50 cm, V–VII, kollin-alpin, kalkarme Flachmoore, Moorwälder, Ufer, (Cari-fusc, Moli), LC

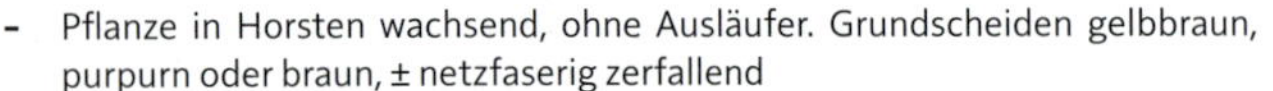

- Pflanze in Horsten wachsend, ohne Ausläufer. Grundscheiden gelbbraun, purpurn oder braun, ± netzfaserig zerfallend **4**

4 Grundscheiden bis 5, gelbbraun, gekielt, bis 10 cm lang. Fruchtschläuche mit deutlichen Nerven →. Pflanze grosse, feste, oft bultenartige Horste bildend. Blätter 4–5 mm breit

Carex elata All., Steife Segge: H, (30–)60–120 cm, V, kollin-montan (-subalpin), Grossseggenriede, Ufer, Bruchwälder, (Magn, Alni-glut), LC

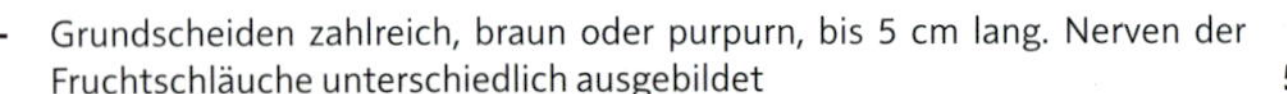

- Grundscheiden zahlreich, braun oder purpurn, bis 5 cm lang. Nerven der Fruchtschläuche unterschiedlich ausgebildet **5**

5 Fruchtschlauch 2–3 mm lang, beidseits mit 5–7 ± deutlichen Nerven →. Hochblätter meist blattähnlich, das unterste das männliche Ährchen erreichend, jedoch nie überragend. Grundscheiden nicht gekielt

Carex juncella (Fr.) Th. Fr., Binsenartige Segge: H, 60 cm, V–VI, subalpin, wechselfeuchte Ufer, Grossseggenriede, (Magn), VU

- Fruchtschlauch nur bis 2 mm lang, ohne oder mit sehr schwachen Nerven →. Hochblätter meist alle spelzenartig, selten laubblattähnlich, dann aber das zugehörige Ährchen nicht überragend. Grundscheiden oft gekielt

Carex cespitosa L., Rasen-Segge: H, 15–50 cm, IV–V, montan, wechselfeuchte Moore, Nasswiesen, (Calt), EN

Gruppe IX – Getrenntährige Seggen mit 3 Narben

1 Weibliche Ährchen, zumindest das unterste, bald (spätestens zur Fruchtzeit) überhängend oder nickend **2**

- Weibliche Ährchen aufrecht **13**

2 Unterstes Hochblatt ohne oder mit sehr kurzer Scheide (wenige mm lang) **3**

- Unterstes Hochblatt mit deutlicher Scheide (meist länger als 1 cm) **5**

3 Weibliche Ährchen dicht zylindrisch, 3–8 cm lang und 10 mm dick, zuletzt hängend. Blätter 7–15 mm breit. Blütenstand 15 cm lang oder länger. Deckspelzen mit gesägter Spitze, Fruchtschlauch → zuletzt rückwärtsgerichtet. Pflanze horstig, ohne Ausläufer, 40–100 cm hoch

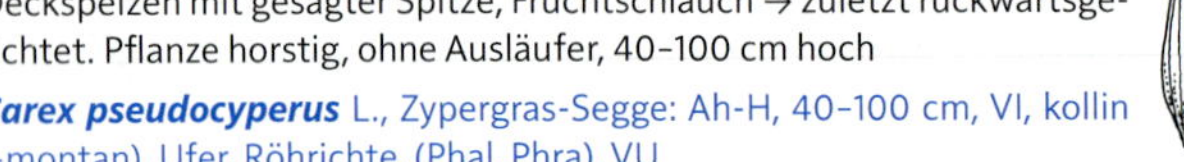

Carex pseudocyperus L., Zypergras-Segge: Ah-H, 40–100 cm, VI, kollin (-montan), Ufer, Röhrichte, (Phal, Phra), VU

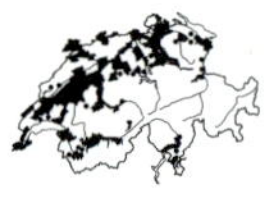

- Weibliche Ährchen nur bis 2 cm lang. Blütenstand 3–6 cm lang. Blätter nur 1–4 mm breit. Pflanze mit Ausläufern, 10–40(–60) cm hoch **4**

4 Blätter 1-2(-3) mm breit, rinnig, blaugrün bis graugrün. Weibliche Ährchen 1,5-2 cm lang. Deckspelzen plötzlich in eine feine Spitze verschmälert, zur Fruchtreife bleibend. Fruchtschläuche mit deutlichen Nerven →

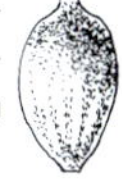

Carex limosa L., Schlamm-Segge: G, 10-30 cm, V-VI, kollin-subalpin, Torfmoore, Schlenken, (Cari-lasi), NT

- Blätter 2-4 mm breit, flach, grasgrün. Weibliche Ährchen 0,5-1 cm lang. Deckspelzen allmählich zugespitzt, vor der Fruchtreife abfallend. Fruchtschläuche ohne oder mit undeutlichen Nerven →

Carex paupercula Michx., Alpen-Schlamm-Segge: G-H, 10-30 cm, VII, subalpin-alpin, kalkarme Flachmoore, Schlenken, (Cari-fusc, Cari-lasi), NT

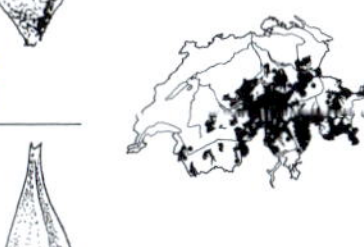

5 Weibliche Ährchen mit weniger als 10 Fruchtschläuchen pro Ährchen. Das oberste weibliche Ährchen den Blütenstand schon früh überragend, die unteren hängend. Fruchtschlauch geschnäbelt, mit 2 deutlichen Nerven →. Pflanze dichtrasig, ohne Ausläufer

Carex capillaris L., Haarstielige Segge: H, 5-15 cm, VII, (montan-) subalpin-alpin, wechselfeuchte Gebirgsrasen, Schwemmebenen, (Sesl, Cari-bico, Cari-dava), LC

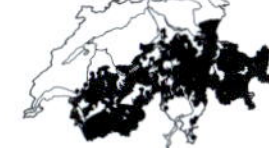

- Weibliche Ährchen mit mehr als 10 Fruchtschläuchen pro Ährchen. **6**

6 Weibliche Ährchen dichtfrüchtig, zum Grund hin oft lockerer **7**

- Weibliche Ährchen lockerfrüchtig (unterer Fruchtschlauch kaum bis zur Mitte des oberen reichend) **9**

7 Weibliche Ährchen schwarz, 0,8-4(-5) cm lang. Stängel 10-40 cm hoch, 0,5-2 mm dick. Blätter 1,5-5 mm breit, bis 60 cm lang **8**

- Weibliche Ährchen grün, (3-)6-16 cm lang. Stängel 50-150 cm hoch, 2-3 mm dick. Blätter 10-20 mm breit und bis 100 cm lang, dunkelgrün. Fruchtschlauch →

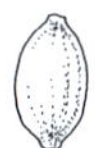

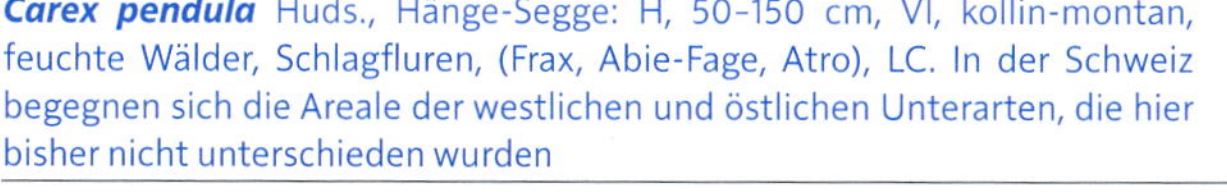

Carex pendula Huds., Hänge-Segge: H, 50-150 cm, VI, kollin-montan, feuchte Wälder, Schlagfluren, (Frax, Abie-Fage, Atro), LC. In der Schweiz begegnen sich die Areale der westlichen und östlichen Unterarten, die hier bisher nicht unterschieden wurden

a Nüsschen (Fruchtschlauch öffnen!) elliptisch, etwa in der Mitte (oder etwas darüber) am breitesten. Blatthäutchen der oberen Blätter weisslich (trocken bräunlich, selten an den untersten Blättern etwas rötlich). Unterster Ährenstiel glatt bis schwach rau

Carex pendula Huds. subsp. **_pendula_**, Westliche Hänge-Segge

- Nüsschen (Fruchtschlauch öffnen!) verkehrt eiförmig, zur Spitze hin am breitesten. Blatthäutchen der oberen Blätter auffallend rötlich. Unterster Ährenstiel deutlich rau

Carex pendula subsp. **_agastachys_** (L. f.) Ljungstrand, Östliche Hänge-Segge

8 Weibliche Ährchen kurz, kugelig bis eiförmig, matt, bis 1,5 cm lang. Hochblätter spelzenartig. Fruchtschlauch mit kurzem Schnabel →. Blätter 1,5-4 mm breit, flach, steif. Blattscheidennerven ohne Querverbindungen. Blatthäutchen mit 2-2,5 mm Bogenhöhe

Carex atrofusca Schkuhr, Schwarzrote Segge: H, 10-25 cm, VII-VIII, (subalpin-) alpin, feuchte Schwemmebenen, Schuttfluren, (Cari-bico), VU

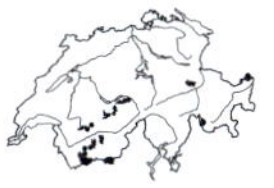

- Weibliche Ährchen länglich, glänzend, 1,5-3 cm lang. Hochblätter blattartig. Fruchtschlauch mit langem Schnabel →. Blätter grasgrün, 2-4 mm breit, schlaff, Blattscheidennerven mit Querverbindungen. Blatthäutchen stumpf und kurz (1-2 mm Bogenhöhe)

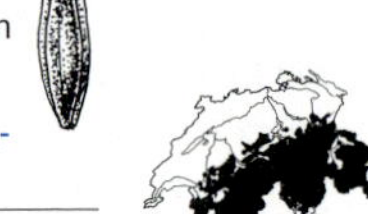

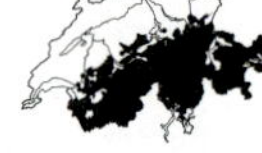

Carex frigida All., Eis-Segge: G-H, 10-40 cm, VI-VIII, subalpin-alpin, kalkreiche Quellfluren, Bachufer, (Crat, Cari-bico, Cari-dava), LC

9 Blätter bis 2,5(-3) mm breit. Grundscheiden rotbraun **10**

- Blätter 3-10 mm breit (oder breiter). Grundscheiden hellbraun **12**

10 Blätter weniger als 1 mm breit, die trockenen borstig eingerollt. Stängel 15-40 cm hoch, ca. 0,5 mm dick. Hochblätter spelzenartig. Fruchtschlauch 3-4 mm lang, mit deutlichen Nerven →

Carex brachystachys Schrank, Kurzährige Segge: H, 10-40 cm, VI-VII, montan-subalpin, feuchte, kalkreiche Felsen, (Adia, Cyst), LC

- Blätter 1,5-3 mm breit. Stängel 20-60 cm hoch, ca. 1 mm dick. Hochblätter blattartig **11**

11 Pflanze durch verlängerte Ausläufer lockere Rasen bildend (die ähnliche *C. sempervirens* bildet Horste und einen Faserschopf). Grundscheiden glänzend purpurn. Blätter schwach rinnig, schlaff überhängend, 1-2 mm breit. Weibliche Ährchen 1-2 cm lang, haardünn gestielt, zur Fruchtzeit hängend. Deckspelzen nicht hautrandig. Fruchtschlauch meist allmählich in Schnabel verschmälert → (Abb. Tafel 6, S. 106)

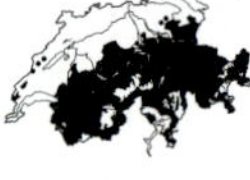

Carex ferruginea Scop., Rost-Segge: H, 30-50 cm, VI-VIII, (montan-) subalpin-alpin, frische Rasenhänge, Schutthalden, Hochstaudenfluren, (Cari-ferr, Aden), LC

- Pflanze horstig, ohne Ausläufer. Grundscheiden rotbraun, nur schwach glänzend. Blätter rinnig gefaltet, steif, 1-2 mm breit. Weibliche Ährchen 2-3 cm lang. Deckspelzen hautrandig. Fruchtschlauch plötzlich in Schnabel verschmälert →

Carex austroalpina Bech., Südalpen-Segge: H, 30-60(-90) cm, V-VI, kollin-subalpin, steinige, kalkreiche Rasenhänge, Felsrasen, (Sesl), VU

12 Weibliche Ährchen 2-4(-6) cm lang und 3-5 mm breit. Fruchtschläuche mit langem Schnabel → und 2 deutlichen Nerven. Pflanze horstig, ohne Ausläufer. Blätter 2-5(-8) mm breit. Blatthäutchen kurz (± 2 mm)

Carex sylvatica Huds., Wald-Segge: H, 30-70 cm, V-VI, kollin-montan (-subalpin), Wälder, nährstoffreiche Krautsäume, Rasenhänge, (Fagetalia, Abie-Pice, Cari-ferr), LC

- Weibliche Ährchen 4-8 cm lang und 2-3 mm breit. Fruchtschläuche ± ungeschnäbelt →, mit zahlreichen deutlichen Nerven. Blätter 5-10 mm breit (oder breiter). Blatthäutchen lang (5-8 mm). Pflanze mit kurzen Ausläufern und gelegentlich mit Horsten

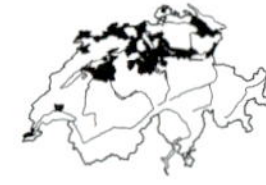

Carex strigosa Huds., Dünnährige Segge: G-H, 30-60 cm, V-VI, kollin-montan, feuchte Wälder, (Frax), LC

13 Weibliche Ährchen mit 3-7 Fruchtschläuchen. Pflanze 30-70 cm hoch, horstig, manchmal mit einzelnen Ausläufern. Blätter 3-4 mm breit, grün. Hochblätter blattartig. Das oberste weibliche Ährchen zur Fruchtzeit das männliche nicht erreichend. Fruchtschlauch lang geschnäbelt →. Selten in trockenen Wäldern

Carex depauperata With., Armblütige Segge: H, 30-70 cm, V-VI, kollin, trockenwarme, kalkreiche Eichenwälder, Gebüsche, (Quer-pube), EN

\- Weibliche Ährchen meist mit mehr als 7 Fruchtschläuchen. Wenn mit weniger als 7 Fruchtschläuchen, dann Pflanze weniger als 30 cm hoch **14**

14 Pflanze durch ± verlängerte Ausläufer lockerrasig **15**

\- Pflanze horstig oder dichtrasig, ohne verlängerte Ausläufer **20**

15 Auch die untersten Hochblätter spelzenartig. Das oberste weibliche Ährchen zur Fruchtzeit das männliche überragend. Blätter 1-2 mm breit, hellgrün, am Grund oft etwas behaart (Lupe!). Fruchtschlauch ungeschnäbelt →. Bildet durch Ausläufer oft Bestände in trockenen Wäldern (Abb. Tafel 6, S. 106)

Carex alba Scop., Weisse Segge: H, 10-20(-30) cm, IV-V, kollin-subalpin, trockene, kalkreiche Laubmischwälder, Föhrenwälder, (Ceph-Fage, Eric-PiSy), LC

\- Unter dem Blütenstand ein blattartiges oder zumindest ein kurzes, borstenförmiges Hochblatt **16**

16 Weibliche Ährchen eiförmig, höchstens 2x so lang wie breit. Fruchtschlauch glänzend **17**

\- Weibliche Ährchen zylindrisch, mehr als 2x so lang wie breit. Fruchtschlauch matt oder glauk **18**

17 Scheide des untersten Hochblattes fehlend oder bis 1 mm lang. Weibliche Ährchen bis 5 mm lang, (1-) 3- bis 7-blütig, alle sitzend. Weibliche Ährchen das männliche nicht überragend. Fruchtschläuche ohne Schnabel, mit undeutlichen Nerven →

Carex supina Wahlenb., Steppenrasen-Segge: H, 5-20 cm, Felsensteppen, (Stip-Poio)

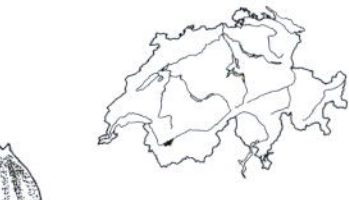

\- Scheide des untersten Hochblattes etwa 10 mm lang. Weibliche Ährchen 6-12(-15) mm lang, mehr als 7-blütig, das unterste gestielt. Fruchtschläuche → glänzend, kahl, kugelig, gelbbraun, mit kräftigen Nerven und kurzem Schnabel. Blätter 1-2(-5) mm breit, steif, rau

Carex liparocarpos Gaudin, Glanz-Segge: G, 10-20(-30) cm, IV-V, kollin-montan (-subalpin), Felsensteppen, (Stip-Poio), LC

18 Grundständige Scheiden purpurrot, ohne Spreiten. Blätter 2-3 mm breit, untere Blattscheiden netzfaserig zerfallend. Fruchtschläuche mit 2-zähnigem Schnabel → und deutlichen Nerven, die Kanten dicht bewimpert. Stängel scharf 3-kantig, rau

Carex fimbriata Schkuhr, Fransen-Segge: H, 20-40 cm, VII-VIII, alpin, kalkarme Felsrasen, (Cari-curv), NT

\- Grundständige Scheiden braun. Blätter 2-6 mm breit, untere Blattscheiden in Fetzen zerfallend. Fruchtschläuche mit gestutztem Schnabel und nur an den Kanten mit deutlichen Nerven, sonst undeutlich nervig **19**

19 Scheide des untersten Hochblattes 2–3 cm lang, meist etwas aufgeblasen. Blatt grün, kurz zugespitzt. Weibliche Ährchen 1–2 cm lang, Fruchtschlauch → ohne Papillen

Carex vaginata Tausch, Scheiden-Segge: G-H, 10–25(–35) cm, VII, alpin, kalkarme, nasse Magerrasen, Torfmoore, Ufer, (Cari-lasi, Cari-bico), VU

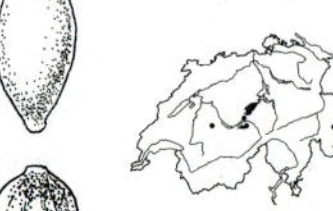

- Scheide des untersten Hochblattes 1–2 cm lang, dem Stängel ± anliegend. Blatt graugrün, allmählich verschmälert. Weibliche Ährchen 2–3 cm lang, Fruchtschlauch → dicht mit Papillen besetzt

Carex panicea L., Hirsen-Segge: G-H, 20–40 cm, IV–VI, kollin-subalpin (-alpin), kalkreiche Flachmoore, wechselfeuchte Nasswiesen, (Cari-dava), LC

20 Weibliche Ährchen sehr gross, kugelig, 2,5–4,2 cm breit, mit (4–)8–35 Blüten, wie ein Morgenstern in alle Richtungen abspreizend. Fruchtschläuche 12,5–20 mm lang →

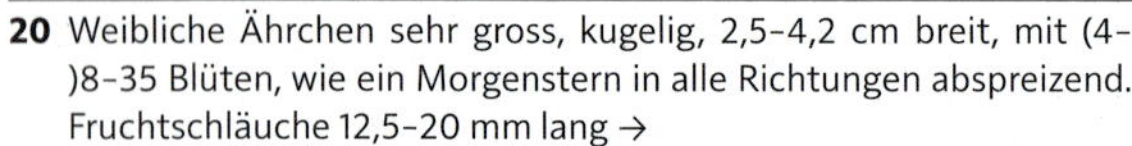

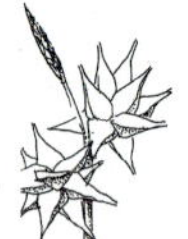

Carex grayi Carey, Morgenstern-Segge: H, 40–70 cm, nährstoffreiche Ruderalfluren, Neophyt

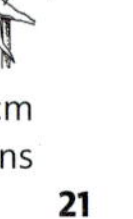

- Weibliche Ährchen zylindrisch, länglich, eiförmig oder kugelig nur bis 1,5 cm breit, mit unterschiedlich vielen Blüten. Fruchtschläuche kürzer (höchstens bis 7,5 mm lang) **21**

21 Schnabel und Spitze des Fruchtschlauchs rötlich braun bis schwärzlich braun verfärbt. Schnabel schmal, verlängert, zur Blütezeit fast so lang wie der Rest des Fruchtschlauchs, aber rasch abbrechend. Pflanze weniger als 15 cm hoch. Blätter weniger als 1,5 mm breit

Carex glacialis Mack., Gletscher-Segge: H, 5–15 cm, VII–VIII, alpin, kalkreiche Gratrasen, (Cari-firm)

- Fruchtschlauch einheitlich gefärbt, der Schnabel manchmal etwas rotbräunlich oder braun, bleibend (nicht abbrechend) **22**

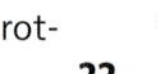

22 Fruchtschläuche ohne oder mit kurzem, gestutztem oder ausgerandetem Schnabel. Pflanze der Trockenstandorte **23**

- Fruchtschläuche mit 2-zähnigem, langem oder kurzem Schnabel **24**

23 Blattscheiden (und gelegentlich Blätter) zerstreut behaart, gitternervig. Blütenstand 3–5 cm lang, die weiblichen Ährchen kurz gestielt. Fruchtschläuche → ohne Schnabel (die ähnliche *C. hostiana* ist geschnäbelt!) (Abb. Tafel 6, S. 106)

Carex pallescens L., Bleiche Segge: H, 20–50 cm, V, kollin-subalpin (-alpin), kalkarme Magerrasen, Zwergstrauchheiden, (Nard), LC

- Blattscheiden und Blätter kahl, nicht gitternervig. Blütenstand höchstens 3 cm lang. Obere weibliche Ährchen (fast) sitzend. Fruchtschläuche → matt, mit kurzem, gestutztem Schnabel. Pflanze dunkelgrün, dicht horstig, am Grund mit starkem Faserschopf. Blätter (1,5–)2–4 mm breit, auffallend lang

Carex fritschii Waisb., Fritschs Segge: H, 30–60 cm, V, kollin-montan (-subalpin), trockenwarme, kalkarme Magerrasen, Kastanienwälder, (Quer-robo, Meso), LC

24 Spreite des untersten Hochblattes meist kürzer als der halbe Blütenstand (bei *C. punctata* selten länger als dieser, aber mit zylindrischen weiblichen Ährchen). Weibliche Ährchen eiförmig oder länglich zylindrisch **25**

- Spreite des untersten Hochblattes stets deutlich länger als der Blütenstand, waagrecht abstehend. Weibliche Ährchen kugelig bis kurz eiförmig, gelbgrün. Fruchtschlauch lang geschnäbelt (Achtung: Alle 4 Arten des Aggregates können miteinander bastardieren. Übergangsformen sind deshalb nicht selten) (Abb. Tafel 6, S. 106)

Carex flava aggr., Gelbe Segge: H, 5-60 cm, V-VIII, Flachmoore, Nasswiesen, Ufer, LC

a Fruchtschläuche (3,5-)4-7 mm lang, ihr Schnabel etwa so lang wie der erweiterte Teil und zumindest im unteren Teil des Ährchens herabgekrümmt. Weibliche Ährchen rundlich **b**

- Fruchtschläuche 2-4 mm lang, ihr Schnabel deutlich kürzer als der erweiterte Teil und gerade. Weibliche Ährchen rundlich oder kurz zylindrisch **c**

b Männliches Ährchen nur kurz gestielt oder sitzend. 2 weibliche Ährchen genähert und ein 3. Ährchen meist etwas abgerückt. Fruchtschläuche → 4,5-5 mm lang. Blätter 2-5 mm breit

Carex flava L., Gewöhnliche Gelbe Segge: H, 20-60 cm, V-VIII, kollin-subalpin (-alpin), wechselfeuchte, kalkreiche Moore, Ufer, (Cari-dava, Calt), LC

- Stiel des männlichen Ährchens das oberste weibliche Ährchen deutlich überragend, 5-30 mm lang gestielt. Weibliche Ährchen locker stehend. Fruchtschläuche → 3-4 mm lang. Blätter 2-3 mm breit

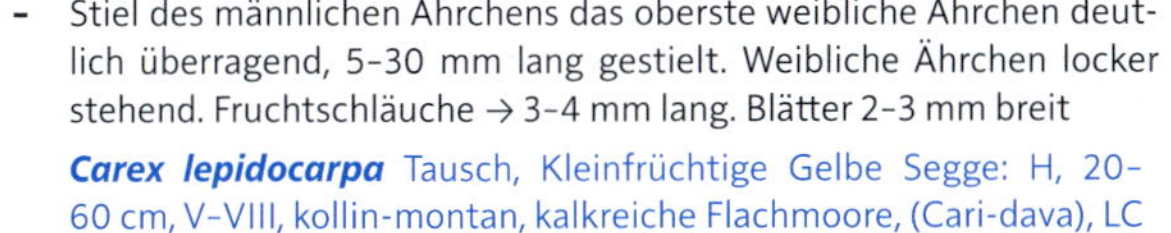

Carex lepidocarpa Tausch, Kleinfrüchtige Gelbe Segge: H, 20-60 cm, V-VIII, kollin-montan, kalkreiche Flachmoore, (Cari-dava), LC

c Stängel bogig aufsteigend und gekrümmt. Rand der Scheide des untersten Hochblattes konvex bis zungenförmig. Fruchtschläuche → 3-4 mm lang, ihr Schnabel 1-1,5 mm lang. Blätter 2-4 mm breit, flach

Carex demissa Hornem., Aufsteigende Gelbe Segge: H, 10-30 cm, V-VII, kollin-subalpin, kalkarme Flachmoore, Quellfluren, (Cari-fusc, Card-Mont), NT

- Stängel steif aufrecht. Rand der Scheide des untersten Hochblattes gestutzt oder ausgerandet. Fruchtschläuche → 2-3 mm lang, ihr Schnabel 0,25-1(-1,3) mm lang. Blätter 1-2 mm breit, rinnig

Carex viridula Michx., Oeders Gelbe Segge: H, 5-20 cm, V-VIII, kollin-subalpin, wechselfeuchte, nährstoffarme Wegränder, Ufer, Nasswiesen, (Agro-Rumi, Cari-dava), NT

25 Rand der Blattscheiden gestutzt bis ausgerandet. Weibliche Ährchen meist genähert. Pflanze trockener Standorte **26**

- Rand der Blattscheiden konvex bis zungenförmig. Weibliche Ährchen meist voneinander entfernt. Pflanze feuchter Standorte **27**

26 Pflanze 5-20 cm hoch, kompakte Polster bildend, am Grund ohne Faserschopf. Blätter derb, flach ausgebreitet, bis 5 cm lang, nur ⅓ so lang wie der Stängel. Blütenstand 2-5 cm lang, eiförmig. Fruchtschläuche → matt

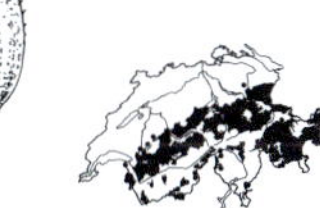

Carex firma Host, Polster-Segge: H, 5-20 cm, VI-VIII, subalpin-alpin, kalkreiche Felsrasen, (Cari-firm), LC

- Pflanze 20-60 cm hoch, am Grund mit dichtem Faserschopf. Blätter weicher, ± aufrecht, weit über 5 cm lang, nur wenig kürzer als der Stängel. Blütenstand 5-15 cm lang, zylindrisch. Weibliche Ährchen lang gestielt (Stiele viel Kräftiger als bei *C. ferruginea*). Fruchtschläuche → glänzend (Abb. Tafel 6, S. 106)

Carex sempervirens Vill., Immergrüne Segge: H, 20-60 cm, VI-VIII, (montan-) subalpin-alpin, trockene Gebirgsrasen, Felsrasen, (Sesl, Fest-vari, Cari-ferr, Cari-firm), LC

27 Weibliche Ährchen im obersten Viertel des Stängels, höchstens das unterste etwas abgerückt. Pflanze gelbgrün. Grundscheiden gelbbraun bis braun. Deckspelzen stumpf oder spitz, aber nicht stachelspitzig. Fruchtschläuche matt, nervenlos, mit verlängertem Schnabel →

Carex hostiana DC., Saum-Segge: G-H, 20-40 cm, V-VI, kollin-subalpin, kalkreiche Flachmoore, (Cari-dava), LC

- Alle weibliche Ährchen weit voneinander entfernt, das unterste etwa in der Mitte des Stängels. Dreckspelzen stachelspritzig **28**

28 Pflanze gelbgrün bis grasgrün. Das unterste Hochblatt den Blütenstand oft überragend. Fruchtschläuche auch am Schnabel glatt, glänzend, aufgeblasen, ohne deutliche Nerven →, 3-3,5 mm lang

Carex punctata Gaudin, Punktierte Segge: H, 20-50 cm, V-VI, kollin-montan, kalkarme Nasswiesen, Ufer, Quellfluren, (Moli, Card-Mont), VU

- Pflanze graugrün, Grundscheiden rotbraun. Das unterste Hochblatt nur halb so lang wie der Blütenstand. Deckspelzen stachelspitzig. Fruchtschläuche am Schnabel durch feine Zähne rau →, glänzend oder matt, faltig, 4-5 mm lang

Carex distans L., Langgliederige Segge: H, 20-60 cm, V-VI, kollin-montan, kalkreiche, wechselfeuchte Nasswiesen, Gräben, Wegränder, (Agro-Rumi, Moli), NT

Cladium Schneidried

- Blütenstand aus mehreren Spirren. Pflanze bestandbildend, robust, 80-150 cm hoch, überwinternd. Blätter am Rand durch scharfe Zähnchen schneidend → (Abb. Tafel 5, S. 102)

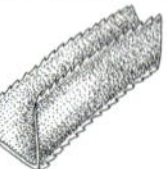

Cladium mariscus (L.) Pohl, Binsen-Schneidried: G, 80-150 (-200) cm, VI, kollin-montan, Seeufer, Grossseggenriede, (Clad, Magn), NT

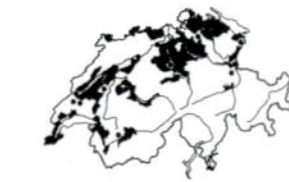

Cyperus **Zypergras**

1 Pflanze einjährig, sterile Triebe stets fehlend. Narben 2 oder 3 **2**

- Pflanze mehrjährig (mit Rhizom oder Ausläufern). Narben 3 (ausser bei *C. serotinus* mit 2 Narben) **7**

2 Blüten im Ährchen schraubig oder 3-zeilig angeordnet. Narben 2 (selten 3), Frucht meist mit flacher Bauchseite und leicht gewölbtem Rücken (selten 3-kantig)

Cyperus michelianus (L.) Delile, Michelis Zypergras: T, 3–15 cm, VIII–IX, kollin, feuchte Pionierfluren, (Nano), RE

- Blüten im Ährchen 2-zeilig angeordnet. Narben 2 oder 3. Frucht linsenförmig gewölbt oder 3-kantig **3**

3 Ährchen lockerblütig (das Tragblatt der unteren Blüte nur bis etwa ¼ der nachfolgenden Blüte reichend), 8–20 mm lang, zusammen in lockeren Teilblütenständen angeordnet, gelblich. Halme 1–2,5 mm breit. Blätter 3–6 mm breit, v-förmig gefaltet. Blütenstand → am Grund mit meist 5 (4–7) Hochblättern

Cyperus microiria Steud., Japanisches Zypergras: T, 10–30(–100) cm, VIII–IX, kollin, feuchte Äcker, (Oryzetea), Neophyt

- Ährchen dichtblütig (das Tragblatt der unteren Blüte bis etwa in die Mitte der nachfolgenden Blüte reichend) und zusammen dicht in Teilblütenständen (Köpfchen oder Knäueln) gehäuft, gelblich oder rotbraun bis schwarz **4**

4 Ährchen gelblich, 5–20 mm lang. Narben 2. Frucht beidseitig gewölbt, mit der Kante zur Achse stehend. Blütenstand → (Abb. Tafel 5, S. 102)

Cyperus flavescens L., Gelbliches Zypergras: T, 3–20 cm, VII–IX, kollin-montan, wechselfeuchte Pionierfluren, (Nano), VU

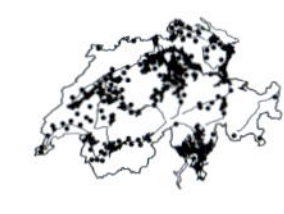

- Ährchen rotbraun bis schwarz (jung auch grün). Narben 3. Frucht 3-kantig, mit einer Fläche zur Achse stehend **5**

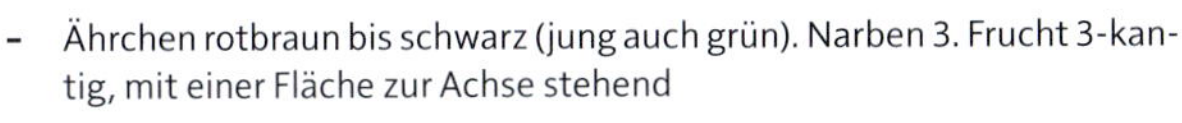

5 Tragblätter sehr schmal und lang (nur ca. 0,5 mm breit), ihre Nerven undeutlich. Übergang der Blattscheide zur Spreite ohne Hautkragen. Blattspreiten 3–10 mm breit, ± flach, gekielt. Ährchen 4–8 mm lang

Cyperus glomeratus L., Knäueliges Zypergras: H, 30–150(–200) cm, VII–IX, kollin, nährstoffreiche Nasswiesen, Moore, (Bide, Magn), CR

- Tragblätter eilanzettlich bis rundlich, 1–2 mm lang, ihre Nerven deutlich. Übergang der Blattscheide zur Spreite mit kleinem Hautkragen. Blattspreiten 1–4(–5) mm breit **6**

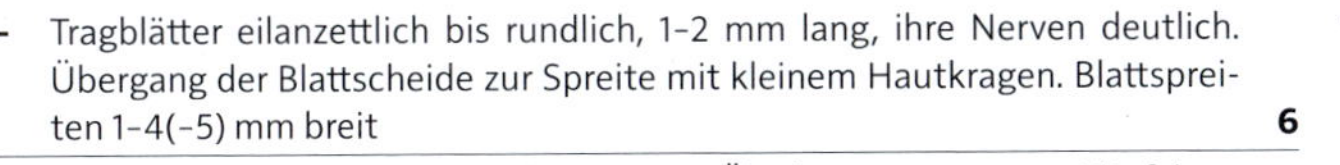

6 Stängel 20–60 cm hoch, aufrecht, rau. Ährchen 30–120 pro Köpfchen, 2–6 mm lang, 1 mm breit, mit je 10–40 Tragblättern. Tragblätter zur Spitze hin nicht verschmälert, breit abgerundet mit häutigem Rand

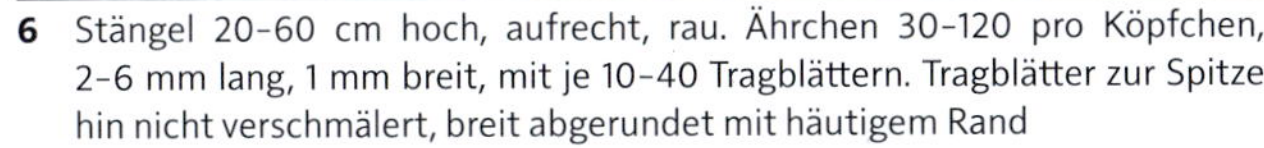

Cyperus difformis L., Missgestaltetes Zypergras: T, (5–)10–30 cm, wechselfeuchte Pionierfluren, (Nano), Neophyt

- Stängel nur 2–20(–45) cm hoch, aufsteigend (gelegentlich niederliegend), glatt. Ährchen 3–12 pro Köpfchen, 3–6 mm lang, 1–2 mm breit, mit je 10–20 Tragblättern. Tragblätter zur Spitze hin verschmälert, mit kleiner, aufgesetzter Spitze

Cyperus fuscus L., Schwarzbraunes Zypergras: T, 3–15(–30) cm, VII–IX, kollin-montan, wechselfeuchte Pionierfluren, (Nano), VU

7 Narben 2. Frucht im Querschnitt linsenförmig (beidseitig leicht gewölbt) oder mit flacher Bauchseite und leicht gewölbtem Rücken. Ährchen rotbraun, locker an den Ästen stehend

Cyperus serotinus Rottb., Spätblühendes Zypergras: T, 30–80 cm, wechselfeuchte Pionierfluren, (Nano), RE

\- Narben 3. Frucht im Querschnitt 3-kantig. Ährchen locker oder geknäuelt stehend **8**

8 Tragblätter lineal bis lineal-lanzettlich, nur ca. 0,5 mm breit. Ährchen gelbgrün bis hell rotbraun, in sehr dichten, oft länglichen Knäueln. Blütenstand → **5**

→ *Cyperus glomeratus*

\- Tragblätter eiförmig bis elliptisch, 0,75–2,5 mm breit **9**

9 Ährchen in den Teilblütenständen dicht stehend, die Blütenstandsachse ± verdeckend. Teilblütenstände fast kugelig, mit (15–)30–60 Ährchen **10**

\- Ährchen in den Teilblütenständen locker stehend, die Blütenstandsachse sichtbar lassend. Teilblütenstände mit 3–15 Ährchen **11**

10 Ährchen geknäuelt in mehreren, teilweise gestielten Köpfchen. Stängel 2–4 mm dick. Blätter 4–8(–12) mm breit. Tragblätter mit 2 Kielen. 1 Staubblatt. Spirrenäste bis 12 cm lang. Ährchen hellbraun bis gelblich, in kugeligen Köpfen. Blütenstand →

Cyperus eragrostis Lam., Frischgrünes Zypergras: G, 20–70 cm, VIII–IX, kollin, feuchte Unkrautfluren, Gräben, Ufer, (Bide), Neophyt

\- Ährchen geknäuelt in wenigen (meist nur 1) Köpfchen (Name!). Stängel 0,4–1,7 mm dick. Blätter 0,8–3,5 mm breit. Tragblätter mit nur 1 Kiel. 3 Staubblätter

Cyperus lupulinus (Spreng.) Marcks, Sand-Zyperngras: G, (5–)10–50 cm, Wegränder, Ruderalfluren, Neophyt

11 Pflanze 70–160 cm hoch. Ausläufer oft mehr als 3(–10) mm dick und holzig, ohne Knollen. Spirrenäste zu 2–10, oft über 10 cm lang (bis 30 cm). Ährchen rotbraun bis dunkelbraun. Blütenstand →

Cyperus longus L., Langästiges Zypergras: G, 70–150 cm, VII–IX, kollin, Nasswiesen, Ufer, Grossseggenriede, (Phal, Magn), EN

\- Pflanze 10–50 cm hoch. Ausläufer kaum über 1 mm dick, mit Knollen (die beim Ausreissen oft im Boden bleiben). Spirrenäste < 10 cm lang **12**

12 Ährchen gelblich, 10–20 mm lang, Tragblätter der Blüten mit deutlich hervortretenden Nerven. Blätter 5–10 mm breit, hellgrün. Blütenstand → am Grund mit 3–6 Hochblättern. Knollen elliptisch bis fast rundlich, am Ende von Seitenwurzeln (nicht am Rhizom)

Cyperus esculentus L., Essbares Zypergras: G, 10–50(–90) cm, VII–X, kollin, wechselfeuchte Pionierfluren, Äcker, Gräben, (Poly-Chen, Bide), Neophyt

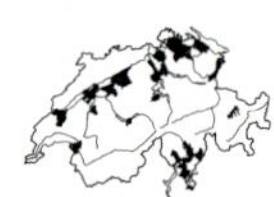

- Ährchen rotbraun, 10-30 mm lang, Tragblätter mit undeutlichen Nerven. Blätter 2-6 mm breit, blaugrün, ± flach, gekielt. Blütenstand am Grund mit 2-3 Hochblättern. Knollen spindelförmig bis fast eiförmig, entlang des Rhizoms oder an Verzweigungen des Rhizoms. Blütenstand →

Cyperus rotundus L., Rundes Zypergras: G, 10-40 cm, VII-IX, kollin, nährstoffreiche Ufer, feuchte Unkrautfluren, (Phal, Bide), EN

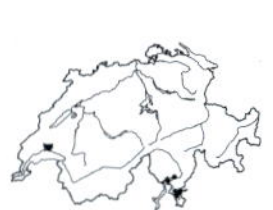

Eleocharis — Sumpfbinse

1 Stängel (3-) 4-kantig, haardünn (0,2-0,5 mm dick). Unterstes Tragblatt mit Blüte. Narben 3. Reife Frucht im Querschnitt rundlich, mit ca. 10 Längsrippen und zahlreichen feinen Querrunzeln, meist deutlich mehr als 2x so lang wie breit (ohne die Griffelbasis)

Eleocharis acicularis (L.) Roem. & Schult., Nadel-Sumpfbinse: H, 2-10(-20) cm, VI-VIII, kollin-subalpin, wechselfeuchte, sandige Seeufer, Tümpel, (Litt), VU

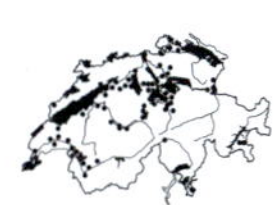

- Stängel rundlich, glatt oder gerillt, 0,6-3 mm dick. Unterste 1-3 Tragblätter ohne Blüten. Narben 2 oder 3. Reife Frucht im Querschnitt dreieckig oder linsenförmig gewölbt, ohne Längsrippen, meist deutlich weniger als 2x so lang wie breit (ohne die Griffelbasis) **2**

2 Blütenstand mit 2-7 Blüten →. Das unterste Tragblatt fast so lang wie das Ährchen. Narben 3 (selten 2). Griffelbasis durch Farbe und Textur nicht vom unteren Teil der Frucht verschieden

Eleocharis quinqueflora (Hartmann) O. Schwarz, Fünfblütige Sumpfbinse: H, 15-20(-40) cm, VI-VII, kollin-subalpin, kalkreiche Flachmoore, Schwemmebenen, Ufer, (Cari-bico, Cari-dava), LC

- Blütenstand mit 10 oder mehr Blüten (nur bei *E. multicaulis* 7- bis 30-blütig, dort aber Griffelbasis durch Farbe und/oder Textur vom unteren Teil der Frucht deutlich verschieden). Das unterste Tragblatt höchstens halb so lang wie das Ährchen. Narben meist 2 (bei *E. obtusa* 2 oder 3) **3**

3 Pflanze einjährig (*E. obtusa* gelegentlich auch ausdauernd, aber die Griffelbasis ¾ so breit wie die Frucht, bei allen anderen Arten nur bis ⅔ so breit **4**

- Pflanze ausdauernd, mit langen Ausläufern. Stängeldurchmesser 0,5-3(-5) mm. Ährchen länglich, zugespitzt. Narben 2. Frucht linsenförmig gewölbt

Eleocharis palustris aggr., Sumpfbinse: 10-80 cm, V-VII, kollin-subalpin, NT

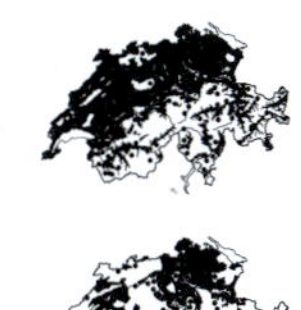

a Unterstes Tragblatt ohne Blüte, den Stängel fast ganz umfassend →. Stängel 0,5-1,5 mm im Durchmesser

Eleocharis uniglumis (Link) Schult., Einspelzige Sumpfbinse: G, 10-40(-60) cm, V-VII, kollin-subalpin, kalkreiche Flachmoore, Grossseggenriede, (Magn), VU

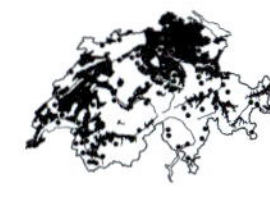

- Unterste 2 Tragblätter ohne Blüten, den Stängel nur ½-¾ umfassend. Stängel meist 2-3(-5) mm im Durchmesser **b**

b Stängel dunkelgrün, fest (im Wasser aufgewachsene Stängel können weich und hellgrün sein), mit mehr als 20 Leitbündeln. Tragblätter zur Fruchtzeit bleibend. Perigonborsten fast immer 4 (oder fehlend), etwas kürzer als die Frucht → (Abb. Tafel 5, S. 102)

Eleocharis palustris (L.) Roem. & Schult., Gewöhnliche Sumpfbinse: G, 10-50(-80) cm, V-VII, kollin-subalpin, Moore, Ufer, Teiche, (Magn, Phra, Glyc-Spar), NT

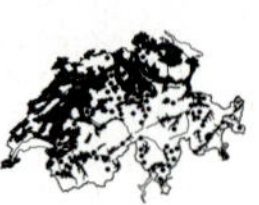

- Stängel hellgrün, weich, leicht zusammendrückbar, durchscheinend, mit 8-16 Leitbündeln. Tragblätter zur Fruchtzeit abfallend. Perigonborsten (4-)5-6(-8), so lang oder länger als die Frucht **c**

c Griffelbasis ⅓-½ so breit wie die Frucht, etwa 2-3x so hoch wie breit. Perigonborsten so lang wie die Frucht →, die Griffelbasis nicht überragend. Stängel mit 12-16 Leitbündeln

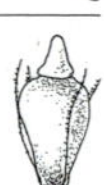

Eleocharis austriaca Hayek, Österreicher Sumpfbinse: G, 10-60(-80) cm, V-VII, kollin-montan, wechselfeuchte Ufer, Tümpel, Gräben, (Nano, Glyc-Spar), NT

- Griffelbasis ½-⅔ so breit wie die Frucht, eher breiter als hoch. Perigonborsten länger als die Frucht →, die Griffelbasis überragend. Stängel mit weniger als 12 Leitbündeln

Eleocharis mamillata H. Lindb., Zitzen-Sumpfbinse: G, 10-40(-60) cm, V-VII, kollin-montan, wechselfeuchte Torfmoore, Ufer, (Cari-lasi), VU

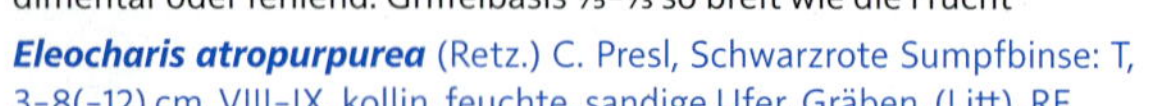

4 Stängeldurchmesser 0,2-0,4 mm. Unterste Scheiden schwärzlich. Perigonborsten weiss, kürzer (maximal gleich lang) als die Frucht →, oft rudimentär oder fehlend. Griffelbasis ⅕-⅓ so breit wie die Frucht

Eleocharis atropurpurea (Retz.) C. Presl, Schwarzrote Sumpfbinse: T, 3-8(-12) cm, VIII-IX, kollin, feuchte, sandige Ufer, Gräben, (Litt), RE

- Stängeldurchmesser 0,5-2 mm. Unterste Scheiden braun bis purpurn. Perigonborsten gelbbraun, länger als die Frucht, Griffelbasis ½-¾ so breit wie die Frucht **5**

5 Pflanze ohne Ausläufer. Stängeldurchmesser ca. 1 mm. Ähre 3-8 mm lang. meist 2 Staubblätter. Griffelbasis ½-⅔ so breit wie die Frucht → (Abb. Tafel 5, S. 102)

Eleocharis ovata (Roth) Roem. & Schult., Eiköpfige Sumpfbinse: Ah-T, 5-30(-50) cm, VI-VIII, kollin, wechselfeuchte Ufer, Tümpel, Gräben, (Nano), EN

- Pflanze mit kurzen Ausläufern. Stängeldurchmesser bis 1,5 mm. Ähre 8-16 mm lang. Meist 3 Staubblätter. Griffelbasis ¾ so breit wie die Frucht →. Stammt aus Amerika, oft verwechselt mit *E. ovata*

Eleocharis obtusa (Willd.) Schult., Stumpfköpfige Sumpfbinse: Ah-T, 10-50(-80) cm, wechselfeuchte Ufer, Tümpel, Gräben, (Nano, Glyc-Spar), Neophyt

Elyna Nacktried

- Horstige Pflanze mit grundständigen Blättern und vielen fast stielrunden (leicht 3-kantigen) Stängeln, endständige Ähre schmal lineal →, 1-2,5 cm lang (Verwechslungsmöglichkeit mit *Carex rupestris*). Grundscheiden braungelb, glänzend, faserig verwitternd. Blätter hohlrinnig, ca. 0,5 mm breit, oft den Stängel überragend (Abb. Tafel 5, S. 102)

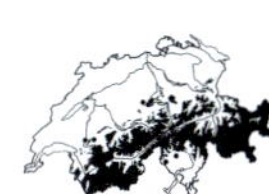
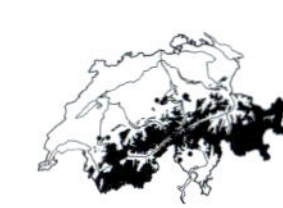

Elyna myosuroides (Vill.) Fritsch, Nacktried: H, 5-25 cm, VII-VIII, subalpin-alpin, Felsrasen, Grate, (Elyn), LC

Eriophorum Wollgras

1 Nur 1 endständige, aufrechte Ähre (bzw. Wollschopf) **2**

- Mehrere, nach der Blüte nickende oder überhängende Ähren (bzw. Wollschopfe) **3**

2 Pflanze 20-60 cm hoch, Horste bildend. Stängel glatt, oben 3-kantig. Blätter borstenförmig, etwa 1 mm breit, am Rand meist etwas rau, im Querschnitt stets asymmetrisch, oberste Scheide deutlich aufgeblasen

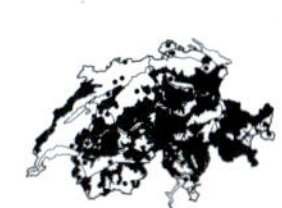

Eriophorum vaginatum L., Scheiden-Wollgras: G, 20-50(-70) cm, IV-V, (kollin-) montan-subalpin (-alpin), Hochmoore, Moorwälder, (Spha-mage, Spha-Pice), NT

- Pflanze 10-30 cm hoch, lange Ausläufer treibend. Stängel stielrund. Blätter binsenförmig, 1-2 mm breit, völlig glatt, im Querschnitt symmetrisch, oberste Scheide nicht aufgeblasen (Abb. Tafel 5, S. 102)

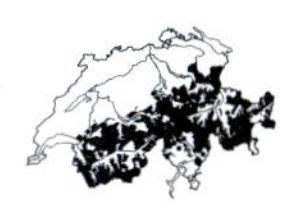

Eriophorum scheuchzeri Hoppe, Scheuchzers Wollgras: G, 30 cm, VI-VIII, (subalpin-) alpin, kalkarme Flachmoore, Bachufer, Tümpel, (Cari-fusc), LC

3 Ährenstiele glatt, kahl. Stängel stielrund oder nur zuoberst stumpf 3-kantig, oberste Blattscheide meist etwas trichterförmig erweitert. Blätter rinnig, 3-6 mm breit, in eine lange 3-kantige Spitze verschmälert

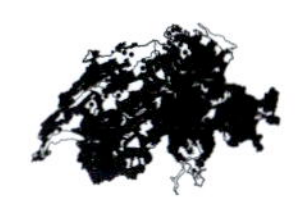

Eriophorum angustifolium Honck., Schmalblättriges Wollgras: G, 20-50 cm, IV-VI, kollin-alpin, eher kalkarme Flachmoore, Quellfluren, Ufer, (Cari-fusc, Cari-lasi, Magn), LC

- Ährenstiele durch kurze, vorwärtsgerichtete Haare rau. Stängel stumpf, aber deutlich 3-kantig, oberste Blattscheide nicht trichterförmig erweitert **4**

4 Pflanze ohne Ausläufer, Stängel (eines Individuums) dicht stehend. Blattspreiten (3-)5-8 mm breit, nur an der Spitze 3-kantig. Obere Stängelblätter mit oder ohne Blatthäutchen. Ährchen (3-)4-12, Tragblätter einnervig (Abb. Tafel 5, S. 102)

Eriophorum latifolium Hoppe, Breitblättriges Wollgras: G, 20-50 cm, IV-V, kollin-subalpin (-alpin), kalkreiche Flachmoore, (Cari-dava), LC

- Pflanze mit unterirdischen Ausläufern, Stängel daher entfernt stehend. Blattspreiten 1-2(-3) mm breit, fast über die ganze Länge 3-kantig. Das oberste Stängelblatt ohne Blatthäutchen. Ährchen 2-5, Tragblätter am Grund mehrnervig

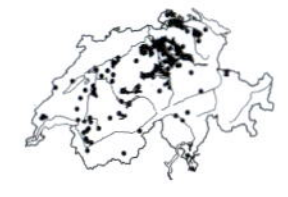

Eriophorum gracile Roth, Zierliches Wollgras: G, 20-50 cm, V, kollin-montan (-subalpin), Torfmoore, (Cari-lasi), EN

Fimbristylis Fransenried

- Pflanze einjährig, klein (5–15 cm hoch), büschelig. Stängel beblättert, stumpf 3-kantig. Blätter flach, ca. 1 mm breit. Blütenstand aus 3–10 Ähren bestehend, diese 4–8 mm lang, spitz. Deckspelzen dunkelbraun, mit hellerem in eine Stachelspitze auslaufendem Mittelnerv. Griffel unter der Narbe fransig

Fimbristylis annua (All.) Roem. & Schult., *(F. dichotoma)*, Fransenried: T, 5–15(–20) cm, VI–VII, kollin, sandige oder schlammige Seeufer, (Litt), RE

Isolepis Moorbinse

- Pflanze aufrecht, zart, am Grund beblättert. Stängel dünn, stielrund, gestreift. Blattscheiden rot. Ährchen einzeln oder zu 2–3, je 2–3 mm lang, scheinbar seitenständig → (binsenartig). Staubblätter 2, Narben 3 (Abb. Tafel 5, S. 102)

Isolepis setacea (L.) R. Br., Borstige Moorbinse: H.ha-T, 5–20 cm, VI–IX, kollin (-montan), wechselfeuchte Pionierfluren, vernässte Wegränder, Gräben, (Nano), VU

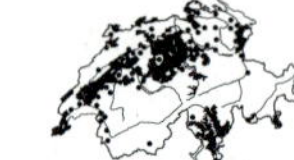

Kobresia Schuppenried

- Pflanze ähnlich einer *Carex*. Stängel undeutlich 3-kantig, in dichten Horsten. Blätter rinnig, ca. 1,5 mm breit, deutlich kürzer als der Stängel. Blütenstand 1–2,5 cm lang, mit 4–6(–10) gedrängten Ährchen →, diese oben männlich, unten weiblich. Kein Fruchtschlauch (Unterschied zu *Carex*). Narben 3 (Abb. Tafel 5, S. 102)

Kobresia simpliciuscula (Wahlenb.) Mack., Schuppenried: H, 5–25 cm, VII–VIII, subalpin-alpin, feinsandige, kalkreiche Bachufer, Flachmoore, (Caribico), NT

Rhynchospora Schnabelbinse

1 Blütenstände rotbraun. Hochblätter die Teilblütenstände um das 2- bis 4-Fache überragend. Perigonborsten 5–6, länger als die Frucht →. Pflanze mit unterirdischen Ausläufern

Rhynchospora fusca (L.) W. T. Aiton, Rotbraune Schnabelbinse: H, 10–30 cm, V–VII, kollin-montan (-subalpin), Torfmoore, Schlenken, (Cari-lasi), EN

- Blütenstände weiss bis gelbbraun. Hochblätter die Teilblütenstände meist nicht überragend. Perigonborsten 9–13, so lang wie die Frucht oder kürzer →. Pflanze ohne unterirdische Ausläufer (Abb. Tafel 5, S. 102)

Rhynchospora alba (L.) Vahl, Weisse Schnabelbinse: H, 10–30(–50) cm, VI–VIII, kollin-montan (-subalpin), Torfmoore, Schlenken, (Cari-lasi), NT

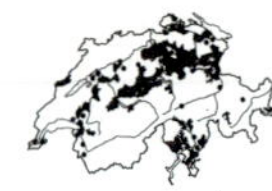

Schoenoplectus Flechtbinse

1 Pflanze einjährig, bis 15(-30) cm hoch, das Hochblatt oft länger als der Stängel, Frucht querrunzelig →

Schoenoplectus supinus (L.) Palla, Zwerg-Flechtbinse: T, 5-20 cm, VI-IX, kollin, wechselfeuchte, schlammige Ufer, (Nano, Litt), Archäophyt, CR

- Pflanze ausdauernd, über (25-)30-200(-400) cm hoch, das Hochblatt stets kürzer als der Stängel, Frucht querrunzelig oder glatt **2**

2 Stängel zumindest oben stumpf oder scharf 3-kantig. Tragblätter grün oder hellbraun **3**

- Stängel auf der ganzen Länge stielrund. Tragblätter rotbraun **6**

3 Stängel unten rund, oben stumpf 3-kantig. Narben 2 oder 3

Schoenoplectus ×carinatus (Sm.) Palla, Gekielte Flechtbinse: VII-VIII, kollin, Seeufer, Röhrichte

- Stängel auf der ganzen Länge 3-kantig, oben scharf 3-kantig **4**

4 Pflanze Horste bildend, ohne Ausläufer. Hochblatt meist in einem Winkel von 30-90° zum Stängel, alle Ährchen sitzend. Deckspelzen ganzrandig, stachelspitzig. Frucht querrunzelig →

Schoenoplectus mucronatus (L.) Palla, Stachelige Flechtbinse: H, 30-70 (-100) cm, VII-IX, kollin, schlammige Ufer, Grossseggenriede, Gräben, (Phal, Magn), VU

- Pflanze mit Ausläufern. Hochblatt in der Richtung des Stängels. Ährchen sitzend oder gestielt. Deckspelzen an der Spitze gekerbt, begrannt. Frucht glatt **5**

5 Stängel ohne oder mit nur einem 2-6 cm langen Blatt. Meist zumindest einzelne Ährchen gestielt. Frucht glatt, braun, glänzend →

Schoenoplectus triqueter (L.) Palla, Dreikantige Flechtbinse: G, 50-120 cm, VII-VIII, kollin, schlammige Ufer, Röhrichte, (Phra, Phal), CR

- Stängel mit 2-3 Blättern, diese 3-20 cm lang. Alle Ährchen sitzend. Frucht glatt, gelb, matt → (Abb. Tafel 5, S. 102)

Schoenoplectus pungens (Vahl) Palla, Stechende Flechtbinse: G, 30-100 cm, VII-VIII, kollin, schlammige, nährstoffreiche Ufer, Röhrichte, (Phra, Magn), CR

6 Pflanze bis 300(-400) cm hoch, grasgrün. Ährchen in lockerer Rispe. Narben 3, zur Blütezeit mit 2-12 Stängelblättern, Tragblätter nur auf dem Mittelnerv mit roten Wärzchen

Schoenoplectus lacustris (L.) Palla, See-Flechtbinse: G, 1-3 m, VI-VII, kollin-montan (-subalpin), Seeufer, Röhrichte, (Phra), LC

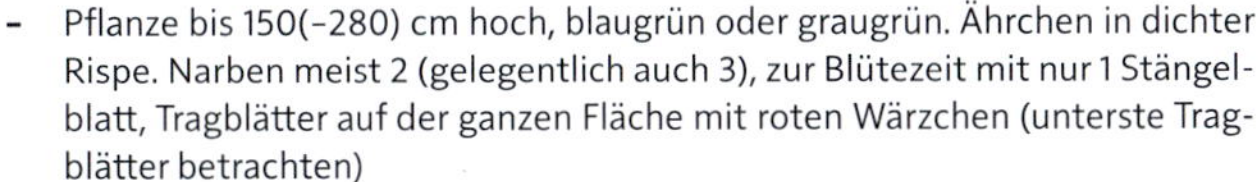

- Pflanze bis 150(-280) cm hoch, blaugrün oder graugrün. Ährchen in dichter Rispe. Narben meist 2 (gelegentlich auch 3), zur Blütezeit mit nur 1 Stängelblatt, Tragblätter auf der ganzen Fläche mit roten Wärzchen (unterste Tragblätter betrachten)

Schoenoplectus tabernaemontani (C. C. Gmel.) Palla, Tabernaemontanus' Flechtbinse: G, 50-150 cm, VI-VII, kollin-montan (-subalpin), Seeufer, Röhrichte, (Phra, Phal), NT

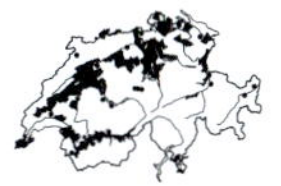

Schoenus Kopfbinse

1 Blätter mind. ½ so lang wie der Stängel. Unterstes Hochblatt meist 2-5x so lang wie der Blütenstand →. Scheinährchen zu 5-10. Grundständige Scheiden schwarzbraun. Deckspelzen schwarzbraun, gekielt, am Kiel rau (Abb. Tafel 5, S. 102)

Schoenus nigricans L., Schwärzliche Kopfbinse: H, 20-60 cm, V-VII, kollin-montan (-subalpin), kalkreiche, nährstoffarme Flachmoore, (Cari-dava), NT

- Blätter höchstens ⅓ so lang wie der Stängel. Unterstes Hochblatt kürzer oder nur wenig länger als der Blütenstand. Scheinährchen nur zu 2-3. Grundständige Scheiden dunkel rotbraun. Deckspelzen schwarzbraun, gekielt, am Kiel glatt

Schoenus ferrugineus L., Rostrote Kopfbinse: H, 10-40 cm, V-VII, kollin-montan (-subalpin), kalkreiche, nährstoffarme Flachmoore, (Cari-dava), NT

Scirpoides Kugelbinse

- Blütenstand aus (2-)3-10 kugeligen Köpfchen. Stängel stielrund, mit kurzem oder langem Hochblatt (Abb. Tafel 5, S. 102)

Scirpoides holoschoenus (L.) Soják, *(Holoschoenus vulgaris)*, Gewöhnliche Kugelbinse: G, 50-120 cm, VII-VIII, kollin, sandige, wechselfeuchte Ufer, Pionierfluren, Tümpel, (Phra, Agro-Rumi), CR

Scirpus Waldbinse

1 Ährchen 5-12 mm lang, stumpf, einzeln am Ende der zuletzt hängenden Rispenäste

Scirpus pendulus Muhl., Hänge-Waldbinse: G, 50-100 cm, V-VII, kollin-montan, vernässte Ruderalstellen, Neophyt

- Ährchen 3-5 mm lang, spitz, am Ende der Rispenäste zu mehreren geknäuelt (daneben auch einzeln stehende) **2**

2 Ährchenknäuel mit (1-)2-5(-7), zuletzt grünlich schwärzlichen Ährchen (Abb. Tafel 5, S. 102)

Scirpus sylvaticus L., Gewöhnliche Waldbinse: G, 40-100 cm, VI-VIII, kollin-montan (-subalpin), Nasswiesen, vernässte Wegränder, (Calt, Agro-Rumi), LC

- Ährchenknäuel mit meist mehr als 10, zuletzt rotbraunen Ährchen **3**

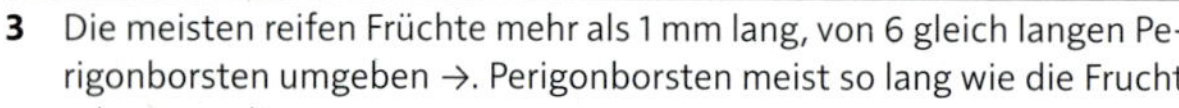

3 Die meisten reifen Früchte mehr als 1 mm lang, von 6 gleich langen Perigonborsten umgeben →. Perigonborsten meist so lang wie die Frucht oder etwas länger

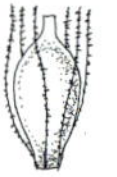

Scirpus atrovirens Willd., Dunkelgrüne Waldbinse: G, 30-120 cm, VI-VIII, kollin, vernässte Ruderalstellen, Auen, in Ausbreitung?, Neophyt

- Die meisten reifen Früchte weniger als 1 mm lang, von 3–6 ungleichen Perigonborsten umgeben →. Perigonborsten kürzer als die Frucht

Scirpus hattorianus Makino, Hattoris Waldbinse: G, 30–120 cm, VI–VIII, kollin, vernässte Ruderalstellen, Riedflächen, in Ausbreitung?, Neophyt

Trichophorum — Haarbinse

1 Stängel 3-kantig. Perigonborsten weiss, lang, einen deutlichen Haarschopf am Fruchtstand → bildend

Trichophorum alpinum (L.) Pers., Alpen-Haarbinse: G, 10–30 cm, IV–V, kollin-subalpin, Torfmoore, Schlenken, (Cari-lasi), NT

- Stängel rund, gerillt. Perigonborsten braun, kurz, am Fruchtstand keinen deutlichen Haarschopf bildend **2**

2 Pflanze durch lange Ausläufer lockerrasig, 3–12 cm hoch. Grundständige Scheiden matt. Mündung der obersten (eine Spreite tragenden) Blattscheide gestutzt, ohne Einschnitt →

Trichophorum pumilum (Vahl) Schinz & Thell., Zwerg-Haarbinse: H, 3–12 cm, VII, subalpin-alpin, feinsandige, wechselfeuchte Bachufer, Alluvionen, (Cari-bico), NT

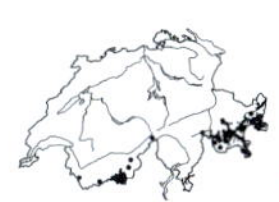

- Pflanze in dichten Horsten wachsend, (5–)10–40 cm hoch. Grundständige Scheiden matt oder glänzend, Mündung der obersten (eine Spreite tragenden) Blattscheide eingeschnitten (Abb. Tafel 5, S. 102)

Trichophorum cespitosum (L.) Hartm., Rasen-Haarbinse: H, 5–30 cm, V–VII, kollin-alpin, Hoch- und Flachmoore, (Cari-fusc, Spha-mage, Spha-Pice), LC

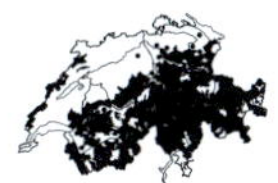

a Oberste Blattscheide max. bis 1 mm ausgerandet →

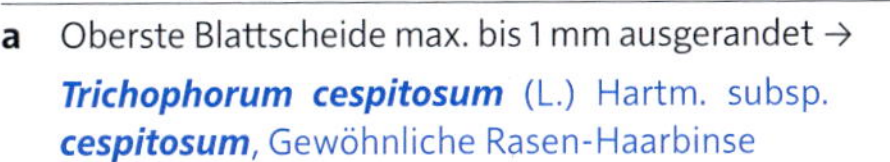

Trichophorum cespitosum (L.) Hartm. subsp. **cespitosum**, Gewöhnliche Rasen-Haarbinse

- Oberste Blattscheide gegenüber Spreite 2–3 mm tief ausgerandet →

Trichophorum cespitosum subsp. **germanicum** (Palla) Hegi, Deutsche Haarbinse: H, IV–VI

Dioscoreaceae — Yamswurzgewächse

Tamus — Schmerwurz

- Pflanze zweihäusig. Stängel windend. Blätter lang gestielt, herz- bis pfeilförmig, zugespitzt, mit mehreren bogigen Hauptnerven →. Blütentrauben in den Blattachseln. Blüten grünlich

Tamus communis L., Schmerwurz: G.li, 1,5–3 m, V–VI, kollin-montan, warme Laubwälder, Gebüsche, (Frax, Tili-plat, Quer-pube), LC

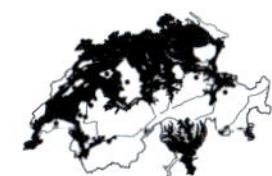

Hydrocharitaceae Froschbissgewächse

1 Blätter schwimmend (seerosenblatt-ähnlich), rundlich nierenförmig, am Grund tief herzförmig, lang gestielt ***Hydrocharis***

- Blätter länglich bis lineal, ohne Blattstiel, ganz oder teilweise untergetaucht **2**

2 Beblätterter Stängel fehlend. Alle Blätter grundständig oder in Rosetten frei schwimmend, bis 50 cm lang **3**

- Beblätterter Stängel vorhanden. Blätter quirl- oder wechselständig, höchstens 3 cm lang **4**

3 Blätter schwertförmig, stachelig gezähnt, in einer grossen Rosette, die oft über das Wasser herausragt ***Stratiotes***

- Blätter weich, sehr dünn, bandförmig, flutend. Blattrand in der oberen Hälfte fein gezähnelt ***Vallisneria***

4 Blätter wechselständig (Achtung: im oberen Teil so dicht stehend, das oft scheinbar quirlig) ***Lagarosiphon***

- Blätter gegenständig oder zu 3-6 quirlständig **5**

5 Blätter gegen- oder quirlständig, an der Basis scheidenartig verbreitert, am Rand scharf gezähnt →. Pflanze einjährig ***Najas***

- Blätter quirlständig, an der Basis nicht verbreitert, Rand höchstens fein gezähnelt. Pflanze mehrjährig ***Elodea***

Elodea Wasserpest

Alle Arten dieser Gattung sind neophytische Wasserpflanzen.

1 Quirle zumindest teilweise aus 4-5 Blättern. Die meisten Blätter schmal länglich, 2-4 cm lang und 3-4 mm breit, plötzlich in einer Spitze zusammengezogen →. Pflanze dunkelgrün, kräftig

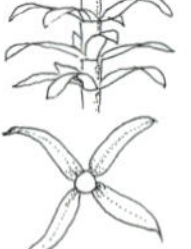

Elodea densa (Planch.) Casp., *(Egeria densa)*, Dichtblättrige Wasserpest: Ah, 20-200 cm, VI-IX, kollin, Stillgewässer, Seeufer, (Pota), Neophyt

- Quirle aus 3 Blättern. Die meisten Blätter weniger als 1,5 cm lang **2**

2 Blätter weniger als 2 mm breit, spitz, 5-6x so lang wie breit. Blattspreite oft gedreht oder gekrümmt →

Elodea nuttallii (Planch.) H. St. John, Nuttalls Wasserpest: Ah, 20-200 cm, VI-IX, kollin, Stillgewässer, Seeufer, (Pota), Neophyt

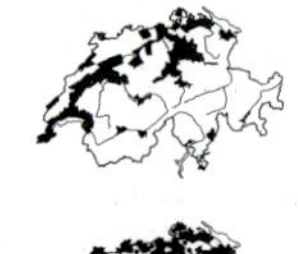

- Blätter mindestens 2 mm breit, stumpf, 3-4x so lang wie breit. Blattspreite meist ± flach →

Elodea canadensis Michx., Kanadische Wasserpest: Ah, 10-100 cm, V-IX, kollin-montan (-subalpin), Stillgewässer, langsam fliessende Wasserläufe, (Font-anti, Pota, Ranu-fluv), Neophyt

Hydrocharis **Froschbiss**

Die Blätter dieser Gattung gleichen denjenigen der Seekanne (*Nymphoides*). Typisch für *Hydrocharis* sind die bogenförmigen Blattnerven, die sich an der Blattspitze treffen.

- Wasserpflanze mit nierenförmigen bis rundlichen, tief herzförmigen → Schwimmblättern. Spreite jederseits mit 2 bogigen Hauptnerven, 1,5-5 cm breit. Perigonblätter 6, die 3 inneren weiss mit gelbem Grund

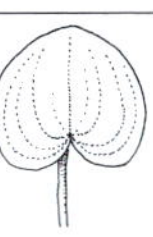

Hydrocharis morsus-ranae L., Froschbiss: Ap, 10-30 cm, VI-VIII, kollin, seichte, eher kalkreiche Stillgewässer, Tümpel, (Lemn), EN

Lagarosiphon **Schmalrohr**

- Blätter dicht schraubig (nicht quirlig), schmal, 1-3 cm lang, am Grund 1-3 mm breit, zurückgebogen →, im Spätsommer steif werdend und beim Herausziehen nicht zusammenfallend (im Habitus an *Elodea* erinnernd)

Lagarosiphon major (Ridl.) Moss, Schmalrohr: Ah, 30-300 cm, VII-VIII, kollin, Stillgewässer, langsam fliessende Wasserläufe, (Font-anti, Pota, Ranu-fluv), verwilderte Aquarienpflanze, Neophyt

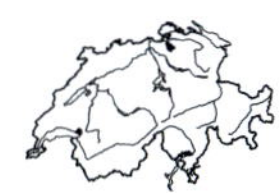

Najas **Nixenkraut**

1 Stängel bestachelt, Blätter ohne Zähne 1-2 mm breit

Najas marina L., Grosses Nixenkraut: T, 10-50 cm, VII-VIII, kollin, Seen, Stillgewässer, (Pota), NT

a Blattscheiden mit jederseits 0-1 Zähnchen →. Mittelnerv des Blattrückens nicht bestachelt

Najas marina L. subsp. ***marina***, Grosses Nixenkraut: T

- Blattscheiden mit jederseits 1-4 Zähnchen →. Mittelnerv des Blattrückens regelmässig bestachelt

Najas marina subsp. ***intermedia*** (Gorski) Casper, Mittleres Nixenkraut: T

- Stängel ohne Stacheln, Blätter ohne Zähne ca. 0,5 mm breit **2**

2 Blätter am Grund plötzlich in die scheidige Blattbasis verbreitert →. Blätter steif und brüchig, zurückgekrümmt. Stachelspitzen deutlich

Najas minor All., Kleines Nixenkraut: T, 10-200 cm, VII-VIII, kollin, nährstoffarme Seen, Stillgewässer, (Pota), EN

- Blätter am Grund allmählich in die scheidige Blattbasis übergehend →. Blätter schlaff und biegsam, gerade. Stachelspitzen unscheinbar

Najas flexilis (Willd.) Rostk. & W. L. E. Schmidt, Biegsames Nixenkraut: T, 10-30 cm, VII-VIII, kollin, Nährstoffarme Seen, Stillgewässer, RE

Stratiotes Krebsschere

- Blätter schwertförmig, steif, 10-40 cm lang, stachelig gezähnt, in einer zuletzt halb aufgetauchten Rosette. Blüten gross, mit 6 Perigonblättern, die 3 inneren weiss

  Stratiotes aloides L., Krebsschere: Ap, 15-60 cm, V-VIII, kollin, kalkarme Stillgewässer, Gräben, (Spha-Utri), Neophyt

Vallisneria Wasserschraube

- Blätter grundständig, bandförmig, 5-10 mm breit und bis 80 cm lang, flutend, Rand fein gezähnelt →. Blüten auf langen, die Oberfläche erreichenden, vor und nach dem Blühen schraubig gewundenen Stielen

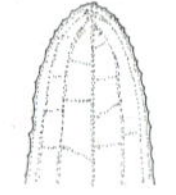

  Vallisneria spiralis L., Wasserschraube: Ah, 30-80 cm, VII-X, kollin, kalkarme Stillgewässer, Teiche, (Pota), auch verwilderte Aquarienpflanze, NT

Iridaceae Schwertliliengewächse

1 Pflanze ohne oberirdischen Stängel - Blüten scheinbar gestielt, mit langer Kronröhre, grundständig ***Crocus***

\- Pflanze mit oberirdischem Stängel **2**

2 Blüten zweiseitig-symmetrisch (zygomorph) ***Gladiolus***

\- Blüten radiärsymmetrisch **3**

3 Äussere Perigonblätter zurückgeschlagen ***Iris***

\- Äussere Perigonblätter nicht zurückgeschlagen ***Sisyrinchium***

Crocus Krokus

1 Griffel in 3 lange, rote Narben aufgespalten, die oft länger als die Perigonzipfel sind. Blätter 7-12, nur 0,5-1,5 mm breit. Zwiebelhülle netzfaserig, sehr feinmaschig, Herbstblüher

Crocus sativus L., Echter Safran: G, 30 cm, IX-XI, kollin-montan, trockenwarme Äcker, kultiviert und selten verwildert, Neophyt

\- Narben andersfarbig, nie länger als die Perigonzipfel, Frühlingsblüher **2**

2 Blüten gänzlich gelb (blassgelb, dunkelgelb oder orangegelb) **3**

\- Blüten weiss, blau oder violett, oft gestreift und manchmal mit gelbem Schlund **4**

3 Blätter 3-7, 0,5-2,5 mm breit. Griffel in 3 gelbe bis orange Narben geteilt. Staubbeutel nicht pfeilförmig →. Zwiebelhülle am Grund in ganzrandige oder gezähnte Ringe gespalten

Crocus chrysanthus (Herb.) Herb., Balkan Krokus: G, 5-15 cm, (II-)III(-IV), kollin-subalpin, Parkanlagen, Gärten, Rasenplätze, Neophyt

\- Blätter 4-8, 2,5-4 mm breit. Griffel in 3 blassgelbe bis blassorange Narben geteilt, kürzer als die pfeilförmigen Staubbeutel →. Zwiebelhülle häutig-parallelfaserig, am Grund ohne geschlossene Ringe

Crocus flavus Weston, Gold Krokus: G, 5-15 cm, III-IV, kollin-montan, Parkanlagen, Gärten, Rasenplätze, Neophyt

4 Blütenschlund gelb. Blätter 3-8, nur 0,5-3,5 mm breit. Blüten zu (1-)2(-4). Perigonzipfel 6-12 mm breit, weiss bis violett, aussen oft gestreift. Griffel in 3 gelbe bis orange Narben geteilt. Zwiebelhülle am Grund in Querringe geteilt

Crocus biflorus Mill., Weisser Frühlings-Krokus: G, 5-15 cm, (II-)III-X(-XI), montan-alpin, Parkanlagen, Gärten, Rasenplätze, Bisher in der Schweiz nicht nachgewiesen

- Blütenschlund weiss, violett oder gelb. Blätter 2-8 mm breit. Blüten (1-)2(-4). Zwiebelhülle parallel- oder netzfaserig, nicht in Querringe getrennt **5**

5 Blätter 2-4, 4-8 mm breit. Perigonzipfel 5-10 mm breit, meist weiss (einzelne violett), aufrecht bleibend. Griffel orange

Crocus albiflorus Kit., Frühlings-Krokus: G, 5-15 cm, III-VI, montan-alpin, Bergwiesen und -weiden, (Poio-alpi, Nard, Poly-Tris), LC

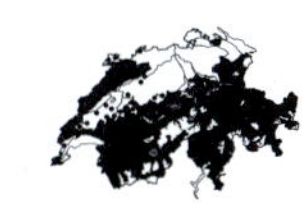

- Blätter 3-4, 2-3 mm breit. Perigonzipfel 8-20 mm breit, meist violett, im Verlauf der Blütezeit ausgebreitet bis fast zurückgeschlagen. Griffel goldgelb bis orange

Crocus tommasinianus Herb., Dalmatiner Krokus: G, 5-15 cm, II-III, (kollin-) montan-alpin, Parkanlagen, Gärten, Rasenplätze, Neophyt

Gladiolus Gladiole

1 Blüten zu Beginn waagrecht oder aufrecht, in 2 Reihen stehend. Stängel mit 2-3 Blättern **2**

- Blüten zu Beginn meist nickend oder herabgekrümmt. Stängel mit (3-)4-5 Blättern **3**

2 Staubbeutel länger als die Staubfäden. Kapsel stumpfkantig, rundlich, an der Spitze nicht eingedrückt. Blüten 6-16, 4-5 cm gross

Gladiolus italicus Mill., Italienische Gladiole: G, 50-110 cm, VI, kollin, trockenwarme Äcker, (Cauc), CR

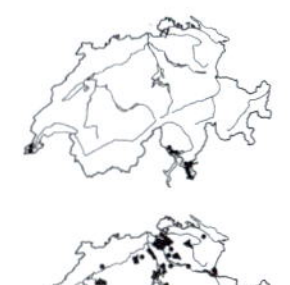

- Staubbeutel etwas kürzer als die Staubfäden. Kapsel stumpfkantig, an der Spitze eingedrückt. Blüten 10-20, 4-5,5 cm gross

Gladiolus communis L., Garten-Gladiole: G, 50-100 cm, V, kollin-montan, Rasenplätze, kultiviert und selten verwildert, Neophyt

3 Unterstes Stängelblatt stumpf. Knollenhülle parallelfaserig, sehr schmale Maschen bildend. Blüten 4-12 (meist mehr als 6), in dicht gedrängten Trauben

Gladiolus imbricatus L., Busch-Gladiole: G, 30-80 cm, VII, montan, wechseltrockene, kalkreiche Magerrasen, (Moli), EN

- Unterstes Stängelblatt spitz. Fasern im oberen Teil der Knollenhülle rundliche bis vieleckige Maschen bildend. Blüten 2-6 (meist weniger als 6), in lockeren Trauben

Gladiolus palustris Gaudin, Sumpf-Gladiole: G, 30-50 cm, VI-VII, kollin-montan, wechselfeuchte Magerrasen, Streuwiesen, (Cari-bico), EN

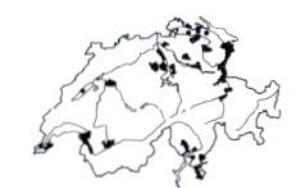

Iris **Schwertlilie**

1 Perigonblätter grün, mit schwarzbrauner Spitze. Kapsel hängend. Blätter 4-kantig, deutlich länger als der Stängel. Rhizom fingerförmig

Iris tuberosa L., Knollige Schwertlilie: H, 20–30 cm, III–IV, kollin, Gartenränder, Brachplätze, Neophyt. Bisher in der Schweiz nicht nachgewiesen

- Perigonblätter anders. Kapsel aufrecht. Blätter und Rhizom anders **2**

2 Äussere Perigonblätter innen bärtig **3**

- Äussere Perigonblätter innen nicht bärtig **6**

3 Stängel 1- bis 2-blütig. Blüten 6–7 cm gross. Perigonblätter gelb oder violett oder beide Farben gemeinsam, selten weiss. Kapsel aufrecht, mit rotorangen Samen

Iris lutescens Lam., Gelbliche Schwertlilie: H, 25–30 cm, IV–V, kollin, mediterrane Trockenrasen, Pionierfluren, Felsen, (Thero-Brachypodietalia), auch kultiviert und verwildert, Neophyt

- Stängel mehrblütig **4**

4 Stängel mit 3–5 Blüten. Blüten 9–15 cm gross. Äussere Perigonblätter nur am Grund mit dunklen Adern. Kapsel aufrecht, mit bräunlichen Samen

Iris ×germanica L., Deutsche Schwertlilie: H, 30–80 cm, V–VI, kollin, trockenwarme Gartenränder, Felsrasen, Mauern, (Xero, Cent-Pari), kultiviert und verwildert, Archäophyt, LC

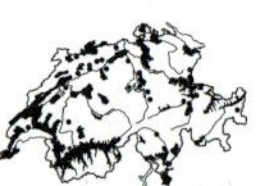

- Blüten < 9 cm **5**

5 Pflanze 20–45 cm gross, nur in der oberen Hälfte verzweigt. Innere Perigonblätter reingelb, ohne Streifen. Stängel 3- bis 6-blütig, diese 5–7 cm gross

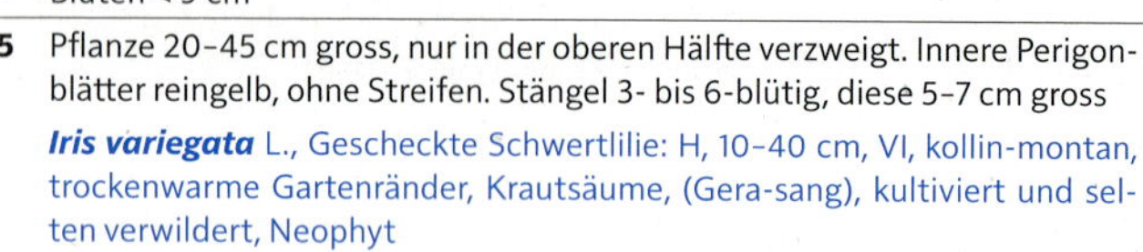

Iris variegata L., Gescheckte Schwertlilie: H, 10–40 cm, VI, kollin-montan, trockenwarme Gartenränder, Krautsäume, (Gera-sang), kultiviert und selten verwildert, Neophyt

- Pflanze 15–30 cm gross, nur am Grund oder in der unteren Hälfte verzweigt. Blüten dunkelrosa bis blauviolett. Stängel 1- bis 5-blütig, diese 6–7 cm gross. Kapsel aufrecht, mit bräunlichen Samen

Iris aphylla L., Blattlose Schwertlilie: H, 15–30 cm, IV–V, kollin, Gartenränder, Brachplätze, Neophyt

6 Blätter schwertförmig, 1–3 cm breit **7**

- Blätter lineal, höchstens 1 cm breit **8**

7 Blüten → gelb, 7–10 cm gross, zu 1 bis 3 am Stängel. Kapsel hängend, mit orangen Samen

Iris pseudacorus L., Gelbe Schwertlilie: H, 50–100 cm, VI, kollin (-montan), nährstoffreiche Ufer, Röhrichte, Gräben, (Phal, Glyc-Spar, Sali-alba), LC

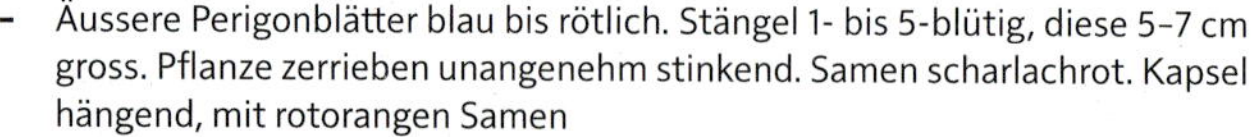

- Äussere Perigonblätter blau bis rötlich. Stängel 1- bis 5-blütig, diese 5–7 cm gross. Pflanze zerrieben unangenehm stinkend. Samen scharlachrot. Kapsel hängend, mit rotorangen Samen

Iris foetidissima L., Übelriechende Schwertlilie: H, 30–90 cm, VI, kollin, lichte Pionierwälder, Gebüsche, (Sali-alba), kultiviert und selten verwildert, Neophyt

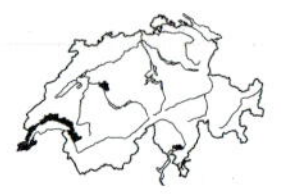

8 Stängel dünn, rund, einblütig. Blätter höchstens so lang wie der Stängel. Blüten → 6-7 cm gross. Kapsel aufrecht, mit bräunlichen Samen

Iris sibirica L., Sibirische Schwertlilie: G-H, 50-80 cm, VI, kollin (-montan), wechselfeuchte Magerrasen, Streuwiesen, (Moli), VU. Zahlreiche Kultivare mit dem Namen *I. sibirica* werden in Gärten gepflanzt und können verwildern. Sie sind kräftiger als die Wildform und haben eine intensivere, variablere Blütenfarbe

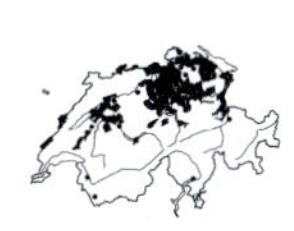

- Stängel kantig, 1- bis 2-blütig. Blätter viel länger als der Stängel. Blüten angenehm duftend, 7-8 cm gross. Kapsel aufrecht, mit bräunlichen Samen

Iris graminea L., Grasblättrige Schwertlilie: H, 15-25 cm, V, montan, trockenwarme, kalkreiche Krautsäume, Gebüsche, (Gera-sang), VU

Sisyrinchium Grasschwertel

- Blüten → hellblau bis violettblau. Stängel kurz, geflügelt, unverzweigt, > 4 mm breit

Sisyrinchium montanum Greene, Blumensimse: H, 15-30 cm, V-VI, kollin (-montan), wechselfeuchte Magerrasen, Pionierfluren, (Moli, Nano), Neophyt

Juncaceae Binsengewächse

1 Blätter kahl, flach oder röhrig. Frucht vielsamig ***Juncus***

- Blätter flach, grasartig, zumindest am Grund behaart und meist auch am Rand lang bewimpert. Frucht 3-samig ***Luzula***

Juncus Binse

1 Stängel scheinbar blattlos oder nur am Grund beblättert (oft bildet ein aufgerichtetes Hochblatt eine Verlängerung des Stängels). Blütenstand seiten- oder endständig **2**

- Stängel beblättert (oft nur 1 oder wenige Blätter). Blütenstand endständig **11**

2 Blütenstand endständig **3**

- Blütenstand (scheinbar) seitenständig **5**

3 Pflanze einjährig, ohne Rhizom. Stängel sehr dünn, fast fadenförmig, mit 1-2 borstigen Grundblättern und einem endständigen Köpfchen, vom zugehörigen Tragblatt überragt. Perigonblätter grünlich bis gelblich, breit hautrandig, die äusseren lang zugespitzt, nach aussen gekrümmt

Juncus capitatus Weigel, Kopf-Binse: T, 3-15 cm, VI-VIII, kollin, wechselfeuchte Pionierfluren, (Nano), CR

- Pflanze mehrjährig, mit Rhizom. Stängel steif aufrecht **4**

4 Köpfchen 2- bis 3- (5-)blütig, Grundblätter weich, viel kürzer als der Stängel, fast stielrund, höchstens an der Basis etwas rinnig. Blütenstand ein endständiger Kopf mit 2–5 (meist 3) Blüten, von den Hochblättern nicht überragt. Perigonblätter 3–4 mm lang, rotbraun →

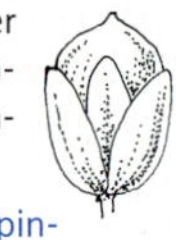

Juncus triglumis L., Dreiblütige Binse: H, 5–25 cm, VII–VIII, subalpin-alpin, wechselfeuchte Ufer, Schwemmebenen, Flachmoore, (Cari-bico, Cari-dava), LC

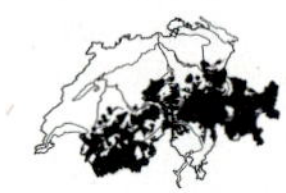

- Köpfchen mehrblütig, Grundblätter borstenförmig, starr, etwa so lang wie der steif aufrechte Stängel, sparrig abstehend, am Ende meist aufwärtsgebogen. Perigonblätter 5–7 mm lang, derb, bräunlich → mit breitem Hautrand

Juncus squarrosus L., Sparrige Binse: H, 15–30 cm, VI–VIII, montan-subalpin, wechselfeuchte, humusreiche Magerrasen, (Call-Geni, Nard, Spha-mage), EN

5 Pflanze mit meist 3 langen, fadenförmigen Hochblättern **13**

- Blütenstand nicht von mehreren langen, fädigen Hochblättern überragt **6**

6 Blütenstand mit einem einzelnen (scheinbar) gestielten Köpfchen aus 8–12 Blüten. Perigonblätter 5–8 mm lang, glänzend schwarzbraun, pfriemlich zugespitzt, länger als die stumpfe Frucht. Narben → rosa, korkzieherartig. Grundblätter dünn, glatt, dichte Rasen bildend

Juncus jacquinii L., Jacquins Binse: H, 10–25(–50) cm, VII–VIII, (subalpin-) alpin, kalkarme, mässig feuchte Gebirgsrasen, (Cari-curv, Nard), LC

- Blütenstand ungestielt (nicht gestielt aussehend) **7**

7 Rhizom sehr kurz, Pflanze daher Horste bildend **8**

- Rhizom lang kriechend, zwischen den Stängeln mit deutlichen Zwischenräumen **10**

8 Stängel ca. 2 mm dick, durch Querwände gegliedert (mit Daumennagel testen!), blaugrün, mit deutlichen Rillen, Blütenstand stets offen. Grundständige Blattscheiden glänzend, schwarzbraun. Perigonblätter spitz →

Juncus inflexus L., Blaugrüne Binse: H, 50–150 cm, VI–VIII, kollin-montan (-subalpin), wechselfeuchte, kalkreiche Weiden, Wegränder, Nasswiesen, (Agro-Rumi, Moli, Fili), LC

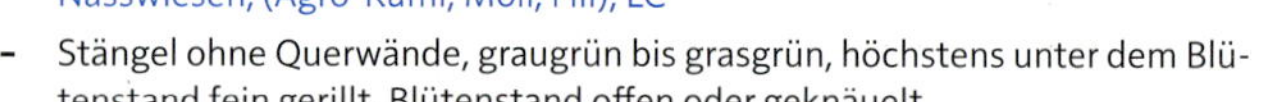

- Stängel ohne Querwände, graugrün bis grasgrün, höchstens unter dem Blütenstand fein gerillt, Blütenstand offen oder geknäuelt **9**

9 Stängel glänzend grasgrün, auf der Höhe des Blütenstandes kaum erweitert und unterhalb des Blütenstandes glatt, ungerieft, glänzend, am Grund mit braunroten, matten Blattscheiden. Blütenstand geknäuelt oder locker. Perigonblätter spitz →. Griffelreste an der Fruchtspitze leicht eingesenkt

Juncus effusus L., Flatter-Binse: H, 40–120 cm, VII–VIII, kollin-montan (-subalpin), wechselfeuchte Wiesen und Weiden, Moore, (Calt), LC

- Stängel mattgrün, auf der Höhe des Blütenstandes auffallend verbreitert und unterhalb des Blütenstandes fein gerillt und matt, am Grund mit hellbraun matten Blattscheiden. Blütenstand geknäuelt. Perigonblätter spitz →. Griffelreste an der Fruchtspitze auf einer Erhebung aufsitzend

Juncus conglomeratus L., Knäuel-Binse: H, 60 cm, VI–VII, kollin-montan (-subalpin), wechselfeuchte, eher kalkarme Magerrasen, (Moli), LC

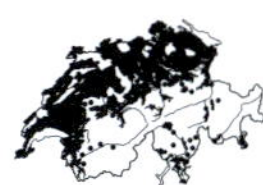

10 Blütenstand dunkelbraun, deutlich oberhalb der Mitte des Stängels, knäuelig, wenigblütig (bis max. 10 Blüten). Stängel ca. 2 mm dick, glatt, am Grund mit kastanienbraunen Blattscheiden. Frucht länger als die Perigonblätter →, schwarzbraun, 3-kantig

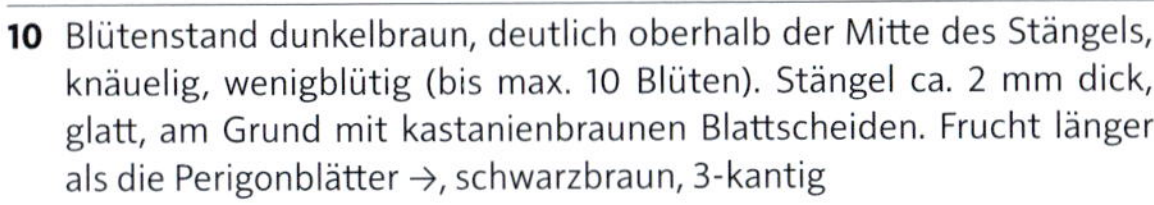

Juncus arcticus Willd., Arktische Binse: G, 20–50 cm, VII–VIII, subalpin-alpin, feuchte, feinsandige Alluvionen, (Cari-bico), NT

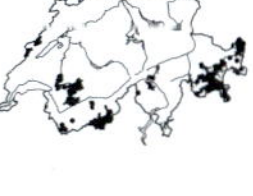

- Blütenstand grün, in der Mitte oder unterhalb der Mitte des Stängels locker verzweigt. Stängel ca. 1 mm dick, mit gleichförmigem Mark gefüllt. am Grund mit hellen Blattscheiden. Frucht kaum länger als die Perigonblätter →

Juncus filiformis L., Faden-Binse: G, 10–40 cm, VI–VIII, montan-alpin, feuchte, kalkarme Weiden, Moore, LC

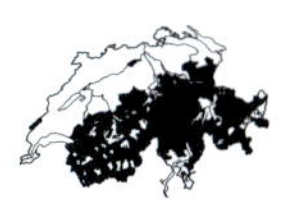

11 Blüten im Blütenstand einzeln (selten zu 2) auf kleineren oder grösseren Blütenstielen stehend **12**

- Blüten auf den Blütenstielen (Blütenstandszweigen) in 3- bis 10- (20-)blütigen Büscheln oder alle in einem kugeligen Köpfchen **20**

12 Blütenstand nur 1- bis 3- (4-)blütig, mit langen, dünnen Hochblättern. Blattöhrchen an der Scheidenmündung bis 4 mm lang, zerschlitzt **13**

- Blütenstand mehrblütig. Blattöhrchen an der Scheidenmündung nicht zerschlitzt **14**

13 Grundständige Blattscheiden matt, mit verkümmerten, höchstens einige mm langen Spreiten, Stängel zuoberst mit 1–2 Blättern und einem Hochblatt. Blütenstand meist 2- bis 4-blütig

Juncus trifidus L., Dreiblatt-Binse: H, 10–30 cm, VII–VIII, (subalpin-) alpin, kalkarme Gebirgsrasen, Felsgrate, (Cari-curv, Andr-vand), LC

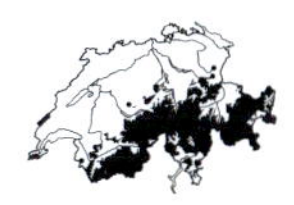

- Grundständige Blattscheiden glänzend, zumindest einige mit bis zu 15 cm langen Spreiten. Stängel auf der ganzen Länge mit entfernt stehenden Laubblättern. Blütenstand meist einblütig. Hochblätter meist einzeln

Juncus monanthos Jacq., Einblütige Binse: H, 10–30(–40) cm, VII–VIII, subalpin-alpin, kalkreiche, steinige Gebirgsrasen, (Elyn, Sesl), NT

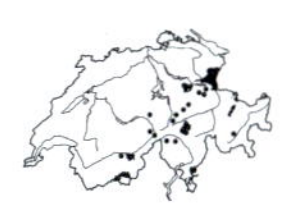

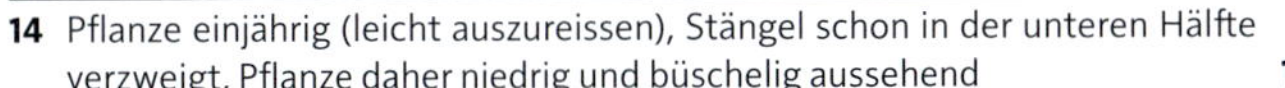

14 Pflanze einjährig (leicht auszureissen), Stängel schon in der unteren Hälfte verzweigt, Pflanze daher niedrig und büschelig aussehend **15**

- Pflanze mehrjährig (schwer auszureissen). Der unverzweigte untere Stängelteil viel länger als der ± verzweigte, Blüten tragende Teil der Pflanze **18**

15 Blattscheiden am oberen Ende mit 2 seitlichen Öhrchen. Blüten braun. Kapsel kugelig, etwa so lang wie die Perigonblätter

Juncus tenageia L. f., Schlamm-Binse: T, 5–30 cm, VI–VIII, kollin, wechselfeuchte Pionierfluren, Ufer, Wegränder, (Nano), CR

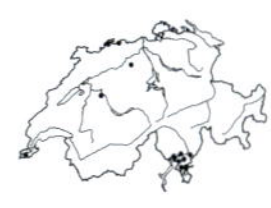

- Blattscheiden ohne Öhrchen. Blüten grün bis weisslich. Kapsel rundlich oder länglich **16**

16 Blüten stets einzeln. Fruchtkapsel kugelig →. Perigonblätter aufrecht abstehend, spitz, länger als der Durchmesser der Frucht. Grundständige Blattscheiden gelb oder braun. Blätter borstlich. Blütenstand stark verzweigt, Äste teilweise herabgebogen

Juncus sphaerocarpus Nees, Kugelfrüchtige Binse: T, 5–20 cm, VI–IX, kollin, feuchte Ufer, Wegränder, Pionierfluren, (Nano), CR

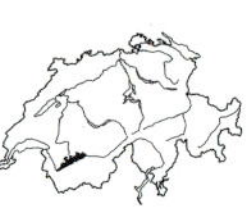

- Im Blütenstand neben Einzelblüten fast immer auch mit Blüten zu 2–3. Fruchtkapsel länglich. Stängel büschelig verzweigt, niederliegend oder aufsteigend **17**

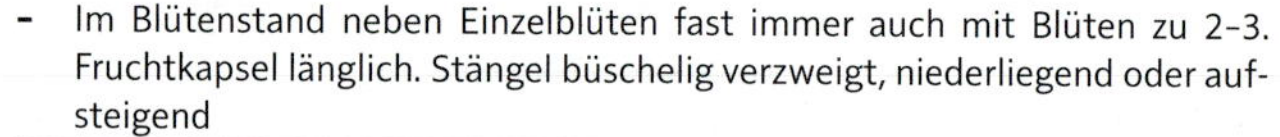

17 Grundständige Blattscheiden gelb bis bräunlich. Alle Blütenblätter spitz, auch die inneren länger als die Frucht →

Juncus bufonius L., Kröten-Binse: T, 2–30 cm, VI–IX, kollin-subalpin, wechselfeuchte Pionierfluren, Trittrasen, Wegränder, (Nano), LC

- Grundständige Blattscheiden dunkelrot. Die innere Blütenblätter deutlich weniger zugespitzt als die äusseren, kaum länger als die Frucht →

Juncus ambiguus Guss., Frosch-Binse: T, 3–15 cm, VI–IX, kollin-montan, wechselfeuchte Pionierfluren, (Nano), DD. Unsicher, ob in der Schweiz überhaupt vorkommend

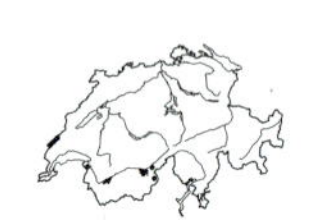

18 Pflanze am Grund einen mächtigen Schopf aus auffallend steifen, borstenförmigen, rinnigen Blättern bildend, da mehrere Triebe von gemeinsamen Scheiden umgeben sind. Stängel starr aufrecht **4**

→ *Juncus squarrosus*

- Pflanze nicht mit den Grundblättern einen dichten Schopf bildend. Blätter nicht auffallend steif **19**

19 Pflanze dichtrasig bis fast horstförmig. 2–3 Tragblätter den Blütenstand überragend. Alle Blütenblätter spitz →. Blätter einspitzig. Perigonblätter hellgrün, länger als die Frucht

Juncus tenuis Willd., Zarte Binse: H, 15–50 cm, VI–IX, kollin-montan, wechselfeuchte Wegränder, Trittrasen, Schuttplätze, (Agro-Rumi), Neophyt

- Pflanze durch kriechendes Rhizom lockerrasig. Höchstens das unterste Tragblatt den Blütenstand überragend. Zumindest die inneren Blütenblätter stumpf →. Stängel flach, mit 2–5 schmal linealen Blättern. Blätter fein zweispitzig (Lupe!). Perigonblätter braun, mit Hautrand, viel kürzer als die reife, fast kugelige Kapsel

Juncus compressus Jacq., Zusammengedrückte Binse: G, 15–40 cm, VI–VIII, kollin-subalpin, wechselfeuchte Trittrasen, Wegränder, (Agro-Rumi), LC

20 Stängel dünn, niederliegend-aufsteigend, am Grund zwiebelartig verdickt. Blätter fadenförmig, dünn, leicht rinnig (Lupe), Blattscheiden offen, in lange, häutige Öhrchen ausgezogen. Köpfchen zahlreich, von Hochblättern überragt. Blüten oft vivipar

Juncus bulbosus L., Knollen-Binse: Ah-H, 2–20 cm, VI–VIII, kollin-montan, wechselfeuchte Moore, Gräben, Tümpel, an Störungsstellen, (Nano, Litt), EN

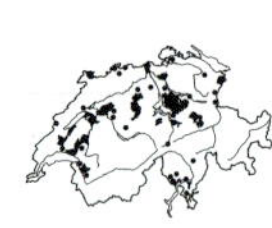

- Pflanze am Grund nicht zwiebelartig verdickt. Blätter mehr als 0,5 mm dick. Blüten nie vivipar **21**

21 Blütenstand klein, schmal, nur aus 1–3(–4) Blütenköpfchen bestehend **22**

- Blütenstand eine ± ausladende Spirre, aus vielen (> 5) Blütenköpfchen bestehend **23**

22 Pflanze 10–40 cm hoch, mit verlängerten Ausläufern. Stängel kräftig, steif, 2–3 mm dick, meist auch über dem Grund beblättert. Blüten dunkelbraun. Blätter im Gegensatz zu *J. triglumis* breit, weit rinnig. Frucht schwarzbraun, länglich, 3-kantig, spitz, länger als das Perigon

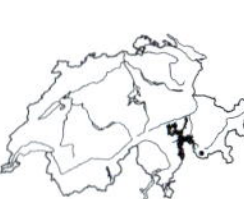

Juncus castaneus Sm., Kastanien-Binse: G, 10–40 cm, VII–VIII, subalpin-alpin, wechselfeuchte, feinsandige Ufer, Schwemmebenen, (Cari-bico), VU

\- Pflanze 5–15 cm hoch, mit sehr kurzer Grundachse. Stängel dünn (< 1 mm), aufrecht, beblättert. Blütenköpfchen klein, meist einzeln. Blüten hellgrün, Blatt schmal borstenförmig, oberseits rinnig. Frucht gelbbraun, 3-kantig, zugespitzt

Juncus stygius L., Styx-Binse: H, 10–20 cm, VII–VIII, montan-subalpin, Torfmoore, (Cari-lasi), CR

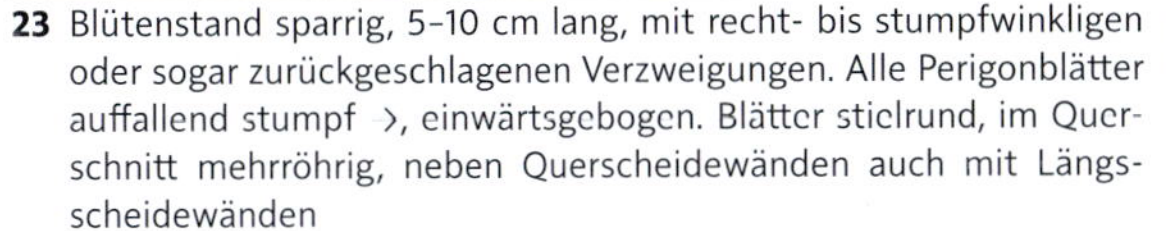

23 Blütenstand sparrig, 5–10 cm lang, mit recht- bis stumpfwinkligen oder sogar zurückgeschlagenen Verzweigungen. Alle Perigonblätter auffallend stumpf →, einwärtsgebogen. Blätter stielrund, im Querschnitt mehrröhrig, neben Querscheidewänden auch mit Längsscheidewänden

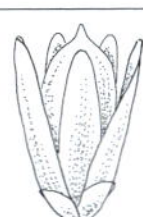

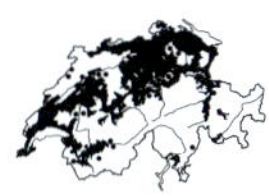

Juncus subnodulosus Schrank, Knötchen-Binse: G, 40–100 cm, VI–VIII, kollin-montan, Nasswiesen, Ufer, Flachmoore, (Calt, Moli), NT

\- Äste des Blütenstandes aufrecht abstehend. Perigonblätter stumpf oder spitz. Blätter einröhrig, nur mit Querscheidewänden **24**

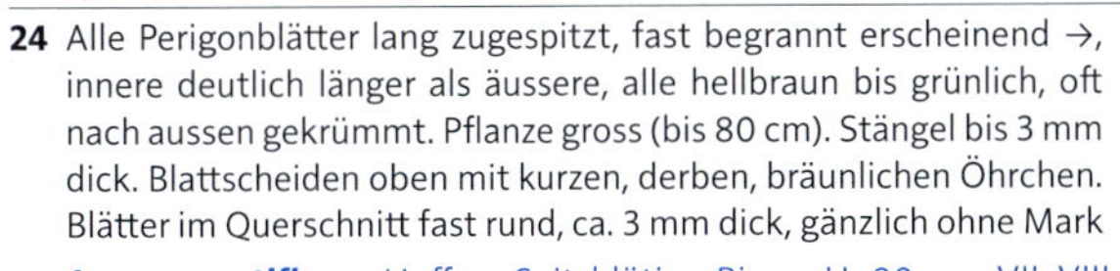

24 Alle Perigonblätter lang zugespitzt, fast begrannt erscheinend →, innere deutlich länger als äussere, alle hellbraun bis grünlich, oft nach aussen gekrümmt. Pflanze gross (bis 80 cm). Stängel bis 3 mm dick. Blattscheiden oben mit kurzen, derben, bräunlichen Öhrchen. Blätter im Querschnitt fast rund, ca. 3 mm dick, gänzlich ohne Mark

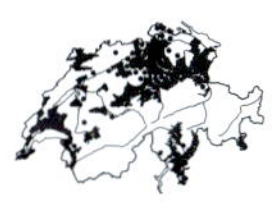

Juncus acutiflorus Hoffm., Spitzblütige Binse: H, 90 cm, VII–VIII, kollin-montan, nährstoffarme, eher kalkarme Nasswiesen, (Moli), NT

\- Alle Perigonblätter ± gleich lang. Pflanze eher klein (meist 20–40 cm). Stängel und Blätter kaum über 2 mm dick, innen mit deutlichem Mark **25**

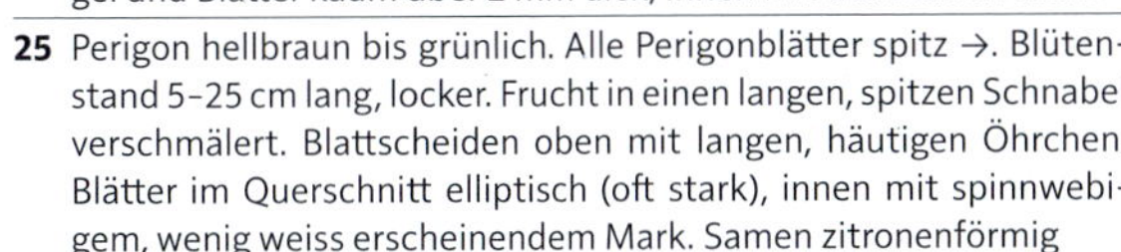

25 Perigon hellbraun bis grünlich. Alle Perigonblätter spitz →. Blütenstand 5–25 cm lang, locker. Frucht in einen langen, spitzen Schnabel verschmälert. Blattscheiden oben mit langen, häutigen Öhrchen. Blätter im Querschnitt elliptisch (oft stark), innen mit spinnwebigem, wenig weiss erscheinendem Mark. Samen zitronenförmig

Juncus articulatus L., Glieder-Binse: H, 20–60 cm, VI–VIII, kollin-subalpin (-alpin), Flachmoore, Nasswiesen, (Cari-dava, Calt), LC

\- Perigon dunkelbraun bis schwarz. Innere Perigonblätter stumpf (trocken eingerollt spitzlich erscheinend!) oder mit aufgesetztem Spitzchen →. Frucht fast ungeschnäbelt, mit aufgesetztem Spitzchen. Blattscheiden oben mit kurzen, häutigen Öhrchen. Blätter im Querschnitt fast rundlich, innen mit weisslichem, dichtem Mark. Samen spindelförmig

Juncus alpinoarticulatus Chaix, Alpen-Binse: H, 40 cm, VI–VIII, (kollin-) montan-alpin, kalkreiche Flachmoore, Bachufer, (Cari-bico, Cari-dava), LC

Luzula Hainsimse

1 Alle Blüten an den Ästen im Blütenstand einzeln stehend (selten paarweise) **2**

- Blüten im Blütenstand zu kleinen Köpfchen bzw. Ährchen aus mindestens 3 Blüten gruppiert **4**

2 Die meisten Blätter über 5 mm breit, am Ende ohne gelbliches Spitzchen. Blütenstand locker, vielblütig, zunächst aufrecht, zur Fruchtzeit zurückgebogen. Perigonblätter dunkel- oder rotbraun, ca. 4 mm lang. Pflanze ohne Ausläufer. Frucht deutlich länger als die Perigonblätter

Luzula pilosa (L.) Willd., Behaarte Hainsimse: H, 15-40 cm, III-V, kollin-subalpin, humusreiche, eher kalkarme Laubmischwälder, (Fagetalia, Quer-robo), LC

- Die meisten Blätter 1-4 mm breit **3**

3 Blätter (fast) kahl oder nur an der Scheidemündung behaart. Gebirgspflanze **8**

→ *Luzula alpinopilosa*

- Blätter auch oberhalb der Scheidemündung mit langen Wimperhaaren, am Ende mit feiner, aufgesetzter, gelber Stachelspitze. Waldpflanze **4**

4 Perigonblätter gelblich, oft mit rötlichem Mittelstreif, 4-5 mm lang, spitz. Untere Blattscheiden hellbraun. Pflanze mit verlängerten Ausläufern. Äste des Blütenstandes abstehend. Frucht etwa 2x so lang wie die Perigonblätter

Luzula luzulina (Vill.) Dalla Torre & Sarnth., Gelbliche Hainsimse: G, 10-30 cm, V-VI, montan-subalpin, humusreiche Nadelwälder, (Vacc-Pice), LC

- Perigonblätter dunkelbraun, 3-4 mm lang, äussere in eine grannenartige Spitze verschmälert. Untere Blattscheiden rot- bis braunviolett. Pflanze dichte Rasen bildend. Frucht kaum länger als die Perigonblätter

Luzula forsteri (Sm.) DC., Forsters Hainsimse: H, 15-40 cm, IV-V, kollin, kalkarme, eher trockene Laubmischwälder, (Quer-robo, Carp), NT

5 Perigonblätter weiss, hellgelb oder gelb (seltener etwas rötlich) **6**

- Perigonblätter braun bis schwarz **8**

6 Perigonblätter hellgelb bis gelb. Blattrand höchstens spärlich bewimpert, meist kahl, nur an der Scheidenmündung zerstreut behaart

Luzula lutea (All.) DC., Gelbe Hainsimse: H, 10-20 cm, VI-VIII, subalpin-alpin, kalkarme Gebirgsrasen, Zwergstrauchheiden, (Cari-curv, Juni-nana), LC

- Perigonblätter weiss, hellbeige oder rötlich. Blätter über die ganze Länge deutlich und lang bewimpert. Unterstes Hochblatt den Blütenstand oft überragend **7**

7 Blütenstand dicht. Blüten in Gruppen zu 6-20. Perigon ca. 5 mm lang, schneeweiss. Äussere Perigonblätter viel kürzer als die inneren. Staubbeutel so lang wie die Staubfäden →. Frucht nur halb so lang wie das Perigon. Pflanze lockerrasig oder Ausläufer treibend

Luzula nivea (L.) DC., Schneeweisse Hainsimse: H, 40-80 cm, VI-VII, (kollin-) montan-subalpin, bodensaure Wälder, Hochgrasfluren, (Luzu-Fage, Quer-robo, Vacc-Pice, Cala), LC

- Blütenstand locker. Blüten in Gruppen zu (2-)6-8. Perigon 3-3,5 mm lang, hellbeige bis rötlich. Äussere Perigonblätter etwas kürzer als die inneren. Staubbeutel 2x so lang wie die Staubfäden →. Frucht fast so lang wie das Perigon. Pflanze lockerrasig oder Ausläufer treibend

Luzula luzuloides (Lam.) Dandy & Wilmott, Weissliche Hainsimse: H, 30-70 cm, V-VII, kollin-montan (-subalpin), Buchenwälder, LC

a Blütenstand locker, ausgebreitet. Perigonblätter weiss bis hellbraun, 2,5-3 mm lang. Pflanze sehr lockerrasig, Ausläufer bis 5 cm lang

Luzula luzuloides (Lam.) Dandy & Wilmott subsp. ***luzuloides***, Gewöhnliche Weissliche Hainsimse: H, V-VII, kollin-montan, bodensaure Laubwälder, (Ceph-Fage, Quer-robo), LC

- Blütenstand ± verkürzt. Perigonblätter hell kupferrot, 3-3,5 mm lang. Ausläufer meist kürzer als 3 cm

Luzula luzuloides subsp. ***rubella*** (Mert. & W. D. J. Koch) Holub, Kupfer-Hainsimse: H, V-VII, (montan-) subalpin, kalkarme Hochgrasfluren, Zwergstrauchheiden, (Cala, Juni-nana), DD

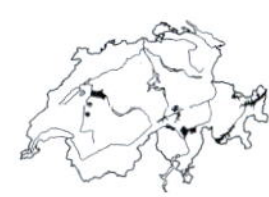

8 Blatt blaugrün, am Rand kahl oder höchstens mit vereinzelten Haaren und an der Scheidemündung bewimpert. Blütenstand locker, aufrecht oder nickend, mit abstehenden Ästen und 2- bis 5-blütigen Köpfen

Luzula alpinopilosa (Chaix) Breistr., Braune Hainsimse: H, 10-30(-50) cm, VII-VIII, (subalpin-) alpin, feuchte Schuttfluren, Schneetälchen, (Sali-herb), LC

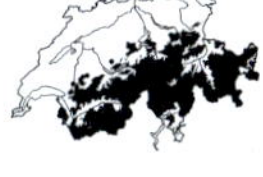

- Blatt grasgrün, am Rand deutlich lang bewimpert **9**

9 Blütenstand zu Ähren oder Köpfchen zusammengezogen. Die meisten Blätter weniger als 4 mm breit. Pflanze klein, 10-30(-40) cm **10**

- Blütenstand locker, mit abstehenden Ästen. Blätter 4-10 mm breit, lang behaart. Pflanze gross, 30-80 cm

Luzula sylvatica aggr., Wald-Hainsimse: IV-VI, kollin-subalpin (-alpin), LC

a Blätter 6-10(-15) mm breit, schlaffer als bei *L. sieberi*. Reife Früchte so lang wie die inneren Perigonblätter. Samen ca. 1,6 mm lang

Luzula sylvatica (Huds.) Gaudin, Gewöhnliche Wald-Hainsimse: H, 30-100 cm, IV-VI, kollin-montan, humusreiche, bodensaure Laubmischwälder, Nadelwälder, (Luzu-Fage, Abie-Fage, Vacc-Pice), LC

- Blätter 4-5(-7) mm breit, straffer aufrecht als bei *L. sylvatica*. Blütenstand kleiner, sehr locker. Reife Früchte deutlich kürzer als die inneren Perigonblätter. Samen ca. 1,2 mm lang

Luzula sieberi Tausch, Siebers Wald-Hainsimse: H, 30-60 cm, V-VI, subalpin (-alpin), humusreiche Bergwälder, (Vacc-Pice, Lari-Pine), LC

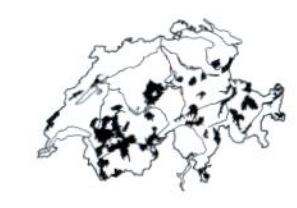

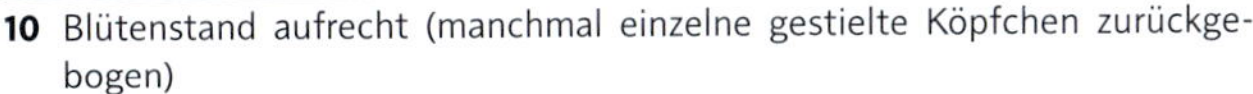

10 Blütenstand aufrecht (manchmal einzelne gestielte Köpfchen zurückgebogen) **11**

- Blütenstand 1-2 cm lang, eine ± dicht stehende, nickende Scheinähre. Pflanze horstförmig, ohne Ausläufer. Hochblatt den Blütenstand meist nicht überragend

Luzula spicata (L.) DC., Ährige Hainsimse: H, 10-40 cm, VII-VIII, montan-alpin, Zwergstrauchheiden, Gebirgsrasen, LC

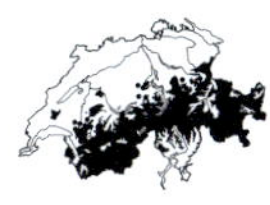

a Staubbeutel mindestens so lang wie die Staubfäden. Reife Frucht 2-2,5 mm lang, so lang wie die Perigonblätter oder wenig länger, mit stumpfem Ende

Luzula spicata (L.) DC. subsp. ***spicata***, Gewöhnliche Ährige Hainsimse: H, 15-30 cm, VII-VIII, (subalpin-) alpin, steinige, eher kalkarme Gratrasen, Felsen, (Cari-curv, Elyn)

- Staubbeutel deutlich kürzer als die Staubfäden. Reife Frucht 1,5-2 mm lang, kürzer als die Perigonblätter, mit spitzem Ende

Luzula spicata subsp. ***mutabilis*** Chrtek & Křísa, Veränderliche Ährige Hainsimse: H, 5-15 cm, VII-VIII, (montan-) alpin, kalkarme Gebirgsrasen, (Cari-curv)

11 Pflanze mit kurzen unterirdischen Ausläufern. Stängel aufsteigend. Perigonblätter 3-4 mm lang. Blätter bis 4 mm breit, lang behaart. Blütenstand aus mehreren gestielten und sitzenden, bis 12-blütigen Köpfchen, die seitlichen zur Fruchtzeit nickend. Samenanhängsel gross, bis 0,5 mm hoch →

Luzula campestris (L.) DC., Feld-Hainsimse: H, 5-15(-25) cm, III-IV, kollin-montan (-subalpin), kalkarme, mässig trockene Magerrasen, (Nard, Meso, Call-Geni), LC

- Pflanze ohne Ausläufer. Stängel aufrecht. Perigonblätter 2-3,5 mm lang

Luzula multiflora aggr.: LC

a Perigonblätter schwarzbraun, ungleich lang (2-3 mm), innere meist deutlich kürzer als äussere. Samenanhängsel sehr kurz, 0,1 mm hoch →. Griffel kürzer als der Fruchtknoten. Blätter 2-3 mm breit. Pflanze grasgrün, oft rötlich überlaufen

Luzula sudetica (Willd.) Schult., Gewöhnliche Sudeten-Hainsimse: H, 15-35(-40) cm, VI-VIII, montan-subalpin, kalkarme Gebirgsrasen, wechseltrockene Moore, (Nard, Elyn, Cari-fusc), LC

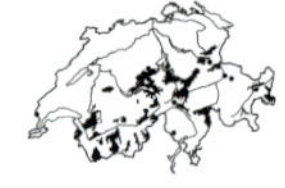

- Perigonblätter hell- bis dunkelbraun, alle gleich lang (3-3,5 mm). Samenanhängsel gross, 0,3-0,5 mm hoch →. Griffel mindestens so lang wie der Fruchtknoten **b**

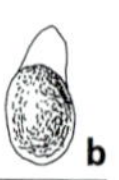

b Blütenstand dicht zusammengezogen. Köpfchenstiel kürzer als die Köpfchen (manchmal 1-2x so lang). Perigonblätter dunkelbraun, die inneren allmählich lang zugespitzt. Blätter 4-6 mm breit

Luzula alpina Hoppe, Alpen-Hainsimse: H, 10-25 cm, VI-VIII, subalpin-alpin, kalkarme Gebirgsrasen, (Nard), LC

- Blütenstand locker, mit deutlich gestielten Köpfchen (einzelne oft ungestielt). Perigonblätter blassbraun, mit kurzer Spitze. Blätter 2-3(-4) mm breit

Luzula multiflora (Ehrh.) Lej., Vielblütige Hainsimse: H, (25-)30-50 cm, IV-V, kollin-alpin, kalkarme Gebirgsrasen, wechselfeuchte Moore, Zwergstrauchheiden, (Nard, Cari-curv, Cari-fusc), LC

Juncaginaceae — Dreizackgewächse

Triglochin — Dreizack

Die Blätter dieser Gattung riechen beim Zerreiben auffällig nach frischem Koriander.

- Blätter grundständig, lineal, halbzylindrisch, rinnig, 1-2 mm breit (am Grund verschmälert) und 20-30 cm lang. Blütenstand eine lockere, sehr schlanke, ährige Traube. Blüten klein, 1-4 mm lang gestielt. Perigonblätter 6, 1,5-2 mm lang, gelbgrün, vorne oft violett. Staubblätter 6, sitzend. Narben 3, federig. Früchte 4-8 mm lang, 3-zackig aufspringend →

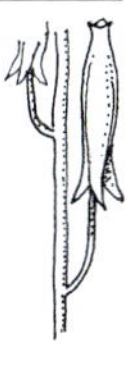

Triglochin palustris L., Sumpf-Dreizack: H, 10-50 cm, VI-VIII, (kollin-) montan-subalpin, kalkreiche Flachmoore, (Cari-dava), LC

Liliaceae — Liliengewächse

1 Blätter tief herzförmig den Stängel umfassend (vgl. die ähnlichen, nicht stängelumfassenden *Polygonatum*-Arten) — ***Streptopus***

\- Blätter nicht herzförmig — **2**

2 Stängelblätter zahlreich. Staubbeutel in ihrer Mitte dem Staubfaden angeheftet — ***Lilium***

\- Stängelblätter 0-6. Staubbeutel an ihrem Grund dem Staubfaden angeheftet — **3**

3 Narben dem Fruchtknoten aufsitzend, Griffel kaum ausgebildet. Stängel einblütig — ***Tulipa***

\- Griffel deutlich ausgebildet. Stängel ein- bis mehrblütig — **4**

4 Blüten nickend, rosa bis purpurn, 2-4 cm lang — **5**

\- Blüten aufrecht, gelb oder weiss, 1-2 cm lang — **6**

5 Blätter 2, gegenständig (fast grundständig), breit, gefleckt. Blüten breit trichterförmig, ungescheckt — ***Erythronium***

\- Blätter 4-6, stängelständig, lineal, ungefleckt. Blüten glockenförmig, hell- und dunkelpurpurn gescheckt — ***Fritillaria***

6 Blüten weiss, becherförmig. Perigon mit braunen Streifen — ***Lloydia***

\- Blüten gelb. Perigonblätter sternförmig ausgebreitet — ***Gagea***

Erythronium — Zahnlilie

- Blätter 2, gegenständig, dunkelgrün und braun gescheckt. Blüten 1(-2), endständig, nickend →. Perigon zunächst glockig, vorne spreizend, später oft zurückgekrümmt, rosa bis rotviolett

Erythronium dens-canis L., Hunds-Zahnlilie: G, 10-20 cm, III-IV, kollin-subalpin, lichte Eichenwälder, Gebüsche, (Querpube, Carp, Berb), NT

Fritillaria Schachblume

- Stängel mit 4-6 linealen, 1 cm breiten, rinnigen, graugrünen Blättern. Blüten zu 1(-3) am Ende des Stängels nickend, glockig, gross (bis 4 cm lang), schachbrettartig purpurn gemustert

  Fritillaria meleagris L., Perlhuhn-Schachblume: G, 20-40 cm, IV-V, kollin-montan, wärmeliebende, wechselfeuchte Nasswiesen, (Calt), EN

Gagea Gelbstern

1 Grundständiges Blatt > 4 mm breit, flächig, kaum schmaler als die oberen Blätter. Der den Blütenstand tragende Schaft kantig. Blätter grün bis graugrün **2**

- Grundständiges Blatt 0,5-3 mm breit (nur bei mastigen Exemplaren manchmal etwas breiter), fädig bis grasartig, auffallend schmaler als breiteste obere Blätter. Der den Blütenstand tragende Schaft ± stielrund. Blätter grasgrün **3**

2 Grundständiges Blatt (3-)4-5 mm breit, lang zugespitzt, scharf gekielt, am Grund rötlich. Blütenstiele kahl, nach der Blüte nach oben gerichtet. Blüten zu 1-3(-5). Perigonblätter 12-20 mm lang

Gagea pratensis (Pers.) Dumort., Wiesen-Gelbstern: G, (5-)10-15 cm, IV, kollin, trockenwarme, kalkreiche Äcker, Weinberge, (Fuma-Euph, Cauc), CR

- Grundständiges Blatt 5-15 mm breit, grau- bis frischgrün, oben am breitesten und dann zu einer Kapuzenspitze zusammengezogen, am Grund hellgrün. Blütenstiele kahl, die fruchtenden nach der Blüte nach unten gerichtet. Blüten zu 1-7(-10). Perigonblätter 8-14 mm lang

  Gagea lutea (L.) Ker Gawl., Wald-Gelbstern: G, 10-25 cm, IV-V, kollin-montan (-subalpin), Laubmischwälder, Krautsäume, Obstgärten, nährstoffreiche Bergweiden, (Frax, Carp, Aego, Poio-alpi), NT

3 Grundständige Blätter 1 oder 2, halbrund, hohl (können zusammengedrückt werden!). Perigonblätter stumpf. Blütenstiele oft flaumhaarig. Blüten zu 1-5. Alpenpflanze

Gagea fragifera (Vill.) Ehr. Bayer & G. López, *(G. fistulosa)*, Röhriger Gelbstern: G, 5-15 cm, V-VII, subalpin-alpin, nährstoffreiche Bergweiden, Läger, (Poio-supi, Rumi-alpi, Poio-alpi), LC

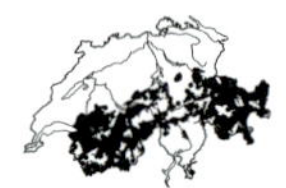

- Grundständige Blätter nicht hohl. Perigonblätter spitz oder stumpf **4**

4 Nur 1 grundständiges Blatt, 1,5-2,5 mm breit. Blütenstiele sehr dünn, kahl, die fruchtenden nach der Blüte nach unten gerichtet. Perigonblätter aussen kahl, sehr spitz, Spitze nach aussen gebogen

Gagea minima (L.) Ker Gawl., Kleiner Gelbstern: G, 10-20 cm, V-VI, (montan-) subalpin, nährstoffreiche Krautsäume, Läger, (Aego, Rumi-alpi), VU

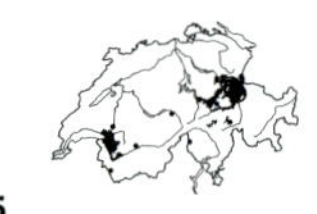

- 2 grundständige Blätter. Blütenstiele zottig behaart, nach der Blüte aufrecht bleibend. Aussenseite der Perigonblätter behaart **5**

5 Blüten zu 5-10. Perigonblätter 12-20 mm lang, nach oben verschmälert, spitz oder an der äussersten Spitze etwas stumpflich. Griffel ± flaumhaarig. Grundblätter 1-2 mm breit, stumpf gekielt. Stängel- und Hochblätter untereinander genähert. Pflanze (5-)10-15 cm hoch

Gagea villosa (M. Bieb.) Sweet, *(G. arvensis)*, Acker-Gelbstern: G, (5-)10-15 cm, III-IV, kollin (-montan), Äcker, Weinberge, (Fuma-Euph), EN

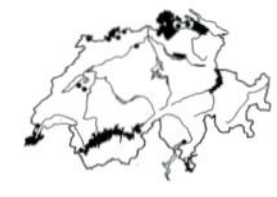

- Blüten zu 1(-3). Perigonblätter 7-10(-12) mm lang, nach oben verbreitert, stumpf. Griffel stets kahl. Grundblätter fädig, < 1 mm breit, rinnig. Stängel- und Hochblätter voneinander entfernt stehend. Pflanze sehr klein, 3-8 cm hoch

  Gagea saxatilis (Mert. & W. D. J. Koch) Schult. & Schult. f., Felsen-Gelbstern: G, 3-8 cm, III-IV, kollin-montan, trockenwarme, kalkarme Pionierfluren, (Sedo-Vero), VU

Lilium Lilie

1 Blüten überhängend. Perigonblätter zurückgerollt, bis 3 cm lang. hellpurpurn. Blätter zu 5-6 quirlständig, elliptisch bis eilanzettlich

  Lilium martagon L., Türkenbund: G, 30-90 cm, VI-VII, kollin-subalpin (-alpin), kalkreiche Hochstaudenfluren, Berg-, Schluchtwälder, (Aden, Loni-Fage, Luna-Acer), LC

- Blüten aufrecht, trichterförmig, Perigonblätter 5-6 cm lang, leuchtend orangerot. Blätter wechselständig, schmal lanzettlich

  Lilium bulbiferum L., Feuerlilie: G, 20-80 cm, VI-VII, Krautsäume, Staudenfluren, NT

  a Die meisten Blätter mit Brutknöllchen in den Blattwinkeln. Blätter oberseits glänzend. Meist alle Blüten zwittrig

    Lilium bulbiferum L. subsp. ***bulbiferum***, Bulbillentragende Feuerlilie: G, VI-VII, montan-subalpin, trockenwarme Bergwiesen, Krautsäume, (Cari-ferr, Gera-sang), VU

  - Blätter ohne Brutknöllchen, oberseits matt, etwas samtig. Blüten zwittrig oder rein männlich

    Lilium bulbiferum subsp. ***croceum*** (Chaix) Baker, Bulbillenlose Feuerlilie: G, VI-VII, kollin-subalpin, trockenwarme Krautsäume, Bergwiesen, Felsrasen, Gebüsche, (Gera-sang, Cari-ferr, Fest-vari, Quer-pube), NT

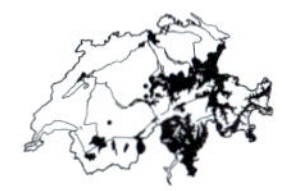

Lloydia Faltenlilie

- Grundblätter (1-)2, grasartig, ca. 1 mm breit, fleischig, meist länger als der Stängel. Stängelblätter 2-4, lineal-lanzettlich, bis 3 mm breit. Blüten zu 1(-2), weiss mit braunroten Streifen, aufrecht becherförmig

  Lloydia serotina (L.) Rchb., *(Gagea serotina)*, Faltenlilie: G, 5-15 cm, VI, (subalpin-) alpin, mässig trockene, eher kalkarme Gebirgsrasen, (Elyn), LC

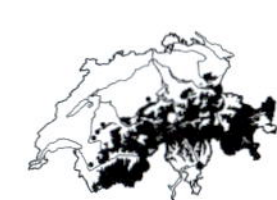

Streptopus Knotenfuss

- Stängel hin- und hergebogen, bis zur Spitze beblättert. Blätter wechselständig, herzförmig, stängelumfassend, kahl. Blüten in den Blattachseln an dünnen, geknieten Stielen, glockenförmig, gelbgrün. Frucht eine hellrote Beere

  Streptopus amplexifolius (L.) DC., Knotenfuss: G, 20-100 cm, VI-VII, montan-subalpin, frische, humusreiche Bergwälder, Grünerlengebüsche, (Abie-Fage, Alne-viri), LC

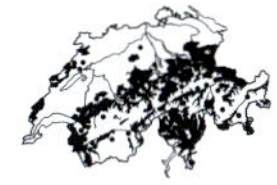

Tulipa Tulpe

Neben den eigentlichen Wildtulpen *(T. sylvestris)* werden hier auch die «Neotulpen» aufgeführt. Es sind dies seit Langem verwilderte, alte Kulturformen mit sehr seltenen, isolierten Vorkommen.

1 Staubfäden am Grund behaart. Blätter lineal-lanzettlich, spitz, kahl. Perigonblätter gelb, die inneren breiter, die äusseren oberwärts oft rötlich

Tulipa sylvestris L., Weinberg-Tulpe: G, 20–50 cm, IV–VI, Bergwiesen, Halbtrockenrasen, Obstgärten, Weinberge, VU

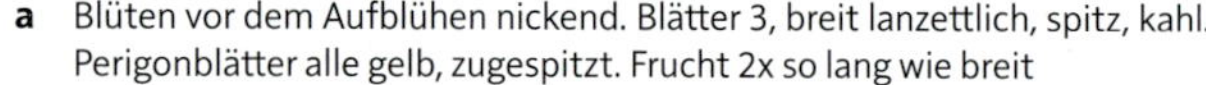

a Blüten vor dem Aufblühen nickend. Blätter 3, breit lanzettlich, spitz, kahl. Perigonblätter alle gelb, zugespitzt. Frucht 2x so lang wie breit

Tulipa sylvestris L. subsp. ***sylvestris***, Gewöhnliche Weinberg-Tulpe: G, IV–V, kollin, trockenwarme Krautsäume, Weinberge, Obstgärten, (Fuma-Euph, Trif-medi), Archäophyt, VU

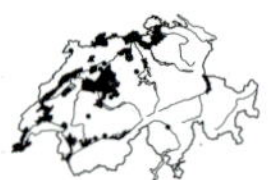

- Blüten vor dem Aufblühen aufrecht. Blätter 2, schmal lanzettlich, spitz, kahl. Die inneren Perigonblätter gelb, spitz, die äusseren oberwärts rötlich. Frucht ca. so lang wie breit

Tulipa sylvestris subsp. ***australis*** (Link) Pamp., Südliche Weinberg-Tulpe: G, V–VI, montan-subalpin, trockene, sonnige Bergwiesen und -weiden, Felsrasen, (Fest-vari, Stip-Poio, Ononidetalia), VU

- Staubfäden kahl. Perigonblätter gelb oder rot, alle etwa gleich breit **2**

2 Staubbeutel gelb **3**

- Staubbeutel schwarzviolett. Perigonblätter tiefrot, mit aufgesetztem Spitzchen **5**

3 Perigonblätter schwefelgelb bis fast weiss, oft mit rotem Rand. Staubfäden schwarz, Staubbeutel gelb

Tulipa marjolleti E. P. Perrier & Songeon, Marjollets Tulpe: G, 30–50 cm, IV, kollin, Äcker, Brachfelder, Archäophyt (Neophyt?)

- Perigonblätter sattgelb oder rot **4**

4 Perigonblätter sattgelb, oft mit rotem Rand

Tulipa grengiolensis Thommen, Grengjer Tulpe: G, 30–50 cm, V, montan, Äcker, Brachfelder, Archäophyt (Neophyt?)

- Perigonblätter rot, am Grund oft hellrot oder weiss

Tulipa aximensis E. P. Perrier & Songeon, Aime-Tulpe: G, 30–50 cm, IV, kollin, Äcker, Brachfelder, Archäophyt (Neophyt?)

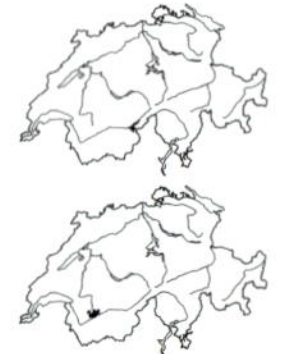

5 Perigonblätter innen mit mehrheitlich gelbem Basalfleck

Tulipa mauriana Jord. & Fourr., Maurienne-Tulpe: G, 30–50 cm, IV, kollin, Äcker, Brachfelder, Archäophyt (Neophyt?)

- Perigonblätter innen mit schwarzem, gelb oder weiss umrahmtem Basalfleck **6**

6 Perigonblätter aussen am Grund oft etwas gelblich, die inneren mit gelber Linie entlang des Mittelnervs. Basalfleck gelb umrahmt

Tulipa raddii Reboul, Radds Tulpe: G, 30–50 cm, IV, kollin, Äcker, Brachfelder, Archäophyt (Neophyt?)

- Innere Perigonblätter ohne gelbe Mittellinie. Blätter blaugrün, oft etwas gewellt. Basalfleck gelb oder weiss umrahmt

Tulipa didieri Jord., Didiers Tulpe: G, 30–50 cm, IV, kollin-montan, Äcker, Brachfelder, Archäophyt (Neophyt?)

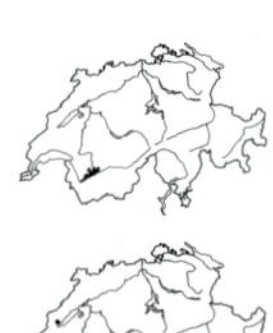

Melanthiaceae Germergewächse

1 Blätter zu 4(-6) in Quirlen, netznervig. Blüten einzeln, aufrecht. Frucht eine blauschwarze Beere ***Paris***

- Blätter wechselständig, parallelnervig und entlang der Blattadern gefaltet (plikat). Blüten in langen Ähren. Frucht eine Kapsel ***Veratrum***

Paris Einbeere

- Stängel oben mit einem Quirl aus 4(-6) verkehrt eiförmigen, netznervigen Blättern →. Blüte einzeln, endständig, grün, mit (meist) 8 schmalen Perigonblättern. Frucht eine schwarzblaue, berelfte Beere

Paris quadrifolia L., Vierblättrige Einbeere: G, 15-30 cm, IV-V, kollin-montan (-subalpin), frische, nährstoffreiche Laubwälder, (Fagetalia, Frax, Luna-Acer), LC

Veratrum Germer

1 Blüten → dunkelrotbraun. Blätter beidseitig ± kahl, die unteren lanzettlich, bis 30 cm lang, in einen geflügelten Stiel verschmälert, die obersten schmal, fast grasartig

Veratrum nigrum L., Schwarzer Germer: H, 60-150 cm, VII, kollin-montan, trockenwarme, kalkreiche Laubmischwälder, (Orno-Ostr), EN

- Blüten → grün bis gelbgrün oder weiss. Blätter unterseits locker flaumhaarig, die unteren breit oval, nicht in einen Stiel verschmälert. Die wechselständigen Blätter unterscheiden die Art von der (vegetativ) ähnlichen *Gentiana lutea*

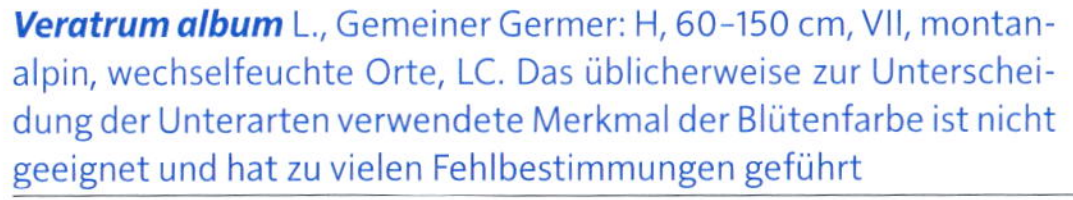

Veratrum album L., Gemeiner Germer: H, 60-150 cm, VII, montan-alpin, wechselfeuchte Orte, LC. Das üblicherweise zur Unterscheidung der Unterarten verwendete Merkmal der Blütenfarbe ist nicht geeignet und hat zu vielen Fehlbestimmungen geführt

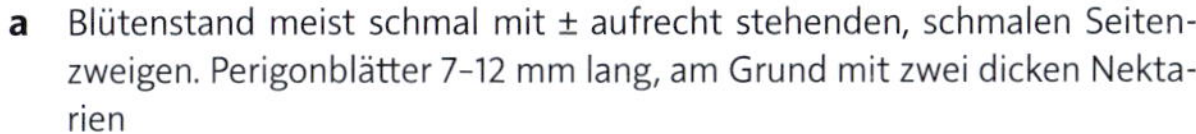

a Blütenstand meist schmal mit ± aufrecht stehenden, schmalen Seitenzweigen. Perigonblätter 7-12 mm lang, am Grund mit zwei dicken Nektarien

Veratrum album subsp. ***lobelianum*** (Bernh.) Arcang., Grünlicher Germer: H, VII, montan-alpin, frische, nährstoffreiche Bergweiden, Läger, (Rumi-alpi, Poio-alpi, Cari-ferr), LC. Im Jura möglicherweise fehlend

- Blütenstand dicht, mit spreizend-abstehenden Seitenzweigen, die untersten oft fast rechtwinklig stehend und gedrungen aussehend. Perigonblätter 10-14 mm lang, am Grund mit zwei schmalen Nektarien

Veratrum album L. subsp. ***album***, Weisser Germer: H, VII, montan-subalpin, frische, kalkreiche Hochstaudenfluren, (Aden), DD. Die Verbreitung konzentriert sich vermutlich auf den Jura und die Westalpen

Orchidaceae Orchideen

1	Pflanze ohne oder mit sehr wenig Chlorophyll. Blätter nicht grün, schuppenförmig	**2**
-	Pflanze mit grünen Blättern	**5**
2	Lippe mit deutlich sichtbarem, frei stehendem Sporn	**3**
-	Lippe ohne Sporn oder Sporn unscheinbar, dem Fruchtknoten anliegend	**4**
3	Sporn 5–8 mm lang, dick, wie die Lippe aufwärtsgerichtet. Pflanze 1- bis 8-blütig	***Epipogium***
-	Sporn 15–25 mm lang, dünn, wie die Lippe abwärtsgerichtet. Pflanze bis 25-blütig	***Limodorum***
4	Lippe 2-lappig mit spreizenden Abschnitten, bräunlich	***Neottia***
-	Lippe ungeteilt, zungenförmig, weiss mit roten Flecken	***Corallorhiza***
5	Lippe mit Sporn	**6**
-	Lippe ohne Sporn	**16**
6	Lippe ungeteilt	**7**
-	Lippe 3-zähnig oder 3- bis 5-teilig	**9**
7	Sporn viel länger als der Fruchtknoten. Lippe schmal zungenförmig	***Platanthera***
-	Sporn kürzer als der Fruchtknoten	**8**
8	Lippe abwärtsgerichtet. Blütenstand locker	***Orchis***
-	Lippe aufwärtsgerichtet. Blütenstand sehr dicht. Blätter grasartig	***Nigritella***
9	Perigonblätter in eine spatelförmig verbreiterte Spitze ausgezogen	***Traunsteinera***
-	Perigonblätter spitz oder stumpf, am Ende nicht verbreitert	**10**
10	Blüten grünlich, oft braunrot überlaufen. Lippe 5–10 mm lang, zungenförmig, vorne mit 2 seichten Zipfeln und kleinem Mittelzahn	***Coeloglossum***
-	Blüten weiss, gelb, rot oder rosa; wenn grünlich, dann Lippe 13–60 mm lang	**11**
11	Sporn fadenförmig, kaum 1 mm dick	**12**
-	Sporn meist mehr als 1 mm dick	**13**
12	Ähre kurz, pyramiden- bis eiförmig. Lippe am Grund oberseits mit 2 kleinen Wülsten	***Anacamptis***
-	Ähre schlank, zylindrisch. Lippe am Grund ohne Wülste	***Gymnadenia***
13	Blüten ohne Sporn 3–4 mm lang, grünlich oder gelblich weiss. Abschnitte der Lippe einander ähnlich	***Pseudorchis***
-	Blüten ohne Sporn meist mehr als 5 mm lang. Abschnitte der Lippe untereinander unterschiedlich gestaltet	**14**
14	Aussenrand der Lippe am Grund auffallend wellig-kraus	***Himantoglossum***
-	Aussenrand der Lippe ± flach	**15**
15	Tragblätter meist häutig, nicht oder wenig länger als der Fruchtknoten. Mittellappen der Lippe oft nochmals geteilt. Obere Stängelblätter den Stängel scheidig umhüllend und meist ungefleckt	***Orchis***
-	Tragblätter krautig, zumindest die unteren viel länger als der Fruchtknoten, 3- bis 5-nervig. Mittellappen der Lippe ungeteilt. Stängelblätter abstehend, gefleckt oder ungefleckt	***Dactylorhiza***

16	Lippe pantoffelartig aufgeblasen, länger als 2 cm. 2 fertile Staubblätter vorhanden	***Cypripedium***
-	Lippe anders. Nur 1 fertiles Staubblatt vorhanden	**17**
17	Lippe durch eine tiefe Einschnürung in 2 scharf voneinander abgesetzte Teile gegliedert	**18**
-	Lippe ohne tiefe Einschnürung, ungegliedert oder aus 2 verschieden gestalteten Abschnitten bestehend	**19**
18	Perigonblätter zusammenneigend, die Lippe verdeckend, weiss oder dunkelrosa. Epichil (vorderer Teil der Lippe) mit Längslamellen	***Cephalanthera***
-	Perigonblätter abstehend, die Lippe nicht verdeckend, grünlich, bräunlich, violett oder rötlich. Epichil glatt oder mit Schwielen oder Wülsten	***Epipactis***
19	Stängel mit 2 nahezu gegenständigen Blättern	***Listera***
-	Stängel mit 1 bis mehreren wechselständigen Blättern oder Blätter grundständig	**20**
20	Oberer Teil des Stängels wie der Blütenstand drüsig behaart	**21**
-	Stängel und Blütenstand kahl	**22**
21	Blütenstand nicht oder wenig gedreht. Lippe zweigliedrig, hinterer Teil halbkugelig, vorderer Teil dreieckig. Blätter breit eiförmig, meist auffällig netznervig	***Goodyera***
-	Blütenstand schraubig gedreht. Lippe zungenförmig. Blätter schmal, nicht auffällig netznervig	***Spiranthes***
22	Perigonblätter helmförmig zusammenneigend (bei *Herminium* an der Spitze aber wieder nach aussen gebogen)	**23**
-	Perigonblätter abstehend	**26**
23	Blätter schmal lineal	***Chamorchis***
-	Blätter anders	**24**
24	Blüten 2–3 cm lang, braunrot. Vorderer Abschnitt der Lippe zungenförmig herabhängend	***Serapias***
-	Blüten anders	**25**
25	Lippe ca. 4 mm lang, vorgestreckt, tief 3-zipflig	***Herminium***
-	Lippe über 10 mm lang, hängend, mit 4 langen, schmalen Seitenlappen und kleinem Mittelzahn	***Aceras***
26	Blüten mehrfarbig. Lippe samtig behaart mit kahlem, auffälligem Mal im mittleren Bereich	***Ophrys***
-	Blüten gelbgrün. Lippe kahl, ohne auffälliges Mal	**27**
27	Lippe rinnig, sichelförmig gebogen, nach unten gerichtet. Blütenstand meist nur 1- bis 8-blütig	***Liparis***
-	Lippe nicht sichelförmig gebogen, nach oben gerichtet. Blütenstand vielblütig	**28**
28	Blatt meist nur 1, bis 3–10 cm lang. Alle Blütenblätter ± gleich lang	***Malaxis***
-	Blätter meist 2–3, nicht über 3 cm lang. Lippe und innere Perigonblätter etwa halb so lang wie die äusseren Perigonblätter	***Hammarbya***

Aceras Ohnsporn

- Pflanze nur unten beblättert. Blütenstand schlank, lang zylindrisch. Perigonblätter gelbgrün, zu einem Helm zusammenneigend. Lippe ca. 10 cm lang, gelbgrün bis rotbraun, mit langen Seitenabschnitten →. Ohne Sporn

Aceras anthropophorum (L.) W. T. Aiton, *(Orchis anthropophora)*, Ohnsporn: G, 20–40 cm, V–VI, kollin (-montan), trockene Krautsäume, Trockenrasen, (Meso, Gera-sang), NT

Anacamptis Spitzorchis

- Blätter lanzettlich, nach oben kleiner werdend. Ähre kurz, pyramiden- bis eiförmig, dichtblütig. Blüten karminrot bis rosa. Lippe etwa gleich lang wie breit, vorne 3-teilig →. am Grund oberseits mit 2 kleinen Wülsten. Sporn fadenförmig

Anacamptis pyramidalis (L.) Rich., Spitzorchis: G, 20–60 cm, VI–VII, kollin-subalpin, Halbtrockenrasen, trockene Krautsäume, (Meso, Gera-sang), NT

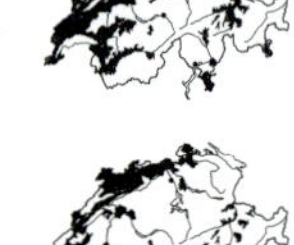

a Blüten hell- bis dunkel purpurrot, rosa oder weiss. Sporn etwa gleich lang oder länger als der Fruchtknoten

Anacamptis pyramidalis (L.) Rich. subsp. ***pyramidalis***, Gewöhnliche Spitzorchis: G, kollin-montan, NT

- Blüten intensiv rotpurpurn. Sporn meist deutlich kürzer als der Fruchtknoten

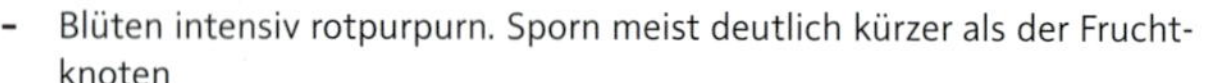

Anacamptis pyramidalis subsp. ***tanayensis*** (Chenevard) Quentin, Tanay-Spitzorchis: G, montan-subalpin, VU

Cephalanthera Waldvögelein

1 Blüten rot. Oberer Stängelteil und Fruchtknoten dicht drüsenhaarig

Cephalanthera rubra (L.) Rich., Rotes Waldvögelein: G, 20–50 cm, VI–VII, kollin-montan, trockenwarme, kalkreiche Laubwälder, (Ceph-Fage, Quer-pube), LC

- Blüten weiss. Pflanze kahl oder nur schwach drüsenhaarig **2**

2 Blätter ca. 3x so lang wie breit, flach. Obere Tragblätter länger als der Fruchtknoten

Cephalanthera damasonium (Mill.) Druce, Weisses Waldvögelein: G, 20–50 cm, VI, kollin-montan, trockenwarme Buchenwälder, Krautsäume, (Ceph-Fage, Gera-sang), LC

- Blätter 4–6x so lang wie breit, gefaltet. Obere Tragblätter kürzer als der Fruchtknoten

Cephalanthera longifolia (L.) Fritsch, Langblättriges Waldvögelein: G, 20–50 cm, V–VI, kollin-montan, trockenwarme, kalkreiche Laubwälder, Föhrenwälder, (Ceph-Fage, Quer-pube, Moli-Pini), LC

Chamorchis **Zwergorchis**

- Pflanze nur am Grund beblättert. Blätter schmal lineal, rinnig gefaltet. Blüten gelbgrün bis rotbraun. Perigonblätter helmförmig zusammengeneigt. Lippe meist gelb, 3-4 mm, mit nach unten gebogenem Rand →. Kein Sporn

Chamorchis alpina (L.) Rich., Zwergorchis: G, 5-15 cm, VII-VIII, subalpin-alpin, kalkreiche Gratrasen, (Elyn, Cari-firm), LC

Coeloglossum **Hohlzunge**

- Stängel kantig. Blätter eiförmig bis lanzettlich. Blüten grünlich, oft braunrot überlaufen. Lippe 5-10 mm lang, abwärtsgerichtet, vorne 3-teilig, mit kurzem Mittelabschnitt →. Sporn sackförmig, kurz

Coeloglossum viride (L.) Hartm., *(Dactylorhiza viridis)*, Grüne Hohlzunge: G, 5-20 cm, V-VII, (kollin-) montan-alpin, Magerrasen, Zwergstrauchheiden, (Nard, Sesl), LC

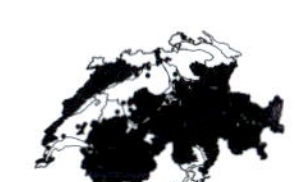

Corallorhiza **Korallenwurz**

- Pflanze grünlich gelb bis braun. Blätter schuppenförmig. Perigonblätter lineal-lanzettlich. Lippe ungeteilt, zungenförmig, weiss mit roten Punkten und Strichen →. Sporn kurz, dem Fruchtknoten anliegend

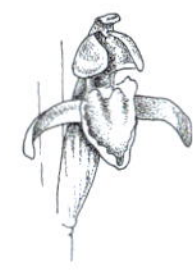

Corallorhiza trifida Châtel., Korallenwurz: G.sp, 10-25 cm, V-VII, montan-subalpin, Nadelwälder, (Vacc-Pice), LC

Cypripedium **Frauenschuh**

- Blätter breit elliptisch, stängelumfassend, fein behaart. Blüten 1-3. Perigonblätter purpurbraun, innere bis fast vorne verwachsen. Lippe pantoffelartig aufgeblasen, gelb, 3-4 cm lang. 2 fertile Staubblätter vorhanden. Kein Sporn

Cypripedium calceolus L., Frauenschuh: G, 15-50 cm, V-VI(-VII), kollin-subalpin, lichte, kalkreiche Wälder, Krautsäume, (Ceph-Fage, Moli-Pini, Alni-inca), VU

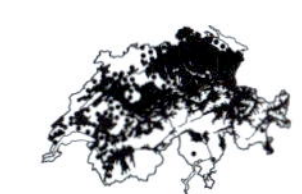

Dactylorhiza **Fingerwurz**

Viele *Dactylorhiza*-Arten sind untereinander morphologisch nur schwer abgrenzbar, und (fertile) Hybriden kommen häufig vor. Wenn vorhanden, sollten immer mehrere Individuen einer Population untersucht werden, bei Einzelexemplaren ist eine sichere Bestimmung in etlichen Fällen nicht möglich.

1 Blüten gelb oder rot mit gelblichem Grund. Lippe auch bei gelbblütigen Exemplaren an der Basis mit Fleckenzeichnung. Blätter verkehrt eilanzettlich, über der Mitte am breitesten

Dactylorhiza sambucina (L.) Soó, Holunder-Fingerwurz: G, 10-30 cm, V-VI, montan-subalpin, kalkarme Magerrasen, Krautsäume, (Nard, Call-Geni, Meso), NT

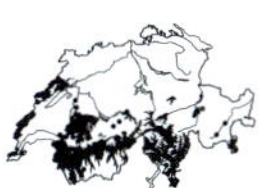

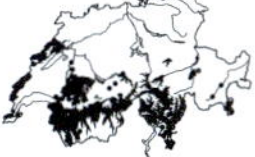

- Blüten meist (purpur-)rot, rosa oder weiss. Fleckenzeichnung meist auf der ganzen Länge der Lippe. Wenn Blüten gelblich, dann ohne Fleckenzeichnung auf der Lippe und Blätter am Grund am breitesten **2**

2 Stängel dünn, zumindest im oberen Teil markig (lässt sich nicht quetschen), mit 3–10 Stängelblättern **3**

- Stängel dick, gänzlich hohl (leicht quetschbar), mit 3–5 Blättern **4**

3 Stängel mit 3–5 Blättern, das zweitunterste 6–15x so lang wie breit, im untersten Drittel am breitesten. Tragblattähnliche Blätter 0–2. Blüten intensiv purpurrot

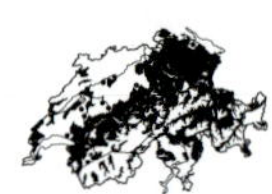

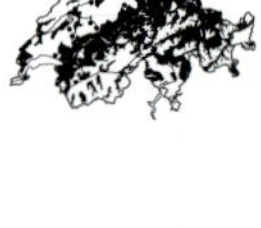

Dactylorhiza traunsteineri (Rchb.) Soó, Traunsteiners Fingerwurz: G, 20–35 cm, V–VI, (kollin-) montan-subalpin, Flachmoore, (Cari-fusc, Cari-dava), NT

- Stängel mit 3–10 Blättern, das zweitunterste 3–8x so lang wie breit, zumindest teilweise in oder über der Mitte am breitesten. Tragblattähnliche Blätter 2–6. Blüten hell- bis dunkelrosa

Dactylorhiza maculata (L.) Soó, Gefleckte Fingerwurz: G, 20–60 cm, V–VIII, kollin-alpin, Flachmoore, Quellen, feuchte Magerrasen, (Cari-dava, Cari-fusc, Calt), LC

a Lippe tief 3-spaltig, Mittellappen gross, schmaler, aber länger als die Seitenlappen →. Unterstes Blatt breit löffelförmig, meist stumpf

Dactylorhiza maculata subsp. ***fuchsii*** (Druce) Hyl., Fuchs' Gefleckte Fingerwurz: G, V–VIII, kollin-alpin, feuchte Wiesen und Magerrasen, LC

- Lippe seicht 3-lappig, Mittellappen viel kleiner und oft kürzer als die Seitenlappen. Unterstes Blatt schmal bis breit lanzettlich, meist spitz **b**

b Blätter 5–10, das unterste meist schmal lanzettlich. Blütengrundfarbe hellrosa. Mittellappen der Lippe meist kürzer als die Seitenlappen →. Seitenlappen am Rand kaum nach oben gebogen

Dactylorhiza maculata (L.) Soó subsp. ***maculata***, Gewöhnliche Gefleckte Fingerwurz: G, VII–VIII, montan-subalpin, Flach- und Hochmoore, VU. Gesicherte Vorkommen bisher nur im Jura

- Blätter 3–6, das unterste breit lanzettlich. Blütengrundfarbe dunkelrosa. Mittellappen der Lippe länger als die Seitenlappen →. Seitenlappen am Rand oft nach oben gebogen

Dactylorhiza maculata subsp. ***savogiensis*** (D. Tyteca & Gathoye) Kreutz, Savoyer Fingerwurz: G, VI–VII, montan-alpin, saure Quell- und Hangmoore, feuchte Borstgrasrasen, Verbreitung ungenügend bekannt, bisher vor allem Silikatgebiete der Alpen

4 Blätter steil aufgerichtet, die oberen mit kapuzenförmiger Spitze, meist ungefleckt, hellgrün

Dactylorhiza incarnata (L.) Soó, Fleischrote Fingerwurz: G, 20–60 cm, Flachmoore, NT

a Blüten rosa bis purpurn. Lippe undeutlich 3-lappig oder fast ungeteilt →

Dactylorhiza incarnata (L.) Soó subsp. ***incarnata***, Gewöhnliche Fleischrote Fingerwurz: G, 20–60 cm, V–VI, kollin-montan (-subalpin), kalkreiche Flachmoore, Nasswiesen, (Cari-dava, Moli), NT

- Blüten hellgelb, am Grund dunkler gelb. Lippe deutlich 3-lappig, mit oft gezähnten Seitenlappen →

  Dactylorhiza incarnata subsp. ***ochroleuca*** (Boll) P. F. Hunt & Summerh., Hellgelbe Fingerwurz: G, V–VI, kollin, kalkreiche Flachmoore, (Cari-dava), EN

- Blätter waagrecht oder wenig aufgerichtet, oberseits meist gefleckt **5**

5 Blütenstand locker, 5- bis 15- (20-)blütig. Sporn kegelförmig, gerade oder leicht abwärtsgebogen →

Dactylorhiza lapponica (Hartm.) Soó, Lappländische Fingerwurz: G, 10–30 cm, VI–VIII, montan-subalpin, feuchte Hänge, Flachmoore, (Cari-dava, Cari-fusc, Cari-bico), NT

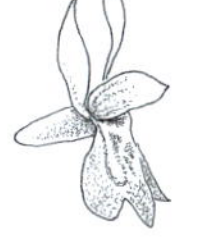

- Blütenstand dicht, 15- bis 30- (50-)blütig. Sporn dick, walzlich konisch, leicht abwärtsgebogen **6**

6 Blätter meist beidseits gefleckt. Lippe 5–6 mm lang →

Dactylorhiza cruenta (O. F. Müll.) Soó, Blutrote Fingerwurz: G, 10–30 cm, VI–VII, subalpin, kalkreiche Flachmoore, (Cari-dava), VU

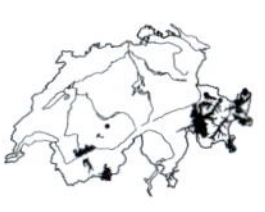

- Blätter nur oberseits gefleckt oder ungefleckt. Lippe (5–)8–10 mm lang →

  Dactylorhiza majalis (Rchb.) P. F. Hunt & Summerh., *(D. latifolia)*, Breitblättrige Fingerwurz: G, 45 cm, V–VI, kollin-subalpin, kalkreiche Flachmoore, nährstoffarme Nasswiesen, (Cari-dava, Moli), LC

Epipactis Stendelwurz

Die meisten Arten innerhalb des *E. helleborine*-Aggregates vermehren sich vorwiegend über Selbstbestäubung (Autogamie). Diese Arten sind morphologisch nur schwer voneinander abzugrenzen. Für eine Bestimmung müssen frisch geöffnete Blüten vorhanden sein, an denen unter anderem die Form der vorderen und hinteren Lippenglieder (Epichil/Hypochil) und deren Verbindungsstelle, die Beschaffenheit der Pollenpakete (Pollinien) oder das Vorhandensein eines Viscidiums (= Rostelldrüse; ein als Fortsatz an der Säule unterhalb der Pollinien ausgebildeter Klebekörper) untersucht werden können.

1 Vorderes Lippenglied (Epichil) stumpf, vom hinteren (Hypochil) durch eine sehr tiefe Einschnürung beweglich abgesetzt. Innere Perigonblätter weiss, mit rötlichem Grund. Lippe → weiss

Epipactis palustris (L.) Crantz, Sumpf-Stendelwurz: G, 20–50 cm, VI–VII, kollin-montan (-subalpin), kalkreiche Flachmoore, feuchte Magerrasen, (Cari-dava, Moli), NT

- Epichil spitz, vom Hypochil breit und starr abgesetzt **2**

2 Epichil mit runzeligen Höckern. Blütenstandsachse und Fruchtknoten mit dichten, weisslichen Flaumhaaren **3**

- Epichil ohne oder mit glatten Höckern. Blütenstandsachse und Fruchtknoten kahl oder flaumig, dann aber Flaumhaare nicht weisslich **4**

3 Blätter kürzer als die Stängelglieder, auffallend klein. Blüten → graugrün, oft violett überlaufen

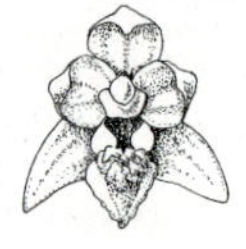

Epipactis microphylla (Ehrh.) Sw., Kleinblättrige Stendelwurz: G.sp, 15–40 cm, VI–VII, kollin-montan (-subalpin), wechseltrockene, kalkreiche Buchenwälder, Eichenwälder, (Ceph-Fage, Carp), NT

- Mittlere Blätter deutlich länger als die Stängelglieder. Blüten → dunkelrotbraun

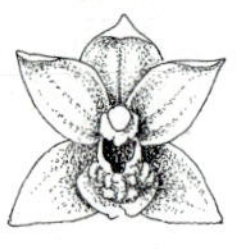

Epipactis atrorubens Besser, Braunrote Stendelwurz: G, 20–80 cm, VI–VIII, kollin-subalpin (-alpin), trockene, kalkreiche Schuttfluren, Föhrenwälder, Gebüsche, (Thla-rotu, Stip-cala, Eric-PiSy, Moli-Pini), LC

4 Blätter wie der Stängel violett überlaufen, besonders deutlich beim Austreiben. Perigonblätter abstehend, flaumig behaart, seidig glänzend

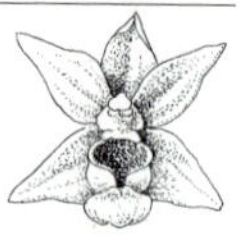

Epipactis purpurata Sm., Violette Stendelwurz: G.sp, 20–80 cm, (VII–)VIII–IX, kollin-montan, frische Laubmischwälder, auf Kalk, LC

- Blätter grün (selten wenig violett überlaufen). Perigonblätter meist zusammenneigend und kahl, ohne Seidenglanz

Epipactis helleborine aggr., Breitblättrige Stendelwurz: G, 20–110 cm, VII–VIII, kollin-subalpin, LC

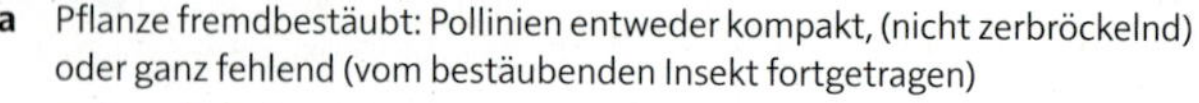

a Pflanze fremdbestäubt: Pollinien entweder kompakt, (nicht zerbröckelnd) oder ganz fehlend (vom bestäubenden Insekt fortgetragen)

Epipactis helleborine (L.) Crantz, Gewöhnliche Breitblättrige Stendelwurz: G, 20–110 cm, VII–VIII, kollin-subalpin, wechseltrockene Krautsäume, lichte, krautreiche Wälder, (Fagetalia, Luna-Acer), LC

- Pflanze selbstbestäubt (autogam): Pollinien schon in der Knospe oder kurz nach dem Aufblühen auf die Narbe zerbröckelnd **b**

b Stängel kahl. Blüten klein, nickend, sich wenig öffnend, grünlich weiss. Fruchtknoten kahl

Epipactis fageticola (C. E. Hermos.) Devillers-Tersch. & Devillers, (*E. stellifera*), Sterntragende Stendelwurz: G, 15–40 cm, VII–VIII, kollin-montan, Auenwälder, VU

- Stängel wie auch der Fruchtknoten behaart **c**

c Epichil meist deutlich länger als breit, spitz, gerade vorgestreckt (var. *leptochila*) oder zurückgekrümmt (var. *neglecta*). Äussere Perigonblätter meist deutlich zugespitzt, grün, oft rötlich getönt

Epipactis leptochila (Godfery) Godfery, Schmallippige Breitblättrige Stendelwurz: G, 20–70 cm, (VI–)VII–VIII, kollin-montan (-subalpin), trockenwarme, kalkreiche Buchenwälder, (Ceph-Fage), LC

- Epichil nicht oder kaum länger als breit, zugespitzt oder stumpf. Äussere Perigonblätter zugespitzt oder stumpf **d**

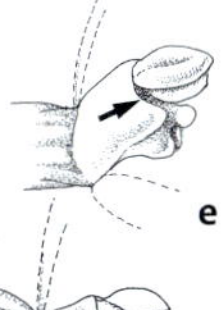

d Untere Blätter rundlich eiförmig, kürzer bis wenig länger als die Stängelglieder. Frisch geöffnete Blüten enthalten einen Klebkörper (Viscidium), der einen Fortsatz an der Säule bildet und nach 1-2 Tagen vertrocknet. Pollinien liegen in einer Vertiefung der Säule (Pollenschüssel) eingebettet → **e**

- Blätter oval bis lanzettlich, meist mehr als 2x so lang wie die Stängelglieder. Klebkörper (Viscidium) auch an frisch geöffneten Blüten fehlend. Pollenschüssel fehlend, Pollinien erscheinen dadurch frei hängend → **f**

e Blüten klein, Perigonblätter nicht über 9 mm. Pollinien schon beim Aufblühen zerbröckelnd. Pflanze feuchter Standorte

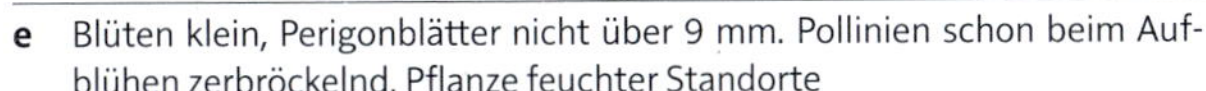

Epipactis rhodanensis Gévaudan & Robatsch, (*E. bugacensis* subsp. *rhodanensis*), Rhone-Stendelwurz: G, 20-60 cm, VI-VII, kollin-montan, Auenwälder, Ufer, VU

- Blüten grösser, Perigonblätter meist > 8 mm. Pollinien in den ersten Stunden nach dem Aufblühen noch kompakt. Pflanze trockenwarmer Standorte

Epipactis distans Arv.-Touv., (*E. helleborine* subsp. *orbicularis*), Entferntblättrige Stendelwurz: G, 25-60 cm, VI-VII, kollin-subalpin, lichte, trockene Föhrenwälder, Halbtrockenrasen, NT

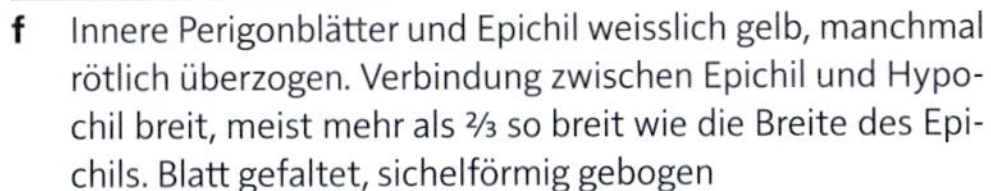

f Innere Perigonblätter und Epichil weisslich gelb, manchmal rötlich überzogen. Verbindung zwischen Epichil und Hypochil breit, meist mehr als ⅔ so breit wie die Breite des Epichils. Blatt gefaltet, sichelförmig gebogen

Epipactis muelleri Godfery, Müllers Breitblättrige Stendelwurz: G, 20-90 cm, VII-VIII, kollin-montan, trockene, kalkreiche Eichenwälder, Krautsäume, (Quer-pube, Berb, Gera-sang), NT

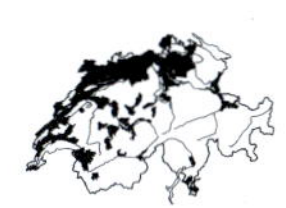

- Innere Perigonblätter und Epichil dunkel rosa. Verbindung zwischen Epichil und Hypochil meist höchstens halb so breit wie die Breite des Epichils. Laubblätter spitz, eiförmig, abstehend

Epipactis placentina Bongiorni & Grünanger, Piacenza-Stendelwurz: G, 10-40 cm, VII, kollin-montan, Föhren- und Eichenwälder in warmen Lagen, EN

Epipogium Widerbart

- Pflanze blassgelb, ohne Chlorophyll. Blätter schuppenförmig. Sporn kurz und dick, wie die Lippe aufwärtsgerichtet. Lippe mit wulstig-krausem Mittelabschnitt →

Epipogium aphyllum Sw., Widerbart: G.sp, 5-20 cm, VII-VIII, kollin-montan (-subalpin), mässig trockene, humusreiche Bergwälder, (Abie-Fage, Abie-Pice), VU

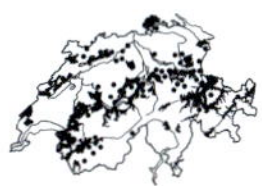

Goodyera Moosorchis

- Pflanze dicht drüsig. Grundständige Blätter breit eiförmig, netzaderig, mit breitem Stiel. Blütenstand einseitswendig, nicht oder wenig gedreht. Perigonblätter weiss bis grünlich, ca. 4 mm lang, Lippe weiss, schnabelartig abwärtsgebogen →. Ohne Sporn

Goodyera repens (L.) R. Br., Moosorchis: G, 10–25 cm, VII–VIII, kollin-montan (-subalpin), humusreiche, kalkarme Nadelwälder, (Dicr-Pini, Vacc-Pice), NT

Gymnadenia Handwurz

1 Sporn viel länger als der Fruchtknoten. Lippe etwa so lang wie die Perigonblätter, mit 3 fast gleichen, gerundeten Abschnitten →. Blätter 5–20 mm breit

Gymnadenia conopsea (L.) R. Br., Langspornige Handwurz: G, 20–50 cm, V–VI, kollin-subalpin (-alpin), kalkreiche, wechseltrockene Magerrasen, Halbtrockenrasen, lichte Wälder, (Sesl, Moli, Moli-Pini), LC

- Sporn nicht länger als der Fruchtknoten. Lippe kürzer als die äusseren Perigonblätter, undeutlich 3-teilig →. Blätter 2–6 mm breit

Gymnadenia odoratissima (L.) Rich., Wohlriechende Handwurz: G, 10–30 cm, VI–VII, (kollin-) montan-subalpin (-alpin), steinige, kalkreiche Gebüsche, Schuttfluren, Föhrenwälder, Flachmoore, (Eric, Moli-Pini, Cari-dava), LC

Hammarbya Weichwurz

- Blätter 2–3, oval und aufrecht, nicht über 3 cm lang. Blütenstand sehr schlank, bis 5 cm lang, allseitswendig. Blüten gelblich bis grün. Lippe kurz, nach oben gerichtet →

Hammarbya paludosa (L.) Kuntze, Sumpf-Weichwurz: G, 3–12 cm, VII–VIII, montan, Torfmoore, Schlenken, (Cari-lasi), CR

Herminium Einorchis

- Blätter grundständig, bis 10 cm lang. Blütenstand schlank, allseitswendig, vielblütig. Blüten grünlich gelb. Lippe wie die Perigonblätter vorgestreckt, tief 3-zipflig, ca. 4 mm lang →

Herminium monorchis (L.) R. Br., Einorchis: G, 10–25 cm, V–VII, kollin-subalpin, wechselfeuchte, kalkreiche Magerrasen, (Moli, Meso), VU

Himantoglossum **Riemenzunge**

1 Lippe bis 2 cm lang, breit lappig, mit welligem Rand → Blüten rosaviolett bis grünlich, purpurn gefleckt

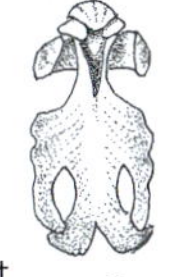

Himantoglossum robertianum (Loisel.) P. Delforge, *(Barlia robertiana)*, Mastorchis: G, 25-80 cm, III-IV, kollin, mediterrane Trockenrasen, (Thero-Brachypodietalia), vermutlich eingewandert, NT

- Lippe 3-6 cm lang, an der Basis mit welligem Rand. Mittelabschnitt der Lippe lang bandförmig, schraubig gedreht. Seitenabschnitte viel kürzer →. Blüten mit intensivem Bocksgeruch

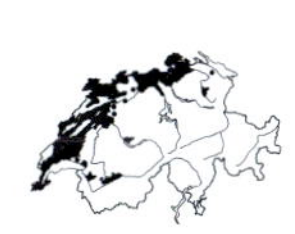

Himantoglossum hircinum (L.) Spreng., Bocks-Riemenzunge: G, 30-80 cm, V-VI, kollin, trockenwarme, kalkreiche Krautsäume, Halbtrockenrasen, (Meso, Gera-sang), NT

Limodorum **Dingel**

- Pflanze ohne oder mit wenig Chlorophyll, trüb violett. Blätter schuppenförmig. Perigon → rötlich violett, ca. 2 cm lang. Lippe dreieckig, mit welligem Rand. Sporn lang, abwärtsgerichtet

Limodorum abortivum (L.) Sw., Dingel: G.sp, 20-60 cm, V-VI, kollin-montan, trockenwarme Eichenwälder, Föhrenwälder, Krautsäume, (Quer-pube, Eric-PiSy, Gera-sang), NT

Liparis **Zwiebelorchis**

- Blätter 1-3, grundständig, lanzettlich, bis 10 cm lang. Blütenstand 1- bis 8-blütig. Blüten gelbgrün. Perigonblätter 4-5 mm, mit nach aussen gerollten Rändern. Lippe oval, rinnig, sichelförmig gebogen →. Säule frei stehend

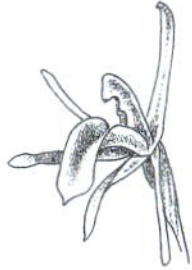

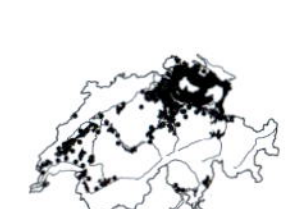

Liparis loeselii (L.) Rich., Zwiebelorchis: G, 10-20 cm, VI, kollin-montan, kalkreiche Flachmoore, (Cari-dava), VU

Listera **Zweiblatt**

1 30-60 cm hoch. Blätter breit eiförmig. Blütenstand 20- bis 40-blütig. Perigonblätter grün, oft mit rotem Rand. Lippe gelbgrün, bis zur Mitte eingeschnitten, mit stumpfen, wenig spreizenden Lappen →

Listera ovata (L.) R. Br., *(Neottia ovata)*, Grosses Zweiblatt: G, 20-50 cm, V-VII, kollin-subalpin (-alpin), eher feuchte Wiesen und Weiden, Wälder, (Frax, Alni-inca, Calt, Cari-ferr), LC

- 5-20 cm hoch. Blätter fast dreieckig-herzförmig. Blütenstand bis 10-blütig. Perigonblätter grün bis rot. Lippe braunrot, bis über die Mitte eingeschnitten, mit zugespitzten, spreizenden Zipfeln →

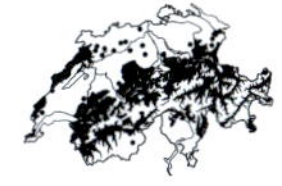

Listera cordata (L.) R. Br., *(Neottia cordata)*, Kleines Zweiblatt: G, 5-20 cm, V-VII, montan-subalpin, humusreiche, feuchte Zwergstrauchheiden, Fichtenwälder, (Rhod-Vacc, Vacc-Pice, Spha-Pice), NT

Malaxis Einblatt

- Blatt meist 1, eiförmig, bis 3–6 cm lang. Blütenstand schlank, allseitswendig, vielblütig. Blüten blassgelb bis hellgrün. Lippe aufwärts stehend, am Grund mit wulstigen Rändern. Perigonblätter abwärtsgerichtet, sehr schmal, bis 2,5 mm lang →

Malaxis monophyllos (L.) Sw., Einblatt: G, 10–30 cm, VII, montan, feuchte Auenwälder, Moore, (Frax), VU

Neottia Nestwurz

- Pflanze hellbraun, ohne Chlorophyll, Blätter schuppenförmig. Blütenstand vielblütig. Perigonblätter zusammenneigend. Lippe 2-lappig, mit spreizenden, stumpfen Abschnitten →

Neottia nidus-avis (L.) Rich., Nestwurz: G.sp, 20–40 cm, VI–VII, kollin-montan (-subalpin), Wälder, (Fagetalia, Carp, Abie-Pice), LC

Nigritella Männertreu

1 Seitliche innere Perigonblätter etwa halb so breit wie die äusseren. Lippe mit dreieckiger Spitze, nach oben gerichtet →

Nigritella rhellicani aggr.: G, 5–25 cm, VII–VIII, (montan-) subalpin-alpin, Bergweiden, LC

a Blütenstand zumindest gegen Ende der Blüte höher als breit. Zumindest die untersten Tragblätter am Rand papillös (Lupe). Lippe mindestens 7 mm lang

Nigritella rhellicani Teppner & E. Klein, *(Gymnadenia rhellicani)*, Schwarzes Männertreu: G, 5–25 cm, VI–VIII, kalkarme Magerwiesen, LC

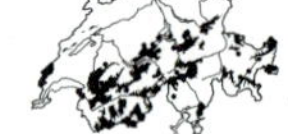

- Blütenstand breiter als hoch. Alle Deckblätter glatt, ohne Papillen. Lippe weniger als 7 mm lang →

Nigritella austriaca (Teppner & E. Klein) P. Delforge, *(Gymnadenia austriaca)*, Österreichisches Männertreu: G, 5–25 cm, VI–VIII, kalkarme Magerwiesen, VU

- Seitliche innere Perigonblätter etwa so breit wie die äusseren. Lippe eiförmig mit ausgeschweifter Spitze, nach oben gerichtet, am Grund mit tütenförmig eingerolltem Rand →

Nigritella rubra (Wettst.) K. Richt., Rotes Männertreu: G, 10–25 cm, VII, subalpin, sonnige, eher kalkreiche Gebirgsrasen, Bergweiden, (Sesl, Fest-vari), NT

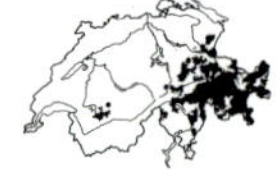

Ophrys Ragwurz

1 Lippe meist deutlich 3-lappig **2**

- Lippe meist ungeteilt, selten schwach 3-lappig **3**

2 Mittellappen der Lippe länglich, ± flach, braun, vorne ausgerandet, in der Regel purpurbraun und grauviolett. Äussere Perigonblätter gelbgrün, die inneren schmal lineal, braun oder rot →

Ophrys insectifera L., Fliegen-Ragwurz: G, 15–40 cm, V, kollin-montan (-subalpin), kalkreiche Trockenrasen, wechselfeuchte Magerrasen, Föhrenwälder, (Meso, Moli, Moli-Pini), VU

- Mittellappen der Lippe stark gewölbt, braunpurpurn mit hellem Mal, vorne nicht ausgerandet →

Ophrys apifera Huds., Gewöhnliche Bienen-Ragwurz: G, 20–40 cm, V–VI, kollin-montan, kalkreiche Halbtrockenrasen, (Meso), VU

3 Lippe vorne ohne Anhängsel, samtig behaart, mit kahlem, H- bis hufeisenförmigem, bläulichem Mal. Äussere Perigonblätter gelbgrün, die inneren olivgrün bis rötlich

Ophrys sphegodes aggr., Spinnen-Ragwurz: G, 15–45 cm, IV–VI, VU

a Lippe 6–9 mm lang und 11–16 mm breit, ohne deutlichen gelben Rand, meist deutlich höckerig →

Ophrys sphegodes Mill., Gewöhnliche Spinnen-Ragwurz: G, 15–45 cm, IV–VI, kollin (-montan), trockenwarme, kalkreiche Krautsäume, Trockenrasen, (Meso, Gera-sang), EN

- Lippe 9–14 mm lang und 7–11 mm breit, mit kahlem gelbem Rand, meist kaum höckerig →

Ophrys araneola Rchb., Kleine Spinnen-Ragwurz: G, 15–40 cm, IV–V, kollin (-montan), kalkreiche Halbtrockenrasen, trockenwarme Krautsäume, (Meso, Gera-sang), VU

- Lippe vorne mit Anhängsel **4**

4 Mal auf der Lippe H-förmig bis reich gegliedert, immer ein Basalfeld umschliessend →. Lippe trapezförmig, kurz samtig behaart. Äussere Perigonblätter rosa bis weiss, mit grünem Mittelnerv, die inneren nur bis halb so lang und von ähnlicher Farbe

Ophrys holosericea (Burm. f.) Greuter, *(O. fuciflora)*, Hummel-Ragwurz: G, 10–30 cm, V–IX, kollin-montan, Halbtrockenrasen, VU

a Lippe 8,5–13 mm lang. Pflanze nicht über 30 cm hoch. Blütezeit Mai/Juni

Ophrys holosericea (Burm. f.) Greuter subsp. ***holosericea***, Gewöhnliche Hummel-Ragwurz: G, 15–30 cm, V–VII, kollin-montan, kalkreiche Trockenrasen, trockenwarme Krautsäume, (Meso, Xero, Gera-sang), VU

- Lippe 6–10 mm lang. Pflanze bis 90 cm hoch. Blütezeit Juli/August

Ophrys holosericea subsp. ***elatior*** (R. Engel & P. Quentin) H. Baumann & Künkele, Hohe Hummel-Ragwurz: G, 90 cm, VII–IX, kollin, kalkreiche Trockenrasen, (Xero, Meso), EN

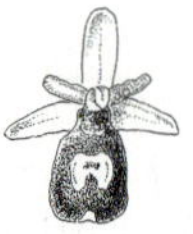
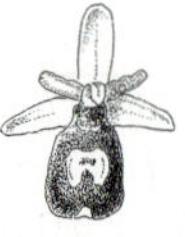

- Mal in der Lippenmitte isoliert stehend, schildförmig, meist kein Basalfeld umschliessend. Lippe breit oval, samtig mit brauner Randbehaarung →. Äussere Perigonblätter rosa oder weiss, mit grünem Mittelnerv, mehr als halb so lang wie die inneren, diese purpurn bis braunrot

  Ophrys benacensis (Reisigl) O. Danesch & al., Insubrische Ragwurz: G, 15–25(–30) cm, III–V, kollin-montan, kalkreiche Trockenrasen. Im Comersee-Gebiet indigen, Vorkommen in der Schweiz gehen auf Ansiedlungen zurück

Orchis Knabenkraut

1 Alle 5 Perigonblätter helmförmig zusammenneigend **2**

- Die 2 seitlichen Perigonblätter abstehend oder zurückgeschlagen, selten leicht zusammenneigend, dann aber diese mit grünlicher Grundfarbe und innen mit braunroten Flecken **10**

2 Lippe ungeteilt, mit aufwärtsgebogenen Seiten. Blüten purpurn, mit dunklen Adern →

Orchis papilionacea L., *(Anacamptis papilionacea)*, Schmetterlings-Knabenkraut: G, 20–40 cm, V, kollin-montan, mediterrane Trockenrasen, (Thero-Brachypodietalia), CR

- Lippe 3-lappig oder 3-spaltig, flach oder abwärtsgebogen **3**

3 Sporn waagrecht oder aufwärtsgerichtet. Lippe sattelförmig, breiter als lang, mit dunklen Flecken, seicht 3-teilig →. Stängel oben mit spreitenlosen Blattscheiden

Orchis morio L., *(Anacamptis morio)*, Kleines Knabenkraut: G, 10–30 cm, IV–VI, kollin-montan, Trocken-, Halbtrockenrasen, wechselfeuchte Magerrasen, (Meso, Xero, Moli), VU

- Sporn abwärtsgerichtet **4**

4 Mittellappen der Lippe ungeteilt →. Perigonblätter braunrot mit grünen Nerven. Lippe grün bis rotbraun, mit hellerer Basis. Blüten mit Wanzengeruch. Blätter rinnig

Orchis coriophora L., *(Anacamptis coriophora)*, Wanzen-Knabenkraut: G, 10–40 cm, V–VI, kollin-montan, sonnige, eher kalkreiche Wiesen, Krautsäume, (Arrh, Meso, Gera-sang), EN

- Mittellappen der Lippe 2-spaltig oder doch deutlich ausgerandet **5**

5 Deckblätter mindestens ½ so lang wie der Fruchtknoten **6**

- Deckblätter höchstens ¼ so lang wie der Fruchtknoten **7**

6 Perigonblätter ca. 5 mm lang, aussen dunkelrotbraun. Lippe meist weiss mit purpurnen Flecken →

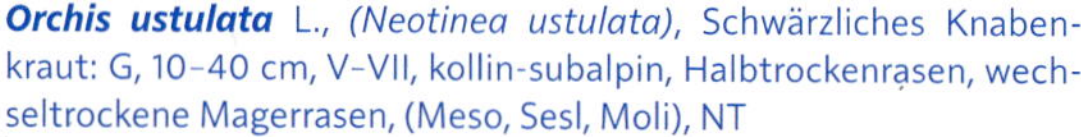

Orchis ustulata L., *(Neotinea ustulata)*, Schwärzliches Knabenkraut: G, 10–40 cm, V–VII, kollin-subalpin, Halbtrockenrasen, wechseltrockene Magerrasen, (Meso, Sesl, Moli), NT

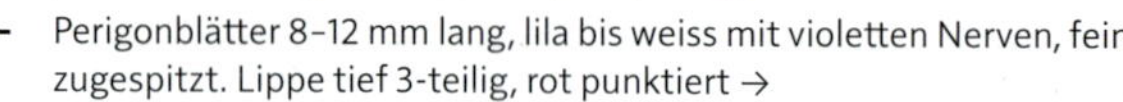

- Perigonblätter 8–12 mm lang, lila bis weiss mit violetten Nerven, fein zugespitzt. Lippe tief 3-teilig, rot punktiert →

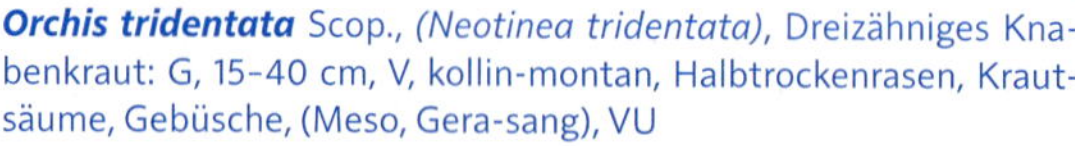
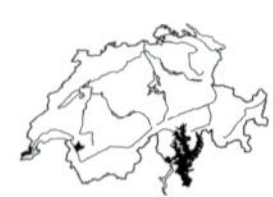

Orchis tridentata Scop., *(Neotinea tridentata)*, Dreizähniges Knabenkraut: G, 15–40 cm, V, kollin-montan, Halbtrockenrasen, Krautsäume, Gebüsche, (Meso, Gera-sang), VU

7 Helm aussen dunkler als die Lippe. Lippe mit bandförmigen Seitenlappen und nach vorne allmählich verbreitertem, 2-lappigem Mittellappen →

Orchis purpurea Huds., Purpur-Knabenkraut: G, 30–60 cm, V, kollin (-montan), lichte Laubwälder, Krautsäume, (Quer-pube, Ceph-Fage, Gera-sang), VU

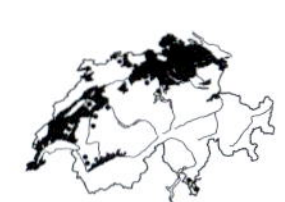

\- Helm aussen heller als die Lippe. Mittellappen der Lippe schmal zungenförmig, vorne plötzlich stark verbreitert und 3-teilig gespalten **8**

8 Seitliche Abschnitte der Lippe 1–2 mm breit. Seitliche Abschnitte des Mittellappens der Lippe 2–3 mm breit, der mittlere Abschnitt ein sehr kurzes Spitzchen bildend →

Orchis militaris L., Helm-Knabenkraut: G, 20–50 cm, V–VI, kollin-montan, trockenwarme Krautsäume, Gebüsche, wechselfeuchte Magerrasen, (Meso, Gera-sang, Moli), NT

\- Seitliche Abschnitte der Lippe höchstens 1 mm breit. Seitliche Abschnitte des Mittellappens der Lippe ebenfalls nicht breiter als 1 mm, der mittlere Abschnitt ein verlängertes Spitzchen bildend **9**

9 Äussere Perigonblätter am Grund verwachsen →. Blütenstand von oben nach unten aufblühend. Blätter flach, glänzend

Orchis simia Lam., Affen-Knabenkraut: G, 20–40 cm, V–VI, kollin, Halbtrockenrasen, trockenwarme Krautsäume, (Meso, Gera-sang), VU

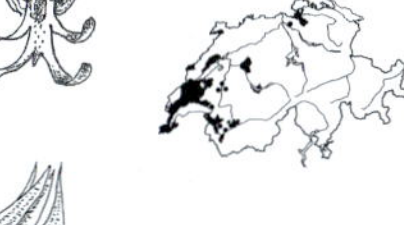

\- Äussere Perigonblätter frei →. Blütenstand von unten nach oben aufblühend. Blätter am Rand gewellt

Orchis italica Poir., Italienisches Knabenkraut: G, 20–40 cm, IV–V, kollin, trockenwarme Krautsäume, (Gera-sang), Neophyt. Bisher in der Schweiz nur adventiv aufgetreten

10 Blüten gelb oder gelblich weiss **11**

\- Blüten rot oder violett, selten weiss **12**

11 Blätter und Lippe ungefleckt →. Blütenstand dicht. Blätter länglich eiförmig, stumpf, 2–5x so lang wie breit

Orchis pallens L., Blasses Knabenkraut: G, 10–30 cm, IV–VI, kollin-montan (-subalpin), lichte Laubwälder, Gebüsche, Krautsäume, (Ceph-Fage, Trif-medi), VU

\- Blätter und Lippe gefleckt →. Blütenstand locker. Blätter schmal lanzettlich, 6–10x so lang wie breit

Orchis provincialis DC., Provence-Knabenkraut: G, 10–30 cm, IV–V, kollin-montan, trockenwarme Laubmischwälder, Krautsäume, Trockenrasen, (Quer-pube, Orno-Ostr, Gera-sang, Dipl), CR

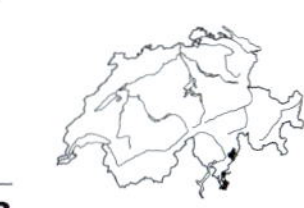

12 Blätter lanzettlich, am Grund des Stängels gehäuft **13**

\- Blätter lineal, am Stängel verteilt **14**

13 Äussere Perigonblätter grünlich, innen mit braunroten Flecken, stumpf, etwas zusammenneigend →. Sporn abwärtsgerichtet

Orchis spitzelii W. D. J. Koch, Spitzels Knabenkraut: G, 10–30 cm, V–VII, montan-subalpin, trockenwarme, kalkreiche Föhrenwälder, Trockenrasen, (Eric-PiSy, Meso, Sesl), CR

- Blüten purpurn. Die seitlichen äussere Perigonblätter immer aufgerichtet. Sporn waagrecht oder aufwärtsgerichtet

Orchis mascula (L.) L., Männliches Knabenkraut: G, 20–60 cm, IV–VIII, kalkreiche Wiesen und Weiden, Gebüsche, lichte Wälder, LC

a Stängel nicht gefleckt. Äussere Perigonblätter nach aussen gedreht →

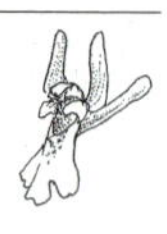

Orchis mascula (L.) L. subsp. ***mascula***, Gewöhnliches Männliches Knabenkraut: G, 10–40 cm, IV–VI, kollin-subalpin (-alpin), (Trif-medi, Gera-sang, Fagetalia, Carp)

- Stängel gefleckt. Äussere Perigonblätter nicht gedreht

Orchis mascula subsp. ***speciosa*** (Mutel) Hegi, Zeichentragendes Männliches Knabenkraut: G, 60 cm, IV–VI, subalpin

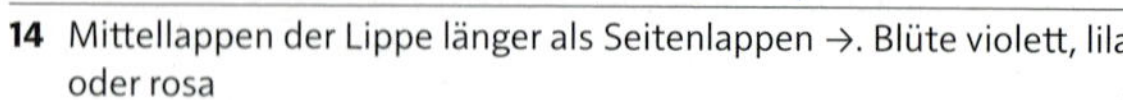

14 Mittellappen der Lippe länger als Seitenlappen →. Blüte violett, lila oder rosa

Orchis palustris Jacq., *(Anacamptis palustris)*, Sumpf-Knabenkraut: G, 20–50 cm, V–VI, kollin, kalkreiche Flachmoore, (Cari-dava), VU

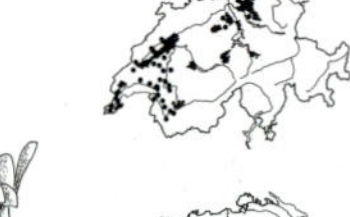

- Mittellappen kürzer als die Seitenlappen →. Blüte dunkel purpurviolett

Orchis laxiflora Lam., *(Anacamptis laxiflora)*, Lockerblütiges Knabenkraut: G, 20–60 cm, V, kollin-montan, wechselfeuchte Streuwiesen, (Moli), CR(PE)

Platanthera Breitkölbchen

1 Staubbeutelfächer genähert, parallel →. Sporn am Ende allmählich verjüngt. Blüten weiss, wohlriechend

Platanthera bifolia (L.) Rich., Weisses Breitkölbchen: G, 20–50 cm, V–VII, kollin-subalpin (-alpin), lichte Wälder, Gebüsche, wechseltrockene Magerrasen, (Ceph-Fage, Eric-PiSy, Meso, Moli), LC

- Staubbeutelfächer entfernt (Abstand mind. 2 mm), divergierend →. Sporn am Ende etwas verdickt. Blüten grünlich weiss, wenig duftend

Platanthera chlorantha (Custer) Rchb., Grünliches Breitkölbchen: G, 20–50 cm, V–VII, kollin-subalpin, lichte Wälder, wechseltrockene Magerrasen, Bergwiesen, (Ceph-Fage, Moli-Pini, Moli, Cari-ferr), LC

Pseudorchis Weisszunge

- Blätter lanzettlich. Blütenstand kurz zylindrisch, dicht. Blüten hellgelb bis weiss, ohne Sporn 3-4 mm lang. Perigonblätter zusammenneigend. Lippe bis zur Mitte 3-spaltig, mit spitzen Abschnitten →

Pseudorchis albida (L.) Á. Löve & D. Löve, *(Leucorchis albida)*, Weisszunge: G, 10-30 cm, VI-VII, (montan-) subalpin (-alpin), kalkarme Magerrasen, Zwergstrauchheiden, (Nard, Juni-nana), LC

Serapias Zungenstendel

- Untere Blätter lanzettlich, obere scheidenartig, ohne Spreite. Blüten 2-3 cm lang, wie die Tragblätter braunrot bis violett. Perigonblätter zu einem spitzen Helm verklebt. Vorderer Teil der Lippe abwärts geknickt, behaart →

Serapias vomeracea (Burm. f.) Briq., Pflugschar-Zungenstendel: G, 20-40 cm, V-VI, kollin-montan, mediterrane Trockenrasen, Gebüsche, (Dipl, Gera-sang), CR

Spiranthes Wendelähre

1 Stängel in der Mitte der Blattrosette stehend. Grundblätter lineallanzettlich. Stängel mit 2 schmal lanzettlichen Blättern knapp über der Basis. Lippe weiss mit grünlichem Grund →

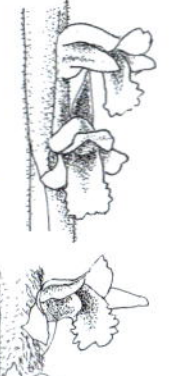

Spiranthes aestivalis (Poir.) Rich., Sommer-Wendelähre: G, 10-30 cm, VII, kollin-montan, kalkreiche Flachmoore, (Cari-dava), VU

- Stängel neben der Blattrosette stehend. Grundblätter breit eiförmig. Stängelblätter zu Schuppen reduziert. Lippe weiss mit gelbgrüner Mittelpartie →

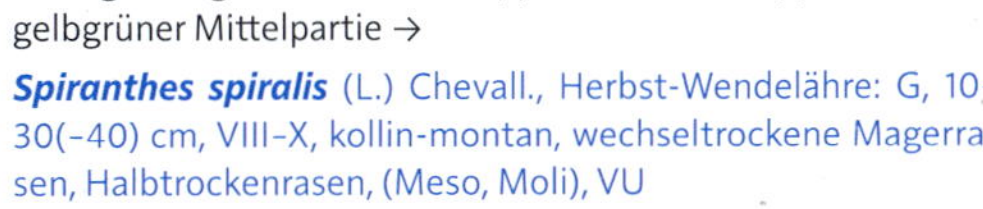

Spiranthes spiralis (L.) Chevall., Herbst-Wendelähre: G, 10-30(-40) cm, VIII-X, kollin-montan, wechseltrockene Magerrasen, Halbtrockenrasen, (Meso, Moli), VU

Traunsteinera Kugelorchis

- Blätter lanzettlich, den Stängel scheidig umfassend, bläulich grün. Blütenstand kugelig bis kegelförmig, dicht. Perigonblätter zusammenneigend, rosa, in eine spatelförmig verbreiterte Spitze ausgezogen. Lippe so lang wie die Perigonblätter →

Traunsteinera globosa (L.) Rchb., Kugelorchis: G, 25-50 cm, VI-VII, (montan-) subalpin (-alpin), frische Bergwiesen, Rostseggenhalden, (Cari-ferr), LC

Poaceae Süssgräser

Hauptschlüssel

1	Stängel verholzt	**Teilschlüssel I - Bambusgräser**
-	Stängel nicht verholzt	**2**
2	Ährchen an einer Hauptachse sitzend oder höchstens kurz gestielt (mit unverzweigten Stielen). Die so gebildeten Ähren sind einzeln (Ährengräser) oder zu mehreren (Fingergräser)	**3**
-	Ährchen deutlich gestielt, Ährchenstiele verzweigt (selten längere Stiele auch unverzweigt)	**4**
3	Mehrere Ähren (fingerartig) am Ende des Halmes	**Teilschlüssel II - Fingergräser**
-	Ähren einzeln am Ende des Halms	**Teilschlüssel III - Ährengräser**
4	Blütenstand eine walzenförmige Scheinähre bildend. Ährchenstiele kurz und dicht gedrängt, von aussen nicht erkennbar, oft erst beim Umbiegen der Scheinähre sichtbar	**Teilschlüssel IV - Ährenrispengräser**
-	Blütenstand eine (jung manchmal noch zusammengezogene) Rispe oder Traube bildend. Ährchen lang gestielt oder an längeren Zweigen stehend. Zumindest ein Teil der Stiele und Zweige ist von aussen sichtbar	**5**
5	Alle Ährchen einblütig	**Teilschlüssel V - Einblütige Rispengräser**
-	Zumindest einzelne Ährchen mehrblütig (Hinweise: Deckspelzen oder Grannen zählen, mehrere Ährchen untersuchen, Lupe verwenden!)	**Teilschlüssel VI - Mehrblütige Rispengräser**

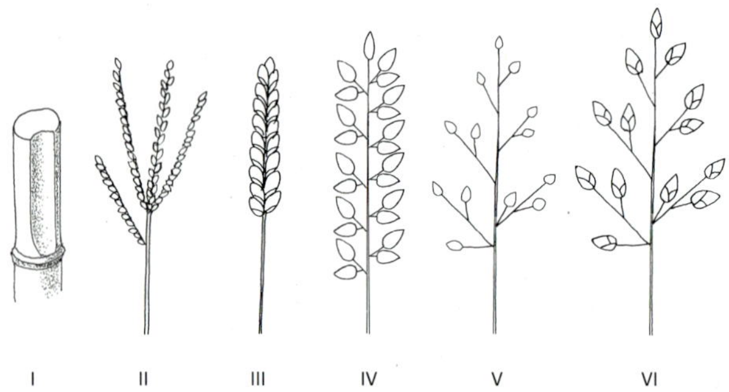

Teilschlüssel I - Bambusgräser

1	Pflanze schilfartig. Halme unverzweigt, gleichmässig beblättert, durch eine Rispe abgeschlossen	***Arundo***
-	Pflanze bambusartig. Halme verzweigt. Rispe fehlend	**2**
2	Haupthalme 3–20 cm dick und 10–30 m hoch. Zweige mit Dornen	***Bambusa***
-	Haupthalme dünner. Zweige ohne Dornen	**3**
3	Internodien abgeflacht oder mit einer Rinne →. Blätter 6–12(–15) cm lang	***Phylostachys***
-	Internodien stielrund. Blätter 10–25 cm lang	***Pseudosasa***

Teilschlüssel II - Fingergräser

1	Pflanze 100–250 cm hoch. Blätter 10–90 mm breit	**2**
-	Pflanze < 100 cm hoch. Blätter 2–8(–10) mm breit	**3**
2	Männliche und weibliche Blüten in getrennten Blütenständen, die weiblichen Kolben bildend	***Zea***
-	Blüten zwittrig, oder männliche und weibliche Blüten in demselben Blütenstand	***Miscanthus***
3	Ährchen → 3- bis 7-blütig mit 2 ungleich langen Hüllspelzen	***Eleusine***
-	Ährchen 1- bis 2-blütig	**4**
4	Blatthäutchen durch einen Haarkranz ersetzt (selten Haarkranz am Grund etwas häutig)	**5**
-	Blatthäutchen häutig oder fehlend	**7**
5	Ährentrauben nach unten länger werdend, dadurch der Blütenstand rispenartig erscheinend. Stängel in der ganzen Länge ± gleichmässig beblättert	***Cleistogenes***
-	Blütenstand deutlich fingerförmig, nicht rispenartig	**6**
6	Ähren → kahl (gelegentlich Wimperhaare an den Deckspelzen). Pflanze mit auffälligen, oberirdischen Ausläufern	***Cynodon***
-	Ährchen → zottig behaart. Pflanze ohne oberirdische Ausläufer	***Bothriochloa***
7	Seitenähren kurz, bis ca. 1 cm dick, oft unterbrochen. Ährchen → fast kugelig	***Echinochloa***
-	Ähren weniger als 1 cm dick. Ährchen flachgedrückt	**8**
8	Pflanze einjährig, ohne Ausläufer. Ährchen → 2–3x so lang wie breit, nur 1–2 mm breit	***Digitaria***
-	Pflanze mehrjährig, mit Ausläufern. Ährchen → kaum länger als breit, ca. 3 mm breit	***Paspalum***

Teilschlüssel III - Ährengräser

1	Blatthäutchen lang bewimpert oder durch einen Haarkranz ersetzt	**2**
-	Blatthäutchen häutig oder gänzlich fehlend	**4**
2	Obere Hüllspelze → mit auffälligen, hakigen Stachelchen	***Tragus***
-	Ährchen ohne hakige Stachelchen	**3**
3	Alle Ährchen von grannenartigen Borsten → umgeben bzw. überragt	***Setaria***
-	Ährchen mit Wimpern →, aber ohne lange Borsten, die oberen mit ineinander verdrehten Grannen →	***Heteropogon***
4	Ährchen auf einer Seite der Achse angeordnet (Ähre asymmetrisch bzw. einseitswendig)	**5**
-	Ährchen auf 2 oder mehreren Seiten der Ährenachse angeordnet (Ähre symmetrisch bzw. allseitswendig)	**10**
5	Ähre ein eiförmiges bis fast kugeliges Köpfchen	***Oreochloa***
-	Ähre anders	**6**
6	Ähre überhängend, Ährchen nickend	***Melica***
-	Ähre ± aufrecht, Ährchen aufrecht	**7**
7	Ährchen von Ährenachse abstehend. Blätter flach. Stängel nicht mehr als 15 cm. Untere Hüllspelze 3-, obere 7-nervig	***Sclerochloa***
-	Ährchen der Ährenachse anliegend. Blätter flach oder borstenförmig	**8**
8	Blätter kurz, flach, 8–15 mm breit, oft gewellt. Ährchen in Büscheln. Ähre unterbrochen	***Oplismenus***
-	Blätter borstenförmig	**9**
9	Ährchen mehrblütig, ganz kurz gestielt. Granne der Deckspelze → etwa so lang wie diese (links)	***Vulpia***
-	Ährchen einblütig, sitzend. Granne der Deckspelze → kürzer als diese (rechts)	***Nardus***
10	Ährchen zu 2–6 nebeneinander an der Ährenachse	**11**
-	Ährchen einzeln an der Ährenachse	**12**
11	Mittelährchen eines Ährchen-Drillings → (Gruppe aus 3 nebeneinander stehenden Ährchen) sitzend. Ährchen einblütig. Blattscheiden glatt (bei *Hordeum secalinum* die unteren rauhaarig). Gipfelährchen fehlend	***Hordeum***
-	Alle Ährchen eines Ährchen-Drillings → gestielt. Ährchen 2-blütig. Blattscheiden rückwärts rau behaart. Gipfelährchen entwickelt	***Hordelymus***
12	Ährchen dicht gedrängt, Ähre walzlich. Getreidegräser	**13**
-	Ährchen eher locker stehend, voneinander abgerückt. Ähre schlank. Wildgräser	**14**
13	Ährchen 1- bis 2- (3-)blütig. Hüllspelzen schmal lineal, einnervig. Blattöhrchen kurz, kahl	***Secale***
-	Ährchen 3- bis 8-blütig. Hüllspelze 3- bis 5-nervig, mit einem Zahn. Ähre mindestens 4x so dick wie der Halm. Blattöhrchen lang, bewimpert	***Triticum***

14	Untere Ährchen mit 1 Hüllspelze (untere Hüllspelze fehlend). Ährchen mit der Schmalseite der Spindel zugekehrt	***Lolium***
-	Ährchen mit 2 Hüllspelzen, mit der Breitseite der Spindel zugewendet	**15**
15	Deckspelze mit einer geknieten und gedrehten, auf dem Rücken der Spelze entspringenden Granne. Untergranne hobelspanförmig gedreht, Ähre zur Reifezeit zerfallend	***Gaudinia***
-	Deckspelze unbegrannt oder mit einer endständigen, geraden Granne	**16**
16	Ährchen ganz kurz, aber deutlich gestielt	**17**
-	Ährchen sitzend	**18**
17	Pflanze mehrjährig. Blatt flach. Hüllspelzen 5- bis 7-nervig. Fruchtknoten behaart	***Brachypodium***
-	Pflanze einjährig. Blatt borstenförmig. Hüllspelzen 1- bis 3-nervig. Fruchtknoten kahl	***Micropyrum***
18	Hüllspelzen mit 1-2 Zähnen und 1-4 Grannen. Grannen der endständigen Ährchen viel länger (5-8 cm lang) als die der seitenständigen Ährchen. Ähre nur 2-4x so dick wie der Halm	***Aegilops***
-	Hüllspelze nicht gleichzeitig mit Zähnen und Grannen. Grannen fehlend oder alle etwa gleich lang	**19**
19	Hüllspelze einnervig. Ähre nur 3-5 cm lang, dicht 2-zeilig-kammförmig	***Agropyron***
-	Hüllspelze 3- bis 11-nervig. Ähre lang und schmal	***Elymus***

Teilschlüssel IV - Ährenrispengräser

1	Ährchen von langen Haaren oder Borsten umgeben oder Deckspelzen lang abstehend behaart (Haare > 2 mm lang)	**2**
-	Ährchen nicht von langen Haaren oder Borsten umgeben, Deckspelzen höchstens kurzhaarig	**5**
2	Ährchen → mehrblütig	***Melica***
-	Ährchen einblütig	**3**
3	Ährchen am Grund von langen weissen Haaren umgeben. Ährenrispe dadurch weich wollig. Blatthäutchen häutig	***Lagurus***
-	Ährchen → am Grund von Borsten umgeben. Blatthäutchen durch Haarkranz ersetzt	**4**
4	Borsten rau, fein gezähnt, weniger als 2 cm lang	***Setaria***
-	Borsten fein federig bewimpert, 2-3 cm lang	***Pennisetum***
5	Ährenrispe einseitig	**6**
-	Ährenrispe allseitig (Ährchen rund um die Hauptachse angeordnet)	**9**
6	Am Grund der Ährchen → eine leere, kammförmige Hülle	***Cynosurus***
-	Ährchen ohne kammförmige Hülle	**7**
7	Ähre → ein eiförmiges bis fast kugeliges Köpfchen	***Oreochloa***
-	Ährenrispe locker	**8**

8	Deckspelze unbegrannt (links) →	***Sclerochloa***
-	Deckspelze lang begrannt (rechts) →	***Vulpia***
9	Ährchen einblütig	**10**
-	Ährchen 2- bis mehrblütig	**15**
10	Deckspelze mit 5–30 cm langer Granne	**11**
-	Granne der Deckspelze kürzer oder fehlend	**12**
11	Deckspelze ohne Krönchen →, mit 10–30 cm langer Granne	***Stipa***
-	Deckspelze am Ende mit kleinem Krönchen →, mit 5–10 cm langer Granne	***Nassella***
12	Hüllspelzen zumindest am Grund verwachsen oder bis über die Mitte verwachsen →. Deckspelze schlauchförmig, mit rückenständiger Granne	***Alopecurus***
-	Hüllspelzen nicht verwachsen. Deckspelzen nicht schlauchförmig	**13**
13	Hüllspelzen → am Kiel geflügelt	***Phalaris***
-	Hüllspelzen nicht geflügelt	**14**
14	Ährchen ca. 7 mm lang, mit 4 Hüllspelzen, die inneren behaart und begrannt. Staubblätter 2	***Anthoxanthum***
-	Ährchen 4–5 mm lang, mit 2 Hüllspelzen, diese mit granniger Spitze →. Staubblätter 3	***Phleum***
15	Deckspelze mit geknieter, auf dem Rücken eingefügter, 4–10 mm langer Granne →	***Trisetum***
-	Deckspelze nicht begrannt, höchstens mit kurzer, bis 3 mm langer Grannenspitze	**16**
16	Deckspelze → am Rand dicht und lang seidig bewimpert	***Melica***
-	Deckspelze kahl oder nur kurz bewimpert	**17**
17	Blütenstand → dicht, eiförmig oder kugelig. Narben fadenförmig. Blatt mit Doppelrille («Skispur»)	***Sesleria***
-	Ährenrispe länglich zylindrisch. Narben federig. Blatt ohne Doppelrille	**18**
18	Pflanze einjährig. Deckspelze kurz begrannt. Ährchen gelb-grünlich	***Rostraria***
-	Pflanze mehrjährig. Deckspelze unbegrannt oder kurz begrannt, aber dann Ährchen → violett überlaufen	***Koeleria***

Teilschlüssel V – Einblütige Rispengräser

1	Blatthäutchen durch einen deutlich ausgebildeten Haarkranz ersetzt	**2**
-	Blatthäutchen häutig (und ohne lange Wimperhaare) oder fehlend	**7**
2	Ährchen mit Grannen	**3**
-	Ährchen ohne Grannen	**5**
3	Blätter 10–20 mm breit, mit deutlichem weissem Mittelnerv	***Sorghum***
-	Blätter nur 2–6 mm breit, ohne weissen Mittelnerv	**4**

4	Granne < 1 cm →. Rispe schmal. Halme meist verzweigt	***Muhlenbergia***
-	Granne 3–5 cm lang →. Alle Ährchen zu 3 am Ende der Rispenäste. Rispe breit ausladend. Halme unverzweigt	***Chrysopogon***
5	Pflanze 100–250 cm hoch. Blätter 30–60 mm breit. Ährchen zu 3 oder zu 2 am Ende der Rispenäste	***Sorghum***
-	Pflanze 20–100 cm hoch. Blätter 5–20 mm breit. Ährchen einzeln am Ende der Rispenäste	**6**
6	Ährchen kahl (links) →	***Panicum***
-	Ährchen weichhaarig (rechts) →	***Dichanthelium***
7	Granne mehr als 2x so lang wie die Deckspelze	**8**
-	Granne fehlend oder höchstens 2x so lang wie die Deckspelze	**11**
8	Granne 5–30 cm lang. Ährchen einzeln am Ende der Rispenäste	**9**
-	Granne kürzer als 5 cm	**10**
9	Deckspelze ohne Krönchen →. Granne 10–30 cm lang	***Stipa***
-	Deckspelze am Ende mit kleinem Krönchen →, mit 5–10 cm langer Granne	***Nassella***
10	Blatthäutchen bis 0,5 mm lang. Blatt 6–8 mm breit. Deckspelze → überall fein behaart	***Achnatherum***
-	Blatthäutchen 1–6 mm lang. Blatt 1–5 mm breit. Deckspelze → fast kahl	***Apera***
11	Ährchen → mit einer fertilen und einer sterilen Blüte, letztere fleischig, keulenartig (zu einem Elaiosom umgewandelt)	***Melica***
-	Ährchen ohne keulenförmig verkümmerte Blüte	**12**
12	Ährchen zwischen Hüll- und Deckspelze mit einem Haarkranz, der mind. ¼ so lang wie die Deckspelze ist	**13**
-	Ährchen zwischen Hüll- und Deckspelze kahl oder nur mit ganz kurzem Haarbüschel	**14**
13	Ährchen 2–2,5 mm lang. Haarkranz → max. halb so lang wie die Deckspelze	***Agrostis***
-	Ährchen > 4 mm lang. Haarkranz → mind. halb so lang wie die Deckspelze	***Calamagrostis***
14	Neben der Rispe am Halmende auch Rispen in den unteren Blattachseln (untere Blattscheiden öffnen)	**15**
-	Nur am Ende des Halmes eine Rispe ausgebildet	**16**
15	Deckspelze 1-nervig	***Sporobolus***
-	Deckspelze 3-nervig	***Muhlenbergia***
16	Hauptäste der Rispe → mit einseitswendigen Ährchenbüscheln dicht besetzt, ährenartig	***Echinochloa***
-	Rispe anders ausgebildet	**17**
17	Ährchen kugelig, nicht abgeflacht →. Deck- und Vorspelze knorpelig werdend, unbegrannt	***Milium***
-	Ährchen länglich, seitlich abgeflacht. Deckspelzen mit oder ohne Granne	**18**

18	Hüllspelzen fehlend →. Blätter gelbgrün, auffallend rau. Rispe nicht vollständig aus der obersten Scheide ragend	***Leersia***
-	Hüllspelzen ausgebildet. Oberste Blattscheide nicht bis zur Rispe ragend	**19**
19	Rispe 10–30 cm lang, durch kurze, anliegende Äste sehr schmal zylindrisch (schwanzartig)	***Sporobolus***
-	Rispe nicht schmal zylindrisch	**20**
20	Pflanze schilfartig, 100–200 cm hoch. Blätter 10–20 mm breit. Ährchen knäuelig gehäuft. Hüllspelzen → gekielt	***Phalaris***
-	Pflanze 20–100(–150) cm hoch. Blätter < 10 mm breit	**21**
21	Reife Ährchen mit den Hüllspelzen abfallend. Ährchen → (unregelmässig) dicht stehend, Rispe dadurch lappig erscheinend. Deckspelze → unbegrannt	***Polypogon***
-	Reife Ährchen ohne Hüllspelzen abfallend. Ährchen → locker einzeln stehend. Rispe nicht lappig. Deckspelze mit oder ohne Granne	***Agrostis***

Teilschlüssel VI – Mehrblütige Rispengräser

1	Pflanze schilfartig: Halme gleichmässig beblättert und 1,5–4 m hoch	**2**
-	Pflanze kleiner und anders gestaltet	**3**
2	Halme 2–3 cm dick, verholzt. Blatt am Grund bis 7 cm breit	***Arundo***
-	Halme 0,5–2 cm dick, kaum verholzt. Blatt am Grund bis 3 cm breit	***Phragmites***
3	Rispenäste meist einzeln, ohne grundständigen Nebenast, am Ende Knäuel → von Ährchen tragend. Blattscheiden seitlich stark zusammengedrückt, zweischneidig	***Dactylis***
-	Pflanze nicht gleichzeitig mit geknäuelten Blüten und flachgedrückten Blattscheiden	**4**
4	Halm zu mehr als ¾ der Länge ohne Knoten, Knoten im untersten Teil oder ganz an der Basis (diese dadurch auffällig verbreitert) gehäuft →	**5**
-	Halm nicht nur an der Basis mit Knoten	**6**
5	Halme nur am Grund mit Blattscheiden. Ährchen rotviolett. Pflanze geruchlos. Halmbasis verbreitert («Alphorn»), meist rosa verfärbt	***Molinia***
-	Halme bis über die Mitte mit Blattscheiden, die obersten fast ohne Spreite. Ährchen braungelb. Pflanze mit deutlichem Kumaringeruch («Waldmeisterduft»)	***Hierochloë***
6	Blatthäutchen durch einen Haarkranz ersetzt	**7**
-	Blatthäutchen häutig oder fehlend	**9**
7	Hüllspelzen mind. so lang wie das Ährchen →. Blütenstand traubig	***Danthonia***
-	Hüllspelzen viel kürzer als das Ährchen	**8**
8	Stängel nicht auffallend starr beblättert. Deckspelzen 1,5–2,5 mm lang	***Eragrostis***
-	Stängel bis an die Rispe auffallend starr abstehend beblättert. Deckspelzen 4–7 mm lang	***Cleistogenes***

9	Hüllspelzen, zumindest die längeren, so lang oder fast so lang wie das ganze Ährchen (hierher auch alle Arten mit rückenständiger Granne)	**10**
-	Hüllspelzen kürzer als das Ährchen (Grannen nie rückenständig)	**21**
10	Ährchen (ohne Grannen) 18–30 mm lang, spätestens nach dem Verblühen hängend →. Hüllspelzen (5-) 7- bis 11-nervig	***Avena***
-	Ährchen (ohne Grannen) 3–15 mm lang. Hüllspelzen 1- bis 9-nervig	**11**
11	Untere (kürzere) Hüllspelze 6- bis 7-nervig, die obere (längere) 8- bis 9-nervig. Ährchen → (2-) 3-blütig. Unterste Deckspelze mit kurzer endständiger, die oberen Deckspelzen mit langer rückenständiger Granne	***Ventenata***
-	Hüllspelzen 1- bis 5-nervig. Ährchen 2- bis 5-blütig	**12**
12	Zumindest die unterste Deckspelze ohne Granne, höchstens mit einfacher Stachelspitze. Grannen der oberen Deckspelzen nie länger als 6 mm	**13**
-	Deckspelzen mit rückenständiger Granne	**15**
13	Pflanze dicht samtig weichhaarig. Hüllspelzen → länger als Deckspelzen	***Holcus***
-	Pflanze kahl oder behaart, aber nicht dicht samtig weichhaarig	**14**
14	Ährchen → rundlich elliptisch, im Inneren mit 1 keulenförmig verkümmerten Blüte	***Melica***
-	Ährchen → länglich schmal, im Innern ohne verkümmerte Blüten	***Koeleria***
15	Ährchen 2-blütig, die eine Blüte nur mit Staubblättern (rein männlich)	**16**
-	Ährchen 2- bis mehrblütig, alle Blüten zwittrig	**17**
16	Ährchen 8–10 mm lang. Hüllspelzen die Blüten nicht überragend →. Granne 10–20 mm lang	***Arrhenatherum***
-	Ährchen 3–5 mm lang. Granne 2–5 mm lang	***Holcus***
17	Granne ungefähr in der Mitte des Rückens eingefügt	**18**
-	Granne unter der Mitte der Deckspelzen eingefügt	**19**
18	Ährchen → 5–9 mm lang. Deckspelze gekielt	***Trisetum***
-	Ährchen mindestens 10 mm lang. Deckspelze nicht gekielt →	***Helictotrichon***
19	Ährchen 2–3 mm lang. Deckspelze 2-zähnig	***Aira***
-	Ährchen 3–5 mm lang. Deckspelze gestutzt und gezähnelt	**20**
20	Blätter fadenförmig, glatt, weich (fühlt sich fettig an). Blatthäutchen bis 2 mm lang. Granne aus dem Ährchen hervortretend →	***Avenella***
-	Blätter flach, oberseits tief gerieft und sehr rau. Blatthäutchen 3–8 mm lang. Granne kaum aus dem Ährchen hervortretend →	***Deschampsia***
21	Ährchen rundlich →, an feinen Stielen. Deckspelzen am Grund herzförmig	***Briza***
-	Ährchen eiförmig oder länglich bis lineal	**22**
22	Deckspelze auf dem Rücken deutlich gekielt →, Ährchen daher stark abgeflacht	**23**
-	Deckspelze auf dem Rücken abgerundet →, ohne Kante gewölbt	**27**

23	Rispe dicht, fast eine Ährenrispe bildend	***Koeleria***
-	Rispe locker	**24**
24	Blatt an der Spitze hakig gebogen oder in eine Kahnspitze zusammengezogen, Mittelrippe meist als Doppelrille («Skispur») ausgeprägt	***Poa***
-	Blatt ohne Haken- oder Kahnspitze und ohne Doppelrille	**25**
25	Ährchen (15-)20-40 mm lang und 8-15 mm breit. Deckspelzen meist begrannt	***Bromus***
-	Ährchen 2-10 mm lang und 1-6 mm breit. Deckspelzen unbegrannt	**26**
26	Deckspelzen 5-6 mm lang. Rispenäste glatt, geschlängelt. Ährchen gescheckt. Gebirgsart	***Festuca***
-	Deckspelzen 2,5-4 mm lang. Rispenäste rau, steif oder geschlängelt. Ährchen einfarbig oder gescheckt	***Poa***
27	Deckspelzen unbegrannt, stumpf, abgerundet oder schwach gezähnelt	**28**
-	Deckspelzen begrannt oder spitz	**32**
28	Ährchen klein, (1-) 2-blütig, 2-3 mm lang →, mit häutigen Spelzen. Stängel niederliegend, an den Knoten wurzelnd	***Catabrosa***
-	Ährchen (3-) 4- bis 11-blütig	**29**
29	Rispenäste sehr kurz (wenige mm) und starr aufwärtsgerichtet. Rispe nur 2-6 cm lang, sich starr anfühlend. Blattspreite ohne Doppelrille	***Catapodium***
-	Rispenäste verlängert, schlank. Blattspreite in der Mitte mit einer Doppelrille («Skispur»)	**30**
30	Ährchen bis 2 cm lang, 7- bis 11-blütig. Deckspelzen mit 7 deutlich hervortretenden Nerven →	***Glyceria***
-	Ährchen 2-6 mm lang, 3- bis 6- (7-)blütig. Deckspelzen 5- bis 7-nervig	**31**
31	Rispe aufrecht. Unterste Äste zuletzt abwärtsgerichtet. Deckspelzen mit 5 undeutlichen Nerven →	***Puccinellia***
-	Rispe schlaff überhängend. Deckspelzen mit 7 deutlichen Nerven	***Glyceria***
32	Ährchen (inkl. Grannen) (10-)15-40 mm lang. Granne etwas unter der Spitze der Deckspelzen eingefügt. Blattscheiden meist bis hoch hinauf verwachsen («geschlossen»). Narben unter dem Scheitel des Fruchtknotens eingefügt	***Bromus***
-	Ährchen (inkl. Grannen) 5-10(-12) mm lang (beachte aber *Festuca gigantea* mit bis 35 mm langen Ährchen). Granne fehlend oder der Spitze der Deckspelzen entspringend. Narben auf dem Scheitel des Fruchtknotens eingefügt. Blattscheiden offen (oder bei einigen *Festuca*-Arten verwachsen)	**33**
33	Pflanze einjährig. Ährchenstiele nach oben etwas verdickt. Deckspelze 8-15 mm lang begrannt. In den meisten Blüten nur 1 Staubblatt ausgebildet	***Vulpia***
-	Pflanze mehrjährig. Ährchenstiele nicht verdickt. Deckspelzen höchstens 5 mm lang begrannt. In den Blüten 3 Staubblätter ausgebildet	**34**
34	Grundblätter flach	***Festuca***
-	Grundblätter borstenförmig	**35**
35	Blatthäutchen 3-7 mm lang, spitz. Ährchen gelbgrün-violett gescheckt. Ährchenachse unter jeder Deckspelze mit Borstenhaaren	***Poa (P. variegata)***
-	Blatthäutchen 0-2 mm lang. Ährchen einfarbig oder etwas gescheckt. Ährchenachse unter den Deckspelzen kahl	***Festuca***

Achnatherum **Raugras**

- Pflanze horstig, am Grund mit harten, strohigen Schuppenblättern. Blätter oberseits rau, unterseits glatt. Deckspelzen mit langen, weissen Haaren, mit ca. 1,5 cm langer, etwas geknieter Granne →

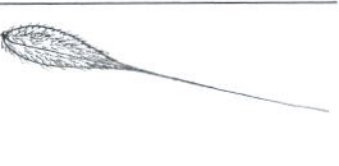

Achnatherum calamagrostis (L.) P. Beauv., *(Stipa calamagrostis)*, Raugras: H, 60-120 cm, VI-IX, (kollin-) montan-subalpin, trockenwarme, kalkreiche Geröllfluren, (Stip-cala), LC

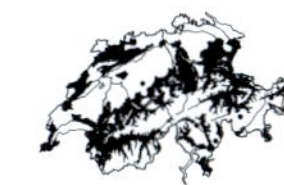

Aegilops **Walch**

1 Ähre schmal spindelförmig. Ährchen ohne oder bis 10 mm langen, der Ähre anliegenden oder zur Ährenachse parallel laufenden Grannen **2**

- Ähre eiförmig. Ährchen mit langen (> 15 mm), zur Ährenachse mindestens 20° abgespreizten Grannen

Aegilops geniculata aggr., Eiförmiger Walch: T, Neophyt

a Ähre im Umriss länglich, schmal, ohne Grannen 3,5-6 cm lang. Ährchen →

Aegilops triuncialis L., Dreizölliger Walch: T, 10-40 cm, V-VI, kollin, trockenwarme Schuttplätze, Wegränder, nur adventiv, Neophyt

- Ähre im Umriss kurz, ohne Grannen bis 3 cm lang **b**

b Ähre eiförmig, ohne Grannen 1-2 cm lang. Hüllspelze der untersten Ährchen mit 4-6 Grannen

Aegilops geniculata Roth, Geknieter Walch: T, 10-40 cm, V-VI, kollin, trockenwarme Schuttplätze, Wegränder, nur adventiv, Neophyt

- Ähre länglich eiförmig, ohne Grannen 2-3 cm lang. Hüllspelze der untersten Ährchen mit 2-3(-4) Grannen

Aegilops neglecta Bertol., Vernachlässigter Walch: T, 10-40 cm, V-VI, kollin, trockenwarme Schuttplätze, Wegränder, nur adventiv, Neophyt

2 Ähre schmal spindelförmig, ohne Grannen mehr als 3 cm lang. Ährchen →

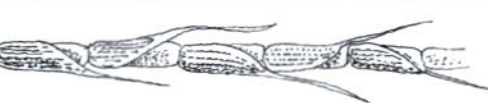

Aegilops cylindrica Host, Zylindrischer Walch: T, 30-60 cm, V-VII, kollin, trockenwarme Unkrautfluren, Wegränder, Ackerränder, (Poly-avic, Fuma-Euph), Neophyt

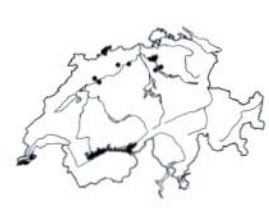

- Ährchen eiförmig, bauchig aufgedrungen. Blätter 3-4 mm breit, ohne bewimperte Öhrchen. Hüllspelzen beim endständigen Ährchen mit bis 15 cm langer Granne

Aegilops ventricosa Tausch, Bauchiger Walch: T, 30-60 cm, V-VII, kollin, trockenwarme Schuttplätze, Wegränder, nur adventiv, Neophyt

Agropyron Quecke

- Ähre nur 2–5 cm lang, länglich eiförmig, dicht 2-zeilig-kammförmig. Hüll- und Deckspelzen begrannt

Agropyron cristatum subsp. ***pectinatum*** (M. Bieb.) Tzvelev, Kamm-Quecke: H, 20–70 cm, V–VII, kollin-montan, Wegränder, durch Rasensaaten eingeschleppt, Neophyt. In der Schweiz bisher nur die Unterart *A. cristatum* subsp. *pectinatum* (M. Bieb.) Tzvelev

Agrostis Straussgras

1 Haarbüschel zwischen Hüll- und Deckspelze fast halb so lang wie Deckspelze →. Granne stets fehlend. Pflanze lebhaft hellgrün, durch unterirdische Ausläufer Herden bildend. Blatthäutchen ca. 3 mm lang. Ährchen 2–2,5 mm lang (bei *Calamagrostis* stets über 4 mm lang)

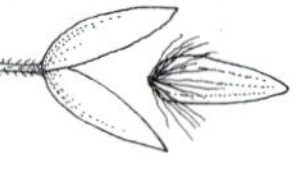

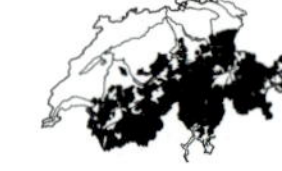

Agrostis schraderiana Bech., *(A. agrostiflora)*, Zartes Straussgras: H, 30–70 cm, VII–VIII, (montan-) subalpin-alpin, lange schneebedeckte Geröllfluren, Grünerlengebüsche, (Cala, Alne-viri), LC

- Haarbüschel zwischen Hüll- und Deckspelze fehlend oder sehr kurz. Granne vorhanden oder fehlend **2**

2 Grundblätter borstlich oder bis 2 mm breit. Vorspelze fehlend oder sehr klein, max. 25 % der Deckspelze **3**

- Zumindest die Grundblätter flach, 2–11 mm breit. Vorspelze deutlich ausgebildet, mind. 40 % der Deckspelzenlänge **7**

3 Rispenäste glatt, ohne Zähnchen oder Börstchen (Lupe!). Pflanze grasgrün. Ährchen meist dunkelviolett. Deckspelze begrannt →

Agrostis rupestris All., Felsen-Straussgras: H, 10–30 cm, VII–VIII, (montan-) subalpin-alpin, kalkarme Gebirgsrasen, Felsgrate, (Cari-curv, Lois-Vacc), LC

- Rispenäste durch Zähnchen oder Börstchen rau **4**

4 Pflanze mit auffälligen, oberirdischen, Blattbüschel tragenden Kriechtrieben. Stängelblätter flach oder borstlich, ca. 2 mm breit. Granne fehlend oder nur wenig länger als die Deckspelze, auf dem Rücken der Deckspelze eingefügt →

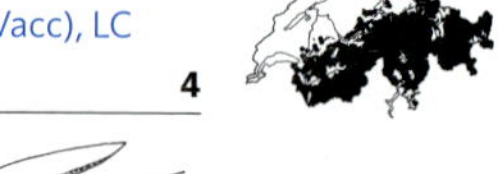

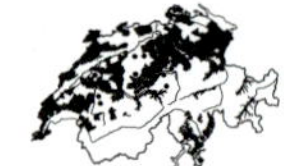

Agrostis canina L., Sumpf-Straussgras: H, 20–70 cm, VI–VIII, kollin-montan (-subalpin), bodensaure Flachmoore, Hochmoore, nasse Wälder, (Cari-fusc), NT

- Pflanze ohne oberirdische Kriechtriebe. Stängelblätter borstlich, < 2 mm breit **5**

5 Blatt zusammengerollt, 1–2 mm breit. Rispe an der Basis mit 3–7 Zweigen. Pflanze der Tieflagen, graugrün, durch unterirdische Ausläufer Rasen bildend. Granne (falls vorhanden) auf dem Rücken der Deckspelze eingefügt →

Agrostis vinealis Schreb., (*A. canina* subsp. *montana*), Heide-Straussgras: H, 20–40 cm, VI–VII, kollin, kalkarme Felsrasen, Heiden und Föhrenwälder, (Sedo-Scle, Call-Geni), DD

- Blatt borstlich, 0,3–0,5 mm breit. Rispe an der Basis mit nur 1–3 Zweigen. Gebirgspflanze **6**

6 Pflanze klein (10-20 cm), graugrün. Rispe 1-5 cm lang, während und meist auch nach der Blüte ausgebreitet. Ährchen dunkelviolett, 2-3(-4) mm lang →. Blätter borstig, 2-10 cm lang

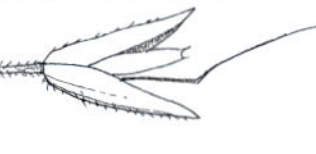

Agrostis alpina Scop., Alpen-Straussgras: H, 10-20(-30) cm, VII-VIII, subalpin-alpin, eher kalkreiche Felsrasen, Gratrasen, (Elyn, Sesl, Cari-curv), LC

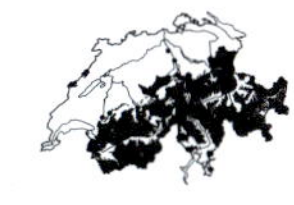

- Pflanze gross (20-40 cm), graugrün. Rispe 3-10 cm lang, stets schlank, während und nach der Blüte zusammengezogen. Ährchen hellbraun, oft etwas silbrig, ca. 5 mm lang →

Agrostis schleicheri Jord. & Verl., Schleichers Straussgras: H, 20-40 cm, VII-IX, montan-subalpin (-alpin), kalkreiche Felsen, Felsrasen, (Pote), LC

7 Blatthäutchen der unteren Stängelblätter nur bis ca. 1,5 mm lang. Blatt 2-4 mm breit, ohne deutlichen Mittelnerv, kaum rau. Ährchen 1,5-2,5 mm lang →

Agrostis capillaris L., Haar-Straussgras: H, 20-60 cm, VI-VIII, kollin-subalpin (-alpin), magere Fettwiesen, Fettweiden, Wegränder, (Cyno, Poly-Tris, Call-Geni), LC

- Blatthäutchen (2-)4-7 mm lang **8**

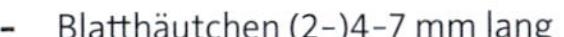

8 Pflanze mit unterirdischen Ausläufern und ohne wurzelnde oberirdische Triebe. Halme aufrecht. Blätter (3-)6-10 mm breit, Blatthäutchen 4-7 mm lang. Rispe 10-20 cm lang, breit und lockerblütig, nach der Blüte ausgebreitet bleibend. Ährchen 2-3 mm lang →

Agrostis gigantea Roth, (*A. alba* p.p.), Riesen-Straussgras: H, 40-150 cm, VI-VII, kollin-subalpin, Nasswiesen, Ufer, Flachmoore, Alluvionen, (Calt, Phal, Agro-Rumi), LC

- Pflanze mit oberirdischen, sich teilweise bewurzelnden Ausläufern, Knoten typischerweise rot verfärbt. Halme niederliegend-aufsteigend. Blätter 2-6 mm breit, Blatthäutchen 4-7 mm lang. Rispe 5-10(-20) cm lang, schmal und dichtblütig, während der Blüte ausgebreitet und nach der Blüte wieder stärker zusammengezogen. Ährchen 2-3 mm lang →

Agrostis stolonifera L., (*A. alba* p.p.), Kriechendes Straussgras: H, 10-70(-100) cm, VI-VII, kollin-subalpin (-alpin), Feuchtwiesen, Ufer, feuchte Trittrasen, (Agro-Rumi, Calt), LC

Aira Haferschmiele

1 Rispe zusammengezogen und daher nicht locker erscheinend, im Umriss viel länger als breit, nur 1-3 cm lang. Halme sehr dünn. Blätter meist eingerollt, Blatthäutchen 1-3 mm lang. Ährchen 2-3 mm lang, Granne 3-4,5 mm lang

Aira praecox L., Frühe Haferschmiele: T, (3-)5-15 cm, VI-VII, kollin, trockene, sandige Pionierfluren, CR(PE)

- Rispe locker ausgebreitet, (2-)5-10 cm lang. Falls zusammengezogen, dann Stängel 30-50 cm lang (vgl. *A. caryophyllea* subsp. *plesiantha*) **2**

2 Die meisten Ährchenstiele 2-5x so lang wie die Ährchen, Rispe dadurch sehr locker, Ährchen silbrig, auf den dünnen, geschlängelten Rispenästen regelmässig verteilt, 1,5-2,5 mm lang, oft nur eines der Blütchen begrannt

Aira elegantissima Schur, *(A. capillaris)*, Zierliche Haferschmiele: T, 5-30 cm, V-VI, kollin (-montan), lückige, kalkarme Trockenrasen, trockene Pionierfluren, (Sedo-Vero), auch adventiv oder als Ziergras kultiviert und verwildert, EN

- Ährchenstiele meist max. 2x so lang wie die Ährchen →, Rispe dadurch weniger locker, Ährchen silbrig, jeweils nur am Ende der haarfeinen Rispenäste, 2-3,5 mm lang, beide Blütchen mit geknieter, 2-3 mm langer Granne

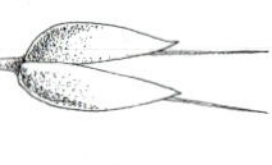

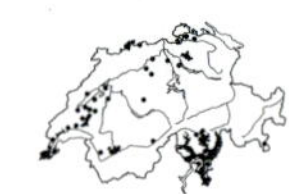

Aira caryophyllea L., Nelken-Haferschmiele: T, 5-30(-50) cm, VI-VII, kollin (-montan), lückige, bodensaure Magerrasen, Pionierfluren, Mauern, (Sedo-Vero), VU

a Stängel meist einzeln, 5-30 cm hoch. Rispenäste abstehend

Aira caryophyllea L. subsp. ***caryophyllea***, Nelken-Haferschmiele: 5-30 cm, VI-VII

- Stängel bis zu 20 zusammen, 30-50 cm hoch. Rispenäste anliegend-abstehend

Aira caryophyllea subsp. ***plesiantha*** (Boreau) K. Richt., Vielstängelige Haferschmiele: 20-40(-50) cm, VI-VII

Alopecurus — Fuchsschwanz

1 Ähre (bzw. Scheinähre) kurz, eiförmig, 1-2,5 cm lang, Deckspelze mit langer Granne. Hüllspelzen 6-8 mm lang, auf dem Kiel weiss behaart, oberstes ⅓ plötzlich verschmälert →. Obere Blattscheiden blasig aufgetrieben. Blätter kurz, kahl, ca. 1,5 mm breit

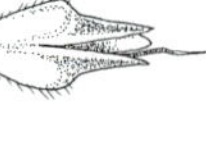

Alopecurus rendlei Eig, *(A. utriculatus)*, Blasen-Fuchsschwanz: T, 20-40 cm, V-VI, kollin, trockenwarme, wechselfeuchte Schuttplätze, Ackerränder, Weiden, (Bide, Calt), Neophyt

- Ähre (bzw. Scheinähre) länglich, zylindrisch, über 10x so lang wie breit **2**

2 Halme aufrecht (nur am Grund geknickt). Ährchen > 4 mm lang. Hüllspelzen mindestens auf ⅓ verwachsen **3**

- Halme am Grund niederliegend, am Ende aufsteigend. Ährchen ca. 2 mm lang. Hüllspelzen nur am Grund verwachsen **4**

3 Ähre zylindrisch, schmal, 3-5 mm breit und 5-10 cm lang. Hüllspelzen am Aussenrand höchstens sehr kurz bewimpert →. Blätter 3-6 mm breit

Alopecurus myosuroides Huds., Acker-Fuchsschwanz: T, 20-50 cm, V-IX, kollin (-montan), trockenwarme, kalkreiche Äcker, Weinberge, Schuttplätze, (Cauc, Fuma-Euph), Archäophyt, LC

- Ähre zylindrisch, breit, 6–10 mm breit und 4–8 cm lang. Hüllspelzen am Aussenrand lang bewimpert →. Blätter 6–10 mm breit

Alopecurus pratensis L., Wiesen-Fuchsschwanz: H, 30–100 cm, V–VII, kollin-subalpin, feuchte Fettwiesen, Ufer, (Arrh, Calt), LC

4 Ähre zylindrisch, ca. 5 mm breit und 2–5 cm lang, oben und unten gestutzt. Hüllspelzen oben spreizend. Granne unterhalb der Mitte der Deckspelzen entspringend und deutlich (2 mm) länger als das Ährchen →. Staubbeutel zuletzt braun

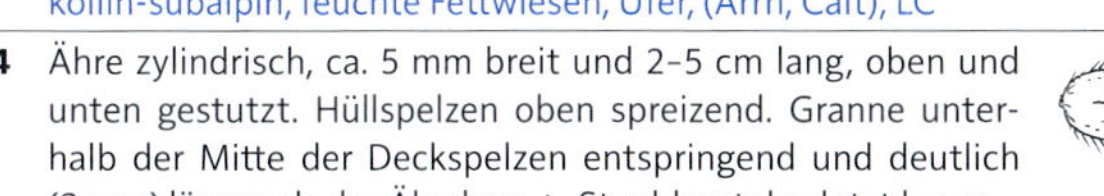

Alopecurus geniculatus L., Geknieter Fuchsschwanz: H.ha, 10–40 cm, V–IX, kollin-subalpin, wechselfeuchte Trittrasen, Ufer, Pionierfluren, (Agro-Rumi, Bide), VU

- Ähre zylindrisch, 3–4 mm breit und 3–7 cm lang, oben und unten verschmälert. Hüllspelzen oben leicht zusammenneigend. Ährchen 2 mm. Granne kaum hervorragend. Granne oberhalb oder in der Mitte der Deckspelzen entspringend und das Ährchen kaum überragend →. Staubbeutel zuletzt ziegelrot

Alopecurus aequalis Sobol., Kurzgranniger Fuchsschwanz: H.ha-T, 10–25 cm, V–IX, kollin-subalpin, wechselfeuchte Wiesen und Weiden, Pionierfluren, (Bide, Nano, Calt), VU

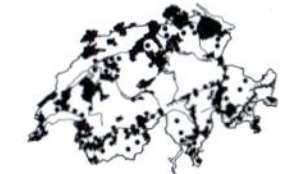

Anthoxanthum Ruchgras

1 Pflanze einjährig, ohne sterile Triebe, Halme auch oben verzweigt. Blätter beiderseits bleichgrün. 2 Grannen aus dem Ährchen herausragend. Ährenrispe 1–3(–5) cm lang

Anthoxanthum aristatum Boiss., Grannen-Ruchgras: T, 5–30(–40) cm, IV–VI, kollin, Wegränder, trockene Pionierfluren, eingeschleppt, Neophyt

- Pflanze mehrjährig, mit sterilen Trieben, Halme höchstens an der Basis verzweigt. Blätter oberseits graugrün. Nur 1 Granne aus dem Ährchen herausragend. Ährenrispe 2–8 cm lang

Anthoxanthum odoratum aggr.: kollin-alpin, LC

a Blätter 3–7 mm breit, beiderseits graugrün und matt, flach, oberseits v. a. zum Blattgrund hin meist behaart, unterseits meist kahl. Blattscheide meist behaart. Blütenstand 2–8 cm lang, gelblich, glänzend. Deckspelze gänzlich glatt und kahl

Anthoxanthum odoratum L., Duftendes Ruchgras: H, (20–)25–60 cm, IV–VI, kollin-alpin, magere Wiesen und Weiden, Halbtrockenrasen, Gebüsche, (Meso, Arrh, Poly-Tris, Call-Geni), LC

- Blätter 2–4(–5) mm breit, unterseits gelbgrün und glänzend, oberseits graugrün und matt, beiderseits kahl. Blattscheide meist kahl. Frisch abgerissene Blätter rollen sich rasch nach oben ein. Blütenstand meist nicht über 2 cm lang, gelbbraun. Deckspelze zumindest an den Rändern kurzhaarig

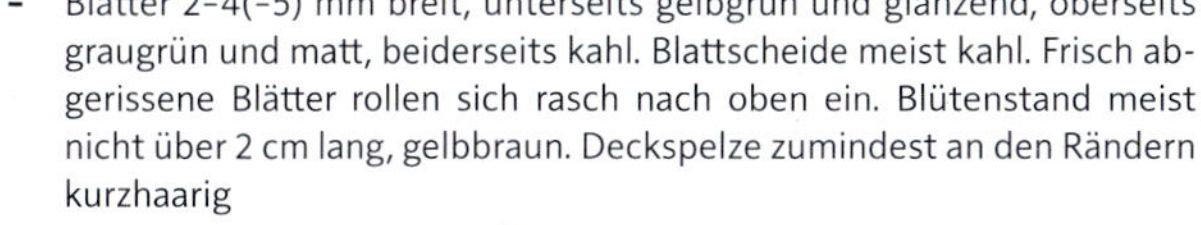

Anthoxanthum alpinum Á. Löve & D. Löve, Alpen-Ruchgras: H, 10–25 cm, V–VII, (montan-) subalpin-alpin, Bergweiden, Gratrasen, Zwergstrauchheiden, (Nard, Elyn, Juni-nana, Rhod-Vacc), LC

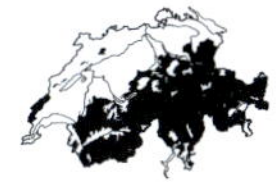

Apera Windhalm

1 Rispe (10-)15-40 cm lang, zur Blütezeit weit ausgebreitet, später zusammengezogen, mit bis 10 cm langen Ästen. Blätter stark rau, 2-5 mm breit, Blatthäutchen 4-6 mm lang. Ährchen 2,5-3 mm lang, Granne 5-8 mm lang →

Apera spica-venti (L.) P. Beauv., Acker-Windhalm: T, 20-80(-150) cm, VI-VII, kollin-montan, kalkarme Getreidefelder, Pionierfluren, (Apha, Sisy), Archäophyt, LC

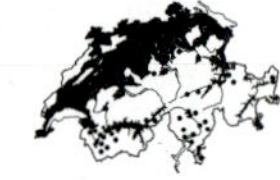

\- Rispe 4-10(-15) cm lang, zusammengezogen bleibend und im unteren Teil unterbrochen, nur etwa 1 cm breit, aufrecht, Seitenäste nicht über 3 cm lang. Blätter rau, nur 1-2 mm breit, Blatthäutchen 4-5 mm lang. Ährchen 2-2,5 mm lang, Granne 10-15 mm lang →

Apera interrupta (L.) P. Beauv., Unterbrochener Windhalm: T, 20-30 cm, VI, kollin, trockenwarme Pionierfluren, Bahnareale, (Sisy, Alyss-Sedi), Archäophyt, EN

Arrhenatherum Glatthafer

\- Blätter 4-8 mm breit, rau, wie die Blattscheiden meist kahl, seltener behaart, Blatthäutchen (1-)2-3 mm lang. Ährchen ca. 1 cm lang, 2-blütig, Hüllspelzen die Blüten nicht überragend →. Ährchen mit je 1 langen, geknieten und 1 stark verkürzten Granne

Arrhenatherum elatius (L.) J. Presl & C. Presl, Glatthafer, Französisches Raygras: H, 50-120(-150) cm, VI-VII, kollin-montan (-subalpin), (Arrh, Meso, Aego, Conv-Agro), LC

a Am Grund des Halmes keine verdickten Halmglieder

Arrhenatherum elatius (L.) J. Presl & C. Presl subsp. ***elatius***: H, kollin-montan (-subalpin), nährstoffreiche Wiesen und Weiden, Krautsäume, (Arrh, Meso, Aego), auch angesät

\- Am Grund des Halmes mit perlschnurartig aufeinanderfolgenden, knollenförmig verdickten Halmgliedern

Arrhenatherum elatius subsp. ***bulbosos*** (Willd.) Schübl. & G. Martens: H, kollin, trockenwarme Acker- und Wegränder, Weinberge, (Conv-Agro), Archäophyt

Arundo Pfahlrohr

\- Über 2 m hoch, schilfartig, Stängel verholzt, am Grund (1-)3-6 cm dick, auf der ganzen Länge beblättert. Blätter (1-)2-6 cm breit, überhängend. Rispe 30-60 cm, oft nicht ausgebildet

Arundo donax L., Pfahlrohr: G, 2-5 m, VII-XI, kollin, warme, feuchte Staudenfluren, Ufer, (Conv), verschleppt und sich vegetativ ausbreitend (z. B. TI), kultivierter Neophyt

Avena Hafer

1 Deckspelzen unten lang behaart, Ährchen mit 2-5 Blüten, reif zerfallend **2**

- Deckspelzen (fast) kahl, Ährchen meist mit 2 Blüten, nicht zerfallend **4**

2 Deckspelzen an der Spitze mit zwei 3-5 mm langen Zähnchen →. Rispe einseitswendig, Ährchen meist 2-blütig

Avena barbata Link, Bart-Hafer: T, 60-80(-120) cm, V-VI, kollin, trockenwarme, kalkarme Schuttplätze, Bahnareale, (Dauc-Meli), Neophyt

- Deckspelzen an der Spitze mit 2 bis 2 mm langen Zähnchen. Rispe einseitig oder allseitswendig **3**

3 Ährchen 15-25(-30) mm lang, mit (2-)3 Blüten, Granne der Deckspelzen 2-4 cm lang →. Rispe meist allseitswendig

Avena fatua L., Flug-Hafer: T, 40-120 cm, VI-VIII(-IX), kollin-montan (-subalpin), kalkreiche Getreidefelder, Ackerränder, (Cauc), Archäophyt, LC

- Ährchen 25-50 mm lang, mit (2-)3-5 Blüten, Granne der Deckspelzen 3-9 cm lang. Rispe meist einseitswendig

Avena sterilis L., Tauber Hafer: T, 40-80(-150) cm, VII-VIII, kollin-montan, trockenwarme Äcker, Wegränder, eingebürgertes, lästiges Unkraut, Neophyt. Stammsippe von *A. sativa*

a Ährchen 35-50 mm lang, Granne 6-9 cm lang, Blatthäutchen 6-8 mm lang

Avena sterilis L. subsp. ***sterilis***, Wild-Hafer: Neophyt

- Ährchen 25-30 mm lang, Granne 3-6 cm lang, Blatthäutchen 2-4 mm lang

Avena sterilis subsp. ***ludoviciana*** (Durieu) Gillet & Magne, Persischer Hafer: Neophyt

4 Hüllspelzen deutlich kürzer als die Deckspelzen, Frucht durch die Spelzen locker eingehüllt. Ährchen mit 3-4 Blüten →

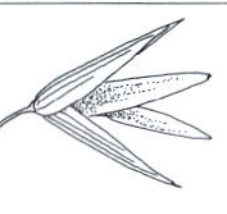

Avena nuda L., Nackt-Hafer: T, 40-80 cm, VI-VIII, kollin, Ackerränder, früher Kulturpflanze, heute nur noch als Unkraut, kultivierter Archäophyt

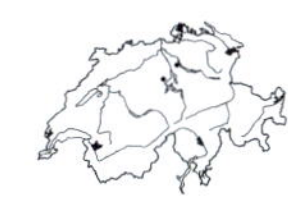

- Hüllspelzen deutlich länger als die Deckspelzen, Frucht durch die Spelzen eng eingehüllt **5**

5 Deckspelzen an der Spitze tief 2-zähnig, Zähne in eine bis 12 mm lange Granne auslaufend. Ährchen mit 2 Blüten

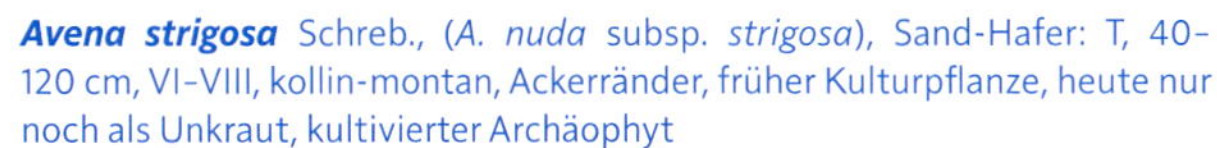

Avena strigosa Schreb., (*A. nuda* subsp. *strigosa*), Sand-Hafer: T, 40-120 cm, VI-VIII, kollin-montan, Ackerränder, früher Kulturpflanze, heute nur noch als Unkraut, kultivierter Archäophyt

- Deckspelzen an der Spitze schwach eingekerbt, höchstens die Spitzchen der unteren Blüten in eine kurze Granne auslaufend. Ährchen mit 2-3 Blüten →

  Avena sativa L., Saat-Hafer: T, 60-150 cm, VII-VIII, kollin-montan, Getreidefelder, Acker-, Wegränder, kultivierter Archäophyt

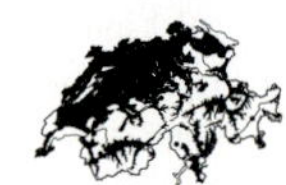

Avenella Schmiele

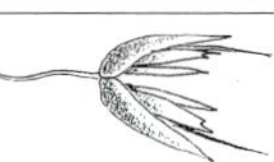

- Lockere Horste bildend. Blätter fadenförmig, glatt, glänzend, sich ölig anfühlend. Blatthäutchen bis 2 mm lang. Rispe mit abstehenden, geschlängelten, meist purpurroten Ästen. Ährchen zweiblütig, ca. 5 mm lang →, einzeln am Ende längerer Ästchen. Granne das Ährchen weit überragend

  Avenella flexuosa (L.) Drejer, *(Deschampsia flexuosa)*, Draht-Schmiele: H, 30-70 cm, VI-VIII, kollin-subalpin (-alpin), kalkarme Magerrasen, Zwergstrauchheiden, Torfmoore, Wälder, (Nard, Juni-nana, Quer-robo, Vacc-Pice), LC

Bambusa Bambus

- Halme verholzt und bedornt, 3-20 cm dick, mit 2,5-5 cm dicken Halmwänden. Triebe dicht wachsend, ein bis 30 m hohes Bambusgebüsch bildend

  Bambusa bambos (L.) Voss, *(B. arundinacea)*, Bambus: Ph-P, 5-15 m, IV-IX, kollin, Gartenränder, kultivierter Neophyt

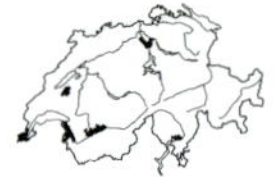

Bothriochloa Bartgras

1 Blütenstand fingerförmig aus 3-6(-10) rotbraunen (Schein-)Ähren. Ährchen → weiss behaart (Haare höchstens 5 mm lang), zu 2 angeordnet, das gestielte etwa gleich gross wie das sitzende, letzteres mit 15-20 mm langer Granne. Blätter graugrün, bis 3 mm breit, behaart

  Bothriochloa ischaemum (L.) Keng, *(Andropogon ischaemum)*, Finger-Bartgras: H, 30-80 cm, VII-IX, kollin-montan, Trockenrasen, trockenwarme Pionierfluren, (Meso, Xero, Dipl), NT

- Blütenstand fingerförmig aus 5-10(-15) hellgrünen bis hellbraunen (Schein-)Ähren. Ährchen → lang seidig behaart (Haare deutlich länger als 5 mm), zu 2 angeordnet, das gestielte nur halb so lang wie das sitzende, letzteres mit 15-25 mm langer Granne. Blätter graugrün, höchstens am Grund behaart. Halm mit behaarten Knoten (Name!)

  Bothriochloa barbinodis (Lag.) Herter, Wimperknoten-Bartgras: H, (30-) 50-100(-150) cm, VIII-IX, kollin, trockenwarme Wegränder, (Conv-Agro), Neophyt

Brachypodium Zwenke

Innerhalb von *B. pinnatum* aggr. wird die viel häufigere *B. rupestre* oft mit der selteneren *B. pinnatum* verwechselt. Im Zweifelsfalle ist ausdrücklich das Aggregat anzugeben.

1 Dichte Horste bildend, ohne unterirdische Ausläufer. Ähre zur Reifezeit nickend, schlaff, Granne länger als die Deckspelzen

Brachypodium sylvaticum (Huds.) P. Beauv., Wald-Zwenke: H, 50-80(-120) cm, VI-IX, kollin-montan (-subalpin), wechselfeuchte Laubwälder, Auenwälder, (Loni-Fage, Carp, Luna-Acer, Alni-inca), LC

- Rasen bildend, mit unterirdischen Ausläufern. Ähre zur Reifezeit aufrecht, Granne kürzer als die Deckspelzen

Brachypodium pinnatum aggr., Fieder-Zwenke: 40-120 cm, VI-VIII, LC

a Blätter eingerollt, binsenartig steif, oberseits mit stark hervorstehenden Nerven

Brachypodium phoenicoides (L.) Roem. & Schult., Palmen-Zwenke: H, 40-100(-120) cm, V-VI, mediterrane Trockenrasen, Pionierfluren, (Thero-Brachypodietalia), mediterrane Sippe, bei uns eingeschleppt, Neophyt

- Blätter flach, weich, Nerven kaum hervorstehend **b**

b Blatthäutchen (am zweitobersten Blatt gemessen) 1,6-3 mm lang. Blätter dunkel- bis grasgrün, unterseits matt, mit zur Blattspitze gerichteten, tropfenförmigen Stachelborsten → (gute Lupe!), dadurch beim Darüberstreichen sehr rau. Blattrippen schmal. Nach dem Abreissen bleibt das Blatt länger flach. Ährchen meist behaart

Brachypodium pinnatum (L.) P. Beauv., Fieder-Zwenke: G-H, 40-80 cm, VI-VIII, kollin-subalpin, kalkreiche Halbtrockenrasen, Gebüschsäume, trockene Wälder, (Meso, Gera-sang, Ceph-Fage, Eric-PiSy), LC

- Blatthäutchen 0,5-1,8 mm lang. Blätter hellgrün, unterseits etwas glänzend, höchstens auf den Rippen mit einigen Stachelborsten → (gute Lupe!), dadurch beim Darüberstreichen kaum rau, Blattrippen breit. Nach dem Abreissen rollt sich das Blatt meist rasch ein. Ährchen meist kahl

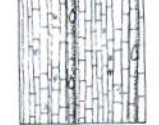

Brachypodium rupestre (Host) Roem. & Schult., Felsen-Zwenke: G-H, 40-80 cm, VI-VIII, kollin-montan, trockene Gebüschsäume, Trockenrasen, (Gera-sang, Cirs-Brac), LC

Briza Zittergras

1 Rispe mit zahlreichen Ährchen, locker ausgebreitet. Ährchen rundlich, 3-6 mm lang →, an feinen Stielen. Blätter graugrün, fühlen sich etwas wachsig an, Rand rau, Blatthäutchen kurz

Briza media L., Mittleres Zittergras: H, 20-50(-90) cm, V-VIII, kollin-subalpin (-alpin), wechseltrockene, basenreiche Magerrasen, (Meso, Moli, Sesl), LC

- Rispe mit nur 3-5(-8) hängenden Ährchen, diese eiförmig, 15-25 mm lang →. Blätter bis 7 mm breit, mit bis 5 mm langem Blatthäutchen

Briza maxima L., Grosses Zittergras: T, 20-40 cm, V-VI, kollin, trockene Unkrautfluren, Bahnareale, adventiv, verschleppt, Neophyt

Bromus Trespe

Die Sektionen der Gattung werden heute von vielen Autoren als eigenständige Gattungen geführt. Allen gemeinsam sind die auf der ganzen Länge geschlossenen, verwachsenen Blattscheiden der Halmblätter.

1 Ährchen auffallend 2-schneidig abgeflacht, flächig erscheinend, Deckspelze gekielt. Untere Hüllspelze stets 3- bis 5-nervig **2**

- Ährchen kaum abgeflacht, nicht flächig erscheinend, Deckspelze gerundet, höchstens am Grund etwas gekielt. Untere Hüllspelze 1-nervig oder 3- bis 5-nervig **4**

2 Deckspelzen breit lanzettlich, grannenlos oder Granne kürzer als 3,5 mm →

Bromus catharticus Vahl, *(Ceratochloa cathartica)*, Pampas-Trespe: H, 40-120 cm, V-X, kollin, trockenwarme Unkrautfluren, Wegränder, Schuttplätze, (Sisy), eingeschleppt und eingebürgert, Neophyt

- Deckspelzen schmal lanzettlich, Granne 4-17 mm lang **3**

3 Untere Rispenäste 8-20 cm lang, zuletzt hängend, einzelne Ährchen → über 3,5 cm lang, Stängel 3-5 mm dick. Blätter (5-)10-20 mm breit. Deckspelzen meist kahl

Bromus sitchensis Trin., *(Ceratochloa sithensis)*, Sitka-Trespe: H, 50-150 cm, V-VII, sonnige Unkrautfluren, Schuttplätze, (Sisy), eingeschleppt und eingebürgert, Neophyt

- Rispenäste bis 7(-9) cm lang, meist abstehend bis aufrecht. Ährchen → höchstens 3,5 cm lang. Stängel bis 3 mm dick. Blätter 3-10 mm breit. Deckspelzen meist behaart

Bromus carinatus Hook. & Arn., *(Ceratochloa carinata)*, Gekielte Trespe: H, 30-80 cm, V-X, kollin, sonnige Unkrautfluren, Schuttplätze, (Sisy), eingeschleppt und eingebürgert, Neophyt

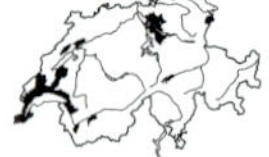

4 Deckspelzen grannenlos oder mit bis 4 mm langer Kurzgranne. Pflanze durch unterirdische Ausläufer oft Herden bildend

Bromus inermis aggr., Grannenlose Trespe: H, trockene Säume, Wegränder, Flussufer, (Conv-Agro), eingebürgert, auch angesät, Neophyt

a Deckspelzen grannenlos oder mit bis 2 mm langem Spitzchen. Halmblätter oberseits kahl. Blattscheiden zuoberst ohne Öhrchen. Deckspelzen und Ährchenachse kahl oder am Grund etwas behaart →

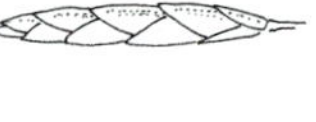

Bromus inermis Leyss., *(Bromopsis inermis)*, Grannenlose Trespe: H, 30-120 cm, VI-VII, kollin-montan (-subalpin), trockene Säume, Wegränder, Flussufer, (Conv-Agro), eingebürgert, auch angesät, Neophyt

- Deckspelzen mit 2-4 mm langer Kurzgranne. Halmblätter oberseits meist behaart. Blattscheiden zuoberst mit deutlichen Öhrchen. Deckspelzen zumindest am Rand und entlang des Mittelnervs behaart, oft auch gänzlich behaart. Ährchenachse dichthaarig

Bromus pumpellianus Scribn., *(Bromopsis pumpellianus)*, Pumpellys Trespe: H, 60-120 cm, VI-VII, kollin-montan, Wegränder, gestörte Krautsäume, (Conv), Neophyt

- Deckspelzen mit mindestens 4 mm langer Granne **5**

5 Granne 1,5-3x so lang wie die Deckspelzen, Ährchen seitlich zusammengedrückt und nach vorne hin besenartig verbreitert. Pflanze einjährig **6**

- Granne kürzer oder etwa so lang wie die Deckspelzen, Ährchen nicht besenartig verbreitert. Pflanze ein- oder mehrjährig **11**

6 Rispenäste weit abstehend, zuletzt überhängend, Ährchen lang gestielt **7**

- Rispenäste aufrecht, Ährchen dicht stehend, kurz gestielt **8**

7 Pflanze (20-)30-80 cm hoch. Stängel unterhalb der Rispe kahl, oft rau. Rispe mit sehr langen, rauen, allseitig überhängenden Ästen. Ährchen (ohne Granne) bis 40 mm lang →

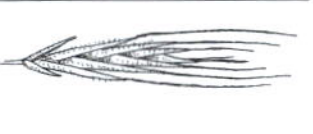

Bromus sterilis L., *(Anisantha sterilis)*, Taube Trespe: T, (20-)30-80 cm, V-VII, kollin-montan (-subalpin), mässig trockene Säume, Wegränder, Gebüsche, (Sisy, Trif-medi), Archäophyt, LC

- Pflanze 10-30(-40) cm hoch. Stängel unterhalb der Rispe dicht kurzhaarig. Rispe mit kürzeren, glatten, einseitig überhängenden Ästen. Ährchen (ohne Granne) bis 17 mm lang →, am Ende mit mehreren sterilen Blüten, die zusammen mit der obersten fertilen Blüte als Einheit abfallen (sonst nur noch bei *B. rubens* so)

Bromus tectorum L., *(Anisantha tectorum)*, Dach-Trespe: T, 10-30(-40) cm, V-VII, kollin-montan (-subalpin), trockenwarme Pionierfluren, Mauern, Weinberge, Bahnareale, (Conv-Agro, Sisy, Alyss-Sedi, Sedo-Vero), Archäophyt, LC

8 Rispe eher kompakt. Deckspelzen 10-20 mm lang, untere Hüllspelze 5-10 mm, die obere 10-15 mm lang **9**

- Rispe eher locker. Deckspelzen > 20 mm lang, untere Hüllspelze 10-25 mm, die obere 20-30 mm lang **10**

9 Rispe 5-15 cm lang, mässig kompakt, Internodien in der Rispe 15-30 mm, Ährchenstiele sichtbar, (5-)10-20 mm lang, schief aufrecht stehend. Ährchen (ohne Grannen) 2-3 cm lang →, grün oder violettrot. Deckspelze 15-19 mm lang

Bromus madritensis L., *(Anisantha madritensis)*, Madrider Trespe: T, 10-30(-50) cm, IV-VI, kollin, trockenwarme Wegränder, Schuttplätze, Mauern, (Sisy, Cent-Pari), meist adventiv, Neophyt

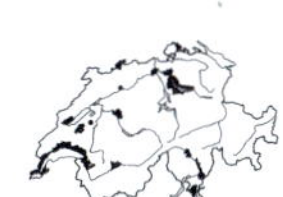

- Rispe kompakt, Internodien in der Rispe < 15 mm, Ährchenstiele kaum sichtbar, nur 1-5(-10) mm lang. Ährchen (ohne Grannen) 1-2,5 mm lang →, zuletzt violettrot, am Ende mit mehreren sterilen Blüten, die zusammen mit der obersten fertilen Blüte als Einheit abfallen (sonst nur noch bei *B. tectorum* so). Deckspelze 11-16 mm lang

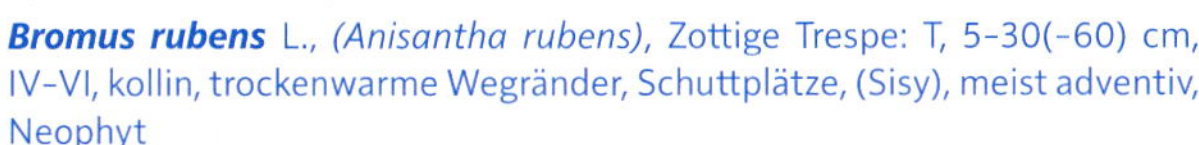

Bromus rubens L., *(Anisantha rubens)*, Zottige Trespe: T, 5-30(-60) cm, IV-VI, kollin, trockenwarme Wegränder, Schuttplätze, (Sisy), meist adventiv, Neophyt

10 Rispe locker, ausgebreitet, oft etwas nickend. Granne höchstens 2x so lang wie die Deckspelzen. Ährchen (ohne Grannen) (3-)4-7 cm lang →, zur Blüte- und Fruchtzeit spreizend. Blattscheiden weichhaarig, mit abwärtsgerichteten Haaren. Blatt 4-8 mm breit, zerstreut behaart. Blatthäutchen 3-6 mm lang

Bromus diandrus Roth, *(Anisantha diandra)*, Gussones Trespe: T, (20-)40-90(-150) cm, IV-VI, kollin-montan, trockenwarme Wegränder, Schuttplätze, (Sisy), meist adventiv, Neophyt

- Rispe 10-20 cm lang, zusammengezogen, steif aufrecht. Granne mehr als 2x so lang wie die Deckspelzen. Ährchen (ohne Grannen) 2-4 cm lang →, zur Blüte- und Fruchtzeit zusammengezogen. Blattscheiden kahl oder mit weichen, abstehenden Haaren. Blatt 2-6 mm breit, dicht kurzhaarig. Blatthäutchen ca. 2 mm lang

Bromus rigidus Roth, *(Anisantha rigida)*, Steife Trespe: T, (10-)15-40(-70) cm, IV-V, kollin, trockenwarme Wegränder, Schuttplätze, Bahnareale, (Sisy), meist adventiv, Neophyt

11 Ährchen schmal länglich. Untere Hüllspelze 1-, obere 3-nervig, beide ungleich lang, schmal lanzettlich **12**

- Ährchen dicklich, eiförmig-länglich. Untere Hüllspelze 3- bis 5-, obere 5- bis 9-nervig, beide oft gleich lang, oval-elliptisch **15**

12 Unterste Verzweigung der Rispe mit schuppigem Tragblatt, Rispe überhängend, sehr gross. Ährchen sehr locker stehend **13**

- Verzweigung der Rispe ohne schuppiges Tragblatt, Rispe aufrecht bleibend oder bei kräftiger Pflanze etwas nickend. Ährchen relativ dicht stehend **14**

13 Rispe locker, allseitig überhängend. Untere Rispenäste zu 2, der längere bis 20 cm lang, mit 3-4 Ährchen. Oberste Blattscheide dicht, lang rauhaarig, Haare 3-4 mm lang. Tragblatt in der Rispe lang bewimpert →. Staubblätter purpurn. Blatt dunkelgrün

Bromus ramosus Huds., *(Bromopsis ramosa)*, Ästige Trespe: H, 40-120(-180) cm, VI-VIII, kollin-montan, krautreiche, feuchte Wälder, Schlagfluren, (Atro), LC

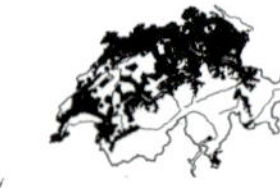

- Rispe dicht, einseitig überhängend. Untere Rispenäste zu 3-5, höchstens bis 8 cm lang, mit je 1-2 Ährchen. Oberste Blattscheide kahl oder kurzflaumig, Haare < 0,5 mm. Tragblatt in der Rispe kahl oder kurz bewimpert →. Staubblätter gelb. Blatt hellgrün

Bromus benekenii (Lange) Trimen, *(Bromopsis benekenii)*, Benekens Trespe: H, 50-120 cm, VI-VII, kollin-montan, basenreiche, luftfeuchte Wälder, Schlagfluren, (Samb-Sali, Luna-Acer), LC

14 Grundständige Blattscheiden in netzartige Fasern zerfallend. Pflanze mit kurzem Rhizom und mit kurzen Ausläufern. Blatt dunkelgrün, Rand nicht oder unregelmässig (nicht kammartig) und oft dicht bewimpert. Blatthäutchen nur 0,5–1 mm lang

Bromus riparius Rehmann, *(Bromopsis riparia)*, Ufer-Trespe: H, 40–100 cm, V–VIII, kollin-montan, trockenwarme Wegränder, Pionierfluren, Schuttplätze, (Sisy, Dauc-Meli), eingeschleppt, auch angesät, Neophyt

\- Grundständige Blattscheiden intakt bleibend oder in parallele Fasern zerfallend. Pflanze horstig und ohne Rhizom. Blatt hellgrün, Rand kahl (subsp. *condensatus*) oder regelmässig (kammartig) bewimpert. Blatthäutchen ca. 2 mm lang

Bromus erectus Huds., *(Bromopsis erecta)*, Aufrechte Trespe: H, 30–100 cm, V–VI, Trocken-, Halbtrockenrasen, trockene Krautsäume, LC

a Blattrand → mit abstehenden steifen Haaren. Blattoberseite locker behaart. Obere Blattscheiden fast kahl. Deckspelzen > 9 mm lang

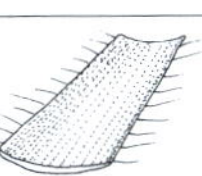

Bromus erectus Huds. subsp. ***erectus***, Gewöhnliche Aufrechte Trespe: H, V–VI, kollin-montan (-subalpin), trockene Magerrasen, Wegränder, (Meso, Xero, Cirs-Brac, Arrh), LC

\- Blattrand → ohne abstehende steife Haare. Blattoberseite kahl oder flaumhaarig. Alle Blattscheiden wollig behaart. Deckspelzen < 9 mm lang

Bromus erectus subsp. ***condensatus*** (Hack.) Asch. & Graebn., Dichte Aufrechte Trespe: H, V–VI, kollin-montan, kalkreiche Trockenrasen, (Dipl), NT

15 Rispe steif aufrecht, selten etwas nickend. Rispenäste kurz (meist 0,5–3 cm). Blattscheiden ± abstehend weichhaarig **16**

\- Rispe locker, nickend bis überhängend. Rispenäste lang (meist 3–15 cm). Blattscheiden kahl, steifhaarig oder anliegend weichhaarig **19**

16 Grannen von den Deckspelzen spreizend, zuletzt fast waagrecht abstehend oder verdreht **17**

\- Grannen gerade, in der Richtung der Deckspelzen nach vorne gerichtet **18**

17 Ährchenstiele kürzer als ihre Ährchen. Grannen zuletzt spreizend und verdreht →. Deckspelzen 12–15 mm lang. Blatt und Blattscheiden weich behaart. Rispe dicht, 10–12 cm lang. Ährchen 8- bis 12-blütig, kahl oder kurzhaarig

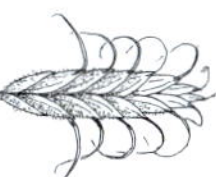

Bromus lanceolatus Roth, *(B. divaricatus)*, Spreizende Trespe: T, 40–80 cm, V–VI, kollin, trockenwarme Wegränder, Schuttplätze, (Sisy), meist adventiv, Neophyt

- Zumindest einige Ährchenstiele deutlich länger als ihre Ährchen. Grannen zuletzt waagrecht spreizend, nicht verdreht →. Deckspelzen 6–9 mm lang, dicht weichhaarig. Blatt und Blattscheiden weich behaart. Rispe locker, bis 20 cm lang, mit 1–6 kleinen, 10–25 mm langen, 6- bis 10-blütigen Ährchen

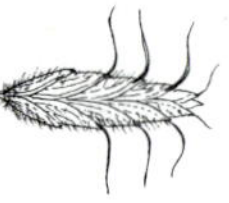

Bromus intermedius Guss., (*B. lanceolatus* subsp. *intermedius*), Mittlere Trespe: T, 40–80 cm, V–VI, kollin, trockenwarme Wegränder, Schuttplätze, (Sisy), meist adventiv, Neophyt

18 Deckspelzen nur 4,5–6,5 mm lang, ohne vortretende Nerven, kürzer als die Frucht. Granne an der gespaltenen Spitze eingesetzt →

Bromus lepidus Holmb., Zierliche Trespe: T, 20–40 cm, V–VI, trockenwarme Wegränder, Schuttplätze, (Sisy), Neophyt

- Deckspelzen 7–12 mm lang, mit stark vortretenden Nerven, so lang oder länger als die Frucht. Granne etwas unterhalb der Spitze eingesetzt →

Bromus hordeaceus L., Gersten-Trespe: T, 20–70 cm, V–VI, kollin-montan (-subalpin), Fettwiesen, Wegränder, (Arrh, Sisy), Archäophyt, LC

a Rispe dicht. Ährchenstiele kürzer als die Ährchen. Halme > 15 cm lang, aufrecht. Deckspelze mit bogigem bis schwach winkeligem Hautrand. Granne bei Fruchtreife aufrecht, am Grund ± 0,1 mm breit

Bromus hordeaceus subsp. ***mediterraneus*** (H. Scholz & F. M. Vázquez) H. Scholz, Mediterrane Flaum-Trespe: T, trockenwarme Schuttplätze, (Sisy)

- Rispe locker. Ährchenstiele mindestens so lang wie die Ährchen **b**

b Mindestens 4 Ährchenstiele und Rispenzweige länger als ihre Ährchen

Bromus hordeaceus subsp. ***longipedicellatus*** Spalton, Langstielige Flaum-Trespe: T, Fettwiesen, Wegränder, (Arrh), Archäophyt

- Höchstens 3 Ährchenstiele und Rispenzweige länger als ihre Ährchen **c**

c Hüll- und Deckspelzen (fast) kahl, Deckspelzen 6–8 mm lang. Deckspelze 6–8 mm lang. In allen Teilen kleiner als subsp. *hordaceus*

Bromus hordeaceus subsp. ***pseudothominei*** (P. M. Sm.) H. Scholz, Kleinere Flaum-Trespe: T, trockenwarme Schuttplätze, (Sisy), Neophyt

- Hüll- und Deckspelzen behaart, Deckspelzen 8–11 mm lang

Bromus hordeaceus L. subsp. ***hordeaceus***, Gersten-Trespe: T, leicht ruderale Fettwiesen, Wegränder, Schuttplätze, (Arrh, Sisy), Archäophyt

19 Blütenstand traubig (kaum verzweigt), einseitswendig, zuletzt nickend. Ährchen 2,5–4 cm lang. Grannen > 2 mm unterhalb der Spitzen ansetzend, trocken wie bei *B. japonicus* nach aussen spreizend →

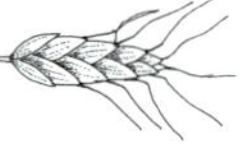

Bromus squarrosus L., Sparrige Trespe: T, 20–60 cm, V–VI, kollin-montan, trockenwarme Wegränder, Äcker, leicht ruderale Steppenrasen, (Conv-Agro), Archäophyt, LC

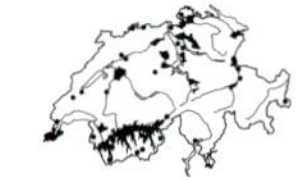

- Blütenstand rispig, einseits- oder allseitswendig. Ährchen höchstens 2 cm lang. Granne gerade oder nach aussen spreizend **20**

20 Untere und mittlere Blattscheiden dicht anliegend samtig behaart. Ährchen schmal länglich, meist braunrot überlaufen. Rispe sehr locker, meist ausgebreitet, breit pyramidal. Staubbeutel 4–5 mm lang. Vorspelzen so lang wie Deckspelzen →

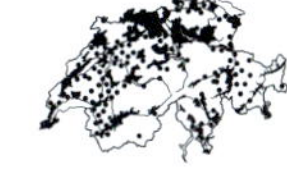

Bromus arvensis L., Acker-Trespe: T, 40–100 cm, VI–VII, kollin-montan (-subalpin), trockenwarme, kalkreiche Äcker, Wegränder, (Pani-Seta), Archäophyt, VU

- Untere und mittlere Blattscheiden kahl oder locker behaart (nie samthaarig). Ährchen meist grün. Rispe schmal oder breit. Staubbeutel nur 1–2 mm lang. Vorspelzen deutlich kürzer als die Deckspelzen **21**

21 Untere Blattscheiden kahl. Grannen innerhalb des Ährchens alle etwa gleich lang. Deckspelzen zur Fruchtzeit mit nach innen gerollten Rändern und dadurch voneinander gesondert und Ährenachse sichtbar. Reife Ährchen nicht zerfallend. Frucht dicklich, V-förmig

Bromus secalinus aggr., Roggen-Trespe: Archäophyt

a Deckspelze ohne Granne 6–9 mm lang, fast stets kahl →, ihre Granne (0–)2–10 mm lang. Grössere Rispenäste meist mit 3–5 Ährchen, diese 13–15(–25) mm lang

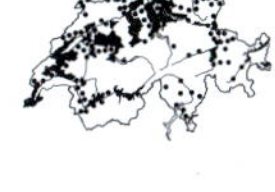

Bromus secalinus L., Gewöhnliche Roggen-Trespe: T, 20–120 cm, VI–VII, kollin-montan (-subalpin), Getreidefelder, Schuttplätze, (Apha), Archäophyt, VU

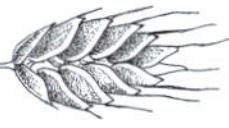

- Deckspelze ohne Granne (9–)10–13 mm lang, meist auffallend behaart →, ihre Granne 10–14 mm lang. Grössere Rispenäste meist mit 1–2 Ährchen, diese 20–35 mm lang

Bromus grossus DC., Dicke Trespe: T, 60–130 cm, VI–VII, kollin-montan, Getreidefelder, Wegränder, (Apha), Archäophyt, CR

- Untere Blattscheiden abstehend steifhaarig. Grannen innerhalb eines Ährchens ungleich lang, die unteren viel kürzer als die oberen. Ränder der Deckspelzen überdecken sich zur Fruchtzeit dachziegelig. Ährchen bald zerfallend. Frucht dünn, sichelförmig, schmal **22**

22 Untere Blattscheiden lang (fast zottig) steifhaarig. Die unteren Grannen eines Ährchens → fehlend oder viel kürzer als die oberen (> 10 mm lang). Grannen 2–4 mm unterhalb der Deckspelzenspitze angesetzt (bei fast allen anderen Arten direkt unter der Spitze), zur Fruchtzeit wie bei *B. squarrosus* meist nach aussen spreizend. Staubbeutel 0,5–1,5 mm lang. Rispe verzweigt (vgl. *B. squarrosus*)

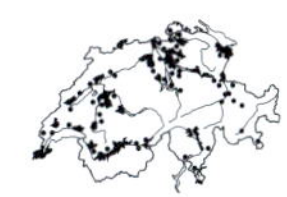

Bromus japonicus Thunb., Japanische Trespe: T, 20–80 cm, V–VI, kollin-montan, kalkreiche Äcker, Wegränder, (Cauc), Archäophyt, VU

- Untere Blattscheiden kurz, locker, abstehend steifhaarig. Die Grannen der unteren Blüten mind. halb so lang wie die höchstens 10 mm langen Grannen der oberen Blüten. Grannen gerade, (fast) an der Deckspelzenspitze angesetzt. Staubbeutel 1-2,5 mm lang. Rispe zusammengezogen oder ausgebreitet

Bromus racemosus aggr., Trauben-Trespe: T, 30-60 cm, V-VI, VU

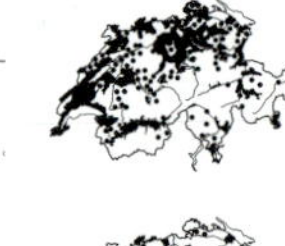

a Rispe schmal, aufrecht, kurz, meist einfach (= Traube). Ährchen < 25 mm breit. Deckspelzen 6-8 mm lang →, Aussenrand gleichmässig gebogen. Staubblätter 2-3 mm lang

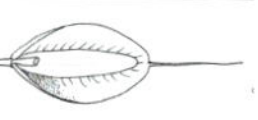

Bromus racemosus L., Gewöhnliche Trauben-Trespe: T, 30-90(-120) cm, V-VI, kollin-montan (-subalpin), wechselfeuchte Wiesen, Krautsäume, Schuttplätze, (Calt, Agro-Rumi), Archäophyt, EN

- Rispe breit ausladend, verzweigt, zuerst aufrecht, später nickend. Ährchen > 25 mm breit. Deckspelzen 8-11 mm lang →, Aussenrand bildet stumpfen Winkel. Staubblätter 1-1,5 mm lang

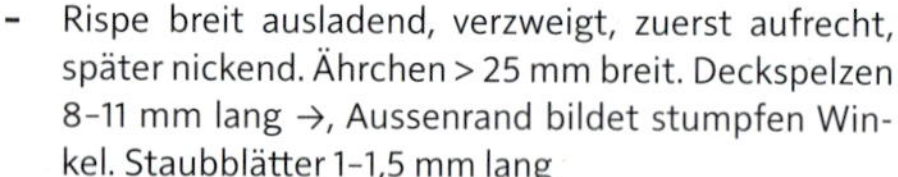

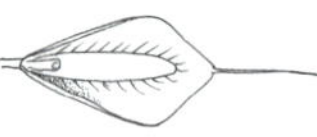

Bromus commutatus Schrad., Verwechselte Trauben-Trespe: T, 30-80(-120) cm, V-VII, kollin-montan (-subalpin), wechselfeuchte Wegränder, Schuttplätze, lückige Weiden, (Cyno, Agro-Rumi), Archäophyt

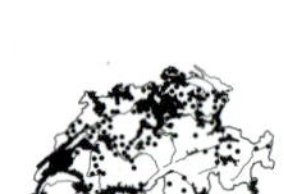

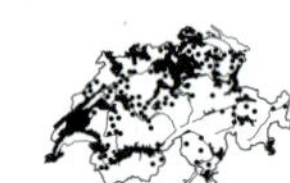

Calamagrostis Reitgras

1 Granne der Deckspelze aus dem Ährchen herausragend. Deckspelze etwas derb, grünlich **2**

- Granne der Deckspelze nicht aus dem Ährchen herausragend. Deckspelze zarthäutig, durchscheinend **3**

2 Blatt zweifarbig: oberseits blaugrün, matt, unterseits dunkelgrün, glänzend. Granne 2-3 mm das Ährchen überragend, gekniet, am Grund der Deckspelze eingefügt. Ährchenhaare spärlich, nur etwa ⅓ so lang wie die Deckspelze →. Pflanze Horste bildend

Calamagrostis arundinacea (L.) Roth, Wald-Reitgras: H, 50-100 cm, VII-VIII, (kollin-) montan, feuchte, bodensaure Laubwälder, Staudenfluren, (Cala, Luzu-Fage, Quer-robo), LC

- Blatt einfarbig: beiderseits matt blaugrün (oft violett verfärbt). Granne nur ca. 1 mm das Ährchen überragend, gekniet, am Grund der Deckspelze eingefügt. Ährchenhaare ⅔ bis etwa so lang wie die Deckspelze →. Pflanze unterirdisch kurz kriechend, Herden oder lockere Horste bildend

Calamagrostis varia (Schrad.) Host, Berg-Reitgras: H, 60-120 cm, VII-VIII, (kollin-) montan-subalpin (-alpin), wechselfeuchte, kalkreiche Schuttfluren, Magerrasen, Bergwälder, (Cari-ferr, Moli-Pini, Cala, Eric-PiUn), LC

3 Blatt unterseits auffallend glänzend. Deckspelzen 5-nervig. Granne ähnlich dick wie die Haare am Grund der Deckspelze, daher ist sie oft nicht leicht erkennbar **4**

- Blatt beiderseits matt. Deckspelzen 3- oder 5-nervig. Granne dicker als die Haare am Grund der Deckspelze, daher ist sie leicht erkennbar **5**

4 Pflanze frisch- bis dunkelgrün. Halme mit 3-5 Knoten, meist unverzweigt. Blätter schlaff, am Blattgrund oft mit Haarbüschel. Granne deutlich erkennbar, auf dem Rücken der Deckspelze eingesetzt →. Pflanze unterirdisch kriechend, oft grosse Herden bildend

Calamagrostis villosa (Chaix) J. F. Gmel., Wolliges Reitgras: H, 60-150 cm, VII-VIII, subalpin (-alpin), bodensaure Zwergstrauchheiden, Rasenhänge, Nadelwälder, (Cala, Rhod-Vacc, Vacc-Pice), LC

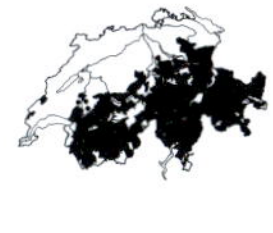

\- Pflanze hell- bis graugrün. Halme mit 5-8 Knoten, oft verzweigt. Blätter steif aufrecht, rau, am Blattgrund selten mit Haarbüschel. Granne kurz (0,5-1 mm), unscheinbar, am Ende der Deckspelze eingesetzt →. Pflanze unterirdisch kriechend

Calamagrostis canescens (F. H. Wigg.) Roth, *(C. lanceolata)*, Sumpf-Reitgras: H, 60-150 cm, VI-VII, kollin-montan, Bruchwälder, Nasswiesen, Weidengebüsche, (Alni-glut, Phal, Sali-cine), VU

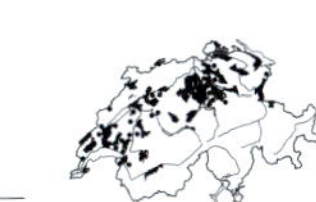

5 Blatthäutchen der oberen Halmblätter nur bis 1-3 mm lang. Haare unterhalb der Deckspelze deutlich kürzer als diese →. Blätter nur 2-4 mm breit, dunkelgrün, rau, oft etwas eingerollt, oberseits behaart. Pflanze unterirdisch kriechend

Calamagrostis stricta (Timm) Koeler, Moor-Reitgras: H, 30-100 cm, VI-VII, kollin, Übergangs-, Flachmoore, Grossseggenriede, (Cari-lasi, Magn), CR(PE)

\- Blatthäutchen der oberen Halmblätter 4-12 mm lang. Haare unterhalb der Deckspelze 1-2x so lang wie diese **6**

6 Pflanze graugrün. Halme oft verzweigt. Haare am Grund der Deckspelze etwa so lang wie diese →. Deckspelze 5-nervig. Blätter 5-8 mm breit, oberseits auffallend rau, Blatthäutchen 6-12 mm lang, behaart. Pflanze unterirdisch kriechend

Calamagrostis phragmitoides Hartm., Purpur-Reitgras: H, 80-200 cm, VI-VIII, kollin-montan, schuttige Flussufer, (Epil-flei), EN

\- Haare am Grund der Deckspelze deutlich länger als diese. Deckspelze 3-nervig **7**

7 Pflanze frischgrün, beide Hüllspelzen (fast) gleich lang. Granne rückenständig →. Rispe stets aufrecht, 15-25 cm lang. Halme kräftig, oben sehr rau. Blätter 8-15 mm breit, Rand schneidend rau. Pflanze unterirdisch kriechend

Calamagrostis epigejos (L.) Roth, Land-Reitgras: G-H, 60-150 cm, VII-VIII, kollin-montan (-subalpin), feuchte Wälder, Ufer, Staudenfluren, (Alni-inca, Atro, Sali-elae, Epil-flei), LC

\- Pflanze blaugrün. Obere Hüllspelze nur ¾ so lang wie die untere. Granne endständig →. Rispe (meist) überhängend, 10-30 cm lang. Blätter 5-8 mm breit, beiderseits rau, am Rand schneidend. Pflanze unterirdisch kriechend

Calamagrostis pseudophragmites (Haller f.) Koeler, Ufer-Reitgras: H, 50-150 cm, VII-VIII, kollin-montan, schuttige Flussufer, (Epil-flei), VU

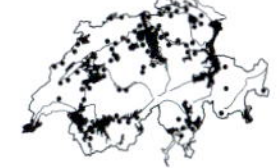

Catabrosa Quellgras

- Stängel niederliegend und flutend oder aufsteigend, an den Knoten wurzelnd (im Habitus an *Glyceria* erinnernd). Blätter 5–10 mm breit, stumpf. Ährchen 2-blütig (*Glyceria*: 5- bis 11-blütig), 2–3 mm lang, meist violett überlaufen. Hüllspelzen häutig, kürzer als die Deckspelzen →

Catabrosa aquatica (L.) P. Beauv., *(Scleropoa loliacea)*, Europäisches Quellgras: G, 20–60 cm, VI–IX, kollin-subalpin, Bach-, Seeufer, (Glyc-Spar), VU

Catapodium Steifgras

1 Blütenstrand rispig, oft zusammengezogen und etwas einseitswendig. Rispe starr, schmal, bis 10 cm lang, im Umriss lanzettlich. Obere Hüllspelze 1,5–2 mm lang. Pflanze klein, büschelig, ± niederliegend, mit kurzen, starren, seitlich zusammengedrückten Ährchen →. Blatthäutchen bis 6 mm lang. Alle Spelzen zugespitzt (vgl. *Sclerochloa*)

Catapodium rigidum (L.) C. E. Hubb., *(Scleropoa rigida)*, Aufrechtes Steifgras: T, 5–20 cm, V–VII, kollin, trockene Pionierfluren, Wegränder, (Erag, Poly-avic), LC

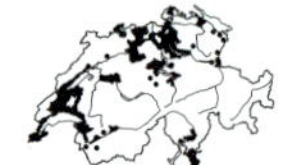

- Blütenstand (fast) ährig, starr. Obere Hüllspelze ca. 2,5 mm lang. Ährchen seitlich zusammengedrückt. Pflanze klein, büschelig, ± niederliegend. Blätter 1–2 mm breit

Catapodium marinum (L.) C. E. Hubb., Niederliegendes Steifgras: T, 5–20 cm, V–VII, sandige, salzhaltige Flächen, Neophyt

Chrysopogon Bartgras

- Rispe locker, mit langen, quirlständigen Seitenästen, diese unter den Ährchen verdickt und mit gelbem Haarschopf →. Ährchen zu 3, das mittlere sitzend, begrannt, die seitlichen gestielt. Blätter rau, 2–4 mm breit, behaart, mit Haarkranz statt Blatthäutchen

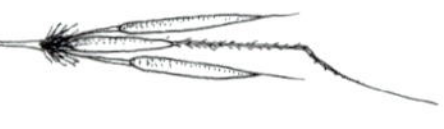

Chrysopogon gryllus (L.) Trin., *(Andropogon gryllus)*, Gold-Bartgras: H, 30–100 cm, VI, kollin, Trocken-, Felsrasen, (Dipl, Scorzonero-Chrysopogonetalia), NT

Cleistogenes Steifhalm

- Stängel auf der ganzen Länge mit vielen kurzen Blättern, die starr abstehen, bis 5 mm breit, graugrün, mit Haarkranz statt Blatthäutchen. Blütenstand eine Rispe. Ährchen 3- bis 6-blütig →

Cleistogenes serotina (L.) Keng, Steifhalm: H, 30–80 cm, VIII–IX, kollin, warme Trockenrasen, Felsenheiden, (Dipl), VU

Cynodon Hundszahngras

- Halme niederliegend-aufsteigend, mit strohigen Ausläufern. Blätter kurz und starr, graugrün. Blütenstand fingerförmig. Ähren in einem Punkt entspringend. Ährenteilausschnitt und Ährchen →

  Cynodon dactylon (L.) Pers., Hundszahngras: G-H, 10–40 cm, VII–IX, kollin, trockenwarme Schuttplätze, Wegränder, (Erag, Pani-Seta), LC

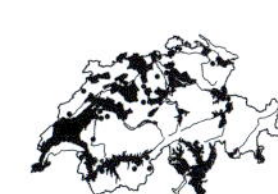

Cynosurus Kammgras

1 Blütenstand schmal, länglich, 5–10 cm lang, ährenförmig, 2-zeilig. Grundscheiden gelbbraun (vgl. *Lolium*). Blätter 2–3 mm breit, kahl, oben gerillt, unten etwas glänzend

Cynosurus cristatus L., Wiesen-Kammgras: H, 20–60 cm, VI–VII, kollin-subalpin, Fettweiden, (Cyno), LC

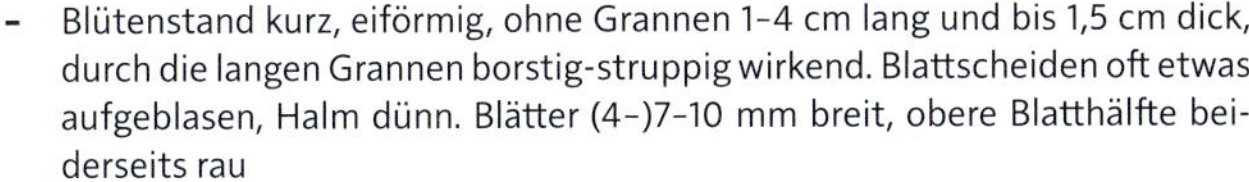

- Blütenstand kurz, eiförmig, ohne Grannen 1–4 cm lang und bis 1,5 cm dick, durch die langen Grannen borstig-struppig wirkend. Blattscheiden oft etwas aufgeblasen, Halm dünn. Blätter (4–)7–10 mm breit, obere Blatthälfte beiderseits rau

Cynosurus echinatus L., Stacheliges Kammgras: T, 20–70 cm, V–VII, kollin-montan, trockenwarme Pionierfluren, (Thero-Brachypodietalia, Sisy), Archäophyt, EN

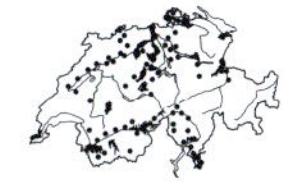

Dactylis Knäuelgras

1 Pflanze graugrün, horstig oder mit sehr kurzen Ausläufern. Unterster (blütenfreier) Rispenast gut entwickelt und oft länger als das erste Internodium der Rispe, Knäuelrispe daher kopfig. Hüllspelzen etwas lederig, lang bewimpert →, violett oder rötlich, die untere stets einnervig. Deckspelzen mit 1–2 mm langer Spitze. Rispe im Umriss dreieckig, aufrecht bleibend. Halm und Blattscheiden zweischneidig zusammengedrückt

Dactylis glomerata L., Wiesen-Knäuelgras: H, 30–120 cm, V–VI, kollin-subalpin (-alpin), nährstoffreiche Wiesen und Weiden, (Arrh, Poly-Tris, Cyno, Cari-ferr), LC

- Pflanze hellgrün, mit bis 10 cm langen, unterirdischen Ausläufern. Unterster (blütenfreier) Rispenast meist sehr kurz, Knäuelrispe daher schmal, länglich. Hüllspelzen weich, nicht bewimpert →, weisslich, die untere am Grund 3-nervig. Deckspelzen mit höchstens 0,5 mm langer Spitze. Rispe im Umriss schmal, zuletzt oft etwas überhängend

Dactylis polygama Horv., *(D. aschersoniana)*, Aschersons Knäuelgras: H, 40–100 cm, VI–VII, kollin (-montan), warme Laubwälder, (Carp), NT

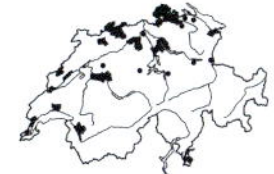

Danthonia — Dreizahn

1 Deckspelzen an der Spitze mit 3 gleichen, stumpfen Zähnen, ohne Granne →. Blätter ca. 2 mm breit, flach und steif, graugrün, rau, mit Haarkranz statt Blatthäutchen und langen Haarborsten am Blattgrund

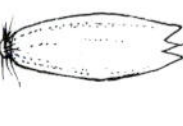

Danthonia decumbens (L.) DC., *(Sieglingia decumbens)*, Dreizahn: H, 15-40 cm, V-VII, (kollin-) montan-subalpin, kalkarme Magerrasen, Krautsäume, (Nard, Call-Geni), LC

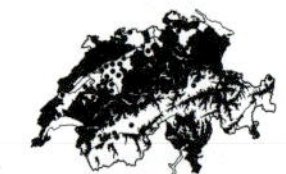

- Deckspelzen an der Spitze mit 2 Zähnen, dazwischen mit kurzer Granne →. Blätter bis 2,5 mm breit, allmählich zugespitzt, rau, oft borstig eingerollt, mit Haarkranz statt Blatthäutchen

Danthonia alpina Vest, *(D. calycina)*, Traubenhafer: H, 30-70 cm, VI-VII, kollin-montan, kalkreiche Trockenrasen, (Dipl), EN. Die Zuordnung des Taxons im Tessin muss geprüft werden

Deschampsia — Schmiele

1 Granne die Deckspelzen nicht überragend. Blatthäutchen 6-8 mm lang. Rispenäste rau. Ährchen 3-5 mm lang, nie vivipar. Blätter (2-)3-5 mm breit, oberseits stark gerillt und auffallend rau, Rispe (10-)20-40 cm lang und bis 20 cm breit. Pflanze bildet dichte, feste Horste

Deschampsia cespitosa (L.) P. Beauv., Rasen-Schmiele: H, 30-100(-150) cm, VI-VIII, kollin-alpin, nasse, nährstoffreiche Weiden, Wegränder, Ufer, Quellfluren, (Calt, Card-Mont, Moli), LC

- Granne aus dem Ährchen hervorragend. Blatthäutchen max. 4 mm lang. Rispenäste glatt. Ährchen 5-7 mm lang, hell goldgelb, violett überlaufen, oft vivipar. Blätter 2-3 mm breit, oberseits stark gerillt und auffallend rau. Rispe 10-20 cm lang und bis 10 cm breit. Pflanze bildet niedrige Horste **2**

2 Ährchen nicht vivipar

Deschampsia littoralis (Gaudin) Reut., Strand-Schmiele: H, 20-60 cm, VII-VIII, montan-subalpin, kiesige Seeufer, (Litt), CR. Nur noch Standorte am Lac de Joux (VD)?

- Ährchen vivipar →

Deschampsia rhenana Gremli, Rheinische Schmiele: H, 30-90 cm, VII-VIII, kollin-montan, kiesige Seeufer, (Litt), Bodensee-Endemit?

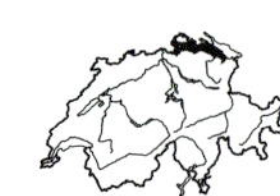

Dichanthelium — Hirse

- Pflanze büschelig, Halme ab Mitte Sommer verzweigt. Grundblätter kurz, eine Winterrosette bildend, lang behaart. Stängelblätter länger, 5-12 mm breit, Blatthäutchen 3-5 mm. Ährchen kugelig, weichhaarig →, 2-blütig

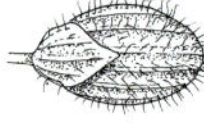

Dichanthelium acuminatum (Sw.) Gould & C. A. Clark, *(Panicum acuminatum)*, Zugespitzte Hirse: H, 15-30(-50) cm, VI-VII, kollin, trockenwarme Schuttplätze, Neophyt

Digitaria Fingerhirse

1 Obere Hüllspelzen lang, die Deckspelzen (fast) verdeckend. Blätter 2-7 mm breit. Blattscheiden kahl oder mit einzelnen Wimperhaaren (die unterste selten etwas flaumig)

Digitaria ischaemum aggr.

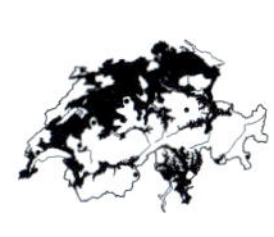

a Ähren fingerförmig, zu 2-4(-8), spreizend. Ährchen > 2 mm lang. Ährenspindel (Rhachis) ca. 1 mm breit. Obere Hüllspelze 3- bis 5-nervig, kraus behaart →. Blätter 4-7 mm breit

Digitaria ischaemum (Schreb.) Muhl., *(D. filiformis)*, Faden-Fingerhirse: T, 10-40 cm, VII-IX, kollin-montan, trockenwarme, nährstoffreiche Wegränder, Schuttplätze, (Pani-Seta), Archäophyt, LC

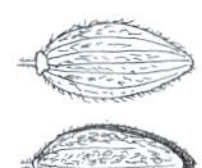

- Ähren fingerförmig, zu 3-7(-10), aufgerichtet. Ährchen < 2 mm lang. Ährenspindel (Rhachis) 0,5-0,8 mm breit. Obere Hüllspelze meist 3-nervig, gerade behaart →. Blätter 2-5 mm breit

Digitaria violascens Link, Violette Fingerhirse: T, 10-50 cm, VII-IX, kollin (-montan), Wegränder, aus Saatmischungen eingeschleppt, Neophyt

- Obere Hüllspelzen kurz, deutlich kleiner als die Deckspelze, diese nicht verdeckend. Blätter 5-10 mm breit. Blattscheiden behaart

Digitaria sanguinalis aggr.

a Pflanze 20-30(-40) cm hoch. Obere Hüllspelzen ¼-½ so lang wie das Ährchen →. Deckspelzen auf den Nerven mit Stachelhaaren. Blattscheiden und Blätter locker bis dicht behaart, Letztere bis 10 mm breit, oft rotviolett gefärbt

Digitaria sanguinalis (L.) Scop., Blutrote Fingerhirse, Bluthirse: T, 10-30(-40) cm, VII-IX, kollin-montan, nährstoffreiche Schuttplätze, Äcker, Wegränder, (Pani-Seta, Erag, Fuma-Euph), Archäophyt, LC

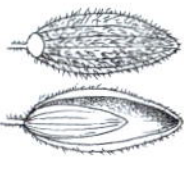

- Pflanze 30-100 cm hoch. Obere Hüllspelzen ½-⅔ so lang wie das Ährchen →. Deckspelzen glatt, ohne Stachelhaare (höchstens zur Spitze hin einige Stachelhaare). Blattscheiden nur am Rand bewimpert. Blätter kahl, nur am Grund mit langen Wimperhaaren

Digitaria ciliaris (Retz.) Koeler, Glattspelzen-Fingerhirse: T, 30-100 cm, VII-IX, kollin, Äcker, Wegränder, (Pani-Seta), Neophyt

Echinochloa Hühnerhirse

1 Unterste Rispenzweige 3-8 cm lang →. Ährchen zu 2-3, mit oder ohne Grannen, 3-4 mm lang. Blätter bis 15 mm breit, rau

Echinochloa crus-galli (L.) P. Beauv., Hühnerhirse: T, 30-80(-150) cm, VII-IX, kollin-montan, mässig feuchte Unkrautfluren, Äcker, Schuttplätze, (Pani-Seta, Poly-Chen), Archäophyt, LC

- Rispenzweige 1-2(-3) cm lang. Ährchen stets zu 2 und ohne Grannen, 2-3 mm lang. Blätter 3-6 mm breit, rau

Echinochloa colonum (L.) Link, Schamahirse: T, 30-60 cm, feuchte Ruderalstellen oder Kulturen, nur adventiv, Neophyt

Eleusine Eleusine

1 Ähren fingerförmig, zu (3-)5-10 im Blütenstand, je 4-10(-15) cm lang. Blattscheiden abgeflacht, meist kahl

Eleusine indica (L.) Gaertn., Indische Eleusine: T, 20-80 cm, VII-X, kollin, trockenwarme Schuttplätze, Äcker, (Pani-Seta), Neophyt

- Ähren fingerförmig, zu 2-4 im Blütenstand, je 2-3(-5) cm lang. Blattscheiden abgeflacht, gekielt, meist kahl

Eleusine tristachya (Lam.) Lam., Dreiährige Eleusine: T, 10-30 cm, trockenwarme Schuttplätze, (Pani-Seta), bisher nur adventiv in der Region GE, Neophyt

Elymus Quecke

1 Pflanze ohne unterirdische Ausläufer, horstig oder dichtrasig. Deckspelzen mit oder ohne Grannen **2**

- Pflanze mit verlängerten unterirdischen Ausläufern, kann daher ausgedehnte Bestände bilden. Deckspelzen ohne oder mit höchstens bis 5 mm langen Grannen **4**

2 Deckspelzen stumpf, Granne fehlend. Blattspreite gefaltet, mit stark hervortretenden Rippen. Pflanze bildet dichte, graugrüne Horste. Ähre 10-45 cm lang. Ährchen 7- bis 12-blütig

Elymus obtusiflorus (DC.) Conert, *(Elytrigia obtusiflora)*, Stumpfblütige Quecke: H, 50-120(-180) cm, VII-VIII, warme, sandige Böschungen, Neophyt

- Deckspelzen spitz oder mit bis 25 mm langer Granne. Blattspreite flach (3-) 4-10(-12) mm breit, weich, kaum gerippt, oberseits matt graugrün, unterseits grasgrün. Ähre 5-20 cm lang, Ährchen (2-) 4- bis 6-blütig **3**

3 Ähre aufrecht. Ährenspindel und Ährchenspindel rau, höchstens mit einzelnen Haaren. Vorspelze in 2 Spitzchen endend →

Elymus helveticus Schmid-Holl., Schweizer Quecke: H, 30-80(-100) cm, VI-VII, subalpin, Ruhschutt, auf Kalk, (Thla-rotu), DD

- Ähre schlaff, etwas überhängend. Ährenspindel und Ährchenspindel behaart (jeweils v. a. am oberen Ende der Glieder). Vorspelze am Ende nicht gegabelt →

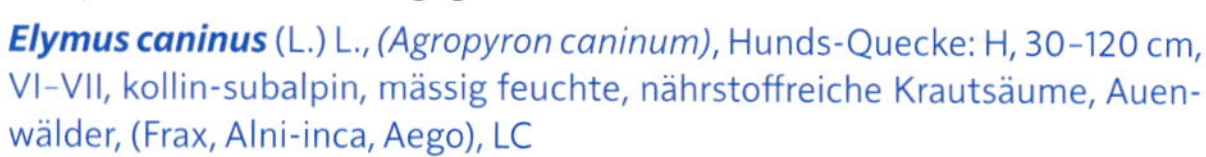

Elymus caninus (L.) L., *(Agropyron caninum)*, Hunds-Quecke: H, 30-120 cm, VI-VII, kollin-subalpin, mässig feuchte, nährstoffreiche Krautsäume, Auenwälder, (Frax, Alni-inca, Aego), LC

4 Blätter weich, flach, grün oder blaugrün, oberseits mit etwas weniger hervortretenden Rippen als bei anderen Arten, zwischen den Rippen ist grüne Blattspreite sichtbar. Leitbündel weit auseinanderliegend, im Gegenlicht als helle Linien erscheinend, dazwischen breite, flache Streifen. Untere Blattscheiden am Rand kahl. Hüllspelzen spitz

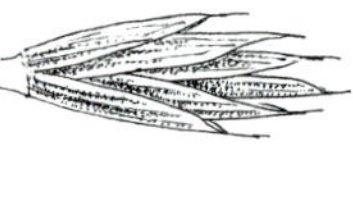

Elymus repens (L.) Gould, *(Elytrigia repens, Agropyron repens)*, Kriechende Quecke: G, 30-100(-150) cm, VI-VII, kollin-subalpin, nährstoffreiche Krautsäume, Wegränder, Unkrautfluren, (Agro-Rumi, Conv-Agro), LC

- Blätter starr, oft eingerollt, stechend, blaugrün, oberseits stark gerippt, Leitbündel eng stehend, fast ohne Flächen dazwischen. Untere Blattscheiden am Rand bewimpert **5**

5 Hüllspelzen gerundet oder gestutzt (manchmal durch Verlängerung des Hauptnervs mit Spitzchen), deutlich kürzer als die folgenden Deckspelzen. Blätter oberseits durch feine Stachelhaare rau, im Querschnitt an den Rändern auffallend verdickt

Elymus hispidus (Opiz) Melderis, *(Elytrigia intermedia, Agropyron intermedium)*, Blaugrüne Quecke: G, 50-100 cm, VI-VII, kollin-montan (-subalpin), kalkreiche, leicht ruderale Trockenrasen, trockenwarme Wegränder, Gebüsche, (Conv-Agro, Berb), LC

- Hüllspelzen spitz, mit Granne oder Grannenspitze, fast so lang wie die folgenden Deckspelzen. Blätter im Querschnitt an den Rändern verschmälert

Elymus athericus (Link) Kerguélen, *(Elytrigia atherica, Agropyron pungens)*, Stechende Quecke: G, 30-120 cm, VI-VII, kollin-montan, trockenwarme Wegränder, Schuttfluren, Flussufer, (Agro-Rumi, Conv-Agro), NT

Eragrostis — Liebesgras

Die Vielfalt der in der Schweiz vorkommenden Arten ist unübersichtlich. Aufgrund von Nachweisen in den Nachbarländern ist davon auszugehen, dass sich in Zukunft noch weitere Arten in der Schweiz etablieren werden. Viele Arten, v. a. aus der Gruppe von *E. pilosa (E. multicaulis, E. parviflora, E. pectinacea, E. pilosa)*, sind nicht immer einfach voneinander unterscheidbar. Hier sollten möglichst viele Merkmale berücksichtigt werden.

1 Pflanze mehrjährig, mit vielen sterilen Trieben kräftige Horste bildend. Hauptverzweigungen der Rispe mit Haarbüscheln (bei *E. curvula* manchmal schwach ausgebildet). Blätter 1-2(-3) mm breit **2**

- Pflanze ein- bis zweijährig, lockerhorstig. Hauptverzweigungen der Rispe mit oder ohne Haarbüschel (vgl. insbesondere *E. pilosa*). Blätter 1-6 mm breit **3**

2 Pflanze 60-140 cm hoch. Rispe (15-)20-40 cm. Ährchen 8-9 mm lang, schmal länglich →. Frucht auf der Bauchseite aufgewölbt. Blätter 1-2(-3) mm breit. Blattscheiden lockerhaarig

Eragrostis curvula (Schrad.) Nees, Afrikanisches Liebesgras: H, 60-140 cm, VII-IX, kollin, Gartenränder, Ruderalstellen, kultiviert und verwildert, kultivierter Neophyt

- Pflanze 30-60 cm hoch. Rispe 15-25 cm lang. Ährchen nur ca. 4 mm lang, länglich eiförmig →. Frucht auf der Bauchseite konkav. Blätter 1-2 mm breit. Blattscheiden mehrheitlich kahl, nur zuoberst behaart

Eragrostis lugens Nees, Trauer-Liebesgras: H, 30-60 cm, VII-IX, kollin, trockenwarme Schuttplätze, Wegränder, (Erag), Neophyt

3 Blattränder mit warzigen Drüsen, die mit der Lupe gut sichtbar sind (links) → **4**

- Blattränder ohne Drüsen (rechts) → **5**

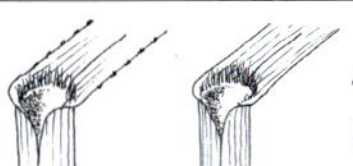

4 Rispe 10–25 cm lang. Ährchen 10–15 mm lang und 2–4 mm breit →. Rispenäste unterhalb der Ährchen ohne Drüsenring. Mündung der Blattscheiden ± kahl. Blätter 2–5(–10) mm breit

Eragrostis cilianensis (All.) Janch., *(E. megastachya)*, Grossähriges Liebesgras: T, 60 cm, VII–IX, kollin, trockenwarme, kalkreiche Wegränder, Schuttplätze, Weinberge, (Erag, Poly-avic), Archäophyt, LC

- Rispe 5–15 cm lang. Ährchen 5–10 mm lang und 1,5–2 mm breit →. Mittelrippe der Deckspelzen mit warzigen Drüsen. Ährchenstiele mit einzelnen Drüsen oder einem Drüsenring. Auch unterhalb der Halmknoten meist mit einem Drüsenring. Mündung der Blattscheiden behaart →. Blätter 2–4 mm breit

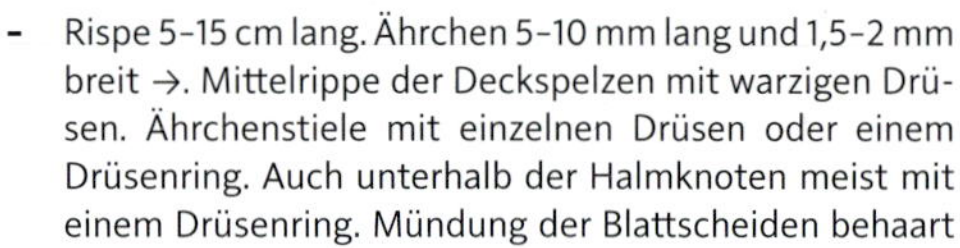

Eragrostis minor Host, Kleines Liebesgras: T, 10–30 cm, VII–IX, kollin-montan, trockenwarme Schuttplätze, Strassenpflaster, Bahnareale, (Erag, Poly-avic, Sagi-proc), vermutlich eingewandert, LC

5 Mündung zumindest der obersten Blattscheiden (bzw. Blattspreitengrund) kahl, höchstens mit vereinzelten (verlorenen) Haaren. Hauptverzweigungen der Rispe ohne Haarbüschel, höchstens mit einzelnen Haaren **6**

- Mündung der Blattscheiden (bzw. Blattspreitengrund) mit auffälligen, langen Haaren. Hauptverzweigungen der Rispe mit oder ohne Haarbüschel **8**

6 Rispenachse unterhalb der Verzweigungen mit gelblich glänzendem Drüsengewebe. Bei gut ausgebildeter Pflanze am unteren Teil des Stängels mit einzelnen Ährchen oder Teilrispen. Ährchen → 4–7(–11) mm lang, 1–2 mm breit. Stängel unterhalb der Knoten mit einem Ring aus Drüsen (wie bei *E. minor*), aber Ährchenstiele ohne Drüsen. Blätter 1–3 mm breit

Eragrostis barrelieri Daveau, Barreliers Liebesgras: T, (10–)20–50 cm, VI–IX, kollin, trockenwarme Wegränder, Weinberge, (Erag), Neophyt

- Rispenachse ohne gelb glänzendes Drüsengewebe. Ährchen ausschliesslich in der endständigen Rispe **7**

7 Pflanze niederliegend-aufsteigend, meist kleiner als 25 cm. Mündung der oberen, seitlich etwas zusammengedrückten Blattscheiden kahl. Untere Rispenäste meist einzeln stehend. Ährchenstiele auffallend kurz (kürzer als die Ährchen), dadurch stehen die Ährchen gedrängt am Ende der Rispenäste. Ährchen nur 2,5–4,5 mm lang und ca. 1 mm breit. Untere Hüllspelze 0,3–0,7 mm lang, weniger als halb so lang wie die unterste Deckspelze →. Blätter nur 3–9 cm lang

Eragrostis multicaulis Steud., Vielstängeliges Liebesgras: T, 5–20(–25) cm, VII–IX, kollin, trockenwarme Wegränder, Trittrasen, Strassenpflaster, (Poly-avic, Sagi-proc), Neophyt

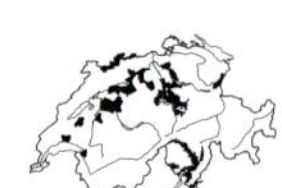

- Pflanze aufsteigend-aufrecht, 30-60(-120) cm gross. Unterste Rispenäste in Quirlen zu 3-6. Rispe (15-)25-60 cm lang. Ährchen (3-)4-12 mm lang, aber nur 1-1,4 mm breit →, mit der Reife von den Rispenästen abstehend. Blätter 2-3 mm breit, stark gerieft. Frucht bauchseitig schwach konkav

  Eragrostis parviflora (R. Br.) Trin., Armblütiges Liebesgras: T, 30-60(-120) cm, trockenwarme Schuttplätze, Wegränder, (Erag), Neophyt

---

8 Frucht deutlich gestreift, auf der Bauchseite schwach bis stark konkav bzw. rinnig. Deckspelzen mit auffälligen Nerven, fast Rippen bildend und bis zum Rand der Deckspelze führend. Pflanze 30-120 cm hoch, aufrecht. Unterste Rispenäste meist einzeln (selten paarweise) **9**

- Frucht undeutlich gestreift, auf der Bauchseite flach oder konvex, nicht eingefurcht. Deckspelzen mit unauffälligen Nerven, die meist nur knapp über die Mitte der Deckspelzen reichen. Unterste Rispenäste einzeln oder zu 2-6 **10**

---

9 Ährchen → 1,5-2,5 mm breit und 5-10 mm lang. Die meisten Ährchenstiele länger als die Ährchen. Stängel derb, oft über 1,5 mm Durchmesser. Blätter 3-5 mm breit. Frucht bauchseitig schwach konkav

Eragrostis mexicana (Hornem.) Link, *(E. neomexicana)*, Mexikanisches Liebesgras: T, 20-120 cm, VII-X, kollin, trockenwarme Wegränder, Strassenpflaster, (Poly-avic, Sagi-proc), Neophyt

- Ährchen → nur 0,7-1,4 mm breit und 5-10 mm lang. Rispe 20-25(-40) cm lang. Ährchen bleiben an den Rispenästen anliegend. Blätter 3-6 mm breit. Frucht bauchseitig stark konkav

Eragrostis virescens J. Presl, Grünliches Liebesgras: T, 30-70 cm, VII-X, kollin, trockenwarme Wegränder, Strassenpflaster, (Erag, Poly-avic, Sagi-proc), Neophyt

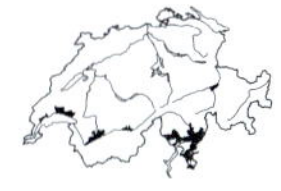

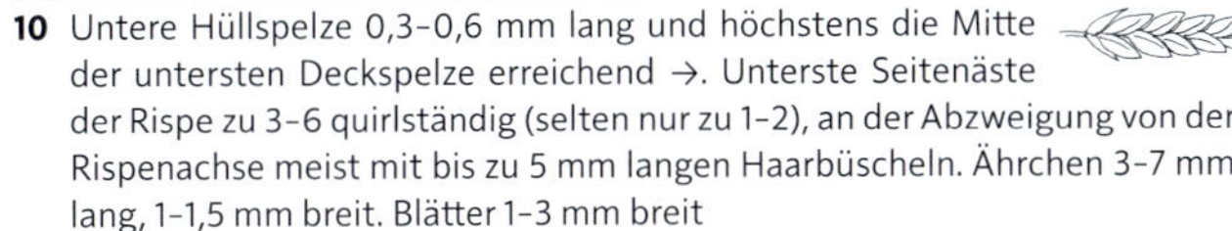

10 Untere Hüllspelze 0,3-0,6 mm lang und höchstens die Mitte der untersten Deckspelze erreichend →. Unterste Seitenäste der Rispe zu 3-6 quirlständig (selten nur zu 1-2), an der Abzweigung von der Rispenachse meist mit bis zu 5 mm langen Haarbüscheln. Ährchen 3-7 mm lang, 1-1,5 mm breit. Blätter 1-3 mm breit

Eragrostis pilosa (L.) P. Beauv., Behaartes Liebesgras: T, 10-40(-70) cm, VII-IX, kollin (-montan), trockenwarme Wegränder, Strassenpflaster, (Erag, Poly-avic, Sagi-proc), Archäophyt, LC

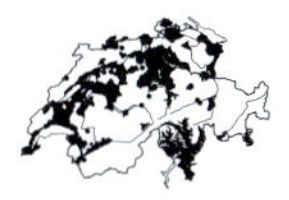

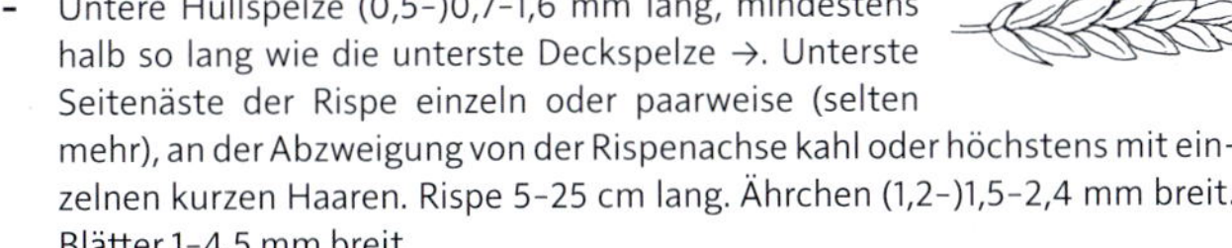

- Untere Hüllspelze (0,5-)0,7-1,6 mm lang, mindestens halb so lang wie die unterste Deckspelze →. Unterste Seitenäste der Rispe einzeln oder paarweise (selten mehr), an der Abzweigung von der Rispenachse kahl oder höchstens mit einzelnen kurzen Haaren. Rispe 5-25 cm lang. Ährchen (1,2-)1,5-2,4 mm breit. Blätter 1-4,5 mm breit

  Eragrostis pectinacea (Michx.) Nees, Kamm-Liebesgras: T, 15-40 cm, VI-IX, kollin, trockenwarme Wegränder, Schuttplätze, Trittrasen, (Sisy, Erag, Poly-avic), Neophyt

Festuca Schwingel

Mitarbeit von Ulrich Graf und Thomas Wilhalm

Die borstenblättrigen Arten sind teilweise schwer bestimmbar. Nach der Prüfung des Blatthäutchens ist zunächst auf den Wuchs (horstig vs. rasig) zu achten: Durchbrechen sterile Triebe die abgestorbenen, zerfasernden Blattscheiden (= extravaginale Triebe, wie z. B. bei *F. rubra* aggr.) oder bleiben die sterilen Triebe innerhalb der abgestorbenen, strohigen und harten Blattscheiden und bilden so dichte Horste (= intravaginale Triebe, wie z. B. bei *F. ovina* aggr.). Als Nächstes dient die Blattbreite zur Kategorisierung, für die Feststellung der Breite von Borstenblättern ist stets der grösste Durchmesser zu verwenden. Anschliessend sind die oberen, grünen Blattscheiden zu untersuchen. Sind sie röhrig verwachsen oder teilweise offen (mit sich überlappenden Rändern)? Für die weitere Bestimmung hilft oft nur noch ein Blattquerschnitt, der unter dem Binokular untersucht werden sollte. Dazu werden Blätter der sterilen Triebe in deren unterem Drittel geschnitten. Im Querschnitt sind die Rippen und Leitbündel zu zählen. Das Festigungsgewebe (= Sklerenchym), in den Illustrationen schwarz gezeichnet, ist im Auflicht durch hellere, weisslich grüne Stellen erkennbar.

1 Flachblättrige Arten: Alle Blätter im frischen Zustand (2-) 4-15 mm breit, flach oder offen rinnig, in der Knospenlage im Querschnitt gerollt. Stets einige Sklerenchymstränge von der Ober- zur Unterseite durchlaufend → **2**

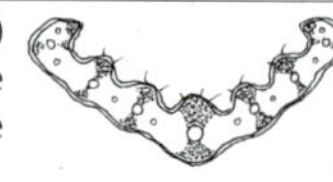

- Borstenblättrige Arten: Zumindest die Grundblätter im frischen Zustand borstlich, nur 0,3-1,5 mm breit. Blätter in der Knospenlage gefaltet. Sklerenchymstränge nicht von der Ober- zur Unterseite durchlaufend (vgl. aber *F. norica*) **8**

2 Deckspelzen in eine 10-20 mm lange Granne auslaufend, diese länger als die Deckspelze. Blätter weich, hängend, 6-8 mm breit, mit stängelumfassenden Öhrchen. Rispe 10-50 cm lang, überhängend. Ährchen hellgrün, 3-13 mm lang. Deckspelze 5-nervig

Festuca gigantea (L.) Vill., *(Schedonorus giganteus)*, Riesen-Schwingel: H, 60-150 cm, VI-VIII, kollin-montan, feuchte Auenwälder, Waldwege, Quellfluren, (Alni-inca, Frax, Atro), LC

- Deckspelzen unbegrannt oder in eine kurze (bis 4 mm lange) Granne auslaufend, diese deutlich kürzer als die Deckspelze **3**

3 Pflanze horstig. Blatthäutchen der oberen Halmblätter 2-5 mm lang **4**

- Pflanze lockerrasig. Blatthäutchen der oberen Halmblätter 0,5-1,5 mm lang **5**

4 Südalpine Trockenwiesenpflanze. Grundständige Scheiden zwiebelförmig verdickt. Blatt 2-4 mm breit, flach, glatt, steif, mit vorstehenden Rippen, im Querschnitt 7 Leitbündel →, 2-farbig, oberseits graugrün, am Grund ohne sichelförmige Öhrchen. Rispe bis 10 cm lang. Ährchen braungelb, 9-12 mm lang. Deckspelzen mit deutlichen Nerven

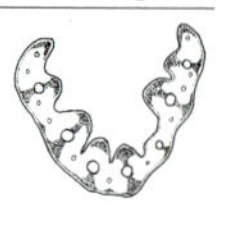

Festuca paniculata (L.) Schinz & Thell., *(F. spadicea, Patzkea paniculata)*, Gold-Schwingel: H, 50-100 cm, VI-VII, subalpin (-alpin), trockenwarme, kalkarme Gebirgsrasen, (Fest-vari), LC

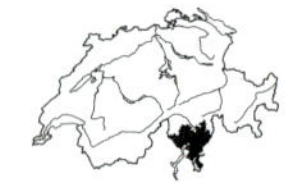

- Waldpflanze. Am Grund mit blattlosen Scheiden, aber ohne zwiebelartige Verdickung. Blatt 5-15 mm breit, am Grund ohne sichelförmige Öhrchen. Rispe 10-20 cm lang, ausgebreitet, etwas überhängend. Ährchen hellgrün, 5-8 mm lang. Deckspelze 3-nervig

  Festuca altissima All., *(Drymochloa sylvatica)*, Wald-Schwingel: H, 50-120(-200) cm, V-VII, (kollin-) montan-subalpin, humusreiche, eher kalkarme Laubmischwälder, Bergwälder, (Fagetalia, Abie-Pice, Luna-Acer), LC

5 Pflanze kräftig («Obergras»), (30-)40-200 cm hoch. Ährchen 8-12 mm lang **6**

- Pflanze zart und etwas schlaff wirkend, 20-40(-60) cm hoch. Ährchen kurz, 6-8 mm lang. Erneuerungssprosse ausserhalb der untersten Blattscheiden emporwachsend, diese am Grund durchbrechend, Pflanze daher Rasen bildend. Ährchen nickend. Äussere Deckspelzen schmal hautrandig, gekielt, 5-nervig. Sklerenchymstränge zumindest an den 3 Hauptnerven durchlaufend

  Festuca pulchella Schrad., *(Leucopoa pulchella)*, Schöner Schwingel: H, 20-60 cm, VI-VIII, (montan-) subalpin-alpin, Gebirgsrasen, Wildheuplanken, Kalkschutt, (Cari-ferr, Peta-para), LC

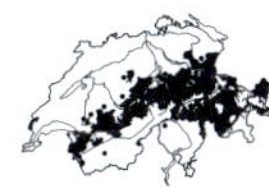

a Pflanze mit langen Ausläufern, lockerrasig wachsend. Grundständige Blätter flach, selten rinnig oder gerollt, 2-4 mm breit, mit 13-21 Leitbündeln. Sklerenchym an allen Leitbündeln durchlaufend. Rispe vielblütig

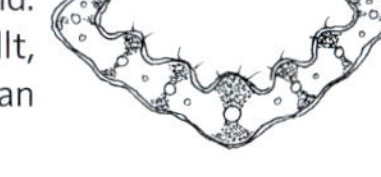

  Festuca pulchella Schrad. subsp. ***pulchella***, Schöner Schwingel: H, frische bis feuchte Rasenhänge, Wildheuplanken, Grünerlengebüsche, Schuttfluren, (Cari-ferr, Peta-para), LC

- Pflanze mit kurzen Ausläufern, dichtrasig bis fast horstig wachsend. Grundständige Blätter gefaltet, 0,5-1 mm breit, mit 11-13 Leitbündeln. Sklerenchym nur an den 3 Hauptleitbündeln durchlaufend. Rispe wenigblütig

  Festuca pulchella subsp. ***jurana*** (Gren.) Markgr.-Dann., Jura-Schwingel: H, trockene Kalkschutthalden, Felsgrate, (Thla-rotu, Elyn), DD

6 Blätter 2-3 mm breit, stark gekielt und oft gefaltet, am Grund ohne sichelförmige Öhrchen. Blattscheiden verwachsen **14c**

  → *Festuca heteromalla*

- Blätter 3-10 mm breit, am Grund mit sichelförmigen, den Halm ± umfassenden Öhrchen. Blattscheiden offen **7**

7 Sichelförmige Öhrchen kahl. Rispe schlank aufrecht. Unterste Rispenknoten mit jeweils 2 ungleich grossen Ästen, der kürzere mit nur 1-2(-3) Ährchen. Blätter 3-7 mm breit

  Festuca pratensis Huds., *(Schedonorus pratensis)*, Wiesen-Schwingel: H, 30-90(-120) cm, V-VII, kollin-subalpin (-alpin), Fettwiesen und -weiden, Läger, LC

a Deckspelzen 6-7 mm lang, unbegrannt

  Festuca pratensis Huds. subsp. ***pratensis***, Wiesen-Schwingel: H, 30-70 cm, V-VII, kollin-subalpin (-alpin), Fettwiesen, -weiden, frische Krautsäume, (Arrh, Poly-Tris, Cyno), LC

- Deckspelzen 7-9 mm lang, begrannt, Granne 1-3,5 mm lang

  Festuca pratensis subsp. ***apennina*** (De Not.) Hegi, Apenninen-Schwingel: H, 60-90 cm, V-VII, montan-subalpin (-alpin), Hochstaudenfluren, lichte Bergwälder, (Aden), LC

- Sichelförmige Öhrchen kurzborstig bewimpert (oft nur mit einzelnen Wimperhaaren und im Alter verkahlend). Rispe etwas überhängend. Unterste Rispenknoten mit jeweils 2(-3) fast gleich grossen Ästen, der kürzere mit 3-8, der längere mit bis 15 Ährchen. Blätter (4-)5-10 mm breit

  Festuca arundinacea Schreb., *(Schedonorus arundinaceus)*, Rohr-Schwingel: H, 50-150(-200) cm, VI-VII, kollin-montan (-subalpin), Ufer, feuchte Trittfluren, Krautsäume, (Conv, Agro-Rumi), LC

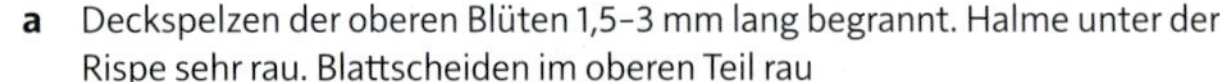

a Deckspelzen der oberen Blüten 1,5-3 mm lang begrannt. Halme unter der Rispe sehr rau. Blattscheiden im oberen Teil rau

  Festuca arundinacea subsp. ***uechtritziana*** (Wiesb.) Hegi, Üchtritz' Rohr-Schwingel: H, 80-120 cm, VI-VII, kollin-montan, Strassenränder (aus Begrünungen), Kunstwiesen, angesät und verwildert, Neophyt

\- Deckspelzen aller Blüten gewöhnlich unbegrannt, seltener mit einer bis 3 mm langen Granne. Halme und Blattscheiden glatt **b**

b Blattspreiten 5-10 mm breit, unterseits rau. Rispe bis 20 cm lang, oft locker ausgebreitet, im Umriss länglich eiförmig, oben nickend

  Festuca arundinacea Schreb. subsp. ***arundinacea***, Rohr-Schwingel: H, 50-150(-200) cm, VI-VII, kollin-montan (-subalpin), feuchte Wiesen und Weiden, Ufer, (Conv, Agro-Rumi)

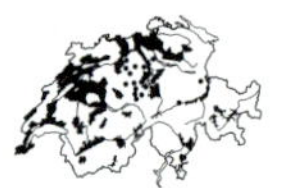

\- Blattspreiten 2-4 mm breit, unterseits glatt. Rispe 15-30 cm lang, zusammengezogen, im Umriss schmal lanzettlich, die Seitenäste aufrecht bis anliegend, kurz

  Festuca arundinacea subsp. ***fenas*** (Lag.) Arcang., Fenas-Rohr-Schwingel: H, 80-120 cm, VI-VII, kollin (-montan), Kunstwiesen, selten angesät und verwildert, Neophyt. Früher im Futterbau angesät, heute in der Schweiz kaum vorkommend

8 Obere Halmblätter mit deutlichem, 1-7 mm langem Blatthäutchen **9**

\- Obere Halmblätter ohne Blatthäutchen, aber z. T. mit kurzen Öhrchen an der Blattscheidenmündung **10**

9 Pflanze 10-20(-25) cm hoch. Blattspreiten haarfein (0,4-0,6 mm breit), im Querschnitt regelmässig 6-eckig, mit 5(-7) Leitbündeln →. Sklerenchymzellen in Gruppen unter den Leitbündeln oder zusammenfliessend. Ährchen violett gescheckt, Deckspelzen spitz, kurz begrannt

  Festuca quadriflora Honck., *(F. pumila)*, Niedriger Schwingel: H, 10-20(-30) cm, VII-VIII, subalpin-alpin, kalkreiche, felsige Gebirgsrasen, Grate, Schutthalden, (Sesl, Cari-firm, Elyn, Thla-rotu), LC

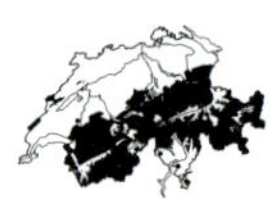

\- Pflanze 20-50 cm hoch. Blattspreiten grob borstlich (0,7-0,8 mm breit), im Querschnitt rundlich oder oval, mit (5-)7-9 Leitbündeln. Sklerenchym in einem Ring. Deckspelzen stumpflich, ohne oder mit kurzer Granne

  Festuca varia aggr., Bunt-Schwingel: H, 20-60 cm, VII-VIII, (kollin-) montan-alpin, kalkarme Gebirgsrasen, (Fest-vari), LC

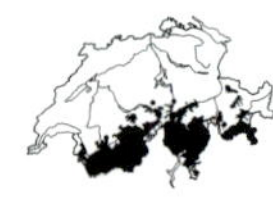

a Blatt kaum stechend, 0,3–0,6 mm breit. Blattspreiten mit 2 Furchen und 1 Rippe. Blätter der Erneuerungssprosse mit 7 Leitbündeln →, Sklerenchymfasern einen ziemlich breiten, durchlaufenden Ring bildend. Ährchen 4- bis 6-blütig

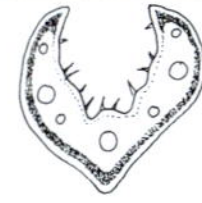

Festuca scabriculmis subsp. ***luedii*** Markgr.-Dann., Lüdis Schwingel: H, 30–60 cm, subalpin-alpin, kalkarme Gebirgsrasen, (Fest-vari)

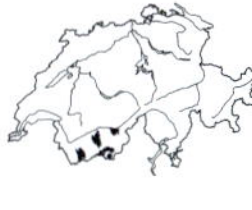

- Blatt stechend, (0,4–)0,5–0,8 mm breit. Blattspreiten mit mindestens 4 Furchen. Blätter der Erneuerungssprosse mit 7–9 Leitbündeln →, Sklerenchymring dünn. Ährchen 4- bis 6-blütig

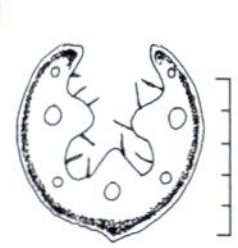

Festuca acuminata Gaudin, Zugespitzter Schwingel: H, 20–50 cm, (kollin-) montan-alpin, kalkarme Trockenrasen, Felsen, (Fest-vari, Andr-vand), LC

10 Stängelblätter (frisch) flach, offen gefaltet oder offen rinnig (Achtung: bei Trockenheit sich stärker einrollend), beim Entfalten nicht brechend. Blattscheiden oben ohne Öhrchen. Grundständige Scheiden mindestens bis zur Hälfte verwachsen. Sklerenchym stets in getrennten Strängen **11**

- Stängelblätter (frisch) borstlich, beim Entfalten brechend. Blattscheiden oben mit abgerundeten Öhrchen. Grundständige Scheiden offen oder unterschiedlich stark (auch bis fast oben hin) geschlossen. Sklerenchym in Strängen oder als Ring **15**

→ *Festuca ovina* superaggr.: Übergeordnetes Aggregat (superaggr.) aller horstförmigen und vollständig borstenblättrigen Schwingel-Arten, die beiden Aggregate *F. ovina* aggr. und *F. valesiaca* aggr. einschliessend

11 Pflanze durch verlängerte Ausläufer mit lockerrasigem Wuchs und ohne Tendenz zur Horstbildung **12**

- Pflanze Horste bildend. Die Horste sind entweder dicht (am Grund mit intravaginaler Verzweigung) oder locker und im Alter auseinanderfallend (am Grund mit extravaginaler Verzweigung) **13**

12 Grundblatt haarfein, (0,2–)0,3–0,5 mm breit, aber steif aufrecht und etwas stechend. Rispe schmal, mit auffallend dünnen Ästen **14a**

→ *Festuca trichophylla*

- Grundblatt weich, 0,6–0,9 mm breit, an der Aussenseite mit deutlichen Rippen, nicht stechend. Rispe zuletzt weit ausladend, mit kräftigen Ästen **14c**

→ *Festuca rubra*

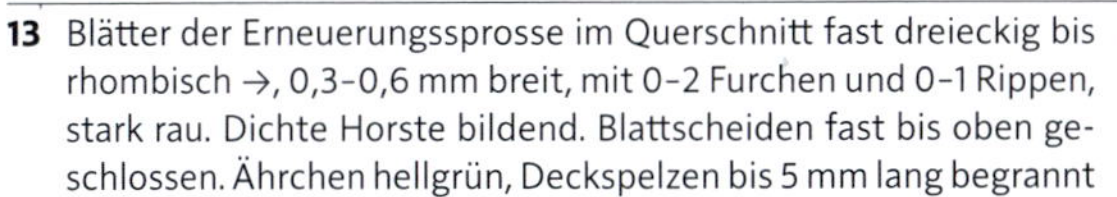

13 Blätter der Erneuerungssprosse im Querschnitt fast dreieckig bis rhombisch →, 0,3–0,6 mm breit, mit 0–2 Furchen und 0–1 Rippen, stark rau. Dichte Horste bildend. Blattscheiden fast bis oben geschlossen. Ährchen hellgrün, Deckspelzen bis 5 mm lang begrannt

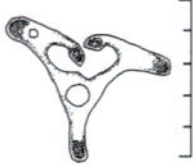

Festuca heterophylla Lam., Verschiedenblättriger Schwingel: H, 50–120 cm, VI–VIII, kollin-montan (-subalpin), magere, sonnige Laubmischwälder, Waldränder, (Carp, Quer-robo, Luzu-Fage), LC

- Blätter der Erneuerungssprosse im Querschnitt kantig-vieleckig, (0,5–)0,6–1,2 mm breit, mit mehr als 2 Furchen und mehr als 1 Rippe, glatt oder leicht rau. Blattscheiden fast bis oben geschlossen **14**

14 Ährchen fast metallisch glänzend, violett oder (bei *F. norica*) grün-violett gescheckt. Granne max. halb so lang wie die Deckspelze. Blätter auffallend frischgrün, glänzend. Pflanze stets horstförmig, an der Basis mit intravaginalen oder extravaginalen Verzweigungen

Festuca violacea aggr., Violetter Schwingel: H, 15–40 cm, VII–VIII, subalpin-alpin, LC

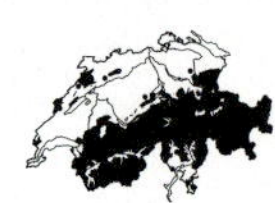

a Pflanze am Grund mit extravaginalen Verzweigungen. Die relativ grossen Horste daher im Alter immer lockerer werdend. Blätter der Erneuerungssprosse 0,6–0,7 mm breit, mit 7(–9) Leitbündeln, die grösseren Sklerenchymstränge im Blattquerschnitt durchlaufend →. Ährchen grün-violett gescheckt. Ostalpine Art, bei uns wohl nur im Engadin

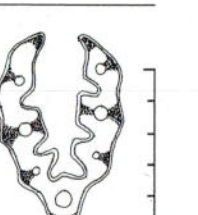

Festuca norica (Hack.) K. Richt., Norischer Schwingel: H, 20–70 cm, VII–VIII, subalpin-alpin, kalkreiche, steinige Gebirgsrasen, Schuttfluren, (Cari-ferr, Sesl), NT

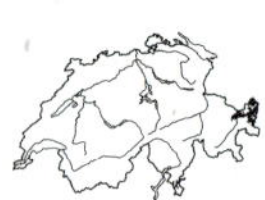

- Pflanze am Grund mit intravaginalen Verzweigungen, bleibende, dichte Horste bildend. Blätter der Erneuerungssprosse mit 5(–7) Leitbündeln, Sklerenchymstränge im Blattquerschnitt nie durchlaufend **b**

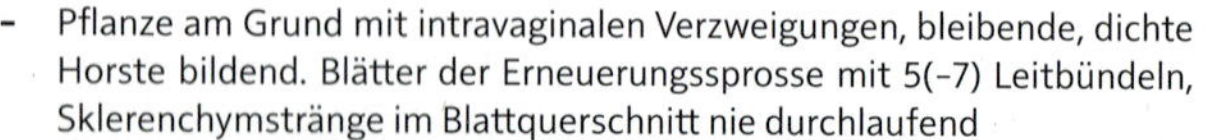

b Ährchen rotviolett, 7–7,5(–8) mm lang. Längste Deckspelze < 6 mm lang. Blätter der Erneuerungssprosse haarfein, ca. 0,3 mm breit →. Stängel 15–30 cm hoch

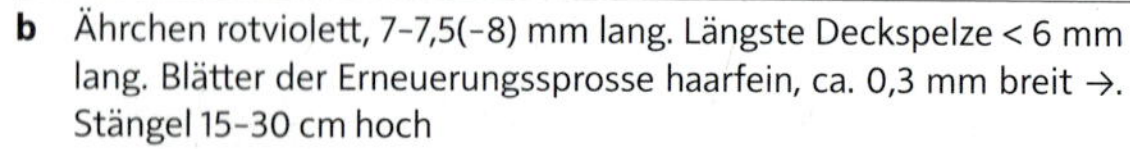

Festuca violacea Gaudin, Violetter Schwingel: H, 15–30 cm, VI–VIII, subalpin-alpin, frische Gebirgsrasen, schneereiche Rasenhänge, Schutthänge, (Cari-ferr, Peta-para), LC

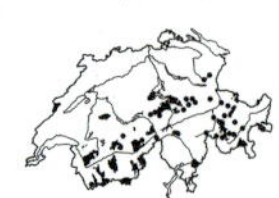

- Ährchen dunkelviolett, 8–10 mm lang. Längste Deckspelze > 6 mm lang. Blätter der Erneuerungssprosse feinborstig, ca. 0,5 mm breit →. Stängel 30–50 cm hoch

Festuca melanopsis Foggi & al., *(F. puccinellii, F. nigricans)*, Schwärzlicher Schwingel: H, 30–50 cm, VI–VII, subalpin-alpin, Bergweiden, Rostseggenhalden, (Poio-alpi, Cari-ferr), LC

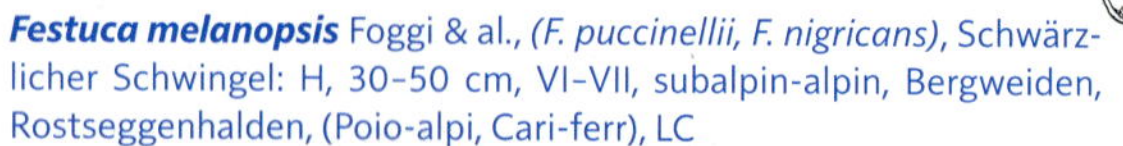

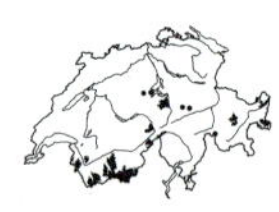

- Ährchen matt, grün bis graugrün, manchmal violett überlaufen. Blätter dunkelgrün oder etwas graugrün, nicht auffallend glänzend. Pflanze horstförmig oder rasig, an der Basis stets mit extravaginalen Verzweigungen und ± langen Ausläufern (bei einigen Arten fast fehlend)

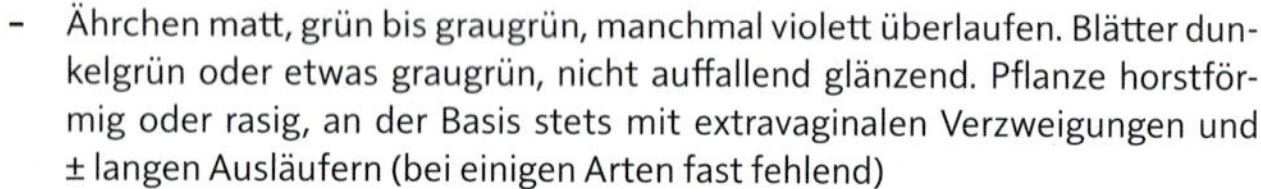

Festuca rubra aggr., Rot-Schwingel: H, (20–)30–100 cm, V–IX, kollin-alpin, Wiesen und Weiden, LC

a Blattspreiten haarfein, etwas stechend, alle zusammengefaltet, 6-kantig, (0,2–)0,3–0,5 mm breit, Leitbündel 3–5 →. Stängel strohgelb. Deckspelzen 4,5–5 mm lang

Festuca trichophylla (Gaudin) K. Richt., Haarblättriger Schwingel: H, 30–70 cm, VI–VIII, (kollin-) montan-subalpin, feuchte Wiesen, Streuwiesen, (Moli), DD. Wird in *F. trichophylla* subsp. *trichophylla* (Erneuerungsknospen ≤ 0,6 mm, nur an der Spitze locker behaart) und *F. trichophylla* subsp. *asperifolia* (Erneuerungsknospen ≥ 7 mm, vollständig locker behaart) unterschieden

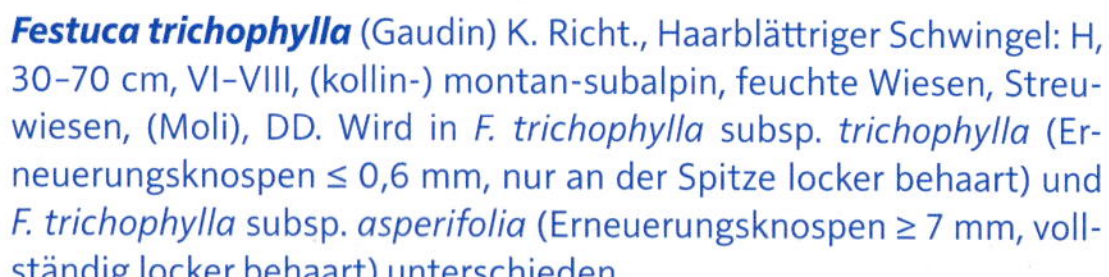

- Blattspreiten der Erneuerungssprosse borstlich (0,5–2 mm breit) und von den breiteren, rinnenförmigen der Halmblätter deutlich verschieden. Deckspelzen 4,5–7(–9) mm lang **b**

b Pflanze ohne oder mit sehr kurzen Ausläufern, dichtrasig bis horstig. Grundblätter glatt, weich, dunkelgrün, 0,5-0,7(-1) mm breit →. Äussere Blattscheiden der Erneuerungssprosse im oberen Teil flaumhaarig. Granne der mittleren Deckspelzen ca. 4 mm lang, länger als die halbe Deckspelze. Ährchen 7-9 mm lang

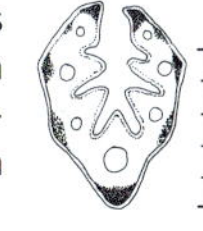

Festuca nigrescens Lam., (*F. rubra* subsp. *commutata*), Schwarzwerdender Schwingel: H, 20-50(-80) cm, VI-VIII, montan-alpin, Gebirgsrasen, (Nard, Poio-alpi), LC

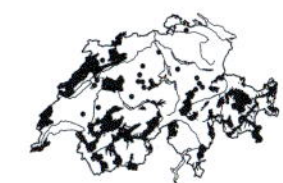

- Pflanze mit deutlichen Ausläufern, lockerrasig. Blattscheiden kahl oder behaart, Granne der mittleren Blüten eines Ährchens bis ca. 3 mm lang oder kürzer. Ährchen 7-12 mm lang **c**

c Alle Blattspreiten der Erneuerungssprosse borstlich oder gefaltet, an der Faltkante abgerundet, im Querschnitt meist vieleckig bzw. borstlich →. Gelenkzellen in den Furchen der Blattoberseite fehlend, daher im Durchlicht ohne auffallende weisse Linien

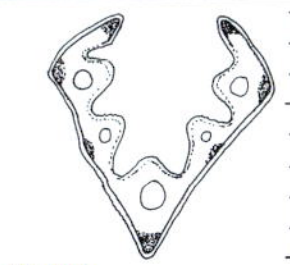

Festuca rubra L., Rot-Schwingel: H, (20-)30-80 cm, V-VII, (kollin-) montan-subalpin, Fettwiesen, Fettweiden, (Cyno, Arrh, Poly-Tris), LC

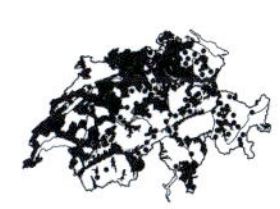

- Blattspreiten der Erneuerungssprosse offen gefaltet bis fast flach, an der Faltkante mit vorspringendem Kiel, 0,6-1,3(-3) mm breit, Leitbündel 7-11. In den Furchen der Blattoberseite mit kleinen Gelenkzellen →, die im Durchlicht als weisse Linien erkennbar sind

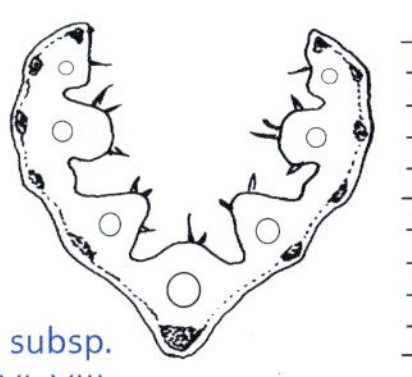

Festuca heteromalla Pourr., (*F. diffusa, F. rubra* subsp. *fallax*), Flachblättriger Schwingel: H, 50-100 cm, VI-VIII, (kollin-) montan-subalpin (-alpin), Zwergstrauchheiden, Hochstaudenfluren, (Rhod-Vacc, Aden), LC

15 Kleinwüchsige Gebirgspflanze, Halme nur 5-20(-30) cm hoch. Blattscheiden fast bis oben geschlossen (bei *F. airoides* nur bis zur Hälfte verwachsen), ± netzartig zerfasernd, meist bräunlich. Blätter stets glatt, nur 2-10(-15) cm lang. Sklerenchymfasern in 3(-5) Strängen (bei *F. airoides* fast ringförmig) **16**

- Höherwüchsige Pflanze, Halme (15-)25-100 cm hoch (beachte aber die kleinwüchsigen Kleinarten von *F. ovina* aggr.). Blattscheiden nicht oder höchstens bis zur Hälfte geschlossen (selten bis zu ⅔), derb, nach dem Absterben erhalten bleibend. Blätter glatt oder rau, (5-)10-30 cm lang. Sklerenchymfasern in Strängen oder als Ring. Tal- oder Gebirgspflanze **20**

→ *Festuca ovina* superaggr.: Das Superaggregat umfasst mit Ausnahme der kleinwüchsigen Gebirgsarten alle Schwingel mit borstenförmigen Grund- und Stängelblättern. Wenn immer möglich, soll versucht werden, die Arten oder Aggregate noch weiter zu bestimmen

16 Blätter dunkelgrün bis frischgrün, stets unbereift **17**

- Blätter und Stängel blau- bis graugrün (bei *F. stenantha* grün bis hellgrün), oft bereift. Blattspreiten der Erneuerungssprosse mit 5(-7) Leitbündeln. Kalk- oder Silikatpflanze

Festuca halleri aggr., Hallers Schwingel: H, 5-30 cm, VI-VIII, subalpin-alpin, LC

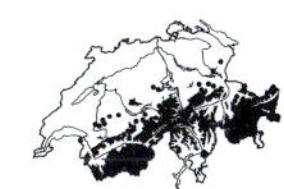

a Pflanze gross, 15-30 cm hoch. Rispe locker und schmal. Untere Rispenäste verzweigt, der unterste meist mit 4-8 Ährchen. Granne der Deckspelze fast so lang wie diese. Ährchen gelblich grün. Hüllspelzen wie die Deckspelzen schmal und pfriemlich. Sklerenchym in 3 kräftigen Strängen →. Ostalpine Kalkpflanze, in der Schweiz wohl nur in Graubünden

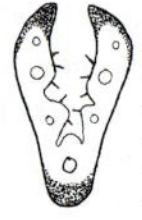

Festuca stenantha (Hack.) K. Richt., Schmalblütiger Schwingel: H, 15-30 cm, VI-VII, montan-subalpin, Kalkfelsen, (Pote), VU

- Pflanze klein, 5-20 cm hoch. Rispe grösstenteils einfach, also Rispenäste unverzweigt (aber der unterste gelegentlich mit 2-4 Ährchen). Granne der Deckspelze meist deutlich kürzer als diese. Sklerenchym in 3 kräftigen oder in 5 Strängen. Kalk- oder Silikatpflanze **b**

b Rispe nur 1,5-3(-4) cm lang, Rispenäste kaum behaart. Granne länger als die halbe Deckspelze. Staubbeutel 2-3 mm lang. Blattspreiten der sterilen Triebe 0,5-0,8 mm im Durchmesser, blaugrün, oft bereift. Sklerenchym in 3 kräftigen Strängen →. Silikatpflanze

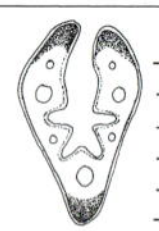

Festuca halleri All., Hallers Schwingel: H, 5-15 cm, VI-VIII, (subalpin-) alpin, kalkarme, steinige Gebirgsrasen, (Cari-curv), LC

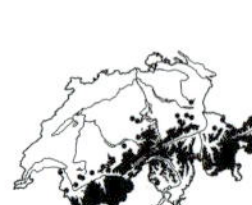

- Rispe 3-5 cm lang, Rispenäste deutlich behaart. Granne kürzer als die halbe Deckspelze. Staubbeutel 1,5-2 mm lang. Blattspreiten der Erneuerungssprosse (0,3-)0,5-0,6 mm breit, graugrün. Sklerenchym in (3-)5(-7) Strängen →. Auf Kalk und auf Silikat wachsend

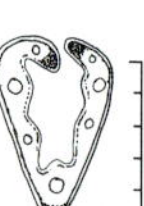

Festuca intercedens (Hack.) Lüdi, Dazwischenliegender Schwingel: H, 5-20(-25) cm, VI-VII, (subalpin-) alpin, steinige, alpine Rasen, Felsgrate, (Elyn, Cari-curv), LC

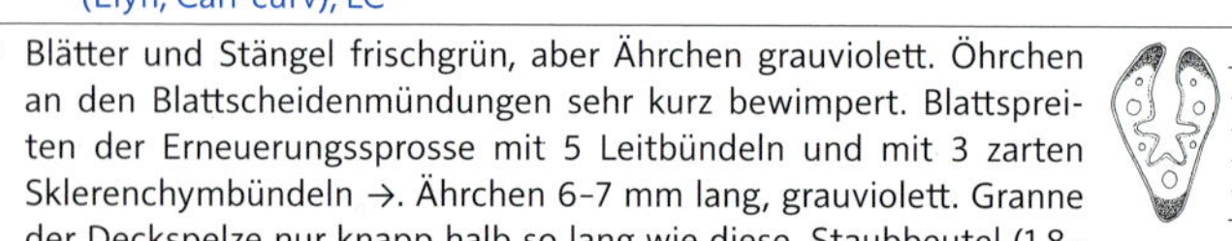

17 Blätter und Stängel frischgrün, aber Ährchen grauviolett. Öhrchen an den Blattscheidenmündungen sehr kurz bewimpert. Blattspreiten der Erneuerungssprosse mit 5 Leitbündeln und mit 3 zarten Sklerenchymbündeln →. Ährchen 6-7 mm lang, grauviolett. Granne der Deckspelze nur knapp halb so lang wie diese. Staubbeutel (1,8-)2-3 mm lang. Kalkpflanze

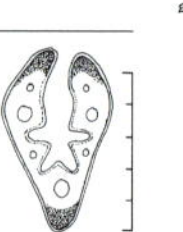

Festuca rupicaprina (Hack.) A. Kern., Gämsen-Schwingel: H, 10-20(-25) cm, VII-VIII, subalpin-alpin, kalkreiche, felsige Gebirgsrasen, Felsgrate, Schutthalden, (Elyn, Drab-Sesl, Thla-rotu), LC

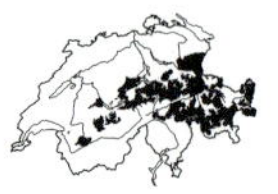

- Blätter und Stängel grün (nicht auffallend frischgrün), Ährchen hellgrün (selten etwas violett überlaufen). Blattspreiten der Erneuerungssprosse 0,2-0,7 mm breit. Staubbeutel mindestens 1,4 mm lang **18**

18 Pflanze klein, Halme 6-15(-20) cm hoch. Blätter der Erneuerungssprosse haarfein, glatt, nur 2-5(-8) cm lang, 0,2-0,4 mm breit, mit 3 kleinen Leitbündeln →. Rispe nur 1,5-3,5 cm lang, Ährchen 5,5-6 mm lang, gelblich grün. Granne der Deckspelze 2-4 mm lang, etwa halb so lang bis fast so lang wie diese. Staubbeutel 0,7-1,2 mm lang. Kalkpflanze

Festuca alpina Suter, Alpen-Schwingel: H, 6-15(-20) cm, VII-VIII, (subalpin-) alpin, kalkreiche Felsen, (Pote), LC

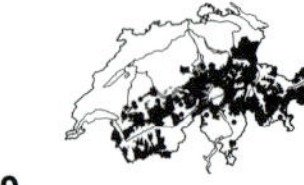

- Pflanze mittelgross, 10-30 cm hoch. Blätter der Erneuerungssprosse mitteldick, glatt, 5-15 cm lang, (0,4-)0,5-0,7 mm breit **19**

19 Blätter der Erneuerungssprosse 0,6–0,7 mm breit, mit 3 kräftigen Sklerenchymsträngen und (5–)7 Leitbündeln. Blattscheiden fast bis oben geschlossen. Ostalpine Kalkpflanze, in der Schweiz wohl nur in Graubünden **16a**

→ Festuca stenantha

\- Blätter der Erneuerungssprosse (0,4–)0,5–0,6 mm breit, mit einem geschlossenen Sklerenchymring und 5–7 Leitbündeln. Blattscheiden bis zur Hälfte geschlossen. Silikatpflanze **22h**

→ Festuca airoides

20 Blätter der Erneuerungssprosse 0,4–0,6 mm breit, rau, Sklerenchym in (5–)7–9 Strängen, die ± auffällige Rippen bilden, die auch im frischen Zustand gut erkennbar sind →. Blattscheiden derb, nicht zerfasernd, meist hellviolett (amethystblau). Blattscheiden der Erneuerungssprosse mindestens zur Hälfte verschlossen, mit einer tiefen Falte (im Querschnitt), die an der Scheidenbasis als Furche erkennbar ist. Rispe oft überhängend. Deckspelzen spitz, aber ohne Granne

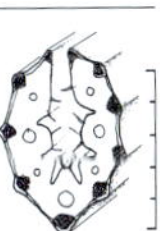

Festuca amethystina L., Amethyst-Schwingel: H, 50–100 cm, VI–VII, kollin-montan (-subalpin), wechseltrockene, kalkreiche Magerrasen, Föhrenwälder, (Eric-PiSy, Moli-Pini, Meso), LC

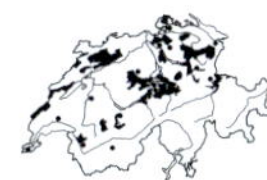

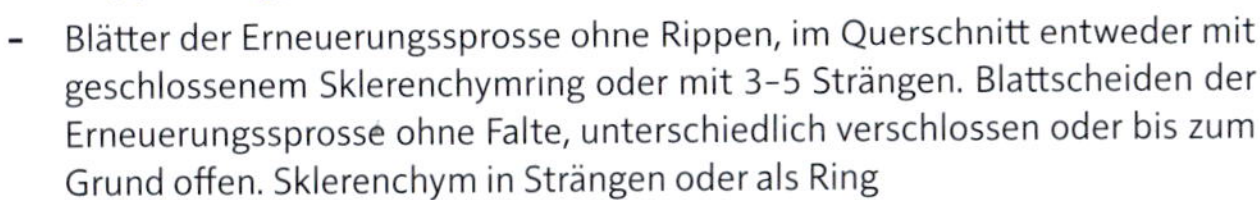

\- Blätter der Erneuerungssprosse ohne Rippen, im Querschnitt entweder mit geschlossenem Sklerenchymring oder mit 3–5 Strängen. Blattscheiden der Erneuerungssprosse ohne Falte, unterschiedlich verschlossen oder bis zum Grund offen. Sklerenchym in Strängen oder als Ring **21**

21 Bestimmung mithilfe des Blattquerschnitts (sicherere Bestimmung, auch von weniger typischen Exemplaren) **22**

\- Bestimmung ohne Blattquerschnitt. Die Artbestimmung ist daher nur näherungsweise möglich und bleibt unsicher («cf» notieren)! Die Grössenangaben gelten jeweils nur für typische Exemplare, bei weniger typischen Exemplaren sind leicht Fehlbestimmungen möglich! **23**

22 Blätter der Erneuerungssprosse im Querschnitt Y- bis V-förmig, trockene Blätter (alte im Horst) mit nach innen gewölbten Seitenflächen. Sklerenchym in 3–5(–7) einzelnen, seitlich oft auslaufenden Strängen oder in einem an den Blatträndern und unter dem mittleren Gefässbündel stark verdickten Ring

Festuca valesiaca aggr., Walliser Schwingel: H, (10–)20–70 cm, V–VII, kollin-subalpin, Trockenrasen, LC

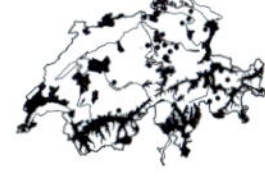

a Blätter der Erneuerungssprosse haarfein, rau, blaugrün und oft bereift, nur 0,3–0,4 mm breit, mit 5 Leitbündeln →, Sklerenchym in 3(–5) Strängen. Ährchen (ohne Grannen) 4,5–6,5 mm lang. Deckspelzen 3,5–5 mm lang, ihre Granne (0,8–)1,4–2,5 mm lang. Scheiden stets kahl

Festuca valesiaca Gaudin, Walliser Schwingel: H, 20–50 cm, VI–VII, kollin-subalpin, Trockenrasen, Felsensteppen, (Stip-Poio), LC

\- Blätter der Erneuerungssprosse grau- bis dunkelgrün, borstlich bis binsenförmig, 0,6–1 mm breit, mit 5–9 Leitbündeln, Sklerenchym in breiten, herablaufenden Strängen **b**

b Blattscheiden kahl und glatt. Nerven 7-9(-11) →. Blätter graugrün, seitlich abgeflacht, im Querschnitt daher V-förmig. Rispe 6-9 cm lang, zusammengezogen. Ährchen (ohne Grannen) 6,5-8 mm lang. In den Merkmalen ähnlich wie *F. pallens*, aber Blätter nie stechend und Sklerenchymring nur schwach ausgebildet, auf den Flanken oft fast fehlend. Vorkommen auf Kalkfelsen im grenznahen Frankreich (Dépts. Haut-Rhin, Doubs, Jura, Ain, Haute-Savoie)

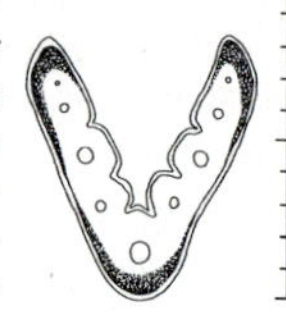

Festuca patzkei Markgr.-Dann., (*F. longifolia* subsp. *pseudocostei*), Patzkes Schwingel: H, 20-60 cm, V-VII, kollin-montan, kalkreiche Felsen, Trockenrasen

- Blattscheiden zumindest im obersten Fünftel rau oder behaart **c**

c Blätter graugrün. Spreiten der Erneuerungssprosse ca. (0,7-)1 mm breit, Nerven 7-9, Rippen 5-7 →. Sklerenchym an den Blatträndern und am Kiel oft nur sehr dünn oder, wenn dicker, an den Flanken herablaufend und ausdünnend. Blattscheiden oft flaumhaarig. Ährchen (ohne Grannen) 6,5-8 mm lang, Deckspelzen mehrheitlich > 5 mm lang, Granne der Deckspelze 2-2,5 mm lang

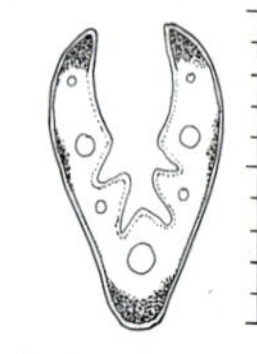

Festuca brevipila R. Tracey, (*F. trachyphylla*), Kurzhaar-Schwingel: H, (10-)30-50(-70) cm, V-VII, kollin-montan (-subalpin), Trockenrasen, trockene Ruderalflächen, (Meso, Conv-Agro, Dauc-Meli), durch Ansaaten heute weiter verbreitet, auch im Mittelland, LC

- Blätter grasgrün. Spreiten der Erneuerungssprosse 0,5-0,8(-0,9) mm breit, Nerven 5(-7), Rippen 3 →. Sklerenchym am Blattrand und am Kiel deutlich ausgeprägt, an der Flanke breit unterbrochen. Ährchen (ohne Grannen) 6-8 mm lang. Deckspelzen mehrheitlich 4-5 mm lang, ihre Granne 1-2(-2,5) mm lang. Scheiden kahl oder etwas behaart

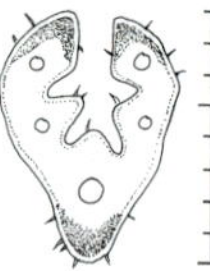

Festuca rupicola Heuff., (*F. sulcata*), Gefurchter Schwingel: H, 25-60(-70) cm, V-VI, kollin-subalpin, Trockenrasen, Felsensteppen, (Stip-Poio), NT

- Blätter im Querschnitt U-förmig, trockene Blätter (alte im Horst) mit ebenen oder nach aussen gewölbten Seitenflächen. Sklerenchym als gleichmässig dicker Ring (seltener mit kleinen Unterbrechungen)

Festuca ovina aggr., Schaf-Schwingel: H, 10-60(-70) cm, V-VIII, kollin-alpin, LC. Die *F. ovina*-artigen, borstenblättrigen Sippen umfassen eine Vielzahl an Arten, die morphologisch abzugrenzen sehr schwierig ist. Die eigentliche *F. ovina* (s.str.) ist eine diploide Sippe mit Hauptverbreitung im östlichen und nördlichen Europa. Vereinzelte Aussenposten sind zwar bekannt und möglich, aus der Schweiz und Umgebung liegen aber keine gesicherten Angaben vor. In fast allen Fällen ist von einer Verwechslung mit (dünnblättrigen Formen) der tetraploiden Schwesternsippe *F. guestfalica* auszugehen

a Pflanze gross, schlaff, meist 50–70 cm hoch, mit auffallend langen (bis 50 cm) Grundblättern. Äussere (untere) Blätter der Erneuerungssprosse in auffallender Weise sehr viel dicker (ca. 1,5 mm, mit 3 Rippen) als die inneren (ca. 0,7 mm, mit 1 Rippe). Pflanze graugrün, aber unbereift. Blattscheiden dicht flaumhaarig. Deckspelzen mit 1,5–3,5 mm langen Grannen

Festuca heteropachys (St.-Yves) Auquier, Derber Schwingel: H, (30-) 50–70(-90) cm, VI–VII, kollin-montan, Heiden, Kalkarme Waldränder, Sandsteinfelsen (selten auf Kalk), (Call-Geni, Sedo-Scle), DD. Fundorte nahe der Schweizer Grenze. Unklar, ob auch in der Schweiz

- Äussere (untere) und innere (obere) Blätter der Erneuerungssprosse alle etwa gleich dick **b**

b Blätter der Erneuerungssprosse dick, binsenförmig, derb, (0,4-)0,6–1,2 mm breit, Leitbündel 7–11, Ährchen bis zur Spitze der 4. Blüte ohne Granne (5-)6,5–10 mm lang **c**

- Blätter der Erneuerungssprosse haarfein bis feinborstig, weich oder etwas derb, 0,3–0,6(-0,8) mm breit, Leitbündel 5(-7), Ährchen bis zur Spitze der 4. Blüte ohne Granne 4–6,4 mm lang **g**

c Blattscheiden der Erneuerungssprosse nur am Grund verwachsen. Blätter 0,5–1,1(-1,5) mm breit, grau- oder blaugrün, oft bereift, Leitbündel 7–11. Rispe 4–12,5 cm lang. Deckspelzen (ohne Granne) mehrheitlich < 5,5 mm lang und/oder ihre Grannen mehrheitlich ≥ 2,5 mm lang **d**

- Blattscheiden der Erneuerungssprosse bis auf ⅓(-½) verwachsen. Blätter (0,7-)0,9–1,3(-1,7) mm breit, dunkel- oder graugrün, nicht bereift, Leitbündel 7–9. Rispe 6–12 cm lang. Ährchen oft violett überlaufen Deckspelzen(ohne Granne) mehrheitlich ≥ 5,5 mm lang und ihre Grannen mehrheitlich ≥ 2,5 mm lang

Festuca laevigata Gaudin, *(F. curvula)*, Glatter Schwingel: H, 25–50 cm, V–VII, montan-alpin, trockene, steinige, kalkreiche und kalkarme Magerrasen, lichte Bergwälder, (Stip-Poio, Sesl, Fest-vari)

cc Blätter der Erneuerungssprosse seitlich stark abgeflacht, fast V-förmig →, auch an der Spitze glatt. Hüllspelzen an den Rändern glatt, kahl

Festuca laevigata Gaudin subsp. ***laevigata***, Glatter Schwingel: H, 25–50 cm, VI–VII, (montan-) subalpin-alpin, Gebirgsrasen, (Sesl, Fest-vari), LC

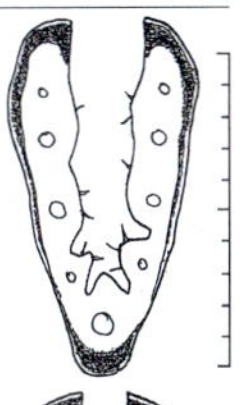

- Blätter der Erneuerungssprosse seitlich nicht abgeflacht, breit U-förmig →, zur Spitze hin stark rau, stechend. Hüllspelzen an den Rändern rau

Festuca laevigata subsp. ***crassifolia*** (Gaudin) Kerguélen & Plonka, Dickblättriger Schwingel: H, 25–50 cm, V–VI, montan (-subalpin), Trockenrasen, Felsensteppen, (Stip-Poio, Sesl, Fest-vari), NT

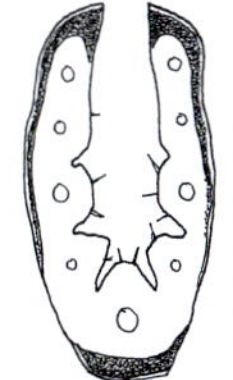

d Ährchen bis zur Spitze der 4. Blüte 5–6,5(–7) mm lang (Ährchen inkl. Granne 6,2–7,7 mm lang), Deckspelzen mehrheitlich 3,8–4,4 mm lang, ihre Granne 0,5–1,2(–1,8) mm lang. meist 7 Leitbündel →

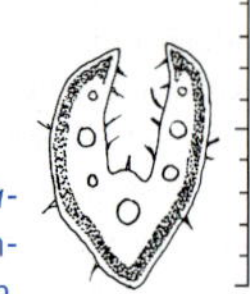

Festuca guestfalica Boenn., (*F. ovina* subsp. *guestfalica*), Westfälischer Schwingel: H, 30–60 cm, V–VI, kollin-montan (-subalpin), trockene Wiesen und Weiden, Felsen, trockenwarme Säume, LC. Tetraploide Form, meist 7-nervig, in der Schweiz wohl häufigste *F. ovina*-Form. Die bisher in der Schweiz als *F. ovina* (s.str.) angesprochenen Funde gehören vermutlich zu *F. guestfalica*

- Ährchen bis zur Spitze der 4. Blüte 6,5–10 mm lang (Ährchen inkl. Grannen 7,5–12,8 mm lang), Deckspelzen mehrheitlich ≥ 4,4 mm lang (an sehr trockenen Standorten ≥ 4 mm). Blätter mit 7–11 Leitbündeln **e**

e Rispe dicht zusammengezogen, 3–7 cm lang. Ährchen oft bereift, bis zur Spitze der 4. Blüte meist 6–7,2 mm lang. Blattscheiden meist behaart oder zumindest rau (wie bei *F. brevipila*). Blätter der Erneuerungssprosse 0,7–0,9 mm breit und bis 40 cm lang, grün, rau, zumindest im oberen Teil, Leitbündel (5–)7(–9)

Festuca lemanii Bastard, *(F. bastardii)*, Lémans Schwingel: H, 30–60 cm, V–VII, kollin-montan, steinige, kalkreiche Trockenrasen, (Meso, Xero), DD. In der Schweiz bisher nicht sicher nachgewiesen

- Rispe locker, zuletzt ausgebreitet und oft überhängend, (5–)6–12 cm lang. Ährchen oft bereift, bis zur Spitze der 4. Blüte meist 7–10 mm lang. Blattscheiden kahl. Blätter der Erneuerungssprosse 0,5–1,1 mm breit, glatt oder zuoberst etwas rau, Leitbündel (7–)9–11 **f**

f Blätter der Erneuerungssprosse schmal gefaltet bis V-förmig, glänzend blaugrün, (0,5–)0,7–1(–1,5) mm breit, im oberen Teil stark rau. Rispe (6–)8–12 cm lang, sehr locker ausgebreitet. Ährchen grün oder graugrün, nicht bereift, 8–10 mm lang. Deckspelzen 4,6–5,6 mm lang, ihre Granne 1,8–2,8 mm lang, ⅓–½ so lang wie die Deckspelze. Selten im Kalkgebiet des Südtessin

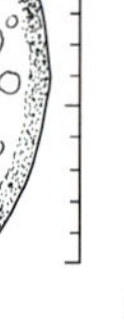

Festuca ticinensis (Markgr.-Dann.) Markgr.-Dann., Tessiner Schwingel: H, 30–60 cm, V–VII, kollin-montan, Kalkfelsen, steinige, kalkreiche Trockenrasen, (Dipl), VU

- Blätter der Erneuerungssprosse breit U-förmig (im Gegensatz zu der mit ihr oft verwechselten *F. patzkei*), stark bereift, glatt («seifig»), (0,6–)0,8–1,2(–1,5) mm breit →, oft etwas stechend. Rispe 5–8 cm lang, nickend. Ährchen blaugrün bereift, (6–)7–8(–8,5) mm lang. Deckspelzen 4–5(–6) mm lang, Granne 0,8–1,5 mm lang

Festuca pallens Host, Blasser Schwingel: H, 30–40(–60) cm, V–VII, kollin-montan, steinige, kalkreiche Trockenrasen, (Xero, Pote), NT

g Blätter der Erneuerungssprosse haarfein, glatt oder rau, etwas schlaff, 0,2-0,4(-0,6) mm breit, Leitbündel 5-7 →. Ährchen 4-4,5(-5,5) mm lang, Deckspelzen 2,8-3,2(-4) mm lang, spitz, unbegrannt. Stängelblatt eingerollt (im Gegensatz zur ähnlichen *F. trichophylla* mit offen rinnigem Stängelblatt)

Festuca filiformis Pourr., (*F. tenuifolia*), Fadenförmiger Schwingel: H, 20-50 cm, V-VI, kollin-montan (-subalpin), saure Rasen, Heiden, lichte Wälder, LC

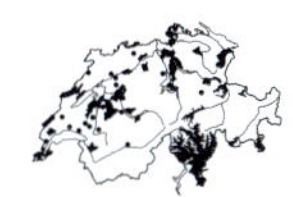

- Blätter feinborstig, glatt oder rau, 0,5-0,7 mm breit, Leitbündel (5-)7. Deckspelzen 3,5-5 mm lang, begrannt **h**

h Scheiden der Erneuerungssprosse auf ¼-½ verwachsen. Blätter dunkelgrün. Rispe dicht, oft vivipar. Ährchen blaugrün, violett überlaufen. Silikatpflanze. Im Querschnitt 5 Leitbündel →

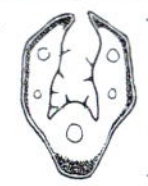

Festuca airoides Lam., (*F. ovina* subsp. *molinieri*), Kleiner Schwingel: H, (10-)15-30 cm, VI-VIII, subalpin-alpin, kalkarme Gebirgsrasen, (Nard), LC

- Scheiden der Erneuerungssprosse nur am Grund verwachsen oder ganz offen. Ährchen grün oder graugrün (bei *F. ovina* gelegentlich violett überlaufen) **i**

i Rispe nur zur Blütezeit ausgebreitet, sonst zusammengezogen. Blätter der Erneuerungssprosse 0,4-0,6 mm breit, Leitbündel meist 5, Rippen 1 →. Granne der Deckspelze 0,8-1,5 mm lang. Staubbeutel ca. 2 mm lang

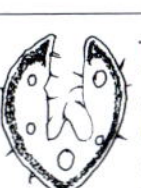

Festuca ovina L., Schaf-Schwingel: H, 10-30(-50) cm, V-VI, kollin-montan, trockene, kalkarme, lichte Eichen- und Föhrenwälder, Heiden, (Call-Geni, Quer-robo), LC. Diploide Form, meist 5-nervig, in der Schweiz vermutlich fehlend

- Rispe auch vor und nach der Blüte ausgebreitet. Blätter der Erneuerungssprosse 0,6-0,7(-0,8) mm breit, Leitbündel meist 7, Rippen 1-3. Granne der Deckspelze 0-1,2(-1,8) mm lang. Staubbeutel 2,2-3 mm lang **d**

→ *Festuca guestfalica*

23 Äussere (untere) Blätter der Erneuerungssprosse in auffallender Weise sehr viel dicker (ca. 1,5 mm) als die inneren (ca. 0,7 mm). Blätter graugrün, aber nicht bereift. Blattscheiden dicht flaumhaarig. Seltene Art des Jura **22a**

→ *Festuca heteropachys*

- Äussere (untere) und innere (obere) Blätter der Erneuerungssprosse alle etwa gleich dick. Blätter grün oder graugrün. Blattscheiden behaart oder kahl **24**

24 Blätter der Erneuerungstriebe haarfein, nur ca. 0,2-0,4 mm breit, oft rau (vgl. auch *F. trichophylla* aus dem *F. rubra* aggr., mit offen rinnigem Stängelblatt, am Grund ohne Öhrchen) **25**

- Blätter der Erneuerungstriebe > 0,5 mm breit, glatt oder rau **26**

25 Blätter graugrün, oft bereift, auffallend rau, seitlich flach und daher im Querschnitt V-förmig. Deckpelzen deutlich begrannt. Ährchen (ohne Grannen) 4,5–6,5 mm lang **22a**

→ *Festuca valesiaca*

- Blätter grün, stets unbereift, glatt oder etwas rau, seitlich ausgebuchtet und daher im Querschnitt elliptisch. Deckspelzen lang zugespitzt, aber unbegrannt. Ährchen (ohne Grannen) 4–4,5 mm lang **22g**

→ *Festuca filiformis*

26 Rispe auffallend lang, 8–12 cm. Ährchen (ohne Grannen) 8–10 mm lang. Blätter zumindest in oberer Hälfte stark rau, glänzend blaugrün, schmal gefaltet. Sehr selten im Kalkgebiet des Südtessins **22f**

→ *Festuca ticinensis*

- Rispe 4–8 cm lang. Ährchen (ohne Grannen) 4–8 mm lang (bei *F. laevigata* Rispe und Ährchen manchmal länger) **27**

27 Blätter der Erneuerungstriebe glatt (mit den Fingern über die Spreite fahren), selten an der Spitze etwas rau, kräftig, 0,8–1,3 mm breit **28**

- Blätter der Erneuerungstriebe rau, mittelgross, 0,5–0,8 mm breit **30**

28 Blattscheiden zumindest im untersten Teil verwachsen (frischen Erneuerungstrieb untersuchen!). Blätter meist dunkelgrün, selten blaugrün und bereift, seitlich abgeflacht oder ausgebuchtet, Im Querschnitt daher V-förmig oder elliptisch. Deckspelzen 6–7,5 mm lang **22c**

→ *Festuca laevigata*

- Blattscheiden bis zum Grund offen. Blätter blaugrün, meist bereift. Deckspelzen nur 4–5 mm lang **29**

29 Blätter der Erneuerungstriebe seitlich ausgebuchtet, im Querschnitt daher elliptisch, oft etwas stechend. Rispe 5–8 cm lang, locker, manchmal etwas hängend **22f**

→ *Festuca pallens*

- Blätter der Erneuerungstriebe seitlich abgeflacht, im Querschnitt daher V-förmig, nie stechend. Rispe 6–9 cm lang, zusammengezogen (oft verkannt und mit *F. pallens* verwechselt) **22b**

→ *Festuca patzkei*

30 Blätter der Erneuerungstriebe grasgrün, 5–20 cm lang, im Querschnitt V- bis Y-förmig, daher seitlich abgeflacht oder eingedellt (Eindellung bei vergilbten Blätter besser erkennbar), mit 5 Leitbündeln. Blattscheiden meist kahl **22c**

→ *Festuca rupicola*

- Blätter der Erneuerungstriebe grün oder blaugrün, im Querschnitt elliptisch und daher seitlich nicht abgeflacht oder eingedellt (Eindellung auch bei vergilbten Blättern fehlend), mit 7 Leitbündeln. Blattscheiden oft behaart **31**

31 Blätter der Erneuerungstriebe grün, bis 40 cm lang, im Querschnitt elliptisch, mit 7 Leitbündeln. Rispe zusammengezogen, kaum spreizend. Ährchen (ohne Grannen) 7–8 mm lang. Deckspelzen kahl **22e**

→ *Festuca lemanii*

- Blätter der Erneuerungstriebe nur bis 20(–25) cm lang. Deckspelzen kahl oder behaart **32**

32 Die meisten Ährchen (ohne Grannen) 6,5-8 mm lang, Grannen 2-2,5 mm lang. Blätter der Erneuerungstriebe grün oder blaugrün, nur 7-20 cm lang, im Querschnitt elliptisch, mit 7 Leitbündeln. Rispe locker, zur Blütezeit spreizend. Deckspelzen oft behaart **22c**

→ *Festuca brevipila*

- Die meisten Ährchen (ohne Grannen) 4-6,5 mm lang, Grannen 1-1,5 mm lang **33**

33 Blätter der Erneuerungstriebe dunkelgrün, 10-20 cm lang, im Querschnitt breit elliptisch, mit 5 Leitbündeln. Deckspelzen meist kurzhaarig **22h**

→ *Festuca airoides*

- Blätter der Erneuerungstriebe grün oder blaugrün, 10-25 cm lang, im Querschnitt elliptisch, mit 7 Leitbündeln. Deckspelzen meist kahl **22d**

→ *Festuca guestfalica*

Gaudinia Ährenhafer

- Blütenstand eine bis 35 cm lange, schmale Ähre, auffallend durch die am Schluss rechtwinklig abstehenden Grannen. Die untersten Ährchen bis 2 cm lang. Deckspelzen mit geknieten, gedrehten Grannen, die auf dem Rücken der Spelze entspringen. Blätter abstehend behaart

Gaudinia fragilis (L.) P. Beauv., Ährenhafer: T, 20-60 cm, V, kollin, wechselfeuchte, pionierhafte Wiesen und Weiden, (Cyno, Arrh), meist adventiv, Archäophyt, CR

Glyceria Süssgras

1 Stängel aufrecht. Ährchen 3-10 mm lang **2**

- Stängel am Grund niederliegend oder flutend. Ährchen 10-30 mm lang **3**

2 Blatt 2-6 mm breit. Ährchen 3-4 mm lang, braunviolett. Rispe oft überhängend. Pflanze nicht schilfartig

Glyceria striata (Lam.) Hitchc., Gestreiftes Süssgras: G, 30-90 cm, VI-VII, kollin, wechselfeuchte, kalkarme Pionierfluren, Trittrasen, (Agro-Rumi), Neophyt

- Blatt 10-15 mm breit, oberseits glatt, unterseits rau. Ährchen 6-10 mm lang, gelbbraun. Rispe 20-40 cm, aufrecht. Pflanze gross, schilfartig

Glyceria maxima (Hartm.) Holmb., Grosses Süssgras: G, 80-200 cm, VII-VIII, kollin, nasse Staudenfluren, Ufer, Röhrichte, (Phra, Phal), VU

3 Ährchen 20-32 mm lang, voneinander relativ entfernt stehend. Deckspelzen 6-7 mm lang, spitz →. Rispenäste zur Fruchtzeit anliegend bleibend, am Grund der Rispe zu 1(-2). Staubblätter 1,5-3 mm lang. Blattscheiden glatt

Glyceria fluitans (L.) R. Br., Flutendes Süssgras: Ah-G, 40-150 cm, VI-IX, kollin-montan (-subalpin), Bachufer, Teiche, (Glyc-Spar), LC

- Ährchen 10-25 mm lang, dicht stehend. Deckspelzen 3-5 mm lang. Rispenäste zur Fruchtzeit ausgebreitet, am Grund der Rispe zu (1-)2-4. Staubblätter 0,5-1,5 mm lang. Blattscheiden ± rau **4**

4 Deckspelzen stumpf oder undeutlich gezähnt, 3-4,5 mm lang. Vorspelzen mit undeutlichen Zähnen an der Spitze, kürzer als die Deckspelzen →. Staubblätter meist gelb, am Grund der Rispe mit (2-)3-5 Rispenästen. Pflanze grün

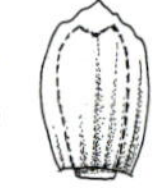

Glyceria notata Chevall., *(G. plicata)*, Faltiges Süssgras: Ah-G, 30-100(-150) cm, VI-IX, kollin-subalpin, Bachufer, Teiche, (Glyc-Spar), LC

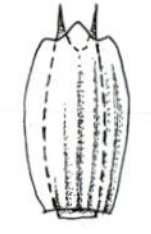

- Deckspelzen 4-5 mm lang, am Ende mit 3(-5) Zähnchen. Vorspelzen mit deutlichen Zähnen an der Spitze, länger als die Deckspelzen und daher von aussen erkennbar →. Staubblätter meist violett, am Grund der Rispe mit 1-2 Rispenästen. Pflanze blaugrün

Glyceria declinata Bréb., Blaugrünes Süssgras: Ah-G, 10-60 cm, VI-IX, kollin-montan, wechselfeuchte, nährstoffreiche Trittrasen, (Agro-Rumi), EN

Helictotrichon Wiesenhafer

1 Untere Blätter und Blattscheiden abstehend weichhaarig **2**

→ *Helictotrichon pubescens* subsp. *pubescens*

- Untere Blätter und Blattscheiden (fast) kahl **2**

2 Blätter 1-3 mm breit, oft etwas derb. Ährchenachse (oberhalb der Hüllspelzen!) mit 0,5-3 mm langen Haaren **3**

- Blätter (2-)3-6 mm breit, weich. Ährchenachse (oberhalb der Hüllspelzen!) mit 2,5-6 mm langen Haaren →. Unterster Rispenknoten mit (1-)3-5 Rispenästen

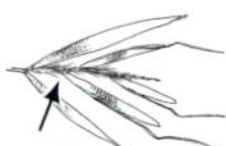

Helictotrichon pubescens (Huds.) Pilg., *(Avenula pubescens)*, Flaum-Wiesenhafer: H, 30-120 cm, V-VI, kollin-subalpin (-alpin), mässig trockene Wiesen und Weiden, (Arrh, Poly-Tris, Meso), LC

a Blätter und Blattscheiden, zumindest der Erneuerungssprosse, abstehend behaart, seltener fast kahl. Ährchen (ohne Grannen) 10-17 mm lang. Oberste Deckspelze kürzer oder bis 1 mm länger als die obere Hüllspelze. Tieflandsippe

Helictotrichon pubescens (Huds.) Pilg. subsp. ***pubescens***, Flaum-Wiesenhafer: LC

- Blätter und Blattscheiden (fast) kahl. Ährchen (ohne Grannen) 15-25 mm lang. Oberste Deckspelze mehr als 1 mm länger als die obere Hüllspelze. Bergpflanze

Helictotrichon pubescens subsp. ***laevigatum*** (Schur) Soó, Glatter Flaumhafer: DD. Übergangsform zu *H. pratense*

3 Ährchen 10-13 mm lang. Deckspelze am Grund bräunlich. Blatt mit auffallend weissem, rauem Rand und sonst glatter Spreite. Blatthäutchen 2-4 mm lang. Unterster Rispenknoten mit 1-2(-3) Rispenästen (*H. pubescens* mit 3-5)

Helictotrichon versicolor (Vill.) Pilg., *(Helictochloa versicolor, Avenula versicolor)*, Bunter Wiesenhafer: H, 15-35 cm, VII-VIII, (montan-) subalpin-alpin, kalkarme Gebirgsrasen, Zwergstrauchheiden, (Cari-curv, Elyn, Nard), LC

- Ährchen 14-30 mm lang. Deckspelze am Grund grün (selten etwas violett). Blatt ohne auffälligen, weissen Rand. Blatthäutchen 3-8 mm lang

Helictotrichon pratense aggr., Echter Wiesenhafer

a Rispe (1,5-)2-4 cm breit, im Umriss länglich eiförmig. Hüllspelzen ungleich. Pflanze ohne Ausläufer, aber viele Erneuerungssprosse steigen ausserhalb der untersten Blattscheiden empor. Blatt der Erneuerungstriebe oberseits rau

Helictotrichon praeustum (Rchb.) Tzvelev, *(Helictochloa praeusta, Avenula praeustum)*, Alpen-Wiesenhafer: H, 30-50 cm, montan-subalpin (-alpin), Magerwiesen, Gebirgsrasen, ob in der Schweiz?

- Rispe 1-2 cm breit, im Umriss lanzettlich. Hüllspelzen untereinander fast gleich. Pflanze mit einzelnen Ausläufern, aber die meisten Erneuerungssprosse wachsen innerhalb der untersten Blattscheiden empor. Blatt der Erneuerungstriebe oberseits glatt, nur an den Rändern rau

Helictotrichon pratense (L.) Besser, *(Helictochloa pratensis, Avenula pratense)*, Echter Wiesenhafer: H, 30-80 cm, VI-VII, kollin-subalpin, trockene, magere Wiesen, (Fest-vari, Meso), LC

Heteropogon **Bartgras**

- Ähre gelblich behaart. Ährchen jeweils zu 2, sich halb überdeckend, die oberen mit bis 10 cm langen, braunen, ineinander verdrehten Grannen →. Blattscheiden scharf gekielt. Stängel oft verzweigt

Heteropogon contortus (L.) Roem. & Schult., *(Andropogon contortus)*, Gedrehtes Bartgras: H, 30-60 cm, VIII-IX, kollin, steinige Trockenrasen, Gebüsche, (Dipl), VU

Hierochloë **Mariengras**

- Pflanze durch Ausläufer Herden bildend, nach Kumarin riechend. Halm nur am Grund mit mehreren, genäherten Knoten. Oberstes Blatt mit sehr langer Scheide und ganz kurzer Spreite, kahl. Ährchen 3-blütig →, mit 2 äusseren und 2 behaarten inneren Hüllspelzen

Hierochloë odorata (L.) P. Beauv., Duftendes Mariengras: G, 20-60 cm, V-VI, (kollin-) montan (-subalpin), feuchte Magerrasen, Moore, Ufer, (Moli, Calt), EN

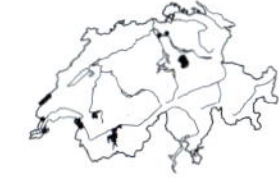

Holcus Honiggras

1 Granne kaum aus dem Ährchen herausragend →, hakenförmig. Pflanze horstig bis dichtrasig. Blätter, Blattscheiden und Hüllspelzen weichhaarig. Ährchen an den Rispenästen gehäuft. Hüllspelzen 3-4 mm lang

Holcus lanatus L., Wolliges Honiggras: H, 30-80 cm, V-VIII, kollin-montan (-subalpin), nährstoffreiche Wiesen und Weiden, (Arrh, Poly-Tris, Cyno, Calt), LC

- Granne deutlich aus dem Ährchen herausragend →, gekniet. Pflanze mit Ausläufern. Blattscheiden (zumindest obere) und Hüllspelzen kahl oder spärlich langhaarig, aber Knoten des Stängels deutlich bärtig. Ährchen an den Rispenästen entfernt stehend, fast traubig. Hüllspelzen 5-6 mm lang

Holcus mollis L., Weiches Honiggras: H, 30-70 cm, VI-VII, kollin-montan (-subalpin), magere, eher kalkarme Weiden, Zwergstrauchheiden, krautreiche Wälder, Waldränder, (Call-Geni, Epil-angu, Quer-robo), LC

Hordelymus Waldgerste

- Blattscheiden abwärts zottig behaart. Ähre 4-8 cm lang, mit einem Gipfelährchen. Hüllspelzen zu 2-2,5 cm langen Borsten reduziert, darüber mit deutlich gestielten Blüten →

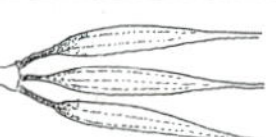

Hordelymus europaeus (L.) Harz, Waldgerste: H, 50-120 cm, VI-VIII, kollin-montan, krautreiche, eher kalkreiche Bergwälder, Auenwälder, (Abie-Fage, Loni-Fage, Alni-inca), LC

Hordeum Gerste

1 Kulturpflanze. Seitliche Ährchen der Ährchengruppe sitzend oder, wenn gestielt, verkümmert. Ährenspindel nicht brüchig, die reifen Ähren daher nicht zerfallend. Blätter 5-15 mm breit, am Grund mit langen, sichelförmigen Öhrchen

Hordeum vulgare aggr., Saat-Gerste: T, 60-100 cm

a Auf jeder Seite der Ähre alle 3 Ährchen fertil. Ähre dadurch 6-zeilig, nicht abgeflacht

Hordeum vulgare subsp. ***hexastichon*** (L.) Čelak., Sechszeilige Saat-Gerste: T, V-VII, kalkreiche, eher trockene Getreidefelder, (Cauc), kultivierter Archäophyt

- Auf jeder Seite der Ähre nur 1 oder 2 Ährchen fertil. Ähre dadurch flach oder 4-zeilig **b**

b Auf jeder Seite der Ähre das mittlere und ein seitliches Ährchen fertil. Ähre dadurch 4-zeilig, nicht abgeflacht

Hordeum vulgare L. subsp. ***vulgare***, Vierzeilige Saat-Gerste: T, V-VII, Getreidefelder, (Cauc, Apha), kultiviert und selten verwildert, kultivierter Archäophyt

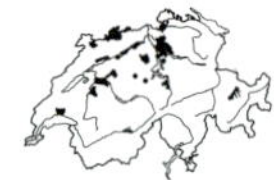

- Auf beiden Seiten der Ähre nur das mittlere der 3 Ährchen fertil. Ähre dadurch 2-zeilig, abgeflacht

  Hordeum distichon L., Zweizeilige Gerste: T, 40–80(-100) cm, V–VII, kollin-montan, Getreidefelder, (Cauc), kultiviert und selten verwildert, kultivierter Archäophyt

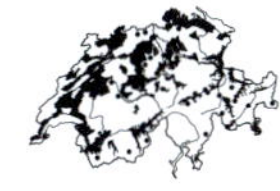

- Wildpflanze. Seitliche Ährchen gestielt **2**

2 Pflanze ausdauernd, dichtrasig, mit vielen Halmen. Ähre auffallend zierlich, mit auffallend langen Grannen, «mähnenartig», typischerweise nickend, 5–6 cm lang. Blätter 2–4 mm breit, Blattöhrchen fehlend

Hordeum jubatum L., Mähnen-Gerste: H, 20–60 cm, VI, kollin-montan (-subalpin), trockenwarme Schuttplätze, Bahnareale, (Sisy), Neophyt

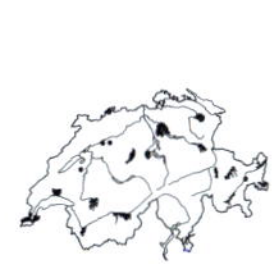

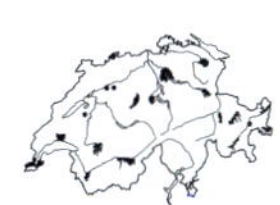

- Pflanze einjährig. Ähre kräftig, aufrecht **3**

3 Pflanze graugrün. Halme aufrecht. Unterste Blattscheide zuunterst zwiebelartig verdickt und wie die Blätter dicht behaart. Hüllspelzen zu einer bis 15 mm langen Granne reduziert, unbewimpert

Hordeum secalinum Schreb., Rogen-Gerste: H, 70 cm, VI, kollin-montan, wechselfeuchte Fettweiden, Wegränder, (Cyno, Agro-Rumi), Archäophyt, RE

- Pflanze grün. Halme knickig aufsteigend. Hüllspelzen borstenförmig, aber an Basis deutlich verbreitert (mittleres Ährchen untersuchen!), borstig bewimpert

Hordeum murinum L., Mäuse-Gerste: T, 10–40 cm, V–VIII, kollin-montan, Wegränder, Unkrautfluren, Archäophyt, LC

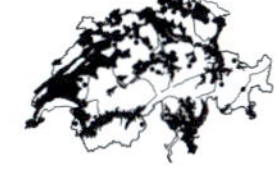

a Mittleres Ährchen der 3er-Gruppe (zusammen mit der Granne) länger als die seitlichen Ährchen →. Ähre typischerweise grün bleibend, durch die relativ kurzen Seitenährchen schlank wirkend

Hordeum murinum L. subsp. ***murinum***, Gewöhnliche Mäuse-Gerste: T, V–VIII, schuttige Wegränder, Schuttplätze, (Sisy), Archäophyt, LC

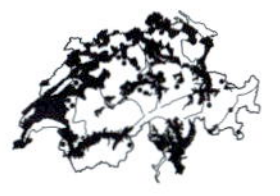

- Mittleres Ährchen der 3er-Gruppe (zusammen mit der Granne) kürzer als die seitlichen Ährchen →. Ähre anfänglich grün, dann typischerweise dunkelrot werdend, durch die relativ langen Seitenährchen dicker und kräftiger wirkend

  Hordeum murinum subsp. ***leporinum*** (Link) Arcang., Hasen-Mäuse-Gerste: T, V–VIII, trockenwarme Wegränder, Schuttplätze, (Sisy), vermutlich eingewandert, NT

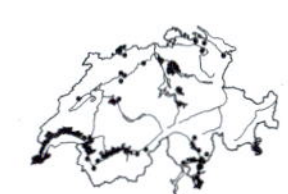

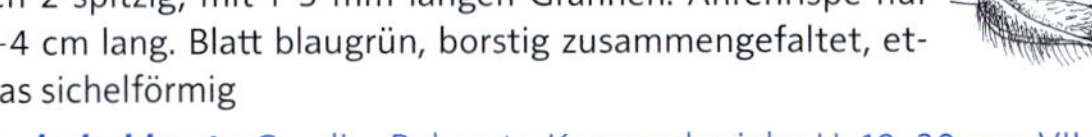

Koeleria Kammschmiele

1 Hüllspelzen zottig (bis 1 mm lang) behaart →. Deckspelzen 2-spitzig, mit 1–3 mm langen Grannen. Ährenrispe nur 2–4 cm lang. Blatt blaugrün, borstig zusammengefaltet, etwas sichelförmig

Koeleria hirsuta Gaudin, Behaarte Kammschmiele: H, 10–30 cm, VII–VIII, subalpin-alpin, trockene, eher kalkarme Gebirgsrasen, (Fest-vari), LC

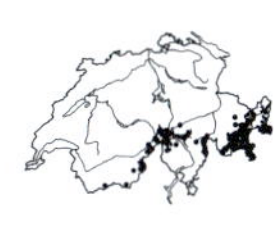

- Hüllspelzen kahl oder kurzhaarig. Deckspelze einspitzig oder abgerundet, unbegrannt **2**

2 Grundständige Blattscheiden ein dichtes, die Stängelbasis umschliessendes Fasernetz bildend («Fasertunika»). Blätter blaugrün, kahl, Grundblätter borstig, Stängelblätter flach. Ährenrispe nur 2-7 cm lang

Koeleria vallesiana (Honck.) Gaudin, Walliser Kammschmiele: H, 10-40 cm, V-VII, kollin-subalpin, felsige Trockenrasen, Felsensteppen, (Xero, Stip-Poio), NT

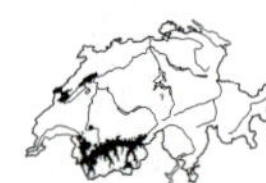

- Stängelbasis faserig, aber ohne dichte Faserhülle. Blatt graugrün, am Rand und/oder auf der Fläche behaart

Koeleria pyramidata aggr., Pyramiden-Kammschmiele: 10-80 cm, VI-VII, kollin-subalpin, LC

a Deckspelzen dicht kurzhaarig. Ährenrispe schmal, walzenförmig, 2-8 cm lang. Blatt flach oder eingerollt, am Rand bewimpert. Ährchen 4-6 mm lang

Koeleria eriostachya Pančić, Wollige Pyramiden-Kammschmiele: H, 50 cm, VII, subalpin, kalkreiche Bergwiesen und -weiden, (Sesl, Cariferr), NT

- Deckspelzen kahl oder mit einzelnen lockeren Haaren **b**

b Blatt meist eingerollt, Rand nicht bewimpert. Ährenrispe dicht, walzenförmig. Ährchen 3,5-5 mm lang

Koeleria macrantha (Ledeb.) Schult., *(K. gracilis)*, Grossblütige Pyramiden-Kammschmiele: H, 10-50 cm, VI-VII, kollin-subalpin, Trockenrasen, Krautsäume, Felsensteppen, (Xero, Stip-Poio, Meso, Gera-sang), LC

- Blatt flach (zumindest die Erneuerungstriebe), 2-3 mm breit, am Rand mit abstehenden Wimperhaaren. Ährenrispe zuletzt locker und etwas ausgebreitet. Ährchen → 6-8 mm lang

Koeleria pyramidata (Lam.) P. Beauv., Gewöhnliche Pyramiden-Kammschmiele: H, (10-)50-120 cm, VI-VII, kollin-subalpin, kalkreiche Halbtrockenrasen, Bergwiesen und -weiden, Krautsäume, (Meso, Sesl, Trifmedi), LC

Lagurus Samtgras

- Blätter weichhaarig, Blatthäutchen 1-2 mm. Obere Blattscheiden etwas aufgeblasen. Blütenstand eiförmig, dicht weichhaarig, weiss bis beige

Lagurus ovatus L., Hasenschwanzgras: T, 5-15(-30) cm, III-V, kollin, trockenwarme Pionierfluren, Sandflächen, nur adventiv, kultivierter Neophyt

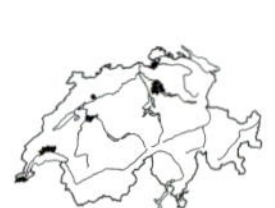

Leersia Wildreis

- Blatt hellgrün, auffallend rau, 5-10 mm breit, mit weisslichem Mittelnerv. Blatthäutchen 0,5-1,5 mm. Rispe breit, unterste Ährchen oft in der obersten Blattscheide bleibend. Ährchen flach, 4-6 mm lang, ohne Granne →

Leersia oryzoides (L.) Sw., *(L. hexandra)*, Wilder Reis: G, 50-150 cm, VIII-IX, kollin-montan, Bach-, Flussufer, Röhrichte, (Glyc-Spar, Phra), VU

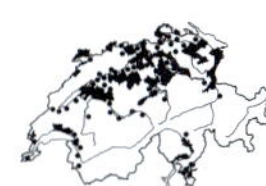

Lolium Raygras

1 Deckspelzen begrannt **2**

- Deckspelzen unbegrannt **4**

2 Einzelblüten im Ährchen dick, im Umriss elliptisch (an Weizen erinnernd). Pflanze blaugrün, ohne Erneuerungssprosse. Hüllspelzen so lang oder länger als das Ährchen, neben der äusseren Hüllspelze mit einer inneren Hüllspelze in Form einer bis 6 mm langen, längs gespaltenen Schuppe → (nur bei dieser Art). Blatt 2-7(-10) mm breit

Lolium temulentum L., Taumel-Lolch: T, 1 m, VI-VII, kollin-montan, trockenwarme, kalkreiche Getreidefelder, (Cauc), Archäophyt, CR

- Einzelblüten im Ährchen schmal, im Umriss länglich. Pflanze dunkel- bis frischgrün, mit Erneuerungssprossen. Hüllspelzen kürzer als das halbe Ährchen. Blatt an der Basis etwas geöhrt, unterseits glänzend, in Knospenlage gerollt. Blatt 4-10 mm breit **3**

3 Pflanze dunkelgrün, ein- bis zweijährig, am Grund rötlich. Grannen (6-)8-12 mm lang, ohne grössere Unterschiede an der gleichen Pflanze. Sichelige Blattöhrchen gut ausgebildet

Lolium multiflorum Lam., Italienisches Raygras: H-T, 30-80 cm, VI-IX, kollin-montan (-subalpin), Fettwiesen, Wegränder, Schuttplätze, (Arrh, Sisy, Dauc-Meli), Neophyt

- Pflanze heller frischgrün, zwei- bis mehrjährig, am Grund rötlich. Grannen kurz, 3-7 mm lang und an der gleichen Pflanze unterschiedlich lang, oft einige Deckspelzen unbegrannt. Sichelige Blattöhrchen meist gut ausgebildet

Lolium ×hybridum Hausskn.: H-T, 30-80 cm, VI-IX, kollin-montan, Fettwiesen, Wegränder, Schuttplätze, (Arrh, Dauc-Meli), Neophyt

4 Deckspelzen nur ca. 4 mm lang, eiförmig-elliptisch, reif oben verdickt, unten knorpelig. Ährchen → 6-10 mm lang. Pflanze gelbgrün, einjährig (ohne Erneuerungssprosse). Blätter in Knospenlage gerollt. Unkraut der Flachsäcker. In der Schweiz vermutlich ausgestorben

Lolium remotum Schrank, *(L. linicola)*, Flachs-Lolch: T, 30-60 cm, VI-VIII, kollin, kalkreiche Wegränder, Schuttplätze, (Sisy), Archäophyt, CR(PE)

- Deckspelzen 5-9 mm lang, länglich lanzettlich, nicht knorpelig werdend. Pflanze ein- oder mehrjährig **5**

5 Pflanze blaugrün, einjährig (ohne Erneuerungssprosse). Blatt 2–3 mm breit, wie bei *L. multiflorum* in der Knospenlage gerollt. Hüllspelze stets so lang wie das gesamte Ährchen → (oder länger). Halme unter der Ähre rau

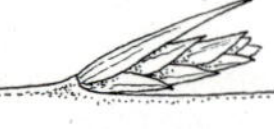

Lolium rigidum Gaudin, Steifer Lolch: T, 10–40 cm, V, kollin-montan, trockenwarme Äcker, Weinberge, Schuttplätze, (Cauc, Erag, Onop), Archäophyt, VU

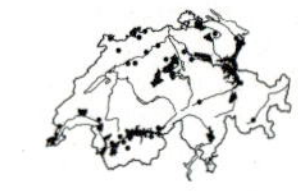

- Pflanze frischgrün, mehrjährig (mit Erneuerungssprossen), am Grund rötlich. Gegenüber *L. multiflorum* und *L. hybridum* ist das Blatt in der Knospenlage gefaltet (Triebe quer schneiden und unter der Lupe betrachten) und die Blattöhrchen sind wenig ausgebildet. Hüllspelze ⅓ so lang wie das Ährchen bis etwas länger als dieses →. Halme auch unter der Ähre glatt. Blatt 2–4(–6) mm breit

Lolium perenne L., Englisches Raygras: H, 20–70 cm, VI–IX, kollin-montan (-subalpin), nährstoffreiche Wiesen und Weiden, Wegränder, (Cyno, Arrh, Agro-Rumi), LC

Melica Perlgras

1 Ährchen in einer dichten Ährenrispe. Deckspelzen lang zottig bewimpert **2**

- Ährchen in einer lockeren Traube oder Rispe. Deckspelzen kahl **3**

2 Unterste Blattscheiden kahl. Ährenrispe locker (Hauptachse vereinzelt sichtbar), zuletzt einseitswendig. Pflanze horstig, mit blaugrünen, steif aufrecht stehenden Blättern, oft mit rötlichem Grund. Ährchen →

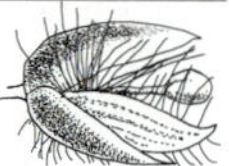

Melica ciliata L., Wimper-Perlgras: H, 30–70 cm, V–VII, kollin-montan (-subalpin), sonnige, kalkreiche Felsrasen, Trockenrasen, (Xero, Alyss-Sedi), LC

- Unterste Blattscheiden flaumig behaart. Ährenrispe dicht (Hauptachse kaum sichtbar), allseitswendig. Blätter frischgrün, behaart

Melica transsilvanica Schur, Siebenbürgisches Perlgras: H, 50–90 cm, VI, kollin-montan (-subalpin), trockenwarme, sonnige Krautsäume, leicht ruderale Steppenrasen, (Conv-Agro), VU

3 Blütenstand traubig, Rispenäste anliegend, Ährchen nickend. Hüllspelze stumpf. Blätter frischgrün. Blatthäutchen 0,5 mm lang

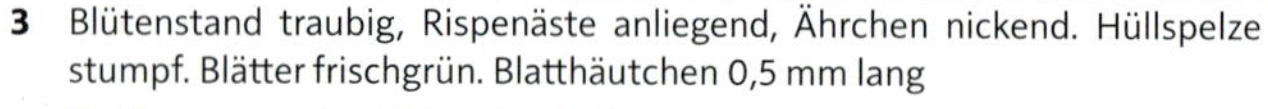

Melica nutans L., Nickendes Perlgras: H, 25–50 cm, V–VI, kollin-subalpin (-alpin), krautreiche Wälder, (Fagetalia, Carp), LC

- Blütenstand eine zuletzt ausgebreitete Rispe, Rispenäste abstehend. Ährchen aufrecht. Blatthäutchen bis 0,2 mm lang, aber diesem gegenüber ein bis 4 mm langes, spitzes, anliegendes, grünes Anhängsel → (nur bei dieser Art so)

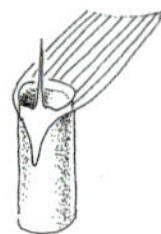

Melica uniflora Retz., Einblütiges Perlgras: G, 30–50 cm, V–VI(–IX), kollin-montan, wärmeliebende Laubmischwälder, (Carp, Querpube, Ceph-Fage), LC

Micropyrum Dünnschwingel

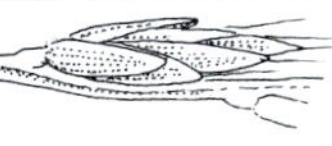

- Pflanze kahl, im Habitus wie ein zierliches *Lolium* (aber mit 2 Hüllspelzen!), mit 3-10(-20) cm langem, schlankem, ährigem Blütenstand. Blätter kurz, borstenförmig. Ährchen → begrannt oder unbegrannt. Hüllspelzen nur mit 1-3 Nerven

  Micropyrum tenellum (L.) Link, Kies-Dünnschwingel: T, 15-40 cm, V-VII, kollin, kalkarme Pionierfluren, Wegränder, (Sedo-Vero), CR(PE)

Milium Waldhirse

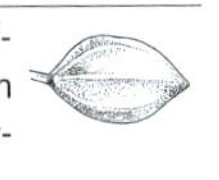

- Blätter bis 15 mm breit, rau. Rispe bis 30 cm lang, Rispenäste auffallend dünn. Äste abstehend oder zurückgeschlagen. Ährchen 2,5-3 mm lang, einblütig →. Deck- und Vorspelze knorpelig werdend, unbegrannt

  Milium effusum L., Waldhirse: G, 50-120 cm, V-VI, kollin-subalpin, luftfeuchte, eher kalkarme Buchenwälder, Bergwälder, (Loni-Fage, Abie-Fage, Luna-Acer), LC

a Rispe 15-30 cm lang, locker, die unteren Äste bis 15 cm lang und zur Blütezeit zurückgeschlagen

Milium effusum L. subsp. ***effusum***, Waldhirse: LC

- Rispe 10-15 cm lang, relativ dicht und schmal, die Äste nur 2-4 cm lang und zur Blütezeit aufrecht abstehend

Milium effusum subsp. ***alpicola*** Chrtek, Alpen-Waldhirse: LC

Miscanthus Stielblütengras

1 Blütenstand ein Fächer aus zahlreichen, schmalen, 15-30 cm langen Trauben. Ährchen paarig, begrannt, 4-7 mm lang, am Grund behaart, 2-blütig. Hüllspelzen kahl. Halme 3-10 mm dick. Blätter steif, (5-)10-30 mm breit

Miscanthus sinensis Andersson, Chinaschilf: H, 100-250 cm, VIII-X, kollin, Feld- oder Gartenränder, angebaut und selten verwildert (Deponien?), kultivierter Neophyt. Bildet zusammen mit *M. sacchariflorus* den angebauten Hybriden *M. ×giganteus* (Riesen-Chinaschilf)

- Blütenstand mit 20-40 cm langen Trauben. Ährchen paarig, ohne Grannen. Hüllspelzen behaart. Blätter 5-15 mm breit

Miscanthus sacchariflorus (Maxim.) Hack., Grosses Stielblütengras: H, 70-150 cm, VIII-X, kollin, Feld- oder Gartenränder, angebaut und selten verwildert (Deponien?), kultivierter Neophyt

Molinia Pfeifengras

1 Ährchen bis 6 mm lang →. Unterste Deckspelzen 3-4 mm lang, eiförmig, abgerundet, 3-nervig, die Seitennerven näher beim Mittelnerv, dieser nicht bis zur Spitze führend. Blatt 3-8(-10) mm breit. Pflanze nur 10-100 cm hoch

Molinia caerulea (L.) Moench, Blaues Pfeifengras: H, 30-100 cm, VII-IX, kollin-subalpin (-alpin), wechselfeuchte Magerrasen, Moore, Moorwälder, Zwergstrauchheiden, (Moli, Call-Geni, Spha-mage), LC

- Ährchen 6-9 mm lang. Unterste Deckspelzen 4,5-7 mm lang, länglich, zugespitzt →, 3-nervig, die Seitennerven näher beim Deckspelzenrand, Mittelnerv bis zur Spitze führend. Blatt 8-10(-20) mm breit. Pflanze meist über 100 cm hoch

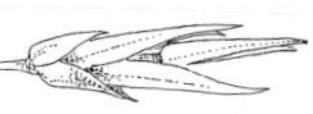

Molinia arundinacea Schrank, Rohr-Pfeifengras: H, 1,2-2,5 m, VII-IX, kollin-montan, wechselfeuchte Magerrasen, Hochgrasfluren, Säume, Wälder, (Moli, Moli-Pini, Quer-robo), LC

Muhlenbergia Tropfensame

1 Rispe 2-10 mm breit. Hüllspelzen nur 0,1-0,5 mm lang (kaum erkennbar), Granne der Deckspelzen 2-5 mm lang →. Halme verzweigt, niederliegend-aufsteigend. Blätter rechtwinklig abstehend. Blatthäutchen < 0,5 mm, bewimpert

Muhlenbergia schreberi J. F. Gmel., Schrebers Tropfensame: H, 40-60 cm, IX-X, kollin, wärmeliebende Krautsäume, Wegränder, Gebüsche, (Aego), Neophyt

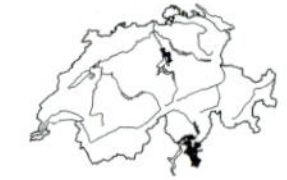

- Rispe 5-15 mm breit. Hüllspelzen 2-4 mm lang (deutlich erkennbar), oft violett verfärbt, Granne der Deckspelzen 0-2 mm lang →. Halme verzweigt. Blatthäutchen 0,5-1 mm, unregelmässig zerschlitzt

Muhlenbergia mexicana (L.) Trin., Mexikanischer Tropfensame: H, 30-70 cm, VII-IX, kollin, Wegränder, Ruderalflächen, Neophyt

Nardus Borstgras

- Pflanze graugrün, in dichten Horsten, Triebe am Grund mit harten (einseitig «wandernden») Blattscheiden. Blatt steif, borstig, im Querschnitt kantig, ca. 0,5 mm breit. Blatthäutchen 1-2 mm. Ähre einseitswendig →

Nardus stricta L., Borstgras: H, 10-30 cm, V-VII, montan-alpin, kalkarme Magerrasen, Zwergstrauchheiden, Moore, (Nard, Call-Geni, Cari-fusc), LC

Nassella Zartes Federgras

- Pflanze dicht horstig. Blätter sehr schmal, 0,2–1 mm breit, rau. Rispe zusammengezogen. Grannen 5–10 cm lang. Hüllspelzen warzig, der Hauptnerv behaart, am Ende mit einem 0,2 mm langen Krönchen → (Unterschied zu *Stipa*)

Nassella tenuissima (Trin.) Barkworth, *(Stipa tenuissima)*, Zartes Federgras: H, 25–70 cm, kollin, trockene Garten- und Wegränder, aus Kultur verwildert oder ausgesetzt, Neophyt

Oplismenus Grannenhirse

- Stängel kriechend, verzweigt. Blätter kurz, ca. 4 cm lang und 1 cm breit, oft wellig, mit lang behaarten Scheiden. Blütenstand ährig, einseitswendig, unterbrochen. Ährchen einblütig, in Büscheln, mit 0,5–2 cm langer, klebriger Granne

Oplismenus undulatifolius (Ard.) Roem. & Schult., Grannenhirse: Ch, 1 m, VII–IX, kollin, wärmeliebende Laubmischwälder, Kastanienwälder, Waldränder, (Carp, Quer-robo, Aego), LC

Oreochloa Kopfgras

- Blätter gefaltet, ca. 0,5 mm breit, mit bis 4 mm langem Blatthäutchen. Blütenstand eine 0,7–1,5 cm lange, eiförmige, dichte Ähre mit 2-zeilig angeordneten und einseitswendigen Ährchen →

Oreochloa disticha (Wulfen) Link, *(Sesleria disticha)*, Zweizeiliges Kopfgras: H, 10–20 cm, VII–VIII, (subalpin-) alpin, kalkarme Gebirgsrasen, Grate, (Cari-curv), LC

Panicum Hirse

1 Ährchen 4–5 mm lang →. Blätter bis 25 mm breit. Rispe bis 30 cm lang, mit bis 15 cm langen Ästen, diese bei Reife schief aufrecht oder überhängend

Panicum miliaceum L., Echte Hirse: T, 50–90(–150) cm, VII–X, kollin, trockenwarme Schuttplätze, Wegränder, (Sisy, Pani-Seta), alte Kulturpflanze, heute meist mit Vogelfutter eingeschleppt; weltweit verbreitet, kultivierter Archäophyt

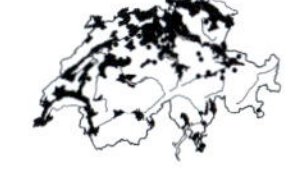

- Ährchen 2–3 mm lang **2**

2 Blattscheiden kahl. Ährchen 2,5–3 mm lang und ca. 1 mm breit. Untere Hüllspelzen ¼–⅓ so lang wie das Ährchen

Panicum dichotomiflorum Michx., Reisfeld-Hirse: T, 30–100(–130) cm, VIII–X, kollin, trockenwarme Äcker, Wegränder, wechseltrockene Ufer, (Pani-Seta, Sisy), Neophyt

- Blattscheiden behaart (mit auf Warzen sitzenden Haaren)

Panicum capillare aggr., Haarästige Hirse: Neophyt

a Fruchtende Deckspelze dunkelbraun. Abbruchstelle der (von den Spelzen umschlossenen) Frucht mit sichelförmigem Wulst. Vorspelze des sterilen unteren Blütchens 1-1,5 mm lang →

Panicum hillmanii Chase, Hillmans Hirse: T, 20-60 cm, VIII-X, kollin, trockenwarme Schuttplätze, Wegränder, Bahnareale, (Pani-Seta, Sisy), Neophyt

- Fruchtende Deckspelze hellbraun. Abbruchstelle der (von den Spelzen umschlossenen) Frucht ohne Wulst. Vorspelze des sterilen unteren Blütchens fehlend **b**

b Seitliche (subterminale) Ährchen deutlich (5-20 mm) gestielt →, Stiele von den Rispenästen abspreizend. Ährchen 2-3x so lang wie breit (2-2,7 mm lang und 0,8-1 mm breit)

Panicum capillare L., Haarästige Hirse: T, 20-80 cm, VII-X, kollin, trockenwarme Schuttplätze, Wegränder, Bahnareale, (Pani-Seta, Sisy), Neophyt

- Seitliche (subterminale) Ährchen kurz (bis 3 mm) gestielt →, Stiele den Rispenästen ± anliegend. Ährchen 3-4x so lang wie breit (2,4-3 mm lang und 0,7-0,8 mm breit). Untere Hüllspelzen ⅓-½ so lang wie das Ährchen

Panicum barbipulvinatum Nash, *(P. riparium)*, Ufer-Hirse: T, 40 cm, VIII-X, kollin, trockenwarme, sonnige Schuttplätze, Wegränder, Bahnareale, (Sisy, Pani-Seta), Neophyt

Paspalum Pfannengras

- Pflanze horstig, kahl. Blätter 3-12 mm breit, am Grund mit Wimperhaaren. Blatthäutchen bis 6 mm. Blütenstand fingerförmig, aus 2-5 entfernt stehenden Ähren. Hüllspelzen lang bewimpert →

Paspalum dilatatum Poir., Pfannengras: H, 40-100 cm, V-VI, kollin, trockenwarme, sonnige Schuttplätze, Wegränder, Bahnareale, (Pani-Seta), Neophyt

Pennisetum Lampenputzergras

1 Die aus der Ährenrispe ragenden Hüllborsten rau, aber ohne Fiederhaare am Grund →. Pflanze bildet dichte, mehrjährige Horste. Blattscheiden seitlich zusammengedrückt, pergamentartig, gekielt. Blätter 3-10 mm breit, frisch- bis dunkelgrün, aufrecht oder schlaff, anstelle des Blatthäutchens ein Haarkranz. Ährenrispe 7-20 cm lang

Pennisetum alopecuroides (L.) Spreng., *(Cenchrus purpurascens)*, Japanisches Lampenputzergras: H, 30-100 cm, VI-VIII, kollin, Rabatten, Parkanlagen, verwildertes Ziergras, kultivierter Neophyt

- Zumindest einige der aus der Scheinähre ragenden Hüllborsten am Grund fiederhaarig →. Pflanze bildet ein- oder mehrjährige Horste. Blattscheiden nicht pergamentartig abgeflacht. Blätter 1-3 mm breit, blaugrün, steif, mit auffallendem Mittelnerv, am Rand bewimpert, anstelle des Blatthäutchens ein Haarkranz. Ährenrispe 7-30 cm lang

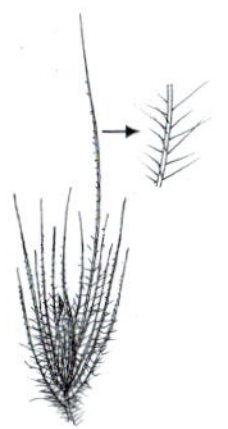

Pennisetum setaceum (Forssk.) Chiov., *(Cenchrus setaceus)*, Afrikanisches Lampenputzergras: H-T, (20-)30-120 cm, VI-VIII, kollin, Gartenränder, Wegränder, Parkanlagen, verwildertes Ziergras, kultivierter Neophyt

Phalaris Glanzgras

Eine panaschierte Form von *Ph. arundinacea* wird oft als Ziergras verwendet und verwildert gelegentlich.

1 Pflanze einjährig, bis 50 cm hoch. Rispe dicht zusammengezogen, eiförmig, bis 3 cm lang. Hüllspelzen am Kiel geflügelt →. Blatt 0,5-1 cm breit, gerippt, rau, graugrün

Phalaris canariensis L., Kanariengras: T, 20-50 cm, VI-VIII, kollin (-montan), wechseltrockene Trittfluren, Wegränder, Schuttplätze, (Agro-Rumi), Neophyt

- Pflanze mehrjährig, bis 2 m hoch, schilfartig, durch Ausläufer bestandbildend. Rispe zuerst lappig-knäuelig, zur Blütezeit offen und bis 20 cm lang. Ährchen einblütig, unbegrannt →. Hüllspelzen mit ungeflügelten Kielen. Blatt bis 1-2 cm breit, kahl, mit bis 6 mm langem Blatthäutchen

Phalaris arundinacea L., *(Phalaroides arundinacea)*, Rohr-Glanzgras: G, 1-2 m, VI-VII, kollin-montan, Ufer, feuchte Krautsäume, Wasserläufe, (Phal, Glyc-Spar, Sali-alba, Conv), LC

Phleum Lieschgras

1 Blütenstand beim Umbiegen lappig, da Zweige der Ährenrispe nicht mit der Hauptachse verwachsen sind **2**

- Blütenstand beim Umbiegen nicht lappig, da Zweige mit der Hauptachse verwachsen sind **5**

2 Hüllspelzen allmählich zur Spitze hin verschmälert, nicht «stiefelknechtartig» **3**

- Hüllspelzen «stiefelknechtartig» an der Spitze plötzlich verschmälert und in eine kurze Granne auslaufend **4**

3 Pflanze mehrjährig. Hüllspelzen am Kiel lang behaart, am Ende mit ca. 1 mm langer Granne →. Ährchen (mit Grannen) 4-6 mm lang. Blatt blaugrün, 4-6 mm breit, mit schmalem weissem Knorpelrand, durch Zähnchen rau. Gebirgspflanze

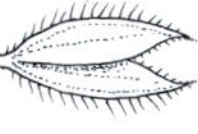

Phleum hirsutum Honck., *(Ph. michelii)*, Behaartes Lieschgras: H, 30-60 cm, VII-VIII, (montan-) subalpin (-alpin), sonnige, kalkreiche Rasenhänge, Bergweiden, (Cari-ferr, Poio-alpi), LC

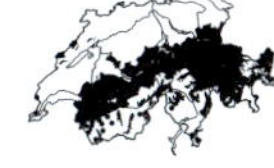

- Pflanze einjährig. Hüllspelzen kahnförmig, am Aussenrand rau, sonst unbehaart und ohne Granne →. Blatt 2–3 mm breit, oft eingerollt. Seltene, adventive Ruderalpflanze

  Phleum subulatum (Savi) Asch. & Graebn., Pfriemen-Lieschgras: T, 10–50 cm, V–VI, kollin, kalkreiche Äcker und Ruderalstellen, Neophyt

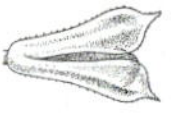

4 Pflanze einjährig, blassgrün. Hüllspelzen oben bauchig erweitert, ohne Hautrand, gestutzt, mit aufgesetzter Spitze →. Ährchen (mit Grannen) nur 2–2,5 mm lang. Blatt graugrün, mit rauem, weisslichem Rand

Phleum paniculatum Huds., Rispiges Lieschgras: T, 15–30 cm, VI–VII, kollin, trockenwarme Unkrautfluren, Äcker, Weinberge, (Erag, Fuma-Euph, Cauc), EN

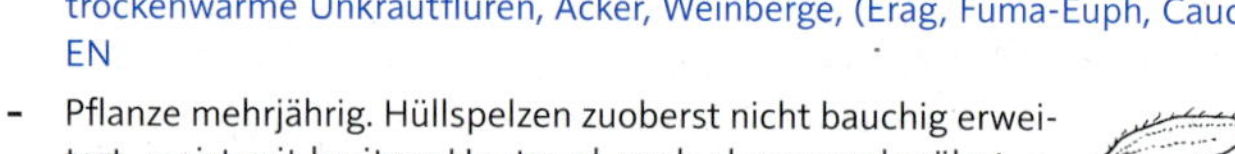

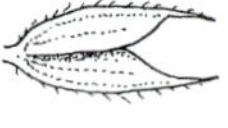

- Pflanze mehrjährig. Hüllspelzen zuoberst nicht bauchig erweitert, meist mit breitem Hautrand, nach oben verschmälert →. Ährchen (mit Grannen) 2,5–3,5 mm lang. Blatt graugrün, matt, mit auffälligem weissem Knorpelrand

  Phleum phleoides (L.) H. Karst., *(Ph. boehmeri)*, Glanz-Lieschgras: H, 20–50 cm, VI–VII, kollin-montan, sonnige, lückige Trockenrasen, Felsensteppen, Felsrasen, (Stip-Poio, Xero, Cirs-Brac), LC

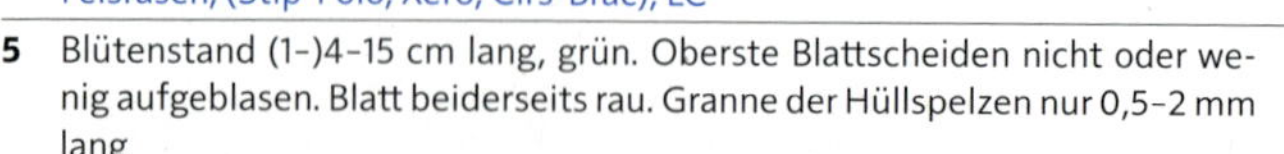

5 Blütenstand (1–)4–15 cm lang, grün. Oberste Blattscheiden nicht oder wenig aufgeblasen. Blatt beiderseits rau. Granne der Hüllspelzen nur 0,5–2 mm lang

Phleum pratense aggr., Wiesen-Lieschgras: VI–VIII, kollin-montan (-subalpin), LC

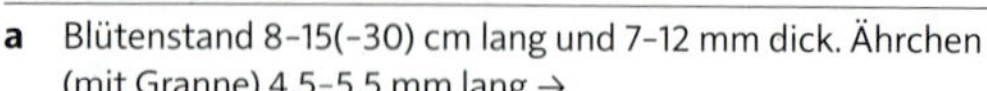
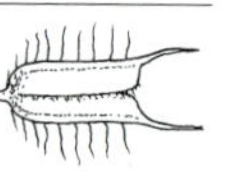

a Blütenstand 8–15(–30) cm lang und 7–12 mm dick. Ährchen (mit Granne) 4,5–5,5 mm lang →

Phleum pratense L., Gewöhnliches Wiesen-Lieschgras: H, 40–100(–150) cm, VI–VIII, frische, nährstoffreiche Wiesen und Weiden, (Cyno, Arrh), LC

- Pflanze zarter. Blütenstand (1–)2–8 cm lang und 4–6 mm dick. Ährchen (mit Granne) 2,5–3,5 mm lang

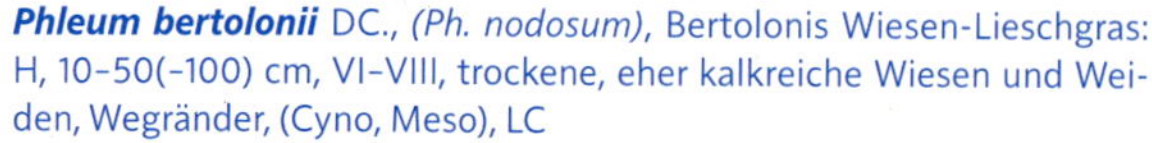

  Phleum bertolonii DC., *(Ph. nodosum)*, Bertolonis Wiesen-Lieschgras: H, 10–50(–100) cm, VI–VIII, trockene, eher kalkreiche Wiesen und Weiden, Wegränder, (Cyno, Meso), LC

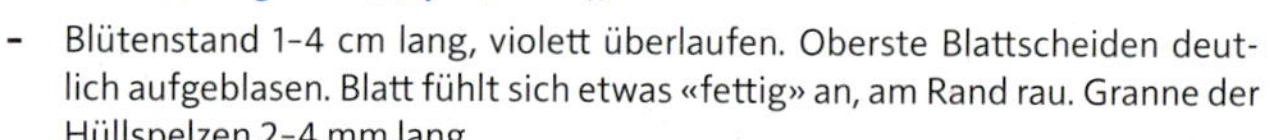

- Blütenstand 1–4 cm lang, violett überlaufen. Oberste Blattscheiden deutlich aufgeblasen. Blatt fühlt sich etwas «fettig» an, am Rand rau. Granne der Hüllspelzen 2–4 mm lang

  Phleum alpinum aggr., Alpen-Lieschgras: 10–50 cm, VII–VIII, (montan-) subalpin-alpin, LC

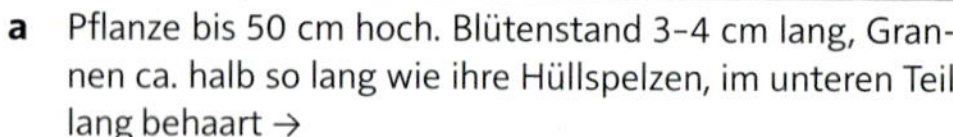
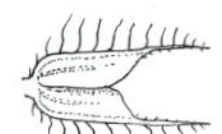

a Pflanze bis 50 cm hoch. Blütenstand 3–4 cm lang, Grannen ca. halb so lang wie ihre Hüllspelzen, im unteren Teil lang behaart →

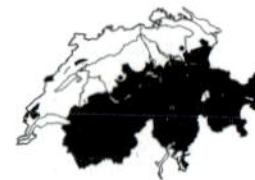

Phleum rhaeticum (Humphries) Rauschert, Rätisches Alpen-Lieschgras: H, 10–30(–50) cm, VII–VIII, frische, nährstoffreiche Bergwiesen und -weiden, (Poio-alpi, Poly-Tris), LC

- Pflanze kleiner, nur bis 25 cm hoch. Blütenstand 1-3 cm lang, Grannen ca. so lang wie ihre Hüllspelzen, kahl oder etwas kurzborstig →

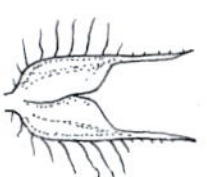

Phleum alpinum L., Gewöhnliches Alpen-Lieschgras: H, 10-25 cm, VII-VIII, feuchte, kalkarme Gebirgsrasen, Flachmoore, Schneetälchen, (Cari-fusc, Nard, Sali-herb), LC

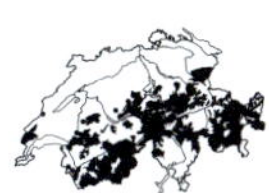

Phragmites Schilf

- Pflanze bis 4 m hoch, Halme 1-2 cm dick. Blätter 1-3 cm breit, anstelle des Blatthäutchens ein Haarkranz (vgl. *Phalaris*), Blütenstand eine 20-50 cm lange Rispe, im oberen Teil nickend. Ährchen →

Phragmites australis (Cav.) Steud., *(Ph. communis)*, Schilf: G, 1-4 m, VIII-IX, kollin-montan (-subalpin), Ufer, Röhrichte, Nasswiesen, Gräben, (Phra, Phal, Conv, Moli), LC

Phyllostachys Blattbambus

1 Bodennahe Knoten asymmetrisch, oft schief stehend und mit sehr kurzen Internodien. Halme grünlich bis gelb-bräunlich. Blätter 6-15 cm lang

Phyllostachys aurea Rivière & C. Rivière, Gold-Bambus: Ph, 2-8 m, Gebüsche, Waldränder

- Unterste Knoten symmetrisch, horizontal stehend und nicht mit verkürzten Internodien **2**

2 Halme 6-20 m hoch. Internodien bis 40 cm lang, grün. Knoten mit meist 2 Seitenzweigen. Blätter 2-8 mm lang gestielt (Pseudostiel), 6-20 cm lang

Phyllostachys bambusoides Siebold & Zucc., *(Ph. reticulata)*, Grosser Holzbambus: Ph, 10-20 m, kollin, Gartenränder, feuchte Ruderalstellen, vegetativ aus Gärten verwildert, kultivierter Neophyt

- Halme 3-5 m hoch. Internodien zuerst grün, dann schwarz werdend. Blätter kaum gestielt, 6-12 cm lang

Phyllostachys nigra (Lindl.) Munro, Schwarzer Bambus: Ph, 10 m, Gebüsche, Waldränder

Poa Rispengras

Beim Vergleich der Blatthäutchenlänge ist das Blatthäutchen der obersten Stängelblätter von blühenden Trieben zu untersuchen.

1 Ährchen zu kleinen Laubsprossen umgebildet («vivipar») **2**

- Ährchen nicht zu Laubsprossen umgebildet **3**

2 Pflanze am Grund durch Blattscheiden zwiebelartig verdickt. Blätter graugrün, die unteren meist borstenförmig eingerollt, die oberen flach, bis 2 mm breit. Pflanze warmtrockener Tallagen

Poa bulbosa L., Knolliges Rispengras: G-H, 20-40 cm, V-VI, kollin-montan, trockenwarme Pionierfluren, Mauern, Trockenrasen, Wegränder, (Sedo-Vero, Sedo-Scle, Xero), LC

- Pflanze am Grund durch Blattscheiden röhrig verdickt. Blätter blaugrün, flach, 2–5 mm breit, parallelrandig und am Ende kurz zu einer Kahnspitze zugespitzt, mit deutlicher «Skispur». Blatthäutchen 3–4 mm lang. Gebirgspflanze

  Poa alpina L., Alpen-Rispengras: H, 10–40 cm, VI–IX, (kollin-) subalpin-alpin, nährstoffreiche Bergwiesen und -weiden, Läger, feuchte Schuttfluren, (Poio-alpi, Rumi-alpi, Poly-Tris, Peta-para), LC

3 Stängel und Blattscheiden flachgedrückt und gekielt (zweischneidig) **4**

- Stängel und Blattscheiden rund, nicht abgeflacht **8**

4 Pflanze graugrün, meist nur 20–40 cm hoch, mit Ausläufern. Halme steif, am Grund niederliegend und knickig aufsteigend. Blattscheiden die Knoten verdeckend, wie die Blätter kahl. Rispe 2–8 cm lang, schmal, mit steifen Ästen, oft einseitswendig

  Poa compressa L., Platthalm-Rispengras: G-H, 20–40(–60) cm, VI–VII, kollin-montan (-subalpin), trockene, eher kalkreiche Wegränder, Mauern, Schuttplätze, Pionierfluren, (Conv-Agro, Sisy), LC

- Pflanze gelbgrün bis grasgrün (falls blaugrün: Rispe 15–25 cm lang), horstig oder mit Ausläufern **5**

5 Blatthäutchen deutlich, 2–3(–5) mm lang **6**

- Blatthäutchen kurz, höchstens 1,5 mm lang **7**

6 Blätter allmählich in eine lange Spitze verschmälert. Untere Blattscheiden glatt. Rispe bis 20 cm lang. Deckspelzen schmal, am Grund etwas zottig behaart, 5–6 mm lang. Pflanze bläulich grün

  Poa hybrida Gaudin, Bastard-Rispengras: H, 70–120 cm, VII–VIII, (montan-) subalpin, Hochstaudenfluren, Grünerlengebüsche, Legföhrenbestände, Bergwiesen, (Aden, Alne-viri), LC

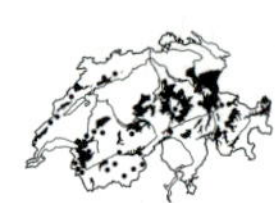

- Blätter in eine kurze, breite Kahnspitze zusammengezogen. Untere Blattscheiden rau. Oberstes Blatt 10–20 cm lang, so lang wie seine Scheide. Rispe bis 30 cm, locker, langästig. Deckspelzen 3–4 mm lang, am Grund wollhaarig. Pflanze grasgrün

  Poa remota Forselles, Entferntähriges Rispengras: H, 30–80 cm, VII, kollin-montan, luftfeuchte Auenwälder, Schluchtwälder, (Frax), VU

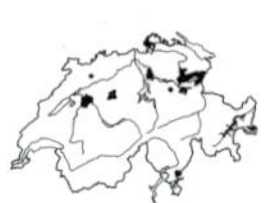

7 Blätter im Übergang von der Blattscheide zur Blattspreite kahl. Oberstes Blatt 1–10 cm lang, kürzer als seine Scheide. Rispe bis 25 cm lang, dicht, schmal. Deckspelzen kahl →, glatt. Pflanze grasgrün

  Poa chaixii Vill., Wald-Rispengras: H, 60–120 cm, VI–VIII, kollin-alpin, Zwergstrauchheiden, lichte Wälder, Bergweiden, Hochgrasfluren, (Cala, Cyst, Rhod-Vacc, Luzu-Fage), LC

- Blätter im Übergang von der Blattscheide zur Blattspreite fein behaart. Rispe breit (Habitus von *P. pratensis*). Deckspelze am Grund mit Wollhaaren

  Poa compressoformis Rouy, (*Poa pratensis* subsp. *anceps*), Zweischneidiges Rispengras: H, (20–)40–100 cm, VI–VII, kollin-montan, Schuttplätze, Pionierfluren

8 Untere Rispenäste zu 1-2(-3) stehend, die in die gleiche Richtung abgehen **9**

\- Untere Rispenäste zu (3-)4-6 stehend, in verschiedene Richtungen abgehend (halbquirlig) **18**

9 Hüllspelzen unterschiedlich lang, die untere 1-, die obere 3-nervig. Pflanze nur 5-25(-30) cm hoch **10**

\- Beide Hüllspelzen fast gleich lang (oder bis höchstens 25 % unterschiedlich lang), beide 3-nervig. Pflanze klein oder gross (5-120 cm) **11**

10 Pflanze in Büscheln wachsend, ohne Ausläufer (selten mit wurzelnden Legtrieben), jeder Trieb endet in einer Rispe. Unterste Rispenäste rechtwinklig abstehend. Blatthäutchen des obersten Halmblattes 2-4 mm lang. Geschlossene Staubbeutel höchstens 1 mm lang (für Populationen mit wurzelnden Legtrieben hilft nur die Staubblattlänge für die sichere Unterscheidung von *P. supina*)

Poa annua L., Einjähriges Rispengras: H-T, 5-30 cm, I-XII, kollin-subalpin (-alpin), Wegränder, Trittfluren, Wiesen und Weiden, Gärten, (Poly-avic, Agro-Rumi, Cyno, Sagi-proc), LC

\- Pflanze Rasen bildend, mit sterilen, wurzelnden Ausläufern. Unterste Rispenäste zuletzt abwärtsgerichtet. Blatthäutchen des obersten Halmblattes 1-2 mm lang. Geschlossene Staubbeutel 1,5-2,5 mm lang

Poa supina Schrad., Läger-Rispengras: H, 5-30 cm, V-IX, (montan-) subalpin-alpin, frische Läger, Wegränder, Schneetälchen, (Rumi-alpi, Poio-supi, Poio-alpi), LC

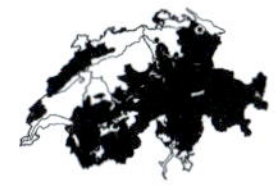

11 Pflanze am Grund durch eng anliegende Blattscheiden zwiebelartig verdickt. Grundblätter feinborstig **12**

\- Pflanze am Grund nicht oder zylindrisch («Strohtunika») verdickt, aber nicht zwiebelförmig verdickt **13**

12 Pflanze (10-)20-30 cm hoch. Grundständige Blätter graugrün, (2-)3-10 cm lang, graugrün bleibend oder nur teilweise vergilbend. Beide Hüllspelzen etwa gleich lang **2**

→ *Poa bulbosa*

\- Pflanze nur 5-10(-15) cm hoch. Grundständige Blätter graugrün, 1-6 cm lang, früh (ab Mai) absterbend und strohig werdend. Obere Hüllspelze bis zu 25 % länger als die untere

Poa perconcinna J. R. Edm., *(P. concinna)*, Niedliches Rispengras: G-H, 5-10(-15) cm, IV-V(-VIII), kollin-alpin, trockenwarme Pionierfluren, Felsensteppen, (Stip-Poio, Alyss-Sedi, Sedo-Vero), NT

13 Pflanze am Grund von strohigen alten Blattscheiden umgeben («Strohtunika»). Ährchen breit eiförmig, am Ende der Äste knäuelig gehäuft, sich am Zweigende teilweise überdeckend **14**

\- Pflanze am Grund ohne lange bleibende Scheiden, diese rasch zerfasernd. Ährchen länglich eiförmig, nicht knäuelig gehäuft, sich nicht am Ende der Zweige überdeckend **15**

14 Blätter ohne knorpeligen, hellen Rand, beim Ziehen an der Spitze an beliebiger Stelle reissend. Entwickelte Rispe pyramidenförmig **2**

→ *Poa alpina*

- Untere Blätter mit hellem, knorpeligem Rand, 2-5 mm breit, beim Ziehen an der Spitze an der Blattbasis reissend. Entwickelte Rispe eiförmig

Poa badensis aggr., Badener Rispengras: 5-40 cm, VII, kollin-subalpin, NT

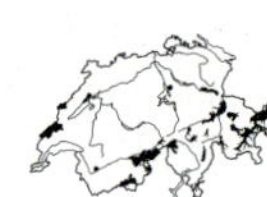

a Pflanze (15-)20-40 cm hoch. Blätter 2-5 mm breit und selten mehr als 4 cm lang, flach (manchmal einzelne etwas gefaltet), blaugrün, Knorpelrand breit. Blatthäutchen 2-4 mm lang. Rispe 4-8 cm lang

Poa badensis Willd., Gewöhnliches Badener Rispengras: H, (10-)15-40 cm, VII, kollin-montan, trockenwarme, kalkreiche Pionierfluren, Trockenrasen, Felsen, (Alyss-Sedi, Xero), VU

- Pflanze 5-20(-25) cm hoch. Blätter 1-2 mm breit, gefaltet oder rinnig, graugrün, Knorpelrand schmal. Blatthäutchen 1-2 mm lang. Rispe 2-4 cm lang

Poa molinerii Balb., *(P. xerophila)*, Molineris Badener Rispengras: H, 5-20 cm, VII, kollin-subalpin, Trockenrasen, Felsensteppen, (Stip-Poio), NT

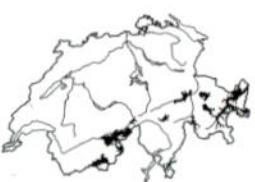

15 Pflanze mit bis 10 cm langen, ober- und unterirdischen Kriechtrieben →, die am aufsteigenden Ende auffallend 2-zeilig beblättert sind. Blätter 2-4 mm breit, graugrün, aber nicht abwischbar bereift

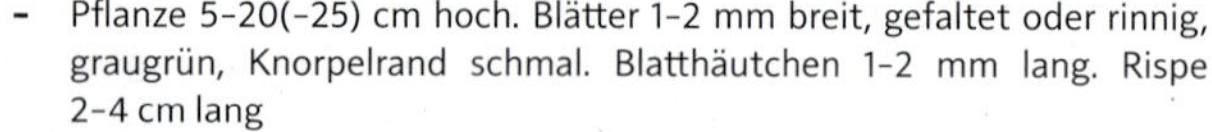

Poa cenisia All., Mont Cenis-Rispengras: G, 25-40 cm, VII-VIII, (montan-) subalpin-alpin, kalkreiche, eher feuchte Schutthalden, (Peta-para), LC

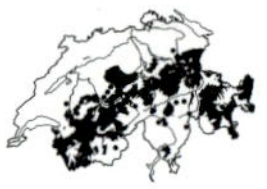

- Pflanze ohne oder mit kurzen Ausläufern. Blätter 1-2 mm breit **16**

16 Pflanze graugrün, ± bereift, steif wirkend (Habitus wie *P. nemoralis*, die aber zarter und weicher ist). Rispenäste steif, rau. Anders als bei *P. nemoralis* ist die Spreite des obersten Blattes unterhalb der Halmmitte und ist kürzer als seine Scheide, sämtliche Knoten sind von den Blattscheiden verdeckt. Obere Blatthäutchen deutlich, 1,5-2,5 mm lang

Poa glauca Vahl, Blaugrünes Rispengras: H, 20-50 cm, VI-VII, (subalpin-) alpin, eher kalkreiche Schutthalden, Felsen; Felsen und Felsschutt, auf Kalk, (Thla-rotu, Pote), LC

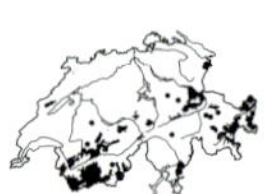

- Pflanze blaugrün oder grasgrün, nicht abwischbar bereift. Rispenäste schlaff, ± glatt **17**

17 Pflanze blaugrün. Rispe bis 3-7 cm lang, länglich, schlaff, nickend. Alle Stängelknoten von den Blattscheiden verdeckt. Rispenäste meist zu 2. Ährchen 2- bis 3-blütig, Blüten locker stehend →

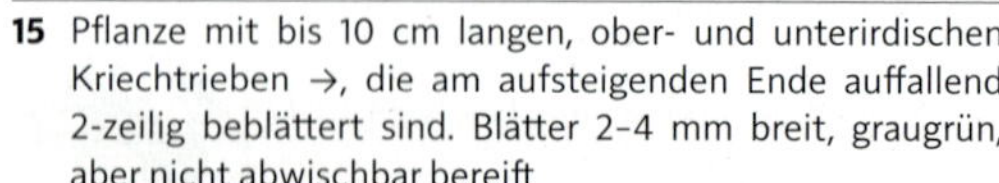

Poa laxa Haenke, Schlaffes Rispengras: H, 5-25 cm, VII-VIII, (subalpin-) alpin, kalkarme, frische Schutthalden, (Andr-alpi), LC

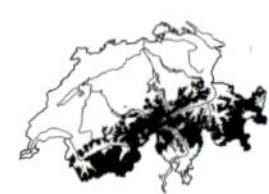

- Pflanze grasgrün. Rispe nur 2-4 cm lang, dicht eiförmig. Oberste Stängelknoten sichtbar. Rispenäste meist einzeln. Ährchen 4- bis 6-blütig, Blüten dicht ineinandergedrängt →

Poa minor Gaudin, Kleines Rispengras: H, 5-25 cm, VII-VIII, subalpin-alpin, frische, kalkreiche Schutthalden, (Epil-flei), LC

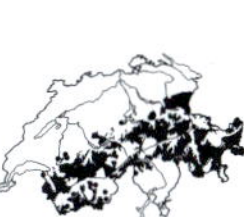

18 Blatthäutchen nur 1-2 mm lang, gestutzt. Deckspelze 2,5-4 mm lang **19**

- Blatthäutchen 2-10 mm lang, spitz. Deckspelze nur 2-2,5 mm lang **21**

19 Oberstes Halmblatt fast waagrecht abgehend → («Wegweisergras»), seine Spreite länger als seine Scheide, 1-2 mm breit, allmählich zugespitzt, Kahnspitze undeutlich. Blatthäutchen sehr kurz. Pflanze hellgrün bis graugrün (selten bereift). Rispe armblütig, etwas nickend. Deckspelze am Grund ohne Wollhaare. Formenreiche Art!

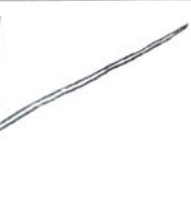

Poa nemoralis L., Hain-Rispengras: H, 30-80 cm, VI-VII, kollin-alpin, krautreiche Laubmischwälder, Waldränder, Mauern, Felsen, (Fagetalia, Carp, Berb, Cyst), LC

- Oberstes Halmblatt schräg aufrecht stehend, kürzer als seine Scheide, (1-) 2-6 mm breit **20**

20 Pflanze graugrün ± bereift, horstig, steif wirkend. Obere Blatthäutchen deutlich, 1,5-2,5 mm lang. Deckspelzen kahl, nur schwach, undeutlich 5-nervig **16**

→ Poa glauca

- Pflanze grasgrün. Rispe mit 2-5 quirlständigen Rispenästen. Deckspelze am Grund mit zottigen Wollhaaren, stark, deutlich 5-nervig. Ährchen →. Blatthäutchen kurz, gestutzt

Poa pratensis aggr., Wiesen-Rispengras: 20-100 cm, V-VI, LC

a Pflanze mit dicht büscheligen Trieben. Grund- und Stängelblätter flach oder offen rinnig, 2-6 mm breit. Blatthäutchen seitlich herablaufend

Poa pratensis L., Gewöhnliches Wiesen-Rispengras: H, 20-100 cm, V-VI, kollin-subalpin (-alpin), nährstoffreiche Wiesen, (Arrh, Poly-Tris, Cyno), LC

- Pflanze aus einzelnen Halm- oder Blatttrieben. Grundständige Blätter borstlich gefaltet, 0,5-1,5 mm breit, oberseits oft behaart. Stängelblätter flach, 1-2 mm breit, Blatthäutchen nicht herablaufend, unvermittelt an den Scheidenrändern ansetzend

Poa angustifolia L., Schmalblättriges Wiesen-Rispengras: H, 20-100 cm, V-VI, kollin-subalpin, trockenwarme, leicht ruderale Wiesen und Weiden, Krautsäume, Schuttplätze, (Conv-Agro, Gera-sang, Meso), LC

21 Pflanze durch viele Triebe dicht horstig. Ährchen 5-7 mm lang, gelbgrün-violett gescheckt. Blatthäutchen der oberen Halmblätter 3-7 mm, spitz →. Die meisten Blätter borstlich, die frischen manchmal bis 2 mm breit. Deckspelze kaum gekielt, mit ca. 1 mm langer Granne, am Grund mit einem Büschel aus kurzen Haaren (nur bei dieser Art so)

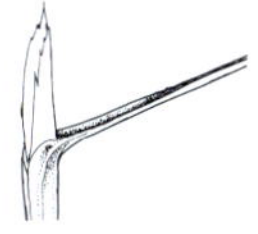

Poa variegata Lam., *(P. violacea, Bellardiochloa variegata)*, Violettes Rispengras: H, 20-50 cm, VII-VIII, subalpin (-alpin), sonnige, kalkarme Gebirgsrasen, (Fest-vari), LC

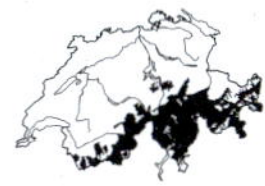

- Pflanze mit wenigen Trieben lockerhorstig. Ährchen 2–4 mm lang, grün oder etwas gescheckt. Blätter flach, 2–5 mm breit. Blatthäutchen 2–10 mm. Deckspelze deutlich gekielt **22**

22 Stängel oben glatt. Blätter unterseits matt, Blatthäutchen nur 2–3 mm. Deckspelze undeutlich 3- bis 5-nervig, an der Spitze mit typischem gelbem Streifen. Pflanze niederliegend (manchmal an den Knoten wurzelnd) und aufsteigend, kräftig, lockere Horste bildend, mit auffallend grosser Rispe (10–30 cm)

Poa palustris L., Sumpf-Rispengras: H, 30–120 cm, VI–VII, kollin (-montan), Röhrichte, Ufer, Grossseggenriede, Auenwälder, (Phal, Glyc-Spar, Magn, Alni-inca), NT

- Stängel oben rau (meist auch oberste Blattscheiden). Blätter unterseits glänzend, Blatthäutchen 4–10 mm, länglich, spitz. Deckspelze mit 5 hervortretenden Nerven, ohne gelben Streifen an der Spitze. Pflanze oft (v. a. unter Konkurrenz) mit oberirdischen, ausläuferartigen Trieben (bei *P. pratensis* unterirdisch!). Rispe mit 3–7 quirlständigen Rispenästen. Formenreiche Art (z. B. mit einjährigen Varietäten)! Frucht →

Poa trivialis L., Gemeines Rispengras: H, 30–120 cm, VI–VII, kollin-subalpin (-alpin), Wiesen und Weiden, Krautsäume, Unkrautfluren, LC

a Sterile Kriechtriebe zwischen den Knoten spindelartig, fleischig verdickt (später im Jahr gut erkennbar). Blätter dunkelgrün glänzend. Rispe schmal, am untersten Knoten mit 2–4 Ästen. Ährchen oft nur 2-blütig

Poa trivialis subsp. ***sylvicola*** (Guss.) H. Lindb., Waldbewohnendes Rispengras: H, VI–VII, feuchte, nährstoffreiche Krautsäume, Bruchwälder, Trittrasen, (Alni-glut, Agro-Rumi), DD

- Sterile Kriechtriebe auch zwischen den ersten Knoten dünn. Blätter nur unterseits etwas glänzend. Gut entwickelte Rispe pyramidenförmig ausgebreitet, am untersten Knoten mit 3–8 Ästen. Ährchen meist 3- bis 4-blütig

Poa trivialis L. subsp. ***trivialis***, Gewöhnliches Rispengras: H, VI–VII, frische, nährstoffreiche Wiesen und Weiden, Krautsäume, Unkrautfluren, (Arrh, Poly-Tris, Cyno, Agro-Rumi), LC

Polypogon Bürstengras

- Pflanze mit wurzelnden Ausläufern, knickig aufsteigend. Blätter rau, 3–7 mm breit. Blatthäutchen kurz. Rispenzweige dicht mit den einblütigen Ährchen → besetzt. Hüllspelzen dicht kurzhaarig

Polypogon viridis (Gouan) Breistr., *(Agrostis verticillata)*, Grünes Bürstengras: H, 15–80 cm, V, kollin, feuchte Gräben, kiesige oder schlammige Ufer, kultivierter Neophyt

Pseudosasa **Pfeilbambus**

- Bambus mit Ausläufern. Halme grün, stielrund, oben verzweigt und oft überhängend. Blätter bis 35 cm lang und 3,5 cm breit, unterseits zu ⅓ grün und zu ⅔ blaugrün. Rand rau

  Pseudosasa japonica (Steud.) Nakai, *(Arundinaria japonica)*, Japanischer Bambus: P, 3–5 m, kollin, Gartenränder, Gebüsche, kultivierter Neophyt

Puccinellia **Salzschwaden**

- Halme niederliegend, später aufsteigend. Blätter 2–3 mm breit, graugrün, etwas fleischig, in der Mitte mit einer Doppelrille («Skispur»), Blatthäutchen 1 mm lang. Rispe 5–15 cm lang, Rispenäste abstehend oder abwärtsgerichtet, Ährchen am Ende der Äste gehäuft, aber eng, linear aneinandergereiht (bei reifen Rispen gutes Erkennungsmerkmal!). Ährchen 4–6 mm lang, 4- bis 6-blütig, mit stumpfen, hellen Spitzen →. Deckspelze nicht gekielt und an der Basis bewimpert (vgl. *Poa*)

  Puccinellia distans (Jacq.) Parl., Gemeiner Salzschwaden: H, 20–50 cm, VI–IX, kollin-subalpin, wechseltrockene, nährstoffreiche Wegränder, Schuttplätze, (Poly-avic), LC

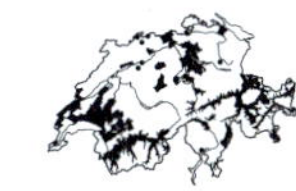

Rostraria **Büschelgras**

- Blätter 1–3 mm breit, hell gelbgrün, locker behaart, Blatthäutchen 0,5–1,5 mm lang. Ährenrispe dicht, 3–6(–10) cm lang. Ährchen gelbgrün, 3–5 mm lang, 3- bis 5-blütig. Deckspelzen mit 2 häutigen Zähnen, dazwischen eine 0,5–2 mm lange Grannenspitze →

  Rostraria cristata (L.) Tzvelev, *(Koeleria cristata)*, Echtes Büschelgras: T, 10–30 cm, IV–VI, kollin, trockenwarme, eher kalkreiche Wegränder, Schuttplätze, (Sisy, Poly-avic), meist adventiv, vermutlich eingewandert, LC

Sclerochloa **Hartgras**

- Pflanze niederliegend, nur bis 10 cm hoch, graugrün, kahl. Rispe 2–3 cm lang, sehr dicht, einseitswendig, mit 2-zeilig angeordneten Ästen. Hüllspelzen mit breitem Hautrand →. Deckspelzen gekielt, hart werdend

  Sclerochloa dura (L.) P. Beauv., Hartgras: T, 3–10 cm, V–VII, kollin, trockenwarme, kalkreiche Wegränder, Trittfluren, (Poly-avic), VU

Secale Roggen

Zwischen dem Weizen *Triticum aestivum* und dem Roggen *Secale cereale* gibt es einen künstlich erzeugten Hybriden («×*Triticale*»), der als Getreide angebaut wird.

- Pflanze bläulich bereift. Blätter 5-15 mm breit, mit kleinen, kahlen Blattöhrchen. Ähre dicht, 5-20 cm lang, schon zur Blütezeit nickend. Ährchen (1-) 2- (3-)blütig. Deckspelzen scharf gekielt, mit 4-8 cm langer Granne

  Secale cereale L., Roggen: T, 70-150(-200) cm, V(-VI), kollin-montan (-subalpin), Äcker, Wegränder, (Cauc, Sisy), kultiviert und selten verwildert, kultivierter Neophyt

Sesleria Blaugras

1 Blütenstand eiförmig bis zylindrisch →, 1,5-5 cm lang. Blatt flach oder gefaltet, 1-5 mm breit, mit Kahnspitze und Knorpelrand. Deckspelzen schwarzviolett, rasch strohig und bleich werdend

Sesleria caerulea (L.) Ard., *(S. varia, S. albicans)*, Kalk-Blaugras: Ch-H, 10-50 cm, III-V(-VIII), (kollin-) montan-alpin, kalkreiche, steinige Gebirgsrasen, trockene Laubwälder, Föhrenwälder, (Sesl, Drab-Sesl, Eric, Ceph-Fage), LC

- Blütenstand ± kugelig →, bis 1 cm lang, gelblich weiss. Blatt borstenförmig (vgl. *Oreochloa disticha*). Pflanze am Grund durch die bleibenden Scheiden verdickt

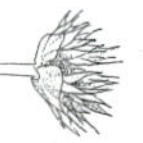

Sesleria sphaerocephala Ard., Kugelköpfiges Blaugras: H, 5-20 cm, VII-VIII, subalpin-alpin, kalkreiche Felsen, Gebirgsrasen, (Sesl, Pote), VU. In der Schweiz nur die Unterart subsp. *leucocephala* (DC.) Richter

Setaria Borstenhirse

1 Jedes Ährchen einzeln an der Achse →. Unter jedem Ährchen 4-12 Borsten, diese meist gelborange oder rötlich **2**

- Ährchen zu 2-3 an der Achse →. Unter jedem Ährchen nur 1-3(-4) Borsten, diese meist grün bis gelbbraun (manchmal violett überlaufen) **3**

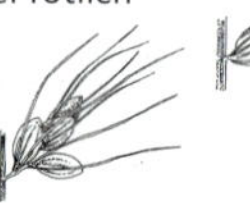

2 Pflanze ausdauernd, mit kurzem, knotigem Rhizom und vielen sterilen Trieben. Ährchen 2-2,5 mm lang. Blätter 2-8 mm breit. Ährenrispe 3-8(-10) cm lang. Borsten gelb bis rötlich, mit vorwärtsgerichteten Zähnchen. Die obere Hüllspelze ½ so lang wie die Deckspelze (diese daher gut sichtbar). Deckspelze schwach querrunzelig →

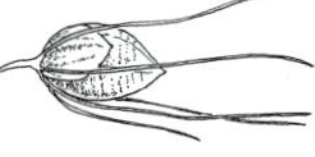

Setaria parviflora (Poir.) Kerguélen, *(S. geniculata)*, Armblütige Borstenhirse: H, 30-100(-120) cm, trockenwarme Unkrautfluren, Wegränder, (Pani-Seta), seit Kurzem an einigen Orten eingebürgert, Neophyt

- Pflanze einjährig, ohne Rhizom und ohne sterile Triebe. Ährchen 2,6-3,4 mm lang, das untere etwa so dick wie das obere. Borsten 3-8 mm lang, gelb (später orangerot). Blätter 4-10 mm breit. Die obere Hüllspelze ½ so lang wie die Deckspelze. Deckspelze deutlich querrunzelig →

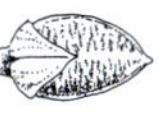

Setaria pumila (Poir.) Roem. & Schult., Graugrüne Borstenhirse: T, 20-90 cm, VII-IX, kollin-montan, trockenwarme, eher kalkarme Unkrautfluren, Äcker, Wegränder, (Pani-Seta), Archäophyt, LC

3 Borsten mit rückwärtsgerichteten Zähnchen, Ährenrispe daher klettenartig haftend. Ährenrispe etwas locker, am Grund oft unterbrochen, Borsten kurz, 3-6 mm lang →

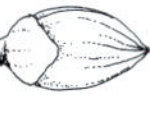

Setaria verticillata (L.) P. Beauv., Quirlige Borstenhirse: T, 20-100 cm, VII-IX, kollin, trockenwarme, eher kalkarme Unkrautfluren, Äcker, Wegränder, (Pani-Seta), Archäophyt, LC

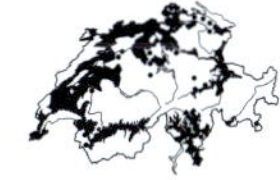

- Borsten mit vorwärtsgerichteten Zähnchen, die Ährenrispe daher nicht klettenartig haftend **4**

4 Blattspreiten 1-2 cm breit, oberseits locker behaart, die Haare auf kleinen Wärzchen stehend. Ährenrispe vom Grund an übergebogen. Borsten etwa 10 mm lang

Setaria faberi R. A. W. Herrm., Fabers Borstenhirse: T, 50-120 cm, VII-X, kollin, trockenwarme Unkrautfluren, Wegränder, (Pani-Seta), kultivierter Neophyt

- Blatt oberseits höchstens an der Basis behaart. Ährenrispe aufrecht oder höchstens am Ende etwas nickend **5**

5 Halm (ohne Scheiden) 4-8 mm dick. Ährenrispe (ohne Borsten) 20-30 mm breit. Ährchen mindestens 3 mm lang, zur Fruchtzeit ohne die Hüllspelzen abfallend. Deckspelzen glatt

Setaria italica (L.) P. Beauv., Kolbenhirse: T, 30-100 cm, VII-VIII, kollin-montan, trockenwarme Äcker, Wegränder, Schuttplätze, (Erag), kultiviert und verwildert, kultivierter Archäophyt

- Halm 1-3 mm dick, Rispe 5-12 mm breit, Ährchen ca. 2 mm lang, zur Fruchtzeit als Ganzes abfallend **6**

6 Im unteren Teil der Ährenrispe bilden die Rispenäste entfernt stehende Quirle. Rispenachse kurz steifhaarig, zwischen den Quirlen sichtbar

Setaria verticilliformis Dumort., *(S. ambigua)*, Kurzborstige Borstenhirse: T, 20-60 cm, VII-IX, kollin, trockenwarme, eher kalkarme Äcker, Wegränder, Schuttplätze, (Pani-Seta), Archäophyt, DD

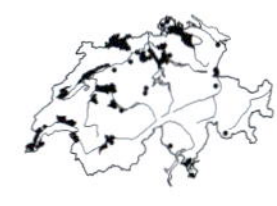

- Alle Seitenäste der Ährenrispe dicht stehend, Ährenrispe daher ohne abgesetzte Quirle. Rispenachse weichhaarig, nicht sichtbar. Ährenrispe bis 20 cm lang, zuletzt manchmal etwas überhängend, Borsten grün, Deckspelzen längs gestreift →

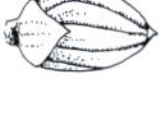

Setaria viridis (L.) P. Beauv., Grüne Borstenhirse: T, 20-60 cm, VII-IX, kollin-montan, trockenwarme, eher kalkreiche Äcker, Wegränder, Schuttplätze, (Erag, Fuma-Euph, Pani-Seta), Archäophyt, LC

Sorghum Mohrenhirse

1 Pflanze ausdauernd, bis 1 m hoch. Knoten dichthaarig. Blätter 1-2 cm breit, mit weissem Mittelnerv. Rispe locker, bis 30 cm lang. Ährchen länglich, zu 2-3, je einblütig, dunkelviolett

Sorghum halepense (L.) Pers., Wilde Mohrenhirse: G, 60-150(-200) cm, VI-VIII, kollin, trockenwarme, eher kalkreiche Unkrautfluren, Wegränder, Schuttplätze, Weinberge, (Erag, Pani-Seta), Neophyt

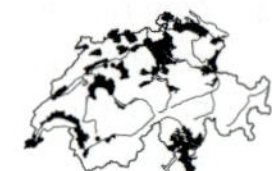

- Pflanze einjährig, bis 2 m hoch. Blätter 3-6 cm breit, mit weissem Mittelnerv. Rispe dicht, bis 50 cm lang. Ährchen kugelig, zu 2-3, je einblütig, meist mehrfarbig

Sorghum bicolor (L.) Moench, Echte Mohrenhirse: T, 1-2(-3) m, VIII-IX, kollin, Acker-, Wegränder, kultivierter Neophyt

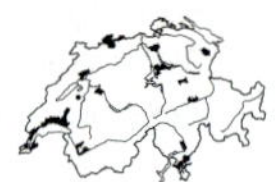

Sporobolus Fallsamengras

1 Ährenrispe 10-30 cm lang, gleichmässig, schmal, weit aus der Blattscheide herausragend, diese nicht verbreitert. Ährchen 1-2,5 mm lang →

Sporobolus indicus (L.) R. Br., Indisches Fallsamengras: H, 30-100 cm, VI-IX, kollin, trockenwarme Trittfluren, (Poly-avic), Neophyt

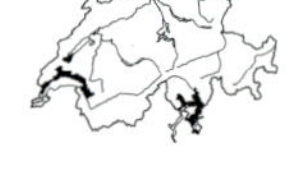

- Ährenrispe 2-5 cm lang, gestuft, unterste Teile meist in der Blattscheide verbleibend, diese daher verbreitert

Sporobolus vaginiflorus aggr.

a Ährchen 3-7 mm lang. Deckspelze behaart →. Höchstens unterste Teile der Ährenrispe in der obersten Blattscheide versenkt

Sporobolus vaginiflorus (A. Gray) Alph. Wood, Scheidenblütiges Fallsamengras: T, 20-40 cm, VIII-IX, kollin, trockenwarme Wegränder, Ruderalfluren, (Pani-Seta), Neophyt

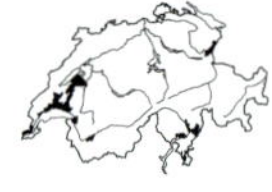

- Ährchen 2-3 mm lang. Deckspelze kahl →. Grosse Teile der Ährenrispe in der obersten Blattscheide versenkt

Sporobolus neglectus Nash, Unscheinbares Fallsamengras: T, 20-40 cm, VIII-IX, kollin, sandige Wegränder, Ruderalfluren, (Pani-Seta), Neophyt

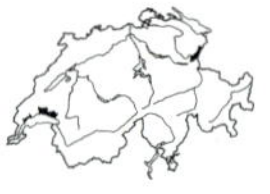

Stipa Federgras

Für die sichere Bestimmung innerhalb des *S. pennata* aggr. sind die (relativen) Längen der Haarleisten auf den Deckspelzen zu untersuchen.

1 Granne der Deckspelze rau, geschlängelt, nicht federig behaart. Reife Ähren nicht zerfallend. Halme meist den Winter über verbleibend. Blatt borstig eingerollt, oberseits (innen) behaart. Blatthäutchen bis 10 mm lang

Stipa capillata L., Pfriemgras: H, 40-100 cm, VI, kollin-montan, Felsensteppen, Trockenrasen, (Stip-Poio), NT

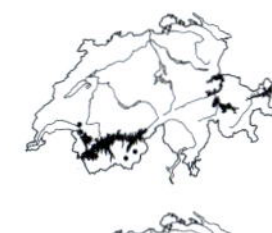

\- Granne der Deckspelze gekniet, im oberen Teil abstehend federig behaart. Blatt oft borstig eingerollt. Blatthäutchen bis 4 mm lang, behaart

Stipa pennata aggr., Federgras: 25-80 cm, V-VII, kollin (-montan), NT

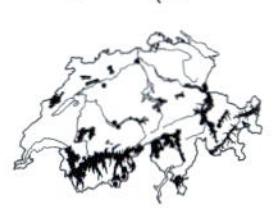

a Blatt haarfein, < 0,5 mm breit, in eine grannenartige Spitze auslaufend. Blatthäutchen bis 1,2 mm lang

Stipa tirsa Steven, Rossschweif-Federgras: H, 40-80 cm, V-VI, kollin, Steppenrasen, Felsensteppen, (Stip-Poio)

\- Blatt 0,5-3 mm breit, nicht in grannige Spitze auslaufend. Blatthäutchen 0,5-4 mm lang **b**

b Blattspitze am Ende mit Haarbüschel. Rand der Deckspelze im obersten Drittel kahl, Haarleiste des Mittelnervs deutlich länger als die unmittelbar benachbarten Haarleisten →

Stipa pennata L., Gewöhnliches Federgras: H, 40-80 cm, V-VII, kollin (-montan), Steppenrasen, Felsensteppen, (Stip-Poio), NT

\- Blattspitze abgerundet oder schräg abgeschnitten, kahl. Rand der Deckspelze bis zur Spitze behaart, Haarleiste des Mittelnervs kaum länger als die unmittelbar benachbarten Haarleisten → **c**

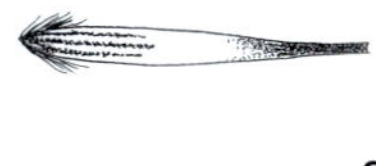

c Deckspelze 14-20 mm lang. Granne 18-30 cm lang. Blatt unterseits glatt

Stipa eriocaulis Borbás, Zierliches Federgras: H, 25-60 cm, V-VII, kollin (-montan), Trockenrasen, Felsensteppen, (Stip-Poio), NT

\- Deckspelze 20-25 mm lang. Granne 30-45 cm lang. Blatt unterseits fein punktiert (starke Lupe!)

Stipa pulcherrima K. Koch, Grosses Federgras: H, 40-80 cm, V-VII, kollin (-montan), Trockenrasen, Felsensteppen, (Stip-Poio)

Tragus Klettengras

\- Pflanze niederliegend, an den Knoten wurzelnd und sich verzweigend. Blätter auffallend kurz, Blattrand mit fast stechenden Borsten. Anstelle des Blatthäutchens ein Haarkranz. Ährenrispe mit einblütigen Ährchen. Hüllspelzen mit starren, hakigen Borsten →

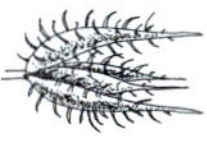

Tragus racemosus (L.) All., Klettengras: T, 10-30 cm, VI-VIII, kollin, trockenwarme, kalkreiche Unkrautfluren, Wegränder, Trittfluren, (Erag, Poly-avic), Archäophyt, LC

Trisetum **Goldhafer**

1 Blütenstand dicht, ährenartig zusammengezogen. Stängel unter der Rispe behaart **2**

- Blütenstand locker, zuletzt ausgebreitet. Stängel unter der Rispe kahl **3**

2 Pflanze einjährig, in Tieflagen. Deckspelze an der Spitze tief eingeschnitten, mit 2 grannenartigen, bis 3 mm langen Spitzen →. Stängel zart, steif aufrecht. Blattscheiden und die kurzen Blätter dicht kurzhaarig. Rispe nur 1–4 cm lang

Trisetum cavanillesii Trin., *(Trisetaria loeflingiana)*, Cavanilles' Goldhafer: T, 5–20 cm, IV–V, kollin-montan, trockenwarme, kalkreiche Pionierfluren, Felsensteppen, (Alyss-Sedi, Stip-Poio), EN

- Pflanze mehrjährig, Horste bildend, Gebirgspflanze. Deckspelze mit 2 kurzen Zähnchen →. Stängel kräftig, steif aufrecht. Blattscheiden und Blätter kahl. Rispe dicht, walzlich oder kopfig. Ährchen gescheckt

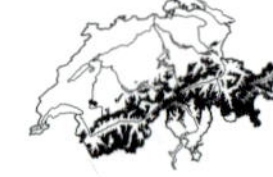

Trisetum spicatum (L.) K. Richt., Ähriger Goldhafer: H, 10–25 cm, VII–VIII, (subalpin-) alpin, Gratrasen, Schuttfluren, (Drab-hopp), LC

3 Pflanze mit langen, ober- und unterirdischen Kriechtrieben (Ausläufern), die in graugrünen, kleinen, dichten, 2-zeilig beblätterten Trieben enden. Blätter kurz, steif. Rispe 3–6 cm lang. Ährchen ca. 7 mm lang

Trisetum distichophyllum (Vill.) P. Beauv., Zweizeiliger Goldhafer: G, 10–20 cm, VII–VIII, (montan-) subalpin-alpin, kalkreiche, mässig feuchte Schutthalden, (Peta-para, Epil-flei), LC

- Pflanze höchstens mit ganz kurzen Ausläufern. Rispe bis 20 cm lang. Blattscheiden und Blattoberseite meist dicht kurzhaarig («Navyschnitt»). Ährchen ca. 5 mm lang, 2- bis 3-blütig, Hüllspelzen kürzer als das Ährchen, Deckspelzen kahl, mit langer, im oberen Drittel eingefügter Granne →

Trisetum flavescens (L.) P. Beauv., Wiesen-Goldhafer: H, 30–80 cm, V–VII, kollin-montan (-alpin), Fettwiesen, (Poly-Tris, Arrh), LC

a Blatt 5 mm breit. Rispe zuletzt locker ausgebreitet. Ährchen und Rispenäste zur Blütezeit strohfarben, nur selten etwas violett überlaufen, 2-(4-)blütig

Trisetum flavescens (L.) P. Beauv. subsp. ***flavescens***, Wiesen-Goldhafer: kollin-montan (-subalpin)

- Blatt bis 5–10 mm breit. Rispe dicht. Ährchen violett gefärbt, 3- bis 4-blütig

Trisetum flavescens subsp. ***purpurascens*** (DC.) Arcang., Violetter Goldhafer: subalpin (-alpin)

Triticum Weizen

Zwischen dem Weizen *Triticum aestivum* und dem Roggen *Secale cereale* gibt es einen künstlich erzeugten Hybriden («×*Triticale*»), der als Getreide angebaut wird.

1 Ährenspindel gegliedert, zerbrechlich. Frucht von den Spelzen fest umschlossen, nicht ausfallend **2**

\- Ährenspindel zäh, nicht zerbrechlich. Frucht von den Spelzen locker umschlossen, zur Fruchtzeit ausfallend **4**

2 Ähre 4-kantig. Ährchen sich kaum überdeckend. Halm dünnwandig, hohl. Deckspelzen ohne oder mit kurzer Granne

Triticum spelta L., Dinkel-Weizen: T, 40–100 cm, VI–VII, kollin-montan, Acker-, Wegränder, früher kultiviert und verwildert, kultivierter Archäophyt

\- Ähre abgeflacht. Ährchen einander genähert, sich ziegelartig überdeckend. Halm starkwandig oder von Mark gefüllt. Deckspelzen mit langen Grannen **3**

3 Ährchen 2-körnig, mit 2 langen Grannen. Hüllspelzen scharf gekielt, fast geflügelt. Halmknoten kahl

Triticum dicoccon Schrank, Emmer: T, 80–120 cm, VI–VII, kollin, Acker-, Wegränder, früher kultiviert und verwildert, kultivierter Archäophyt

\- Ährchen einkörnig, mit 1 langen Granne. Hüllspelzen scharf gekielt, an der Spitze 2-zähnig. Halmknoten behaart

Triticum monococcum L., Einkorn: T, 120 cm, VI, kollin, Acker-, Wegränder, früher kultiviert und verwildert, kultivierter Archäophyt

4 Deckspelzen 2,5–4 cm lang, deutlich 10-nervig, begrannt

Triticum polonicum L., Polnischer Weizen: T, 100–150 cm, VI, kollin, Acker-, Wegränder, früher kultiviert und verwildert, kultivierter Archäophyt

\- Deckspelzen 0,8–1,2 cm lang, nur vorne nervig, mit oder ohne Grannen **5**

5 Hüllspelzen hinten gerundet, vorne gekielt. Ährchenachse an der Ansatzstelle der Ährchen ohne Haarbüschel. Deckspelzen mit oder ohne Grannen **6**

\- Hüllspelzen auf der ganzen Länge scharf gekielt. Ährchenachse an der Ansatzstelle der Ährchen mit Haarbüschel. Deckspelzen begrannt **7**

6 Ähre lang und schmal, mehr als 3x so lang wie breit. Deckspelze ohne oder mit bis 15 cm langer Granne

Triticum aestivum L., Saat-Weizen: T, 80–150 cm, VI–VII, kollin-montan, Äcker, Wegränder, Schuttplätze, (Sisy, Fuma-Euph, Cauc), kultiviert und verwildert, kultivierter Archäophyt

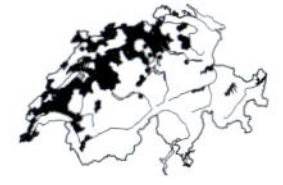

\- Ähre kurz, höchstens 3x so lang wie breit. Deckspelze ohne Granne

Triticum compactum Host, Zwerg-Weizen: T, 90–140 cm, VII, Acker-, Wegränder, früher kultiviert und verwildert, kultivierter Archäophyt

7 Ähre lang und dick. Hüllspelzen nicht flügelig gekielt. Deckspelze meist behaart und begrannt. Korn nicht glasig

Triticum turgidum L., Englischer Weizen: T, 150 cm, VI–VII, Acker-, Wegränder, früher kultiviert und verwildert, kultivierter Archäophyt

\- Hüllspelzen ± flügelig gekielt. Deckspelze zusammengedrückt, mit langer, starrer Granne. Korn glasig

Triticum durum Desf., Hart-Weizen: T, 60–130 cm, VI–VII, Acker-, Wegränder, früher kultiviert und verwildert, kultivierter Archäophyt

Ventenata Schmielenhafer

- Blattscheiden kahl. Blatthäutchen ca. 3 mm lang, seitlich herablaufend und so scheinbar länger. Blätter ± eingerollt. Ährchen meist 3-blütig, das unterste rein männlich. Untere Hüllspelze 6- bis 7-nervig, etwa halb so lang wie das Ährchen. Obere Hüllspelze 8- bis 9-nervig, etwa so lang wie das Ährchen. Die beiden oberen Deckspelzen lang begrannt

  Ventenata dubia (Leers) Coss., Zweifelhafter Schmielenhafer: T, (20–)30–60(–80) cm, VI–VII, kollin, trockene Sandrasen, Ackerränder, lichte Wälder

Vulpia Federschwingel

1 Blütenstand unverzweigt, traubig, 3–10 cm lang, meist einseitswendig. Ährchen (ohne Grannen) nur bis 6 mm lang. Grannen kaum länger als die Deckspelzen. Hüllspelze an der Spitze etwas ausgerandet (Lupe!)

Vulpia unilateralis (L.) Stace, *(Nardurus maritimus)*, Strand-Federschwingel: T, 5–30 cm, trockenwarme Pionierfluren, Schuttplätze, CR(PE)

- Blütenstand durch Verzweigungen rispig, aber Rispe meist schmal zusammengezogen. Ährchen (ohne Grannen) mehr als 6 mm lang. Grannen viel länger als die Deckspelzen. Hüllspelze spitz **2**

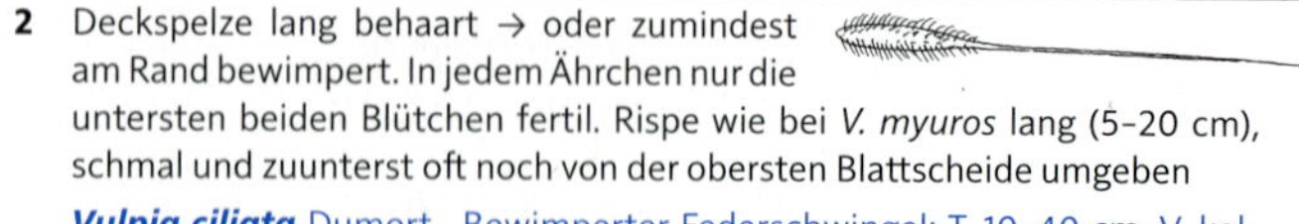

2 Deckspelze lang behaart → oder zumindest am Rand bewimpert. In jedem Ährchen nur die untersten beiden Blütchen fertil. Rispe wie bei *V. myuros* lang (5–20 cm), schmal und zuunterst oft noch von der obersten Blattscheide umgeben

Vulpia ciliata Dumort., Bewimperter Federschwingel: T, 10–40 cm, V, kollin, trockenwarme, eher kalkarme Pionierfluren, Schuttplätze, (Sedo-Vero, Thero-Brachypodietalia), vermutlich eingewandert, DD

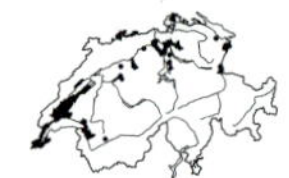

- Deckspelze kahl oder etwas kurzborstig. Alle Blütchen im Ährchen fertil **3**

3 Obere Hüllspelte bis 2 cm lang begrannt, die untere Hüllspelze klein, unscheinbar, 0,1–1,5(–2,5) mm lang. Ährchen ohne Granne 8–18 mm lang. Bruchstelle des Ährchens länglich oval. Rispe (oft zu einer Traube reduziert) zusammengezogen, 4–10 cm lang, zuunterst oft noch von der obersten Blattscheide umgeben

Vulpia fasciculata (Forssk.) R. M. Fritsch, Büschel-Federschwingel: T, 10–30(–50) cm, V–VII, kollin, sandige Pionierfluren, (Sedo-Vero), nur adventiv, Neophyt

- Beide Hüllspelzen unbegrannt, höchstens mit einem Spitzchen. Ährchen ohne Grannen 6–11 mm lang. Untere Hüllspelze meist deutlich erkennbar, (0,5–)2–5 mm lang. Bruchstelle des Ährchens rund **4**

4 Voll entwickelte Rispe am Grund noch von der obersten Blattscheide umgeben. Rispe (6–)12–25 cm lang, überhängend. Untere Hüllspelze 0,5–2,5 mm, obere 3–6 mm lang →

Vulpia myuros (L.) C. C. Gmel., Mäuse-Federschwingel: T, 10–30(–50) cm, V–VII, kollin, sandige Pionierfluren, Schuttplätze, Wegränder, (Sedo-Vero, Poly-avic), Archäophyt, LC

- Voll entwickelte Rispe deutlich aus der obersten Blattscheide herausragend. Rispe höchstens 10 cm lang, aufrecht. Untere Hüllspelze 3-5 mm, obere 5-9 mm lang →

Vulpia bromoides (L.) Gray, Trespen-Federschwingel: T, 5-40 cm, V-VII, kollin, trockenwarme, kalkarme Pionierfluren, Schuttplätze, Wegränder, (Sedo-Vero, Sisy), Archäophyt, EN

Zea Mais

- Pflanze bis über 2 m hoch. Stängel markig, am Grund bis 4 cm dick. Männliche und weibliche Blüten in getrennten Blütenständen

Zea mays L., Mais: T, 2,5 m, VII-VIII, kollin-montan, Acker-, Wegränder, kultiviert und selten verwildert, kultivierter Neophyt

Pontederiaceae Wasserhyazinthengewächse

Pontederia Pontederie

- Bis 1 m hohe, wurzelnde Sumpfpflanze. Stängel mit einem einzigen, gestielten Blatt. Grundständige Blätter herzförmig. Blüten in einer vielblütigen Ähre, blau, ca. 12 mm lang, flaumhaarig, mit einer jeweils 3-teiligen Unter- und Oberlippe. Perigonblätter am Grund röhrig verwachsen

Pontederia cordata L., Pontederie: G, 1 m, VII-IX, kollin, Schilfbestände auf schlammigem Grund, Neophyt

Potamogetonaceae Laichkrautgewächse

Die Familie umfasst ausschliesslich Wasserpflanzen, die sehr vielgestaltig sein können.

1 Blüten stets unter Wasser, zu wenigen in den Blattwinkeln. Stängel fadenförmig, an den Knoten wurzelnd und so am Grund des Gewässers Kolonien bildend ***Zannichellia***

- Blüten meist an der Wasseroberfläche, in gestielten Ähren **2**

2 Blätter genähert, ± gegenständig oder zu 3 quirlständig, Früchtchen mit hakigem Schnabel ***Groenlandia***

- Blätter wechselständig, ausgenommen die 2 obersten, Früchtchen mit stumpfem oder allenfalls geradem Schnabel ***Potamogeton***

Groenlandia Fischkraut

- Blätter genähert, ± gegenständig oder zu 3 quirlständig (Abb. Tafel 7, S. 248)

Groenlandia densa (L.) Fourr., Fischkraut: Ah, 50 cm, VII-VIII, kollin-montan (-subalpin), langsam fliessende Gewässer, Seen, (Pota, Ranu-fluv), NT

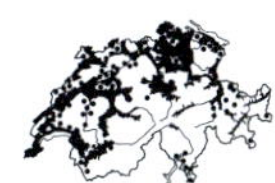

Tafel 7

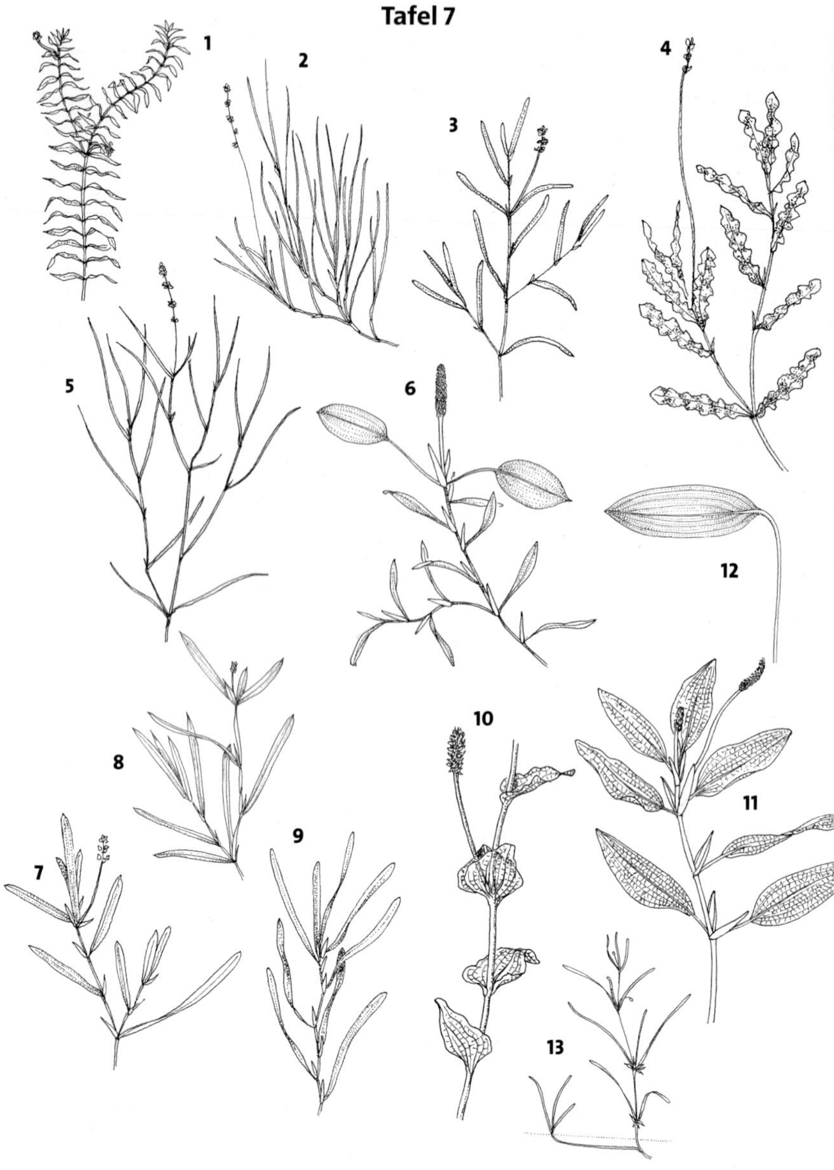

Potamogetonaceae. Habitus: 1. *Groenlandia densa*, 2. *Potamogeton filiformis*, 3. *P. berchtoldii*, 4. *P. crispus*, 5. *P. pectinatus*, 6. *P. gramineus*, 7. *P. friesii*, 8. *P. acutifolius*, 9. *P. obtusifolius*, 10. *P. perfoliatus*, 11. *P. coloratus*, 12. *P. natans:* Blatt, 13. *Zannichellia palustris*

Potamogeton **Laichkraut**

Die Unterwasser- und Schwimmblätter sind bei dieser Gattung oft äusserst unterschiedlich. Viele Arten sind gut und eindeutig zu bestimmen, aber die schmalblättrigen Arten stellen eine grosse Herausforderung dar. In dieser Gattung gibt es zahlreiche, gut dokumentierte Bastarde. Für eine sichere Bestimmung empfiehlt sich das Hinzuziehen von Spezialliteratur.

1 Blätter oval bis lanzettlich (meist über 2 cm breit) **2**

\- Blätter schmal lineal (meist schmaler als 1 cm) **13**

2 Schwimmblätter lederig, nicht durchscheinend **3**

\- Schwimmblätter meist fehlend, wenn vorhanden, dünn, durchscheinend **5**

3 Ährenstiele dicker als die unten angrenzenden Stängelglieder. Blattgrund gerundet oder verschmälert, ohne aufwärtsgebogene Falten

Potamogeton nodosus Poir., Flutendes Laichkraut: Ah, 30-300 cm, VII-VIII, kollin, kalkreiche Stillgewässer, (Ranu-fluv, Font-anti), VU

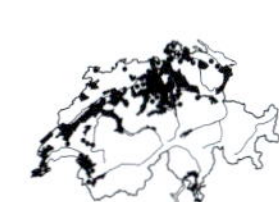

\- Ährenstiele nicht dicker als der Stängel, Blattgrund herzförmig oder gerundet, mit 2 aufwärtsgebogenen Falten **4**

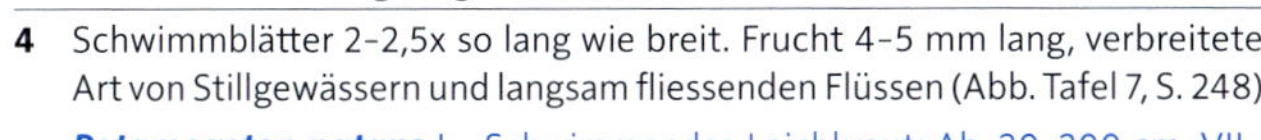

4 Schwimmblätter 2-2,5x so lang wie breit. Frucht 4-5 mm lang, verbreitete Art von Stillgewässern und langsam fliessenden Flüssen (Abb. Tafel 7, S. 248)

Potamogeton natans L., Schwimmendes Laichkraut: Ah, 20-200 cm, VII-VIII, kollin-subalpin, Stillgewässer, langsam fliessende Wasserläufe, (Nymp), LC

\- Schwimmblätter ca. 1,5x so lang wie breit. Frucht 2-2,5 mm lang, sehr seltene und kalkmeidende Art von Moortümpeln

Potamogeton polygonifolius Pourr., Knöterichblättriges Laichkraut: Ah, 20-60 cm, VI-VIII, kollin, kalkarme, eher nährstoffarme Seen, (Litt), EN

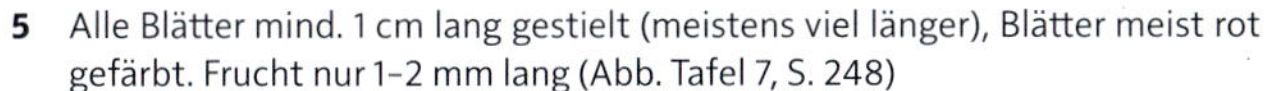

5 Alle Blätter mind. 1 cm lang gestielt (meistens viel länger), Blätter meist rot gefärbt. Frucht nur 1-2 mm lang (Abb. Tafel 7, S. 248)

Potamogeton coloratus Hornem., Gefärbtes Laichkraut: Ah, 1 m, VII-IX, kollin, kalkreiche, nährstoffarme Stillgewässer, (Pota), EN

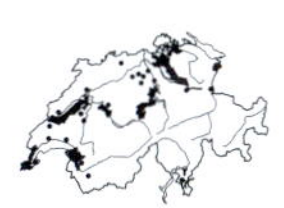

\- Untergetauchte Blätter sitzend oder ganz kurz gestielt (meist weniger als 1 cm). Frucht über 2,5 mm lang **6**

6 Ährenstiele nach oben nicht verdickt, kaum dicker als der Stängel **7**

\- Ährenstiele nach oben verdickt, dicker als der Stängel **10**

7 Schwimmblätter meist vorhanden. Untergetauchte Blätter nicht stängelumfassend, am Grund verschmälert, Blattrand nicht gezähnt

Potamogeton alpinus Balb., Alpen-Laichkraut: Ah, 2 m, VI-VIII, (kollin-) montan-subalpin, nährstoffarme Stillgewässer, (Pota), NT

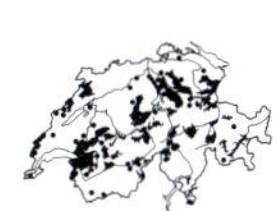

\- Keine Schwimmblätter vorhanden. Untergetauchte Blätter den Stängel ganz oder teilweise umfassend **8**

8 Blätter rundlich bis oval, auffällig und stark umfassend, Blattrand fein gezähnt (Lupe!) (Abb. Tafel 7, S. 248)

Potamogeton perfoliatus L., Durchwachsenes Laichkraut: Ah, 6 m, VI-VII, kollin-subalpin, kalkreiche Stillgewässer, (Pota), LC

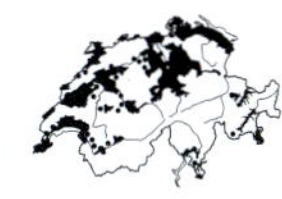

\- Blätter lanzettlich, nur teilweise umfassend **9**

9 Blätter gezähnt (im Gegensatz zu *P. perfoliatus* von blossem Auge ersichtlich), Blattrand auffällig wellig-kraus, Nebenblätter unauffällig, in nährstoffreichen, oft belasteten Gewässern (Abb. Tafel 7, S. 248)

Potamogeton crispus L., Krauses Laichkraut: Ah, 2 m, VI–VII, kollin-montan, stehende, eher nährstoffreiche Gewässer, (Pota), LC

- Blätter ganzrandig, Nebenblätter lang (1,5–6 cm), Stängel auffällig zickzackförmig hin- und hergebogen, nur in unverschmutzten, klaren Bergseen

Potamogeton praelongus Wulfen, Langblättriges Laichkraut: Ah, 2 m, VII, montan-subalpin, nährstoffarme Bergseen, (Pota), EN

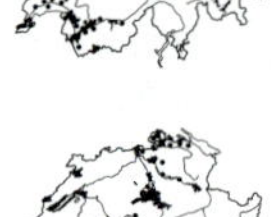

10 Blätter stachelspitzig, in einen kurzen Stiel verschmälert **11**

- Blätter nicht stachelspitzig, sitzend, ausgenommen etwa die obersten **12**

11 Stängel 3–4 mm dick

Potamogeton lucens L., Glänzendes Laichkraut: Ah, 2–6 m, VII, kollin-montan (-subalpin), kalkreiche Stillgewässer, (Pota, Nymp), LC

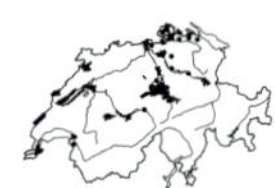

- Stängel ca. 2 mm dick

Potamogeton ×angustifolius Bercht. & J. Presl, Schmalblättriges Laichkraut: Ah, 1 m, VI–VIII, kollin-subalpin, kalkreiche Stillgewässer, (Pota), VU

12 Untergetauchte Blätter lanzettlich, meist nicht stängelumfassend, trocken kaum glänzend. Schwimmblätter oft vorhanden (Abb. Tafel 7, S. 248)

Potamogeton gramineus L., Grasartiges Laichkraut: Ah, 1,5 m, VI–VIII, kollin-subalpin, nährstoffarme, stehende Gewässer, (Pota), VU

- Untergetauchte Blätter am Grund gerundet, halb stängelumfassend, trocken glänzend, oft rötlich. Schwimmblätter sehr selten, Pflanze nie fruchtend

Potamogeton ×nitens Weber, Schimmerndes Laichkraut: Ah, 30–80 cm, VI–VIII, kollin-subalpin, kalkreiche Stillgewässer, (Pota), VU

13 Blätter mit 1–6 cm langen, stängelumfassenden Scheiden **14**

- Blätter ohne Scheiden **16**

14 Pflanze wintergrün, untere Blattscheiden steif, aufgeblasen, 3–6 cm lang und bis 8 mm breit

Potamogeton helveticus (G. Fisch.) W. Koch, Schweizer Laichkraut: Ah, 4 cm, IX–X, kollin (-montan), langsam fliessende Gewässer, Stillgewässer, (Font-anti, Ranu-fluv), EN

- Pflanze sommergrün, Blattscheiden kaum aufgeblasen **15**

15 Blätter zugespitzt (wenn stumpf, dann bespitzt), Blattscheiden bis 5 cm lang, offen →. Frucht 2,5–4(–4,5) mm lang, bräunlich (Abb. Tafel 7, S. 248)

Potamogeton pectinatus L., Kammförmiges Laichkraut: Ah, 3 m, VII–VIII, kollin-montan, langsam fliessende, eher nährstoffreiche Gewässer, Stillgewässer, (Pota), LC

- Blätter vorne abgerundet →, Blattscheiden meist kürzer als 1,5 cm, im unteren Teil verwachsen (bei älteren Individuen sich öffnend). Frucht bis max. 2 mm lang, olivgrün (Abb. Tafel 7, S. 248)

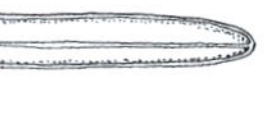

Potamogeton filiformis Pers., Fadenförmiges Laichkraut: Ah, 10–40 cm, VII–VIII, kollin-montan, langsam fliessende, eher nährstoffarme Gewässer, Seen, Teiche, (Pota), VU

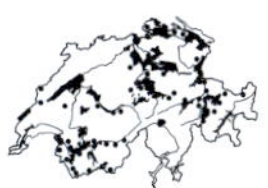

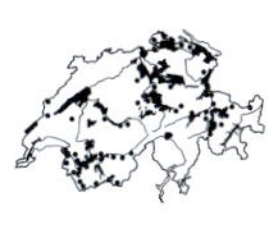

16 Blätter 1–4(–5) mm breit, Blatt vielnervig **17**

- Blätter ca. 1(–2) mm breit, Blatt mit wenigen Nerven **20**

17 Stängel stark zusammengedrückt, Blattnerven sehr deutlich (mehrere, mit feineren Nerven zwischen den 2–5 Hauptnerven) **18**

- Stängel nicht stark zusammengedrückt, Blattnerven undeutlich. Blätter spitz oder stumpf, mit höchstens 5 Nerven. Stiel des Blütenstandes bis 2 cm lang **19**

18 Stängel → schwach geflügelt, Blätter stumpf, manchmal mit aufgesetzter Stachelspitze. Ähre 10- bis 15-blütig, walzenförmig, sehr selten und ohne rezente Nachweise

Potamogeton compressus L., Plattstängliges Laichkraut: Ah, 5–20 cm, nährstoffreiche, schlammige Seen, Altarme von Flüssen, (Pota), CR(PE)

- Stängel flach, aber nicht geflügelt, Blätter spitz und meist lang zugespitzt →. Ährchen meist 4- bis 6-blütig, in einer kopfigen Ähre (Abb. Tafel 7, S. 248)

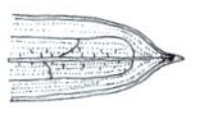

Potamogeton acutifolius Link, Spitzblättriges Laichkraut: Ah, 2 m, VI–VIII, kollin, kalkreiche, eher nährstoffreiche Stillgewässer, (Pota), CR

19 Blätter kurz zugespitzt →. Blütenstiel lang (oft 2–3x so lang wie der Blütenstand) (Abb. Tafel 7, S. 248)

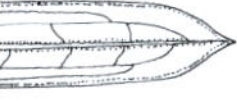

Potamogeton friesii Rupr., Fries' Laichkraut: Ah, 2 m, VI–VII, kollin, kalkreiche, stehende Gewässer, (Pota), EN

- Blätter vorne breit gerundet →. Blütenstiel kurz (so lang oder kaum länger als der Blütenstand) (Abb. Tafel 7, S. 248)

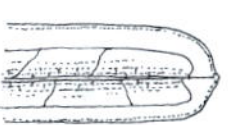

Potamogeton obtusifolius Mert. & W. D. J. Koch, Stumpfblättriges Laichkraut: Ah, 10–100 cm, VI–VIII, kollin, stehende Gewässer, (Pota), EN

20 Blätter extrem schmal →, meist weniger als 0,8 mm breit, scheinbar einnervig (Nebennerven auch mit Lupe meist nicht erkennbar), mit einem deutlichen Mittelnerv und ohne Luftkammern um den Mittelnerv, ausserhalb des Wassers spreizend. Früchtchen bis 3 mm lang, oft mit warzigem Kiel

Potamogeton trichoides Cham. & Schltdl., Haarförmiges Laichkraut: Ah, 10–100 cm, VI, kollin-montan, kalkreiche Stillgewässer, (Pota), EN

- Blätter 3-nervig, bis 2(–2,5) mm breit **21**

21 Blätter bis max. 2,5 mm breit, neben dem Mittelnerv 2 undeutlichere Nebennerven →. Mittelnerv mit vielen Luftkammern, erscheint deshalb oft etwas diffus, Nebennerven biegen in der Spitze in den Mittelnerv ein, Nebenblätter bis zur Basis offen, ausserhalb des Wassers immer pinselartig zusammenfallend, Blütenstand kopfig. Frucht warzig (Abb. Tafel 7, S. 248)

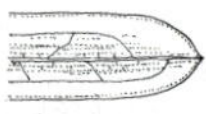

Potamogeton berchtoldii Fieber, Kleines Laichkraut: Ah, 1 m, VI–IX, kollin-subalpin, kalkreiche, eher nährstoffreiche Stillgewässer, (Pota), LC

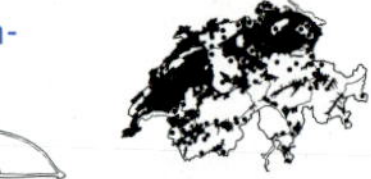

- Blätter höchstens 1,5 mm breit →, mit deutlichem, klar abgesetztem Mittelnerv (kaum Luftkammern um den Mittelnerv), Nebennerven biegen deutlich unterhalb der Spitze in den Mittelnerv ein, Nebenblätter in der unteren Hälfte verwachsend, Blütenstand zylindrisch. Frucht glatt und mit undeutlichem Kiel

Potamogeton pusillus L., Zwerg-Laichkraut: Ah, 10–100 cm, VI–IX, kollin-subalpin, kalkreiche Stillgewässer, langsam fliessende Wasserläufe, (Pota), VU

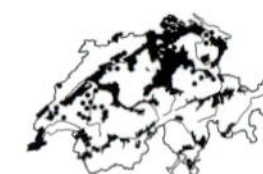

Zannichellia Teichfaden

Diese Gattung umfasst ausschliesslich Wasserpflanzen und ist bei uns nur mit einer Art vertreten, die den feinblättrigen *Potamogeton*-Arten ähnlich sieht. Bei *Zannichellia* sind die obersten Blätter aber einander paarweise genähert. Im Unterschied zu den Laichkräutern sind die Früchte scheinbar achselständig (nie in Ähren angeordnet).

- Stängel bis 50 cm lang, fadenförmig. Blätter 1–10 cm lang und bis 1,5 mm breit, fein zugespitzt, gegen- oder quirlständig. Blüten in den Blattwinkeln. Früchte 2–4 mm lang →, flach, sichelförmig (Abb. Tafel 7, S. 248)

Zannichellia palustris L., Teichfaden: Ah, 50 cm, VI–VIII, kollin (-montan), kalk-, nährstoffreiche Stillgewässer, (Pota), VU

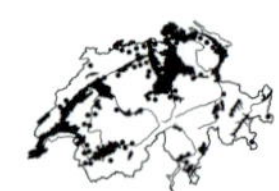

Scheuchzeriaceae Blumenbinsengewächse

Scheuchzeria Blumenbinse

- Durch Ausläufer oft grasgrüne Herden bildend. Stängel aufrecht, hin- und hergebogen, beblättert. Blätter rinnenförmig, an der Spitze mit einem Grübchen (Lupe!), stumpf. Blütenstand 3- bis 12-blütig, traubig. Perigon gelbgrün, rasch abfallend. Frucht aus 3–4 eiförmigen, 5–7 mm langen Teilfrüchten (Bälgen) bestehend →

Scheuchzeria palustris L., Blumenbinse: G, 10–20 cm, V–VII, kollin-subalpin, Hochmoore, Schlenken, (Cari-lasi), VU

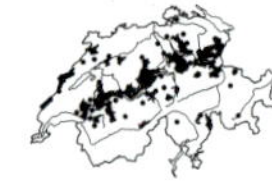

Tofieldiaceae Simsenliliengewächse

Tofieldia Simsenlilie

1 Pflanze 10–40 cm hoch. Blütentraube 2–6 cm lang, gelbgrün. Blütenstiel mit becherförmigem Vorblatt →. Blätter fächerartig in einer Ebene, lang zugespitzt

Tofieldia calyculata (L.) Wahlenb., Kelch-Simsenlilie: H, 10–30 cm, VI–IX, (kollin-) montan-alpin, wechselfeuchte, kalkreiche Moore, Zwergstrauchheiden, Gebirgsrasen, (Cari-dava, Eric, Cari-ferr), LC

- Pflanze nur 5–10(–15) cm hoch. Blütentraube nur 0,5–1 cm lang, gelbweiss. Blütenstiel ohne becherförmiges Vorblatt →. Blätter fächerartig in einer Ebene, kurz zugespitzt (stumpf wirkend)

Tofieldia pusilla (Michx.) Pers., Kleine Simsenlilie: H, 5–15 cm, VII–VIII, subalpin-alpin, feuchte Schwemmebenen, Flachmoore, (Cari-bico, Cari-dava), NT

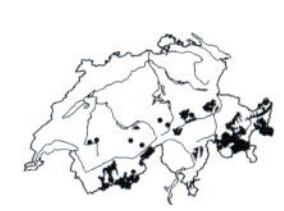

Typhaceae Rohrkolbengewächse

1 Blüten in kugeligen, grünen Köpfchen. Blütenstand mit männlichen Köpfchen im oberen und weiblichen Köpfchen im unteren Teil. Blätter aus dem Wasser ragend (emers) oder schwimmend ***Sparganium***

- Blüten in walzenförmigen, dunkelbraunen Kolben. Männliche Blüten im oberen und weibliche Blüten im unteren Teil des Kolbens. Blätter aufrecht bzw. aus dem Wasser ragend (emers) ***Typha***

Sparganium Igelkolben

Alle Arten dieser Gattung sind Sumpf- oder Wasserpflanzen. *Sparganium*-Arten sind schwierig zu bestimmen. Für die Bestimmung der *S. erectum*-Kleinarten ist es nötig, reife (!) Früchte anzuschauen.

1 Blütenstand verzweigt und so eine Doppeltraube bildend (Seitenäste bilden Trauben aus oben männlichen und unten weiblichen Köpfchen). Blätter deutlich gekielt, (5–)10–15 mm breit, stumpf, grasgrün, aufrecht (nie flutend). Junge Köpfchen schwarzgrün gescheckt. Zur Bestimmung der Unterarten sind die reifen Früchte nötig!

Sparganium erectum L., Ästiger Igelkolben: G, 30–80(–120) cm, VI–VIII, kollin-montan, Ufer, NT

a Früchte spindelförmig →, 7–10 mm lang, nur wenig über der Mitte am breitesten (sich in der Fruchtkugel dort berührend). Schnabel 2,5–3,5 mm lang

Sparganium erectum subsp. ***neglectum*** (Beeby) K. Richt., Übersehener Ästiger Igelkolben: G, VI–VIII, kalkarme Ufer, Röhrichte, (Glyc-Spar), NT

- Früchte im obersten ⅓ oder ¼ am breitesten (sich weit oberhalb der Mitte in der Fruchtkugel berührend). Schnabel max. 2 mm lang **b**

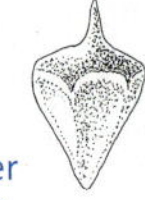

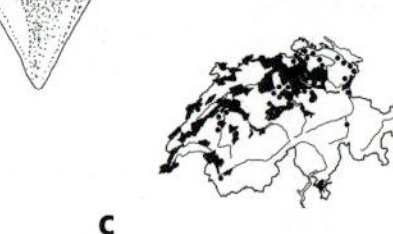

b Früchte 6–10 mm lang, verkehrt pyramidenförmig →, oberhalb der grössten Breite flach gewölbt, etwas kantig und plötzlich in den Schnabel zusammengezogen

Sparganium erectum L. subsp. **erectum**, Gewöhnlicher Ästiger Igelkolben: G, VI–VIII, kalkreiche Ufer, Röhrichte, (Glyc-Spar, Phra), NT

- Früchte oberhalb der grössten Breite kuppelförmig gewölbt **c**

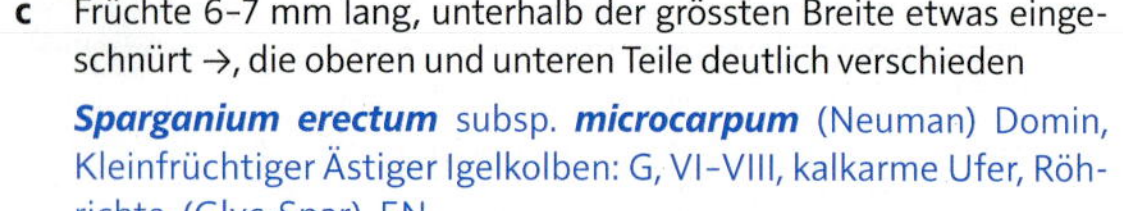

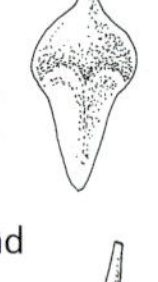

c Früchte 6–7 mm lang, unterhalb der grössten Breite etwas eingeschnürt →, die oberen und unteren Teile deutlich verschieden

Sparganium erectum subsp. **microcarpum** (Neuman) Domin, Kleinfrüchtiger Ästiger Igelkolben: G, VI–VIII, kalkarme Ufer, Röhrichte, (Glyc-Spar), EN

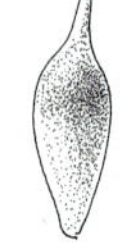

- Früchte 5–8 mm lang, breit eiförmig bis rundlich →, die oberen und unteren Teile allmählich ineinander übergehend

Sparganium erectum subsp. **oocarpum** (Čelak.) Domin, Eifrüchtiger Ästiger Igelkolben: G, VI–VIII, DD

- Stängel unverzweigt, aber die untersten weiblichen Blütenstände oft gestielt. Blätter 2–10 mm breit, gekielt oder beidseitig flach, aufrecht oder flutend. Junge Köpfchen hellgrün **2**

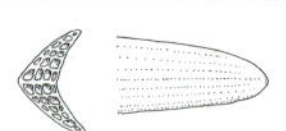

2 Blütenstand an der Spitze mit 3–10 männlichen Köpfchen. Blätter im unteren Teil gekielt →, in Stillgewässern aufrecht, in Fliessgewässern auch flutend, 5–10 mm breit

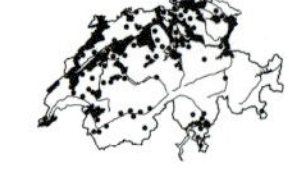

Sparganium emersum Rehmann, Einfacher Igelkolben: Ah-G, 20–60 cm, VI–VIII, kollin-montan, wechselfeuchte, seichte Ufer, Teiche, (Glyc-Spar), VU

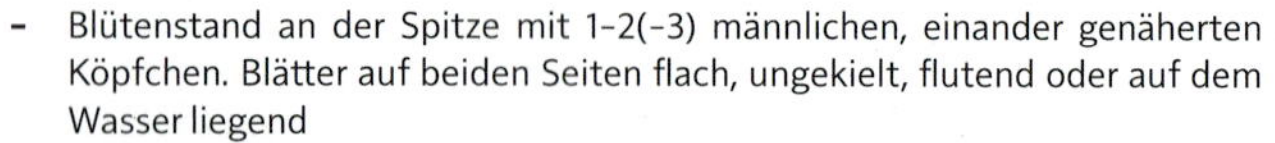

- Blütenstand an der Spitze mit 1–2(–3) männlichen, einander genäherten Köpfchen. Blätter auf beiden Seiten flach, ungekielt, flutend oder auf dem Wasser liegend **3**

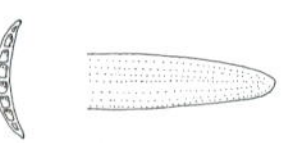

3 Männliche Köpfchen 1 (selten 2). Tragblatt des untersten (weiblichen) Köpfchens 2–8 cm lang, kürzer als der Blütenstand. Stängel nur 10–30 cm lang (flutend manchmal verlängert). Blätter stumpf, 2–5 mm breit →

Sparganium natans L., *(S. minimum)*, Kleiner Igelkolben: Ah-G, 10–30 cm, VII–VIII, kollin-subalpin, Moortümpel, (Spha-Utri), EN

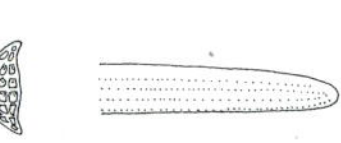

- Männliche Köpfchen (1–)2–3. Tragblatt des untersten (weiblichen) Köpfchens 10–60 cm, länger als der Blütenstand. Stängel bis 1 m lang. Blätter etwas zugespitzt, 4–8 mm breit →

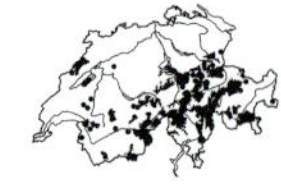

Sparganium angustifolium Michx., Schmalblättriger Igelkolben: G, 20–100 cm, VII–VIII, (montan-) subalpin-alpin, kalkarme Tümpel, wechselfeuchte Ufer, (Litt), NT

Typha Rohrkolben

Der Blütenstand der Arten der Gattung *Typha* werden Kolben genannt (es sind eigentlich dichtblütige Ähren). Rohrkolben werden oft und gerne angepflanzt oder angesalbt. Mitunter finden sich auch nicht einheimische Arten wie *T. domingensis* in natürlichen Beständen.

1 Pflanze kaum über 1 m hoch. Dicker (weiblicher) Kolbenteil 2-5(-10) cm lang **2**

- Pflanze bis über 2 m hoch. Dicker (weiblicher) Kolbenteil 10-30 cm lang **3**

2 Schmaler (männlicher) Kolbenteil 2-4x so lang wie der breite (weibliche) Kolbenteil. Abstand zwischen den Kolbenteilen nur ca. 2-4 cm. Blätter der sterilen Triebe beiderseits flach, 3-5 mm breit →. Stängelblätter lang, den Blütenstand überragend. Narbe rautenförmig erweitert (vgl. *T. angustifolia*) (Abb. Tafel 8, S. 261)

Typha laxmannii Lepech., Laxmanns Rohrkolben: G, 1 m, V-VI, kollin, kalkreiche Ufer, Moore, (Phra, Phal), meist adventiv, Neophyt

- Männlicher Kolbenteil etwa so lang oder etwas länger als der weibliche. Abstand zwischen den Kolbenteilen nur ca. 1 cm. Blätter der sterilen Triebe auf dem Rücken abgerundet, 1-3 mm breit →. Stängelblätter auf die Scheiden reduziert (Abb. Tafel 8, S. 261)

Typha minima Hoppe, Zwerg-Rohrkolben: G, 0,3-0,8 m, V, kollin (-montan), kalkreiche Schwemmebenen, Flussufer, Flachmoore, (Cari-bico, Cari-dava), CR

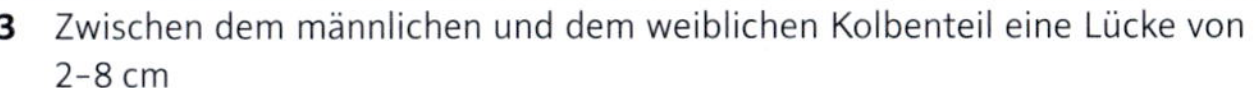

3 Zwischen dem männlichen und dem weiblichen Kolbenteil eine Lücke von 2-8 cm **4**

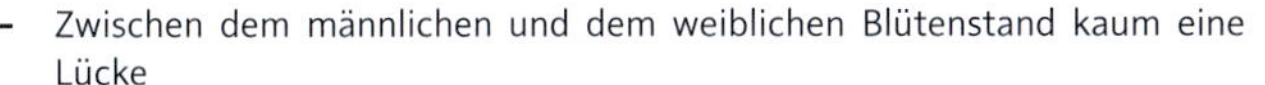

- Zwischen dem männlichen und dem weiblichen Blütenstand kaum eine Lücke **5**

4 Blätter frischgrün, 5-8 mm breit →. Weiblicher Kolbenteil kräftig kastanienbraun (Tragblättchen mit dunkelbrauner Spatelspitze). Männlicher Kolbenteil etwa so lang wie der weibliche (Abb. Tafel 8, S. 261)

Typha angustifolia L., Schmalblättriger Rohrkolben: G, 1-2,5 m, VII-VIII, kollin (-montan), kalkreiche Seeufer, Röhrichte, (Phra), NT. In den Merkmalen zwischen *T. angustifolia* und *T. latifolia* stehend: *Typha* ×*elata* Boreau

- Blätter graugrün, 6-15 mm breit →. Weiblicher Kolbenteil fahlbraun (Tragblättchen mit hellbrauner oder fast durchsichtiger Spatelspitze). Männlicher Kolbenteil ca. 1,5x so lang wie der weibliche (Abb. Tafel 8, S. 261)

Typha domingensis Pers., Südlicher Rohrkolben: G, 0,8-1,6 m, VII-VIII, kollin, nährstoffreiche Ufer, Röhrichte, (Phra), möglicherweise in Ausbreitung, Neophyt

5 Weiblicher Kolbenteil 8-25 cm lang, zur Fruchtzeit dunkelbraun (Haare der Fruchtstiele die Narben nicht überragend). Narbenfläche 0,7-1 mm lang. Blätter graugrün, 10-20 mm breit →. Männlicher Kolbenteil etwa so lang wie der weibliche (Abb. Tafel 8, S. 261)

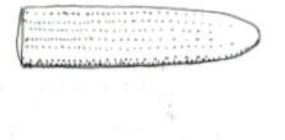

Typha latifolia L., Breitblättriger Rohrkolben: G, 1-2,5 m, VI-VII, kollin (-montan), nährstoffreiche Ufer, Röhrichte, (Phra), LC. In den Merkmalen zwischen *T. angustifolia* und *T. latifolia* stehend: *Typha ×elata* Boreau

- Weiblicher Kolbenteil 6-10 cm lang, zur Fruchtzeit silbergrau schimmernd (Haare der Fruchtstiele die Narben überragend). Narbenfläche 0,3-0,5 mm lang. Blätter hellgrün, 5-10 mm breit →. Männlicher Kolbenteil viel kürzer als der weibliche (Abb. Tafel 8, S. 261)

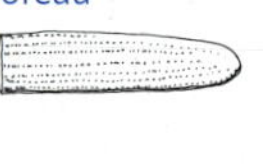

Typha shuttleworthii W. D. J. Koch & Sond., Silber-Rohrkolben: G, 1-1,5(-2) m, VI-VII, kollin (-montan), kalkreiche Stillgewässer, Röhrichte, (Phra), EN

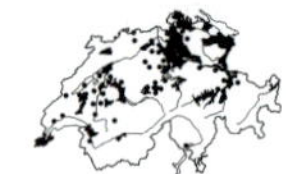

9. Angiospermen III Hornblattartige

Ceratophyllaceae Hornblattgewächse

Nach den neusten Forschungsergebnissen sind die Ceratophyllaceae als Schwestergruppe der Eudicotyledonen zu klassifizieren und somit nicht zu den basalen Angiospermen zu stellen. Sie werden hier als eigene Gruppe behandelt.

Ceratophyllum Hornblatt

Die beiden Arten unterscheiden sich im Allgemeinen durch derbe vs. weiche Triebe und Blätter. Schattentriebe oder Jungtriebe von *C. demersum* können jedoch weich sein und leicht verwechselt werden.

1 Flutende Wasserpflanze. Blätter dunkelgrün, starr und brüchig, 1-2x gegabelt →, dadurch mit insgesamt 2-4 linealen, deutlich gezähnten Zipfeln. Frucht braun, am Grund mit 2 Stacheln

Ceratophyllum demersum L., Raues Hornblatt: Ap, 3 m, VI-VIII, kollin-montan, Seen, Teiche, (Pota, Nymp), LC

- Flutende Wasserpflanze. Blätter zart und weich, hellgrün, 3-4x gegabelt →, dadurch mit 5-12 fast fadenförmigen Zipfeln. Frucht am Grund ohne Stacheln

Ceratophyllum submersum L., Zartes Hornblatt: Ap, 3 m, VI-VIII, kollin, Seen, Teiche, (Pota, Nymp), EN

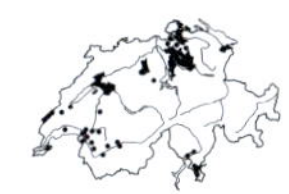

10. Angiospermen IV Dreifurchenpollige Bedecktsamer

Acanthaceae Akanthusgewächse

Acanthus Akanthus

- Grundblätter in einer bis 50 cm hohen, mächtigen Rosette, lang gestielt, zusammen mit der glänzend frischgrünen Spreite bis 80 cm lang, fiederspaltig, Blattabschnitte gezähnt. Stängelblätter am Rand dornig gezähnt. Blütenstand eine bis 100 cm lange Ähre

  Acanthus mollis L., Akanthus, Wahrer Bärenklau: H, 30–100 cm, VI–VIII, kollin, Garten-, Wegränder, Krautsäume, (Aego), als Zierpflanze kultiviert und selten verwildert, kultivierter Neophyt

Actinidiaceae Strahlengriffelgewächse

Actinidia Strahlengriffel

- Liane, bis 8 m hoch kletternd. Junge Sprosse dicht braunrot behaart. Blätter rundlich herzförmig, ca. 10 cm lang, zugespitzt (an ein Lindenblatt erinnernd), oberseits dunkelgrün, kahl. Stiel braunrot filzig

  Actinidia chinensis Planch., *(A. deliciosa)*, Chinesischer Strahlengriffel, Kiwipflanze: Ph.li, 2–8 m, kollin, Gärten, Gebüsche, häufig kultiviert und selten verwildert, Neophyt

Adoxaceae Moschuskrautgewächse

1 5–15 cm hohe Krautpflanze mit mehrfach geteilten Blättern und einem endständigen, würfelförmigen Blütenknäuel ***Adoxa***
\- Über 50 cm hohe Sträucher oder Stauden mit scheindoldigen Blütenständen **2**

2 Blätter gefiedert ***Sambucus***
\- Blätter ungeteilt oder gelappt ***Viburnum***

Adoxa Bisamkraut

- Krautpflanze, 5–15 cm hoch, durch Ausläufer oft Herden bildend. Grundblätter doppelt 3-zählig, kahl, unterseits glänzend. Abschnitte stumpf, aber stachelspitzig. Blüten zu 5 in einem fast würfeligen Köpfchen →

  Adoxa moschatellina L., Bisamkraut: G, 5–15 cm, III–IV, kollin-subalpin, krautreiche, luftfeuchte Laubwälder, (Gali-Fage, Frax), LC

Sambucus Holunder

1 Bis 2 m hohe Krautpflanze mit gerilltem Stängel und Zweigen, durch Ausläufer meist Bestände bildend. Nebenblätter blattartig. Blätter mit 7–9 Teilblättchen. Fruchtstand stets aufrecht

Sambucus ebulus L., Zwerg-Holunder: G, 2 m, VII–VIII, kollin-montan, wechselfeuchte Krautsäume, Schlagfluren, (Aego, Atro), LC

- Sträucher mit glatten (bzw. ungerillten) Zweigen. Nebenblätter warzenförmig oder fehlend. Blätter meist aus 5 Teilblättchen. Fruchtstand aufrecht oder nickend **2**

2 Zweige weich, mit weissem Mark. Blütenstand flach, doldig. Blüten gelblich weiss. Frucht schwarz, auf roten Stielen (Abb. Tafel 8, S. 261)

Sambucus nigra L., Schwarzer Holunder: Ph-P, 7 m, V–VI, kollin-montan, Wälder, Waldränder, Hecken, (Samb-Sali, Prun-Rubi, Fagetalia), LC

- Zweige weich, mit hellbraunem Mark. Blütenstand eiförmig, rispig. Blüten grünlich gelb. Frucht rot (Abb. Tafel 8, S. 261)

Sambucus racemosa L., Roter Holunder: Ph, 4 m, IV–V, (kollin-) montan-subalpin, nährstoffreiche Bergwälder, Schlagfluren, Schutthalden, (Samb-Sali, Abie-Fage, Epil-angu), LC

Viburnum Schneeball

1 Blätter 3- bis 5-lappig (ahornartig!). Äussere Blüten grösser →, flach radförmig, steril. Äste kahl. Knospen beschuppt (Abb. Tafel 8, S. 261)

Viburnum opulus L., Gemeiner Schneeball: Ph, 4 m, V–VI, kollin-montan, wechselfeuchte Gebüsche, Hecken, Auenwälder, (Frax, Prun-Rubi), LC

- Blätter ungeteilt, ganzrandig oder gezähnt. Mit oder ohne sterile, vergrösserte Randblüten **2**

2 Äussere Blüten grösser, flach radförmig, steril. Blätter eiförmig, gesägt, oberseits dunkelgrün, kahl, unterseits ± sternhaarig (Abb. Tafel 8, S. 261)

Viburnum plicatum Thunb., Japanischer Schneeball: Ph, 2–3 m, V–VI, kollin, Gärten, Parkanlagen, kultiviert und selten verwildert, Neophyt

- Blüten alle etwa ähnlich, glockig, fertil, Krone 6–8 mm breit **3**

3 Blätter lederig und immergrün, oberseits glatt und glänzend. Frucht metallisch blau schimmernd. Zierstrauch

Viburnum tinus L., Lorbeer-Schneeball: Ph, 3 m, II–VI, kollin, trockenwarme, mediterrane Gebüsche, (Pistacio-Rhamnetalia alaterni), kultiviert und selten verwildert, Neophyt

- Blätter oberseits matt, runzelig. Frucht rot bis schwarz. Zier- oder Wildstrauch **4**

Tafel 8

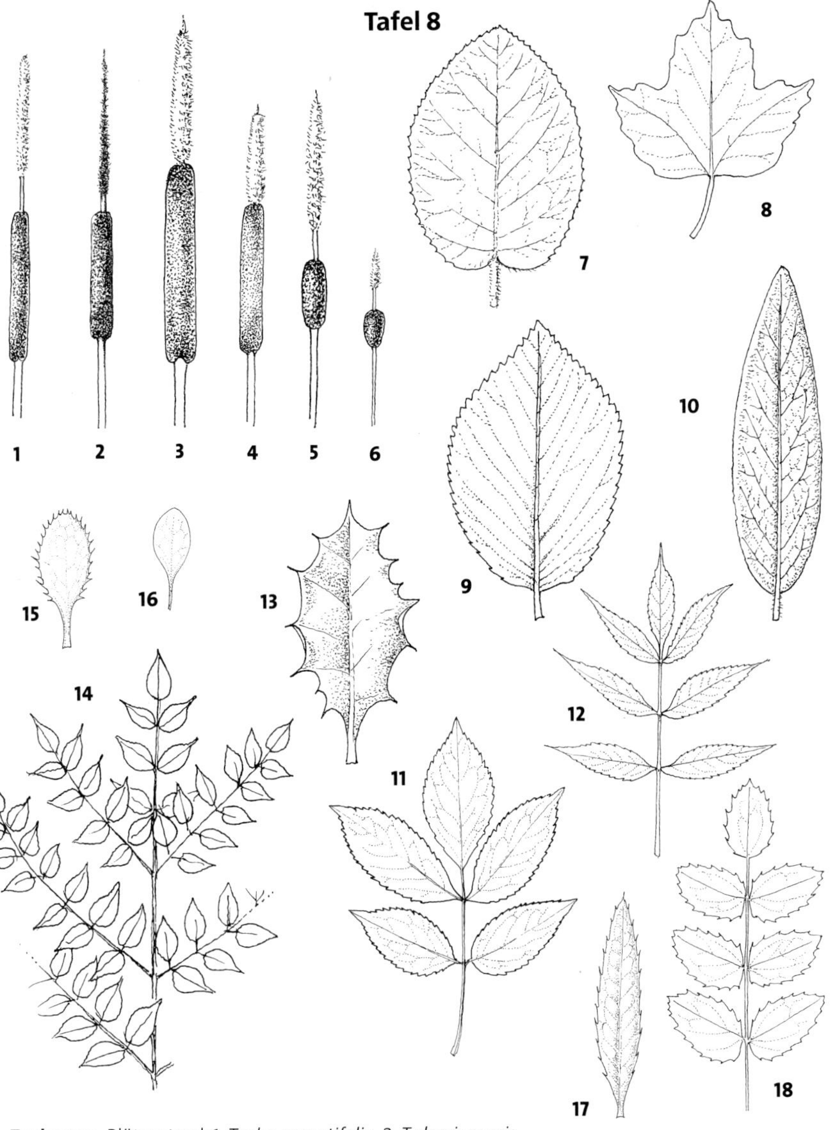

Typhaceae. Blütenstand: 1. *Typha angustifolia*, 2. *T. domingensis*, 3. *T. latifolia*, 4. *T. shuttleworthii*, 5. *T. laxmannii*, 6. *T. minima*
Adoxaceae. Blatt: 7. *Viburnum lantana*, 8. *V. opulus*, 9. *V. plicatum*, 10. *V. rhytidophyllum*, 11. *Sambucus nigra*, 12. *S. racemosa*
Aquifoliaceae. Blatt: 13. *Ilex aquifolium*
Araliaceae. Blatt: 14. *Aralia elata*
Berberidaceae. Blatt: 15. *Berberis vulgaris*, 16. *B. thunbergii*, 17. *B. julianae*, 18. *Mahonia aquifolium*

4 Blätter sommergrün, breit oval, regelmässig gezähnt, oberseits locker, unterseits dicht sternhaarig. Junge Äste hell filzhaarig, Knospen nackt (Abb. Tafel 8, S. 261)

Viburnum lantana L., Wolliger Schneeball: Ph, 5 m, V, kollin-montan (-subalpin), mässig trockene, kalkreiche Gebüsche, Waldränder, (Berb, Fagetalia, Moli-Pini, Eric-PiSy), LC

- Blätter immergrün, länglich oval, fast ganzrandig. Junge Äste mit gelblichem bis rotbraunem Filz aus Sternhaaren, Knospen nackt (Abb. Tafel 8, S. 261)

Viburnum rhytidophyllum Hemsl., Runzelblättriger Schneeball: Ph, 4 m, V–VI, kollin-montan, Gartenränder, Hecken, (Prun-Rubi), kultiviert und oft verwildert, Neophyt

Aizoaceae — Mittagsblumengewächse

1 Blätter wechselständig. Blüten klein (ca. 1 cm), gelb, 4-zählig ***Tetragoniaa***

- Blätter gegenständig. Blüten 3–5 cm breit, lila, vielzählig ***Delosperma***

Delosperma — Mittagsblume

- Pflanze sukkulent, niederliegend, Teppiche bildend. Blüten 3–5 cm breit, in leuchtendem, kräftigem Rosa bis Lila. Blätter gegenständig, 3–5 cm lang, stumpf dreikantig →, durch Blasenhaare bereift aussehend. Früchte trichterförmig, 5-fächerig

Delosperma cooperi (Hook.) L. Bolus, Coopers Mittagsblume: Ch, 10–15 cm, IV–X, kollin, Mauern, Gartenränder, kultiviert und selten verwildert, Neophyt. Kultiviert werden auch mehrere weitere, sehr ähnliche *Delosperma*-Arten

Tetragonia — Tetragonie

- Pflanze einjährig, durch Ausläufer Herden bildend. Blätter fleischig, dreieckig →, hellgrün, (3–)5–12 cm lang, die Oberfläche durch Blasenhaare kristallartig glitzernd. Blüten einzeln, klein, gelb, 4-zählig

Tetragonia tetragonoides (Pall.) Kuntze, Neuseeländer Spinat: T, 30–80 cm, VII–IX, kollin-montan, Unkrautfluren, Gartenränder, selten kultiviert und verwildert, Neophyt

Amaranthaceae — Amaranthgewächse

1 Blätter linealisch, ungestielt, stumpf, spitz oder stachelspitzig **2**

- Blätter flächig, gestielt oder am Grund verschmälert, nie stachelspitzig **4**

2 Blätter stumpf oder etwas zugespitzt, aber ohne stechende Stachelspitze. Stängel im oberen Teil behaart. Blüten in Knäueln ***Bassia***

- Blätter mit einer feinen oder groben, stechenden Stachelspitze **3**

3 Pflanze gross, (15–)25–100 cm. Blätter von fast flachem Grund an allmählich zugespitzt. Blüten zu 1–3 in den Blattachseln. Perigonblätter geflügelt, die Spitze über die Frucht neigend **_Salsola_**

- Pflanze klein, 5–10(–20) cm. Blätter nadelförmig. Blüten einzeln in den Blattachseln. Perigonblätter aufrecht, ungeflügelt, die Frucht nicht umschliessend **_Polycnemum_**

4 Grundblätter gross, fleischig, lang gestielt, eine Rosette bildend **5**

- Pflanze ohne Grundrosette **6**

5 Blätter spiess- oder pfeilförmig. Blüten eingeschlechtig, Pflanze zweihäusig. Narben 4 **_Spinacia_**

- Blätter gestutzt oder mit herzförmigem Grund. Blüten zwittrig. Narben meist 3 **_Beta_**

6 Weibliche Blüten (bzw. Früchte) von 2 grossen Vorblättern wie in einem Sandwich eingeschlossen **_Atriplex_**

- Blüten und Früchte ohne solche Vorblätter **7**

7 Perigonblätter 3 oder 5, trockenhäutig und oft mit Grannenspitze aus der Fortsetzung des Mittelnervs, nie mehlig bestäubt. Blüten eingeschlechtig, in ährig angeordneten Knäueln **_Amaranthus_**

- Perigon krautig, oft mehlig bestäubt **8**

8 Perigon verfärbt sich mit der Fruchtreife rot. Die Blütenknäuel entwickeln sich zu einer Scheinbeere (wie eine «kleine Himbeere»). Blütenknäuel nie mehlig bestäubt **_Blitum_**

- Perigon entwickelt sich nicht zu einer Scheinbeere. Blütenknäuel mit oder ohne «Mehlstaub» (= Blasenhaare) **_Chenopodium_**

Amaranthus Amarant

1 Blütenstand vollständig überhängend, dunkelrot (seltener grünlich) gefärbt. Pflanze gross (bis über 1 m hoch)

Amaranthus caudatus L., Garten-Fuchsschwanz: T, 30–100 cm, VII–IX, kollin-montan, Gartenränder, Schuttplätze, Wegränder, (Sisy), kultiviert und selten verwildert, kultivierter Neophyt

- Blütenstand aufrecht oder höchstens von der Mitte an nickend **2**

2 Pflanze aufrecht, der grösste Teil der Blüten in langen, dichten, vielblütigen, terminalen oder subterminalen Ähren aus Blütenknäueln **3**

- Pflanze niederliegend-aufsteigend. Der grösste Teil der Blütenknäuel in den Blattachseln, daneben oft auch mit einer kurzen, endständigen Ähre **4**

3 Perigonblätter der weiblichen Blüten (abgesehen von einer Stachelspitze) gestutzt oder ausgerandet → (Vorsicht: nicht mit dem spitzen Vorblatt verwechseln!). Pflanze flaumig behaart

Amaranthus retroflexus L., Zurückgekrümmter Amarant: T, 10–100 cm, VII–IX, kollin-montan (-subalpin), Äcker, Wegränder, Schuttplätze, nährstoffreiche Böden, (Pani-Seta, Sisy, Erag), Neophyt

- Perigonblätter der weiblichen Blüten zur Stachelspitze hin verschmälert. Pflanze höchstens im obersten Teil etwas flaumig behaart

Amaranthus hybridus aggr., Bastard-Amarant: T, (10-)20-120(-180) cm, VI-X, kollin-montan, Äcker, Wegränder, Schuttplätze, nährstoffreiche Böden, (Pani-Seta, Sisy, Erag), Neophyt

a Blütenstand stark gefärbt (meist dunkelrot, seltener gelb). Verwilderte Zierpflanze **b**

- Blütenstand hellgrün. Ruderale Neophyten **c**

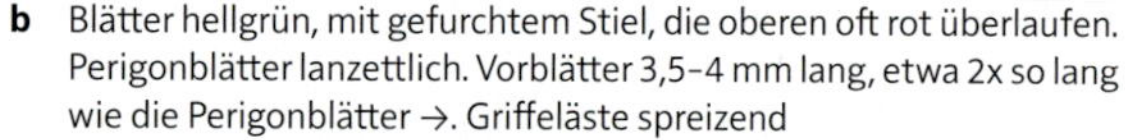

b Blätter hellgrün, mit gefurchtem Stiel, die oberen oft rot überlaufen. Perigonblätter lanzettlich. Vorblätter 3,5-4 mm lang, etwa 2x so lang wie die Perigonblätter →. Griffeläste spreizend

Amaranthus hypochondriacus L., Grünähriger Bastard-Amarant: T, 80-100 cm, VI-X, kollin-montan, Gartenränder, Schuttplätze, nährstoffreiche Böden, kultiviert und selten verwildert, Neophyt

- Blätter dunkelgrün bis blutrot. Perigonblätter lineal oder rudimentär. Vorblätter 2,5-3 mm lang, etwa 1,5x so lang wie die Perigonblätter →. Griffeläste parallel aufrecht

Amaranthus cruentus L., Blutroter Bastard-Amarant: T, 30-150(-180) cm, VI-X, kollin-montan, Gartenränder, Schuttplätze, nährstoffreiche Böden, kultiviert und selten verwildert, Neophyt

c Vorblätter der (weiblichen) Blüten nur 2-4 mm lang, bis 1,5x so lang wie die Perigonblätter →. Blütenstand locker, mit spreizenden Seitenästen. Frucht eine sich öffnende Deckelkapsel (aufgesprungene Früchte am Fruchtstand suchen, Lupe!)

Amaranthus hybridus L., Bastard-Amarant: T, 20-100 cm, VI-X, kollin-montan, Wegränder, Schuttplätze, nährstoffreiche Böden, meist adventiv, Neophyt

- Vorblätter der (weiblichen) Blüten 4-8 mm lang, derb, stechend, ca. 2x so lang wie die Perigonblätter →. Blütenstand kompakt, mit steif aufrechten Seitenästen. Frucht eine sich öffnende Kapsel oder ein Nüsschen (d. h., sich nicht öffnende Frucht) **d**

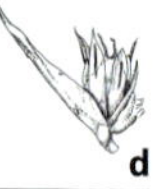

d Frucht eine sich öffnende Deckelkapsel → (aufgesprungene Früchte am Fruchtstand suchen, Lupe!). Blütenstand nicht oder wenig verzweigt. Stängel früh rot verfärbt. Blätter bis 20 cm lang

Amaranthus powellii S. Watson, Powells Fuchsschwanz: T, 20-100 cm, VI-X, kollin-montan, Äcker, Wegränder, Schuttplätze, nährstoffreiche Böden, (Pani-Seta, Sisy, Erag), Neophyt

- Frucht ein Nüsschen, nicht aufspringend →. Blütenstand meist stark verzweigt, daher weniger kompakt als bei *A. powellii*. Stängel lange grün bleibend

Amaranthus bouchonii Thell., Bouchons Bastard-Amarant: T, 20-200 cm, VI-X, kollin-montan, Äcker, Wegränder, Schuttplätze, nährstoffreiche Böden, (Pani-Seta, Sisy, Erag), meist adventiv, Neophyt

4 Triebe ohne endständige Blütenähre, alle Blüten in den Blattachseln → (selten einzelne Blütenknäuel am Ende der Triebe). Frucht mit einem Deckel aufspringend **5**

- Triebe mit einer endständigen Scheinähre → aus Blütenknäueln. Frucht nicht aufspringend (= Nüsschen) **7**

5 Perigonblätter (4-)5, ungleich lang →. Blätter 1-3 cm lang, stumpf (manchmal bespitzt), mit weisslichem Knorpelrand. Stängel niederliegend, weisslich

Amaranthus blitoides S. Watson, Westamerikanischer Amarant: T, (10-)20-60(-100) cm, VII-X, kollin, mässig trockene Äcker, Wegränder, Schuttplätze, (Erag), meist adventiv, Neophyt

- Perigonblätter (2-)3, ± gleich lang. Blätter 2-8 cm lang. Stängel aufrecht oder aufsteigend **6**

6 Stängel weisslich, aufsteigend. Vorblätter schmal lanzettlich, stachelspitzig, länger als die Perigonblätter der weiblichen Blüten →. Blätter wellig, mit deutlicher Stachelspitze (1 mm)

Amaranthus albus L., Weisser Amarant: T, 10-50 cm, VIII-X, kollin, mässig trockene Äcker, Wegränder, Schuttplätze, (Erag), meist adventiv, Neophyt

- Stängel grün oder rötlich, aufrecht. Vorblätter eiförmig-lanzettlich, zugespitzt, aber nicht stachelspitzig, kürzer als die Perigonblätter der weiblichen Blüten →. Blätter mit kurzer Grannenspitze (0,5 mm), oft rötlich

Amaranthus graecizans L., Schmalblättriger Amarant: T, 20-80 cm, VII-X, kollin, trockenwarme Ackerränder, Wegränder, Schuttplätze, (Fuma-Euph, Erag), meist adventiv, Neophyt

7 Blätter eiförmig bis lanzettlich →, nicht gestutzt oder ausgerandet. Stängel (zumindest im oberen Teil) dicht wollhaarig. Frucht glatt, mit Längsnerven, 2-3 mm lang

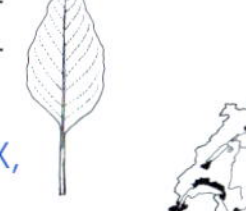

Amaranthus deflexus L., Niederliegender Amarant: T, 20-40 cm, VII-X, kollin, trockene Äcker, Wegränder, Schuttplätze, Neophyt

- Blätter eiförmig, vorne ausgerandet oder flach gestutzt. Stängel kahl oder locker behaart. Frucht zuletzt runzelig-warzig, 1-2 mm lang

Amaranthus blitum aggr., Bläulicher Amarant: T, 10-80 cm, VII-X, kollin-montan, Äcker, Wegränder, Schuttplätze, (Erag), auch adventiv

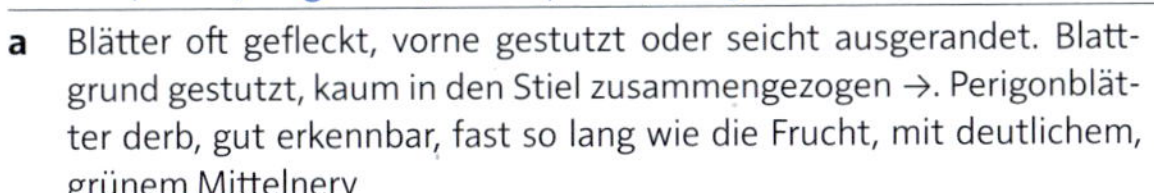

a Blätter oft gefleckt, vorne gestutzt oder seicht ausgerandet. Blattgrund gestutzt, kaum in den Stiel zusammengezogen →. Perigonblätter derb, gut erkennbar, fast so lang wie die Frucht, mit deutlichem, grünem Mittelnerv

Amaranthus blitum L., Bläulicher Amarant: T, 10-80 cm, VII-X, kollin-montan, Äcker, Wegränder, Schuttplätze, (Erag), auch adventiv, Archäophyt, LC

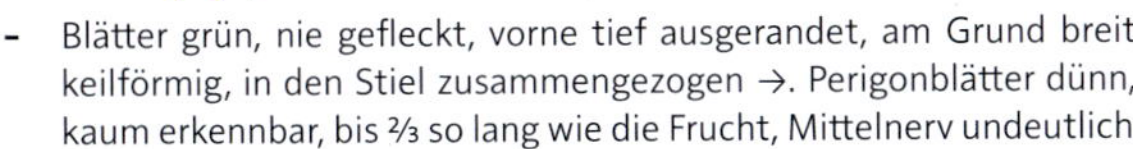

- Blätter grün, nie gefleckt, vorne tief ausgerandet, am Grund breit keilförmig, in den Stiel zusammengezogen →. Perigonblätter dünn, kaum erkennbar, bis ⅔ so lang wie die Frucht, Mittelnerv undeutlich

Amaranthus emarginatus Uline & W. L. Bray, Eigentlicher Stutzblatt-Amarant: T, 10-80 cm, VII-X, kollin-montan, Äcker, Wegränder, Schuttplätze, (Erag), auch adventiv, Neophyt

Atriplex Melde

1 Vorblätter rundlich, ganzrandig, ohne Anhängsel, am Ende stumpf oder spitz, oft netzaderig **2**

- Vorblätter rhombisch, dreieckig oder spiessförmig, gezähnt oder mit dornigen Anhängseln, nicht netzaderig **5**

2 Blätter (ausgewachsen) beiderseits sattgrün. Vorblätter der Früchte fast kreisrund, nicht zugespitzt, netzaderig →. Blätter gross (bis 10 cm), am Grund herz- bis spiessförmig. Weibliche Blüten ohne Vorblätter vorhanden

Atriplex hortensis L., Garten-Melde: T, 30–120(–250) cm, VII–VIII, kollin (-montan), trockenwarme, nährstoffreiche Unkrautfluren, (Sisy), kultiviert und selten verwildert, kultivierter Archäophyt

- Blätter zumindest unterseits grau- bis weissgrün, oft bemehlt **3**

3 Ältere Blätter oberseits glänzend dunkelgrün, unterseits weisslich, matt, 8–18 cm lang, dreieckig bis spiessförmig, grob gezähnt. Weibliche Blüten ohne Vorblätter vorhanden

Atriplex sagittata Borkh., Pfeilblatt-Melde: T, (10–)30–120(–250) cm, VII–IX, kollin, trockenwarme, nährstoffreiche Unkrautfluren, (Sisy), meist adventiv, Neophyt

- Blätter beiderseits graugrün. Alle weiblichen Blüten sind zwischen Vorblättern «eingeklemmt» **4**

4 Vorblätter rund, aber am Ende zugespitzt, 3–6 mm lang, deutlich netznervig →. Blätter graugrün, breit dreieckig, unten pfeilförmig, oben spiessförmig

Atriplex micrantha Ledeb., Kleinblütige Melde: T, (10–)30–150(–250) cm, VII–IX, kollin, Autobahnböschungen, salzhaltige Pionierfluren, (Sisy), Neophyt

- Vorblätter eiförmig, zugespitzt, 6–10 mm lang, kaum netznervig →, nie mit Anhängseln. Blätter eilanzettlich bis rhombisch, am Grund mit oder ohne Spiesslappen

Atriplex oblongifolia Waldst. & Kit., Langblättrige Melde: T, 30–120 cm, VII–IX, kollin, trockenwarme, nährstoffreiche Unkrautfluren; Ruderalstellen, (Sisy), meist adventiv, Neophyt

5 Vorblätter silbrigweiss (am Rand etwas grün), bis über die Mitte verwachsen. Stängel hell, bleich **6**

- Vorblätter grün oder graugrün, höchstens bis zu ⅓ verwachsen. Stängel meist grün oder rötlich **7**

6 Blütenstand bis zur Spitze beblättert. Blätter dreieckig, am Grund gestutzt, ± regelmässig gezähnt. Vorblätter silbrigweiss →

Atriplex rosea L., Rosen-Melde: T, 20–90 cm, VII–IX, kollin, trockenwarme, nährstoffreiche Unkrautfluren, (Sisy), meist adventiv, Neophyt

- Blütenstand höchstens an der Basis beblättert. Blätter lanzettlich, gewellt, mit keilförmigem Blattgrund, unregelmässig gezähnt oder fast ganzrandig. Vorblätter silbrigweiss →

Atriplex tatarica L., Tataren-Melde: T, 50-150 cm, VII-X, kollin, trockenwarme, nährstoffreiche Unkrautfluren, (Sisy), meist adventiv, Neophyt

7 Die meisten Blätter gegenständig, Blattgrund gestutzt bis schwach herzförmig. Vorblätter 2-5 mm lang, zur Fruchtzeit hell graugrün →. Pflanze graugrün, oft etwas sukkulent. Zweige ± waagrecht abstehend

Atriplex prostrata DC., Spiessblättrige Melde: T, 60-100 cm, VII-IX, kollin-montan, wechselfeuchte Wegränder, Schuttplätze, (Bide, Poly-Chen), NT

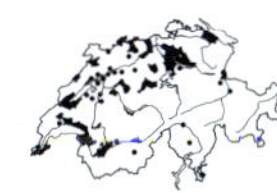

- Die meisten Blätter wechselständig, grob gezähnt, mit keilig verschmälertem Blattgrund. Vorblätter (3-)5-8(-12) mm lang 8

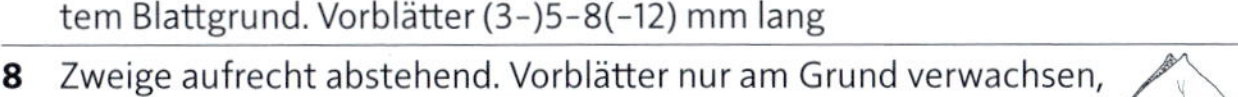

8 Zweige aufrecht abstehend. Vorblätter nur am Grund verwachsen, nie mit Anhängseln, bis 8(-12) mm lang → 4

→ *Atriplex oblongifolia*

- Zweige waagrecht abstehend. Vorblätter bis zu ⅓ verwachsen, oft mit Anhängseln, bis 7 mm lang →

Atriplex patula L., Gewöhnliche Melde: T, 30-80 cm, VII-IX, kollin-subalpin, mässig trockene Äcker, Wegränder, Schuttplätze, (Poly-Chen, Erag), Archäophyt, LC

Bassia Radmelde

1 Pflanze einjährig, aufrecht (bis 150 cm hoch), krautig, dicht verzweigt, im Umriss kegelförmig. Blätter lineal bis schmal elliptisch, 4-9 mm breit. Blüten in endständigen Scheinähren, durchsetzt von bewimperten Tragblättern

Bassia scoparia (L.) A. J. Scott, Besen-Radmelde: T, 60-150 cm, VII-IX, kollin, trockenwarme Äcker, Wegränder, (Erag, Sisy), auch kultiviert und verwildert, Neophyt

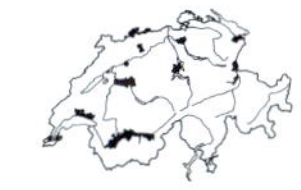

- Pflanze ein niederliegender, stark verzweigter Halbstrauch, Zweige an der Basis verholzt. Blätter sehr schmal (< 1 mm breit), nadelförmig, unterseits rund, oberseits flach, anliegend behaart. Blüten in verzweigten Scheinähren

Bassia prostrata (L.) Beck, Niederliegende Radmelde: Ch, 30-80 cm, VIII-IX, kollin, trockenwarme Felsrasen. Nur im Aostatal

Beta Runkelrübe

1 Blüten unscheinbar, grünlich, 4-6 mm breit. Perigonblättchen mit hellem, häutigem Rand. Blatt grasgrün, etwas glänzend. Blattrand etwas kraus. Narben meist 2, seltener 3

Beta vulgaris L., Runkelrübe: H.ha, 20-120 cm, VII-IX, kollin, Äcker, (Poly-Chen), kultiviert und selten verwildert, Kulturpflanze

- Blüten in auffallenden (an *Verbascum* erinnernden) Blütenständen, weisslich, gelblich oder rötlich, 6-10 mm breit. Perigonblättchen ohne häutigen Rand. Blatt dunkelgrün, matt. Blattrand glatt. Narben 3

Beta trigyna Waldst. & Kit., Dreiweibige Runkelrübe: H, 60-150 cm, kollin, Wegränder, Schuttplätze, adventiv, Neophyt

Blitum Erdbeerspinat

1 Blütenstand bis zuoberst beblättert. Blätter deutlich buchtig gezähnt →, Blattgrund keilförmig zusammengezogen

Blitum virgatum L., Echter Erdbeerspinat: H-T, 1 m, VI-VII, kollin-subalpin, trockene Unkrautfluren, Schuttplätze, Läger, (Sisy, Arct), NT

- Blütenstand im oberen Teil ohne Blätter. Blätter fast ganzrandig →, höchstens schwach gezähnt. Blattgrund gestutzt

Blitum capitatum L., Ähriger Erdbeerspinat: T, 20-60(-80) cm, VI-VII, kollin-montan, Wegränder, Schuttplätze, (Sisy), nur adventiv, Neophyt

Chenopodium Gänsefuss

Beim Formenkreis rund um die häufige *Ch. album* ist die Beschaffenheit der Samenoberfläche ein wichtiges Unterscheidungsmerkmal. Es ist daher nach fruchtenden Individuen Ausschau zu halten.

1 Blätter mit gelben Drüsenhaaren, ± stark aromatisch riechend **2**

- Blätter kahl oder mehlig bestäubt, aber nicht drüsig **4**

2 Blütenstände nicht bis zuoberst beblättert. Teilblütenstände (in den Blattachseln) locker, gestielt (lockere Dichasien). Blätter buchtig-fiederlappig bis fiederteilig →

Chenopodium botrys L., *(Dysphania botrys)*, Drüsiger Gänsefuss: T, 10-50 cm, VII-VIII, kollin-montan, trockenwarme, nährstoffreiche Schuttplätze, (Sisy), Archäophyt, VU

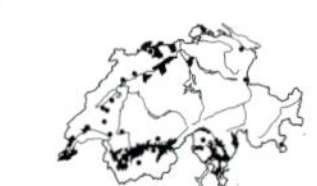

- Blütenstände bis zuoberst beblättert, Blüten eng geknäuelt in den Blattachseln. Blätter nicht tief fiederlappig, höchstens gezähnt oder gelappt **3**

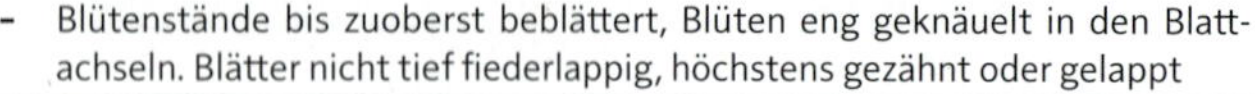

3 Stängel aufrecht. Blätter hellgrün, lanzettlich, (2-)3-10 cm lang, mit unregelmässig gezähntem Rand →. Blütenknäuel 2-3 mm breit

Chenopodium ambrosioides L., *(Dysphania ambrosioides)*, Tee-Gänsefuss: H.ha-T, 30-80 cm, VIII-X, kollin-montan, trockenwarme Schuttplätze, (Sisy), Neophyt

- Stängel niederliegend-aufsteigend. Blätter dunkelgrün, kurz, 0,5-2(-3) cm lang, mit 3-4 stumpfen Seitenlappen →. Blütenknäuel 3-5 mm breit

Chenopodium pumilio R. Br., *(Dysphania pumilio)*, Australischer Gänsefuss: T, 10-40 cm, VII-IX, kollin, trockene Unkrautfluren, Schuttplätze, Steinpflaster-Trittflur, (Sisy, Sagi-proc), Neophyt

4 Blätter alle ganzrandig (höchstens an der Basis mit spiessförmigen Lappen) **5**

- Zumindest die unteren Blätter buchtig gezähnt oder gelappt **7**

5 Blätter dreieckig-spiessförmig →, gross (bis 10 cm lang), wellig, mehlig bestäubt. Blüten in einem langen, endständigen Gesamtblütenstand. Perigonblätter 3-5

Chenopodium bonus-henricus L., *(Blitum bonus-henricus)*, Guter Heinrich: H, 20-80 cm, VI-VIII, (kollin-) montan-subalpin (-alpin), nährstoffreiche Krautsäume, Wegränder, Läger, (Arct, Rumi-alpi), LC

- Blätter nicht spiessförmig. Perigonblätter 5, ganzrandig **6**

6 Blätter rhombisch →, 1-2 cm lang, ganzrandig, beiderseits mehlig bestäubt, graugrün. Pflanze niederliegend-aufsteigend, nach fauligem Fisch stinkend. Perigonblätter 5, ganzrandig

Chenopodium vulvaria L., Stinkender Gänsefuss: T, 10-20(-50) cm, VI-VIII, kollin, trockenwarme Wegränder, Schuttplätze, (Sisy), Archäophyt, EN

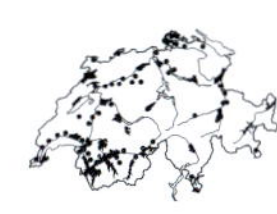

- Blätter eiförmig bis lanzettlich →, (1-)2-5 cm lang, nicht mehlig bestäubt, beiderseits grün, geruchlos. Stängel von Grund an stark verzweigt. Blütenstände locker

Chenopodium polyspermum L., *(Lipandra polysperma)*, Vielsamiger Gänsefuss: T, 15-60 cm, VII-IX, kollin-montan, eher feuchte Äcker, Wegränder, Schuttplätze, (Poly-Chen, Bide), Archäophyt, LC

7 Blätter am Grund ausgerandet bis herzförmig, gross, im Umriss breit eiförmig bis dreieckig, beiderseits mit 2-4 zugespitzten Zähnen → und einer langen Endspitze. Pflanze nicht mehlig bestäubt

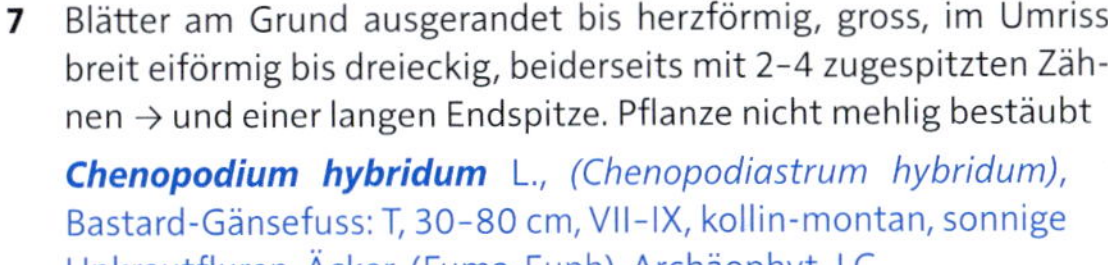

Chenopodium hybridum L., *(Chenopodiastrum hybridum)*, Bastard-Gänsefuss: T, 30-80 cm, VII-IX, kollin-montan, sonnige Unkrautfluren, Äcker, (Fuma-Euph), Archäophyt, LC

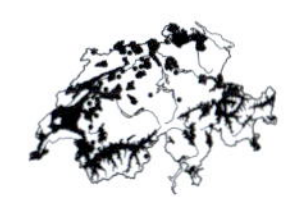

- Alle Blätter am Grund keilig verschmälert **8**

8 Blütenstandsachse und Blüten nicht mehlig bestäubt (auch mit der Lupe sind keine Blasenhaare zu sehen). Reife Frucht im Perigon sichtbar **9**

- Blütenstandsachse und Blüten mehlig bestäubt (selten verkahlend), Blasenhaare (verantwortlich für den «Mehlstaub») sind mit der Lupe gut erkennbar. Reife Frucht vom Perigon ganz umschlossen, nicht sichtbar **12**

9 Blätter auffallend zweifarbig, unterseits graugrün, stark mehlig, oberseits bläulich dunkelgrün, 2-4 cm lang, entfernt buchtig gezähnt →. Stängel niederliegend oder aufrecht, grün und weiss gestreift

Chenopodium glaucum L., *(Oxybasis glauca)*, Graugrüner Gänsefuss: T, 10-50(-100) cm, VII-IX, kollin-montan, eher feuchte, nährstoffreiche Pionierfluren, Misthaufen, Archäophyt, NT

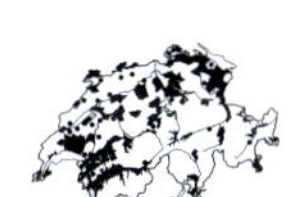

- Blätter beiderseits gleichfarbig, zuletzt ± kahl **10**

10 Pflanze aufrecht, 50-100 cm hoch, erst im oberen Teil verzweigt, nie rötlich überlaufen, Seitenäste steif aufrecht. Blütenstand ± blattlos, locker, Blütenknäuel perlschnurartig aneinandergereiht. Blätter 3-10 cm lang und etwa gleich breit, grob gezähnt →

Chenopodium urbicum L., *(Oxybasis urbica)*, Stadt-Gänsefuss: T, 50-100 cm, VII-IX, kollin, trockenwarme, nährstoffreiche Schuttplätze, (Sisy, Onop), Archäophyt, EN

- Pflanze von Grund an verzweigt, niederliegend-aufsteigend, 10-40 cm hoch (selten bis 80 cm). Blütenstand fast bis zur Spitze beblättert. Die meisten Blätter länger als breit **11**

11 Pflanze meist stark rötlich überlaufen. Blätter 2–7 cm lang, buchtig gezähnt, oft fast 3-lappig →. Perigonblätter der seitlichen Blüten eines Knäuels höchstens bis zu Mitte verwachsen

Chenopodium rubrum L., *(Oxybasis rubra)*, Roter Gänsefuss: T, 10–100 cm, VII–IX, kollin-montan, eher feuchte, nährstoffreiche Schuttplätze, Misthaufen, (Poly-Chen, Bide), Archäophyt, VU

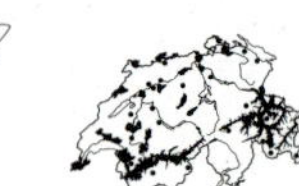

- Pflanze selten etwas rötlich überlaufen. Blätter etwas fleischig, jederseits mit einem Seitenzahn, sonst fast ganzrandig →. Perigonblätter der seitlichen Blüten eines Knäuels bis fast zur Spitze verwachsen

Chenopodium chenopodioides (L.) Aellen, *(Oxybasis chenopodioides)*, Dickblättriger Gänsefuss: T, 4–60 cm, salzhaltige Sandböden, Neophyt

12 Blätter oberseits dunkelgrün, glänzend, im Umriss dreieckig bis rhombisch, am Rand vielzähnig →, Zähnung scharf, sägeartig. Fruchtwand dick. Samen matt, scharfrandig gekielt

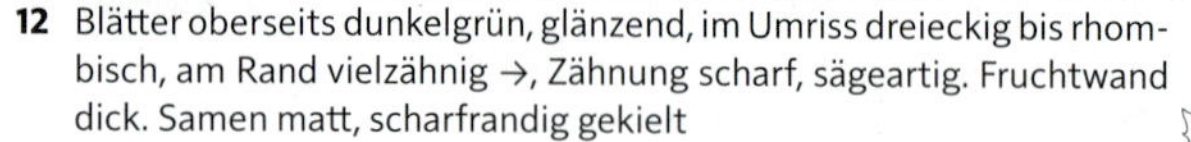

Chenopodium murale L., *(Chenopodiastrum murale)*, Mauer-Gänsefuss: T, 15–50(–100) cm, VII–IX, kollin, trockenwarme, nährstoffreiche Schuttplätze, Wegränder, (Sisy), EN

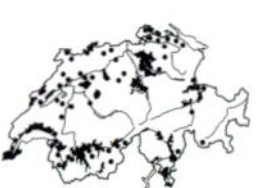

- Blatt beiderseits matt, bemehlt. Fruchtwand dünn, durchscheinend. Samen glänzend, stumpfrandig **13**

13 Pflanze stark nach Fisch stinkend, stark bemehlt. Blätter tief 3-lappig, ahornartig →, Lappen seicht gezähnt

Chenopodium hircinum Schrad., Bocks-Gänsefuss: T, 20–100 cm, VIII–X, kollin, trockenwarme Schuttplätze, (Sisy), nur adventiv, Neophyt

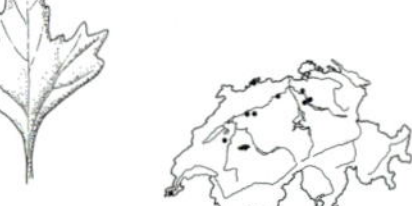

- Pflanze (fast) geruchlos, Blatt nicht ahornartig **14**

14 Mittlere und untere Blätter 3-lappig, der Mittellappen verlängert und (fast) parallelrandig, im Umriss fast rechteckig → (oder wie ein stumpfes «gotisches Fenster»). Pflanze mehlig, stark verzweigt, die Verzweigungen meist dunkelrot verfärbt. Frucht im Perigon zur Fruchtzeit geschlossen. Samen fein grubig punktiert

Chenopodium ficifolium Sm., Feigenblättriger Gänsefuss: T, 30–100 cm, VII–IX, kollin, wechselfeuchte, nährstoffreiche Schuttplätze, Wegränder, (Bide, Poly-Chen), Archäophyt, LC

- Blatt rhombisch oder 3-lappig, Mittellappen vom Grund zur Spitze allmählich verschmälert

Chenopodium album aggr.

a Blätter → kaum länger als breit, nur 1,5–3 cm lang, Mittellappen im Umriss halbkreisförmig, nicht oder wenig gezähnt. Pflanze sehr stark bemehlt, aufrecht oder niederliegend-aufsteigend

Chenopodium opulifolium Schrad., Schneeballblättriger Gänsefuss: T, 30–100(–150) cm, VII–VIII, kollin, trockenwarme, nährstoffreiche Schuttplätze, Wegränder, (Sisy), Archäophyt, CR(PE)

- Blätter deutlich länger als breit **b**

b Blätter schmal lanzettlich, ganzrandig, nur die untersten an der Basis mit kurzen Seitenlappen →. Stängel nicht gestreift. Perigon zur Fruchtzeit etwas geöffnet, die zuletzt schwarze Frucht daher sichtbar

Chenopodium pratericola Rydb., Schmalblättriger Gänsefuss: T, 20–80 cm, VII–IX, kollin, trockenwarme Schuttplätze, (Sisy), nur adventiv, Neophyt

\- Untere und mittlere Blätter mit Blattlappen oder stumpfen Zähnen **c**

c Die obersten Blätter am Grund tiefrosa verfärbt. Untere und mittlere Blätter 10–15 cm lang, breit dreieckig →

Chenopodium giganteum D. Don, Riesen-Gänsefuss: T, 3 m, Garten-, Wegränder, Neophyt

\- Oberste Blätter nicht tiefrosa («magenta») verfärbt **d**

d Pflanze gelblich bestäubt. Perigonblätter deutlich gekielt →. Blätter schwach 3-lappig, spitz. Reife Samen wabenartig regelmässig fein vertieft-punktiert →

Chenopodium berlandieri Moq., Berlandiers Gänsefuss: T, 150 cm, VII–XI, kollin, Schuttplätze, (Sisy), nur adventiv, Neophyt

\- Pflanze weissmehlig bestäubt. Reife Samen → glatt oder schwach gerillt oder durch kleine Vertiefungen punktiert **e**

e Stängel grünstreifig, ohne Rottöne **f**

\- Stängel deutlich rotstreifig **g**

f Pflanze deutlich bemehlt, nach Abreiben des Mehls dunkelgrün. Blätter sehr vielgestaltig, aber nie parallelrandig, eiförmig bis lanzettlich, die unteren → ungleichmässig gelappt oder stumpf gezähnt. Samen glatt

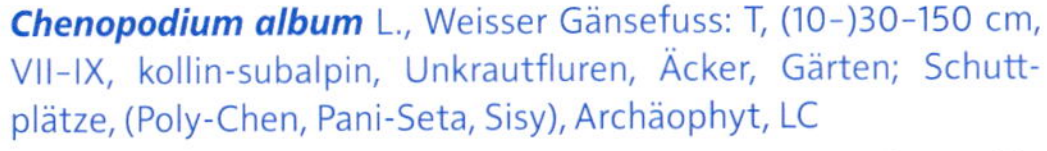

Chenopodium album L., Weisser Gänsefuss: T, (10–)30–150 cm, VII–IX, kollin-subalpin, Unkrautfluren, Äcker, Gärten; Schuttplätze, (Poly-Chen, Pani-Seta, Sisy), Archäophyt, LC

\- Pflanze wenig bemehlt (verkahlend), nach Abreiben des Mehls hellgrün, glänzend. Blätter → am Grund stets mit 2 scharfen, vorwärtsgerichteten Zähnen. Samen fein grubig punktiert

Chenopodium suecicum Murr, Schwedischer Gänsefuss: T, 30–100 cm, Schuttplätze, Wegränder, DD

g Reife Früchte ± kugelig, mind. 1,3 mm breit. Pflanze mit aufrecht abstehenden Seitenästen. Blätter nicht rotrandig, sehr vielgestaltig, die unteren gelappt oder stumpf gezähnt. Blütenknäuel stark weissmehlig. Frucht im Perigon nicht sichtbar (hervorholen der Nussfrüchte: Fruchtstand in der Hand zerreiben) **f**

→ Chenopodium album

\- Reife Früchte breit eiförmig, max. 1,2 mm breit. Pflanze unten mit waagrecht abgehenden, bogig aufsteigenden Ästen. Blätter meist ganzrandig, rot berandet →. Blütenknäuel wenig bemehlt, olivgrün. Frucht im Perigon nicht sichtbar

Chenopodium strictum Roth, Gestreifter Gänsefuss: T, 20–100 (–200) cm, VII–IX, kollin, trockenwarme Wegränder, Schuttplätze, (Sisy), Neophyt

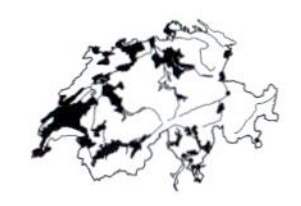

Polycnemum Knorpelkraut

1 Blätter im Querschnitt rund (vgl. *Salsola*), die unteren 10-20 mm lang. Perigonblätter 2-2,5 mm lang. Vorblätter länger als die Perigonblätter →

Polycnemum majus A. Braun, Grosses Knorpelkraut: T, 10-20 cm, VII-IX, kollin (-montan), trockenwarme, kalkreiche Äcker, Schuttplätze, (Sisy, Cauc), EN

- Blätter im Querschnitt rund, die unteren 3-10 mm lang. Perigonblätter 1-1,5 mm lang. Vorblätter etwa gleich lang wie die Perigonblätter →

Polycnemum arvense L., Acker-Knorpelkraut: T, 5-30 cm, VII-IX, kollin, trockenwarme Äcker, Schuttplätze, (Cauc, Erag), CR

Salsola Salzkraut

- Pflanze graugrün, aufrecht, von Grund an mit waagrecht abstehenden, langen Seitenästen. Blätter hart, mit stechender, gelber Stachelspitze →, 1-4 cm lang und 1-2 mm breit, zumindest einzelne am Grund flach (vgl. *Polycnemum*). 3 breite und 2 schmale Perigonblätter, alle zuletzt geflügelt

Salsola tragus L., *(S. kali, S. ruthenica)*, Kali-Salzkraut: T, 15-60 cm, VII-X, kollin, trockenwarme, kalkreiche Wegränder, salzhaltige Pionierfluren, (Sisy), Neophyt

Spinacia Spinat

- Blüten eingeschlechtig, Pflanze zweihäusig. Stängel kantig gefurcht, kahl. Die untersten Blätter rosettenartig gehäuft, dreieckig bis spiessförmig, lang gestielt, meist mit stumpfer Spitze, dunkelgrün, etwas glänzend. Blütenstand durchgehend beblättert. Blüten in achselständigen Knäueln

Spinacia oleracea L., Gemüse-Spinat: T, 30-50 cm, V-IX, kollin-subalpin, Gartenränder, Schuttplätze, (Sisy), kultiviert und selten verwildert, Kulturpflanze

Anacardiaceae Sumachgewächse

1	Blätter ungeteilt, ganzrandig	***Cotinus***
-	Blätter 3-teilig oder gefiedert	**2**
2	Blätter 3-teilig	***Toxicodendron***
-	Blätter gefiedert	***Rhus***

Cotinus Perückenstrauch

- Blätter gestielt, oval, am Grund abgerundet, ganzrandig, kahl, zerrieben stark aromatisch. Blüten in breiten Rispen, die meisten unfruchtbar bleibend. Fruchtstiele zuletzt abstehend behaart und so einen wolkigen Fruchtstand bildend. Frucht ca. 5 mm lang

  Cotinus coggygria Scop., Perückenstrauch: Ph, 1-3 m, VI, kollin-montan, trockenwarme, kalkreiche Gebüsche, Felsenheiden, (Berb, Orno-Ostr), im VS und TI indigen, sonst kultiviert und selten verwildert, NT

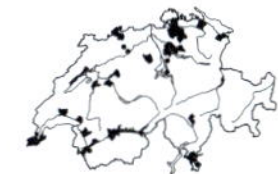

Rhus Essigbaum

- Strauch oder kleiner Baum mit weissem Milchsaft. Junge Äste dicht rötlich samthaarig. Blätter wechselständig, bis 50 cm lang, mit 5-15 Fiederpaaren, Fiederblättchen meist gezähnt, oberseits grün, unterseits blaugrün. Fruchtstand zuletzt rot, kolbenartig

  Rhus typhina L., Essigbaum: Ph-P, 6(-10) m, V-VI, kollin, sonnige Gebüsche, Waldränder, (Robi), kultiviert und verwildert, Neophyt

Toxicodendron Giftsumach

- Pflanze mit kriechenden, aufrechten oder kletternden, verholzten Ästen, die jungen behaart und weissen Milchsaft führend. Blätter 3-zählig, Teilblätter gelappt, gesägt oder ganzrandig, 5-10 cm lang, im Herbst rot verfärbt. Blüten in dichten Trauben in den Blattachseln

  Toxicodendron radicans (L.) Kuntze, Kletternder Giftsumach: Ph-P, 0,3-1(-10) m, VI-VII, kollin, sonnige Gebüsche, Waldränder, (Robi), selten verwildert, Neophyt. Das Berühren der Pflanze kann starke allergische Reaktionen auslösen!

Apiaceae Doldenblütler

Die Blütenstände sind einfache oder (häufiger) zusammengesetzte Dolden. Am Grund der Dolden jeder Ordnung können Hochblätter sitzen, was für die Bestimmung bedeutsam ist. Der Bau der Früchte ist für die Bestimmung wichtig. Viele der häufigeren Arten können aber relativ eindeutig anhand der Blätter unterschieden werden. Viele Arten sind fototoxisch. Der Hautkontakt kann zu Reizungen führen!

Hauptschlüssel

1 Blütenstand eine einfache Dolde → oder dicht kopfig (dann nicht als Dolde erkennbar) **Teilschlüssel I - Einfache und kopfartige Dolden**

- Blütenstand eine Doppeldolde (mit Verzweigungen 1. und 2. Ordnung bzw. eine Dolde aus mehreren «Döldchen») → **2**

2 Blüten gelb oder grünlich gelb **Teilschlüssel II - Gelbe Dolden**

- Blüten weiss oder rötlich **3**

3	Früchte mit Stacheln, Borsten oder Haaren (meist schon am Fruchtknoten erkennbar!)	**Teilschlüssel III – Haarfrüchtige und stachelfrüchtige Dolden**
-	Früchte ohne Stacheln, Borsten oder Haare	**4**
4	Hülle (Tragblätter der Hauptdolde) fehlend oder 1- bis 2-blättrig (oder frühzeitig abfallend) →	**Teilschlüssel IV – Hüllenlose weisse Dolden**
-	Hülle 3- oder mehrblättrig →	**Teilschlüssel V – Weisse Dolden mit Hüllblättern**

Teilschlüssel I – Einfache und kopfartige Dolden

1	Pflanze distelartig, Blätter und Hüllblätter stachelig	***Eryngium***
-	Pflanze nicht distelartig	**2**
2	Früchte lang geschnäbelt. Blätter mehrfach fiederschnittig	***Scandix***
-	Früchte nicht geschnäbelt. Blätter handförmig gelappt oder geteilt	**3**
3	Hüllblätter klein, 2–4 mm lang, grün und zurückgeschlagen. Früchte hakig-stachelig	***Sanicula***
-	Hüllblätter gross, abstehend und strahlig, weisslich oder rötlich	***Astrantia***

Teilschlüssel II – Gelbe Dolden

1	Untere Blätter ungeteilt, ganzrandig, oft (scheinbar) parallelnervig. Blüten gelb	***Bupleurum***
-	Untere Blätter geteilt oder fiederschnittig	**2**
2	Obere Stängelblätter ungeteilt, breit und vollständig stängelumfassend	***Smyrnium***
-	Obere Stängelblätter nicht breit stängelumfassend	**3**
3	Dolden und Döldchen mit vielblättrigen Hüllen bzw. Hüllchen	**4**
-	Hülle (Tragblätter der Hauptdolde) fehlend oder 1- bis 2-blättrig	**8**
4	Pflanze 40–90 cm hoch, geruchlos. Stängel markig. Blattabschnitte eiförmig (z. T. asymmetrisch). Teilfrüchte (Fruchthälften) mit 4 geflügelten Nebenrippen	***Laserpitium gaudinii***
-	Pflanze 1–2 m hoch, mit dickem, hohlem Stängel	**5**
5	Blätter mit sehr schmalen, linealen Abschnitten (< 1 mm breit). Kronblätter sehr klein, zusammengerollt	**6**
-	Blätter mit flächigen Teilblättern (rhombisch oder eiförmig)	**7**
6	Hüllblätter und Hüllchenblätter meist fehlend, Pflanze ausgewachsen meist über 1,5 m hoch. Blütezeit im Frühling	***Ferula***
-	Hüllblätter und Hüllchenblätter vorhanden (zahlreiche Hüllchenblätter), Pflanze ausgewachsen höchstens 1,5 m hoch. Blütezeit im Sommer	***Ferulago***
7	Teilblätter im Umriss rhombisch. Pflanze stark aromatisch (nach «Maggi» riechend). Stängel hellgrün. Teilfrüchte nur mit Hauptrippen (Rücken- und Randrippen). Verwilderte Gartenpflanze	***Levisticum***
-	Teilblätter im Umriss eiförmig. Pflanze geruchlos. Stängel braunrot. Früchte vom Rücken her abgeflacht. Wildpflanze	***Peucedanum***

8	Hüllchen (Tragblätter der Döldchen) vielblättrig	**9**
-	Hüllchen fehlend oder einblättrig	**10**
9	Pflanze ± geruchlos. Dolden 5- bis 10-strahlig. Blattabschnitte flach, etwas blaugrün. Früchte 4 mm lang, Querschnitt rundlich	***Silaum***
-	Pflanze aromatisch (nach Petersilie riechend). Dolden 10- bis 20-strahlig. Blattabschnitte kraus, frischgrün. Früchte 2 mm lang, von der Seite her abgeflacht. Verwilderte Gartenpflanze	***Petroselinum***
10	Blätter einfach gefiedert. Blattabschnitte eiförmig bis lanzettlich. Früchte vom Rücken her abgeflacht	***Pastinaca***
-	Blätter mehrfach fiederschnittig, mit langen, fadenförmigen Zipfeln. Verwilderte Gartenpflanze	**11**
11	Dolden 10- bis 25-strahlig. Pflanze aromatisch (typischer Fenchelgeruch). Früchte rundlich, mit kräftigen Rippen	***Foeniculum***
-	Dolden 20- bis 40-strahlig. Pflanze aromatisch (typischer Dillgeruch). Früchte flach	***Anethum***

Teilschlüssel III – Haarfrüchtige und stachelfrüchtige Dolden

1	Hüllblätter fiederschnittig	***Daucus***
-	Hüllblätter ungeteilt oder fehlend	**2**
2	Äussere Kronblätter der randständigen Blüten strahlig vergrössert	**3**
-	Äussere Kronblätter nicht oder wenig vergrössert	**4**
3	Blätter 2- bis 3-fach fiederschnittig. Früchte oval	***Orlaya***
-	Untere Blätter einfach gefiedert. Früchte scheibenförmig	***Tordylium***
4	Frucht mit Stacheln oder dicken Borsten	**5**
-	Frucht rauhaarig oder filzig, aber ohne Stacheln oder dicke Borsten	**8**
5	Blätter einfach fiederschnittig, die schmalen Abschnitte tief eingeschnitten gezähnt. Hüll- und Hüllchenblätter breit hautrandig	***Turgenia***
-	Blätter mehrfach fiederschnittig	**6**
6	Blattfläche locker bis dicht behaart, die Endabschnitte oft lang ausgezogen	***Torilis***
-	Blattfläche kahl, ± glänzend, aber Blattstiel und Blattnerven abstehend behaart	**7**
7	Frucht in einen kahlen, 1 mm langen Schnabel verlängert (schon unter der Blüte erkennbar!). Blattnerven deutlich behaart	***Anthriscus***
-	Frucht ohne Schnabel. Blattnerven sehr vereinzelt behaart	***Caucalis***
8	Frucht bis 4 cm lang geschnäbelt (schnabelartiger Fruchtknoten schon an der blühenden Dolde erkennbar)	***Scandix***
-	Frucht ohne oder mit sehr kurzem Schnabel	**9**
9	Blätter feinzipflig (Zipfel schmal, < 1 mm breit, bis 5 mm lang), zerrieben aromatisch	***Athamanta***
-	Blätter grobzipflig (Zipfel > 1 mm breit)	**10**

10	Seitenfiedern sitzend, ihr unterstes Fiederchenpaar mit dem gegenüberliegenden ein Kreuz bildend. Frucht eiförmig, nicht abgeflacht, gerippt	***Seseli***
-	Seitenfiedern gestielt. Kronblätter bewimpert. Frucht vom Rücken her abgeflacht, mit breit geflügelten Nebenrippen	***Laserpitium***

Teilschlüssel IV - Hüllenlose weisse Dolden

1	Hüllchen fehlend oder aus 1–2 unbeständigen Blättchen	**2**
-	Hüllchen mehrblättrig	**7**
2	Untere Blätter 3-zählig oder doppelt 3-zählig, Abschnitte eiförmig	***Aegopodium***
-	Untere Blätter 1- bis 3-fach gefiedert	**3**
3	Untere Blätter einfach gefiedert, Abschnitte eiförmig bis lanzettlich	**4**
-	Blätter 2- bis 3-fach gefiedert, Abschnitte lineal	**5**
4	Kronblätter grünlich weiss. Aromatisch (Selleriegeruch). Verwilderte Gartenpflanze	***Apium***
-	Kronblätter weiss oder rötlich. Wiesenpflanze	***Pimpinella***
5	Pflanze zweihäusig (manchmal zum Teil zwittrig), von Grund auf stark verzweigt (daher oft breiter als hoch). Blätter graugrün, feinzipflig, beim Zerreiben nach altem Öl riechend	***Trinia***
-	Pflanze nicht zweihäusig, Blüten meist zwittrig	**6**
6	Seitenfiedern sitzend, ihr unterstes Fiederchenpaar mit dem gegenüberliegenden ein Kreuz bildend. Teilfrüchte länglich, 5-rippig, zerrieben aromatisch	***Carum***
-	Seitenfiedern gestielt. Teilfrüchte fast kugelig, ohne deutliche Rippen	***Bifora***
7	Hüllchen 1- bis 4-blättrig, einseitswendig	**8**
-	Hüllchen 2- bis mehrblättrig, nicht einseitswendig (manchmal aber auf der einen Seite stark verkürzt)	**11**
8	Blätter auffällig glänzend, dunkelgrün. Dolden 6- bis 15-strahlig. Hüllchenblätter stets 3, einseitswendig. Frucht eiförmig-kugelig	***Aethusa***
-	Blätter nicht auffällig glänzend. Dolden 2- bis 8-strahlig	**9**
9	Pflanze kräftig scharf aromatisch (Koriandergeruch). Frucht kugelig	***Coriandrum***
-	Pflanze geruchlos oder süsslich mild aromatisch. Frucht nicht kugelig	**10**
10	Blatt mit flächigen Abschnitten und Zipfeln. Frucht länglich lineal	***Anthriscus***
-	Blattabschnitte feinzipflig bis fädig. Frucht 2-knotig, Teilfrüchte fast kugelig	***Bifora***
11	Frucht vom Rücken her abgeflacht	**12**
-	Frucht im Querschnitt rundlich oder seitlich abgeflacht	**15**
12	Frucht mit einfachem Flügelsaum. Blätter ungeteilt (gelappt) oder mit grossen, flächigen Teilblättern	**13**
-	Frucht mit doppeltem Flügelsaum. Blätter fein fiederschnittig oder mit eiförmigen Abschnitten	**14**
13	Blätter einfach oder doppelt 3-zählig, Abschnitte breit, sehr flächig, oberseits kahl	***Peucedanum***
-	Blätter gefiedert (1–3 Fiederpaare) oder handförmig gelappt, oberseits behaart oder kahl	***Heracleum***

14 Blätter schmal dreieckig, fein fiederschnittig, mit kleinen, lineal-lanzett-lichen Zipfeln **Selinum**

- Blätter breit dreieckig. Blattabschnitte eiförmig, gesägt. Verzweigungen am Blatt mit rotem Querstrich **Angelica**

15 Blätter mehrfach 3-zählig. Die einzelnen Teilblätter eiförmig, scharf und oft ungleich gezähnt **Trochiscanthes**

- Blätter gefiedert oder fiederschnittig **16**

16 Blätter einfach gefiedert. Seltene Wasser- und Sumpfpflanze **Apium**

- Blätter meist 2- bis mehrfach fiederschnittig oder die Abschnitte lineal **17**

17 Stängel blattlos oder 1- bis 2-blättrig **18**

- Stängel reich beblättert **19**

18 Blätter mit dicht stehenden, fast quirlig stehenden, fein fadenförmigen, 3–5 mm langen Zipfeln. Kronblätter weiss. Pflanze stark aromatisch **Meum**

- Blattzipfel lineal-lanzettlich. Kronblätter meist rosa (seltener weiss). Pflanze schwach aromatisch **Ligusticum**

19 Blattabschnitte eiförmig bis lanzettlich **20**

- Blattabschnitte lineal-lanzettlich bis fadenförmig **22**

20 Blätter zerrieben nach Anis riechend. Frucht bis 25 mm lang, mit gekielten Rippen **Myrrhis**

- Blätter geruchlos oder, wenn aromatisch, nicht nach Anis riechend. Frucht höchstens 15 mm lang **21**

21 Frucht oben verengt, fast schnabelförmig, am Ende deutlich 10-rippig **Anthriscus**

- Frucht ohne Rippen oder auf der ganzen Länge mit 10 flachen Wülsten **Chaerophyllum**

22 Blattabschnitte lineal-lanzettlich, scharf gezähnt. Pflanze mit gelbem Saft (giftig!). Stängel röhrig. Wasserpflanze **Cicuta**

- Blattabschnitte anders **23**

23 Frucht seitlich abgeflacht. Blätter einfach gefiedert. Sehr selten auf Trocken-standorten **Ptychotis**

- Frucht im Querschnitt rundlich. Blätter mehrfach fiederschnittig **24**

24 Kelchzähne gross. Sumpf- oder Wasserpflanze **Oenanthe**

- Kelchzähne unscheinbar. Pflanze trockener Standorte **25**

25 Pflanze 20–60(–90) cm hoch. Dolden 5- bis 20- (30-)strahlig **26**

- Pflanze 60–150 cm hoch. Dolden 30- bis 40-strahlig. Seltene Arten der Süd-alpen **27**

26 Blätter frischgrün. Blätter mit dicht stehenden, fast quirlig stehenden, fein fadenförmigen, 3–5 mm langen Zipfeln. Stark aromatisch **Meum**

- Blätter graugrün. Blattabschnitte lineal. Kelchzähne an der Frucht deutlich **Seseli**

27 Blattzipfel lang stachelspitzig. Frucht 4–6(–8) mm lang, mit 5 schmal ge-flügelten Rippen. Stängel hohl **Ligusticum**

- Blattzipfel stumpf, mit aufgesetzten Spitzchen. Frucht 3–4 mm lang, mit 5 breiten Rippen. Stängel markig, kräftig, gerillt **Cnidium**

Teilschlüssel V – Weisse Dolden mit Hüllblättern

1	Untere Blätter handförmig gelappt	***Heracleum***
-	Blätter nicht handförmig gelappt	**2**
2	Wasser- oder Sumpfpflanze	**3**
-	Pflanze trockener Standorte	**6**
3	Stängel niederliegend, an den Knoten wurzelnd	***Apium***
-	Stängel aufrecht oder aufsteigend (wenn niederliegend, dann nicht an den Knoten wurzelnd, vgl. auch *Oenanthe*)	**4**
4	Die seitlichen Dolden (scheinbar) gegenüber eines Stängelblattes. Teilblätter ungleich gesägt. Häufige Uferpflanze	***Berula***
-	Dolden endständig. Teilblätter auffallend gleichmässig gesägt. Sehr seltene Uferpflanze	**5**
5	Blätter einfach gefiedert, mit 4–10 Fiederpaaren (untergetauchte Blätter mit fadenförmigen Zipfeln)	***Sium***
-	Blätter 2- bis 3-fach gefiedert	***Peucedanum***
6	Stängel blattlos, 5–15 cm hoch. Blätter nur bis 4 cm breit. Windkuppen in der alpinen Stufe	***Ligusticum***
-	Stängel beblättert. Grundblätter > 4 cm breit	**7**
7	Hüllblätter der Gipfeldolde ungeteilt, die der Seitendolden fiederschnittig oder tief gezähnt. Hochstaude der Südalpen	***Molopospermum***
-	Hüllblätter entweder alle fiederschnittig oder alle ungeteilt	**8**
8	Hüllblätter fiederschnittig	**9**
-	Hüllblätter ungeteilt	**10**
9	Abschnitte der Hüllblätter lineal. Frucht 2 mm lang. Adventive Art im Tiefland	***Ammi***
-	Abschnitte der Hüllblätter breit lanzettlich. Frucht bis 8 mm lang. Seltene Art im Gebirge	***Pleurospermum***
10	Blätter 3-zählig, lederig. Abschnitte lang bandförmig (ca. 15 mm breit), scharf gezähnt	***Falcaria***
-	Blattabschnitte nicht lang bandförmig	**11**
11	Stängel auffällig gefleckt, bereift. Dolde 8- bis 15-strahlig. Hüllchen 2- bis 4-blättrig, einseitswendig	***Conium***
-	Stängel ungefleckt, unbereift	**12**
12	Dolde 3- bis 10-strahlig	**13**
-	Dolde 11- bis 40-strahlig	**14**
13	Dolde 3- bis 5-strahlig. Sehr seltene Art im Genfer Hinterland	***Sison***
-	Dolde 5- bis 10-strahlig. Frucht vom Rücken her abgeflacht und seitlich geflügelt	***Peucedanum***
14	Frucht mit Flügeln (ansatzweise schon früh, an verblühenden Dolden, erkennbar)	**15**
-	Frucht ohne Flügelkanten	**16**

15 Frucht auf dem Rücken geflügelt, Frucht daher 8-flügelig — ***Laserpitium***

\- Frucht v. a. seitlich (bei der Berührungslinie der beiden Teilfrüchte) geflügelt, vom Rücken her abgeflacht — ***Peucedanum***

16 Dolden 10- bis 20-strahlig, Doldenstrahlen auf der Innenseite rau. Kelchblätter fehlend. Frucht fein gerippt. Pflanze zart, schmal — ***Bunium***

\- Dolden 25- bis 40-strahlig. Doldenstrahlen glatt. Kelchblätter winzig. Frucht mit 5 breiten Rippen. Pflanze kräftig — ***Cnidium***

Aegopodium — Giersch

\- Untere Blätter → 3-zählig oder doppelt 3-zählig, Abschnitte eilänglich, unregelmässig gezähnt. Hülle und Hüllchen fehlend. Frucht seitlich abgeflacht, ohne Striemen

Aegopodium podagraria L., Geissfuss: G-H, 30-90 cm, V-IX, kollin-montan (-subalpin), nährstoffreiche Krautsäume, Auenwälder, (Aego, Alni-inca), LC

Aethusa — Hundspetersilie

1 Pflanze klein, Stängel bis max. 1 m hoch, am Grund 2-10 mm dick, bereits im unteren Teil verzweigt. Pflanze offener, anthropogener Standorte (Äcker). Frucht → kugelig, mit kantigen Rippen

Aethusa cynapium L., Hundspetersilie: T, 10-100 cm, VI-X, kollin-montan, Unkrautfluren, Wegränder, Krautsäume, (Fuma-Euph), LC

\- Pflanze gross, Stängel 1-2,5 m hoch, am Grund 6-25 mm dick, erst oberhalb der Mitte ästig. Waldpflanze

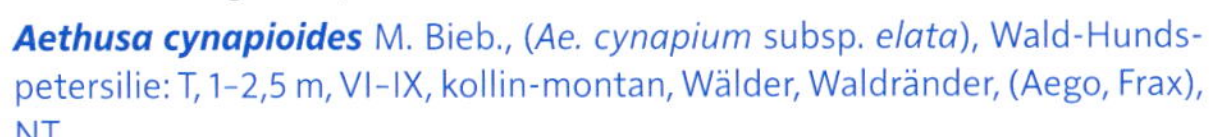

Aethusa cynapioides M. Bieb., (*Ae. cynapium* subsp. *elata*), Wald-Hundspetersilie: T, 1-2,5 m, VI-IX, kollin-montan, Wälder, Waldränder, (Aego, Frax), NT

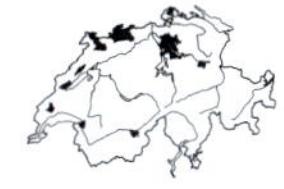

Ammi — Knorpelmöhre

1 Abschnitte der unteren Teilblätter fast stets breiter als diejenigen der oberen, Doldenachse an der Ursprungsstelle der Strahlen nicht auffällig verdickt, Doldenstrahlen bei der Reife schlank, nicht nestförmig zusammengezogen, Frucht → schmal, fast 2x so lang wie breit

Ammi majus L., Knorpelmöhre: T, 30-100 cm, VI-X, kollin, trockenwarme Unkrautfluren, (Sisy), Neophyt

\- Alle Laubblätter gleichförmig fein zerteilt, Zipfel der letzten Ordnung etwas spreizend, Doldenstrahlen schon zur Blütezeit besonders, aber zur Fruchtzeit an der Basis verdickt, Doldenstrahlen zur Fruchtzeit starr («Zahnstocherkraut»), dann nestartig zusammengezogen, Frucht breit eiförmig, weniger lang als breit

Ammi visnaga (L.) Lam., *(Visnaga daucoides)*, Bischofskraut: T, 30-100 cm, VI-X, kollin, trockene Ruderalstellen, Neophyt

Anethum Dill

- Pflanze würzig-aromatisch. Blätter bläulich bereift, Blattzipfel fadenförmig Dolden 20- bis 40-strahlig, ohne Hülle und Hüllchen. Blüten gelb. Frucht gerippt, Randrippen zu einem Flügel erweitert

  Anethum graveolens L., Dill: T, 50–120 cm, VII–VIII, kollin, Gärten, Äcker, kultiviert und selten verwildert, kultivierter Archäophyt

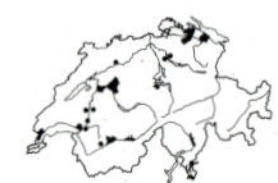

Angelica Brustwurz

- Pflanze kahl. Stängel blaugrün oder rötlich gestreift. Gut entwickeltes Blatt sehr gross, dunkelgrün, 3-fach geteilt, Verzweigungsstellen rötlich, mit eiförmigen, fein gesägten Abschnitten. Frucht an den Seiten schmal geflügelt

  Angelica sylvestris L., Wilde Brustwurz: H.ha, 50–150(–200) cm, VII–IX, kollin-subalpin, wechselfeuchte Auenwälder, Nasswiesen, Flachmoore, (Alni-inca, Calt), LC

Anthriscus Kerbel

1 Dolden 8- bis 15-strahlig, alle gestielt, Stiele länger als die Doldenstrahlen **2**

- Dolden nur 2- bis 5-strahlig, z. T. sitzend (wenn gestielt, dann Stiel kürzer als die Doldenstrahlen) **3**

2 Früchte 6–12 pro Döldchen, länger als ihr Stiel. Randliche Blüten nur wenig vergrössert. Grundblätter und untere Stängelblätter ungleich geteilt: die beiden untersten Fiedern sehr viel kleiner als die restliche Spreite. Blätter oberseits fast stets kahl. Stängel ungefleckt (vgl. die ähnliche *Chaerophyllum aureum*)

Anthriscus sylvestris (L.) Hoffm., Wiesen-Kerbel: H, 50–150 cm, IV–VIII, kollin-subalpin, Wiesen, LC

a Endabschnitte der Fiederchen schmaler als 2 mm, lineal-lanzettlich →. Art des Kalkgerölls (sehr selten!)

Anthriscus sylvestris subsp. ***stenophylla*** (Rouy & E. G. Camus) Briq., Schmalzipfliger Wiesen-Kerbel: H, Schutthalden, geröllreiche Bachränder, (Cyst), EN

- Endabschnitte der Fiederchen breiter als 2 mm, breit lanzettlich →. Sehr häufige und variable Art

  Anthriscus sylvestris (L.) Hoffm. subsp. ***sylvestris***, Gewöhnlicher Wiesen-Kerbel: H, Fettwiesen, Wegränder, Unkrautfluren, (Arrh, Poly-Tris, Aego), LC

- Früchte nur 2–6 pro Döldchen, kaum so lang wie ihr Stiel. Randliche Blüten deutlich vergrössert. Grundblätter und untere Stängelblätter ähnlich geteilt: die unteren Fiedern sind ca. gleich gross wie die restliche Spreite. Blattzipfel →

  Anthriscus nitida (Wahlenb.) Hazsl., Glänzender Kerbel: H, 60–120 cm, V–VI, montan-subalpin, luftfeuchte Krautsäume, Wälder, Staudenfluren, (Aego, Luna-Acer, Loni-Fage), LC

3 Blätter hellgrün, zart. Blattstiele ± kahl. Frucht schmal lineal, 7-10 mm lang, kahl oder mit kurzen Borstenhaaren. Blattzipfel →

Anthriscus cerefolium (L.) Hoffm., Garten-Kerbel: T, 30-70 cm, V-VIII, kollin (-subalpin), warme Krautsäume, Gärten, Weinberge, (Aego, Fuma-Euph), auch kultiviert und verwildert, Archäophyt, VU

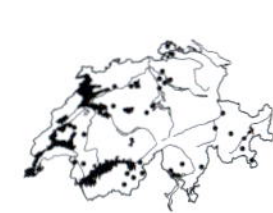

- Blätter dunkelgrün. Blattstiele (und Blattrand) abstehend behaart. Frucht eiförmig, 4-5 mm lang, mit vielen hakigen Stachelborsten. Blattzipfel →

Anthriscus caucalis M. Bieb., Hunds-Kerbel: T, 20-80 cm, V-VI, kollin, warme, kalkarme Krautsäume, Unkrautfluren, (Aego), VU

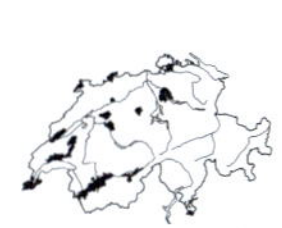

Apium Sellerie

1 Hüllchen fehlend. Kronblätter weiss, kreisrund. Blattabschnitte breit rhombisch, 3-spaltig. Pflanze aromatisch (nach Sellerie). Verwilderte Nutzpflanze

Apium graveolens L., Sellerie: H.ha-T, 30-100 cm, VI-X, kollin-montan, Gärten, Äcker, kultiviert und selten verwildert, kultivierter Archäophyt

- Hüllchenblätter zahlreich. Kronblätter weiss, elliptisch. Blätter ohne Selleriegeruch **2**

2 Stängel kriechend, an den Knoten wurzelnd. Hüllblätter 0-2, Dolden → fast sitzend, Blätter mit 3-6 Paar Teilblättchen (diese eilanzettlich), das unterste nicht kleiner (vgl. *Berula erecta*)

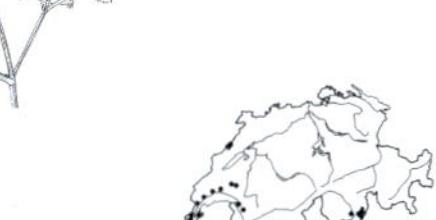

Apium nodiflorum (L.) Lag., *(Helosciadium nodiflorum)*, Knotenblütiger Eppich: H, 20-50 cm, VII-VIII, kollin, Ufer, Teiche, Tümpel, (Glyc-Spar), sehr selten, CR

- Stängel niederliegend-aufsteigend. Hüllblätter 3-6, Dolden stets deutlich gestielt, Blätter → mit 5-11 Paar Teilblättchen (diese rundlich), das unterste nicht kleiner (vgl. *Berula erecta*)

Apium repens (Jacq.) Lag., *(Helosciadium repens)*, Kriechender Eppich: H, 5-30 cm, VII-VIII, kollin, Ufer, Teiche, Gräben, (Glyc-Spar), sehr selten, CR

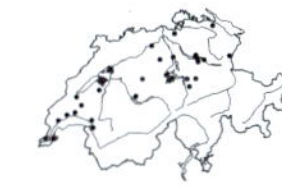

Astrantia Sterndolde

1 Hüllblätter 1-2,5 cm lang, weiss oder rötlich. Blätter handförmig 5- bis 7-lappig, Spreite der unteren 6-12 cm im Durchmesser. Blattzähne → begrannt (vgl. z. B. *Trollius* oder *Geranium*)

Astrantia major L., Grosse Sterndolde: H, 30-90 cm, VI-VIII, (kollin-) montan-subalpin (-alpin), frische, nährstoffreiche Bergwiesen und -weiden, Hochstaudenfluren, (Poly-Tris, Cari-ferr, Cala), LC

- Hüllblätter kaum über 1 cm lang, weiss. Blätter bis zum Grund 5- bis 7-teilig, Spreite der unteren Blätter 2-5 cm im Durchmesser

Astrantia minor L., Kleine Sterndolde: H, 20-40 cm, VII-VIII, montan-subalpin (-alpin), kalkarme Gebirgsrasen, Zwergstrauchheiden, (Fest-vari, Lois-Vacc, Juni-nana), LC

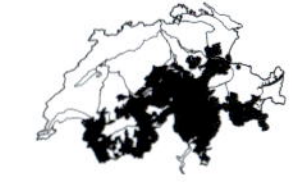

Athamanta Augenwurz

- Pflanze aromatisch, samtig grau behaart. Blätter sehr fein zerteilt (2- bis 3-fach fiederschnittig) mit kurzen (5 mm langen) Zipfeln. Hülle hinfällig. Hüllchenblätter 4-9, häutig, haarspitzig. Frucht flaschenförmig →, 6-7 mm

  Athamanta cretensis L., Augenwurz: H, 15-30 cm, V-VII, (montan-) subalpin-alpin, kalkreiche Felsen, Schutthalden, (Peta-para, Pote), LC

Berula Merk

Die Gattung wird manchmal mit *Apium*-Arten verwechselt. Bei *Berula* ist aber das unterste Blattpaar deutlich kleiner und fehlt manchmal ganz (in diesem Fall nur eine hellere Stelle). Bei *Berula* sind überdies die Blattränder feiner und regelmässiger gezähnt als bei *Apium*.

- Blätter → einfach gefiedert, Teilblätter eiförmig (unten) bis eilanzettlich (oben), gesägt, die untersten kleiner (vgl. die ähnlichen Blätter von *Sium, Apium*). Ein Teil der Dolden scheinbar seitenständig gegenüber einem Stängelblatt

  Berula erecta (Huds.) Coville, Kleiner Merk: G, 30-70(-100) cm, VI-VIII, kollin-montan, Bachufer, Teiche, Gräben, (Glyc-Spar), LC

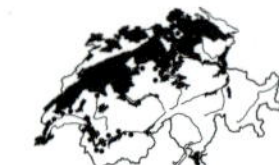

Bifora Hohlsame

- Frucht eine Doppelkugel →. Habitus und Geruch ähnlich wie bei *Coriandrum sativum*, aber Kelch undeutlich, ohne Zähne, Blätter 2- bis 3-fach fiederschnittig, Zipfel der unteren ca. 1 mm breit, die der oberen fadenförmig

  Bifora radians M. Bieb., Strahlen-Hohlsame: T, 15-50 cm, V-VIII, kollin, kalkreiche Äcker, Schuttplätze, (Cauc), Neophyt

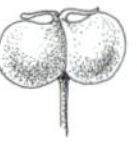

Bunium Erdkastanie

- Blätter 2- bis 3-fach gefiedert, im Umriss breit dreieckig, Blattzipfel am Grund etwas verschmälert (Zipfelrand gebogen), glatt, Endzipfel länger als die seitlichen. Stängelblätter klein, mit nur wenigen Zipfeln. Dolden 10- bis 20-strahlig. Hülle und Hüllchen mehrblättrig. Frucht länglich, abgeflacht, fein gerippt →

  Bunium bulbocastanum L., Erdkastanie: G, 30-60 cm, VI-VII, kollin-montan (-subalpin), trockenwarme, kalkreiche Äcker, Wegränder, Trockenrasen, (Cauc, Conv-Agro), NT

Bupleurum Hasenohr

Alle Arten dieser Gattung haben für die Familie unüblich ungeteilte und ganzrandige Blätter.

1 Mittlere und obere Blätter → vom Stängel durchwachsen. Pflanze hellgrün oder blaugrün, einjährig, an Acker- oder Wegrändern

  Bupleurum rotundifolium L., Rundblättriges Hasenohr: T, 20-60 cm, VI-VII, kollin-montan, kalkreiche Äcker, Wegränder, (Cauc), Archäophyt, EN

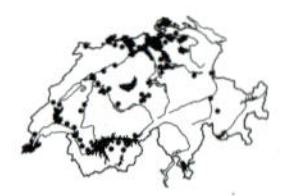

- Blätter (zumindest die unteren) nicht vom Stängel durchwachsen. Pflanze mehrjährig, an naturnahen Standorten **2**

2 Hüllchenblätter bis zur Mitte zu einem hellgrünen Becher verwachsen, Grundblätter zur Blütezeit zahlreich, seegrün bis olivgrün, mit nur 1 Längsnerv, sonst auffällig netznervig

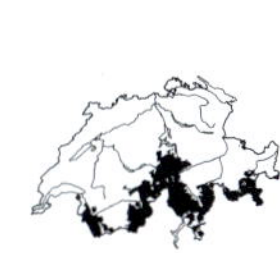

Bupleurum stellatum L., Sternblütiges Hasenohr: H, 10–40 cm, VII–VIII, (montan-) subalpin-alpin, kalkarme Felsrasen, Rasenhänge, (Fest-vari, Andr-vand), LC

- Hüllchenblätter ± frei, Grundblätter zur Blütezeit unauffällig oder bereits abgestorben **3**

3 Grundblätter mit nur einem durchgehenden Nerv, die unteren länglich verkehrt eiförmig, in einen langen Stiel verschmälert, die oberen → länglich eiförmig, mit breiten, runden Zipfeln den Stängel umfassend

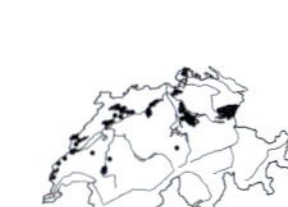

Bupleurum longifolium L., Langblättriges Hasenohr: H.ha, 30–80 cm, VI–VIII, montan (-subalpin), lichte, trockene Laubwälder, Gebüsche, (Gera-sang, Cala, Ceph-Fage), VU

- Grundblätter mit mehreren Längsnerven **4**

4 Untere Blätter oval bis spatelförmig (vorderer Teil verbreitert), die oberen Stängelblätter → mit verschmälertem Grund sitzend. Hüllchenblätter lineal, bis 1 mm breit. Pflanze der tieferen Lagen, 30–90 cm hoch

Bupleurum falcatum L., Sichelblättriges Hasenohr: H, 30–80 cm, Trockenwiesen, Föhren- und Flaumeichenwälder, LC

a Grundständige Blätter eiförmig oder elliptisch, lang gestielt

Bupleurum falcatum L. subsp. ***falcatum***, Sichelblättriges Hasenohr: H, 30–90 cm, VII–IX, kollin-montan, trockenwarme Krautsäume, lichte Wälder, (Gera-sang, Eric-PiSy, Quer-pube), LC

- Grundständige Blätter lineal, 2–5 mm breit, ungestielt

Bupleurum falcatum subsp. ***cernuum*** (Ten.) Arcang., Nickendes Hasenohr: H, VII–VIII, montan, trockenwarme, steinige Krautsäume, Felsenheiden, (Gera-sang), DD

- Untere Blätter schmal, grasartig, die oberen Stängelblätter mit stark verbreitertem Grund umfassend. Hüllchenblätter über 1 mm breit. Kleinere Pflanze der Gebirge

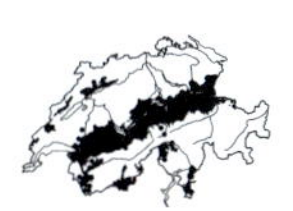

Bupleurum ranunculoides L., Hahnenfuss-Hasenohr: H, 10–60 cm, VII–VIII, subalpin-alpin, Rasen, Felsen, auf Kalk, LC

a Pflanze 10–30 cm hoch. Die meisten Grundblätter 3–10 mm breit und nur bis 10 cm lang. Stängel oft unverzweigt

Bupleurum ranunculoides L. subsp. ***ranunculoides***, Gewöhnliches Hahnenfuss-Hasenohr: H, 10–40 cm, VII–VIII, montan-alpin, kalkreiche Gebirgsrasen, Felsrasen, (Sesl, Pote), LC

- Pflanze 20–60 cm hoch. Die meisten Grundblätter höchstens 3 mm breit, aber bis 20 cm lang, grasartig. Stängel meist verzweigt

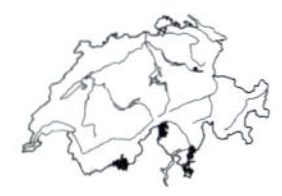

Bupleurum ranunculoides subsp. ***caricinum*** (DC.) Arcang., *(B. gramineum)*, Grasblättriges Hahnenfuss-Hasenohr: H, 20–60 cm, VII–VIII, kollin-subalpin, felsige, kalkreiche Trockenrasen, Felsgrusfluren, (Drab-Sesl), NT

Carum Kümmel

- Blätter kahl, 2- bis 3-fach fiederschnittig, Fiederchen (2. Ordnung) abgerückt und zusammen mit den untersten Fiederchen der gegenüberliegenden Fieder «ein Kreuz bildend» (wie bei *Seseli libanotis*). Hülle meist fehlend, Hüllchen stets fehlend. Teilfrüchte länglich, 5-rippig →, aromatisch (zerreiben!)

Carum carvi L., Kümmel: H.ha-T, 30–60 cm, V–VIII, kollin-subalpin (-alpin), Weiden, Wegränder, (Cyno, Poio-alpi, Trif-medi), LC

Caucalis Haftdolde

- Blätter 3-fach fiederschnittig mit kurzen Zipfeln (4 mm), kahl, nur die Nerven und Blattstiele unterseits mit einzeln stehenden Haaren (vgl. mit den abstehend bewimperten *Anthriscus caucalis* und *Daucus carota*). Doldenstrahlen nur 2–5. Frucht mit langen, hakigen Stacheln →

Caucalis platycarpos L., *(C. lappula, C. daucoides)*, Möhren-Haftdolde: T, 5–30 cm, V–VII, kollin (-montan), kalkreiche Äcker, (Cauc), Archäophyt, VU

Chaerophyllum Kälberkropf

1 Kronblätter bewimpert, weiss oder rosa. Stängel unter den Knoten nicht verdickt. Frucht schmal zylindrisch →

Chaerophyllum hirsutum aggr.: H, 30–100 cm, V–VIII, feuchte Wiesen, Bäche, Hochstaudenfluren, LC

a Unterstes Teilblatt 1. Ordnung fast so gross wie der Rest der Blattspreite, Blatt daher fast 3-teilig erscheinend → (Blatt im Umriss ein gleichseitiges Dreieck). Blattabschnitte sehr «flächig» (wenig Zwischenräume zwischen den Abschnitten)

Chaerophyllum hirsutum L., Gewöhnlicher Gebirgs-Kälberkropf: H, 30–100 cm, V–VIII, (kollin-) montan-alpin, eher feuchte Staudenfluren, (Fili, Peta-offi, Aden), LC

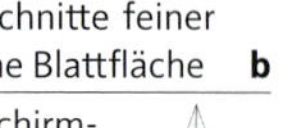

- Unterstes Teilblatt kleiner, Blätter daher mehr gefiedert erscheinend (Blatt im Umriss ein gleichschenkliges Dreieck). Blattabschnitte feiner geschnitten, daher ergeben sich mehr Zwischenräume ohne Blattfläche **b**

b Stängel und Blattunterseite borstenhaarig, oberste Seitenschirmchen wechselständig. Unterste Teilblätter 1. Ordnung deutlich kleiner als Rest der Blattspreite →

Chaerophyllum villarsii W. D. J. Koch, Villars Gebirgs-Kälberkropf: H, 30–100 cm, V–VIII, (montan-) subalpin-alpin, Bergwiesen und -weiden, Hochstaudenfluren, (Poly-Tris, Cari-ferr, Aden), LC

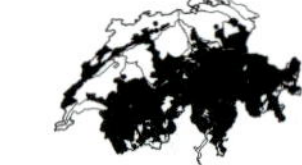

- Stängel und Blattunterseite flaumhaarig, oberste Seitenschirmchen gegenständig oder zu 3 im Quirl

Chaerophyllum elegans Gaudin, Zierlicher Gebirgs-Kälberkropf: H, 30–100 cm, V–VIII, subalpin (-alpin), kalkarme Hochstaudenfluren, (Aden), VU

- Kronblätter nicht bewimpert, stets weiss. Stängel unter den Knoten verdickt, dieser meist im unteren Teil rotfleckig **2**

2 Hüllchenblätter kahl. Stängel unten borstig, oben kahl, unter den Knoten sehr stark verdickt →

Chaerophyllum bulbosum L., Rübenkerbel: H.ha, 2 m, VI–VIII, kollin, eher feuchte, nährstoffreiche Krautsäume, (Aego), kultivierter Archäophyt

- Hüllchenblätter bewimpert. Stängel rückwärts anliegend bis abstehend behaart, unter den Knoten nur wenig verdickt **3**

3 Griffel an der Frucht gut 2x so lang wie das Griffelpolster →. Stängel meist gefleckt. Blätter 3- bis 4-fach gefiedert, Endabschnitte lang zugespitzt, zumindest am Rand und auf den Nerven behaart, oft mit einem matten Silberschimmer (vgl. *Anthriscus sylvestris*). Dolde 12- bis 18-strahlig

Chaerophyllum aureum L., Gelbfrüchtiger Kälberkropf: H, 50–100 cm, VI–VIII, (kollin-) montan-subalpin, nährstoffreiche Krautsäume, Waldränder, Wiesen, (Aego, Arrh), LC

- Griffel an der Frucht etwa so lang wie das Griffelpolster →. Stängel manchmal gefleckt. Blätter 2- bis 3-fach gefiedert, mit stumpfen, eiförmigen Endabschnitten, das unterste Fiederpaar abgerückt vom Rest des Blattes (dadurch entsteht eine Lücke im Blatt!). Dolde 6- bis 12-strahlig

Chaerophyllum temulum L., Hecken-Kälberkropf: T, 30–100 cm, V–VII, kollin-montan, eher trockene, nährstoffreiche Krautsäume, (Aego), LC

Cicuta Wasserschierling

- Pflanze kahl. Stängel röhrig, meist im Wasser stehend. Blätter 2- bis 3-fach gefiedert, Abschnitte schmal lanzettlich, mit spitzen, nach vorne gerichteten Zähnen. Dolden 8- bis 20-strahlig. Hüllblätter 0–2, Hüllchenblätter zahlreich. Frucht → fast kugelig

Cicuta virosa L., Wasserschierling: G, 50–150 cm, VII–IX, kollin-montan, Ufer, Röhrichte, (Phal, Phra), EN

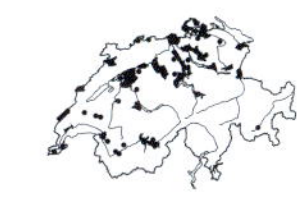

Cnidium Brenndolde

- Pflanze kahl. Stängel kräftig, gerillt. Blätter 3-fach gefiedert. Zipfel bis 1,5 mm breit, durchscheinend, viele am Grund etwas schmaler (Zipfelrand gebogen). Dolden 25- bis 40-strahlig. Hüllblätter 0–8, früh abfallend. Hüllchenblätter ± borstlich, kahl. Frucht rundlich, 3–4 mm, mit 5 breiten Rippen →

Cnidium silaifolium (Jacq.) Simonk., *(Katapsuxis silaifolia)*, Brenndolde: H, 60–120 cm, VI–VIII, kollin-montan, trockenwarme, kalkreiche Laubwälder, Krautsäume, (Gera-sang, Orno-Ostr), VU

Conium Schierling

- Pflanze gross, zerrieben unangenehmen Geruch entwickelnd (abwarten!). Stängel gefleckt, hohl. Blätter 3- bis 4-fach gefiedert, dunkelgrün, mit leicht metallischem Schimmer. Zipfel stumpf oder etwas spitz. Dolden 8- bis 15-strahlig, Hüllblätter 5-6, zurückgeschlagen, Hüllchenblätter 2-4, einseitig abstehend. Früchte 2-4 mm, kugelig, wellig gerippt →. Stark giftig!

Conium maculatum L., Gefleckter Schierling: H.ha-T, 0,5-2 m, VI-IX, kollin (-montan), trockenwarme Unkrautfluren, Wegränder, (Arct), Archäophyt, NT

Coriandrum Koriander

- Pflanze kahl, stark aromatisch. Untere Blätter fiederschnittig, mit rundlichen, gelappten und gezähnten, am Grund keilförmig verschmälerten Abschnitten. Obere Blätter mit linealen Zipfeln. Dolden nur 3- bis 5-strahlig. Kelch deutlich ausgebildet, gezähnt (Unterschied zur ähnlichen *Bifora radians*). Frucht kugelig, glatt

Coriandrum sativum L., Koriander: T, 20-50 cm, VI-VII, kollin (-montan), trockenwarme, kalkreiche Äcker, Wegränder, (Cauc), Kulturpflanze

Daucus Möhre

- Pflanze zerrieben nach Karotten riechend. Blätter im Umriss schmal dreieckig bis «gotisch» (Form eines gotischen Fensters), mehrfach fiederschnittig. Zipfel abstehend bewimpert, am Grund etwas verschmälert (Zipfelrand gebogen). Hüllblätter fiederschnittig. Dolde zuerst gewölbt, später flach, zur Fruchtzeit eingesenkt («Vogelnest»)

Daucus carota L., Wilde Möhre: H.ha-T, 30-100 cm, VI-VIII, kollin-montan (-subalpin), Halbtrockenrasen, Wegränder, Schuttplätze, (Meso, Dauc-Meli), Archäophyt, LC

Eryngium Mannstreu

Alle Arten dieser Gattung haben ein distelartiges Aussehen und werden oft als Korbblütler verkannt.

1 Pflanze stark verzweigt («Steppenroller»), graugrün. Grundblätter fiederteilig, steif lederig, mit knorpeligem Rand und stechenden Zähnen (distelartig). Köpfe weisslich grün

Eryngium campestre L., Feld-Mannstreu: H, 15-50 cm, VII-IX, kollin (-montan), Trockenrasen, trockenwarme Krautsäume, Wegränder, (Xero, Conv-Agro), EN

- Pflanze kaum verzweigt. Grundblätter ungeteilt. Köpfe gräulich bis blau **2**

2 Köpfchen 4-6(-8) cm lang, Hüllblätter über 20, fiederteilig. Wildpflanze oder verwilderte Gartenpflanze

Eryngium alpinum L., Alpen-Mannstreu: H, 30-70 cm, VII-VIII, subalpin, Hochstaudenfluren, Rostseggenhalden, (Aden, Cari-ferr, Cala), Wildpflanzen sind selten, häufiger sind verwilderte Gartenpflanzen, VU

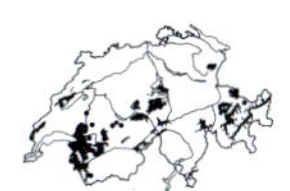

- Köpfchen 5-10 cm lang, Hüllblätter nur 6-10, grob gezähnt. Verwilderte Gartenpflanze

Eryngium giganteum M. Bieb., Riesen-Mannstreu: 120 cm, VII-VIII, Gartenränder, ruderale Staudenfluren, Neophyt

Falcaria Sichelmöhre

- Pflanze blaugrün, kahl, sparrig verzweigt. Blätter 1- bis 2-fach 3-zählig, Teilblätter oft 3-teilig oder fiederteilig, mit langen, bandförmigen, starren, spitz und knorpelig gezähnten Abschnitten. Dolden 12- bis 15-strahlig, Hüll- und Hüllchenblätter je 4-8

Falcaria vulgaris Bernh., Sicheldolde: H-H.ha, 30-50(-100) cm, VII-X, kollin, trockenwarme Wegränder, Äcker, Weinberge, (Conv-Agro), Archäophyt, CR

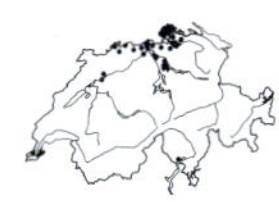

Ferula Steckenkraut

- Blätter weich, 3- bis 4-fach gefiedert, mit bis zu 5 cm langen, flachen, linealischen Abschnitten. Blätter bis 60 cm lang. Spreite der obersten Blätter meist völlig reduziert, dafür mit sehr grosser Blattscheide

Ferula communis L., Riesenfenchel, Gemeines Steckenkraut: H, 100-200(-350) cm, IV-VI, kollin, nährstoffreiche, trockenwarme Unkrautfluren, Wegränder, (Sisy), kultiviert und verwildert, Neophyt

Ferulago Birkwurz

- Blätter mehrfach fiederschnittig, mit linealen Abschnitten. Blütenstand stark verzweigt, aus vielen kleinen Dolden. Kronblätter gelb. Frucht flach, verkehrt eiförmig, mit verstärkten Seitenrippen

Ferulago campestris (Besser) Grecescu, *(F. nodiflora)*, Feld-Birkwurz: H, 100-200 cm, VII-IX, kollin, trockenwarme, steinige Wegränder, Archäophyt

Foeniculum Fenchel

- Pflanze bläulich bereift, aromatisch, am Grund eine Zwiebel bildend. Blätter 2- bis 3-fach gefiedert, mit langen, fadenförmigen Zipfeln. Blattscheiden 2-2,5 cm lang. Frucht aromatisch (zerreiben!), Teilfrucht mit 5 starken Rippen →

Foeniculum vulgare Mill., Fenchel: H.ha-T, 80-200 cm, VII-X, kollin, trockenwarme Wegränder, Mauern, Weinberge, (Sisy), kultiviert und verwildert, kultivierter Archäophyt

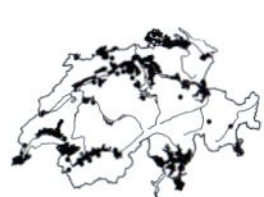

Heracleum Bärenklau

Vorsicht: Viele *Heracleum*-Arten sind äusserst fototoxisch und können im Sonnenlicht starke Hautreizungen hervorrufen.

1 Pflanze nur 20–50 cm hoch, Stängel am Grund 3–4 mm im Durchmesser. Blütenstand 6- bis 13-strahlig. Blätter einfach gefiedert, mit 1–3 entfernt stehenden Fiederpaaren

Heracleum austriacum L., Österreicher Bärenklau: H, 20–50 cm, VII–IX, subalpin, feuchte Runsen, Rasenhänge, (Cari-ferr), VU

\- Pflanze (40–)50–300 cm hoch, Stängel am Grund > 4 mm im Durchmesser. Blütenstand 12- bis 150-strahlig **2**

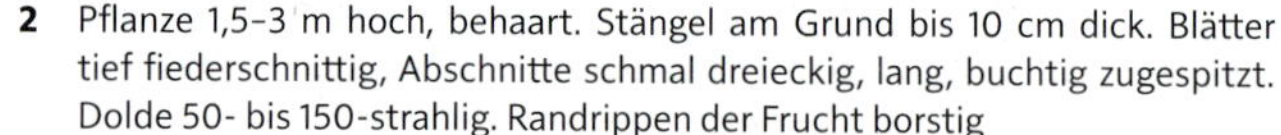

2 Pflanze 1,5–3 m hoch, behaart. Stängel am Grund bis 10 cm dick. Blätter tief fiederschnittig, Abschnitte schmal dreieckig, lang, buchtig zugespitzt. Dolde 50- bis 150-strahlig. Randrippen der Frucht borstig

Heracleum mantegazzianum Sommier & Levier, Riesen-Bärenklau: H.ha, 150–300 cm, VII–IX, kollin-montan (-subalpin), feuchte, nährstoffreiche Krautsäume, (Conv), Neophyt

\- Pflanze 0,5–1,5 m hoch, behaart. Stängel bis 2 cm dick. Blätter gefiedert oder gelappt, Abschnitte nicht lang zugespitzt wie bei *H. mantegazzianum*. Dolde 12- bis 45-strahlig. Randrippen der Frucht kahl

Heracleum sphondylium L., Wiesen-Bärenklau: H-H.ha, 50–150 cm, V–IX, kollin-subalpin (-alpin), Fettwiesen, Auenwälder, Hochstaudenfluren, LC

a Grundblätter geteilt: 3-teilig oder mit 2–3 Fiederpaaren **b**

\- Grundblätter ungeteilt, höchstens tief gelappt **c**

b Grundblätter gefiedert, mit 2–3 Fiederpaaren (selten mit nur 1 Fiederpaar). Blattunterseite zwischen den Nerven kurzhaarig →. Teilblätter breit, lappig bis fiederlappig (vielgestaltig!). Weit verbreitete Unterart

Heracleum sphondylium L. subsp. ***sphondylium***, Gewöhnlicher Wiesen-Bärenklau: H, VI–IX, kollin-subalpin, nährstoffreiche Wiesen und Weiden, Hochstaudenfluren, luftfeuchte Laubmischwälder, (Arrh, Poly-Tris, Rumi-alpi, Luna-Acer), LC

\- Grundblätter 3-teilig. Blattunterseite zwischen den Nerven ± kahl →. Unterart der montan-subalpinen Stufe

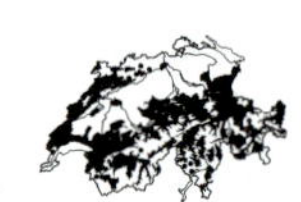

Heracleum sphondylium subsp. ***elegans*** (Crantz) Schübl. & G. Martens, *(H. montanum)*, Berg-Wiesen-Bärenklau: H, VII–VIII, subalpin-alpin, Hochstaudenfluren, (Aden), LC

c Grundblätter bis zu ⅓ eingeschnitten. Lappen abgerundet (Grundblätter manchmal fast kreisrund). Blütezeit April bis Mai, also fast 2 Monate vor den anderen Unterarten in gleicher Höhenlage

Heracleum sphondylium subsp. ***alpinum*** (L.) Bonnier & Layens, *(H. juranum)*, Jura-Wiesen-Bärenklau: H, V–VII, (kollin-) montan-subalpin, Laubmischwälder, (Eric-PiSy, Loni-Fage, Sesl), LC

\- Grundblätter bis zu ½ eingeschnitten. Lappen ± dreieckig, spitz. Blütezeit Juli bis September **d**

d Blätter meist mit 5–7 Hauptlappen. Blattunterseite zwischen den Nerven ± kahl →. Unterart der montan-subalpinen Stufe **b**

→ *Heracleum sphondylium* subsp. *elegans*

- Blätter meist mit 3–5 Hauptlappen. Blattunterseite zwischen den Nerven weichhaarig, als weisslicher Filz leicht erkennbar →

Heracleum sphondylium subsp. ***pyrenaicum*** (Lam.) Bonnier & Layens, Pyrenäen-Wiesen-Bärenklau: H, VII–VIII, subalpin, mässig feuchte, kalkreiche Schutthalden, (Peta-para), LC

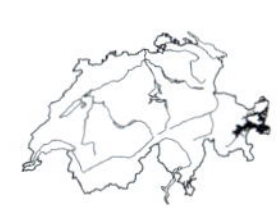

Laserpitium Laserkraut

1 Stängel kantig gefurcht, unten rauhaarig. Blätter im Umriss schmal dreieckig, 2-fach fiederspaltig, Zipfel am Grund verschmälert (Zipfelrand gebogen), Rand bewimpert, mit dunklem Spitzchen. Kronblätter bewimpert. Pflanze zweijährig (blühende Pflanze mit absterbenden Grundblättern)

Laserpitium prutenicum L., Preussisches Laserkraut: H.ha, 30–100 cm, VII–IX, kollin (-montan), wechselfeuchte Magerrasen, Streuwiesen, (Moli), EN

- Stängel rund, fein gerillt, kahl. Blätter im Umriss breit dreieckig. Pflanze meist kräftig, mehrjährig **2**

2 Dolden 4- bis 20- (25-)strahlig, Blätter oberseits dunkelgrün, etwas glänzend, Blattabschnitte grundsätzlich eiförmig →, viele jedoch nur unvollständig geteilt (daher viele asymmetrische Abschnitte). Blüten grünlich gelb

Laserpitium gaudinii Moretti, (*L. krapfii* subsp. *gaudinii*), Gaudins Laserkraut: H, 40–90 cm, VII–VIII, (montan-) subalpin-alpin, Föhrenwälder, Zwergstrauchheiden, Magerrasen, Schutthalden, (Eric-PiSy, Eric, Peta-para), LC

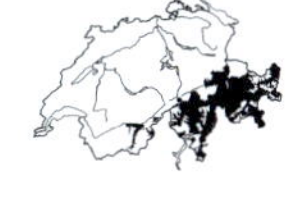

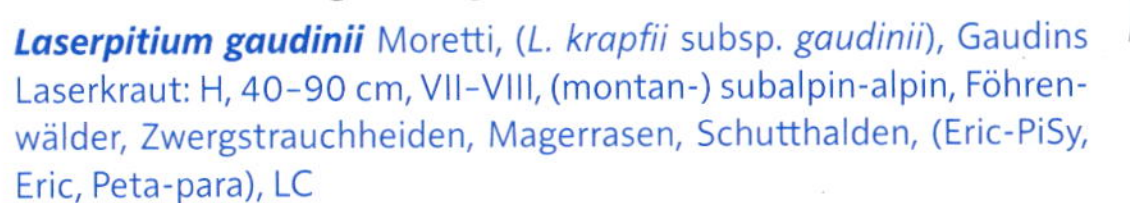

- Dolden 20- bis 30-strahlig, Blätter blaugrün oder frischgrün. Blüten weiss **3**

3 Blätter sehr gross, Teilblätter 1. Ordnung lang gestielt, Teilblätter 2. Ordnung breit eiförmig oder oval →, oft asymmetrisch, grob gezähnt, blaugrün. Dolden 20- bis 40-strahlig

Laserpitium latifolium L., Breitblättriges Laserkraut: H, 50–150 cm, VII–VIII, (kollin-) montan-subalpin, felsige, kalkreiche Krautsäume, Rasenhänge, Staudenfluren, (Cala, Gera-sang, Cari-ferr), LC

- Blattabschnitte oval-lanzettlich oder lineal **4**

4 Blätter oft sehr gross, graugrün, mit oval-lanzettlichen, ganzrandigen Abschnitten →

Laserpitium siler L., Berg-Laserkraut: H, 40–150 cm, VI–VIII, (kollin-) montan-subalpin, steinige, kalkreiche Krautsäume, Rasenhänge, Felsen, (Gera-sang, Sesl, Eric), LC

- Blätter frischgrün, sehr feinzipflig. Zipfel lineal →, nur 1–4 mm lang, unterseits an den Nerven behaart

Laserpitium halleri Crantz, Hallers Laserkraut: H, 15–60 cm, VI–VIII, (montan-) subalpin-alpin, trockene, kalkarme Gebirgsrasen, Zwergstrauchheiden, (Juni-nana, Fest-vari), LC

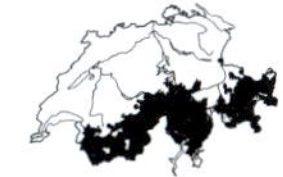

Levisticum — Liebstöckel

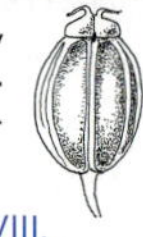

- Pflanze aromatisch. Untere Blätter sehr gross, 2- bis 3-fach gefiedert, Teilblätter rhombisch, mit wenigen Zähnen. Dolden 10- bis 20-strahlig. Hüll- und Hüllchenblätter zahlreich. Blüten gelb. Flügel der Randrippen klaffend (doppelter Flügelsaum) →

  Levisticum officinale W. D. J. Koch, Liebstöckel: H.ha, 1–2 m, VII–VIII, kollin-subalpin, Gärten, Unkrautfluren, (Dauc-Meli), kultiviert und selten verwildert, kultivierter Neophyt

Ligusticum — Liebstock

1 Hüllblätter 5–15, oft geteilt. Blätter bis 4 cm breit, glänzend, die Zipfel stumpflich, meist nach oben gebogen. Pflanze klein, nur 5–10(–15) cm hoch

  Ligusticum mutellinoides Vill., *(Pachypleurum mutellinoides)*, Zwerg-Liebstock: H, 5–10(–15) cm, VII, (subalpin-) alpin, Gratrasen, (Elyn, Cari-curv), LC

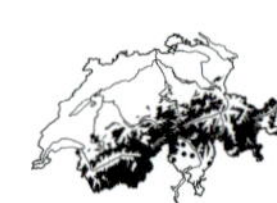

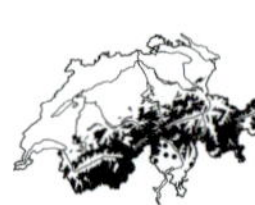

- Hüllblätter 0–3, ungeteilt. Blätter 5–40 cm breit, ± glänzend, Zipfel begrannt oder stachelspitzig 2

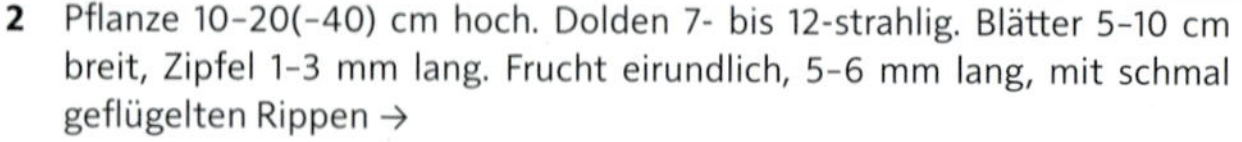

2 Pflanze 10–20(–40) cm hoch. Dolden 7- bis 12-strahlig. Blätter 5–10 cm breit, Zipfel 1–3 mm lang. Frucht eirundlich, 5–6 mm lang, mit schmal geflügelten Rippen →

  Ligusticum mutellina (L.) Crantz, *(Mutellina adonidifolia)*, Alpen-Liebstock: H, 10–20(–40) cm, VI–VIII, (montan-) subalpin-alpin, feuchte, nährstoffreiche Bergwiesen und -weiden, (Poio-alpi, Cari-ferr, Poly-Tris), LC

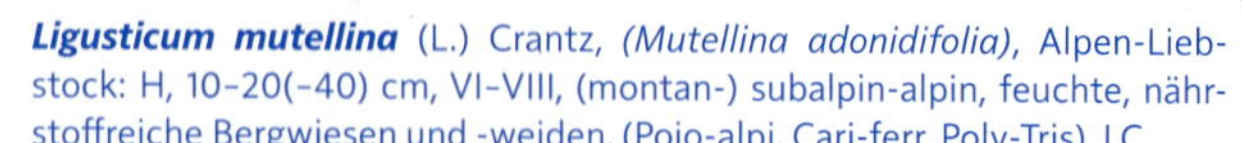

- Pflanze 60–130 cm hoch. Dolden 30- bis 40-strahlig. Blätter 20–40 cm breit, Zipfel 8–15 mm lang. Frucht eilänglich, nicht abgeflacht, ca. 5 mm lang, Rippen mit schmalen, hellen Flügeln, dazwischen breite, dunkelbraune Streifen →. Seltene Art der Südalpen

  Ligusticum lucidum Mill., *(L. seguieri)*, Glänzender Liebstock: H, 60–130 cm, VII–VIII, montan-subalpin, kalkreiche, steinige Gebirgsrasen, Schutthalden, (Stip-cala, Cari-ferr), EN

Meum — Bärwurz

- Pflanze aromatisch. Blätter mehrfach gefiedert →, dunkelgrün, mit sehr dicht stehenden, haarfeinen, 2–6 mm langen Zipfeln. Dolden 5- bis 15-strahlig. Hüllblätter 0–6, Hüllchenblätter zahlreich, schmal lanzettlich. Blüten weiss

  Meum athamanticum Jacq., Bärwurz: H, 20–60 cm, V–VIII, montan-subalpin (-alpin), kalkarme Magerrasen, (Nard), VU

Molopospermum — Striemensame

- Pflanze kahl, stinkend. Blätter sehr gross, glänzend, 2- bis 4-fach gefiedert. Teilblätter lang ausgezogen, mit vorwärtsgerichteten Zipfeln. Neben der Gipfeldolde mehrere Seitendolden, quirlig angeordnet. Hüllblätter der Gipfeldolde ungeteilt, die der Seitendolden fiederschnittig oder tief gezähnt. Frucht →

  Molopospermum peloponnesiacum (L.) W. D. J. Koch, Striemensame: H, 80–150 cm, VI–VII, (kollin-) montan-subalpin, trockene, felsige Staudenfluren, Schuttfluren, (Cala), NT

Myrrhis Süssdolde

Die einzige Art dieser Gattung in der Schweiz kann sehr einfach an den stark duftenden Blättern (Anisgeruch) erkannt werden.

- Pflanze nach Anis riechend. Blätter gross, weich, 2- bis 4-fach gefiedert. Dolden flach, vielstrahlig, Strahlen und Blütenstiele flaumhaarig. Hülle meist fehlend. Hüllchenblätter häutig, ± bewimpert. Kronblätter weiss, bewimpert. Frucht bis 25 mm lang, mit gekielten Rippen →

  Myrrhis odorata (L.) Scop., Süssdolde: H, 60–150 cm, V–VII, kollin-subalpin, Staudenfluren, Läger, Krautsäume, (Aden, Rumi-alpi, Peta-offi), LC

Oenanthe Rebendolde

1 Alle Blüten im Döldchen gestielt. Die meisten Dolden seitenständig, kurz gestielt. Obere Blätter 2- bis 3-fach fiederschnittig, Zipfel bis 6 mm lang, stumpf, spreizend (untergetaucht viel länger, fädig) **2**

- Mittlere Blüten der Döldchen (fast) sitzend. Dolden meist endständig, lang gestielt. Obere Blätter einfach fiederschnittig **3**

2 Alle Blätter ähnlich, diese 1- bis 2-fach fiederschnittig, mit breiten, rhombisch-eiförmigen Teilblattabschnitten → (diese ca. 5–20 × 5–50 mm), Blattrand gezähnt. Schirmchen mit 6–16(–30) Strahlen, Hülle mit 0–1 Hüllblättern und 1–2 Hüllchenblättern. Früchte rundlich eiförmig

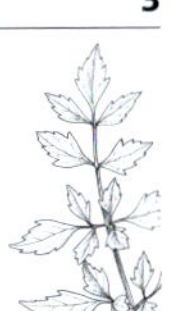

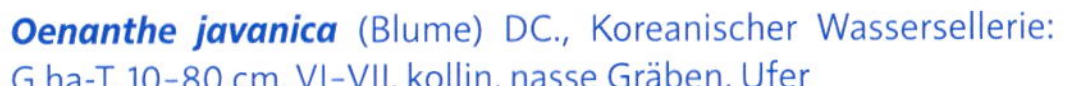

Oenanthe javanica (Blume) DC., Koreanischer Wassersellerie: G.ha-T, 10–80 cm, VI–VII, kollin, nasse Gräben, Ufer

- Unterwasserblätter mit fadenförmigen Abschnitten, obere Blätter 2- bis 3-fach fiederschnittig, mit schmalen, linearen Abschnitten (diese ca. 0,5–1 × 1–2 mm), ganzrandig. Schirmchen 6- bis 10-strahlig, Hülle meist fehlend, Hüllchen vielblättrig. Früchte länglich bis oval

  Oenanthe aquatica (L.) Poir., Wasser-Rebendolde: G.ha-T, 0,3–2 m, VI–VIII, kollin, nasse Gräben, Ufer, (Phal, Magn), EN

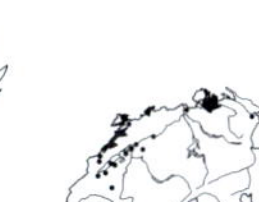

3 Blatt- und Doldenstiele dick, röhrig-hohl (leicht zusammendrückbar) Untere Dolden nur 2- bis 4-strahlig, Döldchen zur Fruchtzeit kugelig. Stängelblätter mit linearen Abschnitten →

Oenanthe fistulosa L., Röhrige Rebendolde: G.ha, 30–100 cm, V–VIII, kollin, Nasswiesen, nasse Gräben, Grossseggenriede, (Magn), EN

- Blattstiele nicht hohl. Alle Dolden 6- bis 15-strahlig **4**

4 Stängel markig. Randblüten 1,5 mm lang, Hülle 4- bis 6-blättrig, Hüllchen so lang wie die Blütenstiele. Frucht zylindrisch, im obersten Drittel am dicksten. Griffel 0,6–0,8 mm lang. Blattzipfel →

Oenanthe lachenalii C. C. Gmel., Lachenals Rebendolde: G, 30–90 cm, VII–IX, kollin, wechselfeuchte Streuwiesen, (Moli), CR

- Stängel hohl. Randblüten 2–3 mm lang, Hülle 4- bis 6-blättrig, Hüllchen kürzer als die Blütenstiele. Frucht oval, in der Mitte am dicksten. Griffel 0,3–0,5 mm lang. Blattzipfel →

Oenanthe peucedanifolia Pollich, Haarstrang-Rebendolde: G, 30–80 cm, V–VII, kollin, wechselfeuchte Streuwiesen, (Moli), CR

Orlaya Breitsame

1 Doldenstrahlen 2-4. Petalen der äusseren peripheren Blüten < 8 mm lang, Schirmchen mit 2-4(-5) Strahlen. Früchte mit kräftigen, hakigen Stacheln →

Orlaya daucoides (L.) Greuter, *(O. platycarpos)*, Möhren-Breitsame: T, Pionierfluren, Neophyt

- Doldenstrahlen 5-12. Petalen der äusseren peripheren Blüten > 8 mm lang, Schirmchen mit 5-8(-12) Strahlen. Blätter hellgrün, feinborstig behaart (im Gegensatz zu *Daucus* kahl wirkend!), die Scheiden breit weissrandig. Früchte mit weichen, hakigen Stacheln →

Orlaya grandiflora (L.) Hoffm., Grossblütiger Breitsame: T, 10-70 cm, V-VII, kollin-montan, trockenwarme, kalkreiche Trockenrasen, Pionierfluren, (Cauc, Alyss-Sedi), Archäophyt, VU

Pastinaca Pastinak

- Pflanze zweijährig (nach der Blüte absterbend). Blätter einfach gefiedert, Teilblätter meist horizontal gekippt («Leiterblatt»), am Grund gelappt. Hülle und Hüllchen mit 0-2 Blättchen. Krone gelb

Pastinaca sativa L., Pastinak: H.ha-T, 30-100(-250) cm, VII-VIII, kollin-montan (-subalpin), Ödland, Wegränder, LC

a Pflanze kaum behaart →. Dolden 7- bis 20-strahlig. Teilblätter lanzettlich, viel länger als breit, am Grund keilförmig verschmälert

Pastinaca sativa L. subsp. ***sativa***, Gewöhnlicher Pastinak: H.ha-T, VII-VIII, Archäophyt, LC

- Pflanze dicht grauflaumig. Teilblätter oval, am Grund abgerundet bis fast herzförmig **b**

b Dolden 5- bis 7-strahlig. Stängel stielrund. Blattabschnitte flaumhaarig →

Pastinaca sativa subsp. ***urens*** (Godr.) Čelak., Brennender Pastinak: H.ha-T, 2 m, VII-VIII, trockenwarme, steinige Schuttfluren, Flussufer, (Dauc-Meli, Sali-alba), LC

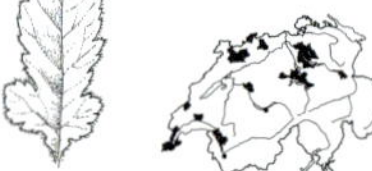

- Dolden 9- bis 20-strahlig. Stängel kantig. Blattabschnitte flaumhaarig →

Pastinaca sativa subsp. ***sylvestris*** (Mill.) Rouy & E. G. Camus, Wald-Pastinak: H.ha-T, VII-VIII, DD

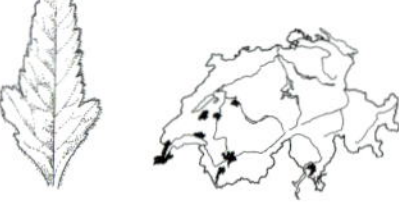

Petroselinum Petersilie

- Pflanze aromatisch. Blätter kahl, glänzend, kraus, 2- bis 3-fach gefiedert, Abschnitte letzter Ordnung breit, gezähnt bis fiederteilig. Dolden lang gestielt, 10- bis 20-stahlig. Hüllen 1- bis 3-blättrig, Hüllchen 6- bis 8-blättrig. Blüten gelbgrün

Petroselinum crispum (Mill.) Fuss, Petersilie: H.ha, 30-100 cm, VI-VII, kollin-subalpin, Ruderalflächen, (Dauc-Meli), kultiviert und selten verwildert, kultivierter Neophyt

Peucedanum Haarstrang

1	Hülle fehlend oder 1- bis 3-blättrig	2
-	Hülle mehrblättrig	4

2 Zierliche Pflanze. Blätter viel länger als breit (im Umriss wie ein gotisches Fenster), 1- bis 2-fach fiederschnittig, Seitenfiedern sitzend, feinzipflig, Zipfel lang, lineal →

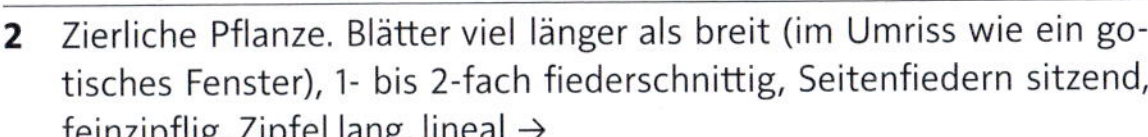

Peucedanum carvifolia Vill., *(Dichoropetalum carvifolia)*, Kümmelblättriger Haarstrang: H, 30–80 cm, VIII–X, kollin (-montan), trockenwarme Krautsäume, Wegränder, Wiesen, (Gera-sang), VU

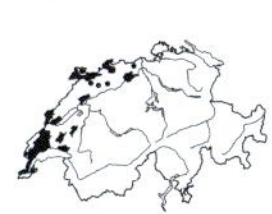

- Kräftige Hochstauden. Blätter etwa so lang wie breit, 2- bis 3-fach fiederschnittig oder 3-zählig, Seitenfiedern gestielt, mit flächigen Abschnitten und groben Zipfeln **3**

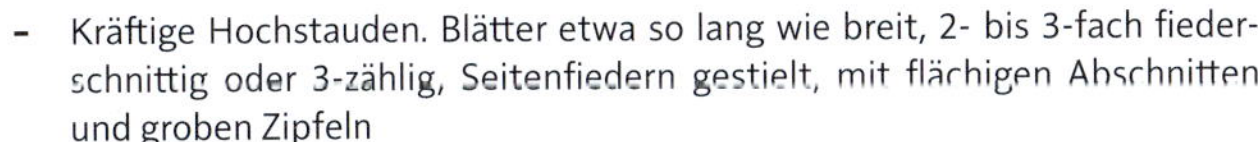

3 Untere Blätter 2- bis 3-fach gefiedert, Abschnitte eiförmig. Stängel dick, hohl, rotbraun. Blütenstand verzweigt, mit vielen Dolden. Kronblätter gelbgrün

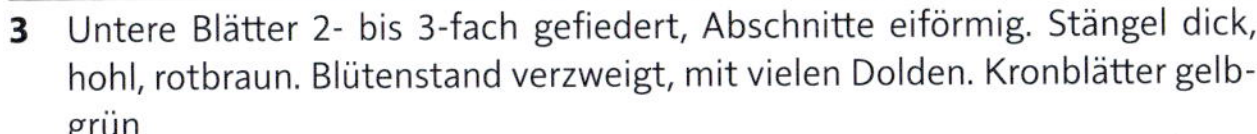

Peucedanum verticillare (L.) Mert. & W. D. J. Koch, Riesen-Haarstrang: H.ha, 1–2(–3) m, VII–VIII, kollin-montan (-subalpin), trockenwarme, kalkreiche Schuttfluren, Föhrenwälder, Krautsäume, (Stip-cala, Gera-sang), NT

- Untere Blätter 1- (2-)fach 3-zählig, Abschnitte breit, grossflächig, zerrieben aromatisch. Stängel hohl. Kronblätter weiss. Kann durch Ausläufer Herden bilden

Peucedanum ostruthium (L.) W. D. J. Koch, *(Imperatoria ostruthium)*, Meisterwurz: H, 40–100 cm, VI–VIII, (montan-) subalpin-alpin, frische, nährstoffreiche Hochstaudenfluren, Bachufer, Läger, (Aden, Rumi-alpi), LC

4 Verzweigungen der Spreite (Blattrhachis) fast rechtwinklig, bei jedem Fiederpaar auffällig abwärts geknickt, Teilblätter daher nach unten gebogen. Blätter nicht derb, dunkelgrün, fein flaumhaarig →, oberseits glänzend

Peucedanum oreoselinum (L.) Moench, *(Oreoselinum nigrum)*, Berg-Haarstrang: H, 30–100 cm, VII–IX, kollin-montan (-subalpin), trockenwarme Krautsäume, Trockenrasen, Eichen-, Föhrenwälder, LC

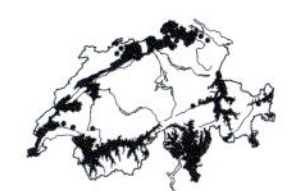

- Blattrhachis nicht knickig abwärtsgebogen, Verzweigungen nicht rechtwinklig (Teilblätter nach vorne gerichtet) **5**

5 Blattabschnitte schmal eiförmig, fast dornig gesägt →. Blätter derb, oberseits matt hellgrün und unterseits blaugrün, Blattrhachis nicht auffällig geknickt

Peucedanum cervaria (L.) Lapeyr., *(Cervaria rivini)*, Hirschwurz: H, 30–150 cm, VII–IX, kollin-montan, trockenwarme, kalkreiche Krautsäume, (Gera-sang), NT

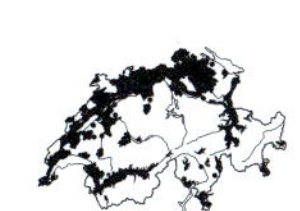

- Blatt fiederschnittig mit schmalen Zipfeln, die Endzipfel 1–4 mm breit **6**

6 Stängel rund, gerillt, hohl, am Grund purpurbraun. Blätter breit dreieckig, mit glatten Rändern, viele Zipfel zum Grund leicht verschmälert → (vgl. die im Blatt sehr ähnliche *Silaum silaus* mit rauem Blattrand). Junge Pflanze mit Milchsaft. Sumpfpflanze

Peucedanum palustre (L.) Moench, *(Thysselinum palustre)*, Sumpf-Haarstrang: H.ha, 50–150 cm, VII–VIII, kollin-montan, Flachmoore, Grossseggenriede, (Magn), NT

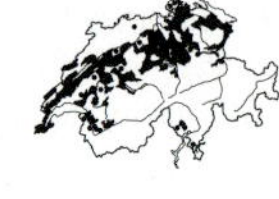

- Stängel kantig gefurcht, meist markig, am Grund nicht purpurbraun. Pflanze von Trockenstandorten **7**

7 Stängel hohl. Blätter mit groben, 3–4 mm breiten Zipfeln →. Dolden ziemlich klein, nur 6- bis 15-strahlig. Hüllblätter abstehend

Peucedanum venetum (Spreng.) W. D. J. Koch, (*Xanthoselunum alsaticum* subsp. *venetum*), Venezianischer Haarstrang: H, 50–100 cm, VII–VIII, kollin, trockenwarme Krautsäume, Gebüsche, lichte Wälder, (Gera-sang), VU

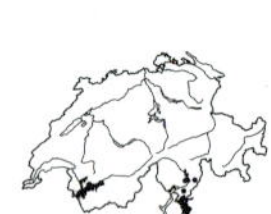

- Stängel markig. Blätter mit schmalen Zipfeln (1–3 mm). Dolden gross, 15- bis 40-strahlig. Hüllblätter zurückgeschlagen. Frucht flach, oval, 6–9 mm lang, mit breit geflügelten Randrippen →

Peucedanum austriacum (Jacq.) W. D. J. Koch, *(Pteroselinum austriacum)*, Österreicher Haarstrang: H.ha, 50–120 cm, VII–VIII, montan-subalpin (-alpin), felsige, buschige Hänge in sonniger Lage, auf Kalk, LC

a Blattzipfel 2–4(–5)x so lang wie breit →. Kronblätter beiderseits weiss

Peucedanum austriacum (Jacq.) W. D. J. Koch subsp. ***austriacum***, Österreicher Haarstrang: H.ha, VII–VIII, (kollin-) montan (-subalpin), frische Staudenfluren, Krautsäume, (Trif-medi), LC

- Längste Blattzipfel 10–25x so lang wie breit →. Kronblätter aussen schwach rosa

Peucedanum austriacum subsp. ***rablense*** (Wulfen) Čelak., Raibler Haarstrang: H.ha, VII–VIII, kollin-montan (-subalpin), trockene Krautsäume, (Trif-medi), VU

Pimpinella Bibernelle

1 Frucht (und Fruchtknoten) abstehend behaart →. Die untersten Blätter ungeteilt (zur Blütezeit vertrocknet, da Pflanze zweijährig), die mittleren Blätter einfach, die obersten 2-fach gefiedert

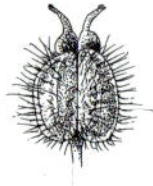

Pimpinella peregrina L., Wander-Bibernelle: H, 50–100 cm, V–VII, kollin (-montan), trockenwarme Krautsäume, Trockenrasen, (Gera-sang, Meso), Neophyt

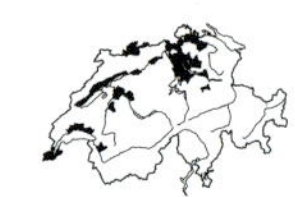

- Frucht (und Fruchtknoten) kahl (selten anliegend behaart). Alle Blätter gefiedert **2**

2 Stängel grob gerippt, meist röhrig, hohl, bis oben beblättert. Blätter ± kahl und glänzend, spitz gezähnt. Teilblättchen eilanzettlich, bis 7 cm lang, im Umriss spitz, die untersten oft mit Seitenlappen am Grund (asymmetrisch). Griffel länger als die Frucht →

Pimpinella major (L.) Huds., Grosse Bibernelle: H, 40–90 cm, VI–IX, (kollin-) montan-subalpin (-alpin), Bergwiesen und -weiden, Hochstaudenfluren, Rostseggenhalden, (Poly-Tris, Aden, Cari-ferr), LC

- Stängel fein gerillt oder glatt, kaum röhrig, oben fast blattlos. Teilblättchen (der untersten Blätter) rundlich bis breit eiförmig, im Umriss stumpf (Verwechslungsgefahr mit *Sanguisorba minor*!). Griffel kürzer als die Frucht →

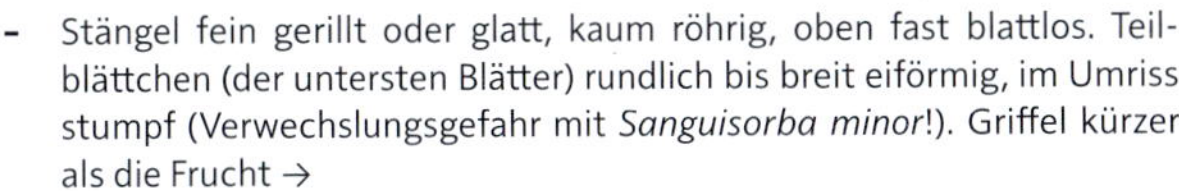

Pimpinella saxifraga aggr., Kleine Bibernelle: 15–60 cm, VI–X, LC

a Stängel total kahl, kantig, am Grund mit auffälligem, dunklem Faserschopf (dunkle Reste der Leitbündel abgestorbener Blätter). Kronblätter weiss oder rosa, beidseitig kahl

Pimpinella alpina Host, Alpen-Bibernelle: H, 20–60 cm, VII–X, (subalpin-) alpin, kalkreiche Schieferschuttfluren, (Peta-para), DD

- Stängel glatt oder fein gerillt, am Grund ohne gut ausgebildeten Faserschopf. Kronblätter weiss, unterseits behaart **b**

b Stängel kahl oder nur am Grund behaart (mit geraden Haaren). Blätter oberseits fast kahl, unterseits zerstreut behaart. Grundblätter meist mit 3–4 Fiederpaaren. Dolden 8- bis 15-strahlig

Pimpinella saxifraga L., Gewöhnliche Kleine Bibernelle: H, 20–50 cm, VI–X, kollin-subalpin, Trockenrasen, trockene Gebüsche, (Meso, Eric), LC

- Stängel auch oben behaart (Haare zottig abstehend, gewellt). Blätter beidseits dicht behaart. Grundblätter meist mit 5–6 Fiederpaaren. Dolden 15- bis 24-strahlig

Pimpinella nigra Mill., Schwarze Kleine Bibernelle: H, (30–)40–70 cm, VI–IX, kollin-montan (-subalpin), trockenwarme Föhrenwälder, Trockenrasen, (Stip-Poio), NT

Pleurospermum Rippensame

- Stängel dick. Blätter kahl, dunkelgrün glänzend, bis 50 cm lang (und ca. gleich breit), 2- bis 3-fach fiederschnittig, Abschnitte breit. Dolden flach, 15- bis 40-strahlig. Hüllen und Hüllchen aus zahlreichen, z. T. geteilten Blättchen. Frucht 6–7 mm lang und 4–6 mm breit, mit flügelartigen, wellig gekerbten Rippen →

Pleurospermum austriacum (L.) Hoffm., Rippensame: H.ha, 60–150(–200) cm, VII–VIII, (kollin-) montan-subalpin, frische Krautsäume, Bachufer, Hochstaudenfluren, (Trif-medi, Aden, Peta-offi), VU

Ptychotis Faltenohr

- Grundblätter einfach gefiedert, mit 1-3 Fiederpaaren. Stängelblätter mit linealen, höchstens 1 mm breiten Zipfeln. Dolden 6- bis 12-strahlig. Hüllen 0- bis 3-blättrig, früh abfallend. Hüllchenblätter 5-6. Früchte ca. 3 mm lang, kahl, scharfkantig gerippt →

Ptychotis saxifraga (L.) Loret & Barrandon, Faltenohr: H.ha, 30-60 cm, VII, kollin-montan, trockenwarme, kalkreiche Schuttfluren, schuttige Trockenrasen, (Stip-cala, Epil-flei), RE

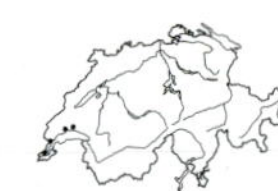

Sanicula Sanikel

- Grundblätter handförmig 3- bis 5-lappig, lang gestielt, unterseits glänzend, Zähne begrannt. Hüllblätter 2-4 mm lang. Döldchen kugelig. Frucht kugelig, mit hakigen Stacheln →

Sanicula europaea L., Sanikel: H, 20-50 cm, V-VII, kollin-montan, kalkreiche Laubmischwälder, (Fagetalia, Tili-plat), LC

Scandix Venuskamm

- Blätter 2- bis 3-fach gefiedert, mit linealen Zipfeln. Dolden 1- bis 3-strahlig, ohne Hülle. Döldchen 2- bis 6-blütig, mit einem Kranz von Hüllchenblättern. Kronblätter weiss, die randständigen vergrössert. Frucht 3-6 cm lang, mit langem Schnabel →

Scandix pecten-veneris L., Venuskamm: T, 10-30 cm, V-VI, kollin-montan, trockene, kalkreiche Äcker, (Cauc), Archäophyt, EN

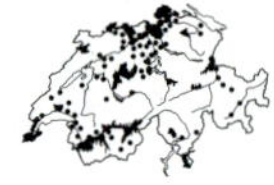

Selinum Silge

- Stängel mit fast geflügelten Kanten. Blätter 2- bis 3-fach gefiedert, im Umriss schmal dreieckig (vgl. *Silaum silaus, Peucedanum palustre*: Umriss breit!). Zipfel dicht stehend, am Grund verschmälert (Zipfelrand gebogen). Dolden 15- bis 20-strahlig. Hülle meist fehlend, Hüllchenblätter 3-6. Frucht →

Selinum carvifolia (L.) L., Silge: H, 40-80 cm, VII-IX, kollin-montan, wechselfeuchte Streuwiesen, Laubwälder, (Moli, Carp), VU

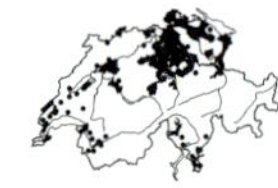

Seseli Bergfenchel

1 Blattfiedern ungestielt, deshalb das unterste Fiederchenpaar jeder Fieder mit dem gegenüberliegenden Paar ein Kreuz bildend (wie bei *Carum carvi*), Laubblattzipfel dreieckig, jede Hülle vielblättrig. Frucht eiförmig, 3-4 mm lang, gerippt und kurz behaart →

Seseli libanotis (L.) W. D. J. Koch, *(Libanotis pyrenaica)*, Hirschheil: H-H.ha, 20-120 cm, VII-IX, kollin-subalpin (-alpin), trockene, kalkreiche Krautsäume, Gebüsche, Felsen, (Gera-sang, Sesl, Cari-ferr), LC

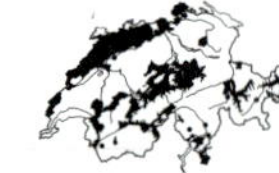

- Blattfiedern unten ohne Fiederkreuz, Laubblattzipfel schmal lineal, Hülle fehlend oder einblättrig **2**

2 Doldenstrahlen fast stielrund, kahl. Blätter graugrün, mit langen, schmalen Zipfeln. Blattstiel oberseits mit breiter, häutiger Rinne

Seseli pallasii Besser, Bunt-Bergfenchel: H, 30–120 cm, VII–VIII, kollin-montan, Trockenrasen, trockene Böschungen, Wegränder, Neophyt

- Doldenstrahlen kantig, auf der Innenseite flaumig behaart **3**

3 Pflanze kahl, graugrün. Dolden 5- bis 12-strahlig. Stängel stielrund, glatt. Frucht eiförmig, ca. 3,5 mm lang, graugrün, kahl, mit sich berührenden Hauptrippen →

Seseli montanum L., Echter Bergfenchel: H, 20–60 cm, VII–X, kollin-montan, kalkreiche, felsige Trockenrasen, (Xero), VU

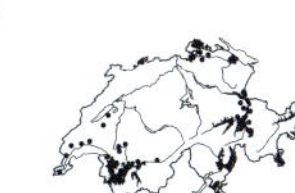

- Pflanze flaumhaarig (seltener fast kahl), hell graugrün. Dolden 15- bis 30-strahlig. Stängel kantig gefurcht, oft rötlich verfärbt. Blattstiel schmal rinnig. Frucht eiförmig, ca. 2 mm lang, kahl, braun, mit schmalen, gelben Rippen →

Seseli annuum L., Einjähriger Bergfenchel: H.ha-T, 20–90 cm, VII–X, kollin-montan, kalkreiche Trockenrasen, Felsensteppen, Föhrenwälder, (Cirs-Brac, Onon-Pini), VU

Silaum Silge

- Stängel kantig, markig. Blätter kahl, im Umriss breit dreieckig, 2- bis 3-fach fiederschnittig, mit länglich schmalen (2–4 mm) Zipfeln, die am Grund verschmälert sind. Rand durch sehr feine Zähnchen rau (Lupe! Vgl. die im Blatt sehr ähnliche *Peucedanum palustre*, mit glattem Blattrand und hohlem Stängel). Frucht eilänglich, ca. 5 mm lang, scharf gerippt →

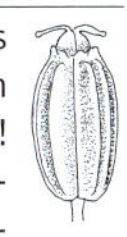

Silaum silaus (L.) Schinz & Thell., Wiesensilge: H, 30–100 cm, VI–IX, kollin-montan, wechselfeuchte, kalkreiche Streuwiesen, Magerrasen, (Moli, Calt, Meso), NT

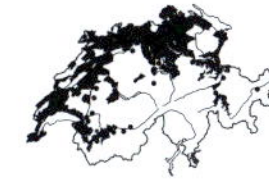

Sison Gewürzdolde

- Unterste Blätter einfach gefiedert, mit 3–9 länglich eiförmigen, unregelmässig eingeschnitten gezähnten Teilblättern. Dolden zahlreich, 3- bis 6-strahlig. Hülle und Hüllchen aus je 2–5 schmalen Blättchen. Blüten weiss, ungleich lang gestielt. Frucht →

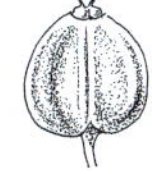

Sison amomum L., Gewürzdolde: T, 30–70 cm, VII–VIII, kollin, eher trockene, nährstoffreiche Krautsäume, (Aego, Trif-medi), EN

Sium Merk

- Blätter einfach gefiedert, mit 4–10 Fiederpaaren. Teilblätter länglich eiförmig, regelmässig fein und spitz gezähnt, 3–6 cm lang, das Endteilblatt von gleicher Gestalt. Untergetauchte Blätter mit fadenförmigen Zipfeln. Dolden 15- bis 25-strahlig, endständig

Sium latifolium L., Grosser Merk: Ah, 80–150 cm, VII–VIII, kollin, Röhrichte, Seeufer, (Phra), CR

Smyrnium Gelbdolde

- Stängel schmal geflügelt. Obere Stängelblätter ungeteilt, stängelumfassend, die unteren einfach oder doppelt 3-teilig. Frucht aus 2 kantigen Halbkugeln →

Smyrnium perfoliatum L., Stängelumfassende Gelbdolde: H, 30–100 cm, V, kollin, trockenwarme Ruderalfluren, Schuttplätze, (Sisy), Neophyt

Tordylium Zirmet

- Blätter einfach gefiedert, mit 2–4 Fiederpaaren. Teilblätter länglich ovalen, stumpf gezähnt, Endblatt grösser. Kronblätter weiss, aussen behaart, die äusseren vergrössert und tief 2-teilig. Frucht → scheibenförmig («Rad mit Pneu»)

Tordylium maximum L., Riesen-Zirmet: H.ha-T, 30–120 cm, VI–VIII, kollin, trockenwarme Pionierfluren, Schuttplätze, (Sisy), vermutlich eingewandert, NT

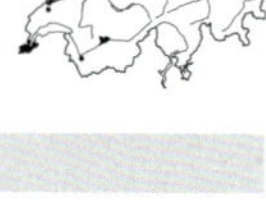

Torilis Borstendolde

1 Dolden fast sitzend (gegenüber einem Stängelblatt), knäuelig. Stängel niederliegend-aufsteigend. Hüllblätter fehlend

Torilis nodosa (L.) Gaertn., Knotige Borstendolde: T, 15–35 cm, V–VI, kollin, trockenwarme Pionierfluren, Schuttplätze, (Sisy), vermutlich eingewandert, NT

- Dolden gestielt, offen. Pflanze ± aufrecht **2**

2 Mehrere (4–12) schmale, den Strahlen anliegende Hüllblätter. Dolden (4-) 9- bis 12-strahlig. Früchte 2–3 mm lang →, Fruchtstacheln an der Spitze ohne kleines Häkchen (Lupe!)

Torilis japonica (Houtt.) DC., Wald-Borstendolde: H.ha-T, 30–120 cm, VII–VIII, kollin-montan, nährstoffreiche Krautsäume, Wegränder, Schlagfluren, (Aego, Atro), LC

- Höchstens 1 Hüllblatt. Dolden 3- bis 9-strahlig. Fruchtstacheln an der Spitze oft mit einem kleinen Häkchen (Lupe!) →

Torilis arvensis (Huds.) Link, Feld-Borstendolde: T, 30–100 cm, VI–VIII, kollin, trockenwarme, kalkreiche Äcker, Wegränder, (Cauc, Conv-Agro), Archäophyt, NT

Trinia Faserschirm

Die seltene Art dieser Gattung kann an den (unvollkommen) eingeschlechtlichen Blüten und dem charakteristischen Geruch (nach altem Öl), der beim Zerreiben der Blätter entsteht, eindeutig bestimmt werden.

- Pflanze zweihäusig, blaugrün, von Grund an stark verzweigt, mit vielen Seiten- und Enddolden. Blätter 2- bis 3-fach fiederschnittig, Blätter beim Zerreiben unangenehm riechend (nach «altem Öl»). Blattzipfel 3-kantig. Frucht →

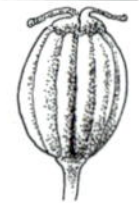

Trinia glauca (L.) Dumort., Faserschirm: H.ha, 10–50(–100) cm, IV–VI, kollin-montan (-subalpin), felsige, kalkreiche Trockenrasen, (Xero, Sesl), VU

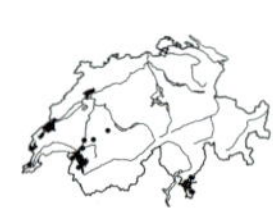

Trochiscanthes Radblüte

- Pflanze kahl. Stängel röhrig, verzweigt, Zweige gegenständig. Blätter mehrfach 3-zählig, die einzelnen Teilblätter eiförmig, scharf und oft ungleich gezähnt. Frucht →

Trochiscanthes nodiflora (All.) W. D. J. Koch, Radblüte: H, 1-2 m, VI-VIII, kollin-montan, trockene Buchenwälder, (Ceph-Fage), VU

Turgenia Turgenie

- Pflanze borstig behaart. Blätter einfach fiederschnittig, die schmalen Abschnitte tief eingeschnitten gezähnt. Blüten weiss oder rosa bis rotbraun. Dolden 2- bis 5-strahlig. Hüll- und Hüllchenblätter je 3-5. Frucht →

Turgenia latifolia (L.) Hoffm., Breitblättrige Klettendolde: T, 15-40(-60) cm, VI-VIII, kollin (-subalpin), eher trockene, kalkreiche Äcker, (Cauc), Archäophyt, RE

Apocynaceae Hundsgiftgewächse

1 Pflanze kriechend. Blüten → einzeln, blau oder violett ***Vinca***

- Pflanze aufrecht. Blüten in Dolden oder Rispen, gelblich weiss oder rötlich **2**

2 Blätter filzig, Blüten rötlich oder weisslich, mit zurückgeschlagenen Zipfeln. Frucht mit weichen Stacheln ***Asclepias***

- Blätter nur auf den Nerven etwas behaart, sonst kahl. Blüten → gelblich weiss, Zipfel nicht zurückgeschlagen. Frucht kahl, glatt ***Vincetoxicum***

Asclepias Seidenpflanze

- Pflanze mit Milchsaft. Blätter eiförmig-länglich, filzig, mit auffallenden Parallelnerven. Blütenstand doldig, mit rötlichen, seltener weisslichen Blüten. Frucht dick aufgeblasen, papageienförmig →

Asclepias syriaca L., Syrische Seidenpflanze: G, 2 m, VI-VIII, kollin, Gärten, Unkrautfluren, (Dauc-Meli), kultiviert und verwildert, Neophyt

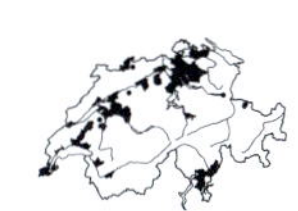

Vinca Immergrün

1 Blätter länglich lanzettlich, am Grund verschmälert, kahl. Blütendurchmesser 2-3 cm. Pflanze kriechend oder bogig aufsteigend, immergrüne Teppiche bildend

Vinca minor L., Kleines Immergrün: Cp, 20 cm, IV-V, kollin-montan, kalte, kalkreiche Laubwälder, (Carp, Tili-plat, Quer-pube), LC

- Blätter eiförmig, am Grund abgerundet, am Rand bewimpert. Blütendurchmesser 4-5 cm

Vinca major L., Grosses Immergrün: Cp, 50 cm, IV-V, kollin, warme Krautsäume, Hecken, Mauern, (Aego), kultiviert und verwildert, Neophyt

Vincetoxicum Schwalbenwurz

- Stängel unverzweigt, 2-zeilig behaart. Blätter gegenständig, am Grund meist herzförmig, lang zugespitzt. Blüten → mit Krone und Nebenkrone. Frucht ein auffälliger, langer Balg

Vincetoxicum hirundinaria Medik., Schwalbenwurz: G.li, 30–100 cm, VI–VIII, kollin-subalpin, mässig trockene, kalkreiche Krautsäume, Schuttfluren, Laubwälder, (Gera-sang, Stip-cala, Ceph-Fage, Tili-plat), LC

Aquifoliaceae Stechpalmengewächse

Ilex Stechpalme

- Immergrüner, meist zweihäusiger Baum. Blätter eiförmig, wellig stachelig gezähnt, lederig, kahl, oberseits glänzend. Blüten weiss. Früchte rot (Abb. Tafel 8, S. 261)

Ilex aquifolium L., Stechpalme: Ph-P, 10 m, V, kollin-montan, warme Laubmischwälder, (Carp, Tili-plat, Fagetalia), LC

Araliaceae Efeugewächse

1 Kleiner Baum oder Strauch (bis 10 m hoch). Blätter unpaarig doppelt gefiedert, mit stacheliger Blattrhachis ***Aralia***

\- Liane oder Sumpfpflanze mit ungeteilten Blättern **2**

2 Stängel in ganzer Länge liegend oder kriechend. Blätter kreisrund-nierenförmig, gekerbt ***Hydrocotyle***

\- Blätter lederig, immergrün. Niederliegende oder kletternde Liane mit charakteristischer Blattform («Efeu») ***Hedera***

Aralia Aralie

- Stacheliger, sommergrüner, kleiner Baum oder Strauch. Rispiger Gesamtblütenstand aus vielen doldigen Teilblütenständen bestehend. Mit kleinen, saftigen Steinfrüchten (Abb. Tafel 8, S. 261)

Aralia elata (Miq.) Seem., Japanische Aralie: Ph, 3–10 m, gestörte Wälder und Waldränder, Neophyt

Hedera Efeu

1 Blätter 4–10 cm lang, an sterilen Trieben mit typischer 3- bis 5-eckiger «Efeuform». Sterile Triebe mit Sternhaaren, Blätter ober- und unterseits mit weissen (bis weissbraunen), 5- bis 6-strahligen Schuppenhaaren besetzt

Hedera helix L., Efeu: Ch-P.li, 20 m, IX–X, kollin-montan, Laubmischwälder, schattige Mauern, Felsen, (Fagetalia, Carp, Frax, Quer-pube), LC. Sehr oft und in verschiedenen Varietäten (oftmals mit hell panaschierten Blättern) kultiviert. Die atlantische Art *H. hibernica* (G. Kirchn) D.C. Bean, welche *H. helix* sehr ähnlich sieht, aber einen umgebogenen, manchmal gezähnten Blattrand und kaum weisse Nerven hat, wird ebenfalls oft im Gartenhandel angeboten und dürfte an etlichen Stellen verwildert sein

- Blätter länger als 10 cm, in der Regel 15–25 cm lang, ohne typische Efeuform, elliptisch-eilanzettlich, ganzrandig oder wenig gelappt. Sterile Triebe mit Schuppenhaaren, Blattunterseite mit rötlichen, 25- bis 30-strahligen Schuppenhaaren

Hedera colchica (K. Koch) K. Koch, Kolchischer Efeu: Ch-P.li, 3 m, IX–XI, kollin, Laubmischwälder, Mauern, Neopyht, Gepflanzt und gelegentlich verwildert, oft auch in weiss panaschierter Form

Hydrocotyle Wassernabel

1 Blatt kreisrund mit wenig tief gekerbtem Rand, am Grund ohne Einschnitt →

Hydrocotyle vulgaris L., Gewöhnlicher Wassernabel: H, 5–30(–100) cm, VI–VII, kollin (-montan), Gräben, Moore, (Cari-lasi, Magn), VU

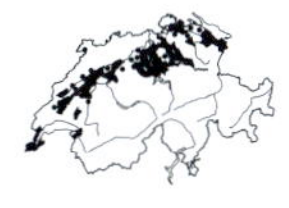

- Blatt rundlich nierenförmig, am Grund mit einem deutlichen Einschnitt 2

2 Pflanze oft auf dem Wasser schwimmend, mit dickem, weichem, fleischigem Stängel. Blätter nierenförmig, 40–100 mm im Durchmesser. Blattstiel fleischig, > 2 mm im Durchmesser

Hydrocotyle ranunculoides L. f., Hahnenfussähnlicher Wassernabel: H, 5–30(–200) cm, VII–VIII, kollin (-montan), Gräben, Moore, Neophyt

- Meist Landpflanze, besiedelt unterschiedlichste Habitate. Blätter rundlich, 5–15 mm im Durchmesser. Blattstiel drahtig, < 1 mm im Durchmesser

Hydrocotyle sibthorpioides Lam., Kleinblättriger Wassernabel: H, 1–5(–?) cm, kollin, Ubiquist, oft als Unkraut in Rasen, Neophyt

Asteraceae Korbblütler

Hauptschlüssel

1	Alle Blüten zungenförmig, Röhrenblüten fehlend. Pflanze fast immer mit Milchsaft (v. a. jüngere Pflanzenteile)	**Teilschlüssel I – Köpfchen nur mit Zungenblüten**
-	Innere Blüten des Köpfchens röhrenförmig (Röhrenblüten), äussere oft zungenförmig (Zungenblüten). Pflanze ohne Milchsaft	**2**
2	Randständige Blüten zungenförmig, die Röhrenblüten als Zungenkranz umgebend	**Teilschlüssel II – Köpfchen mit Röhren- und Zungenblüten**
-	Alle Blüten röhrenförmig (manchmal die randständigen trichterförmig erweitert). Zungenblüten fehlend	**3**
3	Pflanze distelartig (Blätter dornig gezähnt)	**Teilschlüssel III – Distelartige Pflanzen**
-	Pflanze nicht distelartig (Blätter nicht dornig)	**Teilschlüssel IV – Köpfchen nur mit Röhrenblüten**

Teilschlüssel I – Köpfchen nur mit Zungenblüten

1	Blüten blau oder purpurrot	**2**
-	Blüten gelb oder orange	**6**
2	Blüten purpurrot	**3**
-	Blüten blau oder hellviolett	**4**
3	Köpfe → klein, 2- bis 5-blütig, hängend	***Prenanthes***
-	Köpfe gross, vielblütig, aufrecht	***Tragopogon***
4	Blüten an den Zweigen fast sitzend. Pappus aus kurzen Schuppen	***Cichorium***
-	Die meisten Blüten deutlich gestielt. Pappus borstig	**5**
5	Hochstaude mit dickem, hohlem Stängel, 60–200 cm hoch. Früchte ungeschnäbelt	***Cicerbita***
-	Pflanze 20–50(–70) cm hoch. Stängel dünn, markig. Frucht abgeflacht, mit langem, dünnem Schnabel	***Lactuca***
6	Stängel blattlos, höchstens mit kleinen Schüppchen besetzt. Grundblätter in einer Rosette (vgl. auch *Leontodon autumnalis*, die manchmal an Verzweigungsstellen gut ausgebildete Blätter hat)	**7**
-	Stängel mit mindestens 1 deutlich ausgebildeten Blatt	**14**
7	Früchte ohne Pappus (bereits im aufgeschnittenen, blühenden Köpfchen sichtbar, Lupe!)	**8**
-	Früchte mit Pappus	**9**
8	Stängel unter dem Kopf keulig verdickt	***Arnoseris***
-	Stängel unter dem Kopf nicht verdickt	***Aposeris***
9	Stängel röhrig. Hülle zweireihig →	***Taraxacum***
-	Stängel nicht röhrig	**10**
10	Pappusborsten gefiedert	**11**
-	Pappusborsten einfach, ungefiedert	**12**

11	Fruchtboden mit Spreublättern	***Hypochaeris***
-	Fruchtboden ohne Spreublätter	***Leontodon***
12	Hülle mehrreihig → (dachziegelig). Pappus bräunlich weiss, steif, brüchig 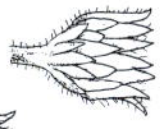	***Hieracium***
-	Hülle zweireihig → (kurze äussere und lange innere Hüllblätter). Pappus schneeweiss, biegsam 	**13**
13	Pflanze durch Ausläufer kleine Teppiche aus Rosetten mit schmal lanzettlichen, kahlen, graugrünen Blättern bildend *(Hieracium staticifolium)*	***Hieracium***
-	Pflanze ohne Ausläufer	***Crepis***
14	Blätter lineal oder schmal lanzettlich, parallelnervig, grasartig	**15**
-	Blätter nicht grasartig	**16**
15	Alle Hüllblätter gleich lang, am Grund verwachsen	***Tragopogon***
-	Hüllblätter ungleich lang, dachziegelig angeordnet	***Scorzonera***
16	Früchte ohne Pappus (bereits im aufgeschnittenen, blühenden Köpfchen sichtbar, Lupe!). Hülle zweireihig. Blüten hellgelb	***Lapsana***
-	Pappus aus zahlreichen langen Borsten bestehend	**17**
17	Pappusborsten zumindest z. T. federig behaart	**18**
-	Pappusborsten nicht behaart, höchstens mit Zähnchen	**20**
18	Stängelblätter fiederschnittig, mit linealen Abschnitten → *(Scorzonera laciniata)* 	***Scorzonera***
-	Stängelblätter ungeteilt, ganzrandig oder seicht gezähnt	**19**
19	Fruchtboden mit Spreublättern. Stängel unverzweigt oder verzweigt, wenigköpfig. Haare einfach	***Hypochaeris***
-	Fruchtboden ohne Spreublätter. Stängel verzweigt, vielköpfig, mit rauen, verzweigten Haaren	***Picris***
20	Die meisten Köpfchen mit nur 5 blassgelben Blüten. Blätter tief fiederteilig, mit grossem, dreieckigem Endabschnitt	***Mycelis***
-	Köpfchen mit mehr als 5 Blüten	**21**
21	Früchte stark abgeflacht (bereits im blühenden Köpfchen erkennbar)	**22**
-	Früchte nicht auffällig abgeflacht	**23**
22	Hülle unten bauchig erweitert. Frucht ungeschnäbelt	***Sonchus***
-	Hülle kaum bauchig erweitert, schmal, fast zylindrisch. Frucht geschnäbelt	***Lactuca***
23	Frucht an der Spitze (im Übergang zum schmalen Schnabel) mit Schuppen ein Krönchen bildend → 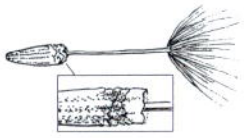	**24**
-	Frucht ohne Krönchen oder Schüppchen an der Spitze, mit oder ohne Schnabel	**25**
24	Hülle dicht schwarz behaart. Köpfchen mit vielen Blüten	***Willemetia***
-	Hülle kahl oder weissflockig behaart. Köpfchen mit nur 7–15 Blüten	***Chondrilla***
25	Pappus bräunlich weiss, steif, brüchig. Hülle zwei- oder mehrreihig	**26**
-	Pappus biegsam, meist schneeweiss. Hülle zweireihig (kurze äussere und lange innere Hüllblätter)	**27**

26	Hülle zweireihig (links) → (kurze äussere und lange innere Hüllblätter) *(Crepis paludosa)*	***Crepis***
-	Hülle mehrreihig (dachziegelig) (rechts) →	***Hieracium***
27	Pflanze durch Ausläufer kleine Teppiche aus Rosetten mit schmal lanzettlichen, kahlen, graugrünen Blättern bildend *(Hieracium staticifolium)*	***Hieracium***
-	Pflanze ohne Ausläufer	***Crepis***

Teilschlüssel II - Köpfchen mit Röhren- und Zungenblüten

1	«Zungenblüten» trockenhäutig, starr (die scheinbaren Zungenblüten werden durch die inneren Hüllblätter imitiert)	**2**
-	Zungenblüten weich	**3**
2	«Zungenblüten» (Hüllblattkranz) rötlich	***Xeranthemum***
-	«Zungenblüten» (Hüllblattkranz) silbrig oder strohgelb (golden)	***Carlina***
3	Zungenblüten weiss, gelblich weiss, blau oder rotviolett	**4**
-	Zungenblüten gelb bis orange	**23**
4	Stängel blattlos (oder mit schuppigen Hochblättern)	**5**
-	Stängel beblättert	**7**
5	Köpfchen in rötlichen oder gelblich weissen Trauben oder Rispen	***Petasites***
-	Köpfchen einzeln	**6**
6	Grundblätter 5–15(–20) mm breit. Hüllblätter stumpf oder breit zugespitzt. Frucht ohne Pappus	***Bellis***
-	Grundblätter 20–50 mm breit. Hüllblätter spitz. Frucht mit Pappus	***Aster***
7	Blätter fiederspaltig oder gefiedert	**8**
-	Blätter ungeteilt, ganzrandig, gesägt oder gelappt	**16**
8	Röhrenblüten weiss, grauweiss oder rötlich. Zungenblüten kaum länger als breit	***Achillea***
-	Röhrenblüten gelb oder hellbräunlich	**9**
9	Pflanze 5–15 cm gross. Blätter bis 3 cm lang, die unteren kammförmig fiederschnittig →. Köpfchen meist einzeln. Alpenpflanze	***Leucanthemopsis***
-	Pflanze 15–150 cm gross, mit mehreren Köpfchen (ausser bei Kümmerexemplaren). Pflanze tieferer Lagen	**10**
10	Blattzipfel flach (die Blätter haben dadurch einen «teilweise flächigen Charakter»)	**11**
-	Blattzipfel fadenförmig (die Blätter sind sehr feinzipflig und haben keine Blattfläche)	**13**
11	Zungenblätter am Grund gelb. Blätter etwas dicklich	***Glebionis***
-	Zungenblätter gänzlich weiss	**12**
12	Boden des Blütenkopfes zwischen den Blüten mit schmal lanzettlichen bis borstenförmigen, reduzierten Blättern (Spreublätter). Pflanze geruchlos	***Anthemis***
-	Blüten ohne Spreublätter. Köpfchen meist zu mehreren in einer Schirmrispe. Pflanze geruchlos oder wohlriechend	***Tanacetum***

13	Blütenkörbchen 5–7 cm breit, Zungenblüten meist 8, weiss oder rosa. Hüllblätter zweireihig	***Cosmos***
-	Blütenkörbchen 2–5 cm breit, Zungenblüten meist mehr als 10, weiss. Hüllblätter mehrreihig	**14**
14	Blüten ohne Spreublätter. Köpfchen meist zu mehreren in einer Schirmrispe. Pflanze geruchlos oder wohlriechend	***Anthemis***
-	Fruchtboden zuletzt kegelförmig aufgewölbt, ohne Spreublätter	**15**
15	Pflanze wohlriechend. Fruchtboden hohl	***Matricaria***
-	Pflanze kaum riechend. Fruchtboden markig (junge Blüten untersuchen)	***Tripleurospermum***
16	Alle Blätter gegenständig	***Galinsoga***
-	Blätter wechselständig, nur die unteren manchmal gegenständig	**17**
17	Frucht an der Spitze mit einem Pappus (auch im quergeschnittenen Blütenkopf schon erkennbar)	**18**
-	Frucht ohne Pappus	**21**
18	Zungenblüten schmal lineal bis fadenförmig (0,2–1 mm breit), deutlich mehrreihig stehend	**19**
-	Zungenblüten breiter (1–3 mm breit), ein- oder mehrreihig stehend	**20**
19	Zungenblüten 0,5–1 mm lang, kaum über die Köpfchen herausragend	***Conyza***
-	Zungenblüten > 1 mm lang, deutlich über die Köpfchen herausragend	***Erigeron***
20	Die äusseren Hüllblätter blattartig (wie kleine Stängelblätter), abstehend, 2–6 mm breit. Zungenblüten mehrreihig	***Callistephus***
-	Die äusseren Hüllblätter schmal, anliegend, 0,5–1 mm breit. Zungenblüten einreihig	***Aster***
21	Zungenblüten kaum länger als breit	***Achillea***
-	Zungenblüten viel länger als breit	**22**
22	Stängel locker beblättert, Blätter nicht punktiert	***Leucanthemum***
-	Stängel dicht beblättert (Blätter länger als die Internodien), Blätter drüsig punktiert	***Leucanthemella***
23	Stängel mit Blattschuppen besetzt. Blüten vor den grundständigen Blättern entwickelt	***Tussilago***
-	Stängel ohne Blattschuppen, zur Blütezeit mit entwickelten Blättern	**24**
24	Blätter, zumindest die unteren, gegenständig	**25**
-	Alle Blätter wechselständig	**31**
25	Zumindest die oberen Blätter stängelumfassend, oft verwachsen	**26**
-	Blätter nicht stängelumfassend	**27**
26	Blütenköpfe 5–8 cm breit, mit zahlreichen Zungenblüten. Pflanze kahl, mehrjährig	***Silphium***
-	Blütenköpfe 2–4 cm breit, mit meist 8 Zungenblüten. Pflanze oberwärts drüsig, einjährig	***Guizotia***
27	Frucht an der Spitze normalerweise mit 2–4 widerhakigen Borsten →, diese mit Lupe schon in der Blüte sichtbar (bei *B. ferulifolia* gelegentlich fehlend)	***Bidens***
-	Frucht an der Spitze ohne Borsten	**28**
28	Stängelblatt tief fiederspaltig	**29**
-	Stängelblatt ungeteilt (ganzrandig oder gezähnt)	**30**

29	Pappus fehlend. Blütenköpfe 4–6 cm breit. Zungenblüten gelb, meist 8, keilförmig, am Ende eingeschnitten →	***Coreopsis***
-	Pappus aus 3–6 Schuppen bestehend	***Tagetes***
30	Grundblätter eine Rosette bildend. Stängelblätter ganzrandig, (scheinbar) parallelnervig	***Arnica***
-	Grundrosette fehlend. Blätter meist gezähnt, netznervig	***Helianthus***
31	Hülle aus (fast) gleich langen Hüllblätter bestehend	**32**
-	Hülle mit deutlich unterschiedlichen Hüllblättern, die meist dachziegelig angeordnet sind	**36**
32	Röhrenblüten schwarzbraun. Blütenboden kegelförmig aufgerichtet. Hüllblätter ein- bis zweireihig	***Rudbeckia***
-	Röhrenblüten nicht schwarz. Blütenboden höchstens schwach gewölbt	**33**
33	Pappus fehlend. Frucht einwärts gekrümmt, auf der Aussenseite gerippt →, Zungenblüten gelb oder orange	***Calendula***
-	Pappus vorhanden. Frucht gerade. Zungenblüten gelb	**34**
34	Hülle halbkugelig. Blütenboden kurzhaarig	***Doronicum***
-	Hülle zylindrisch bis glockenförmig. Blütenboden kahl	**35**
35	Aussenhüllblätter (= Hochblätter) → vorhanden (oder zumindest am Stängel direkt unterhalb des Köpfchens eingefügt). Blätter fiederschnittig oder ungeteilt	***Senecio***
-	Körbchen ohne Aussenhülle. Blätter stets einfach	***Tephroseris***
36	Blätter fiederschnittig oder gefiedert	**37**
-	Blätter ungeteilt (ganzrandig oder gesägt)	**38**
37	Blätter kammförmig fiederteilig, unterseits dicht filzhaarig	***Anthemis***
-	Blätter unregelmässig fiederteilig, beiderseits kahl	***Glebionis***
38	Pflanze auffallend drüsig-klebrig und stark aromatisch	***Dittrichia***
-	Pflanze nicht oder nur wenig drüsig	**39**
39	Köpfchenboden ohne Spreublätter. Frucht mit Pappus	**40**
-	Köpfchenboden zwischen den Blüten mit schmal lanzettlichen bis borstenförmigen, reduzierten Blättern (Spreublätter). Frucht ohne Pappus	**42**
40	Zungenblüten 5–12. Köpfchen < 1 cm breit, dicht stehend, in Rispen	***Solidago***
-	Zungenblüten mehr als 12. Köpfchen grösser, einzeln oder locker stehend	**41**
41	Pappus einfach	***Inula***
-	Pappus doppelt, der äussere ein kurzes Krönchen bildend	***Pulicaria***
42	Stängelblätter in einen Stiel verschmälert	***Helianthus***
-	Stängelblätter mit breitem, ± stark geöhrtem Blattgrund	**43**
43	Stängelblätter schmal lanzettlich. Äussere Früchte 3-kantig, geflügelt, kahl	***Buphthalmum***
-	Stängelblätter hart, verkehrt eiförmig. Alle Früchte zylindrisch, behaart	***Telekia***

Teilschlüssel III – Distelartige Pflanzen

1	Einblütige Blütenköpfe einen kugeligen Gesamtblütenstand bildend. Blüten hellblau bis grauweiss	***Echinops***
-	Blüten keinen kugeligen Gesamtblütenstand bildend	**2**

2 Innerste Hüllblätter viel grösser als die äusseren, strahlig, silberweiss oder goldgelb, trockenhäutig, Zungenblüten vortäuschend **Carlina**

\- Innerste Hüllblätter von den äusseren nicht auffällig verschieden **3**

3 Blattachseln mit 3-teiligen Dornen. (Weibliche) Körbchen elliptisch, in den Blattachseln der oberen Blätter, klettenartig mit hakigen Hülldornen besetzt **Xanthium**

\- Blattachseln ohne 3-teilige Dornen. Körbchen anders **4**

4 Pappusborsten → federig behaart (Pappus biegen; im trockenen Zustand gut sichtbar!) **Cirsium**

\- Pappusborsten → rau, aber nicht federig behaart **5**

5 Die einzelnen Köpfe von stachelig gezähnten Laubblättern sternförmig umhüllt. Pappus fehlend (nicht mit den borstigen, am Grund der Frucht ansetzenden Spreublättern verwechseln!) **Carthamus**

\- Einzelne Köpfe nicht von stacheligen Laubblättern umhüllt. Pappus vorhanden (an der Spitze der Frucht bzw. des Fruchtknotens ansetzend) **6**

6 Blätter hell gefleckt. Äussere Hüllblätter seitlich bestachelt. Stängel ungeflügelt **Silybum**

\- Blätter nicht gefleckt. Äussere Hüllblätter ganzrandig. Stängel oft mit stacheligen Flügeln **7**

7 Pflanze vollständig graufilzig. Stängel breit geflügelt. Borsten des Fruchtbodens kürzer als die Frucht **Onopordum**

\- Pflanze höchstens teilweise graufilzig. Stängel nicht oder schmal geflügelt. Borsten des Fruchtbodens länger als die Frucht **Carduus**

Teilschlüssel IV – Köpfchen nur mit Röhrenblüten

1 Stängel blattlos, höchstens mit Schuppen. Grundblätter kaum länger als breit **2**

\- Stängel beblättert **3**

2 Stängel einköpfig. Grundblätter 1–3 cm breit **Homogyne**

\- Stängel vielköpfig. Grundblätter 5–50 cm breit **Petasites**

3 Stängelblätter (zumindest im unteren Teil) gegenständig **4**

\- Alle Stängelblätter wechselständig **7**

4 Stängelblätter handförmig 3- bis 5-teilig. Blüten rosa **Eupatorium**

\- Stängelblätter ungeteilt oder fiederschnittig. Blüten grün oder gelb **5**

5 Köpfchen einzeln am Ende der Zweige. Blüten gelb bis gelbbraun **Bidens**

\- Köpfchen klein, zahlreich, in langen Trauben. Blüten grün **6**

6 Stängelblätter ungeteilt, die unteren herzförmig, 7–30 cm lang **Iva**

\- Stängelblätter 3-spaltig oder fiederteilig **Ambrosia**

7 Blätter breit dreieckig, ahornartig. (Weibliche) Körbchen elliptisch, in den Blattachseln der oberen Blätter, Hüllblätter verwachsen, klettenartig mit hakigen Hülldornen besetzt **Xanthium**

\- Blätter und Körbchen anders gestaltet **8**

8	Hüllblätter trockenhäutig, zuletzt abstehend, ähnlich den Zungenblüten als weisser oder rosafarbener Schauapparat dienend (die Röhrenblüten umgebend)	**9**
-	Hüllblätter nicht einen trockenhäutigen, abstehenden Schauapparat bildend (falls trockenhäutig, den Köpfchen anliegend)	**10**
9	Innere Hüllblätter strahlig, rosarot. Körbchen einzeln am Ende langer Zweige	***Xeranthemum***
-	Alle Hüllblätter weiss. Körbchen in einer Doldenrispe	***Anaphalis***
10	Grundblätter ausgewachsen (15–)20–50 cm lang, am Grund herzförmig	**11**
-	Grundblätter oder untere Stängelblätter höchstens bis 10(–15) cm lang, am Grund herzförmig oder verschmälert	**13**
11	Körbchen in einer Doldenrispe. Hülle 0,2–0,6 cm breit, mit 4–8 Hüllblättern	***Adenostyles***
-	Körbe einzeln oder zu wenigen geknäuelt. Hülle 2–10 cm breit	**12**
12	Körbe zu mehreren. Hülle 2–5 cm breit. Hüllblätter in einen hakigen Stachel auslaufend →	***Arctium***
-	Körbe einzeln am Ende langer Stängel. Hülle 6–10 cm breit. Hüllblätter ohne Stachel	***Stemmacantha***
13	Blätter (zumindest die oberen) gefiedert, fiederschnittig oder tief gesägt	**14**
-	Blätter (zumindest die oberen) ungeteilt, ganzrandig oder fein gezähnt	**24**
14	Blüten hellrosa, rot oder rotviolett	**15**
-	Blüten gelb, gelbweiss oder gelbgrün	**17**
15	Äussere Hüllblätter mit auffälligen, häutigen, gefransten, stacheligen oder fiedrigen Anhängseln →	***Centaurea***
-	Hüllblätter ohne auffällige Anhängsel	**16**
16	Alle Blätter fiederschnittig, Abschnitte schmal lineal, fein gezähnt, stachelspitzig. Pappus schwarz	***Crupina***
-	Grundständige Blätter ungeteilt. Pappus hellbraun	***Serratula***
17	Köpfchen kegelförmig, gelbgrün. Blätter tief 2- bis 3-fach fiederteilig, aromatisch	***Matricaria***
-	Köpfchen flach oder zylindrisch	**18**
18	Köpfchen (8–)10–50 mm breit	**19**
-	Köpfchen nur 3–6 mm breit	**20**
19	Äussere Hüllblätter mit einem stacheligen Anhängsel →. Köpfchen einzeln am Ende langer Zweige	***Centaurea***
-	Äussere Hüllblätter ohne stacheliges Anhängsel. Köpfchen in Doldenrispen	***Tanacetum***
20	Köpfchen sitzend in den Blattachseln von Blättern. Blüten unscheinbar, grünlich. Pflanze niederliegend	***Soliva***
-	Köpfchen gestielt. Pflanze niederliegend oder aufrecht	**21**
21	Alle Hüllblätter etwa gleich lang, in einer «Palisadenreihe» stehend →. Hülle oft am Grund von pfriemlichen Blättchen umgeben («Aussenhülle»)	***Senecio***
-	Hüllblätter ungleich lang, dachziegelig angeordnet. Keine Aussenhülle	**22**
22	Blätter tief gezähnt. Pappus vorhanden. Rand der Köpfchen mit unscheinbaren Zungenblüten (Lupe!). Köpfchen stets aufrecht	***Conyza***
-	Blätter ± fiederschnittig oder radiär geteilt. Pappus fehlend	**23**

23	Köpfchen einzeln, auf langen Köpfchenstielen am Ende von niederliegend-aufsteigenden Stängeln. Pflanze klein, zart. Achänen flach	***Cotula***
-	Köpfchen in Trauben, Rispen oder Scheindolden, oft nickend	***Artemisia***
24	Hüllblätter mit auffälligem, trockenhäutigem, gefranstem oder federigem Anhängsel	***Centaurea***
-	Hüllblätter ohne auffälliges Anhängsel	**25**
25	Blüten violettblau. Innere Pappusborsten federig behaart. Alpenpflanze	***Saussurea***
-	Blütenfarbe anders. Pappus fehlend oder ungefiedert	**26**
26	Blätter 20-60 mm breit	**27**
-	Blätter lineal bis schmal lanzettlich, bis 10 mm breit	**29**
27	Köpfchen einzeln, nickend, mit einer von grossen Hochblättern gebildeten Aussenhülle. Blätter nicht runzelig	***Carpesium***
-	Köpfchen aufrecht, ohne Aussenhülle, zu vielen in einer Doldenrispe	**28**
28	Blätter blaugrün, wohlriechend. Hüllblätter stumpf, anliegend	***Tanacetum***
-	Blätter dunkelgrün, runzelig, etwas stinkend. Hüllblätter spitz, abstehend	***Inula***
29	Blätter grün, oberseits mit kleinen Grübchen (Lupe!). Köpfchen in einer Doldenrispe. Blüten goldgelb	***Aster***
-	Blätter ± weissfilzig, oberseits oft verkahlend	**30**
30	Gesamtblütenstand von sternförmig ausgebreiteten, weissfilzigen Hochblättern umgeben	***Leontopodium***
-	Gesamtblütenstand ohne solche Hochblätter	**31**
31	Zumindest die untersten Köpfchen von ihren Tragblättern weit überragt	***Gnaphalium***
-	Die Köpfchen kaum von ihren Tragblättern überragt	**32**
32	Hüllblätter an der Spitze mit einem trockenhäutigen Anhängsel. Pflanze zweihäusig	***Antennaria***
-	Hüllblätter krautig-weissfilzig, ohne trockenhäutige Spitzen. Pflanze einhäusig oder zwittrig	**33**
33	Pappus fehlend. Mehrere Früchte von einem filzigen Hüllblatt umgeben, typische «Filzkugeln» bildend und zusammen abfallend. Blattrand wellig	***Micropus***
-	Pappus vorhanden. Reife Pflanze keine Filzkugeln bildend. Blätter nicht wellig	***Filago***

Achillea Schafgarbe

1	Zungenblüten gelb	**2**
-	Zungenblüten weiss bis rosa	**4**
2	Blätter ungeteilt →, gezähnt, flach, drüsig punktiert. Köpfchen 3-6 mm breit ***Achillea ageratum*** L., Balsam-Schafgarbe: H, 10-60 cm, VI-VIII, kollin, wechselfeuchte Ruderalflächen, Neophyt	
-	Blätter fiederteilig	**3**
3	Pflanze 10-30 cm hoch, dicht filzhaarig. Scheindolde mit 10-50 Körbchen. Blattausschnitt → ***Achillea tomentosa*** L., Gelbe Schafgarbe: H, 10-30 cm, V-VII, kollin-montan (-subalpin), kalkarme Steppenrasen, (Stip-Poio), NT	

- Pflanze 50–150 cm hoch, dünn anliegend behaart. Scheindolde mit 50–500 Körbchen

  Achillea filipendulina Lam., Gold-Schafgarbe: H, 50–130 cm, VI–VIII, kollin, trockene Ruderalfluren, Bahnareale, (Dauc-Meli), aus Gärten verwildert, Neophyt

4 Blätter ungeteilt, schmal lanzettlich, Blattrand gesägt →, Zähne mit feinen Knorpelspitzchen. Körbchen 12–17 mm breit

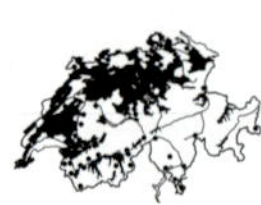

Achillea ptarmica L., Sumpf-Schafgarbe: H, 30–80 cm, VII–VIII, kollin-montan, feuchte Krautsäume, Nasswiesen, (Moli, Conv), VU

- Blätter gefiedert oder fiederschnittig **5**

5 Zungenblüten 6–12(–20), 3–6 mm lang. Bereich der Scheibenblüten > 3 mm breit **6**

- Zungenblüten 3–5(–7), 1–3 mm lang. Bereich der Scheibenblüten < 3 mm breit **10**

6 Pflanze 40–120 cm hoch. Blätter höchstens 3x so lang wie breit, fiederschnittig →, Abschnitte 3–20 mm breit

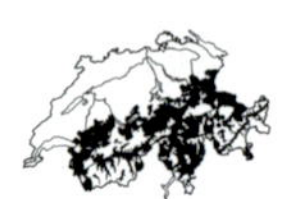

Achillea macrophylla L., Grossblättrige Schafgarbe: H, 40–100 cm, VII, subalpin (-alpin), Hochstaudenfluren, Grünerlengebüsche, (Aden, Alne-viri), LC

- Pflanze 5–30 cm hoch. Blätter mindestens 3x so lang wie breit, tief fiederschnittig, feinzipflig, Abschnitte 0,2–5 mm breit **7**

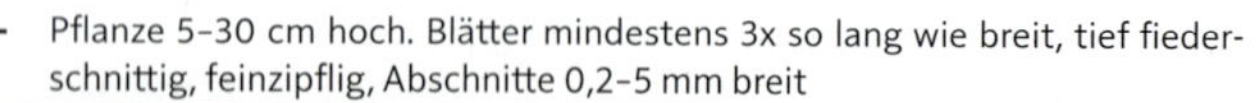

7 Blatt jederseits mit 3–5 unregelmässig geformten Zipfeln, anliegend weissfilzig behaart →. Blattzipfel bis 5 mm breit

Achillea clavenae L., Clavenas Schafgarbe: H, 10–30 cm, VI–VIII, (subalpin-) alpin, kalkreiche Felsrasen, Gebirgsrasen, (Sesl), VU

- Blatt jederseits mit mehr als 6, höchstens 1,5 mm breiten Zipfeln. Blätter anders behaart oder kahl **8**

8 Blätter wollig-zottig →, im Umriss schmal lanzettlich. Scheindolde dicht, halbkugelig. Körbchen 6–10 mm breit

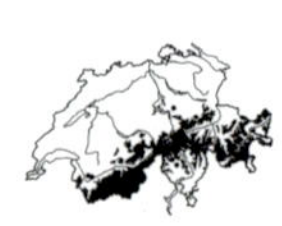

Achillea nana L., Zwerg-Schafgarbe: H, 5–10 cm, VII–VIII, alpin, schuttige Gratrasen, Geröllfluren, (Drab-hopp, Andr-alpi), LC

- Blätter kahl oder wenig behaart, Umriss länglich. Körbchen locker stehend **9**

9 Pflanze zerrieben stark aromatisch. Körbchen 9–14 mm breit. Hülle 4–5 mm lang, Hüllblätter mit braunem Rand. Blatt fiederschnittig, die meisten Blattzipfel ungeteilt →

Achillea erba-rotta subsp. **_moschata_** (Wulfen) Vacc., _(A. moschata)_, Moschus-Schafgarbe: H, VI–VIII, (subalpin-) alpin, kalkarme Geröllfluren, Moränen, Felsrasen, (Andr-alpi), LC

- Pflanze zerrieben kaum aromatisch. Körbchen 12–18 mm breit. Hülle 6–8 mm lang, Hüllblätter mit schwarzem Rand. Blatt fiederschnittig, 3–5x so lang wie breit, Zipfel meist 1- bis 5-teilig →. Auf Kalk

Achillea atrata L., Schwarze Schafgarbe: H, 5–25 cm, VII–VIII, (subalpin-) alpin, kalkreiche, mässig feuchte Geröllfluren, Moränen, Felsrasen, LC

10 Pflanze aromatisch duftend, ohne Ausläufer. Blätter jederseits mit nur 5-10 Fiedern →

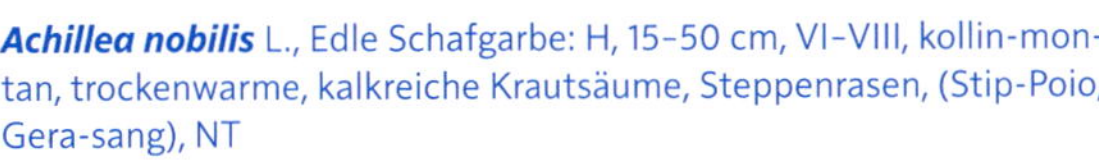

Achillea nobilis L., Edle Schafgarbe: H, 15-50 cm, VI-VIII, kollin-montan, trockenwarme, kalkreiche Krautsäume, Steppenrasen, (Stip-Poio, Gera-sang), NT

- Pflanze nicht aromatisch duftend, mit oder ohne Ausläufer. Blätter jederseits mit mehr als 10 Fiedern **11**

11 Pflanze ohne unterirdische Ausläufer. Hüllblätter etwas glänzend. Zunge der Randblüten breiter als lang. Röhrenblüten gelblich. Blattausschnitt →

Achillea crithmifolia Waldst. & Kit., Meerfenchelblättrige Schafgarbe: H, 20-60 cm, VII-IX, kollin, trockenwarme Ruderalfluren, (Dauc-Mell), Neophyt

- Pflanze mit kurzen Ausläufern. Hüllblätter matt. Zunge der Randblüten etwa so lang wie breit. Röhrenblüten cremeweiss

Achillea millefolium aggr., Wiesen-Schafgarbe: 15-80 cm, VI-IX, LC

a Grundständige Blätter 3-8 cm breit. Mittelrippe der Stängelblätter 1-4 mm breit geflügelt **b**

- Grundständige Blätter 0,5-3,5 cm breit. Mittelrippe kaum geflügelt, nur 0,5-1,2 mm breit **c**

b Mittelrippe der Stängelblätter mit den Flügeln 1-2 mm breit →. Abschnitte an der Basis < 3 mm breit

Achillea stricta Gremli, Steife Schafgarbe: H, 20-80 cm, VII-VIII, (montan-) subalpin (-alpin), Bergwiesen, Gebüsche, (Poly-Tris), NT

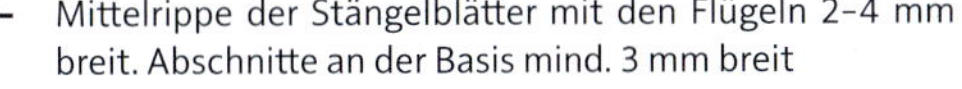

- Mittelrippe der Stängelblätter mit den Flügeln 2-4 mm breit. Abschnitte an der Basis mind. 3 mm breit

Achillea distans Willd., Rainfarn-Schafgarbe: H, 20-80 cm, VII-VIII, montan-alpin, feuchte Krautsäume, Hochstaudenfluren, (Conv, Aego)

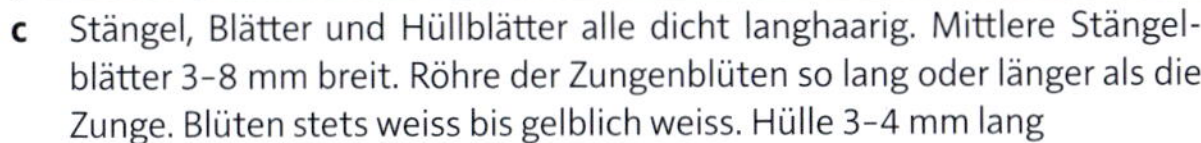

c Stängel, Blätter und Hüllblätter alle dicht langhaarig. Mittlere Stängelblätter 3-8 mm breit. Röhre der Zungenblüten so lang oder länger als die Zunge. Blüten stets weiss bis gelblich weiss. Hülle 3-4 mm lang **d**

- Stängel, Blätter und Hüllblätter nie alle dicht langhaarig. Mittlere Stängelblätter (6-)9-20 mm breit. Röhre der Zungenblüten deutlich kürzer als die Zunge. Blüten weiss oder rosa **e**

d Grundblätter graugrün, mit dreidimensionalen, «flaschenputzerförmigen» Fiedern, die Fiedern mit fädig-linealen Zipfeln → (< 0,3 mm). Grundblätter 3-11 mm breit. Zungenblüten gelblich weiss angehaucht

Achillea setacea Waldst. & Kit., Feinblättrige Schafgarbe: H, 15-50 cm, VI-IX, kollin-montan (-subalpin), leicht ruderale Steppenrasen, (Stip-Poio, Conv-Agro), LC. Diploide Sippe

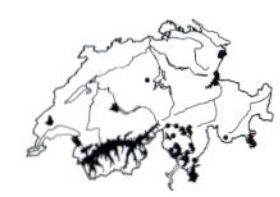

- Grundblätter hellgrün bis graugrün, dreidimensional, aber nicht dicht «flaschenputzerförmig», mit fast flächigen Fiedern →, diese mit zwiebelförmigen (> 0,3 mm breiten) Zipfeln. Zungenblüten weiss

Achillea collina Rchb., Hügel-Schafgarbe: Ch-H, 15–60 cm, VI–IX, kollin-subalpin, trockene Krautsäume und Wegränder, ruderale Trockenrasen, (Stip-Poio, Gera-sang, Conv-Agro), VU. Tetraploide Sippe

e Pflanze ausgesprochen rasig wachsend (10–50 gleich hohe Individuen truppweise wachsend). Mittlere Stängelblätter 3–5x so lang wie breit, flächig. Hauptschirm 1–3(–4) cm breit. Stängel am Grund stielrund

Achillea pratensis Saukel & R. Länger, Wiesen-Schafgarbe: H, 20–50 cm, V–IX, kollin-montan, frische bis feuchte Wiesen, DD. Tetraploide Sippe

- Pflanze meist einzeln stehend (nur mit unterirdischen Ausläufern). Mittlere Stängelblätter 6–10x so lang wie breit. Stängel am Grund kantig **f**

f Vergleichsweise schlank und zart wirkende Pflanze. Hauptschirm nur 1–3(–4) cm breit. Stängel am Grund nur 1–2 mm dick. Hüllblätter kahl. Zungenblüten hellrosa. Grundblätter 10–20 mm breit, Blattzipfel schmal und lange zugespitzt, oft 2–3x so lang wie breit

Achillea roseoalba Ehrend., Blassrote Schafgarbe: H, 15–50 cm, VI–IX, kollin-montan, nährstoffarme, saure, oft wechselfeuchte Fettwiesen, (Arrh, Calt), LC. Diploide Sippe

- Vergleichsweise kräftig wirkende Pflanze. Hauptschirm 4–10 cm breit. Stängel am Grund mindestens 2 mm dick. Hüllblätter meist behaart. Grundblätter 15–35 mm breit. Zungenblüten meist weiss (selten rosa). Stängelblätter kaum geflügelt und nicht gezähnt, Blattabschnitte bis auf den Mittelnerv geteilt →, Blattzipfel nur wenig länger als breit

Achillea millefolium L., Gewöhnliche Schafgarbe: Ch-H, 15–60 cm, VI–IX, kollin-subalpin (-alpin), frische bis mässig trockene Wiesen und Weiden, Trockengebüschsäume, (Arrh, Cyno), LC. Hexaploide Sippe

Adenostyles Alpendost

1 Köpfe 10- bis 25-blütig. Stängel und Hüllblätter filzig behaart, teilweise abwischbar. Blätter oberseits locker, unterseits dicht filzhaarig. Stängelblätter alle gestielt. Blüten kräftig rosa

Adenostyles leucophylla (Willd.) Rchb., *(A. tomentosa)*, Filziger Alpendost: H, 10–40 cm, VII–VIII, alpin, kalkarme Geröllfluren, Moränen, (Andr-alpi), LC

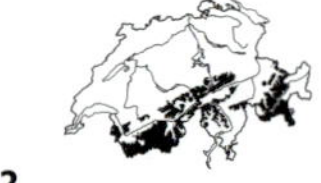

- Köpfe 3- bis 6-blütig. Hüllblätter kahl (nur an der Spitze etwas bewimpert). Stängel oben behaart, unten kahl **2**

2 Blattunterseite filzig behaart. Oberste Blätter fast sitzend, am Grund geöhrt. Körbchen 3- bis 6-blütig, Blüten blassrot

Adenostyles alliariae (Gouan) A. Kern., Grauer Alpendost: H, 50–150 cm, VI–IX, (montan-) subalpin (-alpin), staudenreiche Bergwälder, Hochstaudenfluren, (Aden, Abie-Pice), LC

- Blattunterseite nur auf den Nerven behaart. Alle Stängelblätter gestielt, Blattstiele nicht geöhrt. Körbchen nur 3-blütig. Blüten blassrot bis lila

  Adenostyles alpina (L.) Bluff & Fingerh., *(A. glabra)*, Kahler Alpendost: 30–80 cm, VI–IX, (montan-) subalpin (-alpin), feuchte, schuttige Wälder, Schutthalden, Geröllfluren, (Peta-para, Abie-Pice, Abie_Fage), LC

Ambrosia Ambrosie

1 Stängelblätter gegenständig, handförmig 3- bis 5-teilig →, Abschnitte mind. 1 cm breit, ganzrandig oder gesägt

  Ambrosia trifida L., Dreispaltige Ambrosie: T, 80–150 cm, VIII–X, kollin, trockenwarme Schuttplätze, Wegränder, Flusskies, (Sisy), in Ausbreitung, Neophyt

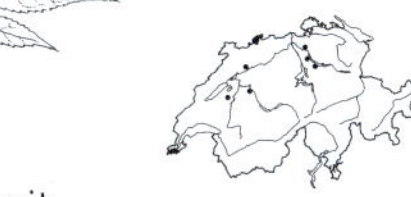

- Stängelblätter gegenständig oder oberwärts wechselständig, fiederschnittig, Abschnitte viel weniger als 1 cm breit **2**

2 Pflanze einjährig. Stängel zottig abstehend behaart. Blätter → doppelt fiederschnittig mit weisslichem Mittelnerv, unauffällig behaart, beiderseits drüsig, 2,5–7 cm lang und 2–5 cm breit

  Ambrosia artemisiifolia L., Beifuss-Ambrosie: T, 20–90 cm, VIII–X, kollin, trockenwarme Schuttplätze, Wegränder, (Sisy), in Ausbreitung; auch mit Vogelfutter eingeschleppt, Neophyt. Meldepflichtig, stark allergen

- Pflanze mehrjährig. Stängel dicht behaart. Blätter → einfach fiederschnittig mit weisslichem Mittelnerv, auffallend grauhaarig, beiderseits drüsig, 2–10 cm lang und 1–3 cm breit

  Ambrosia psilostachya DC., Stauden-Ambrosie: H, 30–70 cm, VIII–X, kollin, trockenwarme Schuttplätze, Bahnareale, (Sisy), in Ausbreitung, Neophyt

Anaphalis Perlkraut

- Stängel aufrecht. Stängelblätter zahlreich, schmal lanzettlich, graufilzig, oberseits verkahlend. Köpfchen 5–10 mm breit, in endständigen Doldenrispen. Hüllblätter abstehend, weiss, trockenhäutig. Röhrenblüten gelb

  Anaphalis margaritacea (L.) Benth., Perlkraut: Ch, 30–80 cm, VII–IX, kollin (-montan), Krautsäume, Waldwege, Neophyt

Antennaria Katzenpfötchen

1 Pflanze mit oberirdischen Ausläufern kleine Teppiche bildend. Grundblätter spatelförmig →, unterseits wollig-filzig, oberseits kahl oder behaart. Hüllblätter rot oder weiss

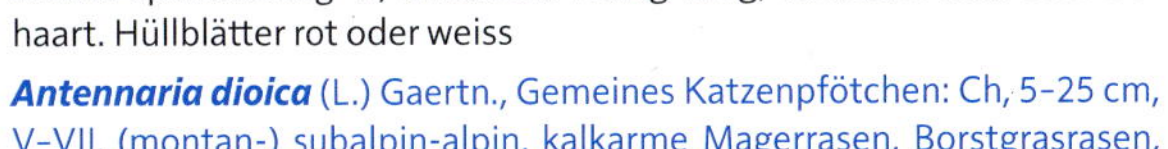

  Antennaria dioica (L.) Gaertn., Gemeines Katzenpfötchen: Ch, 5–25 cm, V–VII, (montan-) subalpin-alpin, kalkarme Magerrasen, Borstgrasrasen, Föhrenwälder, (Nard, Call-Geni, Onon-Pini), LC

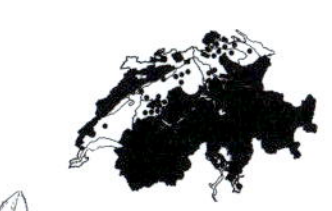

- Pflanze ohne Ausläufer. Alle Blätter lanzettlich →, beiderseits wollig-filzig. Hüllblätter braun

  Antennaria carpatica (Wahlenb.) Bluff & Fingerh., Karpaten-Katzenpfötchen: H, 5–15 cm, VII–VIII, alpin, steinige Gebirgsrasen, Grate, (Elyn), LC

Anthemis Hundskamille

1 Zungenblüten gelb. Blätter kurz grauhaarig, 2-fach fiederteilig. Hüllblätter hellbraun bewimpert

Anthemis tinctoria L., *(Cota tinctoria)*, Färber-Hundskamille: Ch-T, 20-60 cm, VI-VIII, kollin-montan (-subalpin), ruderale Trockenrasen, trockene Wegränder, Schuttplätze, (Conv-Agro), Archäophyt, LC

- Zungenblüten weiss **2**

2 Spreublätter fast borstenförmig →, an den äusseren Blüten fehlend. Blätter unangenehm riechend, Blattzipfel fadenförmig. Früchte meist mit Warzen

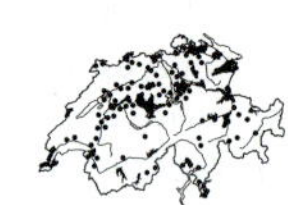

Anthemis cotula L., Stinkende Hundskamille: T, 15-45 cm, V-X, kollin-montan (-subalpin), trockene, kalkreiche Äcker, Wegränder, Schuttplätze, (Cauc, Sisy), Archäophyt, EN

- Spreublätter lanzettlich, an allen Blüten vorhanden. Blätter nicht oder aromatisch riechend, Blattzipfel leicht flach. Früchte gerippt oder glatt **3**

3 Blütenboden kegelförmig. Spreublätter (zwischen den Röhrenblüten) lanzettlich, lang zugespitzt →

Anthemis arvensis L., Acker-Hundskamille: T, 20-50 cm, V-X, kollin-montan (-subalpin), mässig trockene Getreidefelder, Wegränder, Schuttplätze, (Cauc, Apha), VU

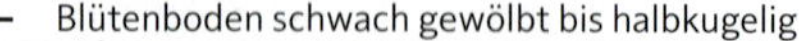

- Blütenboden schwach gewölbt bis halbkugelig **4**

4 Spreublattbasis kaum länger als die Spreublattspitze, im Übergang fast herzförmig ausgerandet →. Köpfchenstiele zur Fruchtzeit verdickt

Anthemis altissima L., *(Cota altissima)*, Hohe Hundskamille: T, 20-100 cm, VI-VIII, kollin-montan, trockenwarme Schuttplätze, (Sisy), adventiv, Neophyt

- Spreublattbasis viel länger als die Spreublattspitze. Köpfchenstiele nicht verdickt **5**

5 Pflanze mehrjährig. Stängel und Hüllblätter filzhaarig. Blätter oberseits fast kahl, unterseits weissfilzig. Blütenköpfe 3-5 cm breit

Anthemis triumfettii (L.) DC., *(Cota triumfetti)*, Trionfettis Hundskamille: Ch-T, 30-80 cm, VII-VIII, kollin-montan, trockenwarme Gebüsche, Pioniergehölze, (Gera-sang, Quer-pube), VU

- Pflanze einjährig. Stängel, Hüllblätter und Blätter kurz abstehend behaart. Blütenköpfe 2-4 cm breit

Anthemis austriaca Jacq., Österreichische Hundskamille: T, 15-60 cm, VII-VIII, kollin-montan, Äcker, Schuttplätze, Bahnareale, (Sisy), adventiv, Neophyt

Aposeris Hainlattich

- Blätter in einer Grundrosette, fiederschnittig, mit rhombischen Abschnitten →, zerrieben nach rohen Kartoffeln riechend. Schaft einköpfig, Blüten gelb

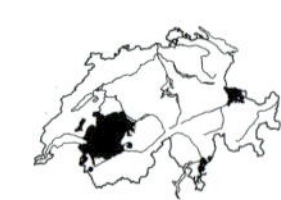

Aposeris foetida (L.) Less., Hainlattich: H, 10-20 cm, VI-VII, montan-subalpin (-alpin), frische, kalkreiche Bergwälder, Rasenhänge, (Abie-Pice, Loni-Fage, Cari-ferr), LC

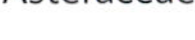

Arctium Klette

1 Köpfchen 3–10 cm lang gestielt **2**

- Köpfchen sitzend oder bis 3 cm lang gestielt **3**

2 Hülle dicht spinnwebig wollig →. Die obersten (innersten) Hüllblätter mit gerader Spitze. Blatt unterseits dicht graufilzig

Arctium tomentosum Mill., Filzige Klette: H.ha, 60–120 cm, VII–IX, kollin-montan (-subalpin), Unkrautfluren, Wegränder, Gebüschsäume, (Arct, Aego), Archäophyt, NT

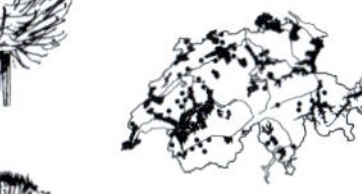

- Hülle grün, nicht spinnwebig →. Köpfe locker doldentraubig. Alle Hüllblätter mit hakiger Spitze. Blatt unterseits höchstens schwach filzhaarig. Blattstiel markig

Arctium lappa L., Grosse Klette: H.ha, 150 cm, VII–IX, kollin-montan (-subalpin), Wegränder, Unkrautfluren, Schlagfluren, (Arct, Atro), LC

3 Köpfe 3–4 cm breit, fast sitzend oder kurz gestielt →. Abstehender Teil der Hüllblätter am Grund über 0,5 mm breit. Äste spätestens zur Fruchtzeit überhängend. Blüten die Hülle kaum überragend. Stiel der Grundblätter hohl

Arctium nemorosum Lej., Hain-Klette: H.ha, 250 cm, VII–IX, montan (-subalpin), feuchte Schlagfluren, Waldwege, Gebüschsäume, (Atro, Frax), LC

- Köpfe 1,5–2,5(-3) cm breit, sitzend oder kurz gestielt →. Abstehender Teil der Hüllblätter am Grund nicht über 0,5 mm breit. Stiel der Grundblätter hohl

Arctium minus Bernh., Kleine Klette: H.ha, 60–130 cm, VII–IX, kollin-montan (-subalpin), Wegränder, Schuttplätze, LC

a Köpfe haselnussgross, sitzend. Blüten die Hülle deutlich überragend. Äste auch zur Fruchtzeit aufrecht bleibend

Arctium minus Bernh. subsp. ***minus***, Gewöhnliche Kleine Klette: H.ha, VII–IX, kollin-montan (-subalpin), Wegränder, Gebüschsäume, Unkrautfluren, (Arct, Aego), LC

- Köpfe grösser, 1–3 cm gestielt. Blüten die Hülle kaum überragend. Äste spätestens zur Fruchtzeit überhängend

Arctium minus subsp. ***pubens*** (Bab.) Arènes, Flaumige Kleine Klette: H.ha, VII–IX, kollin-montan, feuchte Schlagfluren, Auenwälder, (Atro), DD

Arnica Arnika

- Pflanze aromatisch. Stängelblätter gegenständig, Grundrosette aus kreuzweise gestellten, behaarten Blättern. Blütenkörbe 5–8 cm. Zungenblüten orangegelb

Arnica montana L., Arnika: H, 20–60 cm, VI–VIII, (montan-) subalpin-alpin, kalkarme Bergwiesen, Bergweiden, Zwergstrauchheiden, (Nard, Juni-nana), LC

Arnoseris Lämmersalat

Die einzige Art dieser Gattung ist in der Schweiz wahrscheinlich ausgestorben.

- Blätter in einer Grundrosette. Blätter grob gezähnt. Stängel unten rötlich, verzweigt, blattlos, unter dem Kopf keulig verdickt

  Arnoseris minima (L.) Schweigg. & Körte, Lämmersalat: T, 5–20 cm, VII–IX, kollin, sandige, kalkarme Äcker, Getreidefelder, (Apha), RE

Artemisia Beifuss

1 Blätter lanzettlich, ungeteilt →, höchstens die unteren 3-spaltig, fast kahl, aromatisch. Köpfchen kugelig, 2–3 mm breit

Artemisia dracunculus L., Estragon: G-H, 60–120(–150) cm, VIII–IX, kollin-montan (-subalpin), Gärten, trockene Unkrautfluren, (Aego), kultiviert und selten verwildert

- Blätter geteilt oder tief eingeschnitten 2

2 Stängelblätter am Grund ohne Öhrchen. Pflanze ausdauernd. Köpfchen kugelig 3

- Stängelblätter am Grund mit breit oder schmal zipfligen Öhrchen. Pflanze einjährig oder ausdauernd 8

3 Pflanze 60–120 cm hoch, in tieferen Lagen wachsend, stark aromatisch 4

- Pflanze 5–20 cm hoch, in der alpin-nivalen Stufe wachsend 5

4 Blattzipfel 2–4 mm breit →, beiderseits weissfilzig. Boden der Köpfchen behaart, diese 2,5–4 mm breit, nickend. Stängel aufrecht, grauweiss. Blätter 1- bis 3-fach fiederteilig

Artemisia absinthium L., Echter Wermut: Ch, 30–80 cm, VII–VIII, kollin-subalpin, trockene Unkrautfluren, Wegränder, Trockenrasen, (Conv-Agro, Onop, Erag), LC

- Blattzipfel fädig, < 1 mm breit →, drüsig punktiert (Lupe!). Boden der Köpfchen kahl, diese 1,5–2,5 mm breit, fast kugelig, nickend. Stängel aufrecht, ästig, verkahlend. Blätter unten doppelt, oben einfach fiederschnittig

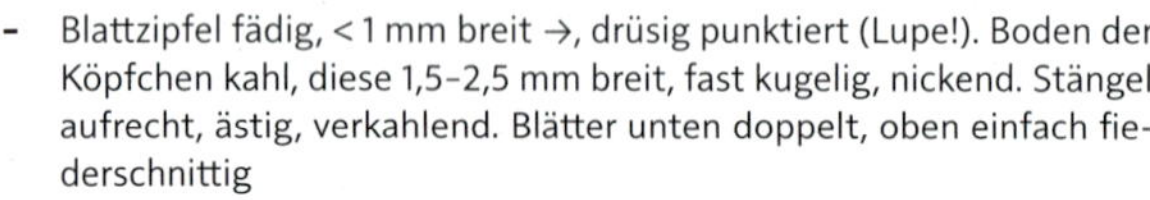

Artemisia abrotanum L., Eberreis: Cp, 40–120 cm, VII–X, kollin, Gärten, Unkrautfluren, (Dauc-Meli, Arct), kultiviert und selten verwildert, kultivierter Archäophyt

5 Pflanze kahl. Stängel dunkelrot überlaufen. Grundblätter 1- bis 2-fach handförmig geteilt, mit stumpfen Zipfeln →. Köpfchenstand ährig bis kopfig, aufrecht oder schwach nickend. Köpfchen 2–3 mm breit. Hüllblätter stumpf, schwarz berandet

Artemisia nivalis Braun-Blanq., Schnee-Edelraute: Ch, 5–10(–15) cm, VIII, alpin, Felsgrate, Schuttfluren, (Drab-hopp), EN

- Pflanze seidig bis filzig behaart, aromatisch 6

6 Köpfchen am Ende des Stängels zu 3–10 gehäuft. Blüten leuchtend gelb. Blätter alle gestielt, mehrfach 3-spaltig geteilt →

Artemisia glacialis L., Gletscher-Edelraute: Ch, 5–20 cm, VII–VIII, alpin, kalkarme Schutthalden, Felsen, (Andr-vand, Andr-alpi), NT

- Köpfchen ährig angeordnet. Blüten schwach gelb. Blätter sitzend oder gestielt 7

7 Mittlere Stängelblätter kaum gestielt, fiederförmig geschnitten →. Boden der Köpfchen und Blüten (fast) kahl

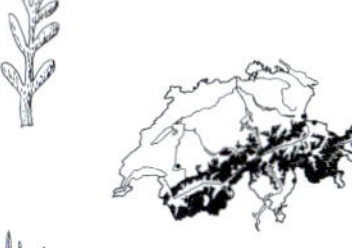

Artemisia genipi Weber, Ährige Edelraute: Ch, 10–20 cm, VII–VIII, (subalpin-) alpin, Schutthalden, Moränen, Felsen, (Drab-hopp, Thla-rotu, Pote), LC

- Mittlere Stängelblätter deutlich gestielt, fast handförmig geschnitten →. Boden der Köpfchen und Blüten (an der Spitze) behaart

Artemisia umbelliformis Lam., *(A. mutellina)*, Echte Edelraute: Ch, 10–20 cm, VII–VIII, (subalpin-) alpin, Felsen, Felsrasen, Schuttfluren, (Andr-vand, Pote, Peta-para), LC

8 Blütenstand der Hauptachse eng ährenartig anliegend. Köpfchen sitzend, geknäuelt. Blätter → einfach fiederschnittig, die Abschnitte fransig gesägt, geruchlos

Artemisia biennis Willd., Zweijähriger Beifuss: T, 30–120 cm, VIII–X, kollin, Unkrautfluren, (Sisy, Dauc-Meli), adventiv, in Ausbreitung begriffen, Neophyt

- Blütenstand offen verzweigt. Köpfchen sitzend oder gestielt. Blätter 1- bis 3-fach fiederschnittig, Abschnitte nicht fransig gesägt, mit oder ohne aromatischen Geruch **9**

9 Blattabschnitte > 2 mm breit. Blätter zweifarbig: oberseits dunkelgrün, kahl, unterseits weissfilzig **10**

- Blattabschnitte 0,5–1(–2) mm breit. Blätter kahl, flaumig oder filzig, aber nicht deutlich zweifarbig **11**

10 Ohne überwinternde Rosetten und höchstens mit ganz kurzen Ausläufern. Endabschnitt der oberen Stängelblätter kaum länger als die seitlichen. Blätter → fiederteilig, mit breit zugespitzten Zipfeln, zerrieben geruchlos bis aromatisch, aber nicht kampferartig.

Artemisia vulgaris L., Gemeiner Beifuss: G-H, 50–150 cm, VII–IX, kollin-montan (-subalpin), wechseltrockene Unkrautfluren, Wegränder, Flussufer, (Arct, Dauc-Meli, Conv), LC

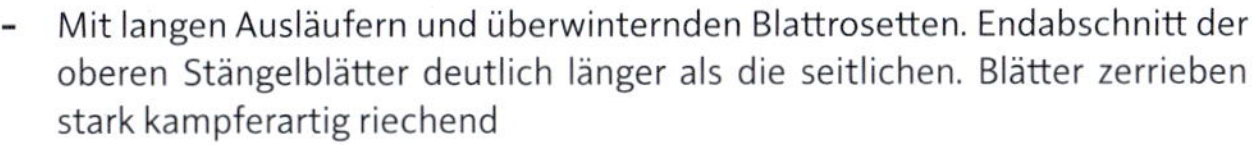

- Mit langen Ausläufern und überwinternden Blattrosetten. Endabschnitt der oberen Stängelblätter deutlich länger als die seitlichen. Blätter zerrieben stark kampferartig riechend

Artemisia verlotiorum Lamotte, Verlotscher Beifuss: G-H, 50–200 cm, IX–XI, kollin-montan, trockenwarme Unkrautfluren, (Arct, Dauc-Meli), in Ausbreitung, Neophyt

11 Pflanze stark aromatisch **12**

- Pflanze geruchlos

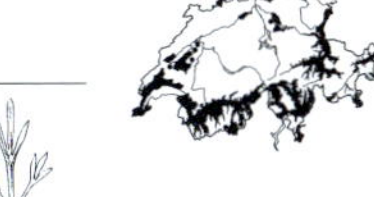

Artemisia campestris aggr.: Trockenwiesen, Ödland, Wegränder

a Köpfchen gross, kugelig, 4–6 mm breit, flaumig oder kahl. Pflanze 5–20(–25) cm hoch, filzig behaart. Stängel meist unverzweigt. Alle Laubblätter gestielt, im Umriss kreisrundlich, doppelt fiederteilig →, Zipfel lineal, stachelspitzig. Hüllblätter grünlich, mit trockenhäutigem Rand

Artemisia borealis Pall., Nordischer Beifuss: Ch, 10–20 cm, VII–VIII, (subalpin-) alpin, trockene Schutthalden, Moränen, (Drab-hopp, Thla-rotu), VU. *A. campestris* sehr nahe stehend und oft nur als Unterart derselben aufgefasst

- Köpfchen 1,5–4 mm breit. Pflanze (20–)30–100 cm hoch, behaart oder kahl. Stängel aufsteigend, reich verzweigt, meist dunkelrot. Untere Blätter gestielt, 2- bis 3-fach fiederteilig, die obersten ungeteilt →, Zipfel 1 mm breit, stachelspitzig

Artemisia campestris L., Feld-Beifuss: Ch, 10–40 cm, VII–IX, kollin-subalpin, Trockenwiesen, Ödland, Wegränder, LC

aa Blütenstand langästig. Köpfchen 1,5–3 mm breit. Pflanze kahl oder behaart

Artemisia campestris L. subsp. ***campestris***, Gewöhnlicher Feld-Beifuss: Ch, 20–100 cm, VII–IX, kollin-subalpin, trockene Wegränder, Schuttplätze, Trockenrasen, (Xero, Stip-Poio, Onop, Dauc-Meli), LC

- Blütenstand schmal, kurzästig. Köpfchen 3–4 mm breit. Pflanze (fast) kahl

Artemisia campestris subsp. ***alpina*** (DC.) Arcang., Alpen-Feld-Beifuss: Ch, 15–40 cm, VII–IX, subalpin-alpin, trockene, kalkreiche Gebirgsrasen, Zwergstrauchheiden, (Sesl, Juni-nana), DD. Die taxonomische Bedeutung und Abgrenzung zu *A. borealis* ist unklar

12 Pflanze einjährig, ohne nichtblühende Triebe, hellgrün, kahl. Blätter 2- bis 3-fach fiederschnittig →, Blattzipfel kammförmig gesägt. Köpfchenstand reich verzweigt, mit vielen, kleinen, ca. 2 mm breiten Köpfchen

Artemisia annua L., Einjähriger Beifuss: T, 20–150(–200) cm, VIII–X, kollin, trockenwarme Unkrautfluren, Schuttplätze, Bahnareale, (Sisy), Neophyt

- Pflanze mehrjährig, am Grund verholzt, oft mit sterilen Trieben. Blätter grau- bis weissfilzig **13**

13 Pflanze weissfilzig, 20–40 cm hoch. Blätter 2-fach fiederschnittig, nicht auffallend regelmässig geschnitten →. Köpfchen 2–3 mm breit, alle Blüten zwittrig. Stängel aufsteigend, meist unverzweigt

Artemisia vallesiaca All., Walliser Beifuss: Cp, 20–40 cm, VIII–X, kollin-montan, steinige Steppenrasen, (Stip-Poio), NT

- Pflanze graufilzig, 40–80 cm hoch. Blätter oberseits grün bis graugrün, 2- bis 3-fach fiederschnittig, Abschnitte regelmässig kammförmig geschnitten →, Zipfel kurz, lineal flach. Köpfchen 3–5 mm breit, fast kugelig, nickend. Randblüten rein weiblich. Stängel aufrecht, verzweigt, fast rutenförmig

Artemisia pontica L., Pontischer Beifuss: H-Cp, 40–80 cm, VIII–X, kollin, trockenwarme Schuttplätze, Mauern, Trockenrasen, (Cent-Pari, Scorzonero-Chrysopogonetalia), Neophyt

Aster Aster

1 Die ca. 1 cm breiten Köpfe → nur aus gelben Röhrenblüten, Zungenblüten fehlend. Mehrere Köpfchen doldenartig angeordnet. Blatt schmal lineal, mit kleinen Grübchen (Lupe!)

Aster linosyris (L.) Bernh., *(Galatella linosyris)*, Gold-Aster: H, 30–50 cm, VIII–IX, kollin (-montan), trockenwarme Krautsäume, Trockenrasen, (Xero, Cirs-Brac, Gera-sang), NT

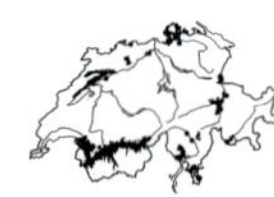

- Zungenblüten vorhanden. Blätter ohne Grübchen **2**

2 Stängel blattlos. Grundblatt verkehrt eiförmig, ganzrandig oder leicht gekerbt →. Stängel einköpfig, Zungenblüten weiss. Hülle mit 2 Reihen gleich langer Hüllblätter

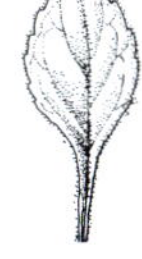

Aster bellidiastrum (L.) Scop., *(Bellidiastrum michelii)*, Alpenmasslieb: H, 5–25 cm, V–VI, (kollin-) montan-alpin, wechselfeuchte, kalkreiche Gebirgsrasen, Quellfluren, Flachmoore, Wälder, (Cari-ferr, Cari-dava, Crat, Moli-Pini), LC

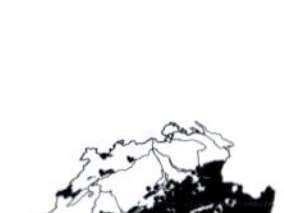

- Stängel beblättert **3**

3 Hüllblätter stumpf, 1,5–3 mm breit. Pflanze zur Blütezeit mit Grundblättern **4**

- Hüllblätter spitz, 0,5–1,5 mm breit. Grundblätter zur Blütezeit verdorrt **5**

4 Stängel meist grün, einköpfig, Köpfe 3–5 cm breit. Grundblätter ganzrandig, 3-nervig, beidseitig weichhaarig, Blattrand fein bewimpert. Die 3 Hauptnerven gut erkennbar, die seitlichen meist näher beim Blattrand als beim Mittelnerv. Zungenblüten violett

Aster alpinus L., Alpen-Aster: H, 5–20 cm, VI–VIII, subalpin-alpin, trockene Gebirgsrasen, Grate, (Elyn, Sesl, Fest-vari), LC

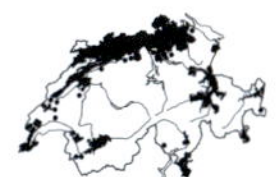

- Stängel meist rötlich, vielköpfig, doldenartig, Köpfe 2–3 cm breit. Grundblätter meist gekerbt-gesägt, rauhaarig, die oberen Stängelblätter ganzrandig, an der Spitze mit einer meist rötlichen Drüse. Zungenblüten blassviolett

Aster amellus L., Berg-Aster: H, 20–60 cm, VIII–IX, kollin-montan, trockenwarme, kalkreiche Gebüsche, Trockenrasen, Wälder, (Gera-sang, Meso, Quer-pube, Moli-Pini), NT

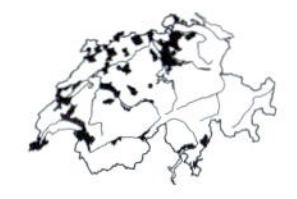

5 Stängel dicht steifhaarig. Blütenstand und v. a. Hülle → klebrig-drüsig behaart, vielköpfig. Blätter 0,5–2 cm breit, ganzrandig, beidseitig dicht behaart, am Grund halb stängelumfassend, zerrieben unangenehm riechend

Aster novae-angliae L., *(Symphyotrichum novae-angliae)*, Neuenglische Aster: G, 30–150 cm, VIII–IX, kollin, feuchte Unkrautfluren, Ufer, Auenwälder, (Conv), kultiviert und verwildert, Neophyt

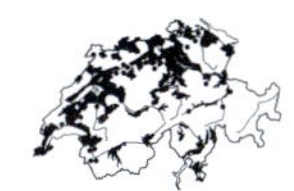

- Stängel kahl oder oberwärts drüsenlos behaart. Hülle ohne Drüsen

Aster novi-belgii aggr.: Flussufer, feuchte Ruderalstellen, Neophyt

a Köpfchen 6–15 mm breit (mehrere Köpfchen vergleichen). Hüllblätter am Grund nicht lederig. Zungenblüten weiss. Stängelblätter bis 12 mm breit **b**

- Köpfchen 15–40 mm breit. Hüllblätter am Grund lederig. Zungenblüten weiss, lila oder blau. Stängelblätter bis 30 mm breit **c**

b Pflanze einjährig. Köpfchen nur 6–8 mm breit, zu 30–100 in einer offenen Rispe (ähnlich *Conyza*). Zungenblüten nur bis 2 mm lang. Hüllblätter → 3–4 mm lang, die grüne Zone an der Spitze breit lanzettlich

Aster squamatus (Spreng.) Hieron., *(Symphyotrichum squamatum)*, Schuppige Aster: G, 30–80 cm, VIII–IX, kollin, trockenwarme Unkrautfluren, (Sisy), adventiv, Neophyt

- Pflanze mehrjährig. Köpfchen 10–15 mm breit. Zungenblüten 4–8 mm lang. Hüllblätter → 3–4 mm lang, die grüne Zone an der Spitze schmal lanzettlich. Blätter lanzettlich, am Grund zusammengezogen

  Aster parviflorus Nees, (*Aster tradescantii* p.p., *Symphyotrichum parviflorum*), Kleinblütige Aster: G, 50–100(–150) cm, VIII–IX, kollin, feuchte Unkrautfluren, Ufer, Auenwälder, (Conv), kultiviert und verwildert, Neophyt

---

c Hülle 6–9 mm lang. Äussere Hüllblätter ½–⅔ so lang wie die Hülle **d**

\- Hülle 4–7 mm lang. Äussere Hüllblätter nur ⅓–½ so lang wie die Hülle **e**

---

d Obere Blätter sitzend, nicht umfassend, untere oft leicht stängelumfassend. Zungenblüten zuerst weiss, dann blau bis violett. Hüllblätter → nur bis 0,7 mm breit, unterhalb der Mitte am breitesten. Blätter kurzhaarig, rau

Aster ×salignus Willd., *(Symphyotrichum salignum)*, Weiden-Aster: G, 50–100(–150) cm, VIII–IX, kollin, feuchte Unkrautfluren, Ufer, Auenwälder, (Conv), kultiviert und verwildert, Neophyt. Sehr variabel, vermutlich Hybride aus *A. lanceolatus* × *A. novi-belgii*

\- Obere Blätter den Stängel mit kurzen Zipfeln umfassend. Zungenblüten violett, selten rosa oder weiss. Hüllblätter → ca. 10 mm breit, oberhalb der Mitte am breitesten. Blätter dicklich, etwas derb, mit rauen Rändern, 2–6 cm lang

Aster novi-belgii L., *(Symphyotrichum novi-belgii)*, Neubelgische Aster: G, 50–100(–150) cm, VIII–IX, kollin, feuchte Unkrautfluren, Ufer, Auenwälder, (Conv), kultiviert und verwildert, Neophyt

---

e Stängel kahl, bereift. Blätter derb, kahl, am Rand rau (winzige Zähnchen)

Aster laevis L., Glatte Aster: G, 60–120 cm, nährstoffreiche Flussufer, Auen, kultiviert und verwildert, Neophyt

\- Stängel unten kahl, oberwärts (besonders die Seitenäste) mit Haarleisten **f**

---

f Zungenblüten zuerst weiss, später helllila. Blätter lineal-lanzettlich, am Grund verschmälert. Hüllblätter allmählich verschmälert

Aster lanceolatus Willd., (*A. tradescantii* p.p., *Symphyotrichum lanceolatum*), Lanzettblättrige Aster: G, 50–120 cm, VIII–IX, kollin, feuchtwarme Krautsäume, Ufer, (Conv), kultiviert und verwildert, Neophyt

\- Zungenblüten blau bis violett. Blätter eilanzettlich. Hüllblätter parallelrandig, plötzlich zugespitzt

Aster ×versicolor Willd., Gescheckte Aster: G, 60–120 cm, VIII–IX, kollin, feuchtwarme Krautsäume, Ufer, (Conv), kultiviert und verwildert, Neophyt

Bellis — Massliebchen

\- Grundrosette und kurze oberirdische Ausläufer. Alle Blätter grundständig, spatelförmig, 1–4 cm lang. Stängel einköpfig. Zungenblüten 4–8 mm lang

Bellis perennis L., Massliebchen: H, 5–15 cm, II–XI, kollin-subalpin (-alpin), nährstoffreiche Wiesen und Weiden, Parkanlagen, Wegränder, (Cyno, Arrh), LC

Bidens Zweizahn

1 Köpfchen ohne verlängerte Hüllblätter, alle Hüllblätter höchstens 1 cm lang **2**

- Zumindest einzelne äussere Hüllblätter verlängert, 2–6 cm lang, das Köpfchen strahlig einfassend **4**

2 Köpfe 2–5 cm breit, mit 5–8 gelben, bis 2,4 cm langen Zungenblüten. Stängel 4-kantig. Blatt 2- bis 3-fach fiederschnittig

Bidens ferulifolia (Jacq.) DC., Ferula-Zweizahn, Goldmarie: T, 60–90 cm, VII–VIII, kollin, Garten-, Wegränder, kultiviert und selten adventiv, Neophyt

- Köpfchen ohne Zungenblüten **3**

3 Die meisten Zipfel der Teilblätter rhombisch bis breit lanzettlich, weniger als 2x so lang wie breit. Köpfchen mit nur 10–20 Blüten. Die 3–4 Pappusborsten 2–4 mm lang →

Bidens bipinnata L., Fiederblättriger Zweizahn: T, 30–130 cm, VII–X, kollin, wechselfeuchte Unkrautfluren, Schuttplätze, Wegränder, (Bide, Sisy), Neophyt

- Die meisten Zipfel der Teilblätter schmal lanzettlich, mindestens 2x so lang wie breit. Köpfchen mit 20–50 Blüten. Die 3–4 Pappusborsten nur 1–2,5 mm lang →

Bidens subalternans DC., Rio-Grande-Zweizahn: T, 30–200 cm, VII–X, kollin, wechselfeuchte, nährstoffreiche Pionierfluren, (Bide), nur adventiv, Neophyt

4 Die meisten Blätter einfach, ungeteilt (die unteren gelegentlich 3-teilig), fein bis grob gesägt **5**

- Die meisten Blätter fiederschnittig geteilt oder zusammengesetzt **7**

5 Köpfchen nach der Blüte nickend, meist mit 15 mm langen, gelben Zungenblüten. Blätter sitzend, oft paarweise verwachsen. Frucht über den ganzen Rand mit rückwärtsgerichteten Borsten →

Bidens cernua L., Nickender Zweizahn: T, 15–120 cm, VII–IX, kollin (-montan), nährstoffreiche Ufer, Gräben, feuchte Krautsäume, (Bide, Conv), VU

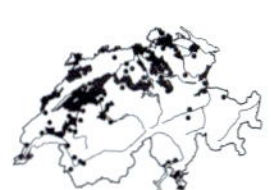

- Köpfchen aufrecht, ohne Zungenblüten. Blätter in einen geflügelten Stiel verschmälert **6**

6 Blätter oval-eiförmig, kaum länger als breit. Frucht über den ganzen Rand mit rückwärtsgerichteten Borsten **8**

→ *Bidens tripartita* subsp. *bullata*

- Blätter viel länger als breit. Frucht nur zuoberst mit rückwärtsgerichteten Borsten →

Bidens connata Willd., Verwachsenblättriger Zweizahn: T, 20–160 cm, VIII–X, kollin, wechselfeuchte, nährstoffreiche Pionierfluren, Ufer, (Bide, Conv), Neophyt

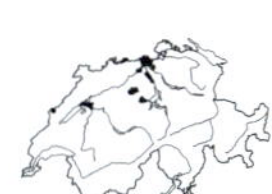

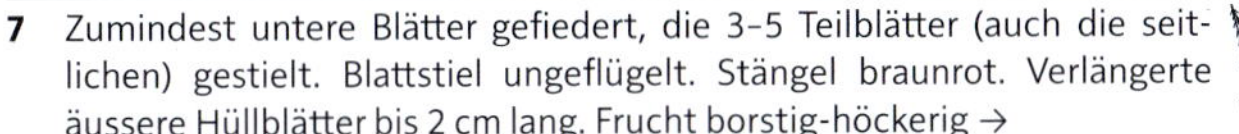

7 Zumindest untere Blätter gefiedert, die 3–5 Teilblätter (auch die seitlichen) gestielt. Blattstiel ungeflügelt. Stängel braunrot. Verlängerte äussere Hüllblätter bis 2 cm lang. Frucht borstig-höckerig →

Bidens frondosa L., Dichtbelaubter Zweizahn: T, 10–100 cm, VIII–X, kollin, wechselfeuchte, nährstoffreiche Pionierfluren, (Bide), Neophyt

- Blätter fiederschnittig (mit 3–7 Abschnitten), Abschnitte nicht gestielt. Frucht glatt **8**

8 Verlängerte äussere Hüllblätter 9-12, Blütenköpfe viel breiter als hoch (zuletzt 2-3x so breit wie hoch). Blatt grasgrün, mit vorwärtsgekrümmten Zähnchen. Früchte nur 3-5,5 mm lang, stets mit 2 Borsten →

Bidens radiata Thuill., Strahlender Zweizahn: T, 15-150 cm, VII-IX, kollin, wechselfeuchte, nährstoffreiche Pionierfluren, Ufer, Auenwälder, (Bide, Frax), CR

- Verlängerte äussere Hüllblätter 4-8, Blütenköpfe kaum breiter als hoch (zuletzt 1-1,5x so breit wie hoch). Blatt dunkelgrün, mit geraden Zähnchen. Früchte abgeflacht, 4,5-8,5 mm lang, mit 2-3 Pappusborsten, diese wie die Fruchtkanten rückwärts-rau →

Bidens tripartita L., Dreiteiliger Zweizahn: T, 15-120 cm, VII-X, kollin-montan, Ufer, Schuttplätze, NT

a Mittelabschnitt der Blätter mehr als 2x so lang wie breit. Pflanze im oberen Teil verzweigt

Bidens tripartita L. subsp. ***tripartita***, Dreiteiliger Zweizahn: T, 15-120 cm, VII-X, kollin-montan, wechselfeuchte, nährstoffreiche Unkrautfluren, Ufer, Krautsäume, (Bide, Conv), NT

- Mittalabschnitt der Blätter breit oval, kaum länger als breit. Obere Blätter oft ungeteilt. Pflanze von Grund auf verzweigt. Unterste Äste waagrecht abstehend

Bidens tripartita subsp. ***bullata*** (L.) Rouy, Blasiger Zweizahn: T, 15-120 cm, VII-X, kollin, Ufer, Feuchtstellen, (Bide)

Buphthalmum Rindsauge

- Stängel abstehend behaart bis fast kahl, mit 1 bis wenigen Köpfen. Blütenboden der Köpfe mit Spreublättern → (bei *Inula salicina* ohne Spreublätter). Blätter oval bis lanzettlich, zerstreut behaart

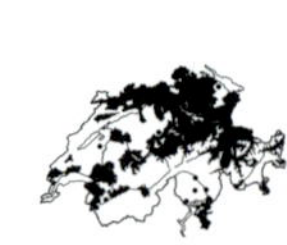

Buphthalmum salicifolium L., Weidenblättriges Rindsauge: H, 20-50 cm, VI-IX, kollin-subalpin, wechselfeuchte Krautsäume, Halbtrockenrasen, lichte Wälder, (Gera-sang, Meso, Moli-Pini), LC. Kurzhaarige Form im Tessin früher als *B. grandiflorum* abgetrennt, Wert des Taxons ungeklärt

Calendula Ringelblume

1 Köpfe 1-2 cm breit. Stängel von Grund an verzweigt, niederliegend-aufsteigend, spinnwebig behaart. Alle Blätter lanzettlich, ungestielt. Frucht →

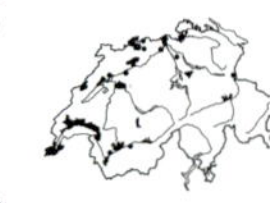

Calendula arvensis L., Acker-Ringelblume: T, 15-30 cm, IV-XII, kollin, Äcker, Weinberge, (Fuma-Euph), Archäophyt, VU

- Köpfe 2-5 cm breit. Stängel ab der Mitte verzweigt, aufrecht aufsteigend, kantig, drüsenhaarig. Untere Blätter in einen Stiel verschmälert. Frucht →

Calendula officinalis L., Garten-Ringelblume: T, 25-50 cm, VI-VIII, kollin-montan, Gärten, Schuttplätze, (Sisy), kultiviert und verwildert, Kulturpflanze

Callistephus Sommeraster

- Stängel rauhaarig, verzweigt. Blatt eiförmig, grob gesägt, die unteren gestielt. Köpfe 4-8 cm breit, einzeln am Ende der Äste. Die äusseren Hüllblätter ähnlich den Stängelblättern

  Callistephus chinensis (L.) Nees, Sommeraster: T, 10-80 cm, VII-IX, kollin-montan, Gärten, Parkanlagen, (Sisy), kultiviert und selten verwildert, Neophyt

Carduus Distel

1 Hülle zylindrisch-becherförmig. Blütenköpfe etwa 2x so lang wie dick **2**

- Hülle halbkugelig-becherförmig. Blütenköpfe etwa gleich lang wie dick **3**

2 Köpfchen am Ende der Äste zu 1-3(-5). Hüllblätter am Rand rau bewimpert, ohne Hautrand. Distelblätter jederseits mit 2-5 Lappen

  Carduus pycnocephalus L., Knäuelköpfige Distel: H.ha-T, 30-100 cm, V-VII, kollin, trockenwarme Schuttplätze, Bahnareale, (Sisy), meist adventiv, Neophyt

- Köpfchen am Ende der Äste zu (2-)4-10. Hüllblätter am Rand kahl, mit schmalem Hautrand. Distelblätter jederseits mit 6-10 Lappen

  Carduus tenuiflorus Curtis, Schmalköpfige Distel: H.ha, 30-70 cm, VI-VII, kollin, trockenwarme Schuttplätze, Bahnareale, (Sisy), meist adventiv, möglicherweise eingewandert, NT

3 Blühende Köpfe höchstens 3 cm dick. Mittlere Hüllblätter ohne Einschnürung (nicht geknickt), die äussern 1-2 mm breit **4**

- Köpfe 3-8 cm dick. Mittlere Hüllblätter mit einer Einschnürung (dort geknickt und zurückgeschlagen), die äusseren 2-6 mm breit. Pflanze sehr stechend

  Carduus nutans L., Nickende Distel: H.ha-T, 30-100 cm, VII-VIII, kollin-subalpin, Weiden, Wegränder, Schuttplätze, LC

  a Köpfe einzeln, nickend. Einschnürung der mittleren Hüllblätter deutlich →. Stacheln der Blätter 4-6 mm lang

  Carduus nutans L. subsp. ***nutans***, Gewöhnliche Nickende Distel: H.ha-T, VII-VIII, kollin-subalpin, trockenwarme, ruderale Weiden, Wegränder, Schuttplätze, (Onop, Dauc-Meli), LC

  - Köpfe oft zu 2, aufrecht oder wenig geneigt. Einschnürung der mittleren Hüllblätter undeutlich →. Stacheln der Blätter 2-3 mm lang

  Carduus nutans subsp. ***platylepis*** (Rchb. & Saut.) Nyman, Breitschuppige Nickende Distel: H.ha, VII-VIII, kollin-subalpin, trockenwarme Wegränder, Schuttplätze, (Onop), LC

4 Stängel bis zu den Köpfen kraus geflügelt **5**

- Oberer Teil des Stängels nicht geflügelt, stachellos. Köpfchen einzeln, 25-30 mm breit, meist etwas nickend. Blätter im unteren Teil gehäuft

  Carduus defloratus L., Berg-Distel: H, 10-50(-90) cm, VI-VIII, kollin-subalpin (-alpin), steinige Berghänge, Geröllhalden, Weiden, LC

a Blätter blaugrün, stark stechend, fiederteilig (bis über die Mitte zwischen Rand und Mittelnerv), mit Stacheln in alle Richtungen. Stachelloser Teil des Stängels kurz (2–5x so lang wie das Körbchen)

Carduus defloratus subsp. ***tridentinus*** (Evers) Murr, Rätische Berg-Distel: H, VI–VIII, kollin-subalpin (-alpin), kalkarme Weiden, Schuttfluren, Felsen, (Fest-vari, Andr-vand), LC

- Blätter ± flach, wenig geteilt. Stacheln kurz, kaum stechend. Stachelloser Teil des Stängels lang (> 5x die Körbchenlänge) **b**

b Blätter blaugrün, fleischig, nicht eingeschnitten. Stängel 4–8 mm dick

Carduus defloratus subsp. ***crassifolius*** (Willd.) Hayek, Dickblättrige Berg-Distel: H, VI–VIII, (kollin-) montan-subalpin, kalkreiche, steinige Magerrasen, Schuttfluren, (Sesl, Peta-para), NT

- Blätter grün, nicht fleischig, Rand oft etwas eingeschnitten. Stängel 2–4 mm dick

Carduus defloratus L. subsp. ***defloratus***, Gewöhnliche Berg-Distel: H, VI–VIII, montan-alpin, kalkreiche Gebirgsrasen, Schuttfluren, Zwergstrauchheiden, (Sesl, Eric-PiSy, Peta-para), LC

5 Obere Stängelblätter eiförmig, ungeteilt, weich, nur am Rand kurz bestachelt. Körbchenhülle 20–35 mm breit

Carduus personata (L.) Jacq., Kletten-Distel: H, 50–150 cm, VI–VIII, montan-subalpin, feuchte Schutthalden, Staudenfluren, Wiesen, (Peta-para, Aden, Poly-Tris), LC

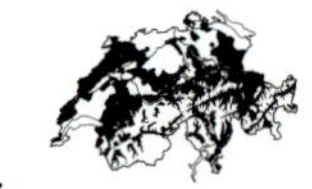

- Stängelblätter lanzettlich, lappig geteilt, starr, stechend **6**

6 Blätter unterseits kahl (oder auf den Nerven behaart). Körbchen einzeln oder seltener zu 2–3, deutlich gestielt. Pflanze stark stechend

Carduus acanthoides L., Weg-Distel: H.ha, 30–120 cm, VII–IX, kollin, trockenwarme Wegränder, Schuttplätze, (Onop), meist adventiv, Archäophyt, CR

- Blätter unterseits spinnwebig filzig. Körbchen zu 3–5 geknäuelt. Pflanze wenig stechend

Carduus crispus L., Krause Distel: H.ha, 50–200 cm, VII–IX, kollin-montan (-subalpin), Gebüschsäume, Unkrautfluren, Wegränder, (Dauc-Meli, Conv), LC

a Ausgewachsene Blätter unterseits stark spinnwebig, Blattoberfläche kaum sichtbar. Stacheln 1,5–2,5 mm lang. Nerven auf den Stängelflügeln nicht sichtbar

Carduus crispus L. subsp. ***crispus***, Eigentliche Krause Distel: H.ha, Wegränder, Schuttplätze, LC

- Ausgewachsene Blätter unterseits schwach spinnwebig, Blattoberfläche dazwischen sichtbar. Stacheln 2,5–3,5 mm lang. Nerven auf den Stängelflügeln sichtbar

Carduus crispus subsp. ***multiflorus*** (Gaudin) Franco, Vielblütige Krause Distel: DD

Carlina Silberdistel, Golddistel

1 Pflanze mehrjährig. Stängel kurz, einköpfig. Kopfdurchmesser bis über 10 cm. Blatt stark dreidimensional fiederteilig, stechend und (im Gegensatz zu *Cirsium acaule*) spinnwebig behaart

Carlina acaulis subsp. ***caulescens*** (Lam.) Schübl. & G. Martens, Silberdistel: H, 30(-60) cm, VII-IX, (kollin-) montan-subalpin (-alpin), trockene Magerrasen, (Sesl, Meso), LC. In der Schweiz nur die Unterart subsp. *caulescens*

- Pflanze zweijährig. Stängel ein- bis mehrköpfig. Kopfdurchmesser 3-5 cm. Blätter kaum geteilt, stachelig gezähnt, unterseits dicht filzhaarig

Carlina vulgaris aggr., Golddistel: 10-70 cm, VII-IX, kollin-subalpin, lichte Föhren- und Eichenwälder, Trockenwiesen, LC

a Stängelblätter → über der Grundrosette abrupt kleiner werdend und bis zum Blütenstand ± gleichbleibend. Obere Blätter wellig kraus, 2-4x so lang wie breit

Carlina vulgaris L., Gewöhnliche Golddistel: H.ha, 10-30(-60) cm, VII-IX, kollin-montan, wechseltrockene, kalkreiche Magerrasen, Wälder, Wegränder, (Meso, Moli-Pini), LC

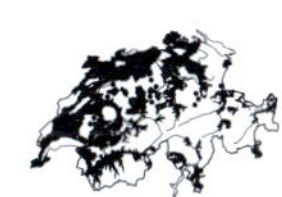

- Stängelblätter → von der Grundrosette aufwärts allmählich kleiner werdend. Obere Blätter 4-8x so lang wie breit, Stacheln weich

Carlina biebersteinii Hornem., Langblättrige Golddistel: H, kollin-subalpin, Silikatmagerrasen, Wiesen, lichte Wälder

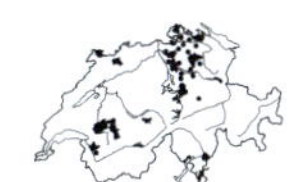

aa Köpfchen 3-4 cm breit. Hochblätter die inneren Hüllblätter überragend. Obere Blätter flach, am Rand gleichmässig stachelig gezähnt

Carlina biebersteinii Hornem. subsp. ***biebersteinii***, *(C. stricta, C. longifolia)*, Langblättrige Golddistel: H.ha, 20-50(-80) cm, VII-IX, montan-subalpin, wechselfeuchte Rasenhänge, Hochgrasfluren, (Cari-ferr, Cala), DD

- Köpfchen nur 2-3 cm breit. Hochblätter die inneren Hüllblätter nicht überragend. Obere Blätter etwas lappig, die Lappen stärker bestachelt

Carlina biebersteinii subsp. ***brevibracteata*** (Andrae) K. Werner, *(C. intermedia)*, Kurzschuppige Golddistel: H.ha, 30-70(-100) cm, VII-IX, kollin-montan, kalkreiche, trockene Rasenhänge, (Meso), NT

Carpesium Kragenblume

- Pflanze ein- bis zweijährig. Stängel verzweigt, abstehend behaart. Blätter eilanzettlich, gezähnt. Köpfchen 15-25 mm breit, nickend, ohne Zungenblüten, von kleinen Stängelblättern umhüllt

Carpesium cernuum L., Kragenblume: H-T, 20-60 cm, VII-VIII, kollin (-montan), wärmeliebende, nährstoffreiche Krautsäume, (Aego), EN

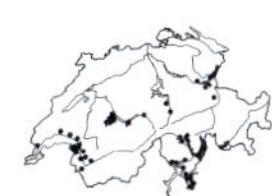

Carthamus Saflor

- Pflanze spinnwebig behaart. Blüten gelb. Blätter fiederteilig, lang bestachelt. Die einzelnen Köpfe von stachelig gezähnten Hochblättern umhüllt

  Carthamus lanatus L., Saflor: T, 20–60 cm, VI–VII, kollin-montan, trockenwarme Unkrautfluren, (Onop), CR(PE)

Centaurea Flockenblume

1 Hüllblätter mit stechenden, 3–20 mm langen Stacheln **2**

- Hüllblätter ohne stechende Stacheln **4**

2 Blüten gelb. Obere Blätter herablaufend (Stängel daher geflügelt erscheinend), fiederteilig, weissfilzig behaart. Hüllblatt →

  Centaurea solstitialis L., Sonnenwend-Flockenblume: T, 20–80 cm, VII–IX, kollin (-montan), trockenwarme Unkrautfluren, (Onop), Neophyt

- Blüten purpurn, rosa oder weiss. Blätter nicht herablaufend, fiederteilig **3**

3 Endstachel der Hüllblätter 10–30 mm lang →. Blüte rosa bis hellpurpurn. Blätter grün, drüsig punktiert

  Centaurea calcitrapa L., Stern-Flockenblume: H.ha-T, 15–50 cm, VII–X, kollin, trockenwarme Schuttplätze, (Sisy, Dauc-Meli), Archäophyt, DD

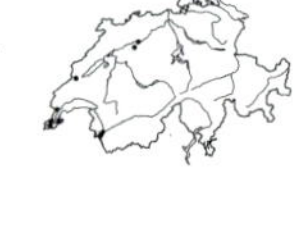

- Endstachel der Hüllblätter 3–6 mm lang →. Blüten weisslich, seltener hellrosa. Blätter graufilzig

  Centaurea diffusa Lam., Sparrige Flockenblume: H.ha-T, 20–80 cm, VII–VIII, kollin, trockenwarme Schuttplätze, Bahnareale, (Sisy, Dauc-Meli), meist nur adventiv, Neophyt

4 Äussere (vergrösserte) Blüten der Köpfe blau. Frucht an der Anwachsstelle mit Haarbüschel **5**

- Äussere Blüten rot, rosa oder gelblich weiss. Frucht an der Anwachsstelle ohne Haarbüschel **7**

5 Pflanze einjährig, verzweigt. Stängelblätter nicht herablaufend. Hülle 10–15 mm lang

  Centaurea cyanus L., *(Cyanus segetum)*, Kornblume: T, 20–70 cm, VI–X, kollin-montan (-subalpin), Getreidefelder, Schuttplätze, (Cauc, Apha, Sisy), NT

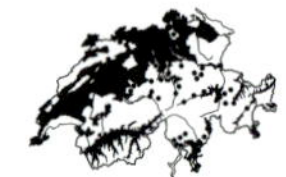

- Pflanze mehrjährig, unverzweigt. Stängelblätter ± herablaufend. Hülle 15–25 mm lang **6**

6 Stängel meist einköpfig. Fransen der Hüllblätter etwa so breit wie die Breite des Hautrandes →

  Centaurea montana L., *(Cyanus montanus)*, Berg-Flockenblume: H, 20–60 cm, V–VIII, montan-subalpin, Bergwiesen, Hochstaudenfluren, Bergwälder, (Cari-ferr, Cala, Aden), LC

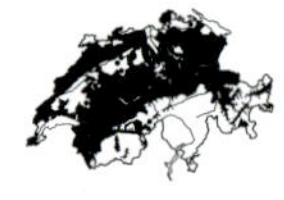

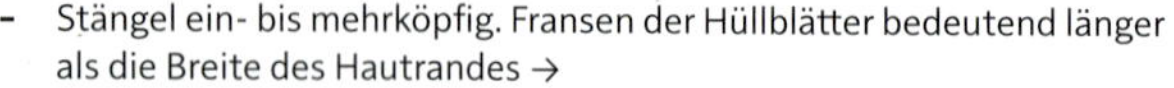

- Stängel ein- bis mehrköpfig. Fransen der Hüllblätter bedeutend länger als die Breite des Hautrandes →

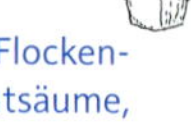

  Centaurea triumfettii All., *(Cyanus triumfettii)*, Trionfettis Flockenblume: H, 10–40 cm, V–VII, kollin-subalpin, eher trockene Krautsäume, (Gera-sang), NT

7 Alle Blätter 1- bis 2-fach fiederteilig **8**

- Blätter ungeteilt oder die untersten mit einzelnen wenigen Fiederlappen **11**

8 Pflanze zweijährig, stark verzweigt, vielköpfig. Hülle 6-12 mm breit **9**

- Pflanze ausdauernd, wenig verzweigt, mit wenigen, grossen Köpfen. Hülle 15-30 mm breit. Hüllblätter nervenlos. Stängel und Blätter dunkelgrün

Centaurea scabiosa L., Skabiosen-Flockenblume: H, 30-120 cm, VI-VIII, kollin-subalpin (-alpin), magere Wiesen, LC

a Hüllblattanhängsel → den grünen Teil der Hülle vollständig verdeckend, 4-5 mm lang (ohne Fransen), die Hülle daher schwarz erscheinend. Stängel mit 1(-3) Körbchen

Centaurea scabiosa subsp. ***alpestris*** (Hegetschw.) Nyman, Alpen-Skabiosen-Flockenblume: H, 30-60 cm, VII-VIII, (montan-) subalpin (-alpin), kalkreiche Gebirgsrasen, (Sesl), LC

- Hüllblattanhängsel den grünen Teil der Hülle nicht vollständig bedeckend, 1-3 mm lang (ohne Fransen), diese daher gescheckt erscheinend **b**

b Blätter beiderseits rau. Blattabschnitte oval bis lanzettlich, Ränder nicht verdickt. Hülle 16-25 mm breit. Schwarze Anhängsel der Hüllblätter → jederseits mit 5-15 meist unverzweigten Fransen, die den grünen Teil der Hülle nur teilweise verdecken

Centaurea scabiosa L. subsp. ***scabiosa***, Gewöhnliche Skabiosen-Flockenblume: H, 30-120 cm, VI-VIII, kollin-montan (-subalpin), Halbtrockenrasen, Krautsäume, (Meso, Gera-sang), LC

- Blätter oberseits glatt, glänzend, unterseits an den Nerven rau. Blattabschnitte schmal lanzettlich bis lineal, Ränder verdickt. Hülle 13-15 mm breit. Die schwarzen Anhängsel der Hüllblätter → jederseits mit 5-15 meist unverzweigten Fransen, die den grünen Teil der Hülle nur wenig verdecken

Centaurea scabiosa subsp. ***grinensis*** (Reut.) Nyman, Grigna-Skabiosen-Flockenblume: H, 30-120 cm, VI-VIII, kollin-subalpin, wärmeliebende Trockenrasen, (Dipl), NT

9 Hüllblattanhängsel breit ungeteilt (oft etwas eingerissen), glänzend hautrandig →, die Hülle daher «strohblumenartig». Pflanze graufilzig. Stängel kantig, rau

Centaurea splendens L., *(C. alba)*, Glänzende Flockenblume: H.ha-T, 50-100 cm, VII-VIII, kollin (-montan), trockene Wegränder, Mauern, Trockenrasen, (Ononidetalia, Conv-Agro), VU

- Hüllblattanhängsel gefranst **10**

10 Hüllblattanhängsel weiss bis hellbraun, jederseits mit 2-6 freien Fransen →. Pflanze dicht weissfilzig

Centaurea valesiaca (DC.) Jord., Walliser Flockenblume: H.ha-T, 20-60 cm, VI-IX, kollin-montan (-subalpin), Felsensteppen, leicht ruderale Trockenrasen, (Stip-Poio, Conv-Agro), NT

- Hüllblattanhängsel dunkelbraun bis schwarz, jederseits mit 6-10 Fransen →

Centaurea stoebe L., *(C. maculosa, C. rhenana)*, Stoebe-Flockenblume: H.ha-T, 20-150(-200) cm, VI-X, kollin (-montan), wärmeliebende Trockenrasen, Wegränder, Föhrenwälder, (Stip-Poio, Xero, Conv-Agro)

a Pflanze schwach filzig behaart, zweijährig, einstängelig, Köpfe 7–11 mm dick

Centaurea stoebe L. subsp. ***stoebe***, Rheinische Flockenblume: H.ha-T, VI–X, kollin (-montan), trockenwarme Ruderalfluren, (Dauc-Meli, Conv-Agro), VU

- Pflanze dicht filzig behaart, mehrjährig (mit Innovationsrosetten), mehrstängelig (von Grund auf verzweigt), Köpfe 5–8 mm dick

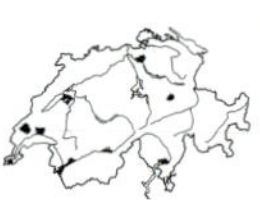

Centaurea stoebe subsp. ***australis*** (A. Kern.) Greuter, *(C. biebersteinii)*, Kleinköpfige Flockenblume: H.ha-T, 40–200 cm, VI–X, kollin, trockenwarme Ruderalfluren, (Onop), oft aus Ansaaten verwildernd, Neophyt

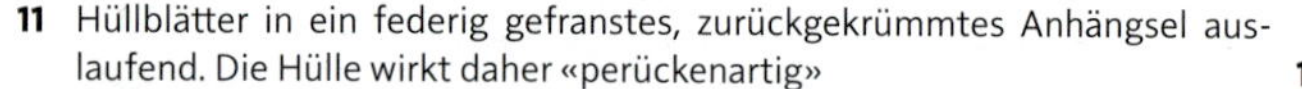

11 Hüllblätter in ein federig gefranstes, zurückgekrümmtes Anhängsel auslaufend. Die Hülle wirkt daher «perückenartig» **15**

- Hüllblätter mit häutigem, ± herablaufendem, fransigem Saum, ohne federiges Anhängsel. Die Hülle wirkt daher nicht «perückenartig» **12**

→ *Centaurea jacea* aggr.: H, sehr formenreiche Gruppe

12 Hüllblattanhängsel → schwärzlich, die Hülle nicht ganz deckend. Die Hülle daher «schachbrettartig» erscheinend, 8–12 mm breit. Früchte ohne Pappus. Stängel unter den Köpfen kaum verdickt

Centaurea nigrescens Willd., Schwärzliche Flockenblume: H, 60 cm, VI–IX, kollin-subalpin, wärmeliebende Fettwiesen, (Arrh), LC

- Hüllblattanhängsel hellbraun bis schwarz, die Hülle ganz deckend, diese daher gänzlich hellbraun bis braunschwarz erscheinend (keine grünen Flecke) **13**

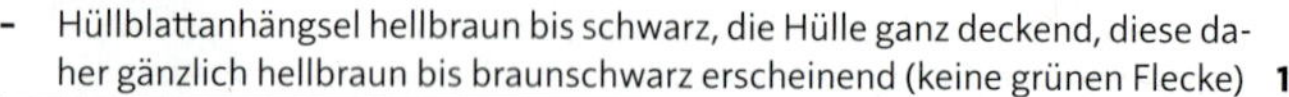

13 Hüllblattanhängsel schwarz, fein kammförmig gefranst →. Stängel unter dem Blütenkopf verdickt. Blütenkopf meist ohne verlängerte Randblüten. Früchte mit 0,5 mm langen Pappusborsten

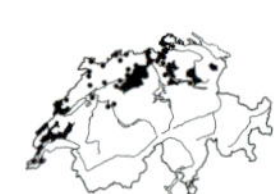

Centaurea nemoralis Jord., (*C. nigra* subsp. *nemoralis*), Schwarze Flockenblume: H, 20–90 cm, VII–X, kollin (-montan), kalkarme Waldränder, Krautsäume, (Trif-medi), EN

- Hüllblattanhängsel weisslich bis braun. Blütenkopf mit verlängerten Randblüten. Früchte ohne Pappusborsten **14**

14 Hüllblattanhängsel regelmässig gefranst →. Pflanze graugrün behaart. Blatt schmal lanzettlich

Centaurea decipiens Thuill., Täuschende Flockenblume: H, 20–100 cm, VII–X, kollin-montan, Trockenrasen, Wegränder, (Conv-Agro)

- Hüllblattanhängsel rundlich, ohne Fransen, ganzrandig oder unregelmässig eingerissen, hellbraun

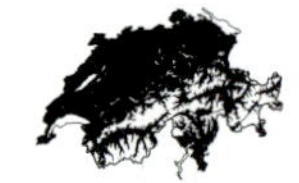

Centaurea jacea L., Wiesen-Flockenblume: H, 10–60 cm, VI–XI, kollin-subalpin, Wiesen, Trockenhänge, LC

a Pflanze dicht weissfilzig. Hüllblattanhängsel weisslich (selten bräunlich), meist über 5 mm lang →

Centaurea jacea subsp. ***gaudinii*** (Boiss. & Reut.) Gremli, *(C. bracteata)*, Gaudins Wiesen-Flockenblume: H, VII–IX, kollin-subalpin, wärmeliebende Trockenrasen, Felsrasen, (Dipl), VU

- Hüllblattanhängsel hell- bis dunkelbraun, kaum 5 mm lang **b**

b Pflanze grün, wenig und oberhalb der Mitte verzweigt. Obere Blätter lanzettlich, höchstens 7x so lang wie breit. Hülle 12-15 mm breit, etwa so lang wie breit. Blüten purpurn. Hüllblatt →

Centaurea jacea L. subsp. ***jacea***, Gewöhnliche Wiesen-Flockenblume: H, 60 cm, VI-IX, kollin-subalpin, Wiesen und Weiden, (Arrh), LC

- Pflanze dünn filzhaarig, schon unterhalb der Mitte verzweigt, Zweige daher rutenförmig wirkend. Obere Blätter lineal-lanzettlich, mindestens 8x so lang wie breit. Hülle 10-12 mm breit, länger als breit. Blüten hellrosa. Hüllblatt →

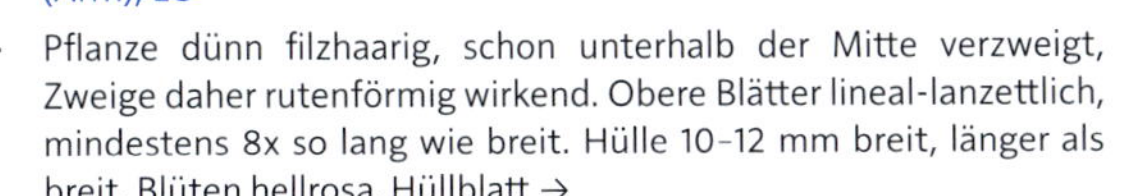

Centaurea jacea subsp. ***angustifolia*** Gremli, *(C. pannonica)*, Schmalblättrige Wiesen-Flockenblume: H, 1 m, VII-XI, kollin (-subalpin), wechselfeuchte Magerrasen, (Meso, Moli), NT

15 Hülle fast zylindrisch (am Grund kaum verbreitert), 8-14 mm breit. Hüllblattanhängsel → die unteren Teile der Hülle nicht ganz deckend. Pflanze kaum rau, die wenigen Borstenhaare einzellig (starke Lupe!). Stängel 1- bis 2-köpfig

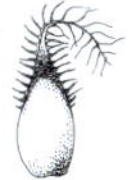

Centaurea rhaetica Moritzi, Rätische Flockenblume: H, 5-30 cm, VII-VIII, (montan-) subalpin, kalkreiche Gebirgsrasen, (Cari-aust), VU

- Hülle ± kugelig, (13-)15-25 mm breit. Hüllblattanhängsel die unteren Teile der Hülle verdeckend. Pflanze rau **16**

16 Stängel fast stets einköpfig. Hüllblattanhängsel → hellbraun. Blätter lanzettlich, 4-8x so lang wie breit, mit gestutztem oder etwas geöhrtem Grund sitzend. Pflanze rau, die wenigen Borstenhaare mehrzellig (starke Lupe!)

Centaurea nervosa Willd., Federige Flockenblume: H, 10-40 cm, VII-VIII, (montan-) subalpin (-alpin), kalkarme Gebirgsrasen, (Fest-vari, Nard), LC

- Stängel fast stets mehrköpfig. Hüllblattanhängsel → schwarzbraun. Blätter eiförmig, 2-3x so lang wie breit, die oberen mit breit abgerundetem bis herzförmigem Grund sitzend

Centaurea pseudophrygia C. A. Mey., Perücken-Flockenblume: H, 80 cm, VII-VIII, (montan-) subalpin, nährstoffreiche Bergwiesen, (Poly-Tris), VU

Chondrilla Knorpelsalat

1 Pflanze von Grund auf abstehend verzweigt, mit langen, rutenförmigen Ästen. Stängel beblättert, im unteren Teil steifhaarig. Grundblätter fiederteilig, zur Blütezeit bereits vertrocknet. Köpfchen → sitzend, zu 1-2(-3)

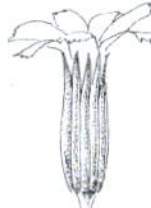

Chondrilla juncea L., Ruten-Knorpelsalat: H, 30-100 cm, VI-IX, kollin (-montan), trockenwarme, leicht ruderale Trockenrasen, Pionierfluren, (Conv-Agro), NT

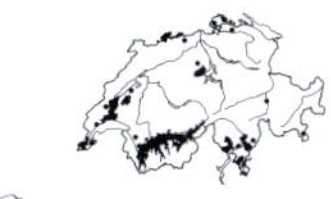

- Pflanze ab der Mitte verzweigt (nicht rutenförmig). Stängel blattlos, kahl. Grundblätter ungeteilt, aber oft buchtig gesägt, blau bereift. Köpfchen → gestielt, endständig

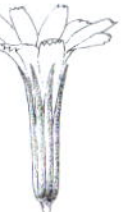

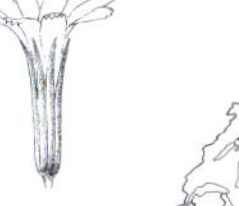

Chondrilla chondrilloides (Ard.) H. Karst., Alpen-Knorpelsalat: H, 15-30 cm, VII-VIII, kollin-montan, schuttige Flussufer, (Epil-flei), EN

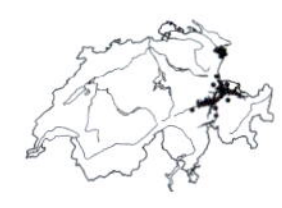

Cicerbita Milchlattich

1 Untere Blätter mit höchstens 1 Seitenabschnitt. Pflanze mit weit kriechendem Rhizom, mit blühenden und sterilen Trieben. Stängel im oberen Teil zu einer Doldenrispe verzweigt

Cicerbita macrophylla (Willd.) Wallr., *(Lactuca macrophylla)*, Grossblättriger Milchlattich: G, 60–150 cm, VII–VIII, kollin, Gärten, Krautsäume, (Aego), kultiviert und selten verwildert, Neophyt

- Untere Blätter mit mehreren Seitenabschnitten. Rhizom kurz **2**

2 Blütenstand kahl. Stängel im oberen Teil oft violett, zu einer Rispe verzweigt. Stängelblätter kahl, an der Basis mit breiten Öhrchen den Stängel halb umfassend

Cicerbita plumieri (L.) Kirschl., *(Lactuca plumieri)*, Plumiers Milchlattich: H, 60–120 cm, VII–VIII, (montan-) subalpin, Hochstaudenfluren, Bergwälder, (Aden, Cala), LC

- Blütenstand drüsig behaart. Stängel meist unverzweigt, Blütenstand eine (manchmal rispige) Traube. Stängelblätter kahl, an der Basis mit spitzen Zipfeln den Stängel halb umfassend

Cicerbita alpina (L.) Wallr., *(Lactuca alpina)*, Alpen-Milchlattich: H, 60–130(–200) cm, VII–VIII, (montan-) subalpin, feuchte Bergwälder, Hochstaudenfluren, (Aden), LC

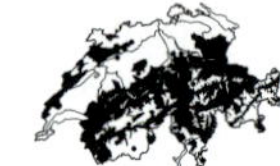

Cichorium Wegwarte

1 Blätter zumindest unterseits borstenhaarig. Hüllblätter z. T. mit Drüsenhaaren. Stängel sparrig verzweigt. Grundblätter schrotsägeförmig (ähnlich *Taraxacum*). Blüten hellblau

Cichorium intybus L., Wegwarte: H, 20–120 cm, VII–IX, kollin-montan (-subalpin), eher trockene Unkrautfluren, Schuttplätze, (Dauc-Meli, Arct), Archäophyt, LC

- Blätter kahl. Hüllblätter kahl oder nur mit drüsenlosen Haaren. Stängel sparrig verzweigt. Grundblätter bilden eine dichte Rosette mit (je nach Sorte) ungeteilten oder sehr stark fiederteiligen Blättern. Blüten hellblau

Cichorium endivia L., Endivie: T, 30–70 cm, VII–IX, kollin, Äcker, Gärten, Unkrautfluren, kultiviert und verwildert, kultivierter Archäophyt

Cirsium Kratzdistel

Es sind zahlreiche Hybriden in der Gattung bekannt.

1 Blüten blassgelb oder gelblich weiss **2**

- Blüten rot (sehr selten weiss) **4**

2 Köpfe einzeln (seltener zu 2–3), nickend →, nicht von Hüllblättern umgeben. Grundblatt tief fiederteilig, Abschnitte lanzettlich. Stängel oben drüsig-klebrig

Cirsium erisithales (Jacq.) Scop., Klebrige Kratzdistel: G, 50–150 cm, VII–IX, (kollin-) montan-subalpin, luftfeuchte Wälder, Hochstaudenfluren, (Luna-Acer, Peta-offi, Eric-PiSy), LC

- Köpfe zu mehreren gehäuft, aufrecht, von Hüllblättern umgeben **3**

3 Hüllblätter ungeteilt, eiförmig →, fein zugespitzt, weichstachelig. Blätter weich, kaum stechend, ungeteilt oder fiederteilig, Abschnitte lanzettlich

Cirsium oleraceum (L.) Scop., Kohldistel: H, 50–150 cm, VI–IX, kollin-montan (-subalpin), nährstoffreiche Nasswiesen, Ufer, (Calt, Fili), LC

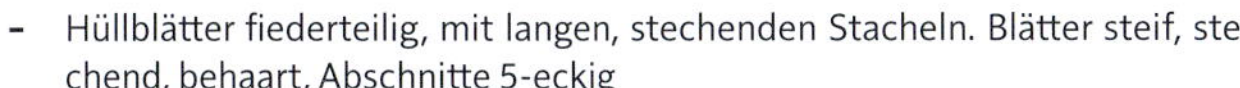

- Hüllblätter fiederteilig, mit langen, stechenden Stacheln. Blätter steif, stechend, behaart, Abschnitte 5-eckig

Cirsium spinosissimum (L.) Scop., Alpen-Kratzdistel: H, 20–50 cm, VII–VIII, subalpin-alpin, nährstoffreiche Bachufer, Läger, Hochstaudenfluren, (Rumi-alpi, Aden), LC

4 Blattoberseite durch steife, fast stechende Borsten sehr rau →. Gut ausgebildete Blätter fiederschnittig, die Abschnitte in 2 spreizende, schmale Zipfel geteilt **5**

- Blattoberseite kahl oder weich behaart **6**

5 Stängel durch die herablaufenden Blätter kraus dornig geflügelt. Blätter unterseits dünn graufilzig. Köpfe 2–4 cm breit

Cirsium vulgare (Savi) Ten., Gemeine Kratzdistel: H.ha, 50–150(–200) cm, VII–IX, kollin-montan (-subalpin), nährstoffreiche Krautsäume, Wegränder, (Arct, Dauc-Meli), LC

- Blätter am Stängel nicht herablaufend. Blätter unterseits weissfilzig. Köpfe 4–7 cm breit

Cirsium eriophorum (L.) Scop., Wollköpfige Kratzdistel: H.ha, 60–150(–200) cm, VII–IX, (kollin-) montan-subalpin, Weiden, Unkrautfluren, Läger, (Onop), LC

a Hülle dicht spinnwebig. Hüllblätter → unter dem Endstachel nur wenig spatelig verbreitert

Cirsium eriophorum (L.) Scop. subsp. ***eriophorum***, Gewöhnliche Wollköpfige Kratzdistel: H.ha-T, 50–150(–200) cm, VII–IX, montan-subalpin, eher trockene Bergweiden, Säume, Unkrautfluren, (Trif-medi, Poio-alpi, Onop)

- Hülle fast kahl. Hüllblätter → unter dem Endstachel zu einem rhombischen, bewimperten Anhängsel verbreitert

Cirsium eriophorum subsp. ***spathulatum*** (Moretti) Ces., Spatelige Woll-Kratzdistel: 50–150 cm, VII–IX, montan-subalpin, eher trockene Bergweiden, (Poio-alpi)

6 Stängel fehlend oder sehr kurz, selten bis 30 cm hoch. Blütenkopf einzeln, fast bodenständig, in der Mitte einer Blattrosette. Blätter (im Gegensatz zu *Carlina acaulis*) nicht spinnwebig, mit breit dreieckigen Abschnitten

Cirsium acaule Scop., Stängellose Kratzdistel: H, 5–30 cm, VII–IX, (kollin-) montan-subalpin (-alpin), trockene Weiden, (Meso), LC

- Stängel über 30 cm hoch **7**

7 Blätter am Stängel herablaufend, Stängel daher zumindest im unteren Teil stachelig geflügelt **8**

- Blätter am Stängel nicht oder kaum herablaufend **9**

8 Blütenköpfe zu mehreren am Ende des Stängels knäuelig gehäuft. Stängel fast über die gesamte Länge stachelig geflügelt. Pflanze meist dunkelviolett überlaufen

Cirsium palustre (L.) Scop., Sumpf-Kratzdistel: H.ha, 40–150(–200) cm, VII–X, kollin-montan (-subalpin), wechselfeuchte Weiden, Moore, (Calt), LC

- Blütenköpfe einzeln am Ende von langen, grauhaarigen Stängeln, die im oberen Teil fast blattlos sind (und damit auch nicht stachelig geflügelt)

Cirsium canum (L.) All., Graue Kratzdistel: H, 50–150 cm, VI–IX, kollin, warme, nasse Staudenfluren, (Fili), CR

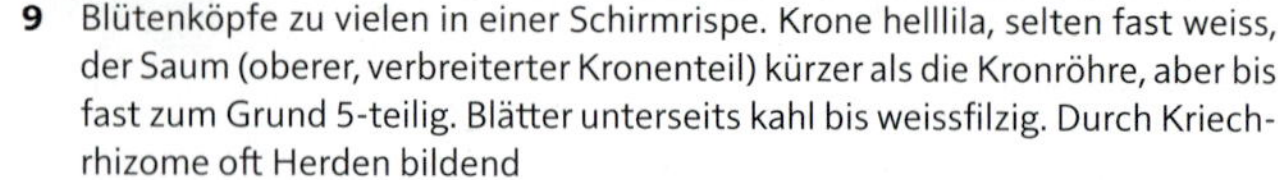

9 Blütenköpfe zu vielen in einer Schirmrispe. Krone helllila, selten fast weiss, der Saum (oberer, verbreiterter Kronenteil) kürzer als die Kronröhre, aber bis fast zum Grund 5-teilig. Blätter unterseits kahl bis weissfilzig. Durch Kriechrhizome oft Herden bildend

Cirsium arvense (L.) Scop., Acker-Kratzdistel: G, 50–100(–150) cm, VII–IX, kollin-montan (-subalpin), Unkrautfluren, Weg-, Ackerränder, (Sisy, Arct), LC

- Stängel oben mit nur 0–2(–5) Seitenzweigen. Krone hell bis kräftig lila, der Saum länger als die Röhre, nur bis zur Mitte geteilt **10**

10 Blattunterseite durch spinnwebige Behaarung reinweiss, oberseits kahl. Untere Blätter fiederteilig, obere ungeteilt. Durch Kriechrhizome oft Herden bildend. Köpfe meist einzeln

Cirsium helenioides (L.) Hill, Verschiedenblättrige Kratzdistel: G, 50–100 cm, VII–VIII, (montan-) subalpin, wechselfeuchte Bergweiden, Bachufer, (Fili, Calt), LC

- Blattunterseite grün oder spinnwebig graufilzig **11**

11 Stängel bis zur Spitze beblättert, in der oberen Hälfte mit ziemlich grossen Blättern (fast so lang wie die Internodien). Untere Blätter meist > 10 cm breit. Hüllblätter abstehend bis zurückgebogen

Cirsium montanum (Willd.) Spreng., Berg-Kratzdistel: G, 40–150 cm, VI–VIII, montan (-subalpin), Hochstaudenfluren, Bachufer, (Aden), DD

- Stängel oben blattlos oder mit kurzen Blättern. Untere Blätter < 10 cm breit. Hüllblätter aufrecht, höchstens an der Spitze etwas nach aussen gebogen **12**

12 Köpfe zu 2–5. Mittlere Blätter einfach fiederteilig, weich

Cirsium rivulare (Jacq.) All., Bach-Kratzdistel: H, 40–100 cm, VI–VIII, kollin-montan, Nasswiesen, Moore, (Calt), LC

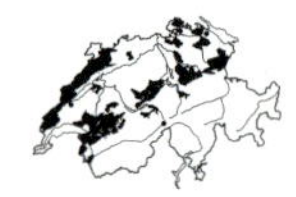

- Köpfe einzeln. Mittlere Blätter doppelt fiederteilig, steif, behaart. Stängel oben dicht filzhaarig. Pflanze ohne Ausläufer

Cirsium tuberosum (L.) All., Knollige Kratzdistel: G, 40–80 cm, VI–VIII, kollin-montan, wechselfeuchte Föhrenwälder, Magerrasen, (Moli-Pini, Moli), VU

Conyza Berufkraut

1 Blütenstand säulenförmig bis schmal pyramidal. Köpfchen jung 2-3 mm, zuletzt 3-5 mm breit, ± kahl. Röhrenblüten 4-zipflig →. Zungenblüten knapp sichtbar, 0,5-1 mm lang

Conyza canadensis (L.) Cronquist, *(Erigeron canadensis)*, Kanadisches Berufkraut: T, 20-80(-120) cm, VII-IX, kollin-montan (-subalpin), Wegränder, Schuttplätze, Äcker, (Sisy, Fuma-Euph, Erag), Neophyt

- Blütenstand ± pyramidal. Köpfchen jung 3-5 mm, zuletzt 5-10 mm breit, behaart. Röhrenblüten 5-zipflig →. Zungenblüten kaum sichtbar, oft fehlend, bis 0,5 mm lang **2**

2 Pflanze 20-60 cm hoch. Blätter lineal-lanzettlich, einnervig. Blütenstand drüsig, etwas klebrig, oft rötlich verfärbt. Reife Köpfchen 6-10 mm breit. Pappus graubraun. Zungenblüten fehlend

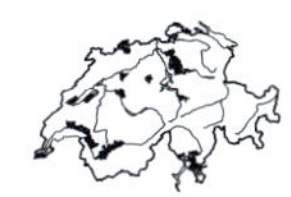

Conyza bonariensis (L.) Cronquist, *(Erigeron bonariensis)*, Südamerikanisches Berufkraut: T, 20-60 cm, VII-X, kollin, trockenwarme Schuttplätze, (Sisy), Neophyt

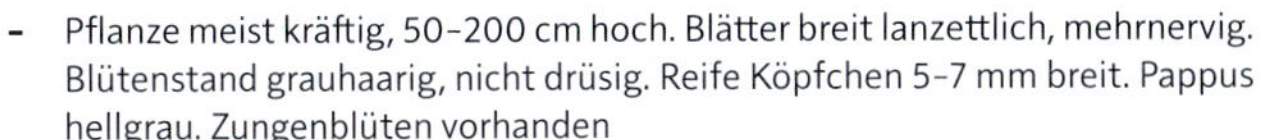

- Pflanze meist kräftig, 50-200 cm hoch. Blätter breit lanzettlich, mehrnervig. Blütenstand grauhaarig, nicht drüsig. Reife Köpfchen 5-7 mm breit. Pappus hellgrau. Zungenblüten vorhanden

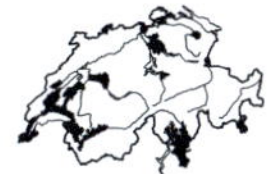

Conyza sumatrensis (Retz.) E. Walker, *(Erigeron sumatrensis)*, Sumatra-Berufkraut: T, 50-200 cm, VII-X, kollin, trockenwarme Schuttplätze, (Sisy), Neophyt

Coreopsis Mädchenauge

- Untere Blätter gegenständig. Stängel nur unterhalb der Mitte beblättert. Blütenköpfe 4-6 cm breit. Zungenblüten gelb, meist 8, keilförmig, am Ende eingeschnitten →

Coreopsis lanceolata L., Mädchenauge: H, 50-100 cm, VI-IX, kollin (-montan), Wegränder, Schuttplätze, (Sisy), kultiviert und selten verwildert, kultivierter Neophyt

Cosmos Schmuckkörbchen

- Blätter bis 10 cm lang, 2-fach fiederschnittig, mit nur 1,5 mm breiten Abschnitten. Köpfchen 5-7 cm breit, Hüllblätter in 2 Reihen, die äusseren länger als die inneren. Zungenblüten meist zu 8, rosa oder weiss, Röhrenblüten gelb

Cosmos bipinnatus Cav., Fiederblättriges Schmuckkörbchen: T, 50-100(-150) cm, VII-X, kollin (-montan), Gartenränder, Wegränder, Schuttplätze, (Sisy), kultiviert und selten verwildert, kultivierter Neophyt

Cotula Laugenblume

- Pflanze hellgrün, zart, niederliegend-aufsteigend. Stängel verzweigt, meist abstehend behaart, verkahlend. Köpfchen knopfig →, 3–5 mm breit, grünlich weiss. Achänen flach

Cotula australis (Spreng.) Hook. f., Australische Laugenblume: T, 2–10 cm, III–X, kollin, Wegränder, Trittfluren, (Poly-avic), Neophyt

Crepis Pippau

1 Blüten orangerot. Blätter in einer Grundrosette, buchtig gezähnt, kahl, aber am Stielgrund reinweiss bärtig

Crepis aurea (L.) Cass., Gold-Pippau: H, 5–30 cm, VI–VIII, (montan-) subalpin-alpin, nährstoffreiche Bergwiesen und -weiden, (Poio-alpi, Poly-Tris), LC

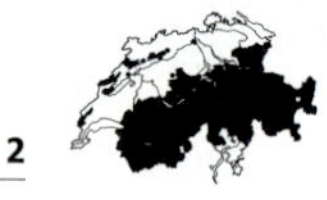

- Blüten gelb **2**

2 Stängel 1- bis 2- (3-)köpfig. Stängelblätter nie am Grund pfeilförmig geöhrt. Mehrjährige Gebirgspflanze **3**

- Stängel 3- bis 20-köpfig oder mit wenigen einköpfigen Ästen, aber dann die Stängelblätter am Grund pfeilförmig geöhrt. Pflanze mehrjährig oder einjährig **8**

3 Pflanze nur 3–10(–15) cm hoch. Stängel nicht oder wenig länger als die Grundblätter **4**

- Pflanze 15–60 cm hoch. Stängel deutlich länger als die Grundblätter **6**

4 Blätter breit eiförmig, am Grund gestutzt oder herzförmig, unregelmässig gezähnt, mit langem, geflügeltem Stiel, wie der Stängel kahl oder weissfilzig →

Crepis pygmaea L., Zwerg-Pippau: H, 5–15 cm, VII–VIII, (subalpin-) alpin, kalkreiche Schuttfluren, (Thla-rotu), LC

- Blätter nicht eiförmig, sondern länglich (lanzettlich oder länglich verkehrt eiförmig), ganzrandig oder fiederschnittig **5**

5 Blätter fiederteilig, mit dreieckigen Abschnitten (löwenzahnartig). Hülle 7–14 mm lang, mit langen, abstehenden, drüsenlosen, schwarzen Haaren →. Äussere Hüllblätter fast so lang wie die inneren

Crepis terglouensis (Hacq.) A. Kern., Triglav-Pippau: H, 3–10 cm, VII–VIII, alpin, schuttige, kalkreiche Gratrasen, Schuttfluren, (Drab-hopp, Thla-rotu), LC

- Blätter ungeteilt, ganzrandig oder etwas gezähnt. Hülle 11–13 mm lang, mit langen, abstehenden, drüsenlosen, grünlich gelben Haaren →. Die äussersten Hüllblätter etwas mehr als halb so lang wie die inneren

Crepis rhaetica Hegetschw., Rätischer Pippau: H, 2–10 cm, VII–VIII, alpin, schuttige, kalkreiche Gratrasen, (Drab-hopp), NT

6 Stängelblätter auffallend tief fiederschnittig →, mit linealen Abschnitten. Grundblätter ungeteilt, meist grob gezähnt. Hülle 7–12 mm lang. Pappus schmutzig weiss

Crepis kerneri Rech. f., *(C. jacquinii)*, Kerners Pippau: H, 5–25 cm, VII–VIII, (subalpin-) alpin, steinige Gratrasen, Schieferschuttfluren, (Cari-firm, Sesl, Thla-rotu), LC

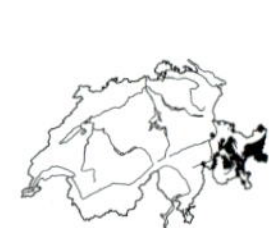

- Stängel blattlos oder mit ungeteilten (höchstens gezähnten) Blättern **7**

7 Pflanze 30–60 cm hoch. Köpfchen 4–5 cm breit. Stängel mit stängelumfassenden Blättern → und unter dem Blütenkopf auffallend verdickt. Pappus schmutzig weiss

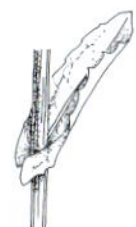

Crepis bocconei P. D. Sell, *(C. pontana)*, Berg-Pippau: H, 30–60 cm, VII–VIII, subalpin (-alpin), frische Gebirgsrasen, Rostseggenhalden, (Cari-ferr), LC

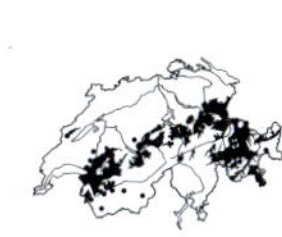

- Pflanze 10–30 cm hoch. Köpfchen 3–4 cm breit. Stängelblätter sitzend, nicht stängelumfassend. Grundblätter buchtig gezähnt bis fast fiederteilig →. Hülle grau- oder schwarz-zottig. Pappus reinweiss

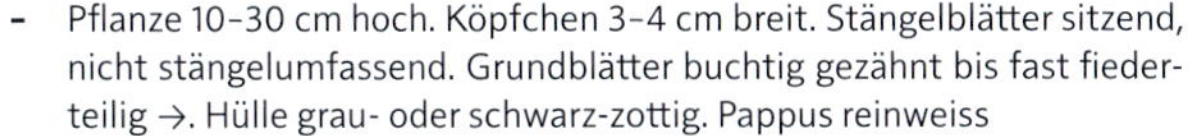

Crepis alpestris (Jacq.) Tausch, Alpen-Pippau: H, 5–30 cm, VII–VIII, (montan-) subalpin (-alpin), steinige, kalkreiche Gebirgsrasen, Legföhrenbestände, (Sesl, Eric), LC

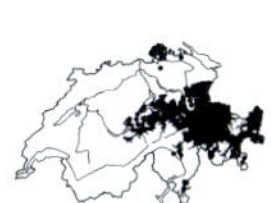

8 Stängel blattlos (höchstens an den Verzweigungen mit kleinen Tragblättchen) **9**

- Stängel beblättert **11**

9 Pflanze einjährig. Blätter fiederschnittig, mit grösserem, abgerundetem Endlappen. Äussere Früchte mit 3 breit geflügelten Kanten →

Crepis sancta (L.) Bornm., *(C. nemausensis)*, Hasensalat: T, 5–30 cm, IV–V, kollin, trockenwarme Schuttplätze, (Sisy), Neophyt

- Pflanze mehrjährig. Blätter ungeteilt. Früchte ungeflügelt **10**

10 Blütenstand viel länger als breit (traubig), mit (5-)8–20 Köpfchen. Hülle fast kahl. Grundblätter 5–15 cm lang, länglich oval, fast ganzrandig. Früchte ungeflügelt →

Crepis praemorsa (L.) Walther, Trauben-Pippau: H, 20–60 cm, V–VI, kollin-montan, trockenwarme Krautsäume, (Gera-sang), VU

- Blütenstand etwa so lang wie breit (doldenrispig), mit 3–10 Köpfchen. Grundblätter 6–8 cm lang, länglich oval, fast ganzrandig

Crepis froelichiana Froel., Froelichs Pippau: H, 15–40 cm, V, montan-subalpin, trockene, kalkreiche Magerrasen, (Sesl, Meso), EN

11 Köpfe vor dem Aufblühen nickend. Blätter zerrieben unangenehm phenolartig riechend. Blätter fiederschnittig, Abschnitte schmal dreieckig bis rhombisch →

Crepis foetida L., Stinkender Pippau: T, 10–40 cm, VI–IX, kollin (-montan), trockenwarme, nährstoffreiche Schuttplätze, Bahnareale, (Dauc-Meli, Sisy), LC

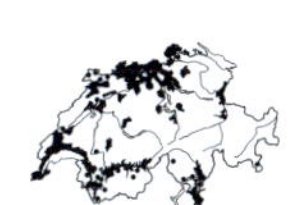

- Köpfe vor dem Aufblühen aufrecht. Pflanze nicht phenolisch riechend **12**

12 Blätter klebrig drüsenhaarig. Hülle schmal zylindrisch, kahl, zur Fruchtzeit zurückgeschlagen. Stängel schon vom untersten Drittel an verzweigt, unten klebrig-drüsig, oben kahl und mit vielen kleinen Köpfchen (blühend 1–2 cm breit)

Crepis pulchra L., Schöner Pippau: T, 30–70(-100) cm, VI–VII, kollin, trockenwarme, nährstoffreiche Schuttplätze, (Sisy, Dauc-Meli), Neophyt

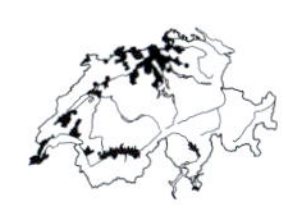

- Blätter und Stängel nicht klebrig-drüsig (Drüsenhaare können aber vorhanden sein). Blühende Köpfchen 1–4 cm breit **13**

13 Zumindest die inneren Früchte an der Spitze in einen deutlichen schmalen Schnabel verlängert (auch während Blüte im aufgeschnittenen Köpfchen erkennbar). Randliche Zungenblüten aussen oft rötlich **14**

- Früchte zur Spitze hin verschmälert, aber nicht geschnäbelt. Randliche Zungenblüten aussen selten rötlich **15**

14 Hüllblätter und Köpfchenstiele mit abstehenden, 1-2 mm langen, steifborstigen, gelblichen Haaren. Köpfchenboden behaart. Äussere Hüllblätter ohne Hautrand, früh abstehend →

Crepis setosa Haller f., Borstiger Pippau: T, 15–50 cm, VI–VIII, kollin (-montan), trockenwarme Pionierfluren, (Dauc-Meli), Neophyt

- Hülle und Köpfchenstiele ohne lange Borstenhaare. Köpfchenboden kahl. Äussere Hüllblätter breit hautrandig, erst am Ende der Blüte abstehend

Crepis vesicaria L., Blasen-Pippau: T, 30–80 cm, V–VI, trockenwarme Unkrautfluren, Schuttplätze, Wegränder

a Obere Blätter oval, häutig, die Kopfstiele blasig umfassend. Äussere Hüllblätter eiförmig, vollständig häutig →

Crepis vesicaria L. subsp. ***vesicaria***, Gewöhnlicher Blasen-Pippau: H.ha-T, V–VI, kollin, trockenwarme, nährstoffreiche Pionierfluren, (Sisy, Dauc-Meli), Neophyt

- Obere Blätter nicht blasig umfassend. Äussere Hüllblätter lanzettlich, grün mit breitem Hautrand →

Crepis vesicaria subsp. ***taraxacifolia*** (Thuill.) Thell., Löwenzahnblättriger Blasen-Pippau: H.ha, V–VI, kollin-montan, trockenwarme, nährstoffreiche Pionierfluren, (Sisy, Dauc-Meli), LC

15 Stängelblätter am Grund abgerundet oder gezähnt, halb stängelumfassend. Wenn am Grund mit Zipfeln, dann diese abstehend und nicht pfeilförmig nach hinten weisend **16**

- Stängelblätter den Stängel mit spitzen Zipfeln pfeilförmig umfassend **17**

16 Stängelblätter am Grund gezähnt. Korbboden behaart. Hüllblätter → auf der Innenseite seidenhaarig (Lupe!). Pflanze zweijährig

Crepis biennis L., Wiesen-Pippau: H.ha, 30–100 cm, V–VII, kollin-montan (-subalpin), Fettwiesen, (Arrh), LC

- Grundblätter ungeteilt, fast ganzrandig. Stängelblätter am Grund gerundet bis schwach herzförmig. Korbboden kahl. Innenseite der Hüllblätter kahl. Pflanze ausdauernd

Crepis mollis (Jacq.) Asch., Weicher Pippau: H, 30–80 cm, VI–VII, (kollin-) montan-subalpin, frische Bergwiesen, (Poly-Tris), NT

17 Pappus trübweiss, starr und brüchig. Blätter kahl, unregelmässig buchtig gezähnt. Hülle mit dunklen Drüsenhaaren →

Crepis paludosa (L.) Moench, Sumpf-Pippau: H, 30–120 cm, V–VII, (kollin-) montan-subalpin, feuchte Bergwiesen, Moore, Staudenfluren, (Calt, Aden), LC

- Pappus reinweiss, biegsam. Blätter kahl oder behaart **18**

18 Stängelblätter ganzrandig oder buchtig gezähnt, aber nicht fiederschnittig. Ausdauernde Pflanze der subalpinen Stufe **19**

- Stängelblätter (zumindest die unteren) fiederschnittig. Ein- bis zweijährige Pflanze der tieferen Lagen **20**

19 Grundblätter zur Blütezeit als Rosette vorhanden. Stängel und Hüllblätter drüsig behaart →. Köpfchenstiele verdickt. Äussere Hüllblätter nur halb so lang wie die inneren

Crepis conyzifolia (Gouan) A. Kern., Grossköpfiger Pippau: H, 20-50 cm, VII-VIII, (kollin-) subalpin (-alpin), kalkarme Gebirgsrasen, (Fest-vari, Nard), LC

\- Grundblätter zur Blütezeit verwelkt. Stängel und Hüllblätter drüsenlos. Äussere Hüllblätter fast so lang wie die inneren. Stängel über die ganze Länge beblättert, wie die Blätter gelblich weichhaarig →

Crepis pyrenaica (L.) Greuter, *(C. blattarioides)*, Pyrenäen-Pippau: H, 20-60 cm, VI-VIII, (montan-) subalpin, mässig feuchte Bergwiesen und -weiden, Hochstaudenfluren, (Poly-Tris, Aden, Cari-ferr), LC

20 Rand der Stängelblätter zurückgerollt →, die obersten Stängelblätter fast ganzrandig, schmal. Pflanze graugrün. Blühende Köpfchen hellgelb, 1,5-2 cm breit. Frucht 10- bis 13-rippig

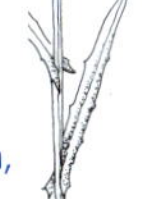

Crepis tectorum L., Dach-Pippau: T, 10-60 cm, VI-IX, kollin-subalpin, trockenwarme Pionierfluren, Bahnareale, (Sisy), VU

\- Rand der Stängelblätter flach. Pflanze frischgrün **21**

21 Hüllblätter zur Fruchtzeit zurückgebogen, zur Blütezeit die äusseren anliegend. Innenseite der Hüllblätter kahl →. Blühende Köpfchen 1-1,5 cm breit. Hülle 4-7 mm lang. Blätter fast kahl. Die randlichen Zungenblüten aussen oft rötlich. Griffel gelb

Crepis capillaris Wallr., Kleinköpfiger Pippau: H.ha-T, 10-90 cm, VI-IX, kollin-montan (-subalpin), Wegränder, Fettweiden, (Cyno, Dauc-Meli), LC

\- Hüllblätter zur Fruchtzeit nicht zurückgeschlagen, zur Blütezeit die äusseren abstehend. Die randlichen Zungenblüten aussen nie rötlich **22**

22 Untere Blätter rauhaarig. Hülle 8-10 mm lang. Innenseite der Hüllblätter kahl →. Blühende Köpfchen 2-2,5 cm breit. Stängel wenig verzweigt. Griffel braun

Crepis nicaeensis Pers., Nizza-Pippau: H.ha, 30-90 cm, V-VII, kollin-montan, trockenwarme Unkrautfluren, Bahnareale, (Sisy, Dauc-Meli), Neophyt

\- Untere Blätter kahl oder höchstens zerstreut behaart. Hülle 8-13 mm lang. Innenseite der Hüllblätter seidenhaarig (Lupe!). Blühende Köpfchen 2,5-3 cm breit. Griffel gelb **16**

Crupina Schlupfsame

\- Pflanze einjährig, mit 1-10 Blütenköpfchen. Köpfchen nur mit lilafarbenen Röhrenblüten. Blätter fiederschnittig, mit schmal linealen, stachelspitzigen, fein gezähnten und drüsig bewimperten Abschnitten →

Crupina vulgaris Cass., Gemeiner Schlupfsame: T, 20-70 cm, VII-IX, kollin (-montan), trockenwarme Pionierfluren, Felsensteppen, (Alyss-Sedi, Thero-Brachypodietalia), VU

Dittrichia Klebalant

1 Pflanze einjährig, drüsig-klebrig, stark riechend. Zungenblüten 4–7 mm lang. Stängel stark verzweigt. Blätter lineal, ganzrandig

Dittrichia graveolens (L.) Greuter, Duftender Klebalant: T, 20–60 cm, VII–X, kollin, trockenwarme Schuttplätze, Wegränder, (Onop, Dauc-Meli), Neophyt

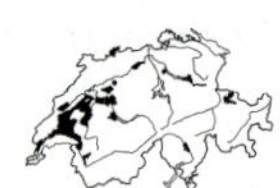

- Pflanze mehrjährig, am Grund verholzend, drüsig-klebrig, riechend. Zungenblüten 10–12 mm lang. Stängel verzweigt. Blätter lanzettlich, gesägt

Dittrichia viscosa (L.) Greuter, Breitblättriger Klebalant: 40–120(–200) cm, salzreiche Strassenränder, Neophyt

Doronicum Gämswurz

1 Pflanze mit 1(–3) Blütenkopf. Alle Früchte mit Pappus. Grundblätter zur Blütezeit (fast stets) vorhanden. Gebirgsart **2**

- Pflanze mit (1–)4–8 Blütenköpfen. Zungenblüten ohne Pappus (aber Röhrenblüten mit Pappus!). Art der tiefen Lagen **3**

2 Grundblätter lanzettlich, 1–3 cm breit, am Rand → kraushaarig, aber drüsenlos. Stängel einköpfig. Obere Stängelblätter nur halb stängelumfassend. Auf Silikat

Doronicum clusii (All.) Tausch, Clusius' Gämswurz: G, 10–30 cm, VII–VIII, (subalpin-) alpin, kalkarme Schuttfluren, schuttige Gebirgsrasen, (Andr-alpi), LC

- Grundblätter breit eiförmig, 3–7 cm breit, am Rand → mit Zotten- und Drüsenhaaren. Stängel 1- (3-)köpfig. Obere Stängelblätter vollständig stängelumfassend (über den Stängel lappend). Auf Kalk

Doronicum grandiflorum Lam., Grossköpfige Gämswurz: H, 10–40 cm, VII–VIII, (subalpin-) alpin, mässig feuchte, kalkreiche Schuttfluren, (Peta-para), LC

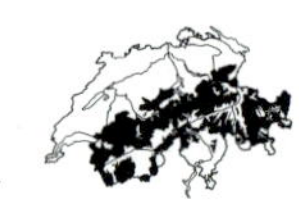

3 Grundblätter schmal herzförmig →, mit enger Bucht (am Ansatz des Blattstiels). Stängel oben verzweigt, (2-) 5- bis 9-köpfig. Blätter dicht weichhaarig, ohne Drüsen. Untere Stängelblätter leierförmig, den Stängel umfassend

Doronicum pardalianches L., Kriechende Gämswurz: G, 40–90 cm, V–VI, kollin-montan, Laubwälder, Krautsäume, (Fagetalia, Aego), auch kultiviert und verwildert, VU

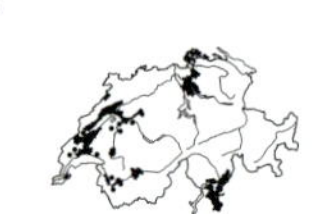

- Grundblätter breit herzförmig (mit weiter Bucht) oder in den Stiel verschmälert. Verwilderte Zierpflanze **4**

4 Pflanze ohne Ausläufer. Stängel einkörbig (selten 2- bis 3-körbig), drüsig behaart, ohne drüsenlose Haare

Doronicum columnae Ten., Herzblättrige Gämswurz: G, 30–60 cm, V–VIII, kollin-montan, Wegränder, Krautsäume, kultiviert und verwildert, Neophyt

- Pflanze mit unterirdischen, behaarten Ausläufern (am Ende mit Blattrosetten). Stängel 1- bis 5-körbig, mit Woll- und Drüsenhaaren

Doronicum plantagineum aggr.: Neophyt

a Grundblätter in den Stiel verschmälert. Stängel mit kurzen Drüsenhaaren, 1- bis 3-körbig. Blätter am Rand kaum gezähnt →

Doronicum plantagineum L., Wegerich-Gämswurz: G, 60-90 cm, IV-V, (kollin-) montan, Garten- und Wegränder, Krautsäume, kultiviert und selten verwildert, Neophyt. Oft wird der Hybride *D. plantagineum* × *D. columnae* × *D. pardalianches* (= *D.* ×*excelsum*) kultiviert

- Grundblätter herzförmig (± deutlich ausgeprägt) **b**

b Grundblätter spitz, nur undeutlich herzförmig, am Rand deutlich buchtig gezähnt →. Stängel (1-) 2- bis 3-körbig

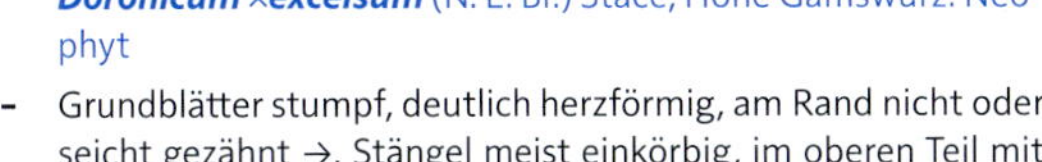

Doronicum ×***excelsum*** (N. E. Br.) Stace, Hohe Gämswurz: Neophyt

- Grundblätter stumpf, deutlich herzförmig, am Rand nicht oder seicht gezähnt →. Stängel meist einkörbig, im oberen Teil mit einfachen und drüsigen Haaren

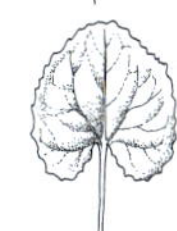

Doronicum orientale Hoffm., Kaukasus-Gämswurz: G, 40-60(-80) cm, IV-V, kollin, Wegränder, Krautsäume, kultiviert und selten verwildert, Neophyt

Echinops Kugeldistel

1 Stängel oben dicht filzhaarig und mit braunroten Drüsen. Blattoberseite grün und dicht drüsenhaarig, unterseits wollig-filzig. Blütenstandkugeln 3-6 cm breit, weiss bis hellblau. Hülle der Einzelköpfchen 15-25 mm lang

Echinops sphaerocephalus L., Rundköpfige Kugeldistel: H-H.ha, 50-150(-200) cm, VII-IX, kollin (-montan), trockenwarme Unkrautfluren, Wegränder, Schuttplätze, (Onop, Cirs-Brac), VU

- Stängel ohne Drüsenhaare, filzig behaart bis kahl. Blätter höchstens zerstreut drüsenhaarig **2**

2 Blätter (1-) 2-fach fiederspaltig, oberseits dunkelgrün, unterseits weisswollig, Rand zurückgerollt. Blütenstandkugeln 3-4,5 cm breit, graublau

Echinops ritro L., Blaue Kugeldistel: H, 20-60 cm, VII-IX, kollin, trockenwarme Brachflächen, (Arct, Onop), Neophyt

- Blätter einfach fiederspaltig, oberseits steifhaarig, unterseits locker spinnwebig behaart **3**

3 Blätter flach, ohne Drüsenhaare, oberseits kurz rauhaarig, unterseits spinnwebig. Blütenstandkugeln 4-6 cm breit, weissgrau, nur schwach bläulich. Hülle der Einzelköpfchen 20-25 mm lang

Echinops exaltatus Schrad., Hohe Kugeldistel: H, 50-200 cm, VI-VIII, kollin, trockenwarme, nährstoffreiche Krautsäume, (Arct, Onop), Neophyt

- Blätter oberseits zerstreut drüsig und locker spinnwebig behaart. Blütenstandkugeln 2,5-4 cm breit, graublau. Hülle der Einzelköpfchen 15-20 mm lang

Echinops bannaticus Schrad., Banater Kugeldistel: H, 50-150 cm, VI-VIII, kollin, trockenwarme Brachflächen, (Arct), Neophyt

Erigeron Berufkraut

1 Zungenblüten abstehend, viel länger als die Röhrenblüten. Blütenköpfe 12–30 mm breit **2**

- Zungenblüten aufrecht oder etwas nach aussen gebogen, nur wenig länger als die Röhrenblüten. Stängel kantig, oben verzweigt, mit 5 oder mehr Köpfchen, diese 5–12 mm breit

Erigeron acris L., Scharfes Berufkraut: H-T, (10-)25-40(-70) cm, VI-IX, kollin-subalpin, Halbtrockenrasen, Trockenrasen, Ruderalstellen, Wegränder, Bahnareale, LC

a Stängel und Hülle dicht, steif rauhaarig. Blätter beidseitig behaart **b**

- Stängel kahl oder anliegend behaart. Blätter nur am Rand bewimpert, auf den Flächen fast kahl **c**

b Stängel dichthaarig →, meist grün, mit 5–30 Köpfchen. Stängelblätter 8–10, nicht gewellt und in den Achseln nie mit Kurztrieben

Erigeron acris L. subsp. ***acris***, Gewöhnliches Scharfes Berufkraut: H-T, VI-VII, kollin-montan (-subalpin), kalkreiche Halbtrockenrasen, Pionierfluren, (Meso, Alyss-Sedi, Sisy), LC

- Stängel mässig behaart →, meist rötlich, mit 5–30 Köpfchen. Stängelblätter 15–25, oft wellig und in den Achseln oft mit Kurztrieben

Erigeron acris subsp. ***serotinus*** (Weihe) Greuter, Spätes Scharfes Berufkraut: H-T, VII-X, kollin-montan, steinige Ruderalflächen, Bahnareale, (Dauc-Meli, Sisy)

c Stängel aufrecht, fast kahl. Hülle grünlich, lockerhaarig, ohne Drüsen →. Blätter nur am Rand bewimpert

Erigeron acris subsp. ***angulosus*** (Gaudin) Vacc., Kantiges Scharfes Berufkraut: H-T, VII-IX, (montan-) subalpin, kalkreiche Flussufer, Schuttfluren, (Epil-flei), LC

- Stängel bogig aufsteigend, oberwärts wie die Hülle rot drüsig behaart →, sonst kahl. Hülle dunkelrot

Erigeron acris subsp. ***politus*** (Fr.) H. Lindb., Glänzendes Scharfes Berufkraut: H-T, VII-IX, (montan-) subalpin, kalkreiche Schuttfluren, Flussufer, (Epil-flei), LC

2 Pflanze oberwärts wie die Blätter dicht drüsenhaarig, ± klebrig **3**

- Pflanze (fast) drüsenlos **4**

3 Pflanze mittelgross, 20–60 cm hoch, Stängel kräftig, etwas kantig, aufrecht, oben verzweigt (1-) 3- bis 10-köpfig, reichdrüsig. Köpfchen 20–35 mm breit

Erigeron atticus Vill., Drüsiges Berufkraut: H, 20-60 cm, VII-IX, subalpin (-alpin), kalkarme, steinige Rasenhänge, (Cari-ferr, Fest-vari), NT

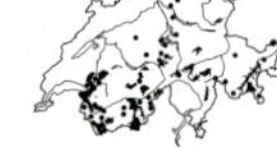

- Pflanze klein, 5–25 cm hoch. Stängel schmal, stielrund, bogig aufsteigend, in wenige einköpfige Äste verzweigt, armdrüsig. Köpfchen 10–25 mm breit

Erigeron gaudinii Brügger, Gaudins Berufkraut: H, 5-25 cm, VII-VIII, (montan-) subalpin (-alpin), kalkarme Felsen, Moränen, (Andr-vand), NT

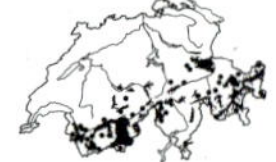

4 Stängel von Grund auf stark verzweigt, Pflanze Teppiche bildend (v. a. Mauern und Felsen). Untere Blätter 3-lappig →, die oberen einfach, lanzettlich, behaart. Zungenblüten weiss, später rosa

Erigeron karvinskianus DC., Karvinskis Berufkraut: Ch-H, 10-30 cm, IV-XII, kollin, trockenwarme Mauern, Felsen, (Cent-Pari), Neophyt

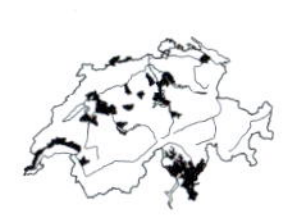

- Stängel nicht oder erst im oberen Teil verzweigt **5**

5 Pflanze (40-)50-100 cm hoch. Stängel vielköpfig. Grundblätter vorne eiförmig, plötzlich in einen ziemlich langen Stiel verschmälert →. Zungenblüten weiss oder rötlich lila. Pappus der Röhrenblüten zweireihig, äussere Reihe sehr kurz

Erigeron annuus (L.) Desf., Einjähriges Berufkraut: H.ha-T, 30 100(-150) cm, VI-X, kollin-montan (-subalpin), Wegränder, Schuttplätze, Ufer, Neophyt

a Alle Stängelblätter (bis auf die obersten) gezähnt. Stängel relativ dicht behaart. Zungenblüten meist rosa

Erigeron annuus (L.) Desf. subsp. ***annuus***, Gewöhnliches Einjähriges Berufkraut: H.ha-T, VI-X, kollin-montan (-subalpin), Krautsäume, Unkrautfluren, Fettwiesen, (Dauc-Meli, Conv, Arrh), Neophyt

- Mittlere und obere Stängelblätter ganzrandig. Stängel spärlich behaart. Zungenblüten weiss (selten bläulich)

Erigeron annuus subsp. ***septentrionalis*** (Fernald & Wiegand) Wagenitz, Nordisches Einjähriges Berufkraut: H.ha-T, VI-X, kollin, Unkrautfluren, Wegränder, (Dauc-Meli, Conv), Neophyt

- Pflanze 2-20(-25) cm hoch. Stängel 1- bis 3- (6-)köpfig. Alle Blätter allmählich verschmälert. Pflanze ohne Drüsen

Erigeron alpinus aggr.: H, 2-40 cm, (montan-) subalpin-alpin, steinige, oft kalkarme Wiesen und Weiden

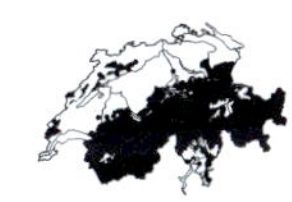

a Blätter beiderseits behaart. Zwischen den Röhren und Zungenblüten steht ein Ring aus rötlichen, fädigen Blüten (Fadenblüten). Stängel abstehend behaart, (1-) 2- bis 6-köpfig. Hüllblätter an der Basis am breitesten, dann allmählich zugespitzt →

Erigeron alpinus L., Alpen-Berufkraut: H, 4-30(-40) cm, VII-VIII, (montan-) subalpin-alpin, eher kalkarme, sonnige, steinige Gebirgsrasen, (Nard, Fest-vari), LC

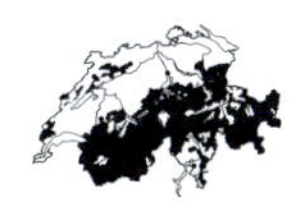

- Blätter am Rand behaart, auf den Flächen kahl öder spärlich behaart. Blütenköpfchen mit oder ohne Fadenblüten **b**

b Hülle fast kahl, meist grün. Hüllblätter an der Basis am breitesten, dann allmählich zugespitzt, am Rand oft bewimpert →. Stängel meist grün, (1-) 2- bis 6-köpfig. Fadenblüten fehlend. Auf Kalk

Erigeron glabratus Bluff & Fingerh., *(E. polymorphus)*, Vielgestaltiges Berufkraut: H, (5-)10-30(-40) cm, VII-VIII, (montan-) subalpin-alpin, kalkreiche Felsen, steinige Gebirgsrasen, (Pote, Sesl), LC

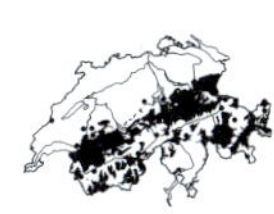

- Hülle weisslich wollig-zottig behaart, meist dunkelrot. Hüllblätter in der Mitte am breitesten. Stängel meist rötlich, stets einkörbig. Grundblätter oft etwas ausgerandet **c**

c Pflanze nur 2-8(-15) cm hoch. Stängelblätter 3-6(-8). Fadenblüten zwischen Röhren- und Zungenblüten fehlend. Pappus zweireihig, neben dem langen noch ein äusserer Ring sehr kurzer Pappushaare (Lupe!). Hüllblatt →

Erigeron uniflorus L., Einköpfiges Berufkraut: H, 2-8(-15) cm, VII-IX, (subalpin-) alpin, eher kalkarme, windexponierte, steinige Gratrasen, (Elyn, Cari-curv), LC

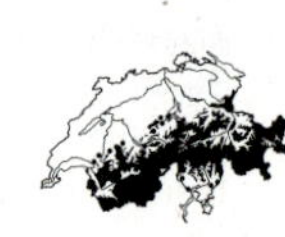

- Pflanze 10-30 cm hoch. Stängelblätter 6-10. Zwischen den Röhren- und Zungenblüten steht ein Ring aus rötlichen, fädigen Blüten. Pappus einreihig. Hüllblatt →

Erigeron neglectus A. Kern., Verkanntes Berufkraut: H, 10-20(-30) cm, VII-VIII, (subalpin-) alpin, kalkreiche Gebirgsrasen, Grate, (Elyn, Sesl), LC

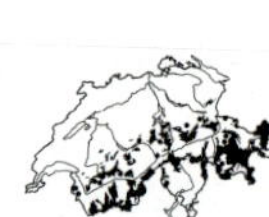

Eupatorium Wasserdost

- Blätter gegenständig, meist 3- (5-)teilig, Abschnitte grob gesägt. Blütenstand eine dichte Schirmrispe. Einzelne Köpfchen ca. 5-blütig, rosa. Hülle zylindrisch. Narben weit herausragend

Eupatorium cannabinum L., Wasserdost: H, 50-150(-200) cm, VII-IX, kollin-montan (-subalpin), feuchte, nährstoffreiche Krautsäume, Ufer, Auenwälder, (Conv, Peta-offi), LC

Filago Filzkraut

1 Blütenkopfknäuel von langen, linealen, spitzen Hochblättern weit überragt. Alle Blätter (wie die Hochblätter) lineal, < 1 mm breit. Hüllblätter zur Fruchtzeit verhärtet und ausgebreitet

Filago gallica L., *(Logfia gallica)*, Französisches Filzkraut: T, 10-20 cm, VII-IX, kollin, mediterrane, kalkarme Pionierfluren, (Thero-Brachypodietalia), RE

- Blütenkopfknäuel von den nächsten Blättern nicht oder wenig überragt **2**

2 Hüllblätter 15-20, ± stumpf, zur Fruchtzeit sternförmig ausgebreitet. Knäuel mit 3-8 Köpfchen **3**

- Hüllblätter 20-25, grannig zugespitzt, zur Fruchtzeit aufrecht. Knäuel mit 10-40 Köpfchen **4**

3 Mittlere Blätter meist 10-20 mm lang und 1-3 mm breit. Köpfchen 4-5 mm lang. Stängel rispig verzweigt

Filago arvensis L., Acker-Filzkraut: T, 10-30 cm, VII-IX, kollin-montan (-subalpin), kalkarme, trockenwarme Pionierfluren, (Sedo-Vero, Gale-sege), VU

- Mittlere Blätter nur 4-10 mm lang und 0,5-1,5 mm breit. Köpfchen 4-5 mm lang. Stängel gabelig verzweigt, sehr dünn

Filago minima (Sm.) Pers., Kleines Filzkraut: T, 15-20 cm, VI-IX, kollin (-montan), kalkarme, trockenwarme Äcker, Wegränder, Pionierfluren, (Sedo-Vero, Apha), EN

4 Blätter in der Mitte am breitesten, oft wellig, die grösseren kaum über 3 mm breit. Mittlere Hüllblätter fast kahl. Knäuel mit 20-40 Köpfchen

Filago vulgaris Lam., Deutsches Filzkraut: T, 10-35 cm, VII-IX, kollin (-montan), trockenwarme Äcker, Wegränder, (Apha, Apha), EN

- Blätter oberhalb der Mitte am breitesten, nicht wellig, die grösseren 2–6 mm breit **5**

5 Pflanze weissfilzig, von Grund an verzweigt. Äste fast waagrecht abstehend. Mittlere Hüllblätter mit gelblicher Spitze

Filago pyramidata L., Pyramiden-Filzkraut: T, 5–30 cm, VII–IX, kollin, mediterrane Pionierfluren, Wegränder, (Sedo-Vero, Thero-Brachypodietalia), CR

- Pflanze gelbgrau-filzig, meist nur oben verzweigt. Äste bogig aufsteigend. Mittlere Hüllblätter mit purpurner Spitze

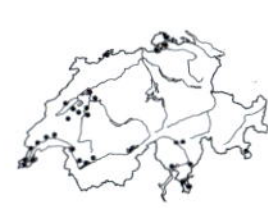

Filago lutescens Jord., Gelbliches Filzkraut: T, 5–30 cm, VI–IX, kollin-montan, kalkarme, trockene Äcker, Wegränder, (Apha, Sedo-Vero), CR

Galinsoga Knopfkraut

1 Stängel oberwärts abstehend grauzottig behaart →. Köpfchenstiele mit langen Drüsenhaaren (Lupe!). Blätter beiderseits zerstreut behaart. Spreublätter ungeteilt

Galinsoga quadriradiata Ruiz & Pav., *(G. ciliata)*, Bewimpertes Knopfkraut: T, 10–60 cm, VII–X, kollin (-montan), Äcker, Wegränder, Schuttplätze, Gärten, (Poly-Chen, Pani-Seta), Neophyt

- Stängel fast kahl, nur zuoberst anliegend behaart →. Köpfchenstiele ohne oder mit wenigen kurzen Drüsenhaaren. Blätter nur am Rand und auf den Nerven behaart, sonst kahl. Spreublätter 2- oder 3-spaltig

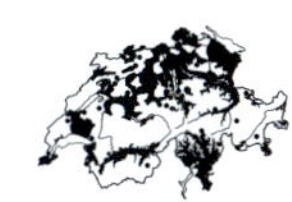

Galinsoga parviflora Cav., Kleinblütiges Knopfkraut: T, 10–60 cm, VII–X, kollin (-montan), kalkarme, eher trockene Äcker, Wegränder, (Pani-Seta), Neophyt

Glebionis Wucherblume

1 Stängel von Grund auf verzweigt. Blatt blaugrün, kahl, grob gezähnt bis einfach fiederlappig →. Röhrenblüten gelb

Glebionis segetum (L.) Fourr., *(Chrysanthemum segetum)*, Saat-Wucherblume, Saat-Margerite: T, 20–60 cm, VII–VIII, kollin, trockenwarme, kalkarme Äcker, Schuttplätze, (Apha, Dauc-Meli), Neophyt

- Stängel einfach oder zuoberst etwas verzweigt. Blatt grün, fast kahl, fein zerteilt, 2-fach fiederspaltig →. Röhrenblüten grüngelb

Glebionis coronaria (L.) Spach, *(Chrysanthemum coronarium)*, Kronen-Wucherblume, Kronen-Margerite: T, 20–80 cm, VII–IX, kollin, mediterrane Pionierfluren, trockenwarme Ruderalfluren, (Dauc-Meli), kultivierter Neophyt

Gnaphalium Ruhrkraut

1 Hüllblätter hellgrün oder gelblich, mit hellem Rand. Stängelblätter oft mit welligem Rand. Pflanze einjährig **2**

- Hüllblätter hellgrün oder grün, mit dunklem Rand (braun oder schwarz). Blätter nicht wellig. Pflanze ein- oder mehrjährig **3**

2 Köpfchen am Ende der Zweige knäuelig gedrängt, an ein *Helichrysum* erinnernd. Stängelblätter beiderseits filzig, bis 7 mm breit. Hochblätter höchstens 1-2, kurz. Hüllblätter gelblich

Gnaphalium luteoalbum L., *(Laphangium luteoalbum)*, Gelblichweisses Ruhrkraut: T, 10-40 cm, VII-IX, kollin, wechselfeuchte Gräben, Wegränder, Bahnareale, (Nano, Sisy), VU

- Köpfchen ährig angeordnet. Stängelblätter grün, nur locker behaart, 5-15 mm breit. Hochblätter mehr als 2. Hüllblätter hellgrün. Blüten an der Spitze hellbraun bis dunkelrot

Gnaphalium pensylvanicum Willd., *(Gamochaeta pensylvanica)*, Pennsylvanisches Ruhrkraut: T, 10-40 cm, VII-IX, kollin, wechselfeuchte Pionierfluren, Neophyt

3 Pflanze einjährig. Stängel von Grund auf verzweigt. Köpfchen am Ende der Zweige geknäuelt. Köpfchen zu 4-10 in Knäueln, die von langen, schmalen Hochblättern umrahmt sind. Stängelblätter 1-4 mm breit, beiderseits filzig. Hüllblätter hellbraun

Gnaphalium uliginosum L., Sumpf-Ruhrkraut: T, 5-25 cm, VII-IX, kollin-montan (-subalpin), feuchte Pionierfluren, Äcker, Wegränder, (Nano), NT

- Pflanze ausdauernd. Stängel meist unverzweigt. Köpfchen ährig bis traubig angeordnet **4**

4 Pflanze 2-8(-15) cm hoch. Blätter beiderseits filzhaarig. Ähre kurz, mit (1-) 3-10 Köpfchen **5**

- Pflanze (10-)15-60 cm hoch. Blätter unterseits filzhaarig, oberseits kahl bis spinnwebig behaart. Ähre mit zahlreichen Köpfchen **6**

5 Äussere Hüllblätter etwa ⅔ so lang wie die inneren. Untere Blätter meist nicht über 2 mm breit. Hüllblätter zur Fruchtzeit sternförmig ausgebreitet →. Rhizom kurz, mit wenigen sterilen Trieben

Gnaphalium supinum L., Niedriges Ruhrkraut: H, 2-8(-10) cm, VII-VIII, (subalpin-) alpin, kalkarme Schneetälchen, feuchte Gebirgsrasen, (Saliherb), LC

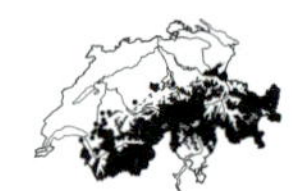

- Äussere Hüllblätter nur ½ so lang wie die inneren. Untere Blätter 2-4 mm breit. Hüllblätter zur Fruchtzeit becherförmig ausgebreitet, aufrecht. Rhizom verlängert, mit vielen sterilen Trieben

Gnaphalium hoppeanum W. D. J. Koch, Hoppes Ruhrkraut: H, 4-10(-15) cm, VII-VIII, (subalpin-) alpin, feuchte, kalkreiche Gebirgsrasen, Schneetälchen, Schuttfluren, (Arab-caer), LC

6 Unterstes Blatt des Blütenstands etwa so lang wie der gesamte Blütenstand →. Mittlere Stängelblätter deutlich 3-nervig, 8-15 mm breit, oberseits spinnwebig. Hüllblatt schwarzbraun berandet

Gnaphalium norvegicum Gunnerus, Norwegisches Ruhrkraut: H-H.ha, 10-30(-60) cm, VII-VIII, subalpin (-alpin), frische, kalkarme Bergwiesen und -weiden, Hochstaudenfluren, (Cari-ferr, Cala, Nard), LC

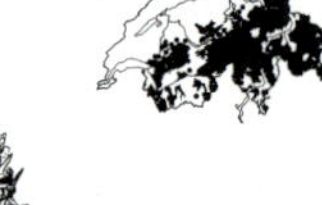

- Unterstes Blatt des Blütenstands viel kürzer als der gesamte Blütenstand →. Untere Stängelblätter nur einnervig, 3-6 mm breit, oberseits verkahlend. Hüllblatt hellbraun berandet

Gnaphalium sylvaticum L., Wald-Ruhrkraut: H-H.ha, 15-50 cm, VI-VIII, (kollin-) montan-subalpin (-alpin), kalkarme Bergweiden, Schlagfluren, (Nard, Epil-angu), LC

Guizotia Ramtillkraut

- Pflanze oben drüsig. Blätter gegenständig, die obersten oft wechselständig, oval-lanzettlich, meist gesägt. Köpfchen → 2-4 cm breit. Hülle zweireihig. Röhren- und Zungenblüten gelb. Frucht glänzend schwarz

  Guizotia abyssinica (L. f.) Cass., Ramtillkraut: T, 60-200 cm, VII-IX, kollin, Schuttplätze, Weg-, Gartenränder, (Sisy, Fuma-Euph), kultiviert und selten verwildert, kultivierter Neophyt

Helianthus Sonnenblume

1 Pflanze einjährig. Stängel einköpfig. Köpfe (6-)10-30 cm breit. Röhrenblüten braun. Fast alle Blätter wechselständig

Helianthus annuus L., Einjährige Sonnenblume: T, 0,5-2,5 m, VII-IX, kollin, Schuttplätze, Weg-, Gartenränder, (Sisy, Fuma-Euph), als Zierpflanze kultiviert und verwildert, kultivierter Neophyt

\- Pflanze mehrjährig. Stängel mehrköpfig. Köpfe 4-8 cm breit

Helianthus tuberosus aggr.: Schuttplätze, Ufer, Wegränder, Neophyt

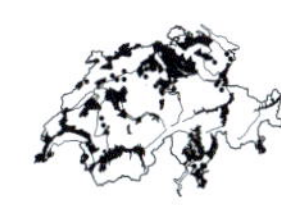

a Hüllblätter anliegend (links) →, dachziegelig angeordnet, stumpf oder etwas spitz, aber nicht in eine Spitze auslaufend **b**

\- Zumindest die Spitzen der Hüllblätter locker abstehend bis zurückgebogen (rechts) → **c**

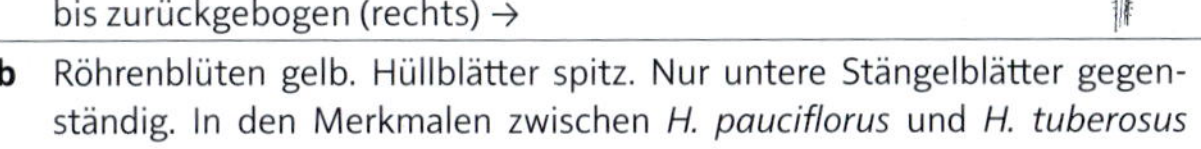

b Röhrenblüten gelb. Hüllblätter spitz. Nur untere Stängelblätter gegenständig. In den Merkmalen zwischen *H. pauciflorus* und *H. tuberosus* stehend

Helianthus ×laetiflorus Pers., Blühfreudige Sonnenblume: G, 1-3 m, VII-IX, kollin, feuchte Krautsäume, Unkrautfluren, Auenwälder, (Conv), als Zierpflanze kultiviert und verwildert, Neophyt

\- Röhrenblüten bräunlich oder gelb-rötlich. Hüllblätter stumpf. Stängelblätter gegenständig. Köpfe mit 10-20 Zungenblüten, diese 2-3,5 cm lang

Helianthus pauciflorus Nutt., Steife Sonnenblume: G, 1-2 m, VIII-IX, kollin, wechselfeuchte Wegränder, Ufer, Gartenränder, (Conv), als Zierpflanze kultiviert und verwildert, Neophyt

c Zungenblüten 1,5-2 cm lang. Röhrenblüten behaart. Stängel unten fast kahl. Blätter schmal lanzettlich, mehr als 3x so lang wie breit

Helianthus giganteus L., Riesen-Sonnenblume: G, 1-3 m, VII-IX, kollin, feuchte Krautsäume, Unkrautfluren, Kiesgruben, (Conv), als Zierpflanze kultiviert und verwildert, Neophyt

\- Zungenblüten 2-4 cm lang. Röhrenblüten kahl. Blätter eiförmig bis eilanzettlich, weniger als 3x so lang wie breit **d**

d Ganzer Stängel rauhaarig. Köpfe mit 10-20 Zungenblüten, Zunge 2-4 cm lang. Untere Blätter gegenständig, 8-15 cm breit. Köpfe zu 3-15

Helianthus tuberosus L., Topinambur: G, 0,5-3 m, IX-XI, kollin, feuchte Krautsäume, Unkrautfluren, (Conv), als Zierpflanze kultiviert und verwildert, Neophyt

- Stängel zumindest im unteren Teil fast kahl, nicht rau **e**

e Köpfe mit 20-40 Zungenblüten, Zunge 2,5-4 cm lang. Blätter grob gezähnt, die grössten 5-8 cm breit, unterseits mit 3 vorspringenden Nerven. Köpfe zu 3-5

Helianthus ×multiflorus L., Vielstrahlige Sonnenblume: G, 1-2,5 m, VII-IX, kollin, feuchte Krautsäume, Unkrautfluren, (Conv), als Zierpflanze kultiviert und verwildert, Neophyt

- Köpfe mit nur 8-12 Zungenblüten, Zunge 2-2,5 cm lang. Blätter fein gezähnt, die grössten 4-6 cm breit. Köpfe zu 3-6

Helianthus decapetalus L., Zehnstrahlige Sonnenblume: G, 1-3 m, VII-IX, kollin, feuchte Krautsäume, Unkrautfluren, (Conv), als Zierpflanze kultiviert und verwildert, Neophyt

Hieracium Habichtskraut

1 Pappushaare weich, biegsam, reinweiss. Hüllblätter zweireihig, die äusseren bilden eine kurzblättrige Aussenhülle →. Grundblätter länglich lanzettlich, kahl, bläulich grün

Hieracium staticifolium All., Grasnelkenblättriges Habichtskraut: H, 15-40 cm, VII-VIII, (kollin-) montan-subalpin, kalkreiche Schuttfluren, Flussufer, (Epil-flei), LC

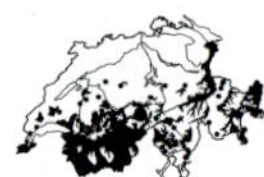

- Pappushaare steif, brüchig, bräunlich weiss. Hülle mehrreihig (dachziegelig) **2**

2 Blüten oberseits gelborange bis dunkelorange. Ausläufer oberirdisch oder unterirdisch. Stängel mit 1-3 Blättchen. Grundblätter grasgrün, beiderseits mit 1-3 mm langen Haaren

Hieracium aurantiacum L., Orangerotes Habichtskraut: H, 20-60 cm, VI-VIII, montan-subalpin, kalkarme Magerrasen, Staudenfluren, (Nard, Cala), LC

- Blüten oberseits gelb (unterseits manchmal etwas rötlich) **3**

3 Pflanze mit gut erkennbaren, oberirdischen (selten nur unterirdischen) Ausläufern (mehrere Exemplare untersuchen!) **4**

- Pflanze ohne oberirdische Ausläufer **12**

4 Stängel blattlos, einköpfig. Ausläufer vorhanden **5**

- Stängel ein- bis mehrblättrig, selten blattlos, 2- bis mehrköpfig. Oberirdische Ausläufer vorhanden oder bei einzelnen Exemplaren fehlend **8**

5 Ausläufer kurz und dicklich, zur Blütezeit 1-3(-5) cm lang, mit etwa gleich grossen Blättern. Hüllblätter 1,5-3 mm breit **6**

- Ausläufer dünn, verlängert, zur Blütezeit (2-)5-20 cm lang, gegen das Ende mit kleineren Blättern. Hüllblätter 1-1,5 mm breit **7**

6 Hüllblätter (zumindest die unteren) stumpf, dunkel, mit hellem Rand, in der Mitte am breitesten →. Köpfchen 2,5-4 cm breit. Blatt oberseits grün, oft etwas glänzend, nur zerstreut behaart, unterseits dicht weissfilzig

Hieracium hoppeanum Schult., Hoppes Habichtskraut: H, 10-35 cm, VI-VIII, montan-subalpin (-alpin), kalkarme, eher trockene Magerrasen, (Fest-vari, Nard), LC

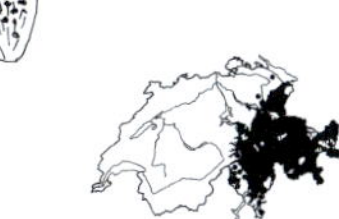

- Hüllblätter zugespitzt, hell, Spitze oft rötlich, ohne auffälligen Hautrand →. Köpfchen 2,5-3,5 cm breit. Blatt oberseits mattgrün, unterseits weissfilzig

Hieracium peletierianum Mérat, Lepeletiers Habichtskraut: H, 10-25 cm, V-VIII, kollin-subalpin (-alpin), kalkarme, steinige Trockenrasen, Pionierfluren, (Sedo-Scle, Fest-vari, Stip-Poio), LC

7 Hüllblätter mit Drüsenhaaren →. Hülle (8-)9-12 mm lang. Köpfchen 1,5-3 cm breit

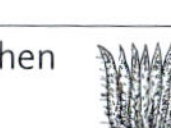

Hieracium pilosella L., Langhaariges Habichtskraut: H, 5-30 cm, V-X, kollin-subalpin (-alpin), trockene Wiesen und Weiden, (Meso, Stip-Poio, Nard), LC

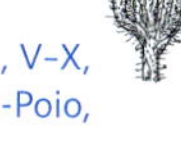

- Hüllblätter ohne Drüsenhaare →. Hülle 7-10 mm lang. Köpfchen 1,5-3 cm breit

Hieracium saussureoides (Arv.-Touv.) Arv.-Touv., Spätes Habichtskraut: H, 5-30 cm, VI-VIII, kollin-subalpin, kalkreiche Felsensteppen, Halbtrockenrasen, (Cirs-Brac, Stip-Poio), NT

8 Pflanze 5-20(-25) cm hoch. Stängel mit 0-1 Blättern. 2- bis 7-köpfig **9**

- Pflanze 25-80 cm hoch. Stängel mit (1-)2-20 Blättern, mit meist verzweigten Ästen. 10- bis 50-köpfig **10**

9 Blätter blaugrün, fast kahl, meist stumpf. Ausläufer verlängert, zum Ende hin mit grösseren Blättern. Hüllblätter stumpf, fast kahl, weisslich berandet →

Hieracium lactucella Wallr., Öhrchen-Habichtskraut: H, 5-30 cm, V-X, kollin-subalpin, kalkarme Magerrasen, Nasswiesen, Wegränder, (Nard, Call-Geni, Moli), LC

- Blätter grasgrün, spitz, zumindest am Rand mit Sternhaaren. Ausläufer sehr kurz oder fehlend. Hüllblätter zugespitzt, dicht behaart →

Hieracium angustifolium Hoppe, Gletscher-Habichtskraut: H, 10-20 cm, VII-VIII, (subalpin-) alpin, kalkarme Gebirgsrasen, (Cari-curv, Nard), LC

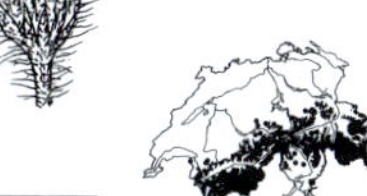

10 Blätter blaugrün. Pflanze mit langen oberirdischen Ausläufern. Blütenstand (10-)20-60 Köpfchen, diese 10-15 mm breit

Hieracium bauhinii Schult., Bauhins Habichtskraut: H, 20-70 cm, VI-VII, kollin-montan, steppenartige Trockenrasen, Halbtrockenrasen, (Cirs-Brac, Stip-Poio), VU

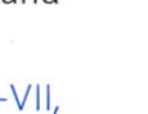

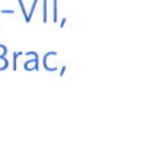

- Blätter gras- bis gelbgrün. Pflanze mit kurzen oder langen Ausläufern **11**

11 Blätter gelbgrün, beiderseits ± sternhaarig (flockig). Stängel mit 2-4(-6) Blättern. Hülle hell

Hieracium cymosum L., Trugdoldiges Habichtskraut: H, 30-60 cm, V-VII, kollin-subalpin, trockenwarme, kalkreiche Wegränder, Trockenrasen, (Meso, Cirs-Brac), NT

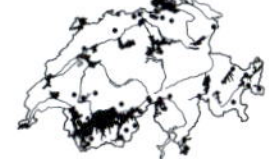

- Blätter grasgrün, oberseits ohne flockige Sternhaare. Stängel mit (1-)2(-4) Blättern. Hülle dunkel

  Hieracium caespitosum Dumort., Rasiges Habichtskraut: H, 30-60 cm, VI-VII, kollin-montan, wechselfeuchte Streuwiesen, Weiden, (Moli, Calt), EN

12 Stängel vielblättrig (normalerweise mehr als 10). Grundblätter und unterste Blätter zur Blütezeit bereits absterbend (aber untere Stängelblätter manchmal rosettenartig gehäuft) **13**

- Stängel blattlos oder 1- bis 6- (8-)blättrig. Grundblattrosette bleibend **17**

13 Mittlere Stängelblätter leierförmig →, blaugrün, am Grund mit verbreiterten Öhrchen stängelumfassend. Oberer Stängel und Kopfstiele drüsig behaart. Kronblattzähne meist bewimpert

  Hieracium prenanthoides aggr., Hasenlattich-Habichtskraut: H, 40-120 cm, VII-IX, (montan-) subalpin, frische, felsige Hochgras-/Hochstaudenfluren, LC

- Oberer Stängel ohne Drüsenhaare, höchstens unter den Köpfchen einige Drüsenhaare. Kronblattzähne kahl **14**

14 Mittlere Stängelblätter schmal lanzettlich → (6-12x so lang wie breit), oft am Rand etwas umgerollt. Köpfchenstand doldig. Hüllblätter ± zurückgebogen

  Hieracium umbellatum aggr., Doldiges Habichtskraut: H, 30-120 cm, VIII-X, kollin-montan (-subalpin), mässig trockene Krautsäume, Waldränder, Schuttfluren, (Gera-sang, Quer-robo), LC

- Mittlere Stängelblätter 2-4x so lang wie breit. Köpfchenstand rispig oder traubig. Hüllblätter aufrecht **15**

15 Stängelblätter (8-)10-20. Mittlere Blätter → mit keilförmig verschmälertem Grund sitzend oder kurz gestielt, oberseits oft etwas glänzend, unterseits heller. Innere Hülle unregelmässig dachziegelig, Hüllblätter spitzlich

  Hieracium laevigatum aggr., Glattes Habichtskraut: 30-120 cm, VI-VIII, kollin-subalpin, Waldränder, Gebüsche, LC

- Stängelblätter (12-)20-50. Mittlere Blätter mit breitem Grund sitzend oder umfassend. Hülle regelmässig dachziegelig oder fast zweireihig, Hüllblätter stumpf **16**

16 Die innersten Hüllblätter viel länger, die Hülle erscheint daher fast zweireihig. Blätter → in der unteren Stängelhälfte ± rosettig gehäuft. Grubenränder des Blütenbodens kurz gezähnt. Früchte 4-4,5 mm lang

  Hieracium racemosum aggr., Traubiges Habichtskraut: 20-60(-80) cm, VIII-X, kollin-montan, Waldränder, Gebüsche, NT

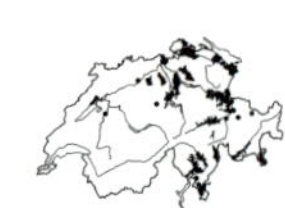

- Die innersten Hüllblätter nicht länger, die Hülle ist regelmässig dachziegelig aufgebaut. Blätter → ± regelmässig über den Stängel verteilt. Grubenränder des Blütenbodens lang gezähnt bis fransig zerschlitzt. Früchte 2,5-3 mm lang

  Hieracium sabaudum aggr., Savoyer Habichtskraut: 50-150 cm, VIII-X, kollin-montan, Wälder, Gebüsche, LC

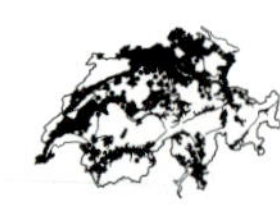

17 Pflanze dicht weissfilzig. Blätter ganzrandig, oval. Grundblätter mit kurzem, dickem Stiel, zur Blütezeit oft schon welk. Stängel 2- bis 5-köpfig

Hieracium tomentosum L., Filziges Habichtskraut: H, 10–40 cm, VI–VII, kollin-subalpin, trockenwarme Felsen, Felsensteppen, (Pote, Stip-Poio), NT

- Pflanze nicht weissfilzig **18**

18 Pflanze dicht drüsig-klebrig **19**

- Pflanze nicht drüsig-klebrig, höchstens am Blattrand und im Bereich der Köpfchen mit Drüsenhaaren **20**

19 Blüten gelbweiss. Hülle kugelig. Alle Blätter olivgrün, lanzettlich, unregelmässig gezähnt, ohne Stiel, am Grund abgerundet oder etwas umfassend. Stängel 1- bis 6-köpfig

Hieracium intybaceum All., Weissliches Habichtskraut: H, 10–30 cm, VII–VIII, subalpin-alpin, kalkarme Schuttfluren, steinige Gebirgsrasen, Felsen, (Andr-vand, Andr-alpi, Fest-vari), LC

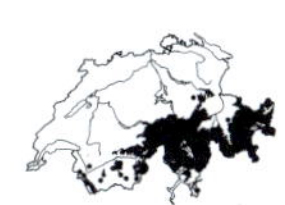

- Blüten gelb. Blätter grün, Stängelblätter oval, den Stängel herzförmig umfassend, die unteren Blätter gestielt. Stängel meist schon unten gabelig verzweigt, 2- bis 12-köpfig

Hieracium amplexicaule L., Stängelumfassendes Habichtskraut: H, 10–50 cm, V–VIII, (kollin-) montan-subalpin, Felsen, Mauern, (Andr-vand, Pote), LC

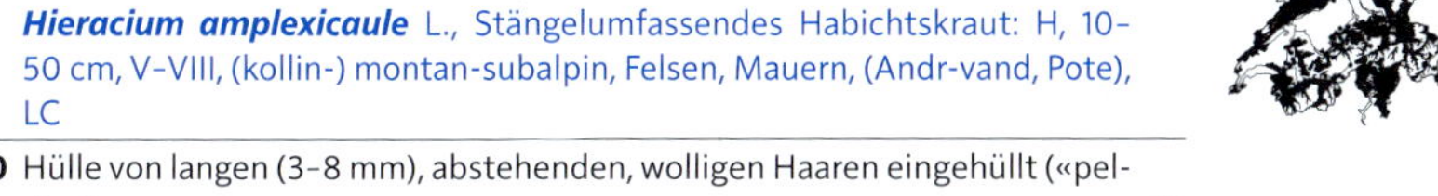

20 Hülle von langen (3–8 mm), abstehenden, wolligen Haaren eingehüllt («pelzig») **21**

- Hülle ± stark behaart, aber nicht durch seidige Haare verdeckt. Die Haare höchstens 4 mm lang **24**

21 Stängel mit 0–2(–3) schmalen, kurz bis lang behaarten Blättern **22**

- Stängel mit (3–)4–6(–8) breiten, oft welligen Blättern mit langen (3–10 mm), weissen Haaren

Hieracium villosum aggr., Gewöhnliches Zottiges Habichtskraut: 15–30 cm, (subalpin-) alpin, frische Steinrasen, Schuttfluren, LC

a Äussere Hüllblätter abstehend, ± blattartig (elliptisch bis lanzettlich), grünlich, in die Stängelblätter übergehend →. Stängel 2- bis 4-köpfig

Hieracium villosum Jacq., Zottiges Habichtskraut: H, 15–30 cm, VII–VIII, (subalpin-) alpin, kalkreiche Gebirgsrasen, (Sesl, Drab-Sesl), LC

- Alle Hüllblätter gleich gestaltet und ± anliegend, nicht blattartig (lineal), dunkel →. Stängel (1-) 2- (4-)köpfig

Hieracium pilosum Froel., *(H. morisianum)*, Moris' Habichtskraut: H, 15–30 cm, VII–VIII, (subalpin-) alpin, kalkreiche, steinige Gebirgsrasen, Felsen, (Sesl, Drab-Sesl), LC

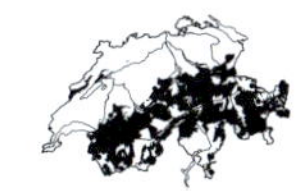

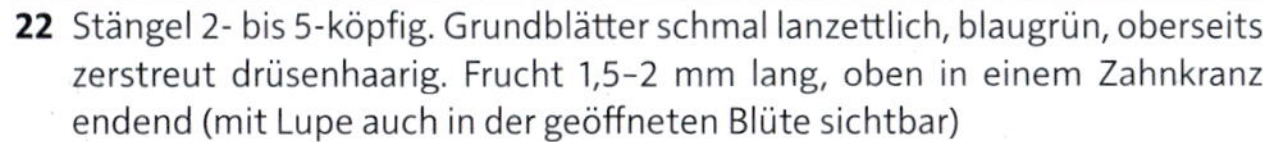

22 Stängel 2- bis 5-köpfig. Grundblätter schmal lanzettlich, blaugrün, oberseits zerstreut drüsenhaarig. Frucht 1,5–2 mm lang, oben in einem Zahnkranz endend (mit Lupe auch in der geöffneten Blüte sichtbar)

Hieracium alpicola Steud. & Hochst., Seidenhaariges Habichtskraut: H, 10–20 cm, VII–VIII, alpin, kalkarme, steinige Gebirgsrasen, Schutthalden, (Cari-curv, Andr-alpi), NT

- Stängel 1- (2-)köpfig. Grundblätter höchstens am Rand mit Drüsenhaaren. Frucht 2,5–4 mm lang, oben glatt **23**

23 Blätter grasgrün, am Rand mit Drüsenhaaren, ± ganzrandig, allmählich in geflügelten Stiel verschmälert. Stängel mit Drüsenhaaren, einköpfig, 1-(2-)blättrig. Krone aussen behaart

Hieracium alpinum L., Alpen-Habichtskraut: H, 5–20 cm, VII–VIII, (subalpin-) alpin, kalkarme Bergweiden, Zwergstrauchheiden, (Cari-curv, Nard, Lari-Pine), LC

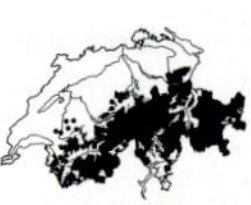

- Blätter blaugrün, am Rand ohne Drüsenhaare, lanzettlich, ganzrandig. Krone meist kahl. Hüllblätter sehr spitz

Hieracium piliferum aggr., Grauzottiges Habichtskraut: H, 5–15(–20) cm, VII–VIII, (subalpin-) alpin, kalkarme Gebirgmagerrasen, (Cari-curv, Nard), LC

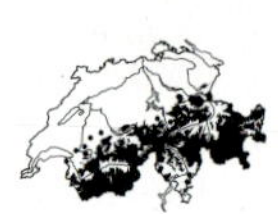

a Stängel kaum drüsenhaarig

Hieracium piliferum Hoppe, Gewöhnliches Grauzottiges Habichtskraut: H, 5–15(–20) cm, VII–VIII, (subalpin-) alpin, LC

- Stängel reichlich drüsenhaarig

Hieracium glanduliferum Hoppe, Drüsiges Grauzottiges Habichtskraut: H, 5–15(–20) cm, VII–VIII, (subalpin-) alpin, LC

24 Spreite der Grundblätter kaum vom Stiel abgesetzt, mehr als 3x so lang wie breit **25**

- Grundblätter mit schmalem, von der Spreite abgesetztem Blattstiel und breiter Spreite, diese 1,5–3x so lang wie breit, am Grund gestutzt oder in Stiel verschmälert **28**

25 Pflanze 5–15(–20) cm hoch, Stängel mit 0(–1) Blättern, 2- bis 7-köpfig. Blätter grasgrün **9**

→ Hieracium angustifolium

- Pflanze 20–80 cm hoch. Stängel mit (1–)2–6(–8) Blättern. Blätter blaugrün **26**

26 Stängel 2- bis 5-köpfig. Grundständige Blätter 4–9 mm breit, meist ungestielt, ganzrandig. Hülle 11–15 mm lang

Hieracium bupleuroides C. C. Gmel., Hasenohr-Habichtskraut: H, 20–60 cm, VII–VIII, (kollin-) subalpin, kalkreiche Felsen, Felsrasen, (Pote, Drab-Sesl), LC

- Stängel (4-) 6- bis 40-köpfig. Grundständige Blätter meist über 10 mm breit **27**

27 Grundblätter grob gezähnt, in einen schmalen, abgesetzten Stiel verschmälert, kahl. Hüllblätter kahl oder am Rand mit Sternhaaren. Frucht oben glatt, reif 3–4 mm lang

Hieracium glaucum All., Blaugrünes Habichtskraut: H, 20–40(–60) cm, VII–VIII, (kollin-) montan-subalpin, kalkreiche Schuttfluren, Felsen, (Stip-cala, Pote), LC

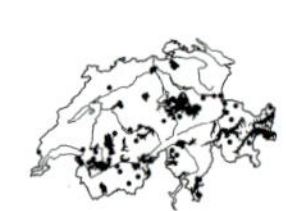

- Grundblätter ganzrandig, stumpf, oberseits mit einzelnen, 3–7 mm langen Borstenhaaren (oft mit roter Basis), zum Blattgrund hin allmählich verschmälert. Blütenköpfchen 10–15 mm breit. Frucht 1,5–2 mm lang

Hieracium piloselloides Vill., Florentiner Habichtskraut: H, 30–80 cm, VI–IX, kollin-subalpin, kalkreiche Pionierfluren, Flussufer, Trockenrasen, (Epil-flei, Alyss-Sedi, Xero), LC

28 Stängel drüsig behaart, hin- und hergebogen, verzweigt, (1-) 2- bis 6-blättrig. Blätter gezähnt bis fiederspaltig. Blütenköpfe 2-8

Hieracium humile Jacq., Niedriges Habichtskraut: H, 5-20 cm, VI-VIII, (kollin-) montan-subalpin, kalkreiche Felsen, Schuttfluren, (Pote, Thla-rotu), LC

- Stängel ohne Drüsenhaare, gerade. Blätter am Grund gezähnt, aber nicht fiederspaltig **29**

29 Stängel (2-) 3- bis 8-blättrig **30**

- Stängel 0- bis 1- (2-)blättrig **31**

30 Blätter grasgrün, Stängelblätter (3-)4-8. Kopfstiele und Hülle neben wenigen Sternhaaren mit Drüsenhaaren. Grundblätter allmählich in den Stiel verschmälert

Hieracium lachenalii C. C. Gmel., Gemeines Habichtskraut: H, 30-80 cm, VI-VIII, kollin-subalpin (-alpin), kalkarme Wälder, Waldränder, Gebüsche, Wegränder, (Quer-robo, Call-Geni, Nard), LC

- Blätter blaugrün, Stängelblätter (2-)3-4. Kopfstiele und Hülle dicht filzig sternhaarig, aber fast drüsenlos

Hieracium caesium aggr., Meergrünes Habichtskraut: H, 20-50(-70) cm, VI-VIII, kollin-montan, kalkreiche Felsrasen, Schutthalden, (Pote, Stip-cala), DD

31 Blätter am Rand mit steif abstehenden, (3-)5-10 mm langen, gekrümmten, borstenartigen Haaren. Blattspreite blaugrün, meist ungefleckt, oft etwas glänzend. Hüllblätter reichlich sternhaarig. Kronblattzähne bewimpert

Hieracium schmidtii aggr., Blasses Habichtskraut: H, 10-40 cm, VI-VII, montan-alpin, Geröll, Felsspalten, NT

- Blätter grün oder blaugrün, am Rand und am Stiel mit 0,5-3(-5) mm langen, weichen Haaren. Kronblattzähne meist kahl **32**

32 Blätter hell- oder dunkelgrün, ungefleckt. Hüllblätter spitz oder stumpflich **33**

- Blätter blaugrün, gefleckt. Hüllblätter spitz **34**

33 Hüllblätter mit vielen Drüsenhaaren, aber kaum mit Sternhaaren. Blätter gras- bis dunkelgrün. Kronblattspitze selten bewimpert

Hieracium murorum aggr., Wald-Habichtskraut: H, 20-60 cm, V-IX, kollin-subalpin (-alpin), Wälder, Gebüsche, LC

- Hüllblätter ohne oder mit wenigen Drüsenhaaren, aber mit zahlreichen Sternhaaren. Blätter bleichgrün. Kronblattspitze stets kahl

Hieracium bifidum aggr., Gabeliges Habichtskraut: H, 10-40 cm, VI-VIII, (montan-) subalpin-alpin, steinige Rasen, lichte Wälder, auf Kalk, LC

34 Hüllblätter mit vielen Drüsenhaaren, aber ohne Sternhaare (Flockenhaare). Grundblätter herzförmig bis gestutzt, unterseits oft violett verfärbt. Kronblattspitze meist bewimpert

Hieracium glaucinum aggr., Frühblühendes Habichtskraut: H, 20-60 cm, IV-VIII, kollin-montan, trockene Wälder, Felsensteppen, LC

- Hüllblätter ohne oder mit wenigen Drüsenhaaren. Grundblätter blaugrün, plötzlich oder allmählich in den Stiel verschmälert, gezähnt. Unterseits und am Blattstiel mit vielen 2-4 mm langen, gezähnten Haaren, die Zähnchen länger als die Haarbreite (nur bei dieser Art so)

Hieracium pictum Pers., Geflecktes Habichtskraut: H, 10-40 cm, VI-VII, kollin-montan (-subalpin), steinige Föhrenwälder, Felsen, (Pote, Eric-PiSy), LC

Homogyne — Alpenlattich

- Blätter grundständig, derb, nierenförmig, mit gekerbtem Rand →, oberseits kahl, unterseits auf den Nerven behaart. Stängel einköpfig. Hülle braunrot, einreihig

  Homogyne alpina (L.) Cass., Grüner Alpenlattich: H, 10–30 cm, V–VII, (montan-) subalpin-alpin, humusreiche Nadelwälder, Zwergstrauchheiden, Gebirgsrasen, (Vacc-Pice, Rhod-Vacc, Nard), LC

Hypochaeris — Ferkelkraut

1 Stängel kahl (manchmal zuunterst zerstreut behaart). Nur die inneren Pappushaare federig **2**

- Stängel steifhaarig. Alle Pappushaare federig **3**

2 Pflanze ausdauernd. Blattoberfläche borstig, speckig glänzend. Blattrand buchtig gezähnt. Köpfchen 2–3,5 cm breit. Zungenblüten unterseits blaugrün bis rötlich

Hypochaeris radicata L., Wiesen-Ferkelkraut: H, 20–60 cm, VI–X, kollin-montan (-subalpin), Wiesen und Weiden, Krautsäume, (Cyno, Arrh), LC

- Pflanze einjährig. Blattoberfläche kahl, glatt, etwas glänzend. Blattrand buchtig gezähnt. Köpfchen 0,5–1,5 cm breit. Zungenblüten unterseits weisslich

Hypochaeris glabra L., Kahles Ferkelkraut: T, 10–30 cm, VII–IX, kollin, trockenwarme, kalkarme Wegränder, Pionierfluren, (Thero-Brachypodietalia), CR(PE)

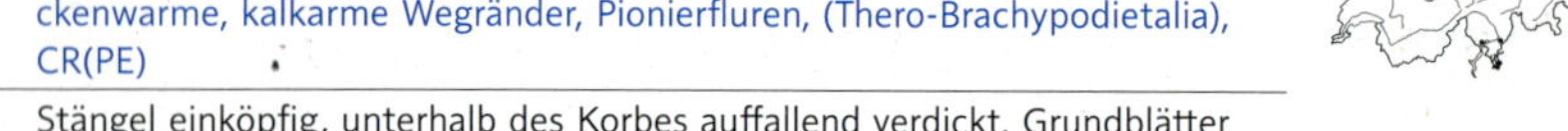

3 Stängel einköpfig, unterhalb des Korbes auffallend verdickt. Grundblätter aufrecht, nicht gefleckt

Hypochaeris uniflora Vill., Einköpfiges Ferkelkraut: H, 15–50 cm, VII–VIII, subalpin-alpin, trockene, kalkarme Gebirgsrasen, (Fest-vari, Nard), LC

- Stängel (1-) 2- bis 5-köpfig, unterhalb des Korbes kaum verdickt. Grundblätter dem Boden anliegend, meist braunrot gefleckt

Hypochaeris maculata L., Geflecktes Ferkelkraut: H, 30–70 cm, VI–VIII, kollin-montan, trockenwarme, kalkreiche Trockenrasen, Föhrenwälder, (Cirs-Brac, Meso), NT

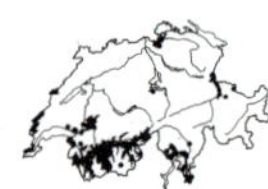

Inula — Alant

1 Zungenblüten (scheinbar) fehlend, kaum erkennbar. Blüten hell gelbbraun. Pflanze schwach stinkend. Blätter schmal eiförmig, rau, oberseits dunkelgrün, stark netznervig, unterseits graugrün

Inula conyzae (Griess.) Meikle, Dürrwurz-Alant: H-H.ha, 50–100(–150) cm, VII–X, kollin-montan, trockenwarme Krautsäume, Wegränder, Wälder, (Gera-sang, Quer-pube), LC

- Körbchen mit deutlich ausgebildeten, goldgelben Zungenblüten **2**

2 Untere Stängelblätter 12–25 cm breit. Blütenköpfe 6–7 cm breit. Stängel oberwärts zottig behaart. Blätter kerbig gezähnt, unterseits hellgrün filzhaarig. Äussere Hüllblätter blattartig

Inula helenium L., Echter Alant: H, 60–250 cm, VII–VIII, kollin-montan, warme, feuchte Krautsäume, (Conv), kultiviert und selten verwildert, kultivierter Neophyt

- Untere Stängelblätter 0,3–5 cm breit. Blütenköpfe 2–5 cm breit **3**

3 Blätter (fast) kahl, am Rand von winzigen Zähnchen rau (Lupe), etwas derb, die oberen mit stängelumfassendem Grund. Stängel steif aufrecht, brüchig, meist kahl. Hüllblätter bewimpert, sonst kahl. Blütenkörbchen (querschneiden!) ohne Spreublätter (vgl. die sehr ähnliche *Buphthalmum salicifolium*)

Inula salicina L., Weiden-Alant: H, 30–60 cm, VII–VIII, kollin-montan, wechselfeuchte Wiesen und Weiden, Krautsäume, (Moli), NT

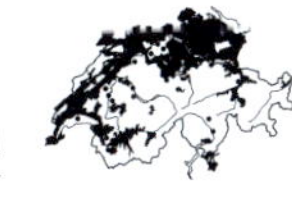

- Blätter zumindest unterseits auch auf den Flächen deutlich behaart **4**

4 Blätter oberseits mit heller, deutlicher und etwas erhabener Netznervatur. Pflanze kaum riechend **5**

- Blätter oberseits höchstens undeutlich netznervig. Pflanze zerrieben ± aromatisch riechend **6**

5 Blattoberseite rau. Äussere Hüllblätter aufrecht bis leicht abstehend, steifhaarig bewimpert →. Blätter stumpf, lederartig, gezähnelt und bewimpert

Inula hirta L., Rauer Alant: H, 15–45 cm, VI–VII, kollin-montan, kalkreiche, steinige Trockenrasen, Krautsäume, (Gera-sang, Dipl), EN

- Blattoberseite glatt. Äussere Hüllblätter nach aussen gekrümmt, am Rand fein (aber rau) bewimpert →. Blätter kurz stachelspitzig, fein knorpelig gezähnelt

Inula spiraeifolia L., Spierstaudenblättriger Alant: H, 30–60 cm, VII–VIII, kollin (-montan), trockenwarme Krautsäume, Trockenrasen, (Gera-sang, Dipl), EN

6 Stängelblätter oberseits fast kahl, schmal lanzettlich, mit geöhrtem Blattgrund stängelumfassend. Hüllblätter kaum breiter als 1 mm →. Frucht behaart

Inula britannica L., Wiesen-Alant: H, 20–90 cm, VII–VIII, kollin-montan, warme, feuchte Trittrasen, Wegränder, (Agro-Rumi), EN

- Stängelblätter oberseits anliegend behaart, breit lanzettlich, mit verschmälertem Blattgrund. Äussere Hüllblätter meist breiter als 1 mm →. Frucht ± kahl

Inula helvetica Weber, Schweizer Alant: H, 50–150 cm, VII–VIII, kollin, warme, feuchte Krautsäume, Ufer, Weidengebüsche, (Conv, Sali-cine), VU

Iva Schlagkraut

- Pflanze gross (1–2 m). Blätter 10–30 cm lang, herzförmig, doppelt gezähnt, lang gestielt →. Blütenstand eine Ährenrispe aus vielen nickenden, 4–5 mm breiten Köpfchen

Iva xanthiifolia Nutt., Schlagkraut: T, 90–200 cm, VIII–X, kollin (-montan), trockenwarme Ruderalfluren, Bahnareale, Neophyt

Lactuca Lattich

1 Blüten blau oder lila. Pflanze mehrjährig. Blatt tief fiederschnittig, mit schmal lanzettlichen Abschnitten →. blaugrün, kahl. Frucht schwarz, lang geschnäbelt

Lactuca perennis L., Blauer Lattich: H, 20–50(–70) cm, V–VI, kollin-montan (-subalpin), trockenwarme Felsrasen, Krautsäume, (Xero, Stip-Poio, Gera-sang), LC

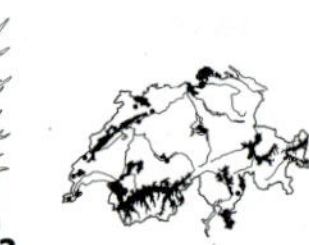

- Blüten gelb. Pflanze ein- bis zweijährig **2**

2 Obere Stängelblätter schmal lineal, ungeteilt, ganzrandig, die mittleren und unteren manchmal mit linealen Seitenzipfel. Blüten an langen, rutenförmigen Ästen sitzend **3**

- Obere Stängelblätter im Umriss länglich eiförmig, ungeteilt bis fiederlappig (mit breit lappigen Abschnitten). Blütenstand rispig oder doldig **4**

3 Stängelblätter am Grund als grüner Streifen am hellen Stängel herablaufend →. Köpfchen 5-blütig

Lactuca viminea (L.) J. Presl & C. Presl, Ruten-Lattich: H.ha-T, 30–60 cm, VII, kollin-montan, trockenwarme, kalkreiche Wegränder, Trockenrasen, Schuttfluren, (Conv-Agro, Stip-Poio, Stip-cala), VU

- Stängelblätter nicht herablaufend, pfeilförmig den Stängel umfassend →, die unteren tief fiederspaltig, mit linealen Abschnitten. Körbchen 7- bis 15-blütig

Lactuca saligna L., Weiden-Lattich: T, 20–60 cm, VII–X, kollin, trockenwarme, kalkreiche Unkrautfluren, Äcker, (Onop, Cauc), EN

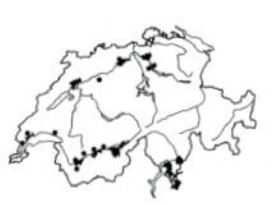

4 Blätter weich, hell- bis grasgrün, Rand ungezähnt, Nerven ohne Stacheln. Verwilderte Kulturpflanze

Lactuca sativa L., Kopfsalat: T, 30–100 cm, VII–VIII, kollin-subalpin, Äcker, Gärten, Wegränder, (Fuma-Euph), kultiviert und selten verwildert, kultivierter Neophyt

- Blätter derb, graugrün, Rand dornig gezähnt, Mittelnerv auf der Unterseite borstig bis kurzstachelig. Wildpflanze **5**

5 Stängelblatt fast waagrecht gestellt, nicht ausgerichtet, meist ungeteilt, unterseits am Hauptnerv stachelig. Stängel unten borstig, oft rötlich gefleckt. Junge Blütenäste aufrecht. Frucht schwarz, vorne kahl

Lactuca virosa L., Gift-Lattich: T, 60–150 cm, VII–IX, kollin (-montan), trockenwarme Unkrautfluren, Schuttplätze, (Onop, Arct), NT

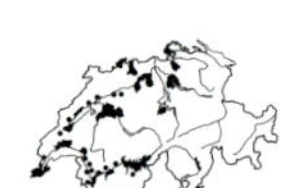

- Stängelblatt fast senkrecht gestellt, meist Nord-Süd-ausgerichtet (Kompasspflanze), meist fiederspaltig →, unterseits am Hauptnerv stachelig. Stängel unten stachelig. Junge Blütenäste nickend. Frucht braun, grau oder weisslich, vorne kurzborstig

Lactuca serriola L., Wilder Lattich: H.ha-T, 50–100(–150) cm, VII–IX, kollin-montan, kalkreiche, trockene Wegränder, Schuttplätze, (Sisy, Onop), LC

Lapsana Rainkohl

- Stängel unten behaart, oben kahl. Untere Stängelblätter leierförmig fiederteilig, mit sehr grossem, fast kreisrundem Endabschnitt →. Köpfchen klein, mit wenigen gelben Blütchen

  Lapsana communis L., Rainkohl: 20–120(–200) cm, VI–X, kollin-montan (-subalpin), Waldschläge, Wegränder, Getreidefelder, LC

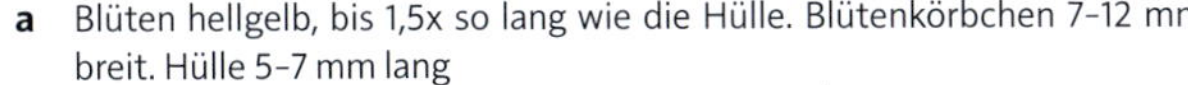

a Blüten hellgelb, bis 1,5x so lang wie die Hülle. Blütenkörbchen 7–12 mm breit. Hülle 5–7 mm lang

Lapsana communis L. subsp. ***communis***, Gewöhnlicher Rainkohl: VI–IX, kollin-montan (-subalpin), Krautsäume, Wegränder, Waldwege, Schlagfluren, (Aego, Atro, Epil-angu), LC

- Blüten goldgelb, 2x so lang wie die Hülle. Blütenkörbchen ca. 30 mm breit. Hülle 7–11 mm lang

Lapsana communis subsp. ***intermedia*** (M. Bieb.) Hayek, Mittlerer Rainkohl: VI–X, kollin-montan, Gebüsche, Hecken, Waldränder, (Aego), Neophyt

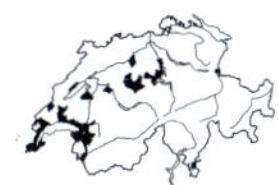

Leontodon Milchkraut

1 Pflanze kahl oder mit einfachen Haaren locker behaart. Köpfchen vor dem Aufblühen aufrecht oder nickend **2**

- Pflanze mit Gabelhaaren oder 3- bis 6-teiligen Haaren. Köpfchen vor dem Aufblühen nickend **5**

2 Stängel verzweigt und mehrköpfig (selten einköpfig, v. a. im Gebirge). Alle Pappusborsten gleich lang →. Pflanze (fast) kahl. Grundblatt länglich, ansatzweise fiederspaltig. Stängel unter dem Köpfchen verdickt

Leontodon autumnalis L., *(Scorzoneroides autumnalis)*, Herbst-Milchkraut: H, 15–50 cm, VII–IX, kollin-subalpin (-alpin), nährstoffreiche Weiden, Trittrasen, Wegränder, Mauern, (Cyno), LC

- Stängel unverzweigt, einköpfig (sehr selten verzweigt). Die äusseren (ungefiederten) Pappusborsten kürzer als die inneren (gefiederten) Borsten → **3**

3 Pflanze nur 3–10 cm hoch. Hülle durch lange (bis 2 mm), schwarze Haare dicht zottig. Stängel unter dem Körbchen keulenartig verdickt. Pappus schneeweiss

Leontodon montanus Lam., *(Scorzoneroides montana)*, Berg-Milchkraut: H, 3–10 cm, VII–VIII, alpin, mässig feuchte Schuttfluren, schuttige Schneetälchen, (Thla-rotu, Arab-caer), LC

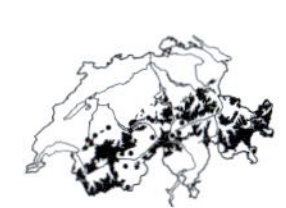

- Pflanze 10–60 cm hoch. Hülle nicht dicht schwarz-zottig **4**

4 Stängel mit mehr als 3 schuppigen Blättchen. Köpfchen vor dem Aufblühen aufrecht. Hülle kurzhaarig (bis 1 mm), mit weissen bis dunkelgrauen Haaren. Pappus trüb- oder bräunlich weiss

Leontodon helveticus Mérat, *(Scorzoneroides helvetica)*, Schweizer Milchkraut: H, 10–30 cm, VII–VIII, (montan-) subalpin-alpin, kalkarme Gebirgsrasen, Schneetälchen, (Cari-curv, Nard, Sali-herb), LC

- Stängel mit 0–2(–3) schuppigen, anliegenden Blättchen. Köpfchen vor dem Aufblühen nickend. Pappus gelblich weiss **7**

→ Leontodon hispidus

5 Blütenkörbchen 2–2,5 cm breit. Hülle 7–10 mm lang. Bei den randständigen Früchten (oft in eingerollten Hüllblättern versteckt) anstelle des Haarpappus ein zerschlitztes Krönchen → (nur bei dieser Art so), Pappus der übrigen Früchte zweireihig

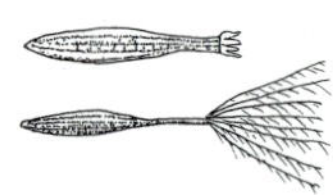

Leontodon saxatilis Lam., Felsen-Milchkraut: H.ha, 5–20 cm, VII–IX, kollin, trockenwarme Weiden, Wegränder, (Meso, Cyno), LC

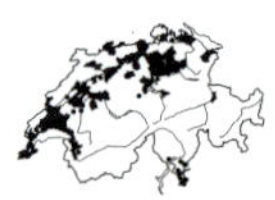

- Blütenkörbchen 2,5–4 cm breit. Hülle 10–18 mm lang. Alle Früchte mit federigen Pappusborsten **6**

6 Grundblätter von Sternhaaren dicht, weich graufilzig (Lupe!), staubartig. Stängel mit 2–4 pfriemlichen Schuppenblättern

Leontodon incanus (L.) Schrank, Graues Milchkraut: H, 10–40 cm, IV–VII, kollin-subalpin, Trockenwiesen, Föhrenwälder, auf Kalk, LC

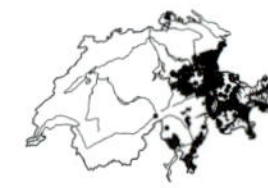

a Innere Hüllblätter mit einfachen Haaren und mit Sternhaaren

Leontodon incanus (L.) Schrank subsp. ***incanus***, Gewöhnliches Graues Milchkraut: H, 10–40 cm, VI–VII, kollin-subalpin, kalkreiche, felsige Trockenrasen, Föhrenwälder, (Meso), LC

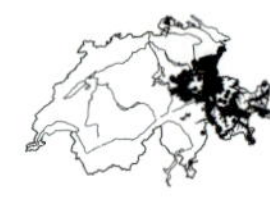

- Innere Hüllblätter kahl oder nur mit einfachen Haaren

Leontodon incanus subsp. ***tenuiflorus*** (Gaudin) Schinz & R. Keller, Schmalblütiges Graues Milchkraut: H, 10–40 cm, IV–VI, kollin-subalpin, trockenwarme, kalkreiche Felsrasen, Pionierfluren, Felsenheiden, (Xero, Eric), NT

- Grundblätter kahl bis behaart, aber nicht dicht graufilzig (zwischen den Haaren die Blattoberfläche gut sichtbar) **7**

7 Frucht geschnäbelt, behaart →, 8–15 mm lang. Alle Pappushaare gefiedert. Rhizom senkrecht, zuoberst wenige Seitenwurzeln. Blätter daher horstig gehäuft. Grundblätter grob, buchtig gezähnt, oft gewellt, Gabelhaare an der Spitze 3- bis 5-teilig

Leontodon crispus Vill., Krauses Milchkraut: H, 10–30 cm, VI–VII, kollin-montan, trockenwarme Felsrasen, (Ononidetalia), EN

- Frucht ungeschnäbelt, kahl →, 4–8 mm lang. Äussere Pappushaare nicht gefiedert. Rhizom schief bis waagrecht, bis zuoberst viele Seitenwurzeln. Stängel unter den Köpfchen mit 0–3 schuppenförmigen Blättchen. Formenreich! Blätter kahl oder behaart

Leontodon hispidus L., Raues Milchkraut: H, 5–60 cm, VI–VIII, kollin-alpin, Wiesen, Weiden, Kalkschutthalden

a Blätter fiederspaltig bis fiederteilig, oft kraus **b**

\- Blätter fast ganzrandig oder buchtig gezähnt bis schwach gelappt **c**

b Pflanze kahl. Blattabschnitte länglich, flach. Mittelnerv oft rötlich

Leontodon hispidus subsp. ***hyoseroides*** (Rchb.) Murr, Glattes Schutt-Milchkraut: H, 10-20 cm, VII-VIII, (kollin-) subalpin-alpin, mässig feuchte Schutthalden, (Peta-para), LC

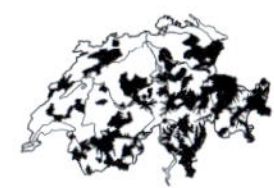

\- Stängel und Blätter steifhaarig, Blätter gabelhaarig, die Gäbelchen meist ankerartig gebogen und Blatt daher sehr rau. Blattabschnitte kurz, oft wellig

Leontodon hispidus subsp. ***pseudocrispus*** (Bisch.) Murr, Raues Schutt-Milchkraut: H, 10-20 cm, VI-VIII, (montan-) subalpin-alpin, kalkreiche Schutthalden, Felsrasen, (Peta-para, Thla-rotu, Pote), LC

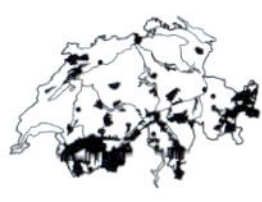

c Blätter ± rau, gabelhaarig

Leontodon hispidus L. subsp. ***hispidus***, Gewöhnliches Raues Milchkraut: H, 30-60 cm, VI-VIII, kollin-alpin, Wiesen und Weiden, Gebirgsrasen, Zwergstrauchheiden, (Arrh, Poly-Tris, Cyno, Poio-alpi), LC

\- Blätter kahl oder mit wenigen einfachen Haaren **d**

d Stängel dünn, mehrfach so lang wie die Blätter

Leontodon hispidus subsp. ***danubialis*** (Jacq.) Simonk., Kahlköpfiges Raues Milchkraut: H, 30-50 cm, VI-VIII, kollin-montan (-subalpin), feuchte Magerrasen, feuchte Pionierfluren, LC

\- Stängel oben stark verdickt, höchstens 2x so lang wie die Blätter

Leontodon hispidus subsp. ***opimus*** (W. D. J. Koch) Finch & P. D. Sell, Stattliches Raues Milchkraut: 30-50 cm, VI-VIII, subalpin-alpin, feuchte Schneetälchen und -böden, (Cyno, Arrh, Trif-medi), LC

Leontopodium Edelweiss

\- Pflanze grau- bis weissfilzig. Grundblätter bis 5 cm lang und 0,8 cm breit. Gesamtblütenstand → von sternförmig ausgebreiteten, weissfilzigen Hochblättern umgeben

Leontopodium alpinum Cass., (*L. nivale* subsp. *alpinum*), Edelweiss: H, 3-20 cm, VII-IX, (subalpin-) alpin, kalkreiche Gebirgsrasen, (Sesl, Elyn), LC

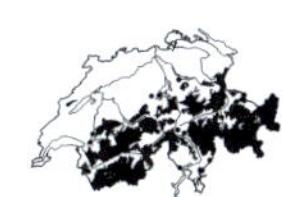

Leucanthemella Herbstmargerite

\- Stängel dicht beblättert, mehrkörbig. Blätter scharf vorwärts gesägt →, drüsig punktiert. Zungenblüten 1-2 cm lang, weisslich oder rötlich

Leucanthemella serotina (L.) Tzvelev, Späte Herbstmargerite: H, 50-150 cm, IX-X, kollin, Seeufer, Röhrichte, (Phra, Phal), kultiviert und verwildert, Neophyt

Leucanthemopsis Alpenmargerite

- Grundständige Blätter kammförmig fiederschnittig (jederseits mit 2-4 Abschnitten), keilig in den Stiel verschmälert. Stängel unten behaart. Blütenkörbe ca. 3 cm breit

  Leucanthemopsis alpina (L.) Heywood, Alpenmargerite: 5-15 cm, VII-VIII, (subalpin-) alpin, kalkfliehend, LC

a Grundständige Blätter deutlich kammförmig geteilt. Zipfel 4-8x so lang wie breit →

Leucanthemopsis alpina (L.) Heywood subsp. ***alpina***, Gewöhnliche Alpenmargerite: H, VII-VIII, (subalpin-) alpin, kalkarme Gebirgsrasen, Schneetälchen, Schuttfluren, (Sali-herb, Andr-alpi, Cari-curv), LC

- Grundständige Blätter fast handförmig geteilt. Zipfel 2-4x so lang wie breit →

Leucanthemopsis alpina subsp. ***minima*** (Vill.) Holub, Zwerg-Alpenmargerite: H, VII-VIII, (subalpin-) alpin, feuchte Schneetälchen und -böden, LC

Leucanthemum Margerite, Wucherblume

Schwierige Gattung mit vielen polymorphen Arten.

1 Blätter kahl, etwas fleischig →. Stängelblätter länger als Internodien, tief gesägt. Hüllblätter schwarz berandet. Frucht oben mit gezähntem Rand. Alpenpflanze

Leucanthemum halleri (Vitman) Ducommun, Hallers Margerite: H, 10-20 cm, VII-VIII, (subalpin-) alpin, mässig feuchte, kalkreiche Schutthalden, (Peta-para, Thla-rotu), LC

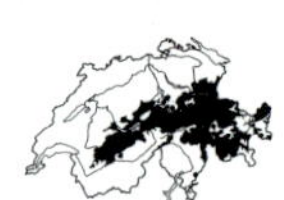

- Blätter kahl oder behaart, Stängelblätter meist kürzer als Internodien, seicht bis tief gesägt. Hüllblätter hell- bis dunkelbraun berandet. Frucht oben ohne Rand

Leucanthemum vulgare aggr., Wiesen-Margerite: H, 10-80 cm, V-X, kollin-subalpin (-alpin), LC

a Blütenköpfe (6-)8-10(-15) cm breit. Grundblätter keilig verschmälert, mit länglicher Spreite

Leucanthemum ×superbum (J. W. Ingram) D. H. Kent, Garten-Margerite: H, (30-)50-100 cm, VI-VII(-IX), kollin (-montan), Garten- und Wegränder, Krautsäume, kultivierte Gartenmargerite, ab und zu verwildert, kultivierter Neophyt. Gartenhybride

- Blütenköpfe 3-7 cm breit. Grundblätter keilig in Stiel verschmälert, mit verkehrt eiförmiger Spreite **b**

b Stängelblätter am Grund verschmälert oder gerundet, nicht geöhrt, auffallend regelmässig gezähnt, etwa in der Mitte am breitesten **c**

- Stängelblätter am Grund mit fiederteiligen, stängelumfassenden Öhrchen, unregelmässig gezähnt bis fast fiederschnittig, im vorderen Teil am breitesten **d**

c Stängel im obersten Drittel blattlos. Grundblatt schwach gekerbt. Blattzähne der Stängelblätter meist nach aussen gebogen. Hüllblätter dunkelbraun berandet →

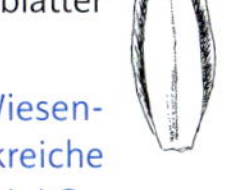

Leucanthemum adustum (W. D. J. Koch) Gremli, Berg-Wiesen-Margerite: H, 20–40 cm, V–X, montan-subalpin (-alpin), kalkreiche Gebirgsrasen, Bergwälder, (Cari-ferr, Sesl, Eric-PiSy, Luna-Acer), LC

- Stängel bis oben beblättert. Grundblatt gezähnt. Blattzähne nicht nach aussen gebogen. Hüllblätter hellbraun berandet →

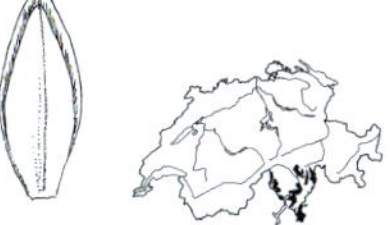

Leucanthemum heterophyllum (Willd.) DC., Verschiedenblättrige Wiesen-Margerite: H, 20–60 cm, VII–IX, (kollin-) montan-subalpin, kalkreiche, steinige Magerrasen, (Sesl), VU

d Mittlere Stängelblätter unregelmässig fiederteilig, Abschnitte mindestens ⅓ so lang wie die Blattbreite

Leucanthemum praecox (Horvatić) Horvatić, Frühe Wiesen-Margerite: H, 30–70 cm, V–IX, kollin-montan (-alpin), Wegränder, Wiesen, Erdanrisse, Neophyt

- Mittlere Stängelblätter regelmässig gezähnt **e**

e 10–40 cm hoch, stets einköpfig. Blätter etwas fleischig, meist weniger als 4 cm lang. Mittlere Stängelblätter schmal, 6–8x so lang wie breit

Leucanthemum gaudinii Dalla Torre, Gaudins Wiesen-Margerite: H, 10–40 cm, VI–VIII, (montan-) subalpin, steinige Trockenrasen, LC

- 30–70 cm hoch, oft mehrköpfig. Blätter nicht fleischig, meist mehr als 4 cm lang. Mittlere Stängelblätter 3–5x so lang wie breit. Hüllblatt hellbraun berandet →

Leucanthemum vulgare Lam., Gewöhnliche Wiesen-Margerite: H, 20–60 cm, V–X, kollin-subalpin (-alpin), Fettwiesen, Weiden, Schuttplätze, LC

Matricaria Kamille

1 Köpfchen gelb, mit weissen, zuletzt zurückgeschlagenen Zungenblüten. Fruchtboden kegelförmig, hohl →. Pflanze mit starkem Kamillengeruch. Blattabschnitte sehr fein, bis 1 mm breit

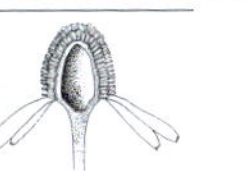

Matricaria chamomilla L., *(M. recutita)*, Echte Kamille: T, 15–40 cm, V–IX, kollin-subalpin, Wegränder, Schuttplätze, Äcker, (Sisy, Cauc, Fuma-Euph), LC

- Köpfchen grüngelb, kegelförmig, ohne Zungenblüten →. Pflanze mit starkem Kamillengeruch. Blattabschnitte bis 1,5 mm breit, sehr dicht stehend

Matricaria discoidea DC., Strahlenlose Kamille: H.ha-T, 5–20 cm, V–IX, kollin-subalpin, mässig trockene Schuttplätze, Trittrasen, Strassenpflaster, (Poly-avic, Sagi-proc), Neophyt

Micropus Falzblume

- Pflanze graufilzig. Köpfchen zu einem 8–10 mm breiten Köpfchenstand geknäuelt, von den obersten Blättern überragt. Stängelblätter gewellt

  Micropus erectus L., *(Bombycilaena erecta)*, Falzblume: T, 5–10 cm, VI–VII, kollin, trockenwarme Pionierfluren, (Alyss-Sedi, Thero-Brachypodietalia), CR

Mycelis Mauerlattich

- Stängel verzweigt. Blatt dünn, eckig gelappt, mit grossem, fast dreieckigem Endlappen →. Stängelblätter den Stängel pfeilförmig umfassend. Köpfchen mit ca. 5 gelben Zungenblüten

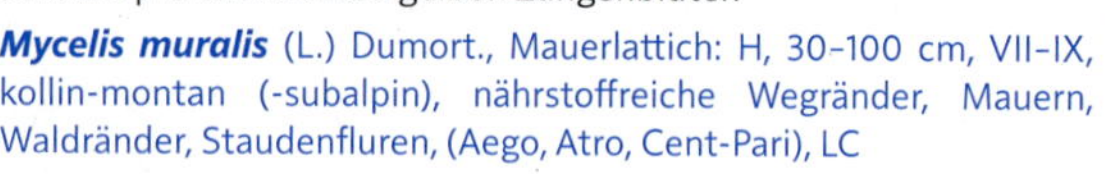

  Mycelis muralis (L.) Dumort., Mauerlattich: H, 30–100 cm, VII–IX, kollin-montan (-subalpin), nährstoffreiche Wegränder, Mauern, Waldränder, Staudenfluren, (Aego, Atro, Cent-Pari), LC

Onopordum Eselsdistel

- Pflanze graufilzig. Stängel über die ganze Länge breit, stachelig geflügelt. Blätter mit 3- bis 5-eckigen, in Stacheln auslaufenden Lappen. Köpfchen 3–4 cm breit, Hülle kugelig, spinnwebig behaart

  Onopordum acanthium L., Eselsdistel: H.ha-T, 50–150 cm, VII–IX, kollin-montan (-subalpin), trockenwarme Unkrautfluren, Wegränder, (Onop), Archäophyt, VU

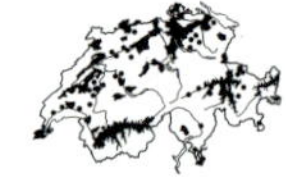

Petasites Pestwurz

1 Blätter dreieckig-herzförmig, unterseits dicht weissfilzig (Blattoberfläche nicht sichtbar). Hüllblätter an der Basis mit Drüsenhaaren. Schuttböden im Gebirge

  Petasites paradoxus (Retz.) Baumg., Alpen-Pestwurz: G, 10–30(–60) cm, IV–V(–VII), (montan-) subalpin-alpin, mässig feuchte, kalkreiche Schuttfluren, (Peta-para, Epil-flei), LC

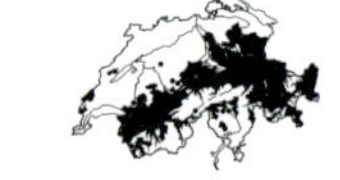

- Blätter breit rundlich herzförmig, unterseits höchstens dicht graugrün behaart (Blattoberfläche sichtbar). Hüllblätter mit oder ohne Drüsenhaare **2**

2 Grundblätter regelmässig gezähnt. Die unteren schuppenartigen Stängelblätter mit blattförmigen Anhängseln. Stängel mit max. 10 Köpfchen, diese nach Vanille riechend. Randblüten der Körbchen mit kurzen Zungen

  Petasites pyrenaicus (L.) G. López, Duftende Pestwurz: G, 10–30(–60) cm, I–IV, kollin, feuchte, wärmeliebende Wälder, Krautsäume, kultiviert und verwildert, Neophyt

- Grundblätter unregelmässig gezähnt. Schuppenartige Stängelblätter ohne blattförmige Anhängsel. Stängel normalerweise mit mehr als 10 Köpfchen. Randblüten ohne Zungen **3**

3 Blätter unterseits auf der ganzen Fläche dicht grauhaarig, basaler Seitennerv keinen Blattrand bildend. Blüten gelblich weiss. Hüllblätter mit Drüsenhaaren

Petasites albus (L.) Gaertn., Weisse Pestwurz: G, 10–30(–60) cm, III–V, (kollin-) montan-subalpin, feuchte Bergwälder, Auenwälder, Wegränder, (Abie-Fage, Abie-Pice, Alni-inca, Peta-offi), LC

- Blätter unterseits nur auf den Nerven behaart bleibend, auf den Flächen verkahlend, basaler Seitennerv am Grund über eine Länge von 1–5 cm den Blattrand bildend. Blüten rötlich, selten weiss. Hüllblätter ohne Drüsenhaare

Petasites hybridus (L.) G. Gaertn. & al., Rote Pestwurz: G, 30–100 cm, III–IV, kollin-montan (-subalpin), Bach-, Flussufer, Auenwälder, (Peta-offi, Alni-inca), LC

Picris Bitterkraut

1 Hüllblätter zweireihig →, die äusseren Hüllblätter viel breiter (4–7 mm) als die inneren, gefaltet, zu 3–5. Früchte mit langem Schnabel. Blätter mit borstigen, an der Basis weisslich warzigen Haaren

Picris echioides L., *(Helminthotheca echioides)*, Natterkopfartiges Bitterkraut: T, 30–50(–70) cm, VII–X, kollin, Schuttplätze, Äcker, Weinberge, (Sisy), Neophyt

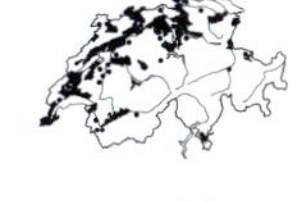

- Hüllblätter mehrreihig →, äussere Hüllblätter zahlreich, ca. 1 mm breit. Früchte ohne Schnabel. Blätter stark rau, schmirgelpapierartig

Picris hieracioides L., Gewöhnliches Bitterkraut: 30–150 cm, Wegränder, Schuttplätze, LC

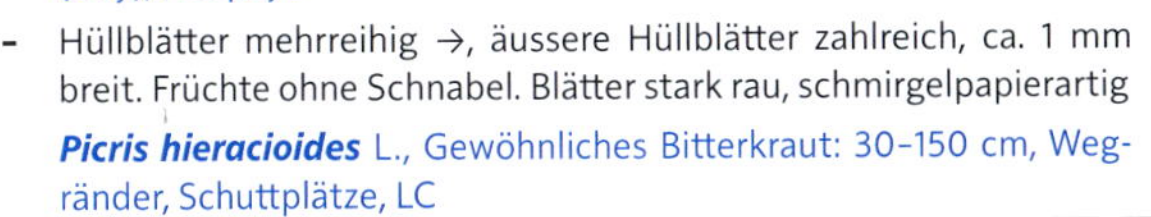

a Köpfchen über die ganze Pflanze verteilt. Köpfchenstiele und äussere Hüllblätter mit weisslichen Haaren. Innere Hüllblätter 6–11 mm lang. Randliche Zungenblüten oft rot gestreift

Picris hieracioides L. subsp. ***hieracioides***, Habichtskrautartiges Bitterkraut: H-H.ha, 30–90 cm, VII–X, kollin-subalpin, Wegränder, Schuttplätze, Wiesen und Weiden, (Dauc-Meli, Cyno)

- Köpfchen nur im oberen Teil der Pflanze. Köpfchenstiele und äussere Hüllblätter mit grauschwarzen Haaren. Innere Hüllblätter 10–15 mm lang. Randliche Zungenblüten ohne rote Streifen

Picris hieracioides subsp. ***umbellata*** (Schrank) Ces., Berg-Bitterkraut: H, 40–100 cm, VII–X, montan-subalpin, Hochstaudenfluren, Bergweiden, Flussufer, (Aden, Cyno, Alni-inca)

Prenanthes Hasenlattich

- Pflanze (fast) kahl. Blätter dünn, blaugrün. Stängelblätter am Grund stängelumfassend. Köpfchen → 2- bis 5-blütig, in lockerer Rispe, Blüten rot

Prenanthes purpurea L., Purpurlattich, Hasenlattich: H, 40–150(–200) cm, VII–IX, kollin-subalpin (-alpin), Wälder, Staudenfluren, (Fagetalia, Abie-Pice, Epil-angu), LC

Pulicaria Flohkraut

1 Pflanze mehrjährig. Obere Stängelblätter stängelumfassend. Durchmesser der Blütenköpfe 1,5–3 cm. Blätter unterseits filzig behaart, oberseits verkahlend, zerrieben nach Leber riechend

Pulicaria dysenterica (L.) Bernh., Grosses Flohkraut: G, 30–80 cm, VII–VIII, kollin-montan, wechselfeuchte Streuwiesen, Gräben, (Agro-Rumi, Moli), NT

- Pflanze einjährig. Obere Stängelblätter nicht stängelumfassend. Durchmesser der Blütenköpfe ca. 1 cm

Pulicaria vulgaris Gaertn., Kleines Flohkraut: T, 10–30 cm, VII–VIII, kollin, feuchte, nährstoffreiche Pionierfluren, Gräben, (Bide), RE

Rudbeckia Sonnenhut

1 Stängel kahl oder zerstreut behaart. Blätter gefiedert oder 3- bis 5-teilig

Rudbeckia laciniata L., Schlitzblättriger Sonnenhut: G, 50–200 cm, VII–X, kollin, feuchte Krautsäume, Wegränder, Ufer, (Agro-Rumi, Conv), kultiviert und verwildert, Neophyt

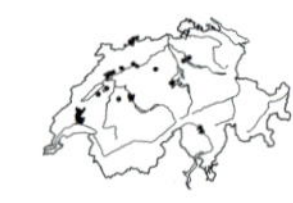

- Stängel rauhaarig. Blätter ungeteilt, lanzettlich bis oval, beiderseits behaart

Rudbeckia hirta L., Rauer Sonnenhut: H-T, 30–70(–100) cm, VII–X, kollin, warme, nährstoffreiche Krautsäume, Ufer, Wegränder, (Aego, Conv), kultiviert und verwildert, Neophyt

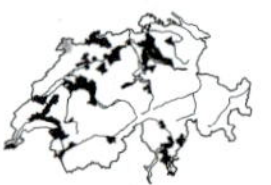

Saussurea Alpenscharte

1 Blätter unterseits dicht weissfilzig, die unteren am Grund herzförmig (selten abgerundet). Blattstiele nicht geflügelt. Blüten violett, nach Vanille duftend

Saussurea discolor (Willd.) DC., Weissfilzige Alpenscharte: H, (5–)10–30 cm, VII–IX, subalpin-alpin, kalkreiche, steinige Gebirgsrasen, Schuttfluren, (Drab-Sesl, Peta-para, Elyn), LC

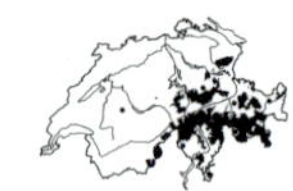

- Blätter unterseits nicht weissfilzig, lediglich locker spinnwebig, die unteren in den Stiel verschmälert oder gerundet. Blattstiele geflügelt

Saussurea alpina (L.) DC., Echte Alpenscharte: 2–15(–30) cm, VII–IX, (subalpin-) alpin, Rasen, Felsschutt, LC

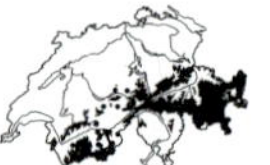

a Stängel bis über 30 cm hoch, kaum über 3 mm dick. Spreite der unteren Blätter 3–6x so lang wie breit

Saussurea alpina (L.) DC. subsp. ***alpina***, Gewöhnliche Alpenscharte: H, 5–15(–30) cm, VII–IX, (subalpin-) alpin, steinige Gebirgsrasen, Grate, (Elyn, Sesl), LC

- Stängel 2–10 cm hoch, 3–5 mm dick. Spreite der unteren Blätter 2–3x so lang wie breit

Saussurea alpina subsp. ***depressa*** (Gren.) Nyman, Niedrige Alpenscharte: H, 2–10 cm, VII–IX, alpin, kalkreiche Schutthalden, (Drab-hopp, Thla-rotu), NT

Scorzonera Schwarzwurzel

1 Pflanze einjährig. Blätter fiederteilig →, Abschnitte schmal lanzettlich, mit grösserem Endabschnitt. Früchte durch verdickten Stiel flaschenförmig

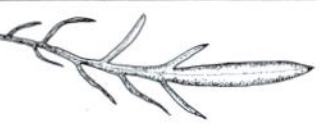

Scorzonera laciniata L., Schlitzblättrige Schwarzwurzel: H.ha-T, 10-40 cm, V-VII, kollin-montan, ruderale Trockenrasen, trockenwarme Wegränder, (Conv-Agro, Thero-Brachypodietalia), LC

- Pflanze mehrjährig. Blätter ungeteilt, ganzrandig **2**

2 Stängel verzweigt, mehrköpfig, reich beblättert, am Grund ohne Faserschopf. Grundblätter oval-lanzettlich, grasgrün. Verwilderte Gartenpflanze

Scorzonera hispanica L., Garten-Schwarzwurzel: H, 40-120 cm, VI-VIII, kollin-montan, trockenwarme Krautsäume, Föhrenwälder, (Gera-sang), kultiviert und selten verwildert, Kulturpflanze, Erst im 2. Jahr blühend

- Stängel blattlos oder mit schmalen, länglichen Blattschuppen, meist einköpfig **3**

3 Pflanze am Grund mit Faserschopf (aus abgestorbenen Blättern). Blätter blaugrün, die meisten gewellt, 5-25 mm breit. Pappus weiss

Scorzonera austriaca Willd., Österreicher Schwarzwurzel: H, 5-30 cm, V, kollin (-montan), trockenwarme Felsensteppen, (Stip-Poio), NT

- Am Grund ohne Faserschopf. Blätter grasgrün, die meisten nicht gewellt, 15-40 mm breit. Pappus gelblich

Scorzonera humilis L., Kleine Schwarzwurzel: H, 50 cm, V-VI, kollin-montan (-subalpin), wechselfeuchte Streuwiesen, Weiden, Föhrenwälder, (Moli, Nard), VU

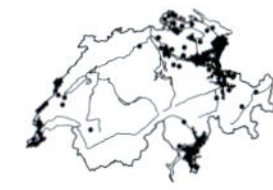

Senecio Greiskraut

1 Zumindest untere Blätter herz-eiförmig, gestielt, grob gezähnt **2**

- Untere Blätter nicht herzförmig **3**

2 Untere Blätter etwa so lang wie breit, unterseits grün, nur auf Nerven behaart. Stiel der oberen Stängelblätter geflügelt, mit Fiederlappen

Senecio subalpinus W. D. J. Koch, Berg-Greiskraut, Voralpen-Greiskraut: 30-70 cm, Hochstaudenfluren, Lägerfluren, Nassweiden, Neophyt

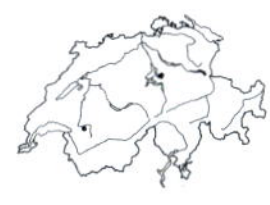

- Untere Blätter deutlich länger als breit, unterseits grau behaart. Stiel der oberen Stängelblätter ungeflügelt, ohne Seitenfiedern, höchstens am Grund mit Öhrchen

Senecio alpinus (L.) Scop., Alpen-Greiskraut: H, 30-100 cm, VII-VIII, subalpin-alpin, feuchte, nährstoffreiche Bergweiden, Läger, (Rumi-alpi), LC

3 Pflanze grau- bis weissfilzig (selten fast grün). Blattstiel nicht geöhrt. 5-12(-15) cm hohe Alpenpflanze **4**

- Pflanze grün bis graugrün. Blattunterseite manchmal mit Filzhaaren. Blattstiel mit oder ohne Öhrchen. Pflanze (ausser bei Kümmerexemplaren) über 10 cm hoch **5**

4 Stängel 1- (3-)köpfig. Köpfchen 2–3 cm breit, mit 8–16 goldgelben Zungenblüten. Untere Blätter ganzrandig, obere tief gekerbt bis fiederlappig →

Senecio halleri Dandy, *(Jacobaea uniflora)*, Hallers Greiskraut: H, 5–15 cm, VII–VIII, alpin, steinige, kalkarme Gebirgsrasen, Schuttfluren, (Cari-curv, Andr-alpi), LC

- Stängel mit 3–15 Köpfchen, diese 1–2 cm breit, mit je 3–6 goldgelben Zungenblüten

Senecio incanus L., *(Jacobaea incana)*, Graues Greiskraut: 5–15 cm, VII–VIII, (subalpin-) alpin, steinige Rasen, kalkmeidend, LC

a Grundblätter dicht weissfilzig, plötzlich in den Stiel verschmälert, tief fiederteilig, Abschnitte schmal, am Ende gekerbt →. Frucht oberwärts behaart

Senecio incanus L. subsp. ***incanus***, Gewöhnliches Graues Greiskraut: H, VII–VIII, (subalpin-) alpin, steinige, kalkarme Gebirgsrasen, (Cari-curv, Nard), LC. Diploide Sippe

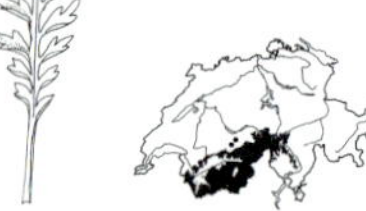

- Grundblätter graufilzig oder graugrün verkahlend, seicht gelappt, Abschnitte kaum länger als breit, nur einzelne Abschnitte gekerbt. Frucht oberwärts kahl **b**

b Grundblätter bleibend hell graufilzig behaart, 3–7 cm lang, plötzlich oder allmählich in den Stiel verschmälert →. Stängel mit 3–5 Köpfchen

Senecio incanus subsp. ***insubricus*** (Chenevard) Braun-Blanq., Südliches Graues Greiskraut: H, 4–10(–15) cm, VII–VIII, (subalpin-) alpin, trockene, kalkarme Gebirgsrasen, (Cari-curv, Fest-vari), LC. Diploide Sippe

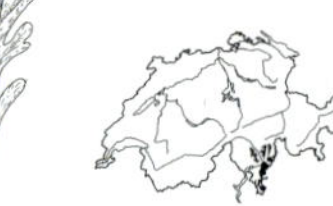

- Grundblätter graugrün, behaart, zuletzt verkahlend, 5–10 cm lang, allmählich in den Stiel verschmälert →. Stängel mit (4–)6–16 Köpfchen

Senecio incanus subsp. ***carniolicus*** (Willd.) Braun-Blanq., Krainisches Graues Greiskraut: H, 7–15 cm, VII–VIII, (subalpin-) alpin, steinige, kalkarme Gebirgsrasen, (Cari-curv, Nard), LC. Hexaploide Sippe

5 Blätter ungeteilt, Rand ± stark gesägt **6**

- Blätter tief fiederschnittig oder fiederlappig, höchstens die untersten kaum geteilt **10**

6 Blätter schmal lineal, 1–5 mm breit, fast ganzrandig, mit einzelnen, entfernt stehenden Zähnchen →. Stängel ästig und vielköpfig, am Grund oft etwas verholzt. Köpfchen ca. 2 cm breit

Senecio inaequidens DC., Südafrikanisches Greiskraut: Ch, 40–60 cm, VIII–X, kollin, trockenwarme Wegränder, Schuttplätze, (Arct, Dauc-Meli), Neophyt

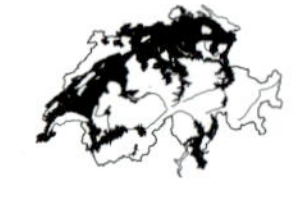

- Blätter nicht lineal, mehr als 6 mm breit **7**

7 Köpfchen mit 10–20 Zungenblüten. Äussere Hüllblätter zu 10 oder mehr **8**

- Köpfchen mit 3–8 Zungenblüten. Äussere Hüllblätter zu 3–5 **9**

→ *Senecio ovatus* aggr.

8 Stängel mit 12–16 Köpfen, über 50 cm hoch, hohl. Köpfchen 3–3,5 cm breit, hellgelb. Blatt schmal, gezähnelt, Zähne nach vorne gerichtet

Senecio paludosus L., *(Jacobaea paludosa)*, Sumpf-Greiskraut: H, 60–180 cm, VI–VII, kollin (-montan), Grossseggenriede, Seeufer, (Magn), NT

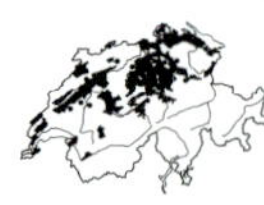

- Stängel mit 1-3 Köpfen, höchstens 40 cm hoch, nicht hohl. Köpfchen 4-6 cm breit, gold- bis orangegelb. Blatt lederig, dunkelgrün, gezähnt

  Senecio doronicum (L.) L., Gämswurz-Greiskraut: H, 20-50 cm, VII-VIII, subalpin-alpin, steinige Gebirgsrasen, Schuttfluren, Felsen, (Sesl, Fest-vari, Peta-para), LC

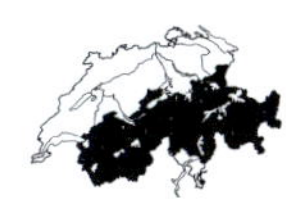

9 Obere Blätter 3-5x so lang wie breit, sitzend oder halb stängelumfassend. Zähnchen der unteren Blätter 2-4 mm lang. Hülle drüsenhaarig, äussere Hüllblätter fädig bis pfriemlich

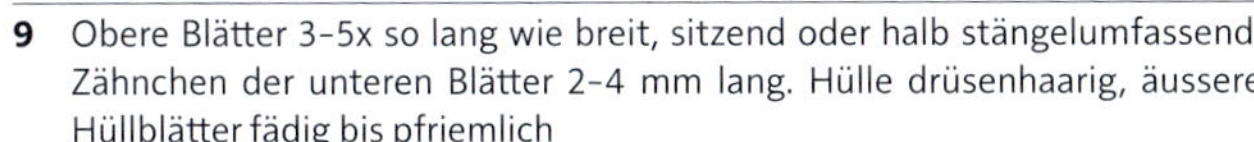

  Senecio hercynicus Herborg, *(S. nemorensis)*, Busch-Greiskraut: H, 180 cm, VII-IX, (montan-) subalpin, luftfeuchte Bergwälder, Hochstaudenfluren, (Luna-Acer, Aden), LC

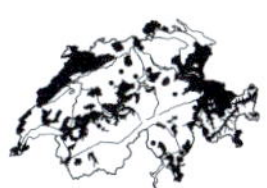

- Obere Blätter 5-10x so lang wie breit, kurz gestielt oder mit deutlich verschmälertem Grund. Zähnchen der unteren Blätter höchstens 2 mm lang. Hülle kahl oder zerstreut behaart, äussere Hüllblätter linealisch

  Senecio ovatus (G. Gaertn. & al.) Willd., *(S. fuchsii)*, Fuchs' Greiskraut: H, 60-150 cm, VII-IX, (kollin-) montan-subalpin, luftfeuchte Bergwälder, Schlagfluren, (Samb-Sali, Luna-Acer, Atro), LC

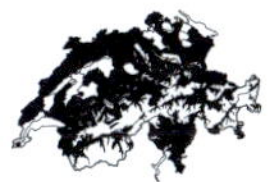

  a Köpfchen mit (8-)10-16 Röhrenblüten und 4-6 Zungenblüten. Köpfchenstiele 10-25 mm lang. Stängel unterhalb der Blätter kahl oder höchstens etwas anliegend behaart

    Senecio ovatus (G. Gaertn. & al.) Willd. subsp. **ovatus**, Gewöhnliches Fuchs' Greiskraut: H, (kollin-) montan (-subalpin), Laub- und Nadelwälder, Schlagfluren, Lichtungen, (Samb-Sali, Luna-Acer, Atro)

  - Köpfchen mit 3-8 Röhrenblüten und 2-3(-4) Zungenblüten. Köpfchenstiele dünn, 5-10 mm lang. Stängel unterhalb der Blätter etwas kraushaarig

    Senecio ovatus subsp. **alpestris** (Gaudin) Herborg, Alpen-Fuchs' Greiskraut: H, (montan-) subalpin, Bergwälder, Hochstaudenfluren, (Aden)

10 Blätter 1- bis 2- (3-)fach fiederteilig →, Abschnitte bis 1 mm breit. Blüten gelborange bis orangerot

  Senecio abrotanifolius L., Eberreisblättriges Greiskraut: Ch, 10-40 cm, VII-IX, subalpin (-alpin), trockene Bergweiden, Zwergstrauchheiden, (Fest-vari, Juni-nana, Sesl), LC

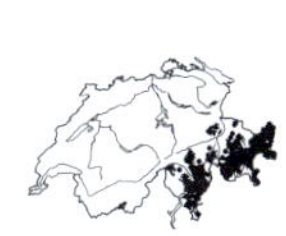

- Blätter einfach fiederteilig, Abschnitte deutlich breiter als 1 mm. Blüten gelb **11**

11 Stängel und Blätter drüsig-klebrig, unangenehm riechend. Köpfchen ca. 1 cm breit. Hülle zylindrisch, 8-10 mm lang. Stängelblatt →

  Senecio viscosus L., Klebriges Greiskraut: T, 60 cm, VI-IX, kollin-subalpin, trockenwarme, leicht ruderale Schuttfluren, (Gale-sege, Sisy), LC

- Stängel und Blätter ohne Drüsenhaare **12**

12 Zungenblüten fehlend oder sehr kurz (unscheinbar) und zurückgerollt **13**

- Zungenblüten gut ausgebildet und grösstenteils flach ausgebreitet **14**

13 Zungenblüten (fast stets) fehlend. Innere Hüllblätter 20, äussere 8–10, mit schwarzen Spitzen →. Obere Stängelblätter am Grund mit breiten Zipfeln. Blätter tief buchtig gelappt

Senecio vulgaris L., Gemeines Greiskraut: T, 10–40 cm, I–XII, kollin-montan (-subalpin), Äcker, Gärten, Schuttplätze, (Fuma-Euph, Poly-Chen), Archäophyt, LC

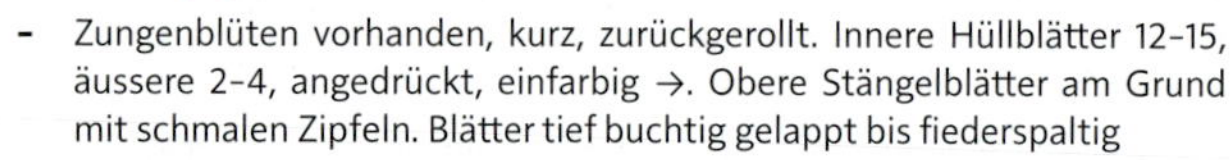

- Zungenblüten vorhanden, kurz, zurückgerollt. Innere Hüllblätter 12–15, äussere 2–4, angedrückt, einfarbig →. Obere Stängelblätter am Grund mit schmalen Zipfeln. Blätter tief buchtig gelappt bis fiederspaltig

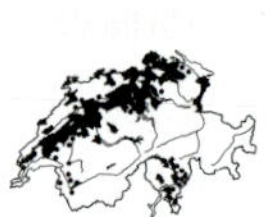

Senecio sylvaticus L., Wald-Greiskraut: T, 80 cm, VI–VIII, kollin-montan (-subalpin), kalkarme Schlagfluren, Pioniergehölze, (Epil-angu), NT

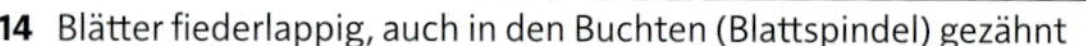

14 Blätter fiederlappig, auch in den Buchten (Blattspindel) gezähnt **15**

- Blätter fiederlappig, in den Buchten (Blattspindel) nicht gezähnt **17**

15 Äussere Hüllblätter 0–4 →. Blätter (fast) kahl, bis auf den Mittelnerv fiederteilig, Abschnitte schmal (2–3 mm breit)

Senecio gallicus Vill., Französisches Greiskraut: 20–40 cm, VI–VIII, kollin, trockenwarme Wegränder, Schuttplätze, (Sisy, Fuma-Euph), Neophyt

- Äussere Hüllblätter 6–12. Blätter zumindest unterseits behaart, bis zur Hälfte einer Blattseite fiederteilig **16**

16 Pflanze unangenehm riechend. Blätter unterseits flockig behaart, oberseits verkahlend, bis über die Mitte fiederteilig, Abschnitte länglich, nach vorne gerichtet →. Pappus abfallend

Senecio rupestris Waldst. & Kit., Felsen-Greiskraut: H-T, 20–60 cm, VI–IX, (kollin-) montan-subalpin, Wegränder, Läger, Balmen, (Rumi-alpi, Arct), LC

- Pflanze nicht unangenehm riechend. Blätter beiderseits wollig-zottig, buchtig gezähnt oder höchstens bis zur Mitte fiederspaltig, Abschnitte breit, rechtwinklig abstehend →. Pappus bleibend

Senecio vernalis Waldst. & Kit., Frühlings-Greiskraut: T, 10–60 cm, V–VI, kollin-subalpin, trockenwarme Wegränder, Schuttplätze, (Sisy, Fuma-Euph), Neophyt

17 Pflanze mit kriechendem Rhizom, Blühtrieb daher von sterilen Sprossen umgeben. Mittlere Stängelblätter regelmässig (fast kammförmig) fiederschnittig →. Äussere Hüllblätter abstehend, 4–6, etwa halb so lang wie die inneren. Alle Früchte kurzhaarig

Senecio erucifolius L., *(Jacobaea erucifolia)*, Raukenblättriges Greiskraut: H, 120 cm, VIII–IX, kollin-montan, kalkreiche, eher trockene Schuttplätze, Unkrautfluren, (Dauc-Meli, Arct), LC

- Pflanze ohne Kriechtriebe. Mittlere Stängelblätter unregelmässig fiederschnittig. Äussere Hüllblätter meist anliegend **18**

18 Grundständige Blätter zur Blütezeit meist nicht mehr vorhanden. Randständige Früchte kahl, die inneren dicht 0,1-0,2 mm lang behaart. Pappus 4 mm lang. Stängelblatt →

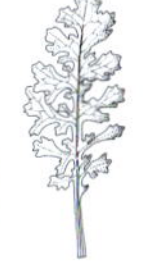

Senecio jacobaea L., *(Jacobaea vulgaris)*, Jakobs Greiskraut: H-H.ha, 30-100 cm, VI-VIII, kollin-montan (-subalpin), nährstoffreiche Wiesen und Weiden, (Cyno, Arrh), LC

\- Grundständige Blätter zur Blütezeit noch vorhanden. Alle Früchte kahl oder die inneren schwach und kurz (<1 mm) behaart. Pappus 3 mm lang **19**

19 Seitliche Blattabschnitte schief vorwärtsgerichtet →, meist am Grund am breitesten. Endabschnitt meist nicht besonders gross. Blühzweige aufrecht abstehend (Winkel <40°)

Senecio aquaticus Hill, *(Jacobaea aquatica)*, Wasser-Greiskraut: H.ha, 15-60 cm, VII-IX, kollin (-montan), Nasswiesen, nasse Weiden, Flachmoore, (Calt), NT

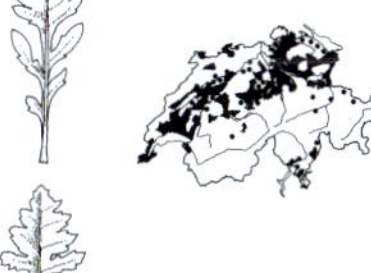

\- Seitliche Blattabschnitte rechtwinklig abstehend →, meist in der Mitte am breitesten. Untere Blätter oft mit sehr grossem Endabschnitt. Blühzweige sparrig abstehend (Winkel >40°)

Senecio erraticus Bertol., *(Jacobaea erratica)*, Wander-Greiskraut: H.ha, 100 cm, VIII-X, kollin, nasse Staudenfluren, Flussufer, (Fili), VU

Serratula Scharte

\- Stängel mit mehreren Köpfchen. Hüllblätter spitz, ohne Anhängsel, oben wie die Blüten dunkelrot. Grundblätter ungeteilt, Stängelblätter fiederspaltig, mit grosser Endblättchen, Rand regelmässig gezähnelt →

Serratula tinctoria L., Färber-Scharte: 30-100 cm, VII-IX, kollin-subalpin (-alpin), Riedwiesen, lichte Wälder, LC

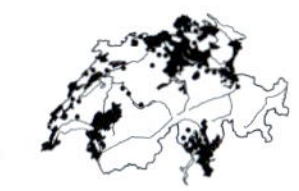

a Köpfchen zahlreich, 4-6 mm breit, in doldiger Rispe. Äussere Hüllblätter <2 mm breit. Untere Stängelblätter lang gestielt

Serratula tinctoria L. subsp. ***tinctoria***, Gewöhnliche Färber-Scharte: H, 100 cm, VII-IX, kollin-montan, wechselfeuchte Magerrasen, lichte Wälder, (Moli, Carp), VU

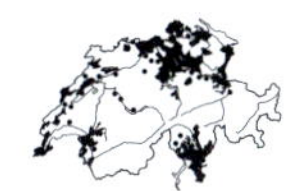

\- Köpfchen nur 2-5, 6-12 mm breit, kopfig genähert. Äussere Hüllblätter >2 mm breit. Untere Stängelblätter nur kurz gestielt

Serratula tinctoria subsp. ***monticola*** (Boreau) Berher, Grossköpfige Färber-Scharte: 40 cm, VII-IX, subalpin (-alpin), mässig feuchte Gebirgsrasen, Rostseggenhalden, (Cari-ferr), LC

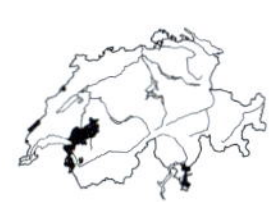

Silphium Becherpflanze, Silphie

\- Pflanze kahl. Stängel 4-kantig. Blätter gezähnt, gegenständig, die oberen stängelumfassend, becherartig verwachsen. Köpfe 4-8 cm breit, mit gelben Röhren- und Zungenblüten

Silphium perfoliatum L., Stängelumfassende Becherpflanze, Durchwachsene Silphie: H, 80-300 cm, VII-VIII, kollin, Ruderalstellen, Ackerränder, kultiviert und selten verwildert, Neophyt

Silybum Mariendistel

- Blätter glänzend grün, hell gefleckt, buchtig gelappt und gelb bestachelt. Köpfe einzeln, bis 5 cm lang. Hüllblätter in einen spitz gezähnten Stachel auslaufend

  Silybum marianum (L.) Gaertn., Mariendistel: T, 60-150 cm, VII-IX, kollin, trockenwarme Unkrautfluren, Krautsäume, (Onop), kultivierter Archäophyt

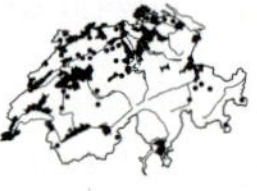

Solidago Goldrute

1 Zungenblüten 2-4 mm lang, nur wenig länger als die Röhrenblüten. Hülle 2-5 mm breit **2**

- Zungenblüten 5-8 mm lang, deutlich länger als die Röhrenblüten. Hülle 5-10 mm breit. Untere Blätter länglich eiförmig, in einen geflügelten Stiel verschmälert, unregelmässig gezähnt

Solidago virgaurea L., Echte Goldrute: 6-120 cm, VII-X, kollin-alpin, lichte Wälder, Gebüsche, LC

a Köpfchen mit 5-18(-26) Röhrenblüten. Hülle 4-6,5(-7,5) mm lang. Pflanze (20-)30-80 cm hoch. Blätter 3-4x so lang wie breit

Solidago virgaurea L. subsp. ***virgaurea***, Gewöhnliche Goldrute: H, (20-)30-80(-120) cm, VIII-X, kollin-subalpin (-alpin), bodensaure Wälder, Waldränder, (Vacc-Pice, Epil-angu, Luzu-Fage), LC

- Köpfchen mit (11-)21-36(-60) Röhrenblüten. Hülle (4,5-)7-10 mm lang. Pflanze 5-25(-40) cm hoch. Blätter 4-6x so lang wie breit

Solidago virgaurea subsp. ***minuta*** (L.) Arcang., Alpen-Goldrute: H, 5-25(-40) cm, VII-VIII, subalpin-alpin, kalkarme Zwergstrauchheiden, Gebirgsrasen, (Rhod-Vacc, Juni-nana, Nard), LC

2 Blüten in endständigen, aufrechten Scheindolden. Blätter schmal lanzettlich, 10-15x so lang wie breit, ganzrandig. Stängel (fast) kahl

Solidago graminifolia (L.) Salisb., *(Euthamia graminifolia)*, Grasblättrige Goldrute: H, 50-120 cm, VII-IX, kollin, feuchte Krautsäume, Flussufer, (Conv), Neophyt

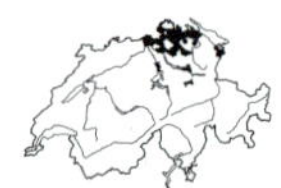

- Blüten in endständigen, pyramidenförmigen, etwas einseitswendigen Rispen. Blätter lanzettlich bis oval, 3-10x so lang wie breit

Solidago canadensis aggr.: Waldlichtungen, Ufergebüsche, Ödland, Neophyt

a Blätter nur 2,5-4x so lang wie breit, oberseits durch eingesenkte Netznerven etwas runzelig, kahl, unterseits an den Nerven behaart

Solidago rugosa Mill., Runzelige Goldrute: 50-150(-200) cm, VIII-IX, kollin, Neophyt

- Blätter 5-10x so lang wie breit, oberseits abgesehen von einem Paar langen Seitennerven undeutlich nervig **b**

b Stängel auf der ganzen Länge dicht kurzhaarig →. Zungenblüten nicht länger als die Röhrenblüten. Frucht 1–1,2 mm lang. Blütenstand vor der Blüte nickend

Solidago canadensis L., Kanadische Goldrute: H, 50–200(–250) cm, VII–IX, kollin-montan, nährstoffreiche Krautsäume, Staudenfluren, Flussufer, (Aego, Conv), Neophyt

- Stängel kahl → oder nur oben kurzhaarig. Zungenblüten deutlich länger als die Röhrenblüten. Frucht 1,4–2 mm lang. Blütenstand vor der Blüte aufrecht

Solidago gigantea Aiton, Spätblühende Goldrute: H, 50–150(–200) cm, VIII–X, kollin-montan, Auenwälder, Flussufer, (Alni-inca, Conv), Neophyt

Soliva Soliva

- Pflanze niederliegend, von Grund auf verzweigt. Blätter 2–5 cm lang, 2–3-fach fiederschnittig, behaart. Köpfchen in den Blattachseln sitzend →, ca. 6 mm breit. Blüten unscheinbar, grünlich. Griffel zur Fruchtzeit zu einem Stachel umgebildet

Soliva sessilis Ruiz & Pav., *(S. pterosperma)*, Sitzende Soliva: T, 3–10 cm, IV–VI, kollin, warme, trockene oder wechselfeuchte Ruderalstellen, Neophyt

Sonchus Gänsedistel

1 Blätter bis auf den Mittelnerv fiederteilig (fast gefiedert), Blattrhachis kaum geflügelt. Abschnitte schmal, rechtwinklig abstehend. Unterste Stängelblätter gestielt, die oberen breit stängelumfassend

Sonchus tenerrimus L., Zarte Gänsedistel: T, 20–100 cm, VII–IX, kollin, Mauern, Schuttplätze, (Cent-Pari, Sisy), Neophyt

- Blätter ungeteilt oder fiederteilig, Blattrhachis geflügelt. Alle Stängelblätter sitzend **2**

2 Köpfchenstiele und Hülle stets kahl. Narben grünlich braun. Frucht beiderseits mit 3 Rippen. Stängel oft schon unterhalb der Mitte verzweigt **3**

- Köpfchenstiele und Hülle meist ± drüsig behaart (selten fast kahl). Narben gelb. Frucht beiderseits mit 5 Rippen. Stängel nur im Körbchenstand verzweigt **4**

3 Öhrchen am Blattgrund vom Stängel abstehend. Blätter weich, matt, blaugrün, weich gezähnt. Frucht querrunzelig →

Sonchus oleraceus L., Kohl-Gänsedistel: T, 30–100 cm, VI–X, kollin-montan (-subalpin), Äcker, Gärten, Wegränder, Schuttplätze, (Fuma-Euph, Poly-Chen), LC

- Öhrchen am Blattgrund nach oben gebogen und so dem Stängel anliegend. Blätter etwas steif, dunkelgrün glänzend, ± stachelig gezähnt. Frucht nicht querrunzelig →

Sonchus asper Hill, Raue Gänsedistel: T, 30–80 cm, VI–X, kollin-montan (-subalpin), Äcker, Wegränder, Schuttplätze, (Fuma-Euph, Poly-Chen), LC

4 Pflanze 100–400 cm hoch! Öhrchen am Blattgrund lanzettlich, spiessförmig. Körbchen 2–3 cm breit. Frucht ca. 4 mm lang, weisslich

Sonchus palustris L., Sumpf-Gänsedistel: H, 100–400 cm, VII–IX, kollin, Flussufer, Auenwälder, (Conv, Phra), RE. Stromtalpflanze

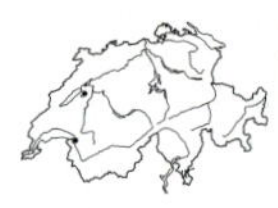

- Pflanze 50–150 cm hoch. Öhrchen am Blattgrund abgerundet. Körbchen 4–5 cm breit. Frucht ca. 3 mm lang, braun

Sonchus arvensis L., Acker-Gänsedistel: G-H, 60–150(–200) cm, VII–X, kollin-montan (-subalpin), lehmige Äcker, Schuttplätze, LC

a Hülle mit vielen gelblichen Drüsenhaaren

Sonchus arvensis L. subsp. ***arvensis***, Gewöhnliche Acker-Gänsedistel: G-H, kollin-montan (-subalpin), Äcker, Gärten, Schuttplätze, (Fuma-Euph), LC

- Hülle ohne oder nur mit vereinzelten Drüsenhaaren

Sonchus arvensis subsp. ***uliginosus*** (M. Bieb.) Nyman, Drüsenlose Acker-Gänsedistel: G-H, kollin-montan, feuchte Krautsäume, Flussufer, (Conv), EN

Stemmacantha Bergscharte

- Stängel einköpfig, Köpfe gross, 4–5 cm lang. Blätter oberseits grün, unterseits dicht filzig behaart, die grundständigen lang gestielt, über 30 cm lang. Hülle höchstens 3 cm dick

Stemmacantha rhapontica (L.) Dittrich, *(Rhapontica scariosum)*, Alpen-Bergscharte: 40–100(–120) cm, VII–VIII, subalpin (-alpin), Hochstaudenfluren, Grünerlengebüsche, feuchte Schutthalden, LC

a Stängel nur im unteren Teil beblättert. Blatt unterseits locker graufilzig. Köpfe 5–7 cm breit. Hüllblätter am Rand bewimpert

Stemmacantha rhapontica (L.) Dittrich subsp. ***rhapontica***, Gewöhnliche Alpen-Bergscharte: 40–70 cm, VII–VIII, subalpin (-alpin), eher auf Silikat?, LC

- Stängel über die ganze Länge beblättert. Blatt unterseits dicht weissfilzig. Köpfe 6–9 cm breit. Hüllblätter nur schwach bewimpert bis kahl

Stemmacantha rhapontica subsp. ***lamarckii*** Dittrich, Lamarcks Alpen-Bergscharte: 50–100(–120) cm, VII–VIII, subalpin (-alpin), eher auf Kalk? VU

Tagetes Studentenblume

1 Hülle 18-22 mm lang →. Köpfchen 5-9(-12) cm Durchmesser. Röhrenblüten > 100, Zungenblüten meist einfarbig. Stängel kantig

Tagetes erecta L., Aufrechte Studentenblume: T, 45-75(-100) cm, trockenwarme Wegränder, Schuttplätze, kultivierter Neophyt

- Hülle 13-15 mm lang →. Köpfchen 4-6 cm Durchmesser, Röhrenblüten 30-70, Zungenblüten ± 5, oft purpurbraun gefleckt. Stängel oft violett überlaufen, rund

Tagetes patula L., Ausgebreitete Studentenblume: T, (10-)30-40 cm, trockenwarme Wegränder, Schuttplätze, kultivierter Neophyt

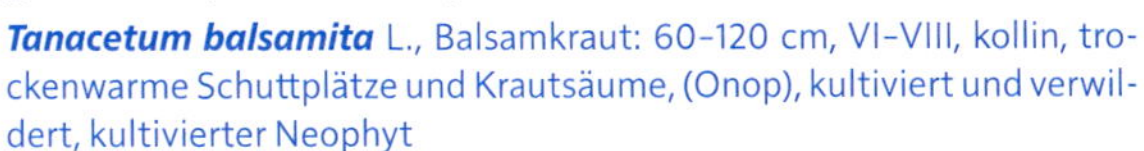

Tanacetum Rainfarn, Margerite

1 Untere Blätter ungeteilt, derb, oval, gezähnelt →, die oberen zur Blattbasis hin oft mit Zipfeln. Pflanze minzenartig riechend. Stängel mit anliegenden Kompasshaaren. Köpfchen ohne oder mit kurzen Zungenblüten

Tanacetum balsamita L., Balsamkraut: 60-120 cm, VI-VIII, kollin, trockenwarme Schuttplätze und Krautsäume, (Onop), kultiviert und verwildert, kultivierter Neophyt

- Blätter fiederschnittig **2**

2 Keine Zungenblüten vorhanden. Pflanze aromatisch riechend. Blätter 1- bis 2-fach fiederteilig →, grubig punktiert. Kopfstand doldenrispig. Köpfchen ca. 1 cm breit, gelb

Tanacetum vulgare L., Rainfarn: H, 40-120 cm, VI-IX, kollin-montan (-subalpin), nährstoffreiche Krautsäume, Wegränder, Unkrautfluren, (Dauc-Meli, Onop), LC

- Pflanze mit weissen Zungenblüten **3**

3 Zungenblüten nur 2-8 mm lang, die Hülle nur wenig überragend **4**

- Zungenblüten 10-20 mm lang, die Hülle weit überragend **5**

4 Köpfchen 5-8 mm breit, in dichten, vielkörbigen Scheindolden oder Rispen. Röhrenblüten grauweiss. Blätter sehr gross (bis 50 cm), 1- bis 2-fach fiederschnittig, behaart und drüsig punktiert

Tanacetum macrophyllum (Waldst. & Kit.) Sch. Bip., Grossblättrige Margerite: 40-150 cm, VI-VIII, kollin, nährstoffreiche, warme Krautsäume, (Trifmedi), kultiviert und verwildert, kultivierter Neophyt

- Köpfchen 15-20 mm breit, in lockeren Scheindolden oder Rispen. Röhrenblüten gelb. Zungenblüten 5-8 mm lang. Pflanze kamillenartig riechend, nicht filzig behaart. Blatt →

Tanacetum parthenium (L.) Sch. Bip., Mutterkraut: H, 30-60 cm, VI-VIII, kollin-montan, Wegränder, Schuttplätze, Krautsäume, Mauern, (Arct, Onop), Neophyt

5 Köpfchen zu 6–20 in Doldentrauben. Zungenblüten 10–20 mm lang. Blätter fein fiederschnittig →, stachelspitzig, nicht drüsig punktiert, unterseits behaart, die unteren lang gestielt

Tanacetum corymbosum (L.) Sch. Bip., Straussblütige Margerite: H, 30–100 cm, VI–VII, kollin-montan (-subalpin), trockenwarme Krautsäume, Gebüsche, lichte Wälder, (Gera-sang, Orno-Ostr, Quer-pube), NT

- Köpfchen einzeln. Pflanze dünnfilzig behaart, aromatisch riechend. Blätter am Grund gehäuft. Blattabschnitte schmal lanzettlich →. Zungenblüten 10–15 mm lang

Tanacetum cinerariifolium (Trevir.) Sch. Bip., Dalmatiner Insektenblume: H, 30–60 cm, V–VI, kollin-montan, kalkreiche Felsen, Pionierfluren, (Pote, Onop), kultiviert und verwildert, Neophyt

Taraxacum Löwenzahn

Die Gattung umfasst sehr viele agamospermische Sippen (also solche, welche die Samen ungeschlechtlich produzieren), die nur vom Spezialisten bestimmt werden können. In der *Taraxacum*-Forschung sind viele dieser Arten noch unzureichend untersucht. Der vorliegende Schlüssel beschränkt sich auf die eindeutig bestimmbaren Arten und Aggregate. Zur Bestimmung der Kleinarten muss Spezialliteratur verwendet werden. Für die Bestimmung der meisten *Taraxacum*-Arten sind reife Früchte, Blüten und Blätter erforderlich.

1 Blüten orange oder gelborange. Schnabel kürzer als die Frucht →. Kleine Pflanze im Ruhschutt in der alpinen oder nivalen Stufe

Taraxacum pacheri Sch. Bip., Pachers Löwenzahn: H, 2–6 cm, VII–VIII, alpin, kalkreiche Schieferschuttfluren, (Drab-hopp), VU

- Blüten gelb. Schnabel länger als die Frucht **2**

2 Blattrosetten zu mehreren beisammen (bildet oftmals dichte Polster). Blätter sehr stark und fein eingeschnitten. Alpine Pflanze der Walliser Südtäler

Taraxacum dissectum (Ledeb.) Ledeb., Schlitzblättriger Löwenzahn: H, 2–10 cm, VII–VIII, alpin, steinige Gratrasen, (Cari-curv, Cari-firm), EN

- Blattrosetten einzeln **3**

3 Blätter ganzrandig oder seicht gezähnt. Pflanze meist in Feuchtstandorten der tieferen Lagen

Taraxacum palustre aggr., Sumpf-Löwenzahn: H, 5–30 cm, IV–VII, kollin-subalpin (-alpin), kalkreiche Flachmoore, (Cari-dava), NT

- Blätter ± tief geteilt **4**

4 Hülle zur Blütezeit 1,5–2 cm lang. Äussere Hüllblätter lineal →

Taraxacum officinale aggr., Gewöhnlicher Löwenzahn: H, 5–30 cm, IV–V(–X), kollin-subalpin (-alpin), nährstoffreiche Wiesen und Weiden, Krautsäume, (Arrh, Cyno, Aego), LC

- Hülle zur Blütezeit höchstens 1,5 cm lang. Äussere Hüllblätter ± eiförmig bis eilanzettlich **5**

5 Innere Hüllblätter vorne mit 1-2 deutlichen Höckern (diese manchmal nicht an allen Hüllblättern und gelegentlich nur schwach ausgebildet). Frucht hellbraun oder rot **6**

- Innere Hüllblätter an der Spitze ohne deutliche Höcker. Frucht meist hellbraun (bei *T. schroeterianum* rotbraun) **8**

6 Blätter wenig geteilt, Abschnitte etwa so lang wie breit. Hüllblätter unter der Spitze deutlich gehörnt, mit grossen, höckerförmigen Ausstülpungen. Äussere Hüllblätter ohne hellen Rand →. Frucht hellbraun. Pflanze der alpinen Stufe

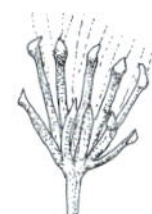
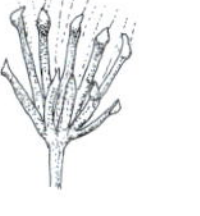

Taraxacum ceratophorum aggr., Gehörnter Löwenzahn: H, 5-12 cm, VI-VIII, alpin, schuttige Läger, feuchte Schutthalden, (Peta-para), EN

- Blätter stark geteilt, Abschnitte 1,5-3x so lang wie breit. Hüllblätter unter der Spitze mit kleinen Höckern, äussere Hüllblätter mit deutlichem hellem Rand. Frucht rost- bis dunkelrot **7**

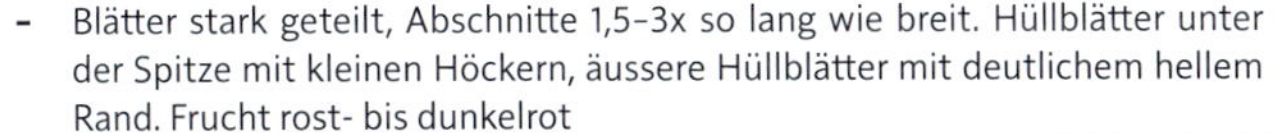

7 Äussere Hüllblätter mit schmalem Hautrand →. Pflanze vorwiegend an Trockenstandorten der tieferen Lagen (selten bis in höhere Lagen steigend)

Taraxacum laevigatum aggr., Glatter Löwenzahn: H, 3-30 cm, IV-VI, kollin-subalpin (-alpin), steinige, kalkreiche Trockenrasen, (Xero, Meso), LC

- Äussere Hüllblätter mit breitem Hautrand →. Pflanze höherer Lagen

Taraxacum aquilonare Hand.-Mazz., Graugrüner Löwenzahn: H, 5-15 cm, VII-VIII, montan-alpin, steinige Gebirgsrasen, (Elyn, Cari-curv), VU

8 Blütenzungen an der Spitze kapuzenförmig →. Blattstiel meist breit geflügelt

Taraxacum cucullatum aggr., Kapuzen-Löwenzahn: H, 10-30 cm, VI-VIII, subalpin-alpin, feuchte Bergweiden, Läger, (Poio-alpi, Rumi-alpi), NT

- Blütenzungen an der Spitze nicht kapuzenförmig **9**

9 Äussere Hüllblätter höchstens so breit wie die inneren →. Frucht rotbraun. Blätter grob gezähnt, oftmals mit einigen nach vorne gerichteten Zähnen

Taraxacum schroeterianum Hand.-Mazz., Schröters Löwenzahn: H, 5-35 cm, VII-VIII, subalpin-alpin, feuchte Gebirgsrasen, Quellfluren, Schneetälchen, (Cari-dava, Cari-fusc, Sali-herb), NT

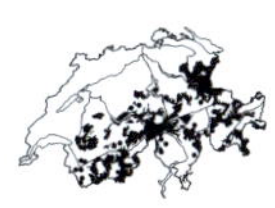

- Äussere Hüllblätter mindestens so breit wie die inneren. Frucht hellbraun **10**

10 Hüllblätter frischgrün, äussere Hüllblätter mit breitem Hautrand. Fruchtschnabel mindestens 2x so lang wie die Frucht →. Laubblätter ganzrandig bis wenig gelappt

Taraxacum fontanum aggr., Quell-Löwenzahn: H, 10-25 cm, VI-VIII, subalpin-alpin, Quellfluren, Bachufer, (Crat, Card-Mont), VU

- Hüllblätter dunkel- bis schwärzlich grün, oftmals etwas wachsig, Äussere Hüllblätter ohne hellen Hautrand. Fruchtschnabel höchstens 1,5x so lang wie die Frucht. Blätter tief schrotsägeförmig **11**

11 Blattstiel nicht geflügelt, schmal, meist kurz. Blütenkorb (Hülle) nur 15–20 mm breit. Äussere Hüllblätter breit eiförmig, weniger als ½ so lang wie die inneren. Fruchtschnabel 5–8 mm lang →

Taraxacum alpinum aggr., Alpen-Löwenzahn: H, 5–15 cm, VI–IX, (subalpin-) alpin, mässig feuchte Bergweiden, Läger, Schneetälchen, (Poio-alpi, Rumi-alpi, Arab-caer), LC

- Blattstiel geflügelt, oft gezähnt. Blütenkorb (Hülle) 25–35 mm breit. Äussere Hüllblätter eilanzettlich, höchstens ⅔ so lang wie die inneren, diese zur Blütezeit anliegend oder wenig abstehend. Fruchtschnabel 6–9 mm lang

Taraxacum alpestre aggr., (*T. nigricans* aggr.), Gebirgs-Löwenzahn: H, 5–20 cm, VI–IX, subalpin-alpin, lückige feuchte Wiesen und Rasen, Wegränder, (Calt, Poio-alpi), LC

Telekia Telekie

- Stängel abstehend behaart, mit oder ohne Drüsenhaare. Stängelblatt verkehrt eiförmig, breit stängelumfassend, lederig, auf den Nerven behaart, sonst fast kahl, am Ende mit aufgesetzter Spitze. Köpfe einzeln, 4–6 cm breit

Telekia speciosa (Schreb.) Baumg., Prächtiges Rindsauge, Prächtige Telekie: G-H, 1 m, VI–VIII, kollin-montan, mässig feuchte Krautsäume, Ufer, kultiviert und selten verwildert, Neophyt

Tephroseris Greiskraut, Kreuzkraut, Aschenkraut

1 Blüten orangerot. Hüllblätter zumindest in der oberen Hälfte rotbraun. Stängel und Blätter filzhaarig bis spinnwebig. Blattstiel kürzer als die Spreite. Köpfchen kurz gestielt, 2–3 cm breit

Tephroseris capitata (Wahlenb.) Griseb. & Schenk, Orangerotes Greiskraut: H, 15–30 cm, VI–VIII, (subalpin-) alpin, steinige, kalkreiche Gebirgsrasen, (Sesl, Elyn), VU

- Blüten gelb. Hüllblätter grün oder an der Spitze etwas dunkler **2**

2 Blatt zweifarbig: oberseits verkahlend, unterseits dicht filzhaarig. Grundständige Blätter klein, am Grund gestutzt bis fast herzförmig

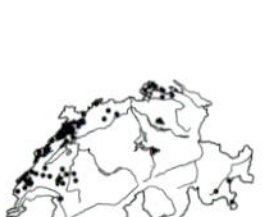

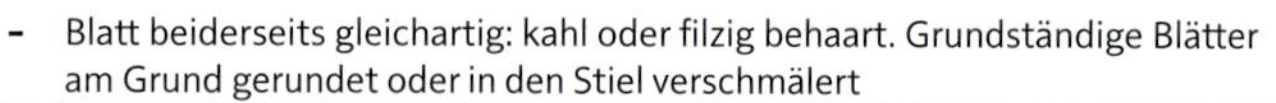

Tephroseris helenitis (L.) B. Nord., Alant-Greiskraut: H, 20–70 cm, VI–VII, kollin-montan, wechselfeuchte Magerrasen, Krautsäume, (Moli), EN

- Blatt beiderseits gleichartig: kahl oder filzig behaart. Grundständige Blätter am Grund gerundet oder in den Stiel verschmälert **3**

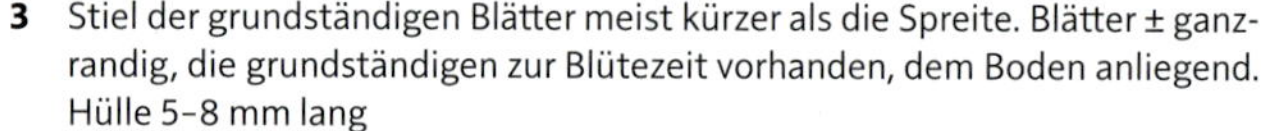

3 Stiel der grundständigen Blätter meist kürzer als die Spreite. Blätter ± ganzrandig, die grundständigen zur Blütezeit vorhanden, dem Boden anliegend. Hülle 5–8 mm lang

Tephroseris integrifolia (L.) Holub, Ganzblättriges Greiskraut: H, 20–60 cm, VI–VII, kollin-subalpin, kalkreiche Halbtrockenrasen, (Cirs-Brac, Meso), VU

- Stiel der grundständigen Blätter meist länger als die Spreite. Blätter buchtig gezähnt, die grundständigen zur Blütezeit verwelkt. Hülle 8-12 mm lang

  Tephroseris tenuifolia (Gaudin) Holub, Gaudins Greiskraut: H, 20-60 cm, VII-VIII, (montan-) subalpin, kalkreiche Hochstaudenfluren, Läger, (Aden, Rumi-alpi), VU

Tragopogon — Bocksbart

1 Zumindest ein Teil der Zungenblüten rosa oder rötlich verfärbt **2**

- Zungenblüten vollständig gelb **3**

2 Blätter nur ca. 1-3 mm breit. Stängelblätter halb den Stängel umfassend. Körbchenstiele nicht verdickt. Zungenblüten orange oder zweifarbig: innen rötlich, am Ende gelblich

Tragopogon crocifolius L., Krokusblättriger Bocksbart: T, 30-50 cm, V-VII, kollin, Wiesenränder, leicht ruderale Trockenrasen, (Conv-Agro), Neophyt

- Blätter über 5 mm breit. Körbchenstiele unten stark verdickt. Köpfe 6 cm breit. Zungenblüten dunkelrosa bis weinrot

  Tragopogon porrifolius L., Haferwurzel: H.ha, 40-100 cm, VI-VIII, kollin, trockenwarme Schuttplätze, Wegränder, (Dauc-Meli), Neophyt

3 Kopfstiele oben auffallend stark verdickt →. Hüllblätter (8-)10-12, viel länger als die hellgelben Zungenblüten. Frucht (mit Schnabel) 30-40 mm lang

Tragopogon dubius Scop., Grosser Bocksbart: H.ha, 30-60 cm, V-VI, kollin-montan, trockenwarme Schuttplätze, leicht ruderale Trockenrasen, (Conv-Agro, Dauc-Meli), LC

- Kopfstiele oben nicht oder wenig verdickt. Hüllblätter meist 8, kürzer oder länger als die Zungenblüten. Frucht (mit Schnabel) 10-25 mm lang

  Tragopogon pratensis L., Wiesen-Bocksbart: 30-70 cm, V-VII, kollin-montan (-subalpin), Wiesen und Weiden, LC

a Hüllblätter kürzer als die goldgelben Blüten →. Köpfchen 5-8 cm breit. Staubbeutel mit braunen Längsstreifen. Früchte (mit Schnabel) 20-25 mm lang

Tragopogon pratensis subsp. ***orientalis*** (L.) Čelak., Östlicher Wiesen-Bocksbart: H.ha, V-VII, kollin-montan (-subalpin), mässig trockene Fettwiesen, Bergwiesen, (Poly-Tris, Arrh), LC

- Hüllblätter so lang wie die hell- bis goldgelben Blüten oder länger. Staubbeutel ohne braune Längsstreifen **b**

b Hüllblätter etwa so lang wie die Blüten →. Köpfchen 4-5 cm breit. Staubbeutel gelb, mit braunen Spitzen. Früchte (mit Schnabel) 20-25 mm lang

Tragopogon pratensis L. subsp. ***pratensis***, Gewöhnlicher Wiesen-Bocksbart: H.ha, V-VII, kollin-montan (-subalpin), Fettwiesen, Wegränder, (Arrh, Sisy), NT

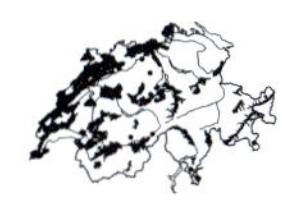

- Hüllblätter viel länger als die Blüten →. Köpfchen 3-4 cm breit. Staubbeutel braun. Früchte (mit Schnabel) 12-18 mm lang

  Tragopogon pratensis subsp. ***minor*** (Mill.) Hartm., Kleiner Wiesen-Bocksbart: H.ha, V-VII, kollin (-montan), Fettwiesen, Wegränder, (Arrh, Sisy), VU

  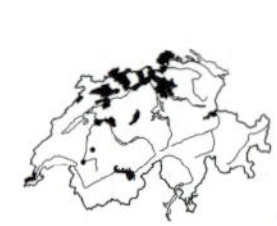

Tripleurospermum Strandkamille

- Pflanze kahl, geruchlos. Stängel meist verzweigt, Blätter doppelt fiederteilig. Abschnitte ± fadenförmig, unterseits gefurcht, stachelspitzig. Blütenboden markig → (vgl. *Matricaria*). Hüllblätter braun berandet. Frucht → mit 2 rundlichen Drüsen

  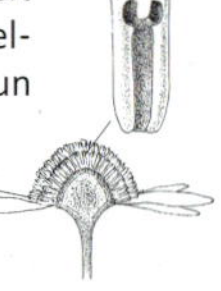

  Tripleurospermum inodorum (L.) Sch. Bip., Geruchlose Strandkamille: T, 15-60(-90) cm, VI-VII, kollin-subalpin, Äcker, Wegränder, Pionierfluren, (Fuma-Euph), LC

Tussilago Huflattich

- Stängel einköpfig, mit Blattschuppen besetzt, verblüht überhängend, zur Fruchtzeit wieder aufrecht. Blüten vor den grossen Grundblättern entwickelt. Grundblätter im Umriss rund, unterseits graufilzig, basaler Seitennerv keinen Blattrand bildend (vgl. *Petasites*), oberseits fettig

  Tussilago farfara L., Huflattich: G, 5-15(-30) cm, (II-)III-IV(-V), kollin-subalpin (-alpin), kalkhaltige, nährstoffreiche Pionierfluren, Schuttplätze, Schutthalden, Wegränder, Flussufer, (Dauc-Meli, Peta-para, Sali-elae), LC

Willemetia Kronlattich

- Stängel mit 1-2 Blättern, 1- bis 3- (5-)köpfig. Grundblätter (fast) kahl, zerrieben riechend, ganzrandig oder seicht gezähnt, unterseits bläulich. Früchte an der Schnabelbasis mit Schüppchen → (schon im aufgebrochenen Blütenköpfchen erkennbar)

  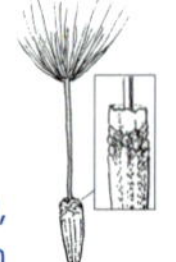

  Willemetia stipitata (Jacq.) Dalla Torre, *(Calycocorsus stipitatus)*, Kronlattich: H, 15-40 cm, VII-VIII, montan-subalpin, feuchte Wiesen und Weiden, Flachmoore, (Calt, Cari-fusc), NT

Xanthium Spitzklette

1 Stängel unter den Blättern mit gelben, 3-teiligen Stacheln. Blätter sitzend oder kurz gestielt, tief 3-lappig, zweifarbig, oberseits dunkelgrün, unterseits weissfilzig

  Xanthium spinosum L., Dornige Spitzklette: T, 15-80 cm, VII-IX, kollin, trockenwarme Unkrautfluren, Schuttplätze, (Sisy), Neophyt

- Stängel ohne Stacheln. Blätter lang gestielt, unterseits hellgrün, unregelmässig gelappt

  Xanthium strumarium aggr.

a Pflanze nicht aromatisch. Stängel und Blätter graugrün, weichhaarig. Hüllblätter der weiblichen Köpfe mit 2-3 mm langen, hakigen Stacheln. Körbe zur Fruchtzeit graugrün. Frucht 12-15(-18) mm lang

Xanthium strumarium L., Kropf-Spitzklette: T, 30-120 cm, VII-X, kollin, trockenwarme Unkrautfluren, Schuttplätze, (Sisy), EN

- Pflanze aromatisch. Stängel und Blätter gelbgrün, rauhaarig. Hüllblätter der weiblichen Köpfe mit 4-6 mm langen, hakigen Stacheln. Körbe zur Fruchtzeit braun. Frucht (16-)18-25 mm lang

Xanthium orientale L., Grossfrüchtige Spitzklette: 30-100 cm, VIII-X, kollin, warme, eher feuchte Unkrautfluren, Flussufer, (Bide), Neophyt

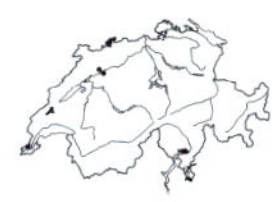

aa Hüllblätter der weiblichen Köpfe locker stehend (Zwischenraum ca. 2,5 mm), von der Mitte an nach oben gebogen. Fruchtschnabel einwärts gekrümmt →

Xanthium orientale L. subsp. ***orientale***, Gewöhnliche Grossfrüchtige Spitzklette: Neophyt

- Hüllblätter der weiblichen Köpfe dicht stehend (Zwischenraum ca. 1 mm), gerade oder schwach gebogen. Fruchtschnabel gerade →

Xanthium orientale subsp. ***italicum*** (Moretti) Greuter, Italienische Grossfrüchtige Spitzklette: T, Neophyt

Xeranthemum Strohblume

1 Köpfchen 1-2 cm breit, länger als breit. Innere Hüllblätter zur Blütezeit aufrecht. Blüten lila

Xeranthemum inapertum (L.) Mill., Geschlossene Strohblume: T, 15-50 cm, VI-VIII, kollin-montan, trockenwarme Pionierfluren, Felsgrusfluren, (Alyss-Sedi, Sedo-Vero), CR

- Köpfchen 3-5 cm breit, breiter als lang. Innere Hüllblätter zur Blütezeit ausgebreitet. Blüten blassrosa

Xeranthemum annuum L., Einjährige Strohblume: T, 25-50 cm, VI-VII, kollin, trockenwarme Unkrautfluren, Wegränder, (Arct), Neophyt

Balsaminaceae — Balsaminengewächse

Impatiens — Springkraut

1 Blüten gelb **2**

\- Blüten weinrot oder rosa **3**

2 Blüten goldgelb, 3-4 cm lang, hängend, Sporn gekrümmt →. Blätter wechselständig, eiförmig, gestielt, grob stumpf gezähnt

Impatiens noli-tangere L., Wald-Springkraut: T, 30-80 cm, VI-VIII, kollin-montan (-subalpin), feuchte Laubwälder, Auenwälder, (Luna-Acer, Frax), LC

\- Blüten blassgelb, ca. 1 cm lang, aufrecht, Sporn gerade →. Blätter wechselständig, eilanzettlich, spitz gezähnt

Impatiens parviflora DC., Kleines Springkraut: T, 20-60 cm, VI-X, kollin-montan, nährstoffreiche Krautsäume, Wegränder, Buchenwälder, (Aego, Fagetalia), Neophyt. Ein Hybride *I. parviflora × balfourii* wurde kürzlich im Tessin entdeckt. Die Farbe der Blütenblätter ist Gelb mit rosa Flecken, und die Grösse der Blütenblätter liegt zwischen den beiden Elternarten. Der Hybride wurde in grosser Zahl in Abwesenheit der Elternarten gefunden

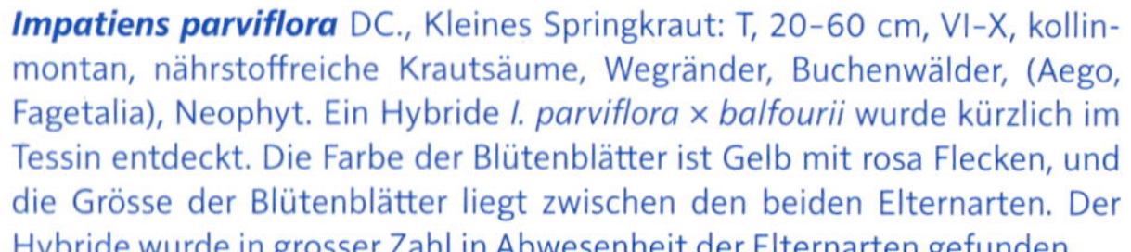

3 Blätter gegen- oder quirlständig, eilanzettlich, gesägt, am Grund mit Drüsen. Blüten weinrot, 2-4 cm lang →

Impatiens glandulifera Royle, Drüsiges Springkraut: T, 60-200 cm, VII-IX, kollin-montan, warme, feuchte Krautsäume, Ufer, Auenwälder, (Conv, Sali-alba), in Ausbreitung, invasiver Neophyt

\- Blätter wechselständig, breit lanzettlich, gesägt, am Grund ohne Drüsen. Blüten → zweifarbig, rosa und weiss

Impatiens balfourii Hook. f., Balfours Springkraut: T, 30-100 cm, VII-X, kollin, wechselfeuchte, nährstoffreiche Krautsäume, Schuttplätze, (Bide, Aego), Neophyt

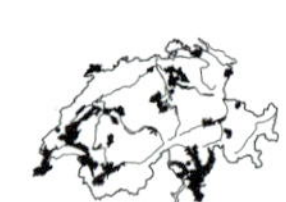

Berberidaceae — Berberitzengewächse

1 Pflanze krautig. Blüten 4-zählig. Blätter 1- bis 3-fach 3-teilig ***Epimedium***

\- Pflanze verholzt. Blüten (5-) 6-zählig. Blätter ungeteilt oder gefiedert **2**

2 Strauch ohne Dornen. Blätter gefiedert, stachelig gezähnt ***Mahonia***

\- Strauch mit Dornen. Blätter ungeteilt ***Berberis***

Berberis — Berberitze

1 Pflanze immergrün. Blatt lederig, 5-10 cm lang und 1-2 cm breit, grob stachelig gezähnt. Frucht blauschwarz (Abb. Tafel 8, S. 261)

Berberis julianae C. K. Schneid., Julianas Berberitze: Ph, 2-3 m, V, kollin, Laubwälder, Waldränder, Gebüsche, kultiviert und verwildert, Neophyt

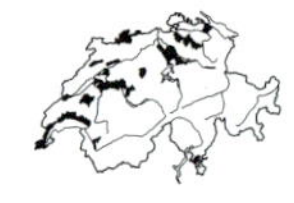

\- Pflanze sommergrün. Blatt weich, bis 1-6 cm lang, ganzrandig oder mit feinen Stachelzähnchen. Frucht rot **2**

2 Blatt fein stachelig gezähnt, 2-6 cm lang, zuletzt etwas lederig. Dornen 3-teilig. Blüten in 10- bis 30-blütigen, hängenden Trauben. Beeren länglich, bis 1 cm lang (Abb. Tafel 8, S. 261)

Berberis vulgaris L., Gemeine Berberitze: Ph, 3 m, V-VI, kollin-subalpin, trockene Gebüsche, Felsenheiden, (Berb), LC

- Blatt ganzrandig, 1-3 cm lang, weich. Dornen meist einfach. Blüten zu 2-4 in den Blattachseln. Frucht länglich (Abb. Tafel 8, S. 261)

Berberis thunbergii DC., Thunbergs Berberitze: Ph, 2 m, V-VI, kollin, Schuttplätze, Gebüsche, (Prun-Rubi), kultiviert und verwildert, Neophyt

Epimedium Sockenblume

In Gärten werden weitere Arten und Hybriden angepflanzt, die auch gegenseitig hybridisieren.

1 Stängel mit 1-2 Blättern. Blätter 2- bis 3-fach 3-teilig, grannig gezähnt. Blütenstand die Stängelblätter kaum überragend. Krone 4-teilig, braunrot, 1-2 cm im Durchmesser, die Nebenkronblättchen gespornt →, gelb bis fast weiss

Epimedium alpinum L., Alpen-Sockenblume: G, 20-40 cm, IV-V, kollin-montan, Gebüsche, Waldränder, kultiviert und selten verwildert, Neophyt

- Stängel blattlos. Grundblätter mit 3-5 ganzrandigen oder spärlich grannig gezähnten Teilblättchen. Blütenstand einfach, mit sitzenden Drüsen oder schwach drüsenhaarig. Krone 4-teilig, gelb, die Nebenkronblättchen mit rötlichen Spornen

Epimedium pinnatum Fisch., Gefiederte Sockenblume: G, 20-40 cm, IV-V, kollin-montan, Gebüsche, Waldränder, kultiviert und selten verwildert, Neophyt

Mahonia Mahonie

1 Blätter dunkelgrün, stark glänzend, 15-30 cm lang, gefiedert, mit 2-4 Teilblattpaaren, derb, aber biegsam, das unterste Teilblatt > 3 cm lang, jederseits mit mindestens 4 kurzen Stachelzähnen. Wintergrüner Strauch, bildet Ausläufer. Blüten gelb, in dichten, aufrechten Trauben. Beeren dunkelblau, bereift (Abb. Tafel 8, S. 261)

Mahonia aquifolium (Pursh) Nutt., Gewöhnliche Mahonie: Ph, 0,5-2 m, IV-V, kollin, warme Gebüsche, Waldränder, (Prun-Rubi), kultiviert und verwildert, Neophyt

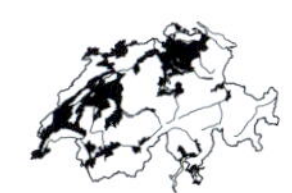

- Blätter grün bis graugrün, matt oder schwach glänzend, 30-50 cm lang, gefiedert, mit (4-)5-12 Teilblattpaaren, hart, starr, das unterste Teilblatt nur 0,5-3 cm lang, jederseits mit nur 1-2 langen Stachelzähnen. Wintergrüner Strauch, ohne Ausläufer. Blüten gelb, in dichten, aufrechten Trauben. Beeren dunkelblau, bereift

Mahonia bealei (Fortune) Carrière, Beales Mahonie: Ph, 3-4 m, IV-V, kollin, Gebüsche, Waldränder, kultiviert und verwildert, Neophyt

Betulaceae — Birkengewächse

1 Weibliche Blütenstände (Kätzchen) bilden verholzende, bleibende Zäpfchen. Knospen sitzend oder kurz gestielt ***Alnus***

- Weibliche Blütenstände anders gestaltet. Knospen stets ungestielt **2**

2 Blütezeit vor Laubausbruch. Blatt rundlich, am Grund deutlich herzförmig. Frucht → eine hartschalige Nuss ***Corylus***

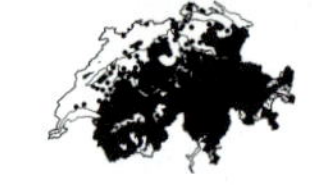

- Blütezeit mit Laubausbruch. Blatt eiförmig, am Grund nicht herzförmig **3**

3 Blätter jederseits mit 2-6 Nerven. Männliche Blüten zu mehreren in den Achseln der Tragblätter. Staubbeutel kahl. Früchtchen geflügelt ***Betula***

- Blätter jederseits mit 10-16 Nerven. Männliche Blüten einzeln in den Achseln der Tragblätter. Frucht nicht geflügelt, von einer Hülle umgeben **4**

4 Blätter beiderseits mit 11-14 Seitennerven, an der Basis höchstens mit undeutlichen Seitennerven 2. Ordnung. Männliche Kätzchen erscheinen erst zur Blütezeit. Fruchthülle flach, 3-teilig ***Carpinus***

- Blätter beiderseits mit 12-17 Seitennerven, an der Basis mit deutlichen Seitennerven 2. Ordnung. Männliche Kätzchen erscheinen schon im Vorjahr. Weibliche Kätzchen luftige Zäpfchen bildend, die an Fruchtstände des Hopfens erinnern ***Ostrya***

Alnus — Erle

1 Strauch mit sitzenden, spitzlichen Knospen. Frucht geflügelt. Blätter eiförmig, jederseits mit 5-7 Nerven. Zäpfchen 0,8-2 cm lang

Alnus viridis (Chaix) DC., *(A. alnobetula)*, Grün-Erle: Ph, 3 m, IV-VI(-VII), (kollin-) montan-subalpin (-alpin), feuchte Hänge, Runsen, (Alne-viri), oft bestandbildend, LC. Kleinblättrige Formen (bis 3 cm lang) in den Südalpen mit umstrittenem taxonomischem Wert können als var. *brembana* bezeichnet werden

- Baum mit gestielten, stumpfen Knospen. Frucht kaum geflügelt **2**

2 Blatt am Grund ± herzförmig, Rand fein gezähnelt, mit nach vorne gerichteten Zähnchen, 5-7 cm lang, glänzend, an Birnenblätter erinnernd, unterseits in den Nervenwinkeln mit auffälligen orangen Haarbüscheln. Zäpfchen 1,5-3 cm lang (Abb. Tafel 9, S. 382)

Alnus cordata (Loisel.) Duby, Herzblättrige Erle: P, 15 m, II-III, kollin, Parkanalgen, Gehölze, angepflanzt und selten verwildert, kultivierter Neophyt

- Blattgrund nie herzförmig, Blattrand deutlich gesägt **3**

3 Blatt stumpf oder ausgerandet, jederseits mit 4-7(-8) Seitennerven, mit grösster Breite meist oberhalb der Mitte, jung oft klebrig. Rinde im Alter tief rissig. Knospen klebrig. Zäpfchen auf mindestens 0,5 cm langen Stielen (Abb. Tafel 9, S. 382)

Alnus glutinosa (L.) Gaertn., Schwarz-Erle: P, 20 m, II-IV, kollin-montan, nasse Wälder, Ufer, Auenwälder, (Alni-glut, Frax), LC

- Blatt eiförmig zugespitzt, jederseits mit (8-)10-15 Seitennerven, grösste Breite meist unterhalb der Mitte, jung unten grauhaarig. Rinde glatt bleibend. Knospen nicht klebrig. Zäpfchen sitzend oder sehr kurz gestielt (Abb. Tafel 9, S. 382)

  Alnus incana (L.) Moench, Grau-Erle: P, 10-15(-25) cm, II-IV, kollin-montan (-subalpin), Auenwälder, Ufer, (Alni-inca, Frax, Sali-alba), LC

Betula Birke

Der Hybride *B. pendula* × *B. pubescens* kommt vermutlich recht häufig vor und zeigt intermediäre Merkmale der beiden Elternarten, sowohl beim Blatt als auch bei der Behaarung, der Borke und der ganzen Baumgestalt.

1 Nicht über 2 m hohe Zwergsträucher. Blätter stumpf, 1-3 cm lang **2**

- Grössere Sträucher oder Bäume. Blätter zugespitzt, 4-7 cm lang

  Betula pendula aggr.: P, 25 m, IV-V, kollin-subalpin

  a Junge Zweige hängend, glänzend rötlich braun, dicht mit warzigen Harzdrüsen besetzt. Blätter rautenförmig bis dreieckig. Seitenlappen der Fruchtschuppen → zurückgebogen, Flügel der Frucht 2-3x so breit wie das Nüsschen → (Abb. Tafel 9, S. 382)

  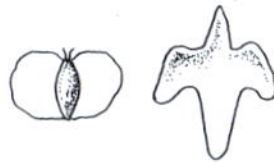

  Betula pendula Roth, Hänge-Birke: P, 25 m, IV-V, kollin-subalpin, Pioniergehölze, Laubmischwälder, Moorwälder, Ufer, (Samb-Sali, Querrobo, Betu, Dicr-Pini), LC

  - Junge Zweige abstehend oder aufwärtsgerichtet, ± weichhaarig, Zweige fast drüsenlos. Blätter mehr eiförmig, nur kurz zugespitzt. Seitenlappen der Fruchtschuppen → nie zurückgebogen, Flügel der Frucht bis 1,5x so breit wie das Nüsschen → (Abb. Tafel 9, S. 382)

  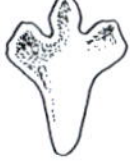

  Betula pubescens Ehrh., Moor-Birke: P, 25 m, IV-V, kollin-subalpin, feuchte Laubmischwälder, Moorwälder, Gebüsche, (Sali-cine, Betu), LC

2 Blatt fast kreisrund, nur 4-12 mm lang, eher breiter als lang, Rand mit spitzen Zähnen. Jüngste Triebe dicht flaumig behaart, ohne Harzdrüsen (Abb. Tafel 9, S. 382)

  Betula nana L., Zwerg-Birke: Ph, 1 m, V, montan, Hochmoore, (Spha-mage), VU

- Blatt oval, bis 3 cm lang, deutlich länger als breit, Rand gesägt. Jüngste Triebe locker behaart bis kahl, mit vielen Harzdrüsen (Abb. Tafel 9, S. 382)

  Betula humilis Schrank, Niedrige Birke: Ph, 3 m, V, montan, Hochmoore, Moorwälder, (Sali-cine, Betu), CR

Tafel 9

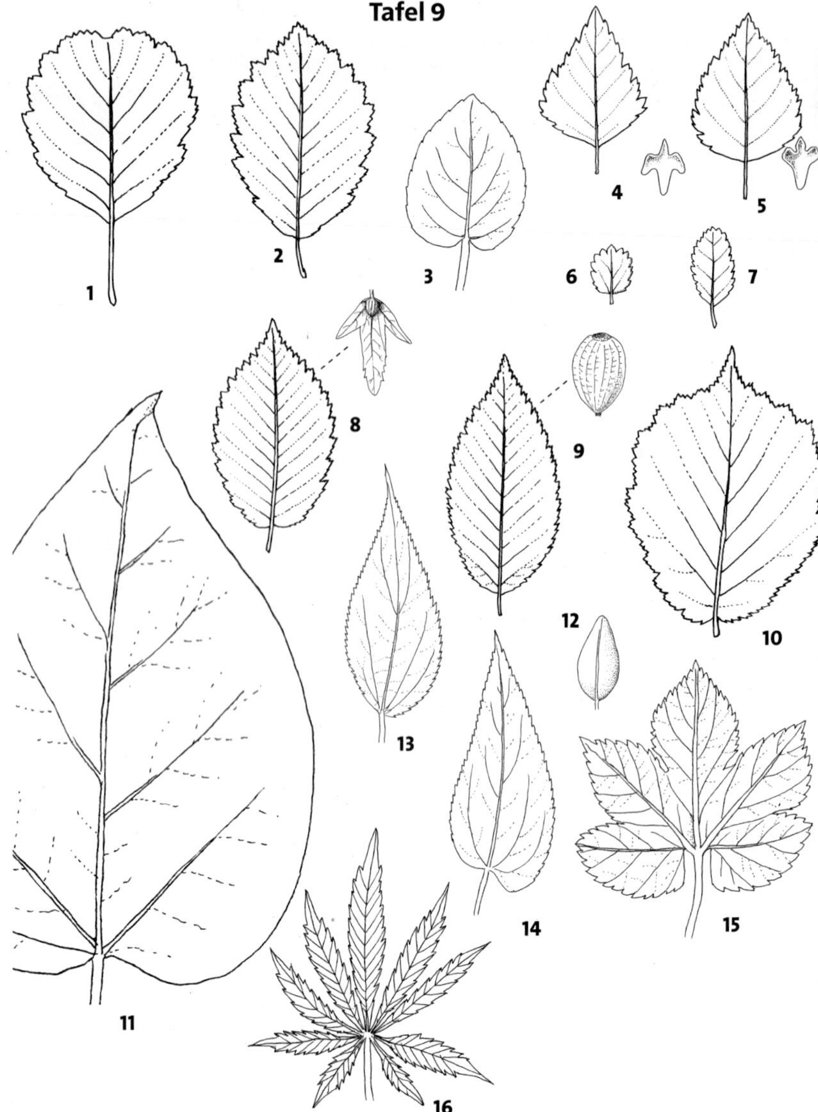

Betulaceae. Blatt: 1. *Alnus glutinosa,* 2. *A. inacana,* 3. *A. cordata*, 4. *Betula pendula* (mit Fruchtschuppe), 5. *B. pubescens* (mit Fruchtschuppe), 6. *B. nana*, 7. *B. humilis*, 8. *Carpinus betulus* (mit Flügelfrucht), 9. *Ostrya carpinifolia* (mit aufgeblasener Frucht), 10. *Corylus avellana*
Bignoniaceae. Blatt: 11. *Catalpa bignonioides*
Buxaceae. Blatt: 12. *Buxus sempervirens*
Cannabaceae. Blatt: 13. *Celtis australis,* 14. *C. occidentalis,* 15. *Humulus lupulus,* 16. *Cannabis sativa*

Carpinus Hagebuche

- Stamm mit gedrehten Längswülsten («Muskelstamm»). Rinde hellgrau. Weibliche Kätzchen locker. Fruchthülle 3-lappig →. Blätter eiförmig, doppelt gesägt, am Grund etwas schief. Die untersten Seitennerven ihrerseits ohne oder mit wenigen, undeutlichen Seitennerven (Abb. Tafel 9, S. 382)

  Carpinus betulus L., Hagebuche: P, 20 m, V, kollin (-montan), wärmeliebende Laubwälder, Feldgehölze, (Carp, Quer-pube, Frax), LC

Corylus Hasel

1 Bis 25 m hoher Baum, mit kegelförmiger Krone. Blattstiele 1,5–3 cm lang. Rinde rau, auffallend korkig. Blätter breit eiförmig, 5–15 cm lang, mit herzförmigem Grund, doppelt gesägt. Frucht umgeben von einer tief geteilten, drüsigen Hülle

  Corylus colurna L., Baumhasel: P, 15(–20) m, II–IV, kollin, Gebüsche, Baumhecken, als Zierbaum gepflanzt und selten verwildert, kultivierter Neophyt

- Bis 6 m hoher Strauch. Blattstiele 0,5–1,5 cm lang **2**

2 Fruchthülle höchstens so lang wie die 16–18 mm lange Nuss. Blatt fast kreisrund, am Grund ± herzförmig, doppelt gesägt, beiderseits kurzhaarig, plötzlich zugespitzt (Abb. Tafel 9, S. 382)

  Corylus avellana L., Haselstrauch: Ph-P, 5 m, II–IV, kollin-subalpin, Wälder, Gebüsche, Hecken, (Prun-Rubi, Samb-Sali, Fagetalia), LC

- Fruchthülle 2x so lang wie die Nuss, samtig behaart. Nuss 15–25 cm lang. Blätter in der Form wie bei voriger Art, aber oberseits kahl oder verkahlend

  Corylus maxima Mill., Lambertshasel: Ph-P, 6(–10) m, II–IV, kollin-montan, Gebüsche, Baumhecken, als Zierbaum gepflanzt und selten verwildert, Neophyt

Ostrya Hopfenbuche

- Stamm ohne Längswülste. Rinde dunkelgrau. Weibliche Kätzchen dicht. Fruchtstände zäpfchenartig, Fruchthülle sackig →. Blätter eiförmig, scharf doppelt gesägt, am Grund fast herzförmig, kurz gestielt, die untersten Seitennerven ihrerseits mit deutlichen Seitennerven (Abb. Tafel 9, S. 382)

  Ostrya carpinifolia Scop., Hopfenbuche: P, 10 m, IV–V, kollin-montan, trockenwarme Eichenwälder, (Orno-Ostr), LC

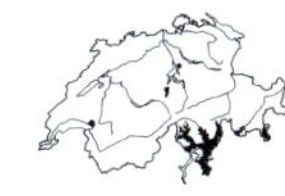

Bignoniaceae Trompetenbaumgewächse

Catalpa Trompetenbaum

- Blätter gross, herzförmig, 10-20 cm lang, ganzrandig, beim Zerreiben unangenehm riechend. Blüten glockig, weiss, in vielblütigen Rispen. Früchte schmale, bis 40 cm lange Kapseln, die im Winter am Baum verbleiben (Abb. Tafel 9, S. 382)

  Catalpa bignonioides Walter, Gewöhnlicher Trompetenbaum: P, 15 m, kollin, Parkanalgen, Gehölze, als Zierbaum gepflanzt und selten verwildert, Neophyt

Boraginaceae Raublattgewächse

1	Blätter gefiedert, Narben 2	***Phacelia***
-	Blätter ungeteilt, Narben 1, gelappt oder ungelappt	**2**
2	Stängel am Boden ausgebreitet. Kelch → zur Fruchtzeit sehr vergrössert, zusammengedrückt, fast 2-klappig, am Rand lappig gezähnt	***Asperugo***
-	Stängel aufrecht oder aufsteigend. Kelch anders geformt	**3**
3	Früchte mit widerhakigen Stachelchen	**4**
-	Früchte ohne widerhakige Stachelchen	**5**
4	Stachelchen nur auf den vorstehenden Fruchtkanten. Teilfrüchte ≤ 5 mm gross (inkl. Stachelchen). Blüten hellblau	***Lappula***
-	Stachelchen auf der ganzen Fruchtfläche. Teilfrüchte ≥ 5 mm gross (inkl. Stachelchen). Blüten rotviolett, blauviolett oder blassrosa	***Cynoglossum***
5	Staubblätter zu einem langen, schmalen Kegel verwachsen →, der deutlich aus der radförmigen, ausgebreiteten Krone herausragt	**6**
-	Staubblätter nicht zu einem Kegel verwachsen oder nur wenig aus der Krone herausragend	**7**
6	Kronblätter korkenzieherartig aufgerollt. Grundständige Blätter herzförmig. Krone mit 2 Reihen aus je 5 Schlundschuppen (eine Reihe in der Mitte und die andere am oberen Ende der Kronröhre), die sich mit den Staubblättern abwechseln	***Trachystemon***
-	Kronblätter flach oder leicht wellig. Grundständige Blätter oval. Krone mit nur 1 Reihe aus 5 Schlundschuppen	***Borago***
7	Krone mit 5 deutlich ausgebildeten Schlundschuppen →, die sich mit den Staubblättern abwechseln	**8**
-	Krone ohne Schlundschuppen, höchstens mit 5 Buckeln oder Linien (rudimentäre Schlundschuppen)	**13**
8	Schlundschuppen lang, zugespitzt und kegelförmig zusammenneigend	***Symphytum***
-	Schlundschuppen kurz, stumpf oder ausgerandet	**9**
9	Kronröhre länger als die Kronzipfel	***Anchusa***
-	Kronröhre kürzer als oder gleich lang wie die Kronzipfel	**10**

10	Obere Blätter deutlich gestielt. Pflanze mit langen unterirdischen Ausläufern	***Omphalodes***
-	Obere Blätter ungestielt. Pflanze ohne oder nur mit kurzen unterirdischen Ausläufern	**11**
11	Blattspreite der unteren Blätter herzförmig. Teilfrüchte muschelförmig, gefurcht	***Brunnera***
-	Blattspreite der unteren Blätter niemals herzförmig. Teilfrüchte tropfen- oder eiförmig, glatt	**12**
12	Hochalpine, 2–3 cm hohe Polsterpflanze. Teilfrüchte scharfkantig, Kante oft gezähnt	***Eritrichium***
-	5–40 cm hohe Pflanze. Teilfrüchte stumpf gekielt	***Myosotis***
13	Pflanze kahl oder fast kahl, blaugrün	***Cerinthe***
-	Pflanze behaart bis stechend steifhaarig	**14**
14	Blüten zygomorph (zweiseitig-symmetrisch)	***Echium***
-	Blüten radiärsymmetrisch	**15**
15	Kelch höchstens bis 3/5 geteilt	**16**
-	Kelch bis fast zum Grund 5-teilig	**17**
16	Blüten blau, weinrot bis violett. Teilfrüchte glatt. Grundständige Blätter erst nach der Blüte erscheinend	***Pulmonaria***
-	Blüten gelb, braunpurpurn bis schwarzviolett. Teilfrüchte warzig gefurcht. Grundständige Blätter vor der Blüte erscheinend	***Nonea***
17	Kronröhre → im oberen Teil leicht aufgeblasen, jedoch an der Spitze deutlich verengt	***Onosma***
-	Kronröhre trichterförmig erweitert oder Kronzipfel ausgebreitet	**18**
18	Blütenstand nicht beblättert	**19**
-	Blütenstand beblättert	**20**
19	Blüten gestielt, ca. 5–8 mm lang. Krone dunkelgelb bis orange	***Amsinckia***
-	Blüten sitzend, ca. 4 mm lang. Krone weiss bis purpurfarben	***Heliotropium***
20	Blüten gross, mindestens 12 mm breit, zuerst violett, dann leuchtend blau. Teilfrüchte weiss, glänzend	***Buglossoides***
-	Blüten klein, weniger als 10 mm breit, weiss, gelblich, selten bläulich oder rötlich	**21**
21	Teilfrüchte warzig, braun, matt	***Buglossoides***
-	Teilfrüchte glatt, weiss, glänzend	***Lithospermum***

Amsinckia Gelbklette

- Blüten ohne Deckblätter, gestielt, 5–8 mm lang. Krone dunkelgelb bis orange. Kronröhre in der unteren Hälfte verengt. Staubblätter in der unteren Hälfte der Kronröhre eingefügt. Kelchblätter gleich gross, nicht verwachsen

  Amsinckia lycopsoides Lehm., Krummhals-Gelbklette: T, 15–75 cm, IV–VI, kollin-montan, trockenwarme Ruderalfluren, Schuttplätze, (Sisy), Neophyt

Anchusa Ochsenzunge, Krummhals

1 Kronröhre doppelt gekrümmt →

Anchusa arvensis (L.) M. Bieb., *(Lycopsis arvensis)*, Krummhals: T, 50 cm, VI–IX, kollin-subalpin, mässig trockene Wegränder, Äcker, (Pani-Seta), Archäophyt, NT

- Kronröhre gerade oder nur an der Spitze schwach gekrümmt **2**

2 Blütendurchmesser höchstens 10 mm. Kelch bis maximal ⅔ seiner Länge gespalten →

Anchusa officinalis L., Echte Ochsenzunge: H-H.ha, 30–100 cm, V–IX, kollin-montan (-subalpin), trockenwarme, kalkreiche Unkrautfluren, leicht ruderale Trockenrasen, (Onop, Conv-Agro), NT

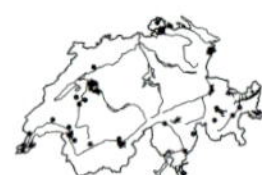

- Blütendurchmesser bis 15 mm. Kelch bis fast zum Grund gespalten →

Anchusa italica Retz., Italienische Ochsenzunge: H, 1,5 m, V–VIII, kollin, trockenwarme Schuttplätze, Wegränder, (Dauc-Meli), Neophyt

Asperugo Scharfkraut

- Stängel am Boden ausgebreitet, durch rückwärtsgerichtete Stachelchen sehr rau. Blüten zu 1–5 in den Blattwinkeln. Kelch zur Fruchtzeit sehr vergrössert, zusammengedrückt, am Rand lappig gezähnt →

Asperugo procumbens L., Niederliegendes Scharfkraut: T, 1 m, V–VIII, (kollin-) montan-subalpin, trockene Läger, Balmen, Mauern, (Sisy, Arct), Archäophyt, NT

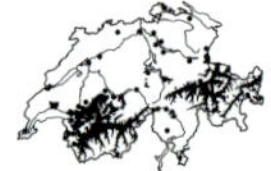

Borago Borretsch

- Pflanze stechend steifhaarig. Blätter elliptisch. Blüten lang gestielt, meist nickend. Krone blau, 2–3 cm breit, radförmig ausgebreitet. Staubblätter zu einem langen, schmalen Kegel verwachsen →

Borago officinalis L., Borretsch: T, 20–70 cm, V–VIII, kollin-montan, Gärten, Wegränder, Weinberge, (Sisy, Fuma-Euph), kultiviert und verwildert, Neophyt

Brunnera Kaukasusvergissmeinnicht

- Blattspreite der unteren Blätter herzförmig, 5–20 cm gross. Blüten ohne Deckblätter, 3–4 mm im Durchmesser, blau. Teilfrüchte muschelförmig, gefurcht

Brunnera macrophylla (Adams) I. M. Johnst., Kaukasusvergissmeinnicht: G, 5–20 cm, IV–V, kollin-montan, Parkanlagen, Gärten, (Aego), kultiviert und selten verwildert, Neophyt

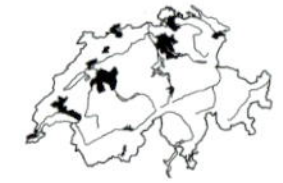

Buglossoides Steinsame

1 Blüten gross, mindestens 12 mm gross, zuerst violett, dann leuchtend blau. Teilfrüchte weiss, glänzend. Stängel dicht beblättert. Blätter lanzettlich, zugespitzt

Buglossoides purpurocaerulea (L.) I. M. Johnst., Blauer Steinsame: Ch-H, 20–60 cm, V–VI, kollin (-montan), warme Eichenwälder, Gebüsche, (Querpube, Berb), NT

- Blüten klein, höchstens 8 mm gross, weisslich, bläulich oder rötlich. Stängel entfernt beblättert. Blätter verkehrt eilanzettlich, die unteren stumpf, die oberen spitz

Buglossoides arvensis (L.) I. M. Johnst., Acker-Steinsame: T, 15–50(–80) cm, IV–VI, kollin-montan (-subalpin), kalkreiche Äcker, Wegränder, (Cauc), NT

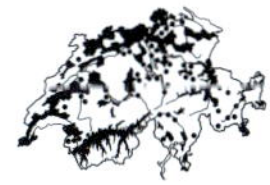

a Keimblätter oval. Fruchtstiel → zylindrisch oder konisch (zur Frucht hin sich allmählich verbreiternd). Krone weiss, die Röhre selten etwas bläulich

Buglossoides arvensis (L.) I. M. Johnst. subsp. ***arvensis***, Echter Acker-Steinsame

- Keimblätter rundlich. Fruchtstiel → von Grund auf auffällig verdickt. Krone bläulich (oft zuerst rosa), selten weiss

Buglossoides arvensis subsp. ***permixta*** (Jord.) R. Fern., Bläulicher Acker-Steinsame

Cerinthe Wachsblume

- Pflanze kahl oder fast kahl, blaugrün. Krone blassgelb, mit goldgelbem Saum und 5 dunkelroten Flecken, röhrenförmig →, mit kleinem, zugespitztem, unverwachsenem Teil, nach aussen zurückgekrümmt

Cerinthe glabra Mill., Alpen-Wachsblume: H, 30–50 cm, VI–VIII, subalpin, nährstoffreiche Hochstaudenfluren, (Rumi-alpi, Aden), LC

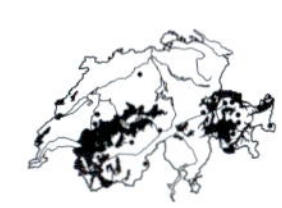

Cynoglossum Hundszunge

1 Reife Teilfrüchte mit Randwulst, in der Mitte vertieft →. Blätter dicht behaart, dadurch matt

Cynoglossum officinale L., Echte Hundszunge: H.ha-T, 20–90 cm, V–VII, kollin-subalpin (-alpin), trockenwarme Unkrautfluren, Läger, Schuttplätze, (Onop), NT

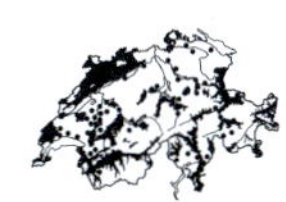

- Reife Teilfrüchte ohne Randwulst, in der Mitte nicht vertieft →. Blätter dünn, nur wenig behaart, dadurch glänzend

Cynoglossum germanicum Jacq., Deutsche Hundszunge: H.ha, 30–80 cm, VI–VII, montan, warme, kalkreiche Waldränder, Krautsäume, (Alyss-Sedi), NT

Echium Natternkopf

1 Kronblätter auf den Nerven und an der Spitze lang behaart, ansonsten kahl. Stängel niederliegend-aufsteigend, weichborstig behaart. Grundblätter spatelig, in einer wegerichähnlichen Rosette

Echium plantagineum L., Wegerich-Natternkopf: H.ha-T, 20–80 cm, kollin, trockenwarme Wegränder, Schuttplätze, (Sisy), Neophyt

- Kronblätter auf den Nerven und an der Spitze lang behaart, ansonsten gleichmässig kurzhaarig. Stängel aufrecht. Blätter schmal lanzettlich, borstig-steifhaarig. Blütenstand lang zylindrisch. Krone violettblau, selten rötlich, rachenförmig-2-lippig

Echium vulgare L., Gemeiner Natternkopf: H.ha-T, 30–90(–150) cm, V–X, kollin-subalpin, trockenwarme Pionierfluren, Trockenrasen, LC

Eritrichium Himmelsherold

- Hochalpine, 2–3 cm hohe Polsterpflanze. Blätter zottig behaart, dadurch oft seidig glänzend →. Teilfrüchte scharfkantig, Kante oft gezähnt

Eritrichium nanum (L.) Gaudin, Himmelsherold: Ch, 2–5 cm, VII–VIII, (subalpin-) alpin, kalkarme Felsen, Moränen, (Andr-alpi, Andr-vand), LC

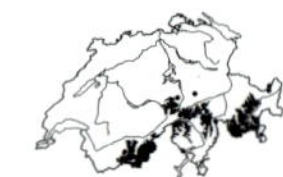

Heliotropium Sonnenwende

- Blüten ohne Deckblätter, klein, ca. 4 mm lang, in sehr dichten, einseitswendigen Blütenständen → («Wickeln»). Blätter eiförmig, stumpf

Heliotropium europaeum L., Europäische Sonnenwende: T, 15–30 cm, VII–IX, kollin, trockenwarme Äcker, Weinberge, Schuttplätze, (Erag), Archäophyt, NT

Lappula Igelsame

1 Stängel erst im oberen Teil verzweigt. Blätter meist anliegend behaart. Früchte aufrecht →

Lappula squarrosa (Retz.) Dumort., Stechender Igelsame: T, 40 cm, VI–IX, kollin-subalpin, trockenwarme Wegränder, Schuttplätze, (Sisy, Onop), Archäophyt, NT

- Stängel meist von Grund an verzweigt. Blätter abstehend behaart. Früchte zurückgebogen →

Lappula deflexa (Wahlenb.) Garcke, *(Hackelia deflexa)*, Zurückgebogener Igelsame: T, 20–100 cm, VI–VIII, montan-subalpin, Wegränder, Läger, Balmen, (Sisy), VU

Lithospermum Steinsame

- Blüten in beblätterten end- oder seitenständigen Trauben. Krone weiss oder blassgelb, Kronröhre 4,5 mm lang, mit 5 ausgebreiteten Zipfeln, innen mit 5 behaarten Falten. Kelch rauhaarig. Teilfrüchte zu 4-5, ca. 3 mm lang, eiförmig, hellbraun, glatt, glänzend, extrem hart (Name!)

Lithospermum officinale L., Echter Steinsame: H, 30-80 cm, V-VII, kollin (-montan), Krautsäume, Waldränder, Auenwälder, (Trif-medi, Frax), NT

Myosotis Vergissmeinnicht

Mitarbeit von Yorick Ferrez

Wegen ihrer Ähnlichkeit sind *Myosotis*-Arten oft nicht einfach zu unterscheiden. Wichtige Bestimmungsmerkmale sind die Kelchbehaarung und die reifen (!) Samen.

1 Kelch kahl oder anliegend behaart, ohne Hakenhaare (Haare mit hakig gekrümmter Spitze)

Myosotis scorpioides aggr.

a Untere Blüten mit Deckblatt. Kelch breit glockig, auf ⅖ der Länge gespalten →. Am Grund mit (Blüten tragenden) Seitentrieben. Pflanze ein- bis zweijährig, ohne sterile Kriechtriebe

Myosotis cespitosa Schultz, Rasiges Vergissmeinnicht: T, 15-40 cm, V-VII, kollin-montan, Grossseggenriede, Seeufer, (Magn), VU

- Blütenstand meist ohne Deckblätter. Kelch → schmal glockig, auf weniger als ⅖ der Länge gespalten. Zumindest die unteren Seitentriebe steril. Pflanze normalerweise mehrjährig, mit oder ohne sterile Kriechtriebe **b**

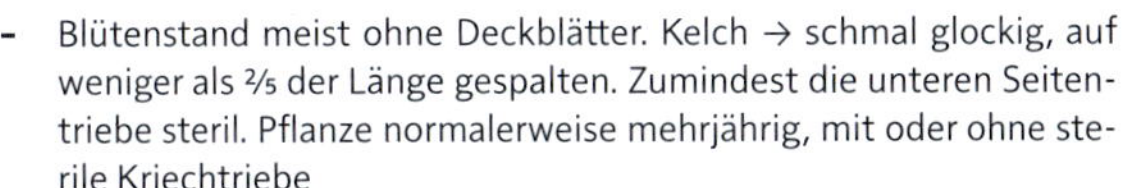

b Höchstens 10 cm hoch, dichte Rasen bildend. Krone 8-12 mm breit. Blütenstiel kürzer oder gleich lang wie der Kelch →. Blütenstand meist mit maximal 2 endständigen Teilblütenständen. Stängel stielrund

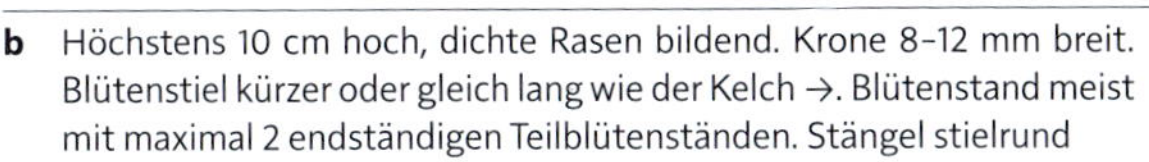

Myosotis rehsteineri Wartm., Bodensee-Vergissmeinnicht: H, 2-10 cm, IV-V, kollin, kiesige Seeufer, (Litt), EN

- Meist über 20 cm hoch, keine dichten Rasen bildend. Krone 4-8 mm breit. Blütenstiel deutlich länger als der Kelch. Blütenstand mit 2 oder mehr endständigen Teilblütenständen. Stängel mit stumpfen Kanten **c**

c Oberirdische Kriechtriebe vorhanden. Stängel unten abstehend dicht behaart →

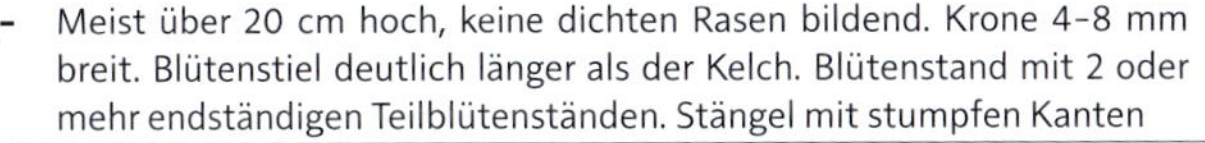

Myosotis michaelae Štěpánková, Michaelas Vergissmeinnicht: H, 15-50 cm, V-VIII, kollin-subalpin, Nasswiesen, Flachmoore, (Calt), LC

- Oberirdische Kriechtriebe fehlend, oft aber mit unterirdischen Kriechtrieben. Stängel unten kahl, anliegend oder locker und abstehend behaart **d**

d Stängel scharfkantig. Blattunterseite der unteren Blätter und der Stängelgrund mit zahlreichen, rückwärtsgerichteten Haaren. Kelch →

Myosotis nemorosa Besser, Hain-Vergissmeinnicht: H, 10-40 cm, V-VIII, kollin-subalpin, Nasswiesen, Flachmoore, (Calt), LC

- Stängel stumpfkantig. Blattunterseite der unteren Blätter und der Stängelgrund ohne rückwärtsgerichtete Haare. Kelch →

Myosotis scorpioides L., Sumpf-Vergissmeinnicht: H, 15–50 cm, V–VIII(–IX), kollin-subalpin, Nasswiesen, Moore, Ufer, (Calt, Magn), LC

- Kelch zumindest z. T. abstehend behaart, Haare zumindest teilweise hakig gekrümmt (Hakenhaare) **2**

---

2 Kronsaum flach, Durchmesser (4–)5–9 mm. Pflanze mehrjährig, mit (teilweise unterirdischen) Kriechtrieben **3**

- Kronsaum meist vertieft, 1–4 mm im Durchmesser. Pflanze einjährig, ohne Kriechtriebe **4**

---

3 Kelch in den Blütenstiel verschmälert →, bei der Reife bleibend. Teilfrüchte in der Mitte am breitesten, beidendig stumpf, oben nur undeutlich gekielt

Myosotis alpestris F. W. Schmidt, Alpen-Vergissmeinnicht: H, 20 cm, VI–VII, (montan-) subalpin-alpin, kalkreiche Gebirgsrasen, (Sesl, Cari-ferr, Elyn), LC

- Kelch am Grund gerundet, nicht in den Blütenstiel verschmälert, bei der Reife abfallend (sich mitsamt dem Stiel von der Blüte lösend). Teilfrüchte unter der Mitte am breitesten, oben spitz und scharf gekielt

Myosotis sylvatica aggr.

a Kelchzipfel breit dreieckig → (höchstens 2x so lang wie breit). Kelch zu Beginn der Blüte kürzer als die Kronröhre. Hakenhaare am Grund des Kelchs auf 4/5 ihrer Länge gerade. Teilfrüchte 2–3 mm gross

Myosotis decumbens Host, Niederliegendes Vergissmeinnicht: H, 15–40 cm, VI–VIII, montan-subalpin, Bachufer, Hochstaudenfluren, (Aden, Peta-offi), LC

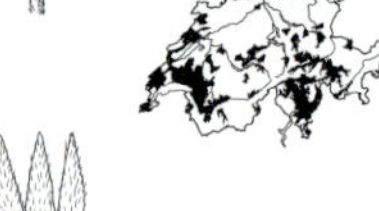

- Kelchzipfel lanzettlich → (mehr als 2x so lang wie breit). Kelch zu Beginn der Blüte mindestens so lang wie die Kronröhre. Hakenhaare am Grund des Kelchs winzig (< 0,2 mm), nur wenig gerade. Teilfrüchte max. 1,8 mm gross

Myosotis sylvatica Hoffm., Wald-Vergissmeinnicht: H.ha-T, 20–40 cm, V–VII, montan-subalpin (-alpin), nährstoffreiche Bergwiesen und -weiden, Hochstaudenfluren, (Poly-Tris, Epil-angu, Aden), LC

---

4 Fruchtstiel deutlich länger als der Kelch. Stängel oben gabelig zu 2 Teilblütenständen verzweigt

Myosotis arvensis Hill, Acker-Vergissmeinnicht: H.ha-T, 15–50 cm, IV–X, kollin-subalpin (-alpin), pionierhafte Wiesen und Weiden, Wegränder, Äcker, (Cauc, Poly-Chen, Nard), LC

- Fruchtstiel höchstens gleich lang wie der Kelch. Stängel oben nicht gabelig in Teilblütenstände verzweigt (ausser bei Missbildungen) **5**

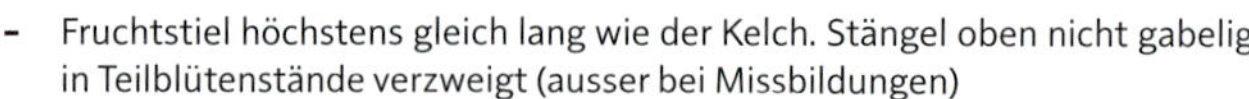

---

5 Nerven auf der Blattunterseite mit Hakenhaaren (Haare an der Spitze hakig gekrümmt) **6**

- Nerven auf der Blattunterseite ohne Hakenhaare **7**

6 Fruchtstiel etwa gleich lang wie der Kelch →, die unteren oft zurückgekrümmt. Kelch zur Reifezeit früh abfallend. Stängel und Blütenstiele mit abstehenden Haaren. Teilfrüchte von der Anwachsstelle ausgehend mit auslaufenden Rillen

Myosotis minutiflora Boiss. & Reut., Kleinblütiges Vergissmeinnicht: T, 2-20 cm, V-VII, kollin-montan (-subalpin), kalkreiche Pionierfluren, (Alyss-Sedi), VU

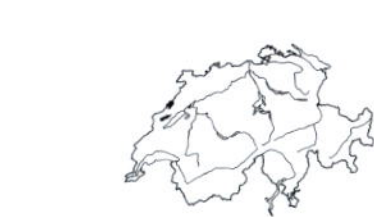

- Fruchtstiel deutlich kürzer als der Kelch →, zur Reifezeit aufrecht bleibend. Kelch zur Reifezeit bleibend. Stängel und Blütenstiele mit vorwärtsgerichteten, anliegenden Haaren. Teilfrüchte ohne Rillen

Myosotis stricta Roem. & Schult., Sand-Vergissmeinnicht: H.ha-T, 5-20 cm, III-V, kollin-montan, kalkarme Pionierfluren, Föhrenwälder, (Sedo-Vero), NT

7 Blüten blau, die Farbe unverändert mit zunehmendem Alter. Kronröhre zur Reifezeit kürzer als der Kelch →

Myosotis ramosissima Rochel, Hügel-Vergissmeinnicht: T, 5-20 cm, IV-VI, kollin-subalpin, trockenwarme, kalkreiche Pionierfluren, Trockenrasen, NT

- Blüten zuerst hellgelb, dann rot, zuletzt blau. Kronröhre zur Reifezeit bis 2x so lang wie der Kelch →

Myosotis discolor Pers., Buntes Vergissmeinnicht: T, 5-20 cm, IV-VI, kollin, kalkreiche Pionierfluren, Äcker, (Alyss-Sedi), EN

Nonea Mönchskraut

1 Blüten gelb, 7-12 mm lang. Pflanze flaumig, drüsig und borstig behaart. Blätter lanzettlich, ± ganzrandig. Kelch bis zur Mitte geteilt, 6-8 mm lang, zur Fruchtzeit auf 12-18 mm verlängert und schief abstehend

Nonea lutea (Desr.) DC., Gelbes Mönchskraut: T, 10-40 cm, IV-VI, kollin, trockenwarme Schuttplätze, Wegränder, (Sisy, Onop), Neophyt

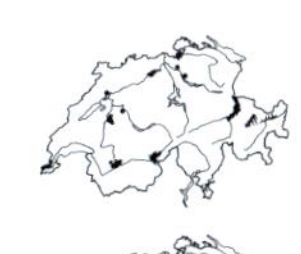

- Blüten rotbraun bis schwarzviolett. Pflanze flaumig-drüsig und borstig. Kelch zur Fruchtzeit nur 9-12 mm lang und nur im äusseren Drittel geteilt

Nonea erecta Bernh., *(N. pulla)*, Braunes Mönchskraut: H, 60 cm, V-VIII, kollin (-montan), trockenwarme, kalkreiche Äcker, (Cauc), Neophyt

Omphalodes Nabelnuss

- Blätter breit oval bis oval, mit herzförmigem Grund, zugespitzt. Blüten zu wenigen in lockeren Trauben, 1-3 cm lang gestielt, nach der Blüte zurückgekrümmt. Krone blau

Omphalodes verna Moench, Nabelnuss: H, 5-20 cm, IV-VI, kollin-montan, Wälder, Waldränder, (Fagetalia), kultiviert und verwildert, Neophyt

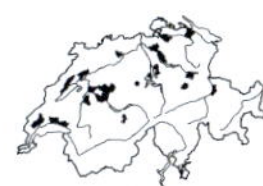

Onosma Lotwurz

1 Höcker der 1–4 mm langen, abstehenden Borstenhaare deutlich mit sternförmig abstehenden, 0,1–0,3 mm langen Börstchen besetzt →. Pflanze dicht borstenhaarig grau. Blätter lang bandförmig bis spatelig. Krone blassgelb, röhrig

Onosma pseudoarenaria Schur, Walliser Lotwurz: 20–50(–70) cm, V–VII, kollin (-montan), Felsensteppen, VU

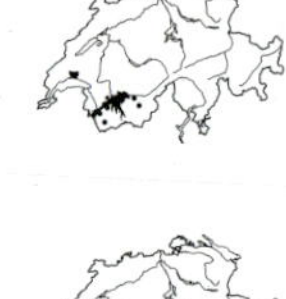

- Höcker der 1–4 mm langen Borstenhaare kahl, ohne sternförmig abstehende Börstchen →. Sonst Blätter und Blüten wie bei *O. pseudoarenaria*

Onosma helvetica (A. DC.) Boiss., Schweizer Lotwurz: H.ha, 15–40 cm, VI–VII, kollin (-montan), kalkreiche Steppenrasen, Föhrenwälder, Gebüsche, (Stip-Poio, Onon-Pini), EN. Inkl. *O. vaudensis*

Phacelia Büschelblume

- Pflanze rauhaarig, oben verzweigt. Blätter gefiedert, im Umriss meist dreieckig, bis 20 cm lang, Teilblätter fiederteilig. Blütenstände einseitswendig, vor dem Aufblühen spiralig eingerollt. Krone blaulila, von den 5 lila Staubblättern weit überragt

Phacelia tanacetifolia Benth., Büschelblume: T, 30–60 cm, V–X, kollin, Äcker, Wegränder, (Fuma-Euph, Poly-Chen), angepflanzt und verwildert, Neophyt

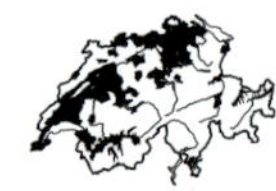

Pulmonaria Lungenkraut

Die Bestimmung der Lungenkräuter setzt eine aufmerksame Untersuchung der Blattbehaarung mit einer starken Lupe voraus. Nur die Behaarung der ausgewachsenen Blätter von Seitenaustrieben (Sommerblättern) dürfen berücksichtigt werden. Verschiedene Arten von Haaren werden unterschieden. Borstenhaare: ca. 3 mm lange Haare, die an der Basis deutlich dicker sind als an der Spitze. Kurzborsten: ca. 0,1–0,5 mm lange Borstenhaare. Stachelhöcker: weniger als 0,1 mm lang, nur 2–3x so lang wie dick. Lang abstehende Haare: Haare, die auf der ganzen Länge gleich dick sind; deutlich schmaler als Borstenhaare. Drüsenhaare: etwas dicker als lang abstehende Haare, mit einer Drüse an der Spitze.

1 Sommerblätter mit herzförmigem, abgerundetem oder plötzlich verschmälertem Grund. Blattstiel daher deutlich abgegrenzt. Blätter dicht mit Borstenhaaren und Stachelhöckern bedeckt →, daneben mit einzelnen kurzen Drüsen. Kronzipfel abstehend, die Krone weit öffnend, mit deutlichen Nerven

Pulmonaria officinalis aggr., Echtes Lungenkraut: III–V, kollin-subalpin, LC

a Sommerblätter am Grund abgerundet oder plötzlich in den Blattstiel verschmälert. Blattstiel zur Blattspreite hin kaum verbreitert. Blattspreite hauptsächlich von dicht stehenden Kurzborsten bedeckt →. Blätter nur undeutlich blassgrün gefleckt

Pulmonaria helvetica Bolliger, Schweizer Lungenkraut: H, 20–60 cm, III–V, kollin (-montan), Laubwälder, (Carp, Gali-Fage), NT

- Sommerblätter breit oval-lanzettlich, mit herzförmigem Grund. Blattstiel auf der ganzen Länge gleich breit. Behaarung der Blattspreite vorwiegend aus sehr dicht stehenden Stachelhöckern (daneben oft mit längeren Borsten). Blätter gefleckt oder ungefleckt **b**

b Sommerblätter frischgrün und deutlich hellgrün bis weisslich gefleckt. Spreite 4–10 cm breit

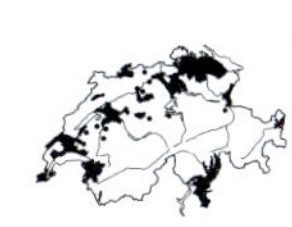

Pulmonaria officinalis L., Gewöhnliches Lungenkraut: H, 10–40 cm, III–V, kollin-subalpin, Laub-, Auenwälder, (Carp, Gali-Fage, Frax), NT

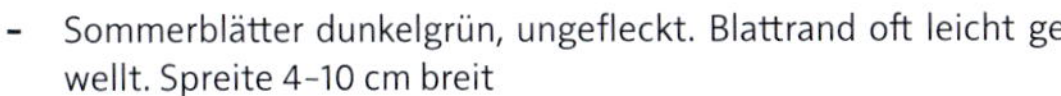

- Sommerblätter dunkelgrün, ungefleckt. Blattrand oft leicht gewellt. Spreite 4–10 cm breit

Pulmonaria obscura Dumort., Dunkelgrünes Lungenkraut: H, 10–30 cm, III–V, kollin-montan, Laub-, Auenwälder, (Gali-Fage, Frax, Carp), LC

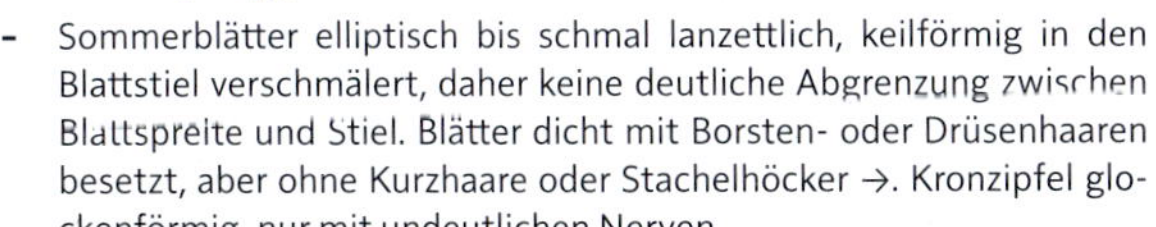

- Sommerblätter elliptisch bis schmal lanzettlich, keilförmig in den Blattstiel verschmälert, daher keine deutliche Abgrenzung zwischen Blattspreite und Stiel. Blätter dicht mit Borsten- oder Drüsenhaaren besetzt, aber ohne Kurzhaare oder Stachelhöcker →. Kronzipfel glockenförmig, nur mit undeutlichen Nerven **2**

2 Sommerblätter schmal lanzettlich, 1,5–5 cm breit, 6–9x so lang wie breit (inkl. Blattstiel). Behaarung der Blattspreite aus Borstenhaaren, daneben nur wenige Drüsenhaare (daher nicht klebrig) und ohne lang abstehende Haare. Kronblätter am Schluss intensiv azur- bis violettblau

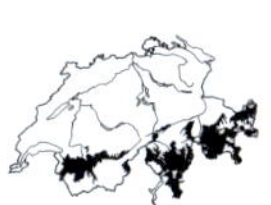

Pulmonaria australis (Murr) W. Sauer, Südalpen-Lungenkraut: H, 10–30 cm, IV–VI, montan-alpin, lichte Wälder, Krautsäume, Trockenrasen, (Fest-vari, Trif-medi), LC

- Sommerblätter elliptisch bis breit lanzettlich, (4-)5–14 cm breit, höchstens 6x so lang wie breit. Behaarung der Blattspreite dicht, aus Borstenhaaren, Drüsenhaaren und mit (oder ohne) lang abstehenden Haaren →. Kronblätter am Schluss blauviolett bis violett

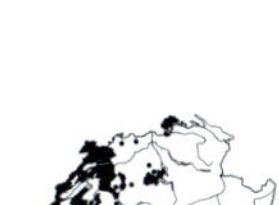

Pulmonaria mollis aggr., Weiches Lungenkraut: H, 15–50 cm, III–VI, kollin-subalpin, NT

a Sommerblätter elliptisch, Blattspreite am Grund schneller verjüngend als zur Spitze hin (diese länger ausgezogen), 3–4x so lang wie breit. Sommerblätter seidig behaart (dazu Betrachtungswinkel variieren!). Behaarung der Blattspreite dicht, aus dicken, einheitlich (säbelartig) gekrümmten Borstenhaaren, daneben mit wenigen Drüsenhaaren und dicht anliegendem Haarflaum →. Blütenstand drüsig-klebrig

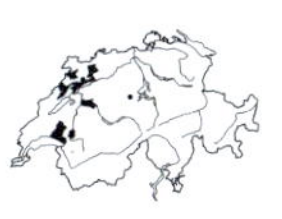

Pulmonaria mollis subsp. ***alpigena*** W. SauerH, 15–50 cm, III–VI, kollin-subalpin, (Aden, Peta-offi, Conv, Moli), NT

- Sommerblätter länglich lanzettlich, Blattspreite am Grund und an der Spitze sich gleichermassen verjüngend, 4–6x so lang wie breit. Blätter nicht seidig behaart. Behaarung der Blattspreite dicht, aus weichen Borstenhaaren, Drüsenhaaren sowie mit (oder ohne) lang abstehenden Haaren →. Blütenstand kaum bis deutlich drüsig-klebrig **b**

b Sommerblätter immer ungefleckt. Behaarung der Blattspreite locker, mit steifen Borstenhaaren, Drüsenhaaren und lang abstehenden Haaren →. Obere Stängelblätter mit abgerundetem Grund sitzend. Blütenstand deutlich drüsig (bei Berührung oft klebrig)

Pulmonaria collina W. Sauer, Hügel-Lungenkraut: H, 10–40 cm, III–V, kollin-montan, warme Laubwälder, Gebüsche, (Carp, Berb), NT

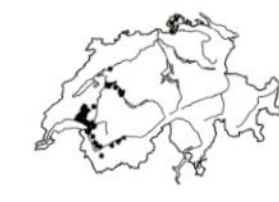

- Sommerblätter oft blassgrün gefleckt. Behaarung der Blattspreite aus vielen, weichen Borstenhaaren (oft etwas hakig gekrümmt), daneben mit wenigen Drüsenhaaren und ohne lang abstehende Borstenhaare →. Obere Stängelblätter den Stängel teilweise umfassend. Blütenstand nur wenig drüsig (bei Berührung nicht klebrig)

Pulmonaria montana Lej., Berg-Lungenkraut: H, 10–40 cm, III–VI, kollin-montan, NT

bb Sommerblätter 5–10 cm breit, frischgrün. Kelch 10–15 mm lang

Pulmonaria montana Lej. subsp. ***montana:*** H, 10–40 cm, III–V, kollin-montan, (Trif-medi), NT

- Sommerblätter 4–6 cm breit, dunkelgrün. Kelch 6–11 mm lang

Pulmonaria montana subsp. ***jurana*** (Graber) W. Sauer, Jura-Lungenkraut: H, 10–30 cm, V–VI, montan-subalpin, (Sesl, Cari-ferr, Moli), NT

Symphytum Wallwurz

1 Pflanze bis über 1 m hoch, meist vom Grund an verzweigt

Symphytum officinale aggr.: V–IX

a Blattstiele deutlich geflügelt. Stängelblätter am Grund lang dem Stängel entlang herablaufend, mindestens bis zum nächsten Blatt. Krone gelblich weiss oder rotviolett (ohne Blaustich). Reife Teilfrüchte schwarz, glatt, glänzend (starke Lupe!)

Symphytum officinale L., Echte Wallwurz: H, 40–120 cm, V–VIII, kollin-montan, wechselfeuchte Wiesen, Ufer, Krautsäume, (Fili, Moli), LC

- Blattstiele nicht geflügelt. Blätter nicht oder nur kurz (nicht bis zum nachfolgenden Blatt) am Stängel herablaufend. Teilfrüchte matt, fein warzig **b**

b Obere Blätter leicht fleckig, nicht am Stängel herablaufend. Kelch 3–5 mm lang, fast ausschliesslich mit borstigen, weisslichen Haaren bedeckt. Krone zuerst rot, später himmelblau. Kronröhre an der Spitze am breitesten →

Symphytum asperum Lepech., Raue Wallwurz: H, 60–175 cm, V–VIII, kollin, Gartenränder, Krautsäume, (Aego), kultiviert und verwildert, Neophyt

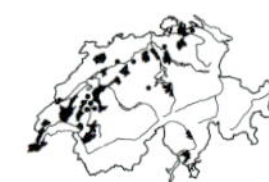

- Obere Blätter nicht fleckig, nicht oder nur kurz am Stängel herablaufend. Kelch 5-7 mm lang →, mit einer Kombination aus weisslichen Borstenhaaren und kurz abstehenden Haaren bedeckt. Krone zunächst rosa oder purpurn, später rotviolett bis violett. Kronröhre unterhalb der Spitze am breitesten

  Symphytum ×uplandicum Nyman: H, 60-175(-200) cm, V-VII(-IX), kollin-montan, Gartenränder, Krautsäume, (Aego), kultiviert und verwildert. Hybride aus *S. asperum* und *S. officinale*

- Pflanze nicht über 40(-50) cm hoch, einfach oder oben verzweigt **2**

2 Pflanze mit sterilen Kriechtrieben und aufrechten Blühtrieben. Blütenstand mit mehr als 20 Blüten. Kelchzähne mit stumpfer Spitze →. Krone zuerst rosa, später blassgelb

Symphytum grandiflorum DC., Grossblütige Wallwurz: H, 30-50 cm, V-VII, kollin-montan, Gartenränder, Krautsäume, Neophyt

- Pflanze ohne sterile Kriechtriebe. Blühtriebe aufrecht. Blütenstand meist mit weniger als 16 Blüten. Kelchzähne spitz. Krone gelb **3**

3 Schlundschuppen aus der Krone hervortretend →

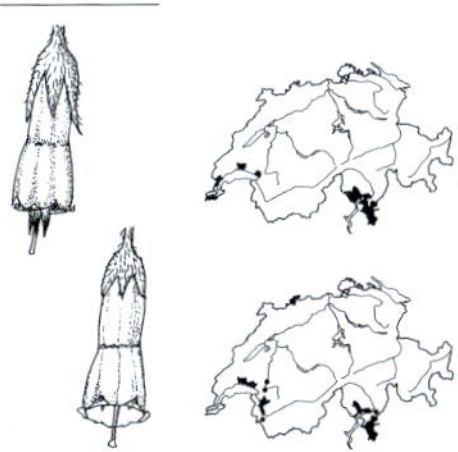

Symphytum bulbosum K. F. Schimp., Knollige Wallwurz: G, 15-50 cm, IV, kollin-montan, nährstoffreiche Krautsäume, Waldränder, (Aego), NT

- Schlundschuppen nicht hervortretend →

  Symphytum tuberosum L., Knotige Wallwurz: G, 15-40 cm, IV-V(-VII), kollin-montan, wechselfeuchte Krautsäume, Wälder, (Conv, Gali-Fage), auch kultiviert und verwildert, LC

Trachystemon Rauling

- Staubblätter zu einem schmalen Kegel verwachsen, deutlich aus der zuletzt radförmigen Krone herausragend. Kronblätter blauviolett, schraubenzieherartig aufgerollt

  Trachystemon orientalis (L.) G. Don, Rauling: G, 30-70 cm, III-IV, kollin, Böden in schattigen, luftfeuchten Lagen, Gebüsche, Waldränder, (Carp), kultiviert und verwildert, Neophyt

Brassicaceae Kreuzblütler

Hauptschlüssel

1	Blüte ohne oder mit kaum sichtbaren Kronblättern	**2**
-	Blüte mit Kronblättern	**5**
2	Stängelblätter gefiedert oder fiederschnittig	**3**
-	Stängelblätter ungeteilt (gesägt oder ganzrandig)	**4**
3	Blütenstände scheinbar seitenständig, jeweils gegenüber einem Blatt. Früchte kurz (Schötchen), zweisamig →	***Coronopus***
-	Blütenstände endständig. Frucht länglich (Schote) →	***Cardamine***
4	Stängelblätter sitzend, nicht stängelumfassend. Frucht (Schötchen) rundlich, flach →	***Lepidium***
-	Stängelblätter am Grund geöhrt, den Stängel umfassend. Frucht (Schötchen) dreieckig, flach →	***Capsella***
5	Kronblätter ungleich, die 2 äusseren deutlich vergrössert	**6**
-	Alle Kronblätter etwa gleich gross	**7**
6	Stängel mit zahlreichen Stängelblättern. Blätter schmal, ganzrandig oder gesägt. Kronblätter ungleich →	***Iberis***
-	Stängel ohne oder mit 1-2 Stängelblättern. Grundblätter fiederschnittig, rosettig gehäuft. Kronblätter ungleich →	***Teesdalia***
7	Kronblätter mit violettem Adernetz (Grundfarbe weiss, rosa oder hellgelb). Kelch aufrecht, ausgesackt. Unkrautfluren	**8**
-	Kronblätter ohne violettes Adernetz (wenn Adernetz sichtbar, dann in der gleichen Farbe wie die Grundfarbe)	**9**
8	Blätter rauborstig, nicht stark aromatisch. Frucht aufrecht abstehend, meist perlschnurartig gegliedert →	***Raphanus***
-	Blätter kahl (oder mit einzelnen Haaren), würzig riechend. Frucht dem Stängel anliegend →	***Eruca***
9	Blüten rosa oder violett	**Teilschlüssel I - Rosarote bis violette Kreuzblütler**
-	Blüten weiss oder gelb	**10**
10	Blüten gelb	**Teilschlüssel II - Gelbe Kreuzblütler**
-	Blüten weiss	**Teilschlüssel III - Weisse Kreuzblütler**

Teilschlüssel I - Rosarote bis violette Kreuzblütler

1	Alle Blätter ganzrandig (manchmal jederseits mit 1-2 schwach angedeuteten Zähnen). Schutt- und Felspflanze	**2**
-	Pflanze (zumindest teilweise) mit gezähnten, fiederschnittigen oder gefiederten Blättern	**4**
2	Blätter lineal, von Stern- und Drüsenhaaren graufilzig. Frucht lang (Schote)	***Matthiola***
-	Blätter ± kahl. Frucht kurz, flach (Schötchen)	**3**
3	Stängelblätter mehr als 3, am Grund verschmälert. Schuttfluren	***Aethionema***
-	Stängelblätter 1-2, am Grund mit Zipfeln den Stängel umfassend. Schuttfluren	***Thlaspi***
4	Blätter fingerförmig 3- bis 5-lappig →, klein (bis 1 cm lang, an *Saxifraga* erinnernd), abstehend behaart. Frucht oval (Schötchen). Felspflanze	***Petrocallis***
-	Blätter nicht fingerförmig gelappt	**5**
5	Blätter gefiedert oder tief fiederschnittig	**6**
-	Blätter kaum geteilt, aber gesägt oder gezähnt	**8**
6	Untere Blätter gefiedert (vollständig in Teilblätter getrennt) oder vollständig 3-teilig	***Cardamine***
-	Untere Blätter fiederschnittig oder gelappt	**7**
7	Grundblätter in einer flachen Rosette. Blätter regelmässig gelappt, mit 2- bis 3-strahligen Haaren. Felsen	***Cardaminopsis***
-	Grundblätter nicht in flacher Rosette, zur Blütezeit schon welkend. Blätter unregelmässig gelappt, durch einfache Borstenhaare rau. Unkrautfluren	***Raphanus***
8	Untere Blätter mindestens 3 cm breit, gestielt. Kronblätter 15-30 cm lang	**9**
-	Untere Blätter weniger als 3 cm breit	**10**
9	Untere Blätter am Grund verschmälert. Frucht lang (Schote)	***Hesperis***
-	Untere Blätter am Grund herzförmig. Frucht oval, breit, flach → («Silberblatt»)	***Lunaria***
10	Blätter (oder zumindest der Stängel) mit Gabel- oder Sternhaaren	**11**
-	Pflanze kahl oder rau papillös	**12**
11	Kronblätter 4-9 mm lang, rosa oder hell blaulila	***Arabis***
-	Kronblätter 13-18 mm lang, blau- bis rotviolett	***Aubrieta***
12	Ganze Pflanze rau papillös, 15-40 cm hoch. Kolline Unkrautpflanze	***Chorispora***
-	Pflanze kahl, 5-10 cm hoch. Alpine Schuttfluren	***Thlaspi***

Teilschlüssel II - Gelbe Kreuzblütler

1	Stängel oben durch zerstreute, harte, warzenartige Drüsen rau. Blätter fiederschnittig, mit dreieckigen Abschnitten. Frucht kurz (Schötchen), warzig oder gezähnt →. Unkrautfluren	***Bunias***
-	Stängel ohne warzige Drüsen. Frucht nicht warzig oder gezähnt	**2**
2	Stängelblätter mit Zipfeln oder Lappen den Stängel (zumindest halb) umfassend →	**3**
-	Stängelblätter sitzend oder gestielt, ohne stängelumfassende Zipfel (allerdings bei *Barbarea* manchmal Zipfel ausbildend)	**8**
3	Stängel (zumindest unten) mit Gabel- oder Sternhaaren. Frucht ± kugelig bis birnenförmig (Schötchen)	**4**
-	Stängel kahl oder mit einfachen Haaren	**5**
4	Kronblätter 4–5 mm lang, hellgelb. Frucht kugelig bis birnenförmig →, mit oder ohne Netzmuster	***Camelina***
-	Kronblätter 2–3 mm lang, dottergelb. Frucht kugelig →, mit deutlichem Netzmuster	***Neslia***
5	Stängelblätter vorne breit abgerundet oder mit einem grossen, runden Endlappen	***Brassica***
-	Stängelblätter lanzettlich	**6**
6	Pflanze frischgrün. Blätter ohne breiten, hellen Mittelnerv, Blattrand scharf gezähnt. Frucht kurz → (Schötchen), abstehend	***Rorippa***
-	Pflanze blaugrün, bereift. Blätter mit auffälligem, breitem, weissem Mittelnerv	**7**
7	Pflanze stark verzweigt. Die Teilblütenstände bilden zusammen einen halbkugeligen Gesamtblütenstand. Blüten zu wenigen am Ende der Äste. Frucht hängend, länglich, breit geflügelt →	***Isatis***
-	Pflanze wenig und sparrig verzweigt. Frucht aufrecht, kugelig →	***Myagrum***
8	Alle Blätter ungeteilt, ganzrandig, gesägt oder gezähnt. Frucht kurz (Schötchen) oder lang (Schote)	**9**
-	Zumindest ein Teil der Blätter tiefer eingeschnitten: fiederlappig bis fiederschnittig. Frucht meist lang (Schote). (Achtung: *Rorippa amphibia* hat teilweise nur ungeteilte, aber gezähnte Blätter)	**18**
9	Blätter mit eng der Blattoberfläche angepressten, 2- (4-)schenkligen Haaren. Kelch schmal, anliegend, ausgesackt. Frucht länglich (Schote)	***Erysimum***
-	Blätter mit Flaum- oder Sternhaaren	**10**
10	Alle Blätter ganzrandig	**11**
-	Zumindest ein Teil der Blätter gesägt	**15**
11	Stängel blattlos. Alle Blätter in grundständiger Rosette, lang bewimpert. Frucht (Schötchen) oval, flach →	***Draba***
-	Stängel beblättert	**12**
12	Blätter graugrün, kahl. Stängel dicht beblättert. Frucht kugelig aufgeblasen (Schötchen)	***Alyssoides***
-	Blätter behaart. Frucht nicht kugelig aufgeblasen	**13**

13	Kronblätter nur ca. 1,5 mm lang, die Spitze abgerundet. Frucht (Schötchen) rundlich, hängend →	***Clypeola***
-	Kronblätter 2–8 mm lang, am Ende gestutzt oder ausgerandet. Früchte (Schötchen) rundlich, abstehend	**14**
14	Blätter der nicht blühenden Triebe rosettig gehäuft, gross (bis 12 cm lang). Schötchen kahl	***Aurinia***
-	Pflanze ohne sterile Triebe oder Blätter an den sterilen Trieben nicht rosettig gehäuft, kleiner. Schötchen mit Sternhaaren →	***Alyssum***
15	Pflanze 60–150 cm hoch. Blätter eilanzettlich (grösste Breite unter der Mitte). Frucht lang (Schote)	***Sisymbrium***
-	Pflanze 20–60 cm hoch. Untere Blätter im Umriss verkehrt eilanzettlich (grösste Breite über der Mitte)	**16**
16	Blätter mit Gabel- und Sternhaaren. Frucht oval (Schötchen) →	***Draba***
-	Blätter kahl oder mit einfachen, steifen Haaren	**17**
17	Blätter behaart, oft etwas speckig glänzend, zerrieben nicht auffällig riechend. Frucht brillenförmig →	***Biscutella***
-	Blätter kahl, matt, zerrieben würzig oder stinkend. Frucht lang (Schote)	***Diplotaxis***
18	Blätter quirlständig, vollständig gefiedert, mit lanzettlichen, gesägten Teilblättern (3–4 Fiederpaare). Kronblätter blassgelb, 15–22 mm lang	***Cardamine***
-	Blätter nicht quirlständig, nicht vollständig gefiedert (manchmal aber fast so erscheinend)	**19**
19	Blätter tief (2-) 3-fach fiederschnittig mit linealen Abschnitten (daher gesamthaft ausserordentlich fein geschnitten wirkend), graugrün	***Descurainia***
-	Blätter 1- bis 2-fach fiederlappig bis fiederschnittig (gesamthaft gröber geschnitten wirkend), graugrün oder frischgrün	**20**
20	Die meisten Blätter mit vielen, ± regelmässig stehenden, schmalen Blattabschnitten	**21**
-	Die meisten Blätter mit wenigen (jederseits 1–4), unregelmässig stehenden Blattabschnitten	**27**
21	Seitliche Abschnitte tief und scharf gesägt → (Blatt daher farnartig wirkend). Pflanze mit kleinen Sternhaaren. Schote 4-kantig. Läger und Hochstaudenfluren im Gebirge	***Hugueninia***
-	Seitliche Abschnitte wenig gesägt. Pflanze kahl oder mit einfachen Haaren	**22**
22	Unterste Blätter mit vergrössertem, rundlichem Endlappen (viel grösser als die kleinen, kaum gesägten Seitenlappen)	**23**
-	Unterste Blätter ohne grossen, rundlichen Endlappen	**24**
23	Endlappen am Grund nicht herzförmig. Frucht max. 1 cm lang (Schötchen oder kurze Schote), Schotenwand nervenlos →	***Rorippa***
-	Endlappen am Grund ± herzförmig. Frucht > 1 cm lang (Schote), 4-kantig, Schotenwand einnervig	***Barbarea***

24 Kronblätter (mit Nagel) nur 1–4 mm lang. Pflanze meist mehrjährig, mit niederliegender Grundachse (oft ausläuferartig). Frucht nervenlos, nur bis 1 cm lang (Schötchen oder kurze Schote) →. Meist in feuchten bis wechseltrockenen Pionierfluren ***Rorippa***

- Kronblätter (mit Nagel) 6–18 mm lang. Pflanze meist einjährig, in warm-trockenen Unkrautfluren **25**

25 Zähne der seitlichen Blattabschnitte mit einer Knorpelspitze. Kelchblätter aufrecht, ausgesackt, bereift, an der Spitze meist mit Wimperhaaren. Kronblätter lang genagelt, 13–18 mm lang (mit Nagel) ***Coincya***

- Zähne der Seitenabschnitte ohne Knorpelspitze. Kronblätter (mit Nagel) 6–12 mm lang **26**

26 Seitenabschnitte mit ± spitzen Zähnen. Kelchblätter abstehend. Frucht (Schote) ohne Schnabel, mit 3-nerviger Schotenwand ***Sisymbrium***

- Seitenabschnitte mit stumpfen Zähnen. Kelchblätter aufrecht. Frucht (Schote) an der Spitze mit einem Schnabel, mit 1-nerviger Schotenwand ***Erucastrum***

27 Früchte dem Stängel ± anliegend. Kelch meist aufrecht **28**

- Früchte nicht dem Stängel anliegend. Kelch oft abstehend **30**

28 Kronblätter nur 2–3 mm lang. Blätter mit lang zugespitztem Endlappen. Frucht schmal kegelförmig, an der Basis am breitesten ***Sisymbrium***

- Kronblätter 5–8 mm lang. Blätter mit abgerundetem Endlappen **29**

29 Kronblätter lebhaft gelb. Blätter rauborstig. Frucht (Schötchen) gestielt-kugelig, 2-gliedrig → ***Rapistrum***

- Kronblätter blassgelb. Blätter grauflaumig bis grauzottig (nicht rauborstig!). Frucht länglich (Schote) ***Hirschfeldia***

30 Frucht (Schote) mit einem deutlichen, 4–20 mm langen Schnabel → (schon bei jungen Früchten gut erkennbar!) **31**

- Frucht (Schote) lang und schmal, ohne deutlichen Schnabel **32**

31 Stängel oberwärts glatt, etwas blaugrün bereift. Kelchblätter aufrecht abstehend. Frucht mit 1-nerviger Schotenwand, Schnabel nicht flach ***Brassica***

- Stängel oberwärts kantig gefurcht, grasgrün. Kelchblätter waagrecht abstehend. Frucht mit 3-nerviger Schotenwand, Schnabel flach ***Sinapis***

32 Pflanze zerrieben nach Rucola oder nach faulen Eiern riechend. Mittlere und obere Stängelblätter mit schmal linealem Endlappen oder Stängelblätter fehlend. Samen in der Schote zweireihig ***Diplotaxis***

- Pflanze zerrieben nicht besonders würzig oder stinkend. Mittlere und oft auch obere Stängelblätter mit verbreitertem Endlappen **33**

33 Stängelblätter mit dreieckig-pfeilförmigem Endlappen. Fruchtblatt (Schotenhälfte) 3-nervig. Samen in der Schote einreihig ***Sisymbrium***

- Stängelblätter mit rundlichem Endlappen. Fruchtblatt (Schotenhälfte) schwach 1-nervig. Samen in der Schote einreihig bis fast zweireihig ***Barbarea***

Teilschlüssel III - Weisse Kreuzblütler

1	Grundblätter einfach, herzförmig, gestielt	**2**
-	Grundblätter nicht herzförmig, die Spreite ganz oder fiederschnittig	**5**
2	Blätter ganzrandig	***Cochlearia***
-	Blätter stumpf oder spitz gezähnt	**3**
3	Grundblätter 30–100 cm lang, viel länger als breit, gestielt (an *Rumex* erinnernd), scharf schmeckend, Stängelblätter → zunehmend fiederschnittig. Frucht kurz (Schötchen)	***Armoracia***
-	Grundblätter deutlich kleiner, kaum länger als breit. Frucht lang (Schote)	**4**
4	Pflanze mit oberirdischen Ausläufern. Blätter 1–2,5 cm breit, undeutlich gesägt, nicht nach Knoblauch riechend. Schotenwand flach, mit undeutlichem Mittelnerv	***Cardaminopsis***
-	Pflanze ohne oberirdische Ausläufer. Blätter, 3–8 cm breit, zerrieben nach Knoblauch riechend. Schotenwand gewölbt, mit kantig vorspringendem Mittelnerv	***Alliaria***
5	Kronblätter tief 2-teilig	**6**
-	Kronblätter ungeteilt oder etwas ausgerandet	**7**
6	Stängelblätter fehlend, alle Blätter in grundständiger Rosette	***Erophila***
-	Stängel beblättert	***Berteroa***
7	Stängelblätter (zumindest die oberen) mit Zipfeln den Stängel umfassend («geöhrt»), ganzrandig oder gesägt →	**8**
-	Stängelblätter sitzend oder fehlend	**24**
8	Frucht (Schötchen) verkehrt dreieckig, kurz →. Die Frucht ist an den untersten Blüten schon früh entwickelt	***Capsella***
-	Keine dreieckigen Früchte im unteren Blütenstand erkennbar	**9**
9	Stängelblätter abrupt die Gestalt ändernd: obere Stängelblätter breit elliptisch stängelumfassend (tellerartig: Zipfel so lang wie der Rest des Blattes!), die unteren 2-fach fiederschnittig	***Lepidium***
-	Stängelblätter alle ähnlich oder sich von unten nach oben nur allmählich verändernd	**10**
10	Zumindest ein Teil der Stängelblätter geteilt (gefiedert)	**11**
-	Alle Stängelblätter ungeteilt (gezähnt oder ganzrandig)	**12**
11	Stängel und Blätter mit kleinen (starke Lupe!), meist 3-strahligen Sternhaaren. Frucht schmal (Schote), aufrecht abstehend, kahl	***Murbeckiella***
-	Stängel und Blätter kahl (manchmal am Rand mit einzelnen Wimperhaaren). Frucht schmal (Schote), aufrecht abstehend, kahl	***Cardamine***
12	Alle oder die meisten Stängelblätter ganzrandig, kahl	**13**
-	Alle oder die meisten Stängelblätter gezähnt bis fiederschnittig, die Spreite kahl oder behaart	**17**
13	Unterer Teil des Stängels und Grundblätter behaart. Früchte lang (Schoten), dem Stängel anliegend	***Turritis***
-	Stängel (fast) vollständig kahl	**14**

14	Stängelblätter elliptisch, die Spitze und die Zipfel breit abgerundet. Frucht länglich (Schote), 4-kantig. Kolline Ruderalpflanze	***Conringia***
-	Stängelblätter lanzettlich oder eilanzettlich, ± zugespitzt	**15**
15	Frucht rundlich (Schötchen), oft geflügelt →	***Thlaspi***
-	Frucht länglich (Schote)	**16**
16	Pflanze frischgrün bis dunkelgrün, glänzend. Stängelblätter < 4 cm lang. Schote 2–4 cm lang	***Arabis***
-	Pflanze blaugrün, bereift. Grundblätter unterseits oft violett verfärbt. Einzelne Stängelblätter > 4 cm lang. Schote (3–)4–8 cm lang	***Fourraea***
17	Stängelblätter kahl	**18**
-	Stängelblätter behaart	**19**
18	Stängel aufrecht, kantig. Blatt zerrieben nach Knoblauch riechend. Frucht rundlich (Schötchen), breit geflügelt →	***Thlaspi***
-	Stängel (meist) bogig aufsteigend, stielrund. Frucht kurz (Schötchen), birnenförmig →	***Calepina***
19	Pflanze neben einfachen auch mit Gabel- oder Sternhaaren. Blätter am Grund des Stängels rosettenartig gehäuft	**20**
-	Pflanze nur mit einfachen Haaren. Blätter am Grund des Stängels nicht rosettig gehäuft, zur Blütezeit bereits welkend	**22**
20	Stängelblätter fiederschnittig, die untersten Fiederabschnitte den Stängel als kleine Öhrchen umgebend. Stängel und Blätter mit kleinen (starke Lupe!), meist 3-strahligen Sternhaaren. Frucht schmal (Schote), aufrecht abstehend, kahl	***Murbeckiella***
-	Stängelblätter ungeteilt, gezähnt	**21**
21	Stängelblätter fast rundlich, nur wenig länger als breit. Frucht kurz (Schötchen), oval →	***Draba muralis***
-	Stängelblätter deutlich länger als breit. Frucht lang (Schote), abgeflacht	***Arabis***
22	Haare einfach. Blütenstiele kahl. Untere Blätter buchtig gezähnt. Pflanze durch Ausläufer Herden bildend	***Cardaria***
-	Blüten- (und Frucht-)stiele behaart. Haare einfach	**23**
23	Blütenstiele flaumig behaart. Frucht kurz (Schötchen), vorne kurz geflügelt	***Lepidium***
-	Blütenstiele rückwärts anliegend behaart. Blattzähne mit Knorpelspitze. Frucht lang (Schote)	***Diplotaxis***
24	Alle Blätter ganzrandig (höchstens einzelne Blätter mit angedeuteten Zähnen)	**25**
-	Zumindest einige Blätter deutlich gesägt, gefiedert oder fiederschnittig	**31**
25	Blätter sehr schmal, grasartig, kahl, grundständig. 2–8 cm grosse Uferpflanze	***Subularia***
-	Blätter flächig, nicht grasartig	**26**
26	Blätter mit Gabel- oder Sternhaaren	**27**
-	Blätter kahl	**28**
27	Pflanze mit Sternhaaren. Frucht lang (Schote), Schotenwand einnervig. Pflanze in Fels oder Schutt	***Arabis***
-	Pflanze dicht mit eng anliegenden, 2-schenkligen Gabelhaaren (Kompasshaaren). Frucht kugelig (Schötchen), 2–3 mm lang. Verwilderte Gartenpflanze	***Lobularia***

28 Kronblätter 3–7 mm lang. Frucht länglich (Schote) **29**

- Kronblätter 0,5–2 mm lang. Frucht kurz (Schötchen) **30**

29 Pflanze 2–10 cm hoch. Grundblätter plötzlich in einen Stiel verschmälert. Schneetälchen ***Cardamine***

- Pflanze 10–20 cm hoch. Grundblätter am Grund allmählich verschmälert. Quellfluren in den Alpen ***Arabis***

30 Stängel aufrecht. Blätter ± sitzend. Wärmeliebende Ruderalpflanze ***Lepidium***

- Stängel niederliegend, sehr zart. Blätter gestielt. Balmen- und Lägerpflanze des Engadins ***Hymenolobus***

31 Pflanze mit ungeteilten, gesägten Blättern (manchmal daneben auch ganzrandige Blätter vorhanden) **32**

- Pflanze zumindest teilweise mit gefiederten oder fiederspaltigen Blättern **39**

32 Frucht lang (Schote) **33**

- Frucht kurz (Schötchen) **36**

33 Untere Stängelblätter gestielt. Pflanze mit oder ohne oberirdische Ausläufer **34**

- Untere Stängelblätter nicht gestielt. Pflanze ohne oberirdische Ausläufer **35**

34 Pflanze mit oberirdischen Ausläufern. Kronblätter 4–6 mm lang. Schotenwand flach, mit undeutlichem Mittelnerv ***Cardaminopsis***

- Pflanze ohne Ausläufer. Kronblätter 15–25 mm lang. Schoten zylindrisch, Schotenwand mit Mittelnerv und Seitennerven ***Hesperis***

35 Stängelblätter schmal lanzettlich, etwa in der Mitte am breitesten, zum Grund hin allmählich verschmälert. Schote nicht abgeflacht, Schotenwand, 3-nervig ***Arabidopsis***

- Stängelblätter eiförmig-lanzettlich, ± gesägt, nahe dem Grund am breitesten. Schotenwand abgeflacht, einnervig ***Arabis***

36 Pflanze zur Blütezeit mit einer Grundrosette, meist mehrjährig **37**

- Pflanze zur Blütezeit ohne Grundrosette, einjährige Ruderalpflanze **38**

37 Pflanze mehrjährig. Grundblätter spatelförmig, mit nach vorne gerichteten, einfachen Haaren. Schötchen kugelig →. Felspflanze der Gebirge ***Kernera***

- Pflanze ein- bis mehrjährig. Grundblätter mit Gabel- und Sternhaaren. Schötchen elliptisch, flach →. Fels- und Pionierpflanze ***Draba***

38 Pflanze im oberen Teil verzweigt. Blätter kahl oder mit einfachen Haaren. Schötchen rundlich, flach, an der Spitze mit 2 schmalen Flügelkanten, dazwischen mit eingesenktem Griffel → ***Lepidium***

- Pflanze von Grund auf stark verzweigt. Blätter mit Gabelhaaren, schmal oval. Schötchen kurz, mit gekrümmter Spitze. Sehr seltene Unkrautpflanze ***Euclidium***

39 Blütenstände scheinbar seitenständig, jeweils gegenüber einem Blatt. Früchte kurz (Schötchen), zweisamig → ***Coronopus***

- Blütenstände endständig **40**

40	Blätter 3-teilig oder gefiedert, mit klar abgetrennten Teilblättchen (diese nur an 1 Punkt mit der Blattspindel verbunden). Frucht länglich (Schote)	**41**
-	Blätter fiederlappig bis fiederschnittig, Seitenabschnitte flächig mit der Blattspindel verbunden	**42**
41	Wasserpflanze. Fruchtstiel abstehend oder rückwärts abstehend	***Nasturtium***
-	Landpflanze. Fruchtstiel aufrecht abstehend	***Cardamine***
42	Frucht länglich (Schote)	**43**
-	Frucht kurz (Schötchen)	**45**
43	Stängel niederliegend, am Ende aufsteigend. Blüten in den Achseln von fiederteiligen Hochblättern	***Sisymbrium***
-	Stängel aufrecht aufsteigend. Blütenstand nicht von fiederteiligen Hochblättern umgeben	**44**
44	Kronblätter 8–13 mm lang. Blätter mit einfachen Haaren. Schote mit 2–4 mm langem, flachem Schnabel	***Diplotaxis***
-	Kronblätter 4–9 mm lang. Blätter mit gabeligen Haaren. Schote ohne Schnabel	***Cardaminopsis***
45	Schötchen rund, vorne mit 2 Flügelkanten, Griffel zwischen den Flügelkanten eingesenkt	**46**
-	Schötchen oval, nicht geflügelt, vom (kurzen) Griffel überragt	**47**
46	Schötchen flach, mit 2 Samen (1 pro Fach). Kronblätter alle gleich lang	***Lepidium***
-	Schötchen löffelförmig, mit 4 Samen (2 pro Fach). 2 Kronblätter jeweils etwas länger als die anderen	***Teesdalia***
47	Stängel niederliegend-aufsteigend. Grundblätter jederseits mit meist 1–3 Abschnitten, die zum Grund hin kleiner werden, keine deutliche Rosette bildend. Schötchen mit mehr als 4 Samen	***Hymenolobus***
-	Stängel aufrecht aufsteigend. Grundblätter jederseits mit meist 3–5 Abschnitten, alle etwa gleich lang (so auch der Endabschnitt), eine deutliche Rosette bildend. Schötchen mit 2–4 Samen	**48**
48	Pflanze einjährig, mit Stängelblättern. Kollin-montane Trockenstandorte	***Hornungia***
-	Pflanze mehrjährig, ohne Stängelblätter. Subalpin-alpine Schuttpflanze	***Pritzelago***

Aethionema Steintäschel

- Pflanze kahl, blaugrün. Blätter lanzettlich, bis 2 cm lang, ganzrandig. Kronblätter 2–4 mm lang, rosa (selten weiss). Schötchen flach, rundlich →, 5–7 mm lang und etwas weniger breit, 1–2 mm breit geflügelt

  Aethionema saxatile (L.) R. Br., Steintäschel: H.ha-T, 5–25 cm, IV–VI, kollin-subalpin, trockenwarme, kalkreiche Geröllfluren, (Stip-cala), VU

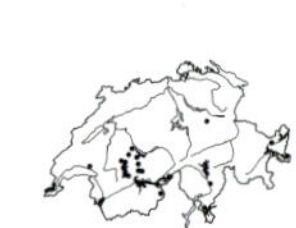

Alliaria Knoblauchshederich

- Untere Blätter herz- bis nierenförmig →, ausgeschweift gezähnt, lang gestielt, beim Zerreiben nach Knoblauch riechend. Blüten weiss

  Alliaria petiolata (M. Bieb.) Cavara & Grande, Knoblauchhederich: H-T, 20–90 cm, IV–VI, kollin-montan, nährstoffreiche Krautsäume, Wegränder, Schuttplätze, (Aego, Dauc-Meli), LC

Alyssoides Blasenschötchen

- Stängelblätter zahlreich, sitzend. Blütenstand zuerst doldig, dann verlängert traubig. Kronblätter gelb, 15-20 mm lang. Früchte ± kugelig aufgeblasen →, Durchmesser ca. 1 cm

Alyssoides utriculata (L.) Moench, Blasenschötchen: Ch, 20-50 cm, IV, kollin-montan, trockenwarme Felsrasen, Felsensteppen, (Andr-vand, Stip-Poio), NT

Alyssum Steinkraut

1 Kronblätter blassgelb, zuletzt weiss. Kelch bis zur Fruchtreife bleibend. Staubfäden ungezähnt. Pflanze einjährig. Schötchen 3-4 mm lang →

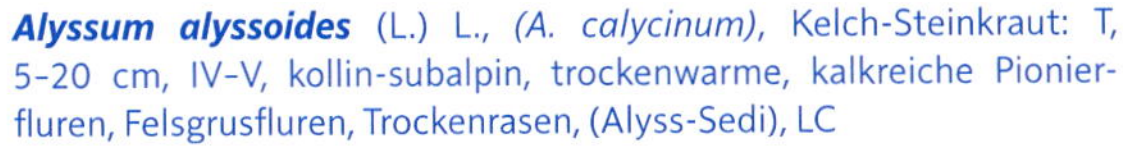

Alyssum alyssoides (L.) L., *(A. calycinum)*, Kelch-Steinkraut: T, 5-20 cm, IV-V, kollin-subalpin, trockenwarme, kalkreiche Pionierfluren, Felsgrusfluren, Trockenrasen, (Alyss-Sedi), LC

- Kronblätter goldgelb. Kelch nach dem Blühen abfallend. Staubfäden gezähnt. Pflanze mehrjährig **2**

2 Blütenstand traubig. Kronblätter ausgerandet. Schötchen → 4-6 mm lang, mit 2 Samen pro Fach

Alyssum montanum L., Berg-Steinkraut: Cp, 5-20 cm, IV-VI, kollin-subalpin, kalkreiche Felsrasen, Trockenrasen, Felsgrusfluren, (Xero, Alyss-Sedi), NT

- Blütenstand doldenrispig. Kronblätter abgerundet. Schote mit 1 Samen pro Fach **3**

3 Stängelblatt 4-10 mm lang. Schötchen → ca. 4 mm lang. Samen nicht oder schmal geflügelt

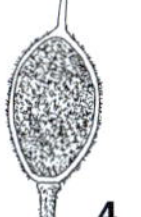

Alyssum alpestre L., Alpen-Steinkraut: Ch, 5-20 cm, VII-VIII, subalpin-alpin, steinige, kalkreiche Rasenhänge, Felsen, (Sesl), EN

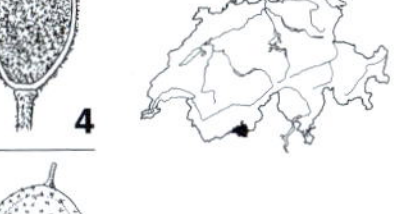

- Stängelblatt 1-3 cm lang. Samen geflügelt (Flügel mind. 0,2 mm breit) **4**

4 Kronblätter 2-3,5 mm lang. Schötchen von Sternhaaren bedeckt, die Schotenwand ist aber durch den Haarfilz sichtbar →. Sternhaare mit 6-10(-13) Ästen

Alyssum murale Waldst. & Kit., Silbergraues Steinkraut: Cp, 20-40 cm, V-VI, kollin, trockenwarme Schutthalden, Felsen, auch kultiviert und verwildert, Neophyt

- Kronblätter 3,5-4 mm lang. Schötchen dicht von Sternhaaren bedeckt →, die Schotenwand ist durch den Haarfilz hindurch nicht mehr sichtbar. Sternhaare mit 15-22 Ästen

Alyssum argenteum All., Silbergraues Steinkraut: 20-40 cm. Aus dem Aostatal bekannt

Arabidopsis Schotenkresse

- Grundblätter in einer kleinen Rosette. Kronblätter 2–4 mm lang, weiss. Früchte 1–2 cm lang, schmal, im Querschnitt → rautenförmig (bei *Arabis* abgeflacht), etwas nach oben gebogen, auf dünnen, waagrecht bis aufrecht abstehenden Stielen

  Arabidopsis thaliana (L.) Heynh., Schotenkresse: T, 5–40 cm, IV–V, kollin-montan (-subalpin), Äcker, Pionierfluren, Mauern, (Apha, Sedo-Vero, Cent-Pari), LC

Arabis Gänsekresse

1 Stängelblätter geöhrt, herz- oder pfeilförmig umfassend, seltener mit breitem Grund sitzend → **2**

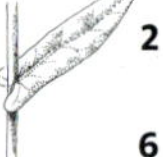

\- Stängelblätter nicht geöhrt, am Grund verschmälert oder abgerundet **6**

2 Früchte bogig abwärts gekrümmt. Kronblätter gelblich weiss

Arabis turrita L., *(Pseudoturritis turrita)*, Turm-Gänsekresse: H-H.ha, 20–80 cm, IV–VI, kollin-montan, kalkreiche Gebüschsäume, lichte Wälder, (Gera-sang, Berb, Quer-pube), LC

\- Früchte aufrecht oder abstehend. Kronblätter weiss **3**

3 Mit sterilen Trieben. Kronblätter 6–18 mm lang

Arabis alpina L., Alpen-Gänsekresse: 10–30 cm, III–X, kollin-alpin, Schutthalden, Läger, Balmen, LC

a Kronblätter 6–10 mm lang. Fruchtstiele behaart. Reife Früchte 2–4 cm lang

Arabis alpina L. subsp. ***alpina***, Gewöhnliche Alpen-Gänsekresse: Ch, III–X, (kollin-) montan-alpin, kalkreiche Schuttfluren, Felsen, (Peta-para, Thla-rotu, Pote), LC

\- Kronblätter 10–18 mm lang. Fruchtstiele kahl. Reife Früchte 4–7 cm lang

Arabis alpina subsp. ***caucasica*** (Willd.) Briq., Kaukasische Alpen-Gänsekresse: Ch, III–IV, kollin-montan (-subalpin), Gärten, Mauern, (Cent-Pari), kultiviert und verwildert, Neophyt

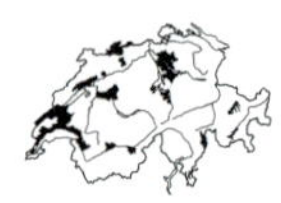

\- Ohne sterile Triebe. Kronblätter 3–6 mm lang **4**

4 Früchte vom Stängel abstehend, voneinander entfernt. Grundblätter bereits zur Blütezeit welkend **5**

\- Früchte aufrecht, dem Stängel anliegend. Grundblätter erst zur Fruchtzeit welkend

Arabis hirsuta aggr., Rauhaarige Gänsekresse: H-T, 15–80 cm, V–VII, kollin-alpin, LC

a Stängelgrund mit einfachen Haaren und Gabelhaaren, ohne Kompasshaare (praktisch ungestielte, T-förmige Haare). Schotenwand mit deutlichem Mittelnerv, zumindest im unteren Teil **b**

\- Stängelgrund mit anliegenden Kompasshaaren und ± anliegenden, 2- bis 4-schenkligen Gabel- bzw. Sternhaaren. Schotenwand ohne oder mit (auch im unteren Teil) kaum erkennbarem Mittelnerv **c**

b Stängelblätter lang geöhrt, Öhrchen 1-2 mm lang, spreizend →. Reife Schoten entlang der Stängelachse, mit dem Stängel zu einem kompakten Schotenbündel zusammengedrängt. Mittelnerv der Schotenwand im oberen Teil kaum mehr erkennbar

Arabis sagittata (Bertol.) DC., Pfeilblättrige Rauhaar-Gänsekresse: H-T, 30-70 cm, V-VII, kollin-montan, trockene Magerrasen, Steppenrasen, Gebüsche, (Meso, Stip-Poio), VU

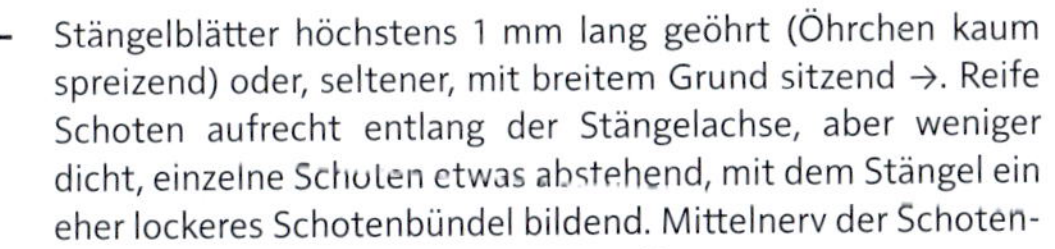

\- Stängelblätter höchstens 1 mm lang geöhrt (Öhrchen kaum spreizend) oder, seltener, mit breitem Grund sitzend →. Reife Schoten aufrecht entlang der Stängelachse, aber weniger dicht, einzelne Schoten etwas abstehend, mit dem Stängel ein eher lockeres Schotenbündel bildend. Mittelnerv der Schotenwand meist bis zur Schotenspitze verlängert

Arabis hirsuta (L.) Scop., Gewöhnliche Rauhaar-Gänsekresse: H-T, 15-60 cm, V-VII, kollin-montan (-subalpin), kalkreiche Halbtrockenrasen, Gebüschsäume, Wegränder, (Meso, Gera-sang), LC

c Schoten 0,6-0,9(-1) mm breit, Stängel mit 20-90 Blättern. Pflanze zweijährig

Arabis nemorensis (Hoffm.) W. D. J. Koch, Flachschotige Rauhaar-Gänsekresse: H-T, (20-)30-80(-120) cm, V-VII, kollin, Nasswiesen, Auenwälder, (Moli, Calt, Frax), CR

\- Schoten 1-1,5 mm breit, Stängel mit 13-50 Blättern. Pflanze 2- bis mehrjährig

Arabis planisiliqua (Pers.) Rchb., Flachschotige Gänsekresse: H, 20-80 cm, IV-VI, kollin-montan, ± xerophil, kalkliebend

5 Fruchtstiele → 3-5 mm lang, zur Fruchtzeit fast so dick wie die Schote. Fruchttraube hin- und hergebogen

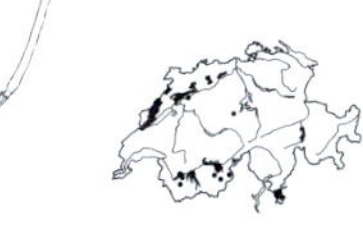

Arabis auriculata Lam., Öhrchen-Gänsekresse: T, (2-)10-30 cm, IV-V, kollin-montan (-subalpin), kalkreiche, felsige Pionierfluren, Felsensteppen, (Alyss-Sedi), NT

\- Fruchtstiele → 8-12(-20) mm lang, zur Fruchtzeit schmaler als die Schote. Fruchttraube gerade

Arabis nova Vill., Felsen-Gänsekresse: T, (3-)15-75 cm, V-VI, (kollin-) montan-subalpin, leicht ruderale Trockenrasen, Läger, Gebüsche, (Onop), NT

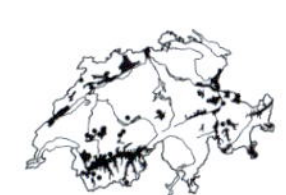

6 Pflanze mit oberirdischen Ausläufern. Blattrand mit anliegenden und auf den Rand ausgerichteten Kompasshaaren

Arabis procurrens Waldst. & Kit.: H, 10-30 cm, IV-VI, kollin-montan, Neophyt

\- Pflanze ohne oberirdische Ausläufer (aber gelegentlich mit unterirdischen Ausläufern). Blattrand ohne Kompasshaare **7**

7 Schoten 1,8-3,2 mm breit. Samen ringsum breit (0,3-0,8 mm) häutig geflügelt **8**

\- Schoten 0,6-1,8 mm breit. Samen nicht geflügelt oder an der Spitze mit sehr schmalem Flügelsaum (max. 0,2 mm) **10**

8 Untere Teile der Pflanze behaart (bis zu den oberen Stängelblättern mit 2- bis mehrschenkligen Gabelhaaren)

Arabis bellidifolia Crantz, (*A. pumila*), Zwerg-Gänsekresse: 5–20 cm, V–VIII, (montan-) subalpin-alpin, LC

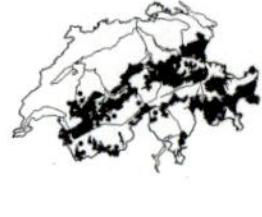

a Grundblätter vorwiegend mit 3- bis 5-schenkligen Gabelhaaren →. Stängelgrund vorwiegend mit 3- bis 4-schenkligen Gabelhaaren

Arabis bellidifolia subsp. ***stellulata*** (Bertol.) Greuter & Burdet, Sternhaarige Zwerg-Gänsekresse: 5–10 cm, V–VII, (montan-) subalpin-alpin, Kalkfelsspalten, LC

- Grundblätter vorwiegend mit anliegenden, 2-schenkligen Kompasshaaren →. Stängelgrund vorwiegend mit 1- bis 2-schenkligen Gabelhaaren oder kahl

Arabis bellidifolia Crantz subsp. ***bellidifolia***, Gewöhnliche Zwerg-Gänsekresse: 10–20 cm, VI–VIII, (montan-) subalpin-alpin, Kalkschuttfluren, LC

- Pflanze kahl oder verkahlend (selten behaart, dann aber bis zum Blütenstand nur mit einfachen oder 2-schenkligen Haaren) **9**

9 Stängelblätter 1–3(–4). Blüten hell blaulila. Grundblätter mit 3–7 stumpfen Zähnen →

Arabis caerulea All., Bläuliche Gänsekresse: H, 2–12 cm, VII–VIII, (subalpin-) alpin, kalkreiche, schuttige Schneetälchen, (Arab-caer), LC

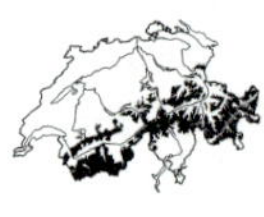

- Stängelblätter (4–)5–12. Blüten weiss. Grundblätter ganzrandig oder wenig gezähnt →

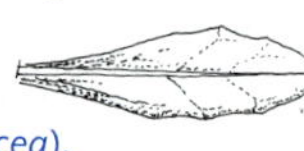

Arabis subcoriacea Gren., (*A. soyeri* subsp. *subcoriacea*), Bach-Gänsekresse: H, 10–30 cm, VI–VII, subalpin-alpin, kalkreiche Bachufer, Quellfluren, (Crat), LC

10 Fruchtstiele aufrecht, dem Stängel fast anliegend **11**

- Fruchtstiele abstehend oder aufrecht abstehend **12**

11 Kronblätter weiss. Griffel höchstens 0,5 mm lang

Arabis collina Ten., Mauer-Gänsekresse: T, 10–30 cm, V, kollin-montan (-subalpin), kalkreiche Felsen, Mauern, Pionierfluren, (Pote), VU

- Kronblätter rosa bis purpurn. Griffel 0,8–1,5 mm lang

Arabis rosea DC., Rote Gänsekresse: H, 10–30 cm, III–V, kollin-montan, Mauern, Felsen, (Pote, Cent-Pari), kultiviert und verwildert, Neophyt

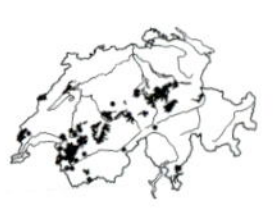

12 Blätter (und Stängel) meist nur mit Gabel- und Sternhaaren. Stängel etwas hin- und hergebogen, meist unverzweigt. Stängelblätter mit verschmälertem Grund sitzend →

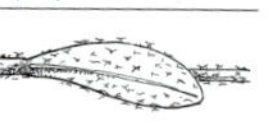

Arabis serpillifolia Vill., Quendelblättrige Gänsekresse: H.ha-T, 10–25 cm, VI, montan-alpin, kalkreiche, schattige Felsen, Balmen, (Cyst), NT

- Blätter mit einfachen oder gabeligen Haaren. Grundständige Blätter oval, in einen kurzen Stiel verschmälert. Stängelblätter 2–10, sitzend **13**

13 Stängelblätter 4–10, sitzend →. Blütentraube vielblütig (meist mehr als 12 Blüten). Zu Beginn der Blütezeit überragen die jungen Schoten das Ende des Blütenstandes

Arabis ciliata Clairv., Bewimperte Gänsekresse: H-H.ha, 30 cm, IV–VII, (kollin-) subalpin (-alpin), kalkreiche, steinige Rasen, Pionierfluren, (Sesl, Sedo-Scle), LC

- Stängelblätter 1–4, sitzend. Blütentraube wenigblütig (meist max. 12 Blüten)

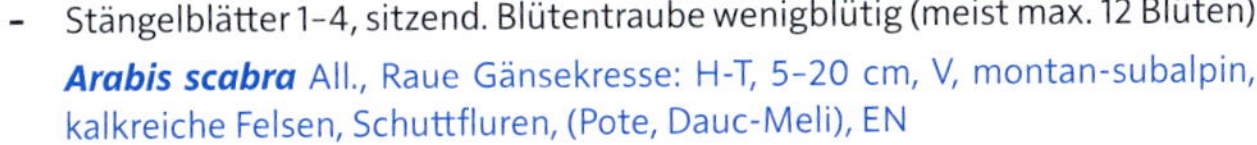

Arabis scabra All., Raue Gänsekresse: H-T, 5–20 cm, V, montan-subalpin, kalkreiche Felsen, Schuttfluren, (Pote, Dauc-Meli), EN

Armoracia Meerrettich

- Grundständige Blätter sehr gross (bis 1 m lang), lang gestielt, eilanzettlich, wellig, unregelmässig rundzähnig. Untere Stängelblätter unregelmässig fiederteilig. Blüten weiss, Früchte eiförmig, 4–6 mm lang

Armoracia rusticana G. Gaertn. & al., Meerrettich: G, 40–120 cm, V, kollin-montan (-subalpin), Wegränder, Gärten, Schuttplätze, (Arct), kultiviert und verwildert, Archäophyt, LC

Aubrieta Blaukissen, Aubrietie

- Polsterpflanze, von Sternhaaren und einfachen Haaren ± grau. Blätter oval bis rhombisch, meist mit einzelnen Zähnen, 1–3 cm lang. Blütenstand traubig. Kronblätter blau- bis rotviolett, 13–18 mm lang

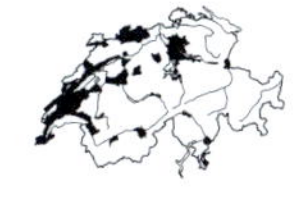

Aubrieta deltoidea (L.) DC., Blaukissen: Ch, 5–20 cm, V–VI, kollin (-montan), kalkreiche Mauern, Felsen, (Cent-Pari), kultiviert und verwildert, Neophyt

Aurinia Felsensteinkraut

- Pflanze von Sternhaaren grau. Blätter spatelförmig, bis 20 cm lang, in den Stiel verschmälert. Blütenstand vielblütig. Kronblätter gelb, kahl, ausgerandet, 3–5 mm lang

Aurinia saxatilis (L.) Desv., *(Alyssum saxatile)*, Felsen-Steinkraut: Cp, 15–35 cm, IV–V, kollin-montan, kalkreiche Mauern, Felsen, (Cent-Pari), kultiviert und verwildert, Neophyt

Barbarea Winterkresse

1 Mehr als die Hälfte der Blüten (60–100 %) in den Achseln von Tragblättern. Die untersten Blätter mit 2–5 Fiederpaaren. Obere Blätter tief fiederschnittig. Kronblätter bis 5 mm lang. Fruchtstiele dünner als die Schoten, 1,5–3 cm lang

Barbarea bracteosa Guss., Tragblatt-Winterkresse: H.ha-T, 10–50 cm, IV–VI, montan-alpin

- Weniger als die Hälfte der Blüten in den Achseln von Tragblättern **2**

2 Obere Stängelblätter fiederschnittig → oder leierförmig fiederschnittig. Fruchtstiele etwa so dick wie die reifen Schoten **3**

- Obere Stängelblätter ganz oder buchtig gezähnt → oder 5-lappig, aber nie fiederschnittig. Fruchtstiele dünner als die reifen Schoten **4**

3 Kronblätter blassgelb, 4-6 mm lang. Schoten 1,5-4 cm lang, fast dem Stängel anliegend. Unterste Blätter mit 1-6 Fiederpaaren →

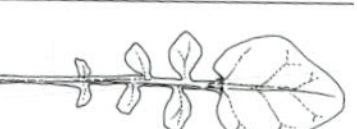

Barbarea intermedia Boreau, Mittlere Winterkresse: H.ha-T, 25-60 cm, IV-VI, kollin-subalpin, wechselfeuchte Wegränder, Schuttplätze, Flussufer, (Arct, Poly-Chen), LC

- Kronblätter hellgelb, 6-8 mm lang. Schoten 4-7 cm lang, vom Stängel abstehend. Unterste Blätter mit 3-10 Fiederpaaren →

Barbarea verna (Mill.) Asch., Frühlings-Winterkresse: H.ha-T, 25-60 cm, IV-VI, kollin-montan, frische, nährstoffreiche Wegränder, Schuttplätze, (Sisy), Neophyt

4 Blütenknospen kahl. Kronblätter hellgelb, 5-8 mm lang. Schoten abstehend, am Ende mit bleibendem, 2-3 mm langem Griffel. Unterste Blätter mit 1-5 Fiederpaaren →

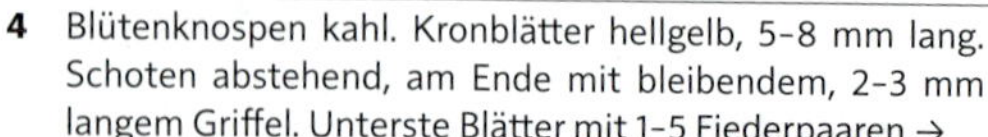

Barbarea vulgaris R. Br., Gemeine Winterkresse: H.ha-T, 20-90 cm, V-VII, kollin-montan (-subalpin), wechselfeuchte Wegränder, Schuttplätze, Flussufer, (Agro-Rumi, Aego), LC

- Blütenknospen behaart. Kronblätter blassgelb, 4-5 mm lang. Schoten abstehend, am Ende mit bleibendem, 0,5-1,5 mm langem Griffel. Unterste Blätter mit nur 1-2 Fiederpaaren

Barbarea stricta Andrz., Steife Winterkresse: H.ha-T, 30-100 cm, IV-VI, kollin (-montan), nährstoffreiche Ufer, feuchte Krautsäume, (Conv), VU

Berteroa Graukresse

- Pflanze von Sternhaaren grau. Blätter ganzrandig oder entfernt gezähnt, bis 5 cm lang, die unteren kurz gestielt, die oberen sitzend. Kronblätter weiss, 4-6 mm lang, fast bis zur Mitte 2-teilig. Schötchen 5-10 mm lang

Berteroa incana (L.) DC., Graukresse: H.ha-T, 25-60 cm, VI-X, kollin-montan, trockenwarme Wegränder, Schuttplätze, (Dauc-Meli), Neophyt

Biscutella Brillenschötchen

1 Innere Kelchblätter mit 3–4 mm langem Sporn. Blatt →

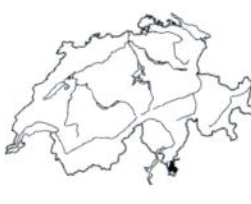

Biscutella cichoriifolia Loisel., Wegwartenblättriges Brillenschötchen: T, 30–60 cm, VI, (kollin-) montan, trockenwarme, kalkreiche Felsrasen, Felsenheiden, (Dipl, Ononidetalia), EN

- Innere Kelchblätter ohne Sporn. Blatt →

Biscutella laevigata L., Glattes Brillenschötchen: H, 15–40 cm, V–VII, (kollin-) subalpin-alpin, steinige Gebirgsrasen, Schuttfluren, (Sesl, Fest-vari), LC

a Blätter etwas dicklich, frischgrün. Kronblätter 0,5–6,5 mm lang. Pflanze im Frühling blühend

Biscutella laevigata L. subsp. ***laevigata***, Glattes Brillenschötchen: H, 15–40 cm, V–VII, (kollin-) subalpin-alpin

- Blätter dünn, graugrün. Kronblätter ca. 7 mm lang. Pflanze im Sommer blühend

Biscutella laevigata subsp. ***ossolana*** Raffaelli & Baldoin: H, 15–25 cm, VII–IX, subalpin-alpin. Auch die Blattbehaarung wird als Merkmal zwischen *B. laevigata* subsp. *ossolana* (fast kahl) und *B. laevigata* subsp. *laevigata* (stärker behaart) genannt. Dieses Merkmal ist aber nicht verlässlich, da in ihrem ganzen Verbreitungsgebiet kahle Formen von *B. laevigata* subsp. *laevigata* angetroffen werden können

Brassica Kohl

1 Stängel unverzweigt, blattlos oder mit 1 rudimentären Blatt

Brassica repanda (Willd.) DC: 3–15 cm

- Stängel verzweigt, beblättert **2**

2 Fruchtstiele aufrecht. Schoten dem Stängel anliegend. Schnabel winzig, fadenförmig

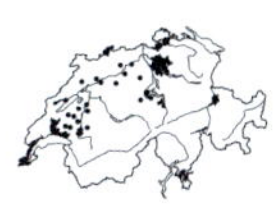

Brassica nigra (L.) W. D. J. Koch, Schwarzer Senf: T, 60–120 cm, VI–IX, kollin-montan, wechselfeuchte Unkrautfluren, Flussufer, (Bide), meist adventiv, Neophyt

- Fruchtstiele abstehend. Schoten aufrecht, mit deutlichem, schmal kegelförmigem Schnabel → **3**

3 Obere Blätter am Grund tief herzförmig-stängelumfassend **4**

- Obere Blätter am Grund verschmälert oder gerundet, kaum herzförmig **5**

4 Blätter bläulich bereift. Kelchblätter aufrecht abstehend, 6–8 mm lang

Brassica napus L., Raps: T, 60–120 cm, IV–V, kollin-montan, Äcker, Schuttplätze, Bahnareale, (Sisy, Poly-Chen), kultiviert und verwildert, Neophyt

- Blätter grün. Kelchblätter zuletzt waagrecht abstehend, 4–5 mm lang

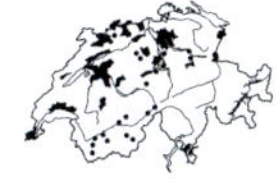

Brassica rapa L., Rüben-Kohl: T, 30–100 cm, IV–V, kollin-montan (-subalpin), Äcker, Schuttplätze, (Poly-Chen, Sisy), kultiviert und verwildert, kultivierter Archäophyt

5 Schote deutlich (1,5–4 mm) über den Kelchblattnarben gestielt, die Schoten 1,5–3 cm lang. Pflanze verzweigt. Auch die unteren Blätter relativ klein, stets unter 15 cm

Brassica fruticulosa Cirillo: 30–90 cm, IV–VI, kollin

- Schote direkt über den Kelchblattnarben sitzend **6**

6 Obere Blätter gerundet, sitzend. Kronblätter 12–20 mm lang

Brassica oleracea L., Gemüse-Kohl: H-T, 60–100 cm, IV–V, kollin-montan, Äcker, Schuttplätze, (Poly-Chen, Sisy), kultiviert und selten verwildert, Neophyt

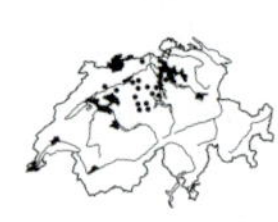

- Obere Blätter stielartig verschmälert. Kronblätter 6–10 mm lang

Brassica juncea (L.) Czern., Sarepta-Senf: T, 40–90 cm, VI–IX, kollin-montan, Wegränder, Schuttplätze, (Sisy), nur adventiv, Neophyt

Bunias Zackenschötchen

1 Schötchen ungeflügelt →, Stiele höchstens 1,5 cm lang. Untere Blätter bis 40 cm lang, tief fiederteilig, mit wenigen schmalen Abschnitten und grossem, dreieckigem Endabschnitt, die oberen viel kleiner und weniger geteilt. Kronblätter gelb

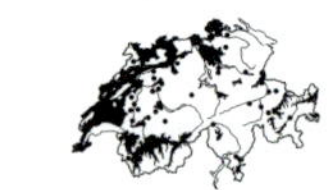

Bunias orientalis L., Glattes Zackenschötchen: G-H.ha, 30–120 cm, V–VIII, kollin-montan, Krautsäume, Wegränder, (Arct, Conv-Agro, Aego), in Ausbreitung, Neophyt

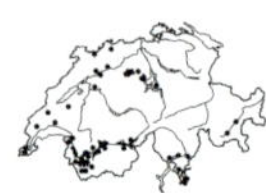

- Schötchen zackenförmig geflügelt →, Stiele 2–4 cm lang. Pflanze mit höckerigen Drüsenhaaren. Untere Blätter tief fiederteilig, mit dreieckigen Abschnitten, die oberen viel kleiner und weniger geteilt. Kronblätter gelb

Bunias erucago L., Geflügeltes Zackenschötchen: T, 30–60 cm, V–VII, kollin-montan, warme Äcker, Wegränder, Schuttplätze, (Sisy), Archäophyt, CR

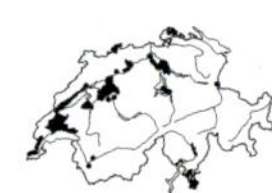

Calepina Wendich

- Pflanze kahl. Grundblätter gestielt, gezähnt bis fiederteilig, mit grossem Endabschnitt. Stängelblätter mit spitzen Zipfeln umfassend. Kronblätter weiss, 2–3 mm lang. Schötchen birnenförmig, 3–4 mm lang →

Calepina irregularis (Asso) Thell., Wendich: T, 15–60 cm, V–VI, kollin, leicht ruderale Trockenrasen, Wegränder, Schuttplätze, (Conv-Agro), Archäophyt, NT

Camelina Leindotter

1 Blätter meist gezähnt oder fiederteilig. Schötchen am Ende gestutzt, 6-12(-14) mm lang, fast kugelig

Camelina alyssum (Mill.) Thell., Gezähnter Leindotter: T, 20-60 cm, III-IV, kollin-montan, trockenwarme Wegränder, Schuttplätze, Archäophyt, RE

\- Blätter ganzrandig oder schwach gezähnt. Schötchen am Ende abgerundet **2**

2 Schötchen (ohne Griffel) 4-7,5 mm lang, an der Oberfläche mit kaum sichtbaren Nerven →. Pflanze behaart

Camelina microcarpa DC., Kleinfrüchtiger Leindotter: T, 30-60 cm, V-VII, kollin-subalpin, trockene Äcker, Schuttplätze, (Cauc), Archäophyt, VU

\- Schötchen (ohne Griffel) (5-)6-9(-10) mm lang, an der Oberfläche mit deutlich sichtbaren Nerven →, am Grund zugespitzt. Pflanze behaart bis (fast) kahl

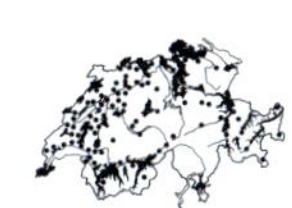

Camelina sativa (L.) Crantz, Saat-Leindotter: T, 30-90 cm, V-VI, kollin-montan, trockene Äcker, Schuttplätze, (Cauc), früher kultiviert, kultivierter Archäophyt. Neue molekulare Arbeiten konnten *C. pilosa* (DC.) Vassilcz und *C. sativa* (L.) Crantz nicht unterscheiden (Galasso et al., 2015). Diese beiden werden hier als Varietäten von *C. sativa* betrachtet

Capsella Hirtentäschel

1 Kronblätter 4-5 mm lang, etwa 2,5x so lang wie die Kelchblätter

Capsella grandiflora (Fauché & Chaub.) Boiss.: 20-70 cm

\- Kronblätter 1,5-3 mm lang, höchstens 2x so lang wie die Kelchblätter **2**

2 Kronblätter weiss, länger als die Kelchblätter. Seitlicher Rand der Schötchen leicht nach aussen gebogen oder (seltener) gerade →

Capsella bursa-pastoris (L.) Medik., Gemeines Hirtentäschel: H.ha-T, 5-40(-70) cm, III-XI, kollin-alpin, Wegränder, Äcker, Schuttplätze, (Fuma-Euph, Poly-Chen), LC

\- Kronblätter weiss oder rötlich, kaum länger als die Kelchblätter. Seitlicher Rand der Schötchen ± nach innen gebogen →

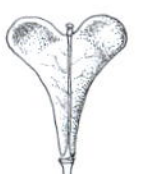

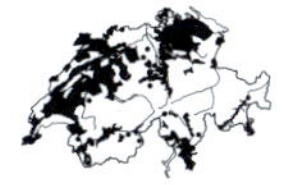

Capsella rubella Reut., Rötliches Hirtentäschel: T, 30 cm, IV-XI, kollin (-montan), trockenwarme Unkrautfluren, Schuttplätze, (Sisy), Archäophyt, LC

Cardamine Schaumkraut, Zahnwurz

1 Kriechendes Rhizom mit fleischigen Blattschuppen. Meist keine grundständigen Blätter (Untergattung: *Dentaria*) **2**

- Pflanze ohne kriechendes Rhizom, aber meist mit zahlreichen grundständigen Blättern, manchmal vertrocknet: nach Blattnarben absuchen (Untergattung: *Cardamine*) **5**

2 Blätter handförmig 3- bis 5-zählig

Cardamine pentaphyllos (L.) Crantz, *(Dentaria digitata)*, Fingerblättrige Zahnwurz: G, 30–50 cm, IV–V, kollin-montan (-subalpin), luftfeuchte, kalkreiche Laubwälder, (Loni-Fage, Luna-Acer), LC

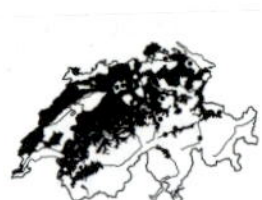

- Blätter zumindest z. T. gefiedert **3**

3 Mit Brutknöllchen in den Blattwinkeln

Cardamine bulbifera (L.) Crantz, *(Dentaria bulbifera)*, Knöllchentragende Zahnwurz: G, 30–60 cm, IV–V, kollin-montan (-subalpin), frische Buchenwälder, (Gali-Fage, Loni-Fage), LC

- Ohne Brutknöllchen **4**

4 Blätter mit 2–3(–4) Fiederpaaren. Blätter wechselständig. Blüten weiss oder lila

Cardamine heptaphylla (Vill.) O. E. Schulz, *(Dentaria pinnata)*, Fiederblättrige Zahnwurz: G, 30–60 cm, V–VII(–IX), kollin-montan (-subalpin), mässig feuchte, kalkreiche Buchenwälder, (Loni-Fage), LC

- Blätter mit 3–4 Fiederpaaren, meist zu 3(–5) in einem Scheinquirl. Blüten blassgelb

Cardamine kitaibelii Bech., Kitaibels Zahnwurz: G, 25–40 cm, IV–V, kollin-montan (-subalpin), kalkreiche, luftfeuchte Laubwälder, Waldränder, (Luna-Acer, Loni-Fage), LC

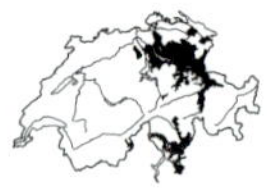

5 Blütenstand doldig (sehr kurzer Abstand zwischen den untersten und obersten Blütenstielen). Sommerblüten oft ohne Kronblätter. Pflanze mit oder fast ohne Stängel (Blütenstiele dann scheinbar direkt aus dem Sprossgrund), mit oder ohne Ausläufer

Cardamine corymbosa Hook. f.: 3–15 cm, trockenwarme Wegränder, Schuttplätze

- Blütenstand traubig. Stängel stets entwickelt. Ausläufer fehlend **6**

6 Alle oder doch die untersten Blätter ungeteilt **7**

- Alle Blätter geteilt oder zusammengesetzt **9**

7 Pflanze meist mehr als 30 cm hoch. Staubbeutel violett

Cardamine asarifolia L., Haselwurzblättriges Schaumkraut: H, 25–50 cm, V–VI, montan-subalpin, kalkarme Quellfluren, Bachufer, (Card-Mont, Glyc-Spar), VU

- Pflanze höchstens 30 cm hoch. Staubbeutel gelb **8**

8 Obere Blätter höchstens undeutlich 3-lappig

Cardamine alpina Willd., Alpen-Schaumkraut: H, 2–10 cm, VI–VII, alpin, Schneetälchen, Quellfluren, (Sali-herb, Card-Mont), LC

- Obere Blätter fiederschnittig

  Cardamine resedifolia L., Resedablättriges Schaumkraut: H, 5–15 cm, V–VIII, subalpin-alpin, kalkarme Schuttfluren, Rasenhänge, (Andr-alpi, Fest-vari), LC

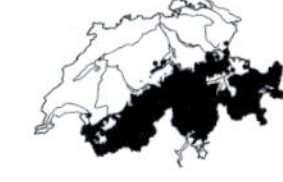

9 Kronblätter 2–4 mm lang oder fehlend **10**

- Kronblätter 7–19 mm lang **12**

10 Blattstiel pfeilförmig geöhrt

  Cardamine impatiens L., Spring-Schaumkraut: T, 10–80 cm, V–VII, kollin-montan (-subalpin), mässig feuchte, nährstoffreiche Krautsäume, Laubwälder, (Aego, Frax), LC

- Blattstiel nicht geöhrt **11**

11 Blüten mit 4, selten mit 6 Staubblättern. Untere Blätter in einer Grundrosette, sich deutlich von den wenigen, kleineren Stängelblättern unterscheidend. Schoten aufrecht, von ihrem Fruchtstiel kaum abgewinkelt

  Cardamine hirsuta L., Vielstängeliges Schaumkraut: T, 5–30 cm, III–V, kollin-montan (-subalpin), Äcker, Gärten, nährstoffreiche Säume, (Aego, Poly-Chen), Archäophyt, LC

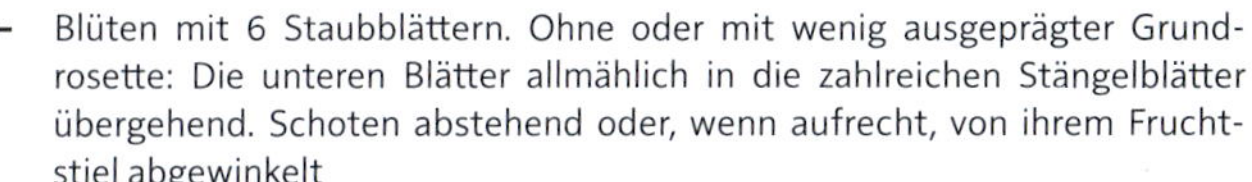

- Blüten mit 6 Staubblättern. Ohne oder mit wenig ausgeprägter Grundrosette: Die unteren Blätter allmählich in die zahlreichen Stängelblätter übergehend. Schoten abstehend oder, wenn aufrecht, von ihrem Fruchtstiel abgewinkelt

  Cardamine flexuosa aggr.

  a Pflanze einjährig, am Grund nur mit wenigen Blättern. Endteilblatt meist deutlich 3-lappig. Stängel kahl oder zerstreut behaart

  Cardamine occulta Hornem., Japanisches Schaumkraut: 5–30 cm, Pflästerungen, Wegränder, Trittfluren

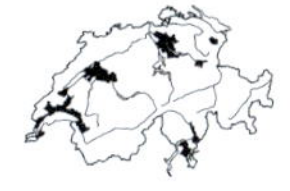

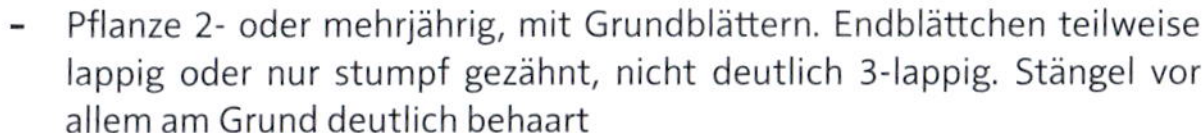

  - Pflanze 2- oder mehrjährig, mit Grundblättern. Endblättchen teilweise lappig oder nur stumpf gezähnt, nicht deutlich 3-lappig. Stängel vor allem am Grund deutlich behaart

  Cardamine flexuosa With., Wald-Schaumkraut: H–T, 15–40 cm, V–VI, kollin-montan (-subalpin), schattige, feuchte Wegränder, Quellfluren, (Card-Mont), LC

12 Stängel blattlos oder einblättrig. Blätter 3-zählig mit fast gleich grossen Teilblättern

  Cardamine trifolia L., Dreiblättriges Schaumkraut: G, 10–30 cm, V, kollin-montan, kalkreiche, luftfeuchte Buchenwälder, (Loni-Fage), VU

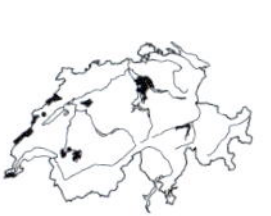

- Stängel beblättert. Blätter gefiedert, Endblättchen grösser als die Seitenfiedern **13**

13 Grundständige Blätter nicht rosettig. Pflanze mit verlängerten Ausläufern. Kronblätter weiss. Staubbeutel violett

  Cardamine amara L., Bitteres Schaumkraut: 10–60 cm, V–VI, kollin-subalpin (-alpin), Ufer, LC

- Grundständige Blätter in einer Rosette. Pflanze ohne oder mit kurzen Ausläufern. Kronblätter rosa oder weiss. Staubbeutel gelb (selten mit rosa Blüten und violetten Staubbeuteln) **14**

14 Pflanze mit kurzen Ausläufern. Kronblätter hellrosa, 6-8(-9) mm lang. Staubbeutel violett. Rosettenblätter unterseits oft violett verfärbt. In den Achseln der Rosetten- und Stängelblätter bilden sich oft neue Triebe

Cardamine ×insueta Urbanska-Worytkiewicz: 15-40 cm. Autohexaploider Hybride zwischen *C. rivularis* und *C. amara*. Bisher in dieser Form nur vom Urnerboden bekannt

- Pflanze ohne Ausläufer. Kronblätter violett bis weiss. Staubbeutel gelb

Cardamine pratensis aggr., Wiesen-Schaumkraut: 15-60 cm, IV-VII, kollin-subalpin (-alpin), LC

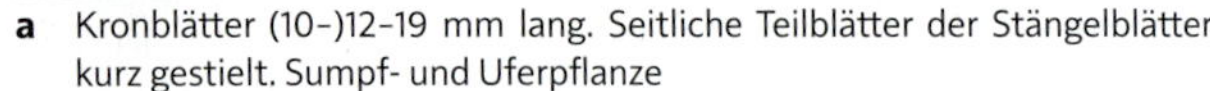

a Kronblätter (10-)12-19 mm lang. Seitliche Teilblätter der Stängelblätter kurz gestielt. Sumpf- und Uferpflanze

Cardamine dentata Schult., Sumpf-Wiesen-Schaumkraut: H, 15-40 cm, V, kollin, Grossseggenriede, Seeufer, (Phra), VU

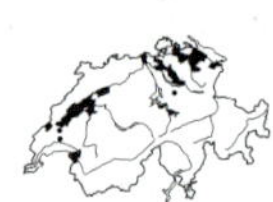

- Kronblätter 6-12 mm lang. Seitliche Teilblätter der Stängelblätter sitzend **b**

b Schoten 0,5-0,9 mm breit. Untere Teilblätter der Grundblätter abgerundet und leicht nach unten gerückt. Kronblätter weiss

Cardamine matthioli Moretti, Matthiolis Wiesen-Schaumkraut: H, 15-50 cm, IV-V, kollin, kalkarme Flachmoore, Nasswiesen, (Cari-fusc), EN

- Schoten 0,9-1,5 mm breit. Untere Teilblätter der Grundblätter zugespitzt und waagrecht abstehend oder leicht nach vorne gerückt. Kronblätter blasslila, rosa oder weiss **c**

c Untere Stängelblätter mit 0-6 Fiederpaaren. Schoten meist über 3 cm lang. Blätter oberseits mit zahlreichen kurzen und längeren Haaren, zumindest am Blattrand. Kronblätter normalerweise blasslila **d**

- Untere Stängelblätter mit 4-10 Fiederpaaren. Schoten 1,5-2,5 cm lang. Blätter oberseits kahl oder mit einzelnen Haaren am Blattrand. Kronblätter normalerweise rosa oder weiss **e**

d Schoten 1,1-1,3 mm breit. Griffel 0,3-0,6 mm dick. Grundblätter mit 1-6 Fiederpaaren. Endblättchen kaum über 1,8 cm lang

Cardamine pratensis L., Gewöhnliches Wiesen-Schaumkraut: H, 15-50 cm, IV-V, kollin-montan, frische, nährstoffreiche Wiesen und Weiden, (Arrh, Cyno), LC

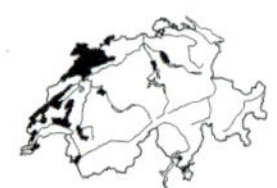

- Schoten 1,3-1,6 mm breit. Griffel 0,5-0,8 mm dick. Grundblätter mit 0-5 Fiederpaaren. Endblättchen oft über 1,8 cm lang

Cardamine nemorosa Lej., Hain-Wiesen-Schaumkraut: 15-40 cm, IV-V, kollin-montan

e Endblättchen der obersten Blätter höchstens ¾ so lang wie der Rest des Blattes. Kronblätter meist rosa (ausnahmsweise weiss)

Cardamine rivularis auct., Bach-Wiesen-Schaumkraut: H, 15-40 cm, VI-VII, (montan-) subalpin (-alpin), kalkarme Quellfluren, Ufer, Flachmoore, (Card-Mont, Cari-fusc), NT

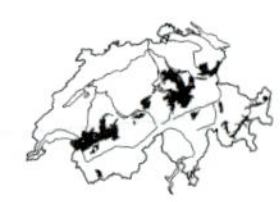

- Endblättchen der obersten Blätter bis 1,5x so lang wie der Rest des Blattes. Kronblätter rosa oder weiss

Cardamine udicola Jord., Moor-Wiesen-Schaumkraut: H, 15-40 cm, IV-V, kollin-montan, Grossseggenriede, Flachmoore, (Magn), VU

Cardaminopsis **Schaumkresse**

1 Pflanze mit oberirdischen Ausläufern. Stängel aufrecht oder aufsteigend. Untere Blätter gestielt, ungeteilt oder fiederteilig →. Stängelblätter sitzend. Kronblätter meist weiss. Fruchtstiele ½–⅔ so lang wie die Schoten

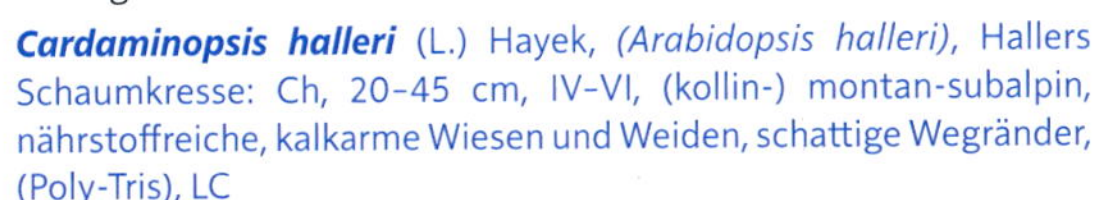

Cardaminopsis halleri (L.) Hayek, *(Arabidopsis halleri)*, Hallers Schaumkresse: Ch, 20–45 cm, IV–VI, (kollin-) montan-subalpin, nährstoffreiche, kalkarme Wiesen und Weiden, schattige Wegränder, (Poly-Tris), LC

- Pflanze ohne Ausläufer. Stängel aufrecht, oft verzweigt, mit einfachen Haaren. Grundständige Blätter in einer Rosette fiederteilig, mit zahlreichen gestielten, 2- bis 3-strahligen Haaren

Cardaminopsis arenosa (L.) Hayek, *(Arabidopsis arenosa)*, Sand-Schaumkresse: 10–30 cm, IV–X, kollin-montan, Felsen, Pionierfluren

a Blüten weiss oder blasslila. Endlappen der Grundblätter grösser als die 1–6 seitlichen Fiederpaare →. Samen 0,6–1,1 mm lang, ohne oder mit rudimentärem Hautflügel

Cardaminopsis arenosa (L.) Hayek subsp. ***arenosa***, Gewöhnliche Sand-Schaumkresse: H.ha, IV–X, kollin-montan, wechseltrockene Pionierfluren, Mauern, (Alyss-Sedi, Epil-flei), Neophyt

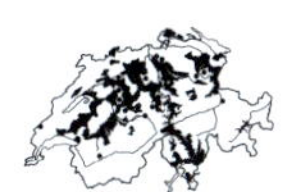

- Blüten lila. Endlappen der Grundblätter kaum grösser als die 4–11 seitlichen Fiederpaare →. Samen 1,0–1,6 mm lang, mit deutlichem Hautflügel (v. a. an der Spitze)

Cardaminopsis arenosa subsp. ***borbasii*** (Zapał.) H. Scholz, Felsen-Sand-Schaumkresse: H, IV–X, kollin-montan, kalkreiche, schattige Felsen, Schuttfluren, (Cyst, Peta-para), LC

Cardaria **Pfeilkresse**

- Untere Blätter verkehrt eilanzettlich, buchtig gezähnt bis fiederteilig, gestielt, früh absterbend. Obere Blätter sitzend und stängelumfassend, gross. Kronblätter weiss, 3–4 mm lang. Schötchen herz- bis nierenförmig →

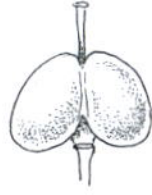

Cardaria draba (L.) Desv., *(Lepidium draba)*, Pfeilkresse: H, 20–60 cm, V–VII, kollin-subalpin, trockenwarme, kalkreiche Wegränder, Schuttplätze, (Sisy, Conv-Agro), Neophyt

Chorispora **Gliederschote**

- Ganze Pflanze rau-papillös. Blätter kurz gestielt, eilanzettlich, entfernt gesägt. Kronblätter violett, 10–13 mm lang. Schote 3–4 cm lang, aufwärtsgebogen, bei der Reife zerfallend

Chorispora tenella (Pall.) DC., Zarte Gliederschote: T, 10–40(–60) cm, IV–V, kollin, trockenwarme Wegränder, Schuttplätze, Neophyt

Clypeola Schildschötchen

- Ganze Pflanze sternhaarig. Blätter schmal spatelförmig, ganzrandig, bis 1,5 cm lang. Kronblätter gelb, zuletzt weisslich, 1,5 mm lang. Früchte kreisrund, flach, Rand geflügelt, 3-4 mm breit →

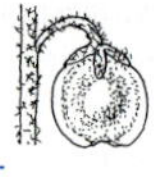

Clypeola jonthlaspi L., Schildschötchen: T, 5-10 cm, III-IV, kollin-montan, felsige Pionierfluren, (Alyss-Sedi), VU

Cochlearia Löffelkraut

1 Pflanze einjährig. Alle Stängelblätter kurz gestielt. Blüten nur 3-5 mm breit

Cochlearia danica L., Dänisches Löffelkraut: T, 2-20 cm, V-VI, kollin, wechselfeuchte Pionierfluren, Äcker, (Nano, Agro-Rumi), Neophyt

- Pflanze mehrjährig. Obere Stängelblätter sitzend. Blüten 8-14 mm breit 2

2 Fruchtstiele aufrecht abstehend. Schötchen an beiden Enden zugespitzt

Cochlearia pyrenaica DC., Pyrenäen-Löffelkraut: H.ha-T, 10-30 cm, VI-VIII, montan-subalpin, kalkreiche Quellfluren, (Crat), VU

- Fruchtstiele waagrecht abstehend. Schötchen eiförmig, an der Basis gerundet

Cochlearia officinalis L., Echtes Löffelkraut: H.ha-T, 50 cm, VI-VIII, kollin-montan, wechselfeuchte, salzhaltige Schuttplätze, Neophyt

Coincya Lacksenf

- Blätter der Grundrosette und Stängelblätter gestielt, fiederschnittig. Blattabschnitte mit Knorpelspitze. Kelchblätter lang, aufrecht, ausgesackt, bereift, an der Spitze meist mit Wimperhaaren. Kronblätter gelb, lang genagelt, 13-18 mm lang (mit Nagel)

Coincya cheiranthos (Vill.) Greuter & Burdet, (*C. monensis* subsp. *cheiranthos*), Lacksenf: H.ha-T, 30-60 cm, VI-X, kollin-montan, Bahnareale, Schuttplätze, (Dauc-Meli), CR(PE)

Conringia Ackerkohl

- Pflanze ± unverzweigt, kahl, blaugrün. Blätter oval, ganzrandig, die unteren mit knorpeligem Rand, die oberen den Stängel mit breiten, runden Zipfeln umfassend. Kronblätter gelblich weiss, 7-12 mm lang. Schoten 7-12 cm lang, 4-kantig

Conringia orientalis (L.) Dumort., Ackerkohl: T, 10-50 cm, V-VII, kollin (-montan), trockenwarme, kalkreiche Äcker, Wegränder, (Cauc), Neophyt

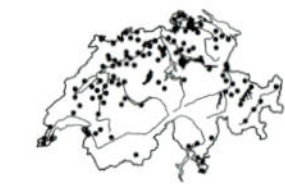

Coronopus Krähenfuss

1 Kronblätter länger als Kelchblätter. Fruchtstiele kürzer als die 2,5–3 mm langen, stark warzigen, an der Spitze kaum ausgerandeten Schötchen →

Coronopus squamatus (Forssk.) Asch., *(Lepidium squamatum)*, Niederliegender Krähenfuss: T, 5–30 cm, VI–IX, (kollin-) montan, Wegränder, Schuttplätze, (Poly-avic), Archäophyt, EN

- Kronblätter kürzer als Kelchblätter, manchmal fehlend. Fruchtstiele oft länger als die 2 mm langen, netznervigen, an der Spitze stark ausgerandeten Schötchen →

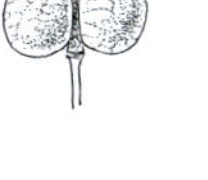

Coronopus didymus (L.) Sm., *(Lepidium didymum)*, Zweiknotiger Krähenfuss: T, 5–50 cm, V–X, kollin-montan, trockenwarme, kalkreiche Pionierfluren, Strassenpflaster, (Poly-avic, Sagi-proc), Neophyt

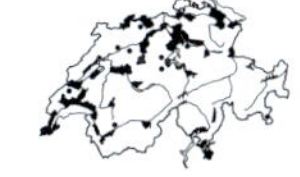

Descurainia Sophienkraut

- Blätter 2- bis 3-fach fiederschnittig, mit schmal linealen oder lineal-lanzettlichen Zipfeln, graugrün. Blüten hellgelb, Kronblätter nur 1,5–2 mm lang. Schoten 15–25 mm lang, aufrecht abstehend

Descurainia sophia (L.) Prantl, Sophienkraut: T, 20–90 cm, V–VIII, kollin-montan (-subalpin), trockenwarme Unkrautfluren, Wegränder, Schuttplätze, (Sisy), LC

Diplotaxis Doppelsame

1 Blüten weiss, oft mit rötlichen Adern. Obere Blätter oft stängelumfassend, gezähnt, Zähne mit Knorpelspitze

Diplotaxis erucoides (L.) DC., Ruken-Doppelsame: T, 10–50 cm, IV–X, kollin, trockenwarme Äcker, Wegränder, Schuttplätze, (Erag), meist adventiv, Neophyt

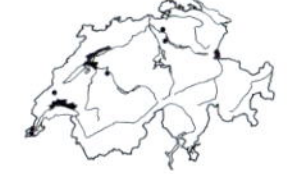

- Blüten gelb. Blätter nie stängelumfassend. Blattzähne ohne Knorpelspitze **2**

2 Pflanze mehrjährig. Stängel an der Basis oft verholzt, im unteren Teil mit vielen Stängelblättern. Kronblätter (7-)8–12 mm lang. Schote an der Basis mit einem 0,5–6,5 mm langen Fuss bzw. «Fruchtträger» →

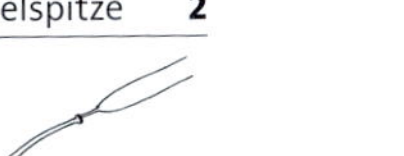

Diplotaxis tenuifolia (L.) DC., Schmalblättriger Doppelsame: H, 30–60 cm, V–IX, kollin-montan, trockenwarme, kalkreiche Äcker, Wegränder, (Sisy, Conv-Agro), Archäophyt, LC

- Pflanze ein- bis zweijährig. Stängel nie verholzt. Stängelblätter wenige, oft fehlend. Kronblätter 4–8 mm lang. Schote an der Basis ohne oder mit einem max. 0,8 mm langen Fuss →

Diplotaxis muralis (L.) DC., Mauer-Doppelsame: T, 10–40 cm, V–IX, kollin-montan, trockenwarme Äcker, Schuttplätze, (Erag), Archäophyt, NT

Draba Felsenblümchen, Hungerblümchen

1 Stängel blattlos oder mit 1-3 Blättern 2

- Stängel meist stärker beblättert 8

2 Blüten kräftig gelb 3

- Blüten weiss oder blassgelb 4

3 Unterster Fruchtstiel 3-20 mm lang. Griffel (1-)1,5-4 mm lang →. Blätter lineal, starr, in dichter Grundrosette, kammförmig bewimpert

Draba aizoides L., Immergrünes Felsenblümchen: Ch, 5-10 cm, II-VII, (montan-) subalpin-alpin, kalkreiche Felsen, Felsrasen, (Drab-Sesl, Elyn), LC

- Unterster Fruchtstiel 1,5-3,5 mm lang. Griffel 0,5-1(-1,2) mm lang →. Blätter wie bei *D. aizoides*

Draba hoppeana Rchb., Hoppes Felsenblümchen: Ch, 1-3 cm, VII-VIII, alpin, Schuttfluren, Schneetälchen, (Drab-hopp), LC

4 Blütenstiele behaart, auch mit Sternhaaren 5

- Blütenstiele kahl oder (bei *D. ladina*) mit wenigen einfachen Haaren 6

5 Schötchen länglich, kahl (± auch am Rand), zugespitzt →. Stängel locker sternhaarig. Blätter sternhaarig-filzig

Draba dubia Suter, Gletscher-Felsenblümchen: Ch, 3-7 cm, VII-VIII, alpin, kalkarme Felsen, (Andr-vand), LC

- Schötchen oval, zumindest am Rand mit wenigen einfachen Haaren →. Stängel dicht sternhaarig. Blätter sternhaarig-filzig

Draba tomentosa Clairv., Filziges Felsenblümchen: Ch, 3-7 cm, VII-VIII, alpin, kalkreiche Felsen, (Pote), LC

6 Kronblätter 4-5 mm lang, blassgelb. Griffel ca. 1 mm lang →. Blätter unterseits und meist auch oberseits locker mit Gabel- und Sternhaaren. Unterengadin

Draba ladina Braun-Blanq., Ladiner Felsenblümchen: Ch, 1-5 cm, VII-VIII, alpin, kalkreiche Schuttfluren, Felsen, (Pote), VU

- Kronblätter ca. 3 mm lang, weiss. Griffel sehr kurz, nur ca. 0,2 mm lang 7

7 Grundblätter ohne Sternhaare, nur mit einfachen und gegabelten Haaren, am Rand bewimpert. Schötchen 3-5 mm lang, kahl →

Draba fladnizensis Wulfen, Fladnitzer Felsenblümchen: Ch, 2-6 cm, VII-VIII, alpin, kalkarme Felsen, Gratrasen, Schuttfluren, (Elyn, Drab-hopp), LC

- Grundblätter dicht sternhaarig, am Rand bewimpert (v. a. am Grund des Blattes). Schötchen (3-)5-9 mm lang, kahl →

Draba siliquosa M. Bieb., *(D. carinthiaca)*, Kärntner Felsenblümchen: H, 3-10 cm, VII-VIII, (subalpin-) alpin, Gratrasen, Felsgrate, (Elyn), LC

8 Kronblätter hellgelb, an der Spitze ausgerandet. Stängelblätter eiförmig, gezähnt (selten fast ganzrandig), sitzend. Fruchtstiele zuletzt fast waagrecht abstehend. Schötchen → kahl oder behaart

Draba nemorosa L., Hellgelbes Felsenblümchen: T, 10-30 cm, IV-VI, kollin-subalpin, trockenwarme, kalkreiche Pionierfluren, Mauern, (Sedo-Scle, Alyss-Sedi), NT

- Kronblätter weiss 9

9 Stängelblatt umfassend. Fruchtstiele → zuletzt waagrecht abstehend

Draba muralis L., Mauer-Felsenblümchen: T, 10-50 cm, IV-VI, kollin (-montan), trockenwarme, nährstoffreiche Krautsäume, Pionierfluren, (Aego, Alyss-Sedi), NT

- Stängelblatt nicht umfassend. Fruchtstiele zuletzt aufrecht abstehend **10**

10 Pflanze oft ohne sterile Rosetten. Griffel deutlich länger als breit. Schötchen nicht oder wenig verdreht, von Sternhaaren bedeckt →. Samen 0,8-1 mm lang

Draba thomasii W. D. J. Koch, *(D. stylaris)*, Langgriffliges Felsenblümchen: H-T, 8-20 cm, VI-VII, subalpin-alpin, Felsnischen, Balmen, Läger, (Pote), NT

- Pflanze stets mit sterilen Rosetten. Griffel etwa so lang wie breit. Schötchen stark verdreht, meist kahl →. Samen (1-)1,1-1,5 mm lang

Draba incana L., Graues Felsenblümchen: H-T, 35 cm, VI, subalpin-alpin, kalkreiche Felsen, Balmen, (Pote), CR

Erophila Hungerblümchen

- Blätter lanzettlich bis spatelförmig, am Rand bewimpert, eine Grundrosette bildend. Kronblätter weiss, 2-3 mm lang, tief 2-teilig. Schötchen mit bleibendem Griffel

Erophila verna aggr., Frühlings-Hungerblümchen: T, 4-20 cm, II-V, kollin-montan, LC. Das hier verwendete System zur Klassifikation hat nur regionale Gültigkeit. Bisher gibt es kein System, das eine Klassifikation dieses Aggregates über das ganze Verbreitungsgebiet erlaubt, das im Einklang mit seiner grossen Variabilität steht

a Blätter kahl → oder mehrheitlich mit einfachen Haaren (daneben möglicherweise vereinzelt auch Gabel- oder Sternhaare). Schötchen 4-6 mm lang. Pflanze 4-10 cm hoch

Erophila praecox (Steven) DC., *(Draba praecox)*, Frühes Frühlings-Hungerblümchen: T, 4-10 cm, II-V, kollin, kalkreiche, trockenwarme Pionierfluren, Steinrasen, (Alyss-Sedi), LC

- Blätter mehrheitlich mit Gabel- und/oder Sternhaaren → (daneben möglicherweise vereinzelt auch einfache Haare) **b**

b Schötchen oval bis fast kreisrund →, 3-5(-6) mm lang. Pflanze 4-12 cm hoch

Erophila spathulata Láng, *(Draba spathulata)*, Rundfrüchtiges Hungerblümchen: T, 4-12 cm, II-V, kollin, Pionierfluren, DD

- Schötchen elliptisch bis verkehrt eilanzettlich →, (5-)6-10 mm lang. Pflanze 5-20 cm hoch

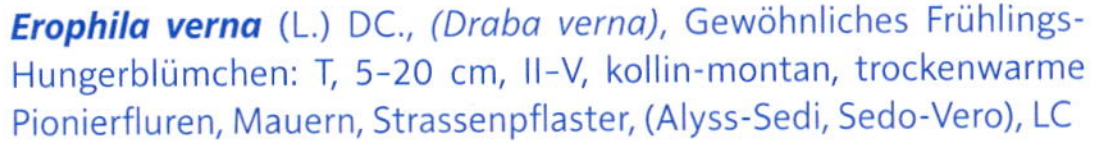

Erophila verna (L.) DC., *(Draba verna)*, Gewöhnliches Frühlings-Hungerblümchen: T, 5-20 cm, II-V, kollin-montan, trockenwarme Pionierfluren, Mauern, Strassenpflaster, (Alyss-Sedi, Sedo-Vero), LC

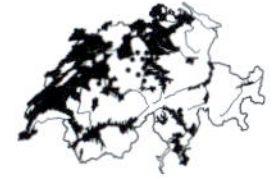

Eruca Rauke

- Pflanze würzig riechend. Blätter buchtig-fiederteilig, mit grösserem Endabschnitt. Kronblätter gelblich weiss mit dunklen Adern, 14-22 mm lang. Kelch dunkel braunviolett. Schoten aufrecht anliegend, mit flachem Schnabel →

  Eruca sativa Mill., Rauke: T, 15-50 cm, V-VIII, kollin-montan, trockenwarme Unkrautfluren, Wegränder, (Sisy), meist adventiv, kultivierter Archäophyt

Erucastrum Hundsrauke

1 Blüten blassgelb, die unteren mit Deckblätter. Blätter im oberen Teil nicht bis zur Mittelrippe geteilt. Schnabel der Schote 2-4 mm lang, ohne (selten mit 1) Samen →

Erucastrum gallicum (Willd.) O. E. Schulz, Französische Rampe: T, 20-40 cm, V-VIII, kollin, trockenwarme, kalkreiche Pionierfluren, Wegränder, (Fuma-Euph, Alyss-Sedi), LC

\- Blüten gelb, ohne Deckblätter. Blätter bis fast zur Mittelrippe fiederschnittig. Schoten aufrecht abstehend, 3-4 cm lang und ca. 1,5 mm dick, Schnabel 3-6 mm lang, mit 1-2 Samen (im Schnabel) →

Erucastrum nasturtiifolium (Poir.) O. E. Schulz, Brunnenkressenblättrige Rampe: H.ha-T, 30-80 cm, IV-VIII, kollin-montan (-subalpin), trockenwarme, kalkreiche Geröllfluren, Föhrenwälder, (Epil-flei, Onon-Pini, Stip-cala), LC

Erysimum Schöterich

1 Griffel mit deutlich 2-teiliger Narbe →. Schoten zusammengedrückt, 2-3,5 mm breit. Kronblätter orangegelb bis dunkelrot

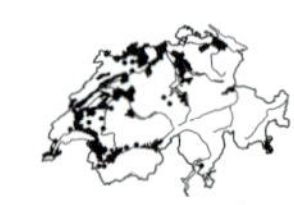

Erysimum cheiri (L.) Crantz, *(Cheiranthus cheiri)*, Goldlack: Ch, 20-50 cm, IV-V, kollin-montan, trockenwarme Mauern, Felsen, (Cent-Pari), Neophyt

\- Griffel ungeteilt oder undeutlich 2-teilig (Teile kürzer als dick). Schoten nicht zusammengedrückt, 1-1,5 mm breit. Blüten blassgelb **2**

2 Pflanze einjährig, am Grund ohne vertrocknete Blätter. Kelch max. 5 mm lang **3**

\- Pflanze 2- bis mehrjährig, am Grund oft mit vertrockneten (vorjährigen) Blättern oder Stängelgrund leicht verholzt. Kelch mind. 5 mm lang **4**

3 Kronblätter 2-5 mm lang. Schoten aufrecht abstehend, 2-2,5x so lang wie ihr Fruchtstiel

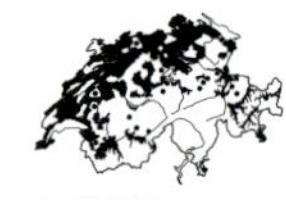

Erysimum cheiranthoides L., Acker-Schöterich: H.ha, 15-70 cm, VI-VIII, kollin-montan, mässig feuchte Äcker, Wegränder, (Poly-Chen), NT

\- Kronblätter 6-10 mm lang. Schoten aufrecht abstehend, 10-20x so lang wie ihr Fruchtstiel

Erysimum repandum L., Brachen-Schöterich: H.ha-T, 15-30 cm, IV-VI, kollin, trockenwarme Äcker, Wegränder, Schuttplätze, (Sisy), Neophyt

4 Kronblätter weniger als 4 mm breit **5**

\- Kronblätter mindestens 4 mm breit **7**

5 Schoten aufrecht und dem Stängel fast anliegend. Kronblätter höchstens 2,5 mm breit

Erysimum virgatum Roth, *(E. strictum)*, Ruten-Schöterich: 40-100 cm, VI-VII, kollin-montan, Krautsäume, Ufer, Wegränder, VU. Inkl. *E. hieraciifolium*

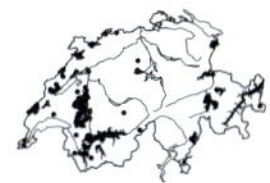
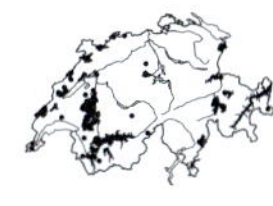

\- Schoten aufrecht bis aufrecht abstehend, dem Stängel nicht anliegend. Kronblätter mehr als 2,5 mm breit **6**

6 Kelchblätter höchstens 1,3 mm breit. Schoten zur Reifezeit meist mindestens 55 mm lang

Erysimum crepidifolium Rchb., Pippaublättriger Schöterich, Pippaublättriger Schotendotter: 20-60 cm

\- Kelchblätter mindestens 1,5 mm breit. Schoten zur Reifezeit weniger als 55 mm lang

Erysimum crassistylum subsp. ***verresianum*** Peccenini & Polatschek

7 Unterirdischer Stängel kriechend, weit verzweigt. Schoten 2 mm breit. Griffel mehr als 3,5 mm lang

Erysimum ochroleucum (Schleich.) DC., Blassgelber Schöterich: H, 10-50 cm, VI, kollin-subalpin (-alpin), trockenwarme, kalkreiche Schuttfluren, (Stip-cala), VU

\- Unterirdischer Stängel kurz, nicht kriechend. Schoten 0,8-1,5 mm breit. Griffel 0,8-3,5 mm lang

Erysimum rhaeticum aggr., Schweizer Schöterich: H, 5-115 cm, IV-VIII, kollin-alpin, Trockenrasen, Felsensteppen, Föhrenwälder, (Stip-Poio, Fest-vari, Onon-Pini)

a Pflanze zweijährig, selten mehrjährig. Fruchtstiele ± abstehend (Winkel zum Stängel ca. 80-90°). Staubbeutel mit Kompasshaaren. Schote verlängert, 70-120 mm lang

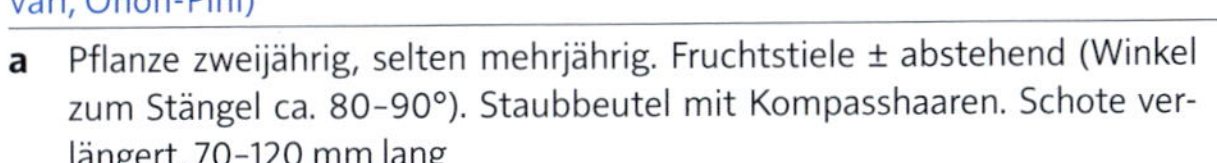

Erysimum insubricum Peccenini & Polatschek: H, 20-60 cm, IV-VII, kollin-montan

\- Pflanze mehrjährig, selten nur zweijährig. Fruchtstiele aufrecht abstehend (Winkel zum Stängel ca. 20-55°). Staubbeutel kahl. Schote nur 25-80 mm lang **b**

b Kelchblätter 9-14 mm lang, oft dunkelrot verfärbt. Griffel höchstens 1,5 mm lang

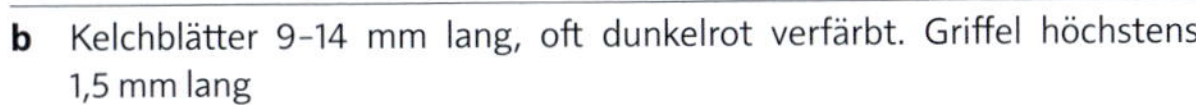

Erysimum sylvestre (Crantz) Scop., Wilder Schöterich, Wilder Schotendotter: H, 8-40 cm, V-VII, montan-alpin

\- Kelchblätter 6,5-9 mm lang, nicht dunkelrot verfärbt. Griffel mindestens 1,8 mm lang **c**

c Kelchblätter mind. 1,8 mm breit. Blütenstand mit 0-4(-12) Seitenästen. Schoten aufrecht abstehend (Winkel zum Stängel ca. 30-35°). Samen 2,2 mm lang

Erysimum rhaeticum (Hornem.) DC., Schweizer Schöterich, Schweizerischer Schotendotter, Schweizerischer Schöterich: H, 7-115 cm, VI-VII, kollin-subalpin (-alpin), LC

- Kelchblätter 1,3-1,7 mm breit. Blütenstand ohne Seitenäste. Schoten aufrecht, fast parallel zum Stängel (Winkel zum Stängel ca. 10-20°). Samen 2,8 mm lang

Erysimum jugicola Jord., Zwerg-Schöterich, Zwerg-Schotendotter: H, 5-30 cm, VI-VIII, subalpin-alpin

Euclidium Schnabelschötchen

- Pflanze von Grund auf reich verzweigt, mit einfachen Haaren und Gabelhaaren. Blätter oval bis lanzettlich, gezähnt bis ganzrandig. Kronblätter weiss, 1-1,5 mm lang. Schötchen 3-4 mm lang, mit schief gestelltem Schnabel

Euclidium syriacum (L.) R. Br., Schnabelschötchen: T, 15-35 cm, VI, kollin-montan, Wegränder, Schuttplätze, (Sisy), nur adventiv, Neophyt

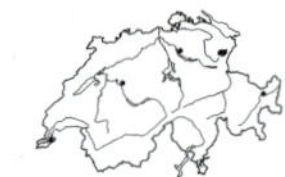

Fourraea Kohlkresse

- Stängel und Blätter bläulich bereift, kahl. Stängelblätter 5-15, breit lanzettlich, mit stumpfen oder spitzen Zipfeln umfassend. Kronblätter weiss, 4-7 mm lang. Schoten 3-8 cm lang

Fourraea alpina (L.) Greuter & Burdet, *(Arabis pauciflora)*, Armblütige Gänsekresse: H, 30-100 cm, V-VI, kollin-subalpin, trockenwarme Krautsäume, Wälder, Gebirgsrasen, (Gera-sang, Quer-pube, Sesl), NT

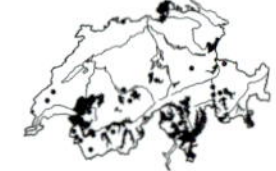

Hesperis Nachtviole

- Pflanze 40-80 cm hoch. Grundblätter eiförmig bis lanzettlich, bis 15 cm lang, kurz gestielt. Blattrand fein gezähnelt oder ganz →. Blüten violett oder weiss. Kronblätter 2-2,5 mm lang

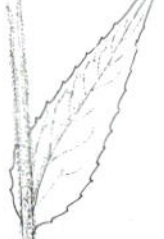

Hesperis matronalis L., Gemeine Nachtviole: H.ha-T, 40-80 cm, V-VI, kollin-montan, wechselfeuchte Krautsäume, Auenwälder, (Aego, Conv, Alni-inca), Neophyt

a Population aus violett oder weisslich blühenden Individuen. Stängel vorwiegend mit Gabelhaaren. Kronblätter 20-25 mm lang

Hesperis matronalis L. subsp. ***matronalis***

- Population aus reinweiss blühenden Individuen. Stängel kahl oder vorwiegend mit einfachen, abwärtsgerichteten Haaren. Am Blattrand vereinzelte Drüsenhaare. Kronblätter 20 mm lang

Hesperis matronalis subsp. ***nivea*** (Baumg.) Perr.

Hirschfeldia **Graukohl**

- Pflanze unten kurzhaarig-grau. Untere Blätter mit 1-5 abstehenden Fiederpaaren und grossem Endabschnitt. Kronblätter blassgelb. Schoten aufrecht, anliegend, 1-1,5 cm lang, 3-nervig, Schnabel spindelförmig verdickt →

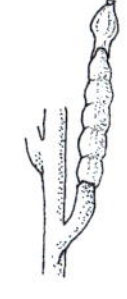

Hirschfeldia incana (L.) Lagr.-Foss., *(Erucastrum incanum)*, Graukohl: T, 30-100 cm, VI-IX, kollin-montan, trockenwarme Schuttplätze, Wegränder, (Sisy), Neophyt

Hornungia **Steppenkresse**

- Pflanze klein (selten über 10 cm hoch), zart, oft verzweigt, mit winzigen Sternhaaren (starke Lupe!). Blätter fiederschnittig →, in grundständiger Rosette und am Stängel. Kronblätter weiss, 0,7-1 mm lang. Schötchen 2-2,5 mm lang

Hornungia petraea (L.) Rchb., Steinkresse: T, 15 cm, IV, kollin-montan (-subalpin), trockenwarme, kalkreiche Pionierfluren, Felsrasen, (Alyss-Sedi), LC

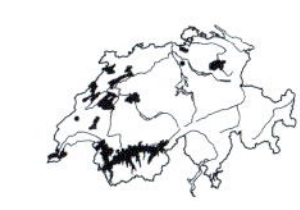

Hugueninia **Farnrauke**

- Hochstaude, bis 1 m hoch, mit kleinen Sternhaaren. Untere Blätter sehr gross, gefiedert, mit 8-12 Paaren von schmal lanzettlichen, grob gezähnten bis fiederteiligen Abschnitten →. Blütenstand doldig. Kronblätter gelb

Hugueninia tanacetifolia (L.) Rchb., *(Descurainia tanacetifolia)*, Farnrauke: G, 30-100 cm, VII, subalpin (-alpin), Hochstaudenfluren, Schuttfluren, (Aden), VU

Hymenolobus **Salzkresse**

1 Blütentraube 3- bis 5-blütig. Blätter ungeteilt, schmal oval, ganzrandig, in einen Stiel verschmälert. Pflanze niederliegend-aufsteigend, sehr zart, meist unverzweigt, kahl. Schötchen breit oval, oft etwas ausgerandet, 1-1,5x so lang wie breit →

Hymenolobus pauciflorus (W. D. J. Koch) Schinz & Thell., *(Hornungia pauciflora)*, Armblütige Salzkresse: T, 2-6 cm, VI-VII, montan-subalpin (-alpin), nährstoffreiche Balmen, (Sisy), EN

- Blütentraube vielblütig. Stängelblätter tief fiederteilig, mit 3-7 Abschnitten, Endabschnitt grösser. Pflanze niederliegend-aufsteigend, bis 15 cm hoch. Schötchen elliptisch, 2-3x so lang wie breit →

Hymenolobus procumbens (L.) Nutt., *(Hornungia procumbens)*, Niederliegende Salzkresse: T, 15 cm, VI-VII, kollin, wechselfeuchte, salzhaltige Pionierfluren, (Nano), Neophyt

Iberis Bauernsenf

1 Pflanze mehrjährig. Stängel unten verholzt. Blätter lederig, immergrün **2**

\- Pflanze ein- bis zweijährig. Stängel nicht verholzt. Blätter nicht lederig **3**

2 Blätter höchstens 1,5 cm lang und max. 2 mm breit, am Ende zugespitzt und mit aufgesetztem Spitzchen. Schötchen flach, rundlich →

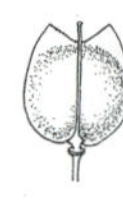

Iberis saxatilis L., Felsen-Bauernsenf: Cp, 5-15 cm, IV-V, (kollin-) montan-subalpin, trockenwarme, kalkreiche Felsen, Felsrasen, (Drab-Sesl, Ononidetalia), VU

\- Blätter bis 5 cm lang und 2-5 mm breit, mit stumpfem Ende. Schötchen →

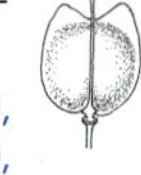

Iberis sempervirens L., Immergrüner Bauernsenf: Cp, 20-30 cm, V-VI, kollin-montan, trockenwarme, kalkreiche Felsen, Mauern, (Cent-Pari), Neophyt

3 Obere Stängelblätter kahl, ganzrandig oder mit kleinen Zähnen. Früchte 5-10 mm lang **4**

\- Obere Stängelblätter ± bewimpert, deutlich gezähnt bis gelappt. Früchte 3-6 mm lang **5**

4 Pflanze einjährig. Äussere Kronblätter 8-15 mm. Griffel an der Frucht 2,5-4 mm lang. Schötchen 7-10 mm lang →

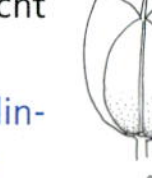

Iberis umbellata L., Doldiger Bauernsenf: T, 15-50 cm, VI-IX, kollin-montan, trockenwarme Wegränder, Schuttplätze, (Sisy), Neophyt

\- Pflanze zweijährig. Äussere Kronblätter 6-8 mm. Griffel an der Frucht 1-1,5 mm lang. Schötchen 5-6 mm lang →

Iberis intermedia Guers., Mittlerer Bauernsenf: T, 10-30 cm, VI-VII, kollin-montan, trockenwarme Schuttfluren, (Stip-cala), CR

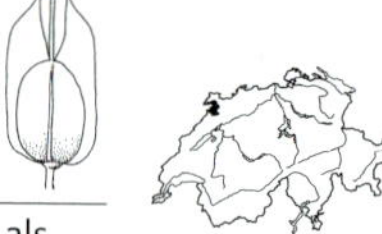

5 Blätter mit kurzen, stumpfen Zähnen. Fruchtstand bedeutend länger als breit

Iberis amara L., Bitterer Bauernsenf: T, 10-40 cm, VI-X, kollin-montan, trockenwarme, kalkreiche Pionierfluren, Schuttplätze, (Cauc), EN

\- Blätter mit linealen Lappen. Fruchtstand kaum länger als breit, einer kompakten Dolde ähnlich

Iberis pinnata L., Gefiederter Bauernsenf: T, 10-20 cm, V, kollin-montan, trockenwarme, kalkreiche Pionierfluren, Äcker, (Cauc), RE

Isatis Waid

\- Pflanze blaugrün, oben kahl. Stängelblätter den Stängel mit spitzen Zipfeln umfassend. Kronblätter gelb. Früchte flach, 8-18 mm lang, hängend, zuletzt schwarz →

Isatis tinctoria L., Färber-Waid: H.ha-T, 30-120 cm, IV-VI, kollin-montan (-subalpin), trockenwarme Wegränder, Schuttplätze, (Dauc-Meli, Conv-Agro), LC

Kernera Kugelschötchen

- Grundblätter rosettig, kurz gestielt, spatelförmig, bis 4 cm lang, anliegend rauhaarig, Haare einfach. Kronblätter weiss, 3-4 mm lang. Schötchen fast kugelig →, 2-3 mm lang

Kernera saxatilis (L.) Sweet, Felsen-Kugelschötchen: H, 10-30 cm, V-VII, (kollin-) montan-subalpin, kalkreiche Felsen, Felsrasen, Schuttfluren, (Pote), LC

Lepidium Kresse

1 Obere Blätter stängelumfassend **2**

\- Obere Blätter nicht stängelumfassend **3**

2 Untere Stängelblätter 2-fach fiederschnittig, die oberen ganz, wie Tellerchen den Stängel umfassend. Blüten blassgelb

Lepidium perfoliatum L., Durchwachsene Kresse: H.ha-T, 20-50 cm, V-VI, kollin (-montan), wechselfeuchte Unkrautfluren, Trittrasen, (Agro-Rumi, Poly-avic), Neophyt

\- Alle Blätter ungeteilt. Blüten weiss. Obere Stängelblätter ca. 1 cm breit (bei *Cardaria draba* 1-3 cm breit). Fruchtknoten und Schötchen ausgerandet. Schötchen geflügelt. Griffel 0,3-0,5 mm, höchstens so lang wie die Ausrandung zwischen den Flügeln →

Lepidium campestre (L.) R. Br., Feld-Kresse: H.ha-T, 15-50 cm, IV-VI, kollin-montan (-subalpin), Wegränder, Äcker, Unkrautfluren, (Fuma-Euph, Sisy), LC

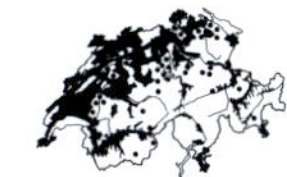

3 Schötchen am Ende spitz oder abgerundet, aber nicht oder kaum erkennbar ausgerandet. Falls etwas ausgerandet, ist der Griffel deutlich länger als die Ausrandung **4**

\- Schötchen an der Spitze deutlich ausgerandet. Griffel kürzer als die Ausrandung **5**

4 Blätter eiförmig-lanzettlich, mindestens 10 mm breit. Junge Schötchen behaart, stumpf. Kelchblätter gänzlich weiss berandet. Grundblätter eiförmig, gekerbt-gezähnt

Lepidium latifolium L., Breitblättrige Kresse: H, 30-100 cm, VII-X, kollin, wechselfeuchte Unkrautfluren, Krautsäume, (Agro-Rumi, Conv), kultivierter Archäophyt

\- Obere Blätter lineal, höchstens 5 mm breit. Schötchen kahl und leicht zugespitzt →. Kelchblätter nur oben weiss berandet. Grundblätter am Ende spatelig verbreitert, gekerbt-gezähnt

Lepidium graminifolium L., Grasblättrige Kresse: H, 30-70 cm, VI-X, kollin-montan, trockenwarme Wegränder, Bahnareale, (Sisy), Archäophyt, NT

5 Schötchen in der Traube aufrecht stehend, 5-6 mm lang, oben deutlich geflügelt →. Untere und mittlere Blätter meist 1- (2-)fach fiederschnittig (selten nur schmal gelappt oder gezähnt)

Lepidium sativum L., Garten-Kresse: T, 20-60 cm, VI-VII, kollin (-montan), trockenwarme Schuttplätze, (Sisy), kultiviert und verwildert, Neophyt

\- Schötchen in der Traube flach abstehend, höchstens 4 mm lang **6**

6 Kronblätter vorhanden (selten nur verkümmert), weiss, deutlich erkennbar, 1-2(-2,5) mm lang, den Kelch überragend. Stängel und Blätter mit verlängerten, krummen Haaren. Schötchen fast kreisrund →, 2,5-3 mm breit, am Ende schwach geflügelt

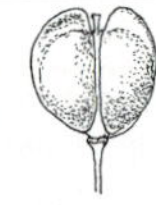

Lepidium virginicum L., Virginische Kresse: H.ha-T, 15-60 cm, V-IX, kollin-montan, trockenwarme Schuttplätze, Bahnareale, (Sisy, Dauc-Meli), Neophyt

- Kronblätter fehlend oder verkümmert (0,3-0,9 mm lang). Stängel und Blätter mit kurzen, geraden Haaren **7**

7 Zerriebene Blätter deutlich stinkend. Kronblätter fehlend. Schötchen elliptisch →, 1,5-2 mm breit. Untere Blätter 1- (2-)fach fiederschnittig, obere Blätter ungeteilt.

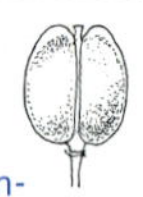

Lepidium ruderale L., Schutt-Kresse: H.ha-T, 10-40 cm, VI-X, kollin-montan (-subalpin), trockenwarme Wegränder, Trittrasen, Strassenpflaster, (Poly-avic, Sagi-proc, Erag), Archäophyt, LC

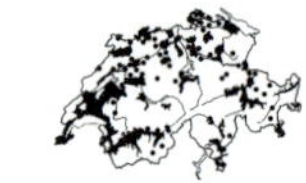

- Zerriebene Blätter nicht (oder ganz schwach) stinkend. Kronblätter fehlend oder verkümmert (0,3-0,9 mm lang). Schötchen 2,5-3 mm breit. Untere Blätter ungeteilt-gezähnt oder einfach fiederschnittig mit grossem Endabschnitt

Lepidium densiflorum aggr.

a Schötchen mit schwacher, V-förmiger Ausrandung →. Samen breit geflügelt. Obere Stängelblätter (fast) ganzrandig, 1-nervig

Lepidium neglectum Thell., Übersehene Kresse: H.ha-T, 10-30 cm, VI-VIII, kollin-montan, trockenwarme Wegränder, Trittrasen, Bahnareale, (Sisy, Dauc-Meli), Neophyt

- Schötchen mit schmaler, U-förmiger Ausrandung →. Samen schmal geflügelt. Obere Stängelblätter gezähnt, mit Mittelnerv und 2 Randnerven

Lepidium densiflorum Schrad., Dichtblütige Kresse: H.ha-T, 10-30 cm, V-IX, kollin-montan, trockenwarme Schuttplätze, Trittrasen, Bahnareale, (Sisy, Poly-avic), Neophyt

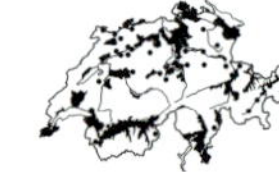

Lobularia Silberkraut

- Pflanze niederliegend-aufsteigend, verzweigt, von zahlreichen Kompasshaaren (keine Sternhaare!) grau. Blätter schmal, ± ganzrandig. Kronblätter weiss oder hellviolett, 2-3 mm lang. Schötchen 2-3 mm lang →

Lobularia maritima (L.) Desv., *(Alyssum maritimum)*, Strandkresse: H-T, 10-30 cm, VI-IX, kollin, Wegränder, Schuttplätze, (Sisy, Onop), kultiviert und selten verwildert, Neophyt

Lunaria Mondviole

1 Alle Blätter gestielt, die unteren herzförmig, die oberen eilanzettlich. Kronblätter helllila bis weiss, 12-20 mm lang. Schötchen lanzettlich scheibenförmig, an beiden Enden spitz →, 3-9 cm, 2-3x so lang wie breit

Lunaria rediviva L., Wilde Mondviole: H, 30-120 cm, V-VI, (kollin-) montan (-subalpin), luftfeuchte Laubmischwälder, Schluchtwälder, (Luna-Acer), LC

- Untere Blätter herzförmig, gestielt, die oberen sitzend. Kronblätter kräftig violett, bis 25 mm lang. Früchte kreisrund bis oval, 3-4 cm lang, 1-2x so lang wie breit →

Lunaria annua L., Garten-Mondviole: T, 30-100 cm, IV-V, kollin, nährstoffreiche, schattige Krautsäume, Wegränder, (Aego), kultiviert und verwildert, Neophyt

Matthiola Levkoje

- Pflanze von Stern- und Drüsenhaaren graufilzig. Blätter lineal-lanzettlich, ganzrandig, bis 6 cm lang, rosettig. Kronblätter lila bis braungrün, am Rand wellig

Matthiola valesiaca Boiss., Walliser Levkoje: H, 10-30 cm, V-VII, kollin-subalpin, trockene, kalkreiche Schuttfluren, Flussufer, Trockenrasen, (Peta-para, Alyss-Sedi), VU

Murbeckiella Fiederrauke

- Pflanze aufsteigend bis aufrecht, mit sehr feinen Sternhaaren (starke Lupe!). Blätter fiederteilig, mit meist 3-teiligem Endabschnitt →. Blüten weiss, in doldentraubigem Blütenstand

Murbeckiella pinnatifida (Lam.) Rothm., Fiederrauke: H, 5-25 cm, VII-VIII, subalpin-alpin, kalkarme, eher feuchte Schuttfluren, (Andr-alpi), NT

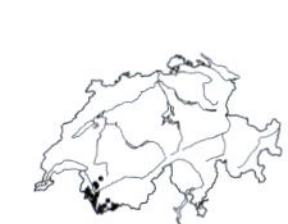

Myagrum Hohldotter

- Pflanze kahl, blaugrün. Stängelblätter zungenförmig, ganzrandig oder fein gezähnt, den Stängel mit 2 Zipfeln umfassend. Kronblätter hellgelb. Schötchen birnenförmig →, 5-8 mm lang

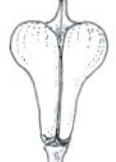

Myagrum perfoliatum L., Hohldotter: T, 20-60 cm, V-VI, kollin, trockenwarme, kalkreiche Äcker, Schuttplätze, (Cauc, Sisy), Neophyt

Nasturtium Brunnenkresse

1 Aufgetauchte Wasserpflanze. Kronblätter 3,5–5 mm lang, nach der Blüte violett verfärbt. Schoten nur leicht nach oben gebogen →, 13–18 mm lang und bis 2,5 mm dick. Samen in jedem Fach zweireihig. Blätter gefiedert, mit 1–4 Fiederpaaren und grösserem Endabschnitt. Staubbeutel gelb

Nasturtium officinale R. Br., Echte Brunnenkresse: Ah, 30–90 cm, VI–IX, kollin-montan (-subalpin), nährstoffreiche, langsam fliessende Wasserläufe, (Glyc-Spar), LC

- Aufgetauchte Wasserpflanze. Kronblätter 5–6 mm lang. Schoten oft sichelförmig gebogen →, 16–24 mm lang und 1,2–1,8 mm dick. Samen in jedem Fruchtfach einreihig. Blätter im Herbst und Winter rotbraun

Nasturtium microphyllum (Boenn.) Rchb., Kleinblättrige Brunnenkresse: Ah, 30–80 cm, VI–IX, kollin, schattige Bachufer, Gräben, (Glyc-Spar), EN

Neslia Ackernüsschen

- Pflanze mit Sternhaaren. Obere Stängelblätter lanzettlich, ± ganzrandig, den Stängel pfeilförmig umfassend. Kronblätter gelb, 2–2,5 mm lang. Fruchtstand stark verlängert. Schötchen ± kugelig, mit vorstehendem Adernetz →, ca. 2 mm breit

Neslia paniculata (L.) Desv., Ackernüsschen: T, 15–60 cm, V–IX, kollin-montan (-subalpin), trockenwarme, kalkreiche Äcker, Wegränder, (Cauc), Archäophyt, EN

Petrocallis Steinschmückel

- Blätter in grundständigen Rosetten, keilförmig, höchstens 1 cm lang, bis zur Mitte hin 3-, seltener 5-teilig →, abstehend behaart, ohne verzweigte Haare. Kronblätter rosa, 4–5 mm lang. Schötchen oval, 4–6 mm lang, kahl

Petrocallis pyrenaica (L.) R. Br., Steinschmückel: Ch, 2–8 cm, VI–VII, (subalpin-) alpin, kalkreiche Felsen, Steinrasen, (Pote, Thla-rotu), NT

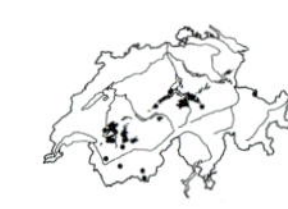

Pritzelago Gämskresse

- Stängel meist blattlos (selten mit 1 Stängelblatt). Kronblätter 1,5x so lang wie der Kelch

Pritzelago alpina (L.) Kuntze, *(Hornungia alpina)*, Gämskresse: 3–15 cm, VI–VII, subalpin-alpin, feuchte Schutthalden, Schneetälchen, LC

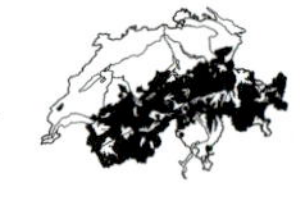

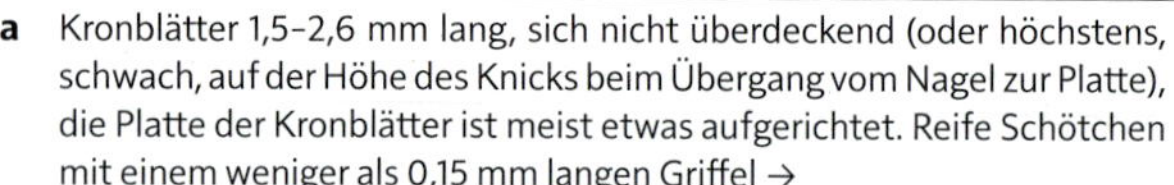

a Kronblätter 1,5–2,6 mm lang, sich nicht überdeckend (oder höchstens, schwach, auf der Höhe des Knicks beim Übergang vom Nagel zur Platte), die Platte der Kronblätter ist meist etwas aufgerichtet. Reife Schötchen mit einem weniger als 0,15 mm langen Griffel →

Pritzelago alpina subsp. ***brevicaulis*** (Spreng.) Greuter & Burdet, Kurzstänglige Gämskresse: H, 2–5 cm, VI–VII, subalpin-alpin, mässig feuchte, eher kalkarme Schuttfluren, (Andr-alpi, Thla-rotu), LC

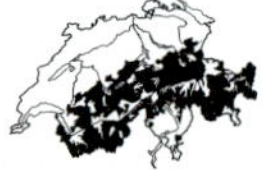

- Kronblätter 2,5-5 mm lang, sich überdeckend (zumindest auf der Höhe des Knicks beim Übergang vom Nagel zur Platte) und die Platte steht ± senkrecht zum Griffel. Reife Schötchen mit einem mehr als 0,15 mm langem Griffel **b**

b Reife Fruchttraube mehr als 1,5x so hoch wie breit. Staubbeutel mehr als 0,3 mm lang. Reife Schötchen mit einem mindestens 0,3 mm langen Griffel →

Pritzelago alpina (L.) Kuntze subsp. ***alpina***, Gewöhnliche Gämskresse: H, 5-12 cm, VI-VII, subalpin-alpin, kalkreiche, eher feuchte Schutthalden, (Thla-rotu, Arab-caer), LC

- Reife Fruchttraube weniger als 1,5x so hoch wie breit. Staubbeutel höchstens 0,3 mm lang. Reife Schötchen mit einem weniger als 0,3 mm langen Griffel →

Pritzelago alpina subsp. ***austroalpina*** (Trpin) Greuter & Burdet

Raphanus Rettich

1 Schoten perlschnurartig eingeschnürt. Reife Schote 2-8 mm dick

Raphanus raphanistrum L., Acker-Rettich: T, 20-60 cm, V-X, kollin-montan (-subalpin), Äcker, Wegränder, (Apha, Poly-Chen), LC

a Reife Schote 2-5 mm dick, meist mit mehr als 4 Samen →. Kronblätter meist weiss, mit violetten Adern

Raphanus raphanistrum L. subsp. ***raphanistrum***, Acker-Rettich

- Reife Schote 5-8 mm dick, meist mit nur 1-4 Samen →. Kronblätter vorwiegend gelblich, mit violetten Adern

Raphanus raphanistrum subsp. ***landra*** (DC.) Bonnier & Layens

- Schoten kaum eingeschnürt, zuletzt schwammig aufgetrieben →. Reife Schote 8-15 mm dick

Raphanus sativus L., Garten-Rettich: T, 100 cm, V-VIII, kollin-subalpin, lehmige Wegränder, Äcker, Schuttplätze, (Poly-Chen), kultiviert und verwildert, Neophyt

Rapistrum Rapsdotter

1 Griffel fädig, etwa so lang (oder länger) wie das obere Fruchtglied

Rapistrum rugosum (L.) All., Runzeliger Rapsdotter: T, 15-60 cm, VI-IX, kollin-montan (-subalpin), trockenwarme, kalkreiche Äcker, Wegränder, (Cauc), Neophyt

a Fruchtstiel weniger als 1,5x so lang wie der untere Fruchtteil →. Griffel an der Schote mehr als 2,5 mm lang

Rapistrum rugosum (L.) All. subsp. ***rugosum***

- Fruchtstiel mehr als 1,5x so lang wie der untere Fruchtteil →. Griffel an der Schote weniger als 2,5 mm lang

Rapistrum rugosum subsp. ***orientale*** (L.) Arcang.

- Griffel kurz kegelförmig, kürzer als das obere Fruchtglied →

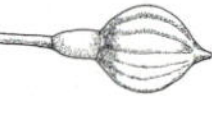

Rapistrum perenne (L.) All., Mehrjähriger Rapsdotter: H, 30-80 cm, VI-VIII, kollin-montan, trockenwarme Wegränder, Schuttplätze, (Conv-Agro), nur adventiv, Neophyt

Rorippa **Sumpfkresse**

1 Kronblätter blassgelb, höchstens 0,6 mm breit, kürzer bis wenig länger als die Kelchblätter

Rorippa islandica aggr., Gewöhnliche Sumpfkresse: VI-IX, kollin-alpin, LC

a Kelchblätter 1,5-2,5 mm lang. Grundblätter rasch welkend. Fruchtstiel etwa gleich lang wie das Schötchen →. Stängelblätter am Grund meist mit stängelumfassenden Öhrchen. Vorwiegend in tiefen Lagen vorkommende Pflanze

Rorippa palustris (L.) Besser, Echte Sumpfkresse: H-T, 10-60 cm, VI-VIII, kollin-montan (-subalpin), wechselfeuchte, nährstoffreiche Pionierfluren, Ufer, Wegränder, (Bide, Phal), LC

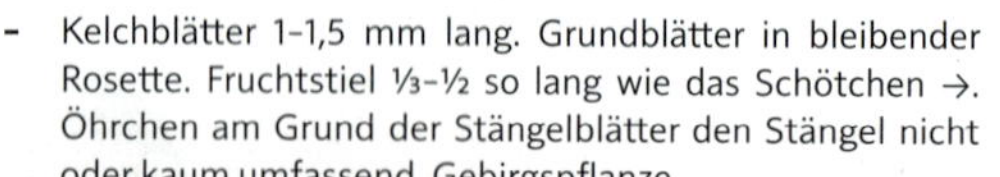

- Kelchblätter 1-1,5 mm lang. Grundblätter in bleibender Rosette. Fruchtstiel ⅓-½ so lang wie das Schötchen →. Öhrchen am Grund der Stängelblätter den Stängel nicht oder kaum umfassend. Gebirgspflanze

Rorippa islandica (Gunnerus) Borbás, Island-Sumpfkresse: H-T, 5-10 cm, VII-IX, subalpin-alpin, wechselfeuchte, schlammige Pionierfluren, Trittrasen, Tümpel, (Agro-Rumi, Nano), NT

- Kronblätter gelb, mehr als 1 mm breit, 1,3-2x so lang wie die Kelchblätter **2**

2 Stängelblätter ungeteilt oder gelappt (höchstens fiederlappig), die unteren oft gezähnt, aber selten eingeschnitten (ausser bei Unterwasserblättern) **3**

- Stängelblätter fiederteilig bis fiederschnittig (die obersten manchmal kaum geteilt) **4**

3 Fruchtstiele 3-5x so lang wie das eiförmige Schötchen →. Pflanze hellgrün bis leicht blaugrün, 10-40 cm hoch. Stängelblätter unregelmässig gezähnt, die oberen stängelumfassend

Rorippa austriaca (Crantz) Besser, Österreicher Sumpfkresse: H, 10-40 cm, VI-VIII, kollin-montan, wechselfeuchte Pionierfluren, Trittrasen, Ufer, (Agro-Rumi), Neophyt

- Fruchtstiele 2(-3)x so lang wie das Schötchen →. Pflanze dunkelgrün, 40-150 cm hoch, am Grund kriechend und wurzelnd. Stängelblätter meist nicht stängelumfassend. Unterwasserblätter manchmal fiederschnittig

Rorippa amphibia (L.) Besser, Wasser-Sumpfkresse: Ah-H, 40-120 cm, V-VII, kollin, wechselfeuchte, schlammige Flussufer, Gräben, Tümpel, (Phal, Bide), VU

4 Obere Stängelblätter mit schmal lienalen Abschnitten, am Grund meist geöhrt →. Frucht eiförmig, kurz, max. 3x so lang wie breit

Rorippa stylosa (Pers.) Mansf. & Rothm., Pyrenäen-Sumpfkresse: H, 10–30 cm, V–VI, kollin-subalpin, pionierhafte, steinige Fettwiesen, Ufer, VU

- Stängelblätter nie geöhrt. Frucht länglich, ± zylindrisch, meist mehr als 3x so lang wie breit **5**

5 Fruchtstiele spitzwinklig abstehend, die Schoten aufrecht. Obere Stängelblätter fiederschnittig. Schoten 8–15x so lang wie breit →. Pflanze schlank, mit festem, markigem Stängel

Rorippa sylvestris (L.) Besser, Wilde Sumpfkresse: H, 15–60 cm, VI–IX, kollin-montan (-subalpin), wechselfeuchte Äcker, Ufer, Trittrasen, (Agro-Rumi, Bide), LC

- Fruchtstiele fast waagrecht abstehend. Obere Stängelblätter gezähnt bis fiederteilig. Schoten 3–6x so lang wie breit →. Pflanze kräftig, mit dicklichem, oft hohlem Stängel

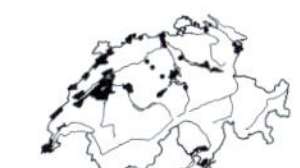

Rorippa ×anceps (Wahlenb.) Rchb., Niederliegende Sumpfkresse: H, 30–100 cm, VI–IX, kollin-montan, wechselfeuchte Ufer, Grossseggenriede, Schuttplätze, (Magn, Agro-Rumi)

Sinapis Senf

1 Blütenstiele höchstens so lang wie die Kelchblätter. Schoten 2–3 mm dick, kahl oder rückwärts borstig behaart, 8- bis 13-samig, mit schwach abgeflachtem Schnabel →. Kronblätter gelb, 8–12 mm lang. Blätter rauhaarig, mit grossem Endabschnitt

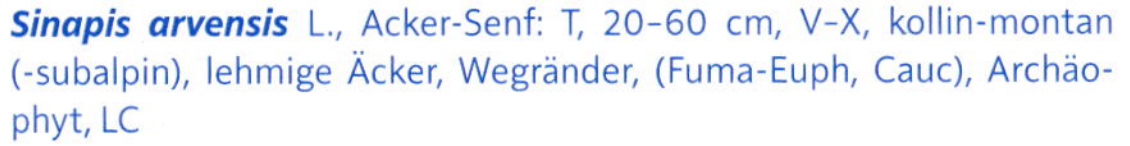

Sinapis arvensis L., Acker-Senf: T, 20–60 cm, V–X, kollin-montan (-subalpin), lehmige Äcker, Wegränder, (Fuma-Euph, Cauc), Archäophyt, LC

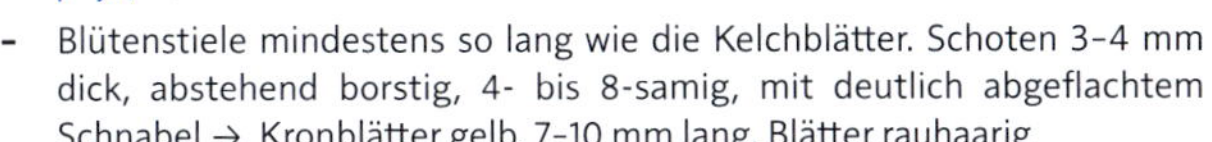

- Blütenstiele mindestens so lang wie die Kelchblätter. Schoten 3–4 mm dick, abstehend borstig, 4- bis 8-samig, mit deutlich abgeflachtem Schnabel →. Kronblätter gelb, 7–10 mm lang. Blätter rauhaarig

Sinapis alba L., Weisser Senf: T, 30–70 cm, VI–X, kollin-montan, trockenwarme, kalkreiche Äcker, Wegränder, (Sisy, Cauc), Archäophyt, LC

Sisymbrium Rauke

1 Stängel niederliegend. Kronblätter weiss. Blütenstand von Hochblättern umgeben. Schoten mit 1-nervigen Klappen. Samen in jedem Fruchtfach zweireihig. Pflanze rau behaart

Sisymbrium supinum L., *(Erucastrum supinum)*, Niederliegende Rauke: T, 5–10 cm, VI–IX, montan, wechselfeuchte, kiesige Seeufer, (Bide, Litt), CR

- Stängel ± aufrecht. Kronblätter gelb. Blütenstand nicht von Hochblättern eingerahmt. Schoten mit 3-nervigen Klappen. Samen in jedem Fruchtfach einreihig **2**

2 Blätter ungeteilt, eiförmig bis lanzettlich. Stängel meist mehr als 60 cm hoch, erst im Blütenstand verzweigt. Kelchblätter 4-6 mm lang, zuletzt waagrecht abstehend, die äusseren gehörnt

Sisymbrium strictissimum L., Steife Rauke: H, 60-150 cm, VII, kollin-montan (-subalpin), warme, sonnige Krautsäume, Hecken, Wegränder, (Aego, Arct), NT

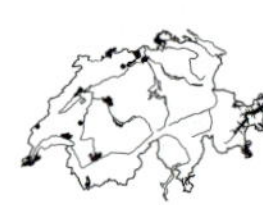

- Zumindest die unteren Blätter fiederlappig bis fiederteilig **3**

3 Schoten nur 6-20 mm lang, dem Stängel eng anliegend →, vom Grund zur Spitze allmählich verschmälert. Stängel mit spreizenden Ästen. Kronblätter blassgelb, 3-4 mm lang. Untere Stängelblätter jederseits mit (1-)2-3(-4) Seitenzipfel und einem grossen Endzipfel

Sisymbrium officinale (L.) Scop., Weg-Rauke: T, 30-60 cm, V-VIII, kollin-montan (-subalpin), trockene, kalkreiche Schuttplätze, Wegränder, (Sisy, Dauc-Meli), Archäophyt, LC

- Schoten (zumindest einige) länger als 20 mm, aufrecht oder abstehend, aber nie eng dem Stängel anliegend **4**

4 Obere Blätter von den übrigen auffällig verschieden, mit schmal linealen Abschnitten. Endabschnitt der oberen Blätter kaum 2 mm breit →. Zipfel der unteren Blätter geöhrt. Äussere Kelchblätter gehörnt. Kronblätter blassgelb, 6-10 mm lang (manchmal fehlend). Schoten 5-10 cm lang, sparrig abstehend, Fruchtstiele fast so dick wie die Schote

Sisymbrium altissimum L., Hohe Rauke: T, 30-100 cm, V-VIII, kollin-montan, trockenwarme Schuttplätze, Bahnareale, (Sisy), Neophyt

- Obere Stängelblätter nicht durch schmal lineale Abschnitte von den übrigen verschieden. Endabschnitt der oberen Blätter breiter als 2 mm **5**

5 Kronblätter 8-9 mm lang, blassgelb. Schoten (4-)5-10 cm lang, ihre Stiele auch zur Reifezeit fast so dick wie die Schoten. Obere Blätter gestielt, spiessförmig, ungeteilt oder 3-teilig. Zipfel der unteren Blätter mit aufgerichteten Öhrchen. Pflanze mit weichen, bis 1 mm langen, grauen Haaren

Sisymbrium orientale L., Östliche Rauke: T, 30-60 cm, V-VII, kollin-montan, trockenwarme Schuttplätze, Wegränder, Bahnareale, (Sisy, Dauc-Meli), Neophyt

- Kronblätter nur 2,5-6(-7) mm lang. Fruchtstiele auch zur Reifezeit dünner als die 2-5 cm langen Schoten → **6**

6 Stängel und untere Blätter → rauhaarig, mit 1-2 mm langen Haaren. Schote 2-3,5(-5) cm lang, etwa 2x so lang wie ihr Stiel, sichelförmig aufwärtsgebogen. Kronblätter hellgelb, 4-6 mm lang. Griffel (in der Blüte) fast fehlend, 0,3-0,8 mm lang

Sisymbrium loeselii L., Loesels Rauke: T, 30-60 cm, VI-IX, kollin, trockenwarme Schuttplätze, Wegränder, (Sisy), Neophyt

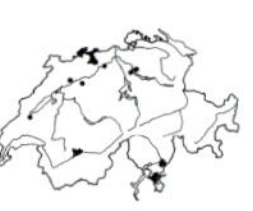

- Stängel und untere Blätter kahl oder sehr locker, weich behaart. Schoten mehr als 2x so lang wie ihr Stiel **7**

7 Schoten 3-5 cm lang, die oberen den blühenden Teil der Traube deutlich überragend. Kelchblätter 2-2,5 mm lang, am Grund nicht ausgesackt. Kronblätter blassgelb, höchstens 1 mm breit und nur 2,5-3,5 mm lang. Staubblätter deutlich unter 1 mm lang

Sisymbrium irio L., Schlaffe Rauke: T, 10-60 cm, V-VII, kollin, trockenwarme Schuttplätze, Wegränder, (Sisy), Neophyt

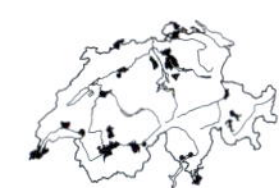

- Schoten 2-5 cm lang, die oberen den blühenden Teil der Traube kaum überragend →. Kelchblätter 3-4 mm lang, am Grund etwas ausgesackt. Kronblätter kräftig gelb, 6(-7) mm lang. Griffel (in der Blüte) 1-3 mm lang. Staubblätter 1,2-1,5 mm lang. Grundrosette oft mit sterilen Seitentrieben

Sisymbrium austriacum Jacq., Österreicher Rauke: H.ha-T, 15-60 cm, V-VI, kollin-montan (-subalpin), trockenwarme Schuttplätze, Mauern, Balmen, (Sisy), NT

Subularia Pfriemenkresse

Diese monotypische Gattung gilt heute in der Schweiz als erloschen.

- Stängel kahl, blattlos. Grundrosette mit grasförmigen, 2-7 cm langen Blättern. Blüten sehr klein, Kronblätter weiss

Subularia aquatica L., Pfriemenkresse: T, 2-10 cm, VI-IX, kollin-montan, zeitweise überschwemmte Seeufer, (Litt), RE

Teesdalia Teesdalie

- Stängel aufrecht, kahl, mit 0-3 kleinen Blättchen. Grundrosette mit fiederschnittigen Blättern. Kronblätter weiss, ungleich lang. Frucht kugelig →

Teesdalia nudicaulis (L.) R. Br., Teesdalie: T-H, 5-20 cm, IV-V, kollin (-montan), trockenwarme Wegränder, Äcker, Pionierfluren, (Sedo-Vero), RE

Thlaspi Täschelkraut

1 Blüten lila (ausser bei weissen Albinoformen). Schötchen nicht oder sehr schmal geflügelt, Flügel max. 0,2 mm breit

Thlaspi rotundifolium (L.) Gaudin, Rundblättriges Täschelkraut: 3-15 cm, VI-VII, subalpin-alpin, kalkreiche Schutthalden, LC

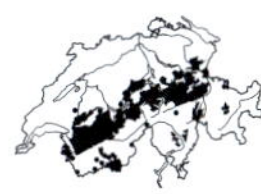

a Griffel 1-2 mm lang →. Blätter plötzlich in den Stiel verschmälert, dieser daher deutlich von der Spreite abgrenzbar. Pflanze oft weit kriechend

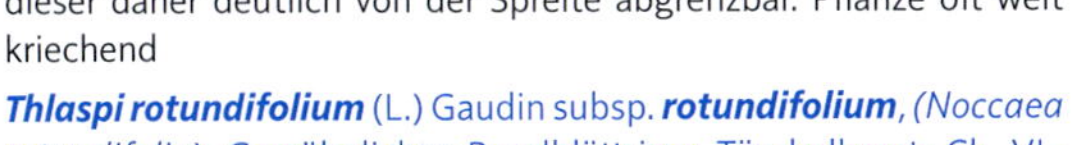

Thlaspi rotundifolium (L.) Gaudin subsp. **rotundifolium**, *(Noccaea rotundifolia)*, Gewöhnliches Rundblättriges Täschelkraut: Ch, VI-VII, subalpin-alpin, kalkreiche Schutthalden, (Thla-rotu), LC

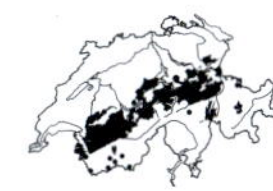

- Griffel 2-3,5 mm lang →. Blätter allmählich in den Stiel verschmälert. Pflanze wenig kriechend, daher ± dichtrasig

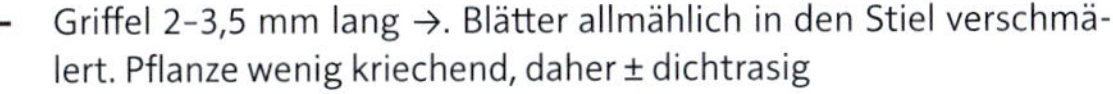

Thlaspi rotundifolium subsp. **corymbosum** Gremli, *(Noccaea corymbosa)*, Doldentraubiges Rundblättriges Täschelkraut: Ch, VI-VII, subalpin-alpin, eher kalkarme Schutthalden, (Andr-alpi), NT

- Blüten weiss. Schötchen deutlich geflügelt (Flügel mind. 0,3 mm) **2**

2 Pflanze einjährig, ohne sterile Triebe **3**

\- Pflanze zweijährig oder mehrjährig, mit sterilen Trieben **5**

3 Schötchen 10–18 mm lang, 3–5 mm breit geflügelt, fast kreisrund →. Pflanze grasgrün, gänzlich kahl, zerrieben mit leichtem Lauchgeruch. Obere Stängelblätter sitzend, die unteren pfeilförmig umfassend

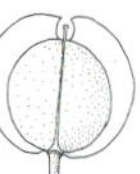

Thlaspi arvense L., Acker-Täschelkraut: T, 10–40 cm, IV–VI, kollin-montan (-subalpin), Äcker, Wegränder, Schuttplätze, (Fuma-Euph, Poly-Chen), Archäophyt, LC

\- Schötchen 4–9 mm lang, höchstens 2 mm breit geflügelt **4**

4 Pflanze grasgrün, zerrieben nach Lauch riechend, am Grund mit langen, weichen Haaren. Stängelblätter mit schmalen Zipfeln den Stängel umfassend. Fruchtstiele ca. 2x so lang wie die Frucht. Frucht nur oben schmal geflügelt →. Traube zur Fruchtzeit auffallend stark verlängert

Thlaspi alliaceum L., Lauch-Täschelkraut: T, 20–60 cm, III–V, kollin-montan, trockenwarme, kalkreiche Wegränder, Äcker, (Fuma-Euph, Cauc), Neophyt

\- Pflanze blaugrün, gänzlich kahl. Stängelblätter den Stängel breit umfassend. Fruchtstiele kürzer bis wenig länger als die Frucht. Frucht vor allem oben breit geflügelt →

Thlaspi perfoliatum L., *(Microthlaspi perfoliatum)*, Stängelumfassendes Täschelkraut: T, 5–20(–30) cm, IV–V, kollin-montan, trockene, kalkreiche Pionierfluren, Halbtrockenrasen, Äcker, (Cauc, Alyss-Sedi, Meso), LC

5 Griffel am reifen Schötchen max. 2 mm lang. Kronblätter höchstens 2 mm breit

Thlaspi alpestre aggr., Voralpen-Täschelkraut: 10–40 cm, IV–VI, (montan-) subalpin (-alpin), NT

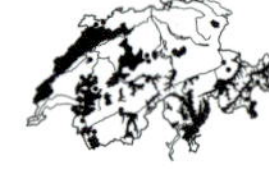

a Staubbeutel auch am Ende der Blütezeit noch gelb. Kronblätter 2–3 mm lang. Griffel 0,3–0,8 mm lang, nicht länger als die Ausrandung an der Schötchenspitze →

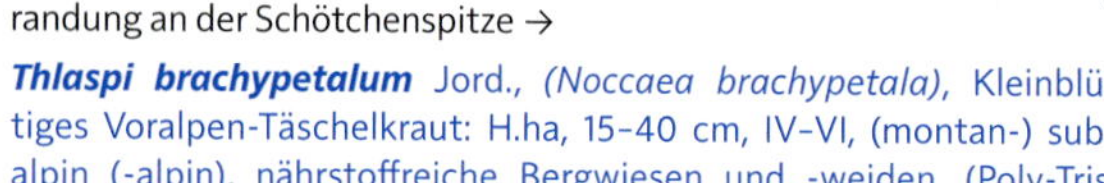

Thlaspi brachypetalum Jord., *(Noccaea brachypetala)*, Kleinblütiges Voralpen-Täschelkraut: H.ha, 15–40 cm, IV–VI, (montan-) subalpin (-alpin), nährstoffreiche Bergwiesen und -weiden, (Poly-Tris, Poio-alpi), NT

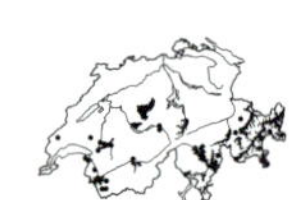

\- Staubbeutel gegen Ende der Blütezeit violett oder schwärzlich werdend. Griffel 0,5–2 mm lang, meist länger aus die Ausrandung an der Schötchenspitze **b**

b Kronblätter 2,5–3,5 mm lang. Griffel 1–1,5 mm lang →. Staubblätter so lang oder länger als die Kronblätter. Blätter deutlich matt blaugrün. Fruchttraube zur Reife sehr verlängert und locker

Thlaspi caerulescens J. Presl & C. Presl, *(Noccaea caerulescens)*, Bläuliches Voralpen-Täschelkraut: H.ha, 10–35 cm, IV–VI, (montan-) subalpin (-alpin), kalkarme, eher nährstoffreiche Bergwiesen und -weiden, (Poio-alpi, Poly-Tris, Nard), NT

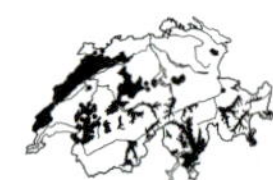

- Kronblätter 3,5-4 mm lang. Griffel 1,5-2,5(-4) mm lang →. Staubblätter so lang wie die Kronblätter. Blätter hell smaragdgrün. Fruchttraube zur Reife wenig verlängert und relativ kompakt

  Thlaspi virens Jord., *(Noccaea virens)*, Grünes Täschelkraut: H.ha, 5-20 cm, IV-VI, subalpin-alpin, nährstoffreiche, mässig feuchte Bergwiesen und -weiden, (Poly-Tris, Poio-alpi), NT

- Griffel am reifen Schötchen meist über 2 mm lang. Kronblätter mindestens 3 mm breit **6**

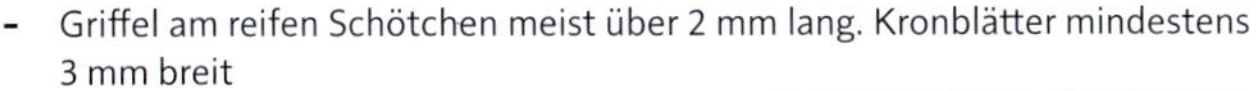

6 Stängelblatt 2-4x so lang wie breit. Reifes Schötchen mit mindestens 0,8 mm breiten Flügeln

  Thlaspi montanum L., *(Noccaea montana)*, Berg-Täschelkraut: Ch, 20 cm, IV-V, kollin-montan, kalkreiche Schutthalden, Felsrasen, Föhrenwälder, (Moli-Pini, Pote), NT

- Stängelblatt etwa so lang wie breit. Reifes Schötchen mit höchstens 0,5 mm breiten Flügeln

  Thlaspi sylvium Gaudin, *(Noccaea sylvium)*, Matterhorn-Täschelkraut: Ch, 5-15 cm, VI-VIII, (subalpin-) alpin, steinige Schneetälchen, Schuttfluren, Moränen, (Arab-caer), VU

Turritis Turmkraut

- Stängel steif aufrecht, ± unverzweigt, bläulich, bereift, zuunterst mit einfachen Haaren, sonst kahl. Grundblätter buchtig gezähnt, mit Sternhaaren (zur Blütezeit verwelkt). Stängelblätter → den Stängel pfeilförmig umfassend. Schoten anliegend

  Turritis glabra L., Turmkraut: H.ha, 50-150 cm, V-VII, kollin-montan (-subalpin), trockenwarme Krautsäume, Gebüsche, Steinrasen, (Aego, Gera-sang, Conv-Agro), LC

Buxaceae Buchsbaumgewächse

Buxus Buchs

- Blätter lederartig, oval, ganzrandig, immergrün, gegenständig, 1-2,5 cm lang. Blattrand nach unten gebogen. Blüten gelblich, in Knäueln (Abb. Tafel 9, S. 382)

  Buxus sempervirens L., Buchs: Ph-P, 0,5-2(-4) m, III-IV, kollin-montan, trockenwarme, kalkreiche Gebüsche, Eichenwälder, (Berb, Quer-pube), auch kultiviert und verwildert, NT

Cactaceae Kakteen

1 Stängelglieder zylindrisch. Dornen zu 10–30 ***Cylindropuntia***

\- Stängelglieder flach →. Dornen zu 1–5 oder fehlend ***Opuntia***

Cylindropuntia Baum-Feigenkaktus

\- Strauch mit spreizenden, oft aufwärtsgerichteten Zweigen. Endglieder mit wulstigen, ca. 2 cm langen, seitlich abgeflachten Höckern. Dornen 2–3 cm lang. Blüten rosa

Cylindropuntia imbricata (Haw.) F. M. Knuth, Baum-Feigenkaktus: Ph, 1–2(–3) m, VI–VIII, kollin, trockenwarme Mauern, Felsen, Neophyt

Opuntia Feigenkaktus

Weitere *Opuntia*-Arten mit einer sehr begrenzten Anzahl von Individuen wurden ebenfalls im Wallis nachgewiesen. Diese Arten scheinen sich zurzeit nicht auszubreiten

1 Stängelglieder 10–30(–40) cm lang und 7–25 cm breit, blaugrün, oft rötlich verfärbt. Dornen zu 1–5, rötlich braun, 3–8 cm lang. Glochiden (winzige Dörnchen) rotbraun oder gelblich, gut entwickelt. Blüten rot oder gelb

Opuntia phaeacantha Engelm., Braunstacheliger Feigenkaktus: Ph, 50–100 cm, V–VI, kollin, trockenwarme Mauern, Felsen, Neophyt

\- Stängelglieder 5–7(–10) cm lang. Dornen graubraun, 2–3 cm lang, einzeln oder (oft) fehlend. Glochiden → bleich, zerstreut oder fehlend. Blüten gelb

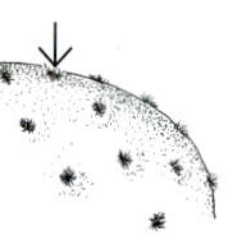

Opuntia humifusa (Raf.) Raf., Gemeiner Feigenkaktus: Ch, 10–20(–30) cm, VI, kollin, trockenwarme, eher kalkarme Felsensteppen, Pionierfluren, (Sedo-Vero, Stip-Poio), Neophyt

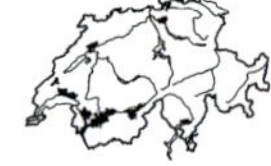

Campanulaceae Glockenblumengewächse

1 Krone zygomorph (spiegelsymmetrisch; Unterfamilie Lobelioideae) ***Lobelia***

\- Krone radiär (radiärsymmetrisch; Unterfamilie Campanuloideae) **2**

2 Krone bis fast zum Grund in lineale Zipfel aufgeteilt, die sich von unten her auftrennen und (bei den Teufelskrallen) oben verbunden bleiben **3**

\- Krone höchstens bis zur Hälfte in breite Zipfel aufgetrennt. Kronenform glockig, trichter- oder radförmig **4**

3 Blütenstand kuglig. Kronzipfel → aller Blüten nur am Grund verwachsen. Blüten im Köpfchen kurz gestielt, Tragblätter fehlend ***Jasione***

\- Blütenstand kugelig oder ährig. Kronzipfel junger Blüten an der Spitze verwachsen →. Blüten im Blütenstand sitzend. Tragblätter vorhanden ***Phyteuma***

4 Krone → radförmig, flach ausgebreitet. Frucht schmal, stielförmig. Pflanze einjährig ***Legousia***

\- Krone glocken- oder trichterförmig. Frucht breit, oval. Pflanze mehrjährig (selten zweijährig) **5**

5 Griffel ca. 2x so lang wie die Krone, am Grund mit einem becherförmigen Drüsenring **_Adenophora_**

- Griffel kürzer bis wenig länger als die Krone, am Grund ohne oder mit flachem Drüsenring **_Campanula_**

Adenophora Drüsenglocke

- Stängel reichblättrig. Blätter eiförmig bis breit lanzettlich, gezähnt, kahl. Blüten kurz gestielt. Krone hellblau, wohlriechend, glockig, 1,2-1,8 cm lang. Griffel weit aus der Krone ragend →, am Grund von einem becherförmigen Drüsenring umgeben

Adenophora liliifolia (L.) A. DC., Drüsenglocke: H, 30-100 cm, VII, kollin-montan, wechselfeuchte Magerrasen, Krautsäume, (Moli), nur im Südtessin (Monte San Giorgio), CR

Campanula Glockenblume

1 Blüten sitzend, in dichten, ährigen oder knäueligen Blütenständen **2**

- Blüten gestielt. Blüten einzeln, in lockeren Trauben oder Rispen **5**

2 Blüten blassgelb, in sehr dichter, gedrungener, endständiger Ähre. Stängel sehr dicht beblättert. Blätter schmal lanzettlich, rauhaarig

Campanula thyrsoides L., Straussblütige Glockenblume: H.ha, 10-50 cm, VI-VII, subalpin-alpin, frische, kalkreiche Bergwiesen und -weiden, (Cari-ferr, Sesl), LC

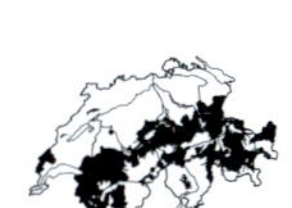
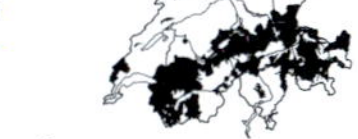

- Blüten blau oder violett (selten weisse Albinoformen) **3**

3 Blüten in einer langen Ähre. Blätter schmal lanzettlich, rauborstig, Rand wellig →, obere mit breitem Grund den Stängel halb umfassend. Krone hell violettblau, schmal trichter- bis glockenförmig, 1,2-2,5 cm lang

Campanula spicata L., Ährige Glockenblume: H.ha, 20-80 cm, V-VII, kollin-montan (-subalpin), steinige Trockenrasen, Felsensteppen, (Stip-Poio), LC

- Blüten in einem endständigen, kopfigen Blütenknäuel (darunter oft Etagen weiterer Teilblütenstände) **4**

4 Pflanze stechend steifhaarig. Grundblätter am Grund keilförmig in den Stiel verschmälert →. Kelchblätter abgerundet. Krone hellblau (selten violettblau). Griffel länger als die Krone

Campanula cervicaria L., Borstige Glockenblume: H-H.ha, 30-100 cm, VI-VIII, kollin-montan, wechselfeuchte, kalkreiche Krautsäume, lichte Laubwälder, (Gera-sang, Moli), EN

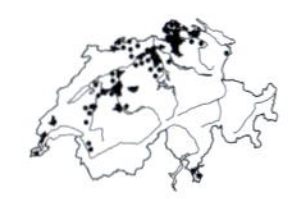

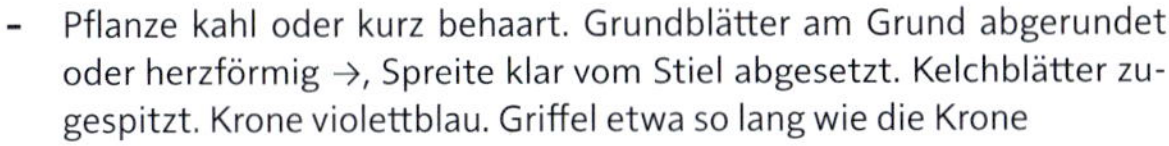

- Pflanze kahl oder kurz behaart. Grundblätter am Grund abgerundet oder herzförmig →, Spreite klar vom Stiel abgesetzt. Kelchblätter zugespitzt. Krone violettblau. Griffel etwa so lang wie die Krone

Campanula glomerata L., Knäuelblütige Glockenblume: H, 15-60(-80) cm, VI-IX, kollin-montan (-subalpin), Halbtrockenrasen, LC

a Blattunterseite kahl oder zerstreut flaumhaarig. Blütenstand meist verzweigt. Mittlere Stängelblätter bis 10 cm lang

Campanula glomerata L. subsp. ***glomerata***, Gewöhnliche Knäuel-Glockenblume: H, 15–60 cm, VI–VIII, kollin-montan (-subalpin), kalkreiche Halbtrockenrasen, Gebüschsäume, (Meso, Gera-sang), LC

- Blattunterseite graufilzig behaart. Blütenstand nicht verzweigt. Mittlere Stängelblätter bis 5 cm lang

Campanula glomerata subsp. ***farinosa*** (Andrz.) Kirschl., Mehlige Knäuel-Glockenblume: H, 20–80 cm, VII–IX, kollin-montan, trockenwarme Steppenrasen, Halbtrockenrasen, Felsenheiden, (Cirs-Brac), NT

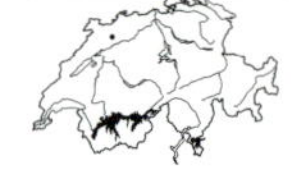

5 Buchten zwischen den Kelchzipfeln mit lappigen Anhängseln, die bis zum Blütenstiel zurückgeschlagen sind → **6**

- Buchten zwischen den Kelchzipfeln ohne Anhängsel **8**

6 Griffel mit 5 Narbenästen. Blütenglocken abstehend, gross, weit glockig, 4–6 cm lang, blau, rosa oder weiss. Herabgeschlagenes Kelchanhängsel stumpf, sackartig

Campanula medium L., Grossblumige Glockenblume: H, 30–80 cm, kollin, Garten-, Wegränder, Krautsäume, (Gera-sang), Neophyt

- Griffel mit 3 Narbenästen. Blütenglocken nickend **7**

7 Blütenstand aus 1–6(–10) Blüten. Blütenglocken hellblau (gelegentlich weisse Albinoformen), 1,5–3 cm lang, innen bärtig. Grundblätter lanzettlich oder länglich eiförmig, stumpf, (fast) ganzrandig. Zwischen Kelchzipfeln ein herabgeschlagenes herzförmiges Anhängsel →

Campanula barbata L., Bärtige Glockenblume: H-H.ha, 10–40 cm, VII–VIII, (montan-) subalpin-alpin, kalkarme Gebirgsrasen, Zwergstrauchheiden, (Nard, Juni-nana, Rhod-Vacc), LC

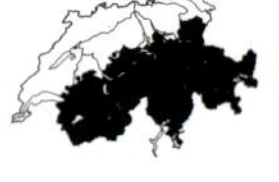

- Blütenstand eine lange Traube mit über 10 Blüten. Blütenglocken weiss bis cremeweiss, 3–4,5 cm lang, innen nicht bärtig. Grundblätter breit herzförmig, lang gestielt

Campanula alliariifolia Willd., Knoblauchrauken-Glockenblume: H, 40–70 cm, VI–VIII, kollin-montan, Garten-, Wegränder, Krautsäume, (Aego), oft kultiviert und selten verwildert, Neophyt

8 Untere Stängelblätter breiter als 2 cm, am Grund herzförmig oder abgerundet, deutlich gestielt. Pflanze meist über 40 cm hoch **9**

- Untere Stängelblätter schmaler als 2 cm, gestielt oder sitzend **13**

9 Untere Stängelblätter deutlich länger als breit (1,5–4x so lang wie breit). Stängel aufrecht. Wildpflanze **10**

- Untere Stängelblätter rundlich, kaum länger als breit, scharf doppelt gesägt. Stängel niederliegend-aufsteigend. Verwilderte Gartenpflanze **16**

10 Kelchzipfel weniger als 2 mm breit, spreizend oder zurückgebogen. Tragblätter im Blütenstand klein, schmal, von den Laubblättern sehr verschieden **11**

- Kelchzipfel breiter als 2 mm, der Krone anliegend. Tragblätter im Blütenstand etwas kleiner, aber ähnlich wie die Laubblätter **12**

11 Untere Blätter herzförmig →, obere lanzettlich. Blütenstand ± allseitswendig. Blütenglocken 1-2 cm lang, zu 1-3 in den Achseln der Tragblätter (schmal rispig). Alle Tragblätter kürzer als die Blüten

Campanula bononiensis L., Bologneser Glockenblume: H, (30-)40-100 cm, VII-VIII, kollin-montan, trockenwarme Krautsäume, Waldränder, Eichenwälder, (Gera-sang, Quer-pube), VU

- Blütenstand einseitswendig. Blütenglocken 2-3 cm lang, meist einzeln stehend (nickende Traube). Untere Tragblätter die Blüten weit überragend. Grundblatt →

Campanula rapunculoides L., Acker-Glockenblume: G, (30-)40-70 cm, VI-IX, kollin-montan (-subalpin), trockene Krautsäume, Gebüsche, lichte Wälder, (Gera-sang, Berb, Quer-pube), LC

12 Stängel scharfkantig, steifhaarig. Untere Stängelblätter am Grund herzförmig, Stiel nicht geflügelt →. Blüten 3-4 cm lang

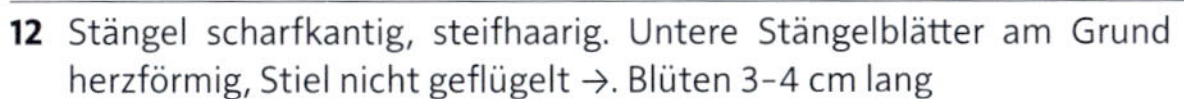

Campanula trachelium L., Nesselblättrige Glockenblume: H, 40-100 cm, VII-IX, kollin-montan (-subalpin), krautreiche Lärchenwälder, Krautsäume, (Gali-Fage, Ceph-Fage, Aego), LC

- Stängel rund, gerillt, (fast) kahl. Untere Stängelblätter am Grund abgerundet, aber nicht herzförmig, Stiel geflügelt →. Blüten 4-5,5 cm lang

Campanula latifolia L., Breitblättrige Glockenblume: H, 50-150 cm, VI-VIII, montan (-subalpin), luftfeuchte Bergwälder, Hochstaudenfluren, (Luna-Acer, Aden), NT

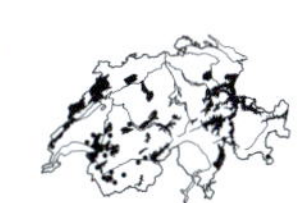

13 Stängelblätter rundlich, oval oder herzförmig (1-3x so lang wie breit) **14**

- Stängelblätter schmal, lineal bis lanzettlich **19**

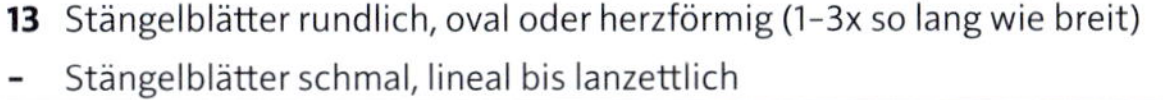

14 Stängelblätter (fast) sitzend. Wildpflanze der Bergregionen **15**

- Stängelblätter gestielt. Verwilderte Gartenpflanze **16**

15 Stängel zwischen dem Schutt kriechend, 1-5 cm hoch. Blätter fleischig, ganzrandig, Rosetten bildend, am Rand behaart, mit heller Knorpelspitze →. Blüten einzeln (selten zu 2-3), aufrecht am Ende der Triebe →

Campanula cenisia L., Mont Cenis-Glockenblume: Ch, 2-6 cm, VII-VIII, alpin, kalkreiche Schieferschuttfluren, Moränen, (Drab-hopp), LC

- Stängel aufrecht, 20-50 cm hoch. Stängelblätter oval, grob gezähnt →. Blüten zu mehreren in einer oft einseitswendigen Traube. Krone 1,5-2 cm lang, blauviolett. Frucht nickend, am Grund mit Poren

Campanula rhomboidalis L., Rautenblättrige Glockenblume: H, 20-50 cm, VI-VIII, montan-subalpin, frische Bergwiesen und -weiden, Hochstaudenfluren, (Poly-Tris, Aden), LC

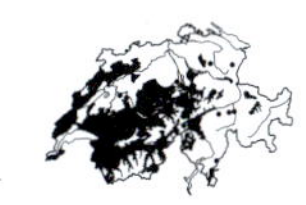

16 Krone höchstens bis zur Hälfte in Zipfel gespalten (bzw. zu 60-90 % verwachsen) **17**

- Krone bis über die Mitte in Zipfel gespalten (bzw. zu 10-40 % verwachsen) **18**

17 Krone glockenförmig, 1,5–2 cm breit, Zipfel länger als breit, tief violettblau. Blätter herzförmig, unregelmässig, scharf gezähnt →. Blütentriebe mit vielen Blüten

Campanula portenschlagiana Schult., Adria-Glockenblume: H, 10–30 cm, kollin-montan, Mauern, Gartenränder, (Cent-Pari), oft kultiviert und verwildert, Neophyt

- Krone schüsselförmig, 3–4 cm breit, Zipfel breiter als lang, stumpf oder spitz. Blätter rundlich bis herzförmig, grob gezähnt →. Blütentriebe mit 1 oder wenigen Blüten

Campanula carpatica Jacq., Karpatische Glockenblume: H, (10–)30–50 cm, kollin, Mauern, Gartenränder, (Cent-Pari), oft kultiviert und selten verwildert, Neophyt

18 Krone bis fast zum Grund in Zipfel gespalten (etwa 10–20 % verwachsen), hellblau. Kelchzipfel grün. Blätter herzförmig, scharf doppelt gezähnt →

Campanula garganica Ten., Gargano-Glockenblume: H, 10–15 cm, kollin, Mauern, Gartenränder, (Cent-Pari), oft kultiviert und selten verwildert, Neophyt

- Krone bis zu ¾ in Zipfel gespalten (bzw. zu 25–40 % verwachsen), satt violettblau. Kelchzipfel bräunlich. Blätter dreieckig bis herzförmig, gestielt →. Blütentriebe vielblütig

Campanula poscharskyana Degen, Hängepolster-Glockenblume: H, 10–25 cm, kollin-montan, Mauern, Gartenränder, (Cent-Pari), oft kultiviert und verwildert, Neophyt

19 Pflanze klein oder niederwüchsig, nur 5–15 cm hoch. Stängel bogig aufsteigend **20**

- Pflanze mindestens 20 cm hoch (nur bei Kümmerformen kleiner). Stängel aufrecht oder aufsteigend **22**

20 Buchten zwischen den Kronzipfeln rund. Kronzipfel daher am Grund verschmälert →. Pflanze lockerrasig, mehrstängelig. Stängel unten abstehend behaart. Unterste Blätter angedeutet spatelig (grösste Breite über der Mitte)

Campanula excisa Murith, Ausgeschnittene Glockenblume: H, 5–10(–15) cm, VII–VIII, (montan-) subalpin-alpin, kalkarme Schuttfluren, Felsen, (Andr-alpi, Epil-flei), LC

- Buchten zwischen den Kronzipfeln spitz. Kronzipfel zum Grund hin verbreitert **21**

21 Stängelblätter kürzer als 2 cm. Pflanze lockerrasig, mehrstängelig. Stängel am Grund dicht beblättert und abstehend behaart. Untere Blätter elliptisch, gezähnt, gestielt →, die oberen schmaler →. Krone hellblau, nickend, 1–2 cm lang. Staubbeutel länger als der Staubfaden

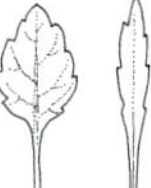

Campanula cochleariifolia Lam., Niedliche Glockenblume: H, 5–15 cm, VI–VIII, (kollin-) montan-alpin, kalkreiche Felsen, Schuttfluren, (Pote, Thla-rotu), LC

- Stängelblätter (meist) länger als 2 cm, auch die unteren ungestielt, ungezähnt, schmal lineal. Krone blauviolett. Staubbeutel kürzer als der Staubfaden **26**

22 Krone trichterförmig, bis ca. ½ in Zipfel gespalten. Zipfel spreizend, fast 2x so lang wie breit. Zipfel am Grund 1-3 mm breit. Blüten meist aufrecht stehend **23**

- Krone glockenförmig, nur bis ca. ⅓ (von oben) in Zipfel gespalten. Zipfel 0,5-1,5x so lang wie breit. Blüten meist nickend **24**

23 Krone schmal trichterförmig, Blüten in einer schmalen, traubenartigen Rispe, Rispenäste straff aufrecht abstehend. Seitliche Blütenstiele nach dem Grund mit 2 kleinen Vorblättern. Grundblatt →

Campanula rapunculus L., Rapunzel-Glockenblume: H.ha, 30-70(-100) cm, V-VII, kollin-montan, mässig trockene Krautsäume, Wiesen und Weiden, (Trif-medi, Arrh), LC

- Krone weit trichterförmig, 1,5-4 cm breit. Blüten in einer weit ausladenden, doldenartigen Rispe, Rispenäste abstehend. Seitliche Blütenstiele über der Mitte mit 2 kleinen Vorblättern. Grundblatt →

Campanula patula L., Wiesen-Glockenblume: H.ha, 20-50(-80) cm, VI-VIII, kollin-montan (-subalpin), Wiesen, LC

a Kelchzipfel kürzer als die halbe Krone (0,4-1 cm lang), ± ganzrandig, nicht bewimpert

Campanula patula L. subsp. ***patula***, Gewöhnliche Wiesen-Glockenblume: H.ha, 20-50(-80) cm, VI-VIII, kollin-montan (-subalpin), frische Wiesen und Weiden, (Arrh, Cyno), LC

- Kelchzipfel länger als die halbe Krone (1-2 cm lang), sehr spitz, deutlich gezähnt und meist bewimpert

Campanula patula subsp. ***costae*** (Willk.) Nyman, *(C. flaccida)*, Costas Wiesen-Glockenblume: H.ha, 20-50(-80) cm, VI-VIII, kollin-montan, trockenwarme Krautsäume, Wiesen und Weiden, (Gera-sang), NT

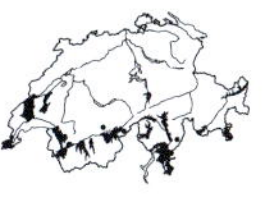

24 Pflanze 40-100 cm hoch. Untere Stängelblätter (6-)10-20 mm breit, Rand fein gekerbt bis gesägt, die mittleren lineal-lanzettlich →. Krone weit glockig, vorne 3-4 cm breit, hellblau (seltener weiss). Kronzipfel breiter als lang

Campanula persicifolia L., Pfirsichblättrige Glockenblume: H, 40-100 cm, VI-VII, kollin-montan, trockenwarme Wälder, Waldränder, Gebüsche, (Quer-pube, Ceph-Fage, Gera-sang), LC

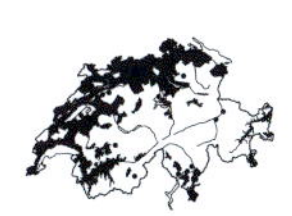

- Pflanze 5-40 cm hoch. Untere Stängelblätter 1-4 mm breit. Krone 1-2,5 cm breit **25**

25 Kelchzipfel fast so lang wie die Krone, zurückgeschlagen →. Frucht (und auch Fruchtknoten nach der Blüte) aufrecht bis höchstens zu einem Winkel von 90° geneigt. Die rundlich herzförmigen Grundblätter sind zur Blütezeit noch vorhanden

Campanula carnica Mert. & W. D. J. Koch, Leinblättrige Glockenblume: H, 10-40 cm, VI-VIII, kollin-subalpin, kalkreiche Felsen, (Pote), Neophyt

a Stängel kahl

Campanula carnica Mert. & W. D. J. Koch subsp. ***carnica***, Gewöhnliche Leinblättrige Glockenblume: H, 10-40 cm, Neophyt

- Stängel behaart

  Campanula carnica subsp. ***puberula*** Podlech, Behaarte Leinblättrige Glockenblume: H, 10–20 cm, Neophyt

- Kelchzipfel kürzer als die halbe Krone, nach vorne gerichtet bis höchstens rechtwinklig spreizend →. Frucht (und auch Fruchtknoten nach der Blüte) nickend. Die rundlich herzförmigen Grundblätter sind zur Blütezeit meist schon verwelkt **26**

26 Blütenknospen nickend. Blütenstand 1- bis 2- (5-)blütig. Stängel → am Grund meist nur an den Kanten kurzhaarig (Lupe!), sonst kahl. Untere Stängelblätter sitzend, am Grund etwas bewimpert. Krone (1,5–)2–3 cm lang, kräftig blauviolett

Campanula scheuchzeri Vill., Scheuchzers Glockenblume: H, 5–20(–30) cm, VII–VIII, (montan-) subalpin-alpin, mässig trockene Bergwiesen und -weiden, Zwergstrauchheiden, (Nard, Sesl, Rhod-Vacc), LC

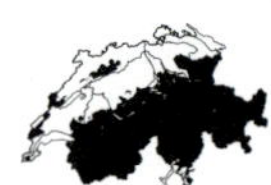

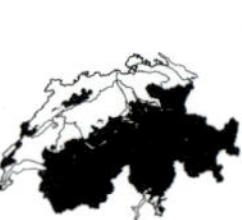

- Blütenknospen aufrecht (erst kurz vor dem Blühen nickend). Blütenstand meist vielblütig, rispig. Untere Stängelblätter gestielt. Krone selten über 2 cm lang **27**

27 Untere Stängelblätter über 2 mm breit, kurz gestielt. Stängel am Grund ringsum dicht abwärts kurzhaarig (Lupe!), sonst kahl. Sterile Triebe vorhanden. Krone 1–2 cm lang, hell blauviolett

Campanula rotundifolia L., Rundblättrige Glockenblume: H, 10–40 cm, V–IX, kollin-subalpin (-alpin), trockene Magerrasen, Krautsäume, Felsen, (Meso, Pote, Andr-vand), LC

- Untere Stängelblätter ca. 1 mm breit, lang gestielt. Stängel steif aufrecht, auch am Grund kahl. Sterile Triebe fehlend. Blüten aufrecht oder nickend. Krone 1–2 cm lang

Campanula bertolae Colla, Bertolas Glockenblume: H, 15–40 cm, VI–VIII, (kollin-) montan (-subalpin), bodensaure Zwergstrauchheiden, Kastanienwälder, (Saro, Call-Geni, Quer-robo), EN

Jasione Sandrapunzel

- Stängel unten beblättert. Blätter schmal lanzettlich →, mit welligem Rand (bei *Globularia* derb, nicht wellig), undeutlich gezähnt. Blüten in endständigen, 1–2,5 cm dicken Köpfen. Krone blau bis lila, 6–15 mm lang. Griffel weit herausragend

  Jasione montana L., Berg-Sandrapunzel: T, 10–40(–60) cm, VI–VIII, (kollin-) montan, trockenwarme, bodensaure Pionierfluren, Trockenrasen, (Sedo-Vero), NT

Legousia Frauenspiegel

1 Kelchzipfel so lang wie der Fruchtknoten und die 20–25 mm breite Krone, diese dunkelviolett, mit grünweissem Schlund. Blätter eiförmig bis lanzettlich →, 1–3 cm lang. Frucht kantig, spindelförmig, 10–15 mm lang

Legousia speculum-veneris (L.) Chaix, Venus-Frauenspiegel: T, 10–40 cm, VI–VII, kollin-montan, trockenwarme, kalkreiche Äcker, (Cauc, Fuma-Euph), Archäophyt, VU

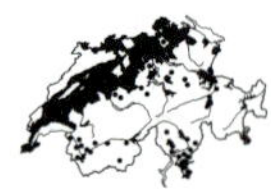

- Kelchzipfel höchstens halb so lang wie der Fruchtknoten, aber länger als die 6–15 mm breite Krone. Blätter schmal oval, stumpf gezähnt, stark wellig →, sitzend, ca. 1 cm lang. Frucht kantig, spindelförmig, 15–30 mm lang

Legousia hybrida (L.) Delarbre, Kleiner Frauenspiegel: T, 10–30 cm, V–VI, kollin, trockenwarme Äcker, Bahnareale, (Cauc, Sisy), Archäophyt, CR

Lobelia Lobelie

- Stängel stark verzweigt (buschig), hängend, liegend bis aufsteigend. Blätter verkehrt eilänglich (grösste Breite im vorderen Teil), gezähnt, bis 15 mm lang. Krone tiefblau, 2-lippig, Unterlippe 3-teilig →

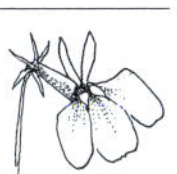

Lobelia erinus L., Blaue Lobelie: T, 5–20 cm, V–IX, kollin, Mauern, Garten-, Wegränder, (Cent-Pari, Poly-avic), oft kultiviert und verwildert, Neophyt

Phyteuma Rapunzel

Bei allen Arten mit dunklen Blütenblättern kommen gelegentlich auch Individuen mit weissen Kronen vor. Wenn mehrere Arten gemeinsam vorkommen, kann es zu Hybridisierung kommen.

1 Blüten in einer eiförmigen oder zylindrischen Ähre (mind. 2x so lang wie breit). Blüten blau, schwarzviolett oder gelbweiss **2**

- Blüten in einem ± kugeligen Kopf. Blüten blau **5**

2 Kronröhre vor dem Aufblühen gerade. Grundblätter meist mehr als 3x so lang wie breit, am Grund leicht herzförmig, gestutzt oder in den Stiel verschmälert **3**

- Kronröhre vor dem Aufblühen gekrümmt. Grundblätter 1–2,5x so lang wie breit, ± herzförmig **4**

3 Grundblätter am Grund ± herzförmig oder gestutzt, lang gestielt, seicht gezähnt, kahl oder behaart. Blütenstand zylindrisch, 3–10 cm lang. Narben 3 →

Phyteuma betonicifolium Vill., Betonienblättrige Rapunzel: H, 20–70 cm, V–VIII, (montan-) subalpin-alpin, kalkarme Bergwiesen und -weiden, lichte Wälder, Zwergstrauchheiden, (Nard, Juni-nana, Fest-vari, Quer-robo), LC

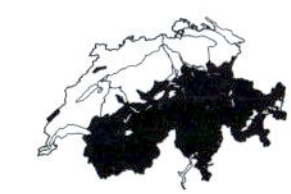

- Grundblätter schmal, am Grund allmählich in den Stiel verschmälert →, vollständig kahl, schwach gezähnt, zur Blütezeit meist schon verdorrt. Blütenstand zylindrisch, 4–12 cm lang, lockerblütig. Narben 2

Phyteuma scorzonerifolium Vill., Schwarzwurzelblättrige Rapunzel: H, 40–120 cm, V–VII, kollin-subalpin, magere, eher kalkarme Krautsäume, Wiesen und Weiden, (Fest-vari, Cala), VU

4 Blüten gelblich weiss oder (seltener) blassblau. Grundblätter tief herzförmig, unregelmässig und meist doppelt gezähnt →, meist mit dunklem Fleck

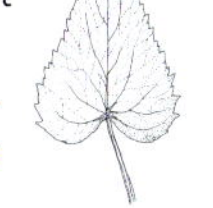

Phyteuma spicatum L., Ährige Rapunzel: H, 20–70 cm, V–VI, kollin-subalpin (-alpin), krautreiche Laubmischwälder, nährstoffreiche Bergwiesen, Rostseggenhalden, (Fagetalia, Poly-Tris, Cari-ferr), LC

a Blüten gelblich weiss, an der Spitze grünlich

Phyteuma spicatum L. subsp. ***spicatum***, Gewöhnliche Ährige Rapunzel: H, 20–70 cm, V–VI, kollin-subalpin (-alpin), krautreiche Laubmischwälder, nährstoffreiche Bergwiesen, Rostseggenhalden, (Fagetalia, Poly-Tris, Cari-ferr), LC

- Blüten hellblau bis blassblau

Phyteuma spicatum subsp. ***coeruleum*** Rich. Schulz, *(Ph. ×adulterinum)*, Hellblaue Ährige Rapunzel: H, 20–70 cm, V–VI, (kollin-) montan-subalpin, Laubmischwälder, Bergwiesen, (Abie-Fage, Poly-Tris), DD. Möglicherweise Hybride zwischen *Ph. spicatum* und *Ph. ovatum*

- Blüten dunkelblau bis schwarzviolett. Grundblätter tief herzförmig, die Spreite kaum länger als breit, grob und doppelt gezähnt →. Meist auch die unteren Stängelblätter noch herzförmig

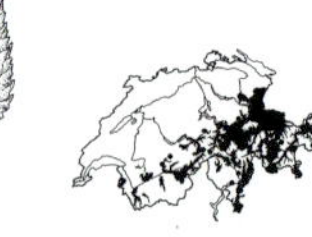

Phyteuma ovatum Honck., Hallers Rapunzel: H, 40–100 cm, VI–VIII, (montan-) subalpin, feuchte Bergwiesen und -weiden, Hochstaudenfluren, (Poly-Tris, Aden), LC. Möglicherweise existieren hier auch hellblütige Formen, ist daher nicht immer sicher von *Ph. spicatum* abtrennbar

5 Alle Blätter ± lineal, grasartig **6**

- Grundständige Blätter nicht grasartig (lanzettlich, rundlich oder herzförmig) **8**

6 Hüllblätter 2–4x so lang wie breit →, meist ganzrandig, ca. 6 mm lang, etwa so lang wie der Blütenkopf. Grundblätter 1–2 mm breit, ganzrandig, kahl

Phyteuma hemisphaericum L., Halbkugelige Rapunzel: H, 3–20 cm, VII–VIII, (subalpin-) alpin, kalkarme Gebirgsrasen, Felsgrate, (Cari-curv, Elyn), LC

- Hüllblätter so lang oder länger als das Köpfchen, mit einzelnen, spitzen Zähnen **7**

7 Hüllblätter am Grund 3–6 mm breit →, so lang oder länger als der Blütenkopf. Obere Stängelblätter fast stets mit einzelnen, kleinen, scharfen Zähnchen. Grundblätter unten mit feinen, abwärtsgerichteten Wimpern

Phyteuma humile Gaudin, Niedrige Rapunzel: H, 12 cm, VII–VIII, (subalpin-) alpin, kalkarme Felsen, (Andr-vand), VU

- Hüllblätter am Grund kaum 2 mm breit, lineal →, die äusseren bis 2x so lang wie das Blütenköpfchen. Grundblätter am Rand entfernt gezähnelt

Phyteuma hedraianthifolium Rich. Schulz, Rätische Rapunzel: H, 2–18 cm, VII–VIII, (subalpin-) alpin, kalkarme Felsen, Schuttfluren, (Andr-vand, Andr-alpi), NT

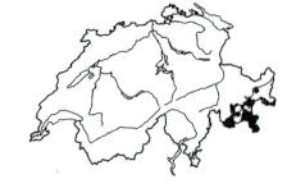

8 Stängel nur 2–7(–12) cm hoch, ± kahl. Grundblätter spatelförmig, die grösste Breite im vorderen Teil der Spreite, Rosetten bildend. Blütenkopf wenigblütig (meist 4- bis 8-blütig)

Phyteuma globulariifolium Sternb. & Hoppe, Kugelblumen-Rapunzel: H, 2–7(–12) cm, VII–VIII, alpin, kalkarme Gebirgsrasen, (Cari-curv), LC

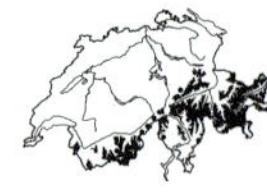

a Blätter stumpf, vorne oft gekerbt, flach, plötzlich in den Stiel verschmälert →

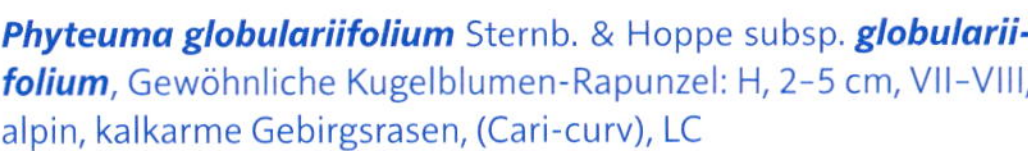

Phyteuma globulariifolium Sternb. & Hoppe subsp. ***globulariifolium***, Gewöhnliche Kugelblumen-Rapunzel: H, 2–5 cm, VII–VIII, alpin, kalkarme Gebirgsrasen, (Cari-curv), LC

- Blätter spitz, oft 3-zähnig, meist kapuzenförmig, allmählich in den Stiel verschmälert →

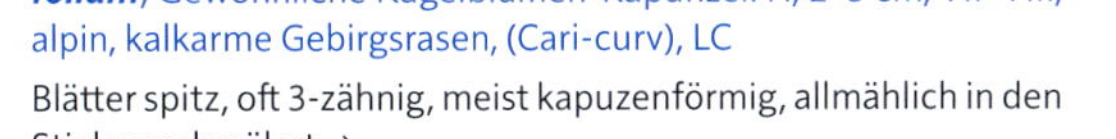

Phyteuma globulariifolium subsp. ***pedemontanum*** (Rich. Schulz) Bech., Piemonteser Kugelblumen-Rapunzel: H, (2–)5–7(–12) cm, VII–VIII, alpin, kalkarme Gebirgsrasen, (Cari-curv), LC

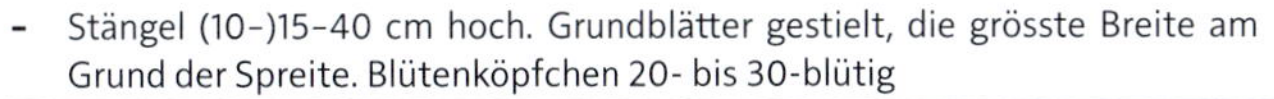

- Stängel (10–)15–40 cm hoch. Grundblätter gestielt, die grösste Breite am Grund der Spreite. Blütenköpfchen 20- bis 30-blütig **9**

9 Hüllblätter eiförmig-lanzettlich, den Blütenstand kaum überragend. Grundblätter gestielt, die Spreite eiförmig bis eilanzettlich →, Rand gekerbt-gezähnt

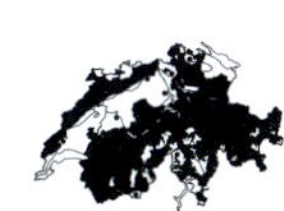

Phyteuma orbiculare L., Rundköpfige Rapunzel: H, (10–)15–40 cm, V–VII, montan-subalpin (-alpin), trockene, kalkreiche Gebirgsrasen, (Sesl), LC

- Äussere Hüllblätter schmal lanzettlich, den Blütenstand meist weit überragend. Grundblätter lang gestielt, die Spreite schmal dreieckig →, gezähnt

Phyteuma scheuchzeri All., Scheuchzers Rapunzel: H, (10–)15–40 cm, V–VII, (kollin-) montan-subalpin, LC

a Grundblätter schmal lanzettlich mit keilförmiger Basis. Kalkmeidend

Phyteuma scheuchzeri All. subsp. ***scheuchzeri***, Gewöhnliche Scheuchzers Rapunzel: H, kalkarme Felsen, (Andr-vand)

- Grundblätter oval-lanzettlich mit herzförmiger Basis. Auf Kalk

Phyteuma scheuchzeri subsp. ***columnae*** (Gaudin) Bech., Horn-Scheuchzers Rapunzel: H, kalkhaltige Felsen, Dolomit

Cannabaceae — Hanfgewächse

1 Pflanze baumförmig. Blätter eilanzettlich, lang zugespitzt, gezähnt ***Celtis***

- Pflanze krautig **2**

2 Stängel windend. Blätter gelappt ***Humulus***

- Stängel aufrecht, nicht windend. Blätter gefingert ***Cannabis***

Cannabis — Hanf

- Pflanze zweihäusig. Obere Blätter wechselständig, Spreite gefingert, Teilblätter schmal, gesägt. Blütenstand aufrecht (Abb. Tafel 9, S. 382)

Cannabis sativa L., Hanf: T, 30–60 cm, V–VII, kollin, warme, nährstoffreiche Ruderalfluren, angepflanzt und verwildert, Archäophyt

Celtis Zürgelbaum

1 Blätter weich, schief eiförmig, oberseits glatt, glänzend grün, unterseits an den Nerven behaart. Blüten einzeln oder büschelig, lang gestielt. Frucht dunkelrot, fad schmeckend. Borke mit Wülsten (Abb. Tafel 9, S. 382)

Celtis occidentalis L., Westlicher Zürgelbaum: P, 25 m, IV–V, kollin, Parkanlagen, Gehölze, (Robi), kultivierter Neophyt

- Blätter etwas lederig, schief eiförmig, scharf doppelt gesägt, beiderseits behaart, oberseits durch kurze, steife Haare schmirgelpapierartig rau. Blüten einzeln oder büschelig, lang gestielt. Frucht schwarz, süsslich schmeckend. Borke lange glatt bleibend (Abb. Tafel 9, S. 382)

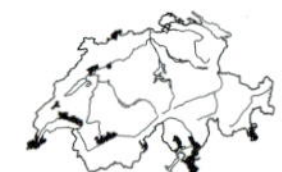

Celtis australis L., Europäischer Zürgelbaum: P, 20 m, III–IV, kollin, trockenwarme Eichenwälder, Feldgehölze, (Orno-Ostr), NT

Humulus Hopfen

- Pflanze zweihäusig. Stängel linkswindend, auffallend rau. Blätter gegenständig, 3- bis 5-lappig, unterseits mit gelblichen Drüsen. Weibliche Blüten Zäpfchen bildend (Abb. Tafel 9, S. 382)

Humulus lupulus L., Hopfen: H.li, 2–6 m, VII–VIII, kollin-montan, feuchte Krautsäume, Auenwälder, (Conv, Sali-alba, Alni-inca), LC

Capparaceae Kaperngewächse

Capparis Kapernstrauch

- Pflanze strauchig, niederliegend-aufsteigend oder (meist) hängend, kahl. Blätter eiförmig, ganzrandig, 3–6 cm lang, aromatisch riechend. Blüten einzeln in den Blattachseln, gross (5–7 cm breit), 4-zählig, weiss

Capparis spinosa L., Kapernstrauch: Ph, 40–120 cm, kollin, trockene, warme, frostgeschützte Mauern, (Cent-Pari), selten kultiviert und verwildert, Neophyt

Caprifoliaceae Geissblattgewächse

1 Blüten in dichten, von Hüllen umgebenen Köpfen **2**
- Blüten ohne gemeinsame Hülle **7**

2 Krone meist 5-zipflig (links) → **3**
- Krone 4-zipflig (rechts) → **4**

3 Alle Blätter lineal, grasartig ***Lomelosia***
- Blätter zumindest teilweise geteilt ***Scabiosa***

4 Stängel und oft auch Blattunterseite mit Stacheln ***Dipsacus***
- Pflanze ohne Stacheln **5**

5	Blütenstand flach, Randblüten meist vergrössert. Blütenboden ohne Spreublätter	***Knautia***
-	Blütenstand ± kugelig, Randblüten meist kaum vergrössert. Blütenboden mit Spreublättern	**6**
6	Blüten gelblich. Blätter fiederteilig oder gefiedert	***Cephalaria***
-	Blüten blauviolett. Blätter ganzrandig	***Succisa***
7	Staubblätter 4 oder 5. Meist Holzpflanze	**8**
-	Staubblätter 1 oder 3. Kräuter	**10**
8	Zwergsträuchlein mit niederliegendem Stängel und 6–10 cm hohen, 1- bis 3-blütigen Zweigen	***Linnaea***
-	Sträucher mit aufrechten oder windenden Stängeln	**9**
9	Blüten zu 2 auf gemeinsamem Stiel, 2-lippig oder (fast) radiärsymmetrisch oder Blüten in mehrblütigen Köpfchen, dann aber immer 2-lippig	***Lonicera***
-	Blüten radiärsymmetrisch, in ährigen Blütenständen	***Symphoricarpos***
10	Krone gespornt. Staubblatt 1	***Centranthus***
-	Krone nicht gespornt. Staubblätter 3	**11**
11	Kelchsaum eingerollt, zur Fruchtzeit ein Haarkrönchen bildend. Stängel nur im Blütenstand verzweigt, Verzweigung nicht gabelig	***Valeriana***
-	Kelchsaum an der Frucht 1–6 Zähne bildend oder undeutlich. Stängel mehrfach gabelig (dichotom) verzweigt	***Valerianella***

Centranthus — Spornblume

1 Blätter lineal bis lineal-lanzettlich, kaum über 5 mm breit →. Blüten rosa. Früchte ca. 5 mm, mit 8–10 mm langen Pappusborsten

Centranthus angustifolius (Mill.) DC., Schmalblättrige Spornblume: H, 30–60 cm, VI–VIII, kollin-montan (-subalpin), wärmeliebende, kalkreiche Schuttfluren, (Stip-cala), EN

- Blätter breit lanzettlich oder eiförmig →. Blüten rosa, rot oder weiss, mit 7–9 mm langer Kronröhre und 4–7 mm langem Sporn. Früchte eiförmig, 4 mm lang, mit 6–8 mm langen, federigen Pappusborsten

Centranthus ruber (L.) DC., Rote Spornblume: H, 30–70 cm, V–VIII, kollin (-montan), kalkreiche Felsen, Mauern, (Cent-Pari), Neophyt

Cephalaria — Schuppenkopf

1 Randliche Blüten deutlich vergrössert (Strahlenblüten), 15–20 mm lang. Blätter fiederschnittig

Cephalaria gigantea (Ledeb.) Bobrov, Riesen-Schuppenkopf: H, 1–3,5 m, VII–IX, Staudenfluren, Waldsäume, Ruderalstellen, Neophyt

- Randliche Blüten nicht deutlich vergrössert, 10–12 mm lang. Stängelblätter fiederschnittig, mit gezähnten Abschnitten. Blütenstände kugelig, lang gestielt. Hüllblätter dem Kopf anliegend

Cephalaria alpina (L.) Roem. & Schult., Alpen-Schuppenkopf: H, 0,6–2,5 m, VII–VIII, montan-subalpin, Hochstaudenfluren, Gebüsche, Schutthänge, (Cala, Luna-Acer), NT

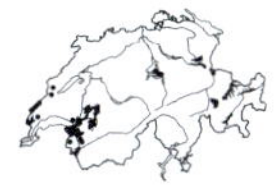

Dipsacus Karde

1 Blütenköpfe kugelig. Blätter deutlich gestielt →. Stacheln borstig, wenig stechend **2**

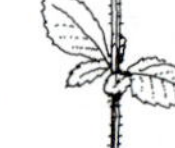

- Blütenköpfe eiförmig bis zylindrisch. Untere Blätter sitzend oder kurz gestielt, die oberen paarweise verwachsen **3**

2 Blütenköpfe bis 2,5 cm im Durchmesser. Spreublätter die Blüten höchstens wenig überragend, bis zur Spitze bewimpert. Staubbeutel violett

Dipsacus pilosus L., *(Virga pilosa)*, Behaarte Karde: H.ha, 0,5–1,5 m, VII–VIII, kollin (-montan), feuchte, nährstoffreiche Krautsäume, Wegränder, Auenwälder, (Aego, Frax), NT

- Blütenköpfe meist über 3 cm im Durchmesser. Spreublätter die Blüten deutlich überragend, an der Spitze kahl. Staubbeutel gelbgrün

Dipsacus strigosus Roem. & Schult., *(Virga strigosa)*, Schlanke Karde: H.ha, 0,8–2(–2,5) m, VII–VIII, kollin, kultiviert und selten verwildert, Neophyt

3 Stängelblätter → gezähnt oder ganzrandig. Hüllblätter lineal, den Kopf zum Teil überragend. Krone lila, von stechenden Spreublättern überragt

Dipsacus fullonum L., Wilde Karde: H.ha, 0,5–2 m, VII–VIII, kollin-montan, wechselfeuchte Krautsäume, Unkrautfluren, Ufer, (Conv, Arct), LC

- Stängelblätter unregelmässig fiederspaltig. Hüllblätter lanzettlich, kürzer als der Blütenkopf. Krone weiss oder helllila, von stechenden Spreublättern überragt

Dipsacus laciniatus L., Schlitzblättrige Karde: H.ha, 100–200 cm, VII–VIII, kollin, feuchte, wärmeliebende Krautsäume, Gebüsche, Ufer, (Conv), Archäophyt, LC

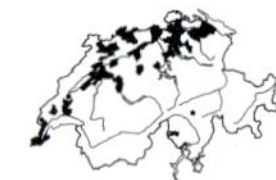

Knautia Witwenblume

Viele *Knautia*-Arten, insbesondere in den Südalpen, sind durch geografische Isolation entstanden, sind aber genetisch nicht isoliert und morphologisch oft schwer abgrenzbar. Die Förderung von *K. arvensis* in Ansaaten führt zur Häufung von Exemplaren mit intermediären Merkmalen, die nicht eindeutig einem Taxon zugeordnet werden können.

1 Stängelblätter zumindest z. T. fiederspaltig **2**

- Stängelblätter immer ungeteilt **5**

2 Blätter ± graufilzig. Mittlere Blätter ungeteilt oder mit 1–5 Paaren von Fiederlappen **3**

- Blätter grün. Mittlere Blätter mit (1–)3–8 Paaren von Fiederlappen **4**

3 Blätter unterseits dicht, oberseits zerstreut und ± anliegend behaart. Haare 0,8–1,5 mm lang. Köpfchen eher gross, (2,5–)3–4,5 cm im Durchmesser

Knautia transalpina (Christ) Briq., Südalpen-Witwenblume: H, 20–70 cm, VII–VIII, kollin-subalpin, trockene, kalkreiche Magerrasen, (Sesl, Meso), VU

- Blätter auf beiden Seiten dicht abstehend behaart. Haare 0,4–0,8 mm lang. Köpfchen eher klein, 2–3(–3,5) cm im Durchmesser

Knautia velutina Briq., Samtige Witwenblume: H, 25–70 cm, VII–VIII, kollin-subalpin, kalkreiche, felsige Trockenrasen, Felsen, (Drab-Sesl), DD. Grenznahe Vorkommen im Comersee-Gebiet, aktuelle Präsenz in der Schweiz unklar

---

4 Blüten blaulila. Äussere Hüllblätter ca. 2x so lang wie breit. Kelch am Grund mit 0,8–1,5 mm langen Haaren. Pflanze mit unterirdischen Ausläufern

Knautia arvensis (L.) Coult., Feld-Witwenblume: H, 30–100 cm, V–IX, kollin-montan (-subalpin), mässig trockene Wiesen, Halbtrockenrasen, Krautsäume, (Arrh, Meso), LC

- Blüten purpurn. Äussere Hüllblätter ca. 3x so lang wie breit. Kelch am Grund mit 0,3–1 mm langen Haaren. Pflanze ohne Ausläufer

Knautia purpurea (Vill.) Borbás, Purpur-Witwenblume: H, 30–90 cm, VII–VIII, kollin-montan (-subalpin), trockenwarme Magerrasen, Krautsäume, (Cirs-Brac, Gera-sang), VU

---

5 Oberer Stängelteil unter dem Blütenkopf ohne Drüsenhaare, aber mit einfachen Haaren. Blatt (inkl. Blattstiel) mind. 6x länger als breit. Stängel und untere Blätter am Grund oft kahl

Knautia godetii Reut., Jura-Witwenblume: H, 30–70 cm, VI–VIII, montan-subalpin, eher feuchte, magere Bergwiesen und -weiden, Krautsäume, (Poly-Tris, Cari-ferr), VU

- Oberer Stängelteil unter dem Blütenkopf neben einfachen Haaren mit zahlreichen Drüsenhaaren. Blatt weniger als 6x so lang wie breit. Stängelbasis und untere Blätter oft behaart **6**

---

6 Stängel und Blattunterseite kurz- und weichhaarig. Haare am Kelchgrund bis 0,5 mm lang. Randblüten kaum vergrössert. Früchte mit ca. 0,5 mm langen Haaren. Pflanze mit zentraler, steriler Blattrosette und seitlich abgehenden Blühtrieben

Knautia drymeia Heuff., Ungarische Witwenblume: H, 50–80 cm, V–IX, kollin-montan (-subalpin), trockenwarme, lichte Laubmischwälder, Krautsäume, (Carp, Quer-pube, Gera-sang), LC

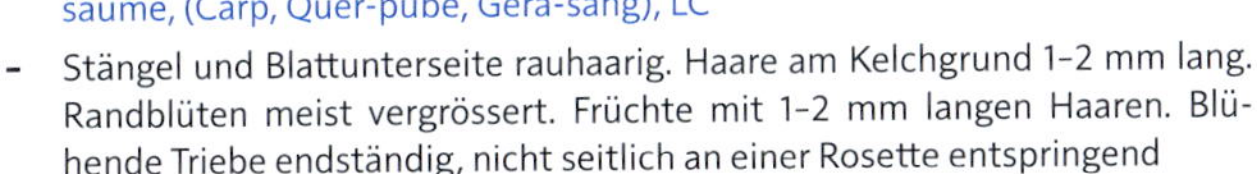

- Stängel und Blattunterseite rauhaarig. Haare am Kelchgrund 1–2 mm lang. Randblüten meist vergrössert. Früchte mit 1–2 mm langen Haaren. Blühende Triebe endständig, nicht seitlich an einer Rosette entspringend

Knautia dipsacifolia Kreutzer, Wald-Witwenblume: H, 20–100 cm, VI–IX, (kollin-) montan-subalpin, Wiesen, Krautsäume, Staudenfluren, LC

a Ganze Pflanze behaart

Knautia dipsacifolia Kreutzer subsp. ***dipsacifolia***, Gewöhnliche Wald-Witwenblume: H, LC

- Stängelbasis kahl und Blätter nur wenig behaart

Knautia dipsacifolia subsp. ***sixtina*** (Briq.) Ehrend., Lemanische Witwenblume: H, DD. Nähert sich morphologisch *K. godetii* an

Linnaea Moosglöckchen

- Zwergsträuchlein mit niederliegender, kriechender Grundachse →. Blätter gegenständig, rundlich, bis 1,5 cm. Zweige 6–10 cm hoch, 1- bis 3-blütig. Krone trichterförmig, innen bärtig, rosa bis purpurn

Linnaea borealis L., Moosglöckchen: Cp, 5–15 cm, VII–VIII, (montan-) subalpin, moosige Nadelwälder, (Vacc-Pice), LC

Lomelosia Grasblättrige Skabiose

- Alle Blätter lineal, grasartig. Stängel unverzweigt, einköpfig, oben dicht anliegend behaart. Blüten helllila, mit 5 ungleichen Zipfeln

Lomelosia graminifolia (L.) Greuter & Burdet, Grasblättrige Skabiose: H, 20–50 cm, VI–VIII, kollin-montan, Kalk- und Dolomitschutt, steinige Hänge und Grate, (Xero), VU. Südtessin

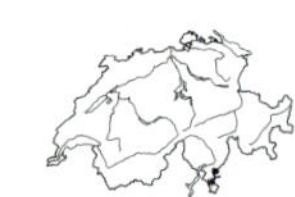

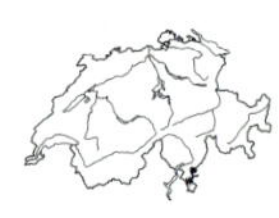

Lonicera Geissblatt

1 Blüten in endständigen, mehrblütigen Köpfchen und blattwinkelständigen Büscheln **2**

- Blüten zu 2 in den Blattwinkeln (aber manchmal am Stängelende köpfchenartig gehäuft) **4**

2 Alle Blätter getrennt, gegenständig, breit lanzettlich, 4–10 cm lang, unterseits blaugrün. Blüten röhrenförmig, vorne 2-lippig, 4–5 cm lang, meist gelblich. Beeren dunkelrot (Abb. Tafel 10, S. 453)

Lonicera periclymenum L., Wald-Geissblatt: Ph.li, 5 m, VI–VIII, kollin (-montan), kalkarme Eichenwälder, Waldränder, (Carp, Quer-robo), LC

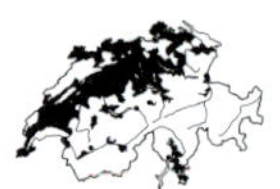

- Obere Blätter am Grund paarweise verwachsen **3**

3 Hauptblütenstand sitzend. Blüten sitzend, weiss bis gelb, oft rötlich überzogen. Beeren orange bis leuchtend rot. Blätter verkehrt eiförmig (Abb. Tafel 10, S. 453)

Lonicera caprifolium L., Garten-Geissblatt: Ph.li, 4 m, V–VI, kollin, sonnige Waldränder, Hecken, (Berb, Prun-Rubi), Neophyt

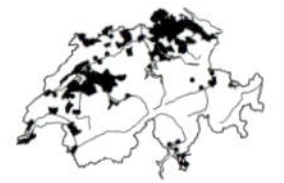

- Hauptblütenstand 1–4 cm lang gestielt. Blüten weiss bis gelb, oft rötlich überzogen. Beeren leuchtend rot. Blätter verkehrt eiförmig (Abb. Tafel 10, S. 453)

Lonicera etrusca Santi, Etrusker Geissblatt: Ph.li, 1,2 m, V–VI, kollin, trockenwarme, mediterrane Gebüsche, (Pistacio-Rhamnetalia alaterni), NT

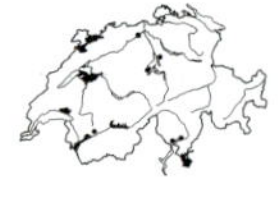

4 Deckblätter gross, blattartig. Blätter ganzrandig oder fiederlappig bis fiederteilig →. Krone aussen behaart, 3–4 cm lang, weiss mit rosa bis gelb. Beeren schwarz, am Grund verwachsen (Abb. Tafel 10, S. 453)

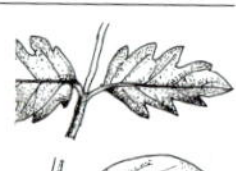

Lonicera japonica Thunb., Japanisches Geissblatt: P.li, 10 m, VI–IX, kollin, sonnige Waldränder, lichte Wälder, (Berb, Robi), in Ausbreitung, Neophyt

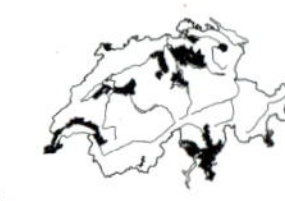

- Deckblätter klein, pfriemenförmig. Blätter immer ganzrandig **5**

Tafel 10

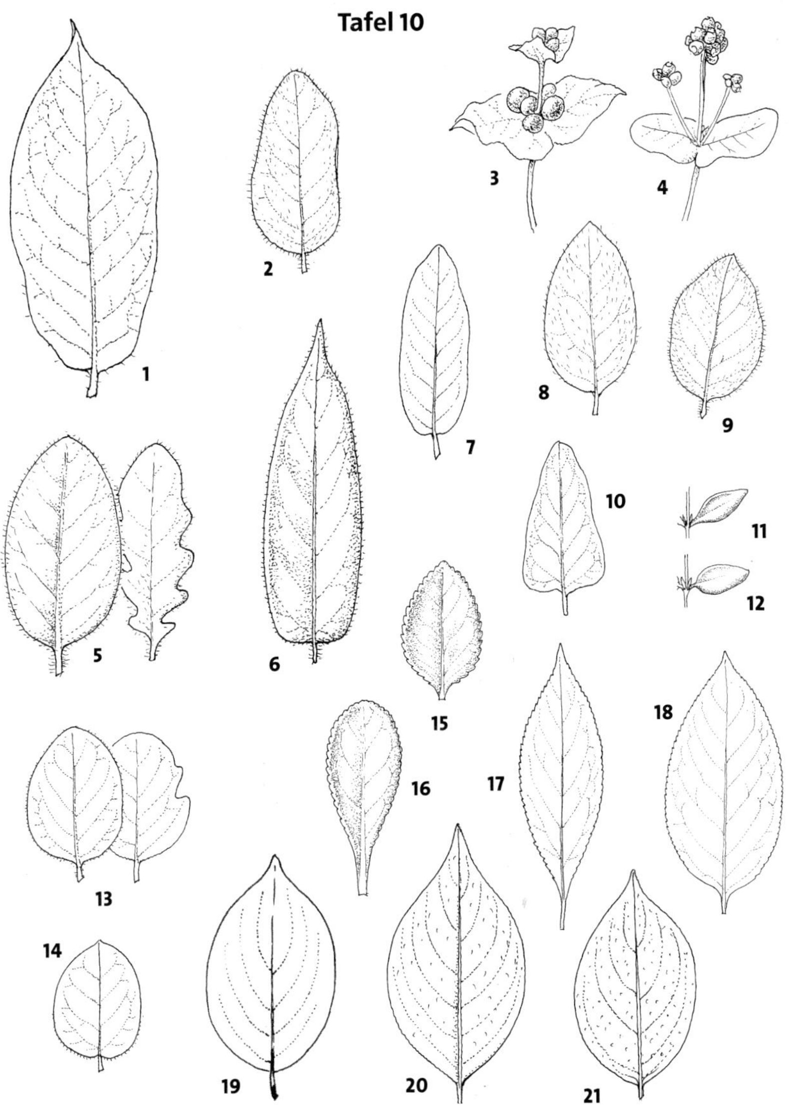

Caprifoliaceae. Blatt: 1. *Lonicera alpigena*, 2. *L. caerulea*, 3. *L. caprifolium* (mit Fruchtstand), 4. *L. etrusca* (mit Fruchtstand), 5. *L. japonica*, 6. *L. henryi*, 7. *L. nigra*, 8. *L. periclymenum*, 9. *L. xylosteum*, 10. *L. tatarica*, 11. *L. pileata*, 12. *L. nitida*, 13. *Symphoricarpos orbiculatus*, 14. *S. albus*
Celastraceae. Blatt: 15. *Euonymus fortunei*, 16. *E. japonicus*, 17. *E. europaeus*, 18. *E. latifolius*
Cornaceae. Blatt: 19. *Cornus mas*, 20. *C. sericea*, 21. *C. sanguinea*

5 Stängel kriechend oder kletternd. Junge Triebe rau behaart. Blätter lanzettlich →, 3–12 cm. Blüten 1,5–2,5 cm lang, gelb bis orangerot, aussen kahl. Beeren blauschwarz, bereift (Abb. Tafel 10, S. 453)

Lonicera henryi Hemsl., Henrys Geissblatt: P.li, 5 m, VI–VIII, kollin, Wälder, Waldränder, (Robi), in Ausbreitung, Neophyt

- Stängel aufrecht, nicht kriechend oder kletternd **6**

6 Fruchtknoten und Früchte der Blütenpaare ganz verwachsen **7**

- Fruchtknoten und Früchte der Blütenpaare nur am Grund verwachsen **8**

7 Blütenstandstiele viel länger als die Blüten. Krone deutlich 2-lippig, am Grund gelb, oben rotbraun, mit kurzer Röhre. Beeren dunkelrot. Blatt unterseits glänzend (Abb. Tafel 10, S. 453)

Lonicera alpigena L., Alpen-Heckenkirsche: Ph, 2 m, IV–VI, (kollin-) montan-subalpin, Bergwälder, (Loni-Fage, Luna-Acer, Abie-Pice), LC

- Blütenstandstiele kürzer als die Blüten. Krone mit 5 fast gleich langen Zipfeln und 1,5 cm langer Röhre, blassgelb. Blätter matt, unterseits blaugrün, verkahlend. Rinde der Zweige rotbraun, abschilfernd. Beeren blau, bereift (Abb. Tafel 10, S. 453)

Lonicera caerulea L., Blaue Heckenkirsche: Ph, 1,5 m, VI–VII, (montan-) subalpin (-alpin), kalkarme Zwergstrauchheiden, Bergwälder, (Lari-Pine, Rhod-Vacc, Vacc-Pice), LC

8 Blütenstandstiele 3–4x so lang wie die Blüten, seitwärts von den Zweigen abstehend. Blätter lanzettlich, bis 6 cm lang, matt dunkelgrün, unterseits etwas heller, verkahlend. Beeren → blauschwarz (Abb. Tafel 10, S. 453)

Lonicera nigra L., Schwarze Heckenkirsche: Ph, 1,5 m, V–VI, (kollin-) montan-subalpin, Bergwälder, (Loni-Fage, Abie-Pice), LC

- Blütenstandstiele kürzer bis wenig länger als die Blüten **9**

9 Blätter (2–)3–6 cm lang, weich, sommergrün. Beeren rot **10**

- Blätter 0,5–3(–4) cm lang, lederig und immergrün. Beere violett **11**

10 Blattgrund gerundet. Blatt beidseits weich behaart. Blütenstandstiel aufrecht stehend. Blüten blassgelb (Abb. Tafel 10, S. 453)

Lonicera xylosteum L., Rote Heckenkirsche: Ph, 2 m, IV–V, kollin-montan (-subalpin), Wälder, Gebüsche, Hecken, (Fagetalia, Prun-Rubi, Quer-pube), LC

- Blattgrund gestutzt bis herzförmig. Blatt ± kahl. Blüten weiss bis rot (Abb. Tafel 10, S. 453)

Lonicera tatarica L., Tataren-Heckenkirsche: Ph, 4 m, V–VI, kollin, wechselfeuchte Auenwälder, Ufer, (Sali-alba), kultiviert und selten verwildert, Neophyt

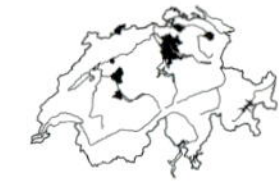

11 Nicht über 50 cm hoch, mit ± waagrechten Zweigen. Blätter 0,5–4 cm lang. Blüten gelblich weiss, ca. 8 mm lang (Abb. Tafel 10, S. 453)

Lonicera pileata Oliv., Immergrüne Kriech-Heckenkirsche: Cp, 50 cm, VI, kollin-montan, Waldränder, lichte Wälder, (Carp), kultiviert und selten verwildert, Neophyt

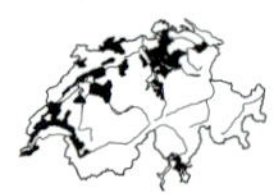

- Bis 2 m hoch, mit kreuzweise gegenständigen Zweigen. Blätter 0,5–1,5 cm lang. Blüten gelb bis orangerot oder rosa, 1,5–2,5 cm lang (Abb. Tafel 10, S. 453)

  Lonicera nitida E. H. Wilson, Immergrüne Heckenkirsche: Ph, 2 m, V, kollin-montan, Waldränder, Gebüsche, (Robi), kultiviert und selten verwildert, Neophyt

Scabiosa **Skabiose**

In der Kontaktzone zwischen verschiedenen Skabiosen-Arten gibt es oft eine Reihe von Introgressionen.

1 Blüten hellgelb. Kelchborsten 3,5 mm lang →, braun. Mittlere Stängelblätter 1- bis 2-fach fiederschnittig, mit 0,5–2 mm breiten Zipfeln

Scabiosa ochroleuca L., Gelbe Skabiose: H, 20–80 cm, VI–IX, kollin-montan, kalkreiche Trockenrasen, Pionierfluren, Schuttplätze, (Cirs-Brac, Conv-Agro), Neophyt

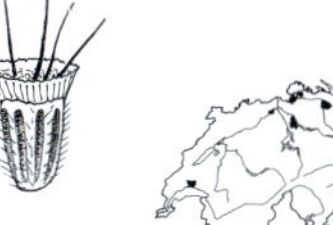

- Blüten nicht hellgelb **2**

2 Kelchborsten 1–3 mm lang →, hell- bis dunkelbraun. Stängel zuunterst rückwärts abstehend behaart. Mittlere Stängelblätter 2- bis 3-fach fiederschnittig, mit 0,5–2 mm breiten Zipfeln

Scabiosa triandra L., *(S. gramuntia)*, Südliche Skabiose: H, 1 m, VI–VIII, kollin-montan (-subalpin), Trockenrasen, Felsensteppen, Föhrenwälder, (Stip-Poio, Conv-Agro, Onon-Pini), LC

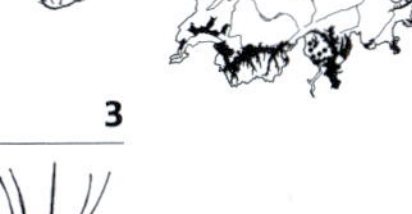

- Kelchborsten 3–8 mm lang, dunkelbraun bis schwarz **3**

3 Stängel meist reich verzweigt. Blätter glanzlos, 1- bis 2-fach fiederschnittig, mit 2–3 mm breiten Zipfeln. Kelchborsten 3–5 mm lang →

Scabiosa columbaria L., Tauben-Skabiose: H, 20–80 cm, VI–IX, kollin-montan, Halbtrockenrasen, LC

a Grundblätter zwischen den Nerven kahl oder locker behaart. Endzipfel der mittleren Stängelblätter weniger als 2x so breit wie die seitlichen Zipfel. Stängel am Grund kahl oder locker behaart

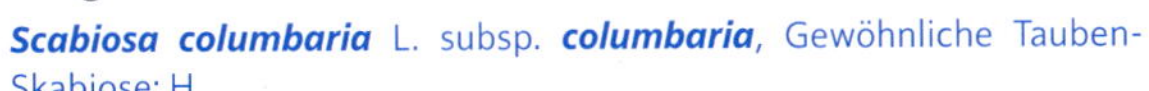

Scabiosa columbaria L. subsp. ***columbaria***, Gewöhnliche Tauben-Skabiose: H

- Grundblätter überall dicht und samtig behaart. Endzipfel der mittleren Stängelblätter meist mehr als 2x so breit wie die seitliche Zipfel. Stängel am Grund dicht behaart

Scabiosa columbaria subsp. ***portae*** (Huter) Hayek, Insubrische Tauben-Skabiose: H, kollin (-montan)

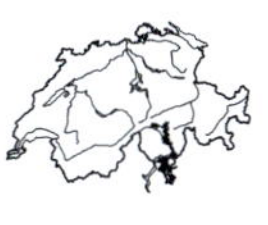

- Stängel kaum verzweigt. Blätter etwas glänzend, die oberen fiederschnittig, mit bis 8 mm breiten Zipfeln, bis fast ganzrandig. Kelchborsten 5–8 mm lang →

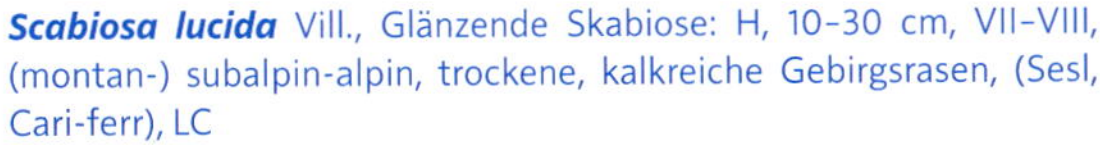

Scabiosa lucida Vill., Glänzende Skabiose: H, 10–30 cm, VII–VIII, (montan-) subalpin-alpin, trockene, kalkreiche Gebirgsrasen, (Sesl, Cari-ferr), LC

Succisa — Abbisskraut

- Blätter ungeteilt, untere gestielt und oval, obere kleiner und schmal lanzettlich, beim Auseinanderreissen Fäden ziehend →. Blütenköpfe fast kugelig. Blüten blauviolett, 4-7 mm lang, mit 4 ungleichen Zipfeln

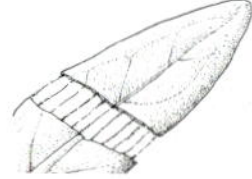

Succisa pratensis Moench, Abbisskraut: H, 20-80 cm, V-VIII, kollin-subalpin, Riedwiesen, Flachmoore, Magerrasen, Wirtschaftswiesen, (Moli), LC

Symphoricarpos — Korallenbeere, Schneebeere

1 Früchte rot, ca. 8 mm im Durchmesser. Blätter ganzrandig, besonders auf der Unterseite behaart (Abb. Tafel 10, S. 453)

Symphoricarpos orbiculatus Moench, Korallenbeere: Ph, 90-120(-180) cm, VII-VIII, kollin-montan, Waldränder, Gebüsche, kultiviert und verwildert, Neophyt

- Früchte weiss, kugelig und schwammförmig, 5-15 mm im Durchmesser. Blätter ganzrandig oder mit einzelnen Einschnitten, ± kahl (Abb. Tafel 10, S. 453)

Symphoricarpos albus (L.) S. F. Blake, Schneebeere: Ph, 2 m, VI-VII, kollin-montan, Auenwälder, Gebüsche, (Alni-inca, Frax, Prun-Rubi), kultiviert und verwildert, Neophyt

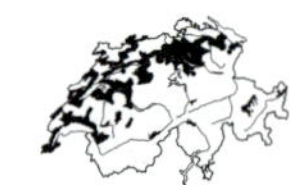

Valeriana — Baldrian

1 Alle Blätter gefiedert. Stängel mit 4-14 Blattpaaren. Blütenstand vielblütig, meist dicht schirmförmig. Blüten rosa bis weiss

Valeriana officinalis aggr., Arznei-Baldrian: H, 40-150 cm, V-VIII, kollin-subalpin, Staudenfluren, Krautsäume, LC

a Mit oberirdischen Ausläufern. Endteilblatt der mittleren Stängelblätter deutlich breiter als die seitlichen Teilblätter, diese gezähnt **b**

- Ohne oberirdische Ausläufer. Endteilblatt der mittleren Stängelblätter höchstens wenig breiter als die seitlichen Teilblätter, diese gezähnt oder ganzrandig **c**

b Stängel im unteren Teil meist abstehend behaart. Mittlere Stängelblätter jederseits mit 2-8 Teilblättern, diese unterseits abstehend behaart

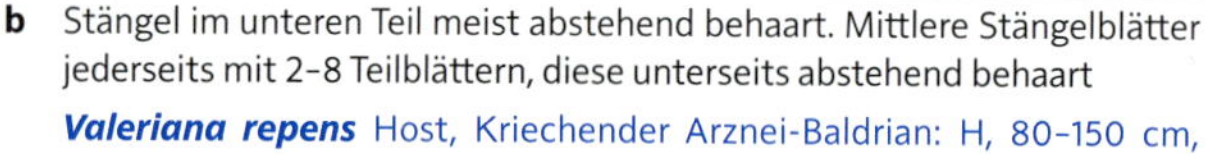

Valeriana repens Host, Kriechender Arznei-Baldrian: H, 80-150 cm, V-VIII, kollin-montan, feuchte, nährstoffreiche Staudenfluren, (Fili), LC

- Stängel im unteren Teil kahl. Mittlere Stängelblätter jederseits mit 2-4 Teilblättern, unterseits locker anliegend behaart

Valeriana sambucifolia J. C. Mikan, Holunderblättriger Baldrian: H, 40-90 cm, V-VII, kollin-montan, feuchte, nährstoffreiche Gebüsche und Staudenfluren, DD

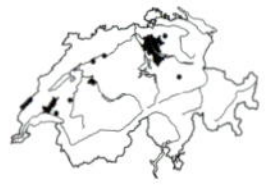

c Stängel mit 6-13 Blattpaaren, kahl. Teilblätter deutlich gezähnt

Valeriana officinalis L., Gewöhnlicher Arznei-Baldrian: H, 70-160 cm, V-VIII, kollin-montan, feuchte Staudenfluren, Krautsäume, (Fili, Conv), LC

- Stängel mit 4-7 Blattpaaren, kahl oder behaart. Teilblätter ganzrandig oder nur oberhalb der Mitte mit einzelnen Zähnen **d**

d Stängel kahl. Mittlere Stängelblätter unterseits kahl oder mit 0,2–0,5 mm langen, ± anliegenden Haaren

Valeriana pratensis Dierb., Wiesen-Arznei-Baldrian: H, 50–100 cm, V–VIII, kollin, feuchte Staudenfluren, Nasswiesen, (Fili, Moli), DD

- Stängel unten abstehend behaart. Mittlere Stängelblätter unterseits mit 0,5–1 mm langen, abstehenden Haaren **e**

e Mittlere Blätter mit 7–13 Fiederpaaren. Endteilblatt so breit oder schmaler als die seitlichen Teilblätter

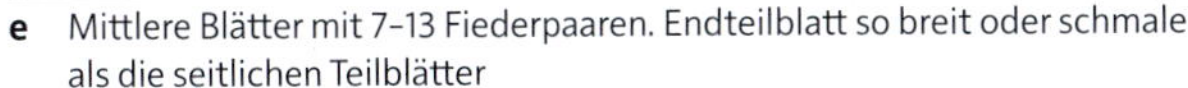

Valeriana wallrothii Kreyer, Schmalblättriger Arznei-Baldrian: H, 50–100 cm, V–VIII, kollin-subalpin, kalkreiche, eher trockene Staudenfluren, Krautsäume, (Trif-medi), NT

- Mittlere Blätter mit 5–8 Fiederpaaren. Endteilblatt meist etwas breiter als die seitlichen Teilblätter

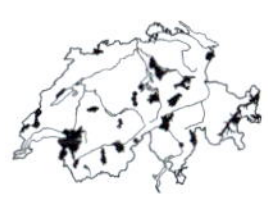

Valeriana versifolia Brügger, Verschiedenblättriger Arznei-Baldrian: H, 30–70 cm, V–VIII, montan-subalpin, feuchte, nährstoffreiche Hochstaudenfluren, (Aden), LC

- Zumindest die unteren Blätter ungeteilt **2**

2 Mittlere und obere Stängelblätter gefiedert. Pflanze zweihäusig. Blütenstände dicht schirmförmig

Valeriana dioica L., Sumpf-Baldrian: G, 15–30 cm, IV–VI, kollin-montan (-subalpin), Nasswiesen, Flachmoore, Auenwälder, (Calt, Moli, Frax), LC

- Stängelblätter ungeteilt oder 3-teilig. Pflanze einhäusig **3**

3 70–110 cm hoch. Grundständige Blätter bis 20 cm lang und fast ebenso breit, tief unregelmässig gezähnt, lang gestielt. Blütenstand weit verzweigt

Valeriana pyrenaica L., Pyrenäen-Baldrian: H, 70–110 cm, VI–VIII, montan-subalpin, feuchte Hochstaudenfluren, (Aden), angepflanzt und verwildert, Neophyt

- Höchstens 50 cm hoch. Grundständige Blätter nicht über 12 cm lang, ganzrandig oder seicht gezähnt **4**

4 Stängel mit mehreren Blattpaaren **5**

- Stängel unter dem Blütenstand nur mit 1–2 Blattpaaren. Nicht über 30 cm hoch **6**

5 Stängelblätter meist 3-teilig. Blätter der sterilen Triebe am Grund herzförmig, mit deutlichen Zähnen

Valeriana tripteris L., Dreiblatt-Baldrian: H, 10–60 cm, IV–VI, (kollin-) montan-subalpin (-alpin), schattige Felsen, Bergwälder, Schuttfluren, (Cyst, Abie-Pice, Vacc-Pice, Peta-para), LC

- Stängelblätter ungeteilt. Blätter der sterilen Triebe in den Stiel verschmälert oder gestutzt, ganzrandig oder undeutlich gezähnt

Valeriana montana L., Berg-Baldrian: H, 10–40 cm, V–VII, (montan-) subalpin (-alpin), kalkreiche, eher feuchte Schutthalden, Bergwälder, (Peta-para, Vacc-Pice), LC

6 Blütenstand aus 2-6 Quirlen. Blüten am Grund gelblich, die Zipfel trübrot. Grundblätter → schmal verkehrt eiförmig bis lanzettlich, ganzrandig, 1-8 mm breit, 3-nervig

Valeriana celtica L., Keltischer Baldrian: H, 5-15 cm, VII-VIII, (subalpin-) alpin, steinige, kalkarme Gebirgsrasen, (Cari-curv, Fest-vari), NT

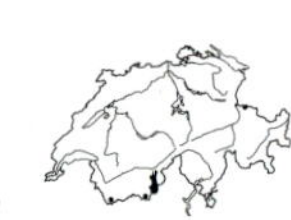

- Blütenstand anders. Blüten weiss oder blassrosa **7**

7 Blütenstand locker, traubig-rispig. Blüten weiss. Grundblätter → schmal verkehrt eiförmig bis lanzettlich, meist 3-nervig, 0,5-1,5 cm breit, am Rand bewimpert

Valeriana saxatilis L., Felsen-Baldrian: H, 5-30 cm, VI-VII, (kollin-) montan-subalpin (-alpin), kalkreiche Felsen, Schuttfluren, (Pote, Thla-rotu), NT

- Blütenstand dicht, kopfig, von Hochblättern umgeben. Blüten blassrosa **8**

8 Grundblätter → breit oval, 1-1,5x so lang wie breit, plötzlich in den kurzen Stiel verschmälert. Pappusborsten der Früchte 10-12 mm lang

Valeriana supina Ard., Zwerg-Baldrian: H, 2-12 cm, VII-VIII, (subalpin-) alpin, kalkreiche Schutthalden, (Thla-rotu), LC

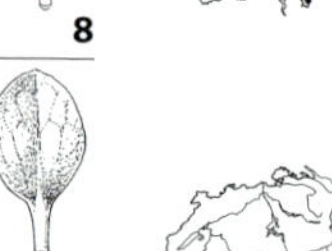

- Grundblätter → oval, 1,5-4x so lang wie breit. allmählich in den kurzen Stiel verschmälert. Pappusborsten der Früchte 6-10 mm lang

Valeriana saliunca All., Weidenblättriger Baldrian: G, 5-15 cm, VII-VIII, (subalpin-) alpin, kalkreiche Schuttfluren, Felsrasen, (Thla-rotu, Sesl), NT

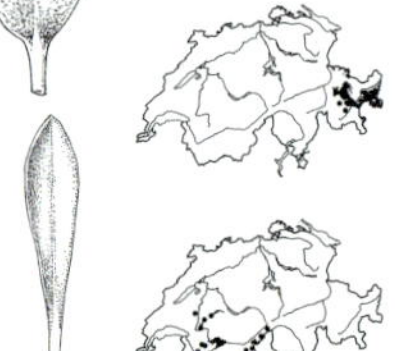

Valerianella Ackersalat

Eine sichere Bestimmung ist nur möglich, wenn gut entwickelte Früchte vorhanden sind.

1 Kelchsaum an der Frucht undeutlich

Valerianella locusta aggr.: H, 10-30 cm, IV-V, kollin-montan

a Frucht rundlich eiförmig, etwas abgeflacht →

Valerianella locusta (L.) Laterr., Echter Ackersalat: T, 10-30 cm, IV-V, kollin-montan, trockenwarme Wegränder, Äcker, Weinberge, (Cauc, Fuma-Euph), auch kultiviert und verwildert, LC

- Frucht lineal-länglich, 4-kantig, tief gefurcht →

Valerianella carinata Loisel., Gekielter Ackersalat: T, 10-30 cm, IV-V, kollin-montan, trockenwarme, kalkreiche Wegränder, Äcker, Weinberge, Pionierfluren, (Fuma-Euph, Cauc, Alyss-Sedi), Archäophyt, LC

- Kelchsaum an der Frucht deutlich, mit ungleichen Zähnen **2**

2 Kelchsaum fast so breit wie die Frucht, netzaderig. Frucht → besonders an den Wülsten dicht abstehend behaart. Haare bis 0,4 mm lang

Valerianella eriocarpa Desv., Wollfrüchtiger Ackersalat: T, 10-30 cm, IV-V, kollin-montan, trockenwarme Äcker, Weinberge, Trockenrasen, (Cauc, Sedo-Vero, Alyss-Sedi), Archäophyt, CR(PE)

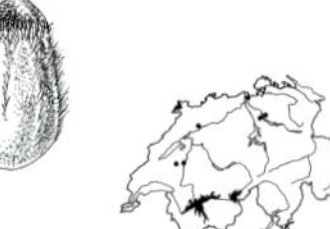

- Kelchsaum höchstens halb so breit wie die Frucht, nicht netzaderig. Frucht kahl bis behaart. Haare bis 0,2 mm lang **3**

3 Kelchsaum auf der Frucht aus einem ca. 0,7 mm langen und mehreren ca. 0,5 mm langen Zähnen bestehend. Frucht eiförmig, das fruchtbare Fach mehrfach grösser als die leeren, diese voneinander getrennt, eng, fadenförmig →

Valerianella dentata (L.) Pollich, Gezähnter Ackersalat: T, 10–30 cm, V–VIII, kollin-montan, trockenwarme Pionierfluren, Wegränder, Weinberge, (Cauc, Alyss-Sedi, Thero-Brachypodietalia), Archäophyt, VU

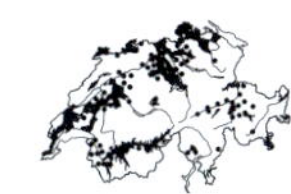

- Kelchsaum auf der Frucht nur aus einem bis 0,5 mm langen Zahn bestehend. Frucht kugelig eiförmig, das fruchtbare Fach kleiner als die leeren, diese einander genähert, aufgeblasen →

Valerianella rimosa Bastard, Gefurchter Ackersalat: T, 10–30 cm, V–VIII, kollin-montan, kalkarme Äcker, Wegränder, Weinberge, (Apha, Sedo-Vero), Archäophyt, EN

Caryophyllaceae Nelkengewächse

1	Kelchblätter zumindest bis zur Mitte röhrig verwachsen	**2**
-	Kelchblätter frei oder höchstens am Grund etwas verwachsen	**9**
2	Kelch am Grund mit schuppenförmigen Hochblättern (Kelchschuppen)	**3**
-	Kelch ohne Kelchschuppen	**4**
3	Kelch ohne häutige Längsstreifen	***Dianthus***
-	Kelch mit 5 häutigen Längsstreifen	***Petrorhagia***
4	Griffel 2 (nur ausnahmsweise 3)	**5**
-	Griffel 3 oder mehr	**7**
5	Kelchzipfel mit grünem Mittelstreif und breitem, weissem Hautrand (Kelch daher unverwachsen erscheinend). Kronblätter zum Grund hin allmählich verschmälert	***Gypsophila***
-	Kelchzipfel ohne trockenhäutigen Rand. Kronblätter in Platte und Nagel gegliedert	**6**
6	Krone mit Nebenkrone. Kelch rund, ungeflügelt	***Saponaria***
-	Krone ohne Nebenkrone. Kelch 5-kantig, die Kanten geflügelt	***Vaccaria***
7	Pflanze stark ästig und 60–150 cm hoch kletternd. Frucht beerenartig	***Cucubalus***
-	Frucht eine Kapsel. Pflanze, falls kletternd, weniger hoch	**8**
8	Kelchzipfel lanzettlich, länger als die Krone. Krone ohne Nebenkrone. Narben behaart	***Agrostemma***
-	Kelchzipfel kürzer als die Krone. Krone mit oder ohne Nebenkrone. Narben kahl	***Silene***
9	Blüten in blattachselständigen Knäueln. Pflanze niederliegend, am Boden ausgebreitet	**10**
-	Blüten nicht in blattachselständigen Knäueln	**11**
10	Blütenknäuel weiss, entlang des Stängels in regelmässigen Quirlen	***Illecebrum***
-	Blütenknäuel gelbgrün oder graugrün, nicht in regelmässigen Quirlen	***Herniaria***

11	Blätter wechselständig	**12**
-	Blätter gegen- oder quirlständig	**13**
12	Blätter verkehrt eiförmig, fleischig	***Telephium***
-	Blätter lineal-keilförmig	***Corrigiola***
13	Blätter mit häutigen Nebenblättern	**14**
-	Blätter ohne Nebenblätter	**16**
14	Blätter oval, gegenständig oder zu 4 quirlständig. Blüten in Scheindolden	***Polycarpon***
-	Blätter lineal oder lineal-pfriemenförmig, paarweise oder in Scheinquirlen	**15**
15	Kronblätter weiss. Stängel ± aufrecht. Griffel 5. Frucht 5-zähnig	***Spergula***
-	Kronblätter rosa oder rötlich. Stängel niederliegend-aufsteigend. Griffel 3. Frucht 3-zähnig	***Spergularia***
16	Kronblätter fehlend	**17**
-	Kronblätter vorhanden, meist weiss	**20**
17	Fruchtknoten scheinbar unterständig (Kelch den Fruchtknoten röhrig umschliessend). Kelchzipfel ± deutlich weiss berandet. Frucht eine einsamige Schliessfrucht	***Scleranthus***
-	Fruchtknoten oberständig. Frucht eine aufspringende Kapsel	**18**
18	Blätter eiförmig, gelbgrün, die unteren gestielt	***Stellaria***
-	Blätter lineal	**19**
19	Griffel 3. Blätter 3–5 mm lang. Alpine Polsterpflanze	***Minuartia***
-	Griffel 4–5. Zarte Pionierpflanze mit 5–20 mm langen, stachelspitzigen Blättern	***Sagina***
20	Kronblätter gezähnelt. Griffel 3. Blütenstand doldig	***Holosteum***
-	Kronblätter nicht gezähnelt. Griffel 2–5. Blüten in Dichasien (mehrfach gegabelter Blütenstand)	**21**
21	Kronblätter tief ausgerandet, 2-spaltig oder 2-teilig	**22**
-	Kronblätter ungeteilt oder wenig ausgerandet	**26**
22	Griffel 5	**23**
-	Griffel 3	**24**
23	Kronblätter bis zum Grund 2-teilig. Blätter herzförmig	***Myosoton***
-	Kronblätter nicht über die Mitte eingeschnitten. Blätter am Grund nie herzförmig	***Cerastium***
24	Kronblätter mindestens bis zur Mitte 2-spaltig	***Stellaria***
-	Kronblätter höchstens bis zur Mitte 2-spaltig	**25**
25	Blätter eiförmig bis lanzettlich, 5–10 mm breit. Blüten im unteren Teil der Pflanze 4-zählig, oft kleistogam. Pflanze in Herden wachsend	***Pseudostellaria***
-	Blätter länglich lanzettlich, 2–4(–5) mm breit. Pflanze nicht in Herden	***Cerastium***
26	Griffel 4 oder 5	**27**
-	Griffel 2 oder 3	**29**
27	Blätter rundlich oder oval	***Arenaria***
-	Blätter lanzettlich oder lineal	**28**

28	Kelchblätter stumpf oder nur kurz zugespitzt, nicht weiss berandet. Blätter lineal-pfriemlich	***Sagina***
-	Kelchblätter lang zugespitzt, weiss berandet. Blätter lanzettlich oder lineal-lanzettlich	***Moenchia***
29	Blüten 4-zählig. Blätter lineal-pfriemlich	**30**
-	Blüten 5-zählig	**31**
30	Blätter dem Stängel anliegend. Kapsel zweisamig	***Bufonia***
-	Blätter abstehend. Kapsel mehrsamig	***Moehringia***
31	Für die Bestimmung sind offene Fruchtkapseln vorhanden	**32**
-	Keine offene Fruchtkapseln für die Bestimmung vorhanden	**34**
32	Kapsel 3-klappig aufspringend	***Minuartia***
-	Kapsel 4- oder 6-klappig aufspringend	**33**
33	Kapselzähne meist kürzer als ⅓ der Kapsellänge. Samen ohne Anhängsel	***Arenaria***
-	Kapselzähne mind. ⅓ so lang wie die Kapsel. Samen mit meist weissem Anhängsel	***Moehringia***
34	Kronblätter kürzer als der Kelch	**35**
-	Kronblätter so lang oder länger als der Kelch	**37**
35	Blätter lineal-pfriemlich	***Minuartia***
-	Blätter eiförmig bis eilanzettlich	**36**
36	Blätter 3- bis 5-nervig, die unteren deutlich, die oberen kurz gestielt	***Moehringia trinervia***
-	Blätter 1- (3-)nervig, sitzend, höchstens die untersten ganz kurz gestielt	***Arenaria serpyllifolia*** aggr.
37	Blätter eiförmig bis breit lanzettlich (1–5x so lang wie breit)	**38**
-	Blätter lanzettlich bis lineal (über 5x so lang wie breit)	**41**
38	Blätter stumpf. Kelchblätter stumpf oder manchmal etwas zugespitzt	**39**
-	Blätter und Kelchblätter spitz	**40**
39	Blattrand fast ringsum bewimpert	***Minuartia biflora***
-	Blatt kahl, höchstens der Stiel etwas bewimpert	***Arenaria biflora***
40	Blätter unterseits 3- bis 5- (7-)nervig. Blattrand ringsum sehr kurz bewimpert oder kahl	***Minuartia (M. rupestris, M. cherleroides)***
-	Blätter unterseits einnervig. Blattrand bis zur Mitte bewimpert	***Arenaria ciliata*** aggr.
41	Blätter mit einer Grannenspitze (0,6–1 mm lang). Kelchblätter mit einer Stachelspitze. Seltene Jurapflanze	***Arenaria grandiflora***
-	Blätter stumpf oder stachelspitzig, aber nicht mit Granne. Kelchblätter stumpf oder spitz, aber ohne Stachelspitze	**42**
42	Pflanze 2–8 cm hoch, alpiner Schuttkriecher. Blätter dicklich, fleischig, stumpf, kahl, am Grund etwas bewimpert. Blattnerven 1(–3), undeutlich (Lupe!)	***Moehringia ciliata***
-	Blätter ± spitz, nicht dicklich fleischig. Blattnerven 1–3, meist deutlich (Lupe!)	***Minuartia***

Agrostemma Rade

- Stängel graufilzig und zottig behaart, aufrecht, oberwärts ästig. Blätter schmal, spitz. Kelch rauhaarig, glockig →, mit langen, blattartigen Zipfeln. Krone ohne Nebenkrone, kürzer als die Kelchzipfel. Narben behaart

Agrostemma githago L., Kornrade: T, 30–90 cm, VI–VIII, kollin-montan (-subalpin), mässig trockene Getreidefelder, auch angesät, Archäophyt, EN

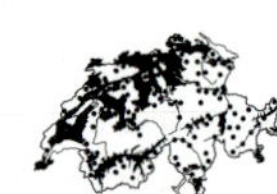

Arenaria Sandkraut

Alle *Arenaria*-Arten haben nicht ausgerandete Blütenblätter und meist etwas breitere Blätter.

1 Kronblätter kürzer als die Kelchblätter, bis ¾ so lang →. Pflanze normalerweise ohne sterile Triebe

Arenaria serpyllifolia aggr., Quendelblättriges Sandkraut: 2–30 cm, V–VIII, kollin-alpin, LC

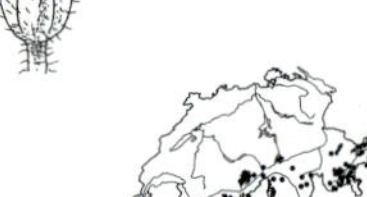

a Kleine, niederliegende Pflanze der alpinen Stufe. Stängel stark borstig behaart, nur zuoberst gabelig verzweigt. Kelchblätter länger als die Fruchtkapsel →. Der häutige Rand der inneren Kelchblätter höchstens halb so breit wie der krautige Mittelstreifen

Arenaria marschlinsii W. D. J. Koch, Salis-Marschlins' Sandkraut: T, 2–6(–10) cm, VII–VIII, alpin, schuttige Felsrasen, trockene Läger, (Cari-curv, Sedo-Scle), NT

- Kleine, aber aufrechte Pflanze der tieferen Lagen (selten bis subalpin). Stängel kurzhaarig oder drüsig, schon in der unteren Hälfte verzweigt. Kelchblätter ± kürzer als die Fruchtkapsel. Der häutige Rand der inneren Kelchblätter etwa gleich breit wie der krautige Mittelstreifen **b**

b Blüten 3–5 mm breit, auf ca. 0,1 mm breiten Stielen. Fruchtkapsel höchstens 3 mm lang, schmal (kaum bauchig), lange glatt und lichtdurchlässig bleibend →, weich, beim Zerdrücken nicht knackend (ans Ohr halten!). Kelchblätter 2–3 mm lang. Fruchtstiele 2–3x so lang wie der Kelch, oft übergebogen. Blätter 2–3,5x so lang wie breit. Pflanze hellgrün

Arenaria leptoclados (Rchb.) Guss., Zartes Quendelblättriges Sandkraut: T, 3–20 cm, V–VIII, kollin-montan, trockenwarme, kalkreiche Pionierfluren, Mauern, Felsgrusfluren, (Alyss-Sedi), LC

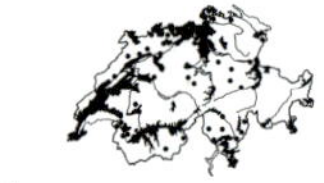

- Blüten 5–8 mm breit, auf ca. 0,2 mm breiten Stielen. Fruchtkapsel meist mehr als 3 mm lang, bauchig, birnenförmig, rasch brüchig und matt werdend →, fest, beim Zerdrücken leicht knackend (ans Ohr halten!). Kelchblätter 3–4 mm lang. Fruchtstiele 1–2,5x so lang wie der Kelch. Blätter 1–2,5x so lang wie breit. Pflanze graugrün

Arenaria serpyllifolia L., Gewöhnliches Quendelblättriges Sandkraut: T, 3–30 cm, V–VIII, kollin-montan (-subalpin), trockene Pionierfluren, Trockenrasen, Mauern, (Alyss-Sedi, Sedo-Scle, Xero, Poly-avic), LC

- Kronblätter so lang oder länger als die Kelchblätter. Pflanze normalerweise mit sterilen Trieben **2**

2 Blätter schmal lanzettlich, 0,5–1 mm lang, mit grannenartiger Spitze, am Grund bewimpert, sonst kahl →. Pflanze rasig. Stängel niederliegend-aufsteigend, drüsig

Arenaria grandiflora L., Grossblütiges Sandkraut: Ch, 5–15 cm, V–VII, montan-alpin, kalkreiche Felsrasen, (Sesl, Ononidetalia), VU

- Blätter breit lanzettlich bis rundlich oval **3**

3 Stängel weit kriechend und wurzelnd (nur Blütenstiele aufrecht). Blätter kreisrund bis oval (bei *Minuartia biflora* pfriemförmig), stumpf, 1–2x so lang wie breit, kahl, mit bewimpertem Stiel →. Fruchtstiele etwa so lang wie der Kelch

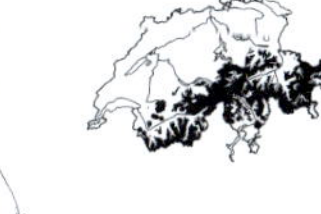

Arenaria biflora L., Zweiblütiges Sandkraut: Ch, 7–30 cm, VII–VIII, (subalpin-) alpin, feuchte, kalkarme Gebirgsrasen, Schneetälchen, Moränen, (Sali-herb), LC

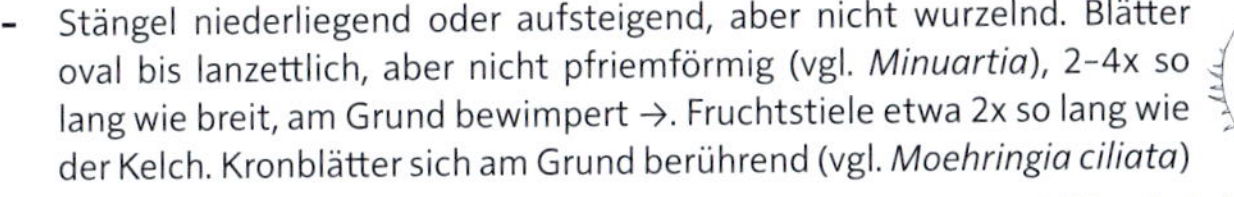

- Stängel niederliegend oder aufsteigend, aber nicht wurzelnd. Blätter oval bis lanzettlich, aber nicht pfriemförmig (vgl. *Minuartia*), 2–4x so lang wie breit, am Grund bewimpert →. Fruchtstiele etwa 2x so lang wie der Kelch. Kronblätter sich am Grund berührend (vgl. *Moehringia ciliata*)

Arenaria ciliata aggr., Bewimpertes Sandkraut: 3–10 cm, VII–VIII, subalpin (-alpin), LC

a Pflanze 1- (2-)jährig, (fast) ohne sterile Triebe. Stängel aufsteigend bis aufrecht, mit kurzen, abstehenden und längeren, abwärts gekrümmten Haaren

Arenaria gothica Fr., Schwedisches Wimper-Sandkraut: T, 6–12(–15) cm, VII–VIII, montan, kiesige Seeufer, (Litt), CR

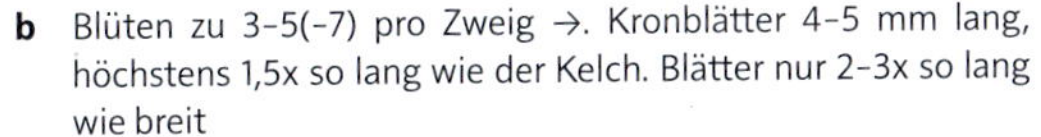

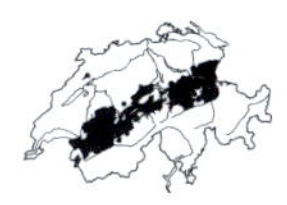

- Pflanze mehrjährig, mit sterilen Trieben. Stängel niederliegend, fast nur mit abwärts gekrümmten Haaren **b**

b Blüten zu 3–5(–7) pro Zweig →. Kronblätter 4–5 mm lang, höchstens 1,5x so lang wie der Kelch. Blätter nur 2–3x so lang wie breit

Arenaria multicaulis L., Vielstängeliges Sandkraut: Ch, 5–10 cm, VII–VIII, (subalpin-) -alpin, kalkreiche Schuttfluren, (Thla-rotu), LC

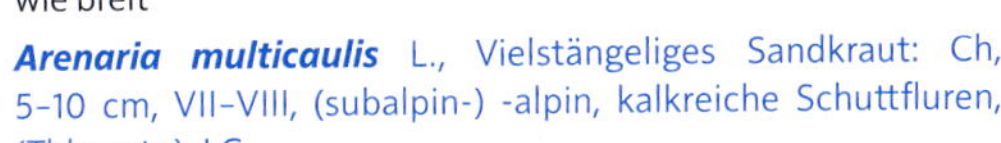

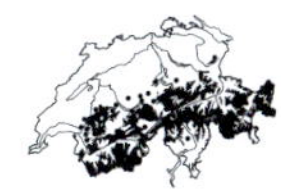

- Blüten zu 1–2 pro Zweig →. Kronblätter 5–10 mm lang, 1,5–2x so lang wie der Kelch. Blätter 3–4x so lang wie breit

Arenaria ciliata L., Wimper-Sandkraut: Ch, 3–5 cm, VII–VIII, (subalpin-) alpin, kalkreiche Gebirgsrasen, (Elyn, Drab-hopp)

bb Wuchs kompakt, etwas polsterförmig. Blüten zu 1–2. Kronblätter 5–7(–8) mm lang. Alle Blüten regulär (mit 5 Kronblättern und 3 Griffeln)

Arenaria ciliata L. subsp. ***ciliata***, Gewöhnliches Wimper-Sandkraut: Ch, 2–5 cm, VII–VIII, (subalpin-) -alpin, kalkreiche, steinige Gebirgsrasen, Grate, (Elyn, Drab-hopp), LC

- Wuchs locker. Fast alle Blüten einzeln. Kronblätter (7–)8–10 mm lang. In der Population stets irreguläre Blüten mit 6–9 Kronblättern und 4–6 Griffeln

Arenaria ciliata subsp. ***bernensis*** Favarger, Berner Wimper-Sandkraut: Ch, 5–10 cm, VII–VIII, alpin, kalkreiche, schneefeuchte, gratnahe Gebirgsrasen in Nordexposition, (Arab-caer), NT

Bufonia Buffonie

- Zarte, von Grund an verzweigte, fast binsenartige Pflanze (wie *Juncus bufonius*) →, aufrecht oder aufsteigend. Blätter lineal-pfriemenförmig, Stängel anliegend und am Grund verwachsen. Blüten 4-zählig, Griffel 2. Kapsel zweisamig

  Bufonia paniculata Dubois, Rispige Buffonie: T, 10–30 cm, VII, kollin, mediterrane Pionierfluren, Ackerränder, (Erag, Thero-Brachypodietalia), EN

Cerastium Hornkraut

Alle *Cerastium*-Arten haben ausgerandete Blütenblätter und meist etwas breitere, oft behaarte Blätter (mit Ausnahme der Arten der Artengruppe *C. arvense*).

1 Griffel 3 (selten 4). Kapselzähne 6(–8) **2**

\- Griffel 5. Kapselzähne 10 **3**

2 Stängel niederliegend, an den Knoten wurzelnd, mit einer Haarleiste aus drüsenlosen und wenigen drüsigen Haaren. Blätter lanzettlich, 1–3 mm breit, stumpf, kahl oder etwas bewimpert →. Gebirgspflanze

Cerastium cerastoides (L.) Britton, *(C. trigynum)*, Dreigriffliges Hornkraut: Ch, 5–15 cm, VII–VIII, alpin, humusreiche Schneetälchen, (Sali-herb), LC

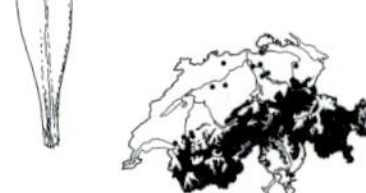

\- Stängel aufrecht, wie die Blätter drüsig-klebrig behaart. Blätter lineal, 1–2 mm breit und bis 30 mm lang →. Kronblatt 1,5x so lang wie der Kelch. Pflanze der kollinen Stufe

Cerastium dubium (Bastard) Guépin, *(C. anomalum)*, Klebriges Hornkraut: T, 10–35 cm, IV–VI, kollin, wechselfeuchte Pionierfluren, Nasswiesen, (Calt, Agro-Rumi)

3 Kronblätter höchstens 7(–9) mm lang, kürzer bis wenig länger als die Kelchblätter **4**

\- Kronblätter (6–)8–18 mm lang, die Kelchblätter um mindestens ⅓ überragend **9**

4 Alle Tragblätter krautig, an der Spitze behaart →. Spitze der Kelchblätter von einzelnen, einfachen Haaren deutlich überragt **5**

\- Obere Tragblätter ± breit hautrandig, Spitze kahl →. Spitze der Kelchblätter nicht von einzelnen, einfachen Haaren überragt **7**

5 Kronblätter (6–)7–9 mm lang, Krone glockig. Pflanze mehrjährig kriechend, mit (wenigen) sterilen Trieben. Stängel dünn, fast fädig und zerbrechlich wirkend. Blatt lanzettlich, dünn, weich. Gebirgspflanze **9**

→ *Cerastium pedunculatum*

\- Kronblätter 3–6 mm lang. Pflanze einjährig, aufrecht, ohne sterile Triebe **6**

6 Blüten in gedrängten bis geknäuelten Blütenständen. Fruchtstiele auch zur Fruchtzeit höchstens so lang wie der Kelch →. Kronblatt am Grund kahl. Staubfäden kahl. Pflanze meist blass- bis gelbgrün (aber auch dunkler), meist dicht drüsig behaart

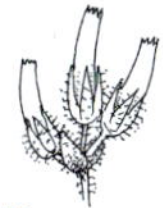

Cerastium glomeratum Thuill., Knäuel-Hornkraut: T, 5-40 cm, IV-IX, kollin-subalpin, eher trockene, nährstoffreiche Pionierfluren, (Poly-Chen, Poly-avic), LC

- Blütenstand locker. Fruchtstiele zuletzt 1,5-3x so lang wie der Kelch. Kronblatt am Grund bewimpert. Staubfäden bewimpert. Pflanze graugrün, von abstehenden Haaren zottig, zuoberst mit oder ohne Drüsen

Cerastium brachypetalum Pers., Kleinblütiges Hornkraut: 3-30 cm, IV-VI, kollin (-montan), trockenwarme Wegränder, Schuttplätze, LC

a Blütenstiele (bzw. Fruchtstiele) abstehend behaart, meist drüsig →, 5-30 mm lang

Cerastium brachypetalum Pers. subsp. ***brachypetalum***, Gewöhnliches Kleinblütiges Hornkraut: T, 30 cm, IV-VI, kollin (-montan), kalkreiche Pionierfluren, (Alyss-Sedi), LC

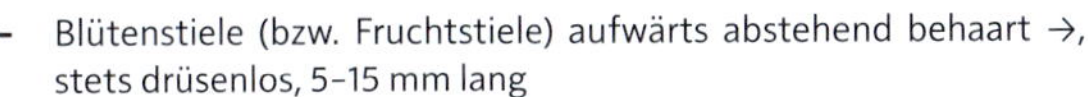

- Blütenstiele (bzw. Fruchtstiele) aufwärts abstehend behaart →, stets drüsenlos, 5-15 mm lang

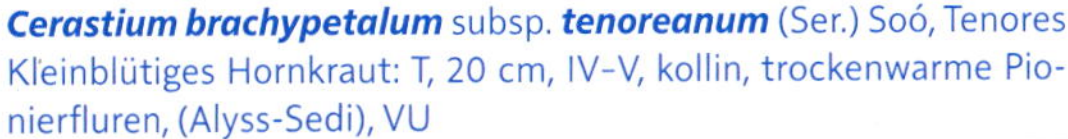

Cerastium brachypetalum subsp. ***tenoreanum*** (Ser.) Soó, Tenores Kleinblütiges Hornkraut: T, 20 cm, IV-V, kollin, trockenwarme Pionierfluren, (Alyss-Sedi), VU

7 Pflanze einjährig, 3-20 cm hoch, ohne sterile Triebe. Stängel drüsenhaarig. Kelchblätter stark drüsenhaarig. Die grössten Fruchtkapseln höchstens 9 mm lang **8**

- Pflanze meist mehrjährig, 10-40 cm hoch und mit sterilen Trieben. Kelchblätter nicht drüsig (oder mit ganz wenigen Drüsenhaaren). Die grössten Fruchtkapseln meist mehr als 9 mm lang

Cerastium fontanum Baumg., Gemeines Hornkraut: 10-40 cm, IV-X, kollin-alpin, Wiesen und Weiden, LC

a Die meisten Kronblätter deutlich länger als der Kelch. Pflanze dicht abstehend behaart, drüsenlos. Stängel kräftig, lang (bis 1 mm) abstehend behaart. Blätter 10-25 mm lang. Kelch 6-9 mm lang. Frucht 12-18 mm lang →

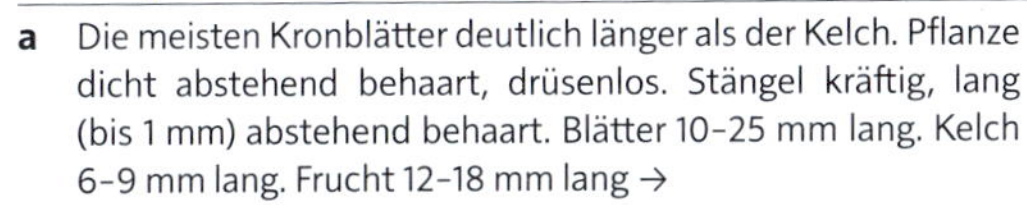

Cerastium fontanum Baumg. subsp. ***fontanum***, Quell-Hornkraut: Ch, VII-VIII, (subalpin-) alpin, nährstoffreiche Gebirgsrasen, Läger, (Poio-alpi, Rumi-alpi), LC

- Kelch und Krone ± gleich lang. Stängel kurzhaarig (bis 0,5 mm) oder drüsenhaarig **b**

b Blatt kurz (bis 3 cm lang), dick. Blütenstand (fast) drüsenlos. Kelch- und Kronblatt 3-5(-7) mm lang. Frucht 7-12 mm lang, stark gebogen →

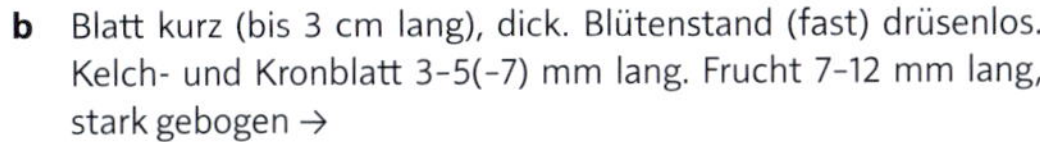

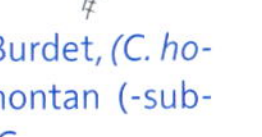

Cerastium fontanum subsp. ***vulgare*** (Hartm.) Greuter & Burdet, *(C. holosteoides)*, Gewöhnliches Hornkraut: Ch, IV-X, kollin-montan (-subalpin), nährstoffreiche Wiesen und Weiden, (Arrh, Cyno), LC

- Blatt lang (3-6 cm lang), dünn, fast durchscheinend. Blütenstand dicht drüsig. Kelch- und Kronblatt 6-9 mm lang. Frucht 12-18 mm lang, fast gerade →

  Cerastium fontanum subsp. ***lucorum*** (Schur) Soó, *(C. macrocarpum)*, Hain-Hornkraut: Ch, IV-VI, kollin-subalpin, feuchte Laubwälder, Bachufer, (Frax, Fagetalia), LC

8 Alle Tragblätter breit hautrandig. Hautrand mehr als (25-)30 % der Tragblattlänge →. Stängel aufrecht oder niederliegend, drüsig. Kronblätter kürzer als die Kelchblätter. Junge Fruchtstiele oft steil nach unten geneigt (120-160°)

Cerastium semidecandrum L., Sand-Hornkraut: T, 3-20 cm, III-V, kollin-montan, trockene Pionierfluren, (Alyss-Sedi), LC

- Untere Tragblätter (Tragblätter des Gesamtblütenstandes) ganz krautig oder nur Spitze etwas hautrandig →. Hautrand weniger als 20(-25) % der Tragblattlänge. Pflanze dicht drüsig-klebrig. Junge Fruchtstiele wenig nach unten geneigt (60-100°)

Cerastium pumilum aggr.: T, 3-20(-30) cm, NT

a Pflanze gelbgrün (manchmal rötlich verfärbt). Stängel zuunterst stets ohne Drüsenhaare. Drüsenhaare der Kelchblätter < 0,35 mm lang. Reife Griffel 0,6-0,9 mm lang. Reife Samen max. (0,4-)0,45-0,55(-0,6) mm breit

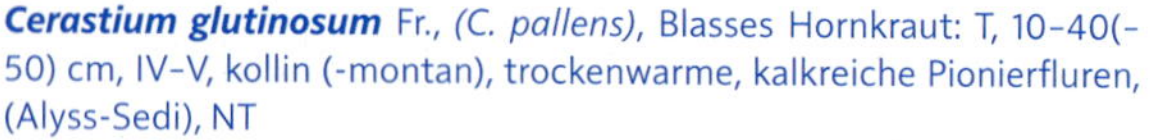

Cerastium glutinosum Fr., *(C. pallens)*, Blasses Hornkraut: T, 10-40(-50) cm, IV-V, kollin (-montan), trockenwarme, kalkreiche Pionierfluren, (Alyss-Sedi), NT

- Pflanze dunkelgrün und meist rötlich verfärbt. Stängel zuunterst mit oder ohne Drüsenhaare. Die längsten Drüsenhaare der Kelchblätter 0,35-0,55 mm lang. Reife Griffel 1-1,5 mm lang. Reife Samen max. 0,55-0,6(-0,7) mm breit

  Cerastium pumilum Curtis, Niedriges Hornkraut: T, 3-15 cm, IV-V, kollin (-montan), trockene, kalkreiche Pionierfluren, (Alyss-Sedi), NT

9 Kronblatt → 1-1,5x so lang wie der Kelch, höchstens 9 mm lang. Alle Tragblätter ohne Hautrand. Stängel kurz kriechend, dünn, fast fädig, zerbrechlich. Nur wenige sterile Triebe. Blätter lanzettlich, 0,5-2,5 cm lang. Frucht ca. 10 mm lang

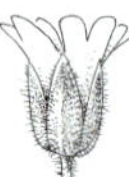

Cerastium pedunculatum Gaudin, Langstieliges Hornkraut: Ch, 2-8 cm, VII-IX, (subalpin-) alpin, kalkarme Schuttfluren, (Andr-alpi)

- Kronblatt 1,5-2,5x so lang wie der Kelch **10**

10 Kronblatt 6-8 mm lang. Pflanze einjährig, ohne sterile Triebe, hellgrün. Stängel oberwärts stark drüsig und flaumig behaart

Cerastium ligusticum Viv., Ligurisches Hornkraut: T, 40 cm, IV-V, kollin, trockenwarme Wegränder, Trockenrasen, (Alyss-Sedi), Neophyt

- Kronblatt 8-18 mm lang. Pflanze mehrjährig, mit sterilen Trieben **11**

11 Blätter schmal lanzettlich (5–20x so lang wie breit), mit Blattbüscheln in den Blattwinkeln. Spitzen der Tragblätter breit trockenhäutig **12**

- Zumindest ein Teil der Blätter elliptisch bis schmal elliptisch (1,5–4x so lang wie breit), ohne Blattbüschel in den Blattwinkeln. Spitzen der Tragblätter schmal trockenhäutig oder ganz krautig **13**

12 Pflanze dicht weisswollig-filzig behaart, drüsenlos. Blätter 1–8 mm breit und bis 30 mm lang. Blütenstand 5- bis 15-blütig

Cerastium tomentosum L., Filziges Hornkraut: Ch, 15–30 cm, V–VII, kollin-montan, trockenwarme Unkrautfluren, (Onop), Neophyt

- Pflanze behaart, aber nicht weisswollig-filzig, oberwärts drüsig

Cerastium arvense L., Acker-Hornkraut: 15–30 cm, IV–VII, kollin-alpin, LC

a Blätter schmal (< 1 mm breit), lederig, halb stielrund, fast nadelförmig. Spitzen der Kelch- und Tragblätter kahl

Cerastium arvense subsp. ***suffruticosum*** (L.) Ces., Halbstrauchiges Acker-Hornkraut: Ch, 5–25 cm, IV–VII, kollin-montan, mediterrane Trockenrasen, (Ononidetalia), DD

- Blätter flach, ± weich. Spitzen der Kelch- und Tragblätter behaart **b**

b Blätter höchstens 1,5 cm lang, oberseits kahl oder locker kurzhaarig (Haare max. 0,3 mm lang). Sterile Triebe ± dicht stehend, viel kürzer als die blühenden. Kelchblatt 5–7 mm lang, Kronblatt 8–11 mm lang

Cerastium arvense subsp. ***strictum*** (W. D. J. Koch) Schinz & R. Keller, Aufrechtes Acker-Hornkraut: Ch, 5–15 cm, IV–VII, montan-alpin, trockene Pionierfluren, Felsensteppen, Föhrenwälder, (Sedo-Scle, Stip-Poio, Onon-Pini), LC

- Blätter bis 3,5 cm lang, oberseits behaart (Haare mind. 0,5 mm lang). Sterile Triebe fast so lang die blühenden, ± locker stehend. Kelchblatt 7–10 mm lang, Kronblatt 11–15 mm lang

Cerastium arvense L. subsp. ***arvense***, Gewöhnliches Acker-Hornkraut: Ch, 10–30 cm, IV–VII, kollin-montan, leicht ruderale Trockenrasen, (Conv-Agro), LC

13 Alle Tragblätter krautig, den Blättern ähnlich **14**

- Tragblätter deutlich kleiner als die Stängelblätter, zumindest die oberen etwas hautrandig **15**

14 Pflanze lockerrasig, dicht kurzdrüsig (nicht zottig) behaart, ohne lange, drüsenlose Gliederhaare →. Blätter (meist) blaugrün, bis über 3 cm lang. Krone (ausser bei nivalen Formen) > 2x so lang wie der Kelch

Cerastium latifolium L., Breitblättriges Hornkraut: Ch, 5–8 cm, VII–VIII, (subalpin-) alpin, kalkreiche Schutthalden, (Thla-rotu), LC

- Pflanze dichtrasig, dicht zottig behaart, neben den Drüsenhaaren auch lange, drüsenlose Gliederhaare →. Blätter grün bis gelbgrün, selten über 1,5 cm lang. Krone etwa 2x so lang wie der Kelch

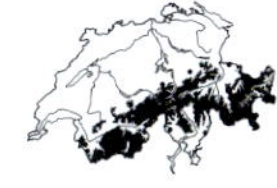

Cerastium uniflorum Clairv., Einblütiges Hornkraut: Ch, 2–6 cm, VII–VIII, (subalpin-) alpin, kalkarme Schuttfluren, Moränen, (Andr-alpi), LC

15 Kelchblätter 5–6 mm lang, stumpflich. Stängel und Blätter mit Drüsenhaaren. Stängel aufsteigend. Blätter 3–8 mm breit, spitz

Cerastium austroalpinum Kunz, (*C. carinthiacum* subsp. *austroalpinum*), Südalpines Hornkraut: Ch, 10 cm, VII–IX, subalpin (-alpin), kalkreiche Schutthalden, (Thla-rotu), VU

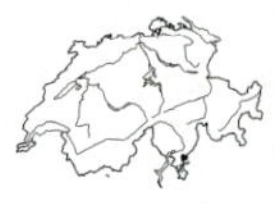

\- Kelchblätter 7–11 mm lang, spitz. Blätter ohne Drüsenhaare

Cerastium alpinum L., Alpen-Hornkraut: 5–20 cm, VII–IX, (subalpin-) alpin, steinige Gratrasen, (Elyn), LC

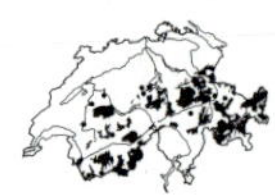

Corrigiola Hirschsprung

\- Pflanze einjährig, blaugrau, kahl. Stängel stark verzweigt, Zweige niederliegend. Blätter wechselständig, lineal-keilförmig. Blüten in Knäueln. Krone weiss, etwa gleich lang wie der Kelch

Corrigiola litoralis L., Ufer-Hirschsprung: T, 2–25 cm, VII–IX, kollin, mässig feuchte, kalkarme Ufer, Äcker, Wegränder, (Bide), CR(PE)

Cucubalus Hühnerbiss

\- Pflanze ästig, kletternd. Blätter länglich eiförmig, spitz, kurzhaarig. Blüten einzeln. Kelch aufgeblasen. Kronblatt weiss, tief 2-spaltig. Frucht beerenartig →

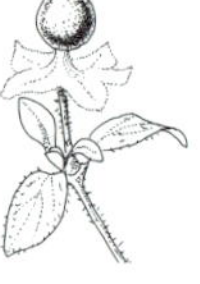

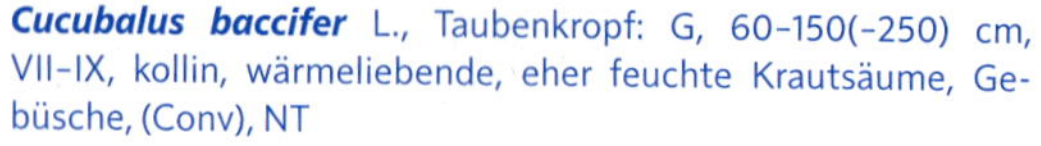

Cucubalus baccifer L., Taubenkropf: G, 60–150(–250) cm, VII–IX, kollin, wärmeliebende, eher feuchte Krautsäume, Gebüsche, (Conv), NT

Dianthus Nelke

1 Kronblätter tief eingeschnitten, federig zerschlitzt **2**

\- Kronblätter höchstens gezähnt, aber nicht zerschlitzt **3**

2 Kronblatt nur bis zur Mitte zerschlitzt, 10–18 mm lang, weiss bis hellrosa. Kelchschuppen ca. ½ so lang wie der Kelch →. Pflanze mehrstängelig. Blätter lineal, sehr spitz

Dianthus hyssopifolius L., (*D. monspessulanus*), Montpellier-Nelke: H, 20–40(–50) cm, VII, montan-subalpin, trockene Magerrasen, (Meso, Sesl), NT

\- Kronblatt sehr tief, bis über die Mitte zerschlitzt, 15–35 mm lang, hell- bis dunkelrosa. Kelchschuppen ¼–⅓ so lang wie der Kelch →. Untere Blätter stumpf, obere spitz, am Rand rau

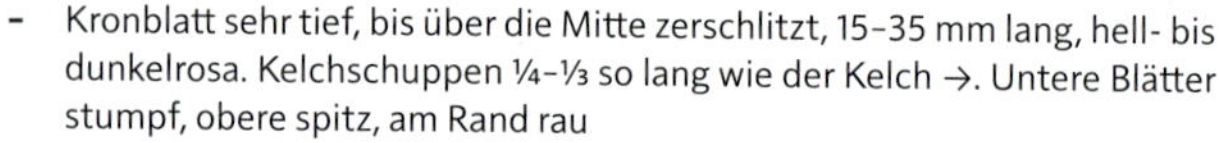

Dianthus superbus L., Pracht-Nelke: H, 30–60 cm, VI–IX, kollin-alpin, Magerrasen, Zwergstrauchheiden, LC

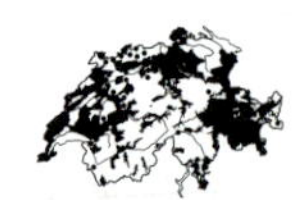

a Stängel am Grund aufsteigend, ästig, mit (2-)5–10 Blüten, grün. Kelch grün oder purpurrot überlaufen. Kronplatte ca. 20 mm lang, weit über die Mitte unregelmässig geschlitzt, am Grund mit grünem Fleck

Dianthus superbus L. subsp. ***superbus***, Gewöhnliche Pracht-Nelke: H, kollin-montan, wechselfeuchte, magere Wiesen, (Moli), VU

- Stängel aufrecht, mit 1–5 Blüten, blau bereift. Kelch braunrot oder violett. Kronplatte ca. 30 mm lang, kaum über die Mitte gabelig in linealische Abschnitte geschlitzt, am Grund meist schwarz getüpfelt

  Dianthus superbus subsp. ***alpestris*** Čelak., Alpen-Pracht-Nelke: H, subalpin-alpin, kalkarme Gebirgsrasen, Zwergstrauchheiden, (Nard, Juni-nana), LC

3 Blüten büschelig oder kopfig gehäuft (selten nur zu 2), Einzelblüten sitzend oder kurz gestielt **4**

- Blüten einzeln oder zu wenigen, Einzelblüten lang gestielt **8**

4 Blätter breit lanzettlich, 6–18 mm breit und bis 12 cm lang. Blüten zu 3–30 büschelig gehäuft, umgeben von schmal lanzettlichen Hochblättern. Kelchschuppen grannenartig zugespitzt →

Dianthus barbatus L., Bart-Nelke: H, 30–60 cm, VI–VIII, kollin-subalpin, Krautsäume, Gebüsche, Schuttplätze, (Trif-medi), Neophyt

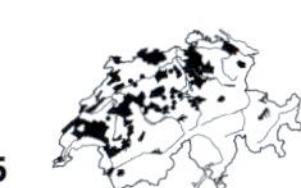

- Blätter schmal lanzettlich, 2–5 mm breit **5**

5 Hüllblätter und Kelchschuppen kurz rauhaarig →. Pflanze zweijährig, im 1. Jahr eine Rosette bildend. Blätter am Stängel steif aufrecht. Blüten klein, ca. 1 cm breit, purpurrot mit weissen Punkten

Dianthus armeria L., Raue Nelke: H.ha, 30–45 cm, VI–VIII, kollin (-montan), mässig trockene Krautsäume, (Trif-medi, Sedo-Vero), LC

- Hüllblätter und Kelchschuppen kahl. Pflanze mehrjährig **6**

6 Blattscheiden kurz, etwa so lang wie die Blattbreite. Stängel einfach oder im oberen Teil verzweigt. Blüten zu 2–8 in Büscheln. Platte der Kronblätter 7–12 mm lang, oberseits hell- bis dunkelrosa, am Grund mit dunkleren Punkten. Kelchschuppen → aus eiförmigem Grund ± plötzlich zugespitzt, ½ bis fast so lang wie der Kelch

Dianthus seguieri Vill., Séguiers Nelke: Ch, 30–60 cm, VI–IX, kollin-subalpin, steinige, kalkarme Magerrasen, Gebüsche, (Dipl, Meso, Call-Geni), NT

- Blattscheiden lang, 2–4x so lang wie die Blattbreite. Stängel unverzweigt **7**

7 Pflanze (30–)40–100 cm hoch, blaugrün. Blütenstand mit (5–)8–30 Blüten. Kelchschuppen allmählich zugespitzt, nicht begrannt →. Platte der Kronblätter 5–8 mm lang

Dianthus giganteus d'Urv., Riesen-Nelke: (30–)40–100 cm, VI–VIII, kollin-montan, trockenwarme Pionierfluren, (Sisy), meist adventiv aus Ansaaten an Strassenböschungen, Neophyt

- Pflanze 10–50 cm hoch. Kelchschuppen plötzlich in eine grannenartige Spitze verschmälert →. Platte der Kronblätter (5–)7–15 mm lang

Dianthus carthusianorum L., Kartäuser-Nelke: (10–)30–50 cm, VI–X, kollin-subalpin (-alpin), trockene Magerrasen, LC

a Wenigblütig (Mittel ca. 6 Blüten). Blüten rosa bis purpurrot. Kelch > 15 mm lang. Kelchschuppen trocken, derb. Platte der Kronblätter 6–12 mm lang

Dianthus carthusianorum L. subsp. ***carthusianorum***, Gewöhnliche Kartäuser-Nelke: H, (10–)20–50 cm, VI–X, kollin-subalpin (-alpin), trockene Magerrasen, Wegränder, (Meso, Stip-Poio), LC

- Vielblütig (im Mittel ca. 12 Blüten). Blüten dunkelpurpurn. Kelch meist < 15 mm lang. Kelchschuppen trockenhäutig, fast durchscheinend. Platte der Kronblätter 5–6 mm lang

  Dianthus carthusianorum subsp. ***vaginatus*** (Chaix) Schinz & R. Keller, Scheidige Kartäuser-Nelke: H, 15–30 cm, VI–X, kollin-montan, steinige Trockenrasen, Gebüsche, (Stip-Poio, Fest-vari), LC

8 Pflanze fast stängellos, 2–5 cm hoch. Kelchschuppen lanzettlich, so lang wie die Kelchröhre →. Platte der Kronblätter 8–10 mm lang. Blätter lineal-lanzettlich, stumpf, am Grund verschmälert. Gebirgspflanze

Dianthus glacialis Haenke, Gletscher-Nelke: H, 2–5 cm, VII–VIII, alpin, kalkreiche Gratrasen, (Elyn), LC

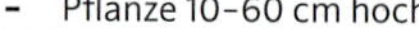

- Pflanze 10–60 cm hoch **9**

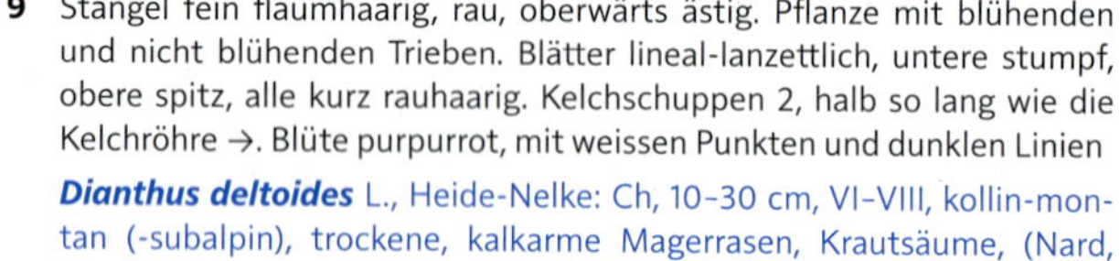

9 Stängel fein flaumhaarig, rau, oberwärts ästig. Pflanze mit blühenden und nicht blühenden Trieben. Blätter lineal-lanzettlich, untere stumpf, obere spitz, alle kurz rauhaarig. Kelchschuppen 2, halb so lang wie die Kelchröhre →. Blüte purpurrot, mit weissen Punkten und dunklen Linien

Dianthus deltoides L., Heide-Nelke: Ch, 10–30 cm, VI–VIII, kollin-montan (-subalpin), trockene, kalkarme Magerrasen, Krautsäume, (Nard, Meso), VU

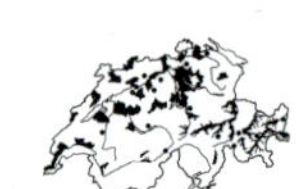

- Stängel kahl. Kelchschuppen kürzer als die halbe Kelchröhre **10**

10 Kronblätter am Schlund bärtig. Blätter bläulich grau, stumpflich, fast flach (Rand etwas umgerollt). Pflanze dichte Rasen bildend. Stängel stets einblütig. Kelchschuppen meist 4 →. Krone rosa

Dianthus gratianopolitanus Vill., Grenobler Nelke: H, 10–25 cm, V–VII, kollin-montan, kalkreiche Felsen, Felsrasen, (Alyss-Sedi, Xero), VU

- Kronblätter am Schlund kahl. Blätter bläulich dunkelgrün, spitz, gekielt **11**

11 Blätter am Rand rau, 1–2 mm breit. Kelchschuppen 2 →, selten 4. Blüten kaum duftend. Pflanze dichtrasig

Dianthus sylvestris Wulfen, (*D. caryophyllus* subsp. *sylvestris*), Stein-Nelke: H, 10–30 cm, VI–VII, kollin-subalpin (-alpin), trockenwarme Felsrasen, (Drab-Sesl, Xero, Stip-Poio), LC

- Blätter höchstens am Grund etwas rau, 2–8 mm breit. Kelchschuppen 4–6. Blüten stark duftend. Pflanze lockerrasig

  Dianthus caryophyllus L., Garten-Nelke: Ch, 40–80 cm, VI, kollin-alpin, Schuttplätze, kultiviert und selten verwildert, Neophyt

Gypsophila Gipskraut

1 Pflanze 50–150 cm hoch, aufrecht, ästig **2**

- Pflanze 5–25 cm hoch, niederliegend oder aufsteigend-aufrecht **3**

2 Blütenstand dicht, kahl. Stängel unten drüsig-weichhaarig, oben kahl. Blätter 0,3–1 cm breit. Blüten weiss, 5–7 mm breit

Gypsophila paniculata L., Rispiges Schleierkraut: 60–100 cm, VII–X, Schuttplätze, Bahnareale, kultiviert und selten verwildert, Neophyt

- Blütenstand locker, drüsenhaarig. Untere Blätter > 1 cm breit, kahl, parallelnervig, blaugrün. Blüten unterseits hellrosa bis -lila, oberseits fast weiss, ca. 1 cm breit

  Gypsophila scorzonerifolia Ser., Schwarzwurzelblättriges Gipskraut: 50–180 cm, VII–X, Schuttplätze, Bahnareale, eingeschleppt, adventiv, Neophyt

3 Pflanze einjährig, ohne sterile Triebe, aufrecht oder aufsteigend. Kelchzähne stumpf →. Blüten einzeln, rosa, mit dunkleren Streifen. Blätter blaugrün, kahl, 0,5–1,5 mm breit

  Gypsophila muralis L., Acker-Gipskraut: T, 5–15 cm, VII–X, kollin-montan, wechselfeuchte, lehmige Pionierfluren, Wegränder, (Nano, Agro-Rumi), EN

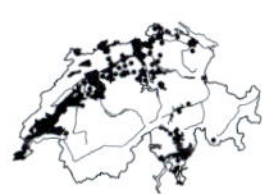

- Pflanze mehrjährig, mit zahlreichen sterilen Trieben, niederliegend-aufsteigend. Kelchzähne stumpf (grüner Mittelteil spitz) →. Blüten in einer Doldentraube, weiss oder hellrosa. Blätter graugrün, kahl, leicht gebogen, etwas fleischig, 1–3 mm breit

  Gypsophila repens L., Kriechendes Gipskraut: Ch, 10–25 cm, V–VIII, (kollin-) subalpin-alpin, kalkreiche Schuttfluren, Felsen, Geröllfluren, (Epil-flei, Peta-para, Drab-Sesl, Pote), LC

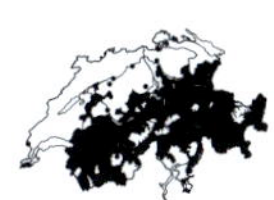

Herniaria Bruchkraut

1 Pflanze kahl, frischgrün bis gelbgrün. Stängel 5–15 cm, ästig auf dem Boden ausgebreitet. Blätter oval bis lanzettlich, 3–8 mm lang, stumpf →

  Herniaria glabra L., Kahles Bruchkraut: H.ha-T, 5–15 cm lang, VI–VIII, kollin-montan (-subalpin), trockenwarme, eher kalkarme Pionierfluren, Trittrasen, (Sedo-Vero, Sedo-Scle, Poly-avic), LC

- Pflanze ± steif behaart oder bewimpert, grün bis graugrün **2**

2 Pflanze ohne sterile Triebe, am Grund kaum verholzt. Blütenknäuel ca. 10-blütig, Blüten sitzend. Kelchblätter borstig-stachelspitzig, etwas länger als die Frucht. Blätter am Rand und auf der Fläche borstenhaarig →. Pflanze trockenwarmer Tieflagen

  Herniaria hirsuta L., Behaartes Bruchkraut: Ch-T, 5–20 cm lang, VI–VIII, kollin-montan (-subalpin), trockenwarme, eher kalkarme Wegränder, Schuttfluren, (Sedo-Vero, Sedo-Scle), vermutlich eingewandert, NT

- Pflanze mit sterilen Trieben, am Grund meist leicht verholzt. Blütenknäuel ca. 3-blütig, Blüten kurz gestielt. Kelchblätter ohne Stachelspitze und etwas kürzer als die Frucht. Blätter oft nur am Rand bewimpert →. Gebirgspflanze

  Herniaria alpina Chaix, Alpen-Bruchkraut: Ch, 5–20 cm lang, VII–VIII, (subalpin-) alpin, Schieferschuttfluren, Moränen, (Drab-hopp), LC

Holosteum Spurre

- Blätter bläulich, an der Stängelbasis rosettenartig gehäuft, länglich eiförmig, spitz, bis 1,5 cm lang. Blüten zu 3-12 doldig am Ende des Stängels →. Fruchtstiele meist herabgeschlagen

Holosteum umbellatum L., Dolden-Spurre: T, 5-25 cm, III-V, kollin (-subalpin), trockenwarme Äcker, Pionierfluren, (Erag, Sedo-Vero), LC

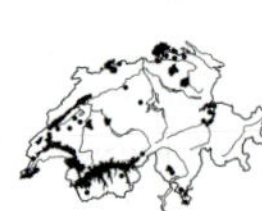

Illecebrum Knorpelmiere

- Stängel niederliegend, fadenförmig. Blätter verkehrt eiförmig, kahl, 2-5 mm lang, oft rötlich verfärbt. Blüten in blattachselständigen Quirlen entlang des Stängels. Kelchblatt weiss, knorpelig, kapuzenförmig, mit grannenartiger Spitze. Kronblätter verkümmert

Illecebrum verticillatum L., Quirliges Knorpelkraut: T, 5-20 cm lang, VII-IX, kollin, wechselfeuchte Pionierfluren, Wegränder, (Nano), CR(PE)

Minuartia Miere

Alle *Minuartia*-Arten haben nicht ausgerandete Blütenblätter und meist sehr schmale Blätter (mit Ausnahme der sehr seltenen alpinen Arten, deren Blätter breiter sind).

1 Blättchen kurz, 1-4(-5) mm lang, eiförmig oder breit lanzettlich. Pflanze Polster oder Rasen bildend **2**

- Blättchen bis 20 mm lang, lineal-lanzettlich oder pfriemlich. Pflanze niederliegend oder aufrecht **4**

2 Kronblätter fehlend oder fadenförmig. Blüten (Kelchblätter) hellgrün. Blättchen im Querschnitt 3-kantig →, am Grund verwachsen, Blattrand glatt. Pflanze Polster bildend

Minuartia sedoides (L.) Hiern, Zwerg-Miere: Ch, 2-6 cm, VII-VIII, (subalpin-) alpin, steinige Gebirgsrasen, Grate, Schuttfluren, (Elyn, Cari-curv), LC

- Kronblätter deutlich ausgebildet **3**

3 Blüten 4-zählig. Stängel dicht dachziegelartig beblättert. Blätter 3-nervig, stumpf →, 1-3 mm lang, Blattrand bewimpert. Blütenstiele kahl. Pflanze Polster bildend

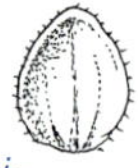

Minuartia cherlerioides subsp. ***rionii*** (Gremli) Friedrich, *(M. aretioides)*, Mannsschild-Miere: Ch, 2-5 cm, VII-VIII, alpin, kalkarme Felsen, (Andr-vand), VU

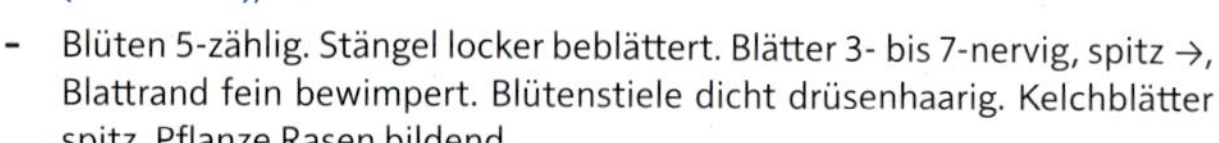

- Blüten 5-zählig. Stängel locker beblättert. Blätter 3- bis 7-nervig, spitz →, Blattrand fein bewimpert. Blütenstiele dicht drüsenhaarig. Kelchblätter spitz. Pflanze Rasen bildend

Minuartia rupestris (Scop.) Schinz & Thell., Felsen-Miere: Ch, 2-5 cm, VII-VIII, (subalpin-) alpin, kalkreiche Felsen, (Pote), LC

4 Kelchblätter weiss, beiderseits des Mittelnervs mit grünen Streifen **5**

- Kelchblätter grün oder rötlich grün, am Rand oft schmal trockenhäutig **6**

5 Kronblätter fast so lang wie die Kelchblätter (0,7–1x so lang). Frucht etwa so lang wie die Kelchblätter →. Pflanze rasig, 5–15 cm hoch, mit sterilen Sprossen, am Grund leicht verholzt, Triebe steif aufrecht

Minuartia rostrata (Pers.) Rchb., *(M. mutabilis)*, Geschnäbelte Miere: Ch, 5–15 cm, VII–VIII, montan-subalpin (-alpin), trockenwarme, kalkreiche Felsen, Pionierfluren, Mauern, (Pote, Alyss-Sedi), NT

- Kronblätter höchstens halb so lang wie die Kelchblätter. Frucht kürzer als die Kelchblätter →. Pflanze kurzlebig, 10–30 cm hoch, nach der Blütezeit verdorrend, ohne sterile Sprosse, von Grund an verzweigt

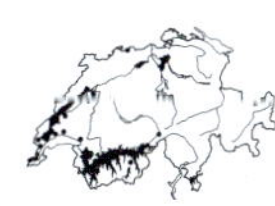

Minuartia rubra (Scop.) McNeill, *(M. fastigiata)*, Büschelige Miere: T, 5–30 cm, VI–VIII, kollin-subalpin, kalkreiche Pionierfluren, Felsen, Mauern, (Alyss-Sedi), NT

6 Kronblätter kürzer als der Kelch **7**

- Kronblätter 1–2x so lang wie der Kelch **9**

7 Blütenstiele der meisten Blüten kürzer als der Kelch, Blüten daher gebüschelt → am Ende der Triebe. Blätter schmal lineal, scharf zugespitzt. Kelchblätter schmal hautrandig, oft drüsig. Kronblätter halb so lang wie die Kelchblätter oder fehlend

Minuartia mediterranea (Link) K. Malý, Mediterrane Miere: T, 3–10 cm, V–VI, kollin, trockenwarme Pionierfluren, Schuttplätze, Bahnareale, Neophyt

- Blütenstiele der meisten Blüten deutlich länger als der Kelch, Blütenstand daher locker, sparrig verzweigt **8**

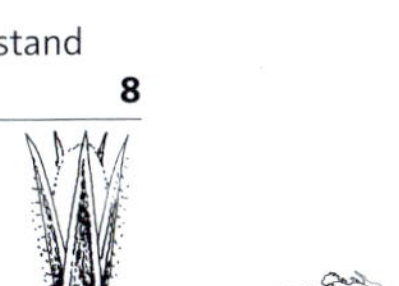

8 Kelchblätter schmal lanzettlich, 2–3 mm lang, mit parallelen Nerven, länger als die Frucht →. Kronblätter etwa ½ so lang wie der Kelch. Stängel oberwärts meist drüsig

Minuartia viscosa (Schreb.) Schinz & Thell., Klebrige Miere: 5–10 cm, V–VI, kollin-montan, kalkarme Pionierfluren, Felsen, (Sedo-Vero), EN

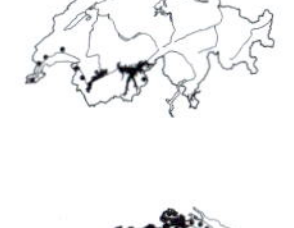

- Kelchblätter eilanzettlich, 3–4 mm lang, mit einwärtsgebogenen Nerven, kürzer als die Frucht →. Kronblätter etwa ¾ so lang wie der Kelch. Stängel meist kahl

Minuartia hybrida (Vill.) Schischk., Zarte Miere: 5–15 cm, V–VI, kollin-montan, trockenwarme Pionierfluren, Schuttplätze, Bahnareale, LC

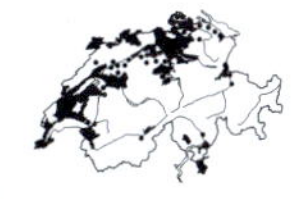

9 Kelchblätter stumpf, breit abgerundet, kapuzenförmig, oft nach innen gebogen **10**

- Kelchblätter spitz **12**

10 Pflanze fast polsterförmig, Stängel niederliegend-aufsteigend. Blätter einnervig, stumpf →, 5–10 mm lang, pfriemförmig (bei *Arenaria biflora* rundlich). Blütenstiele höchstens 2x so lang wie die obersten Blätter, kurzhaarig und oft etwas drüsig. Kronblätter 1–1,5x so lang wie der Kelch

Minuartia biflora (L.) Schinz & Thell., Zweiblütige Miere: Ch, 3–10 cm, VII–VIII, alpin, kalkreiche, mässig feuchte Schuttfluren, Schneetälchen, Gebirgsrasen, (Arab-caer, Elyn), LC

- Pflanze rasig, mit langen, aufrechten Blühtrieben. Blätter 1- bis 3-nervig, die oberen (5–)10–25 mm lang, schmal lineal. Blütenstiele viel länger als die obersten Blätter **11**

11 Blütenstiele und Kelch dicht drüsenhaarig →. Untere Blätter 14–20 mm lang. Blütenstand 1- bis 3-blütig. Pflanze 8–12 cm hoch. Kalkpflanze

Minuartia capillacea (All.) Graebn., Feinblättrige Miere: Ch, 8–12 cm, VII–VIII, montan-subalpin, kalkreiche Schuttfluren, Felsen, (Pote, Thla-rotu), VU

- Blütenstiele und Kelch flaumhaarig, selten mit Drüsen →. Untere Blätter 5–12 mm lang. Blütenstand (1-) 3- bis 6-blütig. Pflanze (5–)10–25 cm hoch. Silikatpflanze

Minuartia laricifolia (L.) Schinz & Thell., Lärchenblättrige Miere: Ch, (5–)10–25 cm, VII–VIII, montan-subalpin, kalkarme Pionierfluren, Felsen, Föhrenwälder, (Sedo-Scle, Onon-Pini), LC

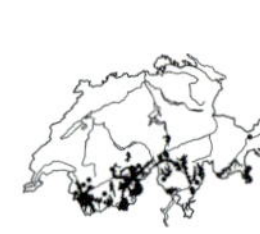

12 Stängel aufrecht aufsteigend, kaum verzweigt. Blätter unten am Stängel büschelig gehäuft, der übrige Stängel (in auffälliger Weise) fast blattlos, kahl. Blätter undeutlich einnervig, 6–12 mm lang. Blütenstiele lang, zuletzt 5–10x so lang wie die obersten Blätter. Seltene Moorpflanze

Minuartia stricta (Sw.) Hiern, Steife Miere: Ch, 5–20 cm, VII–VIII, kollin-montan, Torfmoore, (Cari-lasi), RE

- Stängel niederliegend-aufsteigend, verzweigt. Blätter 3-nervig. Blütenstiele 2–4x so lang wie die obersten Blätter. Polsterartige Gebirgspflanze **13**

13 Blätter meist gerade →, pfriemförmig (bei *Arenaria ciliata* aggr. breiter, lanzettlich), aber im Querschnitt 2-seitig, flach. Kelchblätter 3-nervig (Nerven deutlich!), 3–3,5 mm lang. Stängel fast durchgehend grün. Samen oft warzig

Minuartia verna (L.) Hiern, Frühlings-Miere: Ch, 5–15 cm, VII–VIII, subalpin-alpin, steinige, kalkreiche Gebirgsrasen, Schutthalden, (Sesl, Elyn, Thla-rotu), LC

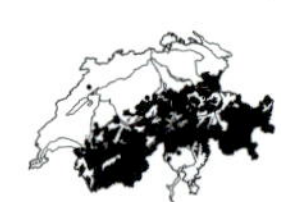

- Blätter pfriemförmig, sichelförmig gekrümmt →, im Querschnitt fast dreieckig. Kelchblätter 5- bis 7-nervig (im frischen Zustand sind die Nerven undeutlich!), 3,5–4,5 mm lang. Stängel im unteren Teil fast schwarz. Samen stets glatt

Minuartia recurva (All.) Schinz & Thell., Krummblättrige Miere: Ch, 5–15 cm, VII–VIII, (subalpin-) alpin, kalkarme Gebirgsrasen, Grate, Schuttfluren, Moränen, (Cari-curv, Andr-alpi), LC

Moehringia Nabelmiere

1 Blüten 4-zählig. Pflanze sehr lockerwüchsig, vielfach verzweigt, kahl. Blätter fadenförmig, bis über 3 cm lang, kahl

Moehringia muscosa L., Moos-Nabelmiere: Ch, 5–20 cm, V–VIII, (kollin-) montan (-subalpin), luftfeuchte, schattige Felsen, Mauern, (Cyst), LC

- Blüten 5-zählig **2**

2 Blätter schmal lineal, 3–10 mm lang, etwas fleischig, meist am Grund kurz bewimpert →. Stängel niederliegend, nur am Ende etwas aufsteigend, meist kahl. Blüten zu 1–3 am Ende der Zweige auf dünnen Stielen. Kronblätter etwas länger als der Kelch, am Grund in einen Nagel verschmälert und sich daher meist nicht berührend (vgl. *Arenaria, Minuartia*)

Moehringia ciliata (Scop.) Dalla Torre, Bewimperte Nabelmiere: Ch, 5–15 cm, VII–VIII, (subalpin-) alpin, mässig feuchte, kalkreiche Schutthalden, (Thla-rotu), LC

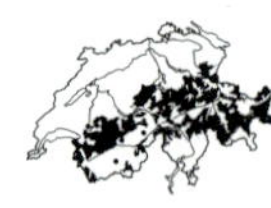

- Blätter eiförmig, nicht fleischig, 7-25 mm lang, 3- (5-)nervig →, spitz, die unteren gestielt. Stängel aufsteigend, kurz behaart. Kronblätter höchstens halb so lang wie der Kelch

Moehringia trinervia (L.) Clairv., Dreinervige Nabelmiere: H-T, 10-25 cm, V-VI, kollin-montan (-subalpin), Wälder, Gebüsche, Krautsäume, (Fagetalia, Aego), LC

Moenchia Weissmiere

1 Blüten 5-zählig. Kronblätter weiss, 7-14 mm lang, fast 2x so lang wie der Kelch. Stängel 10-30 cm hoch. Blätter lanzettlich oder lineal-lanzettlich

Moenchia mantica (L.) Bartl., Verona-Weissmiere: T, 10-30 cm, V-VI, kollin (-montan), trockenwarme Fettwiesen, (Meso, Arrh), EN

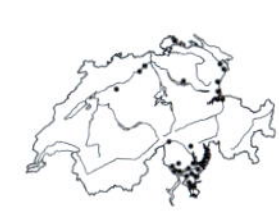

- Blüten 4-zählig. Kronblätter weiss, 3-4 mm lang, höchstens so lang wie der Kelch. Stängel aufrecht, verzweigt, 5-10 cm hoch. Blätter lineal, 2-3 mm breit, spitz

Moenchia erecta (L.) G. Gaertn. & al., Vierzählige Weissmiere: T, 5-10 cm, IV-V, kollin, sandige, kalkarme Pionierfluren, (Sedo-Vero), RE

Myosoton Wassermiere

- Stängel unten 4-kantig, niederliegend, stark verzweigt, spreizklimmend. Pflanze im oberen Teil stark drüsenhaarig. Griffel 5. Kronblätter bis zum Grund 2-teilig. Blätter herzförmig → (die vegetativ ähnliche *Stellaria nemorum* hat am Grund einen stielrunden Stängel)

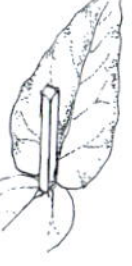

Myosoton aquaticum (L.) Moench, Wassermiere: H, 20-50(-150) cm, VI-X, kollin-montan (-subalpin), wechselfeuchte Krautsäume, Auenwälder, (Conv, Sali-alba), LC

Petrorhagia Felsennelke

1 Stängel aufrecht, am Grund ohne Blattbüschel. Blätter lineal, bis 4 cm lang. Blüten zu wenigen (selten einzeln) von 6-8 häutigen, hellbraunen Schuppen umhüllt. Kronblätter blassrosa, ca. 15 mm lang. Kelch röhrenförmig, 10-13 mm lang, kahl. Frucht 8-10 mm lang

Petrorhagia prolifera (L.) P. W. Ball & Heywood, *(Tunica prolifera)*, Sprossende Felsennelke: T, 15-40 cm, VI-IX, kollin-montan (-subalpin), trockenwarme Pionierfluren, Trockenrasen, Wegränder, Schuttplätze, (Alyss-Sedi, Xero, Erag), LC

- Stängel niederliegend-aufsteigend, am Grund mit graugrünem Blattbüschel. Blätter schmal lineal, bis 1 cm lang. Blüten stets einzeln, nicht von grossen Schuppen umhüllt, in lockeren Blütenständen. Krone hellrosa, 7-10 mm lang. Kelch schmal glockig, 4-6 mm lang, mit 4 häutigen Schuppen. Frucht 5-6 mm lang

Petrorhagia saxifraga (L.) Link, *(Tunica saxifraga)*, Steinbrech-Felsennelke: Ch, 10-25 cm, VI-IX, kollin-montan (-subalpin), kalkreiche Trockenrasen, Felsensteppen, (Alyss-Sedi, Stip-Poio), LC

Polycarpon Nagelkraut

- Pflanze vielstängelig, kahl. Stängel aufsteigend, mit feinen, hellen Kanten. Blätter oval bis rundlich, 4-12 mm lang, kurz gestielt, gegenständig oder zu 4 quirlständig →. Blüten in knäueligen Scheindolden. Kronblätter weiss, kürzer als die Kelchblätter

Polycarpon tetraphyllum (L.) L., Vierblättriges Nagelkraut: T, 5-15 cm, VII-VIII, kollin, trockenwarme Trittrasen, Strassenpflaster, (Poly-avic, Sagi-proc), NT

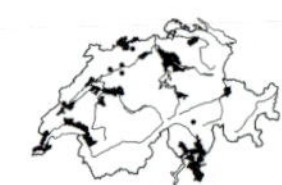

Pseudostellaria Knollenmiere

- Pflanze durch fädige Rhizome kleine Bestände bildend. Stängel rund, aufrecht, oben einstreifig behaart, mit 1-3 Blüten. Blätter eilanzettlich, bis 4 cm lang, sitzend, kahl. Kronblätter weiss, 5-8 mm lang, tief ausgerandet. Oft noch kleinere, 4-zählige, kleistogame, fertile Blüten in den unteren Blattwinkeln

Pseudostellaria europaea Schaeftl., Knollenmiere: G, 8-15 cm, IV-V, kollin-montan, wechselfeuchte Auenwälder, (Frax), EN

Sagina Mastkraut

1 Blüten (meist) 4-zählig. Kronblätter fehlend oder hinfällig **2**

- Blüten 5-zählig **3**

2 Stängel niederliegend, wurzelnd, mit bleibender, zentraler Blattrosette, seltener aufrecht aufsteigend. Alle Kelchblätter gleichartig, stumpf →. Kronblätter vorhanden, aber rasch hinfällig. Blätter sehr kurz stachelspitzig, Stachelspitze kürzer als die halbe Blattbreite. Verblühte Blüten hakig zurückgekrümmt, erst zur Fruchtzeit wieder aufgerichtet

Sagina procumbens L., Niederliegendes Mastkraut: H, 1-5 cm, V-IX, kollin-subalpin, wechseltrockene Trittrasen, Strassenpflaster, (Sagi-proc, Poly-avic), Archäophyt, LC

- Stängel aufrecht oder aufsteigend, spätestens zur Fruchtzeit ohne zentrale Blattrosette. Die 2 äusseren Kelchblätter spitz oder mit Stachelspitzchen. Kronblätter rudimentär oder fehlend. Blätter stachelspitzig, Stachelspitze länger als die halbe Blattbreite (0,3-0,4 mm, fast so lang wie die Blattbreite)

Sagina apetala Ard., Kronblattloses Mastkraut: T-H, 3-10 cm, V-IX, kollin-montan, Pionierfluren, Archäophyt, LC

a Kelchblätter abgerundet, mit Kapuzenspitze, oft rot berandet, zur Fruchtzeit meist sternförmig abstehend →, deutlich kürzer als die breit eiförmige Frucht (um mind. 0,4 mm). Blütenstiele meist kahl, nach der Blüte aufrecht bleibend. Pflanze eher hellgrün

Sagina apetala subsp. ***erecta*** F. Herm., *(S. micropetala)*, Aufrechtes Kronblattloses Mastkraut: T-H, 3-10 cm, V-IX, kollin-montan, wechselfeuchte Pionierfluren, Wegränder, Trittrasen, Strassenpflaster, (Sagi-proc, Poly-avic), Archäophyt, LC

- Blätter meist bewimpert. Kelchblätter zugespitzt, weiss berandet, zur Fruchtzeit der Frucht anliegend →, fast so lang wie die schmale Frucht. Blütenstiele meist drüsig, nach der Blüte hakig zurückgekrümmt, erst zur Fruchtzeit wieder aufgerichtet. Pflanze eher dunkelgrün

Sagina apetala Ard. subsp. **_apetala_**, Gewöhnliches Kronblattloses Mastkraut: T, 3-10 cm, V-IX, kollin-montan, sandige Pionierfluren, schlammige Ufer, Trittrasen, (Nano, Poly-avic), Archäophyt, NT

3 Kronblätter länger als Kelchblätter **4**

- Kronblätter nicht länger als Kelchblätter **5**

4 Stängel aufsteigend. Obere Blätter nur 1-3 mm, die unteren 5-25 mm lang. Obere Blattachseln mit Blattbüscheln. Blüten 5-zählig →

Sagina nodosa (L.) Fenzl, Knotiges Mastkraut: Ch, 5-15 cm, VII, kollin (-montan), wechselfeuchte Pionierfluren, Torfmoore, (Nano), EN

- Stängel kriechend und wurzelnd. Alle Blätter bis über 10 mm lang, alle etwa gleich. Obere Blattachseln oft mit Blattbüscheln. Blüten 5-zählig →

Sagina glabra (Willd.) Fenzl, Kahles Mastkraut: Ch, 2-10 cm, VII-VIII, subalpin (-alpin), steinige Bergweiden, (Poio-alpi), VU

5 Stängel und Blätter kahl (nur Blütenstiele manchmal drüsig), grasgrün, mit vielen nicht-blühenden Blattrosetten. Blatt bis 2 cm lang, mit kurzer Stachelspitze (0,2 mm). Reife Frucht fast 2x so lang wie der Kelch →

Sagina saginoides (L.) H. Karst., Alpen-Mastkraut: Ch, 2-10 cm, VI-VIII, (montan-) subalpin-alpin, mässig feuchte Bergweiden, Schneetälchen, Quellfluren, (Poio-alpi, Sali-herb), LC

- Stängel, Blätter und Blütenstiele zerstreut drüsig behaart. Durch viele sterile Blattrosetten Polster bildend. Blatt mit langer Stachelspitze (0,5-1 mm). Reife Frucht kaum länger als der Kelch →

Sagina subulata (Sw.) C. Presl, Pfriemenblättriges Mastkraut: Ch, 3-10 cm, VI-VIII, kollin, kalkarme, eher feuchte Pionierfluren, Mauern, Felsen, (Nano, Sedo-Vero), EN

Saponaria Seifenkraut

1 Blüten hellgelb. Pflanze rasig, mit vielen sterilen Rosetten. Blätter schmal lanzettlich, spitz, am Rand bewimpert, bis 4 cm lang. Blüten am Ende des Stängels in kopfigem Blütenstand

Saponaria lutea L., Gelbes Seifenkraut: H, 5-10 cm, VII-VIII, (subalpin-) alpin, steinige, kalkreiche Gebirgsrasen, (Sesl), VU

- Blüten blassrosa bis rot **2**

2 Pflanze 5-25 cm hoch. Stängel niederliegend, aufsteigend oder hängend, kurz behaart, mit zahlreichen, Rasen bildenden, sterilen Trieben. Blätter oval bis verkehrt eiförmig, bis 3 cm lang. Kelch ca. 1 cm lang. Kronblätter rosa bis rot

Saponaria ocymoides L., Rotes Seifenkraut: Ch, 10-30 cm, V-IX, kollin-subalpin, trockenwarme, kalkreiche Wälder, Schuttfluren, Krautsäume, (Gera-sang, Quer-pube, Eric-PiSy, Thla-rotu), LC

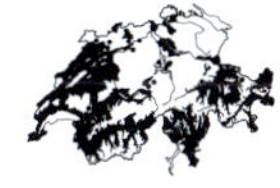

- Pflanze 30–70 cm hoch. Stängel aufrecht, kahl oder zerstreut kurzhaarig, mit sterilen Trieben. Blätter lanzettlich, bis über 10 cm lang, sitzend, parallelnervig. Kelch ca. 2 cm lang. Krone gross, blassrosa

Saponaria officinalis L., Echtes Seifenkraut: H, 30–70 cm, VII–IX, kollin-montan (-subalpin), sonnige Wegränder, Unkrautfluren, Flussufer, (Conv-Agro, Dauc-Meli, Arct), LC

Scleranthus Knäuel

1 Kelchblätter stumpf (Krone fehlend), breit weissrandig →, wenig länger als die 10 Staubblätter, zur Fruchtzeit zusammenneigend. Pflanze mehrjährig, mit sterilen Trieben, am Grund verholzt. Stängel aufrecht oder aufsteigend. Blätter pfriemlich, ca. 1 cm lang

Scleranthus perennis L., Ausdauernder Knäuel: Ch, 5–20 cm, V–VIII, kollin-montan (-subalpin), kalkarme, steinige Pionierfluren, Wegränder, Trockenrasen, (Sedo-Scle, Sedo-Vero), NT

- Kelchblätter spitz (Krone fehlend), sehr schmal weissrandig, 3–4x so lang wie die 2–5 Staubblätter, zur Fruchtzeit gespreizt. Pflanze einjährig, ohne sterile Triebe. Blätter schmal lineal

Scleranthus annuus L., Einjähriger Knäuel: 5–15 cm, IV–X, kollin-montan (-subalpin), Pionierfluren, NT

a Blütenknäuel gehäuft am Ende der Zweige. Freie Kelchblätter alle gleich lang, zur Reifezeit mindestens 40° gespreizt →. Reife Frucht 3,5–5,5 mm lang. Pflanze frischgrün

Scleranthus annuus L. subsp. ***annuus***, Gewöhnlicher Einjähriger Knäuel: T, IV–X, kollin-montan (-subalpin), sandige, kalkarme Äcker, Wegränder, Schuttplätze, (Apha, Pani-Seta), EN

- Blütenknäuel (oder Einzelblüten) längs der Zweige verteilt. Freie Kelchblätter zur Reifezeit kaum gespreizt oder bis zu einem Winkel von max. 30° gespreizt. Reife Frucht weniger als 3,5 mm lang **b**

b Pflanze frischgrün, am Grund und (bäumchenartig) über den ganzen Stängel verzweigt. Unterer Teil des Stängels mit Einzelblüten, nach oben in Blütenknäuel übergehend. Reife Frucht 2,5–3,5 mm lang, verwachsener Kelchteil mehr als 1 mm lang →

Scleranthus annuus subsp. ***polycarpos*** (L.) Bonnier & Layens, Alpen-Knäuel: T, IV–X, (kollin-) montan-subalpin, kalkarme, felsige Pionierfluren, Felsen, (Sedo-Scle, Sedo-Vero), NT

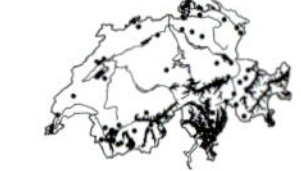

- Pflanze gelbgrün, meist nur am Grund verzweigt. Über den ganzen Stängel (auch unten) mit Blütenknäueln. Reife Frucht 1,5–2,5 mm lang, verwachsener Kelchteil weniger als 1 mm lang →

Scleranthus annuus subsp. ***verticillatus*** (Tausch) Arcang., Hügel-Knäuel: T, IV–X, kollin, trockenwarme, eher kalkreiche Pionierfluren, Trockenrasen, (Sedo-Vero, Alyss-Sedi), EN

Silene Leimkraut

1 Stängel fast fehlend, 1–3 cm hoch, dichte, flache Polster bildend. Blüten einzeln. Gebirgspflanze **2**

- Stängel ausgebildet, > 5 cm hoch, 1- oder mehrblütig **3**

2 Kelch plötzlich verschmälert →. Frucht länger als der Kelch. Die grössten Blätter 1,2-2,5 mm breit. Kronblätter oft deutlich ausgerandet

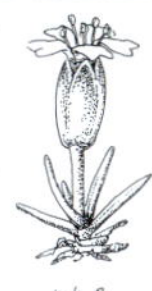

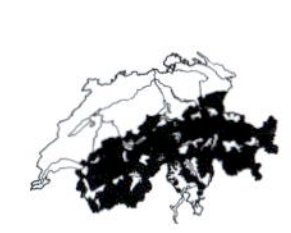

Silene acaulis (L.) Jacq., Kalk-Polsternelke: Ch, 1-3 cm, VI-VIII, (subalpin-) alpin, steinige, kalkreiche Gebirgsrasen, Schuttfluren, Moränen, (Cari-firm, Sesl, Elyn), LC

- Kelch allmählich verschmälert →. Frucht nicht länger als der Kelch. Die grössten Blätter 0,8-1 mm breit. Kronblätter höchstens schwach ausgerandet. Allgemein kleiner und gedrungener als *S. acaulis*

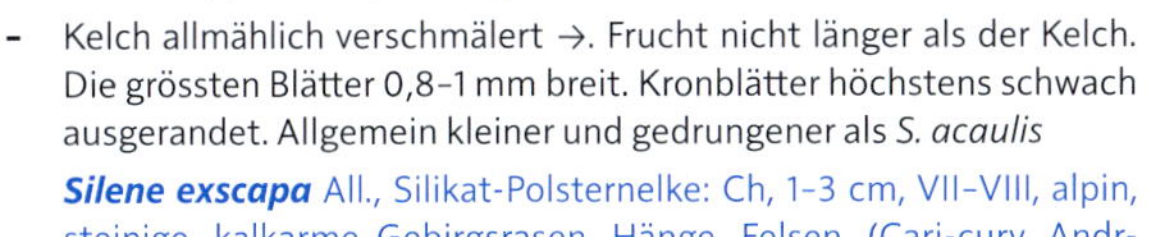

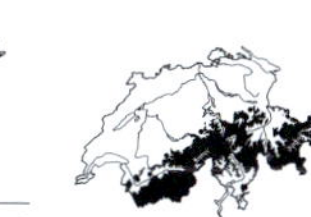

Silene exscapa All., Silikat-Polsternelke: Ch, 1-3 cm, VII-VIII, alpin, steinige, kalkarme Gebirgsrasen, Hänge, Felsen, (Cari-curv, Andr-vand), LC

3 Pflanze dicht weissfilzig behaart, Haare bis 5 mm lang **4**

- Kahl oder behaart, aber nicht weissfilzig **5**

4 Blüten einzeln am Ende der Zweige. Kronblätter leuchtend dunkelrot, seicht ausgerandet. Stängel aufrecht, im oberen Teil verzweigt. Rosettenblätter 10-20 cm lang

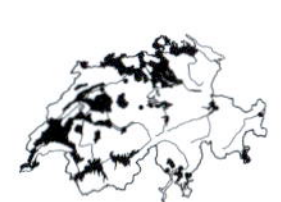

Silene coronaria (L.) Clairv., *(Lychnis coronaria)*, Kron-Lichtnelke: H-T, 40-90 cm, VI-VIII, kollin-montan, trockenwarme Krautsäume, Trockenrasen, (Gera-sang), NT

- Blüten zu 4-10 kopfig gehäuft. Krone rosa, tief ausgerandet. Blätter lanzettlich. Stängel höchstens im Blütenstand verzweigt. Rosettenblätter 6-12 cm lang

Silene flos-jovis (L.) Clairv., *(Lychnis flos-jovis)*, Jupiter-Lichtnelke: H, 30-60 cm, VI-VII, montan-subalpin, trockenwarme, kalkarme Krautsäume, Trockenrasen, (Gera-sang, Fest-vari), NT

5 Griffel 5. Fruchtkapsel sich mit 5 oder 10 Zähnen öffnend. Kronblätter kräftig rosa (ausser bei *S. pratensis*) **6**

- Griffel 3. Fruchtkapsel sich mit 6 Zähnen öffnend. Kronblätter rosa oder weiss **10**

6 Kronblätter tief 4-spaltig zerschlitzt. Stängel aufrecht, kahl, bläulich grün, oberwärts und an den Knoten meist rötlich. Grundblätter spatelig, die oberen lanzettlich

Silene flos-cuculi (L.) Clairv., *(Lychnis flos-cuculi)*, Kuckucks-Lichtnelke: H, 30-90 cm, V-VIII, kollin-montan (-subalpin), nährstoffreiche Nasswiesen, Flachmoore, (Calt, Moli), LC

- Kronblätter ganz oder 2-spaltig **7**

7 Kelch behaart. Blätter elliptisch (2-4x so lang wie breit), dicht behaart. Pflanze zweihäusig (rein männliche oder rein weibliche Blüten). Kapselzähne 10 **8**

- Kelch kahl. Blätter schmal lanzettlich, grün bis dunkelgrün. Kapselzähne 5 **9**

8 Kronblätter rot, 15-25 mm lang (mit Nagel). Blüten am Tag geöffnet. Kelch meist rötlich, 10-13 mm lang →

Silene dioica (L.) Clairv., *(Melandrium dioicum)*, Rote Waldnelke: H-H.ha, 30-90 cm, IV-IX, kollin-subalpin (-alpin), frische Fettwiesen, Hochstaudenfluren, (Poly-Tris, Aden), LC

- Kronblätter weiss, 25–35 mm lang (mit Nagel). Blüten nachmittags und in der Nacht geöffnet. Kelch grün, 13–20 mm lang →. Gegenüber der ähnlichen *S. noctiflora* eingeschlechtig, mit 5 Griffeln und 10 Kapselzähnen

Silene pratensis (Rafn) Godr., *(S. latifolia, Melandrium album)*, Weisse Waldnelke: H.ha-T, 40–100 cm, VI–IX, kollin-montan (-subalpin), mässig trockene Wegränder, Krautsäume, Schuttplätze, (Arct, Dauc-Meli), LC

9 Pflanze gross, 30–60 cm hoch. Stängel oben klebrig. Blütenstand rispig. Kelch ca. 5 mm lang →. Kronblätter gestutzt oder ausgerandet

Silene viscaria (L.) Borkh., *(Lychnis viscaria, Viscaria vulgaris)*, Gemeine Pechnelke: H, 30–60 cm, V–VII, kollin (-montan), trockenwarme, eher kalkarme Magerrasen, lichte Wälder, (Meso, Gera-sang), NT

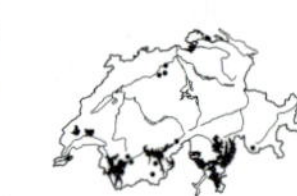

- Pflanze klein, 5–15 cm hoch. Stängel nicht klebrig. Blütenstand doldig-kopfig. Kelch ca. 12 mm lang →. Kronblätter vorne 2-teilig

Silene suecica (Lodd.) Greuter & Burdet, *(Lychnis alpina, Viscaria alpina)*, Alpen-Pechnelke: H, 5–15 cm, VI–VIII, alpin, trockene, kalkarme Gebirgsrasen, (Cari-curv, Elyn), NT

10 Kronblätter oberseits rosa oder rot **11**

- Kronblätter oberseits weiss oder gelbgrün **15**

11 Kelch kahl →. Blätter elliptisch bis breit lanzettlich (2–3x so lang wie breit), bläulich bereift. Blüten in doldenartigen Blütenständen. Kelch 15–20 mm lang. Kronblätter nicht oder wenig ausgerandet

Silene armeria L., *(Atocion armeria)*, Nelken-Leimkraut: H.ha-T, 15–60 cm, VI–VII, kollin-montan, trockenwarme Pionierfluren, felsige Trockenrasen, Wegränder, (Sedo-Vero, Trif-medi), NT

- Kelch mit drüsenlosen oder drüsigen Haaren **12**

12 Pflanze einjährig, ohne Grundrosette (unterste Blätter zur Blütezeit abgestorben) **13**

- Pflanze 2- bis mehrjährig, mit einer Grundrosette **14**

13 Kelch 30-nervig →, grün oder rötlich, 10–15 mm lang, mit langen Kelchzähnen (2/3 so lang wie der verwachsene Teil). Blütenstand ein- bis wenigblütig. Kronblätter 13–20 mm lang, vorne 2-teilig

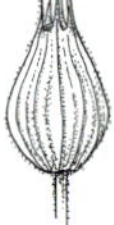

Silene conica L., Kegelfrüchtiges Leimkraut: T, 15–45 cm, VI–VII, kollin, trockenwarme Pionierfluren, Wegränder, Trockenrasen, (Alyss-Sedi), Neophyt

- Kelch 10-nervig →, hellgrün, 7–10 mm lang, mit kurzen Kelchzähnen. Blütenstand vielblütig, Teilblütenstände ährig, einseitswendig. Kronblätter 10–15 mm lang, ganzrandig oder ausgerandet

Silene gallica L., Französisches Leimkraut: T, 15–45 cm, VI–VII, kollin-montan, trockenwarme Trockenrasen, Schuttplätze, Weinberge, (Apha, Fuma-Euph), Archäophyt, CR(PE)

14 Pflanze gross, aufrecht. Blätter elliptisch (2–4x so lang wie breit), dicht behaart, die untersten gestielt. Blüten eingeschlechtig. Kronblätter beiderseits gleichfarbig rot **8**

→ *Silene dioica*

- Pflanze klein, Rasen bildend. Blätter lanzettlich, bis 5 cm lang. Stängel aufsteigend, klebrig. Blüten zu 1-3 je Stängel. Blüten zwittrig. Kronblätter oberseits blassrosa, unterseits dunkler →

  Silene vallesia L., Walliser Leimkraut: H, 5-20 cm, VI-VII, montan-subalpin, trockenwarme, kalkarme Felsen, Pionierfluren, (Sedo-Scle), VU

15 Kelch 3-8 mm lang. Krone 10-16 mm breit **16**

- Kelch 8-25 mm lang **19**

16 Krone gelbgrün. Blüten in quirligen Teilblütenständen. Stängel unten kurz behaart, oben kahl und klebrig. Blätter am Grund rosettig gehäuft, lang spatelförmig, Blattrand knorpelig, wellig. Kelch 3-5 mm lang, grün oder rötlich, 10-nervig →

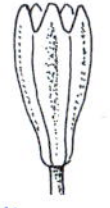

Silene otites (L.) Wibel, Öhrchen-Leimkraut: H, 25-60 cm, VI-VII, kollin-montan (-subalpin), kalkreiche Trockenrasen, Felsensteppen, (Xero, Stip-Poio), NT

- Krone weiss (zumindest oberseits). Blüten einzeln oder in lockeren Blütenständen **17**

17 Kronblätter ausgerandet bis 2-zähnig. Pflanze blaugrün. Stängel kahl, nicht klebrig. Blätter lanzettlich. Kelch glockenförmig, 4-6 mm lang →. Samen am Rand ohne Schüppchen

Silene rupestris L., *(Atocion rupestre)*, Felsen-Leimkraut: H-H.ha, 10-20 cm, VII-VIII, (kollin-) montan-subalpin (-alpin), trockene, kalkarme Felsrasen, Geröllfluren, lichte Wälder, (Sedo-Scle), LC

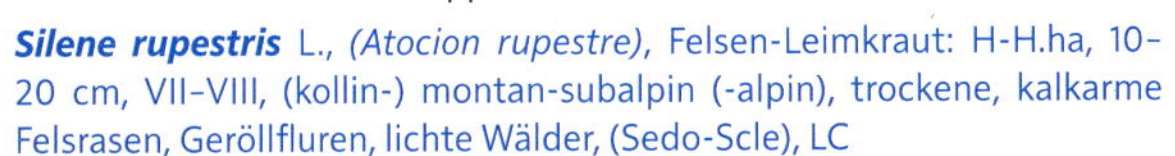

- Kronblätter am Ende (meist) 4-zähnig. Pflanze grasgrün. Stängel oberwärts klebrig oder behaart. Samen am Rand mit abstehenden Schüppchen **18**

18 Stängel und Kelch kahl. Blätter lineal, 1-2 mm breit. Kelch hellgrün, mit rötlichen Zähnen →. Frucht 3-5 mm lang, aus dem Kelch herausragend

Silene pusilla Waldst. & Kit., *(Heliosperma quadridentata)*, Kleiner Strahlensame: Ch-H, 5-20 cm, VII, (montan-) subalpin, schattige, kalkreiche Felsen, mässig feuchte Schuttfluren, Quellfluren, (Cyst, Crat), LC

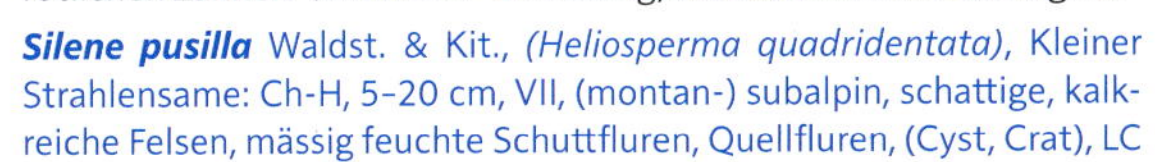

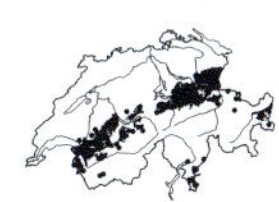

- Stängel und Kelch behaart. Blätter lanzettlich 3-7 mm breit. Kelch mit Drüsenhaaren →. Frucht 7-9 mm lang, nicht aus dem Kelch herausragend

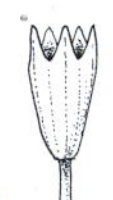

Silene alpestris Jacq., *(Heliosperma alpestre)*, Grosser Strahlensame: Ch-H, 10-30 cm, VII-VIII, (kollin-) montan, Garten-, Wegränder, als Zierpflanze kultiviert und selten verwildert, Neophyt

19 Pflanze einjährig (ohne sterile Triebe, untere Blätter zur Blütezeit welkend) **20**

- Pflanze 2- bis mehrjährig (mit sterilen Trieben) **22**

20 Kelch 18-24 cm lang →. Blütenstand wenigblütig. Stängel dicht langhaarig (Haare bis 1,5 mm lang), teilweise drüsig und etwas klebrig. Blüten abends und in der Nacht geöffnet. Im Vergleich zur ähnlichen *S. pratensis* zwittrig, mit 3 Griffel und 6 Kapselzähnen

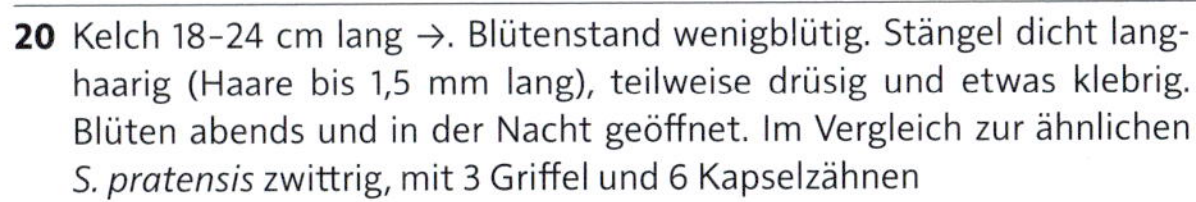

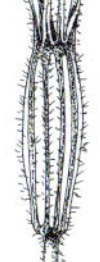

Silene noctiflora L., *(Melandrium noctiflorum)*, Acker-Waldnelke: T, 50 cm, VI-IX, kollin-montan (-subalpin), trockenwarme, kalkreiche Äcker, Schuttplätze, (Cauc, Sisy), Archäophyt, VU

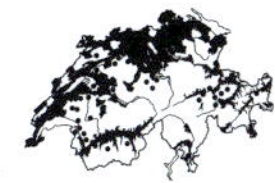

- Kelch 8-15 mm lang. Blütenstand ährig, mit vielen kleinen Blüten **21**

21 Kronblätter 15–25 mm lang (mit Nagel), tief 2-teilig, weiss. Kelch weisslich, 10–15 mm lang. Stängel behaart, aber ohne Drüsenhaare (nicht klebrig!)

Silene dichotoma Ehrh., Gabeliges Leimkraut: T, 20–50 cm, VI–VII, kollin-montan, trockenwarme Schuttplätze, Bahnareale, (Sisy), meist adventiv, Neophyt

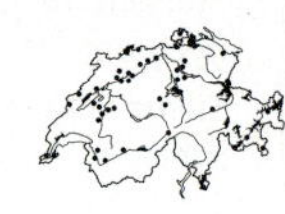

- Kronblätter 10–15 mm lang (mit Nagel), ganzrandig oder ausgerandet, weiss oder rosa (weiss berandet). Kelch grünlich, 8–10 mm lang. Stängel oberwärts drüsig-klebrig **13**

→ *Silene gallica*

22 Kelch kahl **23**

- Kelch behaart **24**

23 Kelch kegelförmig, 10-nervig →. Blätter lineal-lanzettlich, bis 2,5 cm lang. Stängel wenig verzweigt, oberwärts klebrig, 1- bis 3-blütig. Blüten lang gestielt. Kronblätter oben weiss, unten grünlich oder rötlich, 12–20 mm lang

Silene saxifraga L., Steinbrech-Leimkraut: Ch-H, 10–20 cm, V–VII, montan-subalpin, kalkreiche Felsen, Felsrasen, (Pote), NT

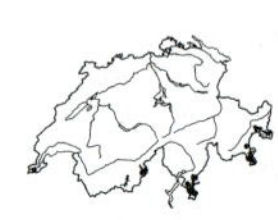

- Kelch aufgeblasen, 20-nervig, stark netzaderig →. Kronblatt tief 2-spaltig. Stängel und Blätter (meist) kahl, graugrün. Pflanze niederliegend oder aufrecht

Silene vulgaris (Moench) Garcke, Klatschnelke: H, 10–50 cm, VI–IX, kollin-alpin, Wiesen und Weiden, Wegränder, LC

a Stängel aufsteigend oder aufrecht, (30–)40–100 cm hoch. Stängelblätter 3–12 cm lang und bis 2,5 cm breit. Blütenstand (3-) 5- bis 15-blütig. Rhizom nicht verholzt. Samen warzig

Silene vulgaris (Moench) Garcke subsp. ***vulgaris***, Gewöhnliche Klatschnelke: H, 30–50 cm, VI–IX, kollin-subalpin (-alpin), Wiesen und Weiden, Wegränder, (Arrh, Meso), LC

- Stängel niederliegend bis aufsteigend, 10–30 cm hoch. Stängelblätter kaum über 3 cm lang und 5 mm breit. Blütenstand 1- bis 5- (7-)blütig. Rhizom verholzt. Samen glatt **b**

b Blätter lanzettlich (manchmal elliptisch), 1–3 cm lang, kahl, am Rand krautig oder sehr schmal knorpelig. Blüten meist zu 3–7

Silene vulgaris subsp. ***glareosa*** (Jord.) Marsden-Jones & Turrill, Alpen-Klatschnelke: G, 10–30 cm, VI–VIII, montan-subalpin (-alpin), kalkreiche Schutthalden, (Peta-para), LC

- Blätter eiförmig bis rundlich, 0,5–2 cm lang, oft etwas behaart, am Rand knorpelig. Blüten meist zu 1–3. Pflanze Rasen bildend

Silene vulgaris subsp. ***prostrata*** (Gaudin) Schinz & Thell., Niederliegende Klatschnelke: G, 10–20 cm, VI–VIII, subalpin-alpin, kalkreiche Schutthalden, (Peta-para), DD

24 Kelch 16–25 mm lang, schmal, kegelförmig, im oberen Teil am breitesten →. Blütenstand locker, allseitswendig, Blüten ± aufrecht. Kronblätter ohne oder mit sehr kleiner Schlundschuppe. Kapselstiel (im Kelch) ca. so lang wie die Kapsel (vgl. *S. nutans* subsp. *insubrica*)

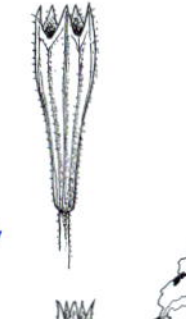

Silene italica (L.) Pers., Italienisches Leimkraut: 30–60 cm, Trockenrasen, trockenwarme Gebüsche, (Dipl, Gera-sang), DD

- Kelch 8–15 mm lang, nur mit drüsigen Haaren →. Grundblätter spatelförmig, dicht behaart, am Rand bewimpert. Blütenstand einseits- oder allseitswendig, Blüten aufrecht oder nickend

Silene nutans L., Nickendes Leimkraut: H, 25–80 cm, VI–VII, kollin-subalpin (-alpin), Halbtrockenrasen, Krautsäume, LC

a Blüten nickend, einseitswendig. Pflanze 25–40(–50) cm hoch. Kronblätter oberseits weiss, unterseits weisslich, grünlich oder rötlich

Silene nutans L. subsp. ***nutans***, Gewöhnliches Nickendes Leimkraut: H, 25–40(–50) cm, VI–VII, kollin-subalpin (-alpin), sonnige Krautsäume, Trockenrasen, lichte Wälder, (Gera-sang, Meso, Quer-pube, Onon-Pini), LC

- Blüten aufrecht, allseitswendig. Pflanze 40–80 cm hoch. Sterile Triebe lang, dünn. Kronblätter oberseits gelblich weiss, unterseits olivgrün bis bräunlich. Kapselstiel (im Kelch) höchstens halb so lang wie die Kapsel (vgl. die sehr ähnliche *S. italica*)

Silene nutans subsp. ***insubrica*** (Gaudin) Soldano, Insubrisches Nickendes Leimkraut: H, 40–80 cm, VI–VII, kollin-montan, kalkarme, kalkreiche Krautsäume, (Gera-sang), NT

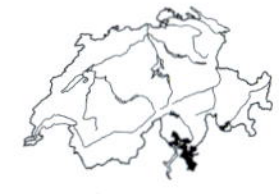

Spergula **Spark**

- Stängel aufrecht oder aufsteigend, drüsig behaart. Blätter quirlig, lineal, 1–4 cm lang, unterseits mit einer Furche →, etwas fleischig. Blüten lang gestielt, in rispigen Blütenständen. Kronblätter 5, weiss, 2,5–4,5 mm lang, etwa gleich lang wie die Kelchblätter. Fruchtstiele zurückgeschlagen. Griffel 5

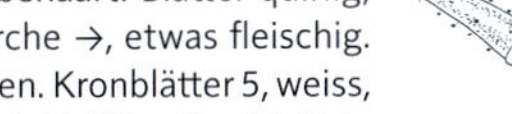

Spergula arvensis L., Acker-Spark: T, 10–50 cm, VI–VIII, kollin-montan (-subalpin), kalkarme Äcker, Schuttplätze, (Apha, Poly-avic), Archäophyt, VU

Spergularia **Schuppenmiere**

1 Stängel aufrecht. Krone weiss. Kelchblätter weisslich, häutig, mit grünem Nerv

Spergularia segetalis (L.) G. Don, *(Delia segetalis)*, Getreide-Schuppenmiere: T, 3–10 cm, V–VI, kollin, wechselfeuchte, kalkarme Äcker, Krautsäume, (Nano), RE

- Stängel niederliegend, die Blütentriebe aufsteigend. Krone rosa. Kelchblätter grün, krautig, am Rand oft trockenhäutig **2**

2 Blätter stachelspitzig, Nebenblätter glänzend trockenhäutig, oft zerschlitzt →. Frucht etwa so lang wie der Kelch. Krone hellrosa bis rosa. Staubblätter 10

Spergularia rubra (L.) J. Presl & C. Presl, Rote Schuppenmiere: H.ha-T, 5–25 cm, V–VIII, kollin-subalpin (-alpin), sandige, kalkarme Trittrasen, Strassenpflaster, (Poly-avic, Sagi-proc), Archäophyt, LC

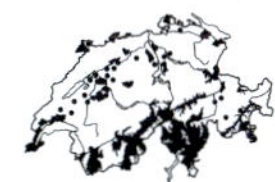

- Blätter stumpflich. Nebenblätter nicht glänzend, trockenhäutig. Frucht länger als der Kelch. Krone kräftig rosa, in der Mitte plötzlich weiss. Staubblätter 5(-9)

  Spergularia marina (L.) Griseb., Salz-Schuppenmiere: H.ha-T, 5-20 cm, V-IX, kollin-montan, Strassenränder (Salzanreicherung), eventuell auch aus Begrünungen, Neophyt

Stellaria Sternmiere

Alle *Stellaria*-Arten haben (meist sehr) tief ausgerandete Blütenblätter.

1 Stängel rund. Blätter ei- oder herzförmig, die unteren gestielt **2**

- Stängel 4-kantig. Blätter lineal oder länglich lanzettlich, die unteren kaum gestielt **3**

2 Stängel (zumindest oberwärts) ± allseitig drüsig behaart, selten kahl. Blätter 3-8 cm lang, bewimpert. Kronblätter 1,5-2x so lang wie der Kelch

Stellaria nemorum L., Hain-Sternmiere: 20-40 cm, VI-IX, (kollin-) montan-subalpin, Wälder, Waldränder, Schlagfluren, LC

a Stiel der unteren Blätter höchstens so lang wie die Spreite →. Diese am Grund gerundet, kaum herzförmig. Die (1-)2-3 obersten Stängelblattpaare sitzend. Die Blätter im Blütenstand nur allmählich kleiner werdend. Samen am Rand mit halbkugeligen Papillen

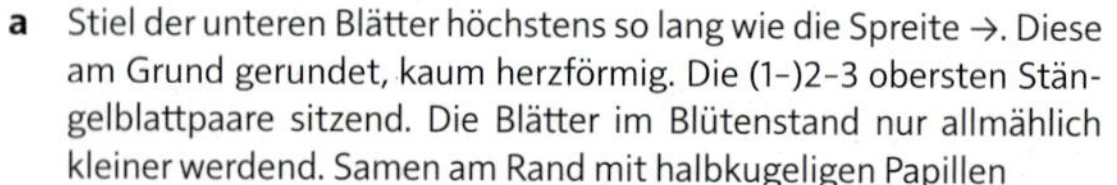

Stellaria nemorum L. subsp. ***nemorum***, Gewöhnliche Hain-Sternmiere: H, 20-50 cm, VI-IX, kollin-subalpin, wechselfeuchte, nährstoffreiche Laubmischwälder, Auenwälder, Hochstaudenfluren, (Frax, Luna-Acer, Fagetalia, Aden), LC

- Stiel der unteren Blätter bis 2x so lang wie die Spreite →. Diese am Grund deutlich herzförmig. Nur das oberste Blattpaar (fast) sitzend. Die Blätter im Blütenstand plötzlich in kleine Tragblätter übergehend. Stängel oft fast kahl. Samen am Rand mit zylindrischen Papillen

Stellaria nemorum subsp. ***montana*** (Pierrat) Berher, *(S. glochidisperma)*, Berg Hain-Sternmiere: VI-IX, kollin-subalpin, schattige, nährstoffreiche Krautsäume, Schlagfluren, Waldwege, (Aego, Epilangu), LC

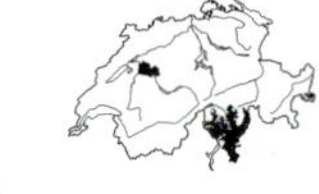

- Stängel auf einer Längslinie (selten auf 2) behaart. Blätter 0,5-3(-4) cm lang, meist kahl →. Kronblätter kürzer oder etwas länger als der Kelch

Stellaria media aggr., Vogelmiere: I-XII, kollin-subalpin, LC

a Pflanze gelbgrün. Kronblätter grünlich bis ± weiss, sehr klein (ca. 1 mm) oder fehlend →. Kelchblätter 2-3,5 mm lang, am Grund oft rötlich. Nur 1-2(-4) Staubblätter ausgebildet, Staubbeutel grauviolett. Fruchtstiele 2-4x so lang wie der Kelch. Samen 0,6-0,8(-0,9) mm breit, bleich gelbgrün bis rostbraun

Stellaria pallida (Dumort.) Crép., *(S. apetala)*, Bleiche Vogelmiere: T, 5-40 cm, III-V, kollin-montan, trockenwarme, nährstoffreiche Schuttplätze, Wegränder, Mauern, (Sisy), Archäophyt, LC. Diploide Sippe, überschneidet sich in den Merkmalen mit *S. media*, daher Merkmalskombination beachten

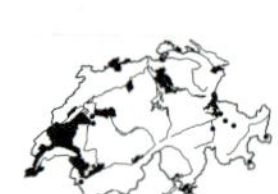

- Pflanze meist frischgrün (bei Trockenformen auch gelbgrün). Kronblätter weiss, (fast immer) deutlich ausgebildet. Kelchblätter meist länger als 3 mm, am Grund nie rötlich. Staubblätter 3-10 (selten weniger). Fruchtstiele 4-6x so lang wie der Kelch. Samen 0,9-1,4 mm breit, braun bis dunkelbraun **b**

b Pflanze gross, 20-80 cm hoch. Kronblätter (meist) länger als die Kelchblätter →. Kelchblätter 5-6,5 mm lang. Die meisten Blüten mit 8-10 Staubblättern. Staubbeutel dunkelrot. Die meisten Samen mehr als 1,2 mm breit, mit ± kegeligen Wärzchen

Stellaria neglecta Weihe, Übersehene Vogelmiere: H.ha-T, 20-80 cm, IV-VII, kollin, nährstoffreiche, eher feuchte Krautsäume, (Aego), NT. Diploide Sippe

- Pflanze niedrig, 5-30(-40) cm hoch. Kronblätter kürzer als die Kelchblätter →, selten fehlend. Kelchblätter 3-5 mm lang. Die meisten Blüten mit 3-5 Staubblättern und rotvioletten Staubbeuteln. Die meisten Samen weniger als 1,2 mm breit, mit ± abgerundeten Wärzchen

Stellaria media (L.) Vill., Gewöhnliche Vogelmiere: T, 5-40 cm, I-XII, kollin-subalpin, Äcker, Wegränder, Schuttplätze, Läger, (Fuma-Euph, Poly-Chen, Arct), LC. Allotetraploide Sippe, vermutlich aus *S. neglecta* und *S. pallida* hervorgegangen

3 Kronblätter nur etwa zur Mitte geteilt →, 1,5-2x so lang wie die Kelchblätter. Kelchblätter 6-8 mm lang. Blätter steif, lanzettlich, bis 10 cm lang und 5-7 mm breit, am Rand auffallend rauhaarig. Tragblätter krautig

Stellaria holostea L., Grossblütige Sternmiere: Ch, 15-30 cm, V-VI, kollin-montan, lichte, eher trockene Laubwälder, (Carp), NT

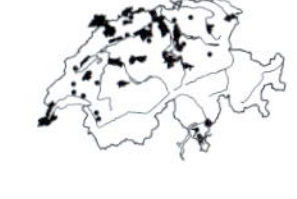

- Kronblätter bis (fast) zum Grund geteilt, 0,5-1,5x so lang wie die Kelchblätter. Kelchblätter 2,5-6(-7) mm lang. Blätter weich, bis 4 cm lang. Obere Tragblätter häutig **4**

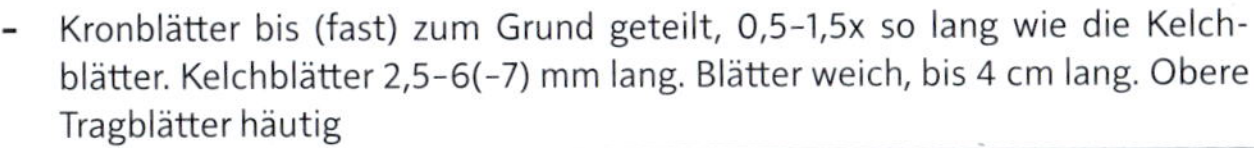

4 Kronblätter kürzer als der Kelch →, ca. ¾ so lang. Blätter in der Mitte am breitesten, (länglich)oval, zugespitzt, bis 2,5 cm lang, am Grund bewimpert. Stängel aufsteigend, zart, kahl

Stellaria alsine Grimm, *(S. uliginosa)*, Moor-Sternmiere: H, 10-40 cm, V-VII(-VIII), kollin-subalpin, kalkarme, schattige Quellfluren, feuchte Wälder, (Card-Mont, Frax), LC

- Kronblätter fast so lang oder länger als die Kelchblätter. Blätter schmal lanzettlich, am Grund am breitesten **5**

5 Stängel und Blattränder rau. Krone etwa so gross wie der Kelch →. Kelchblätter ca. 3 mm lang. Fruchtstiele nur 3-5x so lang wie der Kelch. Stängel aufsteigend-klimmend. Blätter bis 3 cm lang

Stellaria longifolia Willd., *(S. diffusa)*, Langblättrige Sternmiere: H, 25 cm, VI-VII, subalpin, feuchte Nadelwälder, Schlagfluren, (Vacc-Pice, Epil-angu), EN

- Stängel und Blattränder glatt. Krone deutlich länger als der Kelch. Fruchtstiele 6-10x so lang wie der Kelch **6**

6 Tragblätter (im Blütenstand) und oft auch obere Stängelblätter am Grund bewimpert. Kelchblätter 3,5–5 mm lang →. Stängel dünn, zart, klimmend. Blätter alle lanzettlich, grasgrün

Stellaria graminea L., Gras-Sternmiere: H, 10–60 cm, V–VII, kollin-montan (-subalpin), magere, kalkarme Wiesen und Weiden, Krautsäume, (Call-Geni, Trif-medi), LC

- Tragblätter und Blätter am Grund kahl. Kelchblätter 5–7 mm lang →. Stängel aufrecht, meist einfach. Blätter blaugrün, etwas fleischig, die untersten eiförmig, die oberen schmal lanzettlich

Stellaria palustris Hoffm., Sumpf-Sternmiere: H, 10–45 cm, V–VII, kollin, kalkarme Flachmoore, (Cari-fusc), RE

Telephium Telephie

- Stängel niederliegend, oft an Felsen hängend. Alle Blätter wechselständig →, oval, 0,5–2 cm lang, etwas fleischig, blaugrün, kahl. Blüten in dichten Blütenständen, 5-zählig. Krone weiss, 4–7 mm lang

Telephium imperati L., Zierspark: Ch, 15–40 cm, VI–VII, kollin-montan (-subalpin), Felsensteppen, Föhrenwälder, (Stip-Poio, Onon-Pini), NT

Vaccaria Kuhnelke

- Stängel aufrecht, bläulich bereift, kahl. Blätter lanzettlich, bis 10 cm lang, an der Basis verwachsen. Kronblätter rosa, 16–20 mm lang. Kelch röhrig, 12–15 mm lang, zur Fruchtzeit aufgeblasen, scharf 5-kantig →

Vaccaria hispanica (Mill.) Rauschert, Saat-Kuhnelke: T, 30–60 cm, VI–VII, kollin-montan, trockenwarme, kalkreiche Äcker, Schuttplätze, (Cauc, Erag), CR

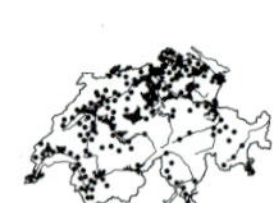

Celastraceae Spindelbaumgewächse

1 Pflanze verholzt (Baum, Strauch oder Halbstrauch). Blüte grün **2**

- Pflanze krautig. Blüte weiss ***Parnassia***

2 Kletterpflanze, selten ein Strauch. Blätter wechselständig. Blüten mit (2–)3 Fruchtknoten ***Celastrus***

- Strauch. Blätter gegenständig. Blüten mit 4–5 Fruchtknoten ***Euonymus***

Celastrus Baumwürger

- Meist zweihäusige Kletterpflanze (selten ein Strauch). Blätter bis 13 cm lang, mit variabler Form, länglich bis rund, gekerbt, auf beiden Seiten gleichfarbig. Blattoberseite kahl, glänzend. Blütenstände seitenständig (manchmal endständig), 1–3 cm lang. Männliche Blüten 5-zählig. Weibliche Blüten mit 3 Fruchtknoten. Frucht eine gelbe, 3-klappige Kapsel. Samen von einem roten Arillus umgeben

Celastrus orbiculatus Thunb., Rundblättriger Baumwürger: 40 m

Euonymus Pfaffenhütchen

1 Blätter lederig, immergrün. Kapsel kugelig, braun. Verwilderte Zierpflanze **2**

- Blätter krautig, sommergrün. Kapsel kantig, rosa. Wildpflanze **3**

2 Pflanze aufrecht mit glatten Zweigen. Blütenstand meist reichblütig. Kronblätter 4, blassgrün. Samen weiss (Abb. Tafel 10, S. 453)

Euonymus japonicus Thunb., Japanisches Pfaffenhütchen: P, 5 m, VI–VII, kollin, Gebüsche, Parkanlagen, kultivierter Neophyt

- Pflanze kletternd oder kriechend mit fein warzigen Zweigen. Blütenstand wenigblütig. Kronblätter 4, blassgrün. Samen weiss (Abb. Tafel 10, S. 453)

Euonymus fortunei (Turcz.) Hand.-Mazz., Kletter-Spindelstrauch: Ph.li, 15–100 cm, VI–VII, kollin, Krautsäume, Wegränder, kultivierter Neophyt

3 Junge Zweige rund, mit schwarzen Korkwarzen bedeckt. Blütenstand mit 1–3 Blüten. Kronblätter meist 4, grün-weisslich, fein rot punktiert. Kapsel stumpfkantig. Samen schwarz

Euonymus verrucosus Scop., Warzen-Spindelstrauch: Ph, 1–3 m, IV–VII, kollin-montan, trockenwarme Gebüsche

- Junge Zweige ohne Korkwarzen **4**

4 Zweige 4-kantig. Kronblätter meist 4. Blütenstand mit 2–6 weiss-grünlichen Blüten. Kapsel stumpfkantig. Samen weiss (Abb. Tafel 10, S. 453)

Euonymus europaeus L., Gemeines Pfaffenhütchen: 1–3 m, Laub- und Mischwälder, Gebüsche, LC

- Zweige etwas zusammengedrückt. Kronblätter meist 5. Blütenstand mit 6–15 grünen, rosa überlaufenen Blüten. Kapsel mit geflügelten Kanten. Samen weiss (Abb. Tafel 10, S. 453)

Euonymus latifolius (L.) Mill., Breitblättriges Pfaffenhütchen: 1–4 m, Laubwälder, Waldränder, NT

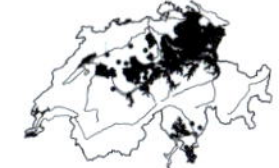

Parnassia Herzblatt

- Stängel aufrecht, einblütig, kantig. Blätter bis auf 1 grundständig, kahl, herzförmig →. Blüten einzeln, mit meist 5 weissen, bis 1,5 cm langen Kronblättern

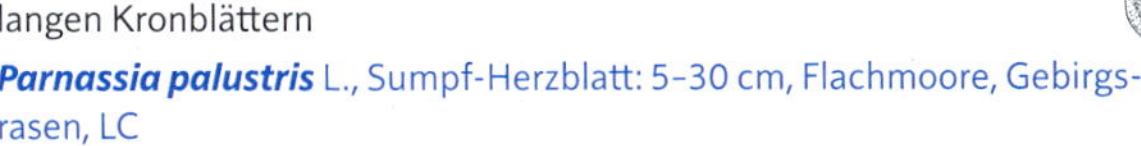

Parnassia palustris L., Sumpf-Herzblatt: 5–30 cm, Flachmoore, Gebirgsrasen, LC

Cercidiphyllaceae Kuchenbaumgewächse

Cercidiphyllum Kuchenbaum

- Sommergrüner Laubbaum. Blätter gegenständig, mit langen, rötlichen Blattstielen und fast rechtwinklig abgeknickten, herzförmigen, handnervigen, kahlen, oberseits matten, unterseits bläulichen Blattspreiten

Cercidiphyllum japonicum Siebold & Zucc., Japanischer Kuchenbaum: P, 20 m, III–IV, kollin (-montan), Parkanlagen, Pioniergehölze, kultivierter Neophyt

Cistaceae Zistrosengewächse

1	Äussere Kelchblätter etwas grösser als die inneren. Frucht 5-fächerig	***Cistus***
-	Äussere Kelchblätter kleiner als die inneren. Frucht 1- oder 3-fächerig	**2**
2	Zumindest die unteren Blätter gegenständig. Blätter nicht nadelförmig	***Helianthemum***
-	Alle Blätter wechselständig, fast nadelförmig	***Fumana***

Cistus Zistrose

- Pflanze von Stern- und Büschelhaaren dicht filzig. Blätter gegenständig, oval, runzelig und ganzrandig →. Äussere Kelchblätter breit herzförmig, die inneren gerundet. Kronblätter weiss mit gelbem Grund, bis 2 cm lang

Cistus salviifolius L., Salbeiblättrige Zistrose: Ph-Cp, 30–60 cm, V, kollin (-montan), trockenwarme, kalkarme Felsenheiden, (Saro), VU

Fumana Heideröschen

1 Blütenstiele etwa so lang wie die nächsten Blätter, flaumig oder kahl. Äste niederliegend oder aufsteigend, oben mit drüsenlosen, weissen Haaren

Fumana procumbens (Dunal) Gren. & Godr., Niederliegendes Heideröschen: Cp, 10–20 cm, V–VII, kollin-montan, kalkreiche, felsige Trockenrasen, (Xero), LC

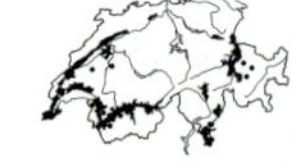

- Blütenstiele länger als die nächsten Blätter, dicht abstehend kurzdrüsig. Äste aufrecht, fein drüsig behaart

Fumana ericoides (Cav.) Gand., Aufrechtes Heideröschen: Cp, 20–40 cm, V–VII, kollin (-montan), felsige, kalkreiche Trockenrasen, Felsensteppen, (Xero, Stip-Poio), NT

Helianthemum Sonnenröschen

1	Blätter ohne Nebenblätter (selten die obersten Blätter mit rudimentären Nebenblättern)	**2**
-	Blätter zumindest teilweise mit deutlich ausgeprägten Nebenblättern	**3**

2 Blätter am Rand flach, beiderseits grün, borstig behaart. Kronblätter 6–10 mm lang

Helianthemum alpestre (Jacq.) DC., Alpen-Sonnenröschen: Cp, 10–15 cm, VI–VII, (montan-) subalpin-alpin, kalkreiche Felsrasen, (Cari-firm, Drab-Sesl), LC

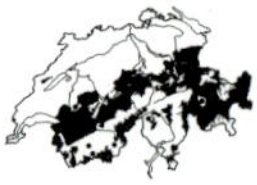

- Blätter am Rand nach unten gerollt, unterseits grau- oder weissfilzig, zwischen den Borstenhaaren mit kleinen Sternhaaren (Lupe). Kronblätter 4–7 mm lang

Helianthemum canum (L.) Hornem., Graufilziges Sonnenröschen: Cp, 10–40 cm, VI, kollin-montan (-subalpin), kalkreiche, felsige Trockenrasen, (Xero, Ononidetalia), VU

3 Blüten weiss. Zweige und Blätter anliegend filzig behaart

Helianthemum apenninum (L.) Mill., Apenninen-Sonnenröschen: Cp, 10–30 cm, V–VI, kollin (-montan), kalkreiche, felsige Trockenrasen, (Xero, Ononidetalia), VU. Nur am San Salvatore (TI)

- Blüten gelb. Zweige und Blätter mit zerstreuten bis lockerfilzigen Haaren **4**

4 Kronblätter etwa gleich lang wie die Kelchblätter oder fehlend. Griffel kurz und gerade oder fehlend

Helianthemum salicifolium (L.) Mill., Weidenblättriges Sonnenröschen: T, 5–15(–25) cm, IV–V, kollin, felsige Trockenrasen, Felsgrusfluren, (Sedo-Vero, Thero-Brachypodietalia), EN

- Kronblätter deutlich länger als die Kelchblätter. Griffel 2–3x so lang wie der Fruchtknoten, im unteren Teil gebogen

Helianthemum nummularium (L.) Mill., Gemeines Sonnenröschen: Cp, 10–40 cm, V–X, kollin-alpin, Trockenwiesen, trockenwarme Säume, Gebirgsrasen, LC

a Blätter oberseits völlig kahl, unterseits nur am Rand und auf dem Mittelnerv behaart

Helianthemum nummularium subsp. ***glabrum*** (W. D. J. Koch) Wilczek, Kahles Sonnenröschen: Cp, V–X, kollin-montan (-subalpin), steinige, kalkreiche Trockenrasen, (Sesl, Meso), NT

- Blätter meist beiderseits, jedoch besonders unterseits behaart **b**

b Blätter lederartig, unterseits grau- bis weissfilzig **c**

- Blätter nicht lederartig, unterseits nicht weissfilzig, behaart bis kahl **d**

c Blätter lineal-lanzettlich, Rand etwas umgerollt, unterseits gleichmässig grau- bis weissfilzig. Kronblätter 8–12 mm lang

Helianthemum nummularium (L.) Mill. subsp. ***nummularium***, Gewöhnliches Sonnenröschen: Cp, V–X, kollin-montan (-subalpin), steinige Trockenrasen, trockene Krautsäume, (Xero, Meso, Gera-sang), NT

- Blätter lanzettlich, Rand flach, unterseits lockerfilzig. Kronblätter 10–15 mm lang

Helianthemum nummularium subsp. ***tomentosum*** (Scop.) Schinz & Thell., Filziges Sonnenröschen: Cp, V–X, subalpin-alpin, felsige Trockenrasen, (Meso, Xero), NT

d Breitere Kelchblätter zwischen den mittleren Nerven flaumig-filzig →

Helianthemum nummularium subsp. ***obscurum*** (Čelak.) Holub, Ovalblättriges Sonnenröschen: Cp, V–X, kollin-montan, sonnige, kalkreiche Trockenrasen, Krautsäume, (Meso, Xero, Stip-Poio, Gera-sang), LC

- Breitere Kelchblätter zwischen den mittleren Nerven ± kahl →

Helianthemum nummularium subsp. ***grandiflorum*** (Scop.) Schinz & Thell., Grossblütiges Sonnenröschen: Cp, V–X, subalpin-alpin, Gebirgsrasen, Zwergstrauchheiden, (Sesl, Fest-vari, Eric), LC

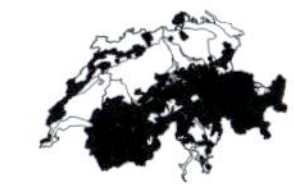

Cleomaceae — Spinnenblumengewächse

Cleome — Spinnenblume

- Stängel mit langen Drüsenhaaren. Blätter handförmig geteilt, mit 5-7 Teilblättchen. Blütentraube 30-40 cm lang, mit einfachen, eiförmigen, zugespitzten, behaarten Tragblättern. Blüten weiss, rosa oder violett mit 4 ovalen, 20-45 mm langen Kronblättern. Staubblätter aus den Blüten herausragend, auf einer Verlängerung der Blütenachse sitzend. Fruchtknoten auf einem 3-7 cm langen Stiel. Frucht eine 6-12 cm lange, längliche, kahle Kapsel

  Cleome hassleriana Chodat, *(Tarenaya hassleriana)*, Spinnenblume: 70-150 cm, kollin, Neophyt

Convolvulaceae — Windengewächse

1 Parasiten mit fadenförmigem Stängel und knäueligen Blütenständen. Pflanze ohne grüne Blätter — ***Cuscuta***

\- Pflanze mit grünen Blättern. Stängel windend oder kriechend — **2**

2 Blüten sehr klein, nur 4-6 mm breit. Krone bis fast zum Grund in Zipfel geteilt, flach ausgebreitet. Pflanze am Boden kriechend, nicht windend — ***Dichondra***

\- Blüten gross (über 15 mm lang), Krone trichterförmig. Pflanze windend, seltener am Boden kriechend («Winden» und Verwandte) — **3**

3 Vorblätter gross, direkt unter der Blüte, den Kelch einschliessend — ***Calystegia***

\- Vorblätter klein, vom Kelch entfernt am Blütenstiel sitzend — **4**

4 Griffel mit 1-3 kugelförmigen Narbenlappen. Krone (3-)4-8 cm lang, blauviolett, rosa oder weiss. Blätter etwa so lang wie breit — ***Ipomoea***

\- Griffel mit 2 fadenförmigen Narbenlappen. Krone 1,5-2,5 cm lang, rosa oder weiss. Blätter 2-3x so lang wie breit — ***Convolvulus***

Calystegia — Zaunwinde

1 Die beiden Vorblätter am Grund der Blüte deutlich länger als breit, nicht aufgeblasen →, viel länger als der Kelch, aber seitlich den Kelch nicht umschliessend. Krone 3,5-5 cm lang, trichterförmig, weiss

Calystegia sepium (L.) R. Br., Echte Zaunwinde: G.li, 3 m, VI-IX, kollin-montan, frische, nährstoffreiche Krautsäume, Staudenfluren, Gebüsche, (Conv, Aego), LC

\- Die beiden Vorblätter am Grund «wie aufgeblasen» (ausgesackt) →, etwa so lang wie breit, kaum länger als der Kelch, aber den Kelch ganz umschliessend — **2**

2 Krone weiss, 6-8 cm lang, trichterförmig, oft mit hellroten Streifen auf der Aussenseite. Blüten- und Blattstiele kahl

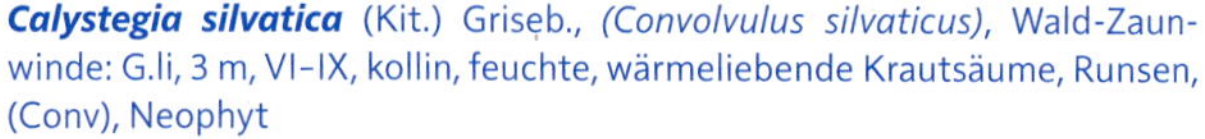

Calystegia silvatica (Kit.) Griseb., *(Convolvulus silvaticus)*, Wald-Zaunwinde: G.li, 3 m, VI-IX, kollin, feuchte, wärmeliebende Krautsäume, Runsen, (Conv), Neophyt

- Krone rosa, 4–6 cm lang, trichterförmig, meist mit weissen Streifen. Blüten- und Blattstiele behaart

  Calystegia pulchra Brummitt & Heywood, *(Convolvulus dubius)*, Schöne Zaunwinde: G.li, 3 m, VI–IX, feuchte, ruderale Gebüsche, Ruderalfluren, (Conv), Neophyt

Convolvulus Winde

- Stängel niederliegend oder windend. Blätter pfeilförmig →, nicht über 4 cm lang. Blüten rosa, weiss oder rosa und weiss gestreift, weit trichterförmig, 1,5–2,5 cm lang. Etwa in der Mitte des Blütenstiels 2 kleine lineale Vorblätter

  Convolvulus arvensis L., Acker-Winde: G.li, 1 m, VI–IX, kollin-montan (-subalpin), Äcker, Wegränder, Weinberge, (Conv-Agro, Erag, Fuma-Euph), Archäophyt, LC

Cuscuta Seide

1 Stängel gelblich oder orange **2**

- Stängel («Seidenfaden») rot oder weiss **4**

2 Narben kopfig (Lupe – die Blüten sind sehr klein!). Frucht nicht oder unregelmässig aufreissend. Krone bleibend, die Frucht am Grund umschliessend. Blüten relativ locker knäuelig, Blütenknäuel vielblütig **3**

- Narben fadenförmig. Frucht quer aufspringend. Krone wird von der reifenden Frucht weggestossen, sie bleibt als «Hütchen» auf der Frucht. Blüten sehr dicht knäuelig **4**

3 Kronzipfel spitz. Kelchzipfel sich am Grund überlappend. Schlundschuppen in der Kronröhre lang, dicht gefranst, die Basis der Kronzipfel erreichend. Parasitiert v. a. auf *Daucus* und Arten der Fabaceae

  Cuscuta campestris Yunck., Feld-Seide: T.li, VI–VIII, kollin, trockene, sandige Äcker, (Pani-Seta), Neophyt

- Kronzipfel etwas stumpflich. Kelchzipfel sich am Grund nicht überlappend. Schlundschuppen in der Kronröhre sehr kurz, die Basis der Kronzipfel nicht erreichend. Parasitiert v. a. auf *Polygonum, Artemisia*

  Cuscuta scandens Brot., *(C. cesatiana)*, Knöterich-Seide: T.li, VI–IX, kollin, mässig trockene Äcker, (Poly-Chen), Neophyt

4 Die meisten Blüten 4-zählig (einige 5-zählig). Kronzipfel stumpf. Schlundschuppen aufrecht, den Blick in die Krone daher freigebend. Parasitiert v. a. auf *Urtica, Humulus, Salix, Convolvulus, Artemisia*

  Cuscuta europaea L., Nessel-Seide: T.li, VII–VIII, kollin-montan (-subalpin), feuchte Krautsäume, (Conv), NT

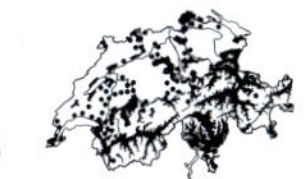

- Alle Blüten 5-zählig. Kronzipfel spitz **5**

5 Griffel so lang oder länger als der Fruchtknoten. Schlundschuppen zusammenneigend und den Blick in die Krone verschliessend. Blütenknäuel wenigblütig, 5–10 mm breit. Stängel meist rot. Parasitiert v. a. auf *Thymus, Calluna* und Arten der Fabaceae

Cuscuta epithymum (L.) L., Quendel-Seide: T.li, VII–IX, kollin-montan (-subalpin), trockene, kalkreiche Magerrasen, (Sesl, Meso), LC

a Blütenknäuel 7–10 mm breit. Kelch kürzer als der ungelappte Teil der Krone

Cuscuta epithymum (L.) L. subsp. ***epithymum***, Gewöhnliche Quendel-Seide

- Blütenknäuel nur 5–6 mm breit. Kelch so lang wie der ungelappte Teil der Krone

Cuscuta epithymum subsp. ***kotschyi*** (Des Moul.) Arcang., Kotschys Quendel-Seide

- Griffel kürzer als der Fruchtknoten. Schlundschuppen aufrecht, den Blick in die Krone daher freigebend. Parasitiert auf *Linum usitatissimum* und gilt als ausgestorben

Cuscuta epilinum Weihe, Flachs-Seide: T.li, VI–VII, kollin-montan, trockene Äcker, Pionierfluren, Archäophyt, RE

Dichondra Dichondra

- Pflanze niederliegend, bodenbedeckend (als Bodenbedecker kultiviert). Blätter rundlich bis nierenförmig →, 1–2 cm breit. Kelchlappen lang gefranst. Krone weiss, bis über die Mitte in 5 Zipfel geteilt

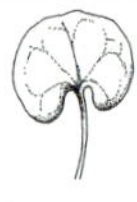

Dichondra micrantha Urb., (*D. repens* var. *micrantha*), Kriechende Dichondra: H, 2–5 cm, kollin, Garten- und Parkränder, Ruderalfluren, als Bodenbedecker kultiviert und selten verwildert, Neophyt

Ipomoea Prunkwinde

- Pflanze bis 3 m hoch windend. Stängel behaart. Blätter herzförmig →. Krone meist blauviolett (mit roten Streifen), seltener rosa oder fast weiss, gross trichterförmig, bis 8 cm lang. Griffel mit 3 Narbenlappen

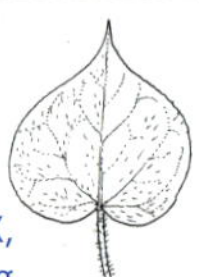

Ipomoea purpurea (L.) Roth, Purpur-Prunkwinde: T.li, 3 m, VII–IX, kollin (-montan), Gebüsche in Siedlungsnähe, Ruderalfluren, häufig kultiviert und selten verwildert, Neophyt

Cornaceae Hartriegelgewächse

Cornus Hartriegel

1 Blüten gelb, vor den Blättern erscheinend. Frucht rot. Blätter mit 3-5 Paar Seitennerven, Blattoberseite dunkelgrün, fein flaumhaarig, Blattunterseite heller, anliegend behaart (Abb. Tafel 10, S. 453)

Cornus mas L., Kornelkirsche: Ph-P, 5 m, III, kollin (-montan), trockenwarme Laubwälder, Waldränder, (Quer-pube, Orno-Ostr), auch kultiviert und verwildert, LC

- Blüten weiss, nach den Blättern erscheinend. Frucht dunkelblau oder weiss **2**

2 Blätter mit 5-7 Paar Seitennerven, Blattunterseite deutlich heller als die Blattoberseite. Kronblätter 3-4 mm lang. Frucht weiss (Abb. Tafel 10, S. 453)

Cornus sericea L., Seidiger Hornstrauch: Ph, 1-3 m, V-VI, kollin, feuchte Gebüsche, (Alni-inca), kultiviert und selten verwildert, Neophyt

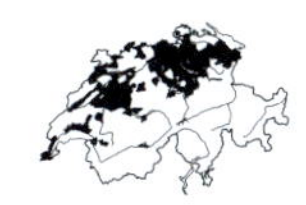

- Blätter mit 3-4 Paar Seitennerven, Blattunterseite nur wenig heller als die Blattoberseite, diese fast kahl (bei *C. mas* fein flaumhaarig). Kronblätter 4-7 mm lang. Frucht dunkelblau (Abb. Tafel 10, S. 453)

Cornus sanguinea L., Hartriegel: 2-4 m, Wälder, Waldränder, Gebüsche, LC

a Haare auf der Blattunterseite meist einfach, selten auch mit einigen Kompasshaaren

Cornus sanguinea L. subsp. ***sanguinea***, Blutroter Hartriegel: Ph, 2-4 m, V, kollin (-montan), Laubwälder, Waldränder, Hecken, (Prun-Rubi, Fagetalia, Luna-Acer)

- Behaarung auf der Blattunterseite ausschliesslich mit Kompasshaaren

Cornus sanguinea subsp. ***australis*** (C. A. Mey.) Jáv., Südlicher Hartriegel: Ph, 2-4 m, V-IX, kollin

Crassulaceae Dickblattgewächse

1 Untere Blätter schildförmig, fast kreisrund, in der Mitte gestielt ***Umbilicus***

- Blätter nicht schildförmig **2**

2 Kronblätter und Staubblätter 3 oder 4. Blätter gegenständig ***Crassula***

- Staubblätter 5-40. Blätter meist wechselständig oder spiralig **3**

3 Kelchblätter und Kronblätter 6-20. Staubblätter 12-40 ***Sempervivum***

- Kelchblätter und Kronblätter 5 (selten 4-8). Staubblätter 5-10 **4**

4 Blüten meist 4-zählig, eingeschlechtig ***Rhodiola***

- Blüten 5- oder 6-zählig, zwittrig ***Sedum***

Crassula Dickblatt

1 Blüten deutlich gestielt, meist 4-zählig, einzeln in den Blütenachseln. Kronblätter länger als der Kelch →

Crassula helmsii (Kirk) Cockayne, Nadelkraut: H, 30 cm, VII–IX, kollin, Bäche, Gräben, Ufer, adventiv, in Ausbreitung, Neophyt

- Blüten sitzend, meist 3-zählig, zu 2–3 achselständig. Kronblätter kürzer als der Kelch →

Crassula tillaea Lest.-Garl., Moos-Dickblatt: T, 10 cm, V–IX, kollin, feuchte, sandige Heiden, Äcker, (Nano, Thero-Brachypodietalia), adventiv, Neophyt

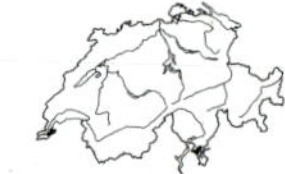

Rhodiola Rosenwurz

- Triebe unverzweigt. Blätter dicht wechselständig, flach, fleischig, kahl, 1–4 cm lang →. Blütenstand gedrängt doldig. Blüten meist 4-zählig, eingeschlechtig

Rhodiola rosea L., Rosenwurz: H, 10–30 cm, VI–VIII, subalpin-alpin, kalkarme Felsen, Felsrasen, (Andr-vand, Cari-curv), LC

Sedum Fettkraut

1 Blätter flach **2**

- Blätter zylindrisch oder halbzylindrisch **8**

2 Blätter ganzrandig **3**

- Blätter gezähnt **5**

3 Aufrecht. Blütenstand locker rispig. Blüten hellrosa. Ohne niederliegende, sterile Triebe

Sedum cepaea L., Rispiges Fettkraut: T, 10–30 cm, VI–VII, kollin, schattige, kalkarme Felsen, Mauern, Krautsäume, (Cyst, Aego), NT

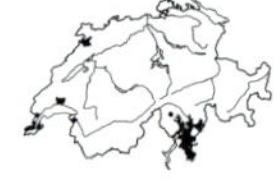

- Meist niederliegend. Blütenstand dicht-doldig. Blüten rot oder gelb. Mit niederliegenden, sterilen Trieben **4**

4 Blätter wechselständig, oval. Blüten rot

Sedum anacampseros L., *(Hylotelephium anacampseros)*, Rundblättriges Fettkraut: Ch, 10–30 cm, VII–IX, subalpin-alpin, kalkarme Schuttfluren, Felsen, (Sedo-Scle, Andr-alpi), NT

- Blätter → zu 3 quirlständig, lanzettlich. Blüten gelb

Sedum sarmentosum Bunge, Kriechender Mauerpfeffer: Ch, 15 cm, VI, kollin, trockenwarme Mauern, Alluvionen, (Cent-Pari), kultiviert und verwildert, Neophyt

5 Stängel 20–70 cm, aufrecht, ohne sterile Triebe

Sedum telephium L., Riesen-Fettkraut: 20–70 cm, VI–IX, kollin-alpin, Krautsäume, LC

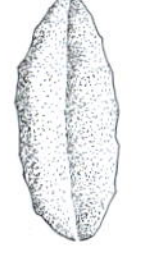

a Blüten grünlich gelb. Obere Blätter meist gegenständig, oft schwach herzförmig umfassend →

Sedum telephium subsp. ***maximum*** (L.) Kirschl., *(Hylotelephium maximum)*, Gewöhnliches Riesen-Fettkraut: H, VI–IX, kollin-subalpin, trockenwarme Schuttfluren, Felsen, steinige Krautsäume, Mauern, (Gale-sege, Stip-cala, Cent-Pari), LC

\- Blüten rot. Obere Blätter wechselständig, nie herzförmig umfassend **b**

b Obere Blätter am Grund abgerundet, sitzend, wenig gezähnt →. Früchte am Rücken mit Längsfurche

Sedum telephium L. subsp. ***telephium***, *(Hylotelephium telephium)*, Purpurrotes Riesen-Fettkraut: H, VI–IX, kollin-subalpin, steinige, eher kalkreiche Krautsäume, Mauern, Wegränder, Äcker, (Trif-medi, Cent-Pari, Cauc), LC

\- Obere Blätter am Grund keilförmig, deutlich und oft scharf gezähnt →. Früchte am Rücken ohne Längsfurche

Sedum telephium subsp. ***fabaria*** Kirschl., *(Hylotelephium fabaria)*, Saubohnen-Riesen-Fettkraut: H, VI–IX, kollin-montan, sonnige, kalkarme Pionierfluren, Felsen, (Sedo-Scle, Andr-vand), NT

\- Stängel 10–20 cm, niederliegend, mit sterilen Trieben **6**

6 Blätter wechselständig →. Blüten gelb. Kronblätter 6–9 mm lang, sternförmig ausgebreitet

Sedum hybridum L., Bastard-Fettkraut: 5–10 cm, V–VI, kollin-montan, Mauern, (Cent-Pari), kultiviert und selten verwildert, Neophyt

\- Blätter gegenständig. Blüten rot, rosa oder weiss **7**

7 Blüten meist purpurrot (selten weiss). Blätter 1,5–3 cm lang, mit papillösem Blattrand →

Sedum spurium M. Bieb., *(Phedimus spurius)*, Kaukasus-Fettkraut: Ch, 5–20 cm, VI–VIII, kollin-montan, trockenwarme Mauern, Felsen, (Alyss-Sedi, Sedo-Vero), kultiviert und verwildert, Neophyt

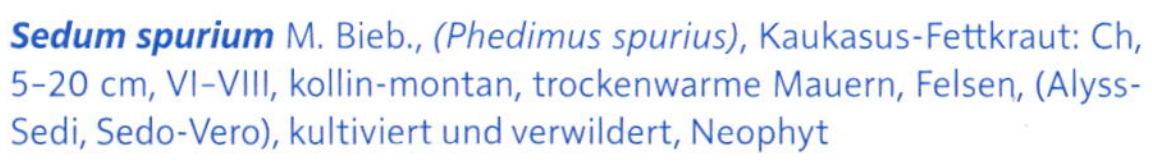

\- Blüten hell rosa. Blätter kaum länger als 1,5 cm, ohne papillösen Blattrand →. Kriechtriebe länger und weniger verholzend. Blühende Stängel weniger dicht beblättert als bei *S. spurium*

Sedum stoloniferum S. G. Gmel., *(Phedimus stoloniferus)*, Ausläuferbildendes Fettkraut: Ch, 5–20 cm, VI–VIII, kollin-montan, Wegränder, Wiesen, Rasenplätze, verwildert und in Ausbreitung, Neophyt

8 Kronblätter gelb **9**

\- Kronblätter nicht gelb **13**

9 Ohne sterile Triebe. Kelchblätter von gleicher Gestalt wie die Stängelblätter →. Kronblätter zugespitzt

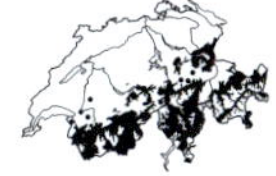

Sedum annuum L., Einjähriger Mauerpfeffer: T, 5–15 cm, VII–VIII, (kollin-) subalpin (-alpin), kalkarme, felsige Pionierfluren, Felsen, Mauern, LC

\- Mit sterilen Trieben **10**

10 Blätter stachelspitzig →, lineal-pfriemlich. Pflanze am Grund verholzt, mit mehreren bogig aufsteigenden Stängeln

Sedum rupestre aggr., Felsen-Mauerpfeffer: 5–50 cm, VII–IX, kollin-alpin, LC

a Blüten ohne Tragblätter. Pflanze bis 50 cm

Sedum sediforme (Jacq.) Pau, Nizza-Felsen-Mauerpfeffer: Ch, 50 cm, VII–IX, kollin-montan (-subalpin), trockenwarme, kalkreiche Pionierfluren, Felsen, Mauern, (Alyss-Sedi), kultiviert und verwildert, Neophyt

\- Blüten mit Tragblättern. Pflanze meist nicht über 30 cm **b**

b Äste des Blütenstandes vor dem Aufblühen zurückgebogen. Kelchblätter kahl oder sehr spärlich drüsig

Sedum rupestre L., Gewöhnlicher Felsen-Mauerpfeffer: Ch, 30 cm, VII–IX, kollin-montan, trockenwarme, steinige Pionierfluren, Trockenrasen, Mauern, Felsen, (Sedo-Vero, Alyss-Sedi), LC

\- Äste des Blütenstandes nicht zurückgebogen. Kelchblätter deutlich drüsig behaart **c**

c Kronblätter weisslich gelb, meist aufrecht

Sedum anopetalum DC., Blassgelber Felsen-Mauerpfeffer: Ch, 20 cm, VII–IX, kollin-montan, kalkreiche Felsgrusfluren, (Alyss-Sedi), Neophyt

\- Kronblätter lebhaft gelb, meist abstehend

Sedum montanum Songeon & E. P. Perrier, Berg-Felsen-Mauerpfeffer: Ch, 20 cm, VII–IX, kollin-subalpin, trockenwarme, eher kalkarme Schuttfluren, Mauern, Felsen, LC

\- Blätter stumpf, ohne Stachelspitze **11**

11 Kronblätter kurz, stumpf, gelb, 1–2x so lang wie die Kelchblätter. Blätter → der blühenden Triebe locker, unregelmässig angeordnet

Sedum alpestre Vill., Alpen-Mauerpfeffer: Ch, 2–8 cm, VII–VIII, (subalpin-)alpin, schuttige, eher kalkarme Schneetälchen, (Andr-alpi, Sali-herb), LC

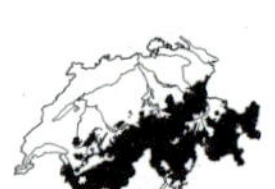

\- Kronblätter lanzettlich, spitz **12**

12 Blätter oben flach, unten gewölbt →, bis 3 mm dick, dicht in regelmässigen Längsreihen stehend. Kronblätter lebhaft gelb, spitz

Sedum acre L., Scharfer Mauerpfeffer: Ch, 3–15 cm, VI–VII, kollin-subalpin, trockene, eher kalkarme Pionierfluren, Trockenrasen, Mauern, Felsen, (Sedo-Scle, Alyss-Sedi, Meso), LC

\- Blätter zylindrisch →, ca. 1 mm dick, am Grund mit 0,3 mm langem, spornartigem Anhängsel, meist deutlich 6-zeilig angeordnet

Sedum sexangulare L., Milder Mauerpfeffer: Ch, 5–10 cm, VI–VIII, kollin-subalpin, steinige Pionierfluren, Trockenrasen, Mauern, Felsen, (Alyss-Sedi), LC

13 Blätter elliptisch, eiförmig oder fast kugelig →. Pflanze oben drüsig. Blüten auf 3–5 mm langen Stielen, 5- bis 7-zählig, weiss bis rosa

Sedum dasyphyllum L., Dickblättriger Mauerpfeffer: Ch, 5–15 cm, V–VIII, kollin-subalpin (-alpin), sonnige, eher kalkreiche Felsen, Mauern, (Pote, Cent-Pari), LC

\- Blätter länglich, keulenförmig oder lineal **14**

14 Staubblätter 5. Pflanze oben verzweigt und drüsig. Stängel mit 4 Längsleisten, rötlich überlaufen. Blätter halbzylindrisch, stumpf →, bis 2,5 mm lang. Kronblätter hellrosa mit dunklerem Mittelstreifen, 3–4x so lang wie der Kelch

Sedum rubens L., Rötlicher Mauerpfeffer: T, 5–15 cm, VI–VII, kollin, trockenwarme, kalkarme Pionierfluren, Weinberge, Wegränder, (Sedo-Vero), Archäophyt, EN

- Staubblätter 10 oder 12 **15**

15 Kronblätter fast 4x so lang wie der Kelch, mit grannenartiger Spitze. Pflanze im Blütenstand drüsig, sonst kahl **16**

- Kronblätter 2–3x so lang wie der Kelch. Pflanze überall drüsig oder vollständig kahl **17**

16 Kronblätter meist 6. Pflanze meist ohne sterile Triebe. Blätter länglich keulenförmig oder lineal →, bis 1,5 cm lang

Sedum hispanicum L., Spanischer Mauerpfeffer: T, 10–15 cm, VII, kollin-subalpin, trockenwarme Felsen, Mauern, (Pote, Cent-Pari), LC

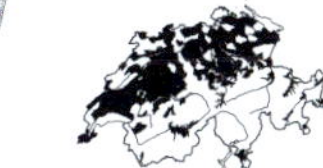

- Kronblätter meist 5. Pflanze mit zahlreichen sterilen Trieben

Sedum pallidum M. Bieb., Bleiches Fettkraut: Ch, 5–15 cm, VI–VII, kollin-montan, Wegränder, Steinpflaster, Kiesflächen, kultiviert und selten verwildert

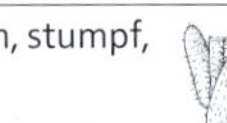

17 Pflanze drüsenhaarig →. Kronblätter ca. 2x so lang wie der Kelch, stumpf, rosa mit dunklerem Mittelstreifen

Sedum villosum L., Moor-Mauerpfeffer: T, 5–20 cm, VI–VII, montan-alpin, nasse, eher kalkarme Wiesen, Quellfluren, (Card-Mont), VU

- Pflanze kahl **18**

18 10–30 cm hoch, Stängel locker beblättert. Blätter lineal-walzenförmig, 0,5–1,5 cm lang →. Kronblätter stumpf, etwa 3x so lang wie die Kelchblätter

Sedum album L., Weisser Mauerpfeffer: Ch, 8–20 cm, VI–IX, kollin-subalpin (-alpin), sonnige Pionierfluren, Felsen, Mauern, Schuttfluren, (Alyss-Sedi, Sedo-Scle, Cent-Pari, Thla-rotu), LC

- 3–5 cm hoch, Stängel dicht beblättert. Blätter dicht stehend, dickfleischig-keulenförmig, 3–5 mm lang →. Kronblätter spitz, 1–1,5x so lang wie die Kelchblätter

Sedum atratum L., Dunkler Mauerpfeffer: T, 3–8 cm, VII–VIII, (montan-) subalpin-alpin, kalkreiche Felsen, Schieferschuttfluren, (Drab-Sesl, Drab-hopp), LC

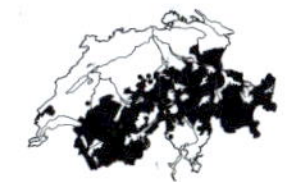

Sempervivum Hauswurz

1 Blüten gelb, Staubblätter rot oder violett **2**

- Blüten rot oder violett (bei *S. montanum* selten gelb, dann aber mit gelben Staubblättern) **3**

2 Rosettenblätter grün, überall dicht mit Drüsen besetzt. Kronblätter meist 12, 3-3,5x so lang wie die Kelchblätter

Sempervivum grandiflorum Haw., Grossblütige Hauswurz: Ch, 10-25 cm, VI-VIII, subalpin, felsige, kalkarme Pionierfluren, Felsen, (Sedo-Scle, Andr-vand), VU

- Rosettenblätter blaugrün, nur am Rand drüsig bewimpert. Kronblätter meist 15, 2-2,5x so lang wie die Kelchblätter

Sempervivum wulfenii Mert. & W. D. J. Koch, Wulfens Hauswurz: Ch, 10-30 cm, VII-VIII, subalpin-alpin, kalkarme Gebirgsrasen, (Fest-vari, Cari-curv), VU

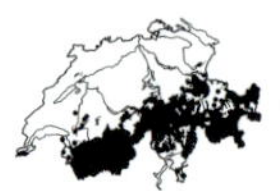

3 Rosettenblätter spinnwebig verbunden. Kronblätter 6-12, 2x so lang wie die Kelchblätter

Sempervivum arachnoideum L., Spinnweb-Hauswurz: Ch, 5-15 cm, VI-VIII, (kollin-) montan-alpin, felsige, kalkarme Pionierfluren, Felsen, (Sedo-Scle, Andr-vand), LC

a Rosetten bis 15 mm im Durchmesser. Spinnweb-Behaarung dicht bis spärlich, die Blätter nicht verdeckend

Sempervivum arachnoideum L. subsp. ***arachnoideum***, Echte Spinnweb-Hauswurz: Ch, höhere, feuchtere Lagen als *S. a.* subsp. *tomentosum*

- Rosetten oft mehr als 15 mm im Durchmesser. Spinnweb-Behaarung sehr dicht, zumindest die inneren Blätter der Rosette verdeckend

Sempervivum arachnoideum subsp. ***tomentosum*** (C. B. Lehm. & Schnittsp.) Schinz & Thell., Wollige Spinnweb-Hauswurz: Ch, wärmere, trockenere Lagen als *S. a.* subsp. *arachnoideum*. Der taxonomische Wert dieser Unterart ist umstritten

- Rosettenblätter nicht spinnwebig verbunden. Kronblätter meist 11-15, 2,5-4x so lang wie die Kelchblätter **4**

4 Rosettenblätter auf den Flächen dicht drüsig

Sempervivum montanum L., Berg-Hauswurz: Ch, 5-20 cm, VII-VIII, (montan-) subalpin-alpin, kalkarme, steinige Gebirgsrasen, Felsen, (Sedo-Scle, Cari-curv, Nard), LC

- Rosettenblätter nur am Rand bewimpert, sehr starr

Sempervivum tectorum L., Dach-Hauswurz: 10-60 cm, VII-VIII, kollin-alpin, Pionierfluren, Trockenrasen, LC

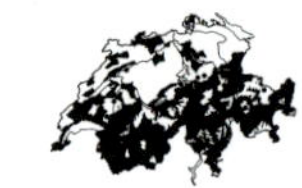

Umbilicus Venusnabel

- Triebe unverzweigt, kahl. Untere Blätter schildförmig, fast kreisrund, in der Mitte gestielt. Blüten in langer Traube, hängend, eine zylindrische Röhre mit kurzen Zipfeln bildend

Umbilicus rupestris (Salisb.) Dandy, Venusnabel: G, 10-50 cm, V-VII, kollin, schattige Mauern, Felsen, (Cyst), EN

Cucurbitaceae Kürbisgewächse

Mitarbeit von Sandra Reinhard

1	Blätter fiederteilig	***Citrullus***
-	Blätter ungeteilt bis gelappt, nie fiederteilig	**2**
2	Ranken fehlend	***Ecballium***
-	Ranken vorhanden, einfach oder verzweigt	**3**
3	Ranken (meist) einfach	**4**
-	Ranken 3- bis vielteilig	**5**
4	Pflanze einhäusig. Männliche Blüten zu wenigen, weibliche Blüten einzeln in den Blattachseln. Kronen der männlichen und weiblichen Blüten fast gleich gross	***Cucumis***
-	Pflanze ein- oder zweihäusig. Männliche und weibliche Blüten zahlreich in Blütenständen organisiert. Kronen der männlichen Blüten grösser als die der weiblichen	***Bryonia***
5	Krone > 5 cm gross, kräftig gelb	***Cucurbita***
-	Krone < 1 cm gross, grünlich weiss oder blassgelb, nie kräftig gelb	**6**
6	Krone 6-zählig. Frucht eine (etwas fleischige) Kapsel. Stacheln lang, weich, nicht leicht abbrechend	***Echinocystis***
-	Krone 5-zählig. Frucht eine Beere. Stacheln haarfein, leicht abbrechend	***Sicyos***

Bryonia Zaunrübe

1 Pflanze immer zweihäusig. Blattlappen meist ungezähnt oder stumpflich. Kronblätter der weiblichen Blüten 2x so lang wie die Kelchblätter. Narben behaart. Reife Frucht rot

Bryonia dioica Jacq., Zweihäusige Zaunrübe: H.li, 4 m, VI–VII, kollin (-montan), warme Gebüschsäume, Mauern, Schuttplätze, (Aego, Conv), LC

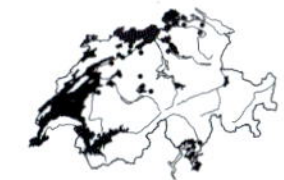

- Pflanze meist einhäusig. Alle Blattlappen scharf gezähnt. Kelchblätter der weiblichen Blüten fast so lang wie die Kronblätter. Narben kahl. Reife Frucht schwarz

Bryonia alba L., Weisse Zaunrübe: H.li, 2–3 m, VI–VII, kollin, warme Gebüschsäume, Hecken, (Aego), Archäophyt, RE

Citrullus Melone

- Ranken verzweigt. Blätter bis 20 cm gross, beiderseits steifhaarig. Blüten blassgelb, grün geadert, einzeln in den Blattachseln. Frucht kugelig, grün, oft gefleckt, glatt

Citrullus lanatus (Thunb.) Matsum. & Nakai, Wassermelone: T.li, 3 m, niederliegend oder kletternd, VI–IX, kollin, Acker-, Gartenränder, kultiviert und selten verwildert, Neophyt

Cucumis Gurke

1 Stängel weichhaarig. Blätter bis 20 cm gross, herzförmig, 3- bis 5-lappig, mit spitzen Ecken. Krone goldgelb, bis 3 cm gross. Frucht walzenförmig, jung mit Warzen oder Stacheln, später verkahlend

Cucumis sativus L., Gurke: T.li, 4 m, niederliegend oder kletternd, VI-VIII, kollin (-montan), Acker-, Gartenränder, kultiviert und selten verwildert, Neophyt

- Stängel rauhaarig. Blätter bis 25 cm gross, herzförmig, nur leicht 3- bis 5-lappig, mit abgerundeten Ecken. Krone blassgelb, bis 3 cm gross. Frucht kugelig, jung weichhaarig, später verkahlend

Cucumis melo L., Melone: T.li, 4 m, niederliegend oder kletternd, VI-VIII, kollin, Acker-, Gartenränder, kultiviert und selten verwildert, Neophyt

Cucurbita Kürbis

1 Blätter tief geteilt, Zipfel spitz. Stiel der weiblichen Blüten kantig bis gefurcht, nie korkig. Frucht länglich, Fruchtfleisch beim Kochen nicht zerfallend. Samen 7-15 mm lang, deutlich berandet, nie weiss

Cucurbita pepo L., Zuchetti: T.li, 10 m, niederliegend oder kletternd, VI-IX, kollin (-montan), Acker-, Gartenränder, kultiviert und selten verwildert, Neophyt

- Blätter wenig geteilt, Zipfel stumpf. Stiel der weiblichen Blüten rundlich, zuletzt korkartig (biegsamer als bei *C. pepo*). Frucht kugelig, Fruchtfleisch beim Kochen zerfallend. Samen 20-30 mm lang, kaum berandet, meist weiss

Cucurbita maxima Duchesne, Riesen-Kürbis: T.li, 10 m, niederliegend oder kletternd, VI-IX, kollin, Acker-, Gartenränder, kultiviert und selten verwildert, Neophyt

Ecballium Spritzgurke

- Blätter 4-10 cm gross, steifhaarig, dreieckig, Rand gezähnt, wellig. Männliche Blüten in gestielten Trauben, weibliche Blüten einzeln in den Blattachseln. Krone blassgelb, bis 2 cm gross. Frucht eiförmig, grün, steif behaart

Ecballium elaterium (L.) A. Rich., Spritzgurke: G, 20-60 cm, niederliegend oder kletternd, VI-IX, kollin, trockenwarme Wegränder, Schuttstellen, adventiv, Neophyt

Echinocystis Stachelgurke

- Stängel meist kahl. Ranken 3-teilig. Blätter 5-lappig, bis 15 cm gross, fast kahl. Männliche Blüten in vielblütigen Rispen, weibliche Blüten einzeln in den Blattachseln, ca. gleich gross wie die männlichen Blüten. Frucht eiförmig, grün, stachelig

Echinocystis lobata (Michx.) Torr. & A. Gray, Stachelgurke: T.li, 8 m, kletternd, VI-IX, kollin, Neophyt

Sicyos Haargurke

- Ranken 3-teilig. Blätter bis 20 cm gross, 3- bis 5-lappig, beiderseits kurzhaarig. Männliche Blüten in vielblütigen Trauben, weibliche Blüten etwas weniger zahlreich, kürzer gestielt als die männlichen Blüten in den Blattachseln. Frucht eiförmig-spitz

  Sicyos angulatus L., Haargurke: T.li, 4 m, kletternd, VI-IX, kollin, Auenwälder, Gebüsche, Neophyt

Droseraceae Sonnentaugewächse

1 Moorpflanze mit grundständigen Blättern. Blätter mit roten, klebrigen Drüsenhaaren. Blüten reinweiss ***Drosera***

- Untergetauchte Wasserpflanze mit quirlständigen Fangblättern ***Aldrovanda***

Aldrovanda Wasserfalle

- Untergetauchte Wasserpflanze ohne Wurzeln. Blätter und Fangblätter in zahlreichen Quirlen → entlang des Stängels. Blüten grünlich weiss, sehr selten ausgebildet

  Aldrovanda vesiculosa L., Wasserfalle: Ah.ca, 5-20 cm, VII-VIII, kollin, warme, nährstoffarme Stillgewässer, Teiche, (Spha-Utri), kultiviert und verwildert, EN. Die Vorkommen in der Schweiz gehen alle auf Ansiedlungen zurück

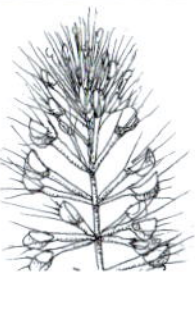

Drosera Sonnentau

1 Blattspreite kreisrund →, 5-12 mm breit, meist dem Boden angedrückt. Blattstiel behaart, an der Basis mit 2 Nebenblattschuppen

  Drosera rotundifolia L., Rundblättriger Sonnentau: H.ca, 5-12 cm, VII-VIII, kollin-subalpin, Hochmoore, (Spha-mage, Cari-lasi), NT

- Blattspreite spatelig bis verkehrt eiförmig, 2-10x so lang wie breit, in den Stiel verschmälert, meist aufrecht 2

2 Stängel seitlich der Rosette entspringend und aufsteigend, zur Blütezeit nicht oder nur wenig länger als die Blätter. Blattstiel kahl. Blattspreite verkehrt eiförmig →, 2-3(-4)x so lang wie breit. Frucht mit Längsrillen. Samen dicht warzig (Lupe!)

  Drosera intermedia Hayne, Mittlerer Sonnentau: H.ca, 3-8(-10) cm, VII-VIII, kollin-montan, Torfmoore, (Cari-lasi), EN

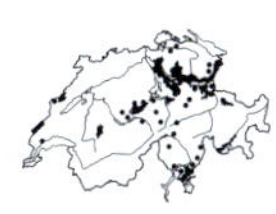

- Stängel (scheinbar) in der Mitte der Rosette entspringend, aufrecht, zur Blütezeit 2-3x so lang wie die Blätter. Blattstiel kahl oder behaart. Frucht glatt 3

3 Blattspreite lineal-spatelförmig →, (4-)5-10x so lang wie breit. Blattstiel meist kahl. Stängel mit 1-3 Blüten. Frucht viel länger als der Kelch. Samen fein geadert (Lupe!)

  Drosera anglica Huds., Langblättriger Sonnentau: H.ca, 10-20 (-30) cm, VII-VIII, kollin-subalpin, Zwischenmoore, VU

- Blattspreite verkehrt eiförmig. Blattstiel meist schwach behaart. Stängel oft mit mehr als 3 Blüten. Frucht sehr klein, kürzer als der Kelch. Samen verkümmert

  Drosera ×obovata Mert. & W. D. J. Koch, Breitblättriger Sonnentau: H.ca, 10–20 cm, VII–VIII, kollin-subalpin, Torfmoore, (Cari-lasi), VU. Hybride *D. rotundifolia* × *D. anglica*, auch ohne Elternarten anzutreffen

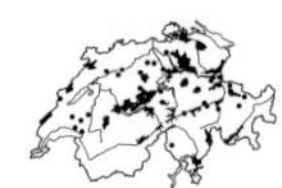

Ebenaceae — Ebenholzgewächse

Diospyros — Lotuspflaume

- Strauch oder kleiner Baum. Blätter ganzrandig, kahl oder behaart. Blüten kurz gestielt in den Blattachseln. Blüte 4-teilig, Krone rotbraun. Frucht 1–2,5 cm breit, zuerst gelb, später dunkelblau

  Diospyros lotus L., Lotuspflaume: Ph-P, 10 m, V–VI, kollin, Waldränder, Gebüsche, kultiviert und selten verwildert, Neophyt

Elaeagnaceae — Ölweidengewächse

1 Blätter 3–8(–10) mm breit — ***Hippophaë***

- Blätter 10–45 mm breit — ***Elaeagnus***

Elaeagnus — Ölweide

1 Immergrüner Strauch, mit vielen dornigen Zweigen. Blatt elliptisch, 5–10 cm lang, Rand gewellt und unregelmässig gezähnelt, unterseits silberweiss und braun beschuppt (Abb. Tafel 11, S. 519)

  Elaeagnus pungens Thunb., Dornige Ölweide: Ph-P, 2–4 m, V–VI, kollin, bodensaure Eichenwälder, Waldränder, Parkanlagen, (Quer-robo), kultiviert und selten verwildert, Neophyt

- Sommergrüner Strauch. Zweige ohne oder mit wenigen Dornen. Blätter schmal lanzettlich, 4–8 cm lang, ganzrandig, unterseits dicht filzig-sternhaarig (Abb. Tafel 11, S. 519)

  Elaeagnus angustifolia L., Schmalblättrige Ölweide: Ph-P, 3–7 m, V–VI, kollin-montan, Pioniergebüsche, Parkanlagen, kultiviert und selten verwildert, Neophyt

Hippophaë — Sanddorn

- Sommergrüner, zweihäusiger Strauch, mit vielen dornigen, dunkelgrauen Ästen. Blatt lineal-lanzettlich, oberseits grün, unterseits silberschuppig (schülfrig). Blüten in kurzen Ähren. Frucht eine orange Beere (Abb. Tafel 11, S. 519)

  Hippophaë rhamnoides L., Sanddorn: Ph-P, 1–4 m, IV–V, kollin-montan (-subalpin), sonnige, wechselfeuchte Gebüsche, Flussufer, Föhrenwälder, (Berb, Sali-elae), LC

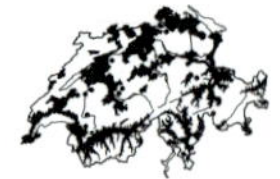

Elatinaceae Tännelgewächse

Elatine Tännel

1 Stängel aufsteigend. Blätter quirlständig, sitzend. Über Wasser meist zu 3(-5), eiförmig bis lanzettlich, 1-3 cm lang (vgl. *Hippuris*), unter Wasser bis 16 im Quirl, schlaff, bis 5 cm lang und max. 1,5 mm breit. Kronblätter 4. Staubblätter 8

Elatine alsinastrum L., Quirliger Tännel: Ah-T, 2-30(-100) cm, VI-IX, kollin, schlammige Seeufer, Tümpel, (Litt), Archäophyt, RE

- Stängel kriechend. Blätter gegenständig, gestielt **2**

2 Kronblätter 4, Staubblätter 8. Blattstiel meist länger als das Blatt. Samen sehr stark gekrümmt. Blüten sitzend. Kronblätter rötlich, ca. 0,5 mm lang, gleich lang wie die Kelchblätter. Samen hakenförmig gebogen →

Elatine hydropiper L., Wasserpfeffer-Tännel: Ah-T, 2-15 cm lang, VI-IX, kollin, wechselfeuchte, schlammige Ufer, (Litt), CR

- Kronblätter 3, Staubblätter 3 oder 6. Blattstiel kürzer als das Blatt. Samen wenig gebogen → **3**

3 Blüten sitzend, meist geschlossen bleibend. Kelch 2-teilig, so lang wie die Krone. Staubblätter 3 →

Elatine triandra Schkuhr, Dreimänniger Tännel: Ah-T, 2-20 cm lang, VI-IX, kollin, wechselfeuchte, schlammige Ufer, (Litt, Nano). Grenznah in Frankreich bei Delle

- Blüten 1-5 mm gestielt, sich öffnend. Kelch 3-teilig, kürzer als die Krone. Staubblätter 6 →. Kronblätter weiss oder rötlich, 1-1,5 mm lang, länger als die Kelchblätter

Elatine hexandra (Lapierre) DC., Sechsmänniger Tännel: Ah-T, 1-20 cm lang, VI-IX, kollin, wechselfeuchte, schlammige Ufer, (Litt, Nano), CR

Ericaceae Erikagewächse

1 Vollparasitische Pflanze ohne grüne Blätter, nur mit Blattschuppen, blassgelb ***Monotropa***

- Pflanze mit grünen Blättern **2**

2 Pflanze krautig, mit grundständiger Blattrosette (diese manchmal «schwebend», d. h., etwas über dem Boden stehend). Fruchtknoten oberständig **3**

- Pflanze verholzt (5-100 cm hoher Zwergstrauch). Blattrosette fehlend. Fruchtknoten ober- oder unterständig **6**

3 Blütenstand eine endständige Dolde aus 3-7 nickenden Blüten (in der Schweiz vermutlich ausgestorben) ***Chimaphila***

- Blüten einzeln oder in Trauben **4**

4 Eine einzige, endständige, 1,5-2,5 cm breite, weisse Blüte ***Moneses***

- Blüten in Trauben, die einzelnen Blüten weniger als 1,5 cm breit **5**

5 Blüten einseitswendig. Blätter stängelständig ***Orthilia***

- Blüten allseitswendig. Blätter in grundständiger Rosette ***Pyrola***

6	Kronblätter frei (sehr klein, 1,5 mm lang). Blüten 3-zählig. Frucht eine schwarze, glänzende Beere (eigentlich fleischige Steinfrucht). Blätter nadelförmig	***Empetrum***
-	Kronblätter verwachsen. Blüten 4- bis 5-zählig	**7**
7	Fruchtknoten unterständig. Frucht eine Beere	***Vaccinium***
-	Fruchtknoten oberständig. Frucht eine Kapsel oder Steinfrucht	**8**
8	Kelch 4-teilig. Blätter nadel- oder schuppenförmig, ca. 1 mm breit	**9**
-	Kelch 5-teilig. Blätter breit oder schmal, aber nicht nadel- oder schuppenförmig, mind. 2 mm breit	**10**
9	Blätter schuppenförmig, 1-3 mm lang. Blüten mit einem grünen Aussenkelch. Kelch rot, länger als die Krone	***Calluna***
-	Blätter nadelförmig, 6-10 mm lang zu 4(-5) quirlständig. Blüten ohne Aussenkelch. Kelch kürzer als die Krone	***Erica***
10	Blüten mindestens 12 mm lang, schmal trichterförmig, rot oder rosa	***Rhododendron***
-	Blüten höchstens 8 mm lang, krug- oder glockenförmig, weiss bis rosa	**11**
11	Blätter gegenständig, oval, 4-7 mm lang. Blüte glockenförmig	***Loiseleuria***
-	Blätter nicht gegenständig, 10-40 mm lang. Blüte kugelig bis krugförmig	**12**
12	Blätter schmal lanzettlich, bespitzt. Rand umgerollt. Blattunterseite weisslich bereift	***Andromeda***
-	Blätter verkehrt eiförmig, abgerundet. Rand nicht umgerollt. Blattunterseite nicht weisslich	***Arctostaphylos***

Andromeda Rosmarinheide

- Blätter immergrün, derb, lineal-lanzettlich →, 1-3 cm lang, Rand umgerollt, unterseits weisslich. Blüten kugelig, 5-8 mm lang, blassrosa, in 2- bis 8-blütigen Dolden

  Andromeda polifolia L., Rosmarinheide: Cp, 10-30 cm, V-VI, kollin-subalpin, Hochmoore, Moorwälder, (Spha-mage, Spha-Pice), NT

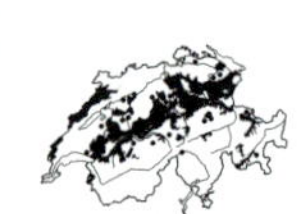

Arctostaphylos Bärentraube

1 Blätter immergrün, derb, oval, 1-3 cm lang, ganzrandig →, unterseits mit Nervennetz (vgl. *Vaccinium vitis-idaea*). Blüte krugförmig, weiss. Beeren rot, 6-8 mm breit. Teppiche bildender Spalierstrauch

Arctostaphylos uva-ursi (L.) Spreng., Immergrüne Bärentraube: Cp, 5-20 cm, IV-VII, (kollin-) montan-alpin, trockene, steinige Zwergstrauchheiden, Föhrenwälder, (Juni-nana, Eric-PiSy, Onon-Pini, Lari-Pine), LC

- Blätter sommergrün, verkehrt eiförmig, zum Grund hin verschmälert, 1-4 cm lang, fein gezähnt und lang bewimpert →. Blüte krugförmig, rosa oder grünlich weiss. Beeren zuerst rot, später schwarz

Arctostaphylos alpina (L.) Spreng., Alpen-Bärentraube: Cp, 5-15 cm, V-VI, subalpin-alpin, steinige Zwergstrauchheiden, Gratrasen, (Lois-Vacc, Eric-PiUn, Elyn), LC

Calluna **Heidekraut**

- Zwergstrauch. Blätter schuppig, immergrün, 4-zeilig angeordnet, sich dachziegelig überdeckend →. Blütenstand dichtblütig, meist einseitswendig. Blüten 4-zählig. Kronblätter nur ca. 2 mm lang, rosa

Calluna vulgaris (L.) Hull, Besenheide: Ph-Cp, 10-50(-90) cm, VIII-X, kollin-alpin, kalkarme Magerrasen, Zwergstrauchheiden, wechselfeuchte Moore, Wälder, (Juni-nana, Call-Geni, Dicr-Pini, Betu), LC

Chimaphila **Winterlieb**

- Blätter immergrün, spitz gezähnt. Blüten nickend, zu 3-7 in einer endständigen Dolde. Krone rosa, 5-6 mm lang, zusammenneigend

Chimaphila umbellata (L.) W. P. C. Barton, Winterlieb: Ch.he, 5-25 cm, VI-VII, kollin, trockene, kalkarme Föhrenwälder, (Dicr-Pini), RE

Empetrum **Krähenbeere**

- Spalierstrauch. Blätter nadelförmig, immergrün, 4-5 mm lang, Blattrand umgerollt. Blüten einzeln in Blattwinkeln, 3-zählig, rötlich, 2-3 mm lang. Staubblätter die Krone weit überragend. Steinfrucht beerenartig, schwarz, 6-8 mm breit

Empetrum nigrum L., Krähenbeere: Ph-Cp, 10-30 cm, V-VI, montan-alpin, Zwergstrauchheiden, LC

a Junge Zweige fast immer rot, oft wurzelnd. Blätter ± lineal (im Mittelteil parallelrandig), 1-1,5 mm breit →. Blüten meist eingeschlechtig und Pflanze zweihäusig, selten fruchtend

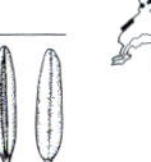

Empetrum nigrum L. subsp. **nigrum**, Schwarze Krähenbeere: Ph-Cp, 10-30 cm, V-VI, montan-subalpin, kalkarme, eher feuchte Zwergstrauchheiden, Torfmoore, Moorwälder, (Spha-mage, Cari-lasi, Spha-Pice), EN

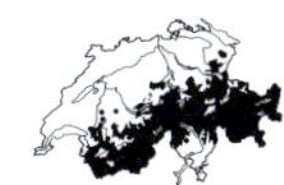

- Junge Zweige grün (seltener rötlich), nicht wurzelnd. Blätter schmal oval, 1,5-2 mm breit →. Die meisten Blüten zwittrig, reichlich fruchtend

Empetrum nigrum subsp. **hermaphroditum** (Hagerup) Böcher, Zwittrige Krähenbeere: Cp, 10-30 cm, V-VI, subalpin-alpin, Zwergstrauchheiden, Grate, (Lois-Vacc), LC

Erica **Heide, Erika**

1 Blätter und Stängel abstehend bewimpert. Staubblätter die Krone nicht überragend. Blätter nadelförmig, zu 4 quirlständig →, 6-10 mm lang. Blütenstand kopfig, nickend, 5- bis 15-blütig, Krone rosa

Erica tetralix L., Glockenheide: Cp, 30 cm, VII, montan, Hochmoore, (Spha-mage), Neophyt

- Blätter und Stängel kahl. Staubblätter die Krone überragend **2**

2 Sträuchlein 10–30 cm hoch. Blütenstiele kürzer als die Blüten. Blüten in einseitigen Trauben. Krone kräftig rosa, länglich, 5–7 mm lang, die braunen Staubbeutel herausragend. Blätter nadelförmig, kahl, meist zu 4 quirlständig →, 6–10 mm lang

Erica carnea L., Schneeheide: Cp, 10–30 cm, (I–)III–VI, (kollin-) montan-subalpin (-alpin), kalkreiche Zwergstrauchheiden, Föhrenwälder, Bergweiden, Felsen, (Eric, Eric-PiSy, Sesl), LC

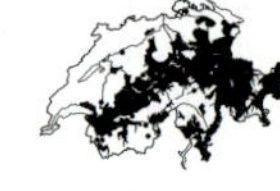

- Strauch 30–80 cm hoch. Blütenstiele 2–3x so lang wie die Blüten. Blütentrauben allseitswendig. Krone hellrosa, glockig, 3–4 mm lang, die Staubbeutel herausragend

Erica vagans L., Wanderheide: Cp, 30–80 cm, VI–IX, kollin, kalkarme Zwergstrauchheiden, (Call-Geni), RE

Loiseleuria — Alpenazalee

- Spalierstrauch. Blätter immergrün, derb, oval, 4–7 mm lang, kahl, mit Längsfurche über der Blattrippe, Rand umgerollt →. Blüten zu 3–5. Krone glockig, 5-spaltig, rosa. Frucht eine kugelige Kapsel

Loiseleuria procumbens (L.) Desv., Alpenazalee: Cp, 3–10 cm, VI–VII, subalpin-alpin, felsige, kalkarme Zwergstrauchheiden, Grate, (Lois-Vacc), LC

Moneses — Moosauge

- Blätter rund, 2 cm breit, fein gezähnt, in einer Grundrosette. Stängel mit 1 grossen, endständigen, nickenden Blüte. Krone weiss, flach ausgebreitet, 1,5–2,5 cm breit

Moneses uniflora (L.) A. Gray, Moosauge: H.he, 5–15 cm, VI–VIII, (kollin-) montan-subalpin, humusreiche Nadelwälder, (Vacc-Pice, Abie-Pice), LC

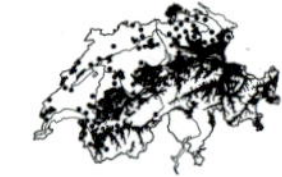

Monotropa — Fichtenspargel

- Pflanze blassgelb, ohne grüne Blätter, nur mit Blattschuppen. Aussenseite der Krone kahl oder behaart (vgl. mit der rötlich weissen, ebenfalls parasitierenden *Lathraea*, Orobanchaceae). Auf Wurzelpilzen von Bäumen parasitierend (mykotroph)

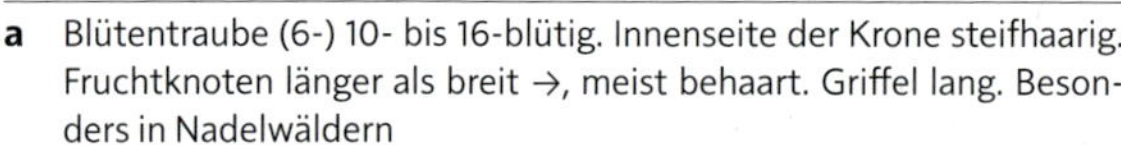

Monotropa hypopitys aggr., Fichtenspargel: G.sp, 5–30 cm, VI–VIII, kollin-subalpin, Wälder, LC

a Blütentraube (6-) 10- bis 16-blütig. Innenseite der Krone steifhaarig. Fruchtknoten länger als breit →, meist behaart. Griffel lang. Besonders in Nadelwäldern

Monotropa hypopitys L., Gewöhnlicher Fichtenspargel: G.sp, 5–30 cm, VI–VIII, kollin-subalpin, Nadelwälder, (Eric-PiSy, Vacc-Pice), LC

- Blütentraube 3- bis 6- (10-)blütig. Innenseite der Krone kahl. Fruchtknoten ca. so lang wie breit →, meist kahl. Griffel kurz. Besonders in Laubwäldern

Monotropa hypophegea Wallr., Kahler Fichtenspargel: G.sp, 5–20 cm, VI–VIII, kollin-subalpin, bodensaure Laubmischwälder, (Loni-Fage, Quer-robo), NT

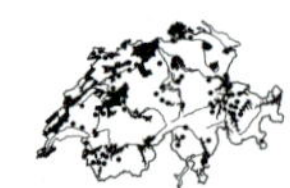

Orthilia Birngrün

- Untere Blätter gehäuft («schwebende Rosette»), eilanzettlich, bis 3 cm lang, fein gezähnt. Blütenstand einseitswendig, nickend. Krone hell gelbgrün. Griffel die Krone überragend →

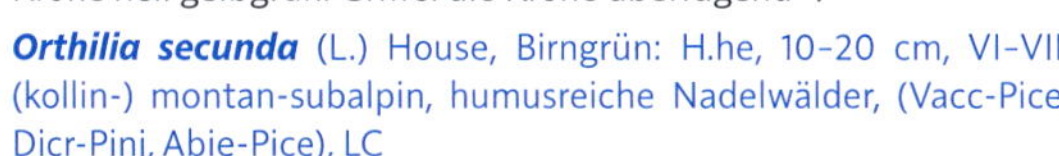

Orthilia secunda (L.) House, Birngrün: H.he, 10–20 cm, VI–VII, (kollin-) montan-subalpin, humusreiche Nadelwälder, (Vacc-Pice, Dicr-Pini, Abie-Pice), LC

Pyrola Wintergrün

1 Krone breit glockig (bis schüsselförmig). Griffel abwärtsgebogen. Staubblätter aufwärtsgebogen **2**

- Krone eng glockig. Griffel gerade. Staubblätter zur Mitte hin zusammenneigend **3**

2 Kelchzipfel lanzettlich, viel länger als breit, 3–5 mm lang. Blütentraube (5-) 8- bis 25-blütig. Krone milchweiss. Griffel gebogen →. Stängel unten stumpfkantig. Blattspreite ca. 3–5 cm lang

Pyrola rotundifolia L., Rundblättriges Wintergrün: H.he, 10–40 cm, VI–VIII, (kollin-) montan-subalpin (-alpin), kalkreiche Bergwälder, Zwergstrauchheiden, (Eric-PiSy, Eric, Vacc-Pice), LC

- Kelchzipfel dreieckig eiförmig, nicht länger als breit, bis 2 mm lang. Blütentraube 3- bis 10-blütig. Krone grünlich weiss. Griffel gebogen →. Stängel unten scharfkantig. Blattspreite ca. 1–2,5 cm lang

Pyrola chlorantha Sw., Grünliches Wintergrün: H.he, 8–20 cm, VI–VIII, (kollin-) montan-subalpin, lichte, eher kalkreiche Föhrenwälder, (Eric-PiSy), VU

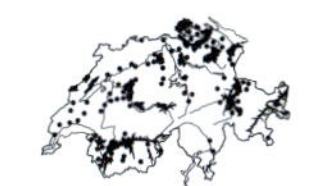

3 Kronblätter nur 3–5 mm lang. Griffel sehr kurz (1–2 mm), senkrecht auf dem Fruchtknoten →, kürzer als dieser, die Kronblätter nicht überragend. Blattspreite ca. 2–4 cm lang

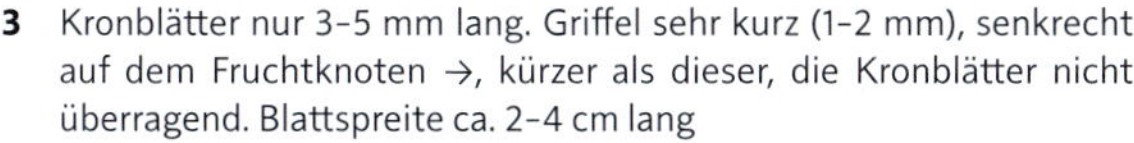

Pyrola minor L., Kleines Wintergrün: H.he, 10–30 cm, VI–VIII, (kollin-) montan-subalpin (-alpin), humusreiche, kalkarme Zwergstrauchheiden, Bergwälder, (Rhod-Vacc, Vacc-Pice, Luzu-Fage), LC

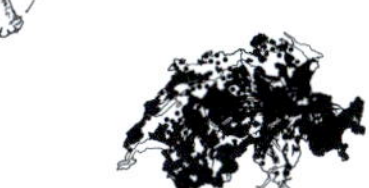

- Kronblätter 6–8 mm lang. Griffel 3–10 mm lang, schief, länger als der Fruchtknoten →, die Kronblätter überragend. Blattspreite ca. 3–4 cm lang

Pyrola media Sw., Mittleres Wintergrün: H.he, 10–20 cm, VI–VIII, (kollin-) subalpin, kalkarme, humusreiche Nadelwälder, Zwergstrauchheiden, (Vacc-Pice, Juni-nana), LC

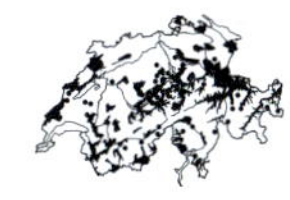

Rhododendron Alpenrose

1 Blätter kahl, unterseits zuletzt stark rostbraun →, immergrün, derb, 2-4 cm lang, Rand umgebogen. Krone leuchtend rot, ca. 1,5 cm lang. Kelchzipfel kurz dreieckig, bewimpert. Frucht eine 5-fächerige Kapsel

Rhododendron ferrugineum L., Rostblättrige Alpenrose: Cp, 30-100 cm, VI-VIII, (montan-) subalpin (-alpin), kalkarme Zwergstrauchheiden, Bergwälder, Weiden, (Rhod-Vacc, Lari-Pine, Abie-Pice, Vacc-Pice), LC

- Blätter zumindest teilweise bewimpert, Unterseite grün oder (zuletzt) schwach rostrot **2**

2 Blätter spärlich bewimpert, schwach wellig, unterseits grün bis schwach rostbraun →. Steht intermediär zwischen *Rh. ferrugineum* und *hirsutum* (Hybride zwischen den beiden Arten)

Rhododendron ×intermedium Wender., Bastard-Alpenrose: Cp, 20-60 cm, VI-VII, subalpin, Zwergstrauchheiden, Bergwälder, (Rhod-Vacc, Eric-PiUn)

- Blätter reichlich bewimpert (Wimpern ca. 1 mm lang), unterseits bleibend grün, zerstreut rostbraun getüpfelt →, fein wellig, Rand nicht umgebogen. Krone hellrot. Kelchzipfel länglich lanzettlich, lang bewimpert

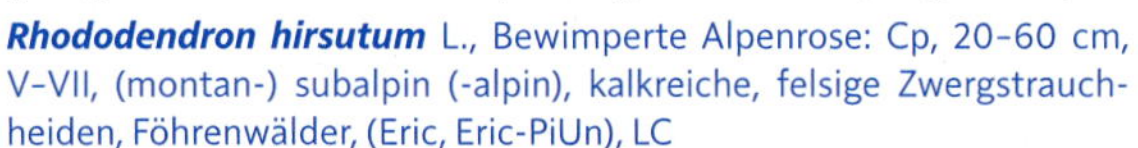

Rhododendron hirsutum L., Bewimperte Alpenrose: Cp, 20-60 cm, V-VII, (montan-) subalpin (-alpin), kalkreiche, felsige Zwergstrauchheiden, Föhrenwälder, (Eric, Eric-PiUn), LC

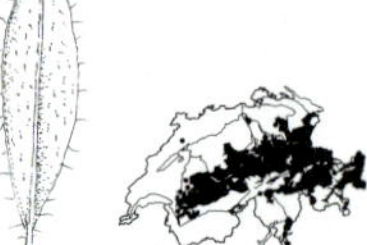

Vaccinium Heidelbeere, Preiselbeere

1 Krone bis fast zum Grund geteilt, Zipfel zurückgeschlagen (subgen. *Oxycoccus*) **2**

- Krone kaum bis zur Mitte geteilt, Zipfel nicht zurückgeschlagen (subgen. *Vaccinium*) **4**

2 Vorblätter an den Blütenstielen 3-10 mm lang, grün. Beere rot, 1-2 cm breit

Vaccinium macrocarpon Aiton, Grossfrüchtige Moosbeere: Cp, 2-10 cm, V-VII, montan, Hochmoore, (Spha-mage), Neophyt

- Vorblätter 1-3 mm lang, schuppenartig. Beere höchstens 8 mm breit **3**

3 Blütenstiele kurz behaart. Die meisten Blätter 3-6 mm breit, immergrün, elliptisch, am Grund abgerundet, bis 1 cm lang →. Zweige bis 1 m lang, fadenförmig, im Torfmoos kriechend. Staubfäden nur auf einer Kante behaart, nach der Blüte kürzer als die Staubbeutel (samt Fortsätzen). Beere rot, bis 8 mm breit

Vaccinium oxycoccos L., Gemeine Moosbeere: Cp, 2-10 cm, V-VII, kollin-montan, Hochmoore, Moorwälder, (Spha-mage, Spha-Pice), NT

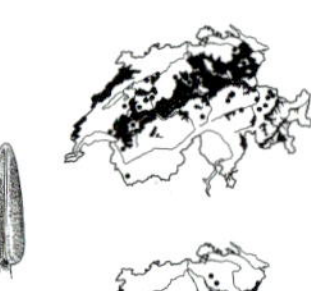

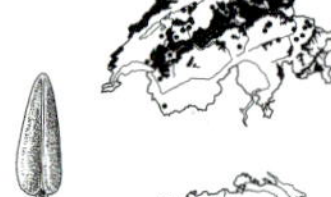

- Blütenstiele (fast) kahl. Blätter höchstens 2,5 mm breit, immergrün, am Grund gestutzt oder ausgerandet →. Staubfäden ringsum behaart, nach der Blüte länger als die Staubbeutel (samt Fortsätzen)

Vaccinium microcarpum (Rupr.) Schmalh., Kleinfrüchtige Moosbeere: Cp, 2-10 cm, V-VII, (kollin-) montan-subalpin, Hochmoore, (Spha-mage), VU

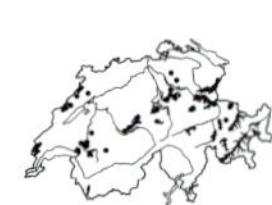

4 Blätter immergrün, derb, oval, 0,5-3 cm lang, ± ganzrandig →, Rand umgebogen, unterseits heller, drüsig punktiert (vgl. *Arctostaphylos uva-ursi, Polygala chamaebuxus*). Krone glockig, 4-zählig. Beeren rot, 5-8 mm breit

Vaccinium vitis-idaea L., Preiselbeere: Cp, 5-30 cm, V-VI, (kollin-) montan-subalpin, bodensaure Bergwälder, Zwergstrauchheiden, (Lari-Pine, Vacc-Pice, Juni-nana, Dicr-Pini), LC

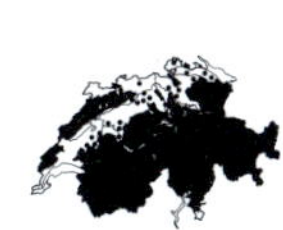

a Zweige ± aufsteigend, nicht spalierbildend. Die meisten Blätter 1,5-3 cm lang und 0,8-1,5 cm breit. Blüten (5-)6-8 mm lang

Vaccinium vitis-idaea L. subsp. ***vitis-idaea***, Gewöhnliche Preiselbeere: Cp, 5-30 cm, V-VI, (kollin-) montan-subalpin

- Zweige ± niederliegend, spalierförmig. In allen Teilen kleiner als die vorige Unterart. Die meisten Blätter 0,5-1,5 cm lang und 0,3-0,8 mm breit. Blüten 4-6 mm lang

Vaccinium vitis-idaea subsp. ***minus*** (G. Lodd.) Hultén, Nördliche Preiselbeere: Cp, 5-15 cm, V-VI

- Blätter sommergrün. Beere blauschwarz, bereift **5**

5 Stängel kantig, grün. Blätter hellgrün, 1-3 cm lang, mit flachem, fein gezähntem Rand →. Blüten kugelig, grünlich bis rot. Beeren dunkelblau, bereift, kugelig, Fruchtfleisch dunkel

Vaccinium myrtillus L., Heidelbeere: Cp, 10-50 cm, IV-VI, kollin-alpin, bodensaure, humusreiche Wälder, Zwergstrauchheiden, Weiden, Torfmoore, (Rhod-Vacc, Call-Geni, Vacc-Pice, Luzu-Fage), LC

- Stängel rund, braun. Blätter verkehrt eiförmig, ganzrandig, oberseits blaugrün, unterseits graugrün. Blüten weiss oder rosa. Frucht blau, Fruchtfleisch hell

Vaccinium uliginosum aggr., Rauschbeere: Cp, 5-80 cm, V-VI, kollin-alpin, LC

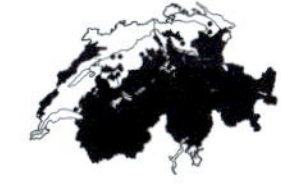

a Pflanze 5-20(-30) cm hoch. Blätter höchstens 1 cm breit →. Blüten meist einzeln in den Blattwinkeln, Stiele 1-3 mm lang, kürzer als die Blüten

Vaccinium gaultherioides Bigelow, Kleinblättrige Rauschbeere: Cp, 5-20(-30) cm, V-VI, subalpin-alpin, bodensaure Zwergstrauchheiden, Bergweiden, Nadelwälder, (Juni-nana, Rhod-Vacc, Lois-Vacc, Lari-Pine), LC

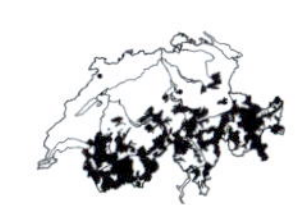

- Pflanze (20-)30-80 cm hoch. Blätter oft über 1 cm breit →. Blüten zu 2-3 in den Blattwinkeln, Stiele 3-10 mm lang, länger als die Blüten

Vaccinium uliginosum L., Gewöhnliche Rauschbeere: Cp, (20-)30-80 cm, V-VI, kollin-montan, Moore, Moorwälder, (Spha-mage, Betu, Spha-Pice), NT

Euphorbiaceae Wolfsmilchgewächse

1 Pflanze mit Milchsaft. Blätter gegen- oder wechselständig. Scheinblüten → (eigentlich Cyathien = kleinste Blütenstände aus extrem reduzierten Einzelblüten und einem Hüllbecher) einzeln oder in Scheindolden **Euphorbia**

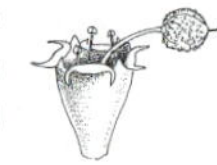

- Pflanze ohne Milchsaft. Blüten entweder rein männlich oder rein weiblich, nicht in Scheinblüten (Cyathien) zusammengefasst und zumindest teilweise in Scheinähren **2**

2 Blätter gegenständig **Mercurialis**

- Blätter wechselständig **Acalypha**

Acalypha Nesselblatt

1 Scheinähren kurz, in den Blattachseln von tief gezähnten, kragenförmigen Hochblättern umgeben. Blätter ca. 1 cm lang gestielt. Stängel oft rötlich

Acalypha virginica L., Virginisches Nesselblatt: T, 15–50 cm, VI–IX, kollin, trockenwarme Äcker, Ackerränder, (Pani-Seta), Neophyt

- Scheinähren 1,5–5 cm lang, ohne auffällige Hochblätter in den Blattachseln. Blätter 2–6 cm lang gestielt. Stängel oft rötlich

Acalypha australis L., Südliches Nesselblatt: T, 20–50 cm, VII–IX, kollin, Wegränder, Autobahnböschungen, Neophyt

Euphorbia Wolfsmilch

1 Blätter gegen- oder quirlständig. Stängel aufrecht oder niederliegend **2**

- Blätter wechselständig. Stängel aufrecht (vgl. aber die verwilderte Gartenpflanze *E. myrsinites*) **5**

2 Stängel aufrecht oder aufsteigend. Blätter über 1,5 cm lang **3**

- Pflanze niederliegend. Blätter weniger als 1,5 cm lang

Euphorbia maculata aggr.

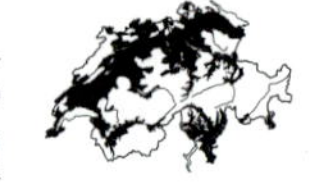

a Stängel behaart. Frucht meist (zumindest an den Kanten) behaart **b**

- Stängel kahl. Frucht kahl **d**

b Blätter rundlich, kaum länger als breit, 4–8 mm im Durchmesser, nur sehr selten gefleckt, blaugrün. Samen unregelmässig runzelig **e**

→ *Euphorbia chamaesyce*

- Blätter länger als breit, 9–20 mm lang. Samen regelmässig gestreift **c**

c Blätter ungefleckt, oft blaugrün. Nebenblätter auf der Stängelunterseite verwachsen, die kleineren auf der Oberseite frei. Frucht nur auf den Kanten abstehend behaart, selten kahl → . Samen quergerillt

Euphorbia prostrata Aiton, Hingestreckte Wolfsmilch: T, 5–25 cm lang, VI–IX, kollin-montan, trockenwarme Wegränder, Bahnareale, (Poly-avic, Erag), Neophyt

- Blätter meist gefleckt. Nebenblätter alle nicht verwachsen und gleich gross. Frucht anliegend behaart →

Euphorbia maculata L., Gefleckte Wolfsmilch: T, 5–25 cm lang, VI–IX, kollin-montan, trockenwarme Wegränder, Schuttplätze, Strassenpflaster, (Sagi-proc, Erag), Neophyt

d Blätter rundlich (v. a. die unteren), kaum länger als breit, ganzrandig oder an der Spitze etwas ausgerandet **e**

- Blätter 1,5–3x so lang wie breit, an der Spitze fein gezähnelt **f**

e Samen unregelmässig runzelig →. Blätter 4–8 mm im Durchmesser, selten gefleckt, blaugrün, ganzrandig

Euphorbia chamaesyce L., Zwerg-Wolfsmilch: T, 5–15 cm lang, VI–IX, kollin, trockenwarme Schuttplätze, Bahnareale; trockene Trittfluren (Erag), (Erag), Neophyt

- Samen glatt →. Pflanze stets vollständig kahl. Blätter 2–6 mm im Durchmesser, ungefleckt, blaugrün, am Grund leicht herzförmig. Pflanze an den Knoten wurzelnd

Euphorbia serpens Kunth, Schlängel-Wolfsmilch: T, 5–25 cm lang, VI–IX, kollin, trockene Trittfluren, (Poly-avic), adventiv, Neophyt

f Samen glatt oder etwas höckerig, mit 4 ausgeprägten Kanten. Blätter länglich, 6–15 mm lang, ungefleckt. Drüsen des Hüllbechers auffallend, weiss. Frucht 2–2,2 mm, auffallend kantig →

Euphorbia serpyllifolia Pers., Thymian-Wolfsmilch: T, 5–25 cm lang, VI–IX, kollin, trockenwarme Wegränder, Bahnareale, (Erag), adventiv, Neophyt

- Samen glatt, mit 3 wenig ausgeprägten Kanten. Blätter verkehrt eiförmig bis länglich, selten gefleckt, 5–10 mm lang, 2–4 mm breit. Drüsen des Hüllbechers unscheinbar. Frucht 1,5–1,9 mm →

Euphorbia humifusa Willd., Niederliegende Wolfsmilch: T, 5–25 cm lang, VI–IX, kollin, trockenwarme Wegränder, Trittrasen, Strassenpflaster, (Sagi-proc, Poly-avic), Neophyt

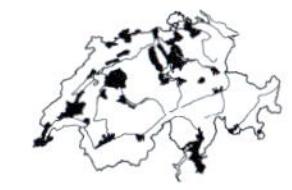

3 Pflanze kahl. Stängel meist unverzweigt. Blätter ganzrandig, auffällig kreuzgegenständig, länglich lineal, blaugrün

Euphorbia lathyris L., Kreuzblättrige Wolfsmilch: H.ha-T, 20–100 cm, VI–VIII, kollin, trockenwarme Schuttplätze, Gartenränder, (Sisy), kultiviert und verwildert, Kulturpflanze

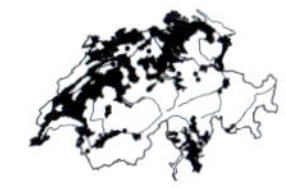

- Pflanze locker behaart (selten fast kahl). Blätter gesägelt oder gesägt, nicht kreuzgegenständig. Frucht kahl **4**

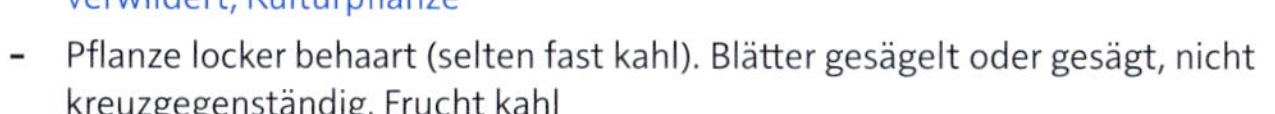

4 Blätter stumpf, am Rand gezähnelt →, zum Blütenstand hin an Grösse abnehmend. Stängel von Grund auf gabelig verzweigt

Euphorbia nutans Lag., Nickende Wolfsmilch: T, 5–30 cm, VII–IX, kollin, trockenwarme Schuttplätze, Bahnareale, Wegränder, (Erag), Neophyt

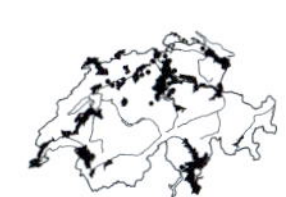

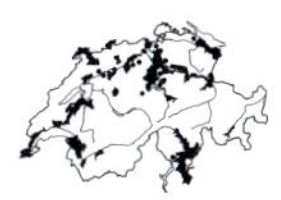

- Blätter lang zugespitzt, am Rand deutlich gezähnt →. Der Blütenstand ist durch verlängerte Blätter eingerahmt. Stängel verzweigt oder unverzweigt

Euphorbia davidii Subils, (*E. dentata* var. *lancifolia*), Davids Wolfsmilch: T, 20–50 cm, VII–IX, kollin, trockenwarme Schuttplätze, Bahnareale, (Erag), neuerdings an warmen Pionierstandorten auftauchend, Neophyt

5 Drüsen des Hüllbechers rundlich, elliptisch oder nierenförmig, ganzrandig (links) → **6**

- Drüsen des Hüllbechers halbmondförmig oder 2-hörnig (rechts) → **13**

6 Frucht glatt oder fein punktiert **7**

- Frucht deutlich warzig **8**

7 Pflanze einjährig, Stängel einzeln. Blätter verkehrt eiförmig, gelbgrün bis dunkelgrün, vorne gezähnt, bis 6 cm lang. Scheindolde 3- bis 5-strahlig. Frucht →

Euphorbia helioscopia L., Sonnenwend-Wolfsmilch: T, 10–40 cm, IV–IX, kollin-montan (-subalpin), Äcker, Gärten, Weinberge, (Fuma-Euph, Cauc), Archäophyt, LC

- Pflanze am Grund verholzt, mit mehreren Stängeln. Blätter lineal-lanzettlich, graugrün, ungezähnt, 1–3 cm lang. Scheindolde vielstrahlig. Frucht →

Euphorbia seguieriana Neck., *(E. gerardiana)*, Steppen-Wolfsmilch: Ch, 20–60 cm, V–VII, kollin-subalpin, kalkreiche Felsensteppen, Föhrenwälder, (Stip-Poio, Onon-Pini), LC

8 Pflanze 70–140 cm hoch, Stängel am Grund 10 mm dick, im oberen Teil mit blütenlosen Seitentrieben. Scheindolde vielstrahlig. Frucht →

Euphorbia palustris L., Sumpf-Wolfsmilch: H, 50–150 cm, V–VI, kollin, nasse Staudenfluren, Grossseggenriede, Röhrichte, (Fili, Magn), VU

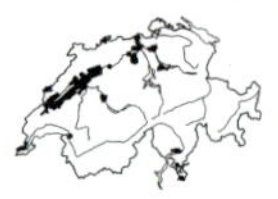

- Pflanze 15–60 cm hoch. Stängel am Grund bis 4 mm dick, ohne blütenlose Seitentriebe. Scheindolde 3- bis 5- (7-)strahlig **9**

9 Pflanze einjährig, Stängel zum Grund hin verschmälert. Mittlere Stängelblätter am Grund schmal herzförmig. Hüllblätter (Tragblätter der Doldenstrahlen) stachelspitzig **10**

- Pflanze mehrjährig, Stängel zum Grund hin nicht verschmälert. Mittlere Stängelblätter am Grund verschmälert. Hüllblätter stumpf **11**

10 Scheindolde meist 5-strahlig. Frucht 3–3,5 mm breit, mit 3 warzenlosen Streifen →, Warzen halbkugelig (Lupe!). Samen 1,5–2 mm dick

Euphorbia platyphyllos L., Breitblättrige Wolfsmilch: T, 30–60 cm, VI–VIII, kollin (-montan), kalkreiche Äcker, Wegränder, (Fuma-Euph, Cauc), LC

- Scheindolde meist 3-strahlig. Frucht 2–2,5 mm breit, überall warzig →, Warzen kurz zylindrisch (Lupe!). Samen 1–1,5 mm dick

Euphorbia stricta L., Steife Wolfsmilch: H-T, 20–70 cm, VI–VII, kollin (-montan), wechseltrockene, kalkreiche Krautsäume, lichte Wälder, (Aego), LC

11 Hüllchenblätter (Tragblätter der Einzelblütenstände) im Umriss dreieckig, nicht gestielt. Drüsen des Hüllbechers zuerst grünlich, später dunkelrot. Scheindolde meist 5-strahlig

Euphorbia dulcis L., Süsse Wolfsmilch: G, 15–45 cm, IV–VI, kollin-montan (-subalpin), kalkreiche Buchenwälder, Auenwälder, (Fagetalia, Frax), LC

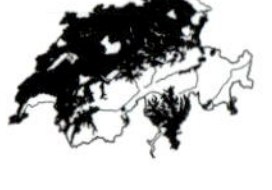

- Hüllchenblätter im Umriss oval, kurz gestielt. Drüsen des Hüllbechers braungelb **12**

12 Blätter ca. 0,1 mm lang gezähnt (Lupe!). Mittlere Stängelblätter 2-3 cm lang. Der unterste Hüllbecher (in der Mitte jedes Doldenstrahls) nur 1-3 mm gestielt. Frucht →

Euphorbia verrucosa L., Warzige Wolfsmilch: H, 25-50 cm, V-VI, kollin-montan, kalkreiche Halbtrockenrasen, (Meso), LC

- Blätter ganzrandig. Mittlere Stängelblätter 3-5 cm lang. Der unterste Hüllbecher 5-15 mm gestielt

Euphorbia carniolica Jacq., Krainer Wolfsmilch: H, 25-50 cm, VI, kollin-montan, mässig trockene Buchenwälder, (Fagetalia), VU

13 Hüllchenblätter am Grund verwachsen →. Pflanze am Grund verholzt, neben blühenden Trieben mit mehreren sterilen Trieben. Oberste Blätter überwinternd

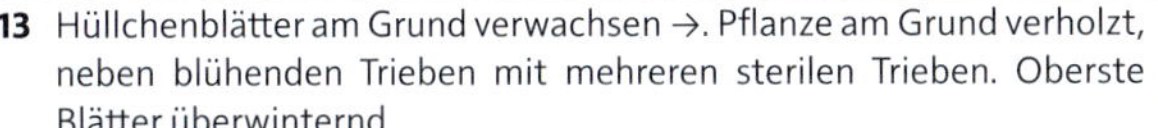

Euphorbia amygdaloides L., Mandelblättrige Wolfsmilch: Ch, 30-60 cm, IV-VI, kollin-montan, kalkreiche Buchenwälder, Auenwälder, (Loni-Fage, Ceph-Fage, Frax, Carp), LC

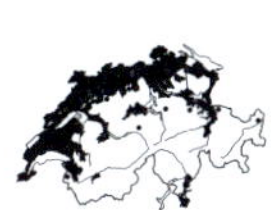

- Hüllchenblätter nicht verwachsen **14**

14 Pflanze mehrjährig. Hauptdolde mit zahlreichen Strahlen. Frucht glatt oder warzig **15**

- Pflanze einjährig. Hauptdolde mit 2-5 Strahlen. Frucht glatt **18**

15 Blätter lederig, blaugrün, 1-2x so lang wie breit, am Ende zugespitzt. Niederliegende, verwilderte Zierpflanze

Euphorbia myrsinites L., Myrten-Wolfsmilch: Ch, 20-30 cm, V-VI, kollin, kalkreiche Felsenheiden, Felsrasen, steinige Trockenrasen, (Xero, Pote), auch kultiviert und verwildert, Kulturpflanze

- Blätter krautig, über 3x so lang wie breit. Pflanze aufrecht **16**

16 Blätter höchstens 3 cm lang und 3 mm breit, die der Seitentriebe fast fadenförmig. Hüllchenblätter gelb, zuletzt oft rot. Frucht →

Euphorbia cyparissias L., Zypressenblättrige Wolfsmilch: H, 15-50 cm, IV-VI, kollin-alpin, kalkreiche, eher trockene Magerrasen, Krautsäume, Schuttfluren, (Meso, Sesl, Peta-para), LC

- Blätter 4-12 cm lang und 4-10 mm breit, dunkelgrün. Hüllchenblätter grün bis gelbgrün **17**

17 Blätter am Grund verschmälert, über der Mitte am breitesten. Scheindolde oft mehr als 10-strahlig. Hüllchenblätter an der Spitze kahl. Blätter oberseits ohne, unterseits nur sehr locker mit Stomata besetzt (25-fache Vergrösserung, feine weisse Punkte)

Euphorbia esula L., Scharfe Wolfsmilch: H, 30-90 cm, V-VII, kollin-montan, trockenwarme, kalkreiche Wegränder, Unkrautfluren, Krautsäume, (Arct, Dauc-Meli), vermutlich eingewandert, DD

- Blätter unter der Mitte am breitesten oder mit breitem Grund sitzend. Dolde 6- bis 10-strahlig. Hüllchenblätter unterseits an der Spitze spinnwebig behaart. Blätter beiderseits dicht mit Stomata besetzt (25-fache Vergrösserung, feine weisse Punkte)

Euphorbia virgata Waldst. & Kit., *(E. ×pseudovirgata)*, Rutenförmige Wolfsmilch: H, 30-100 cm, V-VII, kollin (-montan), trockenwarme, kalkreiche Wegränder, Krautsäume, (Dauc-Meli, Conv-Agro), Neophyt

18 Blätter gestielt, verkehrt eiförmig, stumpf, oft frühzeitig abfallend, 5–20 mm lang. Drüsen des Hüllbechers mit fadenförmigen Anhängseln. Frucht mit flügelförmigen Leisten →

Euphorbia peplus L., Garten-Wolfsmilch: T, 10–25 cm, VI–X, kollin-montan (-subalpin), Äcker, Gärten, (Fuma-Euph), Archäophyt, LC

- Blätter sitzend, lineal-lanzettlich oder keilförmig-lanzettlich. Frucht ohne flügelförmige Leisten **19**

19 Hüllchenblätter schmal lanzettlich, nahe dem Grund am breitesten →. Stängelblätter 1–3 mm breit. Drüsen des Hüllbechers mit weissen, fadenförmigen Anhängseln

Euphorbia exigua L., Kleine Wolfsmilch: T, 5–20 cm, V–X, kollin-montan, trockenwarme, kalkreiche Äcker, Schuttplätze, Bahnareale, (Cauc, Erag), Archäophyt, NT

- Hüllchenblätter breit oval **20**

20 Blätter oval, 3–6 mm breit, 1–4x so lang wie breit, blaugrün. Samen 4-kantig. Hüllblätter stachelspitzig →

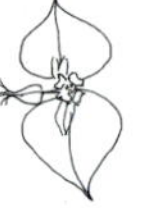

Euphorbia falcata L., Sichelblättrige Wolfsmilch: T, 10–20 cm, VI–IX, kollin, trockenwarme, kalkreiche Äcker, Wegränder, (Cauc), Archäophyt, EN

- Blätter lanzettlich, 1–3 mm breit, 5–20x so lang wie breit, zumindest im unteren Teil des Stängels auffallend dicht stehend. Samen nicht kantig. Hüllblätter halbkreisförmig →

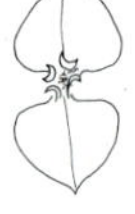

Euphorbia segetalis L., Saat-Wolfsmilch: T, 20–60 cm, V–VII, kollin, trockenwarme, kalkreiche Äcker, Schuttplätze, (Cauc), Neophyt

Mercurialis Bingelkraut

1 Stängel 4-kantig, verzweigt, reich beblättert. Blätter, lanzettlich →. Pflanze einjährig, ohne Rhizom. Weibliche Blüten fast sitzend

Mercurialis annua L., Einjähriges Bingelkraut: T, 20–40 cm, V–X, kollin (-montan), trockenwarme, kalkreiche Äcker, Wegränder, Schuttplätze, (Cauc, Cauc), Archäophyt, LC

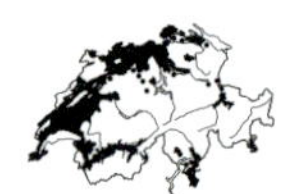

- Stängel unten rund, oben kantig, unverzweigt, nur oben beblättert. Pflanze mehrjährig, mit Rhizom. Weibliche Blüten gestielt **2**

2 Blätter länglich eiförmig bis lanzettlich →, gestielt. Blattstiel 3–20 mm lang, unterste Blätter schuppenförmig

Mercurialis perennis L., Wald-Bingelkraut: G, 20–40 cm, III–IV(–VI), kollin-montan (-subalpin), mässig feuchte Laubmischwälder, (Fagetalia, Luna-Acer, Tili-plat), LC

- Blätter breit eiförmig →, fast sitzend, Blattstiel 0–2 mm lang, unterste Blätter klein, aber laubblattartig

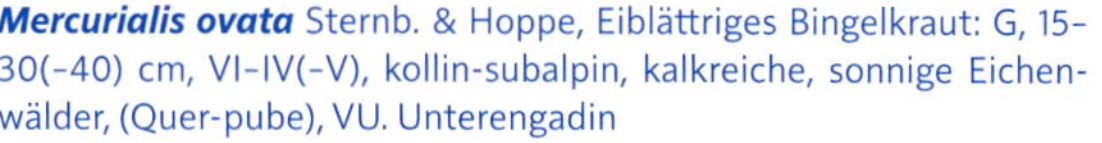

Mercurialis ovata Sternb. & Hoppe, Eiblättriges Bingelkraut: G, 15–30(–40) cm, VI–IV(–V), kollin-subalpin, kalkreiche, sonnige Eichenwälder, (Quer-pube), VU. Unterengadin

Fabaceae Schmetterlingsblütler

1	Verholzte Lianen mit windenden Stängeln	**2**
-	Wuchsform anders (falls kletternd, nicht verholzt)	**4**
2	Blätter gefiedert. Liane an der Basis verholzt. Blüten in hängenden Trauben	***Wisteria***
-	Blätter 3-teilig	**3**
3	Blüten weiss oder rot, in lockeren Trauben. Stängel nicht verholzt. Teilblätter nie gelappt	***Phaseolus***
-	Blüten blauviolett, in dichten, aufrechten Trauben. Stängel an der Basis verholzt. Teilblätter oft 2- bis 3-lappig	***Pueraria***
4	Bäume oder Sträucher. Oberirdische verholzte Zweige sind gut erkennbar	**5**
-	Krautpflanze oder höchstens an der Basis verholzter Zwergstrauch	**24**
5	Blätter doppelt gefiedert	**6**
-	Blätter einfach gefiedert oder ungefiedert	**8**
6	Blüten unscheinbar, grün, in dichten, hängenden Trauben. Früchte lang, braun, bandförmig	***Gleditsia***
-	Blüten in auffälligen, kugeligen, köpfchenförmigen, gelben oder rosa-weisslichen Blütenständen. Früchte anders	**7**
7	Blütenköpfchen gelb, ca. 1 cm breit («Mimosenblüten»). Blätter graugrün, Fiederchen letzter Ordnung 2–5 mm lang	***Acacia***
-	Blütenköpfchen rosa-weisslich (selten gelblich), 2–3 cm breit. Blätter grün, Fiederchen letzter Ordnung 6–15 mm lang	***Albizzia***
8	Mit Dornen bewehrter Baum oder Strauch	**9**
-	Baum bzw. Strauch ohne Dornen	**13**
9	Blüten gelb	**10**
-	Blüten weiss, rosa oder grünlich	**11**
10	Blätter unscheinbar. Sparrig verzweigter Strauch, alle Zweige in einem Dorn endend (links) →. Kelch 2-teilig	***Ulex***
-	Blätter deutlich ausgebildet. Verzweigter Zwergstrauch, nur an der Basis mit Dornen (rechts) →. Kelch 5-zipflig	***Genista***
11	Zwergstrauch. Teilblätter gezähnt. Blüten rosa	***Ononis***
-	Baum. Teilblätter ganzrandig. Blüten weiss oder grün. Früchte auffällig, braun, lang	**12**
12	Teilblätter 2,5–4x länger als breit, fein gezähnelt. Blüten in unscheinbaren, dichten, grünen Trauben. Früchte 15–40 cm lang	***Gleditsia***
-	Teilblätter 1,5–3x länger als breit, ganzrandig. Blüten in auffälligen, hängenden, weissen Trauben. Früchte 5–10 cm lang	***Robinia***
13	Blätter einfach	**14**
-	Blätter 3-zählig oder gefiedert	**17**
14	Blätter herzförmig, handnervig, 8–10 cm lang, kahl, nach den Blüten erscheinend. Blüten rosa	***Cercis***
-	Blätter schmal, lineal oder lanzettlich. Blüten gelb	**15**

15 Zwergstrauch, bis 70 cm hoch. Kelch 2-lippig oder 5-zipflig (vgl. aber *Cytisus decumbens*) ... ***Genista***

- Grosser Strauch mit grünen, rutenförmigen Zweigen ... **16**

16 Rutenzweige stielrund, bis 3 m lang. Kelch (scheinbar) einlippig. Blüten gelb, 2–3 cm lang. Griffel gebogen, aber nicht spiralig eingerollt ... ***Spartium***

- Rutenzweige 5-kantig. Kelch glockenförmig, 2-lippig. Blüten gelb, 2–2,5 cm lang. Griffel spiralförmig eingerollt ... ***Cytisus***

17 Blätter 3-zählig ... **18**

- Blätter gefiedert ... **22**

18 Blätter lang gestielt. Blüten in hängenden Trauben ... ***Laburnum***

- Blätter sitzend oder bis 3 cm lang gestielt. Blüten nicht in hängenden Trauben ... **19**

19 Blätter gegenständig ... ***Genista***

- Blätter wechselständig ... **20**

20 Blütenstiele kürzer als der Kelch. Fahne deutlich länger als das Schiffchen ... ***Chamaecytisus***

- Blütenstiele so lang oder länger als der Kelch. Fahne etwa so lang oder nur wenig länger als das Schiffchen ... **21**

21 Kelch und Blätter kahl. Obere Blätter sitzend, untere deutlich gestielt ... ***Cytisophyllum***

- Kelch und Blattunterseite behaart. Alle Blätter ± gestielt ... ***Cytisus***

22 Blätter mit (5–)6–12 Fiederpaaren. Krone dunkelviolett, nur aus der Fahne bestehend ... ***Amorpha***

- Blätter mit 2–5(–6) Fiederpaaren. Krone gelb ... **23**

23 Schiffchen geschnäbelt →. Griffel kahl. Frucht schmal lineal, 1–3 mm breit ... ***Hippocrepis***

- Schiffchen stumpf →. Griffel behaart. Frucht aufgeblasen, 2–4 cm breit ... ***Colutea***

24 Blätter einfach (oder auf eine Ranke ohne Fiederblätter reduziert) ... **25**

- Blätter aus mindestens 2 Teilblättern zusammengesetzt ... **27**

25 Blatt aus nur 1 Ranke bestehend, an der Basis mit 2 grossen, pfeilförmigen Nebenblättern → ... ***Lathyrus***

- Blatt flächig ausgebildet ... **26**

26 Stängel geflügelt ... ***Genista***

- Stängel nicht geflügelt. Blatt grasartig ... ***Lathyrus***

27 Blätter handförmig (radiär) geteilt, mit 5–17 Teilblättchen ... **28**

- Blätter 2-zählig, 3-zählig oder gefiedert ... **30**

28 Blüten in langen, aufrechten Trauben. Blätter 5- bis 17-zählig ... ***Lupinus***

- Blüten in endständigen Dolden oder Köpfchen. Blätter 5-zählig (eigentlich gefiedert, die 2 unteren Teilblätter wie Nebenblätter gestellt. Die echten Nebenblätter sehr klein (Lupe!), oft hinfällig) ... **29**

29 Blüten weiss, in kurzen Köpfchen. Schiffchen stumpf. Die 3 oberen Teilblätter kaum (< 0,5 mm) vom unteren Fiederpaar entfernt ... ***Dorycnium***

- Blüten gelb, einzeln oder in kleinen Dolden. Schiffchen geschnäbelt. Die 3 oberen Teilblätter deutlich vom unteren Fiederpaar entfernt ... ***Lotus***

30 Blätter 3-zählig ... **31**

- Blätter 2-zählig oder paarig bzw. unpaarig gefiedert ... **39**

31	Mittleres Teilblatt nicht länger gestielt als die seitlichen	**32**
-	Mittleres Teilblatt deutlich länger gestielt als die seitlichen	**33**
32	Untere Teilblätter nebenblattartig gestellt, meist (fast) so gross wie die 3 oberen Teilblätter (links) → (bei *Lotus maritimus* deutlich kleiner)	***Lotus***
-	Nebenblätter viel kleiner und anders aussehend als die Teilblätter (rechts) →	***Trifolium***
33	Teilblätter 4-10 cm breit. Verwilderte Kulturpflanze	**34**
-	Teilblätter < 3 cm breit	**35**
34	Teilblätter mit eigenen Nebenblättchen (Stipellen) →. Frucht rau oder glatt, aber nicht abstehend behaart	***Phaseolus***
-	Teilblätter ohne Stipellen. Frucht abstehend braun behaart	***Glycine***
35	Blätter drüsig behaart, gezähnt. Blüten einzeln oder zu 2 in den Blattachseln	***Ononis***
-	Blätter nicht drüsig behaart, mit oder ohne Blattzähne. Blüten einzeln oder in Köpfchen	**36**
36	Blüten hängend, in lockeren, aufrechten Trauben, gelb oder weiss	***Melilotus***
-	Blüten einzeln oder in Köpfchen	**37**
37	Krone nach der Blüte bleibend, nicht abfallend (vgl. unterer Teil der Blütenköpfchen), die Frucht umhüllend	***Trifolium***
-	Krone nach der Blüte abfallend	**38**
38	Teilblätter nur vorne gezähnt. Blütenstände gestielt. Frucht nieren-, sichel- oder schneckenförmig gewunden	***Medicago***
-	Teilblätter entweder fast bis zum Grund gezähnt oder nur vorne gezähnt, dann aber Blütenstände ± sitzend. Frucht gerade oder etwas gekrümmt	***Trigonella***
39	Blätter am Ende mit einer Ranke oder einer Spitze	**40**
-	Blätter mit einem endständigen Teilblatt	**44**
40	Nebenblätter grösser als die Teilblätter	***Pisum***
-	Nebenblätter kleiner als die Teilblätter	**41**
41	Blätter am Ende mit einem stechenden, harten Dorn endend	***Astragalus***
-	Blattende eine Ranke oder eine weiche Spitze	**42**
42	Staubfadenröhre vorne gerade abgeschnitten →. Stängel oft geflügelt	***Lathyrus***
-	Staubfadenröhre vorne schief abgeschnitten →, da die unteren Staubblätter länger miteinander verwachsen sind. Stängel stets ungeflügelt	**43**
43	Kelchzähne mehr als 2x so lang wie die Kelchröhre →. Schiffchen spitz. Frucht (1-) 2-samig, kahl. Sehr selten verwilderte Kulturpflanze	***Lens***
-	Kelchzähne höchstens bis 2x so lang wie die Kelchröhre →. Schiffchen stumpf. Frucht mehr- oder zweisamig, aber dann behaart	***Vicia***
44	Blätter (zumindest unterseits) drüsig, oft klebrig. Selten verwilderte Kulturpflanze	**45**
-	Blätter ohne Drüsen	**46**

45 Blüten einzeln, blattwinkelständig, purpurrot. Pflanze abstehend drüsenhaarig — ***Cicer***

\- Blüten in aufrechten Trauben, violett. Pflanze kahl. Teilblättchen unterseits klebrig, drüsig punktiert — ***Glycyrrhiza***

46 Blütenstand von einer Hülle gefingerter Hochblätter umgeben. Frucht im Kelch → eingeschlossen, einsamig — ***Anthyllis***

\- Blütenstand nicht von einer Hülle gefingerter Hochblätter umgeben — **47**

47 Pflanze einjährig. Blüten 2-6 mm lang. Frucht 1-2 cm lang, gegliedert und daher «vogelfussartig» → — ***Ornithopus***

\- Pflanze mehrjährig. Blüten > 6 mm lang. Frucht anders — **48**

48 Blüten in Dolden — **49**

\- Blüten in Ähren oder (oft kopfartig gedrängten) Trauben — **51**

49 Blüten zweifarbig: Fahne rosa, Flügel und Schiffchen weiss. Blätter mit (6-)7-12 Fiederpaaren — ***Securigera***

\- Blüten gelb. Blätter mit 3-7(-8) Fiederpaaren — **50**

50 Stiel der unteren Stängelblätter viel länger als die Länge der Teilblättchen, diese ohne Knorpelrand. Frucht in flache, sichelförmige Segmente gegliedert → — ***Hippocrepis***

\- Stiel der unteren Stängelblätter kurz, kaum länger als die Länge der Teilblättchen, diese mit etwas knorpelig verdicktem Rand. Frucht gerade oder etwas gekrümmt, nicht abgeflacht → — ***Coronilla***

51 Kletterpflanze mit bis über 3 m langen, windenden Stängeln. Blüten braunrot, 10-12 mm lang — ***Apios***

\- Stängel nicht windend — **52**

52 Flügel deutlich kürzer als das Schiffchen — **53**

\- Flügel so lang oder länger als das Schiffchen — **54**

53 Alle Stängelblätter wechselständig. Kelchzähne in eine lange Spitze ausgezogen →. Flügel verkümmert, kürzer als der Kelch und Schiffchen. Frucht einsamig, mit grob gezähntem Kamm — ***Onobrychis***

\- Oberste Blätter fast gegenständig. Kelchzähne dreieckig. Flügel deutlich ausgebildet. Frucht gegliedert und zerfallend → — ***Hedysarum***

54 Schiffchen unter dem stumpfen Ende mit einem Spitzchen (links) → — ***Oxytropis***

\- Schiffchen stumpf (rechts) → — **55**

55 Fahne, Flügel und Schiffchen etwa gleich lang. Alle Staubblätter verwachsen, allerdings ist das oberste mit den übrigen nur bis zur Hälfte verwachsen — ***Galega***

\- Fahne länger als Flügel und Schiffchen. Das oberste Staubblatt bleibt frei, die anderen 9 sind verwachsen — ***Astragalus***

Tafel 11

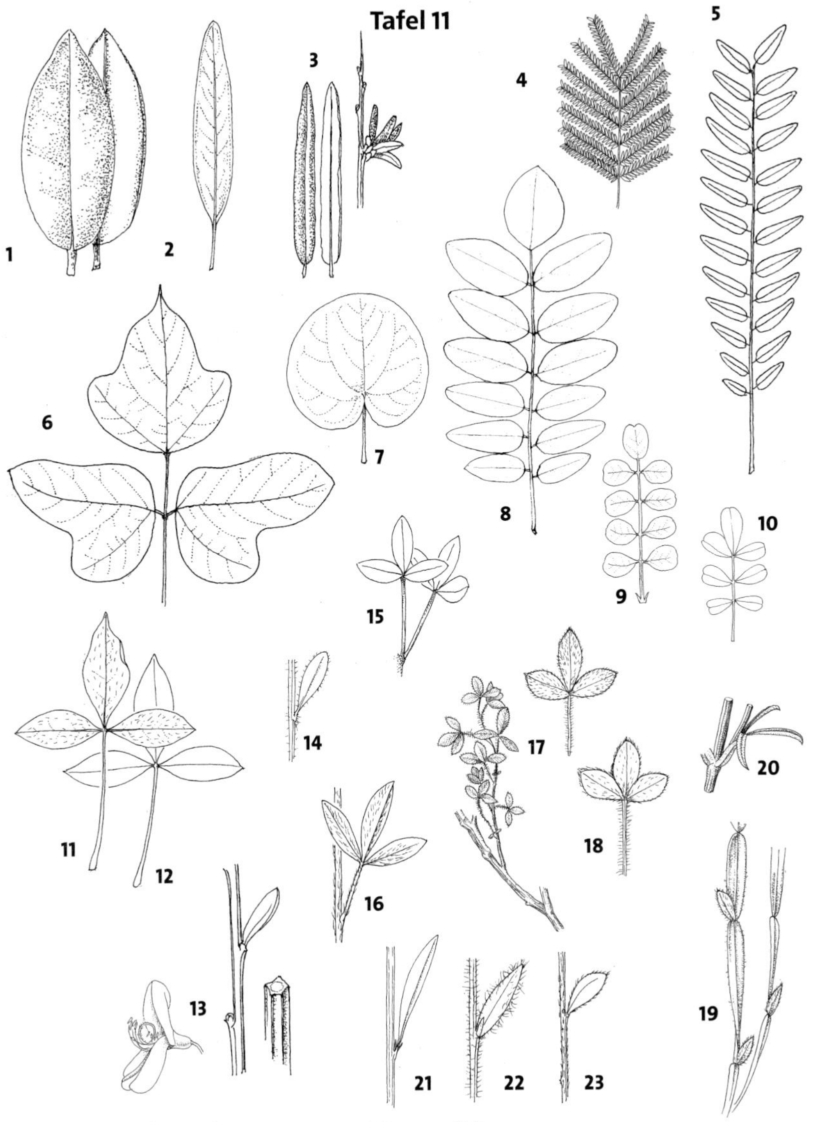

Elaeagnaceae. Blatt: 1. *Elaeagnus pungens*, 2. *E. angustifolia*, 3. *Hippophaë rhamnoides* (mit dornigem Zweig)
Fabaceae. Blatt: 4. *Acacia dealbata*, 5. *Gleditsia tricanthos*, 6. *Pueraria lobata*, 7. *Cercis siliquatrum*, 8. *Robinia pseudacacia*, 9. *Colutea arborescens*, 10. *Hippocrepis emerus*, 11. *Laburnum anagyroides*, 12. *L. alpinum*, 13. *Cytisus scoparius* (mit Zweig und Blüte), 14. *C. decumbens*, 15. *C. emeriflorus*, 16. *C. nigricans*, 17. *Chamaecytisus hirsutus* (mit Zweig), 18. *Ch. supinus*, 19. *Genista sagittalis* (mit geflügeltem Zweig), 20. *G. radiata*, 21. *G. tinctoria*, 22. *G. germanica*, 23. *G. pilosa*

Acacia Akazie

- Immergrüner, dornenloser Baum mit dichten, gelben, kugeligen Blütenständen. Blätter doppelt gefiedert, graugrün. Blüten mit über 20 sehr langen Staubblättern (Abb. Tafel 11, S. 519)

  Acacia dealbata Link, Falsche Mimose: P, 10 m, II-IV, kollin, mässig trockene Gebüsche, Laubwälder, (Saro, Quer-robo), Neophyt

Albizia Schirmakazie

- Dornenloser Baum oder Strauch. Blätter 20-40 cm lang, doppelt gefiedert, mit 4-12 Hauptfiederpaaren, sich abends zufaltend. Rispige Blütenstände aus kugeligen, 2-4 cm breiten, gelblichen oder rosa-weisslichen Blütenköpfchen

  Albizia julibrissin Durazz., Schirmakazie: Parkanlagen, Neophyt

Amorpha Bastardindigo

- Strauch mit unpaarig gefiederten Blättern. Fiederpaare 5-12. Teilblättchen drüsig punktiert. Krone violett oder weisslich, nur aus der Fahne bestehend →

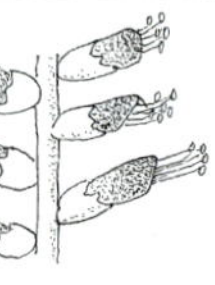

  Amorpha fruticosa L., Bastardindigo: Ph, 4 m, V-VI, kollin, wechselfeuchte Geröllfluren, Flussufer, Weidengebüsche, (Sali-elae), kultiviert und verwildert, Neophyt

Anthyllis Wundklee

1 Blätter 5- bis 15-paarig gefiedert, Endblättchen nicht vergrössert →. Kelch nicht aufgeblasen. Pflanze am Grund verholzt. Blüten rotviolett oder weisslich

  Anthyllis montana L., Berg-Wundklee: 10-20 cm, VU

  a Blätter beidseits zerstreut bis dicht behaart

  Anthyllis montana L. subsp. ***montana***, Gewöhnlicher Berg-Wundklee: Cp, 10-20 cm, VI, kollin-subalpin, kalkreiche, felsige Trockenrasen, Felsrasen, Schutthalden, (Xero, Sesl), VU

  \- Blätter oberseits fast kahl

  Anthyllis montana subsp. ***jacquinii*** (A. Kern.) Hayek, Dinarischer Berg-Wundklee: kollin-montan (-subalpin), Felsen, Geröll, Föhrenwälder, Kommt wohl nur ausserhalb der Schweiz vor

- Blätter mit 0-4(-7) seitlichen Fiederpaaren. Untere Blätter gestielt, mit vergrösserter Endblättchen →, die oberen ungestielt. Kelch etwas aufgeblasen, weisslich, behaart. Blüten gelb oder rötlich

  Anthyllis vulneraria L., Echter Wundklee: H, 15-60 cm, V-IX, kollin-montan (-subalpin), LC

  a Blüten rötlich, 0,7-1 cm lang. Unterer Kelchzahn 0,5-0,8 mm lang. Grundblätter meist mit 2-4 seitlichen Fiederpaaren

  Anthyllis vulneraria subsp. ***guyotii*** (Chodat) Grenon, Guyots Wundklee: H, 5-20 cm, VI-IX, (montan-) subalpin-alpin, Geröll, Steinschutt

- Blüten hellgelb oder goldgelb (sehr selten rötlich, aber oft mit rötlicher Schiffchenspitze), 1-2 cm lang. Unterer Kelchzahn über 1 mm lang **b**

b Stängel unten waagrecht abstehend zottig behaart, oben anliegend behaart. Stängel sehr kräftig, oft verzweigt, am Grund etwas verholzt. Stängelblätter 3-7, gleichmässig über den Stängel verteilt. Grundblätter mit 1-2, die Stängelblätter mit bis zu 7 seitlichen Fiederpaaren

Anthyllis vulneraria subsp. ***polyphylla*** (DC.) Nyman, Vielblättriger Wundklee: H, 20-60 cm, V-IX, kollin-subalpin, Steppenrasen, Föhrenwälder, (Stip-Poio, Onon-Pini), VU

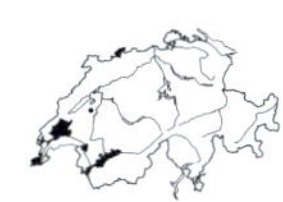

- Stängel meist auch unten anliegend behaart. Stängelblätter 1-3(-5) **c**

c Endblättchen der oberen Stängelblätter kaum grösser als die seitlichen. Stängel aufrecht, mit 3-5 Blättern. Blüten gelb, selten rötlich. Seitliche Kelchzähne den oberen Zähnen anliegend

Anthyllis vulneraria L. subsp. ***vulneraria***, Gewöhnlicher Wundklee: H-H.ha, 15-40 cm, V-IX, kollin-montan (-subalpin), Magerrasen, Föhrenwälder, (Meso, Eric-PiSy), Neophyt

- Endblättchen der oberen Stängelblätter meist deutlich grösser als die seitlichen. Stängel mit 1-3(-4) Blättern. Blüten goldgelb oder hellgelb. Seitliche Kelchzähne von den oberen Zähnen getrennt **d**

d Die meisten Grundblätter mit Seitenfiedern. Kelch meist anliegend behaart. Blüten goldgelb, Schiffchenspitze nur sehr selten rot verfärbt. Hüllblätter bis über die Mitte geteilt, Zipfel spitz

Anthyllis vulneraria subsp. ***carpatica*** (Pant.) Nyman, Karpaten-Wundklee: H, 10-30 cm, V-IX, kollin-montan (-subalpin), kalkreiche Halbtrockenrasen, lichte Wälder, (Meso, Eric-PiSy, Quer-pube), LC

- Die meisten Grundblätter ohne Seitenfiedern. Kelch meist abstehend behaart. Schiffchenspitze meist rot verfärbt. Hüllblätter oft nicht bis zur Mitte geteilt, Zipfel spitz oder stumpf **e**

e Blüte hellgelb (sehr selten rosa). Stängel mit 2-3 Blättern. Hüllblätter tief geteilt, Zipfel spitz

Anthyllis vulneraria subsp. ***valesiaca*** (Beck) Guyot, Walliser Wundklee: H, 10-40 cm, V-IX, (kollin-) subalpin-alpin, trockene, kalkarme Bergweiden, Geröllfluren, Schutthalden, (Fest-vari, Epil-flei), LC

- Blüten goldgelb. Stängel mit (0-)1(-3) Blättern. Hüllblätter wenig tief geteilt, Zipfel oft stumpf

Anthyllis vulneraria subsp. ***alpestris*** (Schult.) Asch. & Graebn., Alpen-Wundklee: H, 5-20(-30) cm, VI-IX, (montan-) subalpin-alpin, kalkreiche Gebirgsrasen, Geröllfluren, (Sesl, Elyn, Epil-flei), LC

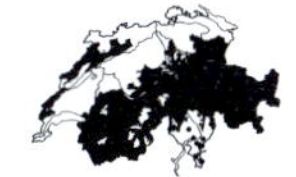

Apios **Indianerbirne**

- Rechtsdrehende Kletterpflanze. Blätter unpaarig gefiedert mit 2-3 Fiederpaaren, Teilblättchen eilanzettlich. Blüten hell braunrot, in 5-15 cm langen Trauben

Apios americana Medik., Indianerbirne: Ph.li, 3 m, VII-IX, kollin, nährstoffreiche Krautsäume, Gebüsche, (Conv), Neophyt

Astragalus Tragant

1 Blattspindel in einen Dorn auslaufend →. Blätter 2-6 cm lang, mit 6-10 Fiederpaaren. Stängel verholzt. Blüten weiss oder weissrosa

Astragalus sempervirens Lam., Dorniger Tragant: Cp, 5-20 cm, V-VII, montan-subalpin (-alpin), kalkreiche, felsige Rasen, (Drab-Sesl), NT

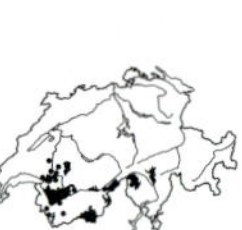

\- Blattspindel nicht in einen Dorn auslaufend, Blatt mit Endblättchen endend **2**

2 Blüten gelb oder gelblich weiss **3**

\- Blüten violett, blau, rot oder weisslich bunt **8**

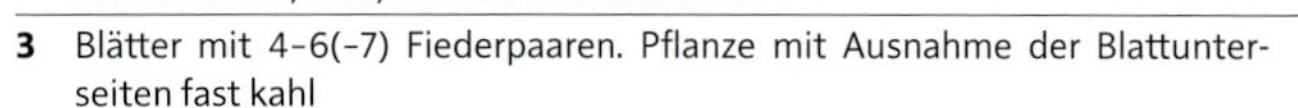

3 Blätter mit 4-6(-7) Fiederpaaren. Pflanze mit Ausnahme der Blattunterseiten fast kahl **4**

\- Blätter mit 8-15 Fiederpaaren. Pflanze ± behaart **5**

4 Stängel niederliegend, verlängert (bis 120 cm), locker behaart bis kahl. Blätter 10-20 cm lang, Teilblättchen breit elliptisch →, Nebenblätter frei, nicht auffällig. Blütentraube mit 8-30 abstehenden, grüngelben Blüten

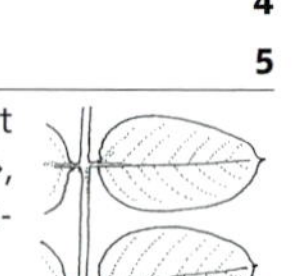

Astragalus glycyphyllos L., Süsser Tragant: H, 30-120 cm, VI-VIII, kollin-montan (-subalpin), trockene Krautsäume, Gebüsche, (Gera-sang, Trif-medi), LC

\- Stängel aufrecht, kahl. Blätter 4-10 cm lang, Teilblättchen länglich eiförmig →, Nebenblätter frei, gross, 4-10 mm breit. Blütentraube mit 5-10 nickenden, weissgelben Blüten

Astragalus frigidus (L.) A. Gray, Gletscherlinse: G, 40 cm, VII-VIII, subalpin-alpin, feuchte, kalkreiche Rasenhänge, Schuttfluren, (Cari-ferr, Arab-caer), LC

5 Stängel gut entwickelt, 20-80 cm hoch, beblättert **6**

\- Stängel fast fehlend oder höchstens 5 cm lang (niederliegend), Blätter und Blüten grundständig **7**

6 Stängel niederliegend-aufsteigend, oft über andere Pflanzen kletternd. Teilblättchen 10-30 mm lang, stumpf (aber mit Spitzchen) →, beiderseits anliegend behaart. Blütentraube mit 8-25 aufrecht abstehenden, hellgelben Blüten

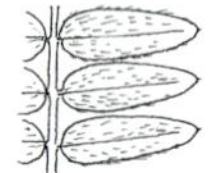

Astragalus cicer L., Kichererbsen-Tragant: H, 20-80 cm, VI-VII, kollin-montan (-subalpin), trockenwarme Krautsäume, Gebüsche, Föhrenwälder, (Gera-sang, Eric-PiSy), NT

\- Stängel (bogig) aufrecht. Teilblättchen 5-20 mm lang, spitz → oder etwas stumpf, oberseits kahl, unterseits anliegend behaart. Blütentraube mit 5-20 nickenden, kräftig gelben Blüten

Astragalus penduliflorus Lam., Alpenlinse: H, 20-80 cm, VII-VIII, subalpin (-alpin), mässig trockene, kalkarme Rasenhänge, Bergwälder, (Fest-vari, Cari-ferr), LC

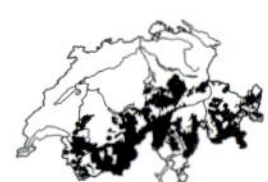

7 Stängel kaum ausgebildet. Blätter abstehend zottig behaart. Blätter 12- bis 15-paarig, Teilblättchen graugrün, 10–25 mm lang →. Blüten zu 4–9, kräftig zitronengelb

Astragalus exscapus L., Stängelloser Tragant: H, 5–10 cm, V–VII, (kollin-) montan-subalpin, kalkreiche Steppenrasen, Föhrenwälder, (Cirs-Brac, Onon-Pini), NT

- Stängel sehr kurz, niederliegend. Blätter anliegend behaart. Blätter 9- bis 11-paarig, Teilblättchen 5–12 mm lang. Blüten zu 6–14, weisslich bis hellviolett, selten gelblich weiss **8**

→ *Astragalus depressus*

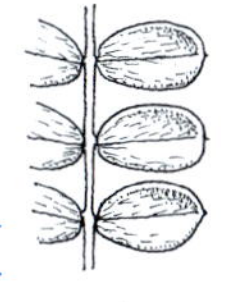

8 Stiel des Blütenstandes höchstens ⅓ so lang wie das nächststehende Blatt. Stängel nur wenige Zentimeter lang und die Blätter → und Blütenstände ± grundständig. Nebenblätter frei, kaum mit dem Blattstiel verwachsen

Astragalus depressus L., Niederliegender Tragant: H, 5–10 cm, V–VI, (montan-) subalpin (-alpin), kalkreiche Trockenrasen, Felsensteppen, (Drab-Sesl, Stip-Poio), NT

- Stiel des Blütenstandes ½ so lang bis bedeutend länger als das nächststehende Blatt **9**

9 Blüten zweifarbig: weiss oder weissblau, mit violetter Schiffchenspitze. Ältere Blüten und Früchte hängend **10**

- Blüten rotviolett oder blauviolett. Blüten und Früchte aufrecht **11**

10 Blätter mit 7–12 Fiederpaaren. Flügel ganzrandig, kürzer als das Schiffchen. Frucht (und Fruchtknoten) zottig behaart

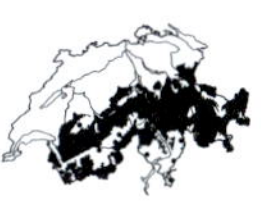

Astragalus alpinus L., Alpen-Tragant: H, 5–25 cm, VI–VIII, subalpin-alpin, kalkreiche Gebirgsrasen, (Cari-ferr, Sesl), LC

- Blätter mit 4–6(–7) Fiederpaaren. Flügel 2-lappig, länger als das Schiffchen. Frucht (und Fruchtknoten) kahl

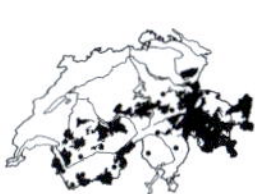

Astragalus australis (L.) Lam., Südlicher Tragant: H, 5–30 cm, VII–VIII, subalpin-alpin, kalkreiche Gebirgsrasen, Schuttfluren, (Sesl, Thla-rotu), LC

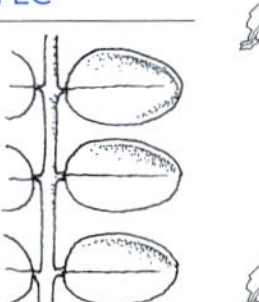

11 Alle Blätter ± grundständig. Blätter 7–20 cm lang, mit 10–20 Fiederpaaren. Teilblättchen oval →, 5–12 mm lang. Kelch 9–15 mm lang

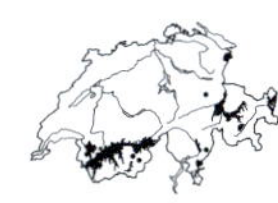

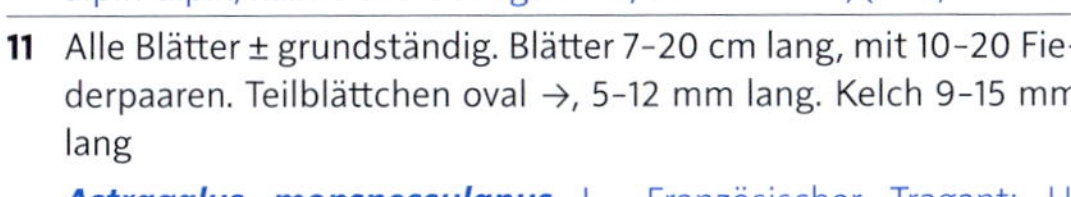

Astragalus monspessulanus L., Französischer Tragant: H, 5–20 cm, V–VII, kollin-montan (-subalpin), trockenwarme, kalkreiche Föhrenwälder, Felsenheiden, (Onon-Pini, Juni-sabi), LC

- Pflanze mit beblättertem Stängel. Teilblättchen lanzettlich. Kelch 5–8 mm lang **12**

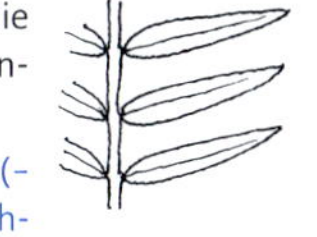

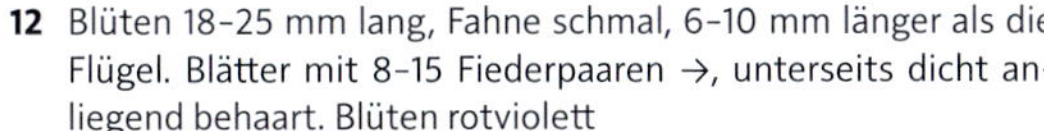

12 Blüten 18–25 mm lang, Fahne schmal, 6–10 mm länger als die Flügel. Blätter mit 8–15 Fiederpaaren →, unterseits dicht anliegend behaart. Blüten rotviolett

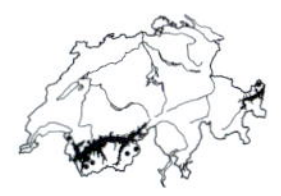

Astragalus onobrychis L., Esparsetten-Tragant: H, 10–25(–50) cm, V–VII, kollin-montan, kalkreiche Felsensteppen, Föhrenwälder, (Stip-Poio, Onon-Pini), LC

- Blüten 12-15 mm lang, Fahne eiförmig, kaum 3 mm länger als die Flügel. Blätter mit 5-10 Fiederpaaren →, unterseits zerstreut anliegend behaart. Blüten blauviolett

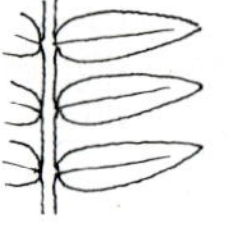

Astragalus leontinus Wulfen, Tiroler Tragant: H, 5-20 cm, VI-VII, (montan-) subalpin (-alpin), kalkreiche Gebirgsrasen, Schutthalden, Nadelwälder, (Sesl), LC

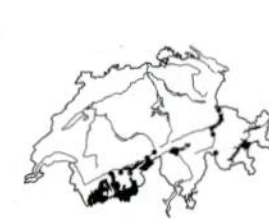

Cercis Judasbaum

- Baum oder Strauch ohne Dornen. Blätter ungeteilt, herzförmig, handnervig, 8-10 cm lang, kahl, nach den Blüten erscheinend. Blüten in dichten Büscheln, Krone rosa (Abb. Tafel 11, S. 519)

Cercis siliquastrum L., Judasbaum: P, 2-8 m, V, kollin, mediterrane Eichenwälder, (Quer-pube), Neophyt

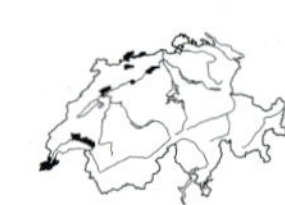

Chamaecytisus Zwergginster

1 Letztjährige Äste lang zottig behaart. Endständige Blüten vorhanden. Frucht auch auf den Seitenflächen behaart (Abb. Tafel 11, S. 519)

Chamaecytisus supinus (L.) Link, *(Cytisus supinus)*, Niedriger Zwergginster: Cp, 15-50 cm, IV-VI, kollin-montan, trockenwarme, kalkreiche Felsenheiden, Föhrenwälder, (Eric-PiSy, Call-Geni), VU

- Letztjährige Äste fast kahl, während die jungen, diesjährigen noch abstehend behaart sind. Alle Blüten zu 1-3 seitenständig. Frucht nur an den Rändern behaart, auf den Seitenflächen fast kahl (Abb. Tafel 11, S. 519)

Chamaecytisus hirsutus (L.) Link, *(Cytisus hirsutus)*, Behaarter Zwergginster: Ph-Cp, 30-80 cm, IV-VI, kollin-montan, trockenwarme Eichenwälder, Zwergstrauchheiden, Felsenheiden, (Quer-robo, Call-Geni), VU

Cicer Kirchererbse

- Pflanze abstehend drüsenhaarig. Stängel aufrecht. Blätter mit 6-8 Fiederpaaren. Teilblättchen oval, vorne gesägt. Blüten einzeln, blattwinkelständig, purpurrot

Cicer arietinum L., Kichererbse: T, 20-45 cm, VI, kollin, trockenwarme Schuttplätze, (Sisy), früher im TI angebaut und verwildert. Ob noch?, Neophyt

Colutea Blasenstrauch

- Strauch mit anliegend behaarten Zweigen und auffälligen, aufgeblasenen Früchten →. Blätter mit 3-5(-6) Fiederpaaren, Teilblättchen meist ausgerandet. Blüten in Trauben zu 2-6, gross, goldgelb, Fahne mit braunem Fleck. Griffel behaart (Abb. Tafel 11, S. 519)

Colutea arborescens L., Blasenstrauch: Ph, 4 m, V, kollin (-montan), trockenwarme Eichenwälder, Gebüsche, (Quer-pube, Berb), NT

Coronilla Kronwicke

1 Blütendolden 15- bis 30-blütig. Pflanze bis zum Grund krautig. Teilblättchen in der Knospenlage entlang Mittelnerv gefaltet. Blatt mit 3-6 Fiederpaaren, das unterste Blattpaar am Blattgrund. Nebenblätter klein, fädig, die unteren verwachsen, die oberen getrennt

Coronilla coronata L., Berg-Kronwicke: Ch, 20-50 cm, VI, kollin-montan, trockenwarme Krautsäume, (Gera-sang), NT

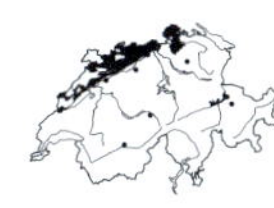

- Blütendolden 5- bis 10-blütig. Pflanze am Grund verholzt (halbstrauchig). Stängel niederliegend. Teilblättchen in der Knospenlage flach, sich gegenseitig überlappend **2**

2 Blätter kurz gestielt. Nebenblätter breit eiförmig, fast so gross wie die Teilblättchen →, zu einer Scheide verwachsen, bei älteren Blättern abfallend. Blätter graugrün, mit (2-)4-5 Fiederpaaren. Kelch fast häutig, mit sehr kurzen Zähnen

Coronilla vaginalis Lam., Scheiden-Kronwicke: Cp, 10-30 cm, V-VII, (kollin-) montan-subalpin (-alpin), trockene, kalkreiche Magerrasen, Föhrenwälder, (Sesl, Eric-PiSy), LC

- Blätter ungestielt. Nebenblätter 1-2 mm lang, häutig, viel kleiner als die Teilblättchen, bleibend. Blätter blaugrün, mit 3-4 Fiederpaaren

Coronilla minima L., Kleine Kronwicke: Cp, 10-30 cm, VI-VII, kollin (-montan), trockenwarme, kalkreiche Föhrenwälder, Felsenheiden, (Stip-Poio, Onon-Pini), VU

Cytisophyllum Scheingeissklee

- Pflanze kahl. Blätter 3-zählig, die oberen sitzend, die unteren deutlich gestielt. Teilblätter rundlich, etwa so lang wie breit. Blüten gelb, in lockeren, 2- bis 10-blütigen Trauben am Ende der Zweige

Cytisophyllum sessilifolium (L.) O. Lang, *(Cytisus sessilifolius)*, Blattstielloser Geissklee: Cp, 40-150 cm, V-VI, kollin, trockenwarme Krautsäume und Gebüsche, (Gera-sang, Berb), Neophyt. Natürlich bei Gandria nahe der Schweizer Grenze

Cytisus Geissklee

1 Alle Blätter einfach. Zweige niederliegend →, 5-kantig, abstehend behaart (Abb. Tafel 11, S. 519)

Cytisus decumbens (Durande) Spach, Niederliegender Geissklee: Cp, 10-50 cm, V-VI, kollin-montan, trockenwarme Krautsäume, Magerrasen, Felsen, (Gera-sang, Xero), EN

- Zumindest die unteren Blätter 3-zählig, gestielt **2**

2 Bis 2 m hoher Strauch mit aufrechten, rutenförmigen, grünen, kantigen Zweigen. Blüten gross, 20–30 mm lang, zu 1–2 in den Blattachseln. Griffel sehr lang, spiralig eingerollt → (Abb. Tafel 11, S. 519)

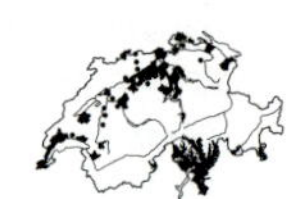

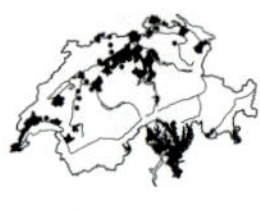

Cytisus scoparius (L.) Link, Besenginster: Ph, 2 m, V–VI, kollin-montan, trockenwarme, kalkarme Gebüsche, lichte Wälder, (Saro), LC

- Zweige nicht lang rutenförmig, Pflanze selten über 1 m hoch. Blüten nur 7–15 mm lang. Griffel schief aufwärts gekrümmt, nicht eingerollt **3**

3 Stängel aufrecht. Blüten in langen, blattlosen Trauben. Blätter dunkelgrün, beim Trocknen schwarz werdend, oberseits kahl, unterseits behaart. Kelch kurz (2 mm), glockig. Früchte anliegend behaart → (Abb. Tafel 11, S. 519)

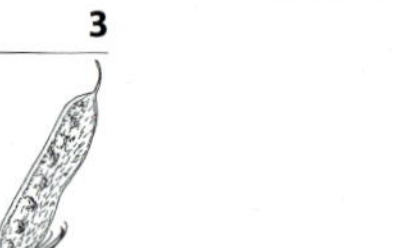

Cytisus nigricans L., Schwarzwerdender Geissklee: Ph, 30–100 (-150) cm, VI–VII, kollin-montan, trockenwarme Krautsäume, lichte Wälder, (Eric-PiSy, Quer-robo, Gera-sang), NT

- Zweige niederliegend-aufsteigend, undeutlich kantig. Blüten zu 1–3 gebüschelt in den Blattachseln. Früchte kahl → (Abb. Tafel 11, S. 519)

Cytisus emeriflorus Rchb., Bergamasker Geissklee: Ph, 20–60(-100) cm, V, kollin-montan, trockene, kalkreiche Magerrasen, Felsen, (Dipl, Sesl), EN

Dorycnium Backenklee

1 Blätter zerstreut abstehend behaart, verkahlend. Blütendolden (12-) 15- bis 25-blütig. Blütenstiele so lang oder länger als die Kelchröhre. Blüten 3–5 mm lang. Früchte runzelig →

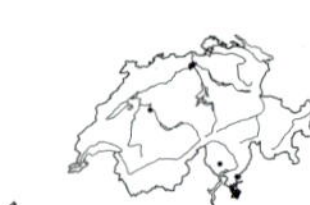

Dorycnium herbaceum Vill., *(Lotus herbaceus)*, Krautiger Backenklee: Cp, 30–60 cm, V–VII, kollin (-montan), trockenwarme, kalkreiche Krautsäume, Trockenrasen, (Gera-sang, Cirs-Brac), EN

- Blätter dicht anliegend behaart, verkahlend. Blütendolden 6- bis 10- (14-)blütig. Blütenstiele etwa halb so lang wie die Kelchröhre. Blüten 5–7 mm lang. Früchte glatt →

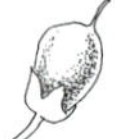

Dorycnium germanicum (Gremli) Rikli, *(Lotus germanicus)*, Deutscher Backenklee: Cp, 15–40 cm, VI–VII, kollin (-montan), trockenwarme, lichte Föhrenwälder, Felsfluren, (Eric-PiSy), VU

Galega Geissraute

- Stängel aufrecht, gerieft, hohl. Blätter mit 5–8 Fiederpaaren, Teilblättchen schmal, lanzettlich, mit aufgesetztem Spitzchen. Blüten in vielblütigen Trauben, bläulich weiss. Ein Staubblatt mit den übrigen bis zur Hälfte verwachsen

Galega officinalis L., Geissraute: H, 30–80 cm, VI–VII, kollin, feuchte, nährstoffreiche Staudenfluren, Krautsäume, Flussufer, (Fili, Conv), Neophyt

Genista Ginster

1 Stängel kriechend, mit breit geflügelten, aufsteigenden Trieben →. Blätter abstehend behaart, hinfällig. Blüten in dichten Trauben (Abb. Tafel 11, S. 519)

Genista sagittalis L., *(Chamaespartium sagittale)*, Flügel-Ginster: H, 10–30 cm, V–VII, kollin-montan (-subalpin), eher kalkarme Weiden, Krautsäume, Zwergstrauchheiden, (Call-Geni, Gera-sang, Nard), LC

- Stängel und Triebe nicht geflügelt **2**

2 Blätter gegenständig, 3-zählig, kurz gestielt →. Stark verzweigter Zwergstrauch, Äste gegenständig oder quirlig, tief gefurcht (Abb. Tafel 11, S. 519)

Genista radiata (L.) Scop., Kugel-Ginster: Cp, 30–80 cm, V–VII, kollin-montan (-subalpin), kalkreiche, felsige Zwergstrauchheiden, Föhrenwälder, (Eric, Berb, Eric-PiSy), NT

- Blätter wechselständig, einfach **3**

3 Stängel unten blattlos, mit verzweigten Dornen. Fahne deutlich kürzer als das Schiffchen, früh zurückgeschlagen →. Stark verzweigter Zwergstrauch, Äste und Blätter rauhaarig (Abb. Tafel 11, S. 519)

Genista germanica L., Deutscher Ginster: Cp, 15–60 cm, V–VI, kollin-montan (-subalpin), kalkarme, felsige Zwergstrauchheiden, Waldränder, Trockenrasen, (Call-Geni, Quer-robo), LC

- Stängel auch unten beblättert, ohne Dornen. Fahne so lang wie das Schiffchen, kaum zurückgeschlagen **4**

4 Stängel rutenförmig aufsteigend, tief kantig gefurcht. Pflanze kahl, selten im oberen Teil etwas behaart. Fahne → kahl, Flügel kaum gekrümmt (Abb. Tafel 11, S. 519)

Genista tinctoria L., Färber-Ginster: Cp, 20–70 cm, VI–VIII, kollin-montan, wechseltrockene Magerrasen, Krautsäume, sonnige Wälder, (Moli, Meso, Trif-medi), LC

- Stängel niederliegend-aufsteigend, gerillt, angedrückt seidenhaarig. Blätter oberseits kahl, unterseits angedrückt seidenhaarig. Fahne → aussen seidenhaarig, Flügel bogig gekrümmt (Abb. Tafel 11, S. 519)

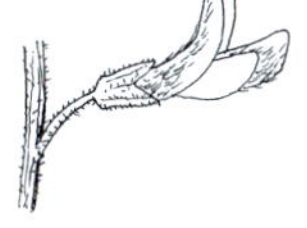

Genista pilosa L., Behaarter Ginster: Cp, 10–40 cm, IV–VI, kollin-montan (-subalpin), felsige Trockenrasen, Felsen, (Pote, Drab-Sesl, Meso), VU

Gleditsia Gleditschie

- Baum am Stamm und an den Ästen mit glänzenden, rotbraunen, teilweise verzweigten Dornen. Blätter 1- bis 2-fach gefiedert. Blüten grünlich, fast radiär, in dichten Ähren. Frucht 15–40 cm lang, bandförmig, braunrot, süsslich riechend (Abb. Tafel 11, S. 519)

Gleditsia triacanthos L., Amerikanische Gleditschie: P, 40 m, V, kollin, Parkanlagen, selten verwilderter Zierbaum, Neophyt

Glycine Sojabohne

- Ganze Pflanze dicht samtig rotbraun behaart. Blätter lang gestielt, 3-teilig. Teilblätter rhombisch, gross, das mittlere länger gestielt, am Grund mit kleinen, nebenblattartigen Zipfeln. Blütenstand 5- bis 8-blütig. Blüten 6–8 mm lang

  Glycine max (L.) Merr., Sojabohne: T, 30–90 cm, VII–VIII, kollin, Gebüschränder, angebaut und selten verwildert, Neophyt

Glycyrrhiza Süssholz

- Pflanze kahl, Stängel oben rau. Blätter mit 5–8 Fiederpaaren. Teilblättchen kurz gestielt. Blüten in aufrechten, 8–15 cm langen Trauben, violett, Fahne meist heller

  Glycyrrhiza glabra L., Echtes Süssholz: T, 100–180 cm, VI–VII, kollin, Ufer, Auenwälder, (Conv), Neophyt

Hedysarum Süssklee

- Stängel aufrecht. Blätter mit 4–9 Fiederblattpaaren. Teilblättchen mit auffallenden, parallelen Seitennerven. Nebenblätter zur Hälfte verwachsen. Blüten rotviolett, in verlängerten, dichten Trauben. Frucht eingeschnürt →, reif in rundliche Glieder zerfallend

  Hedysarum hedysaroides (L.) Schinz & Thell., Alpen-Süssklee: H, 10–30(–50) cm, VII–VIII, subalpin-alpin, kalkreiche Rasenhänge, Bergweiden, (Cari-ferr), LC

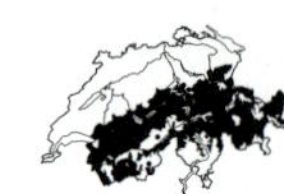

Hippocrepis Hufeisenklee

1 Sparrig verzweigter Strauch mit grünen Ästen. Blätter mit 2–4 Fiederpaaren, Teilblättchen verkehrt eiförmig, oft etwas ausgerandet. Blüten zu 2–3. Nagel der Fahne gut sichtbar (man kann daher seitlich durch die Krone hindurchsehen). Frucht hängend, stielrund, gegliedert →, 5–10 cm lang (Abb. Tafel 11, S. 519)

  Hippocrepis emerus (L.) Lassen, Strauchwicke: Ph, 0,5–2 m, IV–VI, kollin-montan, trockenwarme, kalkreiche Laubmischwälder, Gebüsche, (Quer-pube, Ceph-Fage, Berb), LC

- Pflanze krautig, höchstens am Grund verholzt. Blätter kahl, mit 4–8 Fiederpaaren, Teilblättchen oft etwas ausgerandet. Nebenblätter häutig, eiförmig, frei. Früchte in sichelförmige («hufeisenförmige») Segmente gegliedert →

  Hippocrepis comosa L., Schopfiger Hufeisenklee: Ch, 10–25 cm, V–VI, kollin-subalpin (-alpin), kalkreiche Trockenrasen, Felsrasen, (Meso, Xero, Sesl), LC

Laburnum Goldregen

In Gärten wird meist der Hybride zwischen beiden untenstehenden Arten kultiviert *(L. ×watereri)*.

1 Diesjährige Zweige, Blattunterseite und Frucht anliegend kurz grauhaarig. Blätter 3-teilig, Teilblätter 3–10 cm lang. Blütentrauben lockerblütig. Frucht am Rand verdickt, aber nicht geflügelt → (Abb. Tafel 11, S. 519)

Laburnum anagyroides Medik., Gemeiner Goldregen: Ph-P, 7 m, V–VI, kollin-montan (-subalpin), Warme Laubmischwälder, (Orno-Ostr, Quer-pube, Tili-plat), LC

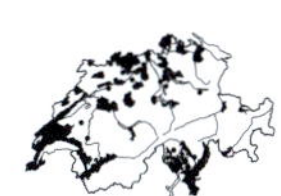

- Diesjährige Zweige, Blätter und Frucht im voll entwickelten Zustand kahl (junge Blätter am Rand und unterseits auf den Nerven oft abstehend behaart!). Blütentrauben eher dichtblütig. Frucht am oberen Rand bis 2 mm breit geflügelt → (Abb. Tafel 11, S. 519)

Laburnum alpinum (Mill.) Bercht. & J. Presl, Alpen-Goldregen: Ph-P, 1,5–5 m, V–VII, kollin-montan (-subalpin), Laubmischwälder, (Abie-Fage, Loni-Fage, Orno-Ostr), LC

Lathyrus Platterbse

1 Alle Blätter einfach, nicht gefiedert **2**

- Blätter geteilt, mit 1–6 Fiederpaaren (2–12 Teilblättchen), mit oder ohne Ranken **3**

2 Blätter einfach, grasartig (eigentlich verbreiterte Blattrhachis), parallelnervig. Nebenblätter sehr klein →. Blüten zu 1–2 in den Blattachseln, lang gestielt, rotviolett

Lathyrus nissolia L., Gras-Platterbse: T, 20–40(–60) cm, V–VII, kollin (-montan), kalkarme, eher trockene Äcker, Getreidefelder, (Apha), Archäophyt, CR

- Blätter auf eine Ranke reduziert, aber Nebenblätter gross →, gegenständig, spiessförmig, die Funktion der Blätter übernehmend. Blüten gelb

Lathyrus aphaca L., Ranken-Platterbse: T.li, 10–30 cm, V–VII, kollin-montan, trockenwarme Äcker, Schuttplätze, (Cauc, Sisy), Archäophyt, EN

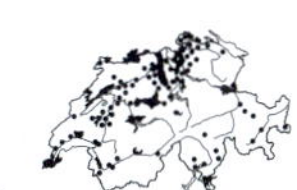

3 Zumindest die oberen Blätter mit einer Ranke. Stängel ± kletternd **4**

- Blätter ohne Ranke, meist mit kleiner Spitze. Stängel aufrecht **13**

4 Blütenstandstiele mit 1–2 Blüten (selten bis 4 Blüten). Blätter mit 1 Fiederpaar. Pflanze einjährig **5**

- Blütenstandstiele mehrblütig (mindestens 3-blütig). Blätter mit 1–4 Fiederpaaren. Mehrjährige Pflanze **8**

5 Stiel des Blütenstand (mit meist 2 Blüten) viel länger als das zugehörige Blatt. Stängel schmal geflügelt. Blüten blau bis blauviolett. Frucht dicht langhaarig →

Lathyrus hirsutus L., Rauhaarige Platterbse: T.li, 30–100 cm, VI, kollin (-montan), trockenwarme, kalkreiche Äcker, Wegränder, (Cauc), Archäophyt, EN

- Stiel des Blütenstand kürzer als das zugehörige Blatt, Blütenstand meist einblütig **6**

6 Stängel 4-kantig, wie der Blattstiel nicht geflügelt. Blüten ziegelrot. Teilblättchen schmal. Frucht 3–6 cm lang, an der Bauchnaht behaart, sonst kahl →

Lathyrus sphaericus Retz., Kugelsamige Platterbse: T, 15–50 cm, V, kollin-montan, trockenwarme Wegränder, Unkrautfluren, Krautsäume, (Conv-Agro, Cauc), VU

- Stängel und Blattstiel schmal geflügelt **7**

7 Blüten trübrot, 8–14 mm lang und 1–3 cm lang gestielt. Frucht ohne Flügel. Stängel ± aufrecht. Teilblättchen schmal lanzettlich bis lineal →

Lathyrus cicera L., Kicher-Platterbse: T, 20–50 cm, V, kollin, trockenwarme Äcker, Schuttplätze, (Cauc, Sisy), Archäophyt, CR

- Blüten weiss (selten rosa oder bläulich) 12–22 mm lang. Frucht oben mit 2 Flügeln, kahl. Stängel niederliegend oder kletternd. Teilblättchen schmal lanzettlich →

Lathyrus sativus L., Saat-Platterbse: T.li, 15–60 cm, VI–VII, kollin, kalkreiche Äcker, Schuttplätze, (Cauc, Sisy), Neophyt

8 Blüten gelb, 10–18 mm lang. Blütentrauben 5- bis 12-blütig. Stängel ästig verzweigt, kantig, nicht geflügelt. Nebenblätter halbpfeilförmig, breit lanzettlich. Blätter mit 1 Fiederpaar

Lathyrus pratensis L., Wiesen-Platterbse: G, 30–90 cm, VI–VII, kollin-montan, Fettwiesen, nährstoffreiche Krautsäume, Nasswiesen, (Arrh, Poly-Tris, Trif-medi, Calt), LC

- Blüten rot oder blau **9**

9 Stängel kantig, nicht geflügelt. Blütentrauben 2- bis 7-blütig. Blüten kräftig rosa, 12–20 mm lang. Frucht kahl, 2–4 cm lang. Teilblättchen elliptisch →, ca. 3 cm lang und 1 cm breit

Lathyrus tuberosus L., Knollige Platterbse: G.li, 30–90 cm, VI–VII, kollin (-montan), trockenwarme, kalkreiche Getreidefelder, Wegränder, (Cauc), Archäophyt, VU

- Stängel geflügelt **10**

10 Blätter mit nur 1 Fiederpaar. Blattstiel deutlich geflügelt **11**

- Blätter mit 2–4 Fiederpaaren. Blattstiel mit oder ohne Flügel **12**

11 Teilblätter 2–3 cm breit. Blattstiel 8–12 mm breit geflügelt →. Nebenblätter halb bis fast so lang wie der Blattstiel. Blüten rosa

Lathyrus latifolius L., Breitblättrige Platterbse: G.li, 100–300 cm, VI–VIII, kollin, sonnige, kalkreiche Krautsäume, Pionierfluren, Waldränder, (Gera-sang, Trif-medi, Quer-pube), Archäophyt, LC

- Teilblätter ca. 1 cm breit. Blattstiel 2–4 mm breit geflügelt →. Nebenblätter höchstens halb so lang wie der Blattstiel. Blüten blassrot

Lathyrus sylvestris L., Wald-Platterbse: G.li, 1–2 m, VII–VIII, kollin-montan (-subalpin), kalkreiche, eher trockene Krautsäume, Gebüsche, (Trif-medi, Gera-sang), LC

12 Blattstiel kaum geflügelt, 1-2 mm breit. Teilblätter 3-6 cm lang. Blütentrauben 3- bis 6-blütig. Blüten violettblau

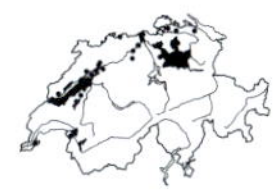

Lathyrus palustris L., Sumpf-Platterbse: G.li, 30–80 cm, VI, kollin, kalkreiche, magere Nasswiesen, Grossseggenriede, (Moli, Magn), VU

- Blattstiel breit geflügelt →, 8-12 mm breit. Teilblätter 6-10 cm lang. Blütentrauben (3-) 5- bis 12-blütig. Blüten rosa

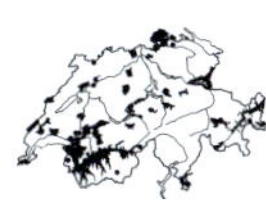

Lathyrus heterophyllus L., Verschiedenblättrige Platterbse: G.li, 100–300 cm, VII–VIII, (kollin-) montan-subalpin, kalkreiche, eher trockene Krautsäume, (Trif-medi), LC

13 Kronblätter hellgelb, zuletzt bräunlich. Stängel kantig, aufrecht. Blätter mit meist 4–5 Fiederpaaren. Teilblättchen elliptisch, spitz, unterseits blaugrün

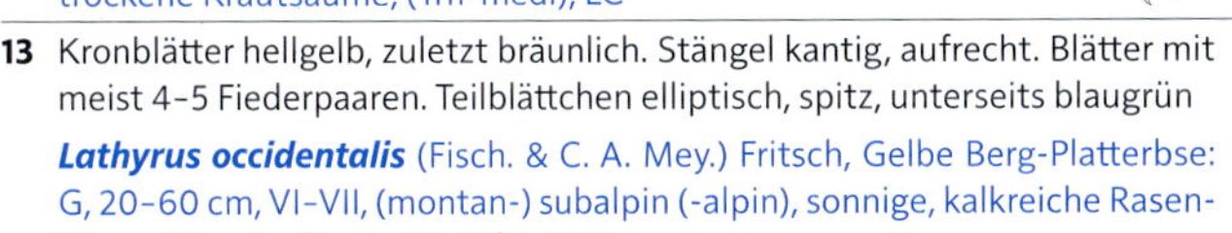

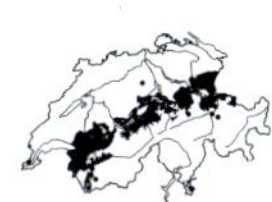

Lathyrus occidentalis (Fisch. & C. A. Mey.) Fritsch, Gelbe Berg-Platterbse: G, 20–60 cm, VI–VII, (montan-) subalpin (-alpin), sonnige, kalkreiche Rasenhänge, Staudenfluren, (Cari-ferr), LC

- Kronblätter rosa bis blauviolett **14**

14 Stängel deutlich geflügelt, 3–4 mm breit. Unterirdische Ausläufer an den Knoten knollig verdickt. Blätter mit 2–3 Fiederpaaren →, Blattstiele geflügelt. Blütentrauben 3- bis 5-blütig. Blüten rosa bis blau (sich verfärbend)

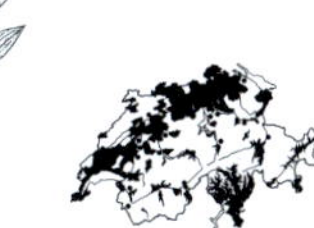

Lathyrus linifolius (Reichard) Bässler, *(L. montanus)*, Berg-Platterbse: H, 15–30 cm, IV–VI, kollin-montan (-subalpin), kalkarme, eher trockene Laubmischwälder, Krautsäume, (Carp, Quer-robo, Trif-medi), LC

- Stängel kantig, aber nicht geflügelt **15**

15 Teilblätter lineal-lanzettlich, 2–4 mm breit, parallelnervig (oder undeutlich fiedernervig) **16**

- Teilblätter oval oder eiförmig, 5–30 mm breit, fiedernervig **17**

16 Teilblätter 3–6 cm lang. Blattrhachis höchstens ⅓ so lang wie die Teilblätter. Nebenblätter schmaler als die Teilblätter. Blüten violett, 20–25 mm lang. Blütentrauben 4- bis 10-blütig

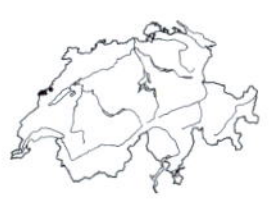

Lathyrus bauhinii P. A. Genty, Schwertblättrige Platterbse: H, 20–40 cm, VI–VII, kollin-montan, kalkreiche, sonnige Rasenhänge, Föhrenwälder, (Cari-ferr, Eric-PiSy), CR

- Teilblätter 5–15 cm lang. Blattrhachis mindestens halb so lang wie die Teilblätter. Nebenblätter so breit oder breiter als die Teilblätter. Blüten rosa bis blau (sich verfärbend), 15–20 mm lang **18**

  → *Lathyrus vernus* subsp. *gracilis*

17 Blätter 4- bis 6-paarig →. Teilblätter oval, vorne abgerundet, mit aufgesetztem Spitzchen. Blütentrauben 2- bis 10-blütig. Blüten 10–15 mm lang, rot- bis blauviolett

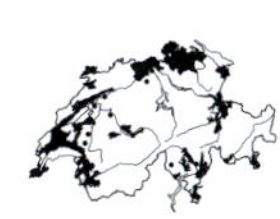

Lathyrus niger (L.) Bernh., Schwarze Platterbse: G, 30–90 cm, VI, kollin (-montan), trockenwarme, eher kalkarme Eichenwälder, Föhrenwälder, Krautsäume, (Quer-pube, Carp, Gera-sang), NT

- Blätter 2- bis 3- (4-)paarig. Teilblätter breit eiförmig, vorne zugespitzt **18**

18 Teilblätter → breit eiförmig, mit schiefem Grund, die unteren spitz, die oberen zugespitzt. Blütentrauben dicht 10- bis 30-blütig. Blüten 10-13 mm lang, rosa, dunkler geadert. Frucht dicht drüsig

Lathyrus venetus (Mill.) Wohlf., Venezianische Platterbse: G, 20–40 cm, V–VI, kollin-montan, trockenwarme, lichte Laubmischwälder, Gebüsche, (Orno-Ostr), EN

- Blütentrauben locker 2- bis 9-blütig. Blüten 17-20 mm lang, rot- bis blauviolett (sich verfärbend). Frucht kahl

Lathyrus vernus (L.) Bernh., Frühlings-Platterbse: G, 20–30(–50) cm, IV–V, kollin-montan, Wälder, besonders Laubwälder, LC

a Teilblätter eiförmig, zugespitzt, 3-7 cm lang und 1-4 cm breit

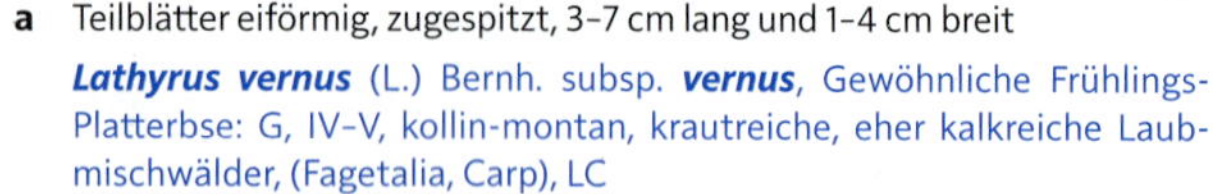

Lathyrus vernus (L.) Bernh. subsp. ***vernus***, Gewöhnliche Frühlings-Platterbse: G, IV–V, kollin-montan, krautreiche, eher kalkreiche Laubmischwälder, (Fagetalia, Carp), LC

- Teilblätter lineal-lanzettlich, 4-14 cm lang und 2-5 mm breit

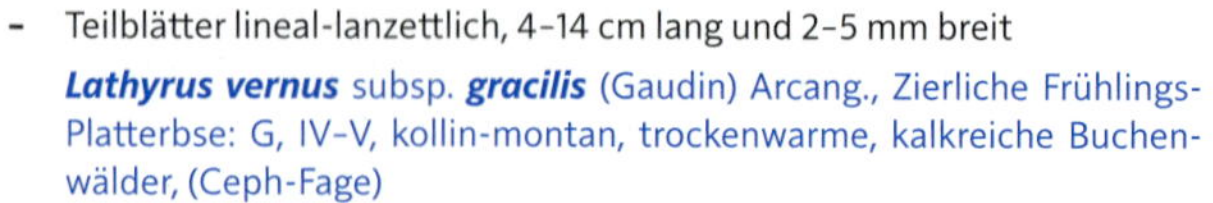

Lathyrus vernus subsp. ***gracilis*** (Gaudin) Arcang., Zierliche Frühlings-Platterbse: G, IV–V, kollin-montan, trockenwarme, kalkreiche Buchenwälder, (Ceph-Fage)

Lens Linse

- Pflanze zart. Stängel weichhaarig. Obere Blätter mit 2-7 Fiederpaaren und meist einer Endranke. Blüte → bläulich weiss. Frucht hängend, trapezförmig, flach, (1-) 2-samig, kahl

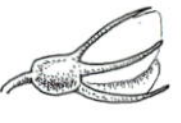

Lens culinaris Medik., *(Vicia lens)*, Speise-Linse: T, 15–40 cm, VI–VII, kollin, trockenwarme, kalkreiche Äcker, (Cauc, Erag), früher angebaut und selten verwildert, Neophyt

Lotus Hornklee

1 Blüten einzeln, hellgelb, lang gestielt, 25-30 mm lang. Stängel niederliegend-aufsteigend. Blätter graugrün. Frucht mit geflügelten Kanten →

Lotus maritimus L., *(Tetragonolobus maritimus)*, Gelbe Spargelerbse: H, 10–30 cm, V–VII, kollin-montan (-subalpin), wechselfeuchte, magere Wiesen und Weiden, Streuwiesen, Flachmoore, (Moli, Cari-dava), NT

- Blüten gelb oder etwas rötlich, in (1-) 2- bis 15-blütigen Dolden (wenn einzeln, dann Blüte nicht über 18 mm lang). Frucht ungeflügelt **2**

2 Dolden 8- bis 15-blütig. Pflanze mit Ausläufern. Stängel rund, hohl →. Teilblätter mit deutlichen Seitennerven. Kelchzipfel an den Blütenknospen sternförmig zurückgespreizt

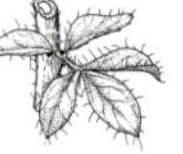

Lotus pedunculatus Cav., *(L. uliginosus)*, Sumpf-Hornklee: H, 30–80 cm, VI–VII, kollin-montan, nährstoffreiche Nasswiesen, (Calt), LC

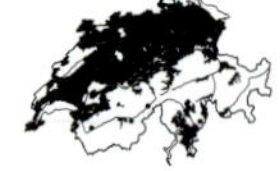

- Dolden 3- bis 8-blütig. Pflanze ohne Ausläufer. Stängel etwas kantig, markig →. Seitennerven der Teilblätter kaum sichtbar. Kelchzipfel an den Blütenknospen zusammenneigend

  Lotus corniculatus aggr., Gemeiner Hornklee: H, 5-30 cm, V-VII, kollin-subalpin (-alpin), LC

a Teilblätter der oberen Stängelblätter schmal, 3-10x so lang wie breit, zugespitzt, die der unteren Blätter nur 2-3x so lang wie breit. Dolden 1- bis 4- (6-)blütig, auf dünnen Stielen

Lotus tenuis Willd., Schmalblättriger Hornklee: H, 15-30 cm, V-VII, kollin, wechselfeuchte Wiesen und Weiden, Wegränder, (Moli), NT

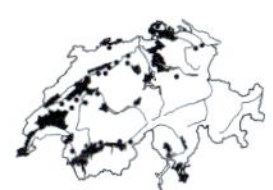

- Teilblätter der Stängelblätter breit lanzettlich bis rundlich, 1-3x so lang wie breit **b**

b Schiffchenspitze dunkel rotbraun. Teilblätter max. 8 mm lang. Dolden 1- bis 3- (5-)blütig. Blüten 14-18 mm lang

Lotus alpinus (DC.) Ramond, Alpen-Hornklee: H, 5-10 cm, V-VII, (subalpin-) alpin, steinige Gebirgsrasen, (Sesl, Nard, Poio-alpi), LC

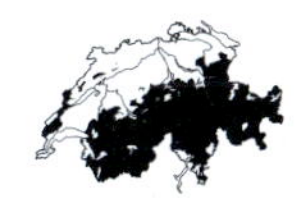

- Schiffchenspitze hell (gelb bis rötlich). Teilblätter bis 2 cm lang. Dolden 3- bis 8-blütig. Blüten 6-15 mm lang. Pflanze kahl, anliegend behaart oder dicht abstehend behaart (var. *hirsutus*)

Lotus corniculatus L., Gewöhnlicher Hornklee: H, 10-30 cm, V-VII, kollin-subalpin (-alpin), Wiesen und Weiden, Krautsäume, Pionierfluren, (Meso, Arrh, Poly-Tris, Trif-medi), LC

Lupinus Lupine

1 Pflanze mehrjährig. Blätter 9- bis 15-teilig →, Teilblätter 10-30 mm breit. Blütenstand 15-60 cm lang. Blüten blau (seltener rosa oder weisslich)

Lupinus polyphyllus Lindl., Vielblättrige Lupine: H, 60-150 cm, VI-IX, kollin-montan, kalkarme Krautsäume, Unkrautfluren, (Epil-angu), Neophyt

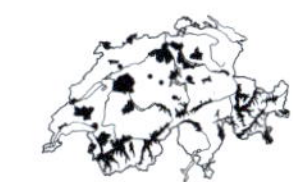

- Pflanze einjährig. Blätter 5- bis 9-teilig **2**

2 Blüten weiss. Teilblätter 8-18 mm breit. Blütenstand 5-10 cm lang

Lupinus albus L., Weisse Lupine: T, 30-120 cm, V-VII, kollin, kalkarme Äcker, Pionierfluren, (Erag), Neophyt

- Blüten meist blau. Teilblätter 2-5 mm breit. Blütenstand 10-20 cm lang

Lupinus angustifolius L., Schmalblättrige Lupine: T, 20-80 cm, V-VII, kollin, trockenwarme, kalkarme Äcker, Schuttplätze, (Pani-Seta), Neophyt

Medicago Schneckenklee

Im Unterschied zu ähnlichen gelb blühenden Klee-Arten hat das mittlere Teilblättchen der *Medicago*-Arten stets ein aufgesetztes Spitzchen.

1 Blüten 8–12 *mm* lang, blau grünlich oder gelb. Teilblättchen lanzettlich, 2–10x so lang wie breit **2**

- Blüten höchstens 6 *mm* lang, gelb. Teilblättchen rundlich bis breit eiförmig, 1–2x so lang wie breit **4**

2 Blüten gelb. Frucht gerade bis sichelig, höchstens ¾ gewunden →. Teilblättchen vorne meist ausgerandet, stachelspitzig

Medicago falcata L., Gelbe Luzerne: H, 20–60 cm, V–VIII, kollin-subalpin, trockenwarme, kalkreiche Krautsäume, (Gera-sang), NT

- Blüten blau, grüngelb oder gescheckt. Frucht ¾- bis 3-fach gewunden **3**

3 Blüten blau bis violett. Frucht 1,5- bis 3-fach gewunden, 4–6 mm im Durchmesser, anliegend weichhaarig →. Blütentrauben 1–3 cm lang

Medicago sativa L., Saat-Luzerne: H, 30–90 cm, VI–VIII, kollin-montan (-subalpin), mässig trockene Krautsäume, Wiesen und Weiden, Wegränder, (Conv-Agro, Arct, Arrh), angesät und verwildert (eventuell weniger häufig als *M. ×varia*?), Archäophyt, LC

- Blüten blau, grün oder grüngelb (auch gescheckt und sich während der Blütezeit verändernd). Frucht ¾- bis 2-fach gewunden, glatt und fast kahl

Medicago ×varia Martyn, Verschiedenfarbige Luzerne: H, 30–90 cm, VI–VIII, kollin-montan, mässig trockene Krautsäume, Wiesen und Weiden, Wegränder, (Conv-Agro, Arct, Arrh), angesät und verwildert (möglicherweise häufiger als *M. sativa*?)

4 Teilblättchen mit einem braunen Fleck →, 1–2,5 cm breit, oberseits kahl, herz- bis keilförmig. Stängel niederliegend-aufsteigend, tief gefurcht, fast geflügelt

Medicago arabica (L.) Huds., Arabischer Schneckenklee: H.ha-T, 15–60 cm, IV–V, kollin, trockenwarme Schuttplätze, Wegränder, Äcker, (Dauc-Meli, Erag), Neophyt

- Teilblättchen ungefleckt **5**

5 Blütentrauben 10- bis 50-blütig. Frucht nierenförmig →, 1–3 mm lang, zuletzt schwarz. Krone nach der Blüte abfallend (im Gegensatz zu *Trifolium*). Mittleres Teilblättchen länger gestielt, am Ende mit einem Spitzchen

Medicago lupulina L., Hopfenklee: H-T, 10–30(–70) cm, V–IX, kollin-montan (-subalpin), kalkreiche, eher trockene Wiesen und Weiden, Schuttplätze, (Arrh, Meso, Dauc-Meli), Archäophyt, LC

- Blütentrauben 1- bis 10-blütig. Frucht schneckenförmig eingerollt **6**

6 Schneckenfrucht ohne Stachelchen →, 1-2 cm breit. Nebenblätter tief zerschlitzt. Pflanze fast kahl

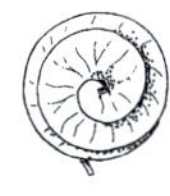

Medicago orbicularis (L.) Bartal., Scheiben-Schneckenklee: T, 10-30 cm, V-VI, kollin, trockenwarme Schuttplätze, Wegränder, (Sisy, Erag), Neophyt

- Schneckenfrucht mit Stachelchen (bei Jungpflanze Frucht meist noch am Stängelgrund erkennbar) **7**

7 Teilblättchen klein, 2-5(-6) mm breit, beiderseits behaart **8**

- Teilblättchen gross, (6-)8-25 mm breit, oberseits kahl **9**

8 Schneckenfrucht fast kugelig →. Fruchtstiel (bzw. Blütenstandstiel) ohne Granne. Teilblättchen 2-5 mm breit. Nebenblätter fast ganzrandig. Blütentrauben 3- bis 5- (8-)blütig

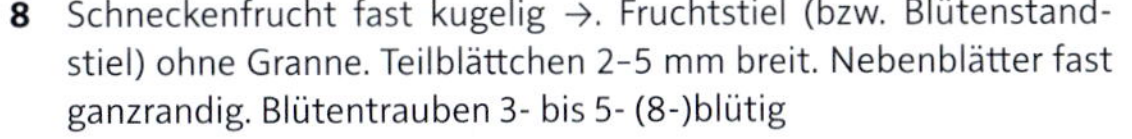

Medicago minima (L.) L., Zwerg-Schneckenklee: H.ha, 5-30 cm, V-VI, kollin-montan, trockenwarme, kalkreiche Pionierfluren, Trockenrasen, (Xero, Alyss-Sedi), LC

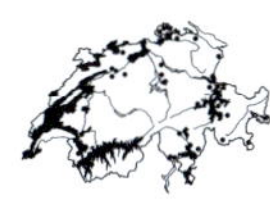

- Schneckenfrucht scheibenförmig bis zylindrisch, behaart →. Fruchtstiel (bzw. Blütenstandstiel) neben der Frucht in eine Granne auslaufend. Nach Abfallen der Frucht leere Achsen aus den Blattachseln ragend. Teilblättchen 3-6 mm breit. Nebenblätter gezähnt. Blütentrauben 1- bis 3-blütig

Medicago rigidula (L.) All., Samt-Schneckenklee: T, 5-25 cm, V-VI, kollin, trockenwarme Schuttplätze, Wegränder, (Sisy, Erag), Neophyt

9 Teilblättchen etwas länger als breit. Nebenblätter 4-10 mm lang. Schiffchen kürzer als die Flügel. Schneckenfrucht scheibenförmig bis zylindrisch, 2- bis 3-fach gewunden →

Medicago polymorpha L., Stacheliger Schneckenklee: T, 10-30(-70) cm, V-VI, kollin, trockenwarme Äcker, Schuttplätze, (Sisy, Cauc), Neophyt

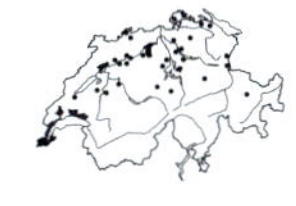

- Teilblättchen nicht länger als breit. Nebenblätter 8-12 mm lang. Schiffchen länger als die Flügel. Schneckenfrucht fast kugelig, 4- bis 7-fach gewunden → **4**

→ Medicago arabica

Melilotus Honigklee

1 Blüten weiss, in langen Trauben. Pflanze mit rutenförmigen, verzweigten Stängeln. Blätter 3-teilig, Teilblättchen gezähnt (von *M. officinalis* kaum zu unterscheiden). Nebenblätter 8-10 mm lang, sehr schmal, zumindest obere ganzrandig. Frucht → eiförmig, 3-4 mm lang, kahl, mit netzartigen Rippen, meist 4-samig

Melilotus albus Medik., Weisser Honigklee: H.ha-T, (30-)50-150 cm, VI-VIII, kollin-montan (-subalpin), kalkreiche, steinige Wegränder, Schuttplätze, (Dauc-Meli), Archäophyt, LC

- Blüten gelb, in langen oder kurzen Trauben **2**

2 Blüten 5-7 mm lang. Stängel rutenförmig, meist über 50 cm hoch. Blütentrauben 3-10 cm lang. Nebenblätter schmal lineal, zumindest mittlere und obere ganzrandig, am Grund kaum verbreitert **3**

- Blüten 2-5 mm lang. Stängel meist < 50 cm hoch. Blütentrauben nur 1-2(-3) cm lang. Besonders mittlere Nebenblätter am Grund stark verbreitert und oft gezähnt **4**

3 Flügel länger als das Schiffchen. Blütentrauben (3-)5-10 cm lang. Früchte kahl, schwach runzelig →

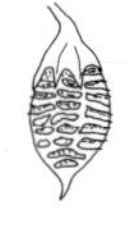

Melilotus officinalis Lam., *(Trigonella officinalis)*, Echter Honigklee: H.ha-T, (30-)50-150 cm, VI-X, kollin-montan (-subalpin), kalkreiche, mässig trockene Wegränder, Schuttplätze, (Dauc-Meli, Conv), Archäophyt, LC

- Flügel ± so lang wie das Schiffchen. Blütentrauben 3-6 cm lang. Früchte anfangs anliegend behaart (wie der Fruchtknoten), später verkahlend, runzelig →

Melilotus altissimus Thuill., *(Trigonella altissima)*, Hoher Honigklee: H.ha-T, 60-150 cm, VI-VIII, kollin (-montan), wechselfeuchte Krautsäume, Ufer, Schuttplätze, (Conv), LC

4 Flügel wenig kürzer oder so lang wie das Schiffchen. Blüten 2-3 mm lang. Blütentrauben 10- bis 50-blütig. Nebenblätter höchstens am Grund mit 1-2 Zähnchen. Früchte 2-samig, schwach gerillt →

Melilotus indicus (L.) All., *(Trigonella smalii)*, Indischer Honigklee: H.ha-T, 10-50 cm, VI-VIII, kollin, trockenwarme Trittrasen, Wegränder, (Poly-avic), Neophyt

- Flügel deutlich kürzer als das Schiffchen. Blüten 3-5 mm lang. Blütentrauben 5- bis 20-blütig. Nebenblätter gezähnt. Früchte einsamig, um die Basis dicht konzentrisch gerillt →

Melilotus sulcatus Desf., *(Trigonella sulcata)*, Gefurchter Honigklee: H.ha-T, 10-50 cm, VI-VIII, kollin, steinige, pionierhafte Schuttplätze, (Sisy), Neophyt

Onobrychis — Esparsette

1 Schiffchen 1-2 mm länger als die Fahne →. Blätter 5- bis 8-paarig. Frucht 7-12 mm lang. Stängel niederliegend-aufsteigend. Blüten kräftig rosa

Onobrychis montana DC., Berg-Esparsette: H, 15-40 cm, VII, (montan-) subalpin, kalkreiche Gebirgsrasen, Bergweiden, (Sesl, Cari-ferr), LC

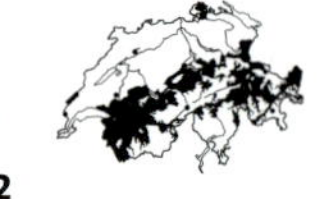

- Schiffchen kürzer oder maximal 1 mm länger als die Fahne →. Blätter 6- bis 12-paarig. Früchte 4-8 mm lang **2**

2 Blüten blassrosa, 8-10 mm lang. Blütentrauben schlank, 1-1,5(-2) cm breit, vor dem Aufblühen schmal spindelförmig. Stiel der obersten Blütentraube 2-3x so lang wie das zugehörige Blatt. Stängel niederliegend-aufsteigend

Onobrychis arenaria (Kit.) DC., Sand-Esparsette: H, 50 cm, VI-VII, kollin-montan, kalkreiche Trockenrasen, Felsensteppen, (Cirs-Brac, Stip-Poio), NT

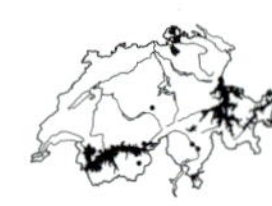

- Blüten kräftig rosa, 10-15 mm lang. Blütentrauben 2-3 cm breit, vor dem Aufblühen eilänglich. Stiel der obersten Blütentraube 1-2x so lang wie das nächste Blatt. Stängel ± aufrecht

  Onobrychis viciifolia Scop., Saat-Esparsette: H, 30-70 cm, V-VIII, kollin-montan (-subalpin), kalkreiche Halbtrockenrasen, Krautsäume, (Meso, Gera-sang), Neophyt

Ononis **Hauhechel**

1 Blüten gelb **2**

- Blüten rot oder rosa **3**

2 Krone 0,5-1 cm lang, einzeln, blattachselständig. Kronblätter kürzer als der Kelch. Pflanze drüsig-klebrig. Frucht aufrecht. Blättchen klein →

  Ononis pusilla L., Zierliche Hauhechel: Ch, 5-15(-30) cm, VI, kollin-montan, kalkreiche, steinige Pionierfluren, Felsensteppen, Föhrenwälder, (Stip-Poio, Onon-Pini), NT

- Krone 1,5-2 cm lang, in (1-) 2- bis 4-blütigen, blattachselständigen Trauben. Kronblätter viel länger als der Kelch, gelb, oft mit roten Strichen. Pflanze drüsig-klebrig, nach «Spital» riechend. Frucht hängend. Blatt →

  Ononis natrix L., Gelbe Hauhechel: H, 20-40 cm, VI-VII, kollin-montan (-subalpin), steinige, pionierhafte Trockenrasen, Wegränder, Föhrenwälder, (Conv-Agro, Cirs-Brac, Onon-Pini), LC

3 Endteilblatt fast kreisrund →, grob buchtig gezähnt. Blüten in lang gestielten, 1- bis 3-blütigen Trauben. Frucht hängend

  Ononis rotundifolia L., Rundblättrige Hauhechel: Cp, 15-40 cm, V-VII, kollin-montan (-subalpin), trockenwarme, kalkreiche Föhrenwälder, (Onon-Pini), LC

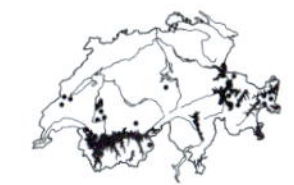

- Endteilblatt oval, fein gezähnt. Blüten kaum gestielt, zu 1-2 in den Achseln von ungeteilten Blättern. Frucht aufrecht

  Ononis spinosa aggr.

  a Stängel ringsum zottig behaart →, stets niederliegend. Blätter stark drüsig-wollig behaart. Frucht kürzer als der nach dem Verblühen vergrösserte Kelch. Pflanze ohne oder mit einzelnen weichen Dornenzweigen

  Ononis repens L., Kriechende Hauhechel: Ch-H, 30-60 cm, VI-IX, kollin-montan (-subalpin), Halbtrockenrasen, wechseltrockene Magerrasen, Krautsäume, (Meso, Gera-sang, Moli), LC

  - Stängel 1- bis 2-zeilig behaart →, niederliegend oder aufsteigend. Blätter ± kahl. Frucht so lang oder länger als der nach dem Verblühen kaum vergrösserte Kelch. Pflanze mit oder ohne kräftige Dornenzweige

  Ononis spinosa L., Dorn-Hauhechel: 30-60 cm, VI-IX, kollin-montan, Mager- und Halbtrockenrasen, Weiden, LC

  aa Kelchzipfel seitlich abstehend, aber nicht zurückgekrümmt. Pflanze reich verzweigt, mit vielen harten Dornen. Auf eher trockenen Böden

  Ononis spinosa L. subsp. ***spinosa***, Gewöhnliche Dorn-Hauhechel: Ch-H, VI-IX, magere, eher trockene Weiden, Wegränder, (Meso, Trif-medi), LC

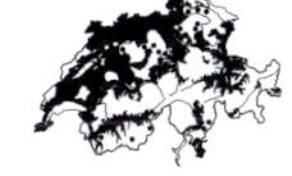

- Kelchzipfel zurückgekrümmt. Pflanze meist unverzweigt, mit wenigen oder weichen Dornen. Auf eher feuchten Böden

  Ononis spinosa subsp. ***austriaca*** (Beck) Gams, Österreicher Dorn-Hauhechel: Ch-H, VI-IX, wechselfeuchte Magerrasen, (Moli), NT

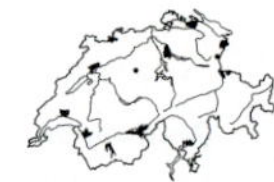

Ornithopus **Krallenklee**

- Pflanze dicht weichhaarig. Stängel niederliegend, dünn. Blätter mit 6–13 Fiederpaaren. Blüten weissrosa, mit gelbem Schiffchen, höchstens 5 mm lang. Frucht gegliedert, mit 4–9 Segmenten →

  Ornithopus perpusillus L., Kleiner Krallenklee: T, 5–30 cm, V-IX, kollin (-montan), sandige, kalkarme Pionierfluren, Äcker, (Sedo-Vero, Apha), CR(PE)

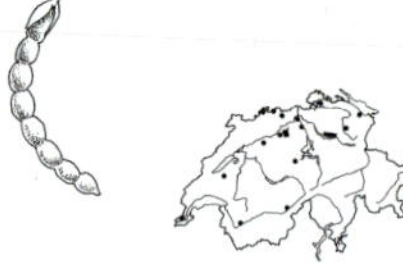

Oxytropis **Spitzkiel**

1 Blüten gelb oder weisslich. Frucht im Kelch ungestielt **2**

- Blüten rötlich oder violett. Frucht im Kelch gestielt (nur bei *O. halleri* ungestielt) **4**

2 Stängel aufrecht aufsteigend, beblättert, wollig behaart. Blätter mit 9–13 Fiederpaaren. Blütenstand dichtblütig, Blüten hellgelb

Oxytropis pilosa (L.) DC., Zottiger Spitzkiel: H, 10–30 cm, V-VII, kollin-montan, kalkreiche Steppenrasen, Föhrenwälder, (Cirs-Brac, Stip-Poio, Onon-Pini), NT

- Stängel sehr kurz, kurzhaarig oder fast kahl. Blätter und Blütenstandstiele grundständig **3**

3 Pflanze durch winzige Drüsen klebrig →, harzig-aromatisch riechend. Blüten weiss. Blätter mit 15–25 Fiederpaaren

Oxytropis fetida (Vill.) DC., Drüsiger Spitzkiel: H, 5–15 cm, VII-VIII, (subalpin-) alpin, schuttige, kalkreiche Grate, Schutthalden, (Drab-hopp), VU

- Pflanze drüsenlos, kurzhaarig. Blüten hellgelb (selten blassviolett). Blätter mit 10–15 Fiederpaaren. Fahne 15–20 mm lang. Frucht 14–18 mm lang, kurzhaarig

Oxytropis campestris (L.) DC., Alpen-Spitzkiel: H, 5–15 cm, VII-VIII, (subalpin-) alpin, steinige Gebirgsrasen, eher auf Kalk, (Sesl, Elyn), LC

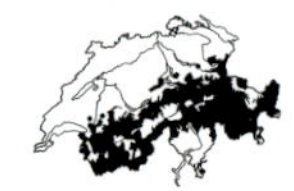

4 Blüten 15–20 mm lang. Stängel kaum ausgebildet, alle Blätter sind grundständig. Frucht im Kelch ungestielt, 2-fächerig **5**

- Blüten 10–13 mm lang. Kurzer, beblätterter (meist niederliegend-aufsteigender) Stängel ist erkennbar. Frucht im Kelch gestielt, einfächerig **6**

5 Blütenstandstiel kurzhaarig. Blätter zerstreut behaart, oft fast kahl. Nebenblätter zur Hälfte mit dem Blattstiel verwachsen. Frucht unvollständig 2-fächerig **3**

→ *Oxytropis campestris*

- Blütenstandstiel dicht und lang seiden- bis wollhaarig. Blätter dicht seidenhaarig, mit 8-16 Fiederpaaren. Nebenblätter am Grund mit dem Blattstiel verwachsen. Frucht 2-fächerig

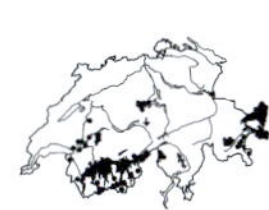

Oxytropis halleri W. D. J. Koch, Hallers Spitzkiel: H, 5-20 cm, IV-VII, kollin-alpin, Trockenrasen, NT

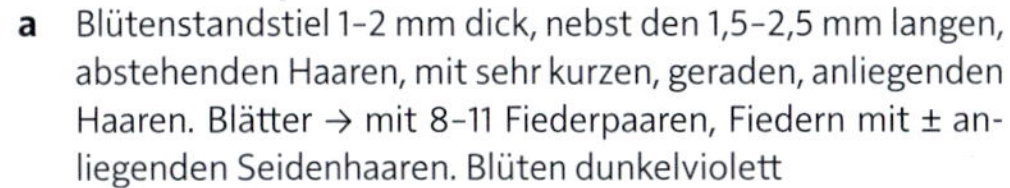

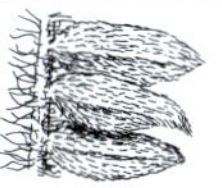

a Blütenstandstiel 1-2 mm dick, nebst den 1,5-2,5 mm langen, abstehenden Haaren, mit sehr kurzen, geraden, anliegenden Haaren. Blätter → mit 8-11 Fiederpaaren, Fiedern mit ± anliegenden Seidenhaaren. Blüten dunkelviolett

Oxytropis halleri W. D. J. Koch subsp. ***halleri***, Gewöhnlicher Haller-Spitzkiel: H, IV-VII, subalpin-alpin, steinige, kalkreiche Gebirgsrasen, (Elyn, Sesl), NT

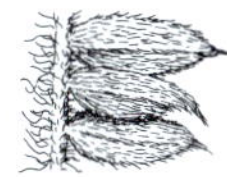

- Blütenstandstiel 2-3 mm dick, nebst den 2-3 mm langen Haaren, mit sehr kurzen, krausen, abstehenden Haaren. Blätter → mit 10-16 Fiederpaaren, Fiedern mit ± schräg abstehenden Seidenhaaren. Blüten hellviolett

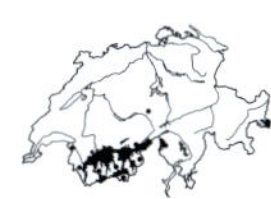

Oxytropis halleri subsp. ***velutina*** (Schur) O. Schwarz, Samtiger Haller-Spitzkiel: H, IV-VII, kollin-subalpin (-alpin), kalkreiche Steppenrasen, Föhrenwälder, (Cirs-Brac, Onon-Pini), NT

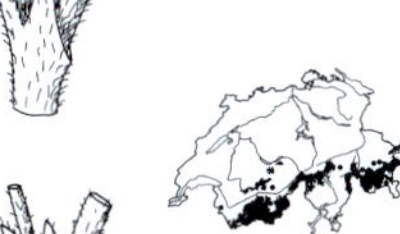

6 Nebenblätter bis über die Mitte miteinander verwachsen →. Blattstiel meist grün. Kelchzähne ⅔ bis etwa so lang wie die Kelchröhre. Frucht hängend

Oxytropis lapponica (Wahlenb.) J. Gay, Lappländer Spitzkiel: H, 10-30 cm, VII-VIII, (subalpin-) alpin, schuttige, kalkreiche Gratrasen, (Elyn, Drab-hopp), LC

- Nebenblätter höchstens zuunterst etwas verwachsen, sonst frei →. Blattstiel grün oder rot. Kelchzähne ¼-⅔ so lang wie die Kelchröhre. Frucht aufrecht oder abstehend **7**

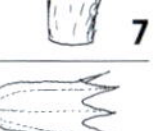

7 Kelchzähne ¼-⅓ so lang wie die Kelchröhre →. Fruchtträger (Fruchtstiel im Kelch) die Kelchröhre meist überragend. Blatt- und Blütenstandstiel rot

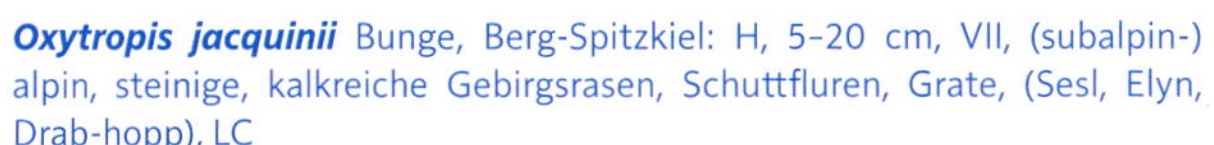

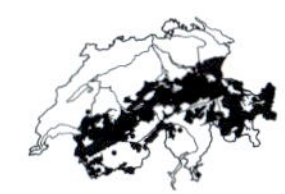

Oxytropis jacquinii Bunge, Berg-Spitzkiel: H, 5-20 cm, VII, (subalpin-) alpin, steinige, kalkreiche Gebirgsrasen, Schuttfluren, Grate, (Sesl, Elyn, Drab-hopp), LC

- Fruchtträger nur halb so lang wie die Kelchröhre. Kelchzähne ½-⅔ so lang wie die Kelchröhre **8**

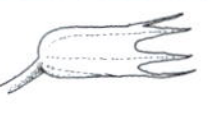

8 Blüte milchig blassviolett. Blatt- und Blütenstandstiel meist rot. Blätter mit 7-12 Fiederpaaren. Teilblätter 2-7 mm lang, beiderseits dicht grauseidig behaart. Kelchzähne ½-⅔ so lang wie die Kelchröhre →

Oxytropis helvetica Scheele, Schweizer Spitzkiel: H, 10 cm, VII-VIII, (sub-alpin-) alpin, steinige, kalkreiche Gebirgsrasen, (Sesl, Elyn), NT

- Blüte kräftig rot- bis blauviolett. Blatt- und Blütenstandstiel grün. Teilblätter 7-13 mm lang, ± grün. Kelchzähne etwa halb so lang wie die Kelchröhre →

Oxytropis neglecta Ten., Südalpiner Spitzkiel: H, 5-15 cm, VII-VIII, subalpin-alpin, kalkreiche Felsen, Felsrasen, (Pote, Sesl), VU

Phaseolus **Bohne**

1 Blütentrauben länger als das zugehörige Stängelblatt. Blüten weiss oder orangerot. Frucht rau. Stängel stets windend

Phaseolus coccineus L., Feuer-Bohne: T.li, 2-4 m, VII-VIII, kollin, Gartenränder, ruderale Gebüschsäume, häufig kultiviert, kaum verwildernd, kultivierter Neophyt

- Blütentrauben kürzer als das zugehörige Stängelblatt. Blüten weiss bis rosa. Frucht glatt. Stängel windend oder aufrecht («Buschbohne»)

Phaseolus vulgaris L., Garten-Bohne: T.li, 0,5-2 m, VII-VIII, kollin, Gartenränder, ruderale Gebüschsäume, häufig kultiviert, kaum verwildernd, kultivierter Neophyt

Pisum **Erbse**

- Pflanze kahl, blaugrün bereift. Blätter mit 1-3 Fiederblattpaaren und einer verzweigten Ranke. Nebenblätter sehr gross, stängelumfassend, grösser als die Teilblätter

Pisum sativum L., Erbse: 30-150(-200) cm, V-VIII, kollin-montan (-subalpin), Gartenränder, ruderale Gebüschsäume, Archäophyt

a Krone einfarbig, rötlich oder weiss. Frucht 15-25 mm breit

Pisum sativum L. subsp. ***sativum***, Garten-Erbse: T.li, V-VIII, kollin-montan, trockenwarme, kalkreiche Äcker, Schuttplätze, (Cauc, Sisy), kultivierter Archäophyt

- Krone zweifarbig, Flügel dunkelrot, Fahne hellrosa. Frucht 8-12 mm breit **b**

b Stiel der Blüte (bzw. des Blütenstandes) nur wenig länger als das zugehörige Nebenblatt. Nebenblätter mit einem violetten Fleck. Teilblätter gezähnelt

Pisum sativum subsp. ***arvense*** (L.) Asch. & Graebn., Futter-Erbse: T.li, V-VIII, kollin-montan (-subalpin), kalkreiche Äcker, Schuttplätze, (Cauc, Sisy), angepflanzt und selten verwildert, kultivierter Archäophyt

- Stiel der Blüte 2-3x so lang wie das Nebenblatt. Nebenblätter ohne violetten Fleck. Teilblätter mit oder ohne Zähnchen

Pisum sativum subsp. ***biflorum*** (Raf.) Soldano, Wilde Erbse: T.li, V-VIII, kollin-montan, trockenwarme Gebüsche, Krautsäume, (Berb, Gerasang), Archäophyt, VU

Pueraria **Kopoubohne**

- Kletternde, verholzte Liane, oft ausgedehnte, wuchernde Schleier bildend. Blätter 3-teilig, Teilblätter oft 2- bis 3-lappig. Blütenstand vielblütig. Blüten violett, 15-20 mm lang (Abb. Tafel 11, S. 519)

Pueraria lobata (Willd.) Ohwi, Kopoubohne: P.li, 20 m, VII-VIII, kollin-montan, nährstoffreiche Krautsäume, Gebüsche, (Conv), Neophyt

Robinia Robinie

- Baum mit tief längsrissiger Borke. Zweige dornig. Blätter 4-9 Fiederpaare. Teilblättchen eiförmig, 2-4 cm lang, stumpf oder mit Spitzchen. Nebenblätter borstig, oft zu Dornen umgebildet. Blütenstand traubig, hängend, Blüte weiss (Abb. Tafel 11, S. 519)

  Robinia pseudoacacia L., Robinie: P, 25 m, V-VI, kollin-montan, nährstoffreiche Pionierwälder, Auenwälder, (Robi), Neophyt

Securigera Kronwicke

- Stängel niederliegend-aufsteigend. Blätter mit 5-12 Fiederpaaren. Teilblättchen oval, mit aufgesetztem Spitzchen. Nebenblätter frei: 2 spreizende, abgerundete Läppchen →. Blüten rosa und weiss gescheckt

  Securigera varia (L.) Lassen, *(Coronilla varia)*, Bunte Kronwicke: H, 30-120 cm, VI-VIII, kollin-montan, kalkreiche, eher trockene Krautsäume, (Trif-medi, Gera-sang), LC

Spartium Pfriemenginster

- Strauch mit bis 3 m langen, grünen, rutenförmigen Zweigen. Blätter ungeteilt, 1-4 cm lang. Kelchoberlippe → bis zum Grund eingeschnitten (scheinbar fehlend)

  Spartium junceum L., Pfriemenginster: Ph, 3 m, V-IX, kollin (-montan), trockenwarme Gebüsche, (Berb), Neophyt

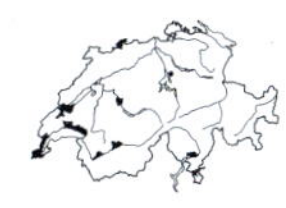

Trifolium Klee

1 Blüten gelb oder braun. Kelchröhre ± kahl, Kelchzähne kahl oder bewimpert **2**
- Blüten rot, rosa, weiss (oder gelblich weiss, dann Kronröhre aussen behaart) **8**

2 Oberste Blätter (fast) gegenständig. Kelchzähne bewimpert oder kahl. Krone nach dem Verblühen dunkelbraun werdend, Blütenköpfchen daher zweifarbig (gelb, dunkelbraun) **3**
- Alle Blätter wechselständig. Kelchzähne kahl oder fast kahl. Krone nach dem Verblühen strohgelb (höchstens schwach bräunlich) werdend **4**

3 Blüten 6-9 mm lang, Blütenstiele etwa so lang wie die Kelchröhre. Blütenstand kugelig, später eiförmig. Teilblätter ringsum fein gezähnelt, stumpf oder etwas ausgerandet →

  Trifolium badium Schreb., Braun-Klee: H-H.ha, 10-25 cm, VII-VIII, subalpin (-alpin), kalkreiche, eher feuchte Bergwiesen und -weiden, (Cari-ferr, Poio-alpi), LC

- Blüten 5-6 mm lang. Blütenstiele deutlich kürzer als die Kelchröhre. Blütenstand zunächst eiförmig später verlängert zylindrisch. Teilblätter meist nur zuvorderst gezähnelt →

  Trifolium spadiceum L., Brauner Moor-Klee: H.ha-T, 20-40 cm, VI-VIII, montan-subalpin, feuchte, magere Wiesen, Moore, (Moli, Cari-fusc), VU

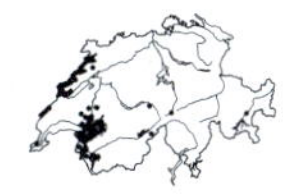

4 Krone 2,5–4 mm lang. Flügel gerade vorgestreckt. Fahne längs zusammengefaltet, auf dem Rücken gekielt. Stängel niederliegend. Blütenstand 1- bis 14- (bis 25-)blütig, im Umriss halbkugelig, 6–8 mm breit **5**

- Krone 4–7 mm lang. Flügel spreizend. Fahne gewölbt, löffelförmig verbreitert, mit mehreren Längsfurchen. Stängel ± aufrecht. Blütenstand 15- bis 40-blütig, im Umriss zuletzt kugelig bis eiförmig, 8–14 mm breit **6**

5 Köpfchen 1- bis 6-blütig (selten mehr). Blütenstiele 1–1,5x so lang wie die Kelchröhre. Nebenblätter lanzettlich, am Grund nicht verbreitert. Stängel sehr dünn, kurz (höchstens bis 10 cm lang). Fahne kaum länger als die reife Frucht

Trifolium micranthum Viv., Kleinblütiger Klee: T, 5–10 cm, V–VIII, kollin, trockenwarme, sandige Pionierfluren, (Sedo-Vero)

- Köpfchen 4- bis 14- (bis 25-)blütig. Blütenstiele kürzer als die Kelchröhre. Nebenblätter eiförmig (am Grund verbreitert) →. Fahne kahnförmig, gekielt-gefaltet. Stängel oft verlängert (bis 30 cm). Fahne 2x so lang wie die reife Frucht

Trifolium dubium Sibth., Zweifelhafter Klee: T, 5–15(–30) cm, V–IX, kollin (-subalpin), wechselfeuchte, nährstoffreiche Trittrasen, Fettwiesen, (Agro-Rumi, Arrh), LC

6 Alle Teilblätter sehr kurz gestielt, Stiel des mittleren Teilblatts maximal 1/15 so lang wie das Teilblatt. Blütenköpfchen 10–15 mm breit, mit (20–)25–40 goldgelben Blüten. Nebenblätter am Grund verschmälert, den Stängel nicht umfassend →

Trifolium aureum Pollich, Gold-Klee: H.ha-T, 15–35 cm, VI–VIII, kollin-montan (-subalpin), eher trockene Krautsäume, Gebüsche, (Trif-medi, Call-Geni), NT

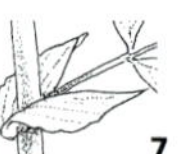

- Mittleres Teilblatt länger gestielt als die seitlichen, sein Stiel mehr als 1/10 so lang wie das Teilblatt. Blütenköpfchen 8–13 mm breit. Nebenblätter mit 2 runden Zipfeln den Stängel umfassend → **7**

7 Blütenköpfchen 20- bis 30-blütig. Blüten (3–)4–5 mm lang, hellgelb. Griffel maximal 1/3 so lang wie die reife Frucht. Stiel des mittleren Teilblatts ca. 1/3 so lang wie das Teilblatt →

Trifolium campestre Schreb., Feld-Klee: T, 15–35 cm, V–VIII, kollin-montan (-subalpin), magere, eher trockene Pionierfluren, Wegränder, Halbtrockenrasen, (Alyss-Sedi, Sedo-Scle, Poly-avic, Meso), Archäophyt, LC

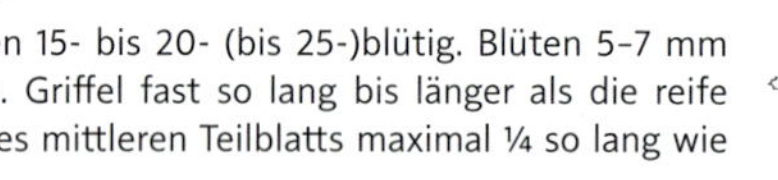

- Blütenköpfchen 15- bis 20- (bis 25-)blütig. Blüten 5–7 mm lang, goldgelb. Griffel fast so lang bis länger als die reife Frucht. Stiel des mittleren Teilblatts maximal 1/4 so lang wie das Teilblatt

Trifolium patens Schreb., Spreiz-Klee: T, 20–50 cm, VI–IX, kollin (-montan), kalkreiche, eher feuchte Wiesen und Weiden, Wegränder, (Cyno, Calt, Agro-Rumi), VU

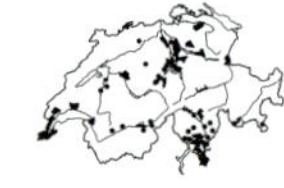

8 Köpfchen sehr klein (bis 10 mm lang und 8 mm breit), sitzend, am Grund von 3-zähligen Blättern und deren Nebenblättern eingerahmt. Blüten weiss oder weissrosa **9**

- Köpfchen grösser als 8 mm, gestielt, nicht von 3-zähligen Blättern eingerahmt **11**

9 Teilblätter 4-6 mm lang, 2-3x so lang wie breit →. Krone 3-4 mm lang, nicht über den rötlichen, abstehend behaarten Kelch herausragend. Gebirgspflanze

Trifolium saxatile All., Stein-Klee: T, 5-15 cm, VII-VIII, (montan-) subalpin-alpin, Schuttfluren, Alluvionen, Moränen, (Epil-flei), VU

- Teilblättchen 10-20 mm lang, 1-2x so lang wie breit. Krone 4-6 mm lang, über den Kelch herausragend. Pflanze der tieferen Lagen **10**

10 Blüten weisslich. Kelch nicht aufgeblasen, Kelchzähne zur Fruchtzeit nach aussen spreizend, leicht gebogen →. Seitennerven der Teilblätter verdickt und am Blattrand zurückgebogen

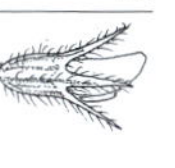

Trifolium scabrum L., Rauer Klee: T, 5-15 cm, V-VII, kollin-montan, steinige, kalkreiche Pionierfluren, (Alyss-Sedi), EN

- Blüten rosa. Kelch zuletzt etwas bauchig aufgeblasen. Kelchzähne zur Fruchtzeit gerade, aufrecht abstehend →. Seitennerven der Teilblätter nicht verdickt und bis zum Rand gerade

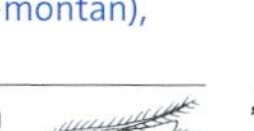

Trifolium striatum L., Gestreifter Klee: T, 5-30 cm, V-VII, kollin (-montan), steinige, eher kalkarme Pionierfluren, (Sedo-Vero), VU

11 Kelch dicht weichhaarig, die länglichen Blütenköpfchen dadurch katzenpfötchenartig erscheinend. Die rötlichen Kelchzipfel länger als die weisslichen (später rötlichen) Kronen →

Trifolium arvense L., Hasen-Klee: T, 10-40 cm, VI-VIII, kollin-montan (-subalpin), kalkarme Pionierfluren, Wegränder, Äcker, (Sedo-Vero, Apha), LC

- Krone deutlich länger als der Kelch. Blütenköpfchen nicht katzenpfötchenartig **12**

12 Blüten reinweiss oder gelblich weiss (ältere und welke Blüten oft rosa oder bräunlich verfärbt) **13**

- Blüten rosa oder rot **21**

13 Blütenköpfchen 2- bis 7-blütig, daneben (in der Mitte des Köpfchens) mit 8-10 sterilen Kelchen. Blüten 8-12 mm lang. Stängel niederliegend. Teilblättchen verkehrt herzförmig →

Trifolium subterraneum L., Erd-Klee: T, 3-15 cm, IV-VI, kollin, mediterrane, steinige Pionierfluren, (Thero-Brachypodietalia), Neophyt

- Blütenköpfchen mit mindestens 10 Blüten. Teilblättchen nicht verkehrt herzförmig **14**

14 Stängel, Blätter (zumindest unterseits) und Kelch behaart **15**

- Stängel, Blätter und Kelch kahl **18**

15 Blattrand fein, regelmässig, stachelspitzig gezähnt →, oberseits meist kahl, unterseits dicht anliegend behaart. Alle Kelchzähne fast gleich lang und ± so lang wie die Kelchröhre. Blüten weiss, ca. 1 mm lang gestielt, mit sehr kleinen Deckblättern

Trifolium montanum L., Berg-Klee: H, 15-50 cm, V-VII, kollin-subalpin (-alpin), kalkreiche Halbtrockenrasen, Krautsäume, lichte Wälder, (Meso, Fest-vari, Moli-Pini), LC

- Blatt (fast) ganzrandig, beidseitig behaart. Unterster Kelchzahn länger als die übrigen. Blüten gelblich weiss oder rötlich weiss, sitzend oder sehr kurz gestielt (0,5 mm), ohne Deckblätter **16**

16 Pflanze einjährig, zerstreut anliegend behaart. Oberste Stängelblätter (fast) gegenständig. Teilblätter bis 3 cm lang →. Blütenstände eiförmig, 10–20 mm breit, 2–3(–8) cm lang gestielt. Krone gelblich weiss, 8–13 mm lang

Trifolium alexandrinum L., Alexandriner Klee: T, 20–70 cm, V–VII, kollin-montan, eher trockene Fettwiesen, Äcker, Schuttplätze, (Arrh, Dauc-Meli), Neophyt

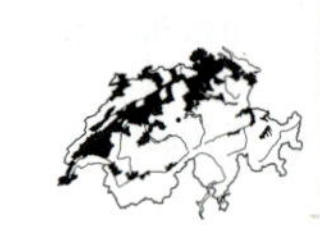

\- Pflanze mehrjährig. Alle Blätter wechselständig. Blütenstände 15–30 mm breit, in den Blattwinkeln sitzend oder bis 2 cm lang gestielt. Krone 13–20 mm lang **17**

17 Stängel abstehend weichhaarig. Teilblätter 2–4x so lang wie breit, stumpf oder etwas ausgerandet →, graugrün. Blütenstände 15–25 mm breit, 0,5–2 cm lang gestielt. Krone blass hellgelb

Trifolium ochroleucon Huds., Gelblicher Klee: H, 20–40 cm, VI–VII, kollin-montan (-subalpin), trockenwarme Krautsäume, Halbtrockenrasen, (Gera-sang, Trif-medi, Meso), VU

\- Stängel anliegend behaart. Teilblätter 1–2x so lang wie breit, meist mit einer grauen Zeichnung. Blütenstände 25–35 mm breit, sitzend. Krone weiss bis gelblich weiss, oft etwas rötlich verfärbt **28**

→ *Trifolium pratense* subsp. *nivale*

18 Blütenstiele kürzer als die Kelchröhre →, nach dem Verblühen aufrecht

Trifolium thalii Vill., Thals Klee: H, 5–15 cm, VII–VIII, subalpin-alpin, kalkreiche Bergwiesen und -weiden, (Sesl, Cari-ferr, Poio-alpi), LC

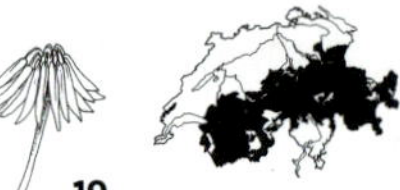

\- Blütenstiele so lang oder länger als die Kelchröhre →, nach dem Verblühen herabgeschlagen (welke Blüten nickend) **19**

19 Kelch 10-nervig. Die inneren (oberen) Blütenstiele 1–2x so lang wie die Kelchröhre. Die oberen Kelchzähne einander genähert, durch eine schmale, spitze Bucht getrennt. Nebenblätter spitz, nicht in eine Granne auslaufend **20**

\- Kelch 5-nervig. Die inneren Blütenstiele 2–3x so lang wie die Kelchröhre →. Die oberen Kelchzähne nicht genähert, durch eine abgerundete Bucht ähnlich wie von den anderen Zähnen getrennt →. Blattrand fein stachelspitzig gezähnelt. Junge Blüten weisslich, ältere rosa oder bräunlich. Nebenblätter in eine Granne auslaufend, krautig

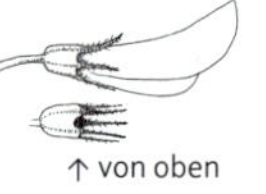

Trifolium hybridum L., Bastard-Klee: H, 10–50 cm, VI–VIII, kollin-subalpin, Strassen-, Wegränder, Neophyt

a Stängel aufrecht oder aufsteigend, hohl. Blüten 7–10 mm lang

Trifolium hybridum L. subsp. ***hybridum***, Gewöhnlicher Bastard-Klee: H, VI–VIII, mässig feuchte, nährstoffreiche Wiesen, Krautsäume, Wegränder, (Calt, Arrh, Conv), Neophyt

\- Stängel kreisförmig ausgebreitet, nicht hohl. Blüten nur 5–7 mm lang

Trifolium hybridum subsp. ***elegans*** (Savi) Asch. & Graebn., Feiner Bastard-Klee: H, VI–VIII, wechseltrockene Trittrasen, (Agro-Rumi), Neophyt

20 Stängel ausläuferartig kriechend, wurzelnd, oft verzweigt. Teilblättchen 1-4 cm lang, oft mit heller Zeichnung. Kelch fast ½ so lang wie die Krone →. Welke Blüten nicht rosa verfärbt

Trifolium repens L., Kriechender Klee: 20-50 cm, V-IX, kollin-subalpin (-alpin), Kunstrasen, Wegränder, Schuttplätze, LC

- Stängel nicht wurzelnd, oft etwas aufsteigend, unverzweigt. Teilblättchen 1-2 cm lang, ohne helle Zeichnung. Kelch etwa ⅓ so lang wie die Krone →. Welke Blüten hellrosa verfärbt

Trifolium pallescens Schreb., Bleicher Klee: H, 10-20 cm, VII-VIII, subalpin (-alpin), kalkarme Schuttfluren, Alluvionen, Moränen, (Epil-flei, Andr-alpi), LC

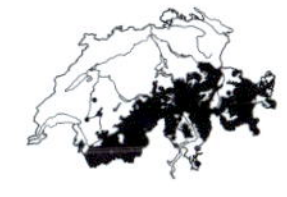

21 Pflanze ohne Stängel, Blätter alle grundständig. Blüten 1,5-2,5 cm lang, gestielt →. Köpfchen 3- bis 12-blütig, Deckblätter der untersten Blüten zu einem 1 mm langen Hochblattkranz verwachsen. Teilblätter schmal, spitz, bis 7 cm lang, kahl

Trifolium alpinum L., Alpen-Klee: H, 5-20 cm, VI-VIII, subalpin-alpin, kalkarme Gebirgsrasen, Zwergstrauchheiden, (Nard), LC

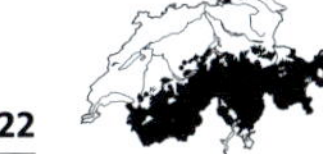

- Stängel und Stängelblätter vorhanden. Köpfchen vielblütig **22**

22 Blüten verdreht: Schiffchen oben, Fahne unten →. Blütenköpfchen duftend, Deckblätter der untersten Blüten zu einem 1 mm langen Hochblattkranz verwachsen. Krone rosa, 4-8 mm lang. Stängel niederliegend-aufsteigend oder aufrecht. Pflanze angebaut und verwildert

Trifolium resupinatum L., *(Trifolium suaveolens)*, Wende-Klee: T, 10-30 cm, IV-VIII, kollin-montan (-subalpin), Äcker, Wegränder, Schuttplätze, (Agro-Rumi), Neophyt

- Blüten normal: Fahne oben, Schiffchen unten. Blütenköpfchen mit oder ohne verwachsenen Hochblattkranz **23**

23 Blütenköpfchen 8-15 mm breit, von einem 2-5 mm langen, verwachsenen Hochblattkranz getragen. Stängel kriechend und wurzelnd (ähnlich *T. repens*). Kelch nach dem Verblühen aufgeblasen, wattige Kugeln bildend →. Blüten hellrosa

Trifolium fragiferum L., Erdbeer-Klee: H, 10-20 cm, V-IX, kollin-montan, wechselfeuchte Wegränder, Ufer, (Agro-Rumi), NT

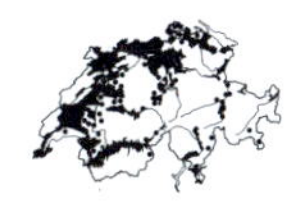

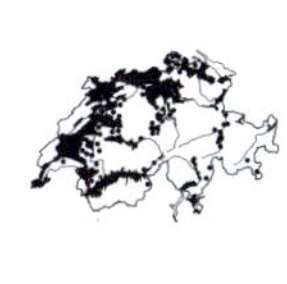

- Blütenköpfchen 15-40 mm breit, am Grund ohne verwachsenen Hochblattkranz. Stängel nicht wurzelnd. Kelch nach dem Verblühen nicht blasig erweitert **24**

24 Nebenblätter der unteren Stängelblätter krautig, länger als der Blattstiel und länger als die Teilblätter. Teilblätter länglich, bis 7 cm lang, dunkelgrün →, Blattrand und Mittelnerv bewimpert, sonst kahl. Blütenstand zylindrisch, Blüten dunkelrot

Trifolium rubens L., Purpur-Klee: H, 20-60 cm, VI-VII, kollin-montan (-subalpin), trockenwarme Krautsäume, (Gera-sang), NT

- Nebenblätter der unteren Stängelblätter häutig, kürzer als der halbe Blattstiel und kürzer als die Teilblätter **25**

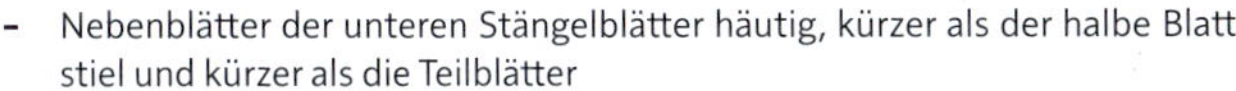

25 Köpfchen zuerst schmal eiförmig, später zylindrisch, 3–5 cm lang, 2–4x so lang wie breit. Alle fünf Kelchzähne etwa gleich lang, wie die Kelchröhre zottig beharrt. Teilblätter verkehrt breit eiförmig, weichhaarig →. Blüten lebhaft rot (selten rosa oder gelblich weiss)

Trifolium incarnatum L., Inkarnat-Klee: T, 20–50 cm, V–VII, kollin-montan (-subalpin), Äcker, Schuttplätze, Wegränder, (Arrh, Dauc-Meli, Fuma-Euph), angepflanzt und verwildert, Neophyt

\- Köpfchen rundlich bis breit eiförmig, 1–2x so lang wie breit. Kelchzähne ungleich lang **26**

26 Blatt (fast) kahl, Rand fein gezähnt. Kelch 5-nervig, untere Kelchzähne kürzer als obere. Blüten im Blütenstand gestielt, Blütenstiele 1–3x so lang wie die Kelchröhre. Junge Blüten weisslich, ältere rosa oder bräunlich. Nebenblätter in eine Granne auslaufend **19**

→ Trifolium hybridum

\- Blatt zumindest unterseits behaart, ganzrandig. Kelch 10- oder 20-nervig, unterster Kelchzahn deutlich länger als die oberen. Blüten im Köpfchen sitzend oder sehr kurz gestielt. Krone rosa oder rot **27**

27 Kelchröhre aussen kahl (aber Kelchzähne bewimpert). Teilblätter oberseits (fast) kahl, oft mit grauer Zeichnung →. Blüten 15–20 mm lang

Trifolium medium L., Mittlerer Klee: H, 15–45 cm, V–VII, kollin-montan (-subalpin), mässig trockene Krautsäume, Waldränder, (Trif-medi), LC

\- Kelchröhre aussen behaart. Teilblätter oberseits kahl oder behaart **28**

28 Kelch 20-nervig. Teilblätter länglich lanzettlich, 2,5–7x so lang wie breit, oberseits verkahlend, ohne graue Zeichnung →. Nebenblätter allmählich in eine behaarte Spitze zusammengezogen, freier Teil mehr als 8x so lang wie breit

Trifolium alpestre L., Hügel-Klee: H, 15–40 cm, VI–VII, kollin-montan (-subalpin), trockenwarme Krautsäume, Waldränder, Eichenwälder, (Gera-sang, Quer-pube), NT

\- Kelch 10-nervig. Teilblätter oval bis verkehrt eiförmig, 1–3x so lang wie breit, oberseits behaart, mit grauer Zeichnung →. Nebenblätter plötzlich in eine kurze Spitze zusammengezogen, pinselartig bewimpert, freier Teil 1–4x so lang wie breit

Trifolium pratense L., Rot-Klee: 15–40 cm, V–X, kollin-alpin, Wiesen, lichte Wälder, LC

a Blüten rot. Teilblätter 2–3x so lang wie breit. Obere Nebenblätter kahl oder nur auf den Nerven behaart

Trifolium pratense L. subsp. ***pratense***, Gewöhnlicher Rot-Klee: H-T, V–X, kollin-subalpin (-alpin), Wiesen und Weiden, Krautsäume, (Arrh, Poly-Tris, Cyno, Nard), LC

\- Blüten gelblich oder rötlich weiss. Teilblätter 1–2x so lang wie breit. Obere Nebenblätter auf der ganzen Fläche behaart

Trifolium pratense subsp. ***nivale*** (W. D. J. Koch) Ces., Gebirgs-Rot-Klee: H-H.ha, V–X, (subalpin-) alpin, Bergwiesen und -weiden, (Poio-alpi)

Trigonella Bockshornklee

1 Niederliegende Wildpflanze, 3-20 cm hoch, anliegend behaart. Blüten hellgelb, 3-4 mm lang. Früchte sternförmig angeordnet in den Blattachseln →. Teilblätter 4-10 mm lang, gezähnt

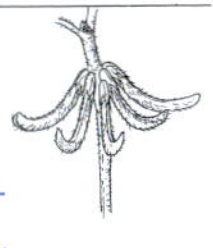

Trigonella monspeliaca L., Französischer Bockshornklee: T, 3-20(-30) cm, III-V, kollin-montan, trockenwarme, steinige Pionierfluren, (Stip-Poio, Thero-Brachypodietalia), VU

- Pflanze aufrecht, (10-)20-60 cm hoch, ± kahl oder zerstreut behaart. Teilblätter 20-50 mm lang. Pflanze angebaut und selten verwildert **2**

2 Blüten zu 1-2 in den Blattachseln, gelblich weiss, 12-15 mm lang. Frucht 5-14 cm lang. Nebenblätter ganzrandig. Teilblätter →

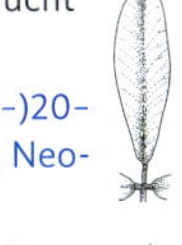

Trigonella foenum-graecum L., Griechischer Bockshornklee: T, (10-)20-50 cm, V-VII, kollin, Ruderalfluren, kultiviert und selten verwildert, Neophyt

- Blüten in lang gestielten, vielblütigen, kopfigen Trauben, hellblau, 5-7 mm lang. Frucht 0,5-0,7 cm lang, eiförmig. Nebenblätter gezähnt. Teilblätter →

Trigonella caerulea (L.) Ser., Blauer Bockshornklee, Schabziegerklee: T, 20-60 cm, VI-VII, kollin (-montan), Ruderalfluren, kultiviert und selten verwildert, Neophyt. Liefert das Aroma für den Schabzieger

Ulex Stechginster

- Sparrig verzweigter, dorniger Strauch. Blätter stark reduziert. Blüten goldgelb, zu 2-3 an Kurztrieben. Kelch tief 2-teilig →, braun behaart

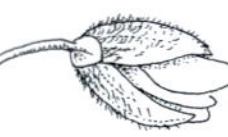

Ulex europaeus L., Europäischer Stechginster: Ph, 0,5-2 m, IV-V, kollin (-montan), kalkarme, trockenwarme Gebüsche, (Saro), Neophyt

Vicia Wicke

1 Voll entwickelte Blüten gelb oder gelbweiss **2**

- Voll entwickelte Blüten bläulich, violett oder weiss (mit blauen Adern) **6**

2 Teilblätter 2-5 cm breit und bis 6 cm lang. Blüten hellgelb, nickend, in lang gestielten, 10- bis 30-blütigen Trauben. Stängel niederliegend, kletternd. Blätter mit 3-5 Fiederpaaren

Vicia pisiformis L., Erbsen-Wicke: H.li, 80-200 cm, VI-VIII, kollin, sonnige Gebüsche, Krautsäume, (Trif-medi), CR

- Teilblätter 0,2-1 cm breit, bis 2 cm lang **3**

3 Fahne oberseits (Aussenseite) behaart **4**

- Fahne vollständig kahl **5**

4 Blüten zu 2-4, 15-22 mm lang, blassgelb, Fahne braun gestreift. Alle Kelchzähne etwa gleich lang →. Blätter mit 4-9 Fiederpaaren. Die meisten Teilblättchen nicht ausgerandet

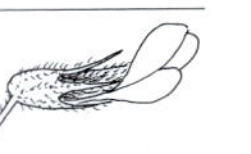

Vicia pannonica Crantz, Ungarische Wicke: T.li, 20-50 cm, V-VII, kollin-montan (-subalpin), trockenwarme, kalkreiche Getreidefelder, (Cauc), Neophyt

- Blüten einzeln, 20–30 mm lang, hellgelb. Untere Kelchzähne viel länger als die oberen →. Blätter mit 5–7 Fiederpaaren. Die meisten Teilblättchen vorne ausgerandet

Vicia hybrida L., Bastard-Wicke: T, 15–40 cm, V, kollin-montan, trockenwarme Äcker, Schuttplätze, (Cauc, Erag), Neophyt

5 Kelchzähne alle ± gleich lang →. Blüten 25–35 mm lang. Blätter mit 3–7 Fiederpaaren. Teilblättchen 3–8 mm breit. Frucht kahl (jung kurzhaarig), 6–8 mm breit

Vicia grandiflora Scop., Grossblütige Wicke: H-T, 30–50 cm, V–VI, kollin (-montan), trockenwarme Laubmischwälder, Schuttplätze, Bahnareale, (Orno-Ostr, Dauc-Meli), Neophyt

- Untere Kelchzähne viel länger (2–3x) als die oberen →. Blüten 20–30 mm lang. Blatt mit 3–6 Fiederpaaren. Teilblättchen 2–3 mm breit. Frucht langhaarig, 8–14 mm breit

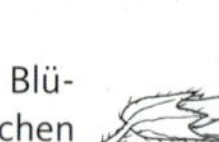

Vicia lutea L., Gelbe Wicke: T.li, 20–50 cm, V–VII, kollin (-montan), Äcker, Trockenrasen, Schuttplätze, (Cauc, Sisy, Conv-Agro), Neophyt

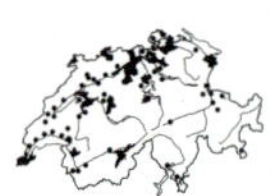

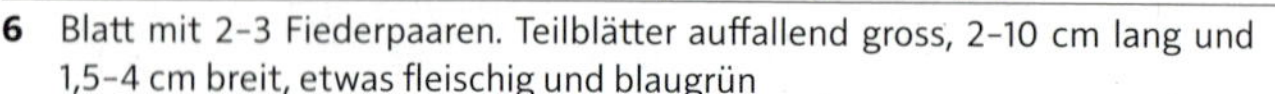
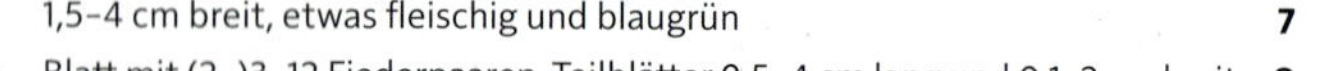

6 Blatt mit 2–3 Fiederpaaren. Teilblätter auffallend gross, 2–10 cm lang und 1,5–4 cm breit, etwas fleischig und blaugrün **7**

- Blatt mit (2–)3–12 Fiederpaaren. Teilblätter 0,5–4 cm lang und 0,1–2 cm breit **8**

7 Blüten weiss, 18–30 mm lang. Flügel mit grossem, schwarzem Fleck. Alle Blätter ohne Ranke, nur mit grannenartiger Spitze. Frucht zylindrisch (kaum abgeflacht), 8–15 cm lang

Vicia faba L., Saubohne: T, 50–120 cm, VI–VII, kollin-montan (-subalpin), Ackerränder, Schuttplätze, kultiviert und selten verwildert, Neophyt

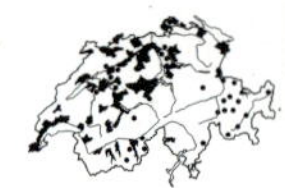

- Blüten violett, 15–25 mm lang. Flügel bläulich, Schiffchen dunkelviolett. Obere Blätter mit einer Ranke. Frucht abgeflacht, 3–7 cm lang

Vicia narbonensis L., Maus-Wicke: T, 30–60 cm, V–VI, kollin, Ackerränder, Schuttplätze, kultiviert und selten verwildert, Neophyt

8 Blüten bzw. Blütenstand sitzend oder kurz gestielt (Stiel kürzer als eine Blüte). Nebenblätter oft mit Nektarien **9**

- Blüten bzw. Blütenstand lang gestielt (Stiel länger als eine Blüte). Nebenblätter ohne Nektarien **11**

9 Blätter mit 1–3 Fiederpaaren →. Blüten nur 6–7 mm lang, einzeln, violett, Flügel und Schiffchen meist heller. Stängel niederliegend-aufsteigend. Teilblätter bespitzt, oft ausgerandet

Vicia lathyroides L., Platterbsen-Wicke: T, 5–25 cm, IV–V, kollin, kalkarme Pionierfluren, Trockenrasen, (Sedo-Vero), EN

- Blätter mit 4–9 Fiederpaaren **10**

10 Blüten in 3- bis 6-blütigen Trauben. Kelchzähne ungleich lang. Teilblätter 5–12(–14) mm breit. Blüten schmutzig violett. Nebenblätter → mit dunklen Nektarien (Fleck auf Nebenblatt)

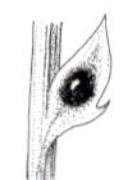

Vicia sepium L., Zaun-Wicke: H.li, 30–60 cm, IV–VII, kollin-montan (-subalpin), nährstoffreiche Krautsäume, Fettwiesen, (Aego, Arrh, Poly-Tris), LC

- Blüten zu 1-3 in den Blattwinkeln. Kelchzähne alle etwa gleich lang. Nebenblätter mit oder ohne dunkle Nektarien

Vicia sativa L., Futter-Wicke: 10-90 cm, V-X, kollin-montan (-subalpin), Äcker, Getreidefelder, Wegränder, LC

a Blüten 1-1,8 cm lang. Kelch 8-12 mm lang. Fiederblättchen 2-4 mm breit →

Vicia sativa subsp. **nigra** (L.) Ehrh., *(V. angustifolia)*, Schmalblättrige Futter-Wicke: T, V-X, kollin-montan, trockenwarme Äcker, Wegränder, Trockenrasen, (Cauc, Meso), Archäophyt, LC

- Blüten 1,8-3 cm lang. Kelch 14-17 mm lang. Fiederblättchen 5-6 mm breit **b**

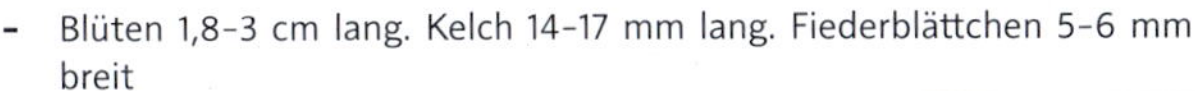

b Blätter 5- bis 7-paarig →. Fahne schräg aufwärtsgerichtet. Reife Frucht hell- bis dunkelbraun, 6-10 mm breit

Vicia sativa L. subsp. **sativa**, Gewöhnliche Futter-Wicke: T.li, V-X, kollin-montan (-subalpin), trockene, kalkreiche Äcker, Wegränder, (Cauc, Fuma-Euph), Archäophyt, LC

- Untere Blätter 2- bis 3-paarig →. Fahne nach vorne gestreckt. Reife Frucht dunkelbraun bis schwarz, 4-6 mm breit

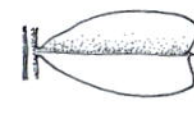

Vicia sativa subsp. **cordata** (Hoppe) Batt., Herzblättrige Wicke: T.li, V-X, kollin-montan, Schuttplätze, Unkrautfluren, (Sisy), Neophyt

11 Blütenstand 1- bis 5- (7-)blütig. Blüten klein, 3-10 mm lang **12**

- Blütenstand 6- bis 30-blütig. Blüten grösser, meist 12-25 mm lang **15**

12 Blätter in einer kurzen Granne endend, ohne Ranke, mit (6-) 8-15 Fiederpaaren. Teilblättchen schmal, zuvorderst mit 3 Spitzchen →. Blüten weisslich, zu 1-4, Blütenstand relativ kurz gestielt

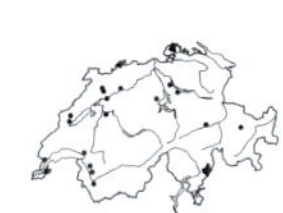

Vicia ervilia (L.) Willd., *(Ervilia sativa)*, Linsen-Wicke: T, 30-60 cm, V-VI, kollin, trockenwarme Ackerränder, Schuttplätze, Neophyt

- Blätter mit einer Ranke endend, mit 2-8(-10) Fiederpaaren **13**

13 Blätter mit 6-10 Fiederpaaren. Kelchzähne gleich lang, fast so lang wie die Krone. Frucht behaart, 2-samig →

Vicia hirsuta (L.) Gray, *(Ervilia hirsuta)*, Rauhaarige Wicke: T.li, 20-60 cm, V-VII, kollin-montan (-subalpin), Getreidefelder, Krautsäume, Schuttplätze, (Apha, Sisy, Aego), Archäophyt, LC

- Blätter mit 2-6(-8) Fiederpaaren. Kelchzähne sehr ungleich lang (obere dreieckig, untere pfriemlich), viel kürzer als die Krone. Frucht kahl, 4- bis 7-samig **14**

14 Blätter mit 3-6(-8) Fiederpaaren. Samennabel ca. ⅕ des Samenumfangs. Blüten meist einzeln. Blütenstand viel länger als das zugehörige Blatt. Frucht meist 4-samig →

Vicia tetrasperma (L.) Schreb., *(Ervum tetraspermum)*, Viersamige Wicke: T.li, 20-50 cm, V-VII, kollin-montan (-subalpin), frische, eher kalkarme Äcker, Magerrasen, (Apha, Moli), Archäophyt, NT

- Blätter mit 2–4 Fiederpaaren. Samennabel ca. ⅛ des Samenumfangs. Blüten zu (1–)2–4. Blütenstand etwa so lang wie das zugehörige Blatt (die Blätter sind relativ kurz!). Frucht 5- bis 7-samig →

Vicia parviflora Cav., *(V. tenuissima)*, Zarte Wicke: T.li, 15–40 cm, VI, kollin, trockenwarme, eher kalkarme Äcker, Schuttplätze, (Apha, Sisy), Neophyt

15 Blätter ohne Ranke, in eine Stachelspitze endend. Stängel aufrecht, ± abstehend behaart. Blüten zu 6–20, weiss, mit blauen Adern. Unterster Kelchzahn länger als die übrigen

Vicia orobus DC., Heide-Wicke: H, 30–60 cm, VI–VII, kollin-montan, sonnige Krautsäume, kalkarme Magerrasen, Gebüsche, (Trif-medi, Call-Geni), CR

- Blätter mit einer Ranke **16**

16 Blätter mit nur 3–4(–5) Fiederpaaren. Teilblätter relativ breit (7–20 mm breit), an *V. sepium* erinnernd. Stängel verzweigt, kletternd, kurz behaart. Blüten in 4- bis 12-blütigen Trauben, rotviolett, sich oft gelblich verfärbend

Vicia dumetorum L., Hecken-Wicke: H.li, 60–200 cm, VI–VIII, kollin-montan, frische, kalkreiche Krautsäume, Waldränder, Waldwege, (Trif-medi), NT

- Blätter mit (4–)5–15(–20) Fiederpaaren. Teilblätter schmal (1–8 mm breit) **17**

17 Blüten auffallend gross (20–25 mm lang), violett, mit hellem Schiffchen. Teilblätter lineal. Nebenblätter meist gezähnt →. Blütentrauben 4- bis 12-blütig

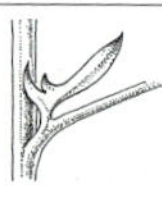

Vicia onobrychioides L., Esparsetten-Wicke: H, 40–100 cm, V–VII, kollin-montan (-subalpin), pionierhafte Trockenrasen, trockenwarme Wegränder, Krautsäume, (Gera-sang, Conv-Agro), NT

- Blüten nur 8–20 mm lang. Nebenblätter ganzrandig oder gezähnt. Blütentrauben (5–)10- bis 40-blütig **18**

18 Blüten weiss, mit violetten Adern. Blätter mit 6–9(–12) Fiederpaaren. Teilblättchen mit schräg abstehenden, parallelen Seitennerven (4–6 Paare). Nebenblätter breit handförmig, in 5–10 begrannte Zipfel gespalten. Pflanze (fast) kahl

Vicia sylvatica L., *(Ervilia sylvatica)*, Wald-Wicke: H.li, 50–150 cm, VI–VIII, (kollin-) montan-subalpin, frische Rasenhänge, Waldränder, Laubmischwälder, (Trif-medi, Luna-Acer, Cari-ferr), LC

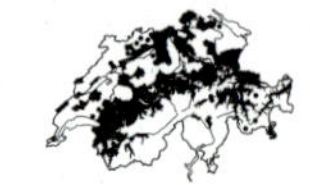

- Blüten blau oder violett. Nebenblätter schmal, am Grund mit 1–2 Zipfeln, sonst ganzrandig **19**

19 Platte der Fahne halb so lang wie der Nagel. Kelch an der Basis stark asymmetrisch, oben ausgesackt →

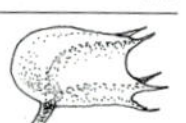

Vicia villosa Roth, Zottige Wicke: 30–60(–150) cm, VI–VIII, kollin-montan (-subalpin), Getreidefelder, Äcker, Schuttplätze, Neophyt

a Stängel, Blätter und Kelch abstehend behaart, Haare 1–2 mm lang. Blütentrauben 15- bis 30-blütig. Blüte 15–20 mm lang

Vicia villosa Roth subsp. ***villosa***, Gewöhnliche Zottige Wicke: T.li, VI–VIII, kollin-montan (-subalpin), trockenwarme, eher kalkarme Getreidefelder, Wegränder, Gebüsche, (Apha, Trif-medi), Neophyt

- Stängel, Blätter und Kelch angedrückt behaart bis fast kahl, Haare bis 0,5 mm lang. Blütentrauben 5- bis 15-blütig. Blüte 12–15 mm lang

  Vicia villosa subsp. ***varia*** (Host) Corb., Bunte Zottige Wicke: T.li, VI–VIII, kollin-montan, trockenwarme, eher kalkarme Getreidefelder, Wegränder, Krautsäume, (Apha, Trif-medi), Neophyt

- Platte der Fahne so lang wie der Nagel oder länger. Kelch am Grund nicht ausgesackt →

Vicia cracca L., Vogel-Wicke: 20–120 cm, VI–VIII, kollin-subalpin, Wiesen, Äcker, Gebüsche, LC

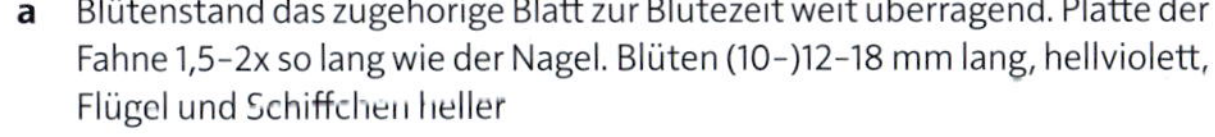

a Blütenstand das zugehörige Blatt zur Blütezeit weit überragend. Platte der Fahne 1,5–2x so lang wie der Nagel. Blüten (10–)12–18 mm lang, hellviolett, Flügel und Schiffchen heller

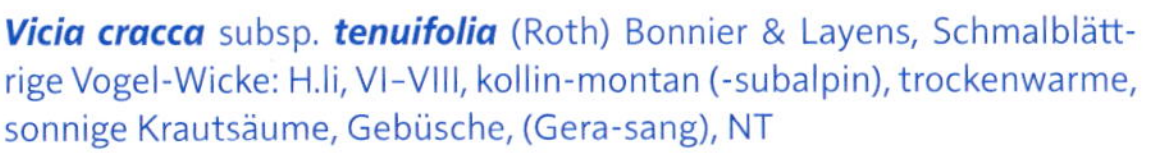

Vicia cracca subsp. ***tenuifolia*** (Roth) Bonnier & Layens, Schmalblättrige Vogel-Wicke: H.li, VI–VIII, kollin-montan (-subalpin), trockenwarme, sonnige Krautsäume, Gebüsche, (Gera-sang), NT

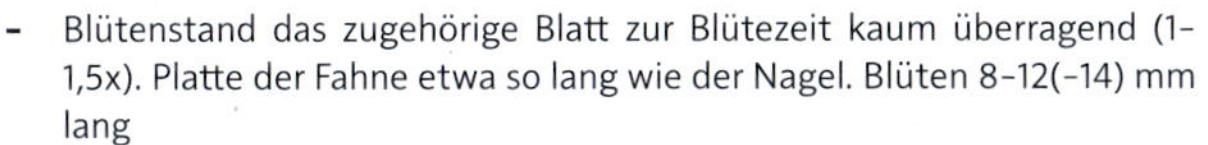

- Blütenstand das zugehörige Blatt zur Blütezeit kaum überragend (1–1,5x). Platte der Fahne etwa so lang wie der Nagel. Blüten 8–12(–14) mm lang **b**

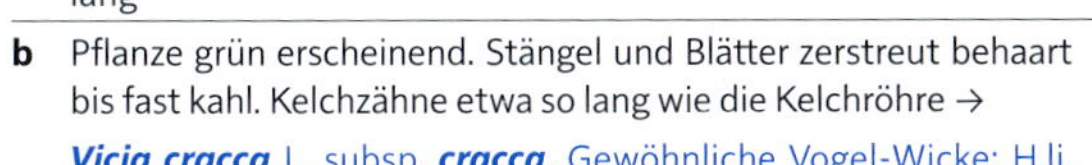

b Pflanze grün erscheinend. Stängel und Blätter zerstreut behaart bis fast kahl. Kelchzähne etwa so lang wie die Kelchröhre →

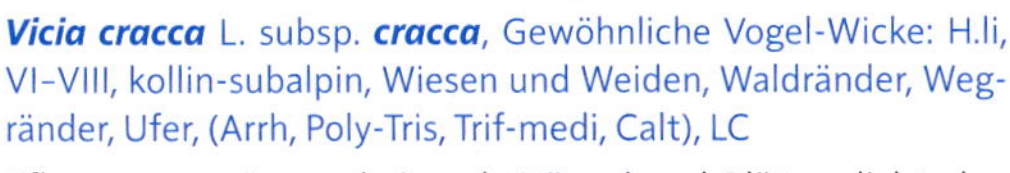

Vicia cracca L. subsp. ***cracca***, Gewöhnliche Vogel-Wicke: H.li, VI–VIII, kollin-subalpin, Wiesen und Weiden, Waldränder, Wegränder, Ufer, (Arrh, Poly-Tris, Trif-medi, Calt), LC

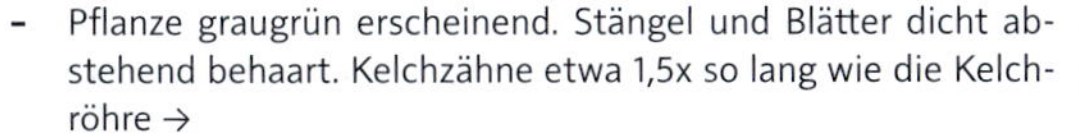

- Pflanze graugrün erscheinend. Stängel und Blätter dicht abstehend behaart. Kelchzähne etwa 1,5x so lang wie die Kelchröhre →

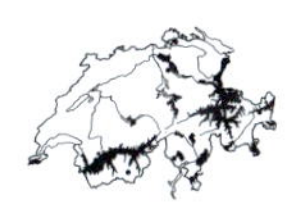

Vicia cracca subsp. ***incana*** (Gouan) Rouy, Graue Vogel-Wicke: H.li, VI–VIII, kollin-montan (-subalpin), trockenwarme, kalkreiche Föhrenwälder, (Eric-PiSy, Onon-Pini), LC

Wisteria Glyzine

- Verholzte Liane. Blätter mit 4–6 Fiederpaare, Teilblättchen 4–8 cm lang, spitz, kurz gestielt, am Grund mit nebenblattartigen Zipfeln. Blütenstände 15–25 cm lang, hängend, violett oder weiss

  Wisteria sinensis (Sims) Sweet, Glyzine: P.li, 20 m, IV–V, kollin, lehmige Böden, Neophyt

Fagaceae — Buchengewächse

1 Blatt eiförmig, ganzrandig (oder schwach gezähnt), jung am Rand bewimpert, verkahlend. Männliche Kätzchen eiförmig, hängend. Fruchtbecher geschlossen, mit weichen Stachelchen. Rinde glatt, hellgrau — ***Fagus***

- Blatt deutlich gesägt oder gelappt, wenn ganzrandig, dann immergrün und unterseits filzig behaart. Männliche Blütenstände verlängert — **2**

2 Fruchtbecher kugelig, geschlossen, mit langen, spitzen Stacheln. Männliche Kätzchen aufrecht. Blätter lanzettlich, bis 25 cm lang, stachelig gezähnt. Rinde graubraun, tief rissig — ***Castanea***

- Fruchtbecher napfförmig (Eicheln), Stacheln kurz oder fehlend. Männliche Kätzchen hängend. Blätter gelappt, sommergrün oder immergrün und dann ganzrandig oder spitz gezähnt — ***Quercus***

Castanea — Edel-Kastanie

- Baum mit zuerst glatter, später rissiger, grauer Rinde. Fruchtbecher mit langen, stechenden Stacheln. Blätter länglich lanzettlich, begrannt gesägt, oberseits glänzend (Abb. Tafel 12, S. 553)

Castanea sativa Mill., Edel-Kastanie: P, 35 m, VI, kollin (-montan), kalkarme Wälder, (Quer-robo), Archäophyt, LC

Fagus — Buche

- Baum mit silbergrauer, glatter Rinde. Blätter ganzrandig, oft etwas gewellt. Fruchtbecher mit kurzen Stachelchen (Abb. Tafel 12, S. 553)

Fagus sylvatica L., Rot-Buche: P, 40 m, IV-V, (kollin-) montan (-subalpin), Buchenwälder, (Fagetalia), LC

Quercus — Eiche

Wenn immer möglich, sind die zu vergleichenden Blätter vollständig entwickelt und stammen aus der Mitte eines gut besonnten Triebes. Die Blattformen der Eichen sind bereits innerhalb der Arten sehr variabel. Zusätzlich existieren Übergänge und Introgressionen von Genen zu fertilen Hybriden. Es kann daher Fälle schwieriger Artansprache geben, wobei dann möglichst viele Merkmale beizuziehen sind.

1 Blätter immergrün, lederig, ganzrandig oder spitz gezähnt, oberseits dunkelgrün, unterseits durch Sternhaare graufilzig, 3-6 cm lang, bis 1 cm lang gestielt. Rinde ± glatt, hellgrau (Abb. Tafel 12, S. 553)

Quercus ilex L., Stein-Eiche: Ph-P, 20 m, IV-V, kollin, mediterrane Eichenwälder, (Quercetea ilicis), Neophyt

- Blätter sommergrün, gelappt — **2**

2 Junge Äste und Blattstiele dicht filzig behaart. Ausgewachsene Blätter unterseits flaumig behaart — **3**

- Junge Äste und Blattstiele (fast) kahl. Ausgewachsene Blätter unterseits fast kahl (erscheinend) — **4**

Tafel 12

Fagaceae. Blatt: 1. *Castanea sativa* (mit Fruchtbecher), 2. *Fagus sylvatica* (mit Fruchtbecher), 3. *Quercus pubescens*, 4. *Q. robur*, 5. *Q. petraea*, 6. *Q. ilex*, 7. *Q. cerris*, 8. *Q. rubra*, 9. *Q. palustris*
Garryaceae. Blatt: 10. *Aucuba japonica*

3 Blattlappen kurz stachelspitzig. Nebenblätter fädlich, derb, bleibend. Schuppen des Fruchtbechers pfriemförmig, abstehend. Blätter etwas lederig, aber nicht immergrün, 8–15 cm lang, Blattstiel bis 20 mm lang (Abb. Tafel 12, S. 553)

Quercus cerris L., Zerr-Eiche: P, 20 m, V, kollin, trockenwarme, lichte Laubmischwälder, (Orno-Ostr, Quer-pube), NT

- Blattlappen stumpf oder leicht zugespitzt. Nebenblätter häutig, früh abfallend. Schuppen des Fruchtbechers anliegend. Blattunterseite graugrün, mit kurz abstehenden Büschelhaaren (flaumhaarig), ältere Blätter manchmal fast kahl erscheinend, Büschelhaare mit Lupe aber erkennbar. Blattstiel bis 12 mm lang. Achtung: Übergänge zu *Q. petraea* sind häufig! (Abb. Tafel 12, S. 553)

Quercus pubescens Willd., Flaum-Eiche: P, 20 m, IV–V, kollin (-montan), trockenwarme, tiefgründige Laubmischwälder, (Quer-pube, Carp, Orno-Ostr), LC

4 Blattlappen spitz, in einer grannenartigen Borste endend **5**

- Blattlappen stumpf, ohne Endborste **6**

5 Blatt höchstens bis zur Hälfte eingeschnitten. Knospen rotbraun, 6 mm lang. Blatt 10–20 cm lang. Fruchtbecher 18–25 mm breit. Rinde dunkel graubraun, lange glatt bleibend (Abb. Tafel 12, S. 553)

Quercus rubra L., Rot-Eiche: P, 50 m, V, kollin-montan, warme, saure Laubmischwälder, (Quer-robo), Neophyt

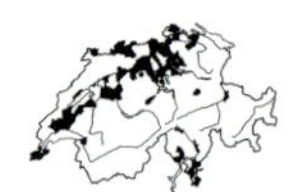

- Blätter tief, bis zu ⅔ eingeschnitten. Knospen blassbraun, 3 mm lang. Blatt 5–15 cm lang. Fruchtbecher 10–15 mm breit. Rinde dunkel graubraun, breit gefurcht (Abb. Tafel 12, S. 553)

Quercus palustris Münchh., Sumpf-Eiche: P, 20 m, V, kollin, Parkanlagen, Gehölze, kultiviert

6 Blatt 5(–10) mm lang gestielt, am Grund meist herzförmig geöhrt, unterseits ohne Sternhaare, Blattrand unsymmetrisch gelappt, Blattnerven auch in die Buchten laufend. Fruchtstände viel länger gestielt als die Blätter (Abb. Tafel 12, S. 553)

Quercus robur L., Stiel-Eiche: P, 50 m, IV–V, kollin (-montan), Laubmischwälder, Föhrenwälder, (Carp, Fagetalia, Quer-robo, Dicr-Pini), LC

- Blatt 10–30 mm lang gestielt, mit verschmälertem Grund, unterseits mit kleinen, angedrückten Sternhaaren (Lupe!), Blattrand fast symmetrisch gelappt. Blattnerven verlaufen nur in die Abschnitte. Fruchtstände kaum gestielt. Achtung: Übergänge zu *Q. pubescens*! (Abb. Tafel 12, S. 553)

Quercus petraea Liebl., Trauben-Eiche: P, 40 m, IV–V, kollin (-montan), warme Laubmischwälder, (Carp, Quer-pube, Quer-robo, Ceph-Fage), LC

Garryaceae Becherkätzchengewächse

Aucuba Aukube

- Immergrüner Strauch. Blätter gegenständig, ungeteilt, ca. 20 cm lang, mit gewelltem oder gezähntem Rand, oft weiss gescheckt. Pflanze zweihäusig. Blüten 4-zählig, 4-8 mm. Kronblätter rötlich braun bis purpurn, oval, spitz. Früchte leuchtend rot oder purpurn, ca. 2 cm lang und 7 mm breit (Abb. Tafel 12, S. 553)

  Aucuba japonica Thunb., Japanische Aukube: P, 1-2(-3) m, III-V, gestörte Wälder, Waldränder, kultiviert und verwildert, Neophyt

Gentianaceae Enziangewächse

1	Krone gelb	**2**
-	Krone nicht gelb	**3**
2	Kronzipfel 6-8. Pflanze zart, einjährig, bläulich bereift	***Blackstonia***
-	Kronzipfel 5. Pflanze mehrjährig, kräftig	***Gentiana***
3	Krone bis fast zum Grund geteilt. Kronröhre daher sehr kurz	**4**
-	Kronröhre deutlich ausgebildet, Zipfel (meist) kürzer als diese	**5**
4	Pflanze 15-40 cm hoch. Blüten dunkel stahlblau, in Trauben oder Rispen	***Swertia***
-	Pflanze nur 2-12 cm hoch. Blüten hellblau, einzeln	***Lomatogonium***
5	Blüten rosa. Kronröhre sehr schmal (< 6 mm dick)	***Centaurium***
-	Blüten blau, violett oder purpurn. Kronröhre mind. 8 mm dick	***Gentiana***

Blackstonia Bitterling

1 Stängel einfach oder im Blütenstand ästig. Stängelblätter am Grund verbreitert und paarweise breit verwachsen →. Kelchblätter von der Frucht abstehend, kaum breiter als 1 mm

Blackstonia perfoliata (L.) Huds., Durchwachsener Bitterling: T, 10-50 cm, VII-VIII, kollin (-montan), kalkreiche, wechselfeuchte Magerrasen, Pionierfluren, (Nano, Meso, Moli), VU

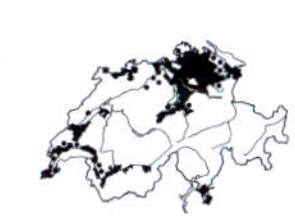

\- Stängel von Grund an ästig. Stängelblätter am Grund verschmälert, wenig verwachsen →. Blütenstiele lang, meist ca. 2(-7) cm. Kelchblätter der Frucht eng anliegend, einzelne immer breiter als 1 mm

Blackstonia acuminata (W. D. J. Koch & Ziz) Domin, Spätblühender Bitterling: T, 10-30 cm, VIII-X, kollin, kalkreiche, wechselfeuchte Pionierfluren, (Nano), EN

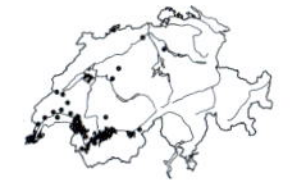

Centaurium Tausendgüldenkraut

1 Pflanze 10–40 cm hoch, nur im obersten Drittel verzweigt. Grundrosette aus verkehrt eiförmigen, 1–4 cm langen, 3- bis 5-nervigen Blättern. Blütenstand gabelästig, trugdoldig, Blüten fast auf gleicher Höhe stehend, die in der Gabelung stehende Blüte fast ungestielt

Centaurium erythraea Rafn, Echtes Tausendgüldenkraut: T, 10–40 cm, VII–IX, kollin-montan, wechselfeuchte Magerrasen, Schlagfluren, (Meso, Atro), LC

- Pflanze 3–15 cm hoch, schon weiter unten verzweigt. Grundrosette fehlend. Blätter einnervig, 0,5–2 cm lang, sehr bitter schmeckend! Blütenstand locker trugdoldig, Blüten in verschiedener Höhe stehend, alle Blüten gestielt

Centaurium pulchellum (Sw.) Druce, Kleines Tausendgüldenkraut: T, 5–15 cm, VI–X, kollin-montan, wechselfeuchte Pionierfluren, (Nano), VU

Gentiana Enzian

1 Blüten gelb oder purpurrot **2**

- Blüten blau, violett oder trübrot (selten weisse Albinoformen) **5**

2 Krone bis fast auf den Grund in schmale Zipfel geteilt, gelb. Blüten gestielt. Pflanze kräftig, Stängel bis 2 cm dick. Blätter bläulich grün, gegenständig (bei der vegetativ ähnlichen *Veratrum* wechselständig!)

Gentiana lutea L., Gelber Enzian: H, 50–120 cm, VI–VIII, (kollin-) montan-subalpin, kalkreiche Bergwiesen und -weiden, (Poio-alpi, Sesl, Cyno), LC

a Tragblätter grün, die mittleren ihren Teilblütenstand nicht oder nur wenig überragend. Blattscheiden der nicht blühenden Triebe bilden einen Scheinstängel

Gentiana lutea L. subsp. ***lutea***, Gewöhnlicher Gelber Enzian: H

- Tragblätter gelbgrün, die mittleren ihren Teilblütenstand meist deutlich überragend. Nicht blühende Triebe mit rosettenartig angeordneten Blättern, keinen Scheinstängel aus Blattscheiden bildend

Gentiana lutea subsp. ***vardjanii*** Wraber, Vardjan-Enzian: H, 50–80 cm

- Krone röhrig, nur vorne in Zipfel geteilt. Blüten sitzend **3**

3 Kelch mit 2 Zipfeln →, einseitig aufgeschlitzt. Krone dunkelrot (selten gelblich), innen gelb. Stängel oft rötlich überlaufen. Blätter eilanzettlich, glänzend grün

Gentiana purpurea L., Purpur-Enzian: 20–60 cm, VII–IX, subalpin (-alpin), kalkarme Gebirgsrasen, Zwergstrauchheiden, (Nard, Juninana), LC

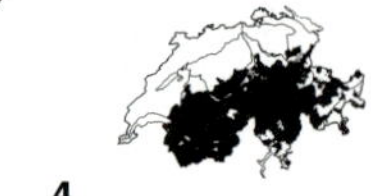

- Kelch mit 5(–8) etwa gleich grossen Zipfeln **4**

4 Kelchzipfel aufrecht, lanzettlich →. Blüten blassgelb, dunkel punktiert (selten ohne Punkte). Blätter schmal eiförmig, glänzend. Stängel etwas kantig, oben metallfarbig überlaufen

Gentiana punctata L., Getüpfelter Enzian: H, VII–VIII, subalpin-alpin, kalkarme Weiden, Borstgrasrasen, (Nard, Fest-vari), LC

- Kelchzipfel 5–8, zurückgeschlagen →. Blüten braunviolett, schwarz punktiert, innen gelblich. Blätter oval-lanzettlich, dunkelgrün, glänzend. Stängel oben purpurrot überlaufen

  Gentiana pannonica Scop., Ostalpen-Enzian: H, VIII–IX, (subalpin-) alpin, Gebirgsrasen, Bergweiden, (Poio-alpi, Nard), VU

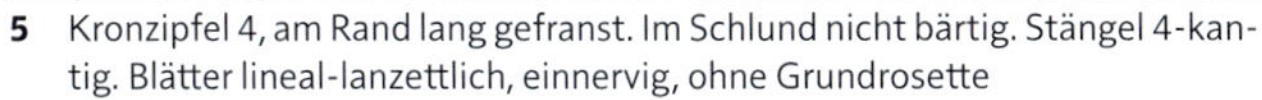

5 Kronzipfel 4, am Rand lang gefranst. Im Schlund nicht bärtig. Stängel 4-kantig. Blätter lineal-lanzettlich, einnervig, ohne Grundrosette

  Gentiana ciliata L., *(Gentianopsis ciliata)*, Gefranster Enzian: G-T, 10–25 cm, VIII–X, kollin-subalpin (-alpin), sonnige, kalkreiche Magerrasen, (Meso, Sesl), LC

- Kronzipfel 4–5(–10), am Rand nicht gefranst **6**

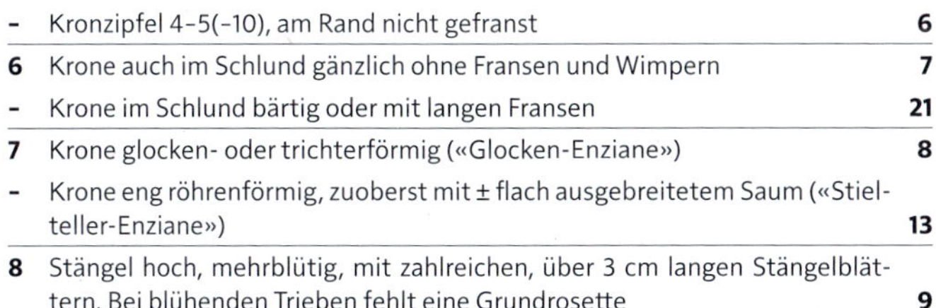

6 Krone auch im Schlund gänzlich ohne Fransen und Wimpern **7**

- Krone im Schlund bärtig oder mit langen Fransen **21**

7 Krone glocken- oder trichterförmig («Glocken-Enziane») **8**

- Krone eng röhrenförmig, zuoberst mit ± flach ausgebreitetem Saum («Stielteller-Enziane») **13**

8 Stängel hoch, mehrblütig, mit zahlreichen, über 3 cm langen Stängelblättern. Bei blühenden Trieben fehlt eine Grundrosette **9**

- Stängel niedrig, einblütig. Stängelblätter unscheinbar, < 1 cm breit, die unteren, grösseren Blätter in einer Grundrosette (Gruppe der «stängellosen Enziane») **11**

9 Krone mit 4 Zipfeln, ca. 2 cm lang, Blüten in end- oder seitenständigen Büscheln. Blätter lanzettlich, lederig, 3-nervig, kreuzweise gegenständig, am Grund in eine (unten lange) Scheide verwachsen. Sterile Blattrosetten vorhanden

  Gentiana cruciata L., Kreuzblättriger Enzian: H, 10–40 cm, VI–IX, kollin-subalpin, sonnige Halbtrockenrasen, Krautsäume, (Cirs-Brac, Meso, Gerasang), VU

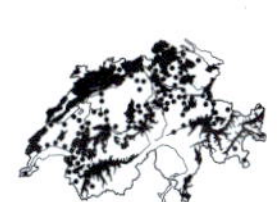

- Krone mit 5 Zipfeln **10**

10 Blätter eilanzettlich, lang zugespitzt, meist 5-nervig →. Stängel gleichmässig beblättert. Blüten 3,5–5 cm lang, einzeln in den Achseln der oberen Blätter. Blüten und Blätter meist einseitswendig, manchmal auch allseitswendig

  Gentiana asclepiadea L., Schwalbenwurz-Enzian: H, 30–90 cm, VIII–X, kollin-subalpin, wechselfeuchte Wiesen und Weiden, Staudenfluren, Wälder, (Moli, Fili, Frax), LC

- Blätter lineal-lanzettlich, die meisten einnervig, 2–5 mm breit und nicht über 5 cm lang. Blüten endständig und in den obersten Blattwinkeln, kurz gestielt

  Gentiana pneumonanthe L., Lungen-Enzian: H, 15–40 cm, VII–IX, kollin (-montan), wechselfeuchte Magerrasen, Streuwiesen, (Moli), VU

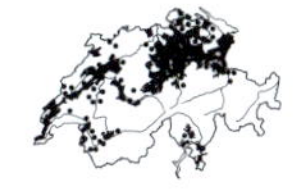

11 Rosettenblätter nur wenig länger als breit, nur 1–3(–4) cm lang, die vertrockneten mit runzeliger Epidermis. Stängel fast völlig fehlend. Blüten 3–4 cm lang. Kelchzähne → meist kürzer als die halbe Kelchröhre, Buchten dazwischen mit deutlicher weisser Verbindungshaut, mit fein papillösem Knorpelrand

Gentiana alpina Vill., Alpen-Glocken-Enzian: H, 4–7 cm, VI–VII, alpin, steinige, kalkarme Gebirgsrasen, (Cari-curv), NT

- Rosettenblätter viel länger als breit, bis 10 cm lang. Stängel deutlich erkennbar (wenn auch kurz). Blüten 5–6 cm lang. Kelchzähne am Rand entweder glatt oder rau (grob papillös) **12**

12 Kelchzipfel schmal dreieckig, scharf zugespitzt, am Grund nicht eingeschnürt →, der Krone ± anliegend, mindestens so lang wie die halbe Kelchröhre, am Rand grob papillös (Lupe!) und rau. Kronröhre innen nicht grünlich. Blätter derb und steif, grösste Breite etwa in der Mitte (oder etwas darunter), trocken mit runzeliger Epidermis

Gentiana clusii E. P. Perrier & Songeon, Kalk-Glocken-Enzian: H, 4–10 cm, V–VIII, (montan-) subalpin-alpin, steinige, kalkreiche Gebirgsrasen, Felsrasen, (Sesl, Cari-firm), LC

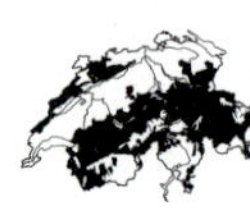

- Kelchzipfel am Grund etwas eingeschnürt →, von der Krone etwas abstehend, meist kürzer als die halbe Kelchröhre, am Rand glatt, nicht papillös. Kronröhre innen mit grünlichen Längsstreifen. Blätter ± weich, die grösste Breite oberhalb der Blattmitte

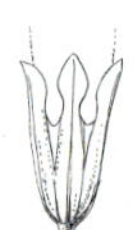

Gentiana acaulis L., Silikat-Glocken-Enzian: H, 5–10 cm, V–VIII, (montan-)subalpin-alpin, mässig trockene, eher kalkarme Gebirgsrasen, (Nard, Poio-alpi), LC

13 Pflanze ohne sterile Triebe, einjährig. Stängel verzweigt, mehrblütig **14**

- Pflanze mit sterilen Trieben, mehrjährig. Stängel unverzweigt, einblütig **16**

14 Pflanze ± niederliegend →. Stängel am Grund verzweigt, Äste einblütig, Blüten etwas nickend. Krone mit 8–10 Zipfeln. Griffel sehr kurz, Narben zurückgerollt. Blätter nicht rosettenartig gehäuft, mit deutlichem Knorpelrand

Gentiana prostrata Haenke, Niederliegender Enzian: T, 2–7(–11) cm, VII–VIII, subalpin-alpin, mässig trockene, nährstoffreiche Gebirgsrasen, (Poio-alpi, Elyn), EN

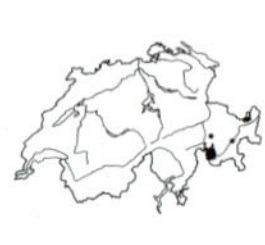

- Pflanze ± aufrecht. Krone mit 5 Zipfeln. Griffel verlängert, Narben nicht zurückgerollt. Blätter ohne Knorpelrand **15**

15 Kelch aufgeblasen, mit 2–3 mm breit geflügelten Kanten →, fast so lang wie die Kronröhre. Kronzipfel 5–8 mm lang, tiefblau. Grundständige Blätter rosettenartig gehäuft, stumpf, rasch welkend

Gentiana utriculosa L., Aufgeblasener Enzian: T, 5–20 cm, V–VIII, (kollin-) montan-subalpin, wechseltrockene Gebirgsrasen, Flachmoore, (Cari-dava, Moli, Sesl), NT

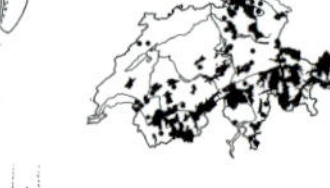

- Kelch der Krone eng anliegend, kantig oder schmal geflügelt →, ca. so lang wie die Kronröhre. Krone dunkel- oder hellblau. Blüten klein, Kronzipfel nur 3–4 mm lang. Grundständige Blätter locker rosettenartig gehäuft, klein, stumpf

Gentiana nivalis L., Schnee-Enzian: T, 2–15 cm, VII–VIII, (subalpin-) alpin, steinige Gebirgsrasen, Felsgrate, (Elyn, Sesl, Nard), LC

16 Die untersten, grössten Rosettenblätter lanzettlich, 3-4x so lang wie breit, ± spitz, bis 3 cm lang, ohne Knorpelrand, mit deutlichem Mittelnerv, deutlich länger als die anderen Stängel- und Grundblätter. Kelchkanten schmal, aber deutlich geflügelt →

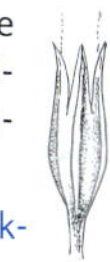

Gentiana verna L., Frühlings-Enzian: H, 1-8 cm, IV-V, montan-alpin, kalkreiche Gebirgsrasen, wechselfeuchte Bergweiden, (Sesl, Moli), LC

\- Alle unteren Blätter elliptisch oder rhombisch, 1-2x so lang wie breit. Verlängerte, lanzettliche Rosettenblätter fehlend **17**

17 Stängel deutlich ausgebildet. Blätter am Grund genähert, aber keine Rosette bildend **20**

→ *Gentiana bavarica*

\- Stängel kaum ausgebildet. Blätter rosettenartig gehäuft **18**

18 Blätter etwa in der Mitte am breitesten, vorne spitz oder etwas stumpflich. Kelchkanten nicht oder schmal geflügelt **19**

\- Blätter über der Mitte am breitesten, die unteren vorne breit abgerundet. Kelchkanten deutlich geflügelt **20**

19 Untere Blätter 4-zeilig, dachziegelig gedrängt, sich nicht rosettenartig von den Stängelblättern absetzend (Grundrosette fehlend!). Blätter scharf zugespitzt und die Spitze meist nach innen gebogen, hart, mit rauem, papillösem Rand, alle etwa gleich, nur 4-8 mm lang. Kelch → an den Kanten schmal geflügelt

Gentiana schleicheri (Vacc.) Kunz, Schleichers Enzian: Ch, 3-6 cm, VII-VIII, alpin, Schuttfluren, Moränen, Grate, (Drab-hopp), NT

\- Untere Blätter rosettenartig gehäuft. Blätter rhombisch-eiförmig, kurz zugespitzt, weich, matt, blassgrün, mit schwach rauem (papillösem) Knorpelrand, nicht über 1 cm lang. Pflanze oft Rasen bildend. Kelch halb so lang wie die schlanke Kronröhre. Kronzipfel elliptisch bis lanzettlich, meist 2x so lang wie breit. Kelchkanten ungeflügelt →, nur mit einer Leiste!

Gentiana brachyphylla Vill., Kurzblättriger Enzian: H, 5 cm, VII-VIII, alpin, steinige, kalkarme Gebirgsrasen, Grate, (Elyn, Cari-curv), LC

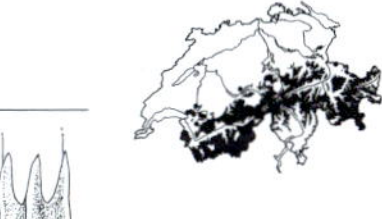

20 Unterste Blätter am grössten, rosettig gehäuft, lederig, glänzend, mit schwach rauem, papillösem Knorpelrand (mit Finger über die Kante streichen), 5-10 mm lang, die letztjährigen (braunen) Blätter meist noch vorhanden (bei *G. verna* fehlend). Kelchkanten deutlich geflügelt →. Kronzipfel breit elliptisch bis kreisrund, kaum länger als breit

Gentiana orbicularis Schur, Rundblättriger Enzian: H, 5 cm, VII-VIII, alpin, schuttige, kalkreiche Gebirgsrasen, Felsgrate, (Drab-hopp, Cari-firm), LC

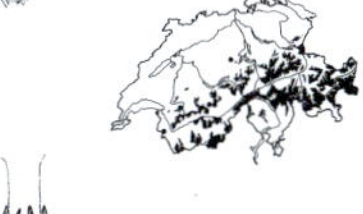

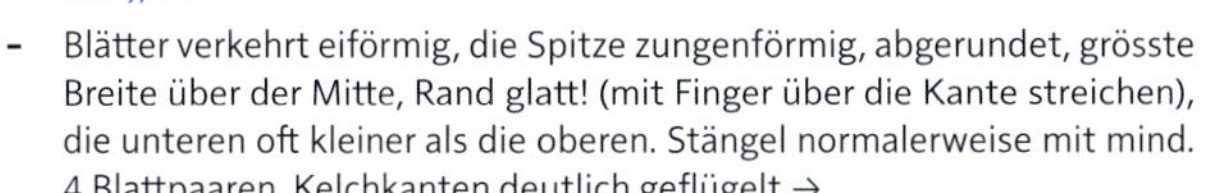

\- Blätter verkehrt eiförmig, die Spitze zungenförmig, abgerundet, grösste Breite über der Mitte, Rand glatt! (mit Finger über die Kante streichen), die unteren oft kleiner als die oberen. Stängel normalerweise mit mind. 4 Blattpaaren. Kelchkanten deutlich geflügelt →

Gentiana bavarica L., Bayerischer Enzian: Ch, 4-10 cm, VII-VIII, subalpin-alpin, steinige, wechselfeuchte Gebirgsrasen, Schneetälchen, Bachufer, (Arab-caer, Poio-alpi), LC

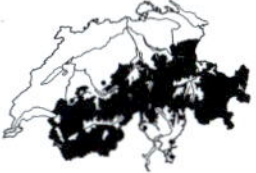

a Pflanze dicht bis locker wachsend, Blattpaare nicht rosettenartig gestaucht. Stängel deutlich ausgebildet, kurz oder lang

Gentiana bavarica L. subsp. ***bavarica***, Langstieliger Bayerischer Enzian: Schneetälchen, Steinschuttfluren, LC

- Pflanze dicht wachsend, die Blattpaare rosettenartig zusammengestaucht, meist Polster bildend. Stängel fast fehlend (weniger als 1 cm lang)

Gentiana bavarica subsp. ***subacaulis*** (Schleich.) G. Mull., Kurzstieliger Bayerischer Enzian: Schneetälchen, Steinschuttfluren, LC. Wallis, Graubünden

21 Krone mit 4 Zipfeln **22**

- Die meisten Kronen mit 5 Zipfeln (selten bei abnormen Exemplaren nur mit 4 Zipfeln) **23**

22 Krone 3–10 mm lang. Pflanze zart, nur am Grund verzweigt, 1- (bis 3-)blütig, Internodien länger als die Stängelblätter. Kelch glockenförmig, der Kronröhre nicht anliegend, bis zum Grund geteilt, die Zipfel alle gleich →

Gentiana tenella Rottb., *(Comastoma tenellum)*, Zarter Enzian: T, 2–12 cm, VII–IX, (subalpin-) alpin, Gebirgsrasen, (Elyn), LC

- Krone 10–30 mm lang. Pflanze kräftig, oft stark verzweigt und vielblütig, bei Zwergformen auch einfach. Internodien kürzer als die Stängelblätter. Kelch röhrig, der Kronröhre anliegend, Kelchzipfel sehr ungleich, 2 Zipfel sind hüllblattartig vergrössert, die inneren verdeckend →

Gentiana campestris L., *(Gentianella campestris)*, Feld-Enzian: 5–20 cm, Felsfluren, Silikatmagerrasen, LC

a Pflanze schon unter der Mitte ästig. Grundblätter spatelförmig, über der Mitte am breitesten. Am Grund mit vertrockneten Blattresten, zur Blütezeit ohne Keimblätter

Gentiana campestris L. subsp. ***campestris***, Feld-Enzian: H.ha-T, 5–20 cm, VI–X, montan-subalpin (-alpin), magere Weiden, Gebirgsrasen, Zwergstrauchheiden, (Call-Geni, Nard, Poio-alpi), LC

- Pflanze nur oben ästig. Grundblätter eilanzettlich, am Grund am breitesten. Ohne alte Blattreste, zur Blütezeit noch mit Keimblättern

Gentiana campestris subsp. ***baltica*** (Murb.) Vollm., Baltischer Feld-Enzian: H.ha-T, 30 cm, VIII–X, kollin-montan, wechselfeuchte, kalkarme Magerrasen, Nasswiesen, (Moli, Calt), DD

23 Krone gross, (22–)25–45 mm lang, Kronzipfel 10–15 mm lang **24**

- Krone klein, 10–25(–30) mm lang, Kronzipfel 5–10 mm lang **25**

24 2 Kelchzähne etwas breiter als die übrigen, einander etwas überlappend, mit bewimpertem Mittelnerv, Rand oft umgerollt →, etwa so lang wie die Kelchröhre. Kelchblätter sehr rau: Papillen am Kelchrand deutlich länger als breit (Lupe!), auf dem Mittelnerv vorhanden. Fruchtknoten in der Kelchröhre 1–6 mm lang gestielt. Kronröhre kurz, höchstens 2x so lang wie breit. Grundblätter verkehrt eiförmig bis spatelförmig, vorne abgerundet, am Rand papillös bewimpert

Gentiana aspera Hegetschw., *(Gentianella aspera)*, Rauer Enzian: H.ha-T, 30 cm, VI–IX, subalpin (-alpin), steinige, kalkreiche Gebirgsrasen, (Sesl, Elyn), NT

- Kelchzähne alle etwa gleich breit →, oft etwas umgerollt, 1-2x so lang wie die Kelchröhre (bei *G. ramosa* mehr als 2x so lang). Kelchblätter glatt oder schwach rau: Papillen am Kelchrand kaum länger als breit und auf dem Mittelnerv fehlend. Kronröhre mehr als 2x so lang wie breit. Grundblätter spatelförmig, stumpf, zur Blütezeit oft schon abgestorben, am Rand ± glatt

Gentiana germanica Willd., *(Gentianella germanica)*, Deutscher Enzian: H.ha-T, 5-40 cm, V-X, kollin-alpin, wechseltrockene, kalkreiche Magerrasen, (Meso), VU

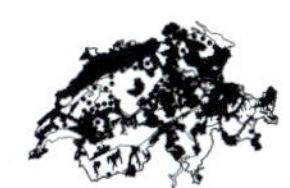

---

a Pflanze kaum ästig. Stängelglieder (Internodien) wenig zahlreich (nur 3-5), verlängert. Obere Blätter stumpf (Sommerform)

Gentiana germanica subsp. ***solstitialis*** (Wettst.) Vollm., Sonnenwend-Enzian: 30 cm, V-VII, (kollin-) montan-subalpin, Magerrasen, Flachmoore, Graubünden, Rheintal

- Pflanze ästig. Stängelglieder zahlreich, kurz. Obere Blätter spitz (Herbstform) **b**

---

b Pflanze im oberen Teil ästig. Krone 2-2,5x so lang wie der Kelch (mit Zipfel). Kelchzipfel abstehend. Fruchtknoten gestielt, Stiel mehr als halb so lang wie die Kelchröhre (ohne Zipfel)

Gentiana germanica Willd. subsp. ***germanica***, Deutscher Enzian: 5-40 cm, VIII-X, kollin-montan (-subalpin), Magerrasen

- Pflanze im unteren Teil ästig. Krone 1,5-2x so lang wie der Kelch (mit Zipfel). Kelchzipfel nicht abstehend. Fruchtknoten gestielt, Stiel weniger als halb so lang wie die Kelchröhre (ohne Zipfel)

Gentiana germanica subsp. ***rhaetica*** (A. Kern. & Jos. Kern.) Hayek, Rätischer Enzian: 5-20 cm, VIII-X, montan (-subalpin), Magerrasen, Graubünden

---

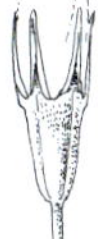

25 Kelchbuchten gerundet (U-förmig). Kelchzipfel schmal lineal →, alle ± gleich breit, am Rand kaum umgerollt, 1,5-2x so lang wie die Kelchröhre. Fruchtknoten im Kelch nicht gestielt. Krone 14-18 mm lang. Stängel einfach oder verzweigt. Blätter alle glattrandig oder die oberen etwas rau

Gentiana amarella L., *(Gentianella amarella)*, Bitterer Enzian: H.ha-T, 5-30 cm, VII-X, montan-subalpin, wechseltrockene, kalkreiche Gebirgsrasen, (Moli), EN

- Kelchbuchten spitz (V-förmig). Kelchzipfel schmal dreieckig bis fast eiförmig, Fruchtknoten im Kelch gestielt oder ungestielt **26**

---

26 Blüten blauviolett. Kelchzähne alle etwa gleich breit →, alle am Rand ± glatt (fast ohne Papillen), 2-3x so lang wie die Kelchröhre (bei *G. germanica* höchstens 2x so lang). Stängel einfach oder von Grund auf verästelt. Fruchtknoten lang gestielt

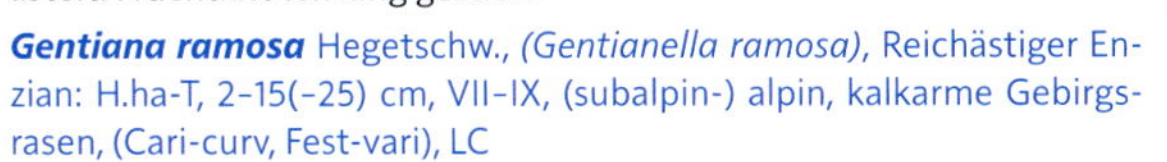

Gentiana ramosa Hegetschw., *(Gentianella ramosa)*, Reichästiger Enzian: H.ha-T, 2-15(-25) cm, VII-IX, (subalpin-) alpin, kalkarme Gebirgsrasen, (Cari-curv, Fest-vari), LC

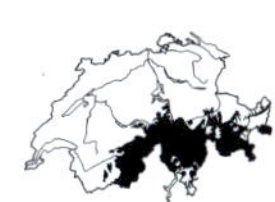

- Blüten rötlich oder blauviolett. 2 Kelchzähne viel breiter als die übrigen, einander etwas überlappend, alle am Rand stark rau (stark papillös, Lupe!) **27**

27 Krone trübrot (etwas bräunlich), 1,5-2 cm lang. Fruchtknoten im Kelch ± sitzend. Rand der Kelchzipfel etwas umgerollt →. Kelchzipfel 1,5-2,5x so lang wie die Kelchröhre. Pflanze sehr niedrig (meist < 8 cm), ästig, kompakt

Gentiana engadinensis (Wettst.) Braun-Blanq. & Sam., *(Gentianella engadinensis)*, Engadiner Enzian: H.ha-T, 3-10 cm, VII-VIII, (subalpin-) alpin, sonnige, kalkreiche Gebirgsrasen, (Sesl), NT

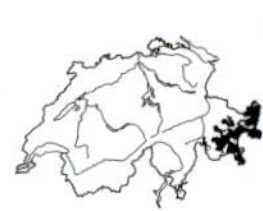

- Krone blauviolett, 1,5-3 cm lang. Fruchtknoten im Kelch deutlich gestielt **28**

28 Krone nur 1,5-2 cm lang. Rand der Kelchzähne kaum umgerollt →, rau (Papillen höchstens so lang wie breit, fast dreieckig, Lupe!). Pflanze dicklich, kompakt. ästig

Gentiana insubrica Kunz, *(Gentianella insubrica)*, Insubrischer Enzian: H.ha-T, (2-)5-15(-20) cm, VI-X, montan-subalpin, steinige, kalkreiche Halbtrockenrasen, (Meso), VU

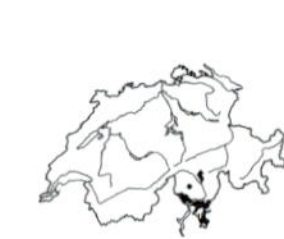

- Krone 2-3 cm lang. Rand der Kelchzähne stark umgerollt → und stark rau (Papillen fast 2x so lang wie breit), 1-2x so lang wie die Kelchröhre. Pflanze von Grund auf stark ästig

Gentiana anisodonta Borbás, *(Gentianella anisodonta)*, Dolomiten-Enzian: H.ha-T, 30 cm, VI-IX, subalpin (-alpin), trockene, eher kalkarme Gebirgsrasen, (Nard, Elyn), EN

Lomatogonium Saumnarbe

- Pflanze nur 2-12 cm hoch. Stängel 4-kantig, von Grund an verzweigt →. Grundblätter länglich, kurz gestielt, stumpf, Stängelblätter eiförmig bis lanzettlich, spitz. Blütenstiele sehr lang, Blüten hellblau bis weiss, einzeln, 1-2 cm breit. Narbe am Fruchtknoten herablaufend

Lomatogonium carinthiacum (Wulfen) Rchb., Kärntner Saumnarbe: T, 2-12 cm, VIII, subalpin-alpin, Alluvionen, schuttige Gebirgsrasen, (Cari-bico, Elyn), EN

Swertia Moorenzian

- Grundblätter breit lanzettlich, gestielt. Stängel einfach, kantig. Stängelblätter halb stängelumfassend, mehrnervig. Blüten → dunkel stahlblau, dunkel punktiert oder gestrichelt, mit 4-5 sternförmig ausgebreiteten Zipfeln, 2-3 cm breit, in Trauben oder Rispen

Swertia perennis L., Moorenzian: H, 15-40 cm, VII-VIII, montan-subalpin, kalkreiche Flachmoore, (Cari-dava), NT

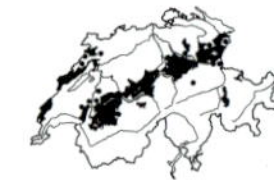

Geraniaceae Storchenschnabelgewächse

1 Blätter handförmig gelappt oder geteilt, etwa so lang wie breit. Blütenstand 1- bis 2-blütig. Meist alle 10 Staubblätter mit Staubbeuteln ***Geranium***

- Blätter gefiedert oder fiederteilig, mehr als 2x so lang wie breit. Blütenstand doldig. Meist nur 5 Staubblätter mit Staubbeuteln (5 Staubblätter und 5 Staminodien) ***Erodium***

Erodium Reiherschnabel

1 Blätter bis auf den Nerv doppelt fiederteilig, Blattspindel zwischen den Fiedern mit Zähnen →. Kelchblätter 10-15 mm lang, mit 2-4 mm langer Granne, Kelch (mit Granne) mindestens so lang wie die Krone. Frucht mit Schnabel sehr lang (6-10 cm)

Erodium ciconium (L.) L'Hér., Langschnäbeliger Reiherschnabel: T, 10-70 cm, IV-VIII, kollin, trockenwarme, kalkreiche Wegränder, Schuttplätze, (Sisy, Poly-avic), Neophyt

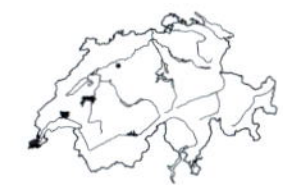

- Blatt gefiedert, Blattspindel zwischen den Fiedern ohne Zähne oder Lappen. Kelchblätter 4-8 mm lang. Frucht mit Schnabel 2-5 cm lang **2**

2 Fiedern gestielt, tief gezähnt, höchstens halbwegs bis zum Mittelnerv eingeschnitten →. Nebenblätter stumpf. Weisshäutige Blatthülle am Grund der Blütendolde bis zum Grund geteilt, Zipfel stumpf. Kronblätter 13-15 mm lang. Fertile Staubblätter am Grund jederseits mit 1 Zähnchen

Erodium moschatum (L.) L'Hér., Moschus-Reiherschnabel: T, 10-45 cm, V-IX, kollin (-montan), trockenwarme Schuttplätze, Bahnareale, (Sisy), Neophyt

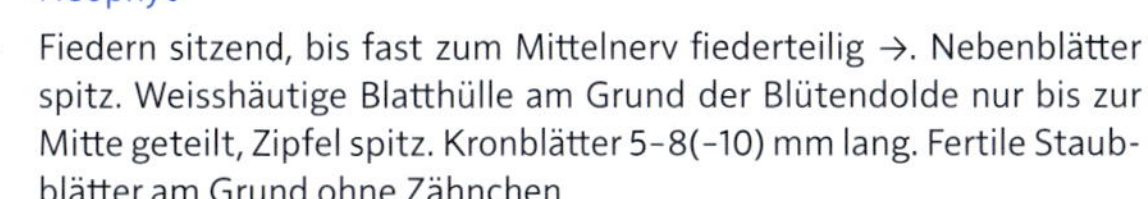

- Fiedern sitzend, bis fast zum Mittelnerv fiederteilig →. Nebenblätter spitz. Weisshäutige Blatthülle am Grund der Blütendolde nur bis zur Mitte geteilt, Zipfel spitz. Kronblätter 5-8(-10) mm lang. Fertile Staubblätter am Grund ohne Zähnchen

Erodium cicutarium (L.) L'Hér., (inkl. *E. pilosum*), Gemeiner Reiherschnabel: T, 4-40 cm, IV-IX, kollin-montan (-subalpin), trockenwarme Wegränder, Weinberge, Schuttplätze, (Erag, Poly-avic, Pani-Seta), LC. Komplexe Sippe mit hohem Grad an Autogamie, der Wert der einzelnen Variationen ist unklar

Geranium Storchschnabel

1 Blüten 2-4 cm breit (grossblütige Arten) **2**

- Blüten bis 1,5(-2) cm breit (kleinblütige Arten) **12**

2 Kronblatt tief ausgerandet, fast 2-spaltig **20**

→ *Geranium pyrenaicum*

- Kronblatt höchstens seicht ausgerandet **3**

Tafel 13

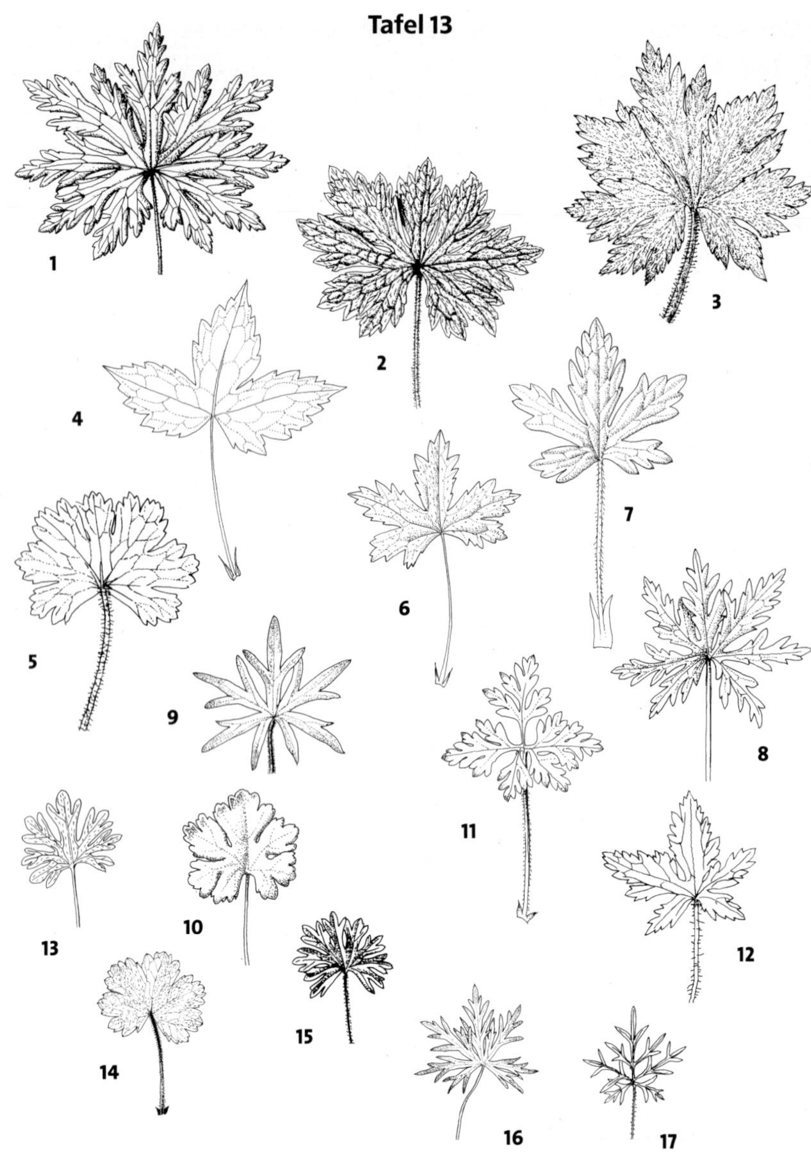

Geraniaceae. Blatt: 1. *Geranium pratense*, 2. *G. phaeum* subsp. *lividum*, 3. *G. sylvaticum*, 4. *G. nodosum*, 5. *G. pyrenaicum*, 6. *G. bohemicum*, 7. *G. palustre*, 8. *G. rivulare*, 9. *G. sanguineum*, 10. *G. lucidum*, 11. *G. robertianum*, 12. *G. divaricatum*, 13. *G. pusillum*, 14. *G. rotundifolium*, 15. *G. molle*, 16. *G. columbinum*, 17. *G. dissectum*

3 Stängelblätter (zumindest die oberen) gegenständig. Kelchblätter begrannt (> 0,5 mm) **4**

- Stängelblätter wechselständig. Kelchblätter kurz stachelspitzig (< 0,5 mm). Kronblätter → radförmig ausgebreitet bis zurückgeschlagen. Stängel oberwärts weichhaarig. Blätter 6–15 cm breit, fast 2x so breit wie lang, im Umriss eckig, bis über die Mitte 7-teilig. Frucht mit Schnabel 2–3 cm lang

Geranium phaeum L., Brauner Storchschnabel: H, 30–60 cm, V–VI, kollin-subalpin, Wiesen, Hochstaudenfluren

a Blüten schwarzviolett. Blätter oft mit dunklen Flecken

Geranium phaeum L. subsp. ***phaeum***, Gewöhnlicher Braun-Storchschnabel: H, 30–60 cm, V–VI, kollin-subalpin, mässig feuchte Krautsäume, Fettwiesen, (Trif-medi, Arrh), kultiviert und verwildert, Neophyt

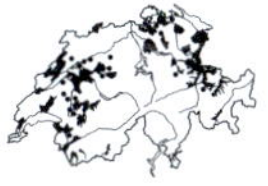

- Blüten hellviolett. Blätter ohne dunkle Flecke (Abb. Tafel 13, S. 564)

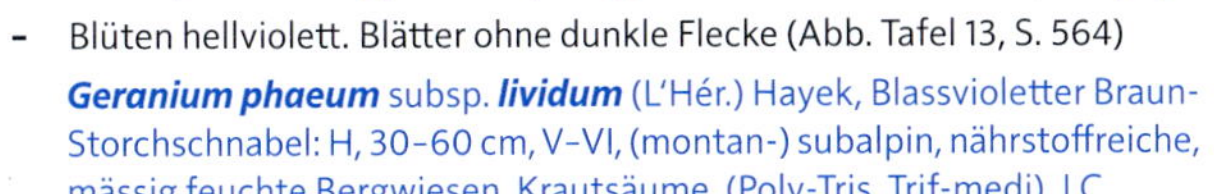

Geranium phaeum subsp. ***lividum*** (L'Hér.) Hayek, Blassvioletter Braun-Storchschnabel: H, 30–60 cm, V–VI, (montan-) subalpin, nährstoffreiche, mässig feuchte Bergwiesen, Krautsäume, (Poly-Tris, Trif-medi), LC

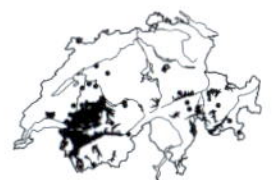

4 Die meisten Blüten einzeln stehend. Kronblätter leuchtend dunkelrosa, vorne ausgerandet →. Blätter im Umriss kreisrund, bis fast zum Grund in fast lineale Abschnitte geteilt. Nebenblätter eiförmig, stumpf. Stängelblätter gegenständig. Stängel abstehend behaart (Abb. Tafel 13, S. 564)

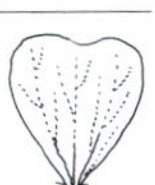

Geranium sanguineum L., Blutroter Storchschnabel: H, 30–50 cm, V–VII, kollin-montan (-subalpin), trockenwarme, kalkreiche Krautsäume, (Gera-sang), LC

- Blüten zu 2 oder mehreren. Blattzipfel nicht linealisch **5**

5 Kronblätter deutlich ausgerandet. Blätter 3- bis 5-teilig **6**

- Kronblätter vorne abgerundet. Blätter 5- bis 7-teilig **7**

6 Die Stängelblätter 3-teilig, Endzipfel deutlich länger als breit, etwas konkav zugespitzt. Stängel fast kahl, Knoten auffällig verdickt. Blätter nur spärlich behaart. Kelchblätter 2–3 mm lang begrannt. Blütenstiele drüsenlos. Blüten blassviolett, mit dunkelvioletten Nerven. Kronblatt → (Abb. Tafel 13, S. 564)

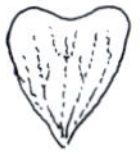

Geranium nodosum L., Knotiger Storchschnabel: H, 20–50 cm, V–VIII, kollin (-montan), lichte Buchenwälder, Krautsäume, (Gali-Fage, Ceph-Fage, Trif-medi), NT

- Die meisten Stängelblätter (3-) 5-teilig, Endzipfel kaum länger als breit. Stängel abstehend behaart, Knoten nicht auffällig verdickt. Blätter unterseits grauhaarig. Kelchblätter 1–2 mm lang begrannt. Kronblätter 20–25 mm lang, schwach ausgerandet oder abgerundet. Blüten rosa, mit nur wenig dunklerer Nervatur

Geranium endressii J. Gay, Basken-Storchschnabel: H, 25–50(–80) cm, VI–VIII, kollin-montan, Gartenränder, Krautsäume, kultiviert und selten verwildert, Neophyt

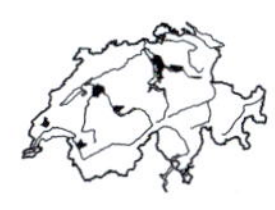

7 Staubblätter und Griffel lang, aus der Blüte → herausragend. Blütenstand doldenartig, mehrblütig. Am Stängel nur 1 Blattpaar, direkt an der Basis des Blütenstandes. Stängel abstehend behaart. Grundblätter 5- bis 7-teilig, 6–10 cm breit. Blütenstiele drüsig behaart. Kelch kugelig. Krone rosa bis rot. Pflanze aromatisch riechend

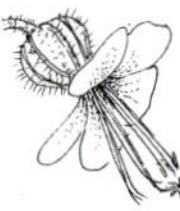

Geranium macrorrhizum L., Grosswurzliger Storchschnabel: H, 20–40 cm, VI–VIII, kollin-montan, Gartenränder, Krautsäume, kultiviert und selten verwildert, Neophyt

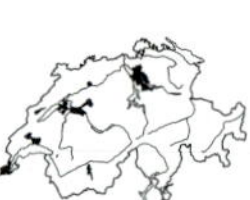

- Staubblätter und Griffel kürzer als die Blüte. Blütenstand 2-blütig. Stängelblätter auch weiter unten am Stängel angesetzt **8**

8 Kronblätter rosa oder weiss. Blütenstiele drüsenlos **9**

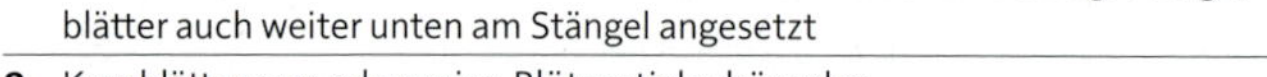

- Kronblätter violett oder blau. Blütenstiele drüsig behaart **11**

9 Kronblätter weiss, rot geadert, 11–15 mm lang →. Blätter im Umreiss rund, 7-teilig, Abschnitte fiederteilig. Stängel anliegend behaart. Fruchtstiele aufrecht. Frucht flaumig behaart (Abb. Tafel 13, S. 564)

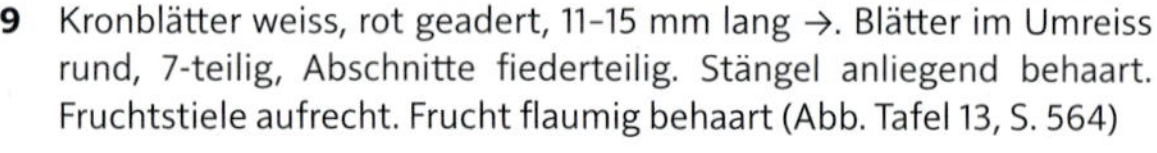

Geranium rivulare Vill., Blassblütiger Storchschnabel: H, 20–60 cm, VII–VIII, (montan-) subalpin (-alpin), kalkarme Zwergstrauchheiden, Hochgrasfluren, Lärchenwälder, (Cala, Juni-nana, Lari-Pine), NT

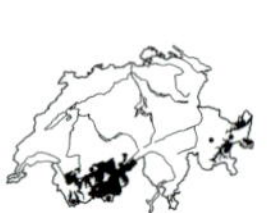

- Kronblätter rosa bis rotviolett, 12–25 mm lang, Blätter im Umriss kantig, 3- bis 5-teilig, Abschnitte vorne nur gesägt, nicht fiederteilig **10**

10 Stängel lang abstehend weichhaarig. Hauptabschnitte der Blätter kaum länger als breit. Kronblätter rosa, 20–25 mm lang. Fruchtstiele aufrecht **6**

→ Geranium endressii

- Stängel abwärtsgerichtet rauhaarig, verkahlend. Hauptabschnitte der Blätter deutlich länger als breit. Kronblätter purpurn, 12–18 mm lang →. Fruchtstiele zurückgeschlagen und an der Spitze wieder aufgerichtet (Abb. Tafel 13, S. 564)

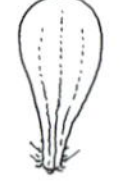

Geranium palustre L., Sumpf-Storchschnabel: H, 30–80 cm, VI–IX, kollin (-montan), feuchte Staudenfluren, Gräben, Ufer, (Fili), NT

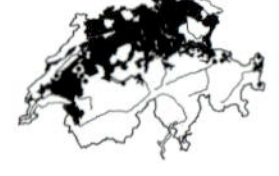

11 Blattabschnitte breit rhombisch. Blätter 6–15 cm breit, Blattstiel zuoberst etwas abstehend behaart. Kronblätter violett, 12–18(–20) mm lang →. Blütenstiele nach dem Verblühen aufrecht. Staubfäden zum Grund hin allmählich auf 1 mm verbreitert (Abb. Tafel 13, S. 564)

Geranium sylvaticum L., Wald-Storchschnabel: H, 30–60 cm, VI–VII, (kollin-) montan-subalpin (-alpin), nährstoffreiche Bergwiesen, Hochstaudenfluren, lichte Wälder, (Poly-Tris, Aden, Abie-Fage, Luna-Acer), LC

- Blattabschnitte schmal, fiederspaltig. Untere Blätter 7–20 cm breit, Blattstiel zuoberst eng anliegend behaart. Kronblätter blau bis hell blauviolett, 16–22 mm lang →. Blütenstiele nach dem Verblühen abwärtsgebogen, zur Fruchtzeit wieder aufrecht. Staubfäden am Grund abrupt auf fast 2 mm verbreitert (Abb. Tafel 13, S. 564)

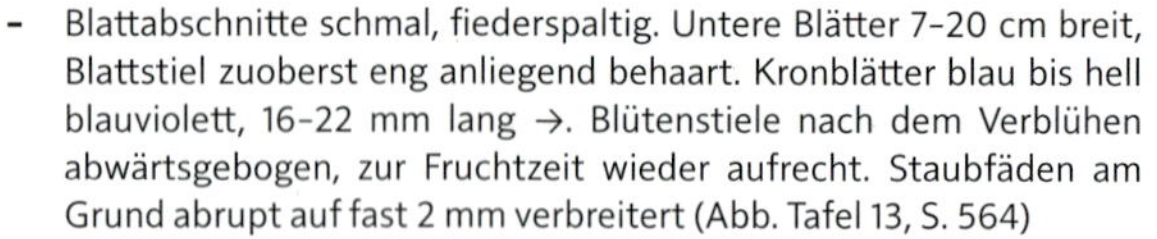

Geranium pratense L., Wiesen-Storchschnabel: H, 40–80 cm, VI–VII, kollin (-montan), sonnige Fettwiesen, (Arrh), NT

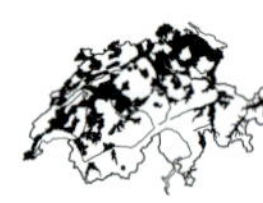

12 Blätter ± tief geteilt. Abschnitte nicht gestielt **13**

- Blätter bis zum Grund geteilt, Abschnitte (1. Ordnung) deutlich gestielt. Kronblätter lang genagelt, vorne abgerundet. Pflanze drüsig, ± unangenehm riechend (Abb. Tafel 13, S. 564)

Geranium robertianum L., Stinkender Storchschnabel: 5–40 cm, IV–X, kollin-montan (-subalpin), Hecken, Mauern, Schuttplätze, LC

a Kronblätter 9–12 mm lang →, rosa. Kelchblätter mit kurzen und langen, meist drüsigen Haaren und mit 1,5–2,5 mm langer Granne. Staubbeutel orange bis dunkelrot. Pflanze stark unangenehm riechend

Geranium robertianum L. subsp. ***robertianum***, Ruprechtskraut: T, 20–40 cm, V–X, kollin-montan (-subalpin), nährstoffreiche Krautsäume, Laubmischwälder, (Aego, Fagetalia, Luna-Acer), LC

- Kronblätter 5–9 mm lang →, dunkelrosa. Kelchblätter fast nur mit kurzen Drüsenhaaren und mit 0,5–1 mm langer Granne, meist grün bleibend. Staubbeutel gelb. Pflanze schwach riechend

Geranium robertianum subsp. ***purpureum*** (Vill.) Nyman, Purpur-Storchschnabel: T, 5–30 cm, IV–VI, kollin, trockenwarme Unkrautfluren, Wegränder, Bahnareale, (Sisy, Aego), vermutlich eingewandert, LC

13 Kronblätter nicht oder kaum ausgerandet **14**

- Kronblätter deutlich ausgerandet oder 2-spaltig **15**

14 Pflanze behaart, niederliegend, basal verzweigt. Kelch nicht geflügelt. Blätter im Umriss rund, bis etwa 40 % des Radius eingeschnitten. Kronblätter 5–7 mm lang, rosa, kaum länger als der Kelch. Fruchtklappen ohne Querleisten, abstehend behaart → (Abb. Tafel 13, S. 564)

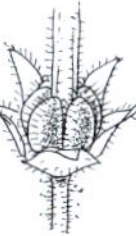

Geranium rotundifolium L., Rundblättriger Storchschnabel: T, 10–30 cm, V–X, kollin-montan, trockenwarme, kalkreiche Äcker, Schuttplätze, (Fuma-Euph, Erag, Sisy), Archäophyt, LC

- Pflanze kahl (höchstens einzelne Haare). Kelch geflügelt →. Stängel rot. Blatt glänzend, im Umriss rund. Kronblätter 8–10 mm lang, rosa, länger als der Kelch. Fruchtklappen mit Querleisten, am Rand kurz drüsenhaarig (Abb. Tafel 13, S. 564)

Geranium lucidum L., Glänzender Storchschnabel: T, 10–40 cm, V–VIII, kollin-montan, schattige Krautsäume, Laubmischwälder, (Aego, Luna-Acer, Tili-plat), NT

15 Blätter fast bis zum Grund 5- bis 7-teilig, mit schmalen (wenige mm breiten) Abschnitten **16**

- Blätter höchstens bis etwa zu ¾ geteilt, Abschnitte schmal oder breit **17**

16 Pflanze angedrückt behaart, ohne Drüsenhaare. Blütenstand das Blatt weit überragend. Blütenstiele 2–6 cm lang. Kronblätter 8–10 mm lang. Fruchtschnabel mit anliegenden, kurzen, nach vorne gerichteten, drüsenlosen Haaren, Fruchtklappen ± kahl → (Abb. Tafel 13, S. 564)

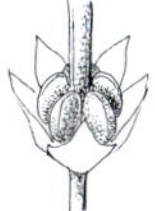

Geranium columbinum L., Tauben-Storchschnabel: T, 15–40 cm, VI–IX, kollin-montan, trockenwarme, kalkreiche Pionierfluren, Äcker, Wegränder, (Alyss-Sedi, Erag), LC

- Pflanze abstehend behaart, mit vielen Drüsenhaaren. Blütenstand das Blatt kaum überragend («in den oberen Blättern steckend»). Blütenstiele nur ca. 1 cm lang. Kronblätter 4–6 mm lang. Fruchtschnabel und die Fruchtklappen → mit abstehenden Drüsenhaaren (Abb. Tafel 13, S. 564)

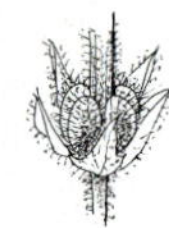

Geranium dissectum L., Schlitzblättriger Storchschnabel: T, 10–50 cm, VI–IX, kollin-montan, Äcker, Wegränder, Schuttplätze, (Fuma-Euph, Poly-Chen), LC

17 Kelchblatt lang bespitzt (begrannt). Blattumriss vieleckig (polygonal). Blattabschnitte rhombisch **18**

- Kelchblatt kurz bespitzt. Blattumriss rund. Blattabschnitte keilförmig **20**

18 Pflanze ausdauernd. Blüten einzeln (selten einzelne zu 2). Stängel sparrig verzweigt, oben mit langen, dicken, rückwärtsgerichteten Haaren, ohne Drüsenhaare. Kronblätter weiss oder hellrosa, mit dunkleren Streifen, 5–7 mm lang →. Frucht mit Schnabel 1,5–2 cm lang. Fruchtklappen glatt, kurzhaarig

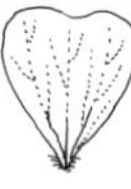

Geranium sibiricum L., Sibirischer Storchschnabel: H-T, 20–80 cm, VI–VIII, kollin-montan, nährstoffreiche, eher feuchte Krautsäume, Gebüsche, (Conv), Neophyt

- Pflanze einjährig. Stängel oben drüsig behaart. Blüten zu 2 **19**

19 Stängel aufrecht, oben gabelig verzweigt. Kelchblätter 2–3 mm lang begrannt. Kronblätter blauviolett, 7–10 mm lang →. Filamente zottig behaart. Frucht mit Schnabel ca. 3 cm lang. Fruchtklappen glatt, lang behaart (Abb. Tafel 13, S. 564)

Geranium bohemicum L., Böhmischer Storchschnabel: T, 20–80 cm, VII–IX, kollin-subalpin, Bergwälder, nach Waldbränden, (Atro), CR

- Stängel von Grund an sparrig verzweigt, Äste ausgebreitet, aufsteigend. Kelchblätter ca. 1 mm lang begrannt. Kronblätter rosa, 5–7 mm lang →. Filamente höchstens am Grund behaart. Frucht mit Schnabel ca. 1 cm lang. Fruchtklappen kahl, aber mit behaarten Querrippen (Abb. Tafel 13, S. 564)

Geranium divaricatum Ehrh., Spreizender Storchschnabel: T, 20–60 cm, VI–VII, kollin-montan (-subalpin), trockenwarme Gebüsche, Unkrautfluren, (Berb, Onop), EN

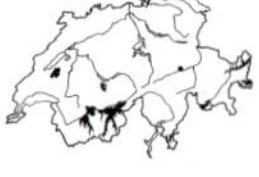

20 Kronblätter kräftig violett, 6–10 mm lang, 2x so lang wie der Kelch. Stängel aufrecht, mit kürzeren und längeren Haaren. Stängelblätter grösstenteils gegenständig. Blätter fast kreisförmig, 5- bis 9-teilig. Kelchblatt sehr kurz und fein behaart, stumpf, mit aufgesetzter Stachelspitze. Alle 10 Staubfäden bilden Staubbeutel aus (junge Blüten untersuchen). Fruchtklappen glatt, kurzhaarig, nicht querrunzelig → (Abb. Tafel 13, S. 564)

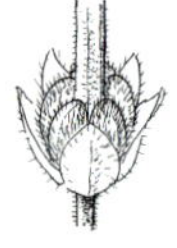

Geranium pyrenaicum Burm. f., Pyrenäen-Storchschnabel: H-T, 20–60 cm, V–VIII, kollin-montan (-subalpin), nährstoffreiche Krautsäume, Fettwiesen, Unkrautfluren, (Aego, Arrh, Arct)

- Kronblätter rosa bis hellviolett, 2,5–6 mm lang, nur wenig länger als der Kelch. Stängel von Grund an stark verzweigt. Äste ausgebreitet und aufsteigend. Blätter meist etwas breiter als lang **21**

21 Stängel kurz- und langhaarig (1-2 mm lang). Stängelblätter grösstenteils wechselständig, 7- bis 9-teilig (tiefer geteilt als bei *G. pyrenaicum*). Kelchblätter 3-5 mm lang, langhaarig, kurz bespitzt. Kronblätter rosa, 4-6 mm lang. Alle 10 Staubfäden bilden Staubbeutel aus (junge Blüten untersuchen). Frucht mit Schnabel 10-13 mm lang, kahl. Fruchtklappen kahl, querrunzelig → (bei *G. pyrenaicum* kurzhaarig) (Abb. Tafel 13, S. 564)

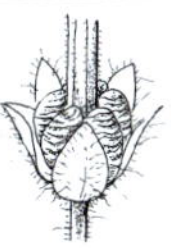

Geranium molle L., Weicher Storchschnabel: T, 10-30 cm, V-IX, kollin-montan, nährstoffreiche Weiden, Wegränder, Läger, (Cyno, Arct), LC

\- Stängel nur kurzhaarig. Stängelblätter grösstenteils gegenständig, 7- bis 9-teilig. Kelchblätter zottig behaart, allmählich in eine grannenartige Stachelspitze verschmälert. Kronblätter blassrosa (meist heller als bei voriger Art), 2,5-4 mm lang. Nur 5 Staubfäden bilden Staubbeutel aus (junge Blüten untersuchen). Frucht mit Schnabel 8-11 mm lang. Fruchtklappen behaart, nicht querrunzelig, deutlich gekielt → (Abb. Tafel 13, S. 564)

Geranium pusillum L., Kleiner Storchschnabel: T, 10-30 cm, V-IX, kollin-montan (-subalpin), eher trockene Äcker, Schuttplätze, Wegränder, (Fuma-Euph, Erag), Archäophyt, LC

Gesneriaceae — Gesneriengewächse

Ramonda — Felsenteller

\- Blätter grundständig, rosettig, eiförmig bis rautenförmig, oberseits stark runzelig, dunkelgrün. Kronröhre viel kürzer als die 5 Zipfel, diese radförmig ausgebreitet, hellviolett

Ramonda myconi (L.) Rchb., Pyrenäen-Felsenteller: H, 5-20 cm, V-VI, kollin (-montan), Felsen, Mauern, selten kultiviert und verwildert, Neophyt

Grossulariaceae — Johannisbeerengewächse

Ribes — Johannisbeere

1 Strauch stachelig. Trauben mit 1-3 grünen oder bräunlichen, oft behaarten oder drüsigen Beeren (Abb. Tafel 14, S. 575)

Ribes uva-crispa L., Stachelbeere: Ph, 1,5 m, IV, kollin-montan (-subalpin), nährstoffreiche, eher feuchte Gebüsche, Auenwälder, (Prun-Rubi, Frax), LC

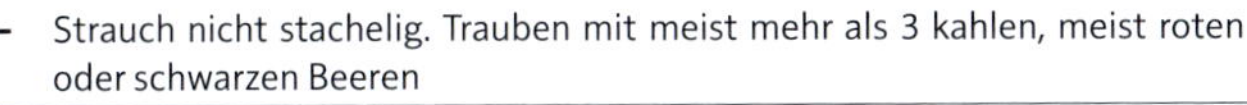

\- Strauch nicht stachelig. Trauben mit meist mehr als 3 kahlen, meist roten oder schwarzen Beeren **2**

2 Ausgewachsene Blätter in der Regel zwischen 3-4 cm breit. Weibliche Trauben auch zur Fruchtzeit aufrecht bleibend (Abb. Tafel 14, S. 575)

Ribes alpinum L., Alpen-Johannisbeere: Ph, 1,5 m, IV-VI, montan-subalpin, kalkreiche Wälder, Waldränder, Gebüsche, (Luna-Acer, Fagetalia, Prun-Rubi), LC

\- Blätter zumindest teilweise mehr als 4 cm breit. Traube nach dem Verblühen hängend **3**

3 Blatt unterseits von krausen Haaren grauweiss filzig (Abb. Tafel 14, S. 575)

Ribes sanguineum Pursh, Blut-Johannisbeere: Ph, 2 m, IV–V, kollin-montan, in Gartennähe, kultiviert und selten verwildert, Neophyt

\- Blatt kahl oder mit locker stehenden, geraden Haaren **4**

4 Blätter unterseits drüsig punktiert. Achsenbecher und Kelch behaart und drüsig (Abb. Tafel 14, S. 575)

Ribes nigrum L., Schwarze Johannisbeere: Ph, 2 m, IV, kollin, feuchte, nährstoffreiche Wälder, (Alni-glut), kultiviert und selten verwildert, Neophyt

\- Blätter drüsenlos. Achsenbecher kahl **5**

5 Achsenbecher röhrig, wie der Kelch goldgelb (Abb. Tafel 14, S. 575)

Ribes aureum Pursh, Gold-Johannisbeere: Ph, 2 m, IV–V, kollin-montan, in Gartennähe, kultiviert und verwildert, Neophyt. Häufige Veredelungsunterlage für Johannis- und Stachelbeeren

\- Achsenbecher flach oder schüsselförmig. Blüten grünlich oder rötlich **6**

6 Kelchzipfel kahl. Frucht rot oder gelblich weiss. Blattlappen stumpflich (Abb. Tafel 14, S. 575)

Ribes rubrum L., Rote Johannisbeere: Ph, 100–150 cm, IV–V, kollin-montan, feuchte, nährstoffreiche Wälder, Gebüsche, (Frax, Alni-inca), kultiviert und verwildert, Neophyt

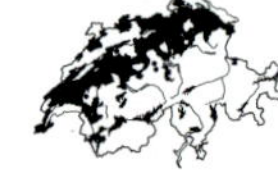

\- Kelchzipfel bewimpert. Frucht rot. Blattlappen spitz (Abb. Tafel 14, S. 575)

Ribes petraeum Wulfen, Felsen-Johannisbeere: Ph, 2 m, IV–V, (montan-) subalpin (-alpin), pionierhafte Gebüsche, Bergwälder, Schutthalden, (Alne-viri, Samb-Sali), LC

Haloragaceae — Tausendblattgewächse

Myriophyllum — Tausendblatt

Diese Gattung umfasst ausschliesslich Wasserpflanzen mit quirlständigen Blättern. Im Gegensatz zur seltenen Art *Hottonia palustris* sind die Blattabschnitte haarfein. Die Anzahl der Blätter im Quirl gibt einen guten Hinweis auf die Art, kann aber nicht als einziges Kriterium in der Bestimmung verwendet werden.

1 Pflanze untergetaucht, nur die Blütenstände aus dem Wasser ragend **2**

\- Pflanze aus dem Wasser ragend, Blätter auffällig blaugrün (die untergetauchten Blätter meist grün), Blätter → über dem Wasser mit auffällig wasserabstossender Oberfläche, meist Tragblätter ± so gross wie die Unterwasser-Laubblätter, Unterwasserblätter pinselförmig zusammenfallend, wenn aus dem Wasser gezogen

Myriophyllum aquaticum (Vell.) Verdc., Brasilianisches Tausendblatt: 0,3–1 m lang, VII–IX, kollin, Gräben, Stillgewässer, Neophyt

2 Blätter zu 5 oder 6 (selten nur zu 4) im Quirl, Blätter oft überall drüsig (Lupe!), obere Deckblätter fiederspaltig oder gesägt, länger als die Blüten **3**

\- Blätter zu 4 (selten zu 5) im Quirl, Blätter nie drüsig, obere Deckblätter ungeteilt, ganzrandig, kürzer als die Blüten **4**

3 Obere Deckblätter kammförmig gefiedert, mit Turionen (Überwinterungsknospen). Deckblätter →

Myriophyllum verticillatum L., Quirlblütiges Tausendblatt: Ah, 3 m lang, VI-IX, kollin, Seen, Stillgewässer, (Nymp), NT

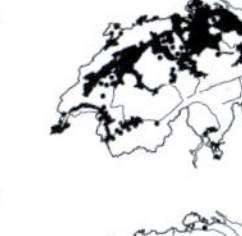

- Obere Deckblätter ganzrandig, gesägt oder kammförmig eingeschnitten, nie gefiedert, ohne Turionen. Deckblätter →

Myriophyllum heterophyllum Michx., Verschiedenblättriges Tausendblatt: Ah, 1 m lang, VI-IX, kollin, Seen, Teiche, (Pota), Neophyt

4 Blätter mit 15-40 gegenständigen Abschnitten →, Stängel oft rötlich, Ähre aufrecht

Myriophyllum spicatum L., Ähriges Tausendblatt: Ah, 1 m lang, VI-IX, kollin-subalpin, Seen, Teiche, langsam fliessende Gewässer, (Pota, Nymp, Ranu-fluv), NT

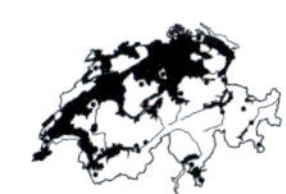

- Blätter mit 8-18 wechselständigen Abschnitten →, diese auffällig haarfein, Stängel nicht rötlich, Ähre zuerst überhängend

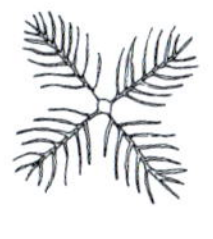

Myriophyllum alterniflorum DC., Armblütiges Tausendblatt: Ah, 1 m lang, VII-IX, kollin-montan, langsam fliessende, kalkarme Gewässer, Stillgewässer, (Font-anti, Ranu-fluv), EN

Hydrangeaceae — Hortensiengewächse

1 Blätter ohne Sternhaare, Kelchblätter 4, Staubblätter zahlreich — ***Philadelphus***

- Blätter mit Sternhaaren, Kelchblätter 5, Staubblätter 10 — ***Deutzia***

Deutzia — Deutzie

1 Blüten weiss, 1,5-2 cm gross. Blattunterseite nur mit 3- bis 5-strahligen Sternhaaren bedeckt (Abb. Tafel 14, S. 575)

Deutzia crenata Siebold & Zucc., Gekerbtblättrige Deutzie: Ph, 2,5-3 m, V-VI, in Gartennähe, Neophyt

- Blüten weiss max. 1,2 cm gross. Blattunterseite mit 10- bis 15-strahligen Sternhaaren bedeckt (Abb. Tafel 14, S. 575)

Deutzia scabra Thunb., Maiblumenstrauch: Ph, 2,5 m, V-VI, kollin, in Gartennähe, Neophyt

Philadelphus — Pfeifenstrauch

- Blätter grösser als 2 cm, gezähnt, kahl oder schwach behaart, mit 3-5 gut sichtbaren Nerven. Seitenknospen unter dem Blattstiel verborgen. Blütenstand 3- bis 11-blütig (Abb. Tafel 14, S. 575)

Philadelphus coronarius L., Pfeifenstrauch: Ph, 1-3 m, V-VI, kollin, trockenwarme Gebüsche, Waldränder, (Quer-pube, Berb), kultiviert und selten verwildert, Neophyt

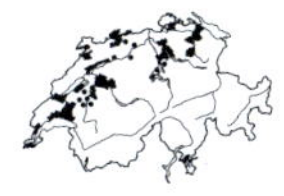

Hypericaceae — Johanniskrautgewächse

Hypericum — Johanniskraut

1 Staubblätter in 5 Bündel verwachsen, ohne schwarze Drüsen am Rand der Kelch- und Kronblätter **2**

- Staubblätter in 3 Bündel verwachsen, Kelch und/oder Kronblätter am Rand mit schwarzen Drüsen **5**

2 Griffel meist 5. Kronblätter 3–4 cm lang

Hypericum calycinum L., Grossblütiges Johanniskraut: Cp, 20–40 cm, VI–VIII, kollin-montan, Gebüschsäume, Böschungen, kultiviert und selten verwildert, Neophyt. Als Bodendecker kultiviert und verwildert

- Griffel meist 3. Kronblätter höchstens 2 cm lang **3**

3 Frucht beerenartig →, rot bis schwarz. Kronblätter kaum länger als die Kelchblätter

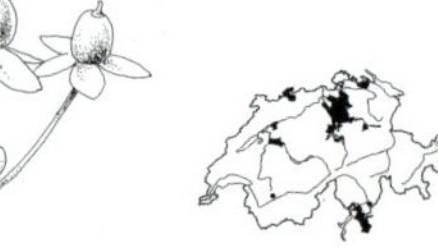

Hypericum androsaemum L., Blut-Johanniskraut: Cp, 50–100 cm, VI, kollin-montan, wechselfeuchte Auenwälder, Krautsäume, (Alni-glut, Sali-alba, Conv), DD. Im Südtessin möglicherweise einheimisch, sonst kultiviert und verwildert

- Frucht nicht beerenartig, erst grün, später braun. Kronblätter deutlich länger als die Kelchblätter **4**

4 Obere Blätter oval, meist weniger als 2x so lang wie breit. Kronblätter deutlich länger als der Kelch. Pflanze mit Bocksgeruch

Hypericum hircinum L., Bocks-Johanniskraut: Cp, 30–120 cm, V–IX, kollin-subalpin, feuchte Krautsäume und Hochstaudenfluren, Neophyt, kultiviert und verwildert

- Obere Blätter lanzettlich, meist mehr als 2x so lang wie breit. Kronblätter etwa so lang wie der Kelch

Hypericum majus (A. Gray) Britton, Grosses Johanniskraut: Cp, 50–150 cm, V–VIII, kollin-montan, mesophile bis feuchte Krautsäume, Neophyt

5 Blätter nadelförmig, zu 3–4 quirlständig →

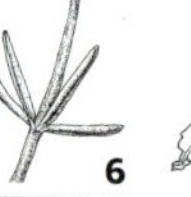

Hypericum coris L., Quirlblättriges Johanniskraut: Cp, 10–40 cm, VI–VII, kollin-montan (-subalpin), sonnige, kalkreiche Felsen, (Pote), NT

- Blätter nicht nadelförmig, gegenständig **6**

6 Stängel dünn, niederliegend, teilweise wurzelnd **7**

- Stängel kräftig, aufrecht oder aufsteigend (teilweise niederliegende Stockaustriebe bildend) **8**

7 Pflanze kahl. Blätter oval. Kronblätter höchstens wenig länger als der Kelch

Hypericum humifusum L., Niederliegendes Johanniskraut: H-T, 5–20 cm, VI–VIII, kollin-montan (-subalpin), wechselfeuchte Wegränder, Pionierfluren, Gebüschsäume, LC

- Pflanze behaart. Blätter breit eiförmig. Kronblätter mehrfach länger als der Kelch

Hypericum elodes L., Sumpf-Johanniskraut: H, 10–30 cm, VIII–IX, kollin-montan, Tümpel, Teichränder, Neophyt. Im grenznahen Frankreich (Raum Vogesen) einheimische Vorkommen

8 Kelchblätter gefranst oder drüsig gezähnt. Stängel stielrund **9**

- Kelchblätter ganzrandig, höchstens vereinzelte Zähnchen oder Drüsen. Stängel kantig oder geflügelt **12**

9 Stängel behaart

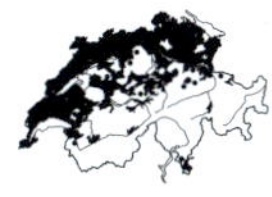

Hypericum hirsutum L., Behaartes Johanniskraut: H, 40–80 cm, VI–VIII, kollin (-montan), lichte, kalkreiche Wälder, Krautsäume, (Atro, Epil-angu), LC

- Stängel kahl **10**

10 Kelchblätter lang gefranst →. Blätter meist länger als die Stängelglieder

Hypericum richeri Vill., Richers Johanniskraut: Cp, 20–60 cm, VII, montan-subalpin (-alpin), kalkreiche, mässig trockene Bergweiden, Gebüsche, Staudenfluren, (Cala, Fest-vari), NT

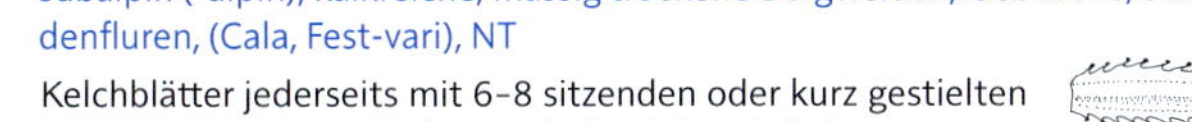

- Kelchblätter jederseits mit 6–8 sitzenden oder kurz gestielten Drüsen →. Blätter meist kürzer als die Stängelglieder **11**

11 Blätter 2–6 cm lang, am Rand mit schwarzen Drüsen →

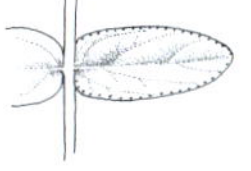

Hypericum montanum L., Berg-Johanniskraut: H, 30–80 cm, VI–VII, kollin-montan (-subalpin), lichte Laubwälder, Gebüsche, Krautsäume, (Gera-sang, Quer-pube), LC

- Blätter 1–2 cm lang, am Rand ohne Drüsen →

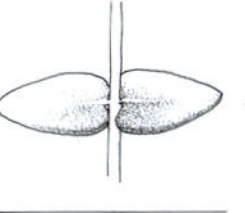

Hypericum pulchrum L., Schönes Johanniskraut: H, 30–80 cm, VI–VII, kollin-montan, kalkarme Eichenwälder, saure Weiden und Böschungen, (Quer-robo), VU

12 Stängel mit 2 erhabenen Längskanten →. Blätter durchscheinend punktiert

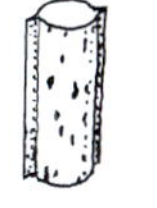

Hypericum perforatum L., Echtes Johanniskraut: H, 30–70 cm, VI–IX, kollin-montan (-subalpin), Weiden, Krautsäume, Wegränder, Schuttfluren, (Trif-medi, Gera-sang, Gale-sege, Stip-cala), LC

a Blätter am Hauptstängel meist flach (ausser bei sehr trockenen Bedingungen), höchstens 5x länger als breit. Drüsen auf der reifen Frucht klein und punktförmig

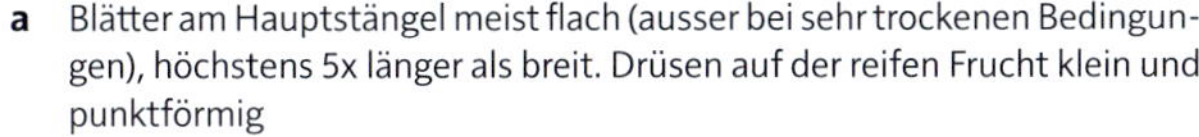

Hypericum perforatum L. subsp. ***perforatum***, Gewöhnliches Echtes Johanniskraut: H, Halbtrockenrasen, Gebüsche, Waldränder, LC

- Blätter am Hauptstängel nach unten umgerollt, meist 5–9x länger als breit. Drüsen auf der reifen Frucht stark schwielenförmig

Hypericum perforatum subsp. ***veronense*** (Schrank) Ces., Veroneser Echtes Johanniskraut: H, Ruderalstellen, Trocken- und Halbtrockenrasen, DD. Verbreitung in der Schweiz ungenügend bekannt

- Stängel zumindest unten mit 4 Längskanten oder 4-flügelig **13**

13 Stängel 4-flügelig . Blätter durchscheinend punktiert. Kelchblätter ganzrandig, lang zugespitzt. Kronblätter 2x so lang wie der Kelch, ohne oder mit ganz wenigen schwarzen Punkten

Hypericum tetrapterum Fr., Vierflügeliges Johanniskraut: H, 20–80 cm, VII–VIII, kollin-montan, feuchte Staudenfluren, Ufer, (Fili, Peta-offi), LC

- Stängel 4-kantig, oben oft nur 2-kantig. Blätter nicht oder nur die oberen durchscheinend punktiert **14**

14 Kelchblätter fein und lang zugespitzt →

Hypericum ×desetangsii Lamotte, Des Etangs' Johanniskraut: H, 30–80 cm, VI–VIII, kollin (-montan), wechselfeuchte, saure Streuwiesen, Staudenfluren, (Fili, Moli), LC. Hybride *H. maculatum* × *H. perforatum*, fertil und auch ohne Elternarten auftretend

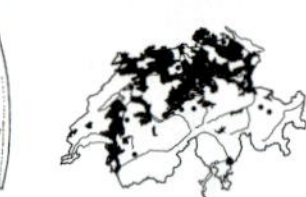

- Kelchblätter gerundet bis spitz

Hypericum maculatum Crantz, Geflecktes Johanniskraut: H, 20–100 cm, VI–VIII, kollin-alpin, feuchte Wiesen, Hochstaudenfluren, LC

a Kelchblätter breit eiförmig, die meisten ± ganzrandig und stumpflich →, alle ± gleich gross

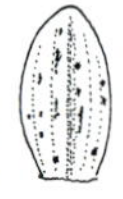

Hypericum maculatum Crantz subsp. ***maculatum***, Gewöhnliches Geflecktes Johanniskraut: H, 20–60 cm, VI–VIII, montan-alpin, frische, eher kalkarme Bergweiden, Hochstaudenfluren, (Poio-alpi, Cari-ferr, Aden), LC

- Kelchblätter länglich eiförmig, die meisten kurz zugespitzt und gezähnt →, oft ungleich gross

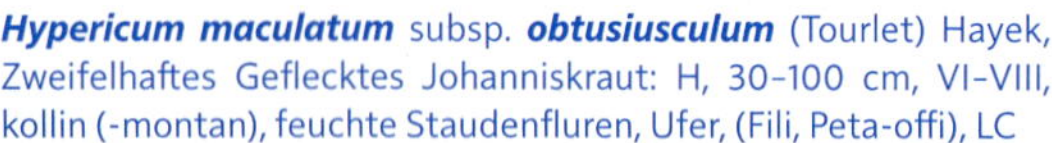

Hypericum maculatum subsp. ***obtusiusculum*** (Tourlet) Hayek, Zweifelhaftes Geflecktes Johanniskraut: H, 30–100 cm, VI–VIII, kollin (-montan), feuchte Staudenfluren, Ufer, (Fili, Peta-offi), LC

Juglandaceae Walnussgewächse

1 Blätter gefiedert, mit 2–4 Fiederpaaren und einem vergrösserten Endblatt. Teilblätter ganzrandig. Frucht kugelig ***Juglans***

- Blätter gefiedert, mit 5–12 Fiederpaaren und einem etwas kleineren Endblatt. Teilblätter gesägt. Frucht geflügelt ***Pterocarya***

Juglans Walnuss

1 Zweige ± kahl. Blätter 20–40(–50) cm lang, unpaarig gefiedert, mit 5–9 nach vorne grösser werdenden, ganzrandigen, kahlen Teilblättern, zerrieben aromatisch. Pflanze einhäusig, männliche Blüten in hängenden, 5–10 cm langen Kätzchen, weibliche Blüten unscheinbar. Früchte kugelig, grün, 3–4 cm breit, zu 1–4 (Abb. Tafel 14, S. 575)

Juglans regia L., Echte Walnuss: P, 10–25 m, IV–V, kollin-montan, Auenwälder, Ufer, (Frax), kultiviert und zunehmend verwildert (in Ausbreitung), Archäophyt, LC

Tafel 14

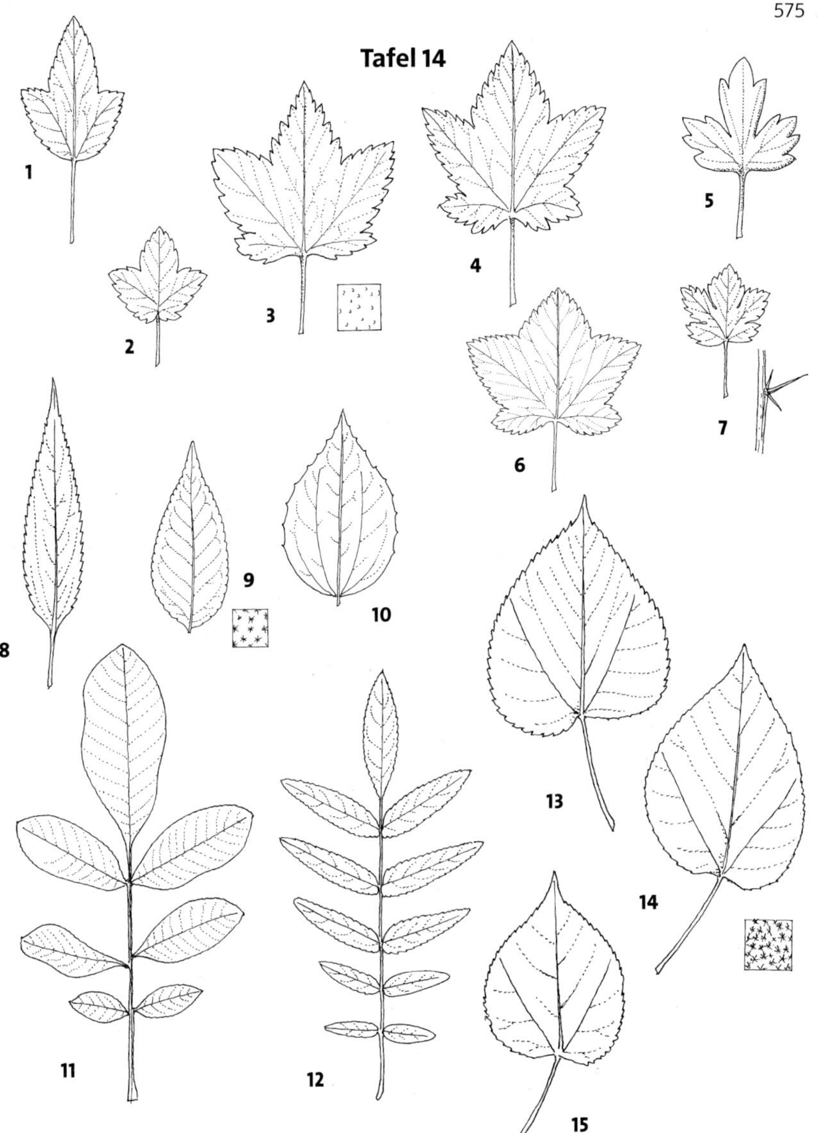

Grossulariaceae. Blatt: 1. *Ribes sanguineum*, 2. *R. alpinum*, 3. *R. nigrum* (mit Drüsen auf der Blattunterseite), 4. *R. rubrum*, 5. *R. petraeum*, 6. *R. aureum*, 7. *R. uva-crispa* (mit Dornen)
Hydrangeaceae. Blatt: 8. *Deutzia crenata*, 9. *D. scabra* (mit rauer Behaarung auf der Blattunterseite), 10. *Philadelphus coronarius*
Juglandaceae. Blatt: 11. *Juglans regia*, 12. *Pterocarya fraxinifolia*
Malvaceae. Blatt: 13. *Tilia platyphyllos*, 14. *T. tomentosa* (mit Behaarung auf Blattunterseite), 15. *T. cordata*

- Zweige fein drüsig behaart. Blätter 40-60(-80) cm lang, unpaarig gefiedert, mit (9-)11-17 fein gesägten, zumindest unterseits flaumhaarigen Teilblättern und mit dicht behaarter Blattspindel. Pflanze einhäusig, männliche Blüten in hängenden, 15-30 cm langen Kätzchen. Früchte grün, 2,5-4 cm breit, bis zu 20 in langen Trauben. Stamm oft mit verdrehtem Wuchs

  Juglans ailantifolia Carrière, Japanische Walnuss: P, 10-20 m, IV-V, kollin, Gebüsche, Auenwälder, kultiviert und selten verwildert

Pterocarya Flügelnuss

- Blätter unpaarig gefiedert, mit 11-25 glänzenden Teilblättern, die mittleren am grössten. Pflanze einhäusig, männliche Blüten in hängenden, 5-12 cm langen, gelbgrünen Kätzchen, weibliche Blütenstände zunächst 10-15 cm lang, zur Fruchtzeit bis 40 cm lang, hängend. Frucht geflügelt (Abb. Tafel 14, S. 575)

  Pterocarya fraxinifolia (Poir.) Spach, Kaukasische Flügelnuss: P, 10-20 m, IV-V, kollin, Auenwälder, (Robi), kultiviert und verwildert, Neophyt

Lamiaceae Lippenblütler

1 Pflanze ein grosser Strauch, 2-6 m hoch. Blüten weiss, mit weit herausragenden Staubblättern, in Schirmrispen ***Clerodendrum***

- Pflanze ein Kraut oder Zwergstrauch (höchstens bis 1,5 m hoch) **2**

2 Krone fast radiärsymmetrisch mit 4 Zipfeln (Oberlippe und die 3 Zipfel der Unterlippe fast gleichartig) **3**

- Krone zygomorph: 2-lippig oder scheinbar 1-lippig **4**

3 Untere Blätter tief gesägt, fast fiederteilig. Staubblätter 2. Kelch glockenförmig, 5-spaltig ***Lycopus***

- Alle Blätter ganzrandig, gekerbt oder gesägt, aber nicht fiederteilig. Staubblätter 4. Kelch 5-zähnig oder undeutlich 2-lippig ***Mentha***

4 Blüte (scheinbar) nur mit einer Unterlippe. Die Oberlippe sehr kurz oder (scheinbar) fehlend **5**

- Blüte mit deutlicher Ober- und Unterlippe **6**

5 Oberlippe sehr kurz, 2-lappig. Unterlippe 3-zipflig (links) → ***Ajuga***

- Oberlippe (scheinbar) fehlend. Unterlippe 5-zipflig (2 Zipfel stammen von der Oberlippe) (rechts) → ***Teucrium***

6 Blätter tief geteilt, 3-spaltig, gefiedert oder fiederschnittig **7**

- Blätter ungeteilt. Blattrand ganz, gekerbt oder gesägt **11**

7 Blüten weiss oder rosa **8**

- Blüten blau oder blauviolett **9**

8 Untere Blätter ungeteilt. Krone weiss. Pflanze 5-30 cm hoch ***Prunella***

- Alle Blätter handförmig 3- bis 5-spaltig («ahornartig»). Krone rosa. Pflanze 30-120 cm hoch ***Leonurus***

9 Untere Blätter gefiedert, mit 1-2 kleinen, seitlichen Fiederpaaren und einem viel grösseren Endlappen ***Salvia***

\- Blätter fiederschnittig, ohne grossen Endlappen **10**

10 Blüten gross, 3,5-4,5 cm lang, in einer wenigblütigen, endständigen Scheinähre ***Dracocephalum***

\- Blüten klein, ca. 1 cm lang, zu vielen in einer reich verzweigten Rispe ***Perovskia***

11 Kelch auf dem Rücken mit einem auffälligen, schuppenartigen Anhängsel ***Scutellaria***

\- Kelch auf dem Rücken ohne Anhängsel **12**

12 Unterlippe der Krone am Grund mit 2 hohlen Höckern. Kelchzähne stechend begrannt ***Galeopsis***

\- Unterlippe der Krone ohne Höcker. Kelchzähne mit oder ohne stechende Granne **13**

13 Blätter ganzrandig, schmal lineal bis schmal lanzettlich, 2-6 mm breit, oft etwas derb und die Ränder umgerollt **14**

\- Blätter gekerbt oder gesägt, > 6 mm breit **21**

14 Blüten gelb, oft mit dunkelrotem Rand. Kelch mit stachelig begrannten Zähnen. Staubblätter und Griffel in der Kronröhre, von aussen nicht sichtbar ***Sideritis***

\- Blüten nicht gelb oder gelb-rot. Kelchzähne ohne stachelige Grannen. Staubblätter von aussen sichtbar oder verborgen **15**

15 Blüten rosa oder weiss **16**

\- Blüten blau oder blauviolett **17**

16 Staubblätter oben auseinanderstrebend. Blüten am Ende des Stängels gehäuft ***Thymus***

\- Kelch 10-nervig. Staubblätter zusammenneigend ***Satureja***

17 Staubblätter und Griffel frei aus Krone herausragend («ungeschützt») **18**

\- Staubblätter und Griffel in der Kronröhre verborgen oder von der Oberlippe geschützt **19**

18 Kelch 2-lippig. Staubblätter 2. Blätter lineal, 1,5-4 cm lang, Rand umgerollt, nadelartig, Blüte hellblau ***Rosmarinus***

\- Kelch regelmässig 5-zähnig. Staubblätter 4 (2 kurze und 2 lange). Blätter lanzettlich, 1-2,5 cm lang. Blüte kräftig blau ***Hyssopus***

19 Blätter klein, weniger als 2 cm lang. Kelchröhre bauchig erweitert. Blüten zu 2-3 in den Blattachseln ***Acinos***

\- Blätter 2,5-5 cm lang. Kelchröhre nicht bauchig erweitert. Blüten am Ende des Stängels köpfchenartig gehäuft **20**

20 Krone 2,5-3 cm lang, Oberlippe helmförmig gewölbt. Pflanze kaum riechend ***Dracocephalum***

\- Krone bis 1 cm lang, Oberlippe flach. Pflanze strak aromatisch ***Lavandula***

21 Staubblätter und Griffel in der Kronröhre eingeschlossen, von aussen nicht sichtbar **22**

\- Staubblätter und/oder Griffel ohne Öffnen der Kronröhre gut sichtbar (manchmal von der Oberlippe verdeckt) **23**

22	Kelch 10-zähnig. Blüten weiss. Am Grund der Einzelblüte kleine, pfriemliche Vorblättchen	***Marrubium***
-	Kelch 5-zähnig. Blüten gelb. Am Grund der Blüte ohne Vorblättchen	***Sideritis***
23	Staubblätter und Griffel frei aus Krone herausragend («ungeschützt»). Kelch 1–5 mm lang	**24**
-	Staubblätter und Griffel unter der Oberlippe aufsteigend. Kelch 5–20 mm lang	**25**
24	Pflanze 5–20(–30) cm hoch. Blätter 3–6 mm breit. Kelch 2-lippig. Blütenstand ährenartig	***Thymus***
-	Pflanze (20–)30–60 cm hoch. Die meisten Blätter (6–)10–30 mm breit. Kelch gleichmässig 5-zähnig. Blütenstand rispenartig	***Origanum***
25	Kelch deutlich 2-lippig, mit 3-zähniger Oberlippe und 2-zähniger Unterlippe	**26**
-	Kelch mit 5 gleichen (oder fast gleichen) Kelchzipfeln oder Kelchzipfel unscheinbar	**33**
26	Blüte mit 2 fertilen Staubblättern (die beiden anderen verkümmert oder fehlend)	***Salvia***
-	Blüte mit 4 Staubblättern	**27**
27	Blätter im Blütenstand viel kleiner als die Laubblätter, tragblattartig (manchmal laubblattartige Blätter am Grund des Blütenstandes)	**28**
-	Blätter im Blütenstand laubblattartig	**29**
28	Laubblätter am Stängelgrund rosettenartig gehäuft. Stängelblätter klein, schuppenförmig. Blütenstand einseitswendig	***Horminum***
-	Stängelblätter laubblattartig, ähnlich wie die Grundblätter. Blütenstand ein endständiges, allseitiges Köpfchen	***Prunella***
29	Blüten kaum gestielt, in dichten, halbkugeligen, 10- bis 30-blütigen Scheinquirlen. Der oberste Scheinquirl endständig, köpfchenartig	***Clinopodium***
-	Blüten oder Scheinquirle deutlich gestielt. Kein köpfchenartiger Blütenstand am Ende des Stängels	**30**
30	Kelch 15–20 mm lang, weit glockig. Blüten 3–4,5 cm lang, rosa bis weiss, zu 1–3 in den Blattachseln	***Melittis***
-	Kelch 4–12 mm lang, schmal röhrig oder etwas glockig	**31**
31	Blätter klein, < 1 cm breit und < 2 cm lang. Kelchröhre bauchig erweitert. Scheinquirle sitzend, 2- bis 3-blütig	***Acinos***
-	Blätter grösser. Kelchröhre nicht bauchig erweitert	**32**
32	Kelch glockenförmig erweitert. Krone weiss. Blätter grob gesägt, mit Zitronengeruch	***Melissa***
-	Kelch schmal röhrig. Krone rosa (wenn weiss, dann Blätter fast ganzrandig). Scheinquirle → gestielt	***Calamintha***
33	Pflanze kriechend, an den Knoten wurzelnd. Blätter rundlich nierenförmig	***Glechoma***
-	Pflanze aufrecht oder aufsteigend. Blätter oval bis eiförmig	**34**
34	Kelch vorne trichterförmig erweitert, mit 10 als Rippen stark hervortretenden Nerven. Scheinquirle auf 2–5 mm langen Stielen. Krone 10–14 mm lang	***Ballota***
-	Kelch röhren- oder glockenförmig, Nerven nicht rippenartig hervortretend	**35**

35 Oberlippe der Krone helmförmig. Seitenlappen der Unterlippe entweder spitz oder sehr klein (pfriemliche Seitenzipfel) ***Lamium***

- Oberlippe der Krone fast flach oder gewölbt, selten auch helmförmig. Seitenlappen der Unterlippe (falls vorhanden) gerundet **36**

36 Scheinquirle gestielt. Unterlippe löffelförmig vertieft, mit regelmässig gekerbtem Rand. Oberlippe kaum gewölbt, vorne ausgerandet ***Nepeta***

- Scheinquirle (fast) ungestielt. Unterlippe nicht löffelartig vertieft. Oberlippe meist deutlich gewölbt ***Stachys***

Acinos — Steinquendel

1 Pflanze ein- bis mehrjährig. Blätter am Rand eingerollt und unterseits mit vortretenden Nerven. Blüten hellviolett, 8–9 mm lang. Kelchzähne zur Fruchtzeit zusammenneigend →

Acinos arvensis (Lam.) Dandy, *(Clinopodium acinos)*, Feld-Steinquendel: Ch-T, 10–40 cm, VI–IX, kollin-montan (-subalpin), kalkreiche Felsgrusfluren, Trockenrasen, (Alyss-Sedi), LC

- Pflanze mehrjährig. Blätter am Rand nicht eingerollt und unten ohne vortretende Nerven. Blüten kräftig violett, 10–18 mm lang. Kelchzähne zur Fruchtzeit etwas spreizend →

Acinos alpinus (L.) Moench, *(Clinopodium alpinum)*, Alpen-Steinquendel: Ch, 10–20 cm, VII–IX, (montan-) subalpin (-alpin), trockene Steinrasen, Bergwiesen, (Sesl, Elyn, Fest-vari), LC

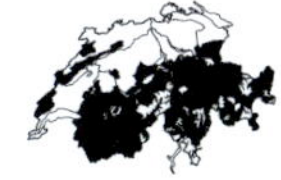

Ajuga — Günsel

1 Pflanze einjährig, zottig behaart. Blüten gelb, einzeln in den Blattwinkeln. Blätter aromatisch (harzig), vom Grund oder von der Mitte an tief 3-spaltig →, mit linealen, 1–2 mm breiten Abschnitten

Ajuga chamaepitys (L.) Schreb., Gelber Günsel: H.ha-T, 5–20 cm, V–IX, kollin-montan (-subalpin), trockenwarme, kalkreiche Äcker, Pionierfluren, (Cauc, Alyss-Sedi), VU

- Pflanze mehrjährig. Blüten blau, seltener rötlich oder weiss, in mehrblütigen Scheinquirlen **2**

2 Pflanze mit oberirdischen, beblätterten Ausläufern. Stängel kahl oder oberwärts spärlich auf 2 Seiten behaart. Grundblätter spatelig, gekerbt, mit geflügeltem Stiel →

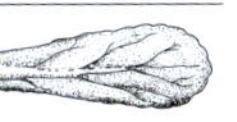

Ajuga reptans L., Kriechender Günsel: H, 10–30 cm, IV–VII, kollin-subalpin (-alpin), frische Krautsäume, Wiesen und Weiden, Laubwälder, (Aego), LC

- Pflanze ohne Ausläufer, Stängel auf allen 4 Seiten behaart **3**

3 Blätter grob gekerbt, fast gesägt →. Obere Deckblätter der Blütenquirle höchstens so lang wie die dunkelblauen Blüten. Blütenstand locker

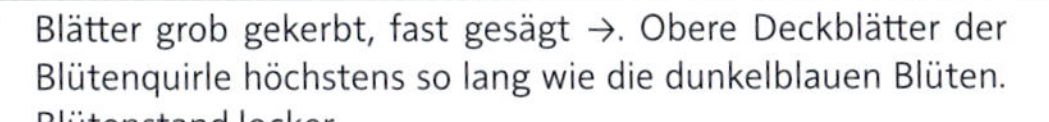

Ajuga genevensis L., Genfer Günsel: H, 10–40 cm, IV–VI, kollin-subalpin, mässig trockene Wiesen und Weiden, Krautsäume, (Meso, Gera-sang), LC

- Blätter ganzrandig oder seicht gekerbt →. Obere Deckblätter violett überlaufen, fast 2x so lang wie die hellblauen bis rosa Blüten. Junger Blütenstand dicht, 4-kantig, pyramidenförmig

  Ajuga pyramidalis L., Pyramiden-Günsel: H, 20 cm, VI-VIII, (montan-) subalpin-alpin, magere, kalkarme Bergweiden, (Nard), LC

Ballota Schwarznessel

- Pflanze unangenehm riechend, ± dicht, weich behaart. Stängel von Grund an verzweigt. Blätter gestielt, breit eiförmig, unregelmässig grob gezähnt, runzelig. Kelch 10-nervig, trichterförmig. Krone rosa oder weiss, 10-14 mm lang

  Ballota nigra L., Schwarznessel: 30-120 cm, VI-VIII, kollin-montan (-subalpin), Wegränder, Schuttplätze, an Hausmauern, NT

a Kelchzähne schmal dreieckig →, mit Granne 3-6,5 mm lang (Form wie ein spätgotisches Fenster, mit zusätzlicher Granne). Kelchröhre 5-7 mm lang. Blatt 2,5-3,5 cm breit

Ballota nigra L. subsp. ***nigra***, Gewöhnliche Schwarznessel: G, VI-VIII, kollin-montan, trockene, nährstoffreiche Krautsäume, Waldränder, (Arct, Onop), Archäophyt, VU

- Kelchzähne breit dreieckig →, mit Granne 1-2,5 mm lang, plötzlich in die kurze Granne (eher Stachelspitze) übergehend (Form wie ein frühgotisches Fenster). Kelchröhre 7-10 mm lang. Blatt 3-5 cm breit

  Ballota nigra subsp. ***meridionalis*** (Bég.) Bég., Südliche Schwarznessel: G, VI-VIII, kollin-montan (-subalpin), Wegränder, Gebüsche, Mauern, (Arct), NT

Calamintha Bergminze

1 Krone (2-)2,5-4 cm lang. Stiel der Halbquirle etwa so lang wie der Stiel des zugehörigen Tragblattes. Kelch 11-nervig, 10-12 mm lang

Calamintha grandiflora (L.) Moench, *(Clinopodium grandiflorum)*, Grossblütige Bergminze: G, 20-50 cm, VII-IX, montan (-subalpin), frische Laubwälder, Kastanienwälder, (Loni-Fage, Quer-robo), LC

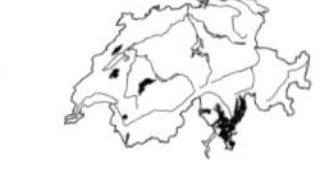

- Krone 0,5-2 cm lang. Stiel der Halbquirle deutlich länger als der Stiel des zugehörigen Tragblattes. Kelch 13-nervig, 4-9 mm lang

  Calamintha nepeta aggr., Bergminze: 30-60 cm, VII-IX, kollin (-montan), Gebüsche, Wegränder in warmen Lagen, LC

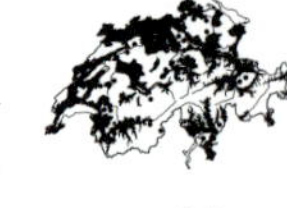

a Kelch nur 4-6,5 mm lang →, die unteren Zähne nur 1-2 mm lang (nur wenig länger als die oberen)

Calamintha nepeta (L.) Savi, *(Clinopodium nepeta)*, Drüsige Bergminze: G, 30-80 cm, VII-IX, kollin, trockenwarme Krautsäume, Schuttfluren, (Gera-sang, Stip-cala), NT

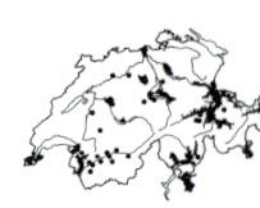

- Kelch 6-10 mm lang →, die unteren Zähne 2-4 mm lang (viel länger als die oberen) **b**

b Krone der Endblüten im Halbquirl oft > 16 mm lang. Untere Kelchzähne mindestens (2,5-)3 mm lang

Calamintha menthifolia Host, (*Clinopodium nepeta* subsp. *sylvaticum*), Wald-Bergminze: G, 40-80 cm, VII-IX, kollin (-montan), mässig trockene Krautsäume, lichte Laubwälder, (Trif-medi), LC

- Krone der Endblüten im Halbquirl nicht länger als 16 mm. Untere Kelchzähne höchstens 2,5 mm lang

Calamintha ascendens Jord., (*Clinopodium nepeta* subsp. *ascendens*), Aufsteigende Bergminze: G, 30-60 cm, VII-IX, kollin, trockenwarme Krautsäume, lichte Eichenwälder, (Gera-sang, Quer-pube, Orno-Ostr), VU

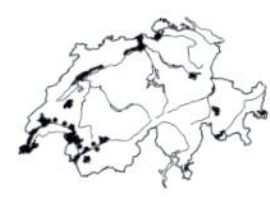

Clerodendrum Losbaum

- 2-6 m hoher Strauch. Blätter bis 10 cm lang, lang gestielt, die Spreite eiförmig, seicht gesägt, zerrieben nach Erdnuss riechend. Kelch grünrosa, zur Fruchtzeit rot. Blüten weiss, mit 3 spreizenden Zipfeln. Staubblätter weit herausragend

Clerodendrum trichotomum Thunb., Japanischer Losbaum: 3-6 m, Gebüsche, Waldränder, Neophyt

Clinopodium Wirbeldost

- Blüten zu 10-20 in dichten, quirl- bzw. kopfartigen Teilblütenständen am Ende des Stängels → und in den obersten Blattwinkeln. Krone lebhaft rosa, 1-1,5 cm lang. Blätter eiförmig, 2-4 cm lang, ganzrandig oder etwas gekerbt, im Gegensatz zu *Origanum* unterseits keine Drüsengrübchen und nur schwach aromatisch

Clinopodium vulgare L., Wirbeldost: G, 20-60 cm, VII-IX, kollin-subalpin (-alpin), mässig trockene Krautsäume, Gebüsche, (Trif-medi), LC

Dracocephalum Drachenkopf

1 Stängel kahl. Blätter ungeteilt, lineal-lanzettlich →, 2-5 cm lang und 2-5 mm breit, ganzrandig, Rand umgerollt. Krone blauviolett, 2,5-3 cm lang, mit helmförmig gewölbter Oberlippe

Dracocephalum ruyschiana L., Berg-Drachenkopf: H, 10-30 cm, VII-VIII, subalpin, trockene, steinige Rasenhänge, Krautsäume, (Sesl, Fest-vari, Gera-sang), NT

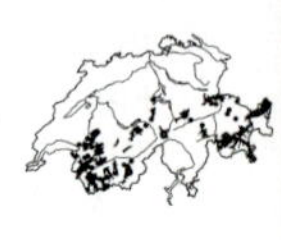

- Stängel dicht behaart. Die meisten Blätter fiederschnittig →, mit 3-7, schmal lanzettlichen, 1-2,5 mm breiten Abschnitten. Blüten 3,5-4,5 cm lang, dunkelviolett

Dracocephalum austriacum L., Österreicher Drachenkopf: H, 20-40 cm, V-VI, kollin-subalpin, kalkreiche Felsensteppen, (Stip-Poio), VU

Galeopsis Hohlzahn

1 Stängel unter den Knoten nicht verdickt, anliegend behaart. Blätter 1-4 cm lang **2**

- Stängel unter den Knoten ± deutlich verdickt, abstehend borstig behaart, Haare abwärtsgerichtet. Blätter bis über 10 cm lang **4**

2 Blüten hellgelb, 2-3 cm lang. Blätter drüsig-samtig behaart, eiförmig bis eilanzettlich. Kelch länger als die Tragblätter, abstehend samtig behaart und mit hellköpfigen Drüsenhaaren

Galeopsis segetum Neck., Gelber Hohlzahn: T, 20-60 cm, VII-VIII, kollin-montan (-subalpin), sonnige, kalkarme Schuttfluren, Felsrasen, Wegränder, Äcker, (Gale-sege), EN

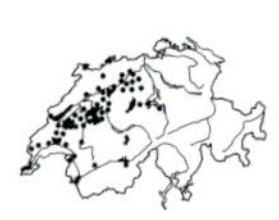

- Blüten rosa bis hellviolett, 1-2 cm lang. Blätter kahl oder schwach flaumhaarig **3**

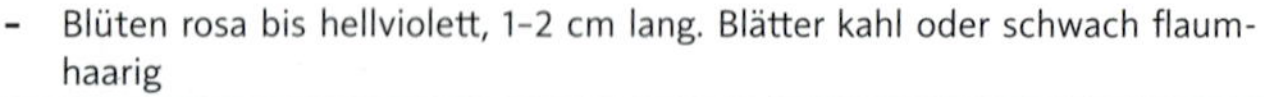

3 Blätter eiförmig oder breit lanzettlich, 7-15 mm breit, 2-3x so lang wie breit, deutlich gezähnt. Kelch 9-12 mm lang, mit 5 stechend begrannten Zähnen, mit z. T. dunkelköpfigen Drüsenhaaren

Galeopsis ladanum L., Acker-Hohlzahn: T, 10-50(-80) cm, VI-X, (kollin-) montan-subalpin, sonnige, steinige Pionierfluren, Schuttplätze, Bahnareale, Äcker, (Gale-sege, Thla-rotu, Sisy, Apha), NT

- Blätter schmal lanzettlich, 2-5 mm breit, 4-15x so lang wie breit, kaum gezähnt. Kelch ca. 7 mm lang, dicht behaart, aber meist ohne Drüsenhaare, oft rötlich überlaufen

Galeopsis angustifolia Hoffm., Schmalblättriger Hohlzahn: T, 5-20 cm, VI-X, (kollin-) montan-subalpin, steinige, kalkreiche Pionierfluren, Schuttplätze, Kiesgruben, Äcker, (Stip-cala, Sisy, Cauc), LC

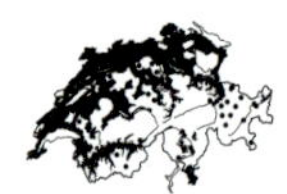

4 Blüten 2-3,5 cm lang, gelb, mit (meist) violetter Zeichnung auf der Unterlippe. Stängel rau, mit steifen Borstenhaaren und hellköpfigen Drüsenhaaren

Galeopsis speciosa Mill., Bunter Hohlzahn: T, 70 cm, VII-IX, (kollin-) montan-subalpin, nährstoffreiche Schlagfluren, Waldränder, Hochstaudenfluren, Äcker, (Epil-angu, Poly-Chen), VU

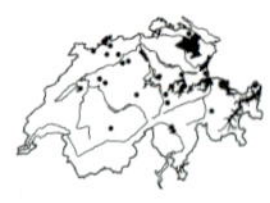

- Blüten 1-2,5 cm lang, weiss, rosa oder violett (abgesehen von der Röhre) **5**

5 Stängelknoten nur wenig verdickt →, nebst den Borstenhaaren mit anliegenden, weichen Haare. Krone 2-2,5 cm lang, mit gelber Röhre, 2-3x so lang wie der Kelch

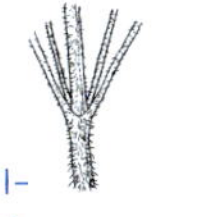

Galeopsis pubescens Besser, Weichhaariger Hohlzahn: T, 60 cm, VII-IX, kollin-montan, Schlagfluren, Wegränder, Krautsäume, (Aego, Arct, Atro), NT

- Stängelknoten stark verdickt →, mit Borstenhaaren, aber ohne anliegende, weiche Haare. Krone 1-2 cm lang, mit weisser Röhre, ca. 1,5x so lang wie der Kelch **6**

6 Stängel und Kelch mit dunkelköpfigen Drüsenhaaren →. Krone 1,5-2(-2,5) cm lang, weiss oder rot. Mittellappen der Unterlippe im Umriss ± quadratisch, kaum ausgerandet

Galeopsis tetrahit L., Stechender Hohlzahn: T, (10-)20-100 cm, VI-X, kollin-subalpin (-alpin), Unkrautfluren, Krautsäume, Schuttplätze, Läger, (Atro, Poly-Chen, Arct, Gale-sege), LC

- Stängel und Kelch mit hellköpfigen Drüsenhaaren →. Krone nur 1-1,5 cm lang, blassrot. Mittellappen der Unterlippe länger als breit, im Umriss eiförmig, deutlich ausgerandet und oft einfarbig (ohne helleren Saum), am Rand etwas zurückgebogen

Galeopsis bifida Boenn., Ausgerandeter Hohlzahn: T, 70 cm, VI-X, kollin-subalpin, mässig feuchte, eher kalkarme Unkrautfluren, Schlagfluren, Wegränder, (Aego, Arct), DD

Glechoma Gundelrebe

- Stängel niederliegend, kriechend. Blätter lang gestielt, nieren- bis herzförmig, grob und stumpf gezähnt, Spreite max. 4 cm lang. Blüten zu 2-3 in den Blattwinkeln, blauviolett, mit flacher Oberlippe und 3-teiliger Unterlippe

Glechoma hederacea L., Gundelrebe: H, 5-20 cm, IV-V, kollin-montan (-subalpin), Wiesen, Gebüsche, Waldränder, LC

a Blütenstiele höchstens 1 mm lang. Kelch 5-6,5 mm lang, Kelchzipfel 1,5-2 mm lang, dreieckig, kurz bespitzt, bis ⅓ so lang wie die Kelchröhre →. Krone der zwittrigen Blüten ca. 2 cm lang. Stängel verschiedenartig behaart: fast kahl oder dichthaarig

Glechoma hederacea L. subsp. ***hederacea***, Gewöhnliche Gundelrebe: H, IV-V, kollin-montan (-subalpin), nährstoffreiche, eher feuchte Krautsäume, Wegränder, Auenwälder, (Aego, Sali-alba), LC

- Blütenstiele höchstens 2-4 mm lang. Kelch 7-11 mm lang, Kelchzipfel 2-4 mm lang, schmal lanzettlich und bis 1 mm lang bespitzt, fast halb so lang wie die Kelchröhre →. Krone der zwittrigen Blüten 2-3 cm lang. Stängel stets auffallend dicht und lang behaart

Glechoma hederacea subsp. ***hirsuta*** (Waldst. & Kit.) Gams, Rauhaarige Gundelrebe: H, IV-V, kollin-montan, warme Auenwälder, (Sali-alba), LC

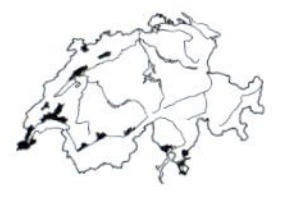

Horminum Drachenmaul

- Grundständige Blätter oval, runzelig, stumpf gezähnt, lang gestielt, Spreite 3–6 cm lang. Am Stängel nur kleine, höchstens 1,5 cm lange, spitze, sitzende Blätter. Blüten zu 2–6 ± einseitswendig in den Achseln von Tragblättern. Krone violett, 1,5–2 cm lang

  Horminum pyrenaicum L., Drachenmaul: H, 10–30 cm, VI–VIII, montan-subalpin (-alpin), kalkreiche Gebirgsrasen, (Sesl, Cari-aust), NT

Hyssopus Ysop

- Pflanze stark aromatisch. Stängel am Grund verholzt und verzweigt, stark aromatisch. Blätter schmal lanzettlich →, 1–2,5 cm lang und 2–6 mm breit, ganzrandig. Blüten zu 3–7 in den Blattwinkeln, einen 2–10 cm langen, ährigen Gesamtblütenstand bildend. Krone blau

  Hyssopus officinalis L., Echter Ysop: Cp, 20–50 cm, VII–IX, kollin-montan, kalkreiche Felsensteppen, (Stip-Poio), NT

Lamium Taubnessel

1 Blüten rot, rosa oder weiss. Unterlippe 1- bis 2-lappig, mit rudimentären Seitenzipfeln **2**

- Blüten gelb, mit dunklerer Zeichnung. Unterlippe mit 3 spitzen Lappen. Blätter eiförmig bis lanzettlich, unregelmässig grob gezähnt, lang gestielt

  Lamium galeobdolon (L.) L., Goldnessel: 20–60 cm, IV–VII, kollin-subalpin, Wälder, Hecken, LC

a Pflanze ohne Ausläufer. Krone blassgelb, 12–17 mm lang. Stängel ringsum behaart →, oft mit z. T. blühenden Seitenästen. Blätter manchmal mit weissen Flecken. Scheinquirle 10- bis 15-blütig

  Lamium galeobdolon subsp. ***flavidum*** (F. Herm.) Á. Löve & D. Löve, *(Lamiastrum flavidum)*, Blassgelbe Goldnessel: Ch, IV–VII, kollin-subalpin, krautreiche Laubmischwälder, Pionierwälder, (Fagetalia, Frax, Samb-Sali), LC

- Pflanze während oder kurz nach der Blütezeit Ausläufer treibend. Krone hell- bis goldgelb, 15–25 mm lang **b**

b Stängel am Grund ringsum dicht behaart →. Scheinquirle 8- bis 16-blütig. Oberste Stängelblätter schmal lanzettlich, mit scharf zugespitzten Zähnen, 2–3,5x so lang wie breit

  Lamium galeobdolon subsp. ***montanum*** (Pers.) Hayek, *(Lamiastrum montanum)*, Berg-Goldnessel: Ch, IV–VII, kollin-subalpin, frische, krautreiche Laubmischwälder, Gebüsche, (Fagetalia, Frax, Luna-Acer, Prun-Rubi), LC

- Stängel am Grund nur an den Kanten behaart **c**

c Scheinquirle 5- bis 10-blütig. Blätter auffallend silberweiss gefleckt →. Oberlippe 8-11 mm breit. Wimpern auf der Oberlippe der Krone 1,2-2 mm lang

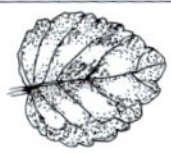

Lamium galeobdolon subsp. ***argentatum*** (Smejkal) J. Duvign., *(Lamiastrum argentatum)*, Silber-Goldnessel: IV-VII, kollin-montan, krautreiche Laubwälder, Gartenränder, (Fagetalia, Aego), kultiviert und verwildert, Neophyt

- Scheinquirle 2- bis 8-blütig. Blätter nicht oder schwach gefleckt →. Oberlippe 5-8 mm breit. Wimpern auf der Oberlippe der Krone ca. 1 mm lang

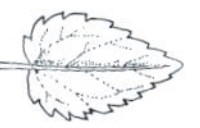

Lamium galeobdolon (L.) L. subsp. ***galeobdolon***, *(Lamiastrum galeobdolon)*, Gewöhnliche Goldnessel: Ch, IV-VII, kollin-montan, krautreiche Laubwälder, Gartenränder, (Fagetalia, Aego), kultiviert und verwildert, Neophyt

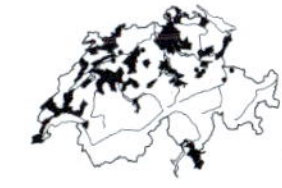

2 Pflanze mehrjährig, mit Ausläufern, 20-80 cm hoch. Blüten 20-25 mm lang, Kronröhre gekrümmt **3**

- Pflanze ein- bis zweijährig, 10-30 cm hoch. Blüten 10-20 mm lang, Kronröhre gerade **4**

3 Krone purpurn, seltener weiss, die Oberlippe mit anliegenden Haaren. Alle Kelchzähne etwa so lang wie die Kelchröhre. Tragblätter der Scheinquirle 1-2x so lang wie breit. Blätter herz-eiförmig, gestielt →, unregelmässig grob gezähnt, oft lang zugespitzt

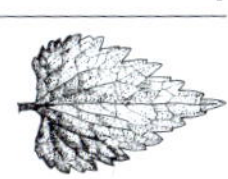

Lamium maculatum (L.) L., Gefleckte Taubnessel: H, 20-50(-80) cm, IV-IX, kollin-subalpin (-alpin), frische, nährstoffreiche Krautsäume, Wegränder, Ufer, (Aego, Conv), LC

- Krone weiss, die Oberlippe mit abstehenden Haaren. Oberer Kelchzahn länger als die Kelchröhre. Tragblätter der Scheinquirle 2-4x so lang wie breit. Blätter herz-eiförmig, gestielt →, regelmässiger gesägt als bei voriger Art

Lamium album L., Weisse Taubnessel: H, 20-60 cm, IV-IX, kollin-subalpin (-alpin), nährstoffreiche Krautsäume, Wegränder, Unkrautfluren, (Arct, Aego), LC

4 Obere Blätter sitzend, stängelumfassend, rundlich nierenförmig. Untere Blätter ungleich stumpf gekerbt, herz-eiförmig oder rundlich. Obere eingeschnitten gekerbt. Krone blassrosa, selten fast weiss, die Röhre weit aus dem Kelch ragend

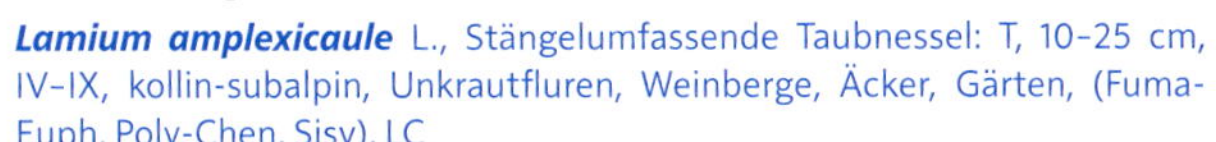

Lamium amplexicaule L., Stängelumfassende Taubnessel: T, 10-25 cm, IV-IX, kollin-subalpin, Unkrautfluren, Weinberge, Äcker, Gärten, (Fuma-Euph, Poly-Chen, Sisy), LC

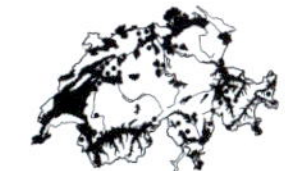

- Obere Blätter gestielt, eiförmig oder herz-eiförmig **5**

5 Obere Blätter 1-2x so lang wie breit, gekerbt bis stumpf gezähnt, Zähne viel breiter als lang →. Die obersten Blätter oft rötlich verfärbt. Stängel aufsteigend oder aufrecht

Lamium purpureum L., Acker-Taubnessel: H.ha-T, 15-30 cm, (I-)III-X(-XII), kollin-subalpin, Weinberge, Äcker, Gärten, Wegränder, (Fuma-Euph, Poly-Chen, Sisy), Archäophyt, LC

- Obere Blätter etwa so lang wie breit, stark eingeschnitten stumpf oder spitz gezähnt, die meisten Zähne länger als breit →, einzelne nochmals eingeschnitten. Stängel aufsteigend oder liegend. In vielen Merkmalen intermediär zwischen *L. purpureum* und *L. amplexicaule*

Lamium hybridum Vill., Bastard-Taubnessel: T, 10–20 cm, IV–IX, kollin-montan, warme, lückige Unkrautfluren, Äcker, Schuttplätze, (Fuma-Euph), Archäophyt, VU

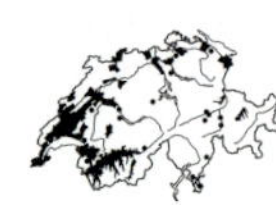

Lavandula Lavendel

- Halbstrauch mit aufrechten Zweigen, stark aromatisch. Blätter schmal lanzettlich, bis 4 cm lang und 5 mm breit, mit umgerolltem Rand, besonders unterseits von Sternhaaren graufilzig. Blüten blauviolett, am Ende der Zweige in ährig angeordneten Scheinquirlen

Lavandula angustifolia Mill., Echter Lavendel: Cp, 20–60 cm, VII–VIII, kollin-montan, mediterrane Felsenheiden, (Ononidetalia), Neophyt

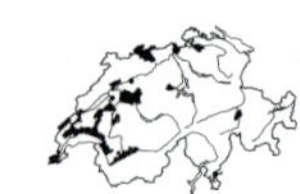

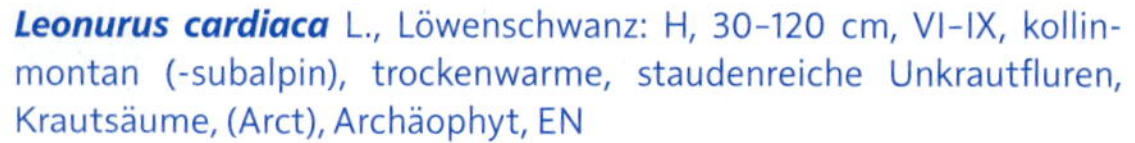

Leonurus Löwenschwanz

- Blätter gestielt, die unteren bis zur Mitte hin in 3–7 grob und spitz gezähnte Abschnitte geteilt →. Blüten quirlig in den Blattwinkeln, am Ende der Zweige ährig gehäuft. Krone hellpurpurn, 8–11 mm lang, Oberlippe zottig behaart

Leonurus cardiaca L., Löwenschwanz: H, 30–120 cm, VI–IX, kollin-montan (-subalpin), trockenwarme, staudenreiche Unkrautfluren, Krautsäume, (Arct), Archäophyt, EN

Lycopus Wolfsfuss

- Blätter länglich eiförmig, 3–8 cm lang, sitzend oder kurz gestielt, zugespitzt, sehr grob und tief gezähnt, die unteren oft fiederteilig. Kelch glockenförmig, 5-spaltig →. Krone weisslich, innen rot punktiert. Staubblätter 2

Lycopus europaeus L., Europäischer Wolfsfuss: G, 30–90(–120) cm, VII–IX, kollin-montan, Verlandungszonen, Röhrichte, Gräben, LC

Marrubium Andorn

- Stängel und Blätter dicht weissfilzig. Blätter breit eiförmig, 2–4 cm lang gestielt, unregelmässig stumpf gezähnt, runzelig. Scheinquirle dicht. Kelch wollig behaart, mit 10 stacheligen Zähnen →. Blüten weiss

Marrubium vulgare L., Gemeiner Andorn: Ch-H, 30–60 cm, VI–IX, kollin-montan, trockenwarme, lückige Unkrautfluren, Wegränder, Schuttplätze, (Onop), Archäophyt, EN

Melissa **Melisse**

- Pflanze mit Zitronengeruch. Blätter eiförmig, grob gezähnt, in den kurzen Stiel verschmälert, Spreite 2–8 cm lang. Kelch glockenförmig, 2-lippig →. Krone weiss, ca. 1 cm lang

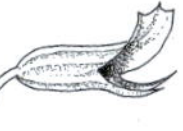

Melissa officinalis L., Zitronen-Melisse: G-H, 30–90 cm, VI–VIII, kollin (-montan), sonnige Unkrautfluren, Wegränder, Mauern, (Arct), kultiviert und verwildert, Archäophyt, LC

Melittis **Immenblatt**

- Stängel dick, zottig behaart. Blätter eiförmig, 3–9 cm lang, gestielt, regelmässig grob gezähnt, zerstreut behaart. Blüten zu 1–3 in den oberen Blattwinkeln, gestielt, einseitswendig. Kelch breit glockig →. Krone rosa oder weiss, 3–4,5 cm lang, mit vorne stark erweiterter Röhre

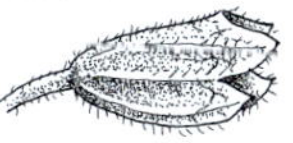

Melittis melissophyllum L., Immenblatt: G-H, 20–60 cm, V–VI, kollin-montan, trockenwarme, kalkreiche Laubmischwälder, Föhrenwälder, (Ceph-Fage, Quer-pube, Orno-Ostr, Moli-Pini), LC

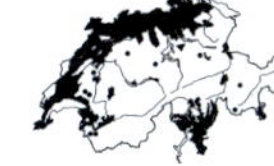

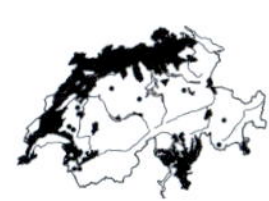

Mentha **Minze**

Die Arten der Gattung *Mentha* neigen sehr stark zur Hybridisierung, und eine Bestimmung ist sehr oft schwierig.

1 Blüten geknäuelt oder in Scheinquirlen in den Achseln von laubblattartigen Hochblättern. Stängel mit einem kugeligen Blütenköpfchen oder mit Blättern abschliessend **2**

- Blüten in endständigen Ähren, da die Hochblätter nur rudimentär ausgebildet sind **6**

2 Blühtriebe mit einem ± dichten, kugeligen Blütenköpfchen abschliessend **3**

- Blühtriebe mit Laubblättern abschliessend **4**

3 Unterhalb des Endköpfchens 1–3 Scheinquirle in den Achseln von laubartigen Hochblättern. Blätter rundlich bis eiförmig, 3–15 mm lang gestielt →, Rand gekerbt oder gezähnt

Mentha aquatica L., Wasser-Minze: G-H, 20–50(–100) cm, VII–X, kollin-montan (-subalpin), wechselfeuchte Ufer, Röhrichte, Auenwälder, (Magn, Glyc-Spar, Phal, Frax), LC

- Unterhalb des Endköpfchens mit mehr als 3 Scheinquirlen in den Achseln von laubartigen Hochblättern. In den Merkmalen zwischen *M. aquatica* und *M. arvensis* stehend **5**

  → *Mentha* ×*verticillata*

4 Blätter klein, 1–2 cm lang und höchstens 1 cm breit, kurz gestielt, nur undeutlich gezähnt →. Hochblätter nur etwa 2x so lang wie die Scheinquirle. Kelch fast 2-lippig (oben 3-, unten 2-zähnig), am Schlund bärtig behaart

Mentha pulegium L., Polei-Minze: G-H, 10–50 cm, VII–IX, kollin, warme, wechselfeuchte Ufer, Pionierfluren, (Agro-Rumi, Bide), EN

- Die meisten Blätter 3–8 cm lang und > 1 cm breit, gezähnt. Hochblätter mehr als 3x so lang wie die Scheinquirle. Kelch gleichmässig 5-zähnig, am Schlund kahl **5**

5 Kelch glockig, kaum gefurcht, mit kurzen, dreieckigen Zähnen (ca. so lang wie breit). Stängel niederliegend-aufsteigend. Blätter eiförmig bis eilanzettlich, schwach gesägt →

Mentha arvensis L., Acker-Minze: G-H, 35 cm, VII–IX, kollin-montan (-subalpin), lehmige, eher feuchte Äcker, Wegränder, (Poly-Chen), LC

- Kelch glockig bis röhrig, gefurcht, mit lanzettlichen Zähnen (länger als breit). Stängel aufrecht. Blätter eiförmig, deutlich gesägt. In den Merkmalen zwischen *M. aquatica* und *M. arvensis* stehend

Mentha ×verticillata L., Wirtel-Minze: 5–20 cm, zeitweise überflutete, sandige Ufer und Gräben

6 Stängelblätter lanzettlich, 3-6x so lang wie breit **7**

- Stängelblätter rundlich bis eiförmig, 1-2(-2,5)x so lang wie breit

Mentha spicata aggr., Ährige Minze: Ruderalflächen, Schuttplätze, Wegränder

a Stängel und Blätter fast kahl, höchstens auf den Nerven behaart. Blätter spitz **b**

- Stängel zottig behaart. Blätter vorne abgerundet, zumindest unterseits weichhaarig (selten verkahlend) **c**

b Blätter deutlich gestielt (3–7 mm lang), eiförmig bis eilanzettlich, entfernt gezähnt →. Blüten rosa

Mentha ×piperita L., Pfeffer-Minze: G-H, 30–90 cm, VII–IX, kollin-montan, Ruderalflächen, Grabenränder, kultiviert und selten verwildert, Neophyt

- Blätter sitzend, höchstens die untersten ganz kurz gestielt, länglich bis lanzettlich, scharf gezähnt. Blüten weiss bis hellrosa

Mentha spicata L., Ährige Minze: G-H, 30–130 cm, VII–IX, kollin-montan (-subalpin), nährstoffreiche, eher feuchte Krautsäume, Gartenränder, (Arct, Fuma-Euph), kultivierter Archäophyt

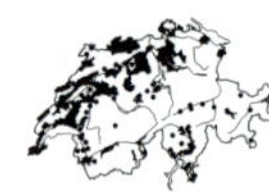

c Pflanze unangenehm (oft schwach) riechend. Blätter oberseits runzelig →, am Grund abgerundet oder (seltener) schwach herzförmig, am Rand kerbig gezähnt. Pflanze fertil

Mentha suaveolens Ehrh., Rundblättrige Minze: G-H, 30–50 cm, VII–IX, kollin, wärmeliebende, wechselfeuchte Trittrasen, Weiden, (Agro-Rumi), DD

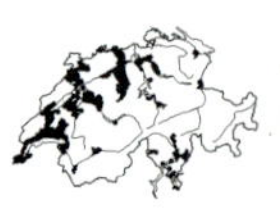

- Pflanze angenehm minzig. Blätter oberseits höchstens schwach runzelig, am Grund meist herzförmig, am Rand grob gezähnt. Pflanze steril

Mentha ×villosa Huds., Hain-Minze: 50–100 cm, Flussufer

7 Blattunterseite dicht weissfilzig behaart. Haare einfach. Die meisten Stängelblätter sitzend, länglich lanzettlich →, 5-10 cm lang, allmählich zugespitzt, meist scharf gezähnt, am Grund verschmälert. Stängel anliegend filzhaarig

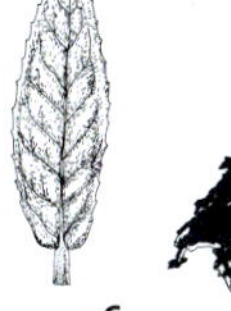

Mentha longifolia (L.) Huds., Ross-Minze: G-H, 30-100 cm, VII-IX, kollin-subalpin, feuchte, nährstoffreiche Trittrasen, Weiden, Staudenfluren, (Agro-Rumi, Fili), LC

\- Blattunterseite kaum behaart. Stängel fast kahl **6**

→ *Mentha spicata* aggr.

Nepeta Katzenminze

1 Stängel sehr ästig, im unteren Teil kahl, oberwärts zerstreut behaart. Blätter fast ungestielt, länglich, stumpf, beiderseits grün, fast kahl. Kelch 3-4 mm lang, ± gerade, mit pfriemlichen, steif bewimperten Zähnen. Krone weiss bis blassviolett

Nepeta nuda L., Kahle Katzenminze: H, 50-100 cm, VII-VIII, kollin-montan, trockenwarme Krautsäume, Unkrautfluren, Trockenrasen, (Onop, Conv-Agro), VU

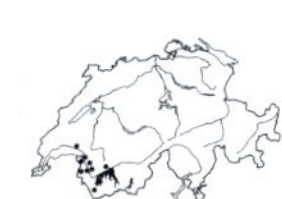

\- Stängel und Blätter dicht grau behaart. Kelchröhre gebogen (v. a. an Oberseite sichtbar) **2**

2 Krone gelblich weiss oder rötlich **3**

\- Krone blau bis blauviolett **4**

3 Blätter gestielt, ± dreieckig, (1,5-)2-4 cm breit, am Grund herzförmig, oft zitronenartig riechend, grob gezähnt, besonders unterseits dicht grauhaarig. Kelch 6-8 mm lang, Zähne lang zugespitzt, dicht behaart →

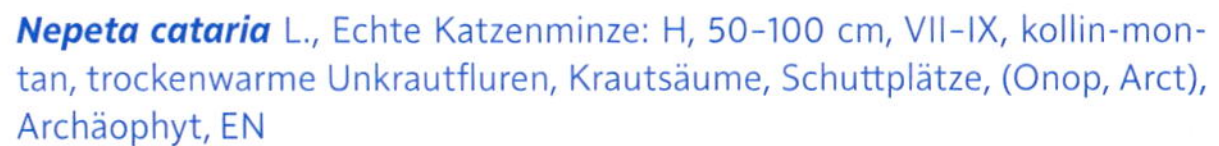

Nepeta cataria L., Echte Katzenminze: H, 50-100 cm, VII-IX, kollin-montan, trockenwarme Unkrautfluren, Krautsäume, Schuttplätze, (Onop, Arct), Archäophyt, EN

\- Blätter gestielt, länglich eiförmig bis lanzettlich, 1-2 cm breit, mit gestutztem Grund, unangenehm riechend. Kelch 6-8 mm lang, Zähne kurz (ca. 2x so lang wie breit), spitz, dicht behaart →, oft violett überlaufen

Nepeta nepetella L., Kleine Katzenminze: H, 30-80 cm, VI-IX, kollin-montan (-subalpin), mediterrane Trockenrasen, (Ononidetalia), Neophyt

4 Blätter rundlich eiförmig, mit herzförmigem Grund, oberseits kaum behaart, unterseits grauhaarig. Stängel niederliegend-aufsteigend. Blüten blauviolett, 9-13 mm lang, Kronröhre stumpf abgewinkelt, Oberlippe gerade

Nepeta racemosa Lam., Trauben-Katzenminze: H, 15-40 cm, VI-VIII, kollin (-montan), Garten-, Wegränder, Mauern, Neophyt

\- Blätter länglich eiförmig bis lanzettlich, mit gestutztem Grund. Stängel aufsteigend bis aufrecht. Blüten hellviolett, 6-12 mm lang. In den Merkmalen zwischen den Elternarten *N. racemosa* und *N. nepetella* stehend

Nepeta ×faassenii Stearn, Hybrid-Katzenminze: H, 30-50 cm, VI-VIII, kollin-montan, Garten-, Wegränder, Mauern, Neophyt

Origanum Dost

1 Blütenstand doldenrispig, Tragblätter unscheinbar. Kelch ± regelmässig 5-zähnig. Krone rosa bis fleischrot. Blätter eiförmig, kahl oder locker behaart, unterseits mit drüsigen Grübchen → (vgl. *Clinopodium*). Stängel nur undeutlich kantig

Origanum vulgare L., Echter Dost: Ch-H, 20–60 cm, VII–IX, kollin-subalpin, sonnige Krautsäume, Gebüsche, Trockenrasen, (Trif-medi, Gera-sang), LC

- Hellgrüne Blütentragblätter bilden am Ende der Zweige 4-kantige Ähren, aus denen einzelne hellrosafarbige Blüten ragen. Kelch ohne Zähne, nur aus der ungeteilten Oberlippe bestehend. Blätter elliptisch, weichhaarig, ohne drüsige Grübchen, 0,5–1 cm breit

Origanum majorana L., Garten-Majoran: Ch-T, 20–50 cm, VII–IX, kollin-subalpin, Wegränder, Mauern, Schuttplätze, (Sisy, Cent-Pari), kultiviert und selten verwildert, kultivierter Archäophyt

Perovskia Perowskie

- Graugrüner Halbstrauch mit rutenförmigen Stängeln. Blätter fiederschnittig, keilförmig in einen kurzen Stiel verschmälert, 4–6 cm lang. Blütenstand rispig, mit zahlreichen Scheinquirlen aus blauen Blüten

Perovskia atriplicifolia Benth., Silber-Perowskie: Ch, 40–100 cm, VI–VII, kollin (-montan), Garten-, Wegränder, Mauern, kultiviert und selten verwildert, Neophyt

Prunella Brunelle

1 Blüten gelblich weiss. Obere Blätter fast immer fiederspaltig →, untere Blätter eiförmig, in einen Stiel verschmälert, 2–5 cm lang. Stängel an den Kanten stark weisslich behaart. Blütenstand von einem Stängelblattpaar getragen

Prunella laciniata (L.) L., Weisse Brunelle: H, 5–30 cm, VI–VIII, kollin-montan, kalkreiche Trockenrasen, Krautsäume, (Meso, Gera-sang), VU

- Blüten violett. Stängelblätter nie fiederspaltig **2**

2 Blüten 20–25 mm lang. Oberstes Blattpaar vom Blütenstand entfernt stehend. Spreite der Grundblätter (2,5–)3,5–6 cm lang. Mittlerer Zipfel der Kelchoberlippe kaum breiter als die seitlichen →. Pflanze stets ohne Ausläufer

Prunella grandiflora (L.) Scholler, Grosse Brunelle: H, 40 cm, VI–X, kollin-subalpin (-alpin), kalkreiche Trockenrasen, Krautsäume, (Meso, Sesl, Gera-sang), LC

- Blüten 7–15 mm lang, höchstens 2x so lang wie der Kelch. Oberstes Blattpaar direkt am Grund des Blütenstandes. Spreite der Grundblätter 1,5–3 cm lang. Mittlerer Zipfel der Kelchoberlippe viel breiter als die seitlichen →. Pflanze oft mit oberirdischen Ausläufern und Teppiche bildend

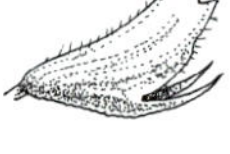

Prunella vulgaris L., Kleine Brunelle: H, 5–20(–30) cm, VI–IX, kollin-subalpin (-alpin), nährstoffreiche Wiesen und Weiden, (Cyno, Arrh, Poly-Tris), LC

Rosmarinus Rosmarin

- Stark aromatischer Zwergstrauch. Blätter immergrün, lineal-lanzettlich, Rand umgerollt, 1,5-4 cm lang. Blüten zu 5-10 auf kurzen Seitentrieben. Krone hellblau bis weiss, ca. 1 cm lang

  Rosmarinus officinalis L., Rosmarin: Ph, 50-150 cm, III-X, kollin, mediterrane Gebüsche, (Rosmarinetalia), kultiviert und selten verwildert, kultivierter Archäophyt

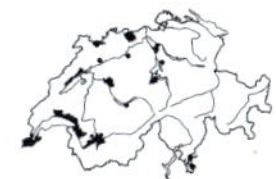

Salvia Salbei

1 Blüten hellgelb, 3-4 cm lang. Pflanze besonders im Blütenstand drüsig-klebrig. Blätter herz-spiessförmig →, zugespitzt, am Grund mit spitzen, seitlich abstehenden Zipfeln, lang gestielt

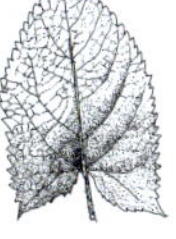

Salvia glutinosa L., Klebrige Salbei: H, 40-100 cm, VII-IX, montan, krautreiche Laubmischwälder, Hochstaudenfluren, (Fagetalia, Tili-plat, Luna-Acer, Aden), LC

- Blüten weisslich, hellblau, blau bis violett (selten rötlich) **2**

2 Stängel unten verholzt (Halbstrauch). Blätter sehr aromatisch, lanzettlich, stumpf, am Grund verschmälert, filzig grauhaarig, runzelig, Rand schwach gekerbt. Blüten in locker stehenden Teilblütenständen. Tragblätter kürzer als der Kelch, oft violett, früh abfallend. Krone violett, 1,7-2,5 cm lang, Oberlippe ± gerade

Salvia officinalis L., Echte Salbei: Cp, 50-100 cm, V-VII, kollin, trockenwarme Gartenränder, Felsenheiden, (Conv-Agro, Xero), kultiviert und verwildert, kultivierter Archäophyt

- Pflanze krautig. Blätter am Grund herzförmig oder abgerundet (nicht in den Stiel verschmälert) **3**

3 Scheinquirle 16- bis 30-blütig. Untere Blätter meist gefiedert, mit 1-2 kleinen, seitlichen Fiederpaaren →. Krone violett, 1-1,5 cm lang, mit stielartig verschmälerter, fast gerader Oberlippe

Salvia verticillata L., Quirlige Salbei: H, 30-60 cm, VI-IX, kollin-montan (-subalpin), trockenwarme Schuttplätze, Bahnareale, Krautsäume, (Onop, Conv-Agro), Neophyt

- Scheinquirle nur 2- bis 8- (10-)blütig. Blätter alle ungefiedert **4**

4 Pflanze zweijährig. Stängel kraushaarig. Grundblätter (3-)5-15 cm breit. Kelchzipfel borstig begrannt (Granne > 1 mm) **5**

- Pflanze mehrjährig. Stängel mit geraden Haaren. Grundblätter 2-5(-8) cm breit. Kelchzipfel spitz, aber nicht begrannt **6**

5 Stängel (oben) und Kelch drüsig behaart. Blätter graufilzig. Tragblätter viel länger als der Kelch. Krone 2-3 cm lang, hellblau bis rosa

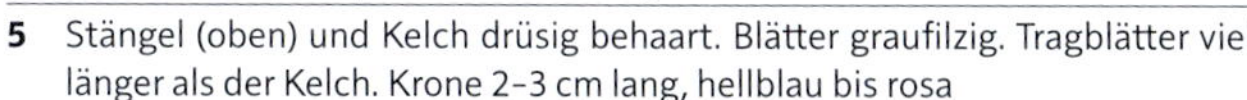

Salvia sclarea L., Muskateller-Salbei: H.ha, 40-80 cm, VI-VII, kollin, mediterrane Felsrasen, (Thero-Brachypodietalia), Neophyt

- Stängel und Kelch wollhaarig, aber nicht drüsig. Blätter (jung) weisswollig. Tragblätter höchstens so lang wie der Kelch. Krone 1,5-2 cm lang, weisslich

Salvia aethiopis L., Ungarn-Salbei: H.ha, 30-80 cm, VI-VII, kollin, Ruderalflächen, kultiviert

6 Blätter doppelt gezähnt, die groben Hauptzähne tief eingeschnitten, oberseits stark runzelig. Untere Tragblätter die Blüten überragend. Scheinquirle 6- bis 10-blütig. Krone lila oder violett (seltener hellblau oder weiss), 6-10(-15) mm lang. Kelch 6-7 mm lang, weisslich behaart

Salvia verbenaca L., Eisenkraut-Salbei: H, 20-60 cm, V-VIII, kollin, trockenwarme, leicht ruderale Trockenrasen, Schuttplätze, Pionierfluren, (Conv-Agro, Thero-Brachypodietalia), Neophyt

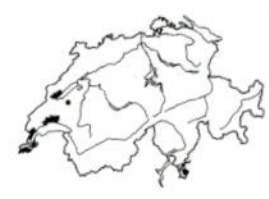

- Blätter einfach gekerbt oder gezähnt (regelmässig oder unregelmässig) **7**

7 Blätter fein und regelmässig gekerbt-gezähnelt, die grundständigen zur Blütezeit verdorrt. Hybride aus *S. nemorosa* und *S. pratensis*

Salvia ×sylvestris L., Hain-Salbei: H, 20-50 cm, VI-VII, kollin-montan, trockenwarme, leicht ruderale Krautsäume, Trockenrasen, (Onop, Conv-Agro), Neophyt

- Blätter grob und unregelmässig gezähnt, die grundständigen zur Blütezeit vorhanden, lang gestielt, runzelig →. Krone 20-25 mm lang, violettblau (selten rötlich), seitlich zusammengedrückt, mit hoher, helmartig gewölbter Oberlippe

Salvia pratensis L., Wiesen-Salbei: H, 30-60 cm, V-VIII, kollin-montan (-subalpin), sonnige Wiesen und Weiden, Krautsäume, (Meso, Arrh, Trif-medi), LC

Satureja Bohnenkraut

1 Pflanze einjährig, krautig, stark aromatisch. Stängel aufrecht, verzweigt. Zweige aufsteigend. Kelchröhre → innen kahl. Krone 4-6 mm lang, weiss oder etwas bläulich. Blätter schmal lanzettlich, 1-3 cm lang, locker behaart oder kahl

Satureja hortensis L., Echtes Bohnenkraut: T, 10-30 cm, VII-IX, kollin-montan, sonnige Mauern, Gartenränder, mediterrane Trockenrasen, (Cent-Pari, Thero-Brachypodietalia), kultivierter Archäophyt

- Stark aromatischer Zwergstrauch. Kelchröhre → innen bärtig. Krone 6-10 mm lang, weiss oder hellviolett. Blätter kahl, nur (jung) am Rand etwas bewimpert, schmal lineal, 1-3 cm lang

Satureja montana L., Winter-Bohnenkraut: Cp, 10-40(-70) cm, VIII-X, kollin, kalkreiche, mediterrane Trockenrasen, (Ononidetalia), Neophyt

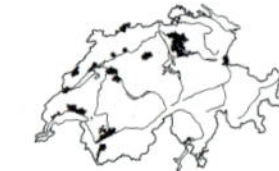

Scutellaria Helmkraut

Einige Arten dieser Gattung werden gerne als Zierpflanzen gezogen. Im Zweifelsfall sollte hier zur Spezialliteratur gegriffen werden.

1 Blüten 25-30 mm lang, in einem ährigen, 4-seitigen Blütenstand. Blüten blauviolett mit weisser Unterlippe. Schuppe auf dem Kelch 2-5 mm lang →. Stängel niederliegend-aufsteigend. Blätter oval, 2-3 cm lang, stumpf gezähnt, zerstreut behaart

Scutellaria alpina L., Alpen-Helmkraut: G, 10-40 cm, VI-VIII, (montan-) subalpin (-alpin), steinige, kalkreiche Gebirgsrasen, Schuttfluren, (Sesl, Peta-para), NT

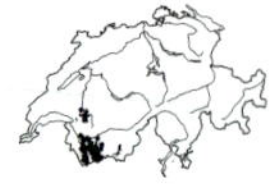

- Blüten kaum über 2 cm lang, Blütenstand einseitswendig **2**

2 Schuppe auf dem Kelch ca. 1 mm lang →. Tragblätter im Blütenstand ähnlich wie die Stängelblätter. Blätter kaum gestielt, lanzettlich, 0,5-1,5 cm breit, schwach gezähnt, bitter schmeckend. Krone blau

Scutellaria galericulata L., Sumpf-Helmkraut: H, 15-60 cm, VI-IX, kollin-montan, Ufer, Flachmoore, Bruchwälder, (Magn, Alni-glut), LC

- Schuppe auf dem Kelch 3-5 mm lang →. Tragblätter im Blütenstand viel kleiner als die Stängelblätter. Blätter lang gestielt, eiförmig, 2-5 cm breit, Rand stumpf gezähnt. Krone blau, unterseits und Unterlippe meist weiss

Scutellaria altissima L., Hohes Helmkraut: G, 40-100 cm, VI-VIII, kollin, Gartenränder, Krautsäume, kultiviert und selten verwildert, Neophyt

Sideritis Gliedkraut

1 Pflanze einjährig, ohne sterile Triebe. Stängel auf allen Seiten ähnlich lang, kraus behaart (1-2 mm). Scheinquirle der Blüten voneinander entfernt, in den oberen Blattachseln. Kelch 2-lippig →. Krone hellgelb mit rotbraunem Rand, nur 5-7 mm lang

Sideritis montana L., Berg-Gliedkraut: T, 10-35 cm, VII-VIII, kollin, trockenwarme Pionierfluren, Schuttplätze, (Thero-Brachypodietalia, Onop), Archäophyt, RE

- Niederliegender Zwergstrauch. Stängel auf 2 Seiten stärker behaart. Blütenstand ährenartig. Tragblätter dornig gezähnt. Kelch regelmässig 5-zähnig →. Krone hellgelb, 8-10 mm lang

Sideritis hyssopifolia L., Ysopblättriges Gliedkraut: G-Cp, 10-30 cm, VII-IX, subalpin (-alpin), kalkreiche Felsrasen, (Drab-Sesl), VU

Stachys Ziest

Fast alle Arten der Gattung sind stark aromatisch oder sogar übel riechend.

1 Blüten in dichten, endständigen Scheinähren. Stängel nur mit 1-2(-3) Blattpaaren. Blätter vorwiegend im unteren Teil der Pflanze. Stiele der unteren Blätter bis 4x so lang wie die Spreite **2**

- Blüten in mehreren, übereinanderliegenden Scheinquirlen. Die unteren voneinander entfernt stehend. Stängel reich beblättert. Stiele der unteren Blätter kaum länger als die Spreite **4**

2 Blüten blassgelb, 12-15 mm lang. Blätter herzförmig, 1-2x so lang wie breit →, 3-6 cm lang, grob gezähnt. Stängel rauhaarig

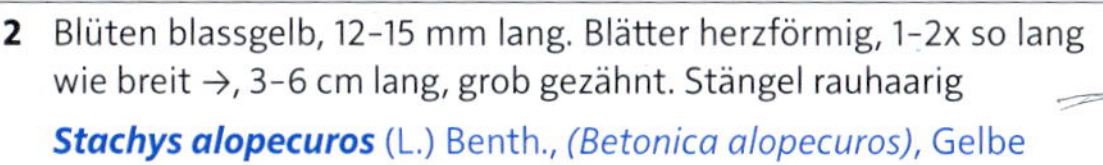

Stachys alopecuros (L.) Benth., *(Betonica alopecuros)*, Gelbe Betonie: H, 20-50 cm, VII-VIII, subalpin, steinige, kalkreiche Rasenhänge, (Sesl), VU

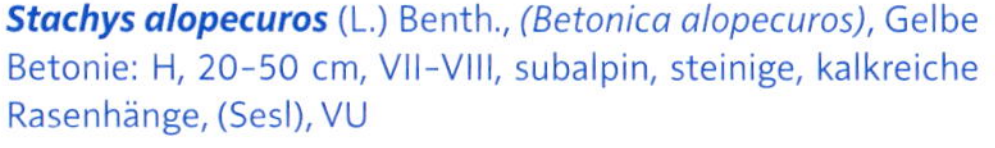

- Blüten rot. Blätter (1,5-)2-4x so lang wie breit → **3**

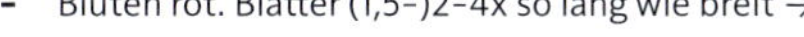

3 Pflanze (20-)30-80 cm hoch, nur zerstreut, kurz behaart (Haare bis 1,5 mm lang). Krone 10-16 mm lang. Kelch 5-8 mm lang

Stachys officinalis (L.) Trevis., *(Betonica officinalis)*, Echte Betonie: (20-) 30-80 cm, VII-IX, kollin-montan, Magerwiesen, Gebüsche, LC

- Pflanze 10-30 cm hoch, oberwärts lang, zottig behaart (Haare 2-3 mm lang). Krone 15-22 mm lang. Kelch 12-15 mm lang

Stachys pradica (Zanted.) Greuter & Pignatti, *(Betonica hirsuta)*, Alpen-Betonie: H, 10-30 cm, VII-VIII, subalpin (-alpin), sonnige, magere Bergwiesen und -weiden, (Cari-ferr, Cari-aust, Nard), NT

4 Krone gelblich weiss. Blätter am Grund verschmälert →, kaum riechend **5**

- Krone hellrosa bis rot. Blätter am Grund herzförmig oder gestutzt, oft stark und unangenehm riechend **6**

5 Pflanze einjährig, ohne sterile Triebe. Scheinquirle 4- bis 6-blütig. Spitze der Kelchzähne behaart →. Oberlippe der Krone ± flach. Blätter eilanzettlich, 2-4x so lang wie breit, alle gestielt

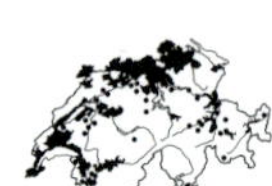

Stachys annua (L.) L., Einjähriger Ziest: T, 30 cm, VI-X, kollin (-montan), trockenwarme, kalkreiche Äcker, Schuttplätze, (Cauc, Sisy), Archäophyt, VU

- Pflanze mehrjährig. Scheinquirle 6- bis 14-blütig. Spitze der Kelchzähne kahl. Oberlippe der Krone helmförmig. Blätter eilanzettlich, 3-8x so lang wie breit. die unteren gestielt, die oberen sitzend

Stachys recta L., Aufrechter Ziest: 20-60 cm, VI-X, kollin-montan (-subalpin), Trockenwiesen, lichte Föhren- und Flaumeichenwälder, LC

a Kronenunterlippe 5-8 mm lang, etwa ⅓ länger als die Oberlippe. Kelch nur mit sitzenden Drüsen, selten mit Drüsenhaaren, gleichmässig 5-zähnig →. Scheinquirle meist 10- bis 14-blütig

Stachys recta L. subsp. ***recta***, Gewöhnlicher Aufrechter Ziest: H-Cp, VI-X, kollin-montan (-subalpin), trockenwarme, steinige Krautsäume, Trockenrasen, Eichenwälder, (Xero, Gera-sang, Quer-pube), LC

- Kronenunterlippe 10-14 mm lang, 2x so lang wie die Oberlippe. Kelch mit vielen, bis 1 mm langen Drüsenhaaren, (undeutlich) 2-lippig →. Scheinquirle meist nur 6- bis 10-blütig

Stachys recta subsp. ***grandiflora*** (Caruel) Arcang., Grossblütiger Aufrechter Ziest: H-Cp, VI-X, kollin-montan, kalkreiche, felsige Trockenrasen, (Xero), VU

6 Krone 6-8 mm lang, nur wenig länger als der Kelch, blassrosa. Pflanze einjährig, 10-30 cm hoch. Blätter 1-3 cm lang, kaum länger als breit →. Scheinquirle meist 6-blütig

Stachys arvensis (L.) L., Acker-Ziest: T, 10-30 cm, VII-X, kollin (-montan), mässig feuchte, eher kalkarme Äcker, Wegränder, (Pani-Seta), Archäophyt, CR

- Krone 10-20 mm lang, etwa 2x so lang wie der Kelch. Pflanze mehrjährig. Blätter 3-12 cm lang **7**

7 Pflanze zottig weissfilzig behaart, drüsenlos **8**

- Pflanze grün, zottig behaart, oben drüsig **9**

8 Behaarung sehr dicht, Fläche unter der Behaarung nicht sichtbar. Blätter in den Stiel verschmälert, ganzrandig oder schwach gekerbt, beiderseits dicht filzig

Stachys byzantina K. Koch, Wolliger Ziest: Ch-H, 40-80 cm, VII-VIII, kollin, trockenwarme Gartenränder, Krautsäume, (Onop), kultiviert und verwildert, Neophyt

- Behaarung weniger dicht, Fläche unter der Behaarung sichtbar. Blattgrund gerundet oder herzförmig →, Rand fein gezähnelt, Blattoberfläche runzelig, weniger filzig als die Unterseite

Stachys germanica L., Deutscher Ziest: H-T, 30-100 cm, VI-VIII, kollin (-montan), trockenwarme, kalkreiche Gebüsche, Wegränder, Trockenrasen, (Onop, Meso), Archäophyt, VU

9 Blätter länglich lanzettlich, die oberen Stängelblätter sitzend →, die unteren kurz gestielt (0,5-1 cm lang), kahl oder locker anliegend behaart. Blattspreite 1-3(-5) cm breit, 2,5-5x so lang wie breit **10**

- Blätter eiförmig, gestielt → (Blattstiel der unteren Blätter bis fast so lang wie die Spreite), beiderseits behaart. Blattspreite (2-)3-9 cm breit, 1-2,5x so lang wie breit. Pflanze ± unangenehm riechend **11**

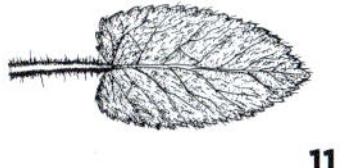

10 Pflanze fast geruchlos. Blattspreite 1-2 cm breit, 3-5x so lang wie breit. Stiel der unteren Blätter selten über 0,5 cm lang. Krone rosa

Stachys palustris L., Sumpf-Ziest: G, 30-100 cm, VI-IX, kollin-montan (-subalpin), feuchte Staudenfluren, Ufer, Gräben, (Fili, Phal), LC

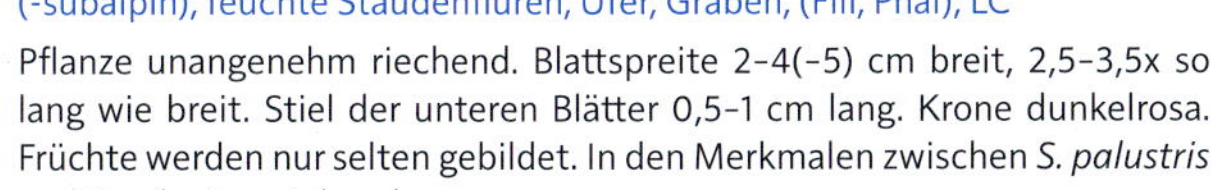

- Pflanze unangenehm riechend. Blattspreite 2-4(-5) cm breit, 2,5-3,5x so lang wie breit. Stiel der unteren Blätter 0,5-1 cm lang. Krone dunkelrosa. Früchte werden nur selten gebildet. In den Merkmalen zwischen *S. palustris* und *S. sylvatica* stehend

Stachys ×ambigua Sm., Zweifelhafter Ziest: Ruderalflächen, Ufer

11 Scheinquirle 6- bis 20-blütig. Untere Deckblätter etwa so lang wie der Kelch. Ganze Pflanze dicht samthaarig. Kelch 9-14 mm lang, Krone 15-18 mm lang, hell braunrot, zottig behaart

Stachys alpina L., Alpen-Ziest: H, 60-100 cm, VII-IX, (kollin-) montan-subalpin, nährstoffreiche, eher kalkreiche Weiden, Läger, Staudenfluren, (Atro, Rumi-alpi, Epil-angu), LC

- Scheinquirle 2- bis 6-blütig. Deckblätter fehlend oder höchstens halb so lang wie der Kelch. Pflanze locker rauhaarig. Kelch 4-7 mm lang, Krone 12-15 mm lang, dunkelrot, kahl oder kurzhaarig

Stachys sylvatica L., Wald-Ziest: H, 30-100 cm, VI-IX, kollin-montan, warme, mässig feuchte Laubmischwälder, (Alni-inca, Tili-plat, Frax), LC

Teucrium Gamander

1 Blüten gelb oder gelblich weiss 2

- Blüten rosa oder purpurn 3

2 Niederliegender Zwergstrauch. Blätter schmal lanzettlich →, 1-2 cm lang, sitzend oder kurz gestielt, ganzrandig, mit umgerolltem Rand, unterseits dicht weissfilzig, immergrün. Blüten am Ende der Zweige kopfig gehäuft

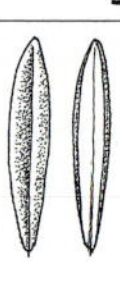

Teucrium montanum L., Berg-Gamander: Cp, 10-25 cm, VI-VIII, kollin-subalpin (-alpin), felsige, kalkreiche Trockenrasen, Felsen, Schutthalden, (Drab-Sesl, Sesl, Stip-cala), LC

- Aufrechte Krautpflanze, unangenehm riechend. Blätter herzförmig, 2-7 cm lang, gestielt, stark runzelig, stumpf und unregelmässig gezähnt. Blüten am Ende der Zweige ährig angeordnet, einseitswendig. Kelch helmförmig, 2-lippig →

Teucrium scorodonia L., Salbeiblättriger Gamander: G, 30-70 cm, VI-VIII, kollin-montan, trockene, kalkarme Wälder, Krautsäume, Zwergstrauchheiden, (Quer-robo, Dicr-Pini, Call-Geni), LC

3 Blätter fiederspaltig →, 1,5-2 cm lang, gestielt. Stängel und Blätter drüsig-zottig behaart. Blüten zu 1-4 in den Achseln der oberen Blätter, diese nicht viel kleiner als die unteren. Krone rosa, weiss und purpurn gefleckt

Teucrium botrys L., Trauben-Gamander: T, 10-30 cm, VI-IX, kollin-montan, trockenwarme, kalkreiche Pionierfluren, Trockenrasen, Steinbrüche, (Alyss-Sedi), VU

- Blätter ungeteilt 4

4 Aufsteigender Zwergstrauch. Blätter eiförmig, 1-2,5 cm lang, keilförmig in einen Stiel verschmälert →, unregelmässig eingeschnitten gezähnt, locker behaart oder kahl. Blüten zu 1-6 in den Achseln der oberen Blätter, diese oft rotviolett überlaufen. Krone rosa, 1-1,5 cm lang

Teucrium chamaedrys L., Edel-Gamander: Cp, 10-25 cm, VI-VIII, kollin-subalpin, trockenwarme, kalkreiche Krautsäume, Trockenrasen, lichte Wälder, (Gera-sang, Xero, Quer-pube, Eric-PiSy), LC

- Aufsteigende, nach Knoblauch reichende Krautpflanze. Blätter oval, 1,5-3 cm lang, am Grund abgerundet und sitzend →, jederseits mit 4-6 Zähnen, beidseits behaart, im Blütenstand länger als die Blüten. Blüten zu 1-4 in den oberen Blattwinkeln, einseitswendig. Krone rosa

Teucrium scordium L., Knoblauch-Gamander: H, 15-30 cm, VII-VIII, kollin (-montan), feuchte Gräben, Ufer, Moore, (Agro-Rumi, Magn), EN

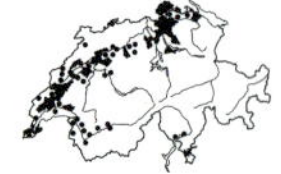

Thymus Thymian, Quendel

Schwierige Gattung, die von verschiedenen Autoren sehr unterschiedlich behandelt wird. Es wird angenommen, dass es in der Gattung nur wenige Hybriden gibt, die einzelnen Arten aber sehr variabel sein können.

1 Blätter am Rand deutlich nach unten gerollt, unterseits dicht weissfilzig. Stark aromatischer Zwergstrauch. Zweige weisslich behaart. Blätter 4–9 mm lang und bis 3 mm breit. Blütenstand ährig, die untersten Blütenquirle oft etwas abgerückt

Thymus vulgaris L., Gewürz-Thymian: Cp, 10–30 cm, V–X, kollin-montan, trockenwarme Gartenränder, mediterrane Felsenheiden, (Rosmarinetalia), kultiviert und selten verwildert, kultivierter Archäophyt

- Blätter am Rand kaum umgerollt, unterseits behaart oder kahl, aber nicht weissfilzig, am Grund meist bewimpert

Thymus serpyllum aggr., Feld-Thymian: Ch, 5–25 cm, IV–IX, Silikatfelsfluren, Trockenrasen, kalkmeidend, LC. Die für das Aggregat namensgebende, nordeuropäische Kleinart *Th. serpyllum* kommt in der Schweiz nicht vor

a Stängel unter dem Blütenstand scharf 4-kantig, 2 gegenüberliegende Seitenflächen etwas eingesenkt →. Stängelkanten dicht behaart, dazwischen kahl oder schwach behaart **b**

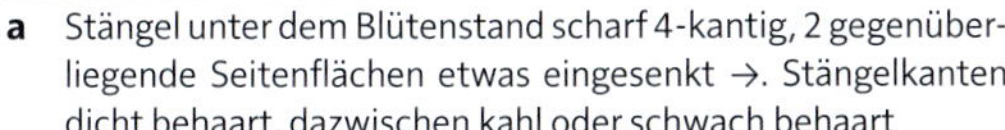

- Stängel unter dem Blütenstand stumpf 4-kantig (oft fast rundlich). Seitenflächen nie eingesenkt, allseitig oder doch auf 2 Seiten gleichmässig behaart → **c**

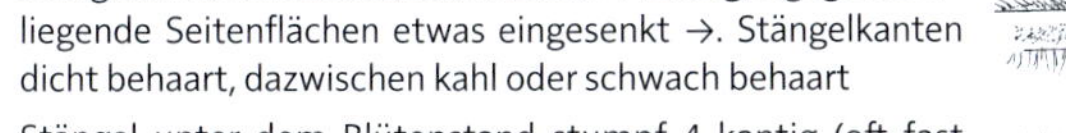

b Pflanze mit kurzen oder langen Kriechtrieben, diese in einem blütenlosen Spross endend →. Blühtriebe daher (fast) alle seitlich von einem Haupttrieb abgehend. Stängelblätter zur Blütenähre hin an Grösse zunehmend. Blätter dünn, Nerven dünn

Thymus alpestris (Čelak.) A. Kern., Voralpen-Feld-Thymian: Ch, 5–20 cm, V–VIII, subalpin-alpin, Felsspalten, LC

- Ohne solche vegetativen Kriechtriebe → (nur Schattenformen manchmal mit kurzen Kriechtrieben). Blätter der Blühtriebe fast gleich gross. Kelch 3–4 mm

Thymus pulegioides L.: 10–30 cm

bb Blätter nur am Grund bewimpert, sonst kahl. Stängelkanten kurz wimperhaarig →. Alle Stängelflächen ± kahl. Haare kürzer als der Stängeldurchmesser

Thymus pulegioides L. subsp. ***pulegioides***, Arznei-Feld-Thymian: Ch, 8–25 cm, IV–VIII, kollin-subalpin (-alpin), magere Wiesen und Weiden, Halbtrockenrasen, Pionierfluren, (Meso, Nard, Sedo-Scle), LC

- Blätter beidseitig ziemlich dicht behaart. Stängelkanten unter dem Blütenstand zottig behaart und oft auch 2 Seitenflächen locker behaart →, aber nicht gleichmässig ringsum wie bei *Th. oeniponitanus*. Haare mind. so lang wie der Stängeldurchmesser

Thymus pulegioides subsp. ***carniolicus*** (Borbás) P. A. Schmidt, *(T. pannonicus)*, Krainer Feld-Thymian: Ch, IV–VIII, kollin-subalpin, felsige, kalkreiche Steppenrasen, (Stip-Poio, Cirs-Brac), NT

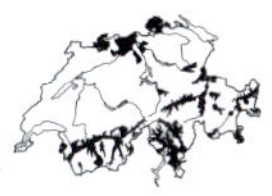

c Pflanze buschig, da alle Triebe am Ende aufsteigen und spätestens im 2. Jahr mit Blüten abschliessen. Zur Blütezeit ohne niederliegende vegetative Triebe →. Blätter 10–20(–30) mm lang, mit kräftigen, hellen Nerven, diejenigen der Blühtriebe alle fast gleich gross, Blattnerven undeutlich. Gegenüber der ähnlichen *Th. pulegioides* mit ringsum behaartem, rundlichem Stängel

Thymus oenipontanus Heinr. Braun, (*T. glabrescens* subsp. *decipiens*), Innsbrucker Feld-Thymian: Ch, 10–20 cm, V–VIII, kollin-subalpin, steppenartige, kalkreiche Trockenrasen, (Dipl, Stip-Poio, Cirs-Brac), DD

- Pflanze kriechend und Teppiche bildend, auch zur Blütezeit mit vegetativen Haupttrieben → (die oft jahrelang vegetativ weiterwachsen können) und viele Blütentriebe daher seitenständig. Blätter 3–10(–12) mm lang **d**

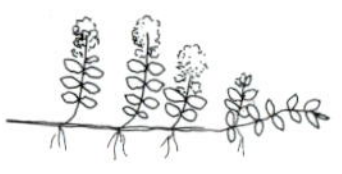

d Blühtriebe am Grund mit kleineren, rosettenartig gehäuften Blättern. Blätter unterseits dicht behaart, oval bis spatelig, etwas dicklich, lederig, bis 12 mm lang. Seitennerven auf der Unterseite undeutlich, gerade. Stängel der Blühtriebe auf 2 Seiten weniger behaart →. Pflanze mit langen Kriechtrieben

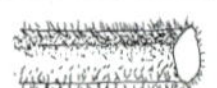

Thymus longicaulis C. Presl, Langstängliger Thymian: Ch, 3–6(–30) cm, Felsensteppen, NT

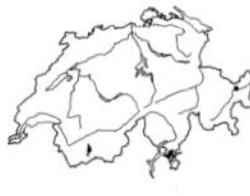

- Blühtriebe ohne rosettenartig gehäufte Grundblätter. Blätter am Grund bewimpert, sonst kahl oder oberseits etwas behaart. Blätter schmal oval, weich, bis 12 mm lang. Seitennerven auf der Unterseite nach vorne gebogen. Stängel der Blühtriebe allseitig dicht behaart (an den Kanten nicht dichter!). Pflanze schwach aromatisch, mit langen Kriechtrieben

Thymus praecox Opiz, Früher Feld-Thymian: Ch, 10 cm, Felsensteppen, Föhrenwälder. Südeuropäische Sippe

dd Stängel der Blütentriebe im unteren Teil nur auf 2 Seiten behaart, von Knoten zu Knoten alternierend →, im oberen Teil ringsum behaart. Untere Blätter der Blütentriebe etwas kleiner als die oberen, oberseits oft etwas behaart

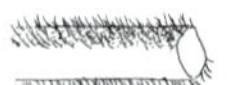

Thymus praecox subsp. ***polytrichus*** (Borbás) Jalas, Gebirgs-Feld-Thymian: Ch, 3–10 cm, VI–IX, (kollin-) subalpin-alpin, steinige, kalkreiche Gebirgsrasen, Felsrasen, (Sesl, Drab-Sesl), LC

- Stängel der Blütentriebe durchgehend gleichmässig behaart →. Alle Blätter der Blütentriebe ± gleich gross, beidseitig kahl

Thymus praecox Opiz subsp. ***praecox***, Früher Feld-Thymian: Ch, 3–10 cm, IV–VIII, kollin-subalpin, trockenwarme, kalkreiche Felsrasen, Felsensteppen, Föhrenwälder, (Stip-Poio, Cirs-Brac, Onon-Pini), LC

Lardizabalaceae Fingerfruchtgewächse

Akebia Akebie

- Linkswindende Liane, bis 10 m hoch windend, einhäusig. Blätter sommer- oder immergrün, 5-teilig gefingert, Teilblättchen gestielt, 3–6 cm lang, derb. Blüten braunviolett, in hängenden Trauben

  Akebia quinata (Houtt.) Decne., Fingerblättrige Akebie: Ph.li, 10 m, kollin, Wälder mit immergrünem Unterholz, selten kultiviert und verwildert, Neophyt

Lentibulariaceae Wasserschlauchgewächse

1 Landpflanze mit grundständiger Blattrosette — ***Pinguicula***

- Wurzellose Wasserpflanze mit Fangbläschen → tragenden Wasserblättern — ***Utricularia***

Pinguicula Fettblatt

1 Blüten weiss, mit gelben Flecken auf dem Mittellappen. Sporn kurz, kegelförmig. Kapsel eilänglich, zugespitzt, geschnäbelt, 2x so lang wie der Kelch →

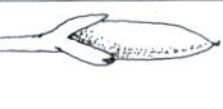

Pinguicula alpina L., Alpen-Fettblatt: H.ca, 5–15 cm, V–VII, (montan-) subalpin-alpin, wechselfeuchte Magerrasen, nasse Felsen, Flachmoore, Quellfluren, (Cari-dava, Crat, Elyn, Moli-Pini), LC

- Blüten violett (selten rosa oder teilweise weisslich). Sporn verlängert, schlank. Kapsel eikugelig oder eiförmig, nur wenig zugespitzt **2**

2 Krone (ohne Sporn) höchstens 2x so lang wie der Sporn. Weisser Fleck am Grund des Mittellappens mit dunkelviolettem Rahmen und dunkelvioletten Längsstreifen (deutlich dunkler als die violette Grundfarbe der Krone). Fruchtkapsel →

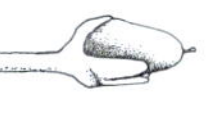

Pinguicula grandiflora Lam., Grossblütiges Fettblatt: H.ca, 5–20 cm, VI–VII, montan-subalpin, wechselfeuchte Flachmoore, Bergwiesen und -weiden, (Cari-dava), EN

- Krone (ohne Sporn) mindestens 2x so lang wie der Sporn. Weisser Fleck nicht auffällig dunkelviolett gestreift oder eingerahmt **3**

3 Drüsenhaare am Grund der Kronröhre mit länglichen Drüsenköpfchen (mehr als 2,5x so lang wie breit). Lappen der Unterlippe länger als breit, sich kaum überdeckend. Frucht birnenförmig, mehr als 2x so lang wie breit →

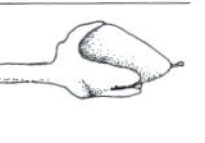

Pinguicula vulgaris L., Gemeines Fettblatt: H.ca, 5–20 cm, V–VII, kollin-subalpin (-alpin), wechselfeuchte Magerrasen, Flachmoore, Quellfluren, (Cari-dava, Crat), NT

- Drüsenhaare am Grund der Kronröhre mit fast kugeligen Drüsenköpfchen (weniger als 2,5x so lang wie breit). Lappen der Unterlippe etwa so lang wie breit (oder länger), sich oft überdeckend. Frucht eiförmig, weniger als 2x so lang wie breit →

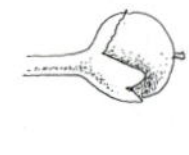

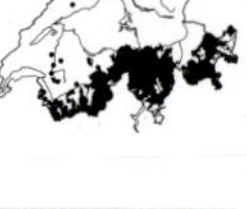

Pinguicula leptoceras Rchb., Dünnsporniges Fettblatt: H.ca, 5–15 cm, VI–VIII, subalpin-alpin, feuchte, eher kalkarme Gebirgsrasen, Quellfluren, Flachmoore, (Card-Mont, Cari-dava, Cari-fusc), LC

Utricularia Wasserschlauch

Die verschiedenen Wasserschlauch-Arten werden oftmals nur vegetativ angetroffen. Das Bestimmen auf Art mit ausschliesslich vegetativen Merkmalen ist heikel. Für die Artengruppe der *Utricularia intermedia* werden dafür am besten die Drüsen (sogenannte Quadrifiden) in den frischen (!) Fangschläuchen unter dem Mikroskop angeschaut.

1 Sprosse alle gleichartig, grün, schwebend →, in haardünne Zipfel geteilt, jeder mit 8–150 Fangblasen

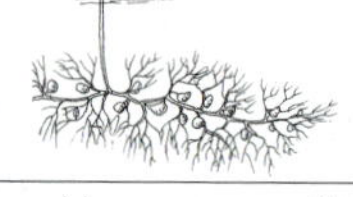

Utricularia vulgaris aggr.: kollin-montan, Teiche, Torfgräben, NT

a Unterlippe sattelförmig, mit deutlich nach unten umgeschlagenen Rändern →. Oberlippe kaum länger als der Unterlippenwulst (weniger als 1,5x so lang). Blütenstiele am Ende der Blütezeit 2–3x so lang wie die Tragblätter

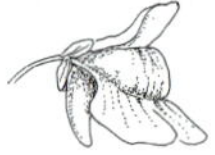

Utricularia vulgaris L., Gemeiner Wasserschlauch: Ap.ca, 1 m, VI–VIII, kollin-montan, nährstoffarme Gräben, Teiche, Torfmoore, (Spha-Utri, Lemn), EN

- Unterlippe ± flach. Oberlippe deutlich länger als der Unterlippenwulst (mindestens 1,5x so lang) →. Blütenstiele am Ende der Blütezeit 3–5x so lang wie die Tragblätter

Utricularia australis R. Br., Südlicher Wasserschlauch: Ap.ca, 10–200 cm, VI–VIII, kollin-montan, nährstoffarme Teiche, Schlenken, Gräben, (Spha-Utri, Lemn), NT

- Zwei verschiedene Typen von Sprossen vorhanden →: die einen grün, schwebend, in etwas abgeflachte Zipfel geteilt und jeder Spross 0–8 Fangblasen tragend, die anderen farblos, durchscheinend, zum Grund wachsend («Schlammsprosse»), aber mit zahlreicheren Fangblasen **2**

2 Blätter (Seitensprosse) in 14–20 Zipfel geteilt. Blattzipfel am Rand meist ohne stachelige Zähnchen

Utricularia minor aggr.: kollin-subalpin, Teiche, Torfgräben, Moorschlenken

a Unterlippe höchstens 6 mm breit, Ränder zuletzt nach unten umgeschlagen. Sporn kegelförmig, etwa so lang wie breit →

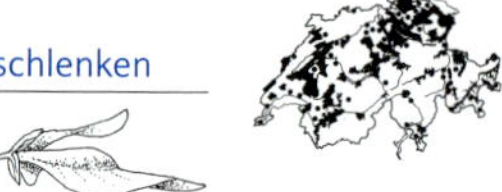

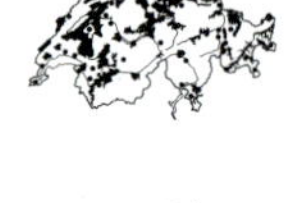

Utricularia minor L., Kleiner Wasserschlauch: Ah-Ap.ca, 5–50 cm, VI–VIII, kollin-subalpin, Torfmoore, Schlenken, Gräben, (Spha-Utri), VU

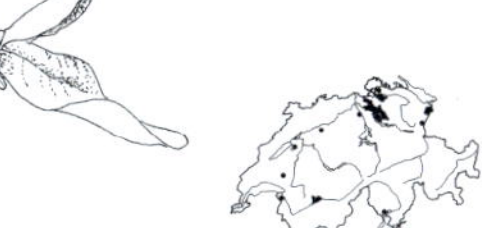

- Unterlippe 8-9 mm breit, stets flach. Sporn kegelförmig, länger als breit →

  Utricularia bremii Heer, Bremis Wasserschlauch: Ah-Ap.ca, 10-50 cm, VII-IX, kollin (-montan), nährstoffarme Gräben, Schlenken, Hochmoore, (Spha-Utri), CR

- Blätter (Seitensprosse) in 7-15 Zipfel geteilt. Blattzipfel am Rand meist mit stacheligen Zähnchen

  Utricularia intermedia aggr.: kollin-montan, Teiche, Torfgräben, Moorschlenken

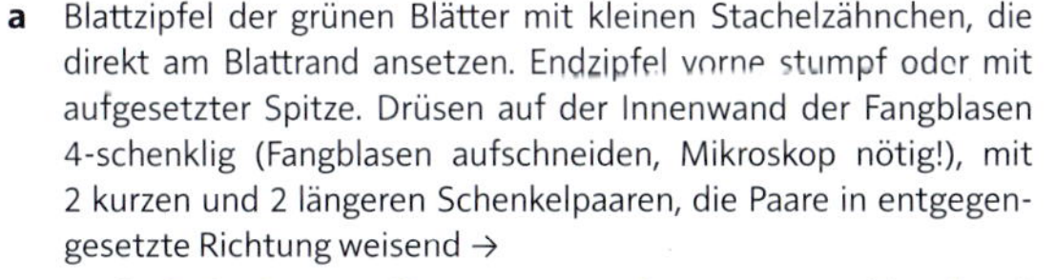

a Blattzipfel der grünen Blätter mit kleinen Stachelzähnchen, die direkt am Blattrand ansetzen. Endzipfel vorne stumpf oder mit aufgesetzter Spitze. Drüsen auf der Innenwand der Fangblasen 4-schenklig (Fangblasen aufschneiden, Mikroskop nötig!), mit 2 kurzen und 2 längeren Schenkelpaaren, die Paare in entgegengesetzte Richtung weisend →

Utricularia intermedia Hayne, Mittlerer Wasserschlauch: Ah-Ap.ca, 10-60 cm, VI-VIII, kollin-montan, Torfmoore, Schlenken, Gräben, (Spha-Utri), CR

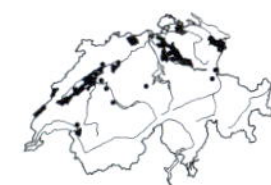

- Blattzipfel der grünen Blätter mit kleinen Stachelzähnchen, die am Blattrand auf «Sockeln» stehen. Endzipfel allmählich in eine Spitze verschmälert. Drüsen auf der Innenwand der Fangblasen 4-schenklig, die Schenkel teilweise spreizend **b**

b Blattzipfel jederseits mit 0-3(-5) Stachelzähnchen. Drüsen auf der Innenwand der Fangblasen 4-schenklig, die Schenkel ein breites «K» bildend →

Utricularia ochroleuca R. W. Hartm., Blassgelber Wasserschlauch: Ah-Ap.ca, 10-50 cm, VI-VII, kollin-montan, Torfmoore, Schlenken, Gräben, (Spha-Utri), CR

- Blattzipfel jederseits mit (2-)3-6(-7) Stachelzähnchen. Drüsen auf der Innenwand der Fangblasen 4-schenklig, die Schenkel ein «X» bildend →

  Utricularia stygia G. Thor, Styx-Wasserschlauch: V-VII, kollin, Torfmoore, Schlenken, Gräben, (Spha-Utri), CR

Linaceae — Leingewächse

Linum — Lein

1 Untere Blätter gegenständig. Blüten weiss, mit gelbem Grund. Kronblätter 3-6 mm lang. Fruchtkapsel aufrecht

Linum catharticum L., Purgier-Lein: H.ha-T, 5-30 cm, V-VIII, kollin-subalpin, mässig trockene Magerrasen, wechselfeuchte Flachmoore, (Caridava, Meso, Sesl, Moli), LC

- Blätter alle oder grösstenteils wechselständig. Blüten hell- bis dunkelblau oder rosa bis lila, mit gelbem Grund. Kronblätter mindestens 8 mm lang **2**

2 Kelchblätter am Rand drüsig →. Blätter schmal lineal, bis 3 cm lang, am Rand bewimpert. Blüten hellrosa bis lila. Fruchtkapsel aufrecht

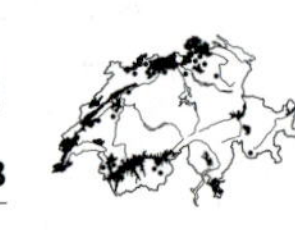

Linum tenuifolium L., Feinblättriger Lein: H, 15-40 cm, VI-VII, kollin-montan, felsige Trockenrasen, (Xero, Stip-Poio), NT

- Kelchblätter am Rand drüsenlos **3**

3 Stängel einzeln, ohne sterile Triebe. Kelchblätter mit Hautrand, fein gewimpert (Lupe) →. Kronblätter 12-15 mm lang. Narbe keulenförmig

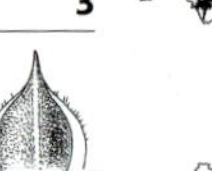

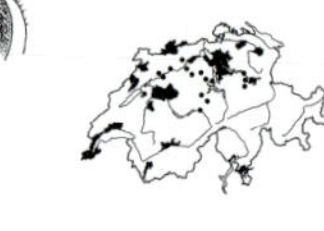

Linum usitatissimum L., Flachs: T, 80 cm, VI-VII, kollin-montan (-subalpin), trockene Äcker, Schuttplätze, (Cauc, Fuma-Euph, Sisy), kultivierter Archäophyt

- Stängel mehrere, meist mit sterilen Trieben. Kelchblätter gewimpert oder kahl **4**

4 Kelchblätter am Rand fein gewimpert →. Kronblätter 9-13 mm lang. Narben fadenförmig

Linum bienne Mill., Wild-Lein: H-T, 20-50 cm, VI, kollin, trockene Magerrasen, Krautsäume, (Gera-sang, Meso), nur adventiv, Neophyt

- Kelchblätter kahl **5**

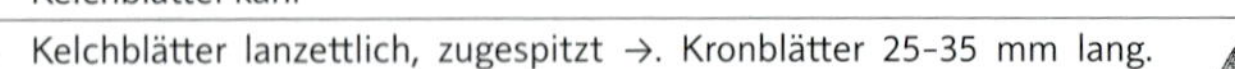

5 Kelchblätter lanzettlich, zugespitzt →. Kronblätter 25-35 mm lang. Narben fast fadenförmig

Linum narbonense L., Südfranzösischer Lein: H, 50 cm, VI-VII, kollin, felsige Trockenrasen, Felsensteppen, (Stip-Poio, Ononidetalia), kultiviert und selten verwildert, Neophyt

- Kelchblätter eiförmig →, höchstens die äusseren zugespitzt. Kronblätter meist nicht mehr als 20 mm lang. Narben keulig **6**

6 10-30 cm hoch. Knospen nickend, Kronblätter im vorderen Teil sich nicht überdeckend. Fruchtstiele aufrecht oder leicht geneigt

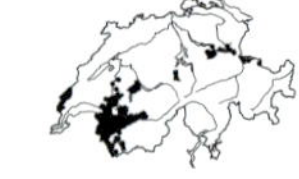

Linum alpinum Jacq., Alpen-Lein: H, 10-30 cm, VI-VII, (montan-) subalpin (-alpin), steinige, kalkreiche Gebirgsrasen, Schutthalden, Felsen, (Sesl, Cariferr, Thla-rotu), LC

- 30-90 cm hoch. Knospen aufrecht, Kronblätter sich auch vorne überdeckend. Frucht bogig hängend

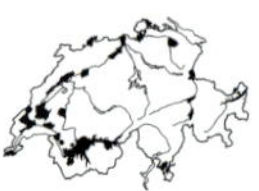

Linum austriacum L., Österreicher Lein: H, 30-90 cm, VI-VII, kollin-montan, trockenwarme Felsrasen, Krautsäume, (Stip-Poio, Xero), Archäophyt, NT

Linderniaceae — Büchsenkrautgewächse

Lindernia — Büchsenkraut

1 Stängel niederliegend-aufsteigend. Blätter gegenständig, 3-nervig, 0,5-2 cm lang, ganzrandig. Krone → blasslila, 2-6 mm lang, mit bauchiger Röhre, Unterlippe 3-teilig, Oberlippe gestutzt, ausgerandet. Fruchtkapsel 3-5 mm lang

Lindernia procumbens (Krock.) Borbás, Liegendes Büchsenkraut: T, 2-15 cm, VII-IX, kollin, schlammige, wechselfeuchte Ufer, (Nano), CR

- Stängel meist aufrecht, bis 30 cm hoch. Blätter gegenständig, 5-nervig, 1-3 cm lang, zumindest die oberen entfernt gezähnt. Krone → weisslich, 7-10 mm lang, Unterlippe 3-teilig, am Rand violett, offen

Lindernia dubia (L.) Pennell, Grosses Büchsenkraut: 30 cm, VII-IX, kollin, schlammige Ufer, (Nano), Neophyt

Lythraceae — Blutweiderichgewächse

Mitarbeit von Sandra Reinhard

1	Bis 5 m hoher Strauch oder Baum mit kantigen, dornigen Zweigen	***Punica***
-	Krautpflanze	**2**
2	Wasserpflanze mit schwimmender Blattrosette. Blätter rhombisch	***Trapa***
-	Land- oder Sumpfpflanze. Stängel kantig. Blätter lanzettlich bis verkehrt eiförmig	***Lythrum***

Lythrum — Weiderich

1 Stängel niederliegend, wurzelnd. Blätter verkehrt eiförmig, meist in einen geflügelten Stiel verschmälert («löffelförmig»), bis 2 cm lang →. Kronblätter unscheinbar oder fehlend

Lythrum portula (L.) D. A. Webb, Sumpfquendel: T, 5-30 cm, VI-IX, kollin (-montan), wechselfeuchte, kalkarme Äcker, Ufer, (Nano), EN

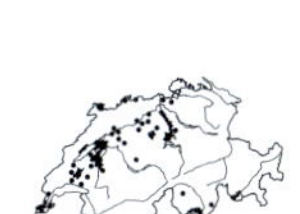

- Stängel aufrecht. Blätter lanzettlich, sitzend, meist grösser 2 cm. Kronblätter > 5 mm lang, lebhaft rosa **2**

2 Bis 50 cm hohe Pflanze. Blätter meist wechselständig, bis 2,5 cm lang →. Blüten einzeln oder zu 2 in den Blattwinkeln. Staubblätter 4-6

Lythrum hyssopifolia L., Ysopblättriger Weiderich: T, 5-50 cm, VI-IX, kollin, wechselfeuchte Äcker, Ufer, Gräben, (Nano), CR

- Bis 150 cm hohe Pflanze. Blätter meist gegenständig oder zu 3 in Quirlen, selten die obersten wechselständig, bis 10 cm lang, mit deutlich hervortretenden Nerven. Blüten in endständiger, reichblütiger, verlängerter Ähre oder Traube. Staubblätter 12 **3**

3 Ganze Pflanze stets kahl. Blätter am Grund abgerundet bis keilförmig →. Blütenstiel 1-3 mm lang. Äussere und innere Kelchzipfel etwa gleich lang, Kelchrippen kahl. Kronblätter 5-8 mm lang. Ganze Pflanze weniger kräftig als *L. salicaria*

Lythrum virgatum L., Ruten-Weiderich: H, 30-100 cm, VII-VIII, kollin, Ufer, feuchte Äcker, kultiviert und selten verwildert

- Zumindest der Stängel oben kurzhaarig. Blätter am Grund schwach herzförmig bis abgerundet →. Blütenstiel < 1 mm lang. Äussere Kelchzipfel 2-3x so lang wie die inneren, Kelchrippen behaart. Kronblätter 8-12 mm lang. Pflanze sehr variabel, meist reichblütiger als *L. virgatum*

Lythrum salicaria L., Blut-Weiderich: H, 30-120 cm, VII-VIII, kollin-montan, feuchte Staudenfluren, Ufer, Röhrichte, (Fili, Phal), LC

Punica Granatapfelbaum

- Bis 5 m hoher Strauch oder Baum mit kantigen, dornigen Zweigen. Blätter gegenständig, derb, oberseits glänzend. Blüten scharlachrot, zu 1-5 vorwiegend an den Zweigenden

  Punica granatum L., Granatapfelbaum: Ph, 5 m, VI, kollin, trockenwarme Gebüsche, (Berb), Neophyt

Trapa Wassernuss

- Wasserpflanze mit schwimmender Blattrosette, Blätter rhombisch, grob buchtig gezähnt →, lederig, erst im Frühsommer erscheinend, Blattstiele aufgeblasen (Aerenchym). Frucht holzig, braun bis schwarz, mit 2-4 charakteristischen Dornen

  Trapa natans L., Wassernuss: Ap, 3 m, tief, VIII, kollin, kalkarme Schwimmblattgesellschaften, (Nymp), CR

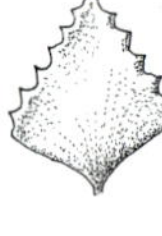

Malvaceae Malvengewächse

1	Baum. Blütenstand → mit flügelartigem Hochblatt	***Tilia***
-	Krautpflanze oder Strauch. Blütenstand ohne flügelartiges Hochblatt	**2**
2	Blüten ohne Aussenkelchblätter →	***Abutilon***
-	Blüten mit Aussenkelchblättern	**3**
3	Griffel 5. Frucht eine 5-fächerige Kapsel	***Hibiscus***
-	Griffel mehr als 5. Frucht in Teilfrüchte zerfallend	**4**
4	Aussenkelchblätter 3 oder 2, frei (links) →	***Malva***
-	Aussenkelchblätter 6-9, am Grund verwachsen (rechts) →	**5**
5	Kronblätter 3-5,5 cm lang. Pflanze nicht über 1,2 m hoch	***Alcea***
-	Kronblätter 1-2,5 cm lang. Pflanze bis 3 m hoch	***Althaea***

Abutilon Samtpappel

- Pflanze dicht samtfilzig. Blätter 5-20 cm, breit herzförmig zugespitzt, lang gestielt. Blüten ohne Aussenkelchblätter →. Kronblätter gelb, 7-17 mm lang

  Abutilon theophrasti Medik., Chinesische Samtpappel: T, 30-150 cm, VII-IX, kollin, wechselfeuchte Unkrautfluren, (Bide), kultiviert und verwildert, Neophyt

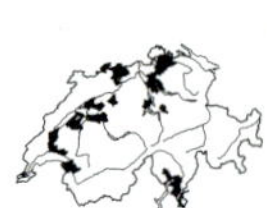

Alcea Stockrose

1 Kronblätter deutlich länger als breit, tief ausgerandet, blassrosa bis helllila, einander an den Rändern meist nicht überdeckend

Alcea biennis Winterl, Blasse Stockrose: H, 0,3-1,2(-1,8) m, VII-IX, kollin, trockenwarme Unkrautfluren, Neophyt

\- Kronblätter meist breiter als lang, nur seicht ausgerandet, rosa bis schwarz-purpurn (selten weiss), einander an den Seitenrändern überdeckend

Alcea rosea L., Garten-Stockrose: H.ha, 1-3 m, VI-X, kollin, Wegränder, Gärten, (Dauc-Meli), Neophyt

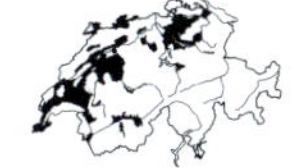

Althaea Eibisch

1 Pflanze abstehend behaart. Blüten einzeln. Kronblätter 1-2 cm, wenig länger als die Kelchblätter. Frucht kahl

Althaea hirsuta L., Rauhaariger Eibisch: T, 15-50 cm, VI-IX, kollin (-montan), trockenwarme Ackerränder, Wegränder, Mauern, (Fuma-Euph, Sisy), meist adventiv, Neophyt

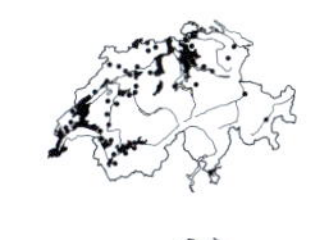

\- Pflanze samtig-filzig, Blüten zu mehreren in den Blattwinkeln. Kronblätter 1,5-2,5 cm, etwa 2x so lang wie der Kelch. Frucht behaart

Althaea officinalis L., Echter Eibisch: H, 50-150 cm, VII-VIII, kollin, feuchte Krautsäume, (Conv), kultiviert und verwildert, Neophyt

Hibiscus Roseneibisch

1 Einjährige Krautpflanze. Blätter 3- oder 5-teilig. Aussenkelchblätter meist 12. Kronblätter gelblich weiss mit dunkelpurpurnem Grund, 1,5-3 cm lang

Hibiscus trionum L., Stundenblume: T, 20-100 cm, VI-IX, kollin, warme, wechseltrockene Unkrautfluren, Schuttplätze, (Erag, Pani-Seta), Neophyt

\- Strauch. Blätter rhombisch, 3-lappig. Aussenkelchblätter 7-9. Kronblätter 4-7 cm lang, weiss, lila oder rosa

Hibiscus syriacus L., Straucheibisch: Ph, 1-3 m, VII-IX, kollin, in Gartennähe, Neophyt

Malva Malve

1 Stängelblätter tief handförmig 5- bis 7-spaltig. Blüten einzeln in den Blattwinkeln **2**

- Stängelblätter handförmig gelappt. Blüten büschelig in den Blattwinkeln **3**

2 Stängel nebst abstehenden Haaren auch mit anliegenden Sternhaaren →. Aussenkelchblätter 2–3x so lang wie breit. Frucht kahl oder wenig behaart

Malva alcea L., Sigmarswurz: H, (20–)50–120 cm, VII–IX, kollin (-montan), sonnige Wegränder, Unkrautfluren, Schuttplätze, (Dauc-Meli, Onop), LC

- Stängel mit abstehenden Haaren, ohne Sternhaare →. Aussenkelchblätter 3–5x so lang wie breit. Teilfrüchte auf dem Rücken dicht behaart

Malva moschata L., Bisam-Malve: H, 30–60(–100) cm, VI–IX, kollin (-montan), nährstoffreiche Wiesen, Krautsäume, (Arrh, Trif-medi), LC

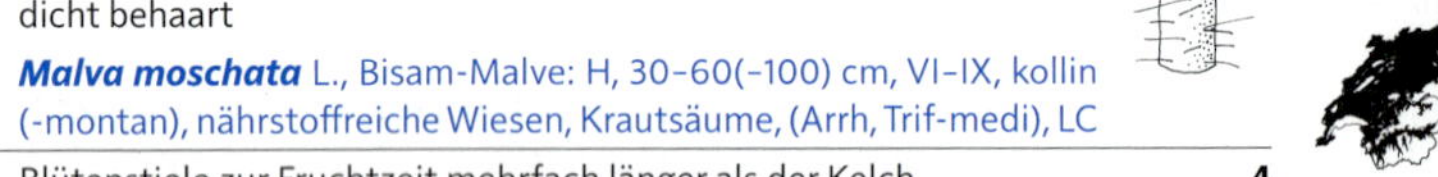

3 Blütenstiele zur Fruchtzeit mehrfach länger als der Kelch **4**

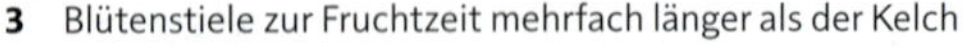

- Blütenstiele zur Fruchtzeit höchstens 2x so lang wie der Kelch

Malva verticillata L., Krause Malve: H.ha, 2 m, VII–IX, trockenwarme Unkrautfluren, Neophyt

4 Kronblätter 15–20 mm lang. Stängel → aufsteigend bis aufrecht

Malva sylvestris L., Wilde Malve: H.ha-T, 30–120 cm, VI–IX, kollin-montan, Wegränder, Unkrautfluren, Schuttplätze, (Sisy, Arct), LC. Inkl. *M. mauritiana* L.

- Kronblätter 4–13 mm lang. Stängel niederliegend bis aufsteigend **5**

5 Kronblätter etwa 2x so lang wie der Kelch, 5–13 mm lang **6**

- Kronblätter so lang oder wenig länger als der Kelch, 4–5 mm lang **7**

6 Obere Laubblätter zu einem Viertel oder bis zur Hälfte in abgerundete Lappen geteilt. Aussenkelchblätter lineal-lanzettlich. Fruchtstiele zuletzt zurückgebogen. Teilfrüchte auf dem Rücken glatt

Malva neglecta Wallr., Kleine Malve: H.ha-T, 10–40 cm, VI–IX, kollin-montan (-subalpin), trockene Wegränder, Schuttplätze, (Sisy, Poly-avic), Archäophyt, LC

- Obere Laubblätter bis über die Mitte in spitze Lappen geteilt. Aussenkelchblätter länglich eiförmig. Fruchtstiele aufrecht abstehend. Teilfrüchte auf dem Rücken netzartig runzelig

Malva nicaeensis All., Nizza-Malve: T, 20–100 cm, kollin, trockenwarme Unkrautfluren, Neophyt

7 Reife Teilfrüchte mässig runzelig, mit schmalem, kantigem, ungezähntem Saum →

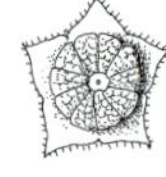

Malva pusilla Sm., Nordische Malve: T, 8–30 cm, VI–IX, kollin, trockene Ruderalstellen, Wegränder, Weinberge, Äcker, (Sisy, Poly-avic), Neophyt

- Reife Teilfrüchte grob runzelig, mit fast geflügeltem, gezähntem Saum →

Malva parviflora L., Kleinblütige Malve: T, 10–50 cm, kollin, trockenwarme Ruderalstellen, Wegränder, Neophyt

Tilia Linde

1 Blattunterseite grau- oder weissfilzig, mit Sternhaaren (Abb. Tafel 14, S. 575)

Tilia tomentosa Moench, Silber-Linde: P, 5–20 m, VII, kollin, Parkanlagen, Strassenränder, Neophyt

- Blattunterseite nicht grau- oder weissfilzig, Haare einfach **2**

2 Triebe behaart. Blattunterseite grün, weichhaarig, in den Nervenwinkeln weissbärtig. Blütenstand meist 2- bis 5-blütig (Abb. Tafel 14, S. 575)

Tilia platyphyllos Scop., Sommer-Linde: P, 5–30 m, VI, kollin (-montan), wärmeliebende Laubmischwälder, (Tili-plat, Luna-Acer, Fagetalia), LC

a Blattoberseite kahl

Tilia platyphyllos Scop. subsp. ***platyphyllos***, Gewöhnliche Sommer-Linde: P

- Blattoberseite behaart

Tilia platyphyllos subsp. ***cordifolia*** (Besser) C. K. Schneid., Herzblättrige Sommer-Linde: P

- Triebe und Blattflächen kahl. Blattunterseite blaugrün, in den Nervenwinkeln bräunlich bärtig. Blütenstand 4- bis 10-blütig (Abb. Tafel 14, S. 575)

Tilia cordata Mill., Winter-Linde: P, 30 m, VI–VII, kollin (-montan), wärmeliebende Laubmischwälder, (Tili-plat, Tili-plat), auch angepflanzt, LC

Mazaceae Lippenmäulchengewächse

Mazus Lippenmäulchen

- Pflanze einjährig, mit einfachen und drüsigen Haaren. Stängel niederliegend-aufsteigend, 5–20(–35) cm lang. Krone 4,5–10(–14) mm lang, weiss bis blauweiss mit blauvioletter Oberlippe. Unterlippe mit orangen Flecken

Mazus pumilus (Burm. f.) Steenis, Japanisches Lippenmäulchen: T, 5–20(–35) cm lang, IV–X, kollin, Wegränder, Rasen, Pflästerungen, kultiviert und verwildert, Neophyt

Menyanthaceae Fieberkleegewächse

Mitarbeit von Sandra Reinhard

1 Wasserpflanze mit Schwimmblättern. Blätter ungeteilt. Blüten gelb ***Nymphoides***

- Land- oder Wasserpflanze ohne Schwimmblätter. Blätter 3-teilig. Blüten weiss oder rötlich ***Menyanthes***

Menyanthes Fieberklee

- Grundachse im Schlamm kriechend. Blätter 3-teilig →, aufrecht. Teilblätter sitzend, 4–10 cm lang, verkehrt eiförmig, ganzrandig. Blütenstand aufrecht, 10- bis 20-blütig, traubig. Krone ca. 15 mm gross, trichterförmig, mit 5 nach aussen gebogenen Zipfeln, innen bärtig

Menyanthes trifoliata L., Fieberklee: G, 15–30 cm, V–VI, kollin-subalpin, Torfmoore, Tümpel, Ufer, (Cari-lasi, Magn), LC

Nymphoides Teichenzian

Im Gegensatz zu den sehr ähnlich aussehenden Blättern des Froschbisses *(Hydrocharis morsus-ranae)* sind die Blattnerven bei *Nymphoides* nie bogenförmig. Die Blattunterseite hat violette Drüsen.

- Pflanze mit Schwimmblättern. Blätter 3–10 cm gross, ± kreisrund, tief herzförmig →, lederig glänzend, unterseits violett drüsig punktiert. Blüten zu (1-)2–5(-8) auf 5–10 cm langen Stielen aus dem Wasser ragend. Krone gelb, 3–5 cm gross, trichterförmig, mit 5 gefransten Zipfeln, am Grund bärtig

Nymphoides peltata (S. G. Gmel.) Kuntze, Teichenzian: Ah, VII–IX, kollin (-montan), Stillgewässer, (Nymp), angepflanzt und verwildert, LC

Molluginaceae Mollugogewächse

Mollugo Teppichkraut

- Pflanze kriechend oder aufsteigend. Blätter grün, verkehrt eilanzettlich, in Quirlen zu 3–8. In den Achseln der Blattquirle mit Dolden aus 2–5 Blüten. Kronblätter 5, weiss. Frucht eiförmig

Mollugo verticillata L., Quirliges Teppichkraut: T, 5–20 cm, VIII–IX, kollin, Pflästerungen, Wegränder, sandige Orte, (Sagi-proc, Poly-avic), Neophyt

Montiaceae — Quellkrautgewächse

1 Blätter lang gestielt, alle in einer grundständigen Rosette (ausser den trichterförmig verwachsenen Hochblättern). Staubblätter 5 — ***Claytonia***

\- Blätter alle gegenständig entlang des kriechenden oder aufsteigenden Stängels. Staubblätter 3 — ***Montia***

Claytonia — Tellerkraut

\- Pflanze einjährig. Grundblätter lang gestielt, Blattspreite rhombisch, etwas fleischig. Hochblatt-Trichter 2-3 cm breit. Blüten zu 5-30 oberhalb des Trichters. Kronblätter 2-3 mm lang, weiss

Claytonia perfoliata Willd., Gewöhnliches Tellerkraut: T, 10-30 cm, kollin-montan, feuchte, nährstoffreiche Krautsäume, (Aego), Neophyt

Montia — Quellkraut

Für die Bestimmung der *Montia*-Arten müssen reife Samen gesammelt werden. Eine starke Lupe oder noch besser ein Binokular sind zur Betrachtung der Samen unbedingt notwendig.

\- Niederliegend bis aufrecht oder flutend, kahl, mit dünnem Stängel. Blätter gegenständig, etwas fleischig, lanzettlich bis spatelförmig, sitzend. Blüten unscheinbar. Kronblätter 3-5, weiss, ca. 3 mm lang

Montia fontana L., Bach-Quellkraut: 10-30 cm, kollin-subalpin, Quellen, Gräben, feuchte Äcker, VU. Die Unterarten können nur aufgrund reifer Samen und mit ca. 40-facher Vergrösserung bestimmt werden

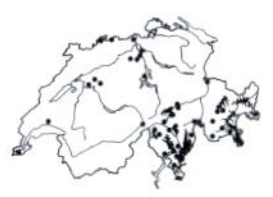

a Reife Samen (auch am Kiel) stark glänzend, glatt →

Montia fontana L. subsp. ***fontana***, Gewöhnliches Bach-Quellkraut: H.ha-T, 10-30 cm, III-IX, (kollin-) montan-subalpin, nasse, eher kalkarme Pionierfluren, Quellfluren, (Card-Mont), VU

\- Reife Samen kaum glänzend. Zumindest am Kiel mit Höckern — **b**

b Reife Samen nur am Kiel mit Höckern →

Montia fontana subsp. ***amporitana*** Sennen, Portugiesisches Bach-Quellkraut: H.ha-T, 10-20 cm, III-IX, kollin-montan (-subalpin), kalkarme Quellfluren, (Card-Mont), CR(PE)

\- Reife Samen überall mit Höckern →

Montia fontana subsp. ***chondrosperma*** (Fenzl) Walters, Kleines Bach-Quellkraut: H.ha-T, 2-8 cm, III-IX, kollin, wechselfeuchte Pionierfluren, (Nano), Archäophyt, CR

Moraceae — Maulbeergewächse

1 Blätter handförmig gelappt, mit 3-5 stumpfen Lappen. Frucht birnenförmig — ***Ficus***

- Blätter ungeteilt oder gelappt, Blatt bzw. Lappen zugespitzt. Frucht kugelig — **2**

2 Blatt meist leicht glänzend, Blattstiel bis 2,5 cm lang. Fruchtstand weiss, rosa oder schwarzrot, brombeerartig, Teilfrucht kugelig — ***Morus***

- Blatt samtig matt, junge Blätter meist 3- bis 5-lappig, Blattstiel 2,5-8 cm lang. Frucht orangerot, Teilfrucht länglich — ***Broussonetia***

Broussonetia — Papiermaulbeerbaum

- Zweihäusiger Strauch, Zweige und Blattstiel mit Milchsaft. Blätter eiförmig, zugespitzt, jung auch handförmig gelappt, beidseits behaart, unterseits bleibend wollig. Kätzchen 4-7 cm lang (Abb. Tafel 15, S. 613)

Broussonetia papyrifera (L.) Vent., Papiermaulbeerbaum: P, 2-5(-10) m, IV-V, kollin, trockenwarme Pioniergehölze, Schuttplätze, (Robi), selten kultiviert und verwildert, kultivierter Neophyt

Ficus — Feigenbaum

- Strauch, Zweige mit Milchsaft. Blätter handförmig gelappt mit breiten Buchten. Frucht birnenförmig, violett oder grün (Abb. Tafel 15, S. 613)

Ficus carica L., Feigenbaum: P, 2-10 m, V-VIII, kollin, trockenwarme Gebüsche, Felsen, Mauern, (Berb, Cent-Pari), Archäophyt, LC

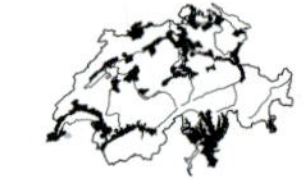

Morus — Maulbeerbaum

1 Blätter einfach oder gelappt. Blattoberseite höchstens schwach rau, glänzend, unterseits kahl oder auf den Nerven behaart. Blattstiel 20-30 mm lang. Frucht gestielt, weiss oder rot (Abb. Tafel 15, S. 613)

Morus alba L., Weisser Maulbeerbaum: Ph-P, 5-10(-15) m, V, kollin, Baumbestände in Siedlungsnähe, Alleen, einst für Seidenraupenzucht angepflanzt und selten verwildert, Neophyt

- Blätter einfach oder gelappt. Blattoberseite auffallend rau, unterseits flaumhaarig. Blattstiel 5-15 mm lang. Frucht sitzend, violettschwarz (Abb. Tafel 15, S. 613)

Morus nigra L., Schwarzer Maulbeerbaum: Ph-P, 5-15 m, V, kollin, Baumbestände in Siedlungsnähe, angepflanzt und selten verwildert, kultivierter Neophyt

Nelumbonaceae — Lotosblumengewächse

Nelumbo — Lotosblume

- Blüten 10-25(-60) cm gross. Perigonblätter rosa oder weiss, hinfällig. Frucht mehr als 1,5× so lang wie breit. Blätter schildförmig, schwimmend oder sich aus dem Wasser hebend. Blattstiel bis max. 2 m lang, dornig. Blattspreite nierenförmig bis kreisrund, mit deutlich hervortretenden Nerven, ohne Dornen

Nelumbo nucifera Gaertn., Lotosblume: Ah, 1-2 m, VI-VIII, kollin, Ufer, Neophyt

Nyctaginaceae — Wunderblumengewächse

Mirabilis — Wunderblume

- Jede Blüte von kelchblattartig verwachsenen Hüllblättern umgeben. Perigonblätter 5, zu einer lang gezogenen, 2-5 cm langen Röhre verwachsen →, in der Regel kahl, in einem Trichter endend. Frucht rund, mit 5 deutlichen Rippen

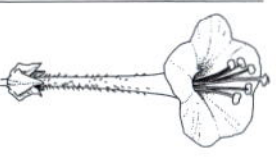

Mirabilis jalapa L., Wunderblume: H, 0,5-1 m, VII-X, kollin, Ruderalflächen, Neophyt. In Italien (insbesondere in der Toskana) tritt diese Art invasiv auf (Celesti-Grapow et al., 2009)

Oleaceae — Ölbaumgewächse

1	Blüten gelb oder weiss, Durchmesser 1-3 cm	**2**
-	Blütendurchmesser höchstens 1 cm	**3**
2	Blätter meist ungeteilt. Frucht eine Kapsel	***Forsythia***
-	Blätter meist zusammengesetzt. Frucht eine Beere	***Jasminum***
3	Blätter unpaarig gefiedert. Frucht → eine geflügelte Nuss	***Fraxinus***
-	Blätter ungeteilt. Frucht anders	**4**
4	Blätter breit eiförmig, am Grund herzförmig	***Syringa***
-	Blätter lanzettlich	**5**
5	Blätter unterseits silbergrau	***Olea***
-	Blätter beiderseits grün	**6**
6	Blätter nur wenig lederig. Blütenstände pyramidenförmig, alle oder zumindest teilweise endständig	***Ligustrum***
-	Blätter sehr lederig. Blütenstände alle seitenständig, in achselständigen Knäueln. Blüten grünlich gelb, klein	***Phillyrea***

Forsythia — Forsythie

1 Zweige hohl. Blattstiel < 2 cm lang, behaart. Blattrand bewimpert (Abb. Tafel 15, S. 613)

Forsythia suspensa (Thunb.) Vahl, Hänge-Forsythie: Ph, in Gartennähe, kultivierter Neophyt

- Zweige mit gekammertem Mark oder hohl. Blattstiel > 2 cm lang, kahl. Blattrand selten bewimpert (Abb. Tafel 15, S. 613)

Forsythia ×intermedia Zabel, Forsythie: pH, 3 m, III-IV, kollin-montan, Gebüsche, Hecken, (Prun-Rubi), kultiviert und selten verwildert, Neophyt. Hybride zwischen *F. veridissima* und *F. suspensa* mit intermediären Merkmalen. In der Schweiz verbreitet anzutreffen

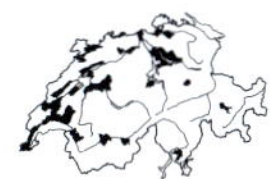

Fraxinus Esche

1 Kelch- und Kronblätter fehlend. Teilblätter sitzend oder beinahe sitzend. Knospen schwarz (Abb. Tafel 15, S. 613)

Fraxinus excelsior L., Gemeine Esche: P, 25(-40) m, IV-V, kollin-montan, wechselfeuchte Wälder, Auenwälder, (Frax, Carp, Fagetalia, Luna-Acer), LC

- Blütenhülle vorhanden, zumindest aus Kelchblättern bestehend. Teilblätter gestielt **2**

2 Blütenstand eine seitenständige Rispe. Blüten weiss, mit den Blättern erscheinend. Blätter mit 2-4 gestielten Teilblattpaaren. Knospen grau (Abb. Tafel 15, S. 613)

Fraxinus ornus L., Manna-Esche: P, 10 m, IV-VI, kollin (-montan), trockenwarme, kalkreiche Laubwälder, (Orno-Ostr), LC

- Blütenstand eine endständige Rispe. Blüten auf den Kelch reduziert, vor den Blättern erscheinend. Blätter mit 2-4 gestielten Teilblattpaaren. Knospen rotbraun (Abb. Tafel 15, S. 613)

Fraxinus pennsylvanica Marshall, Rot-Esche: P, 40 m, IV-VI, Auenwälder, selten angepflanzt, selten verwildert

Jasminum Jasmin

1 Blüten weiss. Blätter → unpaarig gefiedert, mit 5-7 Teilblättern. Endständiges Teilblatt länger als die seitlichen, lang zugespitzt (Abb. Tafel 15, S. 613)

Jasminum officinale L., Echter Jasmin: Ph, 3 m, V-IX, kollin-montan, mediterrane Gebüsche, (Pistacio-Rhamnetalia alaterni), kultiviert und selten verwildert

- Blüten gelb. Blätter meist 3-zählig **2**

2 Blätter gegenständig, nach den Blüten erscheinend. Freier Teil der Kronblätter 15-30 mm im Durchmesser, meist 6 Kronblätter. Kronröhre genauso lang wie der freie Teil (Abb. Tafel 15, S. 613)

Jasminum nudiflorum Lindl., Winter-Jasmin: Ph, 1-2 m, II-V, kollin-montan, mediterrane Gebüsche, (Pistacio-Rhamnetalia alaterni), auch kultiviert und verwildert, Neophyt

- Blätter wechselständig, vor den Blüten erscheinend. Freier Teil der Kronblätter 12-15 mm im Durchmesser, 5 Kronblätter. Kronröhre etwas länger als der freie Teil (Abb. Tafel 15, S. 613)

Jasminum fruticans L., Strauchiger Jasmin: Ph, 0,3-1,2 m, IV-VI, kollin-montan, mediterrane Gebüsche, (Pistacio-Rhamnetalia alaterni), auch kultiviert und verwildert, Neophyt

Tafel 15

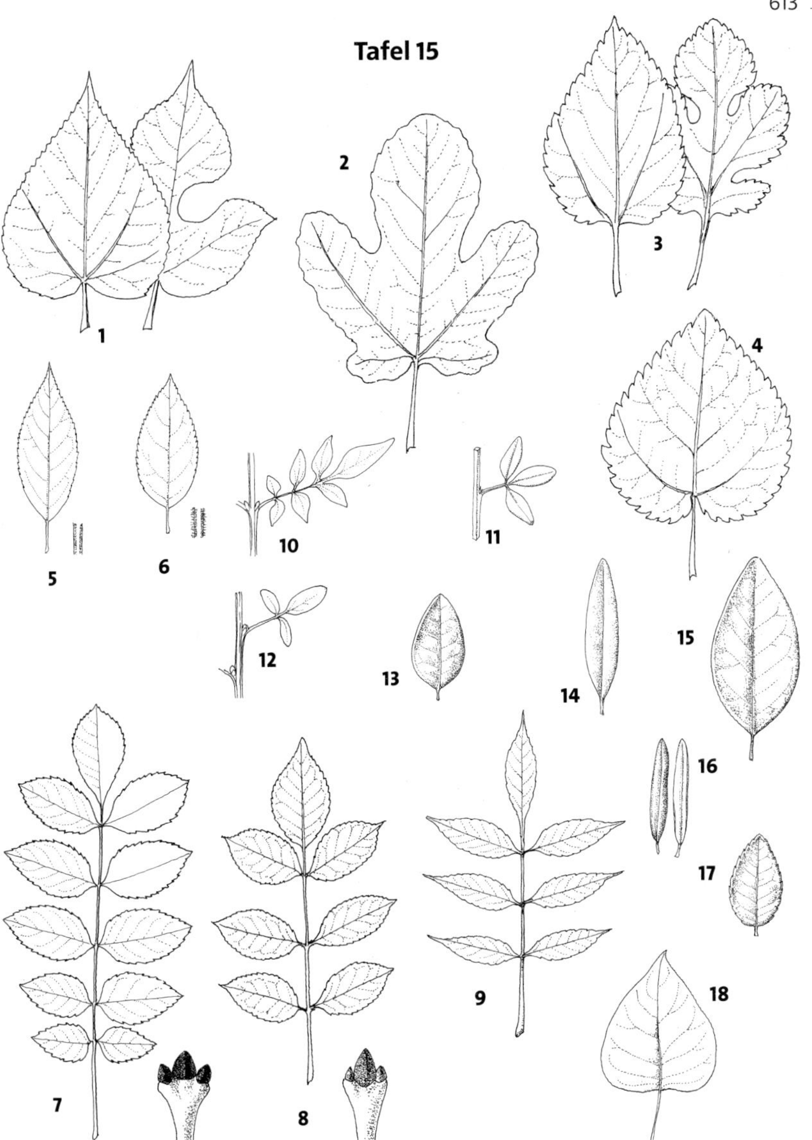

Moraceae. Blatt: 1. *Broussonetia papyrifera*, 2. *Ficus carica*, 3. *Morus alba*, 4. *M. nigra*
Oleaceae. Blatt: 5. *Forsythia suspensa* (mit vergrössertem Blattstiel), 6. *F. ×intermedia* (mit vergrössertem Blattstiel), 7. *Fraxinus excelsior* (mit schwarzen Knospen), 8. *F. ornus* (mit braunen Knospen), 9. *F. pennsylvanica*, 10. *Jasminum officinale*, 11. *J. nodiflorum*, 12. *J. fruticans*, 13. *Ligustrum ovalifolium*, 14. *L. vulgare*, 15. *L. lucidum*, 16. *Olea europaea*, 17. *Phillyrea latifolia*, 18. *Syringa vulgaris*

Ligustrum Liguster

1 Kleiner Baum oder Strauch. Blätter 2–5 cm lang. Blütenrispen 2–8 cm lang. Reife Beeren schwarz, nicht bereift (Abb. Tafel 15, S. 613)

Ligustrum vulgare L., Gemeiner Liguster: Ph, 4 m, V–VII, kollin (-montan), warme Laubwälder, Waldränder, Gebüsche, (Berb, Prun-Rubi, Fagetalia, Carp), LC

- Grosser Baum oder Strauch. Blätter 4–12 cm lang. Rispe meist länger als 8 cm. Reife Beere bläulich bereift **2**

2 Junge Zweige kahl oder flaumig behaart. Blätter weich, die grössten < 3,5 cm breit. Griffel aus der Kronröhre herausragend (Abb. Tafel 15, S. 613)

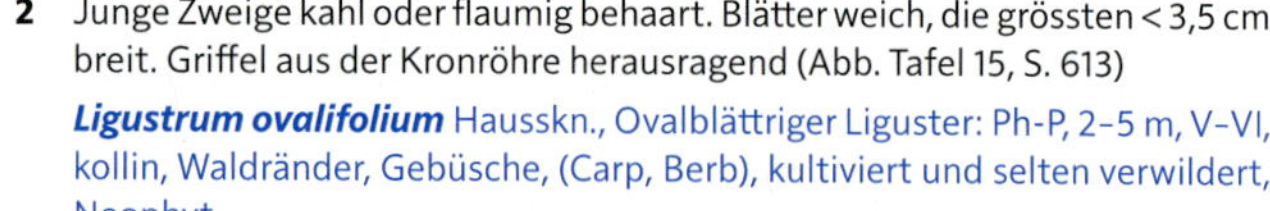

Ligustrum ovalifolium Hausskn., Ovalblättriger Liguster: Ph-P, 2–5 m, V–VI, kollin, Waldränder, Gebüsche, (Carp, Berb), kultiviert und selten verwildert, Neophyt

- Junge Zweige immer kahl. Blätter lederig, die grössten > 3,5 cm breit. Griffel nicht aus der Kronröhre herausragend (Abb. Tafel 15, S. 613)

Ligustrum lucidum W. T. Aiton, Baum-Liguster: Ph-P, 3–10 m, VII–IX, kollin, Waldränder, Gebüsche, (Carp, Berb), kultiviert und selten verwildert, Neophyt

Olea Ölbaum

- Strauch in der Jugendphase dornig. Stamm am ausgewachsenen Baum gräulich. Blätter ganzrandig, unterseits silbergrau. Blüten klein, weisslich. Frucht eine ölhaltige Steinfrucht (Abb. Tafel 15, S. 613)

Olea europaea L., Ölbaum: P, 1–10 m, V, kollin, mediterrane Gebüsche, (Pistacio-Rhamnetalia alaterni), kultiviert, selten verwildert, Neophyt

Phillyrea Steinlinde

- Blätter mit 7–11 deutlich hervortretenden Nervenpaaren, zweigestaltig (jung: 1–4 cm breit gesägt, alt: 0,4–2 cm breit, oft ganzrandig). Kelchzipfel dreieckig (Abb. Tafel 15, S. 613)

Phillyrea latifolia L., Breitblättrige Steinlinde: Ph, 1–6 m, V, kollin, trockenwarme Waldränder mit immergrünen Gehölzen, kultiviert, selten verwildert, Neophyt

Syringa Flieder

- Strauch oder Baum mit Wurzelaustrieb. Blätter breit eiförmig, am Grund herzförmig, gegenständig. Blattspreite kahl, 5–10 cm lang (Abb. Tafel 15, S. 613)

Syringa vulgaris L., Flieder: Ph, 2–6 m, V–VI, kollin-montan, wärmeliebende Gebüsche, Waldränder, (Berb), kultiviert und verwildert, Neophyt

Onagraceae — Nachtkerzengewächse

1 Kronblätter rot, rosa oder weiss **2**
- Kronblätter gelb oder fehlend **3**

2 Blüten 2-zählig: 2 Kelchblätter, 2 Kronblätter, 2 Staubblätter. Frucht mit Hakenborsten → ***Circaea***
- Blüten 4-zählig ***Epilobium***

3 Blüten 4-zählig, stets mit Kronblättern. Der unterständige Fruchtknoten schon zur Blütezeit > 1 cm lang ***Oenothera***
- Blüten 4- oder 5-zählig, mit oder ohne Kronblätter. Fruchtknoten bis 8 mm lang ***Ludwigia***

Circaea — Hexenkraut

1 Blätter matt, schwach gezähnt, am Grund höchstens undeutlich herzförmig, 4–8 cm lang, gestielt. Blütenstiele mit abstehenden Drüsenhaaren, ohne Deckblätter. Stängel zerstreut weichhaarig. Frucht birnenförmig, mit Hakenborsten →

Circaea lutetiana L., Grosses Hexenkraut: G, 20–50 cm, VI–VIII, kollin-montan, eher feuchte Buchenwälder, Auenwälder, (Gali-Fage, Frax, Luna-Acer), LC

- Blätter glänzend, buchtig gezähnt, am Grund herzförmig. Blütenstiele mit kleinen, borstenförmigen, hinfälligen Deckblättern (Lupe!). Stängel kahl (manchmal am Grund des Blütenstandes etwas flaumig) **2**

2 Blätter fast rundlich, dünn, Blattgrund tief herzförmig. Krone kürzer als der Kelch. Kelchblatt 1–2 mm lang. Narbe kopfig, kaum ausgerandet. Früchte stets gut entwickelt, keulig, Frucht einfächerig, einsamig →. Hakenhaare der Früchte schwach, stumpf, plötzlich gebogen

Circaea alpina L., Alpen-Hexenkraut: G, 20 cm, VI–VIII, (kollin-) montan-subalpin, feuchte Bergwälder, (Abie-Pice), LC

- Blätter lang zugespitzt, Blattgrund seicht herzförmig. Krone so lang wie der Kelch. Kelchblatt 2,5–3 mm lang. Narbe deutlich ausgerandet bis 2-lappig. Frucht 2-fächerig, 2-samig →. Pflanze setzt Früchte an, diese aber noch unreif abfallend, Blütenstängel unterhalb der Blüten daher nackt. Eine der beiden Teilfrüchte verkümmert. Hakenhaare der Früchte steif, spitz, mit weitem Bogen

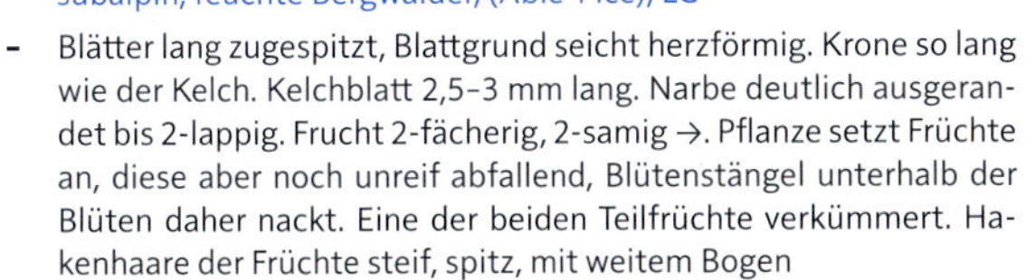

Circaea ×intermedia Ehrh., Mittleres Hexenkraut: 20–40 cm, VI–VIII, kollin-montan, Auen-, Schluchtwälder, (Frax, Luna-Acer), LC

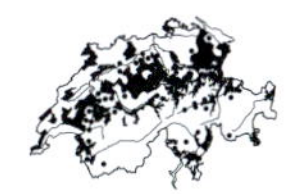

Epilobium Weidenröschen

Die Bestimmung von *Epilobium* wird durch die grosse morphologische Plastizität der Arten erschwert.

1 Blüten schwach zygomorph. Kronblätter nicht ausgerandet, mit den rötlich gefärbten Kelchblättern eine Blütenscheibe bildend. Alle Blätter, auch die untersten, wechselständig **2**

- Blüten radiär, trichterförmig. Kronblätter ausgerandet. Untere Blätter gegenständig oder quirlig **4**

2 Blätter lanzettlich, weich, 10-25 mm breit und bis 15 cm lang, oft etwas wellig, unterseits bläulich, mit hervortretenden Seitennerven. Kronblatt genagelt, 10-15 mm lang. Blüten in einer aufrechten, verlängerten Traube

Epilobium angustifolium L., Wald-Weidenröschen: G-H, 50-150 cm, VI-VIII, kollin-subalpin (-alpin), Waldränder, Schlagfluren, Hochstaudenfluren, Ufer, (Epil-angu, Aden), LC

- Blätter lineal, starr, 3-6 mm breit, beidseits ± gleichfarbig, ohne hervortretende Seitennerven. Kronblätter nicht genagelt **3**

3 Stängel aufrecht, schlank. Blätter meist ganzrandig →, 1-3 mm breit, Blattrand nach unten gebogen. Kelchblätter blassrot. Blüten in kurzer, endständiger Traube. Griffel so lang wie die Staubblätter, nur am Grund zottig behaart

Epilobium dodonaei Vill., Rosmarin-Weidenröschen: Ch, 30-90 cm, VI-IX, kollin-montan, trockenwarme, eher kalkreiche Geröllfluren, Schutthalden, Kiesgruben, (Epil-flei, Stip-cala, Sisy), NT

- Stängel niederliegend-aufsteigend, gedrungen, kaum über 30 cm hoch. Blätter gezähnelt →, 2-6 mm breit, am Rand kaum nach unten gebogen. Kelchblätter braunrot. Griffel nur halb so lang wie die Staubblätter, bis zur Mitte zottig behaart

Epilobium fleischeri Hochst., Fleischers Weidenröschen: Ch, 30 cm, VII-VIII, (montan-) subalpin-alpin, kalkreiche Geröllfluren, Bachufer, Moränen, (Epil-flei), LC

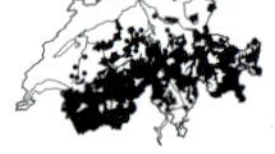

4 Stängel abstehend behaart, Haare > 0,7 mm lang. Blätter stets sitzend. Blütenknospen aufrecht **5**

- Stängel kahl oder anliegend (kraus) behaart. Blätter sitzend oder gestielt. Blütenknospen meist nickend **6**

5 Kronblätter 15-20 mm lang. Pflanze 50-120 cm hoch. Mittlere Stängelblätter scharf gesägt, den Stängel halb umfassend und kurz herablaufend. Durch Ausläufer kleine Bestände bildend. Stängel durch einfache und drüsige Haare zottig. Kelchblätter stachelspitzig

Epilobium hirsutum L., Zottiges Weidenröschen: H, 50-120 cm, VI-IX, kollin-montan, feuchte Krautsäume, Ufer, Staudenfluren, (Conv, Fili, Peta-offi), LC

- Kronblätter 5-9 mm lang. Pflanze 20-50 cm hoch, weichhaarig. Mittlere Stängelblätter fein gezähnt, am Grund verschmälert, nicht stängelumfassend, nicht herablaufend. Ausläufer fehlend. Stängel nur zuoberst mit Drüsenhaaren. Kelchblätter nicht bespitzt

Epilobium parviflorum Schreb., Kleinblütiges Weidenröschen: H, 20-50 cm, VI-IX, kollin-montan (-subalpin), feuchte Krautsäume, Ufer, Quellfluren, (Conv, Glyc-Spar, Fili), LC

6 Zumindest die unteren Blätter fast stets 3- bis 4-quirlig. Stängel mit 2 gegenüberliegenden Längsleisten (Lupe!). Kronblätter 8-12 mm lang. Narbe keulig, ungeteilt

Epilobium alpestre (Jacq.) Krock., Quirlblättriges Weidenröschen: H, 20-80 cm, VI-VIII, montan-subalpin (-alpin), nährstoffreiche Hochstaudenfluren, Grünerlengebüsche, Läger, (Aden, Alne-viri, Rumi-alpi), LC

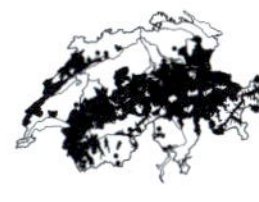

- Blätter gegen- oder wechselständig **7**

7 Alle Blätter wechselständig, lineal-lanzettlich, nur 2-4 mm breit, meist gefaltet, früh abfallend. Kelchröhre oberhalb des Fruchtknotens (Hypanthium) 2-10 mm lang. Frucht 15-20(-30) mm lang. Zierliche, stark verzweigte und vielblütige Pflanze. Blüten → sehr klein (oft nur wenige mm), fast weiss. Stängel meist rot überlaufen, im unteren Teil kahl, oft aufreissend und sich schälend, oberwärts flaumhaarig

Epilobium brachycarpum C. Presl, Kurzfrüchtiges Weidenröschen: T, 20-100(-200) cm, VII-IX, kollin, pionierhafte Unkrautfluren, Brachflächen, (Sisy), Neophyt

- Zumindest die unteren Blätter gegenständig und meist über 4 mm breit. Frucht über 20 mm lang **8**

8 Stängel stielrund (höchstens mit 2 Haarleisten). Narbe oft in 4 Narbenäste getrennt (diese aufgerichtet oder sternförmig ausgebreitet, zum Prüfen mit dem Finger auf die Narben klopfen; Lupe!) **9**

- Stängel mit 2 oder 4 deutlichen Kanten (oder fast Flügel). Narben keulig oder kopfig, nie in 4 Narbenäste getrennt **13**

9 «Mittelgrosse» Blüten: Kronblätter ca. 10 mm lang (8-13 mm). Blätter am Grund breit abgerundet bis fast herzförmig. Stängel meist einfach **10**

- Kleine Blüten: Kronblätter nur ca. 6 mm lang (4-8 mm) lang. Blätter am Grund keilförmig verschmälert. Stängel einfach oder verzweigt **11**

10 Pflanze mit kräftigen, meist unterirdischen, bis zu 10 cm langen Ausläufern. Stängel aufsteigend, durch die krausen Haare wie mehlig erscheinend. Blätter weichhaarig, mehlbestäubt erscheinend. Kelchblätter 5-6 mm lang. Krone dunkelrosa. Samen länglich, an der Spitze mit kurzem Fortsatz

Epilobium duriaei Godr., Durieus Weidenröschen: H, 10-40 cm, VII, (montan-) subalpin, mässig feuchte Hochstaudenfluren, Grünerlengebüsche, (Aden, Alne-viri), VU

- Pflanze ohne Ausläufer (selten mit kurzen, bis 4 cm langen Ausläufern). Stängel steif aufrecht, kahl oder im oberen Teil etwas flaumig. Blätter fast kahl, am Grund abgerundet →. Kelchblätter 3,5-5 mm lang. Krone rosa (meist heller als vorige Art). Samen eiförmig, an der Spitze abgerundet

Epilobium montanum L., Berg-Weidenröschen: Ch-H, 10-60(-100) m, VI-VIII, kollin-subalpin (-alpin), nährstoffreiche Wegränder, Krautsäume, Gärten, Wälder, (Fuma-Euph, Aego, Fagetalia), LC

11 Blätter mehrheitlich gegenständig. Mittlere Blätter lineal-lanzettlich, (fast) ganzrandig, stumpf →. Blattrand (meist) umgerollt. Fast alle Blätter sitzend. Stängel kahl oder entlang 2 gegenüberliegender Linien behaart

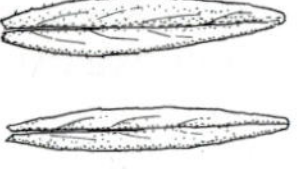

Epilobium palustre L., Sumpf-Weidenröschen: H, 10–50 cm, VII–IX, kollin-subalpin (-alpin), feuchte, eher kalkarme Wiesen und Weiden, Flachmoore, (Cari-fusc, Calt), LC

- Blätter mehrheitlich wechselständig, nur die untersten gegenständig. Mittlere Blätter eiförmig oder breit lanzettlich, zugespitzt, (0,5–)1–8 mm lang gestielt. Blattrand flach. Stängel anliegend kraus behaart **12**

12 Blätter 4–10 mm lang gestielt, etwa in der Mitte am breitesten →. Stängel nicht oder wenig verzweigt, (20–)30–60 cm hoch. Kronblätter 6–8 mm lang, beim Aufblühen fast weiss. Frucht mit abstehenden Drüsenhaaren

Epilobium lanceolatum Sebast. & Mauri, Lanzettblättriges Weidenröschen: H, 30–60 cm, VI–IX, kollin-montan, trockenwarme, kalkarme Schuttfluren, Mauern, Steinbrüche, (Gale-sege, Andr-vand), CR

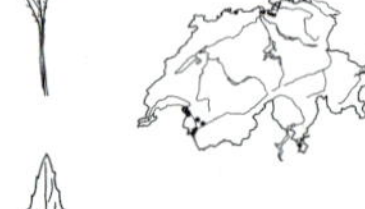

- Blätter nur (0,5–)1–2 mm lang gestielt, am Grund am breitesten →, entfernt, aber scharf geschweift gezähnelt, etwas dicklich. Stängel oft schon von Grund an verzweigt (büscheliger Wuchs), 10–30(–40) cm hoch. Blätter meist < 2 cm lang. Kronblätter 4–6 mm lang, hellrosa. Frucht ohne Drüsenhaare

Epilobium collinum C. C. Gmel., Hügel-Weidenröschen: H, 10–40 cm, VI–VII, (kollin-) montan-subalpin (-alpin), sonnige, eher kalkarme Mauern, Felsen, Schuttfluren, (Gale-sege, Andr-vand), LC

13 Stängel (fast) unverzweigt, nur 5–20(–30) cm hoch. Blütenstand bis nach der Blüte nickend. Blüten 1–4. Pflanze subalpin-alpin (selten hochmontan) **14**

- Stängel ästig, (30–)40–140 cm hoch. Blütenstand aufrecht. Bei normal entwickelter Pflanze mit mehr als 4 Blüten. Pflanze kollin-montan(-subalpin) **16**

14 Pflanze mit unterirdischen Ausläufern. Stängel 10–20(–30) cm hoch, 2–3 mm dick. Blätter 2–4 cm lang, zugespitzt, gezähnelt →. Blüten 8–12 mm breit

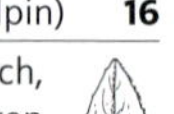

Epilobium alsinifolium Vill., Mierenblättriges Weidenröschen: H, 10–20(–30) cm, VII–VIII, (montan-) subalpin-alpin, kalte Quellfluren, Bachufer, (Card-Mont, Crat), LC

- Pflanze mit oberirdischen Ausläufern. Stängel 5–10(–20) cm hoch, 1–2 mm dick. Blätter 1–2,5 cm lang, stumpf, (fast) ganzrandig. Blüten 4–5 mm breit **15**

15 Stängel meist zu mehreren (rasiger Wuchs), mit behaarten, wenig sichtbaren Längslinien, sonst kahl. Blätter breit eiförmig bis länglich eiförmig, stumpf, fast ganzrandig →, die unteren deutlich gestielt. Blütenknospen kugelig. Junge Frucht nur spärlich drüsenhaarig, verkahlend, reife Frucht kahl

Epilobium anagallidifolium Lam., Alpen-Weidenröschen: H, 5–10(–20) cm, VII–VIII, (montan-) alpin, feuchte Schneetälchen, Moränen, Schwemmebenen, (Sali-herb, Andr-alpi, Card-Mont), LC

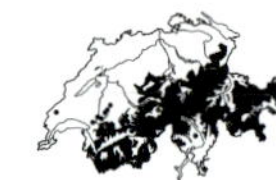

- Stängel meist einzeln stehend, oben wie die Blütenstiele weichhaarig. Blätter ungestielt oder sehr kurzstielig, etwas fleischig, ganzrandig, stumpf →. Blütenknospen länglich eiförmig. Auch die reifende Frucht noch dicht anliegend behaart, dazu mit vereinzelten, abstehenden Drüsenhaaren

Epilobium nutans F. W. Schmidt, Nickendes Weidenröschen: H, 5–10(–15) cm, VII–VIII, (montan-) subalpin-alpin, kalkarme Quellfluren, Bachufer, Flachmoore, (Card-Mont, Cari-fusc), LC

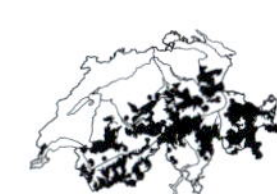

---

16 Stängel zuoberst (im Bereich der Blüten) abstehend drüsig und kraus behaart. Blätter 1,5–20 mm lang gestielt. Blüten zuerst weiss, später blassrosa **17**

- Stängel ohne Drüsenhaare (selten einzelne Drüsen). Blätter ungestielt oder bis 3 mm lang gestielt. Blüten rosa **18**

---

17 Blattstiele (3–)5–20 mm lang. Blätter oval →, keilförmig in den Stiel verschmälert (bei *E. montanum* breit abgerundet), 0,5–2 cm breit, drüsig gezähnt, netzaderig-runzelig, graugrün. Blütenknospen bespitzt. Fruchtknoten und Frucht an den Kanten anliegend, auf den Flächen abstehend drüsig behaart →

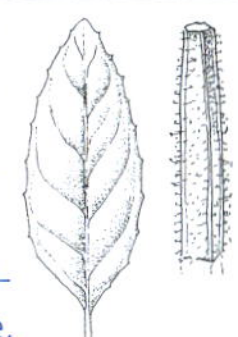

Epilobium roseum Schreb., Rosenrotes Weidenröschen: H, 20–80 cm, VII–IX, kollin-montan (-subalpin), feuchte Krautsäume, Röhrichte, Ufer, (Conv, Phal, Glyc-Spar), LC

- Blattstiele 1,5–3(–4) mm lang. Blätter eilanzettlich, am Grund abgerundet und plötzlich in den Stiel verschmälert, 2–3 cm breit. Pflanze oft rötlich überlaufen. Kronblätter 4–6 mm lang. Blütenknospen nicht bespitzt. Fruchtknoten und Frucht abstehend drüsig behaart →

Epilobium ciliatum Raf., Drüsenstängeliges Weidenröschen: Ch-H, 20–80(–120) cm, VII–IX, kollin-montan, warme, eher feuchte Schuttplätze, Wegränder, Krautsäume, (Bide, Conv), in Ausbreitung, Neophyt

---

18 Junge Blüten nickend. Stängel (im Spätsommer) mit dünnen, beblätterten Ausläufern. Stängel mit 2–4 eher schwachen Leisten, stark ästig, leicht zusammendrückbar, dunkelgrün bis rötlich, vor der Blüte nickend. Mittlere Blätter matt dunkelgrün, sehr kurz gestielt, lineal-lanzettlich. Fruchtknoten mit zerstreuten Drüsen →. Frucht 3–6 cm lang

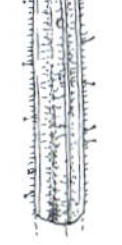

Epilobium obscurum Schreb., Dunkelgrünes Weidenröschen: Ch-H, 30–100 cm, VII–IX, kollin-montan, feuchte, eher kalkarme Staudenfluren, Bachufer, Quellfluren, (Card-Mont, Calt), LC

- Junge Blüten stets aufrecht. Stängel ohne Ausläufer, zuunterst stielrund, gelblich, verholzend. Stängel in der Mitte mit 2, oben mit 4 deutlichen Leisten (fast 4-kantig). Mittlere Blätter hell- oder graugrün, lineal-lanzettlich, (fast) ungestielt. Fruchtknoten ohne Drüsen →. Frucht 6,5–9 cm lang

Epilobium tetragonum L., Vierkantiges Weidenröschen: Ch-H, 30–100 cm, VI–IX, kollin-montan, feuchte Orte, Bachufer, Gräben, LC

---

a Stängel fast kahl. Blätter hellgrün, scharf gezähnt, ungestielt, am Stängel herablaufend →. Kronblätter 4–6 mm lang. Samen mit spitzen Papillen (Lupe!), igelig wirkend

Epilobium tetragonum L. subsp. **tetragonum**, Gewöhnliches Vierkantiges Weidenröschen: Ch-H, 30–100 cm, VI–IX, kollin-montan, warme, feuchte Krautsäume, Ufer, Quellfluren, (Fili, Conv), LC

- Stängel weichhaarig-grau. Blätter graugrün, undeutlich gezähnelt, kurz gestielt, am Stängel nicht herablaufend →. Kronblätter 6–8 mm lang. Samen mit flachen Papillen

Epilobium tetragonum subsp. ***lamyi*** (F. W. Schultz) Nyman, Lamys Vierkantiges Weidenröschen: Ch-H, 30–100 cm, VI–IX, kollin-montan, Krautsäume, Schlagfluren, Waldwege, (Atro, Aego), LC

Ludwigia Heusenkraut

1 Blätter gegenständig. Blüte 4-zählig. Kronblätter fehlend oder unscheinbar (<1 mm). Staubblätter 4 **2**

- Blätter wechselständig. Blüte 5-zählig. Kronblätter gross, gelb. Staubblätter (8–)10(–14) **3**

2 Kronblätter (1–)4, winzig → (Lupe!), ca. 0,5 mm breit, spatelig, gelbweiss, hinfällig (mehrere Individuen untersuchen!). Blätter schmal elliptisch bis lanzettlich. Tragblättchen aussen am Fruchtknoten die halbe Länge des Fruchtknotens erreichend. Frucht bleibt steril: schmal, blassgrün, ohne dunklere Nerven

Ludwigia ×kentiana E. J. Clement, Kents Heusenkraut: H-T, 10–50 cm lang, VII–VIII, kollin, wechselfeuchte Pionierfluren, Tümpel, (Nano), Neophyt

- Kronblätter fehlend →. Blätter breit elliptisch. Tragblättchen aussen am Fruchtknoten winzig, <1 mm lang. Frucht rund, aufgeblasen, grün mit 4 dunkleren Nerven

Ludwigia palustris (L.) Elliott, Gewöhnliches Heusenkraut: H-T, 10–50(–70) cm lang, VII–VIII, kollin, wechselfeuchte Pionierfluren, Gräben, Tümpel, (Nano), CR

3 Nebenblätter dreieckig →. Fruchtknoten (Hyanthium) kräftig behaart, Haare 1–2 mm lang. Kronblätter 15–24 mm lang. Kelchblätter zur Fruchtzeit bis 18 mm lang. Blätter 3–10 cm lang, länglich elliptisch, mit auffälliger, heller Nervatur

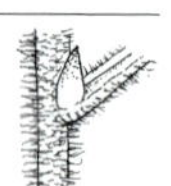

Ludwigia grandiflora (Michx.) Greuter & Burdet, *(L. uruguayensis)*, Grossblütiges Heusenkraut: H, 1–4 m lang, VI–IX, kollin, Stillgewässer, zeitweise überschwemmte Ufer, Neophyt

- Nebenblätter rundlich bis oval →. Blütenstiele fein behaart (bis 1 mm lang). Kronblätter 7–13(–16) mm lang. Kelchblätter zur Fruchtzeit bis 10 mm lang. Blätter 2–8 cm lang, länglich verkehrt eiförmig, mit auffälliger, heller Nervatur

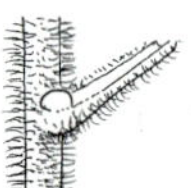

Ludwigia peploides (Kunth) P. H. Raven, Portulak-Heusenkraut: H, (0,4–)0,6–2 m lang, VI–IX, kollin, Stillgewässer, zeitweise überschwemmte Ufer, Neophyt

Oenothera Nachtkerze

Durch Komplexheterozygotie entstehen innerhalb der Gattung *Oenothera* neue, eigenständige, fertile Hybriden, deren Populationen je nach systematischem Konzept als eigenständige Arten aufgefasst werden. Dabei sind in Mitteleuropa Hybriden neu entstanden, die in der nordamerikanischen Heimat nicht vorkommen. Die in Mitteleuropa zumeist verwendete Systematik nach Rostanski, mit über 70 verschiedenen Taxa, ist für eine Exkursionsflora ungeeignet. Im vorliegenden Konzept wurde versucht, die wichtigsten und mit der Systematik von Dietrich einigermassen in Übereinstimmung stehenden Formenkreise des Rostanski-Systems abzubilden.

1 Grossblütige Arten: Kronblätter (15-)18-55 mm lang **2**

- Kleinblütige Arten: Kronblätter 6-14 mm lang

Oenothera parviflora aggr., Kleinblütige Nachtkerze: H.ha-T, 50-200 cm, VII-IX, kollin-montan, Ödland, Ufer, Bahnareale, Neophyt

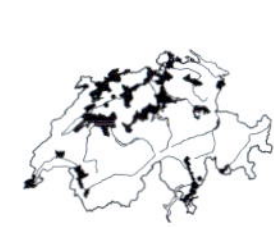

a Stängel anliegend behaart, mit roten Punkten → (rote Basis der Haare). Blätter graugrün. Achsenbecher («Kronröhre») 25-35 mm lang. Kronblätter 12-14 mm lang. Blütenstand dicht und deutlich nickend. Blütenknospen grün oder rötlich

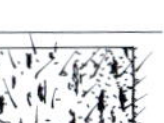

Oenothera oaksiana (A. Gray) S. Watson & J. M. Coult., Sand-Nachtkerze: H.ha-T, 50-150 cm, VII-IX, kollin (-montan), Flussufer, Geröllfluren, (Dauc-Meli)

- Stängel ohne rote Punkte → (manchmal nach der Blütezeit mit einzelnen roten Punkten). Blütenstand vor der Blüte aufrecht oder wenig nickend. Blätter grün **b**

b Kelchblattspitzen an der Knospe aneinanderliegend, 3-4 mm lang. Blütenstand (auch vor der Blüte) aufrecht. Kronblätter 9-12 mm lang, meist etwas ausgerandet. Frucht 30-45 mm lang

Oenothera deflexa R. R. Gates, Umgebogene Nachtkerze: H.ha-T, 50-150 cm, VII-IX, kollin-montan, Ruderalflächen, Neophyt

- Kelchblattspitzen an der Knospe spreizend, 2-3 mm lang. Blütenstand dicht, vor der Blüte leicht nickend. Blütenknospen zuerst grün, dann rötlich überlaufen. Kronblätter 6-11 mm lang. Frucht 25-30 mm lang

Oenothera parviflora L., Gewöhnliche Kleinblütige Nachtkerze: H.ha-T, 50-150 cm, VII-IX, kollin-montan, trockenwarme Wegränder, Ufer, Bahnareale, (Dauc-Meli, Sisy), Neophyt

2 Pflanze graugrün, dicht anliegend behaart (besonders Fruchtknoten und junge Früchte auffallend dicht behaart). Haare am Stängel am Grund kaum verdickt (Lupe!). Blätter fühlen sich samtig an. Fruchtzähne gestutzt oder ausgerandet

Oenothera villosa aggr., Filzige Nachtkerze: H.ha-T, 50-150 cm, VII-IX, kollin, Ruderalflächen, Neophyt

a Stängel mit roten Punkten → (rote Basis der Haare). Junge Blütenstandsachse nach oben hin rot verfärbt (rotstreifig). Obere Stängelblätter am Rand gewellt, die Spitze verdreht. Kronblätter 16-20 mm lang

Oenothera depressa Greene, *(Oe. salicifolia)*, Weidenblättrige Nachtkerze: H.ha-T, 60-200 cm, VII-IX, kollin, Ruderalfluren, Wegränder, (Dauc-Meli, Sisy)

- Stängel ohne rote Punkte →. Junge Blütenstandsachse grün. Stängelblätter hell graugrün, nicht verdreht, am Rand nicht gewellt **b**

b Fruchtzähne an der Spitze deutlich ausgerandet

Oenothera canovirens Steele, *(Oe. renneri)*, Graugrüne Nachtkerze: H.ha-T, 50–150 cm, VI–IX, kollin, Flussufer, Wegränder, Bahnareale, (Dauc-Meli), Neophyt

- Fruchtzähne an der Spitze gestutzt, kaum ausgerandet

Oenothera villosa Thunb., Gewöhnliche Filzige Nachtkerze: H.ha-T, 50–150 cm, VI–IX, kollin, Flussufer, Wegränder, Bahnareale, (Dauc-Meli), Neophyt

- Pflanze hellgrün, abstehend behaart. Haare am Stängel meist mit verbreitertem Grund. Fruchtzähne gestutzt, nicht ausgerandet

Oenothera biennis aggr., Zweijährige Nachtkerze: H.ha-T, 50–250 cm, VI–IX, kollin-montan, Ruderalflächen, Neophyt

a Stängel, Kelchröhre und Frucht ohne rote Punkte (Basis der Borstenhaare grün). Blätter elliptisch, oft mit rötlichem Mittelnerv. Blütenknospen grün. Achsenbecher (20–)25–35 mm lang. Kronblätter 25–35 mm lang

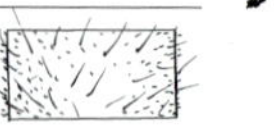

Oenothera biennis L., Gewöhnliche Zweijährge Nachtkerze: H.ha-T, 50–150 cm, VI–IX, kollin-montan, Ruderalfluren, Wegränder, Bahnareale, (Dauc-Meli, Sisy), Neophyt

- Stängel, Kelchröhre und Frucht mit auffälligen roten Punkten (rote Basis der Borstenhaare) **b**

b Kronblätter sehr gross, (35–)40–55 mm lang (nur bei dieser Art so lang!). Untere Blätter stark wellig, querrunzelig. Blütenstandsachse nach oben hin rot verfärbt. Achsenbecher («Kronröhre») 35–45 mm lang. Kelchblattspitzen 4–10 mm lang

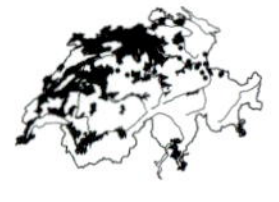

Oenothera glazioviana Micheli, *(Oe. erythrosepala)*, Lamarcks Zweijährige Nachtkerze: H.ha-T, 60–180 cm, VI–IX, kollin (-montan), trockenwarme Unkrautfluren, Schuttplätze, Wegränder, (Dauc-Meli, Onop), Neophyt

- Kronblätter mittelgross, 15–30 mm lang **c**

c Kelchröhre (Achsenbecher) 50–70 mm lang (nur bei dieser Art so lang!). Pflanze sehr gross (150–250 cm hoch). Blätter scharf gesägt. Kronblätter 20–30 mm lang. Fruchtzähne gestutzt, 1,5–2 mm lang

Oenothera stucchii Soldano, Stucchis Nachtkerze: H.ha-T, 150–250 cm, VI–IX, kollin, trockenwarme Unkrautfluren, Schuttplätze, (Onop), Neophyt

- Kelchröhre (Achsenbecher) nur 25–45 mm lang. Pflanze 50–150(–180) cm hoch **d**

d Kelchröhre (Achsenbecher) 35–45 mm lang. Kronblätter 20–25 mm lang. Stängelblätter wellig, grün. Fruchtzähne etwas ausgerandet. Kelchblattspitzen 2–4 mm lang

Oenothera fallax Renner, Täuschende Nachtkerze: H.ha-T, 50–150 cm, VI–IX, kollin (-montan), Ruderalfluren, Wegränder, Bahnareale, (Dauc-Meli, Onop), Neophyt. Aus der Hybridisierung von *Oe. biennis* und *Oe. glazioviana*

- Kelchröhre (Achsenbecher) 25-35 mm lang. Kronblätter nur 15-20 mm lang. Stängelblätter flach, dunkelgrün. Blütenstand kegelförmig, Blütenstandsachse grün. Fruchtzähne gestutzt

  Oenothera pycnocarpa G. F. Atk. & Bartlett, *(Oe. chicaginensis)*, Dichtfrüchtige Nachtkerze: H.ha-T, 80-160(-180) cm, VI-IX, kollin (-montan), trockenwarme Unkrautfluren, Schuttplätze, (Dauc-Meli, Onop), Neophyt

Orobanchaceae Sommerwurzgewächse

1	Pflanze ohne grüne Blätter (Vollparasit)	**2**
-	Pflanze mit grünen Blättern (Halbparasit, mit Saugwarzen an den Wurzeln)	**3**
2	Blüten einseitswendig, hellrot. Stängel nur 0-5(-20) cm hoch	***Lathraea***
-	Blüten allseitswendig. Stängel mindestens 5 cm hoch	***Orobanche***
3	Blätter fiederschnittig oder gefiedert. Kelch 5-zählig oder 2-lippig. Krone 2-lippig, die Unterlippe mit 2 hervortretenden Leisten	***Pedicularis***
-	Blätter ungeteilt. Kelch 4-zählig	**4**
4	Blüten fast gleichmässig 5-zipflig, röhrig, gelb, mit roten Punkten, 5-9 mm lang. Blütenstiel 4-8 mm lang. Frucht einsamig (Nuss)	***Tozzia***
-	Blüten deutlich 2-lippig. Blütenstiel 0-3 mm lang. Frucht mehrsamig (Kapsel)	**5**
5	Kelch abgeflacht-bauchig aufgeblasen →, bleichgrün. Blätter länglich, gekerbt-gesägt. Blüten gelb	***Rhinanthus***
-	Kelch röhrig oder glockig, nicht flachgedrückt und aufgeblasen	**6**
6	Krone und Kelch dunkel- bis braunviolett. Oberlippe länger als die Unterlippe. Hochblätter violett verfärbt	***Bartsia***
-	Krone weiss, gelb oder rosa. Oberlippe etwa so lang wie die Unterlippe	**7**
7	Blätter ganzrandig oder die oberen am Grund mit 2-3 grossen Zähnen. Kapselfächer ein- oder zweisamig	***Melampyrum***
-	Alle oder zumindest die unteren Blätter gezähnt. Kapselfächer mehrsamig	**8**
8	Zipfel der Oberlippe nicht zurückgeschlagen →. Zipfel der Unterlippe ungeteilt oder schwach ausgerandet. Blätter schmal lanzettlich	***Odontites***
-	Zipfel der Oberlippe zurückgeschlagen →. Zipfel der Unterlippe tief ausgerandet. Blätter eiförmig bis länglich	***Euphrasia***

Bartsia Alpenhelm

- Blätter eiförmig, stumpf gezähnt, gegenständig, die oberen violett überlaufen. Krone und Kelch dunkelviolett, 15–25 mm lang, mit langer Röhre, 2-lippig. Oberlippe helmförmig, länger als die 3-teilige Unterlippe

  Bartsia alpina L., Alpenhelm: G.he, 10–20 cm, VI–VIII, (montan-) subalpin-alpin, wechselfeuchte Bergweiden, Flachmoore, Bachufer, (Nard, Cari-ferr, Cari-bico), LC

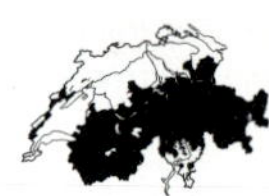

Euphrasia Augentrost

Die Gattung enthält zahlreiche schwierig zu bestimmende Arten. Hybridisierung und Introgression sind besonders bei den Arten *E. nemorosa, E. stricta* und *E. alpina* häufig zu beobachten. Mit «drüsenhaarig» sind niemals sitzende Drüsen gemeint, sondern deutliche lange, meist mehrzellige Drüsenhaare. Während der Blüte verlängert sich die Krone oftmals. Die hier angegebenen Masse beziehen sich auf die Rückenseite voll entwickelter Blüten.

1 Blüten gelb. Pflanze 3–10 cm hoch (vgl. auch *E. alpina*, diese selten mit gelben Blüten) **2**

\- Blüten (Grundfarbe) weiss, rötlich oder bläulich. Pflanze 3–30 cm hoch **3**

2 Krone gross (10–15 mm lang, am Rücken gemessen!). Obere Blätter etwa so lang wie breit (vgl. *E. alpina*), Blattzähne mit oder ohne Granne. Frucht etwa so lang wie der Kelch. Stängel am Grund meist verzweigt

Euphrasia christii Gremli, Christs Augentrost: T.he, 3–10 cm, VII–VIII, (subalpin-) alpin, kalkarme Gebirgsrasen, (Fest-vari, Nard), NT

\- Krone auffallend klein (4–6 mm lang). Blätter etwa so lang wie breit, jederseits mit nur 1–4 stumpfen, unbegrannten Zähnen

Euphrasia minima Schleich., Zwerg-Augentrost: T.he, 2–10(–25) cm, VII–IX, subalpin-alpin, kalkarme Gebirgsrasen, Gratrasen, Zwergstrauchheiden, (Nard, Elyn, Juni-nana), LC

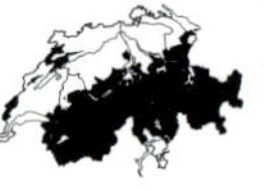

3 Obere Blätter 2–5x so lang wie breit. Zähne entfernt stehend (mit «geraden» Buchten zwischen den Zähnen). Blätter (fast) kahl. Pflanze oft rötlich verfärbt **4**

\- Obere Blätter 1–2x so lang wie breit. Zähne der Tragblätter unmittelbar aufeinanderfolgend («runde» Buchten). Pflanze kahl, drüsig oder behaart **5**

4 Pflanze (8–)10–30 cm hoch. Krone 9–14 mm lang (auf dem Rücken gemessen!). Blätter jederseits mit 2–8 begrannten Zähnen. Frucht kürzer als der Kelch

Euphrasia cisalpina Pugsley, Tessiner Augentrost: T.he, (8–)10–30 cm, VII–X, kollin-montan (-subalpin), lichte, bodensaure Eichenwälder, Krautsäume, (Quer-robo), VU

\- Pflanze 5–10(–20) cm hoch. Krone kurz, 6–8 mm lang. Blätter jederseits mit 2–5 begrannten Zähnen. Frucht so lang oder länger als der Kelch

Euphrasia salisburgensis Hoppe, Salzburger Augentrost: T.he, 5–10(–20) cm, VII–IX, kollin-alpin, kalkreiche, steinige Trockenrasen, Schuttfluren, (Drab-Sesl, Peta-para, Eric-PiSy), LC

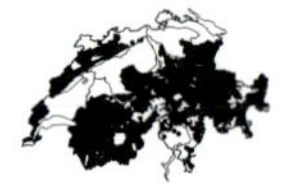

5 Pflanze (v. a. im oberen Teil) mit langen Drüsenhaaren, der Drüsenstiel 10-12x so lang wie der Drüsenkopf («Drüsige Augentroste»), neben den Drüsenhaaren manchmal zusätzlich bis 1 mm lange, bandförmige, zottige Haare (Lupe!). Zähne der Tragblätter stets unbegrannt! **6**

- Pflanze im oberen Teil weder mit langen Drüsenhaaren noch mit langen, bandförmigen Zottenhaaren, aber manchmal mit sitzenden oder kurz gestielten Drüsen (Drüsenstiel max. 6x so lang wie der Kopf). Zähne der Tragblätter mit oder ohne Grannen **7**

6 Pflanze oben lang (bis 1 mm) zottig kraus behaart, mit bandförmigen Haaren und mit Drüsenhaaren. Der Blütenstand daher zottig-graugrün erscheinend. Stängel unverzweigt, kräftig, straff aufrecht. Blätter etwa so lang wie breit, stumpf gezähnt. Krone klein, 5-8 mm lang

Euphrasia hirtella Reut., Zottiger Augentrost: T.he, 5-25 cm, VI-IX, subalpin (-alpin), trockene, eher kalkarme Gebirgsrasen, (Fest-vari, Nard), LC

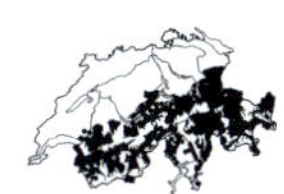

- Pflanze oben nur mit Drüsenhaaren, ohne zottige Haare. Der Blütenstand daher grün erscheinend. Stängel verzweigt oder unverzweigt. Blätter so lang oder länger als breit. Krone eher gross, 8-13 mm lang

Euphrasia rostkoviana Hayne, *(E. officinalis)*, Wiesen-Augentrost: T.he, 5-30 cm, V-X, kollin-alpin, Wiesen, Weiden, Flachmoore, LC

a Stängelblätter stumpf gezähnt. die Blattpaare weit voneinander entfernt (Internodien 2-10x so lang wie die Blätter). Pflanze meist unverzweigt oder oben mit 1(-2) Astpaaren. Tragblätter nur spärlich drüsig

Euphrasia rostkoviana subsp. ***montana*** (Jord.) Wettst., Berg-Augentrost: T.he, V-VI, (kollin-) montan-alpin, wechselfeuchte Bergwiesen und -weiden, (Poly-Tris, Cyno), LC

- Stängelblätter spitz gezähnt. Blattpaare relativ eng stehend (Internodien höchstens bis 3x so lang wie die Blätter). Stängel verzweigt, mit 3-10 Astpaaren **b**

b Stängel schon unter der Mitte verzweigt, mit 5-10 Astpaaren. Pflanze wirkt daher buschig

Euphrasia rostkoviana Hayne subsp. ***rostkoviana***, Wiesen-Augentrost: T.he, 5-25 cm, VI-X, kollin-subalpin (-alpin), wechselfeuchte Wiesen und Weiden, Moore, (Cyno, Calt, Poly-Tris), LC

- Stängel erst über der Mitte verzweigt, mit nur 3-5(-8) Astpaaren. Pflanze wirkt daher schlank. Tragblätter und Drüsenhaare kürzer als bei subsp. *rostkoviana*

Euphrasia rostkoviana subsp. ***campestris*** (Jord.) Wettst., Feld-Augentrost: T.he, 5-25 cm, VII-X, kollin-montan (-subalpin), Wiesen und Weiden, DD. Eventuell Hybride aus *E. rostkoviana* × *E. stricta*

7 Krone 10-15 mm lang (am Rücken gemessen!), nach dem Abblühen oft verlängert («Grossblütige Augentroste») **8**

- Krone 2-10 mm lang, nach dem Abblühen nie verlängert («Kleinblütige Augentroste») **9**

8 Zähne der Tragblätter in eine gekrümmte Granne auslaufend →. Stängel aufsteigend, meist am Grund verzweigt, oft kaum über 10 cm hoch. Untere Stängelblätter stumpf, obere spitz. Krone meist weiss, lila oder bläulich, manchmal aber auch gelb oder orange-gelb (vgl. die ähnliche *E. christii*). Frucht länger als der Kelch

Euphrasia alpina Lam., Alpen-Augentrost: T.he, 5-15 cm, VII-IX, (subalpin-) alpin, kalkarme Gebirgsrasen, (Fest-vari, Cari-curv), LC

- Zähne der Tragblätter gerade, nicht in eine Granne auslaufend →. Obere Blätter stumpf, mit stumpfen Zähnen. Stängel meist einfach oder mit wenigen Ästen (Pflanze schlank). Blattpaare weit voneinander stehend. Blätter so lang wie breit (eigentlich drüsenlose Form von *E. rostkoviana*)

Euphrasia picta Wimm., Gescheckter Augentrost: T.he, 3-20 cm, VI-IX, montan-alpin, Nasswiesen, wechselfeuchte Weiden, (Calt), NT. Wird in zwei schwach charakterisierte Unterarten getrennt

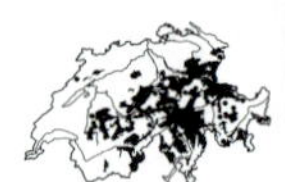

9 Zähne der Tragblätter und oberen Stängelblätter deutlich begrannt. Krone 7-10 mm lang (am Rücken gemessen!) **10**

- Zähne der Tragblätter und oberen Stängelblätter spitz, aber ohne Granne. Krone 2-7 mm lang (mehrere Individuen vergleichen!) **11**

10 Blätter kahl oder am Rand sehr zerstreut behaart. Stängel steif aufrecht, meist von Grund auf verzweigt, mit langen, aufrechten Ästen. Obere Blätter 2x so lang wie breit. Blütenstand zuerst gedrängt, später verlängert. Krone weiss bis violett. Kelch kahl oder mit sitzenden Drüsen. Frucht kürzer als der Kelch →

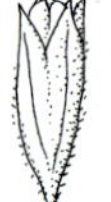

Euphrasia stricta J. F. Lehm., Steifer Augentrost: T.he, 5-30(-50) cm, VII-IX, kollin-subalpin, Trockenrasen, Schuttfluren, (Meso, Xero, Epil-flei), NT

- Blätter borstig behaart, selten kahl werdend. Stängel steif aufrecht, einfach oder mit wenigen Ästen. Obere Blätter kaum länger als breit. Kelch abstehend kurzhaarig. Krone meist hellviolett. Frucht fast so lang wie der Kelch →

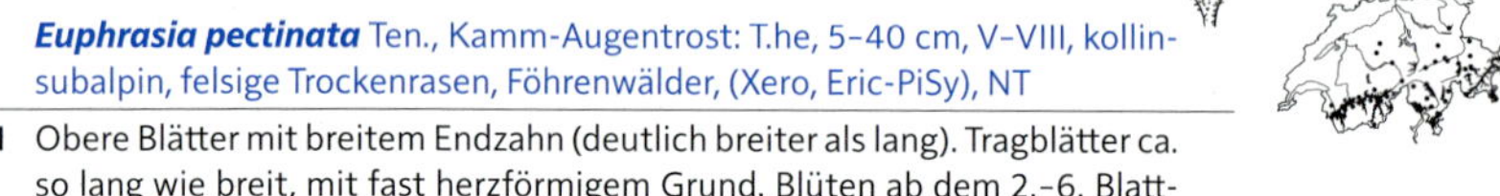

Euphrasia pectinata Ten., Kamm-Augentrost: T.he, 5-40 cm, V-VIII, kollin-subalpin, felsige Trockenrasen, Föhrenwälder, (Xero, Eric-PiSy), NT

11 Obere Blätter mit breitem Endzahn (deutlich breiter als lang). Tragblätter ca. so lang wie breit, mit fast herzförmigem Grund. Blüten ab dem 2.-6. Blattpaar. Obere Blätter jederseits mit 2-4 stumpfen oder spitzen Zähnen **2**

→ *Euphrasia minima*

- Endzahn der oberen Blätter länger als breit. Tragblätter etwas länger als breit, mit keilig verschmälertem Grund. Blüten ab dem 6.-15. Blattpaar. Obere Blätter jederseits mit 3-9 spitzen (aber unbegrannten!) Zähnen

Euphrasia nemorosa (Pers.) Wallr., Busch-Augentrost: T.he, 5-30 cm, VII-IX, kollin-montan, kalkarme Zwergstrauchheiden, (Call-Geni), NT

Lathraea Schuppenwurz

1 Stängel oberirdisch, weiss bis rosa. Blüten blassrosa, 1,5-2 cm lang, in einer einseitswendigen, jung nickenden Traube. Blätter schuppenförmig. Krone 2-lippig. Parasitiert auf *Fagus, Alnus, Corylus* (vgl. *Monotropa*: Pflanze gelblich, Krone röhrig, ohne Lippen)

Lathraea squamaria L., Aufrechte Schuppenwurz: G.ho, 5-25 cm, III-V, kollin-montan, feuchte, kalkreiche Laubmischwälder, Gebüsche, (Frax, Fagetalia), LC

- Stängel unterirdisch. Alle Blüten grundständig, violett, gross, 4-5 cm lang. Parasitiert auf *Salix, Populus, Alnus*

Lathraea clandestina L., Verborgene Schuppenwurz: G.ho, 4-5 cm, IV-V, kollin, Auenwälder, Neophyt

Melampyrum Wachtelweizen

1 Blüten in allseitswendigen, dichten Ähren (in 4 Reihen bzw. Richtungen weisend). Tragblätter grünlich bis rötlich **2**

- Blüten in einseitswendigen, lockeren Trauben (in 1-2 Richtungen weisend) **3**

2 Blütenähre 4-kantig, Deckblätter → dicht dachziegelig angeordnet und nach oben gefaltet, kammförmig gezähnt, bleichgrün bis fast rot. Krone gelbweiss, meist rot verfärbt, 10-16 mm lang

Melampyrum cristatum L., Kamm-Wachtelweizen: T.he, 15-40 cm, V-VIII, kollin-montan, trockenwarme, kalkreiche Krautsäume, Gebüsche, lichte Wälder, (Gera-sang, Quer-pube), NT

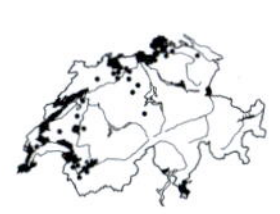

- Blütenähre kegelförmig, nicht ausgesprochen 4-kantig, Deckblätter nicht gefaltet, kräftig rotviolett. Krone 20-25 mm lang, Röhre gelbweiss, Lippe rötlich

Melampyrum arvense L., Acker-Wachtelweizen: T.he, 15-40 cm, VI-VIII, kollin-montan (-subalpin), trockenwarme, kalkreiche Krautsäume, Wegränder, Äcker, (Gera-sang, Conv), VU

3 Obere Deckblätter violettblau, breit herzförmig. Stängel mit 2 gegenüberliegenden Haarleisten mit 6-10 mm langen Haaren. Blätter bis 4 cm breit, unterseits dicht kurzhaarig. Kelch lang, zottig behaart. Kapsel öffnet sich an 2 Nähten

Melampyrum nemorosum L., Hain-Wachtelweizen: T.he, 20-50 cm, VII-VIII, kollin-montan, trockenwarme Krautsäume, Gebüsche, lichte Wälder, (Trif-medi, Gera-sang, Carp), EN

- Obere Deckblätter grün, lanzettlich. Haarleisten am Stängel mit nur 2-5 mm langen Haaren. Blätter zerstreut behaart oder kahl **4**

4 Krone → 12-20 mm lang. Kronröhre gerade, gelbweiss. Kelchzähne ungleich, lineal, die oberen stärker abgespreizt. Kapsel 4-samig, öffnet sich nur an 1 Naht

Melampyrum pratense L., Wiesen-Wachtelweizen: T.he, 15-50 cm, VI-IX, kollin-subalpin (-alpin), lichte Wälder, Gebüsche, Zwergstrauchheiden, Moore, (Luzu-Fage, Dicr-Pini, Rhod-Vacc, Call-Geni), LC

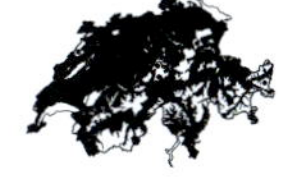

- Krone → 6–10 mm lang. Kronröhre gekrümmt, goldgelb. Kelchzähne gleichartig, dreieckig-lanzettlich, abgespreizt. Kapsel zweisamig, öffnet sich an 2 Nähten

Melampyrum sylvaticum L., Wald-Wachtelweizen: T.he, 25 cm, VI–IX, kollin-subalpin (-alpin), humusreiche, mässig feuchte Nadelwälder, trockene Föhrenwälder, Moore, (Vacc-Pice, Lari-Pine, Eric-PiSy), LC

Odontites Zahntrost

1 Blüten trübrot

Odontites vernus aggr., Roter Zahntrost: 20–40 cm, VI–X, kollin-montan, Getreidefelder, Äcker, lehmige Böden, VU

a Stängel nur im oberen Teil verzweigt. Zweige aufrecht abstehend, Winkel kleiner als 30° →. Tragblätter 10–20 mm lang, länger als die Blüten

Odontites vernus (Bellardi) Dumort., Früher Roter Zahntrost: T.he, 30 cm, VI–VII, kollin-montan, trockenwarme, kalkreiche Äcker, Wegränder, (Cauc, Sisy), EN

- Stängel von Grund an verzweigt. Zweige stark abstehend, Winkel mehr als 30° →, dann nach oben gebogen. Tragblätter 7–10 mm lang, kaum länger als die Blüten

Odontites vulgaris Moench, *(O. serotina)*, Später Roter Zahntrost: T.he, VIII–X, kollin-montan (-subalpin), nährstoffreiche, oft wechselfeuchte Wegränder, Weiden, Gräben, (Cyno, Agro-Rumi), VU

- Blüten gelb **2**

2 Pflanze nicht drüsig-klebrig (behaart, aber ohne Drüsenhaare). Krone goldgelb, bewimpert. Stängel nur oben verzweigt. Kapsel länger als der Kelch →

Odontites luteus (L.) Clairv., Gelber Zahntrost: T.he, 15–50 cm, VIII–IX, kollin-montan (-subalpin), Steppenrasen, trockenwarme Krautsäume, lichte Föhrenwälder, (Stip-Poio, Onon-Pini, Gera-sang), LC

- Ganze Pflanze drüsig-klebrig (mit Drüsenhaaren). Krone blassgelb, kaum behaart. Stängel schon im unteren Teil verzweigt. Kapsel kürzer als der Kelch →

Odontites viscosus (L.) Clairv., Klebriger Zahntrost: T.he, 10–40 cm, VIII–IX, kollin-montan, trockenwarme, lichte Föhrenwälder, (Onon-Pini), VU

Orobanche Würger

Die Arten dieser Gattung können sehr variabel sein und sind oftmals nicht einfach zu bestimmen. Für die Bestimmung dieser Parasiten ist das Erörtern des Wirts sehr hilfreich und oft notwendig. Der Wirt muss nicht in nächster Umgebung der *Orobanche*-Art zu sehen sein, sondern kann auch einige Dezimeter bis Meter von der Pflanze entfernt stehen. Auf ein Ausgraben ist aus Naturschutzgründen zu verzichten.

1 Kelch am Grund mit 1 Deckblatt und 2 seitlich angewachsenen Vorblättern. Kelch glockenförmig, 4- bis 5-zähnig (links) → **2**

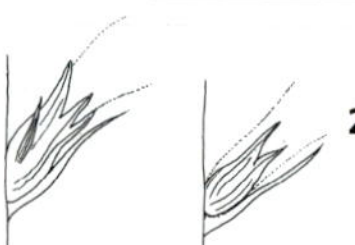

- Kelch am Grund mit 1 Deckblatt und ohne Vorblätter. Kelch 2-teilig, Kelchsegmente mit je 2 (1) Zähnen (rechts) → **3**

2 Stängel meist ästig (manchmal unterirdisch). Kelch 4-zähnig. Meist auf *Cannabis, Nicotiana, Solanum*

Orobanche ramosa L., *(Phelipanche ramosa)*, Hanf-Würger: G.ha.ho, 15–25 cm, VII–IX, kollin-montan, trockenwarme, kalkreiche Unkrautfluren, Schuttplätze, Äcker, (Pani-Seta, Fuma-Euph), Archäophyt, CR

- Stängel meist unverzweigt. Kelch auf der Oberseite mit einem kleinen 5. Zahn. Auf *Achillea* und *Artemisia*

Orobanche purpurea aggr., Violetter Würger: kollin-montan (-subalpin), trockene Wiesen

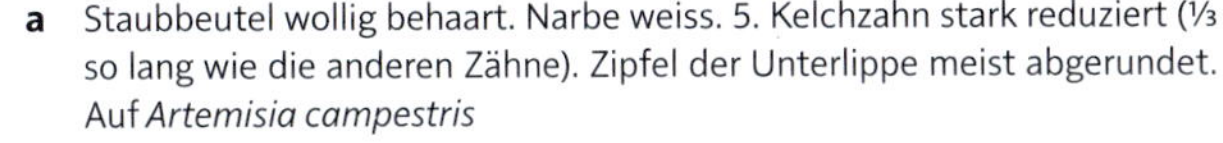

a Staubbeutel wollig behaart. Narbe weiss. 5. Kelchzahn stark reduziert (1/3 so lang wie die anderen Zähne). Zipfel der Unterlippe meist abgerundet. Auf *Artemisia campestris*

Orobanche arenaria Borkh., *(Phelipanche arenaria)*, Sand-Würger: G.ha.ho, 15–45 cm, VI–VII, kollin-montan, kalkreiche Trockenrasen, Felsensteppen, (Alyss-Sedi, Stip-Poio), VU

- Staubbeutel kahl oder oben wenig behaart, jedoch niemals wollig. Narbe weiss oder gelblich. 5. Kelchzahn nicht oder stark reduziert. Zipfel der Unterlippe meist zugespitzt **b**

b Narbe zur Blütezeit weiss. Blütenstand locker, weniger als 2 Blüten pro cm, normalerweise mit 10–22 Blüten. 5. Kelchzahn 1/3 so lang wie die anderen Zähne. Auf *Achillea*, selten auf *Artemisia vulgaris*

Orobanche purpurea Jacq., *(Phelipanche purpurea)*, Gewöhnlicher Violetter Würger: G.ha.ho, 15–45 cm, VI–VII, kollin-montan (-subalpin), trockenwarme Unkrautfluren, Magerrasen, leicht ruderale Fettwiesen, (Conv-Agro, Arrh, Meso), VU

- Narbe zur Blütezeit gelblich. Blütenstand dicht, mehr als 2 Blüten pro cm, normalerweise mit (15-)20–55(-70) Blüten. 5. Kelchzahn 1/2–2/3 so lang wie die anderen Zähne. Auf *Artemisia campestris*

Orobanche bohemica Čelak., *(Phelipanche bohemica)*, Böhmischer Würger: Trockenrasen, VU

3 Krone → innen leuchtend blutrot. Narbe gelb, purpurrot umrandet. Meist auf Fabaceae

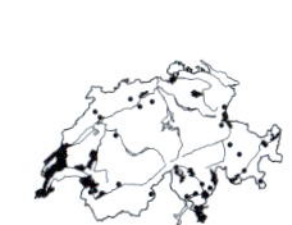

Orobanche gracilis Sm., Schlanker Würger: G.ha.ho, 15–60 cm, V–VIII, kollin-montan (-subalpin), kalkreiche Trockenrasen, sonnige Krautsäume, (Meso, Sesl, Gera-sang), VU

- Krone innen niemals blutrot **4**

4 Krone mit dunklen Drüsenhaaren (zumindest die verdickte Ansatzstelle der Haare) **5**

- Krone mit hellen Drüsenhaaren (zumindest die verdickte Ansatzstelle der Haare) oder kahl **6**

5 Staubfäden 1–2 mm über dem Grund der Kronröhre → eingefügt. Riecht nach Gewürznelken. Auf *Thymus serpyllum*

Orobanche alba Willd., Thymian-Würger: G.ha.ho, 10–30 cm, V–VII, kollin-subalpin (-alpin), kalkreiche Trockenrasen, Felsrasen, (Alyss-Sedi, Xero, Meso), LC

- Staubfäden 2-4 mm über dem Grund der Kronröhre → eingefügt. Geruchlos oder nur schwach riechend. Auf *Carduus*, *Cirsium*, *Knautia* oder *Scabiosa*

Orobanche reticulata Wallr., Distel-Würger: G.ha.ho, 30-80 cm, VI-VIII, montan-subalpin, kalkreiche, steinige Gebirgsrasen, Schuttfluren, (Sesl, Stip-cala), LC

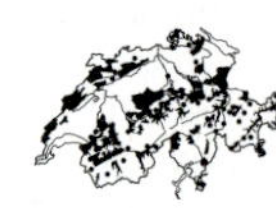

6 Narbe zur Blütezeit meist braunrot oder violettbraun, selten rosa oder elfenbeinfarben zu Beginn der Blüte oder bei hypochromen Individuen **7**

- Narbe zur Blütezeit gelb bis ockergelb **11**

7 Staubfäden 1-2(-3) mm über dem Grund der Kronröhre → eingefügt. Stark nach Gewürznelken riechend. Auf Rubiaceae

Orobanche caryophyllacea Sm., Labkraut-Würger: G.ha.ho, 20-50 cm, V-VII, kollin-montan (-subalpin), kalkreiche Trockenrasen, Krautsäume, Felsrasen, (Meso, Gera-sang), LC

- Staubfäden 2-7 mm über dem Grund der Kronröhre eingefügt **8**

8 Staubfäden oben kahl oder fast kahl **9**

- Staubfäden oben drüsig behaart **10**

9 Staubfäden kahl oder nur unten behaart. Blütenstand mindestens gleich lang wie der Rest des Stängels. Krone → normalerweise ≤ 16 mm. Meist auf *Trifolium*, seltener auf Fabaceae, Asteraceae, Apiaceae, Geraniaceae usw.

Orobanche minor Sm., Klee-Würger: G.ha.ho, 10-50 cm, V-VII, kollin (-montan), kalkreiche, mässig trockene Fettwiesen, Krautsäume, (Arrh, Trif-medi), LC

- Staubfäden etwa bis zur Mitte behaart. Blütenstand kürzer als der Rest des Stängels. Krone ≥ 16 mm. Auf *Picris hieracioides*

Orobanche picridis F. W. Schultz, Bitterkraut-Würger: G.ha.ho, 15-70 cm, VI, kollin, trockenwarme, lückige Wiesen, Wegränder, (Dauc-Meli, Arrh), CR

10 Seitliche Kelchblätter bis fast zum Grund in 2 schmal lanzettliche Zähne (diese 5x so lang wie breit) gespalten →. Krone gelb bis braunlila. Mittlerer Zipfel der Unterlippe grösser als die seitlichen. Staubfäden am Grund behaart, oben drüsenhaarig. Auf *Teucrium*

Orobanche teucrii Holandre, Gamander-Würger: G.ha.ho, 10-30 cm, V-VII, kollin-montan (-subalpin), kalkreiche, felsige Trockenrasen, sonnige Felsrasen, Schuttfluren, (Xero, Stip-cala), NT

- Seitliche Kelchblätter nur im oberen Drittel in 2 breit dreieckige Zähne (diese 1-2x so lang wie breit) gespalten. Krone weiss bis hellgelb, mit violetten Adern. Zipfel der Unterlippe ± gleich gross. Auf *Artemisia campestris*

Orobanche artemisiae-campestris Gaudin, Beifuss-Würger: G.ha.ho, 15-60 cm, VI, kollin-montan, Trockenrasen, Felsensteppen, (Sedo-Scle, Stip-Poio), NT

11 Kronröhre → unter dem Schlund deutlich eingeschnürt (in der Bauch- oder Rückenansicht). Narben gelb. Auf *Hedera helix*

Orobanche hederae Duby, Efeu-Würger: G.ha.ho, 15-30 cm, V-VII, kollin, trockenwarme Gebüsche, Waldränder, Parkanlagen, (Berb, Prun-Rubi, Quer-pube), LC

- Kronröhre oben nicht deutlich eingeschnürt **12**

12 Staubfäden unten kahl, weniger als 2 mm über dem Grund der Kronröhre eingefügt. Auf *Cytisus scoparius*

Orobanche rapum-genistae Thuill., Ginster-Würger: G.ha.ho, 25–60 cm, V–VI, kollin-montan (-subalpin), trockenwarme Gebüsche, magere Weiden, (Saro, Nard), NT

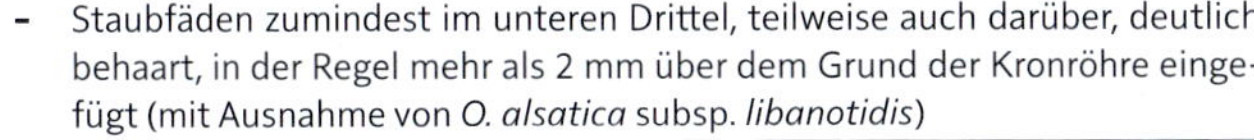

- Staubfäden zumindest im unteren Drittel, teilweise auch darüber, deutlich behaart, in der Regel mehr als 2 mm über dem Grund der Kronröhre eingefügt (mit Ausnahme von *O. alsatica* subsp. *libanotidis*) **13**

13 Rücken der Krone besonders unterhalb des Schlunds gebogen (± abgewinkelt), in der Mitte (fast) gerade oder schwach gebogen → **14**

- Rücken der Krone in der ganzen Länge gleichmässig gebogen → **15**

14 Griffel oben drüsig behaart. Krone → 24–30 mm lang, gelb bis gelblich braun, selten violett überlaufen. Stängel deutlich dunkler gefärbt als die Blüten. Auf *Medicago* oder *Melilotus*

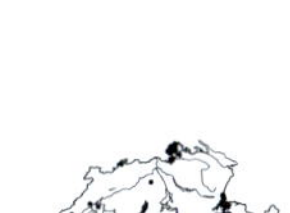

Orobanche lutea Baumg., Gelber Würger: G.ha.ho, 30–45 cm, V–VI, kollin-montan, trockenwarme, kalkreiche Krautsäume, Gebüsche, (Gera-sang, Trif-medi), EN

- Griffel kahl. Krone 18–25 mm lang, weisslich bis gelbweisslich. Stängel kaum dunkler als die Blüten. Auf *Aconitum lycoctonum* **16**

→ *Orobanche lycoctoni*

15 Alle folgenden Merkmale sind vorhanden: Staubfäden oben deutlich drüsig, Oberlippe → ganzrandig oder nur undeutlich 2-teilig. Blütenstand dicht und zylindrisch, aufgrund von abgestorbenen Knospen spitz zulaufend. Alle Zipfel der Unterlippe etwa gleich gross. Auf *Centaurea*

Orobanche elatior Sutton, Flockenblumen-Würger: G.ha.ho, 20–70 cm, VI–VIII, kollin-montan (-subalpin), kalkreiche Halbtrockenrasen, Krautsäume, trockene Fettwiesen, (Dipl, Arrh, Gera-sang), EN

- Mit anderer Merkmalskombination **16**

16 Kelchzähne maximal 3-nervig. Pflanze schattiger und feuchter Standorte (mit Ausnahme von *O. lucorum*)

Orobanche flava aggr.: Schotterfluren, kalkstet

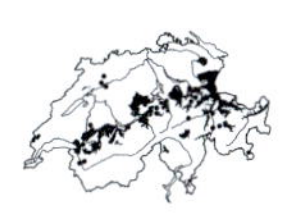

a Staubfäden oben drüsenhaarig, 4–7 mm über dem Grund der Kronröhre eingefügt. Griffel am Ende der Blütezeit oft die Krone überragend und spiralig eingerollt. Meist auf *Petasites paradoxus*, seltener auf *Adenostyles* oder *Tussilago*

Orobanche flava F. W. Schultz, Pestwurz-Würger: G.ha.ho, 15–40 cm, VI–VIII, montan-subalpin, wechselfeuchte Schuttfluren, Alluvionen, Krautsäume, (Peta-para, Epil-flei, Peta-offi), NT

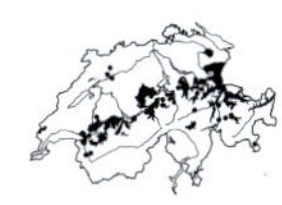

- Staubfäden oben kahl (fast kahl), 2–4 mm über dem Grund der Kronröhre eingefügt. Griffel am Ende der Blütezeit nicht deutlich aus der Krone herausragend, nur leicht gekrümmt, nicht spiralig **b**

b Krone weisslich bis gelblich weiss. Narbe eiförmig, undeutlich 2-lappig. Auf *Aconitum lycoctonum*

Orobanche lycoctoni Rhiner: G.ha.ho, 15–40 cm, VII–VIII, montan-subalpin, Hochstaudenfluren, Bergwälder, Schutthänge, (Aden, Abie-Fage, Peta-para)

\- Krone blassgelb bis bräunlich. Narbe deutlich 2-lappig **c**

c Kelchzähne 2-nervig. Krone bräunlich. Auf *Berberis*, selten auf *Rubus*

Orobanche lucorum F. W. Schultz, Berberitzen-Würger: G.ha.ho, 15–30 cm, VII–VIII, (kollin-) montan (-subalpin), trockenwarme Gebüsche, Waldränder, (Berb), EN

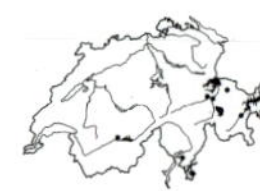

\- Kelchzähne einnervig. Krone blassgelb. Auf *Salvia glutinosa*

Orobanche salviae F. W. Schultz, Salbei-Würger: G.ha.ho, 20–30 cm, VII–VIII, (kollin-) montan (-subalpin), staudenreiche Schluchtwälder, Auenwälder, (Luna-Acer, Alni-inca, Fagetalia), EN

\- Kelchzähne mit mehr als 3 Nerven. Pflanze trockenwarmer Standorte **17**

17 Deckblätter am Grund 5–7 mm breit. Auf *Laserpitium*

Orobanche laserpitii-sileris Jord., Laserkraut-Würger: G.ha.ho, 30–70 cm, VII, kollin-subalpin, trockenwarme Krautsäume, Staudenfluren, Gebüsche, (Gera-sang, Sesl), NT

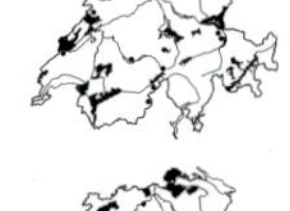

\- Deckblätter am Grund 4–5 mm breit

Orobanche alsatica Kirschl., Elsässische Sommerwurz: 20–50 cm, Trockenrasen, Brachen, warme Gebüschränder, EN

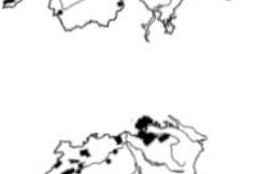

a Griffel dicht drüsenhaarig. Staubfäden 3–5 mm über dem Grund der Kronröhre eingefügt. Auf *Peucedanum*

Orobanche alsatica Kirschl. subsp. ***alsatica***, Elsässer Würger: G.ha.ho, VI, kollin-montan, trockenwarme, kalkreiche Krautsäume, Föhrenwälder, (Gera-sang, Eric-PiSy), EN

\- Griffel kahl oder spärlich drüsenhaarig. Staubfäden 1–3(–5) mm über dem Grund der Kronröhre eingefügt. Auf *Seseli*

Orobanche alsatica subsp. ***libanotidis*** (Rupr.) Tzvelev, Sesel-Würger: G.ha.ho, 20–40 cm, VI–VII, kollin-montan, Trockenrasen, warme Gebüschränder, CR

Pedicularis Läusekraut

1 Krone gelb **2**

\- Krone rosa, rotviolett oder braunrot **5**

2 Oberlippe deutlich geschnäbelt, in einen 3,5–4,5 mm langen Schnabel verschmälert → **3**

\- Oberlippe fast ungeschnäbelt, mit höchstens 1 mm langem Schnabel → **4**

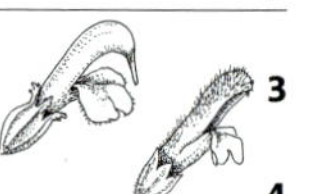

3 Blütenstand kurz und dicht. Kelch glockig, am Grund abgerundet, Kelchzipfel gezähnt →. Stängel am Grund bogig aufsteigend. Obere Tragblätter 3-spaltig

Pedicularis tuberosa L., Knolliges Läusekraut: H.he, 10–20 cm, VI–VIII, subalpin-alpin, kalkarme Gebirgsrasen, Bergweiden, (Fest-vari, Nard), LC

- Blütenstand verlängert. Kelch schmal, am Grund verschmälert, Kelchzipfel ganzrandig →. Stängel aufrecht, am Grund kaum bogig. Obere Tragblätter 3- bis 5-spaltig

  Pedicularis ascendens Gaudin, Aufsteigendes Läusekraut: H.he, 30 cm, VII–VIII, subalpin (-alpin), kalkreiche Gebirgsrasen, Bergweiden, (Sesl), LC

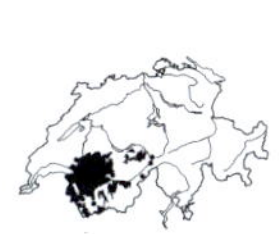

4 Pflanze nur 4–12 cm hoch. Blatt einfach fiederschnittig → (an *Asplenium* erinnernd), 0,5–1 cm breit. Krone zitronengelb, mit purpurnen Flecken

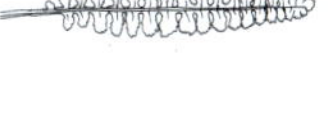

  Pedicularis oederi Hornem., Buntes Läusekraut: H.he, 5–10 cm, VI–VIII, (subalpin-) alpin, kalkreiche, steinige Gebirgsrasen, Zwergstrauchheiden, (Sesl, Cari-firm), LC

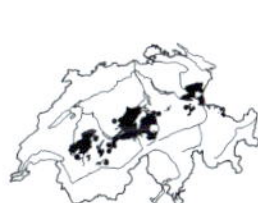

- Pflanze 20–50 cm hoch. Blätter doppelt fiederschnittig →, 3–8 cm breit. Krone blassgelb, ohne purpurne Flecke, die Oberlippe dicht zottig behaart

  Pedicularis foliosa L., Blattreiches Läusekraut: H.he, 20–50 cm, VI–VII, (montan-) subalpin (-alpin), kalkreiche, eher feuchte Rasenhänge, Rostseggenhalden, Hochstaudenfluren, (Cari-ferr, Aden), LC

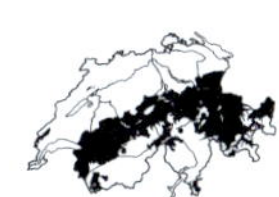

5 Blätter → am Stängel zu 3–4 quirlständig. Stängel 4-zeilig behaart. Krone 12–16 mm lang. Oberlippe ungeschnäbelt

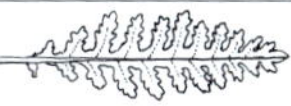

  Pedicularis verticillata L., Quirlblättriges Läusekraut: H.he, 5–20 cm, VI–VIII, subalpin-alpin, kalkreiche Bergwiesen und -weiden, Flachmoore, (Sesl, Cari-dava), LC

- Blätter nicht quirlständig **6**

6 Krone dunkel weinrot bis tief braunrot. Oberlippe ungeschnäbelt. Blätter → dunkelgrün, kahl, mit spitzen Zipfeln, Zipfel mit winzigen Zähnchen (Lupe!). Kelch bewimpert, sonst kahl. Kelchzipfel ganzrandig

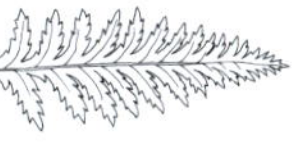

  Pedicularis recutita L., Gestutztes Läusekraut: H.he, 20–50 cm, VI–VII, (montan-) subalpin (-alpin), feuchte, kalkreiche Staudenfluren, Rasenhänge, Bachufer, (Cari-ferr, Alne-viri, Aden), LC

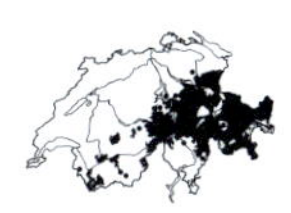

- Krone heller, rosa bis rotviolett. Oberlippe mit ± deutlichem Schnabel **7**

7 Oberlippe vorne (anstelle des Schnabels) zwei 0,5–1 mm lange Zähnchen. Kelchzipfel kraus gezähnt. Sumpfpflanze **8**

- Oberlippe deutlich geschnäbelt, Schnabel 2–5 mm lang. Gebirgspflanze **9**

8 Pflanze 20–70 cm hoch. Stängel erst über dem Boden verzweigt. Blätter 3–5 cm lang. Kelch 2-lippig →

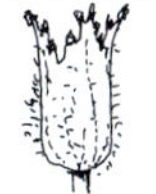

  Pedicularis palustris L., Sumpf-Läusekraut: H.ha.he, 20–70 cm, V–VII, kollin-subalpin (-alpin), Flachmoore, Torfmoore, Nasswiesen, (Cari-fusc, Cari-lasi), NT

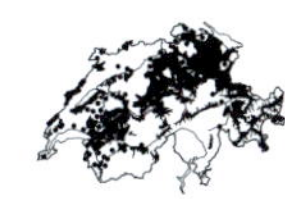

- Pflanze 10–20 cm hoch, direkt am Boden verzweigt, daher (scheinbar) aus mehreren Stängeln bestehend. Blätter nur 1–3 cm lang («kleine krause Blättchen»). Kelch ungleich 5-zähnig →

  Pedicularis sylvatica L., Waldmoor-Läusekraut: H.ha.he, 10–20 cm, V–VI, kollin-montan, wechselfeuchte, kalkarme Rasen, Moore, Zwergstrauchheiden, (Cari-fusc, Call-Geni), VU

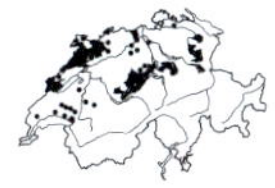

9 Stängel sehr kurz, niederliegend oder etwas aufsteigend. Die meisten Blätter nur 2-6 cm lang. Blüten meist nur zu 2-5 («stängellose Läusekräuter») **10**

\- Stängel aufrecht aufsteigend, (10-)15-40 cm hoch. Die meisten Blätter 6-10 cm lang. Blüten zu mehreren **11**

10 Kelch am Grund verschmälert, kurzhaarig oder kahl →. Kronröhre deutlich länger als der Kelch

Pedicularis kerneri Dalla Torre, Kerners Läusekraut: H.he, 5-15 cm, VII-VIII, (subalpin-) alpin, kalkarme, steinige Gebirgsrasen, (Cari-curv), LC

\- Kelch am Grund glockig gerundet, 1-2 mm lang zottig behaart →. Kronröhre etwa so lang wie der Kelch

Pedicularis aspleniifolia Willd., Farnblättriges Läusekraut: H.he, 3-8 cm, VII-VIII, alpin, kalkreiche Schuttfluren, Gratrasen, (Drab-hopp), NT

11 Blütenstand ährig verlängert (viel länger als breit). Tragblätter und Kelch spinnwebig behaart, Kelchzipfel ganzrandig →. Blatt frischgrün, kahl, tief fiederteilig (fast gefiedert)

Pedicularis rostratospicata subsp. ***helvetica*** (Steininger) O. Schwarz, Fleischrotes Läusekraut: H.he, 15-40 cm, VII-VIII, alpin, kalkreiche, etwas feuchte Bergweiden, (Cari-ferr), LC

\- Blütenstand kurz und dicht (kopfig). Kelch nicht spinnwebig behaart, Kelchzipfel kraus gezähnt **12**

12 Kelchzipfel nicht zurückgekrümmt, daher fast so lang wie die Kelchröhre →. Krone 24-32 mm lang. Schnabel breit, 2-3 mm lang

Pedicularis gyroflexa Vill., Gedrehtes Läusekraut: H.he, 15-25 cm, VI-VII, subalpin-alpin, kalkreiche, felsige Gebirgsrasen, Felsrasen, (Sesl), VU

\- Kelchzipfel zurückgekrümmt, daher nur halb so lang wie die Kelchröhre →. Krone 12-24 mm lang. Schnabel schmal, 3,5-5 mm lang. Unterlippe bewimpert

Pedicularis rostratocapitata Crantz, Kopfiges Läusekraut: H.he, 10-20 cm, VII-VIII, (subalpin-) alpin, kalkreiche, felsige Gebirgsrasen, (Sesl, Cari-firm), LC

Rhinanthus Klappertopf

Einige Arten dieser Gattung sind äusserst schwierig zu bestimmen. Viele Arten bestehen aus mehreren Rassen («Frühjahrsrassen» und «Sommerrassen»), die morphologisch verschieden sein können.

1 Kelch auf der Fläche dicht zottig behaart. Stängel rundum zottig behaart →. Blätter gegenständig, regelmässig gesägt, beidseits behaart. Alle Zähne der Tragblätter etwa gleich lang. Oberlippe mit einem blauen Zahn (ca. 2 mm lang)

Rhinanthus alectorolophus (Scop.) Pollich, Zottiger Klappertopf: T.he, 10-50 cm, V-VIII, kollin-subalpin (-alpin), kalkreiche Wiesen, Weiden, Krautsäume, (Arrh, Meso, Sesl), LC

\- Kelch auf der Fläche kahl **2**

2 Kronröhre gerade (Blüte aus dem Kelch ziehen!) →. Zahn der Oberlippe nur 0,2–0,7 mm lang, breiter als lang (halbmondförmig), kaum abstehend, weisslich oder blassblau. Tragblätter und Kelch grün, oft braun überlaufen. Krone goldgelb, später oft orange verfärbt

Rhinanthus minor L., Kleiner Klappertopf: T.he, 10–50 cm, V–VIII, kollin-subalpin (-alpin), wechselfeuchte Magerrasen, Flachmoore, (Moli, Nard, Meso, Cari-fusc), LC

- Kronröhre ± stark gekrümmt →. Zahn an der Oberlippe deutlich, 1–2,5 mm lang, blau (selten weisslich) **3**

3 Zähne der Tragblätter am Grund lang, grannenartig (Granne 1–5 mm lang), dann nach oben hin rasch kürzer werdend →. Stängel und Blätter ± kahl. Kronröhre stark aufwärts gekrümmt, 15–20 mm lang

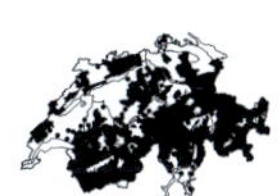

Rhinanthus glacialis Personnat, Grannen-Klappertopf: T.he, VI–IX, (montan-) subalpin-alpin, frische, eher kalkreiche Bergwiesen und -weiden, schuttige Rasenhänge, (Sesl, Cari-ferr, Nard), LC

- Zähne der Tragblätter zur Spitze hin allmählich kürzer werdend, die unteren ohne oder mit höchstens 1 mm langer Granne →. Krone nur schwach aufwärts gekrümmt **4**

4 Zähne der Oberlippe 1–2 mm lang. Endzahn des obersten Laubblattpaares länger als breit. Stängel durchgehend kahl oder sehr spärlich behaart. Blätter beiderseits (fast) kahl. Krone 15–20 mm lang

Rhinanthus angustifolius C. C. Gmel., *(Rh. serotinus)*, Kahler Klappertopf: T.he, 20–50 cm, V–VI, kollin (-montan), wechselfeuchte Wiesen, (Meso, Calt, Moli), VU

- Zähne der Oberlippe 0,8–1 mm lang. Endzahn des obersten Laubblattpaares so lang wie breit. Stängel unten abstehend behaart. Blätter unterseits behaart. Krone nur 12–17 mm lang

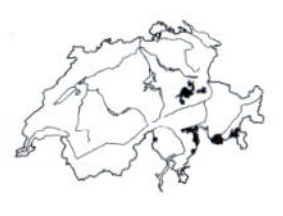

Rhinanthus antiquus (Sterneck) Schinz & Thell., Bergamasker Klappertopf: T.he, 8–15 cm, VIII, subalpin-alpin, steinige, eher kalkreiche Gebirgsrasen, (Sesl), NT

Tozzia Alpenrachen

- Stängel 4-kantig, 2-zeilig behaart. Blätter gegenständig, eiförmig, gezähnt, 1–2 cm lang, kahl. Blüten einzeln in Blattachseln. Krone röhrig, goldgelb mit roten Punkten, mit 5-zipfligem Saum →, 5–9 mm lang. Frucht eine Nuss

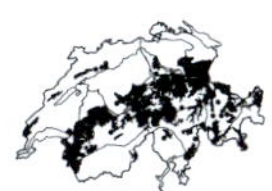

Tozzia alpina L., Alpenrachen: G-H.ha.he, 15–50 cm, VI–VII, (montan-) subalpin (-alpin), kalkreiche Hochstaudenfluren, Grünerlengebüsche, (Aden, Alne-viri), LC

Oxalidaceae Sauerkleegewächse

Oxalis Sauerklee

1 Kronblätter weiss, rosa geadert. Blüten einzeln

Oxalis acetosella L., Wald-Sauerklee: Ch-G, 5-15 cm, IV-VI, kollin-subalpin (-alpin), frische, krautreiche Laubmischwälder, Nadelwälder, (Fagetalia, Abie-Pice, Vacc-Pice), LC

- Kronblätter gelb, rosa, selten weiss, jedoch nie rosa geadert. Blütenstand mehrblütig **2**

2 Kronblätter rosa (selten weiss). Pflanze mit dickem, unregelmässig knotigem, verholztem Rhizom ohne Faserhülle. Teilblättchen auf der Unterseite mit orangen Punkten übersät. Blätter ziemlich dicht abstehend behaart

Oxalis articulata Savigny, Garten-Sauerklee: in Gartennähe, Neophyt

- Kronblätter gelb **3**

3 Nebenblätter fehlend. Frucht zerstreut lang abstehend behaart →. Blütenstiel nach der Blüte aufrecht bis waagrecht abstehend. Frucht aufrecht. Stängel beblättert, lang abstehend behaart. Haare glasig, unverzweigt, mehrzellig. Blüten blassgelb, ohne rote oder orange Male. Pflanze kräftig, aufrecht, mit fadenförmigen, weisslichen bis rötlichen Kriechtrieben

Oxalis stricta L., Aufrechter Sauerklee: G-T, 10-30 cm, VI-IX, kollin (-montan), Äcker, Gärten, Schuttplätze, Wegränder, (Poly-Chen, Poly-avic, Fuma-Euph), Neophyt

- Nebenblätter vorhanden (manchmal unscheinbar, besonders bei *O. dillenii*). Frucht (meist) dicht behaart →. Blütenstiel nach der Blüte zurückgeschlagen. Frucht aufrecht. Stängel beblättert, unterschiedlich behaart, jedoch nie mit mehrzelligen Haaren. Blüten lebhaft gelb, z. T. orange überlaufen. Schlund oft mit roten Punkten oder orangem Saum. Pflanze nie mit weisslichen Kriechtrieben **4**

4 Nebenblätter annähernd dreieckig, > 1 mm lang. Blätter grün oder rötlich. Pflanze drüsig oder ± dicht behaart, ein Teil der Haare abstehend. Junge Triebe zerstreut abstehend behaart. Pflanze meist niederliegend und an den Knoten wurzelnd, seltener mit aufrechtem Haupttrieb. Schlund der Krone ohne Zeichnung oder mit lebhaft roten Punkten oder mit orangem Saum. Samen gleichmässig rötlich braun oder mit gräulichen Querrillen →

Oxalis corniculata L., Gehörnter Sauerklee: H.ha-T, 10-30 cm, IV-X, kollin, Wegränder, Gärten, Weinberge, Mauern, (Poly-avic, Fuma-Euph, Poly-Chen), LC

- Nebenblätter stark reduziert, abgerundet, kaum über 1 mm lang. Blätter grün. Pflanze an den Stängeln, Blattstielen und Blütenstielen gleichmässig, ± dicht abstehend behaart (selten einzelne aufwärtsgerichtete Haare). Junge Triebe oft dicht flaumhaarig und dadurch weisslich. Pflanze kräftig, mit zahlreichen aufrechten Trieben, an den Knoten nicht wurzelnd. Schlund der Krone nie mit roter oder orangefarbener Zeichnung. Samen dunkelbraun, mit weissen bis gräulichen Querrillen →

Oxalis dillenii Jacq., Dillenius' Sauerklee: H.ha-T, 10-30 cm, VI-X, kollin (-montan), Äcker, Gärten, Wegränder, (Poly-Chen, Poly-avic), Neophyt

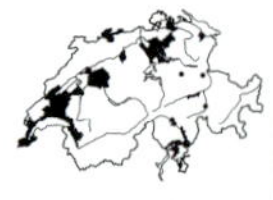

Paeoniaceae Pfingstrosengewächse

Paeonia Pfingstrose

- Blätter sehr gross, doppelt 3-zählig, Teilblätter breit lanzettlich, ganzrandig, oberseits dunkel-, unterseits hellgrün. Kelchblätter 5, ungleich. Kronblätter 5-10, rot, 4-8 cm lang. Staubblätter zahlreich, am Grund in einen Nektarring verwachsen. Frucht → bis 5 cm lang, weissfilzig behaart

Paeonia officinalis L., Pfingstrose: G, 60-100 cm, V-VI, kollin-subalpin, kalkreiche Rasenhänge, lichte Wälder, (Orno-Ostr, Cari-ferr), VU

Papaveraceae Mohngewächse

1 Blüten zygomorph (zweiseitig-symmetrisch), gespornt →. Pflanze ohne Milchsaft (subfam. Fumarioideae) **2**

- Blüten radiärsymmetrisch, mit 0 oder 4 Kronblättern, ohne Sporn. Pflanze meist mit Milchsaft (subfam. Papaveroideae) **3**

2 Pflanze aufrecht. Blüten 10-25 mm lang. Frucht eine längliche Kapsel. Pflanze mehrjährig ***Corydalis***

- Pflanze niederliegend, kletternd oder klimmend. Blüten 5-9(-14) mm lang. Frucht ein kugeliges Nüsschen. Pflanze einjährig ***Fumaria***

3 Blüten in einer Dolde oder Rispe. Kronblätter fehlend oder bis ca. 1 cm lang **4**

- Blüten einzeln am Ende der Stiele. Kronblätter 1-4 cm lang **5**

4 Kronblätter fehlend, die kleine, hell- bis braunrote Blütenhülle entsteht durch die 2 Kelchblätter. Blütenstand eine grosse, vielblütige, federige Rispe →. Milchsaft bräunlich ***Macleaya***

- Kronblätter ca. 1 cm lang, gelb. Blüten zu 2-8 in einer kleinen Dolde. Milchsaft gelb ***Chelidonium***

5 Blüten orange (selten gelb). Kelchblätter mützenförmig verwachsen, beim Aufblühen als Ganzes wegbrechend. Milchsaft farblos ***Eschscholzia***

- Blüten rot, weiss oder gelb. Kelchblätter 2, nicht verwachsen, einzeln abfallend. Milchsaft weiss oder gelbweiss **6**

6 Fruchtkapsel lang, schotenförmig. Narben 2 ***Glaucium***

- Fruchtkapsel kurz, keulig oder kugelig. Narbenstrahlen 4-20 **7**

7 Blätter gefiedert. Kurzer Griffel mit 4-8 Narbenstrahlen. Blüten gelb ***Meconopsis***

- Blätter (oft mehrfach) fiederschnittig. Griffel fehlend (Narben sind direkt auf dem Fruchtknoten bzw. der Kapsel). Narbenstrahlen 4-20. Blüten rot, seltener gelb oder weiss ***Papaver***

Chelidonium Schöllkraut

- Pflanze mit gelbem Milchsaft. Blätter unregelmässig fiederteilig bis gefiedert →, unterseits blaugrün. Blüten gelb, in 2- bis 8-blütigen Dolden. Kronblätter 4, ca. 1 cm lang. Frucht eine 2–5 cm lange Schote

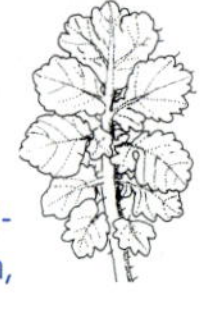

Chelidonium majus L., Schöllkraut: H-H.ha, 30–80 cm, IV–IX, kollin-montan, nährstoffreiche Krautsäume, Unkrautfluren, Mauern, (Aego, Arct), LC

Corydalis Lerchensporn

1 Blüten gelb oder gelbweiss. Stängel verzweigt, mit end- und seitenständigen Blütentrauben (subgen. *Pseudofumaria*) **2**

- Blüten rötlich, lila oder reinweiss. Stängel einfach, mit 1 endständigen Blütentraube (subgen. *Corydalis*) **3**

2 Blüten goldgelb, 12–20 mm lang. Blätter grün, 2- bis 3-fach gefiedert, Abschnitte ungleich gezähnt oder eingeschnitten →, Blattstiel ohne Flügelrand. Blüten in endständiger, 5- bis 15-blütiger Traube

Corydalis lutea (L.) DC., *(Pseudofumaria lutea)*, Gelber Lerchensporn: H, 10–30 cm, III–IX, kollin-montan (-subalpin), kalkreiche Mauern, Felsen, Schutthalden, (Pote, Cent-Pari), auch kultiviert und verwildert (nördlich der Alpen neophytisch), LC

- Blüten gelbweiss (mit dunklerer Spitze), 10–15 mm lang. Blätter blaugrün, Blattstiel zum Grund hin mit schmalem, flügelartigem Rand

Corydalis alba (Mill.) Mansf., *(Pseudofumaria alba)*, Blassgelber Lerchensporn: H, 10–40 cm, VI–IX, kollin-montan (-subalpin), Mauern, feuchte Felsen, (Cent-Pari), kultiviert und selten verwildert, Neophyt

3 Tragblätter (der Blüten) keilförmig, fingerförmig eingeschnitten →. Blüten 16–25 mm lang. Stängel mit einer Blattschuppe und 2–3 Laubblättern. Fruchtstiel so lang wie die Frucht

Corydalis solida (L.) Clairv., Festknolliger Lerchensporn: G, 10–20 cm, III–V, kollin-subalpin, mässig trockene Laubwälder, Gebüsche, (Fagetalia, Aego), LC

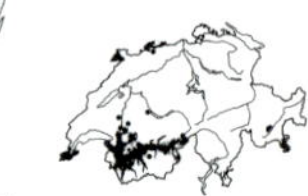

- Tragblätter eiförmig, ganzrandig **4**

4 Blütentraube meist mit mehr als 6 Blüten. Blüten nur 18–30 mm lang. Stängel unter dem untersten Blatt ohne Blattschuppe. Tragblätter →

Corydalis cava (L.) Schweigg. & Körte, Hohlknolliger Lerchensporn: G, 15–30 cm, III–IV, kollin-montan (-subalpin), eher feuchte, nährstoffreiche Laubwälder, Krautsäume, (Fagetalia, Aego), LC

- Blütentraube 1- bis 5- (8-)blütig, zur Fruchtzeit nickend. Blüten nur 10–15 mm lang. Stängel unter dem untersten Blatt mit einer Blattschuppe. Tragblätter →

Corydalis intermedia (L.) Mérat, Mittlerer Lerchensporn: G, 5–10 cm, III–V, kollin-montan (-subalpin), nährstoffreiche Laubmischwälder, Krautsäume, Läger, (Fagetalia, Aego, Rumi-alpi), NT

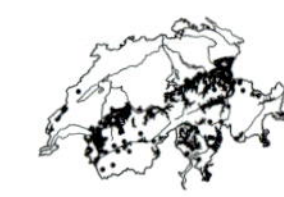

Eschscholzia **Kappenmohn**

- Blätter graugrün, 3-fach fiederspaltig, mit linealen, stumpfen Abschnitten. Die Blütenknospe gleicht einem spitzen Zauberhut →. Kronblätter leuchtend gelborange. Frucht schotenförmig, bis 10 cm lang

  Eschscholzia californica Cham., Kalifornischer Kappenmohn: T, 20-50 cm, VII-IX, kollin (-montan), Wegränder, Schuttplätze, (Sisy), kultivierter Neophyt

Fumaria **Erdrauch**

Bei der Bestimmung ist neben den Blüten, wenn möglich, auch nach Früchten Ausschau zu halten.

1 Blüten 10-15 mm lang. hellrosa bis fast weiss, vorne dunkelrot. Fruchtstiele gekrümmt →. Blätter 2-fach fiederschnittig, oft mit den Teilblattstielen rankend. Stängel lang kriechend und kletternd

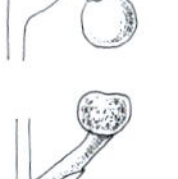

Fumaria capreolata L., Klimmender Erdrauch: T.li, 30-80 cm, V-IX, kollin, nährstoffreiche Krautsäume, Äcker, Weinberge, (Aego, Fuma-Euph), NT

- Blüten nur 5-9 mm lang. Fruchtstiele aufrecht abstehend → **2**

2 Kelchblätter 1,5-4 mm lang. Krone (6-)7-9 mm lang, kräftig rosa

Fumaria officinalis L., Echter Erdrauch: T, 10-30 cm, V-IX, kollin-montan (-subalpin), Wegränder, Äcker, Schuttplätze, (Fuma-Euph, Cauc), Archäophyt, LC

a Blütentrauben (15-) 20- bis 40-blütig, (anfangs) ziemlich kompakt. Kelchblätter 2,5-4 mm lang. Krone 7-9 mm lang

Fumaria officinalis L. subsp. ***officinalis***, Gewöhnlicher Erdrauch: T, 15-30 cm, V-IX, kollin-montan (-subalpin), nährstoffreiche Wegränder, Äcker, Schuttplätze, (Fuma-Euph), Archäophyt, LC

- Blütentrauben 5- bis 20-blütig, locker. Kelchblätter 1,5-2,5 mm lang. Krone nur ca. 6 mm lang

Fumaria officinalis subsp. ***wirtgenii*** (W. D. J. Koch) Arcang., Wirtgens Erdrauch: T, 10-25 cm, V-IX, kollin (-montan), wärmeliebende, wechseltrockene Wegränder, Äcker, (Fuma-Euph, Cauc), Archäophyt, NT

- Kelchblätter sehr klein, nur 0,5-1 mm lang, oft abfallend. Krone 5-6 mm lang, rosa, bleichrosa oder fast weiss **3**

3 Blütentrauben 6- bis 12-blütig. Krone blassrosa bis fast weiss. Fruchtstiele nur 2-3 mm lang. Fruchtstiele etwa so lang wie ihre Tragblätter →. Blätter eher grobzipflig, Blattzipfel bis 4 mm breit

Fumaria vaillantii Loisel., Vaillants Erdrauch: T, 5-20 cm, V-IX, kollin-montan (-subalpin), trockenwarme, kalkreiche Äcker, Wegränder, (Cauc), Archäophyt, VU

- Blütentrauben 12- bis 20-blütig. Krone rosa. Fruchtstiele ca. 4 mm lang. Fruchtstiele 2-3x so lang wie ihre Tragblätter →. Blätter sehr feinzipflig, Blattzipfel nur bis 2,5 mm breit

Fumaria schleicheri Soy.-Will., Schleichers Erdrauch: T, 15-30 cm, V-IX, kollin-montan (-subalpin), trockenwarme Äcker, Wegränder, Schuttplätze, (Fuma-Euph, Sisy), Archäophyt, VU

Glaucium Hornmohn

1 Blüten gelb. Blätter blaugrün bereift, fleischig, fiederteilig, ± kahl. Stängel unten zerstreut behaart, sonst kahl. Schote über 20 cm lang, gebogen

Glaucium flavum Crantz, Gelber Hornmohn: H.ha-T, 30-60 cm, VI-VIII, kollin, trockenwarme Geröllfluren, Ufer, Schuttplätze, (Epil-flei), Archäophyt, CR(PE)

- Blüten rot oder orange. Stängel und Blätter zerstreut behaart, obere Blätter nur schwach stängelumfassend oder gestutzt. Schote gerade oder nur wenig gebogen

Glaucium corniculatum (L.) Rudolph, Roter Hornmohn: T, 20-50 cm, VI-VIII, kollin, trockenwarme, kalkreiche Äcker, Wegränder, (Cauc), Neophyt

Macleaya Federmohn

1 Blütenknospen keulig →. Staubblätter 20-30, Staubfäden etwa so lang wie die Staubblätter. Fruchtkapseln länglich. Blätter graugrün, 5-20 cm lang, im Umriss herzförmig, tief gelappt, lang gestielt

Macleaya cordata (Willd.) R. Br., Weisser Federmohn: H, 50-250 cm, VI-VIII, kollin, trockenwarme Ruderalfluren, Schuttplätze, Bahnareale, (Sisy, Dauc-Meli), kultiviert und verwildert, Neophyt

- Blütenknospen stielrund →, zur Spitze hin nicht verbreitert. Staubblätter nur 8-12, Staubfäden viel kürzer als die Staubblätter. Fruchtkapseln kugelig. Blätter wie bei voriger Art

Macleaya microcarpa (Maxim.) Fedde, Kleinfrüchtiger Federmohn: H, 50-250 cm, VI-VIII, kollin, trockenwarme Ruderalfluren, Schuttplätze, Bahnareale, (Sisy, Dauc-Meli), kultiviert und verwildert, Neophyt

Meconopsis Scheinmohn

- Blätter fiederteilig bis fiederschnittig, Abschnitte 1-2 cm breit. Milchsaft gelb. Blüten gelb, einzeln. Kronblätter 3-4 cm lang. Frucht länglich, 2-4 cm lang, oben und unten verjüngt, kahl. Narbe 4-strahlig auf kurzem Griffel

Meconopsis cambrica (L.) Vig., Kambrischer Scheinmohn: H-T, 20-50 cm, VI-VIII, kollin-montan (-subalpin), sonnige, kalkreiche Schuttplätze, Krautsäume, Gebüsche, (Dauc-Meli, Cala), Neophyt

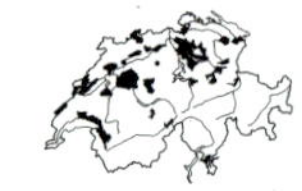

Papaver Mohn

1 Stängel blattlos, einblütig. Alle Blätter in einer Grundrosette. Pflanze mehrjährig **2**

- Stängel beblättert, ein- bis mehrblütig. Pflanze ein- bis mehrjährig **3**

2 Pflanze 15-40 cm hoch. Blätter einfach fiederschnittig, mit nur 2-4 breiten, ovalen Abschnitten, ± kahl. Kronblätter gelb, orange oder weiss, 2-3 cm lang. Verwilderte Gartenpflanze

Papaver croceum Ledeb., Altaischer Mohn: H, 15-40 cm, VII-VIII, kollin-subalpin, Schuttfluren, Felsen, Unkrautfluren, (Stip-cala, Peta-para, Dauc-Meli), kultiviert und verwildert, Neophyt

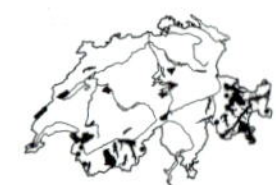

- Pflanze 5–15 cm hoch. Blätter 1- bis 3-fach fiederschnittig, mit schmalen Abschnitten. Kronblätter gelb oder weiss, 1,5–2,5 cm lang. Pflanze der alpinen Schuttfluren

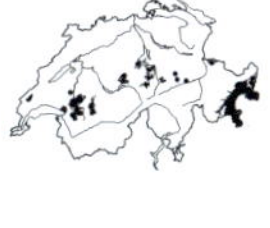

Papaver alpinum aggr., Alpen-Mohn: 5–15 cm, VII, subalpin-alpin, kalkreiche Schutthalden, (Thla-rotu), NT

a Kronblätter gelb. Narben 6- bis 9-strahlig. Blätter fiederteilig →, kurz samtig behaart. Blattabschnitte oval oder breit lanzettlich, dicklich. Stängel steifhaarig

Papaver aurantiacum Loisel., Rätischer Alpen-Mohn: H, 5–10 cm, VII, subalpin-alpin, kalkreiche Schutthalden, (Thla-rotu), NT

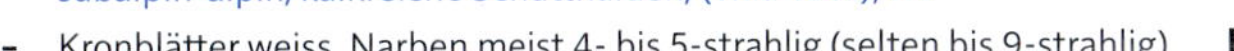

- Kronblätter weiss. Narben meist 4- bis 5-strahlig (selten bis 9-strahlig) **b**

b Narbenstrahlen meist 5, wenig herablaufend. Blätter behaart, 1- bis 2-fach fiederschnittig →. Blattabschnitte der späteren Blätter lanzettlich (3–5x so lang wie breit)

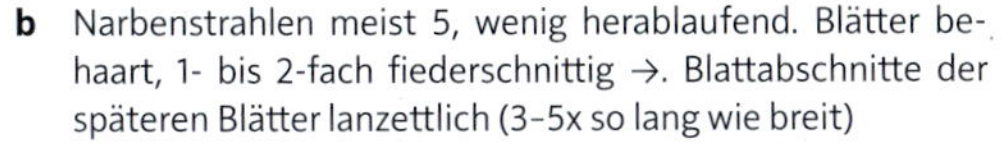

Papaver sendtneri Hayek, Sendtners Alpen-Mohn: H, 5–10 cm, VII, subalpin-alpin, kalkreiche Schutthalden, (Thla-rotu), NT

- Narbenstrahlen meist 4, weit herablaufend. Blätter kahl, 2- bis 3-fach fiederschnittig →. Blattabschnitte der späteren Blätter fast lineal (5–10x so lang wie breit)

Papaver occidentale (Markgr.) H. E. Hess & Landolt, Westlicher Alpen-Mohn: H, 5–10 cm, VII, subalpin-alpin, kalkreiche Schutthalden, (Thla-rotu), NT

3 Blätter stängelumfassend, kahl, blaugrün, oval bis breit eiförmig, unregelmässig gezähnt. Blüten lila, weiss oder hellrot, am Grund mit dunklem Fleck. Kapsel kugelig, kahl, 4–6 cm dick. Verwilderte Gartenpflanze

Papaver somniferum L., Schlaf-Mohn: T, 50–150 cm, V–VII, kollin-montan, trockenwarme Unkrautfluren, Schuttplätze, Gartenränder, (Sisy, Dauc-Meli), kultivierter Archäophyt

- Blätter nicht stängelumfassend, behaart. Blüten rot **4**

4 Krone sehr gross, 10–16 cm breit. Grosse, kräftige, mehrjährige Staude. Stängel bis 1 m hoch und 5–10 mm dick, borstig behaart. Krone orangerot bis tiefrot, knitterig. Fruchtkapsel kugelig, kahl, 2–3 cm dick. Verwilderte Gartenpflanze

Papaver orientale L., Türkischer Mohn: H, 40–100 cm, kollin, trockenwarme Unkrautfluren, Schuttplätze, Gartenränder, (Sisy, Dauc-Meli), Neophyt

- Krone 4–10 cm breit. Stängel dünn, 15–70 cm hoch. Frucht 0,5–2 cm dick **5**

5 Fruchtkapsel (und Fruchtknoten) kahl. Staubfäden unter den Staubbeuteln schmal, nicht verbreitert **6**

- Fruchtkapsel (und Fruchtknoten) borstig behaart. Staubfäden unter den Staubbeuteln keilförmig verbreitert **7**

6 Blütenstiele abstehend behaart. Blüten kräftig rot. Fruchtkapsel verkehrt eiförmig →, 1–2x so lang wie breit, am Grund abgerundet, mit 8–18 Narbenstrahlen. Blätter 1- bis 2-fach fiederteilig, Endabschnitt breiter als die seitlichen

Papaver rhoeas L., Klatsch-Mohn: T, 30–70 cm, V–IX, kollin-montan (-subalpin), sonnige Äcker, Schuttplätze, Wegränder, (Cauc, Sisy, Dauc-Meli, Bide), Archäophyt, LC

- Blütenstiele anliegend behaart. Blüten hellrot. Fruchtkapsel länglich keulenförmig, kahl →, allmählich in den Stiel verschmälert, 2–4x so lang wie breit. Blätter 1- bis 2-fach fiederteilig, Endabschnitt nicht breiter als die seitlichen

  Papaver dubium L., Saat-Mohn: H.ha-T, 30–70 cm, V–VII, kollin-montan (-subalpin), trockenwarme Pionierfluren, Wegränder, Schuttplätze, Äcker, LC

a Staubbeutel violett. Narbenstrahlen bis auf 0,5–0,3 mm an den Deckelrand der Kapsel heranreichend. Milchsaft an der Luft hell bleibend

Papaver dubium L. subsp. ***dubium***, Gewöhnlicher Saat-Mohn: T, 30–70 cm, V–VII, kollin-montan, trockenwarme Äcker, Wegränder, (Cauc, Apha, Sisy), Archäophyt, LC

- Staubbeutel gelb. Narbenstrahlen bis auf 0,3–0,1 mm an den Deckelrand der Kapsel heranreichend. Milchsaft an der Luft gelblich bis bräunlich werdend (vertrocknen lassen!). Tendenziell kräftigere Pflanze als vorige Unterart

  Papaver dubium subsp. ***lecoqii*** (Lamotte) Syme, Lecoqs Saat-Mohn: H.ha-T, 30–70 cm, V–VII, kollin-montan, trockenwarme Pionierfluren, Wegränder, Schuttplätze, Äcker, (Sisy, Alyss-Sedi, Cauc), NT

7 Stängel und Kelch kurzhaarig (Haare 0,5–1 mm lang) bis fast kahl. Fruchtkapsel klein, eiförmig, 6–10 mm lang, mit ziemlich zahlreichen, 1–2 mm langen Haaren

Papaver apulum Ten., Apulischer Mohn: T, 15–30 cm, V–VI, kollin, trockenwarme, kalkreiche Äcker, Unkrautfluren, (Cauc, Sisy), Archäophyt, RE

- Stängel und Kelch langhaarig (Haare 1–3 mm lang). Fruchtkapsel 10–30 mm lang, eiförmig bis länglich **8**

8 Fruchtkapsel eiförmig bis kugelig, 7–8 mm dick, mit zahlreichen, aufrecht abstehenden Borstenhaaren →. Kronblätter rot, am Grund dunkler, sich meist berührend. Staubbeutel hellblau

Papaver hybridum L., Krummborstiger Mohn: T, 15–30 cm, V–VI, kollin, trockenwarme, kalkreiche Äcker, Wegränder, (Cauc, Sisy), CR(PE)

- Fruchtkapsel keulenförmig, 15–20 mm lang und 4–5 mm dick, mit einzelnen abstehenden Borsten →. Kronblätter tiefrot, am Grund meist schwarz, sich nicht berührend. Staubbeutel grau

  Papaver argemone L., Sand-Mohn: T, 15–30 cm, IV–VI, kollin-subalpin, trockenwarme Äcker, Schuttplätze, Unkrautfluren, (Apha, Sisy), Archäophyt, VU

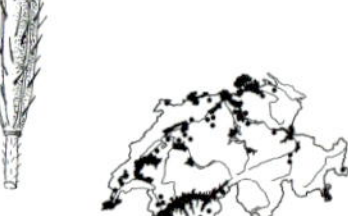

Paulowniaceae Paulowniengewächse

Paulownia Blauglockenbaum

- Baum mit behaarten Zweigen. Blätter gegenständig, herzförmig, ganzrandig, bis über 30 cm lang, unterseits filzig. Blüten in aufrechten Rispen. Krone lila, glockenförmig, 4-7 cm lang. Frucht eine ca. 4 cm lange Kapsel (Abb. Tafel 16, S. 672)

  Paulownia tomentosa (Thunb.) Steud., Blauglockenbaum: P, 15 m, IV-V, kollin, wärmeliebende, pionierhafte Wälder, (Robi, Samb-Sali), kultiviert und verwildert, Neophyt

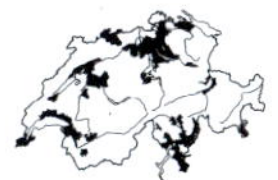

Phrymaceae Gauklerblumengewächse

Mimulus Gauklerblume

- Krone zumindest teilweise gelb, oft mit Streifen oder Flecken

  Mimulus guttatus aggr.: Fluss-, Teichufer, kalkmeidend, Neophyt

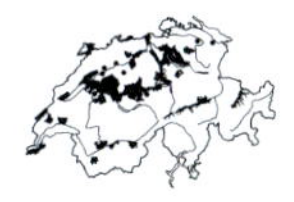

a Kelchzähne ± ähnlich gross. Kronröhre 1,5-2,5 cm lang. Ganze Pflanze klebrig-zottig behaart, im Blütenstand mit sehr dicht stehenden, mehr als 0,9 mm langen Drüsenhaaren. Blüten einzeln oder in wenigblütigen, von Hochblättern durchsetzten Trauben

Mimulus moschatus Lindl., Moschus-Gauklerblume: G, 20-30 cm, VII-IX, kollin, wechselfeuchte Ufer, Feuchtwiesen, Moore, (Moli, Calt), Neophyt

- Oberer Kelchzahn deutlich länger als die unteren und seitlichen Kelchzähne. Blüten 2-5 cm lang **b**

b Blütentrauben mit blattartigen Tragblättern, selten mit mehr als 5 Blüten. Ganze Pflanze kahl (in warmen Lagen manchmal Formen mit Drüsenhaaren)

Mimulus luteus L., Gelbe Gauklerblume: G, V-VIII, kollin, Fluss-, Teichufer, Neophyt

- Blütentrauben mit rundlichen, zugespitzten, ganzrandigen Tragblättern und mit meist mehr als 6 Blüten. Rachen der Krone oft mit dunklen Flecken und durch die Unterlippenwülste ± geschlossen

Mimulus guttatus DC., Gefleckte Gauklerblume: G, 30-70 cm, VII-IX, kollin-montan, Bachufer, Quellfluren, Gräben, (Glyc-Spar, Card-Mont), Neophyt

Phytolaccaceae Kermesbeerengewächse

Phytolacca Kermesbeere

1 Staubblätter 10. Frucht eine 10-rippige Beere, Teilfrüchte verwachsen. Stängel meist dunkelrot verfärbt. Blütenstand zuerst aufrecht, später wie der Fruchtstand bogig überhängend

Phytolacca americana L., Amerikanische Kermesbeere: H, 100–300 cm, VII–VIII, kollin, nährstoffreiche Wegränder, Krautsäume, Schuttplätze, (Arct), Neophyt

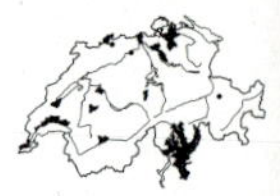

- Staubblätter 8. Frucht mit 8 Teilfrüchten, diese bis zur Fruchtreife frei bleibend. Stängel meist grün. Blüten- und Fruchtstand aufrecht

Phytolacca acinosa Roxb., *(P. esculenta)*, Essbare Kermesbeere: H, 50–150 cm, VII–VIII, kollin, Unkrautfluren, Wegränder, Gartenränder, (Arct), Neophyt

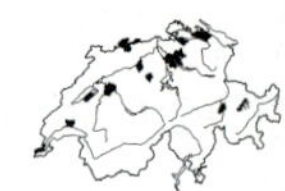

Pittosporaceae Klebsamengewächse

Pittosporum Klebsame

- Immergrüner Strauch. Blätter an den Zweigspitzen gehäuft, gestielt. Spreite lederig, 4–9 cm lang, an den Rändern nach unten gebogen, vorne breit abgerundet. Blüten weiss, duftend, in Schirmrispen an den Zweigenden (Abb. Tafel 16, S. 672)

Pittosporum tobira (Murray) W. T. Aiton, Chinesischer Klebsame: Ph, 1–4 m, IV–V, kollin, Waldränder, Gebüsche, Parkanlagen, in milden Lagen kultiviert und verwildert, Neophyt

Plantaginaceae Wegerichgewächse

1 Wasser- oder Uferpflanze (manchmal im Schlamm austrocknender Tümpel oder Seeufer). Blüten eingeschlechtig oder zwittrig **2**

- Landpflanze. Blüten zwittrig **6**

2 Blätter in 6- bis 12-zähligen Quirlen ***Hippuris***

- Blätter nicht quirlständig **3**

3 Blüten unscheinbar, Krone fehlend oder unscheinbar. Pflanze meist kriechende oder schwimmende Ausläufer bildend **4**

- Blüten mit auffälliger Krone (weiss, hellrosa oder hellblau) **5**

4 Blätter spatelig, gegenständig, an dünnem, verlängertem Stängel, die Schwimmblätter (und oft auch Luftblätter) bilden kleine Rosettchen. Krone fehlend. Blüten in den Blattachseln. Staubblatt 1. Griffel 2. Frucht 4-fächerig, mit glatten bis geflügelten Kanten ***Callitriche***

- Blätter grasartig, in rosettigen Büscheln, die durch Ausläufer verbunden sind. Blüten vom Grund der Rosetten aufsteigend. Krone vorhanden, unscheinbar. Staubblätter 4. Griffel 1 ***Littorella***

5 Blüten röhrig (links) →, 1-2 cm lang, weiss. Kelch 5-teilig. Staubblätter 2, Staminodien 2 ***Gratiola***

\- Blüten radförmig (rechts) →, sehr kurz, hellrosa oder hellblau. Kelch 4-teilig. Staubblätter 2, Staminodien fehlend ***Veronica***

6 Blütenstand ein dichtblütiges, kugeliges Köpfchen. Griffel 1 **7**

\- Blüten einzeln oder in einem ährigen, traubigen oder rispigen Blütenstand. Griffel 1 oder 2 **8**

7 Blütenköpfchen violettblau, von zahlreichen grünen Hüllblättern umgeben. Kronzipfel lineal ***Globularia***

\- Blütenköpfchen bräunlich, nicht von grünen Hüllblättern umgeben. Kronzipfel eiförmig. Staubblätter weit herausragend ***Plantago***

8 Alle Blätter grundständig (grundständige Rosette). Stängelblätter fehlend. Hauptnerven der Blätter parallel. Blütenstand ährig ***Plantago***

\- Stängelblätter vorhanden **9**

9 Blüten lang röhrig (1-6 cm), mit offenem Schlund, Röhrensaum viel kürzer als die Röhre **10**

\- Blütenröhre kürzer als 1 cm oder, falls länger, mit einem die Röhre abschliessenden Schlundwulst **11**

10 Blätter gegenständig, schmal. Kronröhre 1-2 cm lang (links) →, weiss ***Gratiola***

\- Blätter wechselständig. Kronröhre 2-5 cm lang (rechts) →, hellgelb oder rosa ***Digitalis***

11 Kronröhre 0-5 mm lang. Kronsaum trichter- oder radförmig ausgebreitet. Blüte erscheint daher fast radiär **12**

\- Kronröhre am Ende 2-lippig, zwischen den Lippen mit einem Schlundwulst **14**

12 Kronzipfel an der Spitze ausgerandet →. Staubblätter 4, in der Kronröhre eingeschlossen ***Erinus***

\- Kronzipfel am Ende nicht ausgerandet. Staubblätter 2, frei sichtbar **13**

13 Kronröhre kürzer als breit. Kronsaum ± flach, meist fast radiär, da die seitlichen Kronzipfel seitwärts ausgebreitet sind →. Pflanze ein- oder mehrjährig ***Veronica***

\- Kronröhre länger als breit. Kronsaum trichterförmig, ± zygomorph, da die seitlichen Kronzipfel nach unten geschlagen sind →. Pflanze mehrjährig ***Pseudolysimachion***

14 Stängel niederliegend **15**

\- Stängel aufrecht **18**

15 Stängel und Blätter deutlich behaart **16**

\- Stängel und Blätter kahl **17**

16 Krone gelb mit dunkler Oberlippe, Länge (mit Sporn) ca. 1 cm, mit langem, pfriemförmigem Sporn → ***Kickxia***

\- Krone gelbweiss, 2-3,5 mm lang, ohne Sporn → (mit kurzem, stumpfem Höcker) ***Asarina***

17 Blätter gestielt, Spreite breit, lappig (kleine Efeublätter) ***Cymbalaria***
- Blätter kaum gestielt, schmal lineal ***Linaria***

18 Krone am Grund mit kegel- bis pfriemförmigem Sporn **19**
- Krone am Grund ohne Sporn, aber mit kurzem, stumpfem Höcker **20**

19 Ganze Pflanze drüsig behaart. Blüten → einzeln in den Blattwinkeln. Krone ca. 8 mm lang, am Schlund mit einem offenen Spalt (Lupe) ***Chaenorrhinum***

- Pflanze kahl, höchstens im Blütenstand etwas drüsig. Blüten → in endständigen Trauben (selten einzeln). Krone am Schlund vollständig geschlossen ***Linaria***

20 Krone ca. 1 cm lang, rosa, kürzer als das Deckblatt ***Misopates***
- Krone 2–3 cm lang, purpurn (oder gelbweiss), länger als das Deckblatt ***Antirrhinum***

Antirrhinum Löwenmaul

- Blätter lanzettlich, untere gegenständig, obere wechselständig. Blüten 3–4 cm lang, purpurn (seltener gelb oder weiss), in lockeren, endständigen Trauben, 2-lippig. Unterlippe mit einer den Schlund verschliessenden Wölbung (Gaumen). Kronröhre am Grund sackartig erweitert →, aber ohne Sporn

Antirrhinum majus L., Garten-Löwenmaul: Ch, 20–60 cm, VI–VIII, kollin-montan, kalkreiche Felsen, Mauern, Gärten, (Cent-Pari), kultiviert und verwildert, Neophyt

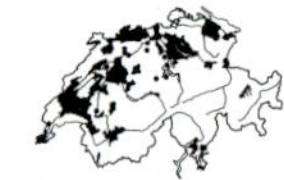

Asarina Gloxinienwinde

- Pflanze niederliegend, unten verholzt, drüsig-klebrig. Blätter breit herz- bis nierenförmig. Blüten einzeln, 2–3,5 cm lang →, gelblich weiss mit purpurnen Adern

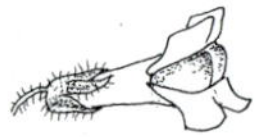

Asarina procumbens Mill., Felsenlöwenmaul: H, 10–60 cm, VI–IX, kollin, kalkarme Gärten, Mauern, (Cent-Pari), kultiviert und selten verwildert, Neophyt

Callitriche Wasserstern

Alle Arten sind in der Regel Schwimmpflanzen. Zur Bestimmung der Gattung *Callitriche* sind im Regelfall Früchte notwendig. Da sich die meisten Arten stark vegetativ vermehren, fehlen die Früchte oftmals. Nur optimal ausgebildete *C. hamulata* und *C. obtusangula* lassen sich auch über Blattmerkmale bestimmen. Alle Arten bilden Landformen aus, die grüne Teppiche bilden können.

1 Frucht am Rand deutlich geflügelt. Flügel bis 0,1 mm breit und Frucht im Durchmesser ca. 1,3–1,8 mm **2**
- Frucht nicht oder nur sehr schwach geflügelt **3**

2 Pflanze meist ohne lang gezogene Unterwasserblätter. Staubbeutel 2 mm lang. Früchte blass, gelbbraun →. Schwimmblätter rundlich bis elliptisch

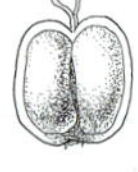

Callitriche stagnalis Scop., Teich-Wasserstern: Ah-T, 10–200 cm, V–IX, kollin (-montan), langsam fliessende Wasserläufe, Teiche, (Ranu-fluv, Font-anti), NT

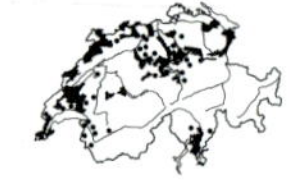

- Pflanze oft mit lang gezogenen Unterwasserblättern. Staubbeutel 4 mm lang. Früchte dunkelbraun →. Schwimmblätter elliptisch

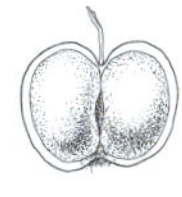

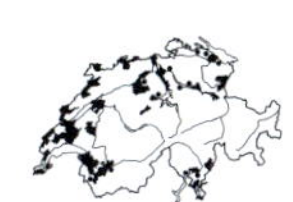

Callitriche platycarpa Kütz., Flachfrüchtiger Wasserstern: Ah-T, 10-200 cm, V-IX, kollin-subalpin, langsam fliessende Wasserläufe, (Ranu-fluv), VU

---

3 Unterwasser-Laubblätter an der Spitze verbreitert, zangenförmig ausgerandet. Narben zurückgeschlagen, der Frucht ganz anliegend →. Spreite der Schwimmblätter rhombisch bis elliptisch

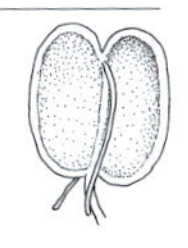

Callitriche hamulata W. D. J. Koch, Hakiger Wasserstern: Ah-T, 10-80 cm, V-IX, (montan-) alpin, langsam fliessende, nährstoffarme Gewässer, Teiche, (Ranu-fluv, Font-anti), NT

- Unterwasserblätter vorne nicht breiter, höchstens wenig ausgerandet. Zumindest der untere Teil der Narben aufrecht, der Frucht nicht anliegend **4**

---

4 Narben 1-2 mm lang, früh abfallend. Frucht deutlich länger als breit (1 mm lang und ca. 0,8 mm breit), an der Basis etwas verschmälert (verkehrt eiförmig), an den Kanten gekielt und zur Spitze hin schwach geflügelt →. Schwimmblätter elliptisch

Callitriche palustris L., Sumpf-Wasserstern: Ah, 10-20 cm, V-IX, (kollin-) montan-alpin, Teiche, wechselfeuchte Pionierfluren, LC

- Narben 4-6 mm lang, bleibend. Teilfrüchte auf dem Rücken abgerundet oder gekielt, ohne Flügel **5**

---

5 Frucht rund oder breiter als lang, im Durchmesser ca. 1 mm, mit scharfen, flügellosen Kanten, bräunlich →. Blätter der Schwimmblattrosetten rundlich bis elliptisch

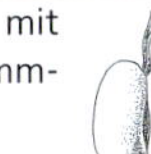

Callitriche cophocarpa Sendtn., Stumpffrüchtiger Wasserstern: Ah-T, 10-50 cm, V-IX, kollin-subalpin (-alpin), nährstoffarme Stillgewässer, langsam fliessende Wasserläufe, (Ranu-fluv, Font-anti), VU

- Frucht elliptisch, länger als breit (1,5-2 mm lang und 1,2-1,7 mm breit), mit 4 stumpfen, gerundeten Kanten (keine Kiele oder Flügelkanten) →. Schwimmblätter breit rhombisch

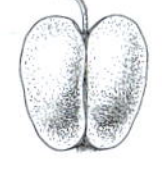

Callitriche obtusangula Le Gall, Stumpfkantiger Wasserstern: Ah-T, V-IX, kollin, langsam fliessende Wasserläufe, Teiche, (Ranu-fluv), CR

Chaenorrhinum — Kleines Leinkraut

- Stängel verzweigt, dicht drüsig behaart (vgl. *Misopates*). Blätter lineal →, untere gegen-, obere wechselständig. Blüten einzeln, lang gestielt. Krone klein (mit Sporn 6-10 mm lang), hellviolett, mit gelbem Schlundwulst, Schlund offen (Unterschied zu *Linaria*)

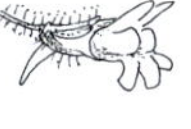

Chaenorrhinum minus (L.) Lange, Kleines Leinkraut: T, 5-30 cm, VI-X, kollin-montan (-subalpin), trockenwarme Äcker, Wegränder, Schuttplätze, (Fuma-Euph), LC

Cymbalaria Zimbelkraut

- Stängel fadenförmig, niederliegend oder hängend. Blätter → nieren- oder breit herzförmig, mit 5-7 breiten Lappen. Blüten einzeln, lang gestielt. Krone hellviolett, mit hellgelbem Schlundwulst, ohne den Sporn 6-8 mm lang

Cymbalaria muralis G. Gaertn. & al., Zimbelkraut: Ch-H, 10-30 cm, IV-X, kollin (-montan), Mauern, Felsen, (Cent-Pari), LC

Digitalis Fingerhut

1 Blüten rot (selten weiss), innen dunkel gefleckt, 3,5-5 cm lang, an der Mündung etwa 2 cm breit. Stängel samtig-graufilzig. Blätter länglich eiförmig, ungleich gesägt, runzelig, unterseits samtig graufilzig

Digitalis purpurea L., Roter Fingerhut: H.ha-T, 40-150 cm, VI-IX, kollin-montan, kalkarme, lichte Wälder, Schlagfluren, Krautsäume, (Epil-angu), auch kultiviert und verwildert, Neophyt

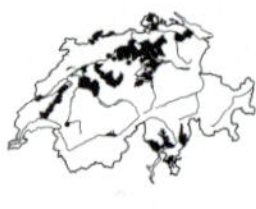

- Blüten blassgelb. Blätter nicht runzelig **2**

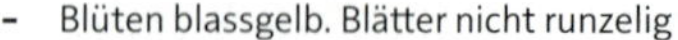

2 Krone 3-4 cm lang →, innen hellbraun gezeichnet. Stängel unten kantig, kraushaarig. Blätter kurzhaarig (v. a. unterseits an den Nerven), hellgrün, ungleich und oft fast doppelt gesägt. Obere Stängelblätter halb stängelumfassend

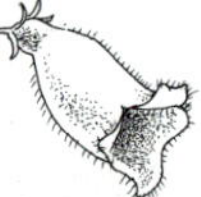

Digitalis grandiflora Mill., Grossblütiger Fingerhut: G-H, 30-100 cm, VI-VIII, (kollin-) montan-subalpin, Krautsäume, Hochstaudenfluren, Bergweiden, (Cala, Epil-angu, Gera-sang, Trif-medi), LC

- Krone ca. 2 cm lang →. Stängel kahl. Blätter fast kahl, nur am Rand bewimpert, länglich, gesägt. Obere Stängelblätter sitzend, nicht umfassend

Digitalis lutea L., Gelber Fingerhut: H, 50-100 cm, VI-VIII, kollin-subalpin, lichte Wälder, Krautsäume, (Atro, Gera-sang), LC

Erinus Leberbalsam

- Blätter 5-20 m lang, etwas fleischig, spatelförmig, vorne gekerbt-gezähnt, in grundständiger Rosette und wechselständig am Stängel. Krone lebhaft rosa, mit 5 mm langer Röhre und flach trichterförmigem, 5-teiligem, nur schwach zygomorphem Saum. Saumzipfel ausgerandet

Erinus alpinus L., Leberbalsam: Ch-H, 2-20 cm, VI-VII, (kollin-) subalpin, kalkreiche Felsen, Felsrasen, steinige Gebirgsrasen, (Pote, Drab-Sesl), LC

Globularia Kugelblume

1 Stängel durchgehend beblättert. Grundblätter spatelig →, an der Spitze meist etwas ausgerandet, lang gestielt, 4-8 cm lang, etwas lederig, Stängelblätter ca. 1 cm lang, sitzend. Blütenköpfe blau, 1-2 cm breit

Globularia bisnagarica L., *(G. elongata)*, Gemeine Kugelblume: H, 10-30 cm, IV-VI, kollin-montan (-subalpin), steinige, kalkreiche Trockenrasen, (Xero, Alyss-Sedi), LC

- Stängel blattlos, höchstens mit 1-2 Schuppen **2**

2 Niederliegender Spalierstrauch, 3-10 cm hoch. Kriechtriebe mit zahlreichen Blattrosetten. Blätter 1-3(-4) cm lang, derb, an der Spitze meist ausgerandet →. Blütenköpfe blau, 1-1,5 cm breit

Globularia cordifolia L., Herzblättrige Kugelblume: Cp, 3-10 cm, V-VII, montan-alpin, kalkreiche Felsrasen, (Drab-Sesl), LC

- Rosettenpflanze ohne Ausläufer, 10-25 cm hoch. Blätter 6-12 cm lang, lederig, an der Spitze abgerundet →, allmählich in einen Stiel verschmälert. Blütenköpfe blau, 1,5-2,5 cm breit

Globularia nudicaulis L., Schaft-Kugelblume: H, 10-25 cm, VI-VIII, (montan-) subalpin (-alpin), kalkreiche, eher trockene Gebirgsrasen, Rostseggenhalden, (Sesl, Cari-ferr), LC

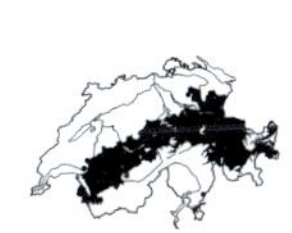

Gratiola Gnadenkraut

- Blätter fein drüsig punktiert →, gegenständig, lanzettlich, 2-5 cm lang, entfernt gesägt, ohne grundständige Rosette. Blütenstiel unterhalb des Kelches mit 2 Vorblättern. Krone 1-2 cm lang, weiss. Fertile Staubblätter 2

Gratiola officinalis L., Gnadenkraut: G, 15-30 cm, VII-VIII, kollin-montan, feuchte Magerrasen, Gräben, Ufer, (Moli, Litt), VU

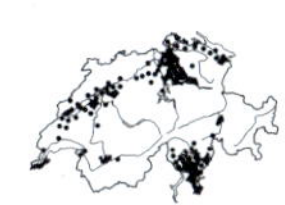

Hippuris Tannenwedel

- Stängel steif aufrecht aus dem Wasser ragend oder bis über 1 m lang im Wasser flutend. Blätter zu 8-12 quirlständig, lineal, ca. 1 mm breit und 1-2 cm lang, steif abstehend (flutende Blätter schlaff, bis 8 cm lang). Blüten unscheinbar

Hippuris vulgaris L., Tannenwedel: Ah, 20-80 cm, V-VIII, kollin-subalpin, kalkreiche Stillgewässer, Tümpel, (Nymp), NT

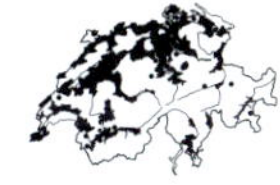

Kickxia Schlangenmaul, Tännelkraut

1 Mittlere Blätter spitz, am Grund pfeilförmig →, Blütenstiele kahl, Krone mit fast geradem Sporn. Stängel dünn, kriechend

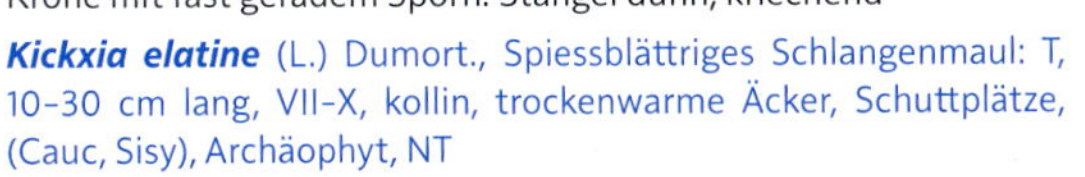

Kickxia elatine (L.) Dumort., Spiessblättriges Schlangenmaul: T, 10-30 cm lang, VII-X, kollin, trockenwarme Äcker, Schuttplätze, (Cauc, Sisy), Archäophyt, NT

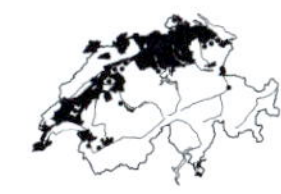

- Mittlere Blätter stumpf, am Grund gerundet →, Blütenstiele auffällig lang haarig-zottig, Krone mit deutlich gebogenem Sporn. Stängel dünn, kriechend

Kickxia spuria (L.) Dumort., Eiblättriges Schlangenmaul: T, 10-30 cm lang, VII-X, kollin, kalkreiche Äcker, Schuttplätze, (Cauc, Sisy), Archäophyt, LC

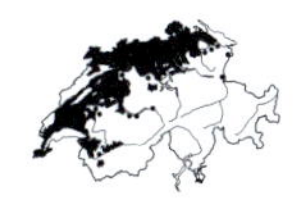

Linaria Leinkraut

1 Grundfarbe der Blüten gelb, oft mit orangem Schlundwulst («Gaumen») oder mit violetten Streifen **2**

\- Grundfarbe der Blüten nicht gelb (violett, purpurn, hellblau, weiss) **6**

2 Blüte auffallend klein (4–8 mm), hellgelb, oft mit violetten Adern, Sporn fast gerade. Pflanze oben mit Drüsenhaaren. Blätter lineal, die unteren gegen- oder quirlständig. Blütenstand zuerst kopfig, später verlängert

Linaria simplex (Willd.) DC., Einfaches Leinkraut: T, 10–30 cm, VI–VIII, kollin, mediterrane Pionierfluren, Wegränder, Schuttplätze, (Thero-Brachypodietalia), vermutlich eingewandert, NT

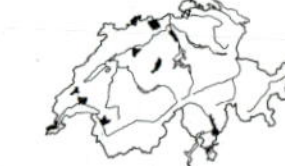

\- Blüte gross (grösser als 12 mm), reingelb (ohne violette Adern) **3**

3 Pflanze kriechend, niederliegend bis aufsteigend, 5–15 cm hoch. Blätter lineal. Blütenstiele kurz, drüsig. Blüten gelb, oft mit rötlich gestreiftem Sporn

Linaria supina (L.) Chaz., Niederliegendes Leinkraut: Ch, 5–15 cm, V–VII, kollin-subalpin, trockenwarme, sonnige Schuttfluren, schuttige Trockenrasen, (Stip-cala), Neophyt

\- Pflanze aufrecht, 20–100 cm hoch **4**

4 Blätter breit lanzettlich →, 10–25(–35) mm breit, grösste Breite am Grund, lederig, blaugrün bereift, halb stängelumfassend. Krone (mit Sporn) (2,5–)3–4,5 cm lang. Samen 3-kantig, ca. 1 mm lang

Linaria genistifolia subsp. ***dalmatica*** (L.) Maire & Petitm., Dalmatiner Leinkraut: G-H, 30–100 cm, VI–VII, kollin-montan, trockenwarme Pionierfluren, Schuttplätze, (Conv-Agro, Dauc-Meli), Neophyt

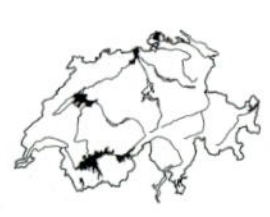

\- Blätter lineal-lanzettlich, 0,5–5 mm breit, grösste Blattbreite in oder über der Mitte. Samen 2–3 mm lang **5**

5 Blüten ohne Sporn bis 2 cm lang. Sporn kürzer als übrige Krone. Stängel unverzweigt oder unten verzweigt, im Blütenstand oft drüsig. Blätter graugrün, die mittleren 1–1,5 mm breit →, Rand nach unten gerollt. Kelchzipfel breit dreieckig. Frucht 7–8 mm lang

Linaria vulgaris Mill., Gemeines Leinkraut: G-H, 20–70 cm, VI–IX, kollin-montan (-subalpin), trockenwarme Wegränder, Schuttplätze, Bahnareale, (Dauc-Meli, Conv-Agro, Onop), LC

\- Blüten ohne Sporn ca. 1 cm lang. Sporn länger als übrige Krone. Stängel oben verzweigt, im Blütenstand stets kahl. Blätter bläulich, die mittleren 2–6 mm breit, Rand flach. Kelchzipfel lanzettlich. Frucht 4–5 mm lang

Linaria angustissima (Loisel.) Re, Italienisches Leinkraut: G-H, 20–50 cm, VII–VIII, kollin-montan (-subalpin), steppenartige Pionierfluren, leicht ruderale Steppenrasen, (Conv-Agro, Alyss-Sedi, Stip-Poio), NT

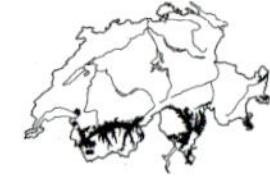

6 Blätter zu 3–4 quirlständig (zuoberst auch wechselständig), blaugrün, bereift, etwas fleischig. Stängel niederliegend oder aufsteigend, 3–20 cm hoch. Krone kräftig violett, oft mit orangem Schlundwulst

Linaria alpina (L.) Mill., Alpen-Leinkraut: H, 5–15 cm, VI–VIII, subalpin-alpin, Felsschutt, Moränen, meist auf Kalk, LC

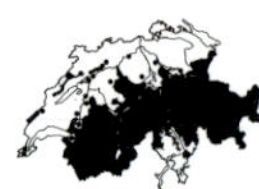

a Pflanze am Boden kriechend. Zipfel der Oberlippe 1-2x so lang wie breit →. Sporn unten abgeflacht

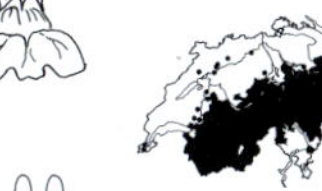

Linaria alpina (L.) Mill. subsp. ***alpina***, Alpen-Leinkraut: Ch, 5-10 cm, VI-VIII, (subalpin-) alpin, kalkreiche Schutthalden, Alluvionen, Moränen, (Thla-rotu, Epil-flei), LC

- Pflanze aufsteigend-aufrecht. Zipfel der Oberlippe 2-3x so lang wie breit →. Sporn zylindrisch

Linaria alpina subsp. ***petraea*** (Jord.) Rouy, Jura-Leinkraut: Ch, 10-15 cm, VI-VIII, subalpin-alpin, sonnige, kalkreiche Schuttfluren, (Stip-cala), NT

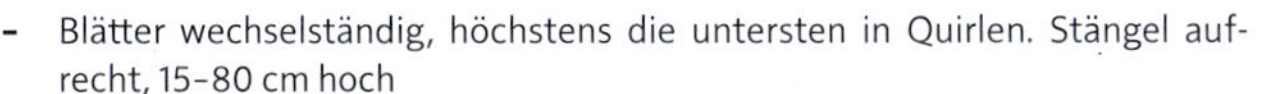

- Blätter wechselständig, höchstens die untersten in Quirlen. Stängel aufrecht, 15-80 cm hoch **7**

7 Krone hellblau, mit Sporn nur 3-7 mm lang, Sporn gebogen. Blätter graugrün. Blütenstand drüsig. Blütenstiel kürzer als der Kelch. Schlundwulst der Krone weisslich. Oberlippe aufgerichtet. Samen scheibenförmig, hautrandig

Linaria arvensis (L.) Desf., Acker-Leinkraut: T, 15-30 cm, VI-VIII, kollin, trockenwarme, kalkarme Unkrautfluren, (Pani-Seta), Archäophyt, NT

- Krone violett oder purpurn (selten weisslich), mit Sporn (10-)15-40 mm lang. Blütenstand kahl oder drüsig **8**

8 Stängel dicht beblättert. Schlundwulst purpurviolett, Sporn 5-6 mm lang, gebogen. Blätter 2-5 mm lang, graugrün. Krone purpurviolett, (10-)15-18 mm lang. Frucht ca. 3 mm lang

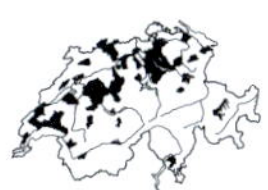

Linaria purpurea (L.) Mill., Purpur-Leinkraut: H, 30-70(-90) cm, VI-X, kollin, Garten-, Wegränder, Schuttplätze, (Arct, Dauc-Meli), Neophyt

- Stängel locker beblättert. Schlundwulst hellgelb oder weiss, Sporn gerade **9**

9 Krone mit Sporn 12-18 mm lang, lila, violett gestreift. Sporn kurz, nur 3-5 mm lang, gerade. Blütenstand kahl. Blütenstiel etwa so lang wie der Kelch. Samen 3-kantig, ungeflügelt. Wildpflanze

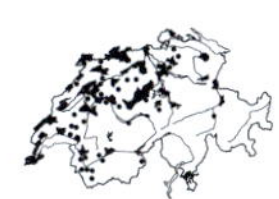

Linaria repens (L.) Mill., Gestreiftes Leinkraut: G-H, 20-80 cm, VI-IX, kollin-subalpin, pionierhafte, eher kalkarme Unkrautfluren, Wegränder, Bahnareale, (Dauc-Meli, Gale-sege, Epil-angu), vermutlich eingewandert, NT

- Krone gross, mit Sporn 20-40 mm lang, hellviolett (seltener weisslich), nicht gestreift. Blütenstand drüsig. Frucht 3-5 mm lang. Samen 3-kantig, schwarz. Verwilderte Gartenpflanze

Linaria maroccana Hook. f., Marokkanisches Leinkraut: T, 20-50 cm, VI-VIII, kollin, Garten-, Wegränder, Schuttplätze, (Arct, Dauc-Meli), Neophyt

Littorella Strandling

- Pflanze mit grundständigen, durch Ausläufer verbundene Rosetten. Blätter grasartig, kahl, am Grund breit scheidig. Männliche Blüten einzeln auf langen Stielen. Staubfäden sehr lang →. Weibliche Blüten am Grund des Stiels der männlichen

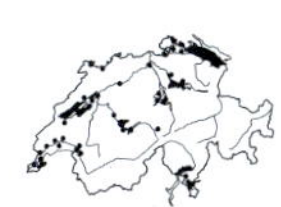

Littorella uniflora (L.) Asch., Strandling: H, 3-12 cm, IV-VI(-IX), kollin, sandige, kiesige Seeufer, (Litt), EN

Misopates Ackerlöwenmaul

- Stängel kaum verzweigt, oben drüsig behaart, unten fast kahl (vgl. *Chaenorrhinum*). Blätter lineal-lanzettlich, untere gegen-, obere wechselständig. Blüten einzeln in den oberen Blattwinkeln. Krone rosa, 10–12 mm lang

  Misopates orontium (L.) Raf., Feld-Löwenmaul: T, 15–30 cm, VII–X, kollin-montan, Äcker, Schuttplätze, Weinberge, (Erag, Pani-Seta), Archäophyt, VU

Plantago Wegerich

1 Pflanze mit beblättertem Stängel **2**

- Alle Blätter in einer grundständigen Rosette **3**

2 Pflanze halbstrauchig. Stängel ästig, am Grund liegend und verholzt. Blätter gegenständig, schmal lineal, ganzrandig. Blütenstand eiförmig. Die 2 vorderen Kelchzipfel breit eiförmig, stachelspitzig, die hinteren schmaler

Plantago sempervirens Crantz, Halbstrauchiger Wegerich: Ch, 10–30 cm, VI, kollin-montan, kalkreiche Trockenrasen, schuttige, trockenwarme Pionierfluren, (Xero, Ononidetalia), auch adventiv, vermutlich eingewandert, RE

- Pflanze einjährig. Stängel aufrecht, krautig. Blätter gegenständig, lineal undeutlich gezähnelt, in den unteren Blattachseln mit büscheligen Blatttrieben. Blütenstand kugelig oder länglich. Die vorderen Kelchzipfel schief spatelförmig, stumpf, die hinteren lanzettlich

Plantago arenaria Waldst. & Kit., Sand-Wegerich: T, 15–30 cm, VI–IX, kollin, trockenwarme Schuttplätze, Bahnareale, (Sisy), vermutlich eingewandert, EN

3 Blätter grob gezähnt oder fiederspaltig, jederseits mit 4–8 Abschnitten, abstehend borstenhaarig. Blütenähre 2–4 cm lang, etwa so lang wie ihr Stiel

Plantago coronopus L., Krähenfuss-Wegerich: H-T, 3–30 cm, IV–X, kollin, trockenwarme Trittfluren, salzhaltige Wegränder, (Poly-avic), Neophyt

- Blätter ungeteilt, ganzrandig oder fein gezähnt **4**

4 Blätter eiförmig oder oval, nur 1–3x so lang wie breit **5**

- Blätter lanzettlich oder lineal, 4–50x so lang wie breit **6**

5 Blätter fast ungestielt →, meist dem Boden aufliegend, 5- bis 9-nervig, zerstreut bis dicht behaart. Stiel der Blütenähre viel länger als die Blätter. Staubfäden lila

Plantago media L., Mittlerer Wegerich: H, 20–40 cm, V–VII, kollin-montan (-subalpin), eher trockene Wiesen und Weiden, Wegränder, (Meso), LC

- Blätter deutlich gestielt, Blattstiel mindestens halb so lang wie die Spreite, 3- bis 7-nervig, kahl oder (selten) locker behaart. Stiel der Blütenähre kürzer als die Blätter. Staubfäden weisslich

Plantago major L., Breit-Wegerich: H, 5–30 cm, VI–X, kollin-subalpin (-alpin), Wege, Grasplätze, Läger, LC

a Blütenähre 5–15 cm lang, aufrecht. Blattspreite kahl →, ungezähnt, am Grund gestutzt, Stiel von Spreite getrennt. Ährenstiel zerstreut anliegend behaart bis kahl. Gut entwickelte Frucht 7- bis 10-samig, Samen hellbraun

Plantago major L. subsp. ***major***, Gewöhnlicher Breit-Wegerich: H, 30 cm, VI–X, kollin-subalpin (-alpin), Wegränder, Trittfluren, Läger, (Agro-Rumi, Poly-avic, Cyno), LC

- Blütenähre 0,5–5 cm lang, niederliegend-aufsteigend. Blattspreite locker kurzhaarig →, am Grund gezähnt und allmählich in den Stiel übergehend. Ährenstiel am Grund abstehend behaart. Gut entwickelte Frucht 15- bis 22-samig, Samen dunkelbraun

Plantago major subsp. ***intermedia*** (Gilib.) Lange, Kleiner Breit-Wegerich: H.ha-T, 10 cm, VI–X, kollin-montan, wechselfeuchte Wegränder, Äcker, Ufer, Alluvionen, (Agro-Rumi, Nano), LC

6 Blätter lineal, fleischig, mit 3 undeutlichen Nerven. Kronröhre behaart

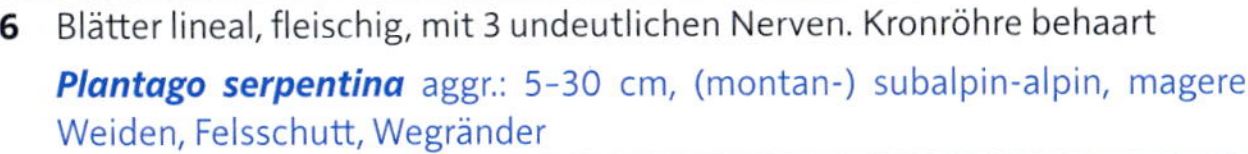

Plantago serpentina aggr.: 5–30 cm, (montan-) subalpin-alpin, magere Weiden, Felsschutt, Wegränder

a Seitliche Blattnerven näher beim Rand als beim Mittelnerv →. Blütenähre 1–3(–4) cm lang, nur bis ca. 0,5 cm dick. Tragblätter der Blüten nicht gekielt

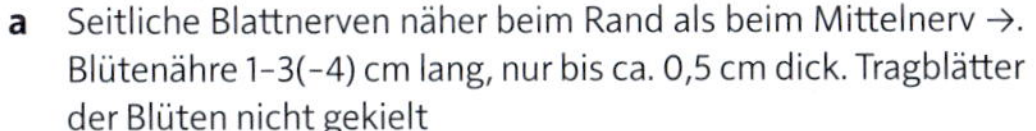

Plantago alpina L., Alpen-Wegerich: H, 5–15 cm, V–VII, (montan-) subalpin-alpin, Bergwiesen und -weiden, (Poio-alpi, Nard), LC

- Seitliche Blattnerven von Mittelnerv und Blattrand etwa gleich weit entfernt →. Blätter lederig, oft borstig bewimpert. Blütenähren 2–8(–12) cm lang, 0,5–1 cm dick. Tragblätter der Blüten gekielt

Plantago serpentina All., Schlangen-Wegerich: H, 10–30 cm, V–VIII, (kollin-) subalpin, sonnige, eher kalkarme Pionierfluren, lückige Magerrasen, Wegränder, Schuttfluren, (Sedo-Scle, Cari-curv, Fest-vari), LC

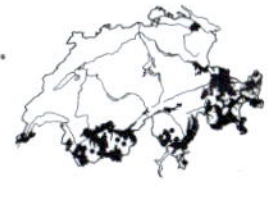

- Blätter lanzettlich, nicht fleischig, mit 3–7 kräftigen Nerven. Kronröhre kahl **7**

7 Ährenstiel 10–40 cm, ± aufrecht, unter der Blütenähre gefurcht. Blütenähre eiförmig. Rand der Tragblätter kahl. Blätter 3- bis 7-nervig →, ganzrandig oder mit entfernt stehenden Zähnen, kahl oder behaart

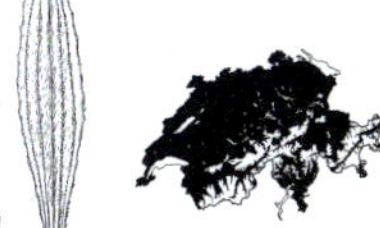

Plantago lanceolata L., Spitz-Wegerich: H, 10–40 cm, IV–IX, kollin-subalpin (-alpin), nährstoffreiche Wiesen und Weiden, Magerrasen, (Arrh, Poly-Tris, Cyno, Meso), LC

- Ährenstiel 3–12 cm, niederliegend-aufsteigend, stielrund. Blütenähre fast kugelig. Tragblätter am Rand und an der Spitze zottig behaart. Blätter dem Boden anliegend oder schief aufrecht, 3- bis 7-nervig →, zerstreut behaart

Plantago atrata Hoppe, Berg-Wegerich: H, 3–12 cm, V–VII, (montan-) subalpin-alpin, kalkreiche Bergwiesen und -weiden, (Poio-alpi, Sesl), LC

Pseudolysimachion Blauweiderich

1 Blätter 1-5 cm lang, ± sitzend, stumpf gezähnt bis ganzrandig, nie quirlständig. Pflanze meist nur 10-30 cm hoch und mit 1 Blütenstand. Stängel waagrecht abstehend behaart, meist drüsig. Krone trichterförmig, Blütenähre sehr dicht

Pseudolysimachion spicatum (L.) Opiz, Ähriger Ehrenpreis, Ähriger Blauweiderich: H, 10-30(-40) cm, VII-IX, kollin-subalpin, wärmeliebende Trockenrasen, Felsensteppen, (Xero, Stip-Poio), LC

- Blätter 5-12 cm lang, kurz gestielt, scharf gezähnt, oft quirlständig. Pflanze meist 50-100 cm hoch und mit mehreren Blütenständen. Stängel mit abwärtsgerichteten, drüsenlosen Haaren. Blütenähre sehr dicht

Pseudolysimachion maritimum (L.) Á. Löve & D. Löve, Strand-Ehrenpreis, Meer-Blauweiderich: G, (30-)50-100 cm, VI-VIII, kollin, feuchte Staudenfluren, (Fili), Neophyt

Veronica Ehrenpreis

1 Blätter in einer Grundrosette oder Blätter zuunterst rosettenartig gehäuft. Stängelblätter fehlend oder mit 1-2(-3) kleinen Blattpaaren. Pflanze mit nur 1 aus der Rosette entspringenden Blütentraube **2**

- Grundrosette fehlend. Pflanze mit 1 oder mehreren Blütentrauben **3**

2 Stängelblätter fehlend. Blütenstand nur 2- bis 4-blütig. Pflanze zart. Stängel 2-6 cm hoch, kurz behaart. Grundblätter 1-1,5 cm lang. Krone 6-8 mm, violett. Frucht länger als breit →

Veronica aphylla L., Blattloser Ehrenpreis: H, 2-6 cm, VII-VIII, (montan-) subalpin-alpin, kalkreiche, steinige Gebirgsrasen, Grate, Schneetälchen, (Elyn, Sesl, Arab-caer), LC

- Stängelblätter 1-2(-3) Paare. Blütenstand 5- bis 15-blütig, doldenartig gedrängt. Pflanze rauhaarig. Stängel (5-)8-20 cm hoch. Grundblätter 2-3 cm lang, stumpf, etwas gekerbt. Stängelblätter nur 0,5-1 cm lang. Krone 6-9 mm, blau. Frucht oval, abgeflacht, wenig ausgerandet, drüsig behaart →

Veronica bellidioides L., Masslieb-Ehrenpreis: H, (5-)8-20 cm, VII-VIII, (subalpin-) alpin, kalkarme Gebirgsrasen, Zwergstrauchheiden, (Cari-curv, Nard, Juni-nana), LC

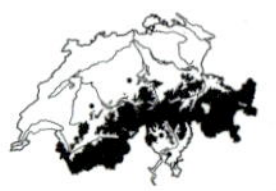

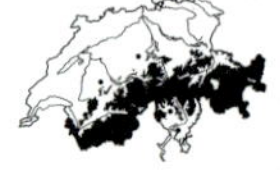

3 Blüten einzeln in den Achseln von Laubblättern (eigentlich: Blütenstand mit laubblattartigen Deckblättern) **4**

- Blüten in seiten- oder endständigen Trauben. Deckblätter im Blütenstand viel kleiner als die Laubblätter **11**

4 Mittlere und obere Blätter handförmig 3- bis 5- (7-)teilig, Abschnitte spatelig, dunkelgrün, oft rötlich, drüsig behaart. Stängel einfach oder ästig. Blütenstiele länger als sein Tragblatt. Krone dunkelblau. Frucht rund, wenig ausgerandet →

Veronica triphyllos L., Dreiteiliger Ehrenpreis: T, 5-15 cm, III-V, kollin-montan (-subalpin), trockenwarme, kalkreiche Pionierfluren, Wegränder, Äcker, (Alyss-Sedi, Cauc), VU

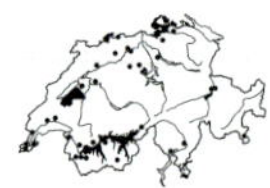

- Mittlere und obere Blätter gekerbt oder gesägt, aber nicht tief geteilt **5**

5 Stängel aufsteigend, kahl, oft verzweigt. Blätter länglich, 3-5x so lang wie breit, ganzrandig oder undeutlich gezähnt, 1-3 cm lang, kahl. Blüten (fast) sitzend. Fruchtstiele max. 3 mm lang. Krone hellblau oder weiss. Frucht rundlich, abgeflacht, ausgerandet, 3-4 mm breit →

Veronica peregrina L., Wander-Ehrenpreis: T, 5-30 cm, IV-VI, kollin-montan, nährstoffreiche, eher feuchte Wegränder, Gärten, Äcker, (Bide), adventiv, in Ausbreitung begriffen, Neophyt

\- Stängel niederliegend, behaart. Blätter rundlich oder eiförmig, 1-2(-2,5)x so lang wie breit. Blütenstiele mind. 5 mm lang **6**

6 Blätter lang gestielt (Stiel 0,3-1x so lang wie Spreite), Spreite breiter als lang oder so breit wie lang, mit (3-)5-9 Lappen, am Grund abgerundet oder herzförmig **7**

\- Blätter sitzend oder kurz gestielt, Spreite meist länger als breit, regelmässig gekerbt oder gesägt **8**

7 Krone weiss. Blätter im Umriss halbkreisförmig, mit 5-9 Lappen, der Endlappen nur wenig breiter als die übrigen. Kelchblätter eiförmig, am Grund verschmälert, zur Fruchtzeit abstehend bis zurückgeschlagen

Veronica cymbalaria Bodard, Zimbelkraut-Ehrenpreis: T, 5-30 cm lang, III-V, kollin, trockenwarme Ruderalfluren, (Fuma-Euph), Neophyt

\- Krone bläulich oder rosa. Blätter meist breiter als lang, (3-) 5- (7-)lappig, mit breiterem Endlappen (efeuartig). Kelchblätter breit herzförmig, kurz gestielt, Rand auffällig bewimpert, nach dem Blühen zusammenneigend. Blütenstiele mit einer Haarleiste. Frucht nierenförmig, abgeflacht, breiter als lang, ausgerandet. Griffel ca. 1 mm lang →

Veronica hederifolia L., Efeu-Ehrenpreis: T, 5-50 cm lang, III-V(-X), kollin-montan (-subalpin), Wegränder, Krautsäume, Pionierfluren, Äcker, (Fuma-Euph, Poly-Chen, Aego), LC

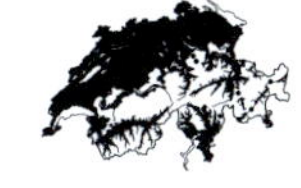

a Krone dunkelblau, 4-5 mm breit, mit deutlich abgegrenztem, weissem Zentrum. Fruchtstiele nur 4-7(-10) mm lang, höchstens 2x so lang wie der Kelch. Blätter dunkelgrün, etwas dicklich, 3- (5-)lappig, meist nur bis 1 cm breit. Kelch auf der Aussenseite fein kurzhaarig (gute Lupe!). Samen hellbraun

Veronica hederifolia subsp. ***triloba*** (Opiz) Čelak., Dreilappiger Ehrenpreis: kollin, trockenwarme, kalkreiche Pionierfluren, (Alyss-Sedi), DD. Diploide Sippe

\- Krone hellblau oder hellrosa, 4-7 mm breit. Fruchtstiele 7-20 mm lang, (1,5-)2-7x so lang wie der Kelch. Kelch auf der Aussenseite (fast) kahl. Blätter bis 2,5 cm breit **b**

b Krone hellblau, 5-7 mm breit, das helle Zentrum deutlich abgegrenzt. Griffel 0,7-1 mm lang. Kelchblätter 0,8-1,2 mm lang. Blätter etwas dicklich, (3-) 5-lappig, Endlappen breiter als lang. Fruchtstiele → 2-3x so lang wie der Kelch, neben der Haarleiste ohne zusätzliche Haare. Samen hellbraun, schwach gerippt, Rand nicht glänzend

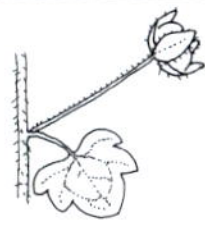

Veronica hederifolia L. subsp. ***hederifolia***, Efeublättriger Ehrenpreis: kollin-montan (-subalpin), Ruderalfluren, Wegränder, Äcker, LC. Hexaploide Sippe, vermutlich aus subsp. *triloba* und subsp. *lucorum* entstanden, aber morphologisch näher bei subsp. *lucorum* stehend

- Krone hellrosa, 4–5 mm breit, das helle Zentrum nicht deutlich abgegrenzt. Griffel 0,3–0,6 mm lang. Kelchblätter 0,5–0,9 mm lang. Blätter dünn, schwach 5- (7-)lappig, Endlappen etwa so lang oder länger als breit. Fruchtstiele → 4–7x so lang wie der Kelch, neben der Haarleiste oft mit zusätzlichen Haaren. Samen rotbraun, kaum gerippt, Rand glänzend

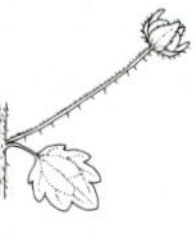

  Veronica hederifolia subsp. ***lucorum*** (Klett & Richt.) Hartl, Hain-Ehrenpreis: kollin-montan, frische Auenwälder, Krautsäume, LC. Tetraploide Sippe

---

8 Blüten klein, nur 3–8 mm breit. Griffel an der Frucht nur ca. 1 mm lang, gerade **9**

- Blüten gross, 8–12 mm breit. Griffel an der Frucht 1,8–4 mm lang, gekrümmt **10**

---

9 Krone milchweiss (oft blau geadert). Frucht nur mit Drüsenhaaren (Drüsenköpfchen manchmal abgebrochen!). Blätter eiförmig, meist länger als breit, hellgrün, fettglänzend, wenig behaart, beiderseits mit 4–6 Zähnen. Kelchzipfel länglich, stumpf, an der Basis verschmälert. Frucht drüsig bewimpert →

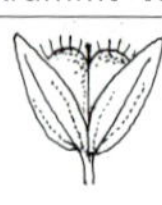

  Veronica agrestis L., Acker-Ehrenpreis: T, 5–20 cm lang, III–X, kollin-montan (-subalpin), Äcker, Gärten, (Fuma-Euph), Archäophyt, LC

- Krone blau. Frucht auch mit vielen drüsenlosen Haare zwischen den längeren Drüsenhaaren. Blätter meist breiter als lang, dunkelgrün, glänzend, beiderseits mit nur 2–4 Zähnen und umgerolltem Blattrand. Kelchzipfel breit eiförmig, vorne spitz, sich am Grund oft mit den Rändern deckend, Früchte nicht zusammengedrückt, diese dicht kurzhaarig mit einem ca. 1 mm langen Griffel →

  Veronica polita Fr., Glänzender Ehrenpreis: T, 5–30 cm lang, III–X, kollin-montan (-subalpin), trockene, kalkreiche Äcker, Wegränder, Weinberge, (Cauc, Fuma-Euph), Archäophyt, LC

---

10 Stängel kräftig, nicht wurzelnd (einjährig). Blätter 1–2,5 cm lang, meist länger als breit, deutlich gesägt. Fruchtstiele höchstens 2x so lang wie die Blätter. Krone blau. Frucht spärlich drüsenhaarig, Griffel 1,5–3 mm lang →

  Veronica persica Poir., Persischer Ehrenpreis: T, 10–50 cm lang, II–X, kollin-montan (-subalpin), Äcker, Gärten, Krautsäume, Weinberge, (Fuma-Euph, Poly-Chen, Aego), Neophyt

- Stängel fadenförmig, wurzelnd (mehrjährig, Rasen bildend). Blätter 0,5–1 cm lang, rundlich, meist nicht länger als breit, seicht gekerbt, dünn. Fruchtstiele 2,5–5x so lang wie die Blätter. Krone blau oder hellblau bis fast weiss. Früchte sehr selten ausgebildet (selbststeril), Griffel an der Frucht 3–4 mm lang →

  Veronica filiformis Sm., Faden-Ehrenpreis: H, 10–150 cm lang, III–V(-VIII), kollin-montan, Parkanlagen, Gärten, Fettweiden, (Cyno), Neophyt

---

11 Blütenstand (Ähre, Traube, Köpfchen) endständig **12**

- Blütenstand seitenständig (Haupttrieb mit Blättern abschliessend) oder seiten- und endständig **23**

---

12 Blätter «brennnesselartig», 5–10 cm lang, grob und spitz gezähnt **28**

  → *Veronica urticifolia*

- Blätter höchstens 4 cm lang, meist deutlich kleiner **13**

13 Pflanze mehrjährig, mit nicht blühenden Trieben. Alle Blätter ungeteilt, meist ganzrandig, bei manchen Arten auch ± stark gekerbt **14**

- Pflanze einjährig, ohne nicht blühende Triebe. Blätter gekerbt gesägt, die oberen oft tief geteilt **17**

14 Stängel am Grund holzig. Griffel so lang oder fast so lang wie die Frucht. Blätter dunkelgrün, stumpf, etwas derb, (fast) kahl, ca. 1-2 cm lang **15**

- Stängel durchwegs krautig. Griffel kürzer als die Frucht **16**

15 Krone blassrosa. Blütenstand drüsig behaart. Stängel steif aufrecht, dicht beblättert, mit 7-10 Blattpaaren, die untersten kleiner. Frucht oval, seicht ausgerandet →

Veronica fruticulosa L., Halbstrauchiger Ehrenpreis: Cp, 5-10 cm, VI-VII, (montan-) subalpin, kalkreiche Felsen, Felsrasen, Schutthalden, (Drab-Sesl, Pote, Thla-rotu), LC

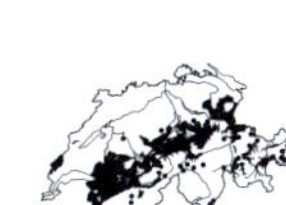

- Krone dunkelblau. Blütenstand dicht kurzhaarig, aber nicht drüsig. Stängel aufsteigend, locker beblättert, mit 3-6 Blattpaaren, die untersten kleiner. Frucht eiförmig, kaum ausgerandet →

Veronica fruticans Jacq., Felsen-Ehrenpreis: Cp, 5-20 cm, VI-VII, (montan-) subalpin-alpin, steinige, eher kalkarme Bergweiden, Magerrasen, Felsen, (Fest-vari, Cari-curv, Andr-vand), LC

16 Blütenstand kopfig, zottig behaart (drüsenlos). Krone 6-15 mm breit. Blätter bewimpert, ganzrandig, die untersten kleiner, nicht in einer Rosette (vgl. *V. bellidioides*). Frucht drüsenlos behaart, länger als breit →

Veronica alpina L., Alpen-Ehrenpreis: H, 5-15 cm, VII-VIII, subalpin-alpin, kalkarme Schneetälchen, Moränen, Schuttfluren, Bergweiden, (Sali-herb, Andr-alpi, Nard), LC

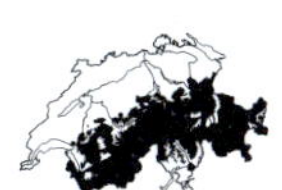

- Blütenstand traubig, verlängert, kahl oder etwas drüsig. Krone klein, 4-6 mm breit, hellblau. Blätter kahl, oval, ± ganzrandig. Griffel 2-3 mm lang. Frucht drüsig behaart, breiter als lang →

Veronica serpyllifolia L., Thymian-Ehrenpreis: 5-20 cm, V-IX, kollin-subalpin (-alpin), nährstoffzeigende Vegetation, LC

a Blütenstand kurz, drüsig. Stängel (meist) bis zur Mitte niederliegend. Blätter klein, fast rundlich, ca. 1 cm lang. Blüten blau, dunkler geadert. Kelch und Blütenstiele mit Drüsenhaaren

Veronica serpyllifolia subsp. ***humifusa*** (Dicks.) Syme, Gebirgs-Thymian-Ehrenpreis: H, V-IX, montan-subalpin (-alpin), nährstoffreiche, eher feuchte Bergweiden, Läger, Hochstaudenfluren, (Poio-alpi, Rumi-alpi, Aden), LC

- Blütenstand verlängert, drüsenlos. Stängel aufrecht aufsteigend. Blätter länglich, 1-2,5 cm lang. Blüten weiss, blau geadert. Kelch und Blütenstiele kurz und drüsenlos behaart

Veronica serpyllifolia L. subsp. ***serpyllifolia***, Gewöhnlicher Thymian-Ehrenpreis: H, V-IX, kollin-subalpin (-alpin), nährstoffreiche Wiesen und Weiden, Wegränder, (Agro-Rumi, Poly-avic, Cyno), LC

17 Obere Blätter tief geteilt, fiederschnittig, mit 3-5(-7) Abschnitten, die unteren oft nur gekerbt-gesägt **18**

\- Alle Blätter ungeteilt, Blattrand gekerbt-gesägt **20**

18 Blüten- und Fruchtstiele mindestens so lang wie der Kelch. Fruchtstiel 4-10 mm lang. Mittlere und obere Blätter handförmig 3- bis 5- (7-)teilig. Kapsel breiter als lang →. Drüsenhaare mit dunklen Köpfchen. Blätter beim Zerreiben aromatisch **4**

→ *Veronica triphyllos*

\- Blüten- und Fruchtstiele kürzer als der Kelch. Fruchtstiel 2-3,5 mm lang Obere Blätter fiederteilig. Drüsenhaare mit hellen Köpfchen. Blätter beim Zerreiben nicht aromatisch **19**

19 Blüten 2-4 mm breit, kürzer als der Kelch. Griffel ca. 0,5 mm lang, nicht über die Ausrandung der Frucht ragend →. Blütenstand oben kahl oder spärlich drüsig. Fruchtstiele 1-2(-2,5) mm lang

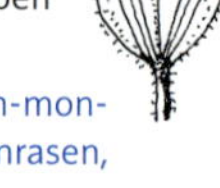

Veronica verna L., Frühlings-Ehrenpreis: T, 3-8 cm, IV-VI, kollin-montan (-subalpin), trockenwarme, kalkarme Pionierfluren, Trockenrasen, Mauern, Äcker, (Sedo-Vero, Apha), NT

\- Blüten 4-7 mm breit, etwa so breit wie der Kelch. Griffel 1-2 mm lang, weit über die Ausrandung der Frucht ragend →. Blütenstand oben dicht drüsig. Fruchtstiele 2-3,5 mm lang

Veronica dillenii Crantz, Dillenius' Ehrenpreis: T, 40 cm, IV-VI, kollin-subalpin, trockenwarme, kalkarme Pionierfluren, Trockenrasen, Äcker, (Sedo-Vero), VU

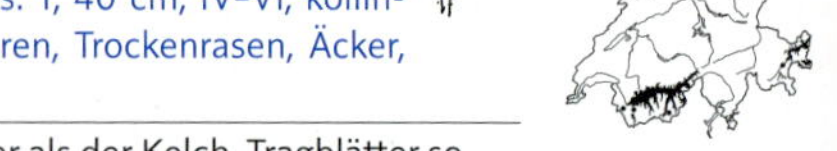

20 Blüten- und Fruchtstiele 0,5-2 mm lang, kürzer als der Kelch. Tragblätter so lang oder länger als die zugehörigen Blüten bzw. Früchte **21**

\- Blüten- und Fruchtstiele 3-8 mm lang, mindestens so lang wie der Kelch. Tragblätter nur halb so lang wie die zugehörigen Blüten bzw. Früchte **22**

21 Stängel aufsteigend, kahl, oft verzweigt. Blätter länglich, 3-5x so lang wie breit, ganzrandig oder undeutlich gezähnt, 1-3 cm lang, kahl. Blüten (fast) sitzend. Fruchtstiele max. 3 mm lang. Krone hellblau oder weiss. Frucht rundlich, abgeflacht, ausgerandet, 3-4 mm breit → **5**

→ *Veronica peregrina*

\- Stängel behaart, oberwärts drüsig. Blätter eiförmig, 1-2x so lang wie breit, 0,5-1,5 cm lang, gekerbt-gesägt. Krone 3-4 mm breit, blau, kürzer als der Kelch. Frucht mit einzelnen Drüsenhaaren. Griffel ca. 0,5 mm lang →

Veronica arvensis L., Feld-Ehrenpreis: T, 5-25 cm, IV-IX, kollin-montan (-subalpin), sonnige, kalkreiche Äcker, Wegränder, Trockenrasen, (Fuma-Euph, Cauc, Conv-Agro), LC

22 Krone 3-5 mm breit, hellblau. Blätter ganzrandig oder seicht gesägt, fast kahl, unterseits grün. Frucht tief ausgerandet (daher fast 2-teilig), 2-3 mm lang, breiter als lang →

Veronica acinifolia L., Steinquendel-Ehrenpreis: T, 5-15 cm, IV-V, kollin-montan, wechselfeuchte Äcker, (Nano), CR

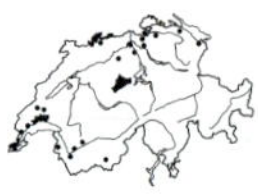

- Krone 5-7 mm breit, dunkelblau. Blätter dunkelgrün, grob gezähnt, unterseits meist rot. Frucht wenig ausgerandet, mehr als 4 mm lang, so lang wie breit oder etwas länger →

  Veronica praecox All., Früher Ehrenpreis: T, 5-15 cm, III-V, kollin-montan (-subalpin), trockenwarme, kalkreiche Pionierfluren, Trockenrasen, Äcker, (Alyss-Sedi, Cauc), VU

23 Stängel und Blätter kahl, oft etwas fleischig. Frucht oft kaum ausgerandet. Kelch 4-zählig. Sumpf-, Ufer- und Wasserpflanze **24**

- Stängel und Blätter behaart. Frucht deutlich ausgerandet. Kelch 4- oder 5-zählig. Landpflanze trockener bis frischer Standorte **26**

24 Nur 1 Blütentraube pro Blattpaar. Blätter lineal-lanzettlich, 2-5 (-8) mm breit, Rand mit entfernt stehenden, kleinen, rückwärtsgerichteten, fast dornigen Zähnchen. Frucht tief ausgerandet →

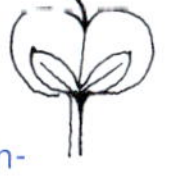

Veronica scutellata L., Schild-Ehrenpreis: H, 5-30 cm, VI-IX, kollin-montan, wechselfeuchte Ufer, Gräben, Moore, (Litt), VU

- Pro Blattpaar 2 gegenständig stehende Blütentrauben. Blätter ganzrandig oder stumpf gezähnt (Zähne nach vorne gerichtet). Frucht kaum ausgerandet **25**

25 Blätter kurz gestielt, oval bis rundlich, dunkelgrün, glänzend, etwas dicklich. Stängel kriechend und aufsteigend, dicklich und fleischig (3-6 mm breit), oft rötlich. Krone sattblau. Frucht kaum ausgerandet →

Veronica beccabunga L., Bachbungen-Ehrenpreis: H, 30-60 cm, V-VIII, kollin-subalpin (-alpin), Bachufer, Quellfluren, Gräben, (Glyc-Spar, Card-Mont), LC

- Zumindest die oberen Blätter sitzend, lanzettlich. Stängel aufrecht aufsteigend. Krone hellblau oder hellrosa

Veronica anagallis-aquatica aggr.: kollin-montan, Ufer, Gräben, Röhrichte

a Stängel ziemlich dünn, stets markig und stark verzweigt. Frucht oval, (1,2-)1,5-2x so lang wie breit, deutlich länger als der Kelch →. Blätter lineal bis schmal lanzettlich, 4-6 mm breit, alle sitzend. Blütenstiele 2-4(-7) mm lang, drüsig. Blüten 3-4(-6) mm breit, hellviolett

Veronica anagalloides Guss., Schlamm-Ehrenpreis: T, 15-30 cm, V-X, kollin, wechselfeuchte, schlammige Ufer, Gräben, (Nano), CR

- Stängel hohl (bei kümmerlichen Landformen gelegentlich markig), 4-15 mm dick. Frucht 0,8-1,2x so lang wie breit. Blätter schmal oder breit lanzettlich, 4-40 mm breit **b**

b Fruchtstiele spitzwinklig abstehend, nach vorne gerichtet, ihre Tragblätter deutlich kürzer (oft nur halb so lang). Unterste Blätter lanzettlich, (8-)15-40 mm breit, in einen kurzen Stiel verschmälert, die oberen sitzend. Frucht 2-3,5 mm lang (vergrössert bei Fruchtgallen-Bildung!), kürzer als der Kelch, vorne abgerundet, meist fast so breit wie lang →. Krone hellviolett, 4-8 mm breit. Blüten- und Fruchtstiele kahl oder drüsig

Veronica anagallis-aquatica L., Blauer Wasser-Ehrenpreis: H, 20-50 cm, V-IX, kollin-montan, Bachufer, Gräben, Röhrichte, (Glyc-Spar), LC

- Fruchtstiele fast rechtwinklig abstehend, etwa gleich lang wie ihre Tragblätter. Blätter alle sitzend und etwas stängelumfassend, schmal lanzettlich, meist nur bis 10 mm breit, dicklich. Frucht 3-4 mm lang, länger als der Kelch →. Krone hellrosa bis weiss, 3-5,5 mm breit. Blüten- und Fruchtstiele drüsig behaart bis fast kahl

  Veronica catenata Pennell, Rötlicher Wasser-Ehrenpreis: H-T, 10-60 cm, VII-X, kollin (-montan), nährstoffreiche, schlammige Ufer, Röhrichte, (Glyc-Spar, Bide), EN

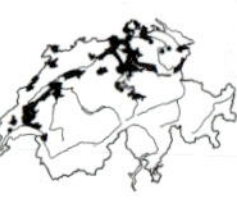

26 Kelch 4-teilig. Blätter eiförmig oder oval (selten breit lanzettlich) **27**

- Kelch 5-teilig (1 Zipfel kleiner als die 4 anderen). Blätter lanzettlich **30**

27 Stängel 2-zeilig behaart, aufsteigend bis aufrecht. Frucht kürzer als der Kelch →. Blätter eiförmig, bis 3,5 cm lang, grob eingeschnitten gezähnt. Blüten in vielblütigen, lockeren Trauben. Krone 10-14 mm breit, blau mit dunkleren Adern und weissem Schlund

Veronica chamaedrys L., Gamander-Ehrenpreis: Ch-H, 10-30 cm, IV-VIII, kollin-subalpin (-alpin), Wiesen und Weiden, Krautsäume, (Arrh, Cyno, Trif-medi), LC

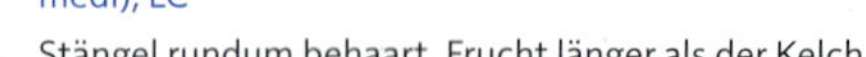

- Stängel rundum behaart. Frucht länger als der Kelch **28**

28 Pflanze (20-)30-70 cm hoch. Stängel ± aufrecht. Blätter eilanzettlich, grob und spitz gezähnt, 5-10 cm lang, ± sitzend, die oberen lang zugespitzt. Krone hellviolett, 6-8 mm breit. Frucht rundlich, abgeflacht, ausgerandet, kurz behaart. Griffel kürzer als die Frucht →

Veronica urticifolia Jacq., Nessel-Ehrenpreis: H, (20-)30-70 cm, V-VIII, (kollin-) montan-subalpin, humusreiche, eher feuchte Wälder, Hochstaudenfluren, schattige Felsen, (Abie-Pice, Abie-Fage, Aden, Cyst), LC

- Pflanze nur 10-20(-30) cm hoch. Stängel ausläuferartig kriechend, mit aufsteigenden Blütentrieben **29**

29 Blattstiel kurz (2-5 mm), viel kürzer als die Spreite. Blätter hellgrün, gekerbt oder fein gesägt, in den Stiel verschmälert. Blütentraube 12- bis 20-blütig. Krone hellblau. Frucht herzförmig, abgeflacht, drüsig behaart, ausgerandet. Griffel etwa so lang wie die Frucht →

Veronica officinalis L., Echter Ehrenpreis: Ch, 10-20(-30) cm, V-VII, kollin-subalpin, kalkarme, mässig trockene Magerrasen, Krautsäume, Wälder, (Call-Geni, Nard, Luzu-Fage, Abie-Pice), LC

- Blattstiel lang (7-15 mm), fast so lang wie die Spreite. Blätter dunkelgrün, tief gesägt, am Grund gestutzt. Blütentraube 2- bis 8-blütig. Krone sattblau. Frucht → flach, fast brillenförmig, bewimpert

  Veronica montana L., Berg-Ehrenpreis: Ch-H, 10-20(-25) cm, V-VI, kollin-montan, frische, eher kalkarme Laubmischwälder, Buchenwälder, (Luzu-Fage, Abie-Fage, Alni-inca, Quer-robo), LC

30 Sterile Triebe niederliegend (blühende aufsteigend). Blätter klein, 0,5-3(-4) cm lang, Rand gezähnt oder ganzrandig **31**

- Alle Triebe aufsteigend-aufrecht. Grössere Blätter (3-)4-7 cm lang, gezähnt **32**

31 Frucht und Kelchblätter anliegend behaart. Blätter stumpf, eiförmig oder oval (1,5-3x so lang wie breit), 1-2(-3) cm lang, Rand gesägt, flach. Krone 10-15 mm breit, himmelblau. Griffel 4-5 mm lang. Frucht länglich herzförmig, anliegend behaart. Griffel deutlich länger als die Bucht →

Veronica orsiniana Ten., (*V. teucrium* subsp. *vahlii*), Apenninen-Ehrenpreis: 5-20 cm, kollin-montan (-subalpin), kalkreiche Trockenrasen, (Xero), Westschweiz

\- Frucht und Kelchblätter kahl oder am Rand bewimpert. Blätter schwach zugespitzt, lineal oder eilanzettlich (3-10x so lang wie breit), bis 3 cm lang, Rand fein gezähnt oder ganzrandig, oft umgerollt. Krone 5-10(-14) mm breit. Griffel 3-5 mm lang. Kelch kahl. Kapsel kahl, kaum ausgerandet →

Veronica prostrata L., Niederliegender Ehrenpreis: 5-20 cm, V-VI, kollin-montan (-subalpin), Trockenrasen, EN

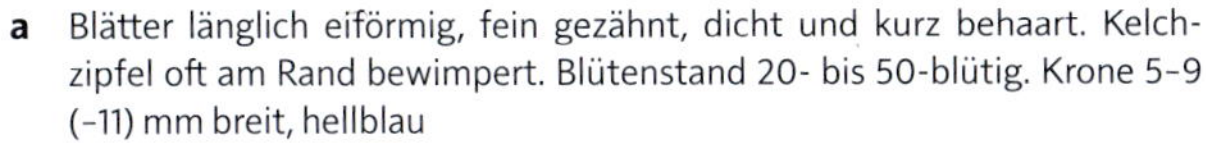

a Blätter länglich eiförmig, fein gezähnt, dicht und kurz behaart. Kelchzipfel oft am Rand bewimpert. Blütenstand 20- bis 50-blütig. Krone 5-9 (-11) mm breit, hellblau

Veronica prostrata L. subsp. ***prostrata***, Gewöhnlicher Niederliegender Ehrenpreis: Ch-H, 5-15 cm, V-VI, kollin-montan, trockenwarme, kalkreiche Magerrasen, Steppenrasen, Föhrenwälder, (Cirs-Brac), EN

\- Blätter lineal, ± ganzrandig, kahl. Blütenstand 15- bis 25-blütig. Krone (7-)10-12(-14) mm breit, kräftig blau

Veronica prostrata subsp. ***scheereri*** J.-P. Brandt, Scheerers Niederliegender Ehrenpreis: Ch-H, 5-20 cm, V-VI, kollin-montan, kalkreiche Trockenrasen, (Xero), EN

32 Blätter 1,5-2(2,5)x länger als breit, am Grund gerundet oder herzförmig, diejenigen des Blattschopfes am Stängelende (oberhalb der Blütenstände) länglich eiförmig, gesägt, 5-10 mm breit. Krone 12-18 mm breit, kräftig blau. Griffel 6-7 mm lang. Frucht länglich herzförmig, anliegend behaart. Griffel deutlich länger als die Bucht →

Veronica teucrium L., Grosser Ehrenpreis: Ch-H, 20-50 cm, V-VII, kollin-montan (-subalpin), trockenwarme, sonnige Krautsäume, (Gera-sang), LC

\- Blätter 3-10x länger als breit, am Grund verschmälert, grob gezähnt, bis über 7 cm lang, diejenigen des Blattschopfes am Stängelende lineal, ganzrandig, 2-3(-5) mm breit. Krone 9-12 mm breit, kräftig blau. Griffel 5-6 mm lang. Kelch und Fruchtkapsel behaart →

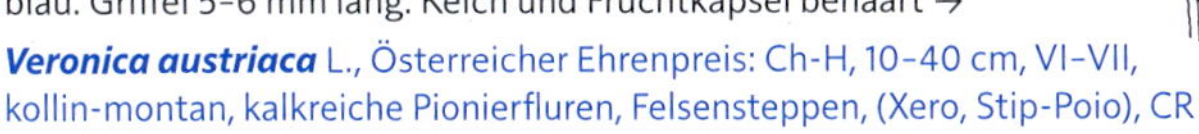

Veronica austriaca L., Österreicher Ehrenpreis: Ch-H, 10-40 cm, VI-VII, kollin-montan, kalkreiche Pionierfluren, Felsensteppen, (Xero, Stip-Poio), CR

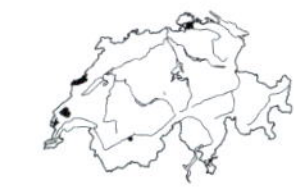

Platanaceae — Platanengewächse

Platanus — Platane

\- Baum mit graufleckiger, abblätternder Rinde. Blätter ahornartig, ähnlich wie bei *Acer platanoides*, jedoch ± lederig und wechselständig stehend (Ahornblätter sind stets gegenständig). Blüten in kugeligen Blütenständen, diese an langem Stiel perlschnurartig angeordnet (Abb. Tafel 16, S. 672)

Platanus ×hispanica Münchh., Bastard-Platane: P, 35 m, V, kollin, Parkanlagen, angepflanzt und selten verwildert, Neophyt

Plumbaginaceae Bleiwurzgewächse

1 Pflanze unverzweigt. Blüten rosa (selten weiss), in einem endständigen Köpfchen *Armeria*

- Pflanze von Grund an verzweigt. Blüten blau, in achsel- oder endständigen Knäueln *Ceratostigma*

Armeria Grasnelke

1 Blätter 3- bis 7-nervig, 5–15 mm breit. Äussere Hüllblätter zugespitzt. Hüllblattscheide unter dem Blütenstand 2,5–4 cm lang, Blüten blassrosa

Armeria arenaria (Pers.) Schult., Wegerich-Grasnelke: H, 15–50 cm, VI–VII, kollin-montan (-subalpin), kalkarme Steppenrasen, (Stip-Poio), EN

- Blätter 1- (3-)nervig, 1–3(–5) mm breit. Äussere Hüllblätter stumpf, stachelspitzig. Blütenstand kopfig am Ende des blattlosen Stängels, von trockenhäutigen Hüllblättern umgeben, die nach unten eine den Stängel umhüllende, 0,6–2 cm lange Scheide bilden. Blüten lebhaft rosa

Armeria alpina Willd., Alpen-Grasnelke: H, 5–20(–30) cm, VI–VIII, Rasen, LC

a Hüllblätter bleich. Blätter 2–3 mm breit, ohne durchscheinenden Saum. Blüten hell- bis kräftig rosa. Alpenpflanze, 5–20 cm hoch

Armeria alpina Willd. subsp. ***alpina***, Gewöhnliche Alpen-Grasnelke: H, 5–20 cm, VII–VIII, (subalpin-) alpin, kalkarme, steinige Gebirgsrasen, (Cari-curv, Fest-vari), LC

- Hüllblätter braun. Blätter 1–2 mm breit, mit durchscheinendem Saum. Blüten dunkelrosa. Tieflandpflanze (Bodensee), bis 40 cm hoch

Armeria alpina subsp. ***purpurea*** (W. D. J. Koch) O. Schwarz, Purpur-Alpen-Grasnelke: H, 15–40 cm, VI, kollin, kiesige Seeufer, (Litt), RE

Ceratostigma Bleiwurz

- Stängel aufsteigend, von Grund an verzweigt, meist rötlich, rau behaart. Blätter eiförmig, 2–5 cm lang, am Rand bewimpert. Blüten geknäuelt. Kelch schmal röhrig. Krone stieltellerförmig, blau, 1–2 cm breit

Ceratostigma plumbaginoides Bunge, Chinesische Bleiwurz: H, 15–30 cm, VI–VIII, kollin (-montan), Mauern, Gartenränder, Neophyt

Polemoniaceae Sperrkrautgewächse

1 Blätter unpaarig gefiedert, mit 8–15 Fiederpaaren. Blüte 1,5–2,5 cm breit, blau *Polemonium*

- Blätter ungeteilt. Blüten 0,5–1,5 cm breit, rosa (bei Zuchtformen auch andere Farben) **2**

2 Blätter wechselständig, lanzettlich. Blüten in einem endständigen Köpfchen, aus dem die langröhrigen Blüten ragen. Krone ca. 0,5 cm breit *Collomia*

- Blätter gegenständig, lanzettlich. Krone 1–1,5 cm breit. Kronzipfel schmal, ausgerandet *Phlox*

Collomia Leimsaat

- Stängel aufrecht, meist unverzweigt, behaart. Blätter schmal lanzettlich, 2-5 cm lang, oberseits kahl, unterseits behaart. Endständiges Blütenköpfchen mit 7-20 Blüten. Krone lang trichterförmig (8-15 mm lang), rosa, seltener weiss oder hellblau

  Collomia linearis Nutt., Schmalblättrige Leimsaat: T, 10-40 cm, V-VI, kollin, Unkrautfluren, Wegränder, Neophyt

Phlox Phlox

- Pflanze bildet Polster aus vielen aufsteigenden Einzeltrieben. Blätter gegenständig, schmal lanzettlich, 3-5 mm breit und 1-2 cm lang. Blütenstand 3- bis 6-blütig, Einzelblüten 5-20 mm gestielt. Krone rosa (seltener weiss oder hellviolett). Kronzipfel 5, schmal, vorne ausgerandet (Pflanze an *Silene* erinnernd, aber Krone ist verwachsen!)

  Phlox subulata L., Moos-Phlox: 5-15 cm, V-IX, kollin-montan, Mauern, Gartenränder, Neophyt

Polemonium Himmelsleiter

- Blätter wechselständig, unpaarig gefiedert, mit 8-15 lanzettlichen Fiederpaaren →. Blütenrispe dicht drüsenhaarig. Krone trichterförmig, mit 5 breit abgerundeten Zipfeln, blau (manchmal weiss), 1,5-2,5 cm breit. Fruchtkapsel 3-fächerig

  Polemonium caeruleum L., Blaue Himmelsleiter: H, 30-90 cm, VI-VIII, montan-subalpin, nährstoffreiche Hochstaudenfluren, Krautsäume, Unkrautfluren, (Fili, Onop), NT

Polygalaceae Kreuzblumengewächse

Polygala Kreuzblume

1 Blüten gelb und weiss, oft rosa überlaufen. Pflanze am Grund deutlich verholzt, mit wintergrünen Blättern

  Polygala chamaebuxus L., Buchsblättrige Kreuzblume: Cp, 5-25 cm, (I-)III-VI, (kollin-) montan-subalpin (-alpin), lichte Föhrenwälder, Zwergstrauchheiden, Gebirgsrasen, (Eric-PiSy, Onon-Pini, Eric, Sesl), LC

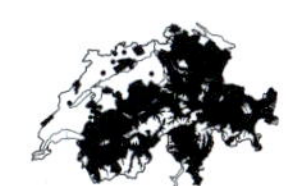

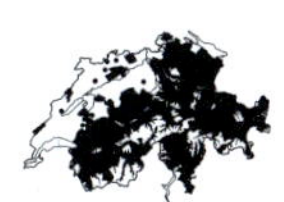

\- Blüten blau, violett, rosa oder weiss. Pflanze krautig, nur selten am Grund etwas verholzt **2**

2 Untere Blätter rosettig angeordnet, länger und breiter als die oberen **3**

\- Untere Blätter nicht rosettig (bei *P. alpestris* sind manchmal 3-4 Blätter etwas genähert, ohne aber eine Rosette zu bilden), kürzer und oft breiter als die oberen **5**

3 Blätter bitter schmeckend. Ohne sterile Triebe. Deckblätter so lang wie die Blütenstiele

  Polygala amara aggr.: montan-subalpin, Kalkmagerrasen, lichte Wälder

a Flügel (vorne im Bild) 3–4,8 mm lang, zur Reifezeit kürzer oder gleich lang wie die Kapsel (davor länger) →. Blütenanhängsel mit 6–14 Fransen. Samen 1,5–2,1 mm lang, kurz behaart

Polygala amarella Crantz, Sumpf-Kreuzblume: H, 5–15 cm, IV–VII, kollin-montan (-subalpin), wechselfeuchte Magerrasen, Halbtrockenrasen, Flachmoore, (Moli, Cari-dava, Meso), LC

- Flügel (vorne im Bild) 5,0–5,8 mm lang, zur Reifezeit 20–50 % länger als die Kapsel →, Blütenanhängsel mit 12–35 Fransen. Samen 2,1–2,8 mm lang, mit kurzen und langen Haaren

Polygala amara subsp. ***brachyptera*** (Chodat) Hayek, Bittere Kreuzblume: H, 5–20 cm, V–VII, montan-subalpin, Föhrenwälder, trockene Magerrasen, Felsfluren, kalkstet, (Sesl, Eric-PiSy), NT

- Blätter nicht bitter, krautig schmeckend. Meist mit sterilen Trieben. Deckblätter meist deutlich kürzer oder deutlich länger, selten gleich lang wie die Blütenstiele **4**

4 Flügel 3,5–5,1 mm lang. Mitteltrieb nicht blühend, Seitentriebe blühend. Deckblätter halb so lang wie die Blütenstiele

Polygala alpina (DC.) Steud., Alpen-Kreuzblume: H, 2–6 cm, VI–VIII, (subalpin-) alpin, felsige Gebirgsrasen, (Cari-firm, Sesl), LC

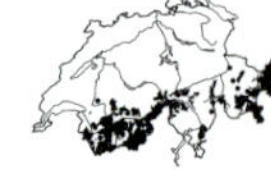

- Flügel 5–8 mm lang. Stängel am Grund verzweigt, niederliegend, einige cm blattlos, mit einer Blattrosette abschliessend. Blütentriebe in den Blattachseln stehend. Deckblätter länger als die Blütenstiele (selten gleich lang)

Polygala calcarea F. W. Schultz, Kalk-Kreuzblume: Ch-H, 5–20 cm, V, kollin (-subalpin), trockenwarme, kalkreiche Felsrasen, Halbtrockenrasen, (Meso, Xero), EN

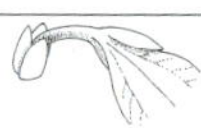

5 Untere Blätter gegenständig. Deckblatt gleich lang wie die 2 Vorblätter, ca. halb so lang wie die Blütenstiele →

Polygala serpyllifolia Hosé, Quendelblättrige Kreuzblume: Ch, 8–20 cm, V–IX, (kollin-) montan (-subalpin), kalkarme, wechselfeuchte Magerrasen, (Nard), LC

- Alle Blätter wechselständig. Deckblatt länger als die 2 Vorblätter, gleich lang oder länger als die Blütenstiele **6**

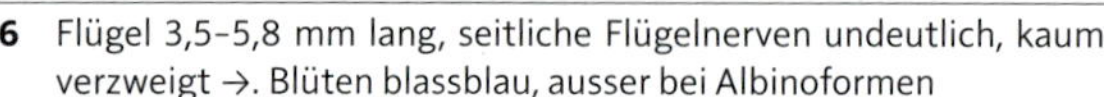

6 Flügel 3,5–5,8 mm lang, seitliche Flügelnerven undeutlich, kaum verzweigt →. Blüten blassblau, ausser bei Albinoformen

Polygala alpestris Rchb., Voralpen-Kreuzblume: H, 5–15 cm, VI–VII, (montan-) subalpin (-alpin), kalkreiche Gebirgsrasen, Bergwiesen und -weiden, (Sesl, Cari-ferr, Poio-alpi), LC

- Flügel ≥ 6,0 mm lang, seitliche Flügelnerven deutlich, verzweigt → **7**

7 Deckblätter gleich lang wie die Blütenstiele →

Polygala vulgaris L., Wiesen-Kreuzblume: 10–30 cm, V–VII, kollin-montan (-subalpin), Wiesen, Weiden, LC

a Frucht (vorne im Bild) etwa so breit wie die Flügel →. Blüten blau oder violett, ausser bei Albinoformen

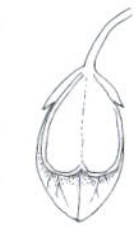

Polygala vulgaris L. subsp. ***vulgaris***, Gewöhnliche Wiesen-Kreuzblume: H, V–VII, kollin-montan (-subalpin), eher kalkarme Halbtrockenrasen, trockene Krautsäume, (Meso, Gera-sang), LC

- Frucht (vorne im Bild) breiter als die Flügel →. Blüten weiss

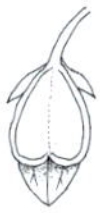

Polygala vulgaris subsp. ***oxyptera*** (Rchb.) Schübl. & G. Martens, Schmalflügelige Wiesen-Kreuzblume: H, V–VII, kollin-montan, kalkarme Magerrasen, Zwergstrauchheiden, (Call-Geni, Nard), NT

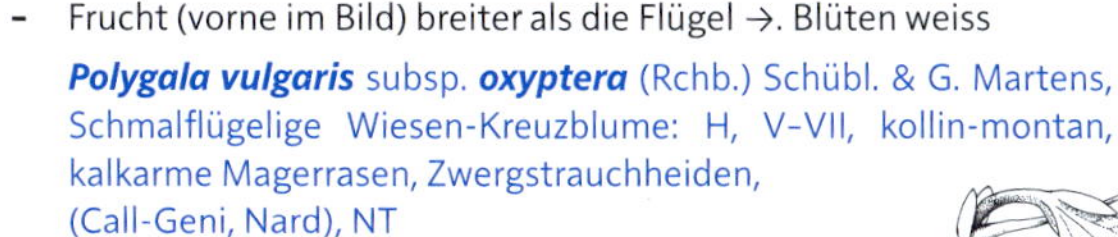

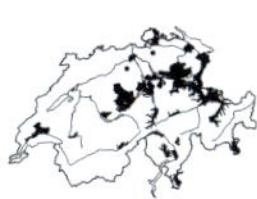

- Deckblätter länger als die Blütenstiele → **8**

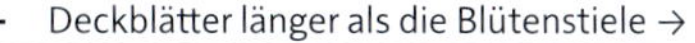

8 Blüten rotviolett bis rosa. Flügel ca. 6 mm lang

Polygala comosa Schkuhr, Schopfige Kreuzblume: H, 10–30 cm, V–VII, kollin-subalpin, kalkreiche Halbtrockenrasen, (Meso), NT

- Blüten rosa bis rotviolett. Flügel ca. 8 mm lang

Polygala pedemontana E. P. Perrier & B. Verl., Südalpen-Kreuzblume: H, 40 cm, V–VII, kollin-montan (-subalpin), Trockenrasen, lichte Wälder, (Meso, Dipl, Quer-pube), NT

Polygonaceae Knöterichgewächse

1 Stängel windend oder hin- und hergebogen. Blätter tief herz- oder pfeilförmig ***Fallopia***

- Stängel niederliegend oder aufrecht, aber nicht windend **2**

2 Perigon aufgeteilt in äussere (kleine) Perigonblätter und innere, vergrösserte und zuletzt die Frucht umschliessende Perigonblätter. Anzahl Perigonblätter 4 (2 kleine und 2 grosse) oder 6 (3 kleine und 3 grosse). Narben pinselförmig **3**

- Alle Perigonblätter etwa gleich. Anzahl Perigonblätter 3, 5 oder 6. Narben kopfig **4**

3 Perigonblätter 4, die 2 inneren (grösseren) der linsenförmigen Frucht anliegend (links) →. Griffel 2 ***Oxyria***

- Perigonblätter 6, die 3 inneren (grösseren) eine 3-kantige Frucht umschliessend (rechts) → ***Rumex***

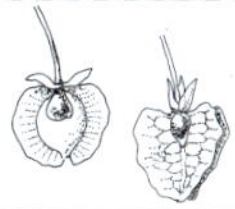

4 Äussere Perigonblätter geflügelt. Stängel (0,5–)1–3 cm dick und 1–3 m hoch ***Reynoutria***

- Äussere Perigonblätter zur Fruchtzeit nicht geflügelt. Stängel meist dünn, nur bei wenigen Arten > 1 cm dick und > 1 m hoch **5**

5 Blattspreite länger als breit, am Grund meist verschmälert oder gestutzt. Perigon die reife Frucht umschliessend. Frucht kaum aus dem Perigon herausragend ***Polygonum***

- Blattspreite etwa so lang wie breit, am Grund herzförmig. Perigon die reife Frucht nur am Grund umschliessend. Frucht weit aus dem Perigon herausragend. Selten verwilderte Kulturpflanze ***Fagopyrum***

Fagopyrum Buchweizen

1 Blüten weiss oder rosa. Blätter so lang oder länger als breit. Fruchtkanten ohne Zähne und Höcker. Stängel aufrecht, wenig verzweigt. Blätter herz-pfeilförmig zugespitzt, die unteren lang gestielt

Fagopyrum esculentum Moench, *(F. sagittatum)*, Echter Buchweizen: T, 20–70 cm, VII–IX, kollin-montan, Äcker, Schuttplätze, (Cauc, Fuma-Euph), kultiviert und verwildert, Kulturpflanze

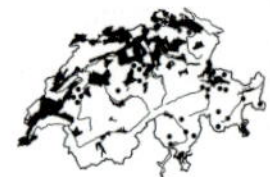

- Blüten grünlich. Blätter herz-pfeilförmig, meist breiter als lang. Fruchtkanten wellig, meist mit Zähnen und Höckern. Sonst ähnlich der vorigen Art

Fagopyrum tataricum (L.) Gaertn., Tatarischer Buchweizen: T, 30–70 cm, VII–IX, kollin-montan, Äcker, Wegränder, Schuttplätze, (Sisy, Apha), Kulturpflanze

Fallopia Windenknöterich

1 Strauchige Kletterpflanze. Blüten weiss (später rosa), in lockeren, vielblütigen, bis 50 cm langen Rispen. Blätter eilanzettlich 3–10 cm lang, am Grund herzförmig. Äussere Perigonblätter breit geflügelt →

Fallopia aubertii (L. Henry) Holub, *(F. baldschuanica)*, Auberts Windenknöterich: P.li, VI–IX, kollin, wechseltrockene, nährstoffreiche Wegränder, Mauern, Gebüsche, (Conv, Aego), kultiviert und verwildert, Neophyt

- Krautige Kletterpflanze (einjährig). Blüten in Trauben. Blätter pfeilförmig **2**

2 Blütenstiel kurz, nur 1–3 mm lang. Äussere Perigonblätter fast flügellos, nur gekielt →, dicht drüsig punktiert. Frucht matt. Stängel meist hin- und hergebogen, seltener windend, kantig gefurcht und meist kurz behaart. Blütenstiele kürzer als das Perigon

Fallopia convolvulus (L.) Á. Löve, Gemeiner Windenknöterich: T.li, 1 m, VII–IX, kollin-montan (-subalpin), eher trockene Äcker, Gärten, Schuttplätze, (Cauc, Apha, Fuma-Euph), Archäophyt, LC

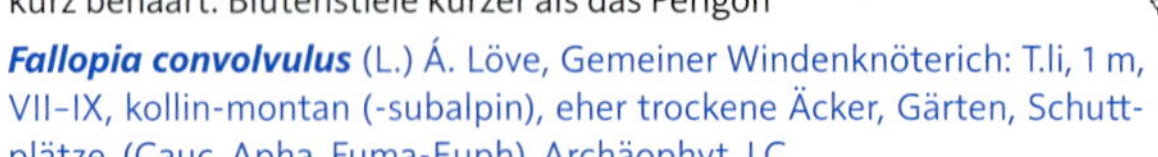

- Blütenstiel länger, 5–8 mm lang. Äussere Perigonblätter breit geflügelt →, ohne Drüsen. Frucht glänzend. Stängel windend, kahl. Blütenstiele etwa so lang wie das Perigon

Fallopia dumetorum (L.) Holub, Hecken-Windenknöterich: T.li, 3 m, VII–IX, kollin-montan, mässig trockene, nährstoffreiche Krautsäume, Unkrautfluren, (Aego, Arct, Conv), LC

Oxyria Säuerling

- Grundblätter rundlich, 2–4 cm breit, am Grund herzförmig, lang gestielt. Stängelblätter meist 0. Perigonblätter 4, die 2 inneren der linsenförmigen Frucht anliegend →. Griffel 2

Oxyria digyna (L.) Hill, Säuerling: H, 5–30 cm, VII–VIII, (subalpin-) alpin, kalkarme, feuchte Schuttfluren, Schneetälchen, (Andr-alpi), LC

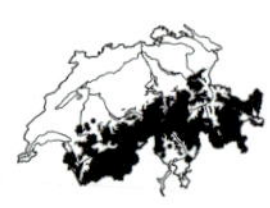

Polygonum Knöterich

1 Blüten zu mehreren in ährigen, kopfigen oder rispigen Blütenständen **2**

- Blüten zu 1-3 in den Blattwinkeln. Pflanze einjährig. Stängel niederliegend, bis 50(-100) cm lang. Blätter kahl, schmal oval, 1-4 cm lang. Blattstiele am Grund mit einer Trennstelle. Nebenblätter silbrig glänzend

  Polygonum aviculare aggr., Vogel-Knöterich: T, 10-50(-100) cm lang, VI-X, kollin-montan (-subalpin), Wege, Äcker, Ödland, zwischen Pflastersteinen, LC

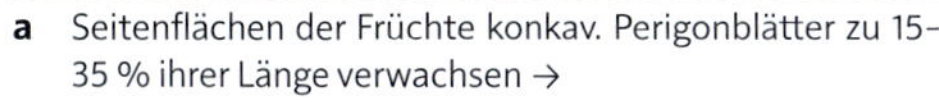

a Seitenflächen der Früchte konkav. Perigonblätter zu 15-35 % ihrer Länge verwachsen → **b**

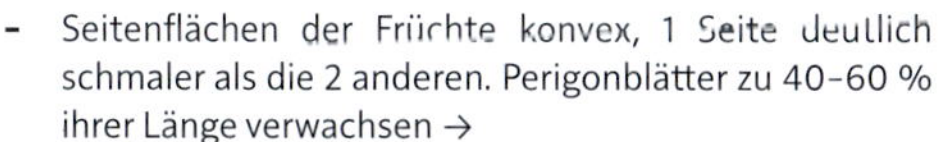

- Seitenflächen der Früchte konvex, 1 Seite deutlich schmaler als die 2 anderen. Perigonblätter zu 40-60 % ihrer Länge verwachsen → **c**

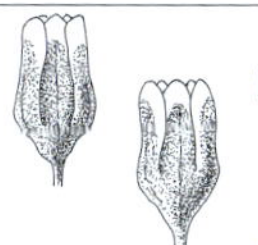

b Blätter grasgrün oder etwas bläulich, 5-20 mm breit, oft stumpf (v. a. die unteren). Nebenblattscheiden 4-8 mm lang, mit undeutlichen Längsnerven →

  Polygonum aviculare L., Gewöhnlicher Vogel-Knöterich: T, 35-50 cm, VI-X, kollin-montan (-subalpin), Trittfluren, Strassenpflaster, feuchte Unkrautfluren, (Poly-avic, Sagi-proc, Bide), LC

- Blätter graugrün, 2-10 mm breit, spitz. Nebenblattscheiden 8-12 mm lang, mit kräftigen, braunen Längsnerven →

  Polygonum rurivagum Boreau, Vagabund-Vogelknöterich: T, 10-60 cm, VI-X, kollin, Äcker, Ruderalflächen, DD

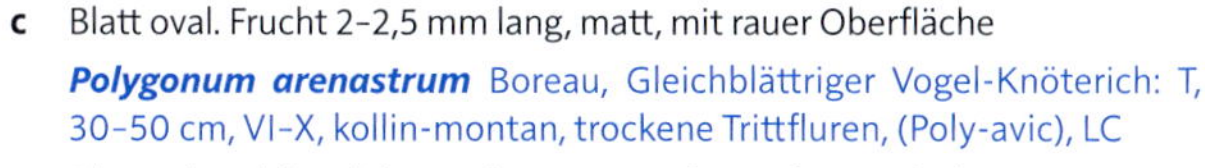

c Blatt oval. Frucht 2-2,5 mm lang, matt, mit rauer Oberfläche

  Polygonum arenastrum Boreau, Gleichblättriger Vogel-Knöterich: T, 30-50 cm, VI-X, kollin-montan, trockene Trittfluren, (Poly-avic), LC

- Blatt schmal, länglich. Frucht 1,5-2 mm lang, glänzend, glatt **d**

d Perigonblätter zu 50-60 % ihrer Länge verwachsen, die Perigonzipfel der Frucht eng anliegend. Staubblätter 5-6

  Polygonum calcatum Lindm., Niedriger Vogel-Knöterich: T, VI-X, kollin, Ruderalflächen, Strassenränder, DD

- Perigonblätter zu etwa 40 % ihrer Länge verwachsen, die Perigonzipfel von der kurzen, gedrungenen Frucht abstehend. Staubblätter 6-8

  Polygonum microspermum Boreau, Kleinfrüchtiger Vogel-Knöterich: T, VI-X, kollin, Ruderalflächen, Trittfluren, DD

2 Blüten in lockeren, end- und seitenständigen Rispen, einen Gesamtblütenstand bildend **3**

- Blüten in Köpfchen oder Ähren (eigentlich Scheinähren, da Blüten kurz gestielt) **4**

3 Pflanze 30-50(-80) cm hoch. Blätter lanzettlich, 3-15 cm lang. Nebenblattscheiden hell, abstehend, behaart. Stängel verzweigt. untere Blätter gestielt, die oberen sitzend

  Polygonum alpinum All., *(Aconogonon alpinum)*, Alpen-Knöterich: G, 30-50(-80) cm, VII, (montan-) subalpin, nährstoffreiche Bergwiesen, Zwergstrauchheiden, Gebüsche, (Poly-Tris, Rhod-Vacc, Alne-viri), NT

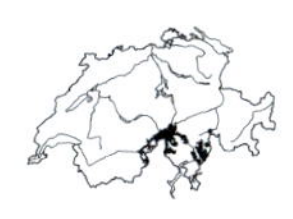

- Pflanze 1-2 m hoch. Blätter am Grund gestutzt, 10-40 cm lang. Nebenblattscheiden dunkelbraun, ± kahl, die oberen bis 5 cm lang, oft länger als die Internodien

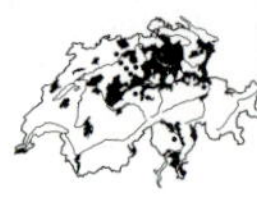

Polygonum polystachyum Meisn., *(Rubrivena polystachya)*, Vielähriger Knöterich: G, 100-200 cm, VII-X, kollin, wechselfeuchte Unkrautfluren, Schuttplätze, (Aego, Arct), Neophyt

4 Blüten in kurzen, kopfigen Blütenständen **5**

- Blüten in Scheinähren **6**

5 Blütenköpfchen endständig, bis 4 cm lang gestielt. Blätter breit oval, fast sitzend, 3-4 cm lang, oft gefleckt und am Rand rot gefärbt →

Polygonum capitatum D. Don, *(Persicaria capitata)*, Knöpfchen-Knöterich: T, 10-20 cm, VII-X, kollin, feuchte Ruderalflächen, Neophyt

- Blütenköpfchen in den Blattwinkeln. Blätter breit, plötzlich in einen geflügelten Stiel verschmälert →, am Stielgrund verbreitert, stängelumfassend

Polygonum nepalense Meisn., *(Persicaria nepalensis)*, Nepal-Knöterich: T, 15-30(-40) cm, VIII-IX, kollin, Neophyt

6 Pflanze 1-3 m hoch. Stängel bis 1 cm dick, samtig abstehend behaart. Blätter breit oval, am Grund gestutzt oder herzförmig →, 8-20 cm lang. Blütenähren zuletzt nickend, bis 10 cm lang

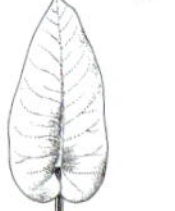

Polygonum orientale L., *(Persicaria orientalis)*, Östlicher Knöterich: T, 100-300 cm, VII-X, kollin, feuchte, eher kalkarme Unkrautfluren, Krautsäume, kultiviert und verwildert, Neophyt

- Pflanze höchstens 1 m hoch. Stängel höchstens 0,5 cm dick, nicht samtig behaart **7**

7 Stängel (fast stets) einfach, mit 1 endständigen Blütenähre. Blätter in einer Grundrosette und wenigen Stängelblättern. Griffel 3, frei **8**

- Stängel ± verzweigt, mit (1 bis) mehreren Blütenähren. Die meisten und grössten Blätter sind Stängelblätter. Griffel 2-3, am Grund verwachsen **9**

8 Blütenähren weiss, ca. 8 mm breit, mit Brutknöllchen. Pflanze 5-20 (-30) cm hoch. Blattrand umgerollt →

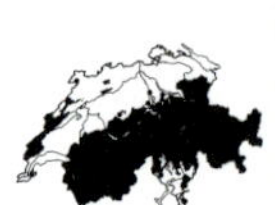

Polygonum viviparum L., *(Bistorta vivipara)*, Knöllchen-Knöterich: H, 5-20(-30) cm, VI-VIII, (montan-) subalpin-alpin, Gebirgsrasen, Zwergstrauchheiden, (Nard, Elyn, Cari-curv, Sesl), LC

- Blütenähren rosa (selten weiss), 1-2 cm breit, ohne Brutknöllchen. Pflanze 30-80 cm hoch. Blattrand nicht umgerollt →

Polygonum bistorta L., *(Bistorta officinalis)*, Schlangen-Knöterich: H, 30-80(-100) cm, V-VII, (kollin-) montan-subalpin, nährstoffreiche, feuchte Bergwiesen, Nasswiesen, Ufer, (Poly-Tris, Calt, Peta-offi), LC

9 Blütenähren dicht gedrungen, zylindrisch, die Einzelblüten einander überdeckend, 6-15 mm breit. Blätter oft mit einem dunklen Fleck **10**

- Blütenähren locker, schlank, die Einzelblüten einander nicht überdeckend, 3-5 mm breit, oft nickend. Blätter stets ohne dunklen Fleck **12**

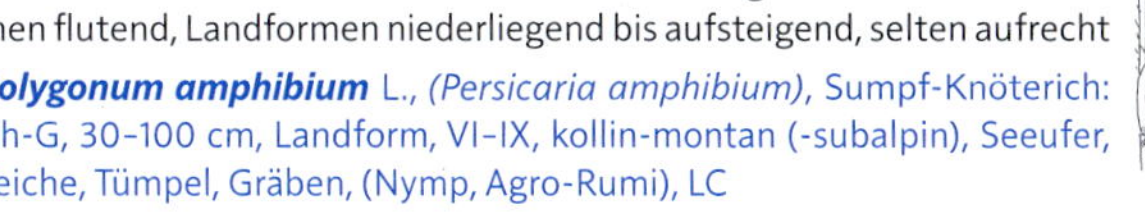

10 Blätter am Grund abgerundet, oft fast herzförmig. Blattstiele in oder oberhalb der Mitte der Nebenblattscheiden abgehend →. Wasserformen flutend, Landformen niederliegend bis aufsteigend, selten aufrecht

Polygonum amphibium L., *(Persicaria amphibium)*, Sumpf-Knöterich: Ah-G, 30-100 cm, Landform, VI-IX, kollin-montan (-subalpin), Seeufer, Teiche, Tümpel, Gräben, (Nymp, Agro-Rumi), LC

- Blätter in den Stiel verschmälert. Blattstiel unterhalb der Mitte der Nebenblattscheiden abgehend **11**

11 Nebenblattscheiden eng anliegend, rauhaarig, am oberen Rand lang (2 mm), borstig bewimpert →. Blätter etwa in der Mitte am breitesten, meist gefleckt, meist drüsenlos. Blütenstände meist kurz und aufrecht. Blüten und Ährenstiele drüsenlos. Blüten rosa, selten reinweiss

Polygonum persicaria L., *(Persicaria maculosa)*, Pfirsichblättriger Knöterich: T, 20-80 cm, VII-X, kollin-montan (-subalpin), Äcker, Schuttplätze, Wegränder, Ufer, (Poly-Chen, Bide, Agro-Rumi), LC

- Nebenblattscheiden locker, am oberen Rand kahl oder sehr kurz, unscheinbar bewimpert →. Blätter im unteren Drittel am breitesten, oft gefleckt, unterseits drüsig punktiert. Blütenstände oft verlängert und überhängend. Blüten und Ährenstiele ± drüsig. Blüten grünweiss bis rosa

Polygonum lapathifolium L., *(Persicaria lapathifolia)*, Ampfer-Knöterich: T, 20-150 cm, VII-X, kollin-montan (-subalpin), Äcker, Schuttplätze, Gräben, LC

a Stängel grün, mit langen Sprossgliedern und relativ wenig Knoten (6-14). Blütenähren dick (zuletzt 8-10 mm breit), aufrecht, verblüht rosa oder weiss. Ackerpflanze

Polygonum lapathifolium subsp. ***pallidum*** (With.) Fr., Bleicher Ampfer-Knöterich: T, 20-100 cm, VII-X, kollin-montan, frische bis feuchte Äcker, DD

- Stängel rötlich überlaufen oder rot gepunktet, mit vielen kurzen Sprossgliedern (14-30). Blütenähren schlank (zuletzt 6-8 mm breit), oft etwas nickend, verblüht grünlich. Uferpflanze **b**

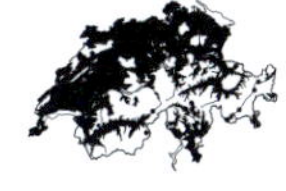

b Stängel aufsteigend bis aufrecht. Untere Blätter 4-8x so lang wie breit. Stängel niederliegend bis aufrecht

Polygonum lapathifolium L. subsp. ***lapathifolium***, Gewöhnlicher Ampfer-Knöterich: T, 40-150 cm, VII-X, kollin-montan (-subalpin), wechselfeuchte, nährstoffreiche Staudenfluren, Ufer, Wegränder, Unkrautfluren, (Bide), LC

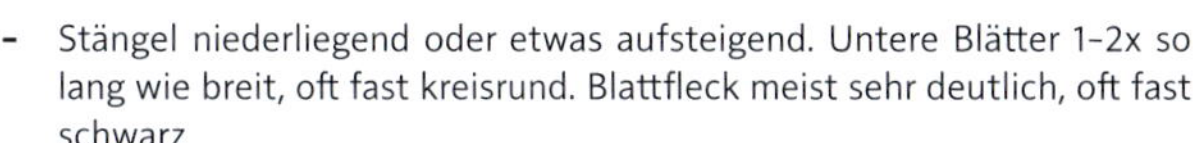

- Stängel niederliegend oder etwas aufsteigend. Untere Blätter 1-2x so lang wie breit, oft fast kreisrund. Blattfleck meist sehr deutlich, oft fast schwarz

Polygonum lapathifolium subsp. ***brittingeri*** (Opiz) Jáv., Donau-Ampfer-Knöterich: T, 20-100 cm lang, VII-X, kollin, nährstoffreiche Flussufer, Seeufer, feuchte Schuttplätze, Alluvionen, (Bide), RE

12 Pflanze scharf pfefferartig schmeckend. Perigon stark drüsig punktiert (mit Lupe im Gegenlicht betrachten!), 3- bis 4-teilig. Blätter unter der Mitte am breitesten. Nebenblattscheiden nur mit wenigen, ganz kurzen Haaren → (kahl erscheinend, Haare nur 0,2 mm lang), am oberen Rand mit kurzen Wimpern (0,5–2,5 mm lang). Blüten grünlich weiss. Stängel über den Gelenken oft geschwollen

Polygonum hydropiper L., *(Persicaria hydropiper)*, Wasserpfeffer-Knöterich: T, 30–70 cm, VII–X, kollin-montan, feuchte, nährstoffreiche Pionierfluren, Gräben, Waldwege, Ufer, (Bide), LC

- Perigon höchstens sehr schwach drüsig punktiert, meist 5-teilig. Nebenblattscheiden deutlich anliegend behaart (Haare 0,5–2 mm lang), am oberen Rand mit langen Wimpern (3–5 mm lang). Blüten weiss oder rosa. Geschmack mild **13**

13 Blätter 4–6x so lang wie breit, in der Mitte am breitesten → (1–2,5 cm breit), mit deutlichen Seitennerven. Blütenähre 3–5 cm lang, meist etwas überhängend. Frucht ± 3-kantig

Polygonum mite Schrank, *(Persicaria mite)*, Milder Knöterich: T, 20–70 cm, VII–X, kollin-montan, feuchte, nährstoffreiche Pionierfluren, Gräben, Waldwege, (Bide), LC

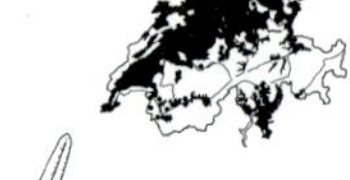

- Blätter 6–16x so lang wie breit, in der Mitte parallelrandig → (0,5–1 cm breit), Seitennerven undeutlich. Blütenähre bis 2,5 cm lang, meist aufrecht. Frucht teils 3-kantig, teils linsenförmig

Polygonum minus Huds., *(Persicaria minor)*, Kleiner Knöterich: T, 10–40 cm, VII–X, kollin-montan, feuchte, nährstoffreiche Pionierfluren, Gräben, Waldwege, (Bide), NT

Reynoutria — Staudenknöterich

- Pflanze mit dicken, bis 4 m hohen, verzweigten Stängeln, ± kahl. Blätter 7–40 cm lang, am Grund gestutzt. Blütenstand verzweigt, vielblütig. Blüten weiss bis grünlich weiss

Reynoutria japonica aggr., Staudenknöterich

a Blätter breit eiförmig, unten rechtwinklig gestutzt, 7–15(–20) cm lang, meist kahl, etwas derb und daher nicht rasch welkend, unterseits an den Nerven mit sehr kurzen, rauen einzelligen Haaren. Stängel oft rot gefleckt (Abb. Tafel 16, S. 672)

Reynoutria japonica Houtt., Japanischer Staudenknöterich: G, 1–3 m, VII–IX, kollin-montan, wechselfeuchte Krautsäume, Ufer, Schuttplätze, (Conv, Arct), Neophyt

- Blätter lang eiförmig, 15–40 cm lang, am Grund gestutzt oder herzförmig, unterseits zumindest auf den Nerven behaart, kaum derb und daher rasch welkend **b**

b Blätter am Grund tief herzförmig, 25–45 cm lang, weich, unterseits 0,5–2 mm lang behaart, Haare an den Blatterven mehrzellig (Abb. Tafel 16, S. 672)

Reynoutria sachalinensis (F. Schmidt) Nakai, Sachalin-Staudenknöterich: G, 1–4 m, VII–IX, kollin-montan, wechselfeuchte Krautsäume, Ufer, (Conv, Arct), Neophyt

- Blätter am Grund gestutzt bis schwach herzförmig, 15–30 cm lang, etwas derb, unterseits v. a. auf den Nerven kurz behaart, Haare kurz, einzellig, aber weich (bei *R. japonica* rau) (Abb. Tafel 16, S. 672)

  Reynoutria ×bohemica Chrtek & Chrtková, Bastard-Staudenknöterich: G, 1–3 m, VII–IX, kollin-montan, feuchte Krautsäume, Unkrautfluren, (Conv, Arct), Neophyt

Rumex **Ampfer**

1 Blätter am Grund mit spitzen Zipfeln (spiess- oder pfeilförmig). Achtung: *Rumex nivalis* manchmal mit nur ovalen Blättern **2**

- Blätter ohne spitze Zipfel (am Grund verschmälert, gestutzt oder herzförmig) **7**

2 Stängel blattlos oder mit 1(–2) Stängelblatt. Spreite der Grundblätter 1–2x so lang wie breit, pfeilförmig oder oval, etwas fleischig (vgl. *Oxyria*). Pflanze grasgrün

Rumex nivalis Hegetschw., Schnee-Ampfer: H, 10–30 cm, VII–VIII, alpin, feuchte, kalkreiche Schuttfluren, Schneetälchen, (Arab-caer), LC

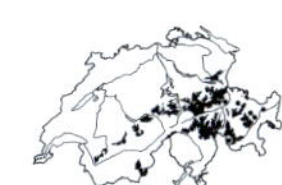

- Stängel mit mehr als 1 Stängelblatt **3**

3 Meist alle Blätter gestielt. Äussere Perigonblätter zur Fruchtzeit aufrecht. Innere Perigonblätter ohne Schwielen (halbrunde Auswölbung in der Mitte des Perigonblattes) **4**

- Obere Blätter sitzend. Äussere Perigonblätter zur Fruchtzeit zurückgeschlagen. Innere Perigonblätter mit Schwielen **5**

4 Blätter breit eiförmig, stumpf, etwa gleich lang wie breit, graugrün, oft bläulich bereift. Innere Perigonblätter kreisrund, ca. 5 mm lang, viel grösser als die reife Frucht →

Rumex scutatus L., Schildblättriger Ampfer: H, 20–50 cm, VI–VII, kollin-subalpin, Schuttfluren, Felsen, Mauern, (Peta-offi, Stip-cala, Gale-sege, Andr-vand), LC

- Blätter schmal spiessförmig, viel länger als breit, spitz, blaugrün oder rötlich, Spiessecken oft abstehend oder sogar nach vorne gerichtet. Blütenstand blattlos, lockerblütig, die Seitenzweige aufrecht. Perigonblätter →

Rumex acetosella L., Kleiner Sauerampfer: H, 10–30 cm, V–VIII, kollin-subalpin, trockene, sandige oder lehmige Böden, Waldschläge, Torfmoore, LC

a Innere Perigonblätter mit der Frucht fest verbunden (beim Reiben nicht ablösbar), stark nervig. Reife Frucht ca. 1 mm lang

Rumex acetosella subsp. ***pyrenaicus*** (Lapeyr.) Akeroyd, *(R. angiocarpus)*, Pyrenäischer Kleiner Sauerampfer: H, 10–30 cm, V–VIII, kollin-montan (-subalpin), kalkarme Pionierfluren, (Sedo-Vero), LC

- Innere Perigonblätter die Frucht nur lose umschliessend (beim Reiben ablösbar), schwach nervig. Reife Frucht 1–1,5 mm lang

Rumex acetosella L. subsp. ***acetosella***, Gewöhnlicher Kleiner Sauerampfer: H, 10–30 cm, V–VIII, kollin-subalpin, kalkarme Pionierfluren, Magerrasen, Zwergstrauchheiden, (Sedo-Vero, Sedo-Scle, Call-Geni), LC

Tafel 16

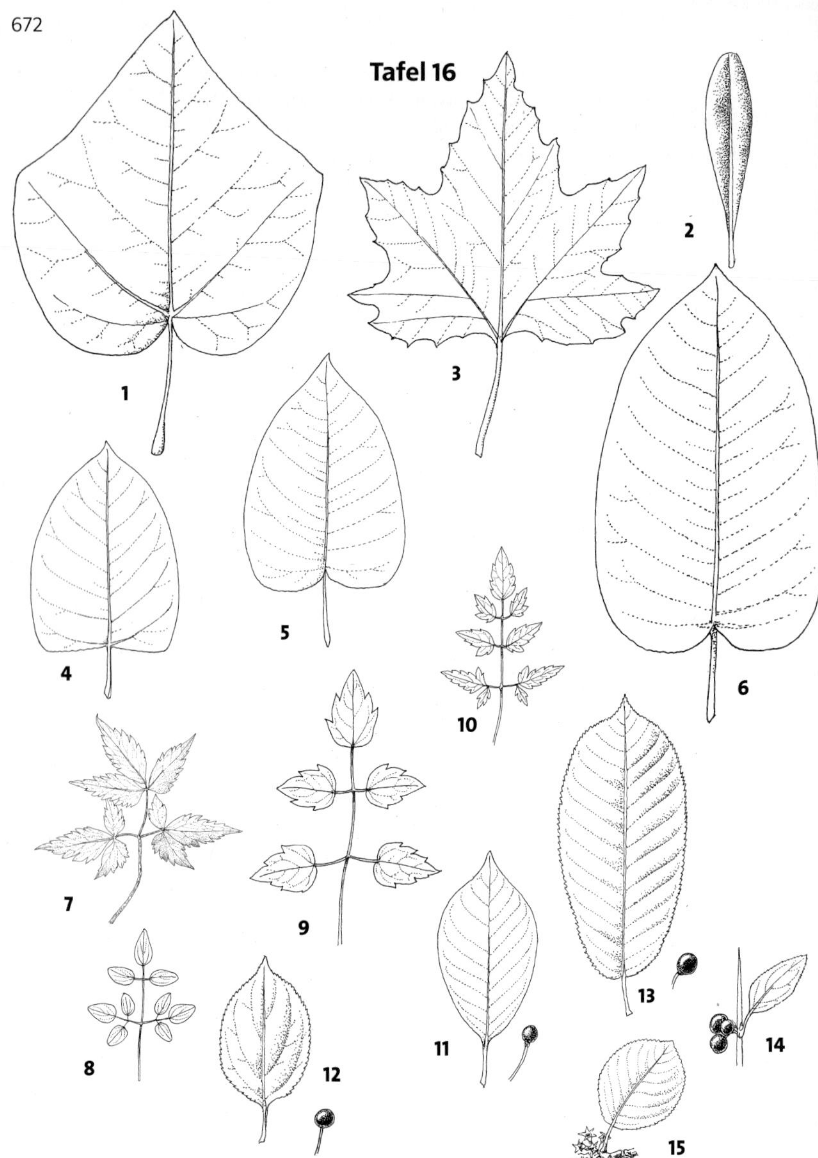

Paulowniaceae. Blatt: 1. *Paulownia tomentosa*
Pittosporaceae. Blatt: 2. *Pittosporum tobira*
Platanaceae. Blatt: 3. *Platanus ×hispanica*
Polygonaceae. Blatt: 4. *Reynoutria japonica*, 5. *R. ×bohemica*, 6. *R. sachalinensis*
Ranunculaceae. Blatt: 7. *Clematis alpina*, 8. *C. viticella*, 9. *C. vitalba*, 10. *C. tangutica*
Rhamnaceae. Blatt mit Frucht: 11. *Frangula rhamnus*, 12. *Rhamnus cathartica*, 13. *R. alpina*, 14. *R. saxatilis*, 15. *R. pumila* (mit Blütenbüschel)

5 Blütenstand dicht. Seitenäste wiederholt und reich verzweigt. Obere Stängelblätter sehr schmal, mit abstehenden Spiessecken. Perigonblätter →

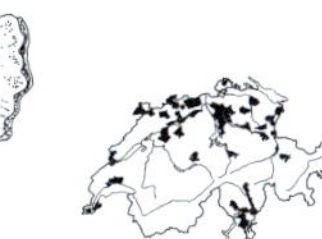

Rumex thyrsiflorus Fingerh., Rispen-Sauerampfer: H, 30–100 cm, VII–IX, kollin, trockenwarme Schuttplätze, Bahnareale, leicht ruderale Trockenrasen, (Dauc-Meli, Conv-Agro), vermutlich eingewandert, NT

- Blütenstand locker. Seitenäste des Gesamtblütenstandes nicht oder wenig verzweigt **6**

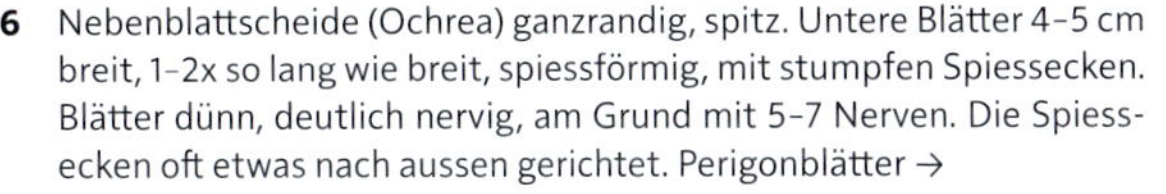

6 Nebenblattscheide (Ochrea) ganzrandig, spitz. Untere Blätter 4–5 cm breit, 1–2x so lang wie breit, spiessförmig, mit stumpfen Spiessecken. Blätter dünn, deutlich nervig, am Grund mit 5–7 Nerven. Die Spiessecken oft etwas nach aussen gerichtet. Perigonblätter →

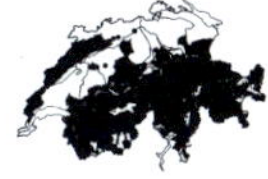

Rumex alpestris Jacq., *(R. arifolius)*, Berg-Sauerampfer: H, 30–100 cm, VII–VIII, montan-subalpin (-alpin), frische Hochstaudenfluren, Bergwiesen, Läger, (Aden, Poly-Tris, Rumi-alpi), LC

- Nebenblattscheide (Ochrea) fransig zerschlitzt oder gezähnt. Untere Blätter bis über 10x so lang wie breit, pfeilförmig, mit spitzen Spiessecken. Die Spiessecken meist abwärtsgerichtet. Blätter derb, Nerven undeutlich. Perigonblätter →

Rumex acetosa L., Wiesen-Sauerampfer: H, 30–100 cm, V–VIII, kollin-subalpin, Fettwiesen, (Arrh, Poly-Tris), LC

7 Innere Perigonblätter alle ohne Schwiele (halbrunde Auswölbung in der Mitte des Perigonblattes) **8**

- Zumindest ein inneres Perigonblatt mit Schwiele **10**

8 Grundständige Blätter gerundet oder in den Stiel verschmälert, bis 35 cm lang. Blattrand wellig-kraus. Seitennerven des Blattes in 45°-Winkel abgehend. Innere Perigonblätter breiter als lang →

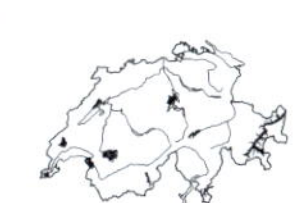

Rumex longifolius DC., Langblättriger Ampfer: H, 60–150 cm, VII–VIII, kollin-montan (-subalpin), wechselfeuchte Unkrautfluren, Wegränder, Gräben, (Arct), Neophyt

- Grundständige Blätter am Grund herzförmig oder gestutzt. Innere Perigonblätter länger als breit **9**

9 Grundständige Blätter oval oder rundlich, 1–1,5x so lang wie breit. Perigonblätter länger als breit, ganzrandig oder geschweift-gezähnt, netznervig →. Fruchtstiele unter der Frucht verdickt. Obere Stängelblätter gestielt. Alpenpflanze

Rumex alpinus L., Alpen-Ampfer: H, 50–150 cm, VII–VIII, (montan-) subalpin (-alpin), Läger, Hochstaudenfluren, nährstoffreiche Krautsäume, (Rumi-alpi), LC

- Grundständige Blätter oval oder breit lanzettlich, 1,5–2,5x so lang wie breit. Innere Perigonblätter zur Fruchtzeit 6–8 mm lang, länger als breit, ganzrandig oder geschweift-gezähnt, netznervig →. Fruchtstiele unter der Frucht nicht verdickt. Obere Stängelblätter ungestielt. Tieflandpflanze

Rumex aquaticus L., Wasser-Ampfer: H, 50–150 cm, VIII, kollin-montan, kalkreiche Flussufer, Gräben, (Phal), EN

10 Innere Perigonblätter gezähnt. Die längsten Zähne mindestens so lang wie die halbe Perigonblattbreite (möglichst mehrere reife Blüten bzw. Früchte untersuchen) **11**

- Innere Perigonblätter ganzrandig oder undeutlich gezähnt. Zähne viel kürzer als die halbe Perigonblattbreite **14**

11 Pflanze mehrjährig. Grundblätter und untere Stängelblätter mit herzförmigem Blattgrund **12**

- Pflanze ein- bis zweijährig. Grundblätter und untere Stängelblätter allmählich in den Stiel verschmälert **13**

12 Seitenäste aufrecht abstehend, nicht verzweigt. Blütenstand höchstens bis zu Mitte beblättert. Grundblatt gross, meist 10-30 cm lang und etwa 2x so lang wie breit. Perigonblätter dreieeckig, länger als breit, gezähnt, oft rot, zumindest eines mit länglicher, zugespitzter Schwiele →

Rumex obtusifolius L., Stumpfblättriger Ampfer: H, 50-120 cm, VI-VIII, kollin-montan (-subalpin), wechselfeuchte Unkrautfluren, nährstoffreiche Krautsäume, Fettwiesen, (Agro-Rumi, Aego, Arct, Arrh), LC. Zu beachten ist auch der häufige und oft übersehene Hybride *R. ×pratensis*

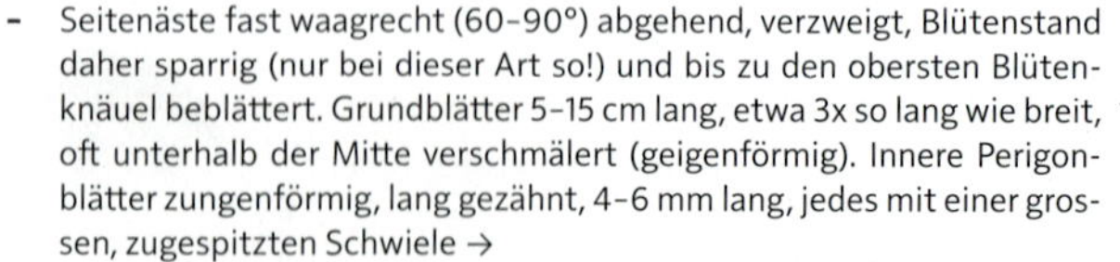

- Seitenäste fast waagrecht (60-90°) abgehend, verzweigt, Blütenstand daher sparrig (nur bei dieser Art so!) und bis zu den obersten Blütenknäuel beblättert. Grundblätter 5-15 cm lang, etwa 3x so lang wie breit, oft unterhalb der Mitte verschmälert (geigenförmig). Innere Perigonblätter zungenförmig, lang gezähnt, 4-6 mm lang, jedes mit einer grossen, zugespitzten Schwiele →

Rumex pulcher L., Schöner Ampfer: H, 20-60 cm, VI-VIII, kollin-montan, trockenwarme Krautsäume, Wegränder, Unkrautfluren, (Onop), VU

13 Blütenstand sehr dicht, die Blütenknäuel sich teilweise berührend, zur Fruchtzeit goldgelb. Fruchtstiele dünn, fädig, biegsam. Zähne der inneren Perigonblätter länger als die Perigonblattbreite →

Rumex maritimus L., Strand-Ampfer: T, 20-80 cm, VII-VIII, kollin-montan, feuchte, nährstoffreiche Pionierfluren, Ufer, (Bide), CR

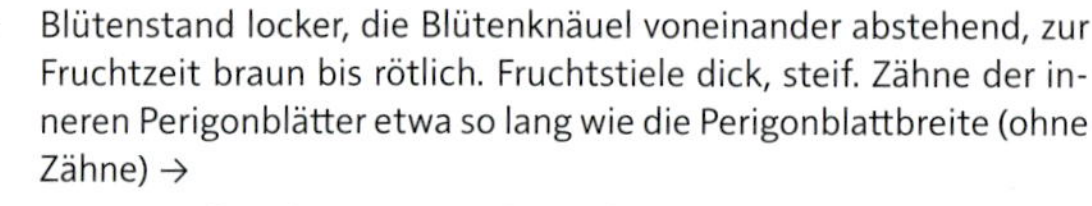

- Blütenstand locker, die Blütenknäuel voneinander abstehend, zur Fruchtzeit braun bis rötlich. Fruchtstiele dick, steif. Zähne der inneren Perigonblätter etwa so lang wie die Perigonblattbreite (ohne Zähne) →

Rumex palustris Sm., Sumpf-Ampfer: H.ha-T, 20-80 cm, VII-VIII, kollin-montan, feuchte Unkrautfluren, nährstoffreiche Ufer, (Bide), Neophyt

14 Untere Blätter am Grund allmählich in den Stiel verschmälert, sehr gross, (30-)40-80 cm lang, flach, die grösste Breite etwa in der Mitte. Blütenstand sehr gross. Innere Perigonblätter dreieckig-eiförmig →

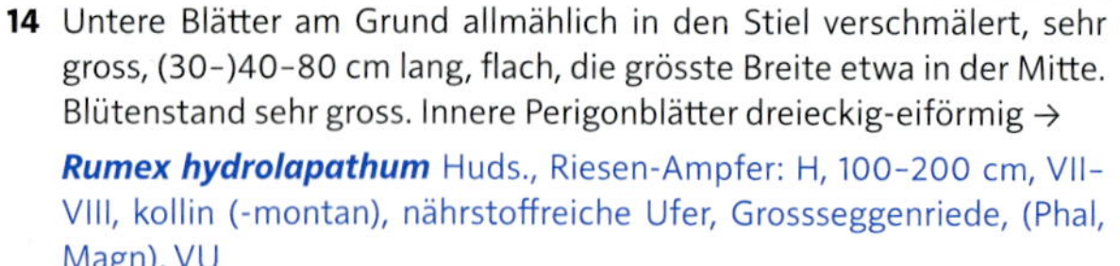

Rumex hydrolapathum Huds., Riesen-Ampfer: H, 100-200 cm, VII-VIII, kollin (-montan), nährstoffreiche Ufer, Grossseggenriede, (Phal, Magn), VU

- Untere Blätter am Grund gestutzt oder abgerundet, nicht allmählich in den Stiel verschmälert, (5-)10-40 cm lang, die grösste Breite etwas unterhalb der Mitte **15**

15 Innere Perigonblätter nur etwa 1-1,5 mm breit, schmal, länglich, kaum breiter als die Schwiele. 1 oder 3 Perigonblätter mit Schwiele **16**

- Innere Perigonblätter 4-10 mm breit, rundlich, mehr als 2x so breit wie die Schwiele. Nur 1-3 Perigonblätter mit Schwiele **17**

16 Äste im Blütenstand mit 30-60° abspreizend. Alle 3 inneren Perigonblätter mit einer Schwiele →. Fruchtstiele etwa so lang wie das Perigon. Blütenquirle daher sehr kompakt (Name!), nur die untersten etwas locker. Die meisten Blütenknäuel mit einem Hochblatt. Untere Blätter vielgestaltig, klein oder gross (auch geigenförmig)

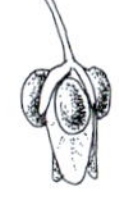

Rumex conglomeratus Murray, Knäuelblütiger Ampfer: H, 30-70 cm, VII-VIII, kollin-montan, feuchte, nährstoffreiche Pionierfluren, Trittrasen, Auenwälder, (Agro-Rumi, Bide, Frax), LC

- Äste im Blütenstand aufrecht abstehend, mit weniger als 30° abspreizend. Nur 1 inneres Perigonblatt mit Schwiele →. Fruchtstiele fast 2x so lang wie das Perigon. Blütenquirle daher locker. Nur die untersten Blütenknäuel mit einem Hochblatt

Rumex sanguineus L., Blut-Ampfer: H, 40-80 cm, VII-VIII, kollin-montan, feuchte, nährstoffreiche Krautsäume, Auenwälder, (Conv, Frax), LC. Die Abgrenzung zur vorigen Art ist durch den teilweise fertilen Hybriden *R.* ×*ruhmeri* manchmal erschwert

17 Untere Blätter etwa 3x so lang wie breit, flach oder etwas wellig, hellgrün, dünn. Nur 1 inneres Perigonblatt mit Schwiele →. Pflanze bis 2 m hoch. Blattstiele oberseits rinnig, Grundblätter abgerundet oder schwach herzförmig

Rumex patientia L., Garten-Ampfer: H, 50-200 cm, VII-VIII, kollin, trockenwarme Unkrautfluren, Wegränder, (Onop), kultiviert und verwildert, Neophyt

- Untere Blätter 4-8x so lang wie breit, kraus gewellt, etwas derb. 1 inneres Perigonblatt mit grosser, die 2 anderen mit kleiner Schwiele. Pflanze höchstens 1 m hoch **18**

18 Innere Perigonblätter ganzrandig. Nervennetz überall mit ± rundlichen Maschen →. Grundblätter länglich, am Grund gestutzt, vorne abgerundet, Stängelblätter lanzettlich, spitz. Blütenstand oft locker (Quirle voneinander entfernt), mit längeren Tragblättern («durchblättert»)

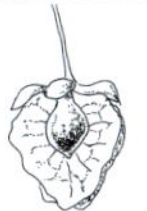

Rumex crispus L., Krauser Ampfer: H-H.ha, 40-100(-150) cm, VII-VIII, kollin-subalpin, feuchte Wegränder, Trittfluren, Wiesen und Weiden, (Agro-Rumi, Calt), LC

- Innere Perigonblätter mit 0,5-1 mm langen Zähnen. Nervennetz im Zentrum mit runden, am Rand mit länglichen, strahligen Maschen. Meist nur wenige Blüten mit reifen Früchten

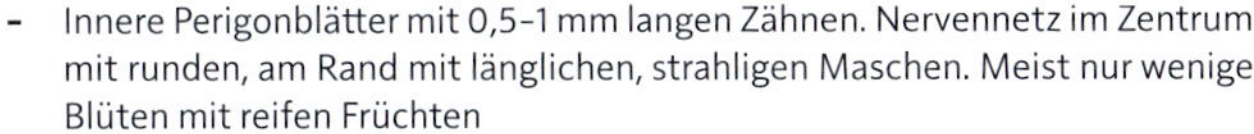

Rumex ×pratensis Mert. & W. D. J. Koch, Bastard-Ampfer: H, 40-100 cm, kollin-montan, Wegränder, Wiesen und Weiden. *R. obtusifolius* × *R. crispus*. Wohl relativ häufiger Hybride. Oft übersehen

Portulacaceae Portulakgewächse

Portulaca Portulak

1 Stängel niederliegend. Blätter oval, flach, fleischig, 5-7(-15) mm breit. Blüten gelb, klein, 6-8 mm breit

Portulaca oleracea L., Gemüse-Portulak: 10-30 cm lang, VI-IX, kollin-montan, Wegränder, Äcker, Unkrautfluren, (Poly-avic, Erag), LC

- Stängel aufsteigend. Blätter lineal, stielrund, fleischig, ca. 2 mm breit. Blüten gross, 4-5 cm breit, rot, orange oder gelb

Portulaca grandiflora Hook., Grossblütiger Portulak: 10-30 cm, VI-IX, kollin, trockenwarme Mauern, Gartenränder

Primulaceae Primelgewächse

1	Wasserpflanze mit quirlständigen, federartigen Blättern, auffälligen, quirlständigen, weissen Blüten	***Hottonia***
-	Land- oder Sumpfpflanze. Blätter nicht federartig, Blüten einzeln oder in Dolden	**2**
2	Blüten meist 7-zählig, weiss	***Trientalis***
-	Blüten 4- oder 5-zählig	**3**
3	Blattstiel länger als die Spreite	**4**
-	Blattstiel kürzer als die Spreite oder fehlend	**6**
4	Kronzipfel nach hinten gerichtet. Fruchtstiel spiralig eingerollt	***Cyclamen***
-	Kronzipfel nach vorne gerichtet. Fruchtstiel gerade	**5**
5	Kronzipfel nicht zerschlitzt	***Cortusa***
-	Krone mit fransig zerschlitztem Saum	***Soldanella***
6	Blätter alle in grundständiger Rosette oder dachziegelig angeordnet	**7**
-	Blätter zumindest teilweise an einem deutlichen Stängel	**8**
7	Kronröhre mindestens 5 mm lang, Krone am Grund ohne Schuppen	***Primula***
-	Kronröhre weniger als 5 mm lang, Krone am Grund meist mit 5 kurzen, gelben (nach dem Verblühen oft rötlichen) Schuppen	***Androsace***
8	Blüten gelb	***Lysimachia***
-	Blüten nicht gelb	**9**
9	Blätter gegen- oder quirlständig	***Anagallis***
-	Blätter wechselständig	**10**
10	Blüten einzeln in den Blattwinkeln	***Anagallis***
-	Blüten in Trauben, lang gestielt	***Samolus***

Anagallis Gauchheil

Die Arten der Gruppe *A. arvensis* können sowohl blau als zinnoberrot blühen. Die Blütenfarbe ist hier kein Unterscheidungsmerkmal. Sicheres Merkmal sind einzig die Drüsenhaare an den Blütenblättern.

1 Blätter wechselständig. Kronblätter 1-2 mm lang

Anagallis minima (L.) E. H. L. Krause, Kleinling: T, 1-8 cm, VI-IX, kollin (-montan), wechselfeuchte Pionierfluren, Wegränder, (Nano), CR

- Blätter gegenständig. Kronblätter 5-9 mm lang **2**

2 Krone 2-3x so lang wie der Kelch, glockig, hellrosa

Anagallis tenella (L.) L., Zarter Gauchheil: H, 5-15 cm, V-VI, kollin (-montan), nährstoffarme Nasswiesen, Torfmoore, (Cari-lasi, Moli), CR

- Krone etwa so lang wie der Kelch, radförmig, blau oder mennigrot **3**

3 Kronblätter sich berührend oder überdeckend, ± ganzrandig, am Rand mit zahlreichen, stets 3-zelligen Drüsenhaaren (starke Lupe!) →. Krone meist rot, selten blau. Kelchblätter ganzrandig

Anagallis arvensis L., Acker-Gauchheil: T, 5-30 cm, VI-IX, kollin-montan (-subalpin), Unkrautfluren, Äcker, Gärten, (Fuma-Euph, Sisy), Archäophyt, LC

- Kronblätter sich nicht berührend, vorne fein gezähnt, am Rand mit wenigen, 4-zelligen Drüsenhaaren (starke Lupe!) →. Krone blau. Kelchblätter am Rand fein gezähnt

Anagallis foemina Mill., Blauer Gauchheil: T, 5-30 cm, V-IX, kollin-montan, trockenwarme, kalkreiche Unkrautfluren, Äcker, (Cauc, Erag), Archäophyt, VU

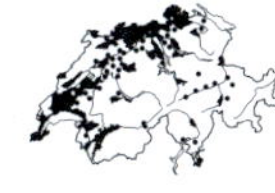

Androsace Mannsschild

Die meisten Arten in dieser Gattung lassen sich gut und einfach bestimmen. Die vielen Formen von *A. pubescens* sind aber eine grosse Herausforderung. Oft lassen sich die Übergänge zu *A. alpina* und *A. helvetica* schlecht abgrenzen.

1 Blüten gelb

Androsace vitaliana (L.) Lapeyr., Goldprimel: Ch, 2-5 cm, VI-VII, (subalpin-) alpin, schuttige, kalkarme Gebirgsrasen, Felsen, Schutthalden, (Andr-alpi), LC

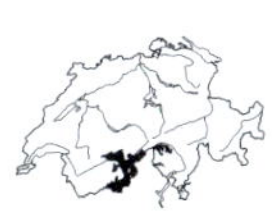

- Blüten weiss oder rot **2**

2 Ohne sterile Triebe (Pflanze einjährig). Blätter meist gezähnt **3**

- Mit sterilen Trieben (Pflanze mehrjährig). Blätter ganzrandig **4**

3 Deckblätter viel kürzer als der Stiel. Stängel mit Stern- und Gabelhaaren. Kelch kahl oder mit einzelnen Drüsenhaaren

Androsace septentrionalis L., Nordischer Mannsschild: T, 5-20 cm, VI, (montan-) subalpin, trockene, kalkarme Magerrasen, Mauern, Ackerränder, (Sedo-Scle), EN

- Deckblätter laubblattartig, so lang oder länger als der Stiel. Stängel mit einfachen Haaren. Kelch zottig behaart

  Androsace maxima L., Acker-Mannsschild: T, 5–15 cm, IV–V, kollin-montan, kalkreiche Äcker, (Cauc), Archäophyt, CR

4 Ganze Pflanze kahl. Blüten stets weiss, mit gelbem Schlund

  Androsace lactea L., Milchweisser Mannsschild: H, 5–15 cm, VI–VII, (montan-) subalpin, kalkreiche Felsrasen, schattige Felsen, Schuttfluren, (Cyst, Sesl), NT

- Blütenstiele und meist auch der Kelch behaart **5**

5 Pflanze nicht Polster bildend. Stets mehrere Blüten gemeinsam in Dolden **6**

- 2–5 cm hohe Polsterpflanze. Blüten einzeln **9**

6 Stängel und Blütenstiele langhaarig-zottig **7**

- Stängel und Blütenstiele kurzhaarig **8**

7 Blattrand bewimpert, Blattflächen meist kahl →

  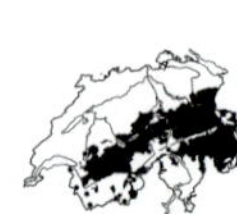

  Androsace chamaejasme Wulfen, Bewimperter Mannsschild: H, 2–10 cm, VI–VII, (montan-) subalpin-alpin, steinige, kalkreiche Gebirgsrasen, (Sesl, Cari-firm), LC

- Blattunterseite behaart →

  Androsace villosa L., Zottiger Mannsschild: Ch, 2–5 cm, VI–VII, subalpin-alpin, kalkreiche, tiefgründige Gebirgsrasen, (Sesl), VU

8 Blüten rötlich. Blatt →

  Androsace puberula Jord. & Fourr., Fleischroter Mannsschild: H, 2–10 cm, VI–VII, (subalpin-) alpin, kalkarme Gebirgsrasen, Bergweiden, (Cari-curv, Nard), LC

- Blüten weiss. Blatt →

  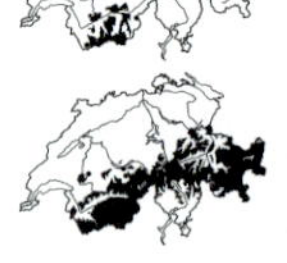

  Androsace obtusifolia All., Stumpfblättriger Mannsschild: H, 5–10 cm, VII–VIII, (subalpin-) alpin, kalkarme Gebirgsrasen, (Cari-curv), LC

9 Alle oder die meisten Haare unverzweigt, ohne Sternhaare **10**

- Alle oder die meisten Haare verzweigt (sternhaarig) **12**

10 Polster dicht, auffällig graugrün, halbkugelig. Blätter 2–3 mm lang →

  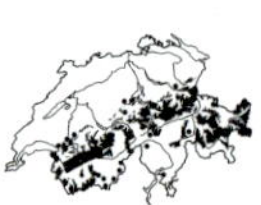

  Androsace helvetica (L.) All., Schweizer Mannsschild: Ch, 1–3 cm, V–VII, (subalpin-) alpin, kalkreiche Felsgrate, (Pote), LC

- Polster locker, flach. Blätter 6–9 mm lang → **11**

11 Blüten weiss. Pflanze ausschliesslich mit einfachen Haaren. Auf Kalk

  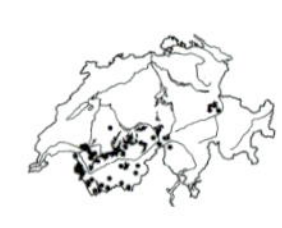

  Androsace pubescens DC., Weichhaariger Mannsschild: Ch, 1–3 cm, VI–VII, alpin, kalkreiche Felsen, Schuttfluren, (Pote, Thla-rotu), NT. Sehr vielgestaltige Art, die oft schwierig anzusprechen ist. Wichtig ist das Fehlen von Sternhaaren, um die Art von *A. alpina* abzugrenzen

- Blüten rosa. Pflanze mit einfachen und mit 2- bis 3-strahligen Haaren, aber ohne Sternhaare. Auf Silikat

Androsace albimontana D. Jord. & Jacquemoud, Mont-Blanc-Mannsschild: 1-3 cm, VI-VII, alpin-alpin, Granit, feuchte Moränen, kalkarme Geröllfluren, (Andr-alpi). Neu beschriebene Art aus den Komplex *Androsace* subsect. *Aretia*, der besonders in den Westalpen noch einige Unschärfen bietet. Für die genaue Bestimmung sollte Spezialliteratur herbeigezogen werden

12 Pflanze dicht sternhaarig-weissfilzig →

Androsace vandellii (Turra) Chiov., Vandellis Mannsschild: Ch, 1-3 cm, VII, (montan-) subalpin-alpin, kalkarme Felsen, (Andr-vand), LC

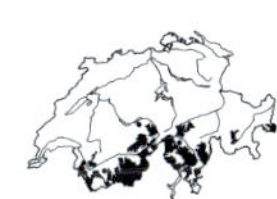

- Pflanze nicht weissfilzig **13**

13 Blüten kurz gestielt, Blütenstiel höchstens 2x so lang wie die Blätter, Sternhaare 2- bis 8-strahlig. Kronblätter kaum ausgerandet

Androsace alpina (L.) Lam., Alpen-Mannsschild: Ch, 1-3(-5) cm, VII-VIII, alpin, kalkarme, feuchte Moränen, Geröllfluren, (Andr-alpi), LC

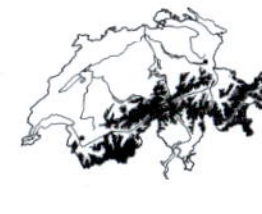

- Blüten deutlich gestielt (Blütenstiele 2-3x so lang wie die Blätter), Sternhaare 2- bis 3-strahlig. Kronblätter meist ausgerandet

Androsace brevis (Hegetschw.) Ces., Kurzstängeliger Mannsschild: Ch, 1-5 cm, VI, (subalpin-) alpin, kalkarme, steinige Gratrasen, Felsen, (Andr-vand, Elyn), VU

Cortusa Heilglöckchen

- Blätter grundständig, lang gestielt, Spreite rundlich, wenig tief eckig gelappt. Blüten in 5- bis 10-blütiger Dolde, lang gestielt. Krone glockig, purpurn

Cortusa matthioli L., Heilglöckchen: H, 20-50 cm, V-VII, (montan-) subalpin, Hochstaudenfluren, Bachufer, Grünerlengebüsche, (Aden, Alne-viri), LC

Cyclamen Zyklamen, Alpenveilchen

1 Blütezeit im Herbst. Blätter 3- oder 5-eckig, am Grund herzförmig, diese erscheinen nach den Blüten

Cyclamen hederifolium Aiton, Efeublättriges Alpenveilchen: G, 3-15 cm, IX, kollin, trockenwarme Eichenwälder, (Quer-pube), NT

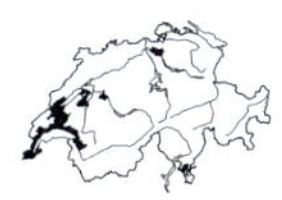

- Blütezeit im Frühling bis Sommer. Blätter nieren- bis herzförmig, diese erscheinen mit oder nach den Blüten **2**

2 Kronzipfel 15-20(-30) mm. Blütezeit Spätfrühling bis Sommer (bis Herbst)

Cyclamen purpurascens Mill., Europäisches Alpenveilchen: G, 5-15 cm, VI-X, kollin (-montan), trockenwarme Laubwälder, (Ceph-Fage, Tili-plat, Orno-Ostr), LC

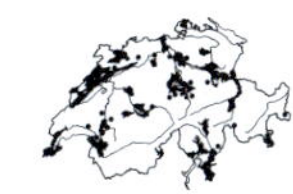

- Kronzipfel 7-10(-15) mm. Blütezeit Frühling

Cyclamen coum Mill., Kos-Alpenveilchen: G, 2-10 cm, I-IV, kollin, Gärten, Siedlungsgebiet, Waldränder, Neophyt

Hottonia Wasserfeder

Die äusserst seltene Wasserpflanze mit quirlständigen Blättern wird oft mit *Myriophyllum*-Arten verwechselt.

- Wasserpflanze, mit quirlständigen, federartigen Blättern

  Hottonia palustris L., Wasserfeder: Ah, 20–60 cm, V–VII, kollin, Stillgewässer, Teiche, (Nymp), EN

Lysimachia Gilbweiderich

1 Stängel niederliegend. Blüten einzeln in den Blattwinkeln **2**

\- Stängel aufrecht. Blüten in Trauben oder Rispen **3**

2 Kronzipfel 9–16 mm lang. Blätter rundlich bis herzförmig, stumpf →

Lysimachia nummularia L., Pfennigkraut: H, 5–50 cm, VI–VII, kollin-montan (-subalpin), nährstoffreiche, eher feuchte Krautsäume, Wegränder, Wiesen und Weiden, Wälder, (Aego, Arrh, Frax), LC

\- Kronzipfel 5–9 mm lang. Blätter eiförmig, spitz →

Lysimachia nemorum L., Hain-Gilbweiderich: H, 5–20 cm, V–VII, kollin-montan (-subalpin), schattige, feuchte Wegränder, Gebüsche, Wälder, (Frax, Abie-Pice, Agro-Rumi), LC

3 Blüten (5-) 6- bis 7-zählig. Kronblätter 3–6 mm. Kelchblätter 2–3 mm lang

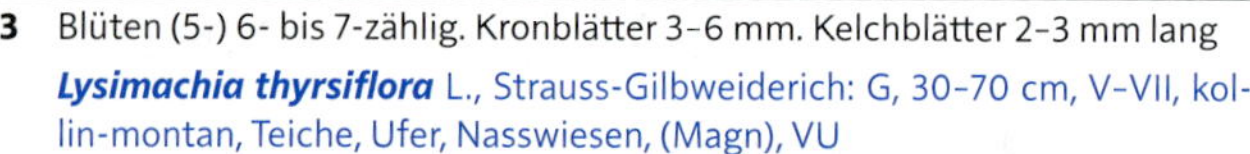

Lysimachia thyrsiflora L., Strauss-Gilbweiderich: G, 30–70 cm, V–VII, kollin-montan, Teiche, Ufer, Nasswiesen, (Magn), VU

\- Blüten 5-zählig, Kronblätter 7–15 mm. Kelchblätter 3–5 mm lang **4**

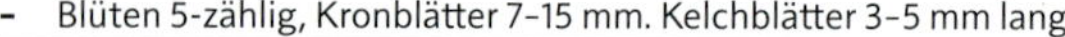

4 Kronblätter kahl, ohne rote Punkte. Kelchblätter mit rotem Rand

Lysimachia vulgaris L., Gemeiner Gilbweiderich: H, 40–130 cm, VI–VIII, kollin-montan, feuchte Staudenfluren, Krautsäume, Auenwälder, (Fili, Conv, Moli, Alni-inca), LC

\- Kronblätter drüsig bewimpert, meist mit roten Punkten. Kelchblätter ohne roten Rand

Lysimachia punctata L., Punktierter Gilbweiderich: H, 50–100 cm, VI–VII, kollin, feuchte Staudenfluren, (Fili), Neophyt

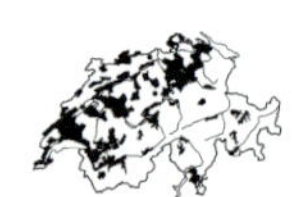

Primula Schlüsselblume, Primel

Es sind zahlreiche Hybriden in der Gattung bekannt.

1 Blüten gelb («Schlüsselblümchen») oder, wenn Blüten nicht gelb, alle grundständig (kein Stängel, nur Blütenstiele vorhanden) **2**

\- Blüten rosa, violett oder blau (vgl. auch Gartenformen von *P. acaulis* mit solchen Blütenfarben) **5**

2 Blüten grundständig, lang gestielt. Fruchtstiele schlaff, niederliegend

Primula acaulis (L.) L., Stängellose Schlüsselblume: LC

a Blüten hellgelb

Primula acaulis (L.) L. subsp. ***acaulis***: H, 5–15 cm, III–IV, kollin-montan, lichte, kalkreiche Wälder, Gebüsche, Parkanlagen, (Carp, Orno-Ostr, Ceph-Fage)

- Blüten rosa oder rötlich (-purpurn)

  Primula acaulis subsp. ***rubra*** (Sm.) Greuter & Burdet

- Blüten in gestielten Dolden. Fruchtstiele steif aufrecht **3**

3 Blätter kahl, flach, fleischig

Primula auricula L., Aurikel: H, 5-20 cm, V-VI, (kollin-) subalpin-alpin, kalkreiche Felsen, Felsrasen, (Pote, Sesl), LC

- Blätter behaart, runzelig, nicht fleischig **4**

4 Blüten schwefelgelb, Kelch der Krone eng anliegend, geruchsarm

Primula elatior (L.) L., Wald-Schlüsselblume: H, 10-25 cm, III-V, kollin-subalpin (-alpin), frische Wiesen, krautreiche Wälder, Krautsäume, (Poly-Tris, Fagetalia, Frax, Abie-Pice), LC

- Blüten goldgelb, mit dunkleren Flecken, Kelch bauchig erweitert, wohlriechend

Primula veris L., Frühlings-Schlüsselblume: 10-30 cm, IV-V, kollin-subalpin, trockene Wiesen, meist auf Kalk, LC

a Kelch 8-16 mm lang, meist kürzer als die Kronröhre. Blattunterseite wenig behaart oder kahl, aber nicht weissfilzig

Primula veris L. subsp. ***veris***, Gewöhnliche Frühlings-Schlüsselblume: H, 10-20 cm, IV-V, kollin-subalpin, kalkreiche Halbtrockenrasen, sonnige Krautsäume, (Meso, Gera-sang), LC

- Kelch 16-25 mm lang, so lang wie die Kronröhre oder länger. Blattunterseite grau-weissfilzig

  Primula veris subsp. ***columnae*** (Ten.) Maire & Petitm., Graufilzige Frühlings-Schlüsselblume: H, 10-30 cm, IV-V, kollin-montan, lichte, krautreiche Eichenwälder, Krautsäume, (Quer-pube, Gera-sang), LC

5 Blattunterseite mehlig bestäubt **6**

- Blattunterseite nicht mehlig bestäubt **7**

6 Kronröhre 5-8 mm lang, etwa so lang wie der Kelch, Blüten verschiedengriffelig (heterostyl)

Primula farinosa L., Mehl-Primel: H, 5-20 cm, V-VII, (kollin-) montan-alpin, kalkreiche Flachmoore, Bachufer, wechselfeuchte Wiesen, (Cari-dava), LC

- Kronröhre 15-30 mm lang, 2,5-3x so lang wie der Kelch, niemals verschiedengriffelig

  Primula halleri J. F. Gmel., Hallers Primel: H, 10-30 cm, VI-VII, (montan-) subalpin-alpin, kalkreiche Gebirgsrasen, Felsen, (Sesl, Drab-Sesl), NT

7 Hüllblätter länger als die Blütenstiele **8**

- Hüllblätter höchstens so lang wie die Blütenstiele **10**

8 Blätter gezähnt (zumindest vorne fein kerbgesägt)

Primula glutinosa Jacq., Klebrige Primel: H, 2-7 cm, VI-VII, (subalpin-) alpin, kalkarme Gebirgsrasen, (Cari-curv), NT

- Blätter ganzrandig **9**

9 Pflanze höchsten 6 cm hoch. Blatt grasgrün

Primula integrifolia L., Ganzblättrige Primel: H, 2-6 cm, VI-VII, (subalpin-) alpin, kalkarme Gebirgsrasen, (Cari-curv), LC

- Pflanze über 5 cm hoch. Blatt meergrün, meist stark glänzend. Typischer weisser Knorpelrand

  Primula glaucescens Moretti, Meergrüne Primel: 2-15 cm, kalkreiche Gebirgsrasen, (Sesl), in der Schweiz nur angesalbt in den Denti della Vecchia, Neophyt

10 Kronschlund mehlig bestäubt, meist gleichfarbig wie Blüte. Blütenstand einseitig zur Blütezeit

  Primula latifolia Lapeyr., Breitblättrige Primel: H, 5-15 cm, VI-VII, (subalpin-) alpin, kalkarme Felsen, Felsrasen, (Andr-vand), LC

- Kronschlund nicht mehlig bestäubt, meist deutlich heller oder weiss. Blütenstand allseitswendig zur Blütezeit **11**

11 Stängel meist kürzer als die Laubblätter. Kelchzähne abstehend. Frucht kürzer als der Kelch →

  Primula hirsuta All., Rote Felsen-Primel: H, 3-10 cm, VI-VII, (kollin-) subalpin-alpin, kalkarme Felsen, Felsrasen, (Andr-vand), LC

- Stängel meist deutlich länger als die Laubblätter. Kelchzähne anliegend. Frucht so lang oder länger als der Kelch →

  Primula daonensis (Leyb.) Leyb., Inntaler Primel: H, 3-10 cm, VI-VII, alpin, kalkarme Gebirgsrasen, (Cari-curv), NT

Samolus — Bunge

- Blüten in Trauben, an dünnen Stielen, die über der Mitte ein Blättchen tragen →. Blätter grundständig und am Stängel wechselständig, verkehrt eiförmig

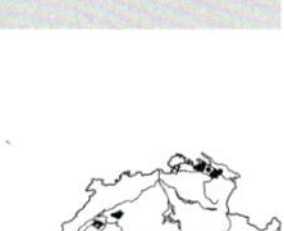

  Samolus valerandi L., Salzbunge: H, 15-40 cm, VI-IX, kollin, wärmeliebende, wechselfeuchte Pionierfluren, Gräben, (Nano), CR

Soldanella — Soldanelle, Alpenglöckchen

1 Stängel meist 2- bis 3-blütig. Krone bis etwa zur Mitte gespalten →. Griffel meist länger als die Krone. Blattdurchmesser meist über 1 cm

  Soldanella alpina L., Grosses Alpenglöckchen: H, 5-15 cm, V-VII, (montan-) subalpin-alpin, kalkreiche Schneetälchen, Bergwiesen und -weiden, (Arab-caer, Poio-alpi, Poly-Tris), LC

- Stängel meist einblütig. Krone meist nicht bis zur Mitte gespalten →. Griffel kürzer als die Krone. Blattdurchmesser meist weniger als 1 cm

  Soldanella pusilla Baumg., Kleines Alpenglöckchen: H, 2-10 cm, VI-VIII, (subalpin-) alpin, kalkarme Schneetälchen, (Sali-herb), LC

Trientalis — Siebenstern

- Blüten meist 7-zählig, weiss. Blätter lanzettlich, die meisten am Ende des Stängels quirlartig gehäuft

  Trientalis europaea L., Siebenstern: G, 10-20 cm, VI-VII, montan-subalpin, humusreiche Fichtenwälder, wechselfeuchte Gebüsche, (Vacc-Pice), VU

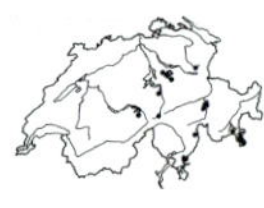

Ranunculaceae Hahnenfussgewächse

1	Blüten zweiseitig-symmetrisch (zygomorph)	**2**
-	Blüten radiärsymmetrisch (aktinomorph)	**4**
2	Oberes Blütenblatt ohne Sporn, aber einen auffallenden Helm bildend →, 2 lang gestielte, kappenförmige Nektarblätter einschliessend	***Aconitum***
-	Oberes Blütenblatt gespornt, 1 oder 2 gespornte Nektarblätter einschliessend	**3**
3	Blatt fein zerschlitzt, mit linealen Zipfeln. Fruchtknoten 1. Nektarblätter 1 (verwachsen aus 2). Pflanze einjährig. Blüte (links) →	***Consolida***
-	Blatt grob 5- bis 7-teilig, Blattabschnitte breit lanzettlich. Fruchtknoten 3–5. Nektarblätter 4, die 2 oberen gespornt. Pflanze mehrjährig. Blüte (rechts) →	***Delphinium***
4	Blätter gegenständig, 3-teilig oder gefiedert. Blüten mit 4 Blütenblättern	***Clematis***
-	Blätter wechsel- oder quirlständig oder eine Grundrosette bildend	**5**
5	Blüten 4-teilig, mit 1 Fruchtknoten, der sich zu einer zuerst grünen, dann schwarzen Beere entwickelt	***Actaea***
-	Blüten 5- bis 20-teilig, mit 2 oder mehr Fruchtknoten. Frucht zuletzt trocken, keine Beere bildend	**6**
6	Blätter grasartig, schmal lineal, bis 1,5 mm breit, in grundständiger Rosette. Blüten gelbgrün, Blütenboden zur Fruchtzeit schwanzartig verlängert →	***Myosurus***
-	Grundständige Blätter anders oder fehlend. Fruchtstand kugelig oder walzlich	**7**
7	Blüten nickend, mit 5 lang gespornten Nektarblättern, die sich mit 5 ungespornten Blütenblättern abwechseln	***Aquilegia***
-	Blüten ohne gespornte Nektarblätter	**8**
8	Perianth (Blüte) aus nur 1 Blütenkreis bestehend	**9**
-	Perianth (Blüte) aus 2 Kreisen bestehend, scheinbar in Kelch und Krone geteilt	**19**
9	Staubblätter in langen Büscheln →, viel länger als die schon beim Aufblühen hinfälligen, kleinen Blütenblättchen. Blätter gefiedert	***Thalictrum***
-	Blütenblätter ansehnlich, länger als die Staubblätter	**10**
10	Blüten gelb	**11**
-	Blüten weiss, blau, purpurn oder grün	**15**
11	Pflanze ohne Grundblätter	**12**
-	Pflanze mit Grundblättern	**13**
12	Pflanze einblütig. Blüte direkt auf einem Quirl aus 3 zerteilten Hochblättern aufsitzend	***Eranthis***
-	Pflanze 1- bis 3-blütig. Blüten von einem Quirl aus Hochblättern entfernt stehend	***Anemone***
13	Blätter ungeteilt, rundlich bis nierenförmig, Rand gekerbt	***Caltha***
-	Blätter handförmig oder fiederig geteilt	**14**

14	Stängel mit quirlständigen Hochblättern. Blüten zunächst glockig, später offen becherförmig. Griffel zur Fruchtzeit schweifartig verlängert, behaart	***Pulsatilla***
-	Stängel ohne quirlständige Hochblätter. Blütenblätter zusammenneigend, eine Kugel bildend. Griffel nicht verlängert	***Trollius***
15	Stängel in der Mitte mit quirlständigen Hochblättern	**16**
-	Stängel in der Mitte ohne quirlständige Hochblätter	**17**
16	Pflanze mit Grundblättern. Blütenblätter 6. Griffel zur Fruchtzeit schweifartig verlängert, behaart	***Pulsatilla***
-	Pflanze ohne oder mit einem einzelnen Grundblatt. Blütenblätter 5-20. Griffel zur Fruchtzeit nicht besonders verlängert	***Anemone***
17	Pflanze einjährig. Blätter feinzipflig geteilt, mit linealen Abschnitten. Blüten bläulich	***Nigella***
-	Pflanze mehrjährig. Blätter handförmig oder 3-teilig, mit lanzettlichen bis eiförmigen Abschnitten. Blüten weiss, grün oder rötlich	**18**
18	Blätter handförmig geteilt. Blüten grün, weiss oder rötlich	***Helleborus***
-	Blätter doppelt 3-teilig. Blüten weiss, klein	***Isopyrum***
19	Grundständige Blätter tief herzförmig, 3-lappig. Zwischen äusserem (kelchartigem) und innerem (kronartigem) Blütenkreis ein kurzer Stiel	***Hepatica***
-	Grundblätter anders gestaltet. Die beiden Blütenkreise aneinanderliegend	**20**
20	Blütenblätter 5 (bei Kümmerformen auch weniger), an der Basis mit einem Honiggrübchen	***Ranunculus***
-	Blütenblätter (5-)6-12, Honiggrübchen fehlend	**21**
21	Blüten weiss oder schwach rosa. Blätter doppelt gefiedert, mit tief 3-teiligen Abschnitten	***Callianthemum***
-	Blüten gelb oder kräftig rot	**22**
22	Pflanze aufrecht. Blätter feinzipflig, mit linealen Zipfeln. Blütenblätter entweder 5-8 (Blüten rot) oder 10-20 (Blüten gelb)	***Adonis***
-	Pflanze niederliegend. Blätter rundlich bis herzförmig. Blütenblätter 8-11	***Ranunculus***

Aconitum Eisenhut

1	Blüten gelb	**2**
-	Blüten blau oder weisslich blau	**3**

2 Helm etwa gleich hoch wie breit. Blatt handförmig geteilt, Blattzipfel schmal lineal →, 1-2 mm breit. Blüten grüngelblich

Aconitum anthora L., Giftheil-Eisenhut: H, 20-90 cm, VIII-IX, montan-subalpin, kalkreiche, trockene Bergwiesen, Krautsäume, (Sesl, Gera-sang), VU

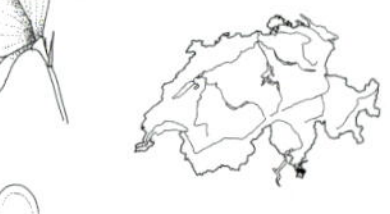

\- Helm fast 3x so hoch wie breit. Blatt mit breiteren, lanzettlichen Abschnitten →

Aconitum lycoctonum L., (*A. vulparia* aggr.), Gelber Eisenhut: H, 40-180 cm, VI-VIII, (kollin-) montan-subalpin, Hochstaudenfluren, Grünerlengebüsche, Bergwälder, LC. Die Unterart subsp. *lycoctonum* ist ein nordeuropäisches Taxon und Synonym zu *A. septentrionale*

a Blätter fast bis zum Grund eingeschnitten →, 20–35 cm im Durchmesser. Endständige Blütentrauben (15-) 20- bis 30-blütig, seitenständige Blütentrauben anliegend. Stängel am Grund dick, bei ausgewachsener Pflanze 7–10 mm breit, zur Fruchtzeit aufrecht bleibend

Aconitum lycoctonum subsp. ***neapolitanum*** (Ten.) Nyman, *(A. lamarkii, A. penninum)*, Südlicher Gelber Eisenhut: H, 50–150 cm, VI–VIII, (kollin-) montan-subalpin, feuchte Hochstaudenfluren, staudenreiche Wälder, (Aden), LC

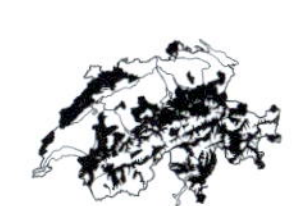

- Höchstens der Mittelabschnitt der Blätter bis zu 80 % eingeschnitten →, Grundblatt bis ca. 15 cm im Durchmesser. Endständige Blütentrauben 5- bis 15-blütig, seitenständige Blütentrauben abstehend. Stängel am Grund dünn, bei ausgewachsener Pflanze nur bis 5 mm breit, zur Fruchtzeit niederliegend

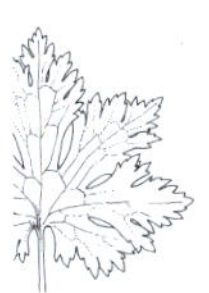

Aconitum lycoctonum subsp. ***vulparia*** (Rchb.) Nyman, *(A. altissimum)*, Wolfs-Eisenhut: H, 40–180 cm, VI–VIII, montan-subalpin, Hochstaudenfluren, Läger, Bergwälder, (Aden, Rumi-alpi, Luna-Acer, Fagetalia), LC

3 Helm höchstens so breit wie hoch →. Stängel ästig, nicht steif aufrecht, sich oft waagrecht ausbreitend, hin- und hergebogen. Blütenstiele kahl oder mit senkrecht abstehenden, oft auch drüsigen Haaren

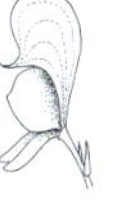

Aconitum variegatum L., Gescheckter Eisenhut: H, 40–180 cm, VII–IX, Hochstaudenfluren, Grünerlengebüsche, Bergwälder, LC

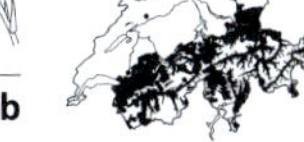

a Blütenstiele abstehend und z. T. drüsig behaart, oft klebrig **b**

- Blütenstiele kahl **c**

b Fruchtblätter 5, behaart

Aconitum variegatum subsp. ***valesiacum*** (Gáyer) Greuter & Burdet, Walliser Scheck-Eisenhut: H, 40–200 cm, VII–IX, Hochstaudenfluren, Grünerlengebüsche, (Aden), LC

- Fruchtblätter 3(-5), kahl

Aconitum variegatum subsp. ***paniculatum*** (Arcang.) Negodi, Rispiger Scheck-Eisenhut: H, 40–180 cm, VII–IX, montan-subalpin, feuchte Hochstaudenfluren, Grünerlengebüsche, Schluchtwälder, (Alne-viri, Luna-Acer), LC

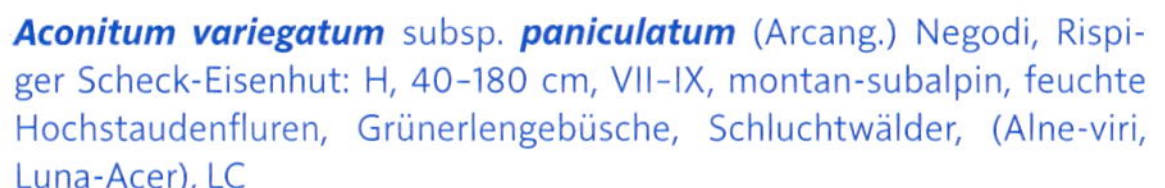

c Blattabschnitte bis zum Grund getrennt →

Aconitum variegatum subsp. ***rostratum*** (DC.) Gáyer, Geschnäbelter Scheck-Eisenhut: H, 30–70(-150) cm, VII–IX, subalpin, Hochstaudenfluren, (Aden), NT

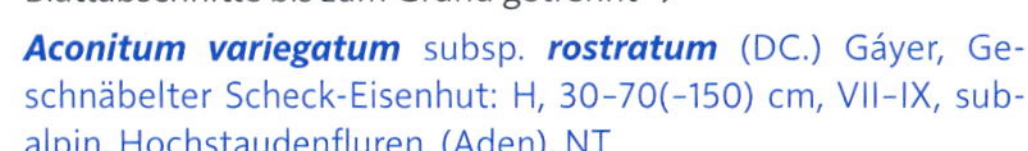

- Blattabschnitte nicht bis zum Grund getrennt →

Aconitum variegatum L. subsp. ***variegatum***, Gewöhnlicher Scheck-Eisenhut: H, 180 cm, VII–IX, (montan-) subalpin, kalkreiche Weidengebüsche, Ufer, (Alni-inca), VU

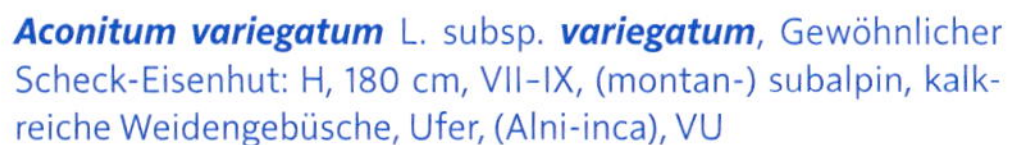

- Helm breiter als hoch →. Stängel steif aufrecht. Blütenstiele mit rückwärtsgerichteten, krausen, stets drüsenlosen Haaren

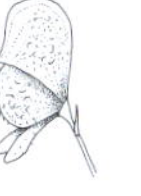

Aconitum napellus L., Blauer Eisenhut: H, 40–160 cm, VI–VIII, Hochstaudenfluren, Grünerlengebüsche, Läger, LC. Die Unterart subsp. *napellus* ist ein atlantisches Taxon und Synonym zu *A. anglicum*

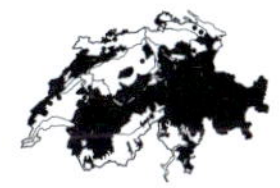

a Blütenstand deutlich verzweigt, neben einer Endtraube auch mit ausgebreiteten Seitentrauben. Helm gross, 18–30 mm lang. Stängelblätter stark eingeschnitten, Abschnitte meist breiter als 3 mm

Aconitum napellus subsp. ***lusitanicum*** Rouy, *(A. neomontanum)*, Gewöhnlicher Blau-Eisenhut: H, 80–160 cm, VI–VIII, (kollin-) montan-subalpin, feuchte Hochstaudenfluren, (Aden), LC

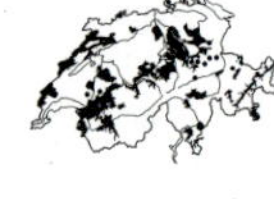

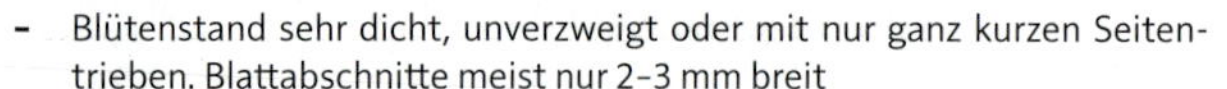

- Blütenstand sehr dicht, unverzweigt oder mit nur ganz kurzen Seitentrieben. Blattabschnitte meist nur 2–3 mm breit **b**

b Blütenstand und die Aussenseite der Blütenblätter kahl → oder höchstens mit einzelnen, spärlichen Haaren. Helm auffallend klein

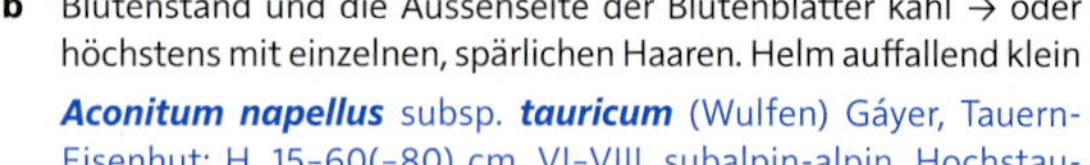

Aconitum napellus subsp. ***tauricum*** (Wulfen) Gáyer, Tauern-Eisenhut: H, 15–60(–80) cm, VI–VIII, subalpin-alpin, Hochstaudenfluren, (Aden), VU

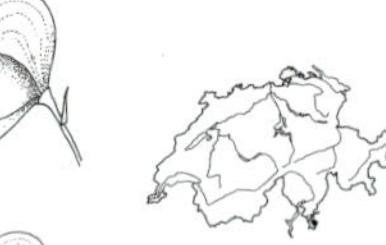

- Blütenstand und Aussenseite der Blütenblätter deutlich krummhaarig →. Helm gross

Aconitum napellus subsp. ***vulgare*** Rouy & Foucaud, *(A. compactum)*, Dichtblütiger Blau-Eisenhut: H, (15–)40–100 cm, VI–VIII, subalpin-alpin, Läger, Hochstaudenfluren, (Rumi-alpi, Aden), LC

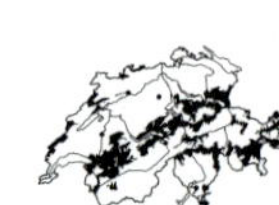

Actaea Christophskraut

- Blätter gross, 2- bis 3-fach 3-teilig, grob gezähnt. Blütenstand traubig, kurz, Blüten mit 4(–5) hinfälligen Blütenblättchen. Frucht beerenartig, glänzend, schwarz

Actaea spicata L., Christophskraut: H, 30–80 cm, V–VII, kollin-montan (-subalpin), staudenreiche Buchenwälder, Schluchtwälder, (Loni-Fage, Luna-Acer), LC

Adonis Adonis, Blutströpfchen

Für eine sichere Bestimmung der einjährigen Arten sollte man sich auf die Fruchtmerkmale verlassen.

1 Blüten mit 10–20 gelben Blütenblättern. Blätter handförmig 3- bis mehrschnittig, Abschnitte schmal lineal. Früchte behaart

Adonis vernalis L., Frühlings-Adonis: H, 10–30 cm, IV–V, kollin-montan, steppenartige Halbtrockenrasen, (Cirs-Brac), VU

- Blüten mit 5–8 leuchtend roten Blütenblättern. Früchte kahl **2**

2 Früchte locker, Spindel sichtbar →. Kelchblätter zumindest am Grund behaart, zuletzt verkahlend, höchstens halb so lang wie die Kronblätter

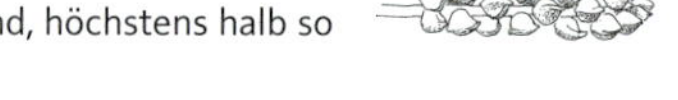

Adonis flammea Jacq., Feuerrotes Blutströpfchen: T, (10–)20–50 cm, V–VII, kollin (-montan), kalkreiche Äcker, (Cauc), Archäophyt, EN

- Früchte dicht stehend, Spindel nicht sichtbar →. Kelchblätter kahl, selten mit einzelnen Haaren **3**

3 Kelchblätter der Krone anliegend. Frucht mit 1–3 Zähnen →. Kronblatt kräftig hellrot, oft ohne schwarzen Fleck am Grund

Adonis aestivalis L., Sommer-Blutströpfchen: T, 10–50 cm, V–VII, kollin (-montan), kalkreiche Äcker, (Cauc), Archäophyt, VU

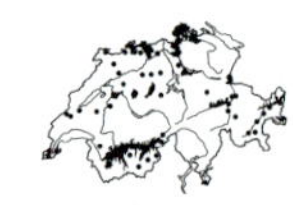

- Kelchblätter abstehend. Frucht ohne oder mit einem nur schwach angedeuteten Zahn →. Blüten lang gestielt. Kronblatt dunkelrot, am Grund stets mit schwarzem Fleck

Adonis annua L., Herbst-Blutströpfchen: T, 25–40 cm, VI–VII, kollin (-montan), kalkreiche Äcker, (Cauc), Neophyt

Anemone Windröschen, Anemone

1 Blüten gelb, zu 1-2(-3). Stängelblätter 3-teilig, mit schmal lanzettlichen Abschnitten, eingeschnitten gesägt. Pflanze in kleinen Herden

Anemone ranunculoides L., Gelbes Windröschen: G, 10–25 cm, IV, kollin-montan (-subalpin), wärmeliebende Auenwälder, Buchenwälder, Gebüsche, (Frax, Gali-Fage), LC

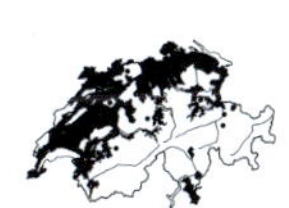

- Blüten weiss, rötlich oder blau **2**

2 Blüten hellblau bis violettblau (selten rosa bis fast weiss), mit 9–20 Blütenblättern **3**

- Blüten weiss, manchmal rötlich überlaufen, mit 5–8(-10) Blütenblättern **4**

3 Blätter beiderseits locker angedrückt behaart. Blütenstiel angedrückt behaart. Fruchtstand aufrecht. Blütenblätter 9–14, blau, selten weisslich

Anemone apennina L., Apennin-Windröschen: G, 15–20 cm, kollin, Krautsäume, angepflanzt und selten verwildert, Neophyt

- Blätter unterseits kahl. Blütenstiel abstehend behaart. Fruchtstand nickend. Blütenblätter 10–20, blau oder violett, seltener rosa oder weiss

Anemone blanda Schott & Kotschy, Liebliches Windröschen: G, 10–20 cm, III–IV, Krautsäume, angepflanzt und selten verwildert, Neophyt

4 Blüten zu mehr als 3 in einem gedrängten, doldigen oder offenen, verzweigten Blütenstand **5**

- Blüten einzeln, selten zu 2 **6**

5 Grundblätter 3-teillig, Mittelabschnitt gestielt, 4–10 cm lang. Blüten 5–8 cm breit. Verwilderte Gartenpflanze

Anemone hupehensis (Lemoine) Lemoine, Herbst-Anemone: H, 30–100(-120) cm, VII–IX, kollin-montan, Gärten, angepflanzt und selten verwildert, Neophyt

- Grundblätter handförmig 5-teilig, lang gestielt, zottig behaart. Früchte kahl, seitlich stark zusammengedrückt

Anemone narcissiflora L., *(Anemonastrum narcissiflorum)*, Narzissen-Windröschen: H, 20–50 cm, V–VII, (montan-) subalpin (-alpin), frische, kalkreiche Rasenhänge, (Cari-ferr), LC

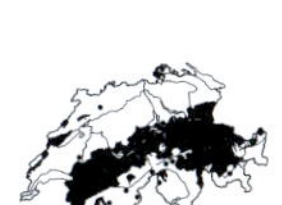

6 Blütenblätter beiderseits kahl. Pflanze durch kriechende Grundachsen Herden bildend. Stängelblätter 2x so lang wie ihr Stiel. Blüten weiss, oft rosa überlaufen

Anemone nemorosa L., Busch-Windröschen: G, 10–25 cm, III–V, kollin-montan (-subalpin), Wälder, Gebüsche, Obstgärten, (Gali-Fage, Carp, Frax), LC

- Blütenblätter aussen behaart **7**

7 Pflanze tiefer Lagen, 20–40 cm hoch. Blütenblätter 5(-6), weiss, Blüten bis 6 cm breit

Anemone sylvestris L., Hügel-Windröschen: H, 20–40 cm, IV–V, kollin (-montan), trockenwarme Gebüsche, Krautsäume, (Gera-sang), CR

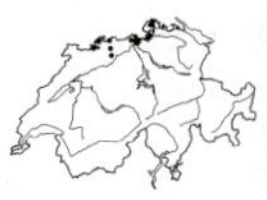

- Alpenpflanze, 5–15 cm hoch. Blütenblätter 8–10, weiss, Blüten bis 4 cm breit. Blätter doppelt 3-teilig, stark behaart

Anemone baldensis L., Monte Baldo-Windröschen: H, 5–15 cm, VII–VIII, (subalpin-) alpin, schuttige, kalkreiche Gebirgsrasen, Schutthalden, (Sesl, Thla-rotu), LC

Aquilegia Akelei

1 Stängel 3- bis 10-blütig. Sporn an der Spitze hakig eingerollt **2**

- Stängel 1- bis 3-blütig. Sporn gerade oder an der Spitze schwach gekrümmt **3**

2 Blüten blauviolett (bei verwilderten Gartenformen auch rosa oder weiss), nickend, Staubblätter weisslich, die inneren Perigonblätter nur wenig überragend. Blätter 2- (3-)fach 3-teilig. Endblättchen eingeschnitten gekerbt, oft fast 3-lappig →

Aquilegia vulgaris L., Gemeine Akelei: H, 30–90 cm, V–VII, kollin-montan (-subalpin), kalkreiche Krautsäume, lichte Wälder, (Gera-sang, Ceph-Fage, Moli-Pini), neben autochthonen Wildformen oft auch verwilderte Gartenformen, LC

- Blüten braunviolett, nickend, Staubblätter rötlich, die inneren Perigonblätter weit überragend. Blätter wie bei voriger Art

Aquilegia atrata W. D. J. Koch, Dunkle Akelei: H, 20–60 cm, VI–VII, (kollin-) montan-subalpin, kalkreiche, wechselfeuchte Krautsäume, Gebüsche, Wiesen und Weiden, (Cari-ferr, Trif-medi, Moli-Pini), LC

3 Pflanze 15–30 cm hoch. Blüten hellblau, Durchmesser bis 8 cm. Blätter doppelt 3-teilig, Teilblättchen tief 3-spaltig und eingeschnitten gekerbt →

Aquilegia alpina L., Alpen-Akelei: H, 20–70 cm, VII–IX, (montan-) subalpin (-alpin), feuchte, kalkreiche Bergwiesen, Grünerlengebüsche, (Cari-ferr, Alne-viri), NT

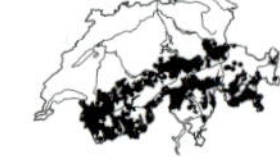

- Pflanze 5–15 cm hoch. Blüten violettblau, Durchmesser 2,5–4 cm. Untere Blätter doppelt 3-teilig, die obersten ungeteilt, Teilblättchen tief gekerbt →

Aquilegia einseleana F. W. Schultz, Einseles Akelei: H, 15–40 cm, VI–VII, montan-subalpin, kalkreiche, trockene Bergwiesen, Schutthalden, (Sesl, Peta-para), VU

Callianthemum Schmuckblume

- Blätter kahl, blaugrün, doppelt gefiedert, mit tief 3-teiligen Abschnitten →, die sich überlappen. Blütenblätter 5–10, weiss oder schwach rosa, darunter mit mindestens 5 Kelchblättern

Callianthemum coriandrifolium Rchb., Rautenblättrige Schmuckblume: H, 5–20 cm, VI–VII, (subalpin-) alpin, feuchte, kalkreiche Gebirgsrasen, (Sesl, Arab-caer), VU

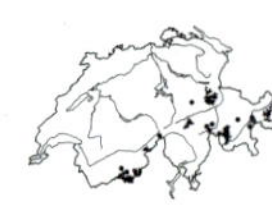

Caltha Dotterblume

- Stängel aufsteigend. Grundblätter lang gestielt, herzförmig, kreisrund bis nierenförmig, Rand fein gekerbt. Blütenblätter 5, dottergelb

  Caltha palustris L., Sumpf-Dotterblume: H, 50 cm, III-V, kollin-subalpin (-alpin), Nasswiesen, Bachufer, Auenwälder, (Calt, Alni-inca), LC

Clematis Waldrebe

1 Stängel 0,5-2 m, krautig, aufrecht, ästig, nicht kletternd. Blätter gefiedert, Teilblättchen ei- oder herzförmig, zugespitzt. Blüten milchweiss

Clematis recta L., Aufrechte Waldrebe: Ch, 1,5 m, V-VII, kollin-montan (-subalpin), trockenwarme Krautsäume, (Gera-sang), NT

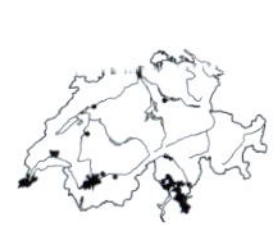

\- Stängel kletternd, verholzend **2**

2 Blüten weiss oder gelb, spreizend oder glockig **3**

\- Blüten blau bis violett, glockig, nickend **4**

3 Blüten weiss, in vielblütigen Rispen. Blütenblätter spreizend →. Blätter gefiedert, Teilblättchen ganzrandig oder mit einzelnen groben Zähnen (Abb. Tafel 16, S. 672)

Clematis vitalba L., Gemeine Waldrebe: Ph.li, 8 m, VII-VIII, kollin-montan (-subalpin), Waldränder, Gebüsche, Auenwälder, (Prun-Rubi, Frax), LC

\- Blüten gelb, nickend, zu 1-3. Blütenblätter glockig zusammenneigend →. Blätter doppelt 3-zählig bis doppelt gefiedert, Teilblättchen lanzettlich, fein gesägt (Abb. Tafel 16, S. 672)

Clematis tangutica (Maxim.) Korsh., Tungusen-Waldrebe: Ph.li, 5 m, VI-VIII, kollin, Gebüsche, Gartenränder, kultiviert und gelegentlich verwildert, Neophyt

4 Blüten einzeln stehend, 3-5 cm lang →, hellblau. Blätter doppelt 3-zählig, Teilblättchen eilanzettlich, gesägt (Abb. Tafel 16, S. 672)

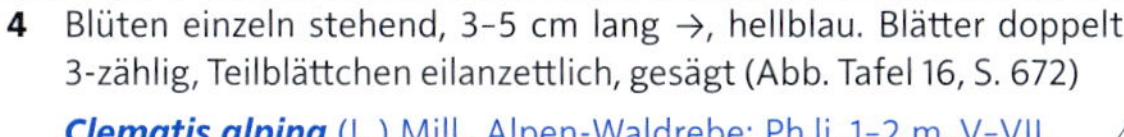

Clematis alpina (L.) Mill., Alpen-Waldrebe: Ph.li, 1-2 m, V-VII, (montan-) subalpin, Bergwälder, (Lari-Pine, Vacc-Pice), LC

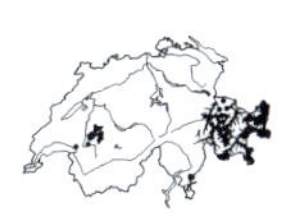

\- Blüten zu 1-3 stehend, 2-3,5 cm lang →, violett. Blätter 1- bis 2-fach gefiedert, Teilblättchen ganz oder 3-lappig (Abb. Tafel 16, S. 672)

Clematis viticella L., Italienische Waldrebe: Ph.li, 4 m, Gebüsche, Gartenränder, kultiviert und selten verwildert, kultivierter Neophyt

Consolida Rittersporn

1 Pflanze 20-50 cm hoch. Blüten in höchstens 7-blütigen Trauben. Fruchtknoten und Frucht kahl →. Blätter 3-zählig, mit weiter geteilten, linealen Abschnitten

Consolida regalis Gray, Acker-Rittersporn: T, 20-50 cm, VI-IX, kollin (-montan), trockenwarme, kalkreiche Äcker, (Cauc), Archäophyt, VU

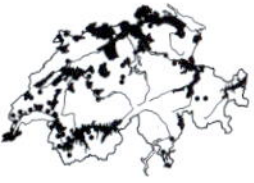

\- Pflanze 30-90 cm hoch. Trauben vielblütig. Fruchtknoten und Frucht weichhaarig →. Blätter wie bei voriger Art, aber Abschnitte dichter gedrängt

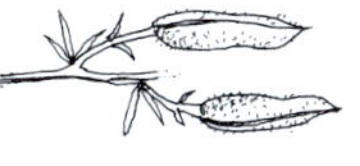

Consolida ajacis (L.) Schur, Garten-Rittersporn: T, 30-90 cm, VI-VIII, kollin, trockenwarme Schuttplätze, Wegränder, (Sisy), Neophyt

Delphinium Rittersporn

- Untere Blätter lang gestielt, bis etwa zur Mitte handförmig geteilt, mit breiten, gesägten Abschnitten. Blüten blau, gespornt (Sporn abwärtsgebogen) →, in langen, endständigen Trauben

Delphinium elatum L., Hoher Rittersporn: H, 60–150 cm, VII–VIII, (montan-) subalpin, Hochstaudenfluren, NT

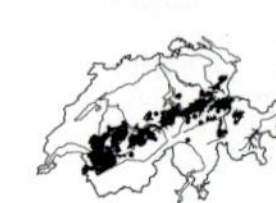

Eranthis Winterling

- Stängel unter der Blüte mit 3 quirlständigen, geteilten Hüllblättern. Blütenblätter 5–6

Eranthis hyemalis (L.) Salisb., Winterling: G, 8–15 cm, I–III, kollin, Gebüsche, Parkanlagen, Gärten, (Prun-Rubi, Fuma-Euph), kultiviert und verwildert, Archäophyt, LC

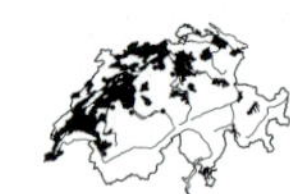

Helleborus Nieswurz

1 Grundblätter zu vielen eine grosse Rosette bildend, fussförmig geteilt. Stängel dicht beblättert, vielblütig. Blüten hängend, Blütenblätter ca. 2 cm lang, grün, zur Blütezeit glockenförmig zusammenneigend

Helleborus foetidus L., Stinkende Nieswurz: Ch, 30–60 cm, III–IV, kollin-montan, kalkreiche, eher trockene Wälder, Waldränder, Gebüsche, (Ceph-Fage, Tili-plat, Berb), LC

- Grundblätter 1–2, fuss- bis handförmig geteilt. Blütenblätter 2,5–4 cm lang, ausgebreitet, grün, weiss oder rötlich **2**

2 Grundblätter dunkelgrün, lederig, die meisten Abschnitte nur im vordersten Teil etwas gesägt →. Stängel ohne Laubblätter, nur mit 1–3 kleinen, ganzrandigen Hochblättern. Blüten zunächst weiss, später rosa oder grünlich, ausgebreitet

Helleborus niger L., Christrose: G, 15–30 cm, XII–III(–V), kollin-montan (-subalpin), lichte Laubmischwälder, Gebüsche, (Orno-Ostr, Quer-pube), LC

- a Grundblätter etwas glänzend dunkelgrün. Grösste Breite der Abschnitte im vordersten Drittel

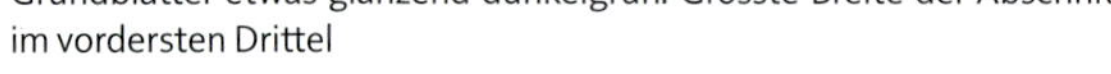

Helleborus niger L. subsp. ***niger***: G

- \- Grundblätter matt, etwas blaugrün. Grösste Breite der Abschnitte etwa in deren Mitte

Helleborus niger subsp. ***macranthus*** (Freyn) Schiffn.: G

- Grundblätter grün, die meisten Abschnitte über mehr als die Hälfte des Blattrandes regelmässig gesägt → **3**

3 Grundblätter 7- bis 15-teilig, sommergrün. Blüten gelblich grün. Fruchtknoten am Grund miteinander verwachsen

Helleborus viridis L., Grüne Nieswurz: G, 30–50 cm, II–IV, kollin-montan, sonnige, kalkreiche Laubwälder, (Ceph-Fage, Orno-Ostr, Quer-pube), NT

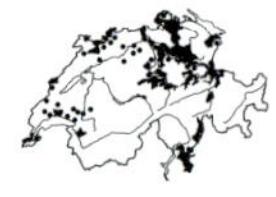

- Grundblätter 5- bis 9- (11-)teilig, wintergrün, zur Blütezeit schon lederig. Blüten zuerst blassgelb, später bräunlich grün. Fruchtknoten bis zum Grund frei

  Helleborus orientalis Lam., Östliche Nieswurz: G, 60 cm, (II-)III-IV, Garten-, Wegränder, (Arct), kultiviert und verwildert, Neophyt

Hepatica Leberblümchen

Die bei uns einzige Art in dieser Gattung ist sehr vielgestaltig, kann in unterschiedlichen Farben oder weiss blühen und panaschierte oder einfarbige Blätter haben.

- Grundständige Blätter herzförmig 3-lappig →, unterseits oft violett, überwinternd. Blüten blaulila, seltener rosarot oder weiss, mit (5-)6-10 Blütenblättern. Dicht unter der Blüte 3 kleine, kelchartige Hochblätter. Früchtchen behaart

  Hepatica nobilis Schreb., Leberblümchen: H, 5-15 cm, (I-)III-V, kollin-montan (-subalpin), trockenwarme, kalkreiche Krautsäume, lichte Laubwälder, (Ceph-Fage, Quer-pube, Gera-sang), LC

Isopyrum Muschelblümchen

- Grundständige Blätter lang gestielt, blaugrün, 3-teilig, mit lang gestielten Abschnitten, diese nochmals 3-teilig →. Blüten weiss, einzeln in Blattwinkeln, mit 5 ca. 1 cm langen Blütenblättern

  Isopyrum thalictroides L., Muschelblümchen: G, 15-30 cm, IV-V, kollin, warme, eher feuchte Laubmischwälder, Gebüsche, (Carp), VU

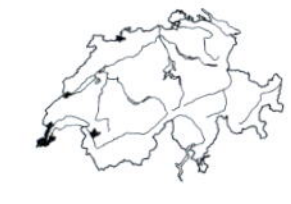

Myosurus Mäuseschwanz

- Blätter grundständig, grasähnlich, höchstens 1 mm breit und bis 6 cm lang. Blüten einzeln, endständig, hellgrün, mit zahlreichen Fruchtknoten auf einer nach dem Blühen stark verlängerten (bis 6 cm langen) Achse →

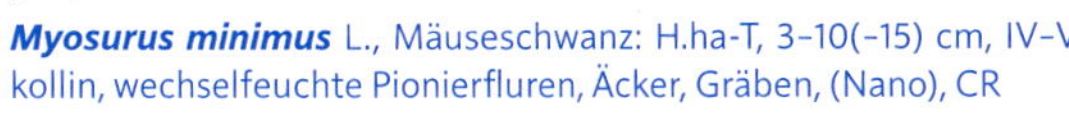

  Myosurus minimus L., Mäuseschwanz: H.ha-T, 3-10(-15) cm, IV-V, kollin, wechselfeuchte Pionierfluren, Äcker, Gräben, (Nano), CR

Nigella Schwarzkümmel

1 Blüten von einer Hülle fiederschnittiger Hochblätter umgeben. Blütenblätter zahlreich, 1,5-2 cm lang, hellblau bis weiss. Fruchtknoten vollständig zu einer kugeligen Sammelfrucht mit bis 3 cm Durchmesser verwachsen

  Nigella damascena L., Gretchen im Busch: T, 20-45 cm, V-VII, kollin, Schuttplätze, Wegränder, Gartenränder, (Sisy, Cauc), kultiviert und verwildert, Neophyt

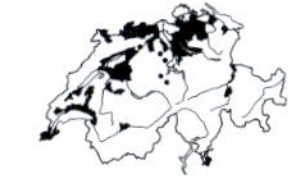

- Blüten ohne solche Umhüllung. Blätter 2- bis 3-fach fiederteilig, mit schmal linealen Zipfeln. Blüten einzeln, endständig, mit 5 hellblauen, grün geaderten Blütenblättern. Frucht zylindrisch, ca. 1,5 cm lang

  Nigella arvensis L., Acker-Schwarzkümmel: T, 10-30(-50) cm, VI-IX, kollin, trockenwarme, kalkreiche Äcker, (Cauc), Archäophyt, CR

Pulsatilla — Anemone, Küchenschelle

1 Blätter der Hochblatthülle gestielt, am Grund nicht verwachsen, ähnlich den Grundblättern mehrfach fiederschnittig, mit eingeschnittenen Zipfeln. Blüten becherförmig, aufrecht

Pulsatilla alpina (L.) Delarbre, Alpen-Anemone: H, 20–50 cm, V–VII, subalpin-alpin, Gebirgsrasen, Zwergstrauchheiden, LC

a Blüten hellgelb. Frucht (ohne Federschweif) ca. 4 mm lang. Pflanze auf Silikat

Pulsatilla alpina subsp. ***apiifolia*** (Scop.) Nyman, Schwefel-Anemone: H, V–VII, kalkarme Bergweiden, Zwergstrauchheiden, (Nard, Fest-vari, Juni-nana), LC

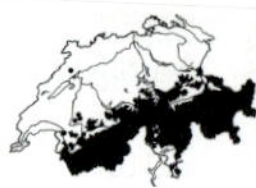

- Blüten weiss, aussen oft etwas bläulich **b**

b Blütendurchmesser 4–6 cm. Frucht (ohne Federschweif) ca. 5 mm lang. Pflanze auf Kalk. Endblättchen der Grundblätter fiederteilig, Spreite behaart, zum Blattstiel kaum abgewinkelt

Pulsatilla alpina (L.) Delarbre subsp. ***alpina***, Weisse Alpen-Anemone: H, V–VII, kalkreiche Gebirgsrasen, Bergweiden, (Cari-ferr, Sesl), LC

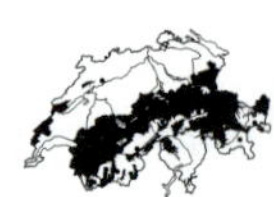

- Blütendurchmesser 3–4 cm, Pflanze auf Silikat. Endblättchen der Grundblätter fiederspaltig, Spreite fast kahl, zum Stiel deutlich abgewinkelt

Pulsatilla alpina subsp. ***alba*** Zämelis & Paegle, (*P. alpina* subsp. *austriaca*), Weisse Alpen-Anemone: H, 5–25 cm, V–VII, alpin, alpine Rasen auf Silikat, CR. Nur am Umbrail

- Blätter der Hochblatthülle ungestielt, am Grund scheidig verwachsen, handförmig zerschlitzt. Blüten meist etwas nickend **2**

2 Blüten innen weiss, aussen hellrosa bis violett überlaufen. Grundblatt überwinternd, einfach gefiedert, mit 2–3 Fiederpaaren, Fiedern 3- bis 5-lappig

Pulsatilla vernalis (L.) Mill., Frühlings-Anemone: H, 5–15 cm, IV–VII, (montan-) subalpin-alpin, trockene, eher kalkarme Gratrasen, Bergweiden, Zwergstrauchheiden, (Cari-curv, Elyn, Lois-Vacc), LC

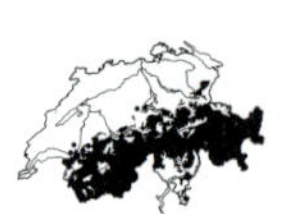

- Blüten innen blau bis schwarzviolett. Grundblatt nicht überwinternd **3**

3 Blätter einfach gefiedert, mit fiederschnittigen Abschnitten. Blattzipfel lanzettlich bis verkehrt eiförmig, 2–8 mm breit **4**

- Blätter 2- bis 4-fach gefiedert, mit linealen, 1–2 mm breiten Zipfeln **5**

4 Grundständige Blattscheiden dicht seidig-zottig behaart

Pulsatilla halleri (All.) Willd., Hallers Anemone: H, 10–20(–30) cm, V–VII, subalpin-alpin, steppenartige, kalkreiche Gebirgsrasen, trockene, felsige Bergwiesen, (Stip-Poio), VU

- Grundständige Blattscheiden locker behaart bis kahl

Pulsatilla ×bolzanensis Murr, Bozen-Anemone: H, IV–V, subalpin, Trockenrasen, Weiden

5 Blüten ± aufrecht, Blütenblätter 3-4 cm lang, aussen zottig behaart. Grundblätter 1- bis 2-fach gefiedert, mit max. 2 mm breiten Zipfeln, Oberseite zuletzt ± kahl. Zipfel der Hochblätter am Grund nicht verschmälert

Pulsatilla vulgaris Mill., Gemeine Kuhschelle: H, 10-20(-40) cm, III-IV, kollin-montan, kalkreiche, felsige Trockenrasen, (Meso, Xero), EN

- Blüten ± nickend, Blütenblätter 2-3 cm lang **6**

6 Blüten dunkelviolett (selten weisslich). Hochblatthülle bis zum Grund dicht behaart, silbrig schimmernd, Zipfel am Grund etwas verschmälert. Grundblätter 1- bis 2-fach gefiedert, Blattzipfel teilweise über 2 mm breit

Pulsatilla montana (Hoppe) Rchb., Berg-Anemone: H, 10-30 cm, III-V, kollin-montan (-subalpin), steppenartige, kalkreiche Trockenrasen, Felsensteppen, (Cirs-Brac, Stip-Poio), LC

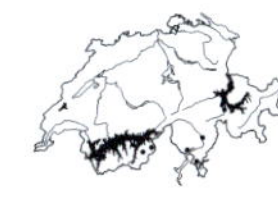

- Blüten braunrot. Hochblatthülle am Grund spärlich behaart und daher nicht silbrig schimmernd

Pulsatilla rubra Delarbre, Rote Anemone: H, 10-30 cm, IV-V, kollin-montan, Trockenrasen, Neophyt

Ranunculus Hahnenfuss

Die Behaarung des Fruchtbodens kann ein wichtiges Entscheidungsmerkmal sein. Um dies zu untersuchen, sind die Früchte (oder Fruchtblättchen) einer möglichst alten Blüte vorsichtig zu entfernen, damit der Fruchtboden erkennbar wird.

1 Kelchblätter 3(-4), Kronblätter 8-10. Stängel niederliegend, in den unteren Blattwinkeln nach der Blütezeit meist mit kugeligen Brutknöllchen. Blätter rundlich bis herzförmig

Ranunculus ficaria L., *(Ficaria verna)*, Scharbockskraut: G, 5-30 cm, III-IV, kollin-montan (-subalpin), frische Laubwälder, Gebüsche, Auenwälder, (Fagetalia, Frax, Luna-Acer, Aego), LC

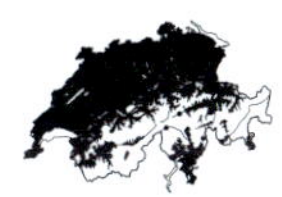

a Pflanze mit Brutknöllchen →, v. a. nach der Blütezeit. Blüte 1,5-2,5 cm breit. Früchtchen oft nicht entwickelt

Ranunculus ficaria L. subsp. ***ficaria***, Knöllchen-Scharbockskraut: G, 5-20 cm. Tetraploide Sippe (2n=32)

- Pflanze ohne Brutknöllchen. Blüte 2-4 cm breit. Früchtchen meist entwickelt

Ranunculus ficaria subsp. ***fertilis*** Laegaard, Fruchtendes Scharbockskraut: G, 10-30 cm. Diploide Sippe (2n=16)

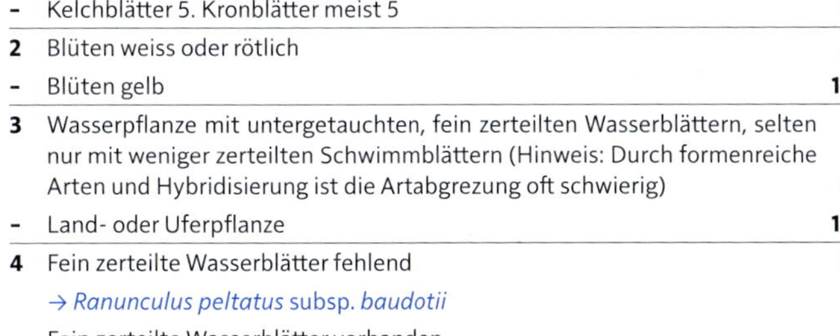

- Kelchblätter 5. Kronblätter meist 5 **2**

2 Blüten weiss oder rötlich **3**

- Blüten gelb **16**

3 Wasserpflanze mit untergetauchten, fein zerteilten Wasserblättern, selten nur mit weniger zerteilten Schwimmblättern (Hinweis: Durch formenreiche Arten und Hybridisierung ist die Artabgrezung oft schwierig) **4**

- Land- oder Uferpflanze **10**

4 Fein zerteilte Wasserblätter fehlend **8**

→ Ranunculus peltatus subsp. *baudotii*

- Fein zerteilte Wasserblätter vorhanden **5**

5 Gut entwickelte Wasserblätter 10–50 cm lang, länger als ihre Stängel-Internodien. Die fädigen Abschnitte fast parallel stehend, an der Luft schlaff zusammenfallend → **6**

- Wasserblätter kürzer als die mittleren und unteren Stängel-Internodien. Die fädigen Abschnitte im Wasser meist etwas ausgebreitet, an der Luft gespreizt bleibend oder zusammenfallend **7**

6 Wasserblätter 15–50 cm lang, höchstens 4-fach gegabelt. Am Stängel aufeinanderfolgende Blätter überlappen sich deutlich. Schwimmblätter stets fehlend. Blütenboden kahl

Ranunculus fluitans Lam., Flutender Wasserhahnenfuss: Ah-H.ha, 6 m, VI–VIII, kollin, langsam fliessende, nährstoffreiche Gewässer, (Ranu-fluv), NT

- Wasserblätter ca. 10 cm lang, mehr als 4-fach gegabelt. Am Stängel aufeinanderfolgende Blätter überlappen sich nur wenig. Schwimmblätter manchmal vorhanden. Blütenboden behaart

Ranunculus penicillatus (Dumort.) Bab., Pinselblättriger Wasserhahnenfuss: Ah-H.ha, 6 m, V–IX, kollin-montan, kalkreiche, langsam fliessende Gewässer, (Ranu-fluv), VU

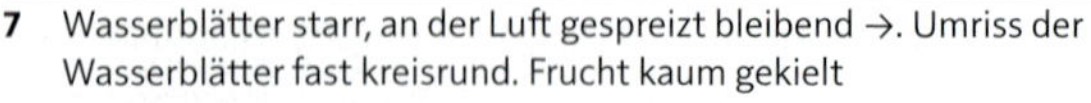

7 Wasserblätter starr, an der Luft gespreizt bleibend →. Umriss der Wasserblätter fast kreisrund. Frucht kaum gekielt

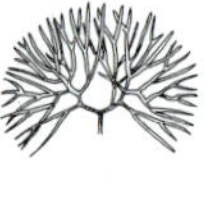

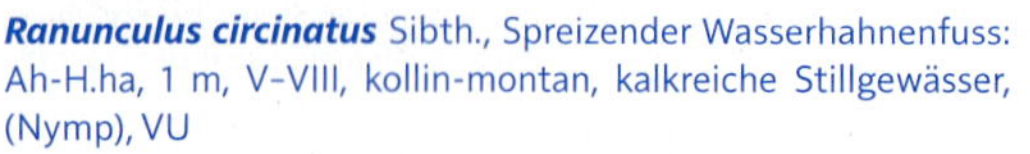

Ranunculus circinatus Sibth., Spreizender Wasserhahnenfuss: Ah-H.ha, 1 m, V–VIII, kollin-montan, kalkreiche Stillgewässer, (Nymp), VU

- Wasserblätter an der Luft pinselartig zusammenfallend (bei *R. peltatus* subsp. *baudotii* oft unvollständig zusammenfallend) **8**

8 Schwimmblätter vorhanden

Ranunculus aquatilis aggr., Gemeiner Wasserhahnenfuss: Ah-H.ha, 2 m, V–IX, kollin (-montan)

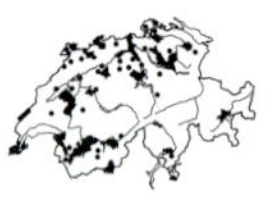

a Blüten 1–1,8 cm breit. Nektardrüse (an der Basis der Blütenblätter) kreisrund. Fruchtstiele kürzer als das gegenüberstehende Schwimmblatt. Schwimmblätter meist 5-teilig

Ranunculus aquatilis L., Gewöhnlicher Wasserhahnenfuss: Ah-H.ha, 10–150 cm, V–IX, kollin-montan, kalkreiche Stillgewässer, (Pota, Nymp), VU

- Blüten 2–3 cm breit. Nektardrüse halbmond- oder birnenförmig. Fruchtstiele länger als das gegenüberstehende Schwimmblatt

Ranunculus peltatus Schrank, Schild-Wasserhahnenfuss: Ah-H.ha, 10–60 cm, V–IX, kollin, kalkarme Stillgewässer, Schwimmblattgesellschaften, (Nymp), EN

aa Früchte kahl, oberseits häutig geflügelt (bei reifen Früchten gut sichtbar). Nektardrüse birnenförmig. Wasserblätter an der Luft pinselartig zusammenfallend. Schwimmblätter meist 5-teilig

Ranunculus peltatus Schrank subsp. ***peltatus***: Süsswasser

- Früchte ungeflügelt, zumindest jung behaart. Nektardrüse halbmondförmig. Wasserblätter an der Luft oft nur unvollständig zusammenfallend. Schwimmblätter meist 3-teilig

  Ranunculus peltatus subsp. ***baudotii*** (Godr.) C. D. K. Cook: Brackwasser, Neophyt

- Schwimmblätter fehlend **9**

---

9 Blütenboden zur Fruchtzeit zylindrisch verlängert, mit 50–100 Früchten (Fruchtblättern). Nüsschen (reife Früchte) kahl, ca. 1 mm lang, an der Spitze fleckig. Fruchtstiele 3–5 cm lang

Ranunculus rionii Lagger, Rions Wasserhahnenfuss: Ah-H.ha, 1 m, V–VIII, kollin, kalkreiche Teiche, Seen, (Pota), CR

- Blütenboden kugelig bis eiförmig, mit 5–40 Früchte. Nüsschen kahl oder behaart, 1,3–2 mm lang, selten fleckig. Fruchtstiele 1–4 cm lang

Ranunculus trichophyllus Chaix, Haar-Wasserhahnenfuss: Ah-H.ha, 1 m, V–VIII, kollin-alpin, stille und langsam fliessende Gewässer, LC

---

a Pflanze kräftig, nur an den unteren Stängelknoten wurzelnd. Früchte 15–35, zerstreut borstig

Ranunculus trichophyllus Chaix subsp. ***trichophyllus***, Gewöhnlicher Haar-Wasserhahnenfuss: Ah-H.ha, V–VIII, kollin-subalpin, kalkreiche, eher nährstoffarme Stillgewässer, langsam fliessende Wasserläufe, (Pota, Ranu-fluv, Font-anti), LC

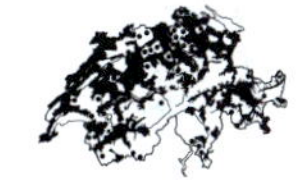

- Pflanze auffallend zart, an den meisten Stängelknoten wurzelnd. Früchte 5–16, kahl. Blüten kleistogam (oft unter Wasser blühend!)

Ranunculus trichophyllus subsp. ***eradicatus*** (Laest.) C. D. K. Cook, Brunnen-Haar-Wasserhahnenfuss: Ah-H.ha, V–VIII, subalpin-alpin, Bergseen, Seeufer, (Litt, Pota), LC

---

10 Blätter ungeteilt, ganzrandig **11**

- Blätter geteilt oder zusammengesetzt **12**

---

11 Blätter schmal lanzettlich, kahl, matt graugrün, mit parallelen Hauptnerven. Blüten 2–3 cm breit, oft einzelne Kronblätter verkümmert

Ranunculus kuepferi Greuter & Burdet, Wegerich-Hahnenfuss: H, 5–20 cm, VI–VII, (subalpin-) alpin, magere, kalkarme Gebirgsrasen, (Nard, Cari-curv), LC

- Blätter herz-eiförmig, zumindest an Grund und Rand zottig behaart, glänzend dunkelgrün, mit bogigen Hauptnerven. Blüten 1,5–2,5 cm breit

Ranunculus parnassiifolius L., Herzblatt-Hahnenfuss: H, 5–15 cm, VII, alpin, kalkreiche Schieferschuttfluren, (Thla-rotu), LC. In der Schweiz kommt nur subsp. *heterocarpus* P. Küpfer vor

---

12 Pflanze 30–130 cm hoch, ästig und vielblütig **13**

- Pflanze 5–15(–20) cm hoch, 1- bis 5-blütig **14**

---

13 Blattabschnitte am Grund frei, Mittellappen am Grund fast gestielt →. Blütenstiele behaart. Stängel abstehend ästig, Äste meist mehr als 45° voneinander spreizend

Ranunculus aconitifolius L., Eisenhutblättriger Hahnenfuss: H, 20–60 cm, V–VII, (kollin-) montan-subalpin (-alpin), nährstoffreiche Nasswiesen, feuchte Hochstaudenfluren, (Calt, Aden), LC

- Blattabschnitte am Grund verbunden. Mittellappen am Grund ohne Stielansatz →. Blütenstiele kahl. Stängel aufrecht ästig, Äste meist weniger als 45° voneinander spreizend

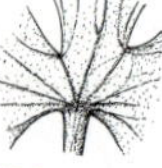

Ranunculus platanifolius L., Platanenblättriger Hahnenfuss: H, 50–130 cm, VI–VII, (montan-) subalpin, mässig feuchte Hochstaudenfluren, Bergwälder, (Aden, Alne-viri, Luna-Acer), LC

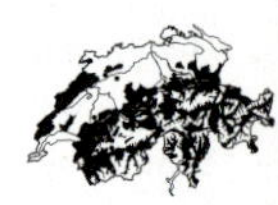

14 Kelchblätter dicht rotbraun behaart, wie die Kronblätter bis zur Fruchtreife bleibend. Stängel, Blattstiel und Kronblätter oft rötlich verfärbt. Blätter fleischig, 3-teilig, Abschnitte tief fiederspaltig

Ranunculus glacialis L., Gletscher-Hahnenfuss: H, 5–20 cm, VII–VIII, alpin, kalkarme Schuttfluren, Moränen, (Andr-alpi), LC

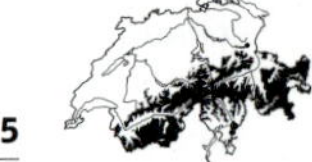

- Kelchblätter kahl oder schwach behaart, wie die Kronblätter bald abfallend **15**

15 Pflanze kahl. Blätter dicklich, glänzend, 3- bis 5-teilig, mit flachen, vorne gekerbten Abschnitten, daher zweidimensional erscheinend

Ranunculus alpestris L., Alpen-Hahnenfuss: H, 5–15 cm, VI–VIII, (montan-) subalpin-alpin, feuchte, kalkreiche Gebirgsrasen, Schneetälchen, (Arab-caer, Thla-rotu, Sesl), LC

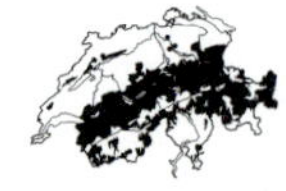

- Pflanze weiss-zottig behaart, verkahlend. Blätter dicklich, matt, stark eingeschnitten, mit etwas gefalteten Abschnitten, daher immer etwas dreidimensional erscheinend

Ranunculus seguieri Vill., Séguiers Hahnenfuss: H, 5–15 cm, V–VII, alpin, kalkreiche, feinerdereiche Schuttfluren, Grate, (Thla-rotu, Drab-hopp), VU

16 Blätter graugrün bereift, etwas lederig, unterstes Stängelblatt rundlich oder nierenförmig, gezähnt oder am Ende mit 3–5 spitzen Zähnen, höchstens kurz gestielt **17**

- Blätter nicht graugrün bereift, nicht lederig, ganzrandig oder geteilt, wenn rundlich bzw. nierenförmig, dann lang gestielt **18**

17 Blühende Pflanze ohne grundständige Blätter. Stängel über der Mitte mit einem grossen, runden bis nierenförmigen, fein gezähnten Blatt, 4–8 cm breit, darüber noch kleinere Blättchen

Ranunculus thora L., Schildblättriger Hahnenfuss: H, 10–25(–40) cm, V–VII, montan-subalpin (-alpin), trockene, kalkreiche Gebirgsrasen, Schuttfluren, Legföhrenbestände, (Sesl, Eric, Peta-para), NT

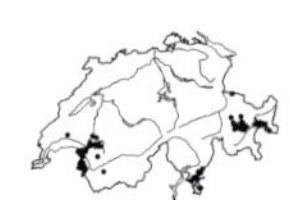

- Blühende Pflanze mit 1–2 grundständigen Blättern. Unterstes Stängelblatt gestielt, breit nierenförmig, 2–3 cm breit, am Ende mit 3–5 Zähnen oder spitzen Lappen

Ranunculus hybridus Biria, Bastard-Hahnenfuss: H, 5–15 cm, VI–VIII, alpin, kalkreiche, felsige Gebirgsrasen, Felsen, (Sesl, Drab-Sesl)

18 Alle Blätter ungeteilt, schmal, meist ganzrandig **19**

- Alle Blätter geteilt oder höchstens die grundständigen ungeteilt **22**

19 Stängel straff aufrecht, Blüten 1,5–4 cm breit **20**

- Stängel niederliegend oder aufsteigend, Blüten 0,6–1,5 cm breit **21**

20 Pflanze 5-25 cm hoch, verzweigt, am Grund mit dichtem Faserschopf. Früchtchen körnig, unberandet, einen eiförmigen bis zylindrischen Kopf bildend

Ranunculus gramineus L., Grasblättriger Hahnenfuss: H, 5-25 cm, IV-V, kollin-montan, kalkreiche Trockenrasen, Felsensteppen, (Stip-Poio), CR

\- Pflanze 50-130 cm hoch, reich verzweigt. Blätter bis 25 cm lang. Blüten 2-4 cm breit. Früchtchen glatt, berandet

Ranunculus lingua L., Grosser Sumpf-Hahnenfuss: G, 50-150 cm, VI-VIII, kollin (-montan), Teiche, Seeufer, Gräben, (Phra, Magn), VU

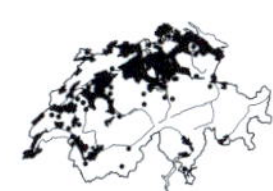

21 Stängel (1-)1,5-5 mm dick, aufsteigend, oft fast aufrecht, nicht oder nur an den untersten Knoten wurzelnd. Untere Blätter lang gestielt, eiförmig, (2-)5-20 mm breit, obere lanzettlich, mit bewimperten Öhrchen. Blüten (0,8-)1-1,5 cm breit. Fruchtschnabel kurz, nicht gekrümmt

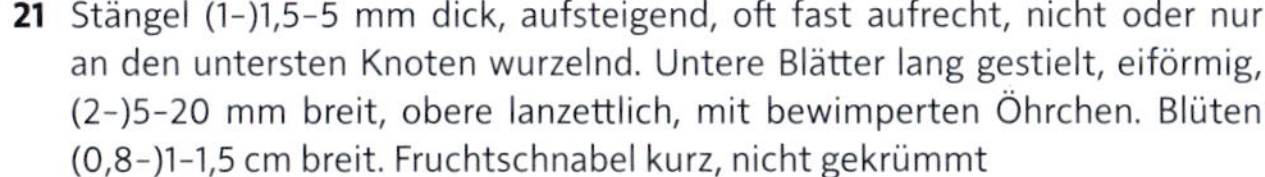

Ranunculus flammula L., Kleiner Sumpf-Hahnenfuss: H, 15-75 cm, VI-VIII, kollin-montan (-subalpin), wechselfeuchte Gräben, Nasswiesen, Wegränder, Moore, (Calt, Bide, Cari-dava, Cari-fusc), NT

\- Stängel 0,5-1,5 mm dick, auf der ganzen Länge niederliegend und wurzelnd, gliederbogig gekrümmt. Blätter lineal-lanzettlich, auch die unteren nur 1-3(-5) mm breit, oft mit unbewimperten Öhrchen. Blüten 0,6-1 cm breit. Fruchtschnabel hakig gekrümmt

Ranunculus reptans L., Wurzelnder Sumpf-Hahnenfuss: H, 5-50 cm, V-IX, kollin-subalpin, wechselfeuchte Pionierfluren, Seeufer, (Litt, Nano), EN

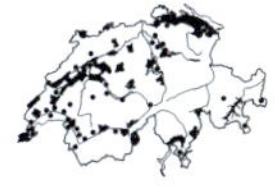

22 Fruchtköpfchen länglich zylindrisch aus bis zu 100 Früchtchen. Stängel hohl, gefurcht, stark verzweigt, kahl. Blüten klein, hellgelb

Ranunculus sceleratus L., Gift-Hahnenfuss: T, 10-90 cm, VI-VIII, kollin (-montan), nährstoffreiche, wechselfeuchte Äcker, Wegränder, Ufer, Gräben, (Bide), VU

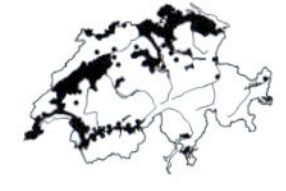

\- Fruchtköpfchen kugelig aus 4-30 Früchtchen. Stängel höchstens am Grund etwas hohl **23**

23 Kelch zurückgeschlagen (links) → **24**

\- Kelch waagrecht oder abstehend (rechts) → **25**

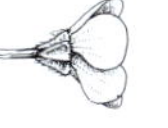

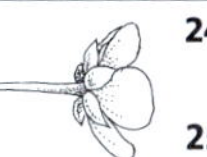

24 Blütendurchmesser 2-3 cm. Stängel oben anliegend, unten abstehend behaart, am Grund zwiebelartig verdickt. Früchtchen ohne Höcker →

Ranunculus bulbosus L., Knolliger Hahnenfuss: H, 10-50 cm, V-VII, kollin-subalpin, kalkreiche Halbtrockenrasen, Krautsäume, (Meso, Gera-sang), LC

\- Blütendurchmesser 1-1,5(-2) cm. Stängel abstehend behaart, am Grund nicht verdickt. Früchtchen mit Höckern →

Ranunculus sardous Crantz, Sardischer Hahnenfuss: H.ha-T, 10-30 cm, V-VII, kollin (-montan), wechselfeuchte Wegränder, Äcker, Pionierfluren, (Bide, Agro-Rumi), VU

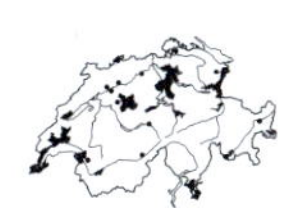

25 Früchtchen 4-30, mit Stacheln oder Höckern **26**

\- Früchtchen zahlreich, ohne Stacheln **28**

26 Früchtchen → mit Höckern (Papillen), Höcker mit je einer hakigen Borste. Blatt nierenförmig, gestielt, die Spreite gelappt und gezähnt ca. 1-2 cm lang. Blüten 5-7 mm breit

Ranunculus parviflorus L., Kleinblütiger Hahnenfuss: T, 15-30 cm, IV-V, kollin, Wegränder, Ruderalfluren, (Poly-avic), adventiv, sich einbürgernd, Neophyt

\- Früchtchen mit Stacheln **27**

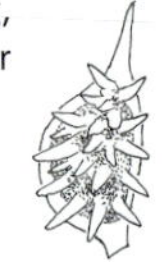

27 Früchtchen 4-8, Stacheln bis 3 mm lang →. Untere Blätter 3-teilig, mit tief gespaltenen Abschnitten. Mittelabschnitte der Stängelblätter gestielt. Blüten 10-15 mm breit

Ranunculus arvensis L., Acker-Hahnenfuss: T, 20-60 cm, V-VII, kollin-montan, kalkreiche Äcker, Wegränder, (Cauc), Archäophyt, VU

\- Früchtchen 12-30, Stacheln ca. 1 mm lang →. Stängel dick, röhrig. Untere Blätter 2-3 cm lang, 3-teilig, Abschnitte gekerbt-gesägt. Blüten 10-12 mm breit

Ranunculus muricatus L., Stachelfrüchtiger Hahnenfuss: T, 5-35 cm, IV-V, kollin, wechselfeuchte Ruderalfluren, nährstoffreiche Ufer, Neophyt

28 Früchtchen behaart. Grundblätter im Umriss rund oder nierenförmig, zu 2-4, von den Stängelblättern stark verschieden, diese fingerförmig geteilt, wie schmale Quirlblätter aussehend. Blüte oft defekt

Ranunculus auricomus aggr., Gold-Hahnenfuss: H, 20-60 cm, IV-VI, wechselfeuchte Auenwälder, feuchte Krautsäume, (Frax, Gali-Fage, Conv), LC. Die Artengruppe umfasst zahlreiche, schwer bestimmbare, apomiktische Kleinarten

\- Früchtchen kahl. Grundblätter nicht derart auffällig von den Stängelblättern verschieden. Blüte meist gut ausgebildet **29**

29 Stängel nur 1-4 cm hoch, meist von den Blättern überragt, einblütig. Blüten nur 4-9 mm breit. Früchtchen nicht über 1,5 mm. Seltene Gebirgspflanze

Ranunculus pygmaeus Wahlenb., Zwerg-Hahnenfuss: H, 1-5(-10) cm, VII-VIII, alpin, kalkarme Schneetälchen, (Sali-herb), EN

\- Stängel höher. Blüten über 1 cm breit. Früchtchen über 1,5 mm gross **30**

30 Blütenstiele gefurcht **31**

\- Blütenstiele nicht gefurcht **32**

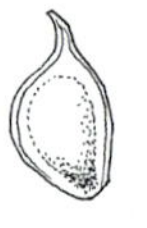

31 Pflanze mit oberirdischen Ausläufern. Stängel kriechend, bogig aufsteigend. Grundblatt kahl, 3-teilig, mittlerer Blattabschnitte lang gestielt. Früchtchen →

Ranunculus repens L., Kriechender Hahnenfuss: H, 10-50 cm, V-IX, kollin-subalpin, nährstoffreiche, oft wechselfeuchte Wegränder, Trittfluren, Ackerränder, Ufer, (Agro-Rumi, Poly-Chen, Bide), LC

\- Pflanze ohne Ausläufer. Mittlerer Blattabschnitt höchstens kurz (bis 5 mm) gestielt

Ranunculus tuberosus aggr., Hain-Hahnenfuss: H.ha, 10-100 cm, V-VII, LC

a Stängel anfangs schief aufrecht, später niederliegend. In den Blattachseln austreibend und sich bewurzelnd. Grund- und Stängelblätter tief 3-teilig

Ranunculus serpens Schrank, Wurzelnder Hain-Hahnenfuss: H.ha, 10-20 cm, V-VII, (kollin-) montan-subalpin, feuchte Bergwälder, pionierhafte Staudenfluren, (Luna-Acer, Aden, Abie-Fage, Abie-Pice), LC

- Stängel aufrecht **b**

b Zipfel der grundständigen Blätter sich teilweise überlappend. Blätter bis fast zum Grund 3- bis 5-spaltig, Mittelabschnitt etwas gestielt, alle Zipfel schmal. Blatt oft gefleckt. Schnabel des Früchtchens fast halb so lang wie dieses, stark eingerollt →

Ranunculus polyanthemophyllus W. Koch & H. E. Hess, Schlitzblättriger Hain-Hahnenfuss: H, 50-100 cm, V-VII, kollin (-montan), Halbtrockenrasen, wechselfeuchte Magerrasen, (Meso, Moli), NT

- Zipfel der grundständigen Blätter sich nicht überlappend. Stängel unten abstehend, oben anliegend behaart. Blätter 3-teilig, Abschnitte 2- bis 3-lappig, oft hell gefleckt. Schnabel der Früchtchen schon jung auffallend stark eingerollt →

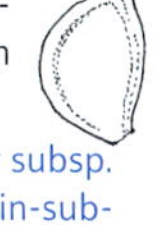

Ranunculus tuberosus Lapeyr., *(R. nemorosus, R. polyanthemos* subsp. *nemorosus*), Knolliger Hain-Hahnenfuss: H, 20-80 cm, V-VII, kollin-subalpin, frische, oft wechselfeuchte Wiesen und Weiden, lichte Wälder, (Poly-Tris, Cari-ferr, Fagetalia), LC

32 Stängel, auch oberwärts, dicht abstehend weichhaarig, reich verzweigt und vielblütig. Früchtchen mit hakig gebogenem Schnabel →. Blätter gelbgrün, bis 15 cm breit, abstehend weichhaarig

Ranunculus lanuginosus L., Wolliger Hahnenfuss: H, 30-100 cm, V-VIII, (kollin-) montan-subalpin, mässig feuchte, nährstoffreiche Laubwälder, Bergwälder, Staudenfluren, (Fagetalia, Luna-Acer, Aden), LC

- Stängel anliegend behaart bis kahl, höchstens am Grund abstehend behaart. Früchtchen mit geradem oder gebogenem Schnabel **33**

33 Pflanze 30-100 cm hoch. Blüten- und Fruchtboden kahl. Stängel reich verzweigt, vielblütig. Früchtchen mit kurzem, geradem Schnabel →

Ranunculus acris L., Scharfer Hahnenfuss: H, 30-100 cm, IV-IX, Fettwiesen und -weiden, LC

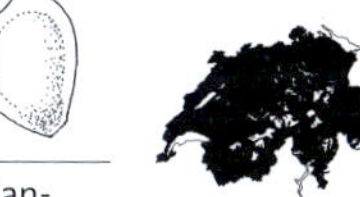

a Blattabschnitte schmal, tief geteilt, Zipfel viel länger als breit, lineal-lanzettlich, spreizend, sich überlappend. Wurzelstock nur ca. 1 cm lang

Ranunculus acris L. subsp. ***acris***, Gewöhnlicher Scharfer Hahnenfuss: H, IV-IX, kollin-subalpin (-alpin), nährstoffreiche Wiesen und Weiden, (Arrh, Poly-Tris, Cyno), LC

- Blattabschnitte breit rhombisch, Zipfel wenig länger als breit, nicht spreizend, nicht überlappend. Wurzelstock horizontal, 3-10 cm lang

Ranunculus acris subsp. ***friesianus*** (Jord.) Syme, Fries' Scharfer Hahnenfuss: H, IV-IX, kollin-subalpin (-alpin), nährstoffreiche Wiesen und Weiden, (Arrh, Poly-Tris, Cyno), LC

- Pflanze 5–40 cm hoch. Blüten sowie Basis und Spitze des Fruchtbodens stets behaart →. Stängel nicht oder wenig verzweigt, 1- bis 3-blütig

Ranunculus montanus aggr., Berg-Hahnenfuss: H, 5–30 cm, V–VIII, LC. Natürliche Hybriden innerhalb der Gruppe sind selten

a Junge, noch gefaltete Blätter nickend →. Blütenboden vollständig behaart. Staubfäden am Grund behaart. Oberer Teil des Wurzelstocks mit feinen weissen Haaren (Lupe). Blattspreite matt, anliegend behaart

Ranunculus breyninus Crantz, *(R. oreophilus)*, Breynes-Berg-Hahnenfuss: H, 10–20 cm, V–VIII, (montan-)subalpin-alpin, kalkreiche, steinige Gebirgsrasen, Schuttfluren, (Sesl, Thla-rotu), LC

- Junge, noch gefaltete Blätter aufrecht. Blütenboden am Grund und an der Spitze behaart, in der Mitte kahl. Staubfäden am Grund kahl, Wurzelstock kahl **b**

b Unterseite der Blätter sehr dicht behaart (mind. 6 Haare pro mm^2, matt, gelbgrün, mit 3 Hauptabschnitten. Hauptabschnitte meist unterhalb der Mitte am breitesten. Zipfel dreieckig, scharf zugespitzt. Stängelblatt oft nicht bis zum Grund geteilt. Fruchtschnabel ½–⅓ so lang wie die Frucht, über seine ganze Länge stark gebogen →

Ranunculus villarsii DC., Villars' Berg-Hahnenfuss: H, 10–30 cm, V–VIII, subalpin-alpin, magere, kalkarme Gebirgsrasen, Zwergstrauchheiden, (Nard, Juni-nana), LC

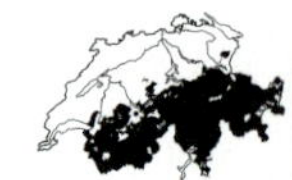

- Unterseite der Blätter kahl oder spärlich behaart (max. 6 Haare pro mm^2. Abschnitte der Stängelblätter meist oberhalb der Mitte am breitesten (mehrere Blätter betrachten!), Zipfel stumpf. Fruchtschnabel ½–⅓ so lang die die Frucht und an der Spitze gebogen oder Fruchtschnabel < ⅓ so lang wie die Frucht **c**

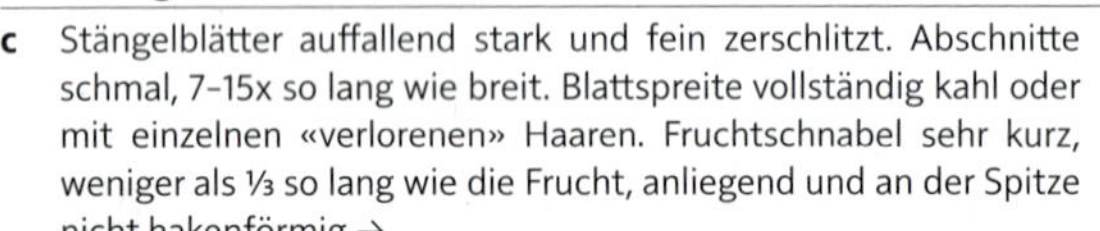

c Stängelblätter auffallend stark und fein zerschlitzt. Abschnitte schmal, 7–15x so lang wie breit. Blattspreite vollständig kahl oder mit einzelnen «verlorenen» Haaren. Fruchtschnabel sehr kurz, weniger als ⅓ so lang wie die Frucht, anliegend und an der Spitze nicht hakenförmig →

Ranunculus carinthiacus Hoppe, Kärntner Berg-Hahnenfuss: H, 5–15 cm, V–VIII, montan-alpin, steinige, kalkreiche Gebirgsrasen, (Sesl), LC

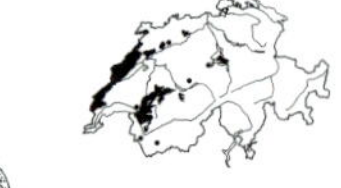

- Stängelblätter weniger stark zerschlitzt, Abschnitte weniger als 7x so lang wie breit. Blattspreite dunkelgrün, oft glänzend, meist locker behaart, selten kahl. Fruchtschnabel ½–⅓ so lang wie die Frucht, an der Spitze deutlich hakenförmig →

Ranunculus montanus Willd., Gewöhnlicher Berg-Hahnenfuss: H, 10–20 cm, V–VIII, (montan-) subalpin-alpin, frische, eher nährstoffreiche Bergwiesen und -weiden, (Poio-alpi, Sesl, Cari-ferr, Arab-caer), LC

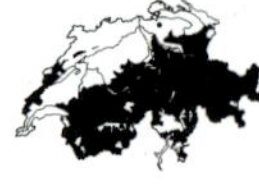

Thalictrum — Wiesenraute

1 Pflanze nur 5-15 cm hoch, kahl. Stängel blattlos oder (seltener) einblättrig. Blütenblätter braunrot, bis 2 mm lang. Teilblättchen sehr klein →, 2-4 mm lang, dunkelgrün. Alpenpflanze

Thalictrum alpinum L., Alpen-Wiesenraute: H, 5-15 cm, VI-VII, (subalpin-) alpin, kalkarme, oft wechselfeuchte Gebirgsrasen, (Cari-curv, Elyn), NT

- Pflanze über 20 cm hoch. Stängel beblättert. Blütenblätter weisslich oder grünlich. Teilblättchen grösser **2**

2 Blüten durch gefärbte Staubfäden helllila. Staubfäden unter den Staubbeuteln auffallend verdickt →. Frucht lang gestielt, hängend. Blatt graugrün, 3-fach gefiedert, Teilblättchen rundlich, 20-30 mm lang

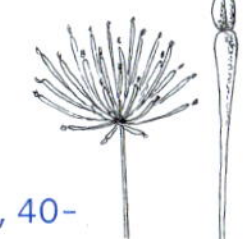

Thalictrum aquilegiifolium L., Akeleiblättrige Wiesenraute: H, 40-140 cm, V-VII, kollin-subalpin (-alpin), Auen-, Bergwälder, Hochstaudenfluren, (Frax, Abie-Fage, Aden), LC

- Blüten grünlich oder gelblich. Staubfäden → nicht verdickt. Frucht kurz gestielt oder sitzend **3**

3 Teilblättchen kaum länger als breit, rundlich oder keilförmig, ± blaugrün bereift, unterseits meist mit hervortretenden Nerven **4**

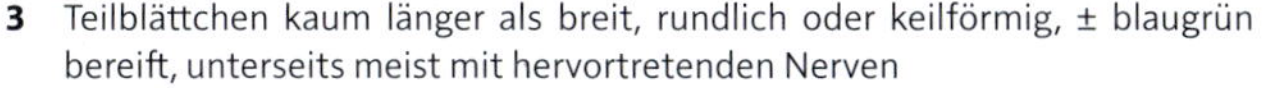

- Teilblättchen mind. 1,5x so lang wie breit, lineal bis breit lanzettlich **5**

4 Stängel rund oder schwach kantig. Pflanze dicht klebrig-drüsenhaarig, beim Zerreiben stinkend. Teilblättchen 2-4(-10) mm lang →. Ausläufer fehlend

Thalictrum foetidum L., Stinkende Wiesenraute: H, 20-70 cm, VI-VIII, montan-subalpin (-alpin), trockene, kalkreiche Krautsäume, Gebüsche, Felsen, (Gera-sang), LC

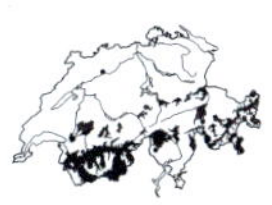

- Stängel gerillt bis gefurcht. Pflanze kahl, seltener kurz drüsenhaarig. Teilblättchen 5-20 mm lang →. Durch Ausläufer Rasen bildend

Thalictrum minus L., Kleine Wiesenraute: H, 20-120 cm, V-VII, LC

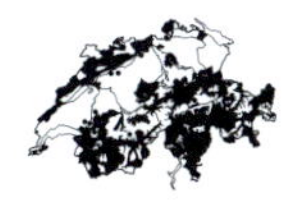

a Blätter zur Mitte des Stängels hin gehäuft. Teilblättchen unterseits mit deutlichen Nerven

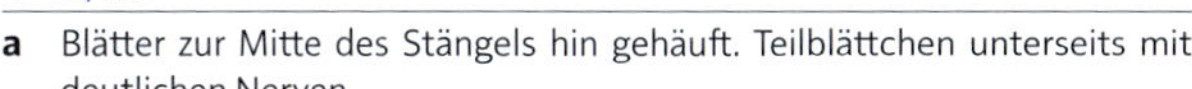

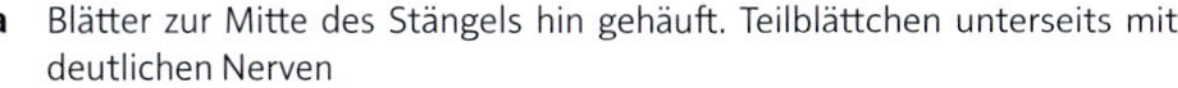

Thalictrum minus subsp. ***saxatile*** Ces., Felsen-Wiesenraute: H, 20-30 cm, V-VII, kollin-subalpin (-alpin), trockene, kalkreiche Krautsäume, Gebüsche, Schuttfluren, (Gera-sang, Stip-cala, Pote-caul), LC

- Blätter gleichmässig über den Stängel verteilt, auch unterhalb des Blütenstandes noch kräftig. Teilblättchen unterseits mit undeutlichen Nerven **b**

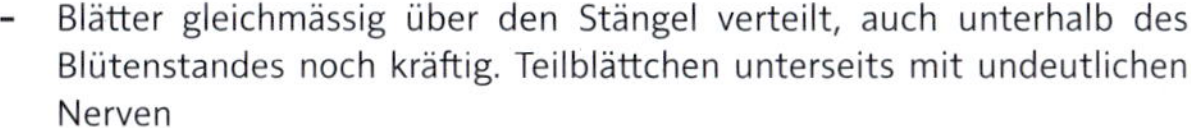

b Blätter mit Nebenblättern (eigentlich: nebenblattartige Fiederchen). Teilblätter oberhalb der Mitte am breitesten

Thalictrum minus L. subsp. ***minus***, Gewöhnliche Kleine Wiesenraute: H, 20-120 cm, V-VII, kollin (-montan), trockenwarme Krautsäume, sonnige Staudenfluren, lichte Wälder, (Gera-sang, Sesl, Quer-pube), LC

- Blätter ohne Nebenblätter. Teilblätter unterhalb der Mitte am breitesten

  Thalictrum minus subsp. ***pratense*** (F. W. Schultz) Hand, Frühe Kleine Wiesenraute: H, 20-120 cm, V-VII, kollin-montan, sonnige, eher kalkarme Wiesen, Felsrasen

5 Teilblättchen 4-20x so lang wie breit. Staubfäden hängend. Blüten über die Rispen verteilt

Thalictrum simplex L., Einfache Wiesenraute: H, 20-100 cm, VI-VII, kollin-montan (-subalpin), wechselfeuchte Staudenfluren, Streuwiesen, (Moli, Fili), EN

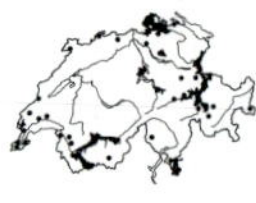

a Teilblättchen schmal lineal →, 10-20x so lang wie breit, ganzrandig, ohne Zipfel

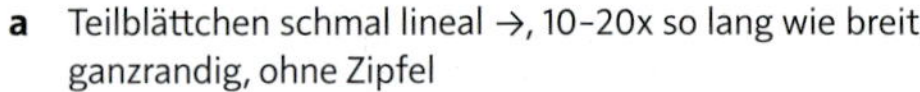

Thalictrum simplex subsp. ***galioides*** (DC.) Korsh., Labkraut-Wiesenraute: H, 40-100 cm, VI-VII, CR

- Teilblättchen schmal keilförmig →, 4-10x so lang wie breit, viele davon 3-zipflig

  Thalictrum simplex L. subsp. ***simplex***, Echte Einfache Wiesenraute: H, 20-80 cm, VI-VII, EN

- Teilblättchen nur 2-4x so lang wie breit. Staubfäden abstehend. Blüten an den Enden der Rispenäste gedrängt **6**

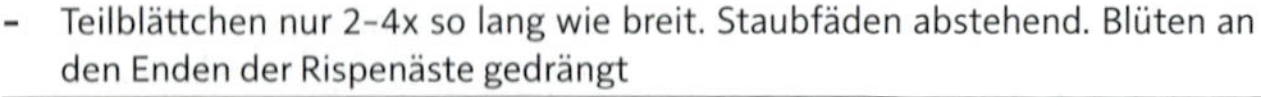

6 Pflanze mit Ausläufern. Stängel matt. Untere Fiedern mit kleinen, häutigen Nebenblattschüppchen. Teilblättchen rundlich keilförmig, vorne 3-zipflig, nicht oder wenig glänzend

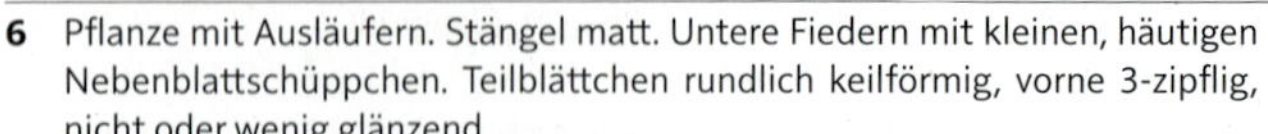

Thalictrum flavum L., Gelbe Wiesenraute: H, 50-120 cm, VI-VII, kollin-montan, nasse Staudenfluren, Auenwälder, (Fili, Magn, Frax), VU

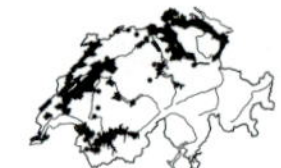

- Pflanze ohne Ausläufer. Stängel glänzend. Blätter ohne Nebenblattschüppchen. Teilblättchen länglich lineal, mit oder ohne Zipfel, oberseits dunkelgrün glänzend

  Thalictrum lucidum L., Hohe Wiesenraute: H, 190 cm, VI-VII, kollin, nasse Staudenfluren, Ufer, Auenwälder, (Fili, Moli, Magn), EN

Trollius — Trollblume

- Pflanze kahl. Stängel unverzweigt, einblütig. Blätter handförmig 5-teilig, dunkelgrün, mit speckigem Glanz, «gummiartig» wirkend, die Hauptabschnitte 3-spaltig

  Trollius europaeus L., Europäische Trollblume: H, 60 cm, V-VI, (kollin-) montan-subalpin (-alpin), frische, oft wechselfeuchte Wiesen und Weiden, Hochstaudenfluren, Moore, (Poly-Tris, Cari-ferr, Calt, Aden), LC

Resedaceae Resedengewächse

Reseda Resede

1 Pflanze 50–150 cm gross. Blätter alle ± ungeteilt, lineal-lanzettlich. Blüten 4-zählig. Kapsel aufrecht, kugelig, 4–5 mm gross

Reseda luteola L., Färber-Reseda: H.ha, 50–150 cm, VI–X, kollin (-montan), trockenwarme, kalkreiche Unkrautfluren, (Onop), VU

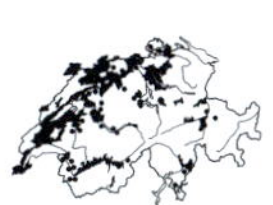

- Pflanze 10–60 cm gross. Blätter tief 3-teilig. Blüten 5- oder 6-teilig. Kapsel länger als 8 mm **2**

2 Kronblätter blassgelb oder grünlich gelb, die oberen 3-teilig. Kelchblätter nach der Blütezeit nicht verlängert. Kapsel meist aufrecht, eiförmig, 8–12 mm lang

Reseda lutea L., Gelbe Reseda: H.ha, 25–60 cm, VI–IX, kollin-montan (-subalpin), trockenwarme Wegränder, Pionierfluren, Schuttplätze, (Conv-Agro, Onop, Dauc-Meli), LC

- Kronblätter weiss, die oberen in 5–9 schmale Segmente unterteilt. Kelchblätter 3,5–5 mm, zur Fruchtzeit bis 10 mm lang. Frucht hängend. Kapsel hängend, birnenförmig, 12–15 mm lang

Reseda phyteuma L., Rapunzel-Reseda: H.ha-T, 10–30 cm, VI–IX, kollin, trockenwarme, kalkreiche Äcker, (Cauc), EN

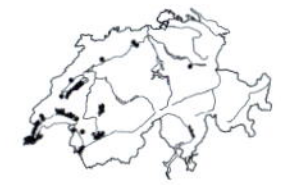

Rhamnaceae Kreuzdorngewächse

1 Blätter fein gezähnt. Blüten 4- (5-)zählig. Kronblatt ungenagelt. Griffel 2- bis 4-spaltig ***Rhamnus***

- Blätter ganzrandig. Blüten 5-zählig. Kronblatt genagelt. Griffel ungeteilt ***Frangula***

Frangula Faulbaum

- Strauch mit weiss gepunkteten Zweigen. Blätter breit oval, 2–7 cm lang, jederseits mit 7–12 schwach gebogenen Seitennerven, lang gestielt. Frucht eine zunächst rote, später schwarze Beere, fleischig, 4–7 mm breit, mit 2–3 Steinkernen (Abb. Tafel 16, S. 672)

Frangula alnus Mill., Faulbaum: Ph, 3 m, V–VI, kollin-montan, wechselfeuchte Weidengebüsche, Föhrenwälder, Moore, (Sali-cine, Sali-elae, Dicr-Pini), LC

Rhamnus Kreuzdorn

1 Blatt jederseits mit 2-3(-4) bogigen Seitennerven. Zweige meist gegenständig, oft in einen Dorn auslaufend **2**

- Blatt jederseits mit (4-)5-20 geraden Seitennerven. Zweige wechselständig, ohne Dornen **3**

2 Aufrechter Strauch, bis 3 m hoch. Blatt 4-6 cm lang, breit oval oder rundlich, fein gesägt, jederseits mit 3-4, nach vorne gebogenen Seitennerven. Die (hinfälligen) Nebenblätter viel kürzer als der Blattstiel. Blüten gelbgrün, 4- oder 5-zählig, wohlriechend. Frucht schwarz, fleischig, 6-8 mm breit, mit 3-4 Steinkernen (Abb. Tafel 16, S. 672)

Rhamnus cathartica L., Purgier-Kreuzdorn: Ph, 1-3 m, V, kollin-montan, eher trockene, kalkreiche Gebüsche, Hecken, Waldränder, (Berb, Prun-Rubi, Quer-pube), LC

- Zwergstrauch, 30-100 cm hoch. Blatt 1-3 cm lang, lanzettlich, fein gesägt, jederseits mit 2-4, nach vorne gebogenen Seitennerven. Nebenblätter so lang wie der Blattstiel. Blüten hellgrün, in Büscheln. Frucht schwarz, fleischig, 6-8 mm breit, mit 3 Steinkernen (Abb. Tafel 16, S. 672)

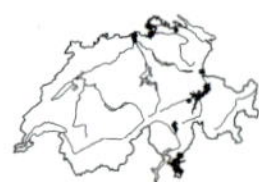

Rhamnus saxatilis Jacq., Felsen-Kreuzdorn: Ph, 30-100 cm, IV-V, kollin-montan, trockenwarme, kalkreiche Gebüsche, Föhrenwälder, (Eric-PiSy, Berb), VU

3 Aufrechter Strauch. Blätter breit oval, plötzlich in eine Spitze zusammengezogen, 5-15 cm lang, fein gesägt, jederseits mit (9-)10-20 Seitennerven. Blüten hellgrün, in Büscheln. Frucht blauschwarz, fleischig, 8-10 mm breit (Abb. Tafel 16, S. 672)

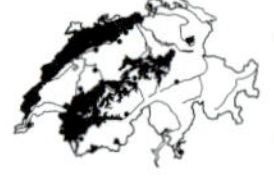

Rhamnus alpina L., Alpen-Kreuzdorn: Ph, 3 m, V-VI, (kollin-) montan (-subalpin), eher trockene, kalkreiche Gebüsche, Schutthalden, Felsen, Wälder, (Ceph-Fage, Quer-pube, Berb), LC

- Niederliegender Spalierstrauch. Blätter oft büschelig gehäuft, 1-3(-5) cm lang, jederseits mit (4-)5-9 Seitennerven. Blüten hellgrün, in Büscheln. Frucht blauschwarz, fleischig, 6-8 mm breit (Abb. Tafel 16, S. 672)

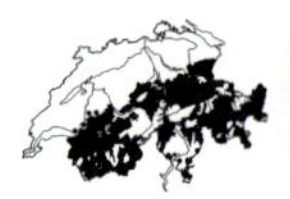

Rhamnus pumila Turra, Zwerg-Kreuzdorn: Cp, 5-20 cm, VI-VII, (kollin-) montan-subalpin (-alpin), kalkreiche, sonnige Felsen, (Pote), LC

Rosaceae Rosengewächse

1	Pflanze ein Baum, Strauch oder Zwergstrauch. Knospen über dem Boden	**2**
-	Pflanze krautig (manchmal an der Basis etwas verholzt). Knospen am Boden	**22**
2	Blätter mit abgetrennten Teilblättern, also gefiedert oder handförmig geteilt	**3**
-	Blätter ungeteilt, höchstens gelappt oder fiederschnittig	**7**
3	Zweige mit Stacheln oder spitzen Borsten. Griffel zahlreich	**4**
-	Zweige ohne Stacheln oder Borsten	**5**
4	Blütenachse krugförmig vertieft, Fruchtknoten und Frucht daher unterständig («Hagebutten») →	***Rosa***
-	Blütenachse flach oder gewölbt. Fruchtblätter und die saftige Sammelfrucht oberständig («Himbeeren und Brombeeren»)	***Rubus***
5	Blüten gelb, gross (ca. 2 cm breit), einzeln oder zu wenigen	***Potentilla***
-	Blüten weiss, zu vielen in Scheindolden	**6**
6	Fruchtknoten unterständig. Teilblätter ohne verlängerte Spitze	***Sorbus***
-	Fruchtknoten oberständig. Teilblätter in eine verlängerte Spitze ausgezogen	***Sorbaria***
7	Fruchtknoten (1 oder mehrere) frei im schalen- bis krugförmigen Blütenboden (zur Überprüfung den Blütenboden längs schneiden und mit Lupe untersuchen!). Früchte trocken oder, falls fleischig, ohne Reste des Kelches	**8**
-	Fruchtknoten (1 oder mehrere) mit dem Blütenboden verwachsen (Blütenboden längs schneiden). Früchte fleischig oder mehlig, am Ende oft mit Resten des vertrockneten Kelches	**11**
8	Fruchtknoten und Griffel 1. Frucht fleischig	***Prunus***
-	Fruchtknoten und Griffel 3–5. Frucht trocken	**9**
9	Blüten einzeln an den Kurztrieben. Krone gelb, 3–6 cm breit	***Kerria***
-	Blüten in Rispen oder Scheindolden. Krone weiss oder rosa	**10**
10	Blätter 3-lappig. Nebenblätter vorhanden (aber rasch hinfällig, daher auf Blattnarben achten!). Die einzelnen Fruchtknoten sind halb verwachsen und zur Fruchtzeit rötlich, aufgeblasen →	***Physocarpus***
-	Blätter ungeteilt. Nebenblätter fehlend. Früchte nicht aufgeblasen	***Spiraea***
11	Blätter gelappt bis fiederteilig	**12**
-	Blätter einfach, nicht lappig eingeschnitten, ganzrandig oder gesägt	**13**
12	Blätter unterseits dicht behaart. Sprossdorne fehlend	***Sorbus***
-	Blätter unterseits kahl oder locker behaart. Zweige mit Sprossdornen	***Crataegus***
13	Blüten gross, 15–50 mm breit	**14**
-	Blüten klein, 4–12 mm breit	**20**
14	Blüten sitzend, kräftig rot bis orangerot, einzeln oder in kleinen Büscheln	***Chaenomeles***
-	Blüten ± lang gestielt, weiss bis rosa	**15**
15	Blüten einzeln an den Kurztrieben. Krone weiss	**16**
-	Blüten zu 2 oder in mehrblütigen Blütenständen. Krone weiss oder rosa	**17**
16	Blätter deutlich gestielt, eiförmig, ganzrandig. Frucht gelb	***Cydonia***
-	Blätter fast sitzend, lanzettlich. Frucht braun	***Mespilus***

17	Kronblätter auffallend schmal, weiss, 2–5x so lang wie breit. Frucht blauschwarz	***Amelanchier***
-	Kronblätter breit oval, 1–2x so lang wie breit. Frucht rot, gelb oder grünlich	**18**
18	Blätter immergrün, unterseits mit rostbraunen Haaren. Blüten in vielblütigen Rispen. Frucht behaart, gelb, 3–6 cm lang	***Eriobotrya***
-	Blätter sommergrün, unterseits kahl oder mit weisslichen Haaren. Blüten gebüschelt in wenigblütigen Scheindolden	**19**
19	Blätter deutlich gezähnt (Zähne ca. 0,5 mm lang), mit meist 4–6 deutlichen Seitennerven. Kronblätter unterseits rosa. Griffel am Grund verwachsen. Staubbeutel gelb	***Malus***
-	Blätter ganzrandig oder fein gezähnelt, meist mit mindestens 8 feinen Seitennerven. Kronblätter beidseitig weiss. Griffel frei. Staubbeutel rot	***Pyrus***
20	Blätter ganzrandig	***Cotoneaster***
-	Blätter gezähnt	**21**
21	Zweige mit Dornen. Blätter grün überwinternd	***Pyracantha***
-	Zweige ohne Dornen. Blätter alle sommergrün	***Sorbus***
22	Blätter doppelt (bis 3-fach) gefiedert. Nebenblätter fehlend. Blüten sehr klein, weiss, in vielblütigen Rispen	***Aruncus***
-	Blätter einfach, gelappt oder einfach gefiedert. Nebenblätter meist vorhanden	**23**
23	Kronblätter und Kelchblätter (6–)8–10. Spalierstrauch des Gebirges (manchmal herabgeschwemmt)	***Dryas***
-	Blüten 4- bis 5-zählig	**24**
24	Blüten in endständigen, lang gestielten, kompakten, 2–5 cm langen Köpfchen. Blätter gefiedert	***Sanguisorba***
-	Blüten nicht in lang gestielten Köpfchen	**25**
25	Kronblätter fehlend. Blüten daher grünlich. Kelchblätter 4 (sowie 4 Aussenkelchblätter)	**26**
-	Kronblätter vorhanden. Blüten (4-) 5-zählig	**27**
26	Blüten in sitzenden Knäueln in Blattwinkeln. Staubblätter 1–2. Stängelblätter handförmig 3-spaltig	***Aphanes***
-	Blütenstand endständig. Staubblätter 4. Stängelblätter handförmig gelappt oder geteilt	***Alchemilla***
27	Kelchzipfel so viele wie Kronblätter (Aussenkelch fehlend)	**28**
-	Kelchzipfel 2x so viele wie Kronblätter (Aussenkelch vorhanden)	**30**
28	Blüten gelb. Blütenstand eine reichblütige, ährige Traube. Kelch mit Hakenborsten, die Frucht umschliessend →	***Agrimonia***
-	Blüten weiss	**29**
29	Blätter 3-zählig oder gelappt. Stängel mit borstigen Stacheln. Blüten einzeln oder in wenigblütigen Blütenständen	***Rubus***
-	Blätter unterbrochen gefiedert. Stängel ohne borstige Stacheln. Blüten in vielblütigen Blütenständen →	***Filipendula***

30 Blüten weiss, rötlich oder braunrot — **31**
- Blüten gelb — **33**

31 Blätter gefiedert oder 5- bis 7-zählig gefingert — ***Potentilla***
- Blätter 3-zählig — **32**

32 Kronblätter sich (fast) berührend oder sogar überlappend. Fruchtboden kahl. Früchte saftig → — ***Fragaria***
- Zwischen den Kronblättern Lücken →. Fruchtboden behaart. Frucht trocken — ***Potentilla***

33 Blätter gefiedert — **34**
- Blätter ungeteilt (aber 3- bis 7-lappig) oder fingerförmig in 3-7(-9) Teilblätter geteilt — **36**

34 Griffel federig behaart oder hakig gekrümmt, sich nach der Blüte bis 3 cm verlängernd → — ***Geum***
- Griffel ohne Haken oder federige Behaarung, sich nach der Blüte kaum verlängernd — **35**

35 Staubblätter nur 5-10, mit langen Filamenten. Fruchtknoten (und Griffel) nur 2. Krone ca. 1,5 cm breit. Früchtchen vom Achsenbecher (Blütenboden) eingeschlossen — ***Aremonia***
- Staubblätter und Griffel zahlreich — ***Potentilla***

36 Blüten sehr klein →. Kronblätter nur 1-1,5 mm lang. Staubblätter nur 5-6 — ***Sibbaldia***
- Blüten grösser. Kronblätter mehr als 4 mm lang. Staubblätter mehr als 10 — **37**

37 Blütenboden becherförmig, mit nur 2-6, im Zentrum der Blüte versenkten Fruchtblättern («Blüten mit einer Versenkung im Zentrum») — ***Waldsteinia***
- Blütenboden halbkugelig oder kegelförmig aufgewölbt, mit zahlreichen aufsitzenden Fruchtblättern («Blüten mit einer Aufwölbung im Zentrum») — **38**

38 Aussenkelch gezähnt oder 3-lappig. Sammelfrucht eine rote, fleischige, aufgerichtete Scheinbeere — ***Duchesnea***
- Aussenkelch ganzrandig. Sammelfrucht eine Ansammlung von trockenen Nüsschen — ***Potentilla***

Agrimonia — Odermennig

1 Äusserste Hakenborsten der Frucht senkrecht abstehend →. Fruchtknoten fast bis zum Grund tief gefurcht. Blatt unterseits dicht graufilzig, mit ganz wenigen Drüsen, kaum aromatisch. Stängel ± stielrund, dicht rauhaarig

Agrimonia eupatoria L., Kleiner Odermennig: H, 30-100 cm, VI-IX, kollin-montan (-subalpin), mässig trockene Weiden, Krautsäume, (Trif-medi), LC

- Äusserste Hakenborsten der Frucht teilweise rückwärtsgerichtet →. Fruchtknoten bis zur Mitte hin seicht gefurcht. Blatt unterseits locker behaart, mit vielen Drüsen, zerrieben stark duftend. Stängel ± kantig, zerstreut behaart

Agrimonia procera Wallr., Grosser Odermennig: H, 50-150 cm, VI-VIII, kollin-montan, Krautsäume, Wegränder, (Trif-medi), VU

Alchemilla Frauenmantel

Gattung mit schwer bestimmbaren Arten, die wohl grösstenteils aus weit zurückliegender Hybridisierung entstanden sind und sich heute meist apomiktisch (ohne Befruchtung) fortpflanzen. Die Samen der *Alchemilla*-Arten sind daher genetisch identisch mit der Mutterpflanze, und die Merkmale bleiben konstant (die Arten sind «sauber» getrennt). Auf diese Weise sind v. a. im Alpenraum unzählige, sich nur geringfügig unterscheidende Arten entstanden. Für eine Exkursionsflora ist es aber sinnvoll, nur die wichtigsten morphologischen Linien als Aggregate auszuschlüsseln. Für die Bestimmung der Arten braucht es Spezialliteratur.

---

1 Grundblätter mindestens zu 75 % eingeschnitten oder vollständig in Teilblättchen geteilt (links) →. Blattunterseite locker seidig behaart oder dicht silbrig glänzend **2**

\- Grundblätter lappig, die Lappen höchstens bis etwas über die Mitte (60 %) des Blattradius eingeschnitten (rechts) →. Blattunterseite nicht silbrig glänzend **8**

---

2 Pflanze niederliegend, mit Kriechtrieben, die an den Knoten wurzeln und Rasen bilden. Blätter bis zum Grund geteilt. Teilblättchen grob gezähnt oder sogar tief eingeschnitten. Hochalpine Schneetälchenpflanze **3**

\- Aufrecht bis niederliegend, aber Kriechtriebe (falls vorhanden) nicht wurzelnd **4**

---

3 Blätter beidseitig kahl. Blätter fast immer mit nur 5 Teilblättchen. Teilblättchen tief eingeschnitten →

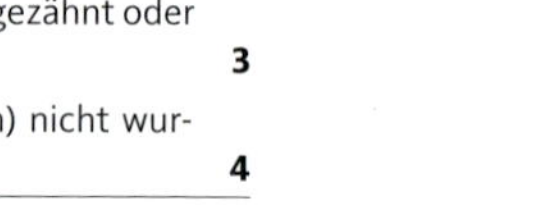

Alchemilla pentaphyllea L., (*A.* sect. *Pentaphylleae*), Schneetälchen-Frauenmantel: Ch, 5–15 cm, VII–VIII, (subalpin-) alpin, kalkarme Schneetälchen, feuchte Bergweiden, (Sali-herb), LC

\- Blätter unterseits seidig behaart. Einzelne Blätter mit mehr als 5 Teilblättchen. Teilblättchen tief oder seicht eingeschnitten, oft nur grob gezähnt

Alchemilla pentaphylloides aggr., Armblättriger Frauenmantel: Schneetälchen, LC

---

4 Pflanze mit niederliegenden, in Blattrosetten endenden, sterilen Trieben. Blätter glänzend grün, etwas ledrig, 5- bis 7-teilig, Blattzähne zusammenneigend. Blütenstiele meist kaum so lang wie die Blüten, die Blütenknäuel wirken daher dicht gedrängt. Meist auf Silikat **5**

→ *Alchemilla alpina* superaggr.

\- Pflanze keine niederliegenden, mit Blattrosetten endenden, längeren Sprosse treibend. Blätter grün, weicher als bei *A. alpina* aggr., (5-) 7- bis 9-teilig **6**

→ *Alchemilla conjuncta* superaggr.

---

5 Blattzähne 0,3–2 mm lang →, was 2–7(–10) % der Teilblattlänge entspricht

Alchemilla alpina aggr., Silikat-Silbermantel: 10–30 cm, VI–VII, montan-alpin, kalkarme Felsen, Magerweiden, Zwergstrauchheiden, (Nard, Andr-vand), LC

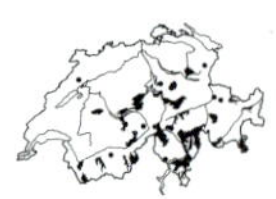

\- Blattzähne 1–4 mm lang →, was (3–)7–15(–20) % der Teilblattlänge entspricht

Alchemilla subsericea aggr., Schwachseidiger Silbermantel: 10–25 cm, VI–VII, subalpin-alpin, feuchter, schattiger Silikatschutt, Grünerlengebüsche, (Andr-Alpi, Alne-viri), LC

6 Blattzähne grob, 2-4 mm lang → (meist deutlich länger als breit), was 7-25 % der Teilblattlänge entspricht. Teilblättchen nur etwa 2x so lang wie breit, sich berührend und überlappend, unterseits nur schwach seidenhaarig bis fast kahl. Blütenstand dicht gedrängt

Alchemilla grossidens aggr., Grobzahn-Frauenmantel: Schieferschutt, Schiefer- und Flyschfelsen, (Drab-hopp, Pote), LC. Inkl. *A. glacialis*

- Blattzähne fein, 0,5-1 mm lang →. Teilblättchen 2-4x so lang wie breit, sich kaum berührend, unterseits silbrig glänzend. Die meisten Blütenstiele sind länger als die Blüten, die Blütenknäuel wirken daher eher locker. Vorwiegend auf Kalk **7**

7 Teilblätter frei oder zu höchstens 10 % ihrer Länge verwachsen. Stängel 2-4x so lang wie die Blätter

Alchemilla plicatula aggr., (*A. hoppeana* aggr.), Kalk-Silbermantel: 10-25 cm, VI-VIII, montan-alpin, Kalkfelsspalten, steinige Kalkrasen, (Pote-caul, Sesl), LC

- Teilblätter (v. a. die untersten) zu 10-50 % ihrer Länge verwachsen. Stängel 1-2(-3)x so lang wie die Blätter

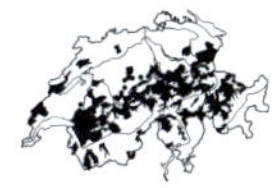

Alchemilla conjuncta aggr., Verwachsener Silbermantel: 10-30 cm, VI-IX, montan-subalpin (-alpin), eher kalkreiche Gebirgsrasen, Schutthalden, Felsen, (Sesl, Cari-firm), LC

8 Stängel und Blattstiele kahl oder angedrückt bis höchstens leicht schief abstehend behaart **9**

- Zumindest der untere Teil der Stängel oder der Blattstiele abstehend behaart **13**

9 Reife Blütenbecher höchstens so lang wie die Kelchblätter. Kelchblätter deutlich zugespitzt, die äusseren meist etwa so lang wie die inneren. Grundblätter mit einer Lappenlänge von 30-50 % der Blattlänge →. Pflanze blaugrün

Alchemilla fissa aggr., Geschlitzter Frauenmantel: Ch, 10-30 cm, VI-VIII, Schneetälchen, feuchte Weiden, (Sali-herb, Poio-alpi), LC

- Reife Blütenbecher so lang oder deutlich länger als die Kelchblätter. Kelchblätter meist stumpf oder kaum zugespitzt, die äusseren meist kürzer oder zumindest schmaler als die inneren. Grundblätter mit einer Lappenlänge von 20-50(-70) % der Blattlänge **10**

10 Blüten- und Blattstiele anliegend oder etwas schief abstehend behaart. Stängel dicht anliegend seidig behaart. Blätter → oberseits kahl, unterseits dicht seidig behaart (selten nur auf den Nerven)

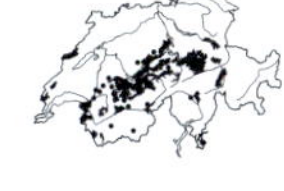

Alchemilla splendens aggr., Glänzender Frauenmantel: 10-20 cm, VII, subalpin, kalkreiche, steinige Gebirgsrasen, Schutthalden, (Sesl, Thla-rotu), LC

- Blütenstiele stets kahl, Blätter oberseits kahl bis locker behaart **11**

11 Stängel und Blattstiele anliegend oder schief abstehend behaart →

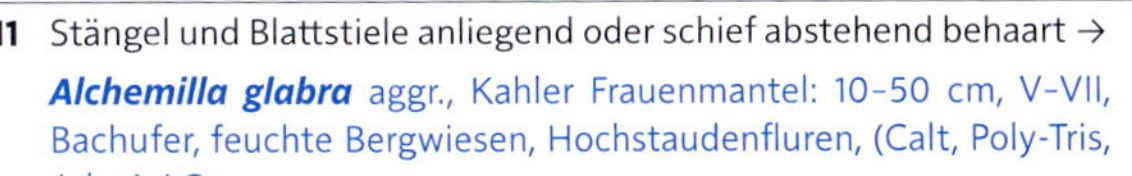

Alchemilla glabra aggr., Kahler Frauenmantel: 10-50 cm, V-VII, Bachufer, feuchte Bergwiesen, Hochstaudenfluren, (Calt, Poly-Tris, Aden), LC

- Stängel (fast) kahl, Blattstiele kahl **12**

12 Pflanze gross. Lappenlänge 20–30 % der Blattlänge

Alchemilla coriacea aggr., Lederblättriger Frauenmantel: 20–50 cm, V–VII, montan-subalpin, Quellfluren, Bachufer, Hochstauden, (Card-Mont, Aden), LC

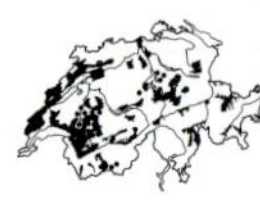

\- Pflanze klein. Lappenlänge (25–)30–50(–70) % der Blattlänge

Alchemilla demissa aggr., Niedergestreckter Frauenmantel: Schneetälchen, feuchte Weiden, (Sali-herb, Poio-alpi), LC

13 Blütenbecher und Blütenstiele (fast) kahl (links) →. Stängel und Blattstiele abstehend behaart (nur bei den Erstlingsblättern im Frühling manchmal kahl) **14**

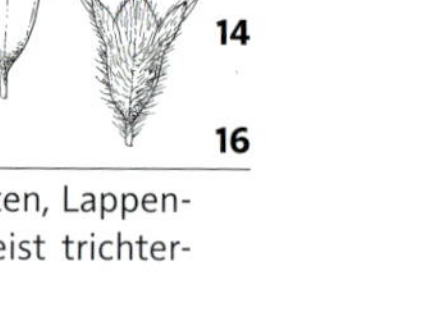

\- Blütenbecher und Blütenstiele ebenso wie die Stängel dicht abstehend (fast wollig) behaart (rechts) → **16**

14 Stängel niederliegend. Blätter 3–8 cm breit, stark eingeschnitten, Lappenlänge 30–60 % der Blattlänge. Blattspreite wellig, faltig, meist trichterförmig. Blattzähne relativ grob

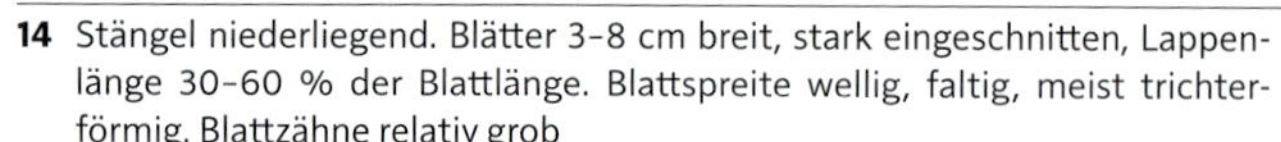

Alchemilla decumbens aggr., Niederliegender Frauenmantel: 5–20 cm, VII–VIII, subalpin-alpin, Quellfluren, feuchte Weiden, (Crat, Poly-Tris), LC

\- Stängel aufsteigend. Blätter gross, 6–15 cm breit, schwach bis durchschnittlich eingeschnitten, Lappenlänge weniger als 30 % der Blattlänge **15**

15 Stiele aller Blätter abstehend behaart. Blätter durchschnittlich lappig, Lappenlänge ca. 25 % der Blattlänge →, beidseitig behaart oder kahl

Alchemilla vulgaris aggr., Gemeiner Frauenmantel: 30–60 cm, V–VII, Fettwiesen und -weiden, Hochstaudenfluren, Ufer, (Arrh, Poly-Tris, Cyno, Calt), LC

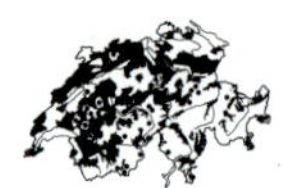

\- Stiele der ältesten Blätter (Frühjahrsblätter) kahl, die der jüngeren (Sommerblätter) behaart (Name!). Blätter schwach lappig, Lappenlänge nur 5–20 % der Blattlänge →, beidseitig kahl

Alchemilla heteropoda aggr., Verschiedenstieliger Frauenmantel: Gebirgsmagerrasen, (Nard), LC

16 Blätter nur 2–4 cm breit, stark eingeschnitten, Lappenlänge 40–60 % der Blattlänge →, grob gezähnt. Blattstiele abstehend behaart. Kleinwüchsige Art der alpinen Schneetälchen

Alchemilla helvetica aggr., Schweizer Frauenmantel: Schneetälchen, (Sali-herb), LC

\- Blätter gross, (4–)5–8 cm breit, Lappenlänge 25–50 % der Blattlänge **17**

17 Reife Blütenbecher länger als der Kelch. 5–30 cm grosse Wildpflanze. Blatt →

Alchemilla hybrida aggr., Bastard-Frauenmantel: 10–20(–30) cm, VII, magere Bergwiesen und -weiden, (Nard, Meso), LC

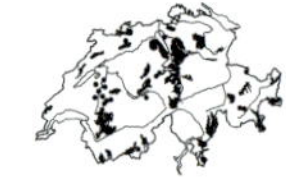

\- Reife Blütenbecher kurz, höchstens so lang wie der Kelch. 20–100 cm grosse, verwilderte Zierpflanze **18**

18 Blütenstiele dicht behaart. Blatt tief gelappt, Lappenlänge 25-50 % der Blattlänge

Alchemilla speciosa Buser, Prächtiger Frauenmantel: Ch, 20-70 cm, VI-VIII, kollin-subalpin, Parkanlagen, Rasen, Hochstaudenfluren, Neophyt

- Blütenstiele kahl oder schwach behaart. Blatt seicht gelappt, Lappenlänge 5-25 % der Blattlänge

Alchemilla mollis (Buser) Rothm., Weicher Frauenmantel: Ch, 20-100 cm, VI-VIII, kollin-subalpin, Parkanlagen, Rasen, Hochstaudenfluren, Neophyt

Amelanchier Felsenmispel

In der Gattung gibt es auch zahlreiche Arten, die als Zierpflanzen gezogen werden. Die einzige einheimische Art *(A. ovalis)* hat unverwachsene, sehr kurze Griffel und oft ausgerandete Blätter, während die meisten der ca. 25 nordamerikanischen Arten lange, verwachsene Griffel und zugespitzte Blätter haben.

1 Blätter 2,5-4 cm lang, oberseits mattgrün. Blüten zu 3-6. Kronblätter 1,5-2 cm lang, aussen behaart (Abb. Tafel 17, S. 712)

Amelanchier ovalis Medik., Felsenmispel: Ph, 3 m, IV-V, kollin-subalpin, trockene, felsige Hänge, Gebüsche, Föhrenwälder, (Berb, Eric-PiSy), LC

- Blätter 4,5-9 cm lang, oberseits zunächst kupferrot, später dunkelgrün. Blüten zu 6-12. Kronblätter 1-1,5 cm lang, kahl (Abb. Tafel 17, S. 712)

Amelanchier lamarckii F. G. Schroed., Lamarcks Felsenmispel: Ph, 9 m, IV-V, Hecken, Gebüsche, (Prun-Rubi), angepflanzt und verwildert, kultivierter Neophyt

Aphanes Ackerfrauenmantel

1 Pflanze niederliegend-aufsteigend, klein, kräftig grün. Blüten die Nebenblätter zuletzt oft überragend, 1,5-2 mm lang. Reife Fruchtbecher 1,7-2,5 mm lang, Zipfel oft > 0,5 mm lang. Nebenblätter mit dreieckigen Zipfeln →

Aphanes arvensis L., Gemeiner Ackerfrauenmantel: T, 5-15 cm, V-IX, kollin (-montan), kalkarme, mässig trockene Getreidefelder, (Apha), Archäophyt, LC

- Pflanze niederliegend, sehr klein, hellgrün. Blüten in den Nebenblättern verborgen, 0,5-1 mm lang. Reife Fruchtbecher 1,4-1,8 mm lang, Zipfel bis 0,5 mm lang. Nebenblätter tief gelappt (Lappenlänge > 40 % der Nebenblattlänge) →

Aphanes australis Rydb., Kleinfrüchtiger Ackerfrauenmantel: T, V-VI, kollin, trockenwarme, kalkarme Äcker, Pionierfluren, (Sedo-Vero), Archäophyt, NT

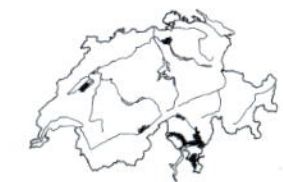

Aremonia Aremonie

- Grundständige Blätter unterbrochen gefiedert, mit 2-4 Paaren ovaler, grob gezähnter Teilblätter und mit bis 5 mm langen Zwischenblättchen. Blüten zu 2-5, mit doppeltem Kelch und 5 ovalen, 3-4 mm langen, gelben Kronblättern

Aremonia agrimonoides (L.) DC., Aremonie: H, 10-30 cm, V, kollin, Parkanlagen, Wegränder, Gebüschsäume, (Aego), kultiviert und verwildert, Neophyt

Tafel 17

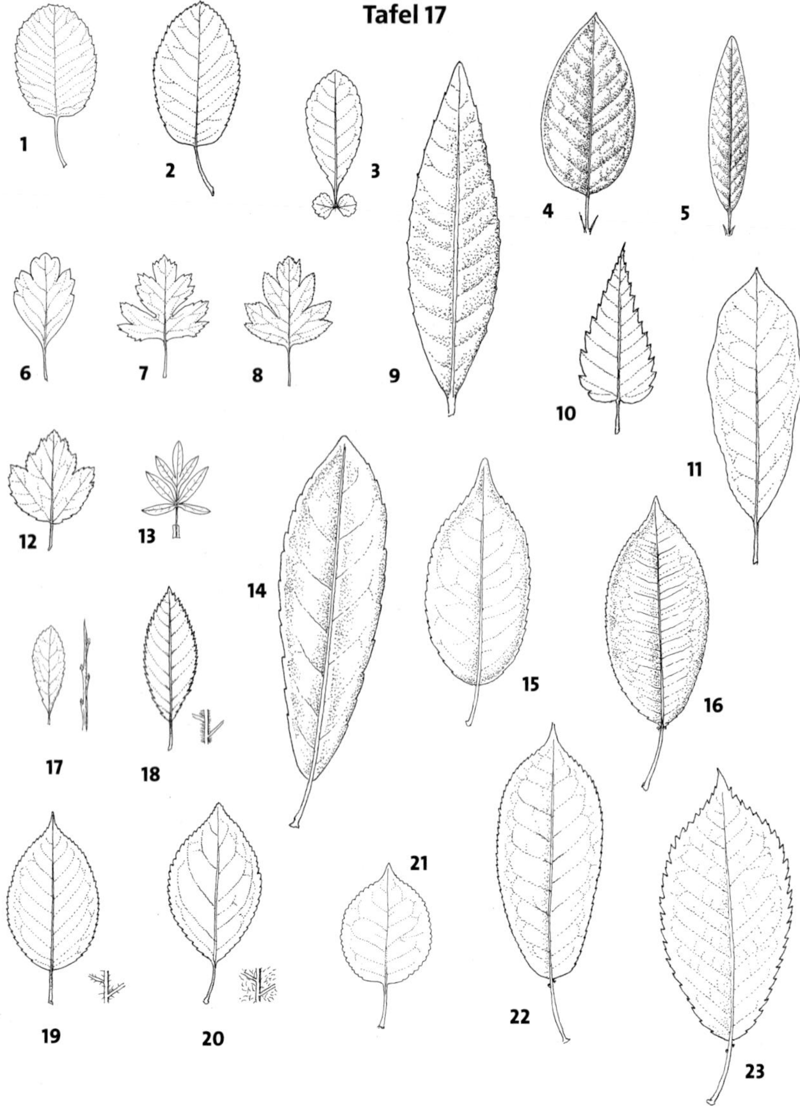

Rosaceae. Blatt: 1. *Amelanchier ovalis*, 2. *A. lamarckii*, 3. *Chaenomeles japonica*, 4. *Cotoneaster bullatus*, 5. *C. salicifolius*, 6. *Crataegus laevigata*, 7. *C. monogyna*, 8. *C. rhipidophylla*, 9. *Eriobotrya japonica*, 10. *Kerria japonica*, 11. *Mespilus germanica*, 12. *Physocarpus opulifolius*, 13. *Potentilla fruticosa*, 14. *Prunus laurocerasus*, 15. *P. lusitanica*, 16. *P. serotina*, 17. *P. spinosa* (mit dornigem Zweig), 18. *P. cerasifera* (mit Ausschnitt Blattunterseite), 19. *P. cerasus* (mit Ausschnitt Blattunterseite), 20. *P. domestica* (mit Ausschnitt Blattunterseite), 21. *P. mahaleb*, 22. *P. padus*, 23. *P. avium*

Aruncus Geissbart

- Blätter sehr gross, 2- bis 3-fach 3-zählig. Blütenstand bis 50 cm lang, Blüten sehr klein, zu Tausenden in rispig zusammengesetzten Ähren. Pflanze zweihäusig. Blüten mit 5 Kronblättern

  Aruncus dioicus (Walter) Fernald, Wald-Geissbart: H, 1-2 m, VI-VII, kollin-montan (-subalpin), feuchte, staudenreiche Laubmischwälder, Schluchtwälder, Waldränder, (Luna-Acer, Carp, Gali-Fage), LC

Chaenomeles Zierquitte

- Blätter 3-5 cm lang, gesägt. Kronblatt orangerot, 1-1,5 cm lang. Frucht apfelförmig, hart, zuletzt gelb und stark aromatisch (Abb. Tafel 17, S. 712)

  Chaenomeles japonica (Thunb.) Spach, Japanische Zierquitte: Gärten, Parkanlagen, kultivierter Neophyt

Cotoneaster Zwergmispel

1 Blätter 4-10 cm lang, oberseits runzelig. Blüten zu 10-50 **2**

- Blätter 0,5-4(-5) cm lang, oberseits glatt (wenn etwas runzelig, dann nur bis 2,5 cm lang). Blüten zu 1-5 **3**

2 Blätter immergrün, lanzettlich, Blattrand umgebogen. Kronblätter ausgebreitet, Griffel 2-3. Früchte leuchtend rot mit 2-3 Steinkernen (Abb. Tafel 17, S. 712)

  Cotoneaster salicifolius Franch., Weidenblättrige Steinmispel: Ph-P, 2 m, V-VI, trockenwarme Laubwälder, (Quer-pube), häufig kultiviert und verwildert, Neophyt. Die Blätter von *C. salicifolius* sind unterseits kahl oder zerstreut behaart (manchmal nur an den Hauptnerven). *C. ×watereri* Exell ist oft angepflanzt und sieht ähnlich aus, seine Blätter sind aber unterseits bleibend weissflockig behaart

- Blätter sommergrün, eiförmig, Blattrand flach. Kronblätter aufgerichtet. Griffel (4-)5. Früchte leuchtend rot mit (4-)5 Steinkernen (Abb. Tafel 17, S. 712)

  Cotoneaster bullatus Bois, Blasige Steinmispel: Ph-P, 2-5 m, V, Parkanlagen, Gärten, häufig kultiviert und verwildert, Neophyt

3 Blätter unterseits mit dichtem, dauerhaftem, weisslichem Haarfilz, bei älteren Blättern oft gräulich oder bräunlich werdend **4**

- Blätter unterseits kahl oder zerstreut behaart, zumindest bei älteren Blättern die grüne Blattoberfläche nicht verdeckend. Verwilderte Ziersträucher **7**

4 Blätter dünn und weich, sommergrün, oberseits matt, vorne stumpf. Blätter an den Langtrieben nicht auffallend zweizeilig angeordnet. Wildsträucher **5**

- Blätter dicklich und etwas ledrig, oberseits oft glänzend, sommer- oder immergrün, an Langtrieben auffallend zweizeilig angeordnet. Verwilderte Ziersträucher **6**

5 Blüten zu (1-)2-3 in den Blattachseln, hellrosa, Stiele und Kelch fast kahl →. Blätter unterseits grünfilzig. Früchte rot, kugelig, kahl, mehlig. Anzahl Griffel und Nüsschen (2-)3(-4)

Cotoneaster integerrimus Medik., Kahle Steinmispel: Ph, 1,5 m, IV-V, montan-subalpin (-alpin), trockene Gebüsche, Zwergstrauchheiden, (Juni-nana, Berb), LC

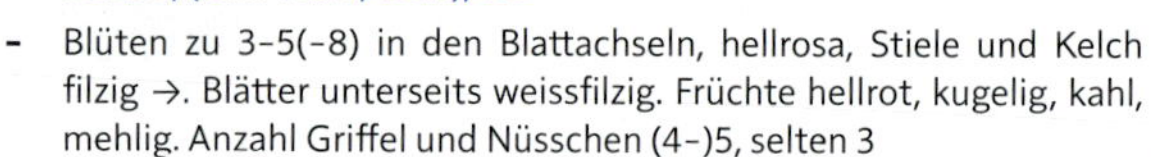

- Blüten zu 3-5(-8) in den Blattachseln, hellrosa, Stiele und Kelch filzig →. Blätter unterseits weissfilzig. Früchte hellrot, kugelig, kahl, mehlig. Anzahl Griffel und Nüsschen (4-)5, selten 3

Cotoneaster tomentosus Lindl., Filzige Steinmispel: Ph, 6 m, V-VII, kollin-montan (-subalpin), trockenwarme, kalkreiche Gebüsche, (Berb), LC

6 Blätter sommergrün, 1-2,5 cm lang, unterseits dicht grünlich bis graufilzig behaart →. Blüten zu 3-7. Reife Früchte kräftig rot bis dunkelrot. Anzahl Griffel und Nüsschen (3-)4(-5)

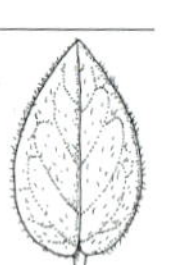

Cotoneaster dielsianus E. Pritz., Diels Zwergmispel: Cp-Ph, 60-200 cm, kollin-montan, Gebüsche, Gartenränder, häufig kultiviert und verwildert, Neophyt

- Blätter wintergrün, (1,5-)2-3 cm lang, unterseits dicht gelb- bis silbrig-filzig behaart →. Blüten zu 5-15. Reife Früchte orangerot. Anzahl Griffel und Nüsschen (2-)3, selten 4

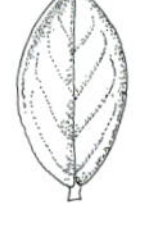

Cotoneaster franchetii Bois, Franchets Zwergmispel: Cp-Ph, 60-200 cm, kollin-montan, Gebüsche, Gartenränder, selten kultiviert und verwildert, Neophyt

7 Blattunterseite nicht blaugrün. Kronblätter rötlich, nach vorne gerichtet, Staubbeutel weiss. Griffel unterhalb der Spitze des Kerns eingesetzt →. Anzahl Griffel und Nüsschen 2-4 **8**

- Blattunterseite blaugrün. Kronblätter zur Blütezeit ausgebreitet, weiss, selten blassrosa. Griffel an der Spitze des Kerns eingesetzt →. Anzahl Griffel und Nüsschen 1-5 **10**

8 Blattrand auffallend gewellt oder verdreht →. Bis 30 cm hoher Zwergstrauch mit bis zu 80 cm langen, wurzelnden, zweizeilig verzweigten Ästchen. Blüten zu 1-2, dunkelrosa bis rot. Blätter dünn, kahl, breit eiförmig, am Ende stumpf, mit aufgesetztem Spitzchen, 8-15 mm lang. Anzahl Griffel und Nüsschen 2

Cotoneaster adpressus Bois, Sparrige Zwergmispel: Cp-Ph, 30-60(-100) cm, kollin, Gebüsche, Gartenränder, selten kultiviert und verwildert, Neophyt

- Blattrand nicht wellig **9**

9 10-60(-100) cm hoher Zwergstrauch. Wuchs ± niederliegend, viele Äste kriechend, andere oft aufgerichtet. Verzweigung auffällig regelmässig 2-zeilig («Fischgrätenmuster»). Blätter nur 5-12 mm lang, sommergrün, lederig, oval-rundlich. Blattrand flach, Blattspitze meist zugespitzt →. Blütenstand mit 1-2 Blüten. Blüten rötlich, Kronblätter zusammenneigend, klein. Anzahl Griffel und Nüsschen (2-)3

Cotoneaster horizontalis Decne., Fächer-Zwergmispel, Korallenstrauch: Cp-Ph, 30-60(-100) cm, V, kollin-montan, Mauern, Felsen, sehr häufig kultiviert und häufig verwildert, Neophyt

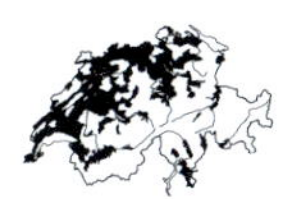

\- 60-200 cm hoher Strauch. Wuchs aufrecht, Kriechäste weitgehend fehlend. Verzweigung nicht regelmässig 2-zeilig. Blätter 10-30 mm lang, spitz →, selten ± stumpf. Blütenstand mit (1-)2(-4) Blüten. Blüten rosa. Anzahl Griffel und Nüsschen (1-)2(-3, selten 4)

Cotoneaster divaricatus Rehder & E. H. Wilson, Spreizende Steinmispel: Cp-Ph, 60-200 cm, V, kollin-montan, Gebüsche, Gartenränder, sehr häufig kultiviert und verwildert, Neophyt

10 Bis 60 cm hoch wachsender Zwergstrauch mit niederliegenden (wurzelnden), bogenförmig aufsteigenden Ästchen. Blätter 10-40 mm lang. Anzahl Griffel und Nüsschen 2-5 **11**

\- Strauch (30-)50-150 cm hoch, mit aufrechten, überhängenden, breit ausladenden, nicht wurzelnden Ästen. Blätter höchstens bis 17 mm lang, mit 2-4, nicht eingetieften Seitennerven. Anzahl Griffel und Nüsschen 2(-3) **12**

11 Bis 20 cm hoher Zwergstrauch mit bis zu 150 cm langen, niederliegenden und wurzelnden Ästchen. Blätter → ausdauernd, ledrig, elliptisch, verkehrt eiförmig, selten fast kreisrund, 15-40 mm lang, mit 5-8 eingetieften Seitennerven. Anzahl Griffel und Nüsschen 5 (selten 4)

Cotoneaster dammeri C. K. Schneid., Teppich-Steinmispel: Cp, 10-30 cm, V-VI, kollin-montan, Parkanlagen, Gartenränder, Mauern, sehr häufig kultiviert und verwildert, Neophyt

\- 40-60 cm hoher Zwergstrauch mit wurzelnden, bogenförmig aufsteigenden Ästchen. Blätter → halbimmergrün, schwach ledrig, elliptisch, 10-23 mm lang. Seitennerven kaum eingetieft. Anzahl Griffel und Nüsschen 2-4

Cotoneaster ×suecicus G. Klotz, Schwedische Steinmispel: 30-60 cm, Waldränder, Pioniergehölze, Neophyt

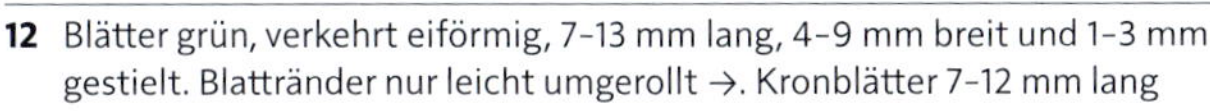

12 Blätter grün, verkehrt eiförmig, 7-13 mm lang, 4-9 mm breit und 1-3 mm gestielt. Blattränder nur leicht umgerollt →. Kronblätter 7-12 mm lang

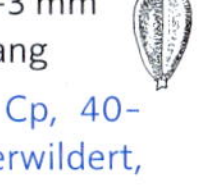

Cotoneaster microphyllus Lindl., Kleinblättrige Zwergmispel: Cp, 40-100 cm, kollin, Gebüsche, Gartenränder, selten kultiviert und verwildert, Neophyt

\- Blätter dunkel- bis schwärzlich grün, verkehrt eiförmig bis lanzettlich, 8-17 mm lang, 3-8 mm breit und 1-5 mm lang gestielt. Blattränder deutlich umgerollt →. Kronblätter 7-15 mm lang

Cotoneaster integrifolius (Roxb.) G. Klotz, Ganzrandige Zwergmispel: Cp, 40-100 cm, kollin, Gebüsche, Gartenränder, selten kultiviert und verwildert, kultivierter Neophyt

Crataegus Weissdorn

Für die Kelch- bzw. Fruchtmerkmale sind stets mehrere Blüten bzw. Früchte zu untersuchen. Die angegebenen Blattmerkmale beziehen sich stets auf Blätter der Kurztriebe.

1 Fast alle Blüten und jungen Früchte mit 2(-3) Griffeln →. Früchte mit 2(-3) Steinkernen (stets mehrere Blüten bzw. Früchte untersuchen!). Blätter beidseitig grün, nur seicht gelappt, typischerweise mit 3 vorgestreckten Lappen. Kelchblätter breit dreieckig (Abb. Tafel 17, S. 712)

Crataegus laevigata (Poir.) DC., Zweigriffeliger Weissdorn: Ph-P, 4 m, IV–V, kollin-montan, Waldränder, Gebüsche, Hecken, (Prun-Rubi, Fagetalia), LC. Wenn Früchte zu ähnlichen Teilen 1- oder 2-griffelig sind, handelt es sich um Hybriden zwischen *C. laevigata* und *C. monogyna*

- Blüten und junge Früchte mit 1 Griffel. Früchte mit 1 Steinkern. Blätter unterseits deutlich heller, tief 3- bis 5- (7-)lappig

Crataegus monogyna aggr.: LC

a Kelchblätter breit dreieckig, stumpflich, weniger als 2x so lang wie breit →. Blattlappen ganzrandig, nur an der Spitze mit Zähnen. Nebenblätter wenig gezähnt, Zähne stets ohne Drüsen (Abb. Tafel 17, S. 712)

Crataegus monogyna Jacq., Eingriffeliger Weissdorn: Ph-P, 4 m, V–VI, kollin-montan, mässig trockene Gebüsche, Waldränder, Hecken, (Berb, Prun-Rubi, Fagetalia), LC

- Kelchblätter schmal dreieckig bis pfriemlich, spitz, 2-3x so lang wie breit. Nebenblätter stark gezähnt, die Zähne oft mit einer Drüse (Blätter der Blühtriebe beachten!) **b**

b Kelchblätter an der Frucht zurückgebogen →. Frucht kräftig rot bis dunkelrot (Abb. Tafel 17, S. 712)

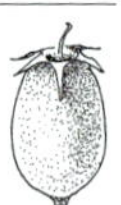

Crataegus rhipidophylla Gand., *(C. ×subsphaerica)*, Grosskelchiger Weissdorn: Ph-P, 5 m, V–VI, kollin-montan, trockenwarme Laubwälder, (Carp), DD

- Kelchblätter an der Frucht nach oben gerichtet oder zusammenneigend → (auch bereits bei unreifen Früchten!). Frucht hell- bis ziegelrot

Crataegus lindmanii Hrabětová, *(C. rosiformis)*, Lindmans Weissdorn: Ph-P, V–VI, trockenwarme Laubwälder, (Carp), DD

Cydonia Quitte

- Blätter oval, ganzrandig, mit kleiner Spitze, oberseits zuletzt kahl, unterseits graufilzig. Kronblätter blassrosa oder weiss mit roten Nerven. Staubbeutel gelb, Staubfäden violett. Frucht meist birnenförmig, gelb, dicht flaumig

Cydonia oblonga Mill., Quittenbaum: P, 5 m, V, kollin-montan, trockenwarme Gebüsche, Pioniergehölze, (Berb), kultiviert und selten verwildert, kultivierter Neophyt

Dryas Silberwurz

- Pflanze Teppiche bildend. Blätter gestielt, 1-2,5 cm lang, grob und abgerundet gezähnt, unterseits weissfilzig →. Blüten weiss, 2-4 cm breit, mit meist 8-9 Kronblättern. Griffel zur Fruchtzeit federig behaart, einen Schopf bildend

Dryas octopetala L., Silberwurz: Cp, 50 cm, VI-VII, subalpin-alpin, trockene Gebirgsrasen, Grate, Felsrasen, (Drab-Sesl, Elyn, Cari-firm), LC

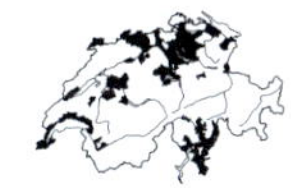

Duchesnea Scheinerdbeere

- Stängel niederliegend, lang kriechend, an den Knoten wurzelnd. Blätter 3-zählig, Teilblätter gestielt. Blüten einzeln, Krone gelb. Aussenkelchblätter ca. 1 cm lang, 3-zähnig. Frucht kugelig, rot, fleischig

Duchesnea indica (Andrews) Focke, *(Potentilla indica)*, Scheinerdbeere: H, 50 cm, IV-VII, kollin, warme, nährstoffreiche Krautsäume, eher feuchte Pionierfluren, (Aego), kultiviert und verwildert, Neophyt

Eriobotrya Japanmispel

- Blätter winterhart, 10-20 cm lang, lanzettlich, lederig, oberseits dunkelgrün glänzend, runzelig, unterseits rötlich filzig, gesägt. Blüten weiss, in Rispen. Früchte gelb, pflaumengross (Abb. Tafel 17, S. 712)

Eriobotrya japonica (Thunb.) Lindl., Japanische Wollmispel: Ph-P, V-VI, trockenwarme Laubmischwälder, (Tili-plat), kultiviert und selten verwildert, Neophyt

Filipendula Geissbart

1 Grundblatt mit 2-6 grossen Fiederpaaren, unterbrochen gefiedert. Fiederblatt 3-8 cm lang, Endteilblatt gross, 3- bis 5-lappig

Filipendula ulmaria (L.) Maxim., Moor-Geissbart: H, 0,5-2 m, VI-VIII, kollin-subalpin, feuchte Staudenfluren, Nasswiesen, Bachufer, (Fili, Calt), LC. Der taxonomische Wert der Färbung der Blattunterseite ist umstritten

- Grundblatt mit 10-40 Fiederpaaren, unterbrochen gefiedert. Fiederblatt nur 1-2 cm lang, Endblatt kaum grösser als die grösseren Seitenfiedern

Filipendula vulgaris Moench, Knolliger Geissbart: H, 30-80 cm, V-VII, kollin-montan, magere, kalkreiche Trockenrasen, Krautsäume, (Meso, Cirs-Brac, Gera-sang), VU

Fragaria Erdbeere

Die im folgenden «Früchte» genannten Pflanzenteile sind eigentlich Fruchtstände, entstanden aus der fleischigen Ausdehnung des Fruchtbodens.

1 Die meisten Pflanzen mit mehr als 5 Kelch- und 5 Aussenkelchblättern. Krone 2,5-4 cm breit. Blätter lederig, oberseits fast kahl. Verwilderte Nutzpflanze

Fragaria ×ananassa (Weston) Rozier, Garten-Erdbeere: H, 20-40 cm, IV-VII, kollin (-montan), Gärten, Äcker, (Fuma-Euph), angepflanzt und selten verwildert, kultivierter Neophyt

- Kelch- und Aussenkelchblätter stets 5. Krone 1-2,5 cm breit. Blätter krautig, oberseits behaart **2**

2 Kelchblätter nach der Blüte deutlich nach vorne neigend, zur Fruchtzeit der Erdbeere anliegend →. Blüten zwittrig, Krone gelblich weiss. Seitliche Blütenstiele mit abstehenden bis vorwärtsgerichteten Haaren. Erdbeere am Grund weisslich, schwer vom Kelch zu lösen

Fragaria viridis Duchesne, Hügel-Erdbeere: H, 5-15 cm, V, kollin-montan, trockenwarme, kalkreiche Krautsäume, Eichenwälder, (Gera-sang, Quer-pube), NT

- Kelchblätter nach der Blüte abstehend oder zurückgeschlagen, zur Fruchtzeit zurückgeschlagen. Erdbeere kräftig rot (bei *F. moschata* oft verkümmert) und leicht vom Kelch zu lösen. Krone reinweiss **3**

3 Vorderster Teil der Ausläufer, Blattunterseite und (fast) alle seitlichen Blütenstiele mit anliegenden Haaren. Blütenstand wenigblütig (meist 1-5 Blüten). Blüten klein, 14-19 mm breit, nacheinander blühend. Blüten stets zwittrig. Frucht (Erdbeere) selten verkümmert

Fragaria vesca L., Wald-Erdbeere: H, 5-20 cm, IV-VI, kollin-subalpin, Laubwälder, Waldränder, Krautsäume, (Fagetalia, Quer-pube, Trif-medi, Atro), LC

- Vorderster Teil der Ausläufer und Blattunterseite mit abstehenden Haaren. Seitliche Blütenstiele mit abstehenden bis rückwärtsgerichteten Haaren. Blütenstand scheindoldig, meist vielblütig (8-15 Blüten). Blüten gross, 19-28 mm breit, ± miteinander blühend. Blüten ± eingeschlechtig, Pflanze zweihäusig. Frucht (Erdbeere) oft verkümmert

Fragaria moschata Duchesne, Moschus-Erdbeere: H, 20-40 cm, V-VI, kollin (-montan), wärmeliebende, wechselfeuchte Laubmischwälder, Auenwälder, Krautsäume, (Carp, Alni-inca, Trif-medi), VU

Geum Nelkenwurz

1 Stängel einblütig. Blüte 2-4 cm breit **2**

- Stängel mehrblütig. Blüte 1-2,5 cm breit **3**

2 Pflanze mit langen, oberirdischen Ausläufern. Endlappen des Laubblattes nicht auffallend grösser. Blüten gelb, Durchmesser 3-5 cm, Kronblätter 6-8. Die zahlreichen Griffel federig behaart, zur Fruchtzeit bis 3 cm lang, einen gedrehten Schopf bildend

Geum reptans L., Kriechende Nelkenwurz: H, 5-20 cm, VII-VIII, alpin, kalkarme Schuttfluren, (Andr-alpi), LC

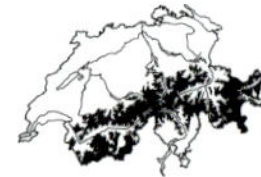

- Pflanze ohne Ausläufer. Endlappen des Laubblattes viel grösser als die übrigen Abschnitte. Blüte gelb, mit 5-6 Kronblättern, mit zahlreichen, federig behaarten Griffeln, zur Fruchtzeit bis 3 cm lang, einen Schopf bildend

  Geum montanum L., Berg-Nelkenwurz: H, 10-40 cm, V-VIII, (montan-) subalpin-alpin, kalkarme Gebirgsrasen, Zwergstrauchheiden, (Nard, Fest-vari), LC

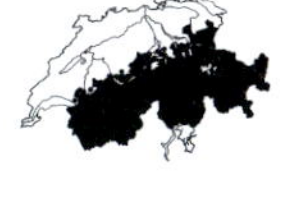

3 Blüten aufrecht, gelb, Durchmesser 1-2 cm. Fruchtköpfchen über dem Kelch ungestielt. Grundblätter unterbrochen gefiedert, mit grossem, meist 3-teiligem und grob gezähntem Endteilblatt

  Geum urbanum L., Echte Nelkenwurz: H, 25-90 cm, V-VIII, kollin-montan (-subalpin), nährstoffreiche Krautsäume, Laubmischwälder, (Aego, Fagetalia), LC

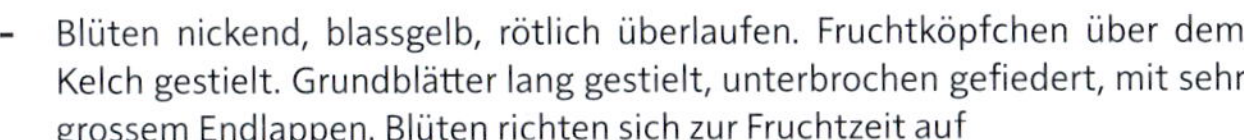

- Blüten nickend, blassgelb, rötlich überlaufen. Fruchtköpfchen über dem Kelch gestielt. Grundblätter lang gestielt, unterbrochen gefiedert, mit sehr grossem Endlappen. Blüten richten sich zur Fruchtzeit auf

  Geum rivale L., Bach-Nelkenwurz: H, 30-60 cm, IV-VII, kollin-subalpin (-alpin), Nasswiesen, feuchte Hochstaudenfluren, Auenwälder, (Calt, Aden, Alni-inca), LC

Kerria Goldröschen

- Sommergrüner Strauch mit langen, rutenförmigen Ästen. Blätter eiförmig, lang zugespitzt, scharf gesägt, oberseits kahl, unterseits behaart. Blüten gross, einzeln an Kurztrieben. Krone gelb, 3-5 cm breit, Wildform 5-zählig, Gartenform oft gefüllt (Abb. Tafel 17, S. 712)

  Kerria japonica (L.) DC., Japanisches Goldröschen: Gartenränder, Pioniergehölze, Waldränder, kultivierter Neophyt

Malus Apfelbaum

1 Zweige dornig. Blätter zuletzt kahl, breit oval oder eiförmig, fein gezähnt, oberseits mit eingesenkten, unterseits mit vorstehenden Hauptnerven, Blattstiel fast so lang wie die Spreite. Kelch in der oberen Hälfte kahl. Frucht (Apfel) nur 2-3 cm im Durchmesser (Abb. Tafel 17, S. 712)

  Malus sylvestris (L.) Mill., Holz-Apfelbaum: P, 10 m, V, kollin-montan, warme, sonnige Gebüsche, Waldränder, Auenwälder, (Berb, Prun-Rubi, Alni-inca), NT

- Zweige ohne Dornen. Blätter unterseits behaart, breit oval, fein gezähnt, mit filzigem oder rauhaarigem Stiel, dieser nur ½-⅓ so lang wie die Spreite, Kelch dicht filzig. Frucht > 5 cm im Durchmesser (Abb. Tafel 17, S. 712)

  Malus pumila Mill., Kultur-Apfelbaum: P, V, kollin-montan, Gebüsche, (Prun-Rubi), kultiviert und selten verwildert, Neophyt

Tafel 18

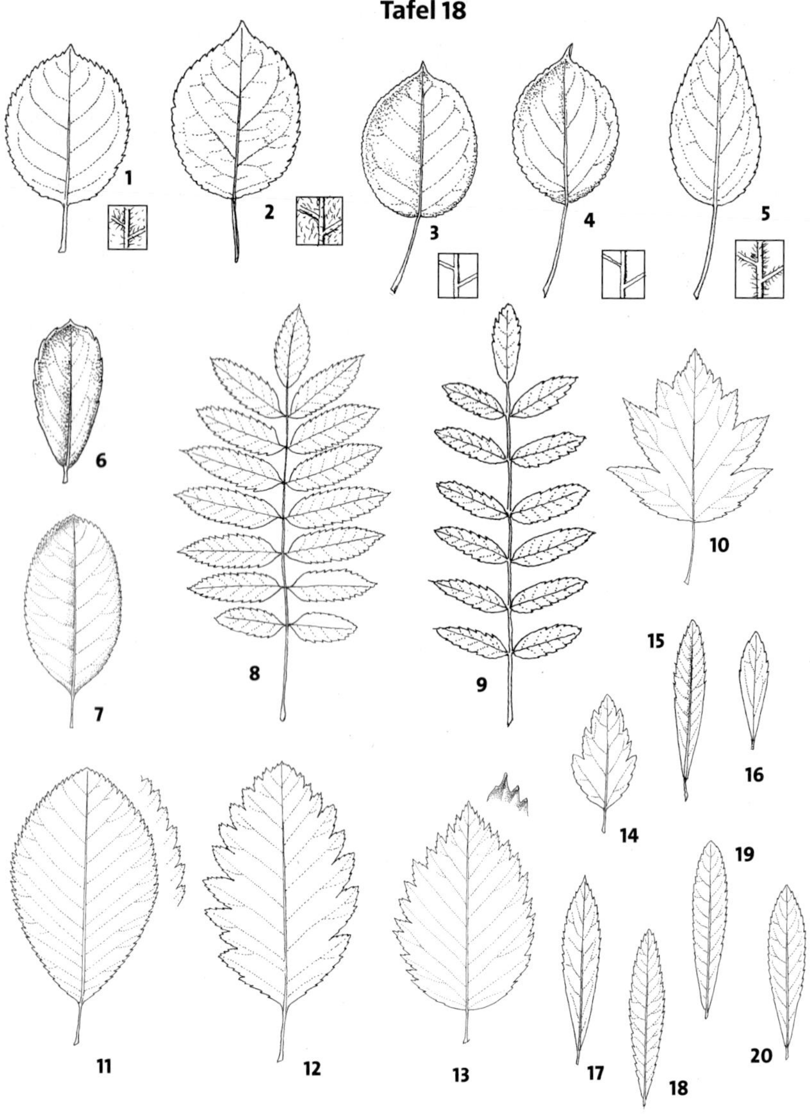

Rosaceae. Blatt (mit Ausschnitt Blattunterseite): 1. *Malus sylvestris*, 2. *M. pumila*, 3. *Pyrus communis*, 4. *P. pyraster*, 5. *P. nivalis*
Blatt: 6. *Pyracantha coccinea*, 7. *Sorbus chamaemespilus*, 8. *S. aucuparia*, 9. *S. domestica*, 10. *S. torminalis*, 11. *S. aria* (mit tiefer eingeschnittener Form), 12. *S. mougeotii*, 13. *S. latifolia* (mit drüsigen Blattzähnen), 14. *Spiraea chamaedryfolia*, 15. *S. japonica*, 16. *S. ×arguta*, 17. *S. alba*, 18. *S. salicifolia*, 19. *S. ×pseudosalicifolia*, 20. *S. ×billardii*

Mespilus Mispel

- Kulturform dornenlos, Wildform dornig. Blätter breit lanzettlich, bis 15 cm lang, unterseits filzig behaart. Kronblätter weiss, bis 1,5 cm lang. Griffel 5. Kelchblätter dicht filzig, auffallend lang. Frucht braun, behaart, mit laubigem Kelch (Abb. Tafel 17, S. 712)

  Mespilus germanica L., Echte Mispel: P, 6 m, V-VI, kollin, trockenwarme, lichte Wälder, felsige Gebüsche, (Orno-Ostr, Berb), Archäophyt, VU

Physocarpus Blasenspiere

- Rinde in langen Steifen abblätternd. Blätter 3-lappig bis 3-teilig, 1-5 cm lang gestielt, Spreite 3-10 cm lang. Blütenstände halbkugelig, doldig. Die 3-5 Fruchtknoten halb verwachsen, reif aufgeblasen →, rötlich (Abb. Tafel 17, S. 712)

  Physocarpus opulifolius (L.) Maxim., Blasenspiere: Ph, 3 m, V-VI, Auenwälder, (Alni-inca), kultiviert und verwildert, Neophyt

Potentilla Fingerkraut

1 Pflanze ein sparrig verzweigter, behaarter Strauch. Blätter gefiedert, mit 3-7 ganzrandigen Teilblättchen. Teilfrüchte behaart (Abb. Tafel 17, S. 712)

Potentilla fruticosa L., *(Dasiphora fruticosa)*, Strauch-Fingerkraut: Ph, 1,5 m, VI-IX, Gartenränder, Gebüsche, Neophyt

\- Pflanze krautig, Teilblättchen ganzrandig oder gezähnt. Teilfrüchte kahl **2**

2 Grundständige Blätter gefiedert **3**

\- Grundständige Blätter handförmig 3- bis 7- (9-)teilig **8**

3 Kronblätter rotbraun oder weiss **4**

\- Kronblätter gelb **5**

4 Kronblätter rotbraun, bleibend. Grundachse kriechend, Stängel bogig aufsteigend. Blätter gestielt, mit 5-7 Teilblättern, diese länglich, scharf gesägt, unterseits bläulich grün

Potentilla palustris (L.) Scop., Blutauge: G, 30-70 cm, V-VII, kollin-subalpin, Torfmoore, Gräben, Ufer, (Cari-lasi), NT

\- Kronblätter weiss. Stängel aufrecht, meist rötlich. Grundblätter mit 2-4 entfernten, nach unten kleiner werdenden Fiederpaaren, beidseits grün

Potentilla rupestris L., *(Drymocallis rupestris)*, Felsen-Fingerkraut: H, 20-60 cm, V-VII, kollin-montan (-subalpin), trockenwarme, kalkarme Krautsäume, Wegränder, Pionierfluren, (Gera-sang, Sedo-Scle), NT

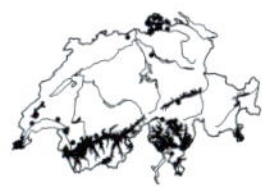

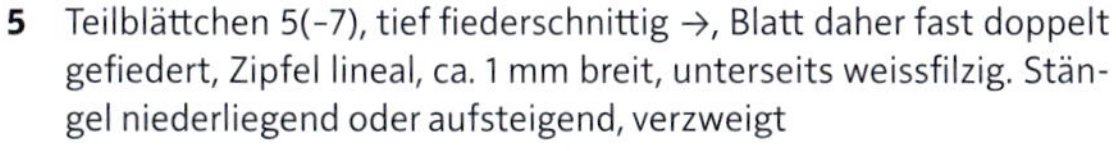

5 Teilblättchen 5(-7), tief fiederschnittig →, Blatt daher fast doppelt gefiedert, Zipfel lineal, ca. 1 mm breit, unterseits weissfilzig. Stängel niederliegend oder aufsteigend, verzweigt

Potentilla multifida L., Vielteiliges Fingerkraut: H, 5-15(-25) cm, VII-VIII, alpin, pionierhafte, nährstoffreiche Bergweiden, Läger, Schuttfluren, (Rumi-alpi, Thla-rotu), VU

\- Teilblättchen mindestens 7, ± tief gesägt **6**

6 Stängel kräftig, aufrecht, 30–80 cm hoch, meist abstehend behaart. Blätter mit 2–7 Fiederpaaren. Teilblätter länglich oval, 1–3 cm lang

Potentilla pensylvanica L., Pennsylvanisches Fingerkraut: 15–80 cm

- Stängel niederliegend **7**

7 Blatt unterbrochen gefiedert, mit kleinen Zwischenfiedern, mit 6–10 Fiederpaaren, Teilblätter länglich, tief gesägt, unterseits seidenhaarig-filzig. Stängel ausläuferartig, an den Knoten wurzelnd

Potentilla anserina L., Gänse-Fingerkraut: H, 15–50 cm, V–IX, kollin-montan (-subalpin), nährstoffreiche, oft wechselfeuchte Trittfluren, (Agro-Rumi, Poly-avic), LC

- Blatt ohne Zwischenfiedern, mit 3–5 Fiederpaaren →. Stängel niederliegend-aufsteigend, an den Knoten nicht wurzelnd

Potentilla supina L., Niederliegendes Fingerkraut: H.ha-T, 10–50 cm, VI–IX, kollin-montan, feuchte, nährstoffreiche Pionierfluren, Wegränder, Ufer, (Bide), VU

8 Kronblätter weiss bis rosa. Früchtchen trocken, zumindest am Grund behaart **9**

- Kronblätter gelb. Früchtchen kahl oder beerenartig **13**

9 Grundständige Blätter 5-zählig **10**

- Grundständige Blätter 3-zählig **11**

10 Blätter unterseits seidenhaarig, silberglänzend. Blütenstand locker. Krone viel grösser als Kelch. Staubfäden kahl. Grundachse kriechend, Stängel aufsteigend, meist kürzer als die bis 20 cm lang gestielten Grundblätter

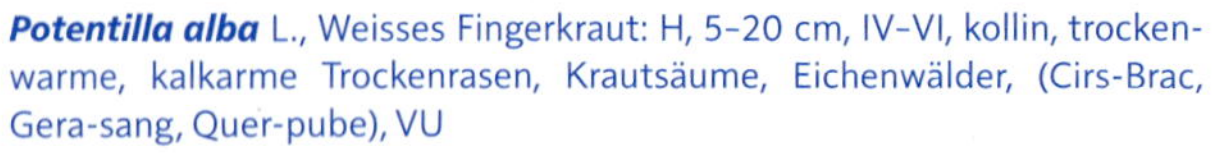

Potentilla alba L., Weisses Fingerkraut: H, 5–20 cm, IV–VI, kollin, trockenwarme, kalkarme Trockenrasen, Krautsäume, Eichenwälder, (Cirs-Brac, Gera-sang, Quer-pube), VU

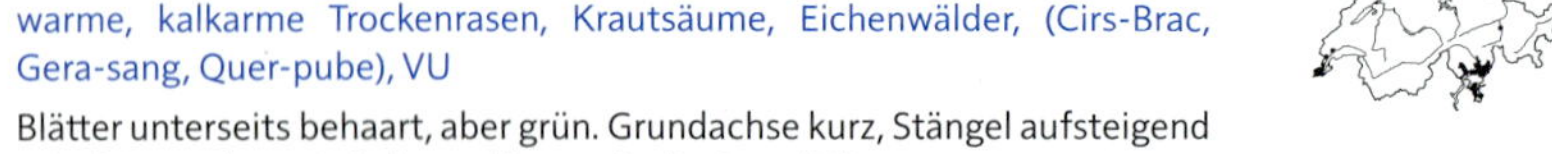

- Blätter unterseits behaart, aber grün. Grundachse kurz, Stängel aufsteigend oder hängend, zottig behaart, länger als die Grundblätter

Potentilla caulescens L., Vielstängeliges Fingerkraut: H, 10–30 cm, VII–VIII, kollin-subalpin (-alpin), kalkreiche Felsen, (Pote), LC

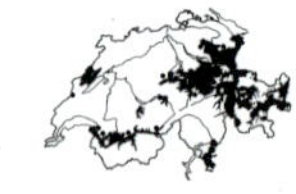

11 Pflanze drüsig behaart. Blütenstand dicht. Kronblatt schmal. Grundblätter 3-zählig, lang gestielt, Teilblätter 2–4 cm lang, vorne jederseits mit 4–7 spitzen Zähnen, unterseits graugrün

Potentilla grammopetala Moretti, Schmalkronblättriges Fingerkraut: H, 10–30 cm, VII, subalpin, sonnige, kalkarme Felsen, NT

- Pflanze nicht drüsig **12**

12 Kelchinnenseite grün. Kronblätter länger als die Kelchblätter. Pflanze mit Ausläufern. Blättchen jederseits mit 4–6 stumpfen Zähnen →. Staubfäden kahl

Potentilla sterilis (L.) Garcke, Erdbeer-Fingerkraut: H, 5–12 cm, III–V, kollin (-subalpin), Wälder, Waldränder, Krautsäume, Wegränder, (Carp, Prun-Rubi, Trif-medi), LC

- Kelchinnenseite rot. Kronblätter nicht länger als die Kelchblätter. Pflanze ohne Ausläufer. Blättchen jederseits mit 7-11 spitzen Zähnen →. Staubfäden unten bewimpert

Potentilla micrantha DC., Kleinblütiges Fingerkraut: H, 5-15 cm, III-V, kollin-montan, trockenwarme Laubwälder, Krautsäume, Mauern, (Quer-pube, Carp), LC

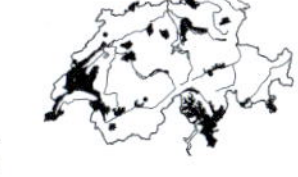

13 Blüte mit 4 Kronblättern (selten einzelne 5-zählig) **14**

- Blüte mit 5 Kronblättern **15**

14 Blätter 3-zählig. Alle Stängelblätter ± sitzend, grösser als die Grundblätter, scheinbar 5-zählig (3-zählig mit 2 grossen Nebenblättern)

Potentilla erecta (L.) Raeusch., Blutwurz: H, 15-60 cm, VI-IX, kollin-subalpin (-alpin), magere, oft wechselfeuchte Wiesen und Weiden, Moore, (Nard, Meso, Moli, Cari-fusc), LC

- Blätter 3- bis 7-zählig. Untere Blätter deutlich gestielt. Blüten zu ca. 75 % 4-zählig, zu ca. 25 % 5-zählig

Potentilla anglica Laichard., Englisches Fingerkraut: H, VI-IX, kollin, Wälder, Gräben, Sumpfwiesen, DD

15 Blätter 3-zählig (selten einzelne 5-zählig) **16**

- Blätter 5- bis 7- (9-)zählig (selten einzelne Blätter nur 3-zählig) **20**

16 Stängel lang, aufrecht, über (15-)20 cm hoch, höchstens an der Basis kurz gebogen **17**

- Stängel kurz, bogig aufsteigend, nur 2-15 cm hoch **18**

17 Blüten klein, bis 1,5 cm breit. Kronblätter höchstens so lang wie die Kelchblätter

Potentilla norvegica L., Norweger Fingerkraut: H.ha-T, 20-60 cm, VI-VII, kollin, wechselfeuchte Wegränder, Trittfluren, Schuttplätze, (Sisy, Agro-Rumi), Neophyt

- Blüten gross, 2-3 cm breit. Kronblätter fast 2x so lang wie die Kelchblätter

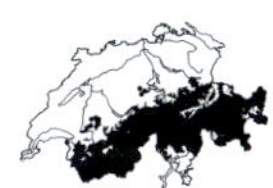

Potentilla grandiflora L., Grossblütiges Fingerkraut: H, 10-30 cm, VII-VIII, subalpin-alpin, magere, kalkarme Bergwiesen und -weiden, Zwergstrauchheiden, (Fest-vari, Juni-nana), LC

18 Grundblätter unterseits dicht weissfilzig, lang gestielt, mit verkehrt eiförmigen bis rundlichen, 2-3 cm langen Teilblättchen, jederseits mit 3-8 grossen, stumpfen Zähnen →

Potentilla nivea L., Schneeweisses Fingerkraut: H, 5-10(-20) cm, VII-VIII, subalpin-alpin, sonnige, kalkreiche Gratrasen, (Elyn), VU

- Blätter beiderseits grün **19**

19 Pflanze seidig-zottig behaart, zwischen den Haaren mit gelblichen Drüsen. Blätter beiderseits behaart →, bis 2 cm lang gestielt, Teilblätter verkehrt eiförmig, bis ca. 1 cm lang, mit 7-9 spitzen Zähnen

Potentilla frigida Vill., Gletscher-Fingerkraut: H, 2-10 cm, VII-VIII, alpin, kalkarme, steinige Gebirgsrasen, Grate, (Cari-curv), LC

- Pflanze fast kahl, Drüsenhaare fehlend. Blätter oberseits fast kahl →, bis 2 cm lang gestielt, Teilblättchen oval, 0,5–1 cm lang, beiderseits grün, mit 5–7 Zähnen

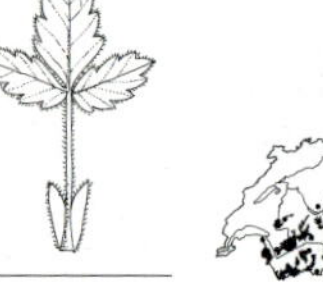

Potentilla brauneana Hoppe, Zwerg-Fingerkraut: H, 2–4 cm, VII–VIII, (subalpin-) alpin, feuchte, humusreiche Schuttfluren, Schneetälchen, Bergweiden, (Arab-caer, Poio-alpi), LC

20 Stängel bis über 1 m lang kriechend und sich an den Knoten bewurzelnd. Blätter lang gestielt, 5-zählig fingerförmig. Blüten lang gestielt, 15–25 mm breit

Potentilla reptans L., Kriechendes Fingerkraut: H, 1 m, VI–VIII, kollin-montan (-subalpin), nährstoffreiche, oft wechselfeuchte Wegränder, Trittfluren, Schuttplätze, (Agro-Rumi, Poly-avic), LC

- Stängel aufrecht oder niederliegend-aufsteigend, aber nicht ausläuferartig **21**

21 Ein zentraler, aufrechter oder aufsteigender, reichblütiger Stängel **22**

- Blühende Stängel seitlich in den Blattwinkeln einer Rosette entspringend **26**

22 Kronblätter nur 4–5 mm lang, meist kürzer als der Kelch. Stängel grün, flaumhaarig, von unten an verzweigt. Die meisten Grund- und Stängelblätter 5-zählig. Blütenstand 12- bis 30-blütig, Blüten hellgelb

Potentilla intermedia L., Mittleres Fingerkraut: H.ha-T, 20–50 cm, VI–VII, kollin, trockenwarme, kalkreiche Wegränder, Schuttplätze, (Onop), Neophyt

- Kronblätter 6–14 mm lang **23**

23 Blätter beiderseits grün. Stängel kräftig, grün, steif aufrecht, mit langen, abstehenden Haaren. Unterste Blätter 7-zählig, Teilblätter 3–7 cm lang. Blütenstand doldenrispig. Blüten hellgelb, 2–2,5 cm breit

Potentilla recta L., Hohes Fingerkraut: H, 30–70 cm, VI–VII, kollin (-montan), ruderale Trockenrasen, Pionierfluren, Wegränder, (Dauc-Meli, Conv-Agro), LC

- Blätter unterseits weiss- oder graufilzig. Blüten 1–1,5 cm breit **24**

24 Blätter unten graufilzig (Haare verdecken die grüne Blattoberfläche nicht vollständig), oben hellgrün («schwacher Kontrast» zwischen Blattober- und -unterseite). Ränder der Teilblättchen nicht umgerollt. Stängel kräftig, flaumig behaart. Blüten gelb oder blassgelb

Potentilla inclinata Vill., Graues Fingerkraut: H, 60 cm, V–VI, kollin, trockenwarme, eher kalkarme Pionierfluren, Trockenrasen, Mauern, (Sedo-Vero, Cirs-Brac), EN

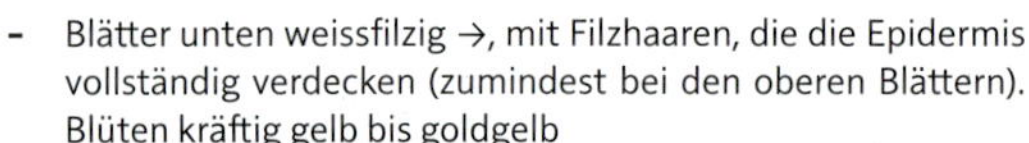

- Blätter unten weissfilzig →, mit Filzhaaren, die die Epidermis vollständig verdecken (zumindest bei den oberen Blättern). Blüten kräftig gelb bis goldgelb **25**

25 Blätter unterseits weissfilzig, oberseits dunkelgrün und meist glänzend («starker Kontrast» zwischen Blattober- und -unterseite). Pflanze niederliegend bis aufsteigend, selten über 30 cm hoch. Kronblätter klein (4–5 mm), voneinander abgesetzt und daher Kelch gut sichtbar. Junge Fruchtblättchen zur Blütezeit meist mit zitronengelber Spitze. Blütenstand eher kompakt und durch kurze Blütenstiele im Umriss fast kugelig

Potentilla argentea L., Silber-Fingerkraut: H, 10–40 cm, V–VIII, kollin-subalpin, trockenwarme, eher kalkarme Pionierfluren, Trockenrasen, (Sedo-Vero, Sedo-Scle), LC. Sexuelle, diploide Art, mit gut ausgebildeten, fruchtbaren Pollen

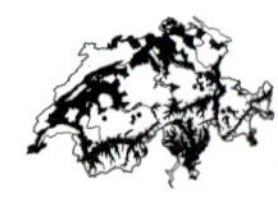

- Blätter unterseits weissfilzig, bei der typischen Form oberseits graufilzig bis weisslich, gegen Ende der Vegetationsperiode (oder bei atypischen Formen) auch fast dunkelgrün. Pflanze aufrecht, bis 50 cm hoch. Kronblätter gross (5-7 mm), sich fast berührend. Junge Fruchtblättchen zur Blütezeit meist mit gelboranger Spitze. Blütenstand durch verlängerte Blütenstiele traubig

  Potentilla neglecta Baumg., Graues Silber-Fingerkraut: H, 10-60 cm, V-IX, kollin-subalpin, trockenwarme, eher kalkarme Pionierfluren, Trockenrasen, (Sedo-Vero, Sedo-Scle). Apomiktische, hexaploide Art, mit missgebildeten, meist sterilen Pollen

---

26 Stängel an der Basis von abgestorbenen Nebenblattresten dicht bedeckt. Pflanze mittlerer bis höherer Lagen **27**

- Stängel an der Basis nur mit wenigen abgestorbenen Nebenblattresten. Pflanze tiefer bis mittlerer Lagen **28**

---

27 Pflanze anliegend behaart. Rand der Teilblätter silberglänzend seidenhaarig →. Blüten goldgelb, 1,5-2,5 cm breit, Kronblätter ausgerandet, am Grund oft mit dunkelgelbem Fleck

Potentilla aurea L., Gold-Fingerkraut: H, 5-20 cm, VI-VIII, (montan-) subalpin-alpin, magere, kalkarme Gebirgsrasen, Zwergstrauchheiden, (Nard, Fest-vari, Cari-curv, Juni-nana), LC

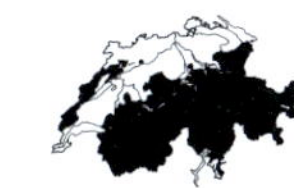

- Pflanze abstehend behaart →. Rand der Teilblätter nicht silberglänzend seidenhaarig. Nebenblätter der grundständigen Blätter eiförmig oder breit lanzettlich. Blüten goldgelb, ca. 1,5 cm breit, Kronblätter ausgerandet, am Grund seltener mit dunklerem Fleck

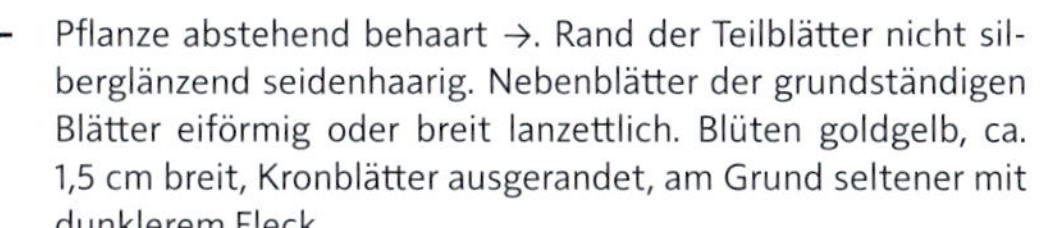

  Potentilla crantzii (Crantz) Fritsch, Crantz' Fingerkraut: H, 10-30 cm, VI-VIII, (montan-) subalpin-alpin, steinige, kalkreiche Gebirgsrasen, Bergweiden, Felsrasen, (Sesl, Elyn, Drab-Sesl), LC

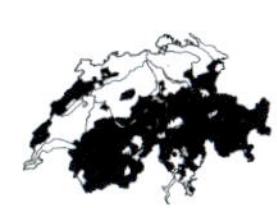

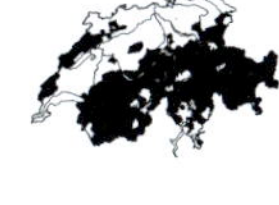

---

28 Die meisten Grundblätter (6-) 7- bis 9-zählig, Teilblättchen fast ringsum gezähnt, lang abstehend behaart. Stängel oft rötlich verfärbt **29**

- Alle Grundblätter 5-zählig (einzelne selten bis 7-zählig), Teilblättchen meist nur im oberen Teil gezähnt **30**

---

29 Pflanze 5-25 cm hoch, ausgebreitet-aufsteigend. Blütenstand niederliegend-aufsteigend, kaum über die Blattrosette aufragend. Grundblätter meist 7-zählig, Teilblätter spatelförmig →, jederseits mit 2-4(-6) stumpfen Zähnen, mit rötlichen Blattstielen

  Potentilla heptaphylla L., Siebenblättriges Fingerkraut: H, 5-10 cm, IV-V, kollin (-montan), sonnige, kalkreiche Trockenrasen, Krautsäume, Föhrenwälder, (Cirs-Brac, Dipl, Eric-PiSy), VU

- Pflanze 10-40 cm hoch, aufrecht gabelästig. Blütentriebe bogig-aufrecht, gabelig verzweigt, deutlich über die Blattrosette aufsteigend. Grundständige Blätter 7- bis 9-zählig, Teilblätter verkehrt eiförmig, jederseits mit 7-10 vorgestreckten Zähnen →

  Potentilla thuringiaca Link, Thüringer Fingerkraut: H, 10-40 cm, VI, kollin-montan (-subalpin), trockenwarme, nährstoffreiche Krautsäume, (Gera-sang), NT

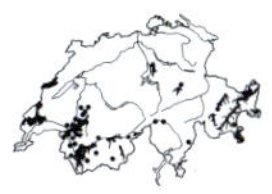

30 Blätter ober- oder unterseits zumindest zum Blattende hin mit wenigen bis vielen Büschelhaaren («Sternhaare», oft an der Basis eines kräftigeren Mittelhaares, starke Lupe verwenden!) **31**

- Blatt ohne Büschelhaare **33**

31 Büschelhaare locker bis sehr vereinzelt stehend, zum Blattrand hin etwas dichter, mit 2–12 Strahlen →. Stängel niederliegend-aufsteigend, grau. Blattstiele auch mit Büschelhaaren. Grundblätter 5- (7-)zählig gefingert. Teilblätter schmal, jederseits mit 4–8 stumpfen Zähnen, oberseits fast kahl

Potentilla pusilla Host, Grauflaumiges Fingerkraut: Ch, 5–15 cm, IV–V, kollin-subalpin, sonnige Steppenrasen, (Stip-Poio, Cirs-Brac), LC

- Pflanze durch Sternhaare dicht graufilzig. Büschelhaare dicht stehend, die einzelnen Büschelchen mit 10–30 Strahlen. Dazwischen mit 1–2,5 mm langen Striegelhaaren → **32**

32 Mittleres Teilblättchen mit 7–11 Zähnen. Aussenkelchblätter lanzettlich. Östliche Sippe (Ostschweiz). Zwischen den Sternhaaren höchstens 1 mm lange, ± gerade Haare

Potentilla incana G. Gaertn. & al., Sand-Fingerkraut: Ch, 3–10 cm, IV–V, kollin, trockene Hügel und Felsen, CR

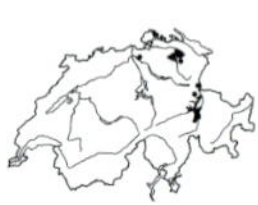

- Mittleres Teilblättchen mit 11–15 Zähnen. Aussenkelchblätter elliptisch. Westliche Sippe (Westschweiz). Zwischen den Sternhaaren 2–2,5 mm lange, ± gerade Haare

Potentilla cinerea Vill., Aschgraues Fingerkraut: Ch, 3–10 cm, IV, kollin, sonnige, kalkreiche Trockenrasen, Felsensteppen, (Stip-Poio, Cirs-Brac), VU

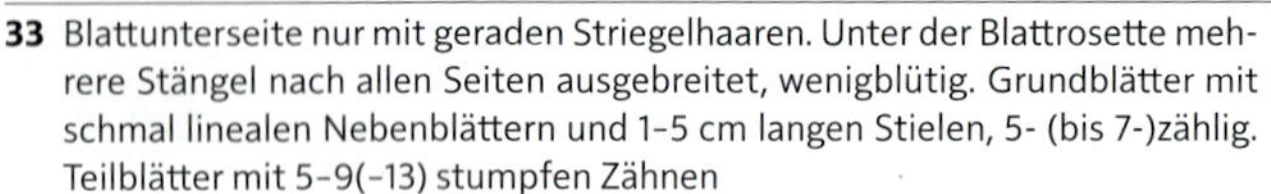

33 Blattunterseite nur mit geraden Striegelhaaren. Unter der Blattrosette mehrere Stängel nach allen Seiten ausgebreitet, wenigblütig. Grundblätter mit schmal linealen Nebenblättern und 1–5 cm langen Stielen, 5- (bis 7-)zählig. Teilblätter mit 5–9(–13) stumpfen Zähnen

Potentilla verna L., *(Potentilla neumanniana)*, Frühlings-Fingerkraut: 5–30 cm, IV–V, kollin (-montan), Trockenwiesen, Wegränder, Mauern, LC

- Blattunterseite zwischen den Striegelhaaren mit feinen, ± dicht stehenden Kraushaaren (Filzhaaren)

Potentilla collina aggr., Hügel-Fingerkraut: IV–VII, CR

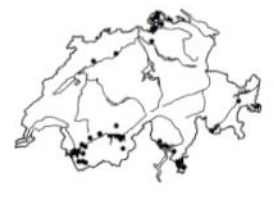

a Pflanze 20–30 cm hoch, im Habitus an *P. argentea* erinnernd, aber Blattrand nicht umgerollt. Blüten lebhaft gelb. Blattunterseite weissfilzig

Potentilla collina Wibel, Hügel-Fingerkraut: H, 30 cm, V–VII, kollin, trockene Wiesen, DD

- Pflanze kaum über 10 cm hoch. Blüten hellgelb **b**

b Blattunterseite grünlich, kaum filzig, Epidermis mit Lupe sichtbar

Potentilla alpicola Fauc., Alpen-Fingerkraut: H, 10 cm, V–VII, kollin (-montan), kalkarme Trockenrasen, Felsensteppen, (Stip-Poio, Cirs-Brac), CR

- Blattunterseite dicht graufilzig. Pflanze im Habitus an *P. verna* erinnernd **c**

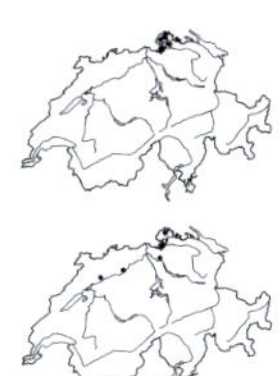

c Blüten 12–16 mm breit. Blütenstiele grünlich

Potentilla praecox F. W. Schultz, Frühblühendes Fingerkraut: H, IV–VII, kollin, sonnige, pionierhafte Trockenrasen, (Xero), CR

- Blüten nur bis ca. 10 mm breit. Blütenstiele weissgrau

Potentilla leucopolitana P. J. Müll., Weissenburger Fingerkraut: lückige Trockenwiesen, CR

Prunus Kirsche, Pflaume

1 Blüten in über 12-blütigen, 8–15 cm langen Trauben **2**

- Blüten einzeln, in Büscheln oder Scheindolden **5**

2 Blatt lederig, lackartig glänzend **3**

- Blatt weich oder derb, aber nicht lederig, matt, breit lanzettlich, 5–10 cm lang, in eine Spitze zusammengezogen, fein und gleichmässig gezähnt, kahl oder unterseits in den Nervenwinkeln behaart. Frucht kugelig, schwarz, glänzend, Durchmesser 7–8 mm (Abb. Tafel 17, S. 712)

Prunus padus L., *(Padus racemosa)*, Traubenkirsche: Ph-P, 10 m, IV–VI, Auenwälder, Hecken, Gebüsche, LC

a Blütenstände zuletzt hängend. Blätter weich, dünn, unterseits ohne hervortretende Seitennerven, Haarbüschel in den Nervenwinkeln weiss. Junge Zweige kahl

Prunus padus L. subsp. ***padus***, Gewöhnliche Traubenkirsche: Ph-P, IV–VI, kollin-montan, Auenwälder, Ufer, (Frax, Alni-inca), LC

- Blütenstände stets aufrecht. Blätter etwas derb, unterseits mit hervortretenden Seitennerven, Haarbüschel in den Nervenwinkeln oft hellbraun. Junge Zweige ± behaart

Prunus padus subsp. ***petraea*** (Tausch) Domin, Felsen-Traubenkirsche: Ph, IV–VI, kollin-subalpin, luftfeuchte Schluchtwälder, Grünerlengebüsche, (Alne-viri, Luna-Acer), DD

3 Blätter sommergrün, schwach lederig, regelmässig fein gesägt, länglich eiförmig, Basis keilförmig, Blattrand mit feinen, knorpeligen Zähnen mit einwärtsgebogener Spitze, unterseits mit braun behaartem Hauptnerv. Frucht kugelig, schwarzrot, 8–10 mm breit (Abb. Tafel 17, S. 712)

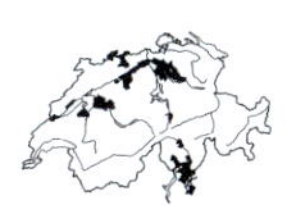

Prunus serotina Ehrh., *(Padus serotina)*, Herbst-Traubenkirsche: Ph-P, 20 m, V–VI, wärmeliebende, kalkarme Laubwälder, Pionierwälder, (Robi, Quer-robo), Neophyt

- Blätter immergrün, stark lederig, lackartig glänzend, nicht oder grob gesägt **4**

4 Junge Zweige grün. Frucht glänzend schwarz, kugelig. Blätter breit lanzettlich, 8–15 cm lang, ganzrandig oder schwach gesägt, Rand nach unten gebogen. Blütentraube 10–15 cm lang, aufrecht (Abb. Tafel 17, S. 712)

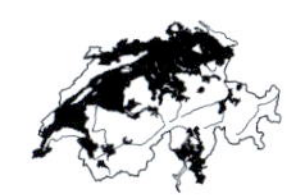

Prunus laurocerasus L., *(Laurocerasus officinalis)*, Kirschlorbeer: Ph-P, 6 m, IV–V, kollin, wärmeliebende Laubwälder, Gebüsche, (Quer-robo, Carp, Robi), kultiviert und verwildert, Neophyt

- Junge Zweige rotbraun. Frucht dunkelrot, oval. Blätter länglich eiförmig, Blattrand knorpelig unregelmässig gesägt. Blütentraube 12-20 cm lang, deutlich länger als die Blätter (Abb. Tafel 17, S. 712)

  Prunus lusitanica L., *(Laurocerasus lusitanica)*, Portugiesischer Kirschlorbeer: P, Laubwälder mit immergrünen Gehölzen, Pioniergehölze, kultivierter Neophyt

---

5 Fruchtknoten und Frucht weich behaart. Blüten und Früchte kaum gestielt. Selten verwildernder Obstbaum **6**

- Fruchtknoten und Frucht kahl. Blüten und Früchte deutlich gestielt. Wildgehölz oder verwildernder Obstbaum **8**

---

6 Blätter rundlich bis herzförmig, 5-10 cm lang, gestielt, spitz, beidseits dunkelgrün, oberseits glänzend, unterseits in den Nervenwinkeln bärtig, sonst kahl, fein gezähnt. Blüten weiss bis hellrosa

  Prunus armeniaca L., *(Armeniaca vulgaris)*, Aprikosenbaum: P, 4 m, III-IV, kollin, trockenwarme Gebüsche, Pioniergehölze, (Berb), kultiviert und selten verwildert, kultivierter Neophyt

- Blätter lanzettlich, Stiel kürzer **7**

---

7 Blätter 8-15 cm lang, allmählich zugespitzt, einfach bis doppelt gezähnt. Frucht saftig, bis 8 cm breit, Steinkern wulstig. Blüten hellrosa, mit den Blättern erscheinend

  Prunus persica (L.) Batsch, *(Armeniaca persica)*, Pfirsichbaum: P, 8 m, III-IV, kollin, trockenwarme Gebüsche, Pioniergehölze, (Berb), kultiviert und selten verwildert, kultivierter Neophyt

- Blätter 2-4 cm lang, stumpf gezähnt. Frucht nicht saftig, Steinkern glatt, mit Poren. Blüten weiss bis hellrosa, vor den Blättern erscheinend

  Prunus dulcis (Mill.) D. A. Webb, *(Amygdalus communis)*, Mandelbaum: Ph-P, 6 m, III, kollin, trockenwarme Gebüsche, (Berb), kultiviert und verwildert, Neophyt

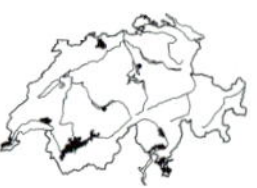

---

8 Blüten einzeln oder zu 2, Blütenstiele höchstens 2 cm lang. Blätter in der Knospe gerollt **9**

- Blüten in mehrblütigen Büscheln oder Scheindolden, Blütenstiele 2-5 cm lang. Blätter in der Knospe gefaltet **11**

---

9 Dorniger Strauch, 1-4 m hoch. Rinde schwarzbraun. Blätter 2-5 cm lang, verkehrt eiförmig, lang in den Stiel verschmälert. Blüten vor den Blättern erscheinend →. Frucht blauschwarz, 1-2 cm lang (Abb. Tafel 17, S. 712)

  Prunus spinosa L., Schwarzdorn: Ph, 3 m, IV, kollin-montan, sonnige Gebüsche, Waldränder, Hecken, (Prun-Rubi, Berb), LC

- Baum mit dornenlosen Ästen, 3-10 m hoch. Blätter (4-)5-8 cm lang. Blüten mit den Blättern erscheinend. Frucht 2-5 cm lang **10**

---

10 Zweige oft überhängend, kahl, etwas glänzend (auch die jungen Triebe). Blätter nur 2-3,5 cm breit. Blütenstiele kahl, etwas glänzend. Kronblätter weiss. Fruchtstiele meist zu 1-2. Frucht rot, 2-3 cm lang (Abb. Tafel 17, S. 712)

  Prunus cerasifera Ehrh., Kirschpflaume: P, 8 m, III-IV, trockenwarme Gebüsche, Pioniergehölze, (Berb), kultiviert und selten verwildert, Neophyt

- Zweige aufrecht. Junge Triebe kahl oder behaart, nicht glänzend. Blätter (3-)4-6 cm breit. Blütenstiele meist behaart. Kronblätter etwas grünlich weiss. Fruchtstiele oft zu 2-3. Frucht je nach Varietät sehr verschieden in Grösse und Farbe (Abb. Tafel 17, S. 712)

Prunus domestica L., Zwetschgenbaum: P, 10 m, IV, kollin, Gebüsche, Pioniergehölze, (Berb, Samb-Sali), kultiviert und selten verwildert, kultivierter Neophyt

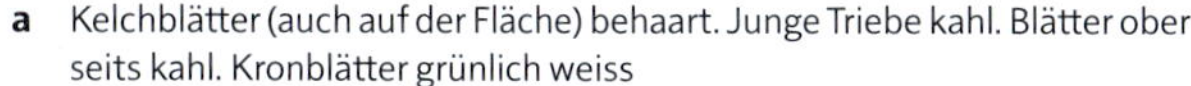

a Kelchblätter (auch auf der Fläche) behaart. Junge Triebe kahl. Blätter oberseits kahl. Kronblätter grünlich weiss

Prunus domestica L. subsp. ***domestica***, Zwetschgenbaum: kultivierter Neophyt

- Kelchblätter kahl, nur am Rand abstehend behaart. Junge Triebe weich behaart. Blätter oberseits locker behaart. Kronblätter weiss

Prunus domestica subsp. ***insititia*** (L.) Bonnier & Layens, Pflaumenbaum: P, 6 m, IV, kollin-montan, (Berb, Prun-Rubi), kultiviert und selten verwildert, Neophyt

11 Blüten in 5- bis 10-blütigen Scheindolden →. Blätter rundlich, 3-6 cm lang, mit aufgesetzter Spitze, fein abgerundet gezähnt, etwas derb, kahl, Oberseite glänzend. Frucht kugelig, schwarz, Durchmesser 7-10 mm (Abb. Tafel 17, S. 712)

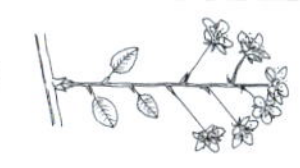

Prunus mahaleb L., *(Cerasus mahaleb)*, Felsenkirsche: Ph-P, 6 m, IV-V, kollin-montan, trockenwarme, kalkreiche Gebüsche, lichte Wälder, (Berb, Quer-pube), LC

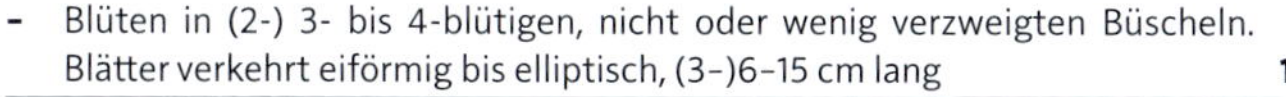

- Blüten in (2-) 3- bis 4-blütigen, nicht oder wenig verzweigten Büscheln. Blätter verkehrt eiförmig bis elliptisch, (3-)6-15 cm lang **12**

12 Blütenstand am Grund mit ausgebreiteten Knospenschuppen, oft ohne Blättchen →. Blätter grob gesägt, weich, Blattstiel oben mit rötlichen Nektardrüsen. Rinde graubraun, mit auffälligen waagrechten Lentizellen (Abb. Tafel 17, S. 712)

Prunus avium L., *(Cerasus avium)*, Süsskirsche: P, 25 m, IV-V, kollin (-montan), wärmeliebende Laubwälder, (Carp, Tili-plat), LC

- Blütenstand am Grund mit aufgerichteten Knospenschuppen und stets mit 1-3 kleinen Blättchen →. Blätter fein gesägt, etwas lederig, Blattstiel mit oder ohne Drüsen. Rinde rotbraun, mit auffälligen waagrechten Lentizellen (Abb. Tafel 17, S. 712)

Prunus cerasus L., *(Cerasus vulgaris)*, Sauerkirsche: P, 10 m, trockenwarme Gebüsche, Pioniergehölze, Neophyt

Pyracantha **Feuerdorn**

- Immergrüner Strauch mit teilweise beblätterten Sprossdornen. Blätter lederig, oval bis lanzettlich, 2-4 cm lang, fein gezähnt bis ganzrandig, oberseits glänzend. Blüten in doldigen Rispen, weiss. Früchte leuchtend rot, ca. 5 mm breit (Abb. Tafel 17, S. 712)

Pyracantha coccinea M. Roem., Feuerdorn: Ph, 2 m, IV-V, Gebüsche, Waldränder, (Berb, Prun-Rubi), kultiviert und verwildert, Neophyt

Pyrus Birnbaum

1 Blätter unterseits dicht wollig-filzig, oberseits zerstreut behaart, 3-4 cm breit, etwa 2x so lang wie breit. Zweige meist ohne Dornen, jung filzig behaart. Frucht fast kugelig (Abb. Tafel 17, S. 712)

Pyrus nivalis Jacq., Schnee-Birnbaum: Ph-P, 15 m, V, kollin-montan, wärmeliebende Laubwälder, Waldränder, (Quer-pube, Carp), VU

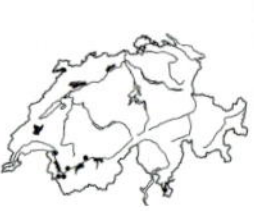

- Blätter beiderseits kahl oder verkahlend, glänzend, nur etwa 1,5x so lang wie breit **2**

2 Frucht meist weniger als 5 cm lang, hart und nicht süss. Zweige, ausser bei alten Gehölzen, mit Dornen. Blätter rundlich eiförmig, 2-5 cm breit, Rand fein gekerbt-gesägelt (Abb. Tafel 17, S. 712)

Pyrus pyraster Burgsd., Wilder Birnbaum: Ph-P, 20 m, IV-V, kollin-montan, trockenwarme, lichte Laubwälder, Waldränder, kultiviert und verwildert, LC

- Frucht 6-15 cm lang, saftig und süss. Zweige meist ohne Dornen. Blätter eiförmig, (4-)5-6 cm breit. Kultivierter Obstbaum (Abb. Tafel 18, S. 720)

Pyrus communis L., Kultur-Birnbaum: P, 20 m, IV-V, Gebüsche, Pionierwälder, (Berb, Prun-Rubi), kultiviert und selten verwildert, kultivierter Archäophyt

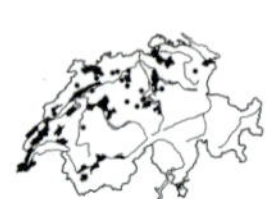

Rosa Rose

Für die Bestimmung der Wildrosen werden Früchte («Hagebutten») und Zweige (zur Untersuchung der Stachelform) benötigt. Die Breite des Griffelkanals wird an einer direkt unter dem Griffelpolster geschnittenen Frucht ermittelt. Die Wildrosen können komplexe Hybridschwärme bilden, was die Ansprache der Arten oft sehr schwierig macht.

1 Griffel zu einer keulenartigen Säule vereinigt, die weit aus der Blüte oder Frucht (Hagebutte) herausragt **2**

- Griffel frei, ein kugeliges oder halbkugeliges Narbenbüschel bildend **4**

2 Blütenstände in reichblütigen Rispen →, Blüten 2-3 cm im Durchmesser, Nebenblätter fransig zerschlitzt

Rosa multiflora Thunb., Vielblütige Rose: P.li, 2 m, VI-VII, Gebüsche, Waldränder, Hecken, kultiviert und verwildert, Neophyt

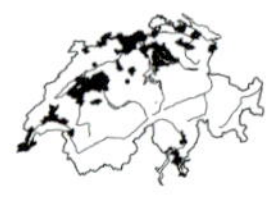

- Blütenstände wenigblütig, Blüten 3-5 cm im Durchmesser, Nebenblätter ganzrandig **3**

3 Griffelsäule mindestens so lang wie die Staubblätter, an der Basis nicht kegelig →. Zweige dünn, Stacheln schwach gekrümmt. Blatt 5- bis 7-zählig, (fast) kahl

Rosa arvensis Huds., Feld-Rose: Ph.li, 1 m, VI-VII, kollin-montan, lichte, kalkreiche Wälder, Waldränder, Hecken, (Carp, Tili-plat), LC

- Griffelsäule deutlich kürzer als die Staubblätter →, an der Basis kegelförmig («Vulkan»). Strauch mit bogig überhängenden Zweigen, Stacheln kräftig, sichelig gebogen **13**

→ *Rosa stylosa*

4 Alle Kelchblätter ganzrandig, selten einzelne mit fädigen Seitenfiederchen **5**

- Ein Teil der Kelchblätter ist fiederteilig **9**

5 Blattunterseite und Blattstiel dicht kurzhaarig **6**

\- Blattunterseite und Blattstiel kahl **7**

6 Junge Äste und Stacheln kahl. Blütenstiele kahl, ohne Drüsen. Zweige auffallend rotbraun (Name!), Stacheln kräftig, stark gekrümmt, unter den Blättern gepaart. Blüten meist einzeln, dunkelrosa. Hagebutte →

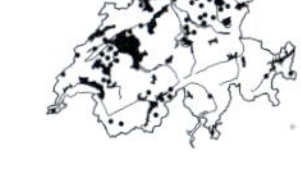

Rosa majalis Herrm., Zimt-Rose: Ph, 100–150(–200) cm, V–VII, kollin-montan (-subalpin), pionierhafte, steinige Gebüsche, Auenwälder, (Alni-inca, Berb), auch kultiviert und verwildert, VU

\- Junge Äste und Stacheln dicht filzhaarig. Blütenstiele stieldrüsig. Zweige dick, grünlich braun, kräftig. Blätter gross, 7- bis 9-zählig, glänzend dunkelgrün

Rosa rugosa Thunb., Kartoffel-Rose: Ph, 2,5 m, VI–VIII, kollin-montan, Gebüsche, Hecken, kultiviert und selten verwildert, Neophyt

7 Kleinstrauch (10–80 cm hoch) durch Ausläufer Kolonien bildend. Zweige dicht mit Nadelstacheln besetzt. Blatt 7- bis 11-zählig, mattgrün. Teilblätter kaum länger als breit. Blüten weiss. Hagebutten fast schwarz → (nur bei dieser Art so!)

Rosa spinosissima L., Reichstachelige Rose: Ph-Cp, 10–80 cm, V, kollin-subalpin, trockenwarme, steinige Krautsäume, Felsrasen, (Gera-sang), LC

\- Höher wüchsiger Strauch. Stacheln fehlend, einzeln oder paarweise (aber nicht dicht mit Nadelstacheln besetzt). Hagebutten rot **8**

8 Blütenzweige ohne Stacheln, Blätter grün. Ältere Zweige an der Basis mit sichelig gekrümmten Stacheln. Blätter 7- bis 9-zählig, dunkelgrün. Hagebutten länglich flaschenförmig →

Rosa pendulina L., Alpen-Hagrose: Ph, 0,5–2 m, VI–VII, montan-subalpin (-alpin), lichte Bergwälder, Hochstaudenfluren, Gebüsche, (Alne-viri, Eric), LC

\- Blütenzweige mit Stacheln, Blätter bläulich bis rötlich graugrün, mit roten Nerven. Zweige blau bereift. Stacheln klein, gerade bis schwach gekrümmt. Teilblättchen schmal. Blütenstiele kahl. Hagebutten kugelig →

Rosa glauca Pourr., Bereifte Rose: Ph, 1–3 m, VI–VII, (kollin-) montan-subalpin, trockene Gebüsche, Steinhaufen, (Berb), LC

9 Blätter (3-) 5- (7-)zählig, derb, starr (oft fast lederig), unterseits auffällig rau (durch Drüsenborsten), mit hervortretendem Nervennetz, oberseits völlig kahl und ± glänzend. Zweige oft verschiedenstachelig. Pflanze durch unterirdische Ausläufer oft dichte Herden bildend **10**

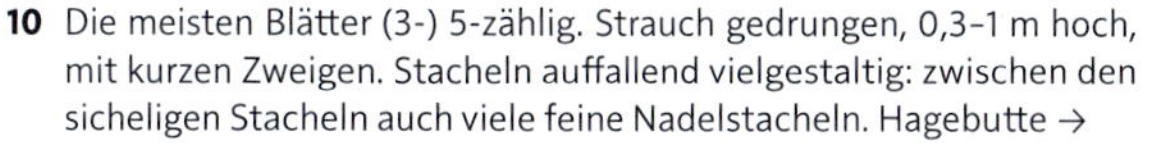

\- Die meisten Blätter 7-zählig, weich, kahl oder behaart, unterseits nicht auffällig rau **11**

10 Die meisten Blätter (3-) 5-zählig. Strauch gedrungen, 0,3–1 m hoch, mit kurzen Zweigen. Stacheln auffallend vielgestaltig: zwischen den sicheligen Stacheln auch viele feine Nadelstacheln. Hagebutte →

Rosa gallica L., Essig-Rose: Ph, 0,2–1 m, VI, kollin-montan, trockenwarme Krautsäume, Gebüsche, (Gera-sang), EN

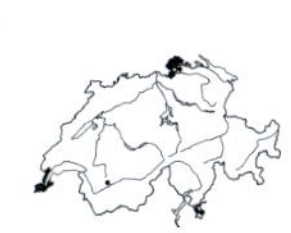

- Blätter (5-) 7-zählig. Blattstiel und Blattnerven durch Drüsenborsten rau. Aufrechter Strauch mit 1-2,5 m hohen, bogig überhängenden Zweigen (wie *R. canina*). Stacheln schmal, gerade bis schwach sichelig, daneben zuweilen mit Nadelstacheln. Hagebutte →

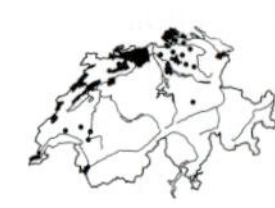

Rosa jundzillii Besser, Raublättrige Rose: Ph, 0,3-1,5 m, VI-VII, kollin-montan, trockenwarme Gebüsche, Steinhaufen, (Berb, Quer-pube), EN. Vielgestaltige Zwischenform zwischen *R. gallica* und *R. canina* mit Merkmalen von beiden Arten (auch wenn vermutlich nicht Primärhybride zwischen diesen Arten)

11 Teilblättchen beidseitig auf den Flächen völlig kahl, entlang der Hauptnerven kahl oder mit Stieldrüsen

Rosa canina aggr.: LC

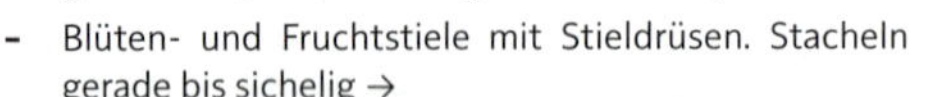

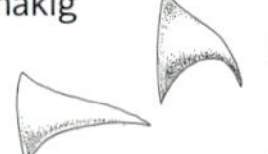

a Blüten- und Fruchtstiele ohne Drüsen. Stacheln meist hakig gekrümmt (mehrere Zweige untersuchen!) → **b**

- Blüten- und Fruchtstiele mit Stieldrüsen. Stacheln gerade bis sichelig → **d**

b Kelchblätter nach Blüte sofort zurückgeschlagen und früh, schon während Fruchtreife, abfallend →. Hagebutte vielgestaltig. Griffelkanal 0,5-0,8 mm breit. Strauch mit verlängerten, bogig überhängenden Zweigen. Stacheln im älteren Teil der Blühtriebe deutlich hakig

Rosa canina L., Hunds-Rose: Ph, 0,3-2 m, VI, kollin-montan (-subalpin), Waldränder, Hecken, (Prun-Rubi), LC

- Kelchblätter erst nach der Fruchtreife abfallend. Griffelkanal mindestens (0,8-)1 mm breit **c**

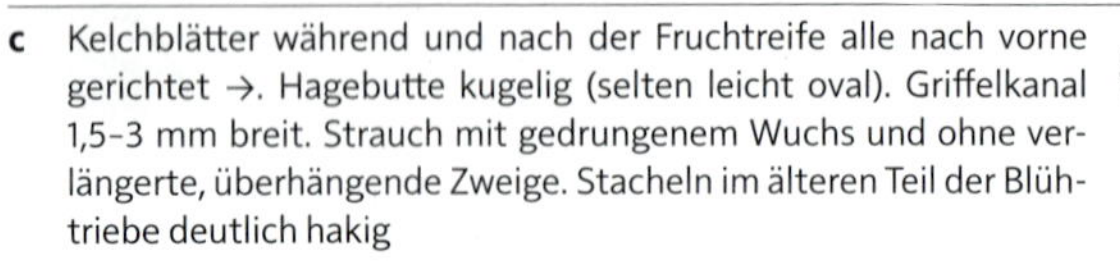

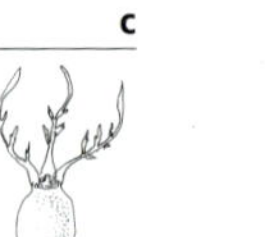

c Kelchblätter während und nach der Fruchtreife alle nach vorne gerichtet →. Hagebutte kugelig (selten leicht oval). Griffelkanal 1,5-3 mm breit. Strauch mit gedrungenem Wuchs und ohne verlängerte, überhängende Zweige. Stacheln im älteren Teil der Blühtriebe deutlich hakig

Rosa dumalis Bechst., Gewöhnliche Vogesen-Rose: Ph, VI, montan-subalpin, trockene Waldränder, Hecken, Steinhaufen, (Berb), LC

- Kelchblätter flatterig: einzelne nach vorne, andere abstehend oder nach hinten gerichtet →, kurz nach der Fruchtreife abfallend. Griffelkanal zumindest bei einigen Früchten 1-1,5 mm breit. Strauch in allen Merkmalen zwischen *R. canina* und *R. dumalis* stehend

Rosa subcanina (Christ) R. Keller, Langstielige Vogesen-Rose: Ph, VI, kollin-montan, Waldränder, Hecken, (Prun-Rubi, Berb), LC. Häufig und weit verbreitet

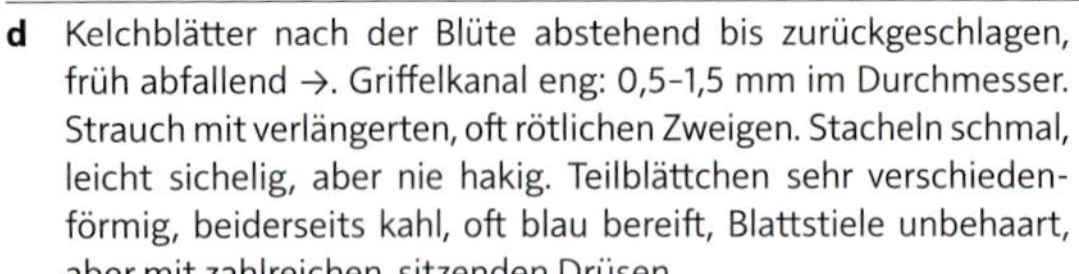

d Kelchblätter nach der Blüte abstehend bis zurückgeschlagen, früh abfallend →. Griffelkanal eng: 0,5-1,5 mm im Durchmesser. Strauch mit verlängerten, oft rötlichen Zweigen. Stacheln schmal, leicht sichelig, aber nie hakig. Teilblättchen sehr verschiedenförmig, beiderseits kahl, oft blau bereift, Blattstiele unbehaart, aber mit zahlreichen, sitzenden Drüsen

Rosa chavinii Rapin, Chavins Rose: Ph, 0,5-3 m, VI-VII, kollin-montan, Schutthalden, Pioniergehölze, Gebüsche, (Stip-cala, Berb), VU

- Kelchblätter nach der Blüte nach vorne gerichtet, bleibend →. Griffelkanal mittelbreit: 1,5–2,5 mm im Durchmesser. Blatt beiderseits kahl, unterseits oft mit schwarzroten Drüsen. Strauch mit verlängerten Zweigen. Stacheln schmal, leicht sichelig. Blätter oft blaugrün bereift, Teilblättchen fast rundlich, im Umriss stumpf

  Rosa montana Chaix, Berg-Rose: Ph, 1–3 m, VI–VII, kollin-subalpin (-alpin), trockenwarme, steinige Gebüsche, Geröllfluren, (Berb, Stipcala), VU

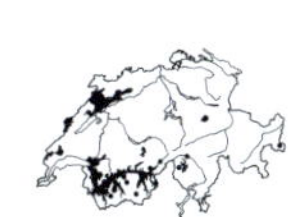

- Teilblättchen unterseits mit einfachen Haaren (zumindest auf den Seitennerven). Neben den Haaren zusätzlich oft mit Drüsen bzw. mit Drüsenhaaren **12**

12 Blätter klebrig-drüsig, zerrieben fruchtig riechend (mit Apfel- oder Weinduft). Drüsen bedecken unterseits neben den Nerven auch die Blattfläche. Stacheln kräftig, sichelförmig. Blütenstiele kahl oder mit Stieldrüsen

Rosa rubiginosa aggr.: 0,5–3 m, VI–VII, NT

a Teilblättchen an der Basis verschmälert, oft fast keilig. Fruchtstiele ohne Stieldrüsen, selten schwach drüsig **b**

- Teilblättchen an der Basis breit abgerundet bis schwach herzförmig. Fruchtstiele dicht drüsig **d**

b Kelch nach der Blüte schräg nach vorne gerichtet →, Griffelkanal 1,2–2 mm breit. Wuchs kurzästig, Ausläufer bildend. Stacheln sichelig bis hakig, oft paarig am Blattansatz. Blattstiel dicht drüsig, Teilblättchen graugrün, im Alter zunehmend glänzend

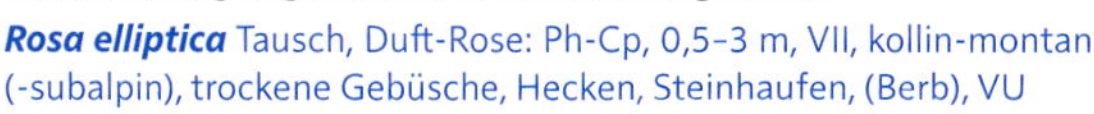

  Rosa elliptica Tausch, Duft-Rose: Ph-Cp, 0,5–3 m, VII, kollin-montan (-subalpin), trockene Gebüsche, Hecken, Steinhaufen, (Berb), VU

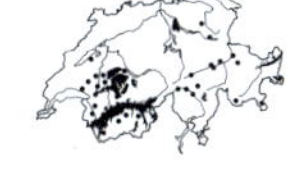

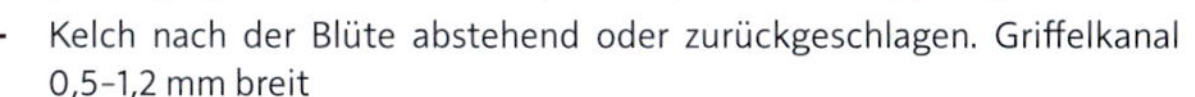

- Kelch nach der Blüte abstehend oder zurückgeschlagen. Griffelkanal 0,5–1,2 mm breit **c**

c Kelch nach der Blüte teils abstehend, teils zurückgeschlagen («flatterig»). Griffelkanal 0,8–1,2 mm breit. Stacheln sichelig bis hakig. Blattstiel drüsig. Teilblättchen schmal, grau- bis dunkelgrün, klebrig drüsig

  Rosa inodora Fr., Duftlose Rose: Ph, trockene Waldränder, Halbtrockenrasen, DD

- Kelch nach der Blüte zurückgeschlagen →. Griffelkanal 0,5–0,8 mm breit. Strauch mit auffallenden, bogig verlängerten Rutenzweigen. Stacheln sichelig bis hakig. Blattstiel dicht drüsig, Teilblättchen schmal, grau- bis dunkelgrün, dicht drüsig

  Rosa agrestis Savi, Acker-Rose: Ph, 0,5–3 m, VI–VII, kollin-montan, trockenwarme Gebüsche, Waldränder, (Berb), NT

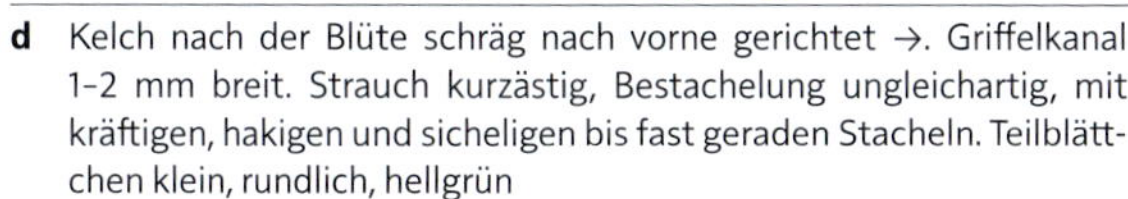

d Kelch nach der Blüte schräg nach vorne gerichtet →. Griffelkanal 1–2 mm breit. Strauch kurzästig, Bestachelung ungleichartig, mit kräftigen, hakigen und sicheligen bis fast geraden Stacheln. Teilblättchen klein, rundlich, hellgrün

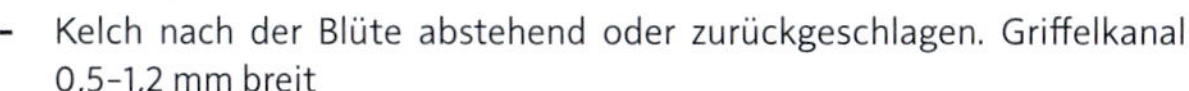

  Rosa rubiginosa L., Wein-Rose: Ph, 0,5–3 m, VI–VII, kollin-montan (-subalpin), trockene Gebüsche, Trockenrasen, (Berb), NT

- Kelch nach der Blüte abstehend oder zurückgeschlagen. Griffelkanal 0,5–1,2 mm breit **e**

e Kelch nach der Blüte teils abstehend, teils zurückgeschlagen (flatterig). Griffelkanal 0,8–1,2 mm breit

Rosa gremlii (Christ) Gremli, Gremlis Rose: Ph, trockene Gebüsche, Trockenrasen, DD. In den Merkmalen zwischen den beiden Arten *R. rubiginosa* und *R. micrantha* stehend

- Kelch nach der Blüte zurückgeschlagen →. Griffelkanal 0,6–0,8 mm breit. Strauch langästig, Bestachelung gleichartig, kräftig hakig. Teilblättchen klein, eiförmig, dunkelgrün

Rosa micrantha Sm., Kleinblütige Rose: Ph, 0,5–3 m, VI, kollin-montan, trockenwarme Gebüsche, Föhrenwälder, (Berb, Eric-PiSy), NT

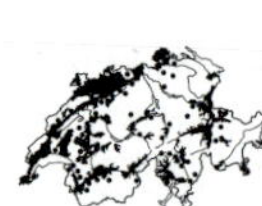

- Blätter nicht dicht klebrig-drüsig, duftlos oder mit Harzduft **13**

13 Blätter beidseitig dicht behaart. Stacheln gerade oder schwach sichelig, aber nie hakig gekrümmt. Teilblättchen doppelt drüsig gezähnt. Blütenstiele, Achsenbecher und Hagebutten mit zahlreichen Stieldrüsen

Rosa tomentosa aggr.: 1–1,5 m, VI–VII, LC

a Stacheln überall am Blütenzweig vollständig gerade →. Kelch zur Fruchtreife nach vorne gerichtet, Griffelkanal über 2 mm breit **b**

- Stacheln leicht gekrümmt. Kelch zur Fruchtreife abstehend oder zurückgeschlagen, Griffelkanal 0,8–3 mm breit **c**

b Teilblättchen blaugrün, oberseits oft verkahlend, typischerweise 2x so lang wie breit, Endblättchen meist deutlich über 3 cm lang. Wuchs gedrungen, kurzästig, bildet durch Ausläufer Herden. Stacheln kräftig, fast gerade. Hagebutte →

Rosa villosa L., Apfel-Rose: Ph, 1–2 m, VI, montan-subalpin, trockene, steinige Gebüsche, Schutthalden, (Berb, Stip-cala), NT

- Teilblättchen beidseitig samtig graugrün, 1–1,5x so lang wie breit, Endblättchen nur bis 2 cm lang. Wuchs gedrungen, kurzästig. Stacheln schlank, gerade

Rosa mollis Sm., Weiche Rose: Ph, 1–2 m, VI, montan-subalpin, trockene, steinige Gebüsche, (Berb), DD. Ob in der Schweiz?

c Kelchblätter nach der Blüte zurückgeschlagen, früh abfallend →. Fruchtstiel länger als die Hagebutte. Strauch mit bogig überhängenden Zweigen. Stacheln kräftig, schwach sichelig. Blätter auffallend graugrün, weich, Teilblättchen schmal

Rosa tomentosa Sm., Filzige Rose: Ph, 1–2 m, VI–VII, kollin-montan, trockenwarme Gebüsche, lichte Laubwälder, (Berb, Quer-pube), LC

- Kelchblätter nach der Blüte abstehend, lange haftend. Fruchtstiel länger oder kürzer als die Hagebutte **d**

d Fruchtstiel länger als die Hagebutte →. Griffelkanal 0,8–1,5 mm. In den Merkmalen zwischen *R. tomentosa* und *R. sherardii* stehend

Rosa pseudoscabriuscula (R. Keller) A. W. Hill, Kratz-Rose: Ph, trockenwarme Waldränder, Gebüsche, LC

- Fruchtstiel höchstens so lang wie die Hagebutte. Griffelkanal 2–3 mm. Strauch kurzästig, Ausläufer bildend. Stacheln kräftig, schwach sichelig. Blätter graugrün, beiderseits dichthaarig. Blütenstiel kurz, wie die Früchte mit Stieldrüsen →

Rosa sherardii Davies, Sherards Rose: Ph, 1–2 m, VI, kollin-montan, trockenwarme Waldränder, Gebüsche, (Berb), NT

- Blätter oberseits höchstens locker anliegend behaart bis kahl, unterseits locker bis dicht filzig behaart (ältere Blätter: zumindest Nerven deutlich behaart). Stacheln gerade, sichelig oder hakig

Rosa corymbifera aggr.

a Teilblättchen auf der Oberseite mit reichlich kleinen Punktdrüsen (Lupe!, Blättchen junger Triebe untersuchen!), daneben kahl oder anliegend behaart. Stacheln verschiedenartig, nadelförmig bis sichelig, oft paarig oder quirlig gehäuft. Blattrand mehrfach drüsig gezähnt. Strauch gedrungen bis locker (1–2 m hoch). Hagebutte →

Rosa rhaetica Gremli, Rätische Rose: Ph, VI–VII, trockene, felsige Gebüsche, Hecken, (Berb), EN

- Teilblättchen oberseits ohne Punktdrüsen. Stacheln meist gleichartig und nicht quirlig gehäuft (vgl. aber *R. uriensis*) **b**

b Blüten- und Fruchtstiele mit Stieldrüsen, die meist vom Stiel auf die Hagebutte übergehen. Stacheln meist gerade bis sichelig → **c**

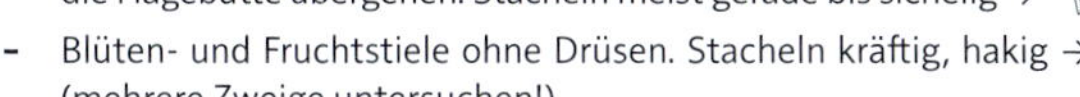

- Blüten- und Fruchtstiele ohne Drüsen. Stacheln kräftig, hakig → (mehrere Zweige untersuchen!) **e**

c Stacheln dreieckig-hakig, etwas plump wirkend. Griffelpolster spitz kegelförmig →

Rosa stylosa Desv., Griffel-Rose: Ph.li, 2–3 m, VI–VII, kollin-montan, trockenwarme, lichte Laubwälder, Gebüsche, Hecken, trockenwarme Waldränder, (Carp, Prun-Rubi)

- Stacheln gerade oder leicht sichelig gebogen, oft durchsetzt mit Nadelstacheln oder Stachelborsten **d**

d Kelchblätter nach der Blüte abstehend bis zurückgeschlagen, früh abfallend →. Griffelkanal eng: 0,8–1,2 mm im Durchmesser. Strauch eher gedrungen (ca. 1–1,5 m hoch), Schösslingsachsen gerade, gleichstachelig. Blätter unterseits (v. a. Nerven und randnahe Teile) mit Drüsen. Blattrand 2-fach drüsig gezähnt. Hagebutte ± kugelig

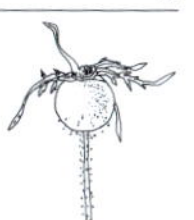

Rosa abietina Christ, Tannen-Rose: Ph, 0,3–2 m, VI, kollin-montan (-subalpin), lichte Wälder, Gebüsche, (Berb), NT

- Kelchblätter nach der Blüte nach vorne gerichtet, bleibend →. Griffelkanal mittelbreit: 1,5–3 mm im Durchmesser. Hagebutten und ihre Stiele neben den Stieldrüsen auch mit vielen Nadelstacheln und Stachelborsten. Strauch gedrungen (0,5–1,5 m hoch). Zweige oft bereift. Stacheln sichelig, oft fast quirlig gehäuft. Teilblättchen oberseits locker anliegend, unterseits flaumig behaart. Blattrand 2-fach drüsig gesägt. Hagebutte elliptisch oder kugelig

Rosa uriensis (Christ) Puget, Uri-Rose: Ph, VI–VII, trockene, steinige Gebüsche, (Berb), NT. Zentralalpen

e Kelchblätter nach der Blüte nach vorne gerichtet, bleibend →. Griffelkanal mittelbreit: 1,5–2,5 mm im Durchmesser. Teilblättchen fast ohne Drüsen, gross, beiderseits behaart und dadurch blaugrün schimmernd. Blattrand nur einfach gesägt, Blattzähne ohne Drüsen. Blattstiel wollig behaart, ohne Drüsen. Strauch bis 1,5 m, gedrungen, mit kurzen, oft blau bereiften Ästen

Rosa caesia Sm., *(R. coriifolia)*, Lederblättrige Rose: Ph, 0,3–2 m, VI–VII, montan-subalpin, mässig trockene Waldränder, Gebüsche, LC

- Kelchblätter nach der Blüte abstehend bis zurückgeschlagen, früh abfallend. Griffelkanal eng: 0,5–1,5 mm im Durchmesser **f**

f Teilblättchen unterseits zumindest entlang der Nerven und am Blattrand mit roten Drüsen (Lupe! Blätter der Jungtriebe untersuchen). Blattrand mehrfach drüsig gezähnt. Kelchblätter nach der Blüte zurückgeschlagen, früh abfallend →. Griffelkanal 0,5–0,8 mm. Aufrechter Strauch (1–2,5 m hoch) mit langen, bogigen Ästen (wie *R. canina*)

Rosa tomentella Léman, *(R. obtusifolia)*, Stumpfblättrige Rose: Ph, VI, kollin-subalpin, trockene, steinige Gebüsche, Hecken, (Berb), VU

- Teilblättchen unterseits ohne Drüsen (ausgenommen vereinzelte «verlorene» Drüsen auf dem Hauptnerv) **g**

g Kelchblätter nach der Blüte teilweise schräg nach vorne, teilweise nach hinten gerichtet → (flatterig). Griffelkanal 0,8–1,5 mm breit. Teilblättchen grün bis blaugrün, oberseits meist kahl. Fruchtstiele meist kürzer als ihre Tragblätter. Strauch lang aufrecht oder gedrungen (1–2 m hoch)

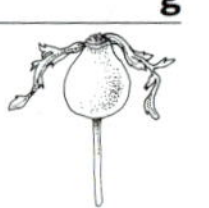

Rosa subcollina (Christ) R. Keller, Hügel-Rose: Ph, VI–VII, Waldränder, Hecken, Gebüsche, (Berb, Prun-Rubi), NT. Zwischenform zwischen *R. corymbifera* und *R. caesia*. Verbreitung zu wenig bekannt

- Kelchblätter nach der Blüte zurückgeschlagen, früh abfallend →. Griffelkanal 0,5–0,8 mm breit. Teilblättchen grün, oberseits meist kahl. Blattstiel und Blattrhachis flaumhaarig. Fruchtstiele meist länger als ihre Tragblätter. Aufrechter Strauch (1–3 m hoch) mit bogig überhängenden Ästen (wie bei *R. canina*), Stacheln kräftig, hakig

Rosa corymbifera Borkh., *(R. dumetorum)*, Busch-Rose: Ph, 0,3–2 m, VI, kollin-montan (-subalpin), mässig trockene Waldränder, Gebüsche, (Prun-Rubi, Berb), LC

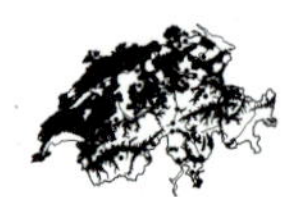

Rubus Brombeere

Obwohl die Gattung *Rubus* zu den kritischsten in der Schweizer Flora zählt, ist die Bestimmung einiger häufiger oder typischer Arten für alle BotanikerInnen möglich. Die Zahl der in der Schweiz vorkommenden Arten ist nicht genau bekannt, liegt aber sicherlich bei über 100. Die meisten Arten vermehren sich durch Apomixis. Einige apomiktische Arten sind in Westeuropa weit verbreitet, während andere nur in einem sehr kleinen Gebiet vorkommen. Die Untersuchung der Gattung wird durch Hybridisierung und nicht fixierte Biotypen erschwert. Der vorliegende Schlüssel beschränkt sich auf die am häufigsten vorkommenden Arten. Es ist daher möglich, dass ein Bestimmungsversuch nicht erfolgreich ist; in diesem Fall sollte die Fachliteratur konsultiert werden. Auch wenn eine Bestimmung mit dem Schlüssel zu einem Ergebnis führt, wird empfohlen, einen Herbarbeleg zu sammeln und diesen von einer Fachperson überprüfen zu lassen.

Als Schössling bezeichnet man einen verlängerten Trieb, der aus dem Stock austritt und im 2. Jahr blühende Zweige hervorbringt. Man untersucht immer den mittleren Teil eines diesjährigen Schösslings (im vegetativen Stadium). Wenn nicht anders angegeben, bezieht sich der Begriff Blatt immer auf voll entwickelte Blätter im mittleren Teil eines diesjährigen Schösslings (also weder vom Grund noch von der Spitze noch von einem Seitenzweig). Von der Bestimmung verkümmerter Individuen (Schatten, Trockenheit) mit schlecht ausgeprägten Merkmalen und solcher, die durch Krankheitserreger missgebildet sind (z. B. atypische Behaarung), sollte abgesehen werden. Da oft Individuen verschiedener Arten in gemischten Beständen wachsen, muss darauf geachtet werden, dass Blätter und Blüten der gleichen Art gesammelt werden. Zur Blütezeit sind mehrere nützliche Kriterien erkennbar, aber bei früh blühenden Arten sind die Blätter zur Blütezeit noch nicht voll entwickelt, und ein zweiter Besuch kann erforderlich sein. Ein Standard-Herbarbeleg besteht aus einem Zweig mit Blüten (oder Früchten) und zwei Blättern mit je einem 5-10 cm langen Stück des diesjährigen Schösslings. Folgende Merkmale sollten am Fundort notiert werden: Wuchsform (hoch-, niedrigbogig, niederliegend), Farbe und Behaarung verschiedener Organe (Blüten-, Staubblätter, Staubbeutel, Griffel, Fruchtknoten und Basis der Fruchtknoten), die relative Länge der Staubblätter im Vergleich zu den Griffeln und die Stellung der Kelchblätter zu Beginn der Fruchtbildung. Anzahl Haare und Drüsen auf dem Schössling zählt man an einer Seitenfläche des 5-kantigen Schösslings auf einem 1 cm langen Abschnitt aus (oder bei rundlichen Schösslingen einen entsprechenden Fünftel des Umfanges).

1 Blätter ungeteilt, gelappt. Pflanze 1-2 m hoch, vollständig stachellos **2**

- Blätter 3- bis 5-teilig, handförmig oder gefiedert. Stängel meist fein- bis grobstachelig **3**

2 Kelch dicht drüsenhaarig. Blattstiele dicht stieldrüsig, sonst kahl, Blätter 15-30 cm breit. Blüten purpurrosa, Kronblätter 1-3 cm lang. Frucht orange bis blassrot

Rubus odoratus L., Zimt-Himbeere: 1,5-2,5 m, V-VII, kollin, kultivierter Neophyt

- Kelch behaart, aber ohne Drüsen. Blattstiele mit Stieldrüsen und weichen Haaren, Blätter 8-20 cm breit, beidseits behaart. Blüten weiss, Kronblätter 1-3 cm lang. Frucht rot, ca. 1,5 cm breit

Rubus parviflorus Nutt., Nutka-Himbeere: V-VI, kollin, kultivierter Neophyt

3 Stängel krautig, einjährig, nur bis 30 cm hoch. Frucht rot. Blätter lang gestielt, 3-zählig, Teilblätter beidseits grün, das mittlere gestielt. Blütenstand endständig, 3- bis 10-blütig. Kronblätter weiss, ca. 5 mm lang. Kelchblätter nach der Blüte zurückgeschlagen

Rubus saxatilis L., Steinbeere: H, 10-25 cm, V-VII, kollin-subalpin (-alpin), kalkreiche, pionierhafte Wälder, Gebüsche, schuttige Bergweiden, Hochstaudenfluren, (Eric, Loni-Fage, Aden, Sesl), LC

- Stängel verholzend, zwei- bis mehrjährig. Frucht rot, schwarz oder blau. Blütenstand seitenständig **4**

4 Frucht rot. Blätter 3- oder 5- (selten 7-)zählig gefiedert. Schösslingsachsen aufrecht bis leicht überhängend, mit Stachelborsten (selten auch mit Stacheln) **5**

- Frucht schwarz oder blau. Blätter 3- bis 5- (7-)zählig gefingert. Schösslingsachsen kriechend, kletternd oder bogig überhängend, bestachelt **6**

5 Schösslingsachsen dicht mit langen, orangeroten Drüsenborsten besetzt. Blatt 3-teilig, oberseits matt hellgrün, unterseits dicht weissfilzig mit rotbraun hervortretenden Nerven. Blüten hellrosa

Rubus phoenicolasius Maxim., Rotborstige Himbeere, Japanische Weinbeere: Pr, 50–150 cm, VI–VII, Gebüsche, Pionierwälder, (Prun-Rubi, Samb-Sali), kultiviert und verwildert, Neophyt

- Schösslingsachsen fast kahl, ohne Drüsenborsten. Blatt (3-) 5- bis 7-teilig, Teilblätter unterseits dicht weissfilzig. Endteilblatt gestielt. Blüten weiss. Haupttriebe rund, zuerst blau bereift

Rubus idaeus L., Himbeere: Pr, 50–150 cm, V–VII, kollin-subalpin (-alpin), Waldränder, Schlagfluren, Pionierwälder, (Atro, Epil-angu, Samb-Sali), LC

6 Pflanze mit folgender Merkmalskombination: Frucht stark blauviolett bereift. Schösslingsachse zylindrisch, liegend, dünn (3–5 mm im Durchmesser), mit einer weisslichen oder bläulichen Wachsschicht bedeckt, kahl. Stacheln kurz (≤ 3 mm). Die Blätter in der Mitte der Schösslingsachse immer 3-teilig, beidseitig grün, seitliche Teilblätter sitzend. Stieldrüsen stets fehlend

Rubus caesius L., Blaue Brombeere: Pr.li, 0,5–2 m, VI–IX, kollin-montan (-subalpin), wechselfeuchte Krautsäume, Gebüsche, Auenwälder, (Alni-inca, Conv, Sali-elae, Prun-Rubi), LC

- Pflanze mit mindestens einem der folgenden Merkmale: Frucht schwarz. Sprösslingsachse kantig, unbereift oder behaart. Stacheln kräftig (> 3 mm). Blätter mit 5 Teilblättchen, Blattunterseite mit Sternhaaren, Stieldrüsen vorhanden **7**

7 Folgende Merkmale alle oder mehrheitlich vorhanden: Nebenblätter lanzettlich, an beiden Enden spitz zulaufend. Untere Teilblätter der 5-teiligen Blätter (falls vorhanden) sitzend oder bis höchstens 2 mm lang gestielt. Seitliche Teilblätter sich oft überlappend. Früchte oft unvollkommen, nicht oder nur wenig bereift. Schösslingsachsen manchmal etwas bereift. Blattstiel oberseits durchgehend rinnig →

Rubus corylifolius aggr., Haselblatt-Brombeere: Pr, 1,5 m, V–VII, kollin-montan. Umfasst alle Taxa, einschliesslich mehrerer stabilisierter apomiktischer Arten mit kohärenter Verbreitung und Ökologie, die aus der Hybridisierung zwischen *R. caesius* und einem Vertreter der Gruppe *R. fruticosus* aggr. stammen

a Schösslingsachsen ohne Stieldrüsen **b**

- Schösslingsachsen mit vereinzelten bis zahlreichen Stieldrüsen **e**

b Blattoberseite mit 50 bis > 200 Haaren pro cm^2

Rubus rhombicus H. E. Weber, Rhombische Haselblattbrombeere: Pr, Hecken, Gebüsche, Waldränder; wärmeliebend, auf nährstoffreichen, meist kalkhaltigen Böden

- Blattoberseite fast kahl (0–10 Haare pro cm^2) **c**

c Blattunterseite ohne spürbare Behaarung, nicht filzig

Rubus orthostachys G. Braun, Geradachsige Haselblattbrombeere: Pr, Hecken, Gebüsche, Waldränder; etwas wärmeliebend, auf nährstoffreichen, meist kalkhaltigen Böden

- Blattunterseite mit deutlich spürbarer, weicher, grauer Behaarung bis stark filzig-haarig (sehr filzig bei *R. mercieri*) **d**

d Schösslingsachse mit 3-8 Stacheln pro 5 cm. Endblättchen breit eiförmig bis elliptisch-rundlich, sein Stiel etwa 30-40 % so lang wie seine Spreite

Rubus grossus H. E. Weber, Grobe Haselblattbrombeere: Pr, Hecken, Gebüsche, Waldränder; auf nährstoffreichen, meist kalkhaltigen Böden

- Schösslingsachse mit 7-18 Stacheln pro 5 cm. Endblättchen deutlich verkehrt eiförmig, sein Stiel nur etwa 22-30 % so lang wie seine Spreite

Rubus baruthicus H. E. Weber, Bayreuther Haselblattbrombeere: Pr, Hecken, Gebüsche, Waldränder; etwas wärmeliebend, auf nährstoffreichen, meist kalkhaltigen Böden

e Schösslingsachse mit gleichartigen Stacheln (alle etwa gleich gross), ohne Nadelstacheln oder Borsten

Rubus gothicus E. H. L. Krause, Gotische Haselblattbrombeere: Pr, (VI-)VII-VIII, Gebüsche, Waldränder; auf nährstoffreichen Böden

- Schösslingsachse mit verschiedenartigen, ungleich grossen Stacheln: Mischung aus Stacheln, Nadelstacheln oder langen Borsten **f**

f Blätter meist mit 3 Teilblättchen. Endblättchen einfach, gleichmässig gezähnt, Blattzähne fast alle gleich lang. Blütenstand dicht mit dunkelroten Stieldrüsen besetzt. Kelchblätter mit schmalen, verlängerten Spitzen, die Frucht umfassend

Rubus villarsianus Gremli, Villars-Haselblattbrombeere, Schweizer Haselblattbrombeere: Pr, Waldränder, Lichtungen, Säume; auf mässig nährstoffreichen Böden

- Blätter meist mit 4-5 Teilblättchen. Endblättchen doppelt gezähnt, mit verlängerten Hauptzähnen. Blütenstand mit matten Drüsen. Kelchblätter kaum nach vorne gerichtet

Rubus pseudopsis Gremli, Täuschende Haselblattbrombeere, Falsche Schweizer Haselblattbrombeere: Pr, Waldlichtungen, Waldwege, Waldränder

- Folgende Merkmale alle oder mehrheitlich vorhanden: Nebenblätter lineal bis fadenförmig. Untere Teilblättchen der 5-teiligen Blätter (falls vorhanden) mit 2-10 mm langem Stiel. Die seitlichen Teilblättchen sich kaum überlappend. Früchte stets unbereift. Schösslingsachse stets unbereift. Blattstiel auf der Oberseite normalerweise nur an der Basis gefurcht → (ausser bei *R. canescens, mercieri, nessensis, sulcatus* usw.) (Sektion *Rubus*)

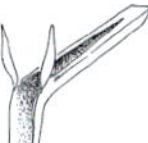

Rubus fruticosus aggr., Echte Brombeere: 3 m, V-VIII, kollin-subalpin, LC

a Blätter im Herbst abfallend, unterseits grün und stets ohne Filzhaare (auch die Blätter im oberen Teil des Blütenstandes). Stacheln gleichartig. Stieldrüsen fehlend. Schösslingsachsen fast aufrecht bis stark gebogen, an der Spitze meist nicht wurzelnd, kahl (selten 2 Haare pro cm). Rückseite der Kelchblätter in der Mitte kahl bzw. an den Rändern viel dichter behaart als in der Mitte. Kronblätter weiss oder blassrosa. Blütezeit bereits im (Mai-)Juni(-Juli) (Untersektion *Suberecti*) **b**

- Blätter überwinternd, unterseits grün bis weissfilzig. Schösslingsachsen stark gebogen bis kriechend, im Herbst an der Spitze wurzelnd, behaart oder unbehaart, mit oder ohne Stieldrüsen. Rückseite der Kelchblätter meist gleichmässig behaart oder am Rand nur wenig dichter als in der Mitte (Rückseite der Kelchblätter nur grün, wenn gleichzeitig Schösslingsachse deutlich behaart bzw. mit Stieldrüsen). Kronblätter weiss bis rosa. Blütezeit erst im (Juni-)Juli-August (Untersektion *Hiemales*) **f**

b Schösslingsachse → zylindrisch oder stumpfkantig, oberwärts mit sehr spärlicher Bestachelung. Stacheln klein, konisch, schwarzrot. Blätter manchmal mit 7 Teilblättchen. Frucht schwarzrot mit himbeerartigem Geschmack

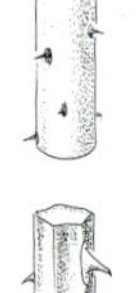

Rubus nessensis Hall, Loch-Ness-Brombeere, Halbaufrechte Brombeere: Pr, 0,5-2 m, V-VI, frische, bodensaure Wälder, Säume; kalkmeidend, halbschattenliebend

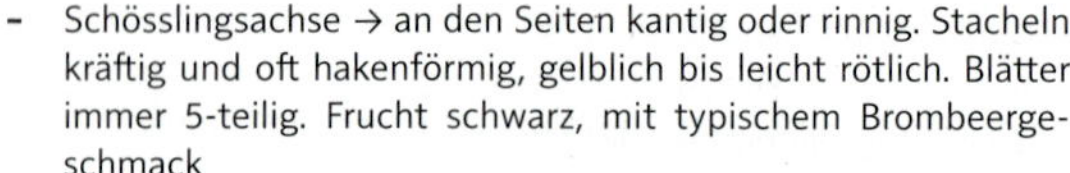

- Schösslingsachse → an den Seiten kantig oder rinnig. Stacheln kräftig und oft hakenförmig, gelblich bis leicht rötlich. Blätter immer 5-teilig. Frucht schwarz, mit typischem Brombeergeschmack **c**

c Staubblätter deutlich kürzer bis fast gleich gross wie die Griffel. Blätter faltig (zwischen den Nerven hochgebogen, bei schattig wachsenden Exemplaren wenig ausgeprägt). Endblättchen kurz gestielt (24-35 % seiner Spreite), untere Teilblättchen im Sommer 0-2 mm und im Herbst 4 mm lang gestielt. Kelch kurz, abstehend

Rubus plicatus Weihe & Nees, Falten-Brombeere: Pr, 1-2 m, VI(-VII), lichte Wälder, frische Waldschläge, Niedermoore; kalkmeidend, schwach lichtliebend

- Staubblätter gleich oder grösser als die Griffel. Endblättchen meist länger gestielt (30-50 % seiner Spreite), untere Blättchen (2-)3-10 mm lang gestielt. Kelch meist etwas zurückgebogen **d**

d Schösslingsachse tief rinnig, pro 5 cm mit etwa 3 breiten, 6-10 mm langen Stacheln. Endblättchen mit einer Stiellänge von (33-)36-44 % seiner Spreite, diese ± herzförmig-eiförmig bis abgerundet, die frischen meist etwas konvex gewölbt, am Rand mit 2-4(-5) mm tief eingeschnittenen Hauptzähnen, unterseits ohne spürbare Behaarung

Rubus sulcatus Vest, Gefurchte Brombeere: Pr, 2-3 m, VI-VII, Waldlichtungen, Säume; kalkmeidend, schwach lichtliebend

- Schösslingsachse ± flach oder höchstens leicht rinnig. Endblättchen mit nur 1,5-2(-3) mm tief eingeschnittenen Hauptzähnen **e**

e Blätter unterseits spärlich und nicht spürbar behaart. Endblättchen ± eiförmig bis herzförmig, nicht konvex aufgewölbt, mit abgesetzter, 15-20(-25) mm langer Spitze. Blütenstandsachse mit breiten, deutlich gebogenen, 2-3(-4) mm langen Stacheln. Blütenstiele mit breiten, gebogenen Stacheln. Meist kleinwüchsige Pflanze

Rubus bertramii G. Braun, Bertram-Brombeere: Pr, 1,5-2 m, (V-)VI, lichte Wälder, Waldlichtungen, feuchte Waldschläge; kalkmeidend

- Blätter unterseits stets deutlich spürbar und weich behaart. Endblättchen breit verkehrt eiförmig bis rundlich, oft konvex aufgewölbt, mit etwas aufgesetzter, 5-10(-15) mm langer Spitze. Blütenstandsachse mit schmalen, (fast) geraden, 3-5 mm langen Stacheln. Blütenstiele mit schlanken, (fast) geraden Stacheln. Meist grosswüchsige Pflanze

Rubus integribasis Boulay, Grosse Sparrige Brombeere: Pr, 2-3 m, VI-VII, lichte Wälder, Waldlichtungen, feuchte Waldschläge; kalkmeidend

---

f Pflanze mit folgender Merkmalskombination: Blattstiel auf seiner gesamten Oberseite rinnig. Blätter (zumindest im Blütenstand) oberseits mit feinen Sternhaaren (ausser var. *glabratus*), unterseits filzig grauweiss, durch die ebenfalls dicht stehenden längeren Haare sich sehr weich anfühlend. Schösslingsachsen nicht bereift, mit kurzen (< 6 mm) Stacheln. Kronblätter cremeweiss bis gelblich, oberseits kahl, beim Trocknen gelb werdend. Teilblättchen schmal, grob gezähnt, 4-5(-6) mm lang. Blütenstand sehr schmal. Staubbeutel kahl. Griffel weisslich. Fruchtknoten kahl. Weniger als 30 Fruchtblätter bzw. Steinfrüchte. Früchte schwarz, matt, nicht sehr süss, eher unangenehm schmeckend

Rubus canescens DC., Filzige Brombeere: Pr, VI-VII, lichte, trockene Eichenwälder, Säume, felsige Hänge, trockene Gebüsche; kalkliebend, wärmeliebend, lichtliebend, LC. Diploide, sexuelle Art, die daher eine grosse Variabilität aufweist. Die typischen Formen der Art sind relativ leicht zu erkennen, das variable Taxon kann aber mit Arten der Sektion *Corylifolii* (*R. corylifolius* aggr.) verwechselt werden und auch mit Primärhybriden aus z. B. *R. ulmifolius* oder *R. praecox*. Solche Pflanzen zeigen nicht die vollständige Merkmalskombination, sondern nur einige der Merkmale

- Andere Merkmalskombination **g**

---

g Teilblätter doppelt fiederteilig, lang gestielt, kahl oder unterseits behaart. Blütenstand breit, beblättert, mit vielen kurzen, gebogenen Stacheln. Kronblätter weiss oder rosa, oft vorne eingeschnitten

Rubus laciniatus Willd., Zipfelblättrige Brombeere, Schlitzblättrige Brombeere: Pr, VI-VII, Lichtungen, Schlagfluren, Pionierwälder, (Atro, Samb-Sali), Neophyt

- Teilblätter ungeteilt **h**

h Schösslingsachsen → mit gleichförmigen Stacheln (alle gleich gross), ohne Nadelstacheln und/oder Stieldrüsen (oder mit höchstens 10 Nadelstacheln und/oder Stieldrüsen pro 5 cm). Blütenstiele mit 0(-5) Stieldrüsen (ausser *R. mercieri*, erkennbar an seinen rinnigen Blattstielen) **i**

- Schösslingsachsen mit gleichförmigen oder verschiedenartigen Stacheln, pro 5 cm mit 0 bis > 300 Nadelstacheln und/oder Stieldrüsen. Blütenstiele mit mehr als 10 Stieldrüsen **s**

i Blätter unterseits deutlich grau- bis weissfilzig *(«Discolores»)* **j**

- Blätter unterseits ohne Filzbehaarung, seltener schwach graufilzig *(«Sylvatici»)* **r**

j Schösslingsachsen (wie alle anderen Triebe) bläulich violett, scharfkantig, mit ± rinnigen Seiten und sehr breiten, kräftigen Stacheln, dicht sternhaarig (± verkahlend) und stets ohne Stieldrüsen. Blütenstandsachse und Blütenstiele filzig und stets ohne abstehende Haare (vgl. *R. bifrons*). Kronblätter (meist) rosa. Griffel rötlich

Rubus ulmifolius Schott, Ulmenblättrige Brombeere, Mittelmeer-Brombeere: Pr, Säume, Hecken; wärmeliebend, lichtliebend, auf nährstoffreiche Böden, NT. Diploide, sexuelle Art

- Andere Merkmalskombination **k**

k Schösslingsachse ± kahl (durchschnittlich 0-5 Haare pro 5 cm) **l**

- Schösslingsachse behaart (durchschnittlich > 5 Haare pro 5 cm) **n**

l Blätter oberseits stark behaart (100-200 Haare pro cm²)

Rubus obtusangulus Gremli, Stumpfkantige Brombeere: Pr, VI-VII, Gebüsche, Säume; lichtliebend, auf nährstoffreichen Böden

- Blätter oberseits ± kahl (max. 1-5 Haare pro cm²), unterseits grau- bis weissfilzig **m**

m Schösslingsachse mit 4-8 Stacheln pro 5 cm. Blattstiel mit 7-15 Stacheln. Blütenstiele meist mit 4-10 Stacheln. Fruchtknoten an der Spitze behaart

Rubus grabowskii Weihe, Grabowski-Brombeere: Pr, lichte Wälder, Waldlichtungen, Gebüsche, Säume; kalkliebend, lichtliebend

- Schösslingsachse mit (0-)2-5 Stacheln pro 5 cm. Blattstiel mit 3-8 Stacheln. Blütenstiele meist mit 0-4 Stacheln. Fruchtknoten grösstenteils kahl (oder mit einigen zerstreuten länglichen Haaren), nur die Basis behaart

Rubus montanus Lej., Berg-Brombeere: Pr, Waldränder, Waldlichtungen, Gebüsche; etwas lichtliebend, auf trockenen und basenreichen Böden. In einer aktuellen Studie (Király et al. 2017, Preslia) wurden Belege für die Existenz von drei verschiedenen apomiktischen Arten innerhalb des traditionell als *R. montanus* bezeichneten Taxons gefunden (nämlich *R. bicolor*, *R. montanus* und *R. velutinus*). Das hier verwendete taxonomische Konzept entspricht noch dem des «Atlas Florae Europaeae» (Kurtto et al. 2007). Für eine präzisere Identifizierung sei auf die oben genannte Studie verwiesen

n Blütenstiele drüsig, meist mit 1-10 kurzen (0,2-0,3 mm) Stieldrüsen (manchmal durch Behaarung verdeckt). Blattrand grob und tief gezähnt, Hauptzähne 4-5 mm lang. Untere Teilblättchen mit 1-3 mm langen Stielen. Blüten blassrosa

Rubus mercieri Genev., Mercier-Brombeere: Pr, VII, Säume, Gebüsche, Hecken; lichtliebend

- Blütenstiele nicht drüsig (höchstens 1 Stieldrüse bei *R. albiflorus*). Blattrand kurz gezähnt (Hauptzähne 1-3 mm, bis zu 3-5 mm bei *R. albiflorus*). Untere Teilblättchen mit 2-7 mm langen Stielen **o**

---

o Basis der Stacheln rot gefärbt, in starkem Kontrast zur grünen Farbe der Sprösslingsachse → (junge Triebe untersuchen, bei älteren Trieben färbt sich die ganze Sprossachse rot, v. a. wenn sie starkem Sonnenlicht ausgesetzt ist). Stacheln im Blütenstand am Grund rot, meist recht schlank und gerade oder ± gebogen (aber nicht gekrümmt). Blätter handförmig (oder sehr schwach fussförmig) geteilt. Ein Teil der grossen Teilblättchen konvex gewölbt, Blattrand nicht gewellt. Blüten blassrosa, Kronblätter 14-20 mm lang

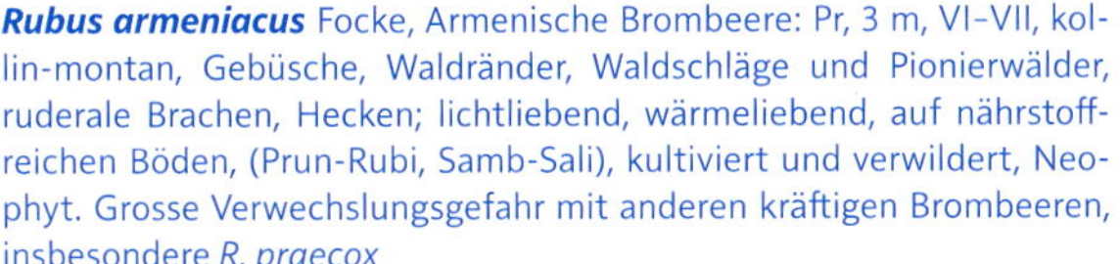

Rubus armeniacus Focke, Armenische Brombeere: Pr, 3 m, VI-VII, kollin-montan, Gebüsche, Waldränder, Waldschläge und Pionierwälder, ruderale Brachen, Hecken; lichtliebend, wärmeliebend, auf nährstoffreichen Böden, (Prun-Rubi, Samb-Sali), kultiviert und verwildert, Neophyt. Grosse Verwechslungsgefahr mit anderen kräftigen Brombeeren, insbesondere *R. praecox*

- Basis der Stacheln ohne ausgeprägten Farbkontrast zur grünen Farbe der Schösslingsachse (ausser manchmal bei *R. praecox*). Blätter finger- bis deutlich fussförmig geteilt. Teilblättchen nicht konvex gewölbt. Kronblätter höchstens 13 mm lang **p**

---

p Blütenstandsachse mit vergrösserten, meist hakenförmigen Stacheln. Blätter hand- oder schwach fussförmig geteilt. Teilblättchen konvex gewölbt, flach oder leicht konkav, mit gewellten Rändern. Blüten weiss oder leicht blassrosa. Kronblätter 10-13 mm lang

Rubus praecox Bertol., Robuste Brombeere: Pr, VII, Säume, Gebüsche, Hecken; kalkliebend, lichtliebend

- Blütenstandsachse mit schmalen, meist geraden Stacheln. Blätter finger- bis deutlich fussförmig geteilt **q**

---

q Blätter meist deutlich fussförmig geteilt, die unteren Teilblättchen meist 2-5 mm über dem Blattstielgrund der mittleren Teilblättchen ansetzend. Blütenstandsachse mit 5-13 Stacheln pro 5 cm. Blütenstandsachse und Blütenstiele anliegend filzhaarig, daneben mit längeren abstehenden Haaren, die Stiele daher rauhaarig aussehend (vgl. *R. ulmifolius*). Blüten blassrosa

Rubus bifrons Tratt., Zweifarbige Brombeere: Pr, trockene Waldschläge und Gebüsche, Hecken, Säume; kalkliebend, lichtliebend

- Blätter fingerförmig geteilt, die unteren Teilblättchen höchstens 1 mm über dem Blattstielgrund der mittleren Teilblättchen ansetzend. Blütenstandsachse mit 0-5 Stacheln pro 5 cm. Blüten weiss

Rubus albiflorus Boulay & Lucand, Weissblütige Brombeere: Pr, Wälder, Säume, Gebüsche; frische, nährstoffreiche und meist kalkarme Böden

r Untere Teilblättchen 55–65 % so lang wie Endblättchen. Schösslingsachse dicht mit sitzenden Drüsen besetzt. Staubblätter die Griffel deutlich überragend. Stacheln gerade bis leicht gebogen, 4–7 mm lang. Endfieder stark konvex aufgewölbt (nur im frischen Zustand sichtbar)

Rubus macrophyllus Weihe & Nees, Grossblättrige Brombeere: Pr, VI, Wälder, Waldschläge, Säume, Gebüsche; wärmeliebend, meist auf kalkarmen und nährstoffreichen Böden

- Untere Teilblättchen nur 46–52 % so lang wie Endblättchen. Schösslingsachse meist ohne sitzende Drüsen (nur 0–2 der < 0,5 mm grossen Drüsen pro 1 cm auf jeder Seitenfläche). Staubblätter die Griffel kaum überragend. Stacheln ± gerade, 3–5 mm lang

Rubus gremlii Focke, Gremli-Brombeere: Pr, Waldschläge, Säume, Gebüsche

s Pflanze mit folgender Merkmalskombination: Schösslingsachsen → mit mehr als (15–)20 Haaren pro 1 cm auf einer Seitenfläche. Blattunterseite mit langen, glänzenden, seidigen Haaren (sich sehr weich anfühlend) und oft auch mit ± sternförmigen Haaren bedeckt *(«Vestiti»)* **t**

- Blattunterseite fast kahl bis dicht behaart, aber normalerweise nicht mit langen, seidigen Haaren bedeckt. Wenn seidige Haare vorhanden, dann hat die Schösslingsachse nur 0–15 Haare pro 1 cm auf einer Seitenfläche **u**

t Schösslingsachse mit 1–1,5 mm langen, meist büscheligen Haaren. Stacheln der Sprösslings- und Blütenstandsachsen gerade, rechtwinklig abgehend. Blattunterseite mit langen, seidigen Haaren bedeckt. Blüten weiss (f. *albiflorus*) oder rosa (f. *vestitus*)

Rubus vestitus Weihe, Samt-Brombeere: Pr, Waldschläge, Säume, Gebüsche; im Halbschatten, meist auf frischen, nährstoffreichen und kalkhaltigen Böden

- Die meisten Haare der Schösslingsachse sind < 1 mm lang. Stacheln der Sprösslings- und Blütenstandsachsen zumindest teilweise etwas gebogen. Blattunterseite anliegend filzhaarig, nicht seidig. Blüten tiefrosa

Rubus conspicuus Wirtg., Ansehnliche Brombeere: Pr, Waldschläge, Säume, Gebüsche; wärmeliebend, lichtliebend, auf nährstoffreichen Böden

u Schösslingsachsen mit rötlich gefärbten Kanten und Stachelbasis, kahl, mit < 100 Stieldrüsen und/oder Nadelstacheln pro 5 cm bzw. 0–4(–8) pro 1 cm auf einer Seitenfläche. Grössere Stacheln etwas ungleich gross, bis zu 5 mm lang, 5–8 pro 5 cm. Blütenstiele mit zahlreichen (> 20) kurzen, 0,1–0,3(–0,5) mm langen Stieldrüsen, die kaum über die Behaarung herausragen

Rubus landoltii H. E. Weber, Landolt-Brombeere: Pr, VII, Waldränder, Lichtungen; halbschattenliebend

- Schösslingsachsen mit > 250 Stieldrüsen und/oder Nadelstacheln pro 5 cm bzw. > 10 pro 1 cm auf einer Seitenfläche. Stacheln gleichartig oder sehr verschiedenartig **v**

v Schösslingsachse → hauptsächlich mit gleich grossen Stacheln und 0,3–1(–1,5) mm langen Stieldrüsen (und oft auch einigen Nadelstacheln), daher fühlt sich die Schösslingsachse zwischen den Stacheln rau an. Stieldrüsen an den Blütenstielen bis zu 1 mm lang (selten 1,5 mm) **w**

- Schösslingsachse → mit sehr verschiedenartigen, unterschiedlich grossen Stacheln besetzt, daneben mit Stieldrüsen und Nadelstacheln. Stieldrüsen an den Blütenstielen bis zu 2,5 mm lang **δ**

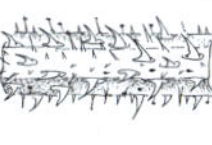

w Schösslingsachse mit (fast) gleichartigen Stacheln. Sonnenexponierte Blätter unterseits mit graugrünem bis grauweissem Filz (manchmal nur bei Blättern im Blütenstand) *(«Radula»)* **x**

- Blätter unterseits ohne Haarfilz, grün. Wenn graugrün (z. B. *R. foliosus, R. flexuosus*), dann Schösslingsachse neben den grossen Stacheln mit einigen kleineren Stacheln *(«Pallidi»)* **z**

x Blätter meist 4–5 Teilblättchen, auf der Unterseite spürbar behaart. Griffel weisslich grün **y**

- Alle oder die meisten Blätter 3-teilig, auf der Unterseite kaum spürbar behaart. Griffel am Grund rosa **γ**

→ Rubus flexuosus

y Blütenstiele stachellos, mit anliegenden, filzig-krausen Haaren bedeckt, dazwischen mit 0,3–0,7 mm langen, roten Stieldrüsen. Schösslingsachse fast kahl, mit 4–6 mm langen Stacheln. Kelchblätter nach der Blüte ± nach vorne gerichtet

Rubus rudis Weihe, Raue Brombeere: Pr, VII, Waldränder, Lichtungen, Säume; halbschattenliebend bis schwach lichtliebend, auf nährstoffreichen und oft kalkhaltigen Böden

- Blütenstiele mit kurzen, filzig-krausen Haaren bedeckt, daneben mit 0,1–0,3(–0,5) mm langen Stieldrüsen und (einigen) die Stieldrüsen überragenden, langen Haaren. Schösslingsachse behaart, mit 6–9 mm langen Stacheln. Kelchblätter nach der Blütezeit zurückgeschlagen

Rubus radula Weihe, Raspel-Brombeere: Pr, VII, Waldschläge, Säume, Gebüsche; lichtliebend, auf nährstoffreichen und oft kalkhaltigen Böden

z Staubblätter so lang oder kürzer als die Griffel, diese gänzlich oder nur am Grund rot. Kronblätter weiss, nur 6–9 mm lang. Kelchblätter nadelstachelig, zuletzt verlängert und nach vorne gerichtet. Schösslingsachse zylindrisch, graugrün. Blätter ganz oder überwiegend 3-teilig. Endblättchen mit 20–25 mm langer Spitze

Rubus tereticaulis P. J. Müll., Rundstängelige Brombeere: Pr, Waldränder, Lichtungen; halbschattenliebend, auf mässig nährstoffreichen Böden

- Staubblätter so lang oder länger als die Griffel. Kelchblätter zurückgebogen oder gespreizt (wenn aufrecht, dann mit fast kahlen Schösslingsachsen oder mit weisslich grünen Griffeln). Schösslingsachsen meist dunkel weinrot. Das endständige Teilblatt mit einer 5–20 mm langen Spitze **α**

α Blütenstiele mit 0,5-1(-1,5) mm langen Stieldrüsen, diese gleich lang oder länger als der Durchmesser der Blütenstiele. Blätter (fast) alle 3-teilig, oberseits behaart, unterseits grün, weich behaart, aber ohne Filz **β**

- Blütenstiele mit 0,2-0,5 mm langen Stieldrüsen. Blätter mit 3 oder 5 Teilblättchen, oberseits behaart oder unbehaart, unterseits grün oder graufilzig **γ**

β Blüten rosa. Blätter unterseits kaum spürbar behaart, seltener etwas weichhaarig, aber nicht glänzend. Stiele der Endblättchen (30-)35-44 % so lang wie ihre Spreite, diese breit eiförmig bis verkehrt eiförmig mit herzförmigem, aber oft auch abgerundetem Blattgrund und mit deutlicher, 7-15 mm langer Spitze

Rubus bregutiensis Focke, Bregenzer Brombeere: Pr, Waldränder, Lichtungen; halbschattenliebend, meist auf nährstoffreichen Böden

- Blüten weiss. Blätter unterseits weich und seidig behaart (die Blattoberfläche unter den Haaren nicht mehr erkennbar), durch Haare auf den Nerven glänzend. Endblättchen verkehrt eiförmig, die grösste Breite weit vorne, meist mit abgerundetem Blattgrund und mit einer schmalen, 9-13 mm langen, aufgesetzten Spitze. Hauptzähne nach aussen gebogen, Einschnitte 2-3 mm tief

Rubus distractus Wirtg., Spreizrispige Brombeere: Pr, Waldränder, Lichtungen; kalkmeidend, auf mässig nährstoffreichen Böden

γ Schösslingsachse mit (5-)20-100 kleinen Haaren pro 1 cm pro Seitenfläche, oft nur mit wenigen Stieldrüsen, wenigen Nadelstacheln und Drüsenborsten. Blätter mit (3-)4-5 Teilblättchen, nicht ledrig, oberseits mit 10-50 Haaren pro cm^2. Endblättchen ± elliptisch bis abgerundet, mit eingerolltem Rand (besonders zum Blattgrund hin), in einer feinen, (5-)10-20 mm langen Spitze. Blütenstände kegelförmig, ihre Achse ± gerade und bis zuoberst beblättert. Fruchtknoten meist dicht behaart

Rubus foliosus Weihe, Blattreiche Brombeere: Pr, Waldränder, Lichtungen; kalkmeidend, halbschattenliebend bis schwach lichtliebend, auf mässig nährstoffreichen Böden

- Schösslingsachse weniger behaart, mit vielen Stieldrüsen, zahlreichen Nadelstacheln und Drüsenborsten. Alle oder die meisten Blätter 3-teilig, etwas ledrig, oberseits mit 5-10 Haaren pro cm^2. Endblättchen schmal, nie abgerundet, Blattrand nicht eingerollt, mit 5-10 mm langer Spitze. Blütenstandsachse ± zickzackförmig. Kronblätter und Basis der Griffel blassrosa. Fruchtknoten leicht behaart bis fast kahl

Rubus flexuosus P. J. Müll. & Lefèvre, Zickzackachsige Brombeere: Pr, Waldränder, Lichtungen; kalkmeidend, halbschattenliebend bis schwach lichtliebend, auf mässig nährstoffreichen Böden

δ Die grössten Stacheln der Schösslingsachsen → mit ± stark verbreiterter Basis. Schösslingsachse (stumpf) kantig. Kronblätter weiss oder rosa *(«Hystrices»)*

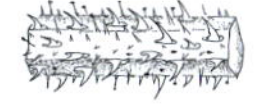

***Rubus hystrix*-Komplex, Stachelschwein-Brombeeren: Pr. Die meisten Taxa, die traditionell in der *Hystix*-Serie zusammengefasst werden, bilden zu wenige durch Apomixis hervorgegangene Samen, sodass sich keine merkmalsstabilen Einheiten (stabilisierte apomiktische Arten) ausbilden. Innerhalb der Serie gibt es allerdings einige stabile Arten (z. B. *R. bavaricus*), die, wenn sie entdeckt werden, bekannt gemacht werden sollten. Das taxonomische Konzept des *R. hystrix*-Komplexes ist nützlich, um die vielen Biotypen (spontane Hybriden und ihre Abkömmlinge mit nur sehr reduzierter Verbreitung) mit geringem taxonomischem Wert zusammenzufassen. Solche Typen können regional sehr verbreitet sein und das Aufspüren von stabilisierten Einheiten erschweren

\- Alle Stacheln der Schösslingsachse → schmal zugespitzt bis nadelig. Schösslingsachse zylindrisch bis stumpfkantig. Kronblätter weiss *(«Glandulosi»)* **ε**

Die meisten Taxa, die traditionell in der *Glandulosi*-Serie zusammengefasst werden, bilden zu wenige durch Apomixis hervorgegangene Samen, sodass sich keine merkmalsstabilen Einheiten (stabilisierte apomiktische Arten) ausbilden. Innerhalb der Serie gibt es allerdings einige stabile Arten (z. B. *R. pedemontanus, R. flaccidifolius*), und wenn sie entdeckt werden, verdienen sie es, als solche bekannt gemacht zu werden. Die taxonomischen Begriffe *R. hirtus*-Komplex und *R. glandulosus*-Komplex sind nützlich, um die vielen Biotypen (spontane Hybriden und ihre Abkömmlinge mit nur sehr reduzierter Verbreitung) mit geringem taxonomischem Wert zusammenzufassen. Solche Typen können regional sehr verbreitet sein und das Aufspüren von stabilisierten Einheiten erschweren

ε Schösslingsachse kahl bis spärlich behaart, purpurrot (sonnenexponiert). Blätter alle 3-teilig, unterseits grün, kaum spürbar behaart. Teilblättchen mit feinen, 15–25 mm langen Spitzchen. Stieldrüsen blassgelb, im Blütenstand rot. Griffel grün. Blütenstand sehr klein, stets armblütig, die oberen Blütenstiele fast spreizend

Rubus pedemontanus Pinkw., Träufelspitzen-Brombeere: Pr, bodensaure, frische und lichte Wälder und Säume; halbschattenliebend

\- Andere Merkmalskombination **ζ**

ζ Blätter der Schösslingsachsen und Blütenstände 3-teilig, stark konvex gewölbt und etwas schlaff. Teilblättchen oberseits behaart, mit (15–)20–40 Haaren pro cm^2. Blütenstände (fast) bis zuoberst beblättert, aufrecht, oft bis zu 1 m lang, meist auf einem diesjährigen Trieb direkt dem Stock entspringend. Kronblätter weiss. Staubblätter etwas länger als die Griffel. Narben grün

Rubus flaccidifolius P. J. Müll., Schlaffblättrige Brombeere: Pr, 0,5–1 m, bodensaure, frische und lichte Wälder und Säume; halbschattenliebend, oft auf nährstoffreichen Böden

\- Andere Merkmalskombination **η**

η Blütenstand dicht mit schwarzroten Drüsen verschiedener Länge bedeckt

Rubus hirtus-Komplex, Dunkeldrüsige Brombeeren: Pr. Unter diesem taxonomischen Konzept wird eine Reihe von nicht stabilen und variablen Biotypen und Morphotypen zusammengefasst. In Zukunft sollten detailliertere Studien das Vorhandensein stabilisierter Einheiten in diesem Komplex aufzeigen

- Stieldrüsen im Blütenstand nicht schwärzlich rot

Rubus glandulosus-Komplex, Drüsenreiche Brombeeren: Pr. Unter diesem taxonomischen Konzept wird eine Reihe von nicht stabilen und variablen Biotypen und Morphotypen zusammengefasst. In Zukunft sollten detailliertere Studien das Vorhandensein stabilisierter Einheiten in diesem Komplex aufzeigen

Sanguisorba Wiesenknopf

1 Blütenköpfchen dunkelrot. Blätter mit deutlich gestielten, herzförmigen, graugrünen Teilblättchen →. Scheinfrucht (Kelchbecher) zur Fruchtzeit 4-kantig, mit glatten Flächen

Sanguisorba officinalis L., Grosser Wiesenknopf: H, 30–100 cm, VI–IX, kollin-subalpin (-alpin), wechselfeuchte Magerrasen, Staudenfluren, Flachmoore, (Moli, Fili), NT

- Blütenköpfchen grün oder rötlich. Blätter mit kaum gestielten, rundlichen bis eiförmigen Teilblättchen →, die oben gegenständig, an der Basis wechselständig stehen. Scheinfrucht (Kelchbecher) zur Fruchtzeit 4-kantig

Sanguisorba minor Scop., *(Poterium sanguisorba)*, Kleiner Wiesenknopf: 20–50 cm, V–VIII, Wiesen und Weiden, LC

a Scheinfrucht ca. 4 mm lang, an den Kanten mit schmalen, ganzrandigen Leisten →, Seitenflächen der Kelchbecher feinrunzelig (schwaches Relief!). Stängel am Grund kurzhaarig. Die meisten Blätter sind am Grund der Pflanze, nur wenige sind am Stängel. Teilblättchen meist ungestielt

Sanguisorba minor Scop. subsp. ***minor***, Gewöhnlicher Kleiner Wiesenknopf: H, V–VIII, kollin-subalpin, Halbtrockenrasen, eher trockene Fettwiesen, (Meso, Arrh), LC

- Scheinfrucht ca. 6 mm lang, an den Kanten mit gebuchteten, 0,5–1 mm breiten Flügelleisten →, Seitenflächen stark runzelig-grubig (kräftiges Relief!). Stängel meist vollständig kahl, mit mehreren bis zahlreichen Stängelblättern. Teilblättchen meist etwas gestielt

Sanguisorba minor subsp. ***polygama*** (Waldst. & Kit.) Cout., Stachliger Kleiner Wiesenknopf: H, VI–VII, kollin, trockenwarme Wegränder, Pionierfluren, Halbtrockenrasen, (Meso, Dauc-Meli), DD

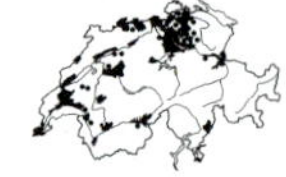

Sibbaldia Gelbling

- Stängel niederliegend. Blätter 3-zählig, verkehrt eiförmig, am Grund keilförmig, vorne gestutzt, mit 3 groben Zähnen. Blütenstand 5- bis 10-blütig, Kronblätter gelbgrün, kürzer als der Kelch →

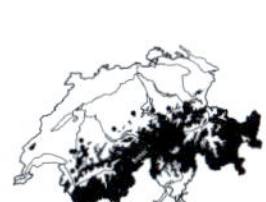

Sibbaldia procumbens L., Alpen-Gelbling: Ch-H, 2-5(-7) cm, VI-VII, (montan-) alpin, kalkarme Schneetälchen, (Sali-herb), LC

Sorbaria Fiederspiere

- Strauch mit steifen Zweigen. Blätter gefiedert, mit 5-12 Teilblattpaaren, bis 25 cm lang, Teilblätter 5-10 cm lang, mit auffallender, lang gezogener Spitze, doppelt gesägt, (fast) kahl. Blüten in grossen, bis 30 cm langen Rispen aus vielen kleinen Blüten

Sorbaria sorbifolia (L.) A. Braun, Ebereschen-Fiederspiere: Ufergehölze, Ruderalfluren, Neophyt

Sorbus Mehlbeerbaum

1 Blätter gefiedert, Teilblättchen vollständig getrennt **2**

- Blätter einfach, gelappt oder fiederschnittig **3**

2 Blattunterseite dicht und bleibend filzig behaart. Knospen fast kahl, klebrig. Teilblättchen eiförmig oder länglich eiförmig, gezähnt. Zähne junger Blättchen mit einer braunen, hinfälligen Drüse, klebrig. Blütendolde mit 20-60 Blüten. Griffel meist 5. Frucht gelb bis rot, birnenförmig, 1,5-3 cm lang (Abb. Tafel 18, S. 720)

Sorbus domestica L., Speierling: P, 20 m, V-VII, kollin, wärmeliebende Laubwälder, (Quer-pube, Carp), EN

- Blattunterseite nur ganz jung behaart, rasch verkahlend, Teilblättchen länglich lanzettlich, 4-6 cm lang, scharf gezähnt. Knospen filzig. Blütendolde mit über 200 Blüten. Griffel 2-4. Frucht matt hellrot, kugelig (Abb. Tafel 18, S. 720)

Sorbus aucuparia L., Vogelbeerbaum: Ph-P, 15 m, V-VI, montan-subalpin, Bergwälder, Moorwälder, Gebüsche, Pionierwälder, (Abie-Pice, Vacc-Pice, Spha-Pice, Samb-Sali), LC

3 Blätter einfach oder doppelt gezähnt. Zähne 1. Ordnung («Lappen») höchstens bis 4 mm lang **4**

- Blätter gelappt und die Lappen gezähnt. Lappen («Zähne 1. Ordnung») 4-20 mm lang **5**

4 Blüten rosa. Blätter lederig, unterseits kahl, grün, oberseits dunkelgrün, etwas glänzend, 5-10 cm lang, doppelt gezähnt. Zähne nach vorne gekrümmt, mit Knorpelspitze. Frucht eiförmig, rot oder braunrot (Abb. Tafel 18, S. 720)

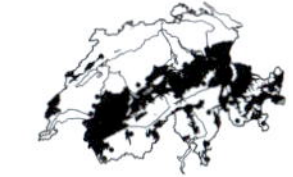

Sorbus chamaemespilus (L.) Crantz, Zwergmispel: Ph, 1-2 m, VI-VII, subalpin-alpin, kalkreiche Zwergstrauchheiden, lichte Bergwälder, (Eric, Abie-Pice), LC

- Blüten weiss. Blätter weich, unterseits weissfilzig. 8–14 cm lang, doppelt gezähnt oder mit bis 4 mm langen Lappen. Blüten in (jung) weissfilzigen Scheindolden. Kelch dreieckig. Frucht kugelig bis eiförmig, orange bis rot (Abb. Tafel 18, S. 720)

  Sorbus aria (L.) Crantz, Echter Mehlbeerbaum: P, 15 m, V, kollin-subalpin, wärmeliebende, lichte Wälder, felsige Gebüsche, (Quer-pube, Ceph-Fage, Carp), LC

5 Blätter jederseits mit 3–5 spitzen Lappen, nur jung filzhaarig, unterseits etwas flaumig. Blüten weiss, in doldigen Blütenständen. Frucht eiförmig, braun (Abb. Tafel 18, S. 720)

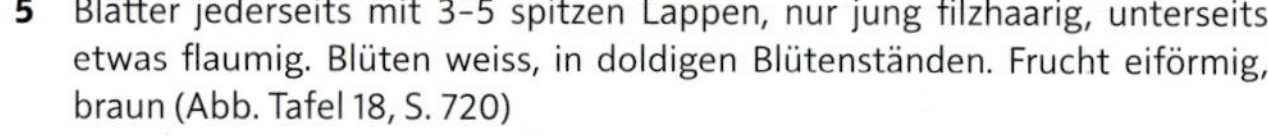

  Sorbus torminalis (L.) Crantz, Elsbeerbaum: P, 20 m, V, kollin (-montan), wärmeliebende Laubmischwälder, (Quer-pube, Carp), LC

- Blätter jederseits mit 7–15, im Umriss abgerundeten Lappen **6**

6 Blattzähne ohne Drüsenspitze. Blätter am Grund keilförmig, unterseits ± dicht filzhaarig. Frucht rot, Durchmesser 5–6 mm (Abb. Tafel 18, S. 720)

  Sorbus mougeotii Soy.-Will. & Godr., Berg-Mehlbeerbaum: P, 20 m, V, montan (-subalpin), wärmeliebende Laubmischwälder, (Tili-plat, Ceph-Fage, Loni-Fage), LC

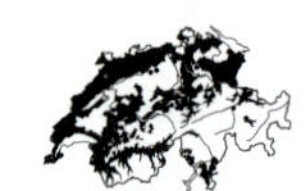

- Blattzähne mit brauner Drüsenspitze. Blätter am Grund gerundet, unterseits locker filzhaarig. Frucht rötlich braun, Durchmesser 1–1,5 cm (Abb. Tafel 18, S. 720)

  Sorbus latifolia (Lam.) Pers., Breitblättriger Mehlbeerbaum: V, kollin-montan, NT

Spiraea Spierstrauch

1 Blütenstände (schein)doldig, seitenständig (seitlich sitzend am Zweig oder am Ende von seitlichen Kurztrieben) **2**

- Blütenstände rispig oder zusammengesetzt doldig, endständig (am Ende von Langtrieben) **3**

2 Scheindolden am Ende von beblätterten Kurztrieben. Blätter verkehrt eiförmig, gezähnt und oft 3- (5-)lappig, hellgrün. Kronblätter ca. 6 mm lang (Abb. Tafel 18, S. 720)

  Spiraea chamaedryfolia L., Ulmenblättriger Spierstrauch: Ph, 2 m, IV–V, kollin, sonnige Gebüsche, Waldränder, (Berb), kultiviert und selten verwildert, Neophyt

- Scheindolden in dichter Folge entlang des Langtriebs sitzend (manchmal einige mit Ansätzen zu Kurztrieben), von einem Blätterkranz umgeben (gestauchter Kurztrieb). Blätter lanzettlich, ganzrandig, kaum gezähnt (Abb. Tafel 18, S. 720)

  Spiraea ×arguta Zabel, Braut-Spierstrauch: Gebüsche, Auenwälder, Parkanlagen, Neophyt

3 Blütenstand eine flache Scheindolde (Schirmrispe) am Ende langer Zweige. Krone rosa bis rotviolett (weisse Formen sind selten). Blätter eilanzettlich, gezähnt (Abb. Tafel 18, S. 720)

Spiraea japonica L. f., Japanischer Spierstrauch: Ph, 12 cm, VI–VIII, Pionierwälder, (Samb-Sali, Robi), kultiviert und verwildert, Neophyt

- Blütenstand eine längliche Rispe (länger als breit). Krone weiss oder rosa **4**

4 Krone weiss. Blütenstand und junge Zweige weich kurzhaarig. Blätter länglich lanzettlich, 3–6(–10) cm lang, kahl oder unterseits an den Nerven etwas behaart. Blattrand scharf gesägt (oft ansatzweise doppelt) (Abb. Tafel 18, S. 720)

Spiraea alba Du Roi, Weisser Spierstrauch: Gebüsche, Auenwälder, Parkanlagen, kultivierter Neophyt

- Krone rosa. Blätter lanzettlich, 4–8 cm lang. Blattrand zumindest im vorderen Teil gesägt (Abb. Tafel 18, S. 720)

Spiraea salicifolia aggr.

a Blätter beiderseits ± kahl, von der Mitte an allmählich in die Blattspitze verjüngt. Blattrand durchgehend gesägt. Nektardrüsen in der Blüte bilden einen geschlossenen Ring (Abb. Tafel 18, S. 720)

Spiraea salicifolia L., Weidenblättriger Spierstrauch: Ph, 1,5 m, VI–IX, kollin, Gebüsche, Auenwälder, Parkanlagen, kultivierter Neophyt

- Blätter unterseits locker oder dicht behaart. Blattrand im unteren Drittel kaum noch gezähnt. Nektardrüsen in der Blüte keinen geschlossenen Ring bildend **b**

b Blätter fein gesägt, 4–5(–6) cm lang, unterseits schwach behaart (v. a. auf den Nerven). Krone kräftig rosa (Abb. Tafel 18, S. 720)

Spiraea ×pseudosalicifolia Silverside, Verwechselter Spierstrauch: Neophyt

- Blätter scharf gesägt, 5–7 cm lang, unterseits auch auf der Fläche dünn filzhaarig. Krone blassrosa (Abb. Tafel 18, S. 720)

Spiraea ×billardii Hérincq, Billards Spierstrauch: Neophyt

Waldsteinia Golderdbeere

1 Krautpflanze ohne Ausläufer. Blätter ungeteilt, aber mit (3–)5–7 tiefen Lappen (*Ranunculus*-artig). Blütenstiele mit auffälligen, laubartigen, 3-lappigen, am Grund geöhrten Hochblättern (an *Geum urbanum* erinnernd). Blüten gelb

Waldsteinia geoides Willd., Nelkwurz-Waldsteinie: Gartenränder, Krautsäume, kultivierter Neophyt

- Krautpflanze mit Ausläufern. Blätter vollständig in 3 Teilblätter geteilt. Blütenstiele mit kleinen, lanzettlichen (selten 3-spaltigen) Hochblättern. Blüten gelb

Waldsteinia ternata (Stephan) Fritsch, Dreiblättrige Waldsteinie: Gartenränder, Krautsäume, kultivierter Neophyt

Rubiaceae Rötegewächse

1 Die meisten Blüten mit 5–6 Kronzipfeln 2
- Blüten mit 4 Kronzipfeln (selten nur mit 3) 3

2 Blätter weich. Krone rosa oder weiss. Kronröhre 8–12 mm lang. Griffel weit (bis über 1 cm) über die Krone herausragend, am Ende keulig (links) →. Frucht nicht beerenartig ***Phuopsis***
- Blätter lederig, rau. Krone grünlich. Kronröhre sehr kurz (rechts) → (< 2 mm). Frucht fleischig, beerenartig, schwarz ***Rubia***

3 Blütenstand kopfartig gedrängt, von 8–10, am Grund verwachsenen Hüllblättern sternförmig umgeben. Kelch deutlich entwickelt → ***Sherardia***
- Blütenstand gedrängt oder locker, ohne verwachsene Hüllblätter. Kelch kaum erkennbar 4

4 Blüten gelb 5
- Blüten nicht gelb (weiss, gelblich weiss, grünlich weiss, bläulich oder rötlich) 6

5 Blattquirle 4-zählig. Teilblütenstände kürzer als die Blätter ***Cruciata***
- Blattquirle (6-) 8- bis 10-zählig. Teilblütenstände länger als die Blätter ***Galium***

6 Blüten trichterförmig. Kronröhre meist länger als die Kronzipfel (links) →. Falls Blüten radförmig, dann purpurn und einzeln in den Blattwinkeln stehend ***Asperula***
- Blüten rad- oder becherförmig. Falls (fast) trichterförmig, dann Kronröhre kürzer als die Kronzipfel (rechts) → ***Galium***

Asperula Waldmeister

1 Blattquirle zumindest teilweise (5-) 6- bis 10-zählig 2
- Blattquirle 2- bis 4-zählig 4

2 Blüten weiss, die meisten 3-zipflig, Kronröhre etwa so lang wie die Zipfel →. Stängel 4-kantig, kahl. Blätter grasgrün, 2–6 cm lang, Rand mit sehr kurzen, nach vorne gerichteten Haaren (Lupe!), obere Blattquirle 2- bis 4-, untere 6-zählig. Hochblätter (am Grund des Blütenstandes) eiförmig

Asperula tinctoria L., Färber-Waldmeister: H, 30–50 cm, VI–VII, kollin (-montan), kalkreiche, trockene Krautsäume, Gebüsche, Eichenwälder, (Gera-sang, Quer-pube), EN

- Blüten blau oder dunkelrot, die meisten 4-zipflig 3

3 Pflanze einjährig, ohne sterile Triebe. Blüten blau, kopfartig gebüschelt am Ende der Zweige, von mehreren Hüllblättern eingefasst. Kronröhre bis 3–4 mm lang →. Stängel kahl, verzweigt. Blattquirle 6- bis 8-zählig, Blätter lineal, Rand fein bewimpert. Früchte kahl, 3 mm lang, Oberfläche etwas körnig

Asperula arvensis L., Acker-Waldmeister: T, 10–30 cm, V–VII, kollin (-montan), trockenwarme, kalkreiche Äcker, Wegränder, (Cauc), Archäophyt, CR

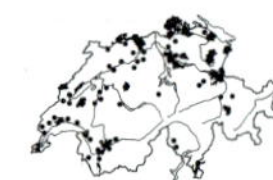

- Pflanze mehrjährig, mit sterilen Trieben. Blüten dunkelrot, einzeln in den Blattachseln, insgesamt einen lockeren, vielblütigen Blütenstand bildend. Krone auffallend klein, 2-2,5 mm breit, die Kronröhre höchstens 1-1,5 mm lang →. Stängel 4-kantig, fein behaart. Blattquirle (6-) 8- bis 10-zählig, Blätter nadelförmig, Rand umgebogen und fein bewimpert (Lupe!). Früchte kahl, zuletzt schwarz

Asperula purpurea (L.) Ehrend., Purpur-Waldmeister: Ch, 10-50 cm, VII-VIII, kollin-montan, kalkreiche Trockenrasen, Krautsäume, (Dipl), NT

4 Blätter eiförmig bis lanzettlich, 10-30 mm breit, 3-nervig. Stängel 4-kantig, zerstreut behaart. Blattquirle 4-zählig, Blätter breit, lang zugespitzt, Rand fein bewimpert. Blüten milchweiss, kopfartig gebüschelt. Kronröhre 8-14 mm lang →

Asperula taurina L., Turiner Waldmeister: G, 20-40 cm, V-VI, kollin-montan, warme, kalkreiche Laubmischwälder, Gebüsche, LC

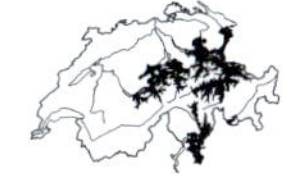

- Blätter schmal lineal, 1-2 mm breit, einnervig. Krone weiss bis rosa oder gelbrosa

Asperula cynanchica aggr.

a Kronröhre lang (2,5-4 mm) und dünn (oft fast fadenförmig), (1,5-)2-3x so lang wie die Kronzipfel →, aussen rau, rosa, innen gelblich. Die gegenständigen Tragblätter der Blüten den Fruchtknoten überragend. Frucht deutlich warzig

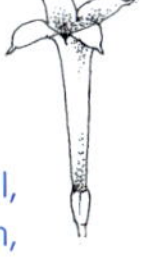

Asperula aristata L. f., Grannen-Waldmeister: H, 10-40 cm, VI-VIII, kollin-montan (-subalpin), kalkreiche Trockenrasen, Felsensteppen, (Stip-Poio, Dipl), NT

- Kronröhre 1,5-2,5 mm lang, trichterförmig, höchstens 1,5x so lang wie die Kronzipfel **b**

b Pflanze dichtrasig. Stängel starr. Die meisten Stängelblätter länger als ihr Internodium. Die gegenständigen Tragblätter der Blüten den Fruchtknoten überragend. Krone aussen glatt →, rosa. Frucht undeutlich warzig

Asperula neilreichii Beck, Felsen-Waldmeister: H, 5-15 cm, VI-IX, montan-subalpin, Kalkfelsen, Kalkschutt, (Pote, Thla-rotu), NT

- Pflanze lockerrasig. Stängel weich. Die meisten Stängelblätter kürzer als ihr Internodium. Die gegenständigen Tragblätter der Blüten den Fruchtknoten nicht oder nur ganz wenig überragend. Krone aussen körnig →, weiss bis hellrosa. Frucht deutlich warzig

Asperula cynanchica L., Hügel-Waldmeister: H, 10-40 cm, VI-VIII, kollin-montan (-subalpin), kalkreiche Trockenrasen, Föhrenwälder, (Xero, Meso, Eric-PiSy), LC

Cruciata Kreuzlabkraut

1 Pflanze einjährig. Stängel behaart, durch abwärtsgerichtete Zähnchen rau. Mittlere Blätter zu 4, 4–10 mm lang, einnervig, oval, am Rand abstehend behaart →. Krone 0,5–1 mm breit, hellgelb. Frucht ca. 1 mm breit, kahl

Cruciata pedemontana (Bellardi) Ehrend., Piemonteser Kreuzlabkraut: T, 10–35 cm, IV–V, kollin-montan, trockenwarme, kalkarme Magerrasen, lichte Kastanienwälder, (Meso, Sedo-Vero), VU

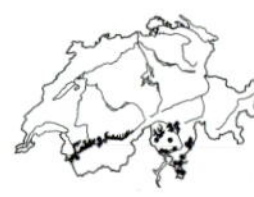

- Pflanze mehrjährig. Stängel aus kriechender Grundachse aufsteigend, nicht rau. Mittlere Blätter (8–)10–20 mm lang, 3-nervig. Frucht mit runzeliger Oberfläche **2**

2 Stängel langhaarig. Teilblütenstände (3-) 5- bis 9-blütig, mit 2 Tragblättern. Blätter zu 4, breit lanzettlich →. Blüten 2,5–3 mm breit, hellgelb. Pflanze mittelgross, 20–50 cm hoch

Cruciata laevipes Opiz, Behaartes Kreuzlabkraut: G, 20–50 cm, IV–VI, kollin-montan (-subalpin), nährstoffreiche Krautsäume, Wegränder, Läger, (Aego), LC

- Stängel kahl (v. a. im oberen Teil) oder kurzhaarig. Teilblütenstände 1- bis 3- (5-)blütig, ohne Tragblätter. Blätter zu 4, oval →. Blüten 1,5–2,5 mm breit, hellgelb. Pflanze klein, 5–20(–30) cm hoch

Cruciata glabra (L.) Ehrend., Kahles Kreuzlabkraut: G, 5–20(–30) cm, IV–VI, kollin-montan, Krautsäume, Waldränder, (Gera-sang, Carp), LC

Galium Labkraut

1 Blüten gelb oder blassgelb **2**

- Blüten weiss, grünlich oder rötlich **3**

2 Blüten blassgelb. Kronzipfel etwas begrannt → (Lupe!). Stängel über die ganze Länge (auch unten) 4-kantig, locker kurzhaarig, oben fast kahl. Blätter (1,5–)2–4 mm breit

Galium ×pomeranicum Retz., Gelblichweisses Labkraut: H, 20–60 cm, V–IX, kollin-montan, trockene Magerrasen, Krautsäume, Föhrenwälder, (Meso, Gera-sang, Eric-PiSy). Hybride aus *G. verum* × *G. album*

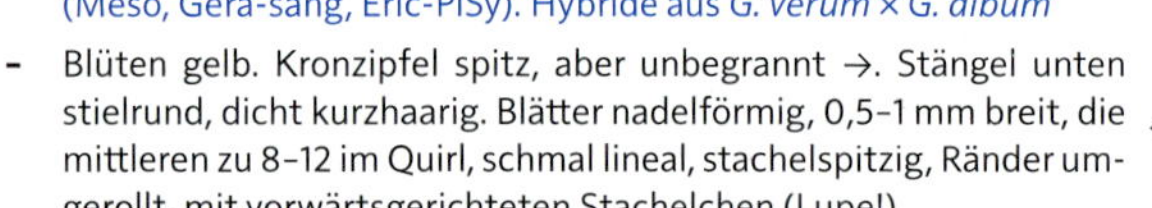

- Blüten gelb. Kronzipfel spitz, aber unbegrannt →. Stängel unten stielrund, dicht kurzhaarig. Blätter nadelförmig, 0,5–1 mm breit, die mittleren zu 8–12 im Quirl, schmal lineal, stachelspitzig, Ränder umgerollt, mit vorwärtsgerichteten Stachelchen (Lupe!)

Galium verum L., Echtes Labkraut: H, 20–70 cm, V–IX, kollin-montan (-subalpin), trockene bis wechselfeuchte Magerrasen, LC

a Blüten zitronengelb, duftlos. Blätter bis 2 mm breit, ± matt. Teilblütenstände kürzer als die Internodien, kaum länger als ihre Tragblätter. Gesamtblütenstand daher in mehreren Etagen, lang gezogen, schmal. Staubbeutel 3–4 mm lang

Galium verum subsp. ***wirtgenii*** (F. W. Schultz) Oborny, Wirtgens Labkraut: H, 20–60 cm, V–VI, kollin-montan (-subalpin), wechseltrockene, sonnige Magerrasen, (Meso, Fest-vari), NT

- Blüten goldgelb, duftend. Blätter höchstens 1 mm breit, glänzend. Zumindest die längeren Teilblütenstände länger als die Internodien und deutlich länger als ihre Tragblätter. Gesamtblütenstand daher (mit Ausnahme der untersten Teilblütenstände) kompakt. Staubbeutel 2-3 mm lang

  Galium verum L. subsp. ***verum***, Gewöhnliches Labkraut: H, 20-70 cm, VI-IX, kollin-montan (-subalpin), kalkreiche Halbtrockenrasen, wechselfeuchte Magerrasen, (Meso, Moli, Moli-Pini), LC

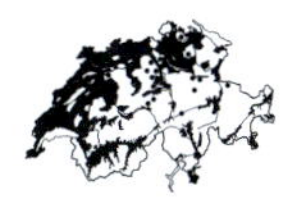

3 Blätter 3-nervig **4**

\- Blätter 1-nervig **6**

4 Blätter 0,5-2 cm lang, breit oval (bis 2x so lang wie breit), mit kurzer Stachelspitze →. Stängel niederliegend-aufsteigend, auffallend dünn. Blütenstand locker rispig, wenigblütig, schirmförmig. Blüten weiss bis grünlich, ca. 3 mm breit. Früchte mit Widerhaken

Galium rotundifolium L., Rundblättriges Labkraut: G, 15-30 cm, V-VII, (kollin-) montan (-subalpin), humusreiche Nadelwälder, Schlagfluren, (Abie-Fage, Abie-Pice), LC

\- Blätter (1,5-)2-8 cm lang, breit lanzettlich bis lineal-lanzettlich (mehr als 3x so lang wie breit). Blütenstand dichtblütig **5**

5 Die meisten Blätter 2-4 cm lang und 2-8 mm breit →, stumpf, Rand wenig umgerollt und durch vorwärtsgerichtete Stachelchen rau, undeutlich geadert. Stängel meist verzweigt, kahl. Blütenstand schmal eiförmig. Krone weiss. Früchte gross, schwärzlich

Galium boreale L., Nordisches Labkraut: G, 10-50 cm, VI-VIII, kollin-subalpin, wechselfeuchte Magerrasen, Flachmoore, lichte Wälder, (Moli, Meso, Moli-Pini), LC

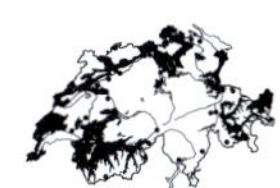

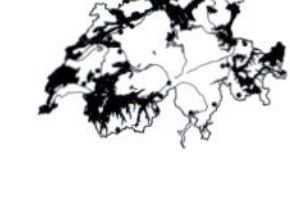

\- Die meisten Blätter 4-8 cm lang und 10-20 mm breit, zwischen den Nerven deutlich geadert. Stängel unten oft behaart. Blütenstand breit. Pflanze im Aussehen an *Rubia tinctoria* erinnernd

Galium rubioides L., Krappartiges Labkraut: G, 30-90 cm, VI-VIII, kollin, feuchte Krautsäume, Auenwälder, (Fili, Sali-alba), Neophyt

6 Krone mit deutlicher Röhre, diese glockenförmig oder kurz trichterförmig, weiss **7**

\- Kronröhre sehr kurz, undeutlich, Blüte erscheint radförmig ausgebreitet **8**

7 Pflanze grasgrün. Stängel unverzweigt. Mittlere Blätter 4-10 mm breit, Rand flach, in 6- bis 8-zähligen Quirlen. Früchte mit hakigen Borsten →. Durch Ausläufer oft Herden bildend. Getrocknet stark nach Cumarin riechend

Galium odoratum (L.) Scop., Echter Waldmeister: G, 10-30 cm, IV-VI, kollin-montan (-subalpin), Laubmischwälder, besonders Buchenwälder, (Fagetalia, Carp, Luna-Acer), LC

\- Pflanze blaugrün, oft bereift. Stängel meist verzweigt. Mittlere Blätter 1-3 mm breit, Rand umgerollt, fein stachelspitzig, in 7- bis 10-zähligen Quirlen. Früchte glatt →

Galium glaucum L., Blaugrünes Labkraut: G, 30-80 cm, V-VII, kollin-montan, trockenwarme, kalkreiche Krautsäume, (Gera-sang), VU

8 Früchte zylindrisch, länger als breit →, 1-2 mm lang (nur bei dieser Art so!), abstehend oder zurückgebogen. Stängel niederliegend, am Grund verzweigt. Blüten zu 1-2(-3) in den Blattachseln, fast über die ganze Länge des Stängels verteilt. Krone sehr klein, nur 0,5 mm breit, grünlich

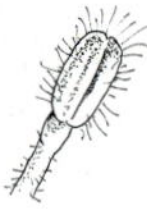

Galium murale (L.) All., Mauer-Labkraut: T, 5-20 cm lang, IV-V, kollin, trockene Mauern, steinige Wegränder, (Cent-Pari), Neophyt

- Früchte kugelig. Die meisten Teilblütenstände mit mehr als 2 Blüten **9**

9 Stängel (beim feinen Aufwärtsstreichen zwischen den Fingern) rau, bedingt durch rückwärtsgerichtete Stachelchen an den Stängelkanten. Stängel niederliegend-aufsteigend oder spreizend-kletternd **10**

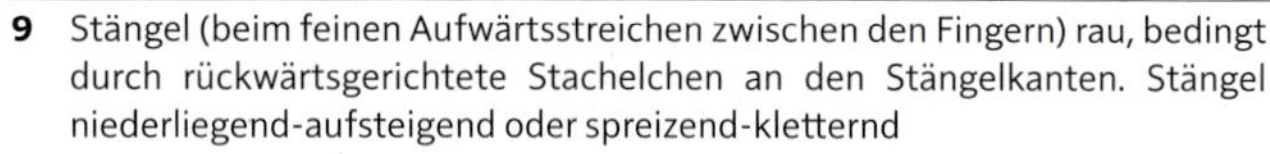

- Stängel glatt (gelegentlich behaart), ohne rückwärtsgerichtete Stachelchen an den Kanten. Stängel meist aufrecht, seltener niederliegend-kriechend (vgl. *G. megalospermum*) **15**

10 Blüten vorwiegend in einer endständigen Rispe (mit Blättern durchsetzt) **11**

- Blüten vorwiegend in blattachselständigen, kurz gestielten Teilblütenständen **13**

11 Blätter ± stumpf, ohne aufgesetztes Spitzchen. Stängel dünn, niederliegend-aufsteigend, oft verzweigt. Die meisten Blattquirle 4- (5-)zählig. Grösste Breite der Blättchen über der Mitte, Blattrand glatt. Staubbeutel dunkelrot (vgl. *G. uliginosum*)

Galium palustre aggr.: Feuchtgebiete

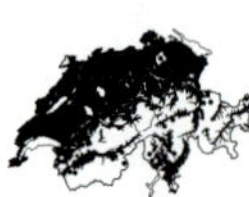

a Mittlere Blätter 5-12 mm lang, schmal oval bis schmal lanzettlich, Rand meist kahl. Stängel nicht weisskantig, nicht geflügelt. Krone 2-3,5 mm breit. Reife Teilfrüchte 1-1,5 mm breit →

Galium palustre L., Sumpf-Labkraut: G, 10-30(-60) cm, V-VIII, kollin-montan (-subalpin), Grossseggenriede, magere Nasswiesen, (Magn, Moli), LC

- Mittlere Blätter 15-30 mm lang, breit oval bis lanzettlich, Rand kurz behaart. Stängel ± weisskantig, fast geflügelt. Krone (3-)4-4,5 mm breit. Reife Teilfrüchte 1,5-2 mm breit →

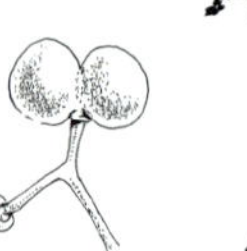

Galium elongatum C. Presl, Verlängertes Labkraut: G.li, 20-80 cm, V-VIII, kollin (-montan), Röhrichte, Ufer, Gräben, Auenwälder, (Magn, Alni-glut), NT

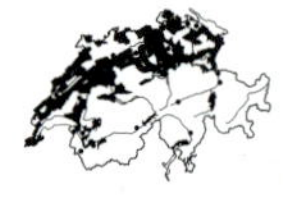

- Blätter spitz oder mit aufgesetztem Spitzchen. Die meisten Blattquirle 6- bis 8-zählig **12**

12 Krone sehr klein, nur 0,5 mm breit, innen grünlich, aussen rötlich, schmaler als die reife Frucht. Stängel zart, niederliegend. Blattrand meist flach, mit vorwärtsgerichteten Stachelchen (beim Abwärtsstreichen rau). Blattspitzchen 0,2-0,4 mm lang. Früchte kugelig, bis 1 mm lang →

Galium parisiense L., Pariser Labkraut: T, 10-20 cm, VI-VIII, kollin-montan, trockenwarme, eher kalkarme Pionierfluren, Schuttplätze, Weinberge, (Sedo-Vero, Thero-Brachypodietalia), auch adventiv, NT

- Krone 1,5-2 mm breit, weiss, breiter als reife Frucht. Stängel aufsteigend. Blattrand meist eingerollt, mit teils rückwärts-, teils vorwärtsgerichteten Haaren. Staubbeutel gelb (vgl. *G. palustre* aggr.). Früchte ca. 1 mm lang, mit spitzen Papillen → (starke Lupe!)

Galium uliginosum L., Moor-Labkraut: G, 10-40(-60) cm, V-VIII, kollin-subalpin, Flachmoore, Nasswiesen, (Moli, Calt), LC

13 Teilblütenstände 1- bis 3-blütig, kürzer als die zugehörigen Blätter, zur Fruchtzeit abwärtsgekrümmt. Stängel zu mehreren aufsteigend, 4-kantig, kräftig, glänzend. Blattspitzchen 0,6-1,2 mm lang. Früchte 3-4 mm lang, mit kleinen, spitzen Papillen →

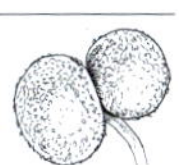

Galium tricornutum Dandy, *(G. tricorne)*, Dreihörniges Labkraut: T, 10-30(-50) cm, VI-IX, kollin-montan (-subalpin), trockenwarme, kalkreiche Äcker, Schuttplätze, Wegränder, (Cauc, Fuma-Euph), EN

- Teilblütenstände 1- bis 7-blütig, länger als die Blätter, zur Fruchtzeit abstehend **14**

14 Krone ca. 2 mm breit, weiss. Früchte (3-)4-6 mm lang, die Hakenborsten auf Papillen stehend → (Lupe!). Stängel niederliegend, bis 1 m lang, 4-kantig, an den Knoten etwas verdickt, kletternd. Blätter lanzettlich, 3-8 mm breit, Blattspitzchen 0,6-1,2 mm lang. Teilblütenstände 2- bis 5-blütig

Galium aparine L., Kletten-Labkraut: T.li, 30-150 cm, V-X, kollin-montan (-subalpin), nährstoffreiche Krautsäume, Unkrautfluren, Äcker, Auenwälder, (Aego, Poly-Chen, Arct, Sali-alba), LC

- Krone. ca. 1 mm breit, gelbgrün. Früchte 1,5-3 mm lang, die Hakenborsten nicht auf Papillen stehend →. Stängel niederliegend, nur bis 30(-40) cm lang, 4-kantig, an den Knoten kaum verdickt, kletternd. Blätter schmal lanzettlich, 2-3 mm breit, Blattspitzchen 0,6-1,2 mm lang. Teilblütenstände 3- bis 9-blütig

Galium spurium L., Falsches Kletten-Labkraut: T.li, 10-40(-75) cm, V-X, kollin-montan (-subalpin), trockenwarme, nährstoffreiche Krautsäume, Äcker, Wegränder, (Cauc, Sisy), VU

15 Pflanze kriechend. Blattquirle 6- (7-)zählig **16**

- Pflanze aufrecht oder aufsteigend. Blattquirle (6-) 7- bis 10-zählig. Teilblütenstände deutlich aus den zugehörigen Blattquirlen herausragend. Fruchtstiele gerade **17**

16 Schuttkriecher. Blätter 0,3-1 cm lang, die grösste Breite an der Spitze, kaum bespitzt. Teilblütenstände kaum aus den Blattquirlen herausragend (etwa so lang wie die Blätter). Fruchtstiele nach der Blütezeit zum Boden gekrümmt. Früchte 2-3 mm lang, ohne Hakenborsten →

Galium megalospermum All., *(G. helveticum)*, Schweizer Labkraut: H, 3-5 cm, VII-VIII, alpin, kalkreiche Schutthalden, (Thla-rotu), LC

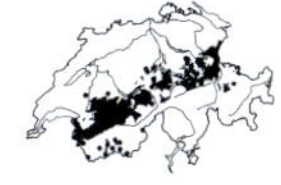

- Waldbodenkriecher. Blätter 1-3 cm lang, mit 0,5-1,5 mm langen, grünen(!) Grannenspitzchen (nur zuvorderst etwas knorpelig). Teilblütenstände meist 3-blütig, in den Blattwinkeln, 1-2x so lang wie die zugehörigen Blätter. Fruchtstiel gerade, 1-5 mm lang. Früchte hakigborstig →, ca. 1,5 mm lang

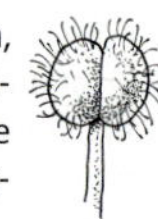

Galium triflorum Michx., Dreiblütiges Labkraut: G, 20-50 cm, VII-VIII, montan-subalpin, humusreiche Fichtenwälder, (Vacc-Pice), VU

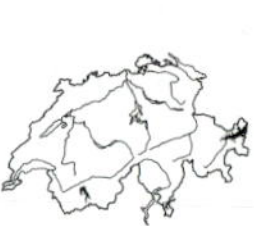

17 Stängelbasis dünn, fast fadenförmig, kaum über 1 mm dick. Pflanze meist nur 5-25 cm hoch (vgl. aber grosse Formen von *G. pumilum*) **18**

- Stängelbasis kräftig, mehr als 1 mm dick. Pflanze normalerweise über 25 cm hoch **21**

18 Kronzipfel grannig verlängert. Krone rötlich oder weiss. Blätter lineal bis lineal-lanzettlich, mit deutlichem, glänzendem Mittelnerv, zu 7-10 im Quirl, Rand meist zurückgerollt und mit rückwärtsgerichteten Stachelchen. Früchte zuletzt schwärzlich

Galium rubrum aggr.: H, 10-50 cm, kollin-montan

a Krone rosa bis purpurn, 1,5-2 mm breit. Zipfelgranne ½-⅔ so lang wie die Kronzipfel →. Stängel am Grund abstehend behaart

Galium rubrum L., Rotes Labkraut: H, 20-50 cm, VII-VIII, kollin (-montan), kalkarme, eher trockene Magerrasen, Krautsäume, lichte Laubwälder, (Call-Geni, Fest-vari, Quer-robo), LC

- Krone hellrosa bis weiss, 2-3 mm breit. Zipfelgranne weniger als ½ so lang wie die Kronzipfel →. Stängel am Grund kahl oder behaart. Blütenstand im Umriss eiförmig

Galium ×centroniae Cariot, Savoyer Labkraut: H, 10-40 cm, VI-VII, kollin-montan, kalkarme Magerweiden, Waldränder, (Call-Geni, Fest-vari). Fixierter Hybride aus *G. rubrum* und *G. pumilum*

- Kronzipfel spitz, aber nicht grannenartig verlängert →. Krone weiss bis gelblich weiss **19**

19 Blätter → zu 6 im Quirl, am Rand nach vorne gerichtete Stachelchen. Früchte mit deutlichen, auch ohne Lupe erkennbaren, spitzen Papillen. Stängel aus kriechender Grundachse büschelweise aufsteigend (sterile Triebe kriechend). Blätter stachelspitzig, die unteren verkehrt eiförmig, die oberen lanzettlich

Galium saxatile L., *(G. harcynicum)*, Felsen-Labkraut: Ch, 10-30 cm, VI-VII, kollin-montan, wechselfeuchte Magerrasen, Flachmoore, Laubwälder, (Call-Geni, Quer-robo), EN

- Mittlere Blätter zu 7-9 im Quirl, am Rand umgerollt, mit rückwärtsgerichteten Stachelchen und knorpeliger Spitze. Früchte ± glatt. Stängel kaum kriechend, aufrecht oder aufsteigend, nicht büschelig **20**

20 Pflanze lockerrasig, meist ohne sterile Triebe. Stängel (10-)15-30(-50) cm hoch. Gesamtblütenstand locker, im Umriss schmal eiförmig oder schmal pyramidenförmig, > 2x so hoch wie breit. Unterste Blätter zur Blütezeit vertrocknet. Mittlere Blätter zu 8-9 im Quirl, schmal lanzettlich →, oft etwas sichelig, Rand ± umgerollt. Frucht ± glatt, Fruchtstiel gerade

Galium pumilum Murray, Niedriges Labkraut: H, 10-30(-50) cm, V-VII, kollin-montan (-subalpin), trockene, eher kalkarme Magerrasen, Krautsäume, Gebüsche, (Meso, Call-Geni), LC

- Pflanze ± dichtrasig, mit sterilen Trieben. Stängel 5-10(-20) cm hoch, stark verzweigt. Gesamtblütenstand gedrängt, im Umriss schirmförmig oder breit eiförmig, < 2x so hoch wie breit. Unterste Blätter zur Blütezeit noch frisch. Mittlere Blätter zu 7-9 im Quirl, grösste Breite nahe der Spitze →, Rand ± umgerollt. Frucht ± glatt, Fruchtstiel gerade

Galium anisophyllon Vill., Alpen-Labkraut: H, 5-15 cm, VI-IX, (montan-) subalpin-alpin, steinige Gebirgsrasen, Schuttfluren, (Sesl, Poio-alpi, Thla-rotu), LC

21 Stängel zumindest im unteren Teil rund, manchmal mit 4 feinen, schwachen Rippen **22**

- Stängel über die ganze Länge 4-kantig **23**

22 Kronzipfel spitz, aber unbegrannt →. Stängel kahl, am Grund nicht wurzelnd, ohne Ausläufer. Junge Triebe blaugrün bereift. Mittlere Blätter 20-50 mm lang, breit lanzettlich, (3-)5-9 mm breit. Blütenknospen meist nickend. Krone becherförmig

Galium sylvaticum L., Wald-Labkraut: G, 40-80(-150) cm, VII-IX, kollin-montan, lichte Laubmischwälder, Gebüsche, (Carp, Quer-pube, Tili-plat), LC

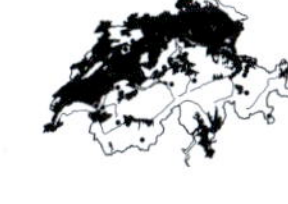

- Kronzipfel begrannt →. Stängel am Grund wurzelnd, mit Ausläufern. Junge Triebe unbereift. Mittlere Blätter zu 6-8 im Quirl, schmal lanzettlich, 3-5 mm breit. Blütenknospen aufrecht. Krone flach. Oft mit *G. aristatum* verwechselt

Galium laevigatum L., Glattes Labkraut: G, 20-60 cm, VI-VIII, kollin-montan, lichte Laubwälder, Gebüsche, (Carp, Ceph-Fage), NT

23 Stängel meist einzeln, von Grund an stumpf 4-kantig, am Grund nicht wurzelnd, ohne Ausläufer. Blätter zu 6-8 im Quirl, lanzettlich, in der Mitte am breitesten, zu Spitze und Grund hin allmählich verschmälert. Unterseits blau- oder graugrün. Blütenstiele haarfein. Kronzipfel begrannt →. Oft mit *G. laevigatum* verwechselt

Galium aristatum L., Begranntes Labkraut: G, 20-60 cm, VI-VIII, kollin-montan, lichte Laubmischwälder, Gebüsche, (Carp, Ceph-Fage, Trif-medi), LC

- Stängel meist zahlreich, deutlich 4-kantig. Blätter lineal-länglich, grösste Breite oberhalb der Mitte, beiderseits fast gleichfarbig grün. Blütenstiele nicht haarfein. Kronzipfel unbegrannt **24**

24 Ausläufer fehlend oder sehr kurz. Blätter 0,5-2 mm breit, 8-15x so lang wie breit, lineal bis lanzettlich, nadelartig, dicklich, oberseits glänzend grün oder bläulich bereift, Mittelnerv breit, silbrig grün, Rand umgerollt und rau, mit feinen Stachelchen (Lupe!). Blütenstand im Umriss schmal eiförmig, oft etwas einseitswendig. Krone → milchweiss, 3-6 mm breit. Achtung: Schmalblättrige Formen von *G. album* werden oft mit dieser Art verwechselt. Im Zweifelsfall das Verhältnis Blattlänge zu Blattbreite berechnen

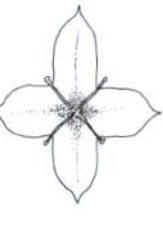

Galium lucidum All., Glänzendes Labkraut: Ch, 70 cm, VI-VIII, kollin-montan (-subalpin), felsige, kalkreiche Trockenrasen, Felsen, Krautsäume, (Alyss-Sedi, Xero, Gera-sang), LC

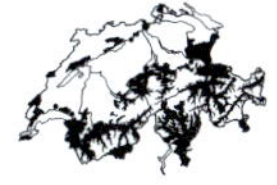

- Pflanze meist mit wurzelnden Ausläufern. Blätter (1,5-)2-7 mm breit, 2-7x so lang wie breit, verkehrt lanzettlich, kaum glänzend, Mittelnerv sehr schmal (fädlich), Rand höchstens schwach umgerollt, ± glatt. Blütenstand im Umriss schmal pyramidenförmig. Krone weiss

Galium mollugo aggr., Wiesen-Labkraut: H, 30-100(-150) cm, V-X, kollin-subalpin, LC

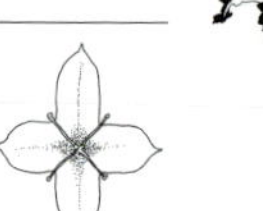

a Blätter auffallend dünn, an der Spitze breit und plötzlich verschmälert. Stängel schwach, aufsteigend und kletternd (Spreizklimmer: Seitenäste lang, weit spreizend abstehend). Krone → 2-3 mm breit. Blütenstiele (zumindest die längeren) länger als der Kronendurchmesser. Fruchtstiele sparrig abstehend

Galium mollugo L., Gewöhnliches Wiesen-Labkraut: H.li, 30-100 cm, V-IX, kollin-montan, sonnige, nährstoffreiche Krautsäume, Gebüsche, lichte Laubmischwälder, (Trif-medi, Ceph-Fage, Tili-plat), LC

- Blätter etwas lederig, allmählich in die Spitze verschmälert. Stängel aufrecht, kräftig, Seitenäste aufrecht abstehend. Krone → 3-4 mm breit. Blütenstiele kürzer als Kronenbreite (1-3 mm lang). Fruchtstiele nicht sparrig abstehend

Galium album Mill., Weisses Wiesen-Labkraut: H, 30-100(-150) cm, VI-X, kollin-subalpin, nährstoffreiche Wiesen und Weiden, Wegränder, Krautsäume, (Arrh, Aego), LC

Phuopsis Rosenwaldmeister

- Stängel aufsteigend, 4- bis 6-kantig, hohl. Blattquirle 7- bis 8-zählig, Blätter 15-30 mm lang, Rand lang bewimpert. Blütenstand ein endständiges, halbkugeliges Köpfchen. Blüten rosa (selten weiss), duftend. Griffel weit über die Krone herausragend →

Phuopsis stylosa (Trin.) B. D. Jacks., Langgriffliger Rosenwaldmeister: T, 15-25 cm, VI-VII, kollin, Wegränder, Krautsäume, adventiv, verwilderte Zierpflanze, Neophyt

Rubia Färberröte

1 Stängel schräg aufsteigend, sehr rau durch kräftige, rückwärtsgerichtete Stachelchen. Blätter kurz gestielt, die unteren zu 4, die oberen zu 6 im Quirl. Blätter 3-nervig, lederig, am Rand durch Stachelchen rau. Kelch fehlend. Krone (4-) 5-zählig, 2-3 mm breit, grünlich. Frucht fleischig, beerenartig, blauschwarz

Rubia tinctorum L., Färber-Röte: H.li, 50-120 cm, VI-VII, kollin-montan, trockenwarme Unkrautfluren, Wegränder, Gebüsche, (Onop, Conv-Agro, Arct), Archäophyt, VU

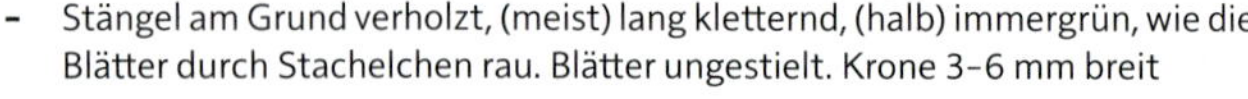

- Stängel am Grund verholzt, (meist) lang kletternd, (halb) immergrün, wie die Blätter durch Stachelchen rau. Blätter ungestielt. Krone 3-6 mm breit

Rubia peregrina L., Wilder Krapp: H.li, 50-250 cm, V-VI, kollin, trockenwarme Krautsäume, selten verwildert, Neophyt

Sherardia Ackerröte

- Blütenstand von 8–10, am Grund verwachsenen Hüllblättern sternförmig umgeben. Kelch deutlich ausgebildet, mit 6 dreieckigen Zähnchen. Krone rosa (selten weiss), 4–5 mm lang, 4-zipflig, trichterförmig →

Sherardia arvensis L., Ackerröte: T, 5–20 cm, V–X, kollin-montan (-subalpin), wärmeliebende, kalkreiche Äcker, Wegränder, Pionierfluren, (Cauc, Sisy), LC

Rutaceae Rautengewächse

1 Blätter gefiedert. Kronblätter 2–3 cm lang, rosa ***Dictamnus***

- Blätter bis zum Mittelnerv 2- bis 4-fach fiederschnittig. Kronblätter bis 1 cm lang, gelblich ***Ruta***

Dictamnus Diptam

- Pflanze nach Zimt riechend. Stängel besonders oben kurz abstehend behaart, mit vielen schwarzen Drüsen. Blätter unpaarig gefiedert, mit 3–5 Fiederpaaren. Teilblätter bis 8 cm lang, derb, fein gezähnt. Blüten in endständiger Traube, 5-zählig. Kronblätter rosa, mit dunklen Adern, 2–3 cm lang

Dictamnus albus L., Weisser Diptam: H, 60–120 cm, V–VI, kollin, trockenwarme, kalkreiche Krautsäume, lichte Eichenwälder, Föhrenwälder, (Gerasang, Quer-pube, Onon-Pini), VU

Ruta Raute

- Pflanze blaugrün, kahl, stark aromatisch. Blätter 2- bis 3-fach fiederschnittig, Zipfel spatelförmig, stumpf oder mit kleinem Spitzchen, durchscheinend punktiert (Ölzellen). Blütenstand eine Doldenrispe. Endständige Blüten 5-, die seitenständigen 4-zählig. Kronblätter grünlich gelb, löffelartig, 7–10 mm lang

Ruta graveolens L., Wein-Raute: Cp, 30–50 cm, VI–VII, kollin, trockenwarme Krautsäume, Trockenrasen, (Scorzonero-Chrysopogonetalia, Gerasang), kultiviert und verwildert, Archäophyt, NT

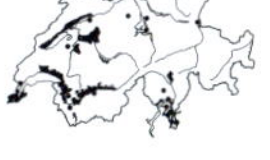

Salicaceae Weidengewächse

1 Blätter lanzettlich bis rundlich, meist deutlich länger als breit, selten rundlich (dann Pflanze < 5 cm hoch). Knospen einschuppig. Kätzchen aufrecht bis abstehend, selten herabhängend. Deckblatt der Blüte ungeteilt, ganzrandig →. Blüte am Grund mit 1–2 Nektardrüsen ***Salix***

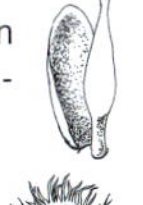

- Blätter dreieckig, herz- oder eiförmig, wenig länger als breit. Knospen mehrschuppig. Kätzchen stets hängend. Deckblatt der Blüte zerschlitzt oder gezähnt →. Blüte am Grund in einem Becher ***Populus***

Tafel 19

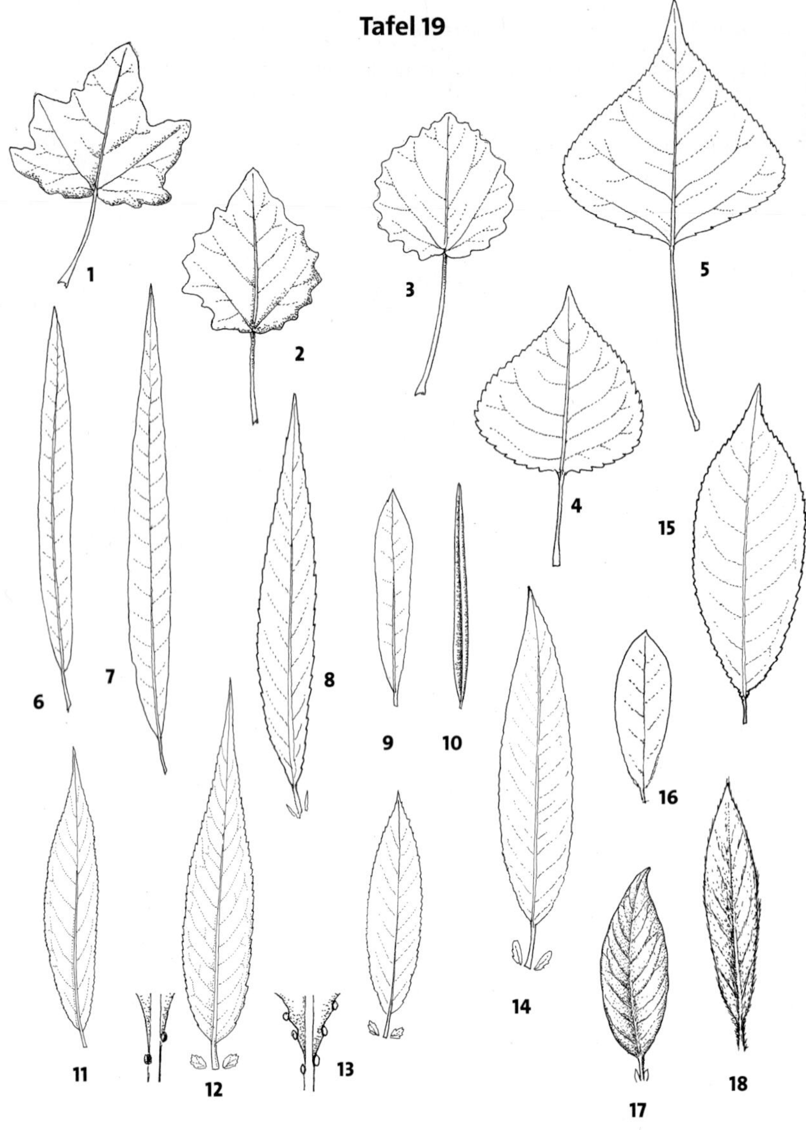

Salicaceae. Blatt: 1. *Populus alba*, 2. *P.* ×*canescens*, 3. *P. tremula*, 4. *P. nigra*, 5. *P.* ×*canadensis*, 6. *Salix elaeagnos*, 7. *S. viminalis*, 8. *S. babylonica*, 9. *S. purpurea*, 10. *S. rosmarinifolia*, 11. *S. alba*, 12. *S.* ×*fragilis* (mit Drüsen am Blattgrund), 13. *S. triandra* (mit Drüsen am Blattgrund), 14. *S. daphnoides*, 15. *S. pentandra*, 16. *S. caesia*, 17. *S. helvetica*, 18. *S. glaucosericea*

Tafel 20

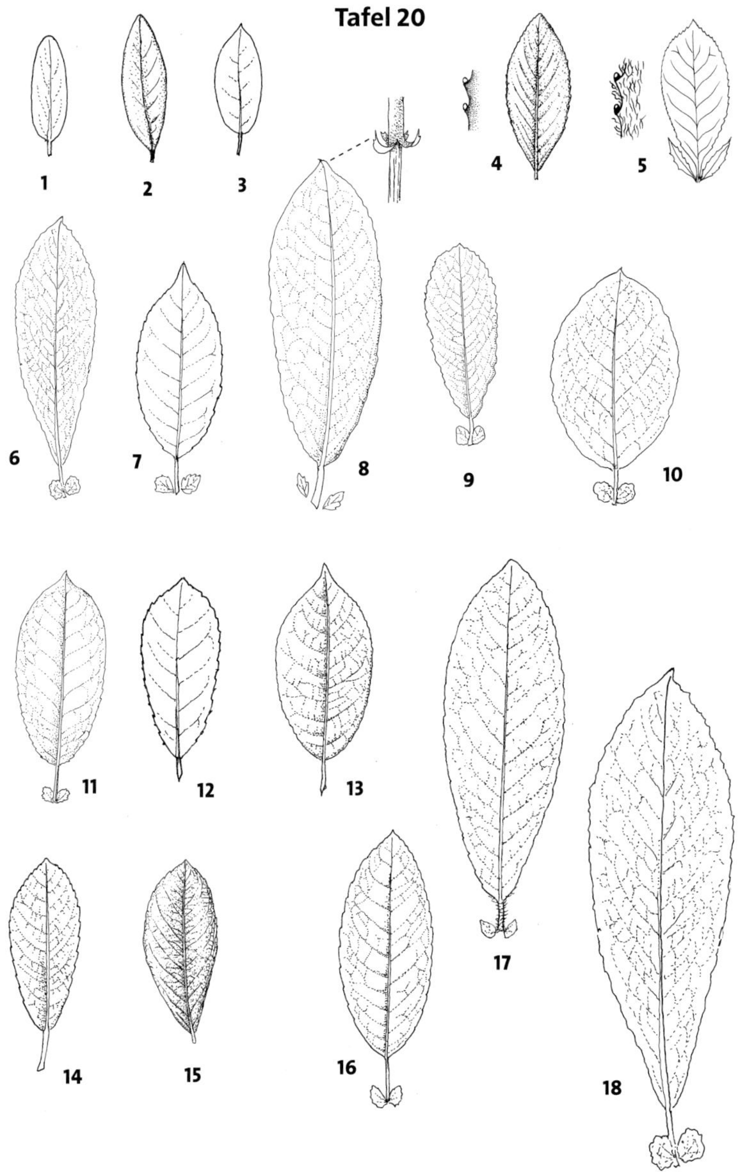

Salicaceae. Blatt: 1. *Salix alpina*, 2. *S. repens*, 3. *S. myrtilloides*, 4. *S. foetida*, 5. *S. breviserrata*, 6. *S. apennina*, 7. *S. myrsinifolia*, 8. *S. cinerea* (mit entrindetem, 2-jährigem Zweig), 9. *S. aurita*, 10. *S. caprea*, 11. *S. hastata*, 12. *S. bicolor*, 13. *S. starkeana*, 14. *S. glabra*, 15. *S. waldsteiniana*, 16. *S. ×hegetschweileri*, 17. *S. laggeri*, 18. *S. appendiculata*

Populus Pappel

Die Identifikation der Pappel-Arten wird durch die Vermischung natürlicher und kultivierter Arten erschwert. Im Rahmen einer Exkursionsflora ist es nicht sinnvoll, alle in Pappel-Plantagen und als Zierbäume verwendeten Pappeln auszuschlüsseln. Die gepflanzten Schwarz-Pappeln sind meist Klone aus Kreuzungen und Züchtungen. Wichtigste Bestimmungskriterien sind die Baumgestalt und die Form der ausgewachsenen Blätter an normal entwickelten Zweigen. Beim Sammeln ist es hilfreich, Folgendes zu notieren: eventuelle Korkwülste am Stamm, Farbe und Behaarung junger Zweige (am besten gegen Frühlingsende) und das Geschlecht des Baumes (bei eingeschlechtigen Plantagen).

1 Blätter unterseits weiss- bis graufilzig, ± stark verkahlend. Deckblatt meist zottig bewimpert. Knospen ± filzig, nicht klebrig **2**

\- Blätter unterseits kahl oder nur in der Jugend oder am Rand behaart. Deckblatt behaart oder kahl. Knospen kahl **3**

2 Blätter buchtig 3- bis 5-lappig, unterseits bleibend weissfilzig. Blattgrund am Blattstielansatz ohne Drüsen. Tragblätter mit kurzen, unregelmässigen Zähnen (Abb. Tafel 19, S. 762)

Populus alba L., Silber-Pappel: P, 35 m, III–IV, kollin, Auenwälder, Ufer, Parkanlagen, (Sali-alba, Frax), LC

\- Blätter grob und stumpf gezähnt, unterseits grau- bis weissfilzig, stark verkahlend. Blattgrund am Blattstielansatz meist mit Drüsen. Tragblätter ± zerschlitzt (Abb. Tafel 19, S. 762)

Populus ×canescens (Aiton) Sm., Grau-Pappel: P, III–IV, Auenwälder, (Sali-alba), auch angepflanzt

3 Blätter fast kreisrund, unregelmässig buchtig gezähnt. Blattränder ohne oder mit ganz schmalem, durchsichtigem Saum. Tragblätter zottig (Abb. Tafel 19, S. 762)

Populus tremula L., Zitter-Pappel: P, 20 m, III–IV, kollin-subalpin, Pionierwälder, Gebüsche, (Samb-Sali, Prun-Rubi), LC

\- Blätter dreieckig bis eiförmig, zugespitzt, gleichmässig gekerbt-gesägt. Blattränder mit einem schmalen, scharf abgesetzten, durchsichtigen Saum. Tragblätter kahl

Populus nigra aggr.

a Stamm ohne auffallende, horizontale Korkwülste. Junge Zweige mit einzelnen Korkrippen, daher oft leicht kantig. Blätter im Austrieb rötlich, mit behaartem Saum, später oft noch kurz bewimpert oder völlig verkahlend. Blätter am Grund meist mit 1–2 Drüsen. Narben (2–)3–4 (Abb. Tafel 19, S. 762)

Populus ×canadensis Moench, Kanadische Pappel: IV, Neophyt

\- Stamm mit auffallenden, horizontalen Korkwülsten. Junge Zweige ohne Korkrippen, rund. Blätter im Austrieb grün, kahl oder wenig behaart und rasch völlig verkahlend. Blätter am Grund ohne Drüsen. Narben 2 (Abb. Tafel 19, S. 762)

Populus nigra L., Schwarz-Pappel: 30 m, III–IV, LC

aa Äste aufrecht abstehend

Populus nigra L. subsp. ***nigra***, Gewöhnliche Schwarz-Pappel: P, III-IV, kollin-montan, Auenwälder, Ufer, Parkanlagen, (Sali-alba, Alni-inca), auch kultiviert und verwildert, LC

\- Äste straff aufrecht

Populus nigra subsp. ***pyramidalis*** Čelak., Pyramiden-Schwarz-Pappel: P, III-IV, kollin, Neophyt

Salix Weide

Der Schlüssel basiert hauptsächlich auf vegetativen Merkmalen, da diese fast während der ganzen Feldsaison und unabhängig vom Geschlecht untersucht werden können. Allerdings gibt es Arten, deren sichere Bestimmung nur anhand von Blüten- und Blattmerkmalen erfolgen kann, was eine zweifache Begehung voraussetzt. Für die Blattmerkmale müssen ausgewachsene Blätter an normal entwickelten Zweigen untersucht werden. Allzu alte Blätter sowie Blätter von sehr kräftigen Schösslingen sind ungeeignet. Junge Blätter zeigen oft noch eine starke Behaarung, die sie aber oft rasch und vollständig verlieren können. Um die Holzstriemen an den Zweigen zu untersuchen, sind frische, 2-jährige Zweige zu entrinden. Zwischen den Arten der Gattung *Salix* sind zahlreiche Hybriden möglich, die meisten sind in der Natur aber selten (jeweils nur einzelne Individuen). Manche Hybriden werden angepflanzt, oft auf grösseren Flächen (insbesondere der Hybridkomplex zwischen *S. caprea* und *S. viminalis*).

1 Zwergstrauch mit unterirdischem oder kriechendem Stamm: die aufgerichteten Zweige < 5 cm hoch. Kätzchen zumindest teilweise endständig, Kätzchen und Blätter gleichzeitig **2**

\- Kleinstrauch, Strauch oder Baum: > 5 cm hoch. Kätzchen alle seitlich **5**

2 Blattunterseite grau bis weiss, behaart. Blattstiel 8-25 mm lang. Frucht behaart →

Salix reticulata L., Netz-Weide: Cp, 1-4 cm, VI-VIII, subalpin-alpin, kalkreiche Schneetälchen, feuchte Schuttfluren, (Arab-caer, Thla-rotu), LC

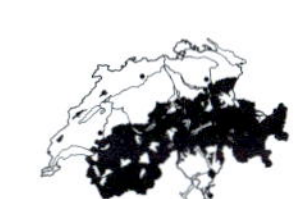

\- Blattunterseite grün, kahl. Blattstiel 1-5 mm lang. Frucht kahl **3**

3 Blätter rundlich →, 1-1,5x so lang wie breit, mit entfernt stehenden, sehr feinen Zähnen. Verholzende Sprosse unterirdisch kriechend (nur Jungtriebe und Blätter oberirdisch)

Salix herbacea L., Kraut-Weide: G-Cp, 2-8 cm, VII-VIII, alpin, feuchte, eher kalkarme Schneetälchen, humusreiche Schuttfluren, (Sali-herb), LC

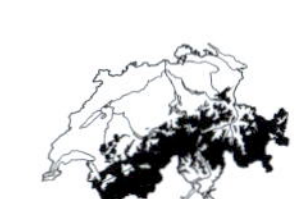

\- Blätter verkehrt eiförmig bis lang rhombisch, gestutzt, ganzrandig, selten an der Basis undeutlich gezähnt. Verholzende Sprosse oberirdisch, flach am Boden ausgebreitet **4**

4 Die grössten Blätter länger als 12 mm, stumpf oder ausgerandet →, mit 4-6 Seitennerven. Weibliche Kätzchen mit 8-20 Blüten, 5-15 mm lang gestielt. Männliche Kätzchen 2-5 mm lang gestielt

Salix retusa L., Stumpfblättrige Weide: Cp, 10-30 cm, VI-VII, (montan-) subalpin-alpin, kalkreiche Schneetälchen, Gebirgsrasen, Schuttfluren, (Arab-caer, Thla-rotu, Sesl), LC

- Die grössten Blätter im Allgemeinen nicht länger als 10 mm, selten an der Spitze ausgerandet →, mit 2–4 Seitennerven. Weibliche Kätzchen mit 2–10 Blüten, fast sitzend. Männliche Kätzchen fast sitzend

Salix serpillifolia Scop., Quendelblättrige Weide: Cp, 10–20 cm, VI–VII, (subalpin-) alpin, pionierhafte Felsrasen, Schuttfluren, Alluvionen, (Drab-Sesl, Elyn, Drab-hopp, Arab-caer), LC

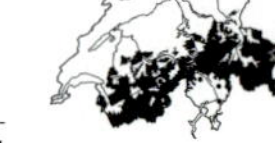

5 Strauch oder Baum mit aufrechten oder abstehenden Ästen **6**

- Trauerweiden: Zierbäume mit hängenden Ästen, selten verwildert (Abb. Tafel 19, S. 762)

Salix babylonica aggr.

a Junge Triebe gelblich *(chrysochoma)* oder bräunlich *(sepulcralis)*. Blattstiel mit Drüsen

Salix ×sepulcralis Simonk., Trauerweide: 5–10(–20) m, IV–V, kultivierter Neophyt

- Junge Triebe rotbräunlich. Blattstiel ohne Drüsen

Salix babylonica L., Echte Trauerweide: kultivierter Neophyt

6 Blätter schmal lanzettlich, (6–)8–20x so lang wie breit. Blattunterseite dicht behaart, daher grau oder silbrig. Blattrand zurückgerollt, ganzrandig oder höchstens entfernt und fein gesägt **7**

- Blätter lanzettlich bis oval, meist nicht mehr als 6x so lang wie breit **8**

7 Blattunterseite dicht kraus, weissfilzig, matt behaart. Blattoberseite derb lederig, mit eingesenkten Nerven. Fruchtknoten kahl → (Abb. Tafel 19, S. 762)

Salix elaeagnos Scop., Lavendel-Weide: Ph-P, 16 m, III–V, kollin-montan (-subalpin), Ufer, Weidengebüsche, Alluvionen, Auenwälder, (Sali-elae, Alni-inca, Sali-alba), LC

- Blattunterseite seidig behaart, glänzend (Haare parallel zu den Seitennerven). Blattoberseite nicht derb lederig, mit ± flachen Nerven. Fruchtknoten behaart → (Abb. Tafel 19, S. 762)

Salix viminalis L., Korb-Weide: Ph-P, 2–4(–10) m, III–IV, kollin-montan, Flussufer, Weidengebüsche, Auenwälder, (Sali-alba, Sali-elae), LC

8 Blätter länglich bis lanzettlich, oberhalb der Mitte am breitesten und gezähnt, am Grund ganzrandig, beiderseits völlig kahl, matt, unterseits bereift, beim Trocknen schwarz werdend. Nebenblätter stets fehlend. Blätter und Knospe oft gegenständig. Fruchtknoten → (Abb. Tafel 19, S. 762)

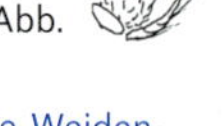

Salix purpurea L., Purpur-Weide: 6 m, III–VI, Flussufer, feuchte Weidengebüsche, Alluvionen, (Sali-elae, Sali-wald, Alni-inca), LC

- Blätter anders gestaltet. Nebenblätter fehlend oder gut entwickelt. Blätter und Knospe nie gegenständig **9**

9 Junge (1-jährige) Zweige oft glänzend rot, die (1-) 2- bis 3-jährigen Zweige fast stets abwischbar blaugrau bereift. Rindenbast gelb. Nebenblätter meist mit dem Blattstiel verwachsen. Blätter unterseits meist kahl, ± bereift, Blattrand dicht und regelmässig gezähnt. Fruchtknoten → (Abb. Tafel 19, S. 762)

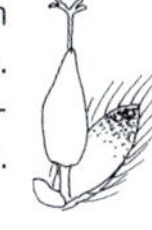

Salix daphnoides Vill., Reif-Weide: Ph-P, 10 m, III–IV, (kollin-) montan (-subalpin), Ufer, Weidengebüsche, Auenwälder, (Sali-elae, Alni-inca), LC

- Junge Zweige ohne blauen Reif. Nebenblätter am Grund mit dem Blattstiel nie verwachsen **10**

10 Blattstiel in der Nähe des Spreitenansatzes mit Drüsen → (beide Abb.). Blattspreiten breit lanzettlich bis lanzettlich, oft lang zugespitzt, regelmässig gesägt. Nervennetz nicht vertieft **11**

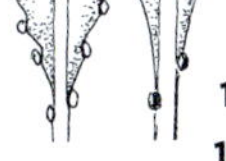

- Blattstiel ohne Drüsen **15**

11 Blattstiel in der Nähe des Spreitenansatzes mit 2–5 Paar Drüsen. Junge Blätter klebrig und balsamisch duftend. Blätter kahl, auffällig dicht und mit abstehenden Drüsen gezähnt, oberseits dunkelgrün, stark glänzend, unterseits grün. Staubblätter 5 → (Abb. Tafel 19, S. 762)

Salix pentandra L., Lorbeer-Weide: Ph-P, 12 m, V–VII, (kollin-) subalpin, feuchte Weidengebüsche, Flussufer, Moore, (Sali-wald, Alni-inca, Sali-cine), NT

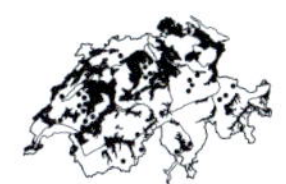

- Blattstiel in der Nähe des Spreitenansatzes mit 1(–2) Paar Drüsen. Junge Blätter weder klebrig noch duftend. Blätter kahl oder behaart, mit kaum abstehenden Drüsen gezähnt **12**

12 Rinde des Stammes sich in schildförmigen Fetzen ablösend (neue Rinde zimtfarben). Blätter fein gesägt, völlig kahl, länglich bis elliptisch mit kurzer Spitze. Seitennervenpaare stumpf- bis rechtwinklig zueinander stehend. Nebenblätter stets deutlich ausgebildet. Staubblätter 3 → (Abb. Tafel 19, S. 762)

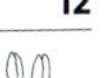

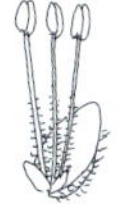

Salix triandra L., Mandel-Weide: Ph-P, 5 m, IV–V, kollin-montan (-subalpin), kalkreiche Alluvionen, Weidengebüsche, (Sali-elae, Sali-alba), LC

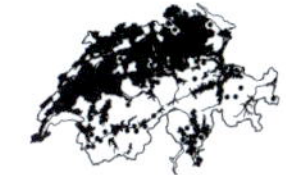

- Rinde des Stammes sich nicht ablösend. Blätter kahl oder behaart, schmal lanzettlich bis lanzettlich oder eilanzettlich mit lang ausgezogener Spitze. Seitennervenpaare spitzwinklig bis rechtwinklig zueinander stehend. Nebenblätter nicht ausgebildet oder nur 3–5 mm lang **13**

13 Blätter unterseits dicht seidenhaarig, schimmernd (± verkahlend im Spätsommer), oberseits ± licht seidig behaart, selten völlig verkahlend. Zweige zäh, spitzwinkelig abzweigend, spitzenwärts anliegend behaart. Fruchtknoten kahl → (Abb. Tafel 19, S. 762)

Salix alba L., Silber-Weide: P, 20 m, IV–V, kollin (-montan), Auenwälder, Ufer, (Sali-alba), LC

- Blätter unterseits spärlich behaart oder kahl, oberseits ± kahl bis völlig kahl **14**

14 Junge (1- bis 3-jährige) Äste, Knospen und Blätter behaart oder im Alter verkahlend. Äste an der Verbindungsstelle ± leicht brechend. Blätter unterseits blaugrün, mit auf beiden Seiten in gleicher Dichte vorhandenen Stomaten. Kätzchen schlank, mit locker stehenden Blüten und sichtbar bleibender Achse. Fruchtknoten kahl →. Alter Name *S.* ×*rubens* neuerdings ungültig (Abb. Tafel 19, S. 762)

Salix* ×*fragilis L., Bruch-Weide: P, 15 m, IV–V, kollin (-montan), Flussufer, Auenwälder, (Sali-alba), Neophyt

- Junge (1- bis 3-jährige) Äste, Knospen und Blätter kahl. Äste an der Verbindungsstelle leicht brechend. Blätter grün oder unterseits heller. Stomaten nur unterseits, oder oberseits nur an der Spitze und entlang der Nerven. Kätzchen dicker, mit dichter stehenden Blüten und teilweise verdeckter Achse. Alter Name *S. fragilis* neuerdings ungültig

Salix euxina I. V. Belyaeva, Knack-Weide: Neophyt

15 Blätter stets kahl (auch jung), oberseits bereift, matt, < 4 cm lang. Blattrand zurückgerollt, ganzrandig **16**

- Blätter anders gestaltet **17**

16 Strauch mit oberirdischen, niederliegenden bis aufsteigenden Sprossen. Seitennerven getrockneter Blätter oberseits ± vorspringend. Fruchtknoten behaart → (Abb. Tafel 19, S. 762)

Salix caesia Vill., Blaugrüne Weide: Ph, 30–100 cm, VI–VII, subalpin-alpin, wechselfeuchte, steinige Weidengebüsche, Alluvionen, Quellfluren, Bachufer, (Sali-wald), VU

- Zwergstrauch mit unterirdisch kriechenden, an der Spitze bogig aufsteigenden Zweigen. Seitennerven getrockneter Blätter oberseits ± flach oder eingesenkt. Fruchtknoten kahl → (Abb. Tafel 19, S. 762)

Salix myrtilloides L., Heidelbeerblättrige Weide: Cp, 30–50 cm, V–VII, montan, moorige, oft wechselfeuchte Weidengebüsche, (Sali-cine), CR

17 Kleiner Strauch, < 50 cm. Blätter < 4 cm lang, unterseits nicht bereift, beiderseits behaart, später ± verkahlend, gleichfarbig grün, glänzend **18**

- Nicht alle diese Merkmale zutreffend **19**

18 Blattrand ganzrandig (selten mit einzelnen schwachen Drüsenzähnen). Blätter unterseits stärker glänzend als oberseits, jung beiderseits dicht seidenhaarig, später ± verkahlend, meist nur am Rand lang bewimpert bleibend. Fruchtknoten → (Abb. Tafel 19, S. 762)

Salix alpina Scop., Alpen-Weide: Ph, 10–30 cm, VI–VII, subalpin-alpin, kalkreiche Alluvionen, Weidengebüsche, Gebirgsrasen, (Sali-wald), DD

- Blattrand dicht und fein gezähnt oder zumindest dicht drüsenrandig. Blätter oft stark verkahlend (meist nur die Mittelrippe unterseits behaart bleibend) oder oberseits dichter als unterseits behaart. (*S. foetida* unterscheidet sich durch seine bereifte und matte Blattunterseite). Fruchtknoten behaart → (Abb. Tafel 19, S. 762)

Salix breviserrata Flod., Kurzzähnige Weide: Ph, 20–30 cm, VI–VII, subalpin-alpin, wechselfeuchte Weidengebüsche, Schuttfluren, Moränen, (Sali-wald), LC

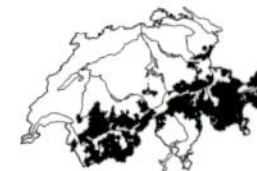

19 Ausgewachsene Blätter unterseits behaart (Behaarung dicht bis zerstreut, zumindest auf den Nerven) **20**

- Ausgewachsene Blätter unterseits völlig kahl oder höchstens mit einzelnen Haaren (insbesondere bei *S. foetida* und *S. waldsteiniana*). Achtung: junge Blätter und Primärblätter oft stark behaart **31**

20 Niedriger Strauch, 0,1-1(-1,8) m hoch. Blätterunterseite matt weisslich grau bis silbrig-seidenhaarig. Nebenblätter meist nicht ausgebildet oder max. 2-3(-5) mm lang, lanzettlich **21**

- Strauch oder Baum, (0,5-)2-10 m hoch. Nebenblätter meist ausgebildet, 3-10 mm lang, meist ± halb herzförmig **25**

21 Kriechstrauch mit bewurzelten, holzigen Bodensprossen, nur die Seitensprosse oberirdisch, aufrecht bis aufsteigend. Kollin bis montan **22**

- Strauch mit oberirdischen, aufrechten bis aufsteigenden Sprossen. Subalpin bis alpin **24**

22 Blätter 4-10x so lang wie breit, grösste Breite in oder unter der Mitte. Blattrand ganzrandig (selten gesägt), flach oder zurückgerollt (Abb. Tafel 19, S. 762)

Salix rosmarinifolia L., Rosmarin-Weide: DD

- Blätter 2-4x so lang wie breit, grösste Breite in oder über der Mitte. Blattrand ganzrandig bis entfernt gesägt, meist zurückgerollt **23**

23 Blätter meist ≥ 2,5x so lang wie breit, oberseits verkahlend oder wenig behaart. Fruchtknoten behaart →. Moorpflanze (Abb. Tafel 20, S. 763)

Salix repens L., Moor-Weide: Cp, 0,5 m, IV-VI, kollin-montan (-subalpin), kalkreiche Flachmoore, moorige Gebüsche, (Sali-cine, Caridava), VU

- Blätter meist ≤ 2,5x so lang wie breit, oberseits ± seidenhaarig bleibend. Küstenpflanze sandiger Böden, in der Schweiz nur selten als Zierpflanze zu finden

Salix arenaria L., Sand-Weide: Neophyt

24 Blattunterseite dicht weissfilzig, matt (nur jung seidenhaarig glänzend), nicht wachsig bereift. Blattoberseite meist rasch verkahlend und sattgrün glänzend, seltener flaumig und matt. Tragblätter deutlich zweifarbig, mit deutlicher schwärzlicher Spitze. Staubfäden kahl → (Abb. Tafel 19, S. 762)

Salix helvetica Vill., Schweizer Weide: Ph, 0,5-1,5 m, VI-VII, subalpin-alpin, kalkarme, oft wechselfeuchte Weidengebüsche, (Sali-wald), LC

- Blattunterseite ± dicht seidig behaart, schwach glänzend, unter den Haaren schwach weisslich bereift. Blattoberseite matt, bläulich bereift, mit längs gerichteten Seidenhaaren, diese bleibend. Tragblätter fast bis zur Spitze hell, Spitze bzw. Saum oft purpurn. Staubfäden an der Basis behaart → (Abb. Tafel 19, S. 762)

Salix glaucosericea Flod., Seidenhaarige Weide: Ph, 0,7 m, VI-VII, subalpin-alpin, kalkarme, oft wechselfeuchte Weidengebüsche, (Sali-wald), LC

25 Holz der 2- bis 4-jährigen, entrindeten Triebe mit 6–30 mm langen Striemen (meist zahlreich und auffällig) **26**

\- Holz der 2- bis 4-jährigen, entrindeten Triebe ohne Striemen oder höchstens mit 3–6 mm langen, undeutlichen und vereinzelten Striemen **28**

26 Blätter oberseits kahl, unterseits hellgrau mit dichtem Wachsbelag, mit krauser Behaarung auf dem Hauptnerv, ein Teil dieser Haare ab Sommer rotbraun werdend. Blätter beim Trocknen schwarz werdend. Fruchtknoten kahl bis schwach behaart → (Abb. Tafel 20, S. 763)

Salix apennina A. K. Skvortsov, Apenninen-Weide: Ph, 1,5–4 m, IV–V, kollin-subalpin, feuchte Weidengebüsche, Moore, (Sali-cine), VU

\- Blätter oberseits kahl oder zerstreut kurz grau behaart, unterseits weich flaumig behaart (selten verkahlend). Blätter beim Trocknen nicht schwarz werdend. Fruchtknoten dünn anliegend bis filzig behaart **27**

27 Blätter höchstens 2x so lang wie breit, oberseits stark runzelig. Ein- bis zweijährige Zweige kahl oder zerstreut flaumig. Fruchtknoten behaart → (Abb. Tafel 20, S. 763)

Salix aurita L., Ohr-Weide: Ph, 2 m, IV–V, kollin-subalpin, feuchte Gebüsche, Moore, Moorwälder, (Sali-cine, Alni-glut, Betu), LC

\- Blätter 2–4x so lang wie breit, oberseits wenig runzelig. Ein- bis zweijährige Zweige kurz grau-samtig. Fruchtknoten behaart → (Abb. Tafel 20, S. 763)

Salix cinerea L., Grau-Weide: Ph, 1,5–4 m, III–IV, kollin-montan, feuchte Gebüsche, Moorwälder, (Sali-cine, Alni-glut, Betu), LC

28 Blattunterseite bereift mit grüner Blattspitze (gelegentlich auch auf der ganzen Fläche grün), nur an den Rippen oder über die gesamte Fläche licht von ± geraden Haaren behaart (alle Haare immer silbrig, nicht rotbraun werdend). Nervatur kaum hervortretend. Blätter beim Trocknen meist schwarz werdend. Fruchtknoten kahl → (Abb. Tafel 20, S. 763)

Salix myrsinifolia Salisb., Schwarzwerdende Weide: 2–5 m, IV–VI, kollin-subalpin, LC

\- Blattunterseite ohne grüne Spitze, vor allem mit krausen Haaren behaart. Nervatur meist deutlich hervortretend. Blätter beim Trocknen selten schwarz werdend **29**

29 Blätter meist < 2x so lang wie breit, rundlich bis elliptisch, grösste Breite unter oder in der Mitte, die meisten < 9 cm lang und mit weniger als 15 Paar Seitennerven. Fruchtknoten behaart → (Abb. Tafel 20, S. 763)

Salix caprea L., Sal-Weide: Ph-P, 9 m, III–V, kollin-subalpin (-alpin), nährstoffreiche, oft wechselfeuchte Pionierwälder, Gebüsche, Ufer, (Samb-Sali, Frax), LC

\- Blätter meist ≥ 2x so lang wie breit, verkehrt eiförmig bis verkehrt eilanzettlich, grösste Breite meist über der Mitte, einige Blätter > 9 cm lang und mit mehr als 15 Paar Seitennerven **30**

30 Zweige schwach knotig, schnell verkahlend, diesjährige Zweige flaumig, vorjährige Zweige kahl oder fast kahl. Blätter runzelig (oberseits eingesenkt). Ausgewachsene Blätter unterseits bereift, dicht bis zerstreut behaart. Blätter beim Trocknen nicht schwärzend. Nervennetz engmaschig. Nebenblätter 5-10 mm lang, halbherz-nierenförmig. Fruchtknoten behaart → (Abb. Tafel 20, S. 763)

Salix appendiculata Vill., Grossblättrige Weide: Ph-P, 6 m, IV-VII, (kollin-) montan-subalpin, wechselfeuchte Gebüsche, Ufer, Pionierwälder, Waldränder, (Alne-viri, Alni-inca, Sali-wald, Samb-Sali), LC

- Zweige stark knotig, erst im 2. oder 3. Jahr verkahlend, diesjährige Zweige weisslich wollig-filzig, vorjährige Zweige samtig oder flaumig behaart. Blätter flach (oberseits kaum eingesenkt). Ausgewachsene Blätter unterseits weisslich bläulich, flaumig. Nervennetz weitmaschig. Blätter beim Trocknen leicht schwarz werdend. Nebenblätter 2-3(-5) mm lang, schief eilanzettlich. Fruchtknoten → (Abb. Tafel 20, S. 763)

Salix laggeri Wimm., Flaum-Weide: Ph, 1-2(-3) m, VI, subalpin, kalkarme, oft wechselfeuchte Weidengebüsche, Grünerlengebüsche, (Sali-wald), VU

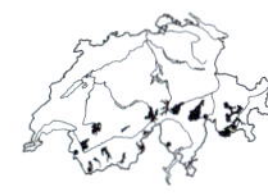

31 Blätter selten ganzrandig, meist gesägt, aber ganzrandig im vordersten Viertel. Mittelnerv auf der Oberseite kahl. Nervennetz sehr fein. Jungtriebe kahl oder abwischbar flaumig, am Grund auffällig langbärtig. Zweige kahl. Kätzchen auffällig gross, meist breiter als 6 mm, die weiblichen bis 8 cm lang. Fruchtknoten seitlich zusammengedrückt, stets völlig kahl → (Abb. Tafel 20, S. 763)

Salix hastata L., Spiessblättrige Weide: Ph, 0,5-1,5 m, VI-VIII, montan-subalpin (-alpin), frische, oft wechselfeuchte Weidengebüsche, Bergweiden, Grünerlengebüsche, (Sali-wald, Cari-ferr, Alne-viri), LC

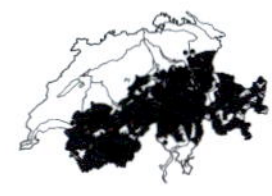

- Blattränder rundherum gekerbt, gesägt oder gezähnt (seltener ganzrandig). Nervennetz grob. Jungtriebe nicht bärtig (nur bei *S. starkeana* flaumig behaart) **32**

32 Niedriger Strauch, meist < 50 cm, selten 1 m hoch. Blätter dünn, ganzrandig oder gezähnt, ca. 3 cm lang, anfangs behaart, später völlig verkahlend, oberseits glänzend, unterseits bereift, matt. Nebenblätter gut entwickelt, rhombisch bis halb nierenförmig, grob drüsig. Jungtriebe flaumig behaart. Fruchtknoten weissgrau-filzig behaart (Abb. Tafel 20, S. 763)

Salix starkeana Willd., Bleiche Weide: 20-100 cm, IV-V, montan, Moore, wechselfeuchte Wiesen, (Call-Geni, Moli, Sali-cine), kalkmeidend

- Nicht alle diese Merkmale zutreffend **33**

33 Blattunterseite bereift mit grüner Blattspitze (gelegentlich auch auf der ganzen Fläche grün), nur an den Rippen oder über die gesamte Fläche licht behaart, oberseits schwach glänzend. Ausgewachsene Blätter ± dünn und zart, beim Trocknen meist schwarz werdend. Zweige samtig kurz behaart, bisweilen auch ± kahl. Fruchtknoten → kahl oder licht behaart (Abb. Tafel 20, S. 763)

Salix myrsinifolia Salisb., Schwarzwerdende Weide: 2-5 m, IV-VI, kollin-subalpin

- Blattunterseite ohne grüne Spitze, zur Gänze bläulich bereift. Ausgewachsene Blätter etwas dick und zäh, beiderseits völlig kahl, beim Trocknen nicht schwarz werdend (ausser *S. glabra*). Zweige kahl **34**

34 Blätter oberseits auffällig stark lackartig glänzend, unterseits stark bereift. Blattrand ± regelmässig gezähnt-gesägt. Blätter beim Trocknen schwärzend. Fruchtknoten kahl → (Abb. Tafel 20, S. 763)

Salix glabra Scop., Kahle Weide: Ph, 0,5–1,5 m, VI–VII, montan-subalpin, kalkreiche, oft wechselfeuchte Weidengebüsche, (Sali-wald), VU

- Blätter oberseits mässig glänzend, unterseits schwach bis stark bereift. Blätter beim Trocknen nicht schwärzend. Fruchtknoten behaart **35**

35 Blätter klein, 1–3(–4) cm lang, spitzig elliptisch bis breit lanzettlich, spät verkahlend und unterseits oft lange noch locker anliegend behaart. Blattrand dicht und scharf gesägt-gezähnt mit auffälligen hellen Drüsen. Nebenblätter eilanzettlich, drüsig, 0,5–3 mm lang. Fruchtknoten → (Abb. Tafel 20, S. 763)

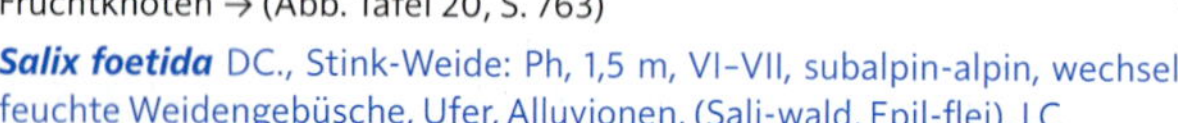

Salix foetida DC., Stink-Weide: Ph, 1,5 m, VI–VII, subalpin-alpin, wechselfeuchte Weidengebüsche, Ufer, Alluvionen, (Sali-wald, Epil-flei), LC

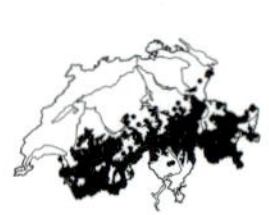

- Blätter meist grösser, (2–)3–9 cm lang, unterseits früh verkahlend. Blattrand ganzrandig bis entfernt gesägt, bei *S. waldsteiniana* mit kleinen und unauffälligen Drüsen besetzt **36**

36 Nebenblätter meist vorhanden, 2–5 mm lang, halb herzförmig. Blätter 3–9 cm lang, mit abgerundeter oder stumpfer Basis. Blattstiel 6–20 mm lang. Blattrand ± grob gesägt-gezähnt bis gekerbt oder fast ganzrandig. Fruchtknoten → (Abb. Tafel 20, S. 763)

Salix ×hegetschweileri Heer, Hegetschweilers Weide: Ph, 1–3 m, V–VII, (montan-) subalpin, wechselfeuchte, eher kalkarme Flussufer, Weidengebüsche, (Sali-wald), EN

- Nebenblätter fehlend oder schwach entwickelt, bis 1 mm lang. Blätter meist mit keilförmiger, selten abgerundeter Basis. Blattstiel (2–)4–6(–8) mm lang **37**

37 Blattrand entfernt gekerbt-gesägt, drüsig (unauffällige, kleine, dunkle Drüsen), an Langtrieben ausgebissen gezähnt, die unteren Blätter oft fast ganzrandig. Blätter 2–5 cm lang, unterseits kahl, aber oft lang anliegend behaart an der Spitze, elliptisch bis verkehrt eiförmig bis eilanzettlich. Seitennerven getrockneter Blätter oberseits hervortretend. Fruchtknoten → (Abb. Tafel 20, S. 763)

Salix waldsteiniana Willd., Waldsteins Weide: Ph, 0,4–2 m, V–VI, subalpin, feuchte Weidengebüsche, Alluvionen, Schuttfluren, Grünerlengebüsche, (Sali-wald, Alne-viri), LC

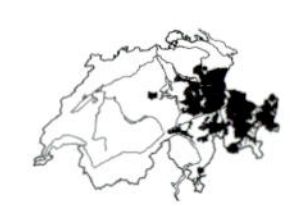

- Blattrand ganzrandig bis entfernt und seicht gesägt. Blätter 3–6 cm lang, unterseits kahl, verkehrt eilanzettlich bis breit lanzettlich. Seitennerven getrockneter Blätter oberseits flach oder schwach eingesenkt. Fruchtknoten → (Abb. Tafel 20, S. 763)

Salix bicolor Willd., Zweifarbige Weide: Ph, 3 m, V–VII, montan-subalpin, feuchte Weidengebüsche, Ufer, Alluvionen, (Sali-wald), CR

Santalaceae Sandelholzgewächse

1 Blätter gegenständig. Parasit auf den Zweigen von Bäumen *Viscum*

- Blätter wechselständig. Pflanze in der Erde wurzelnd *Thesium*

Thesium Bergflachs

1 Pflanze am Grund stark verzweigt (daher viele unverzweigte Stängel!). Jeder Stängel oberhalb des Blütenstandes mit einem Schopf von blütenlosen Tragblättern abschliessend. Unter jeder Blüte nur 1 Hochblatt (Tragblatt) →. Blätter sehr schmal, nur 1-3 mm breit, einnervig. Blüten 5-zählig. Perigon (ohne Fruchtknoten) ca. 5 mm lang

Thesium rostratum Mert. & W. D. J. Koch, Schnabelfrüchtiger Bergflachs: G.he, 10–30 cm, V–VI, kollin-montan, trockenwarme, kalkreiche Krautsäume, Föhrenwälder, (Eric-PiSy, Gera-sang), EN

- Stängel bis zur Spitze mit Blüten. Unter jeder Blüte (oder zumindest bei den äusseren Blüten des Blütenstandes) jeweils 3 Hochblätter (1 Trag- und 2 Vorblätter). Perigon (ohne Fruchtknoten) höchstens 3,5 mm lang **2**

2 Blütenstand einfach (Blütenstandsäste mit 1 Blüte). Perigon nach der Blüte nur an der Spitze eingerollt, so lang wie die Frucht oder länger **3**

- Blütenstand rispig, pyramidal, verzweigt (Blütenstandsäste mit mehreren Blüten). Perigon nach der Blüte bis auf den Grund eingerollt, kürzer als die Frucht **4**

3 Blüten fast stets 4-zählig, ohne Duft. Blütenstand einseitswendig, dichtblütig. Hochblätter ganzrandig. Perigon zur Fruchtzeit 2-3x so lang wie die Frucht, der untere, verwachsene Teil des Perigons so lang oder länger als der obere, freie Teil →. Blätter schmal lineal, einnervig

Thesium alpinum L., Alpen-Bergflachs: H.he, 10–40 cm, V–VII, montan-alpin, sonnige, kalkreiche Gebirgsrasen, (Sesl), LC

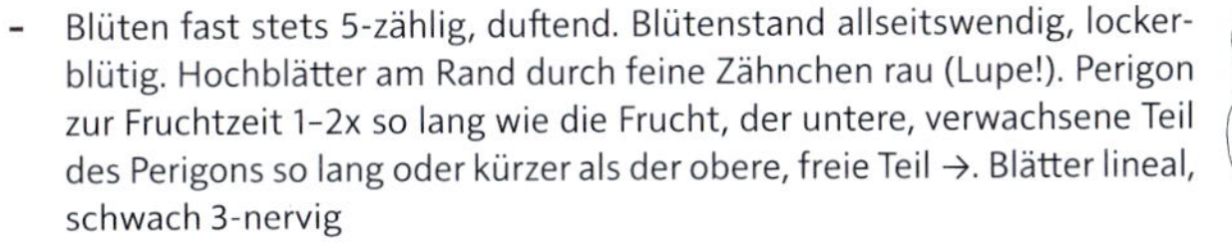

- Blüten fast stets 5-zählig, duftend. Blütenstand allseitswendig, lockerblütig. Hochblätter am Rand durch feine Zähnchen rau (Lupe!). Perigon zur Fruchtzeit 1-2x so lang wie die Frucht, der untere, verwachsene Teil des Perigons so lang oder kürzer als der obere, freie Teil →. Blätter lineal, schwach 3-nervig

Thesium pyrenaicum Pourr., Pyrenäen-Bergflachs: H.he, 15–50 cm, VI–VII, (kollin-) montan-alpin, kalkarme, eher trockene Magerrasen, (Nard, Festvari, Call-Geni), LC

4 Blätter schmal lineal, 1-2 mm breit, einnervig. Pflanze niederliegend-aufsteigend. Blütenstiele und Hochblätter rau (Zähnchen erst bei sehr starker Vergrösserung sichtbar!)

Thesium humifusum DC., Niederliegender Bergflachs: G.he, 10–20 cm, VI–VII, kollin, kalkreiche Trockenwiesen, (Xero), CR

- Blätter lanzettlich, 2–8 mm breit, zumindest am Grund 3-nervig (Lupe!) **5**

5 Blätter 4–8 mm breit, bis zur Spitze deutlich 3- bis 5-nervig →. Pflanze blaugrün, ohne Ausläufer, daher mit buschigem Wuchs. Stängel 2–4 mm dick, aufrecht, am Grund knorrig, verdickt, mit auffallend dicht stehenden Schuppenblättchen. Blütenstandstiele dünn, stielrund

Thesium bavarum Schrank, Bayrischer Bergflachs: G.he, 30–80 cm, VI–VII, kollin-montan, trockenwarme Krautsäume, lichte Eichenwälder, Föhrenwälder, (Gera-sang, Quer-pube, Eric-PiSy), NT

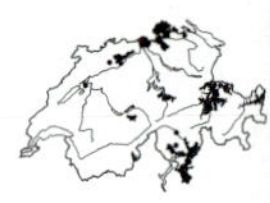

- Blätter 1–3(–4) mm breit, 1-nervig oder nur am Grund (höchstens bis zur Blattmitte) 3-nervig →. Pflanze gelbgrün, mit Ausläufern, daher mit lockerem Wuchs. Stängel dünn, 1–2 mm dick, aufrecht oder aufsteigend, am Grund nicht verdickt, mit regelmässig und locker stehenden Schuppenblättchen. Blütenstandstiele dicklich, kantig

Thesium linophyllon L., Leinblättriger Bergflachs: G.he, 15–50 cm, V–VII, kollin-montan, kalkreiche Trockenrasen, sonnige Krautsäume, Steppenrasen, Kastanienwälder, (Cirs-Brac, Gera-sang), VU

Viscum Mistel

- Pflanze gelbgrün, auf Bäumen schmarotzend. Stängel mehrfach gegabelt. Blätter gegenständig, lederig. Blüten zu 3, endständig. Frucht eine weisse Beere

Viscum album L., Mistel: 50–150 cm, III–IV, kollin-subalpin, auf Laub- und Nadelbäumen, LC

a Pflanze auf Laubbäumen schmarotzend

Viscum album L. subsp. ***album***, Laubholz-Mistel: Cp.he, III–IV, kollin-subalpin, Laubwälder, LC

- Pflanze auf Nadelbäumen schmarotzend **b**

b Pflanze auf *Abies alba* schmarotzend

Viscum album subsp. ***abietis*** (Wiesb.) Abrom., Tannen-Mistel: Cp.he, III–IV, kollin-subalpin, Bergwälder, (Abie-Fage), LC

- Pflanze auf *Pinus*, selten auf *Picea abies*, schmarotzend

Viscum album subsp. ***austriacum*** (Wiesb.) Vollm., Föhren-Mistel: Cp.he, III–IV, kollin-subalpin, Föhrenwälder, (Eric-PiSy, Onon-Pini), LC

Sapindaceae Seifenbaumgewächse

1 Blätter handförmig 5- bis 7-teilig (gefingert) ***Aesculus***

- Blätter 3- bis 5-lappig oder unpaarig gefiedert **2**

2 Blätter ungeteilt, 3- bis 5-lappig ***Acer***

- Blätter gefiedert **3**

3 Blätter mit (3–)5 Teilblättern. Früchte geflügelt ***Acer***

- Blätter mit 7–15 Teilblättern. Früchte aufgeblasen ***Koelreuteria***

Acer Ahorn

1 Blätter gefiedert, mit (3–)5 Teilblättern. Zweihäusiger Baum. Zweige meist etwas hängend (charakteristisches Aussehen!). Teilblätter lanzettlich, unregelmässig gezähnt, 5–15 cm lang, meist kahl (Abb. Tafel 21, S. 776)

Acer negundo L., Eschen-Ahorn: P, 20 m, IV–V, kollin, mässig feuchte Auenwälder, (Sali-alba), kultiviert und verwildert, Neophyt

\- Blätter ungeteilt, gelappt 2

2 Blattlappen stumpf. Blattoberseite dunkelgrün 3

\- Blattlappen spitz. Blattoberseite hell- oder dunkelgrün 4

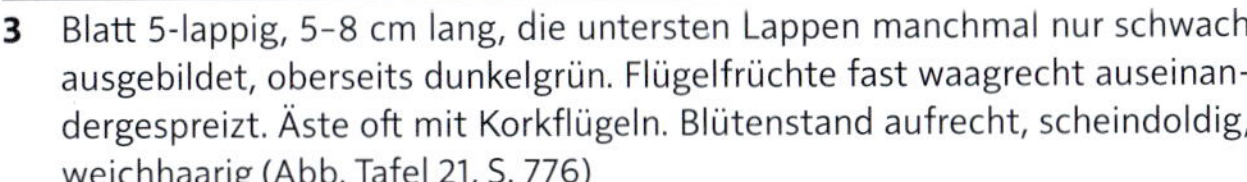

3 Blatt 5-lappig, 5–8 cm lang, die untersten Lappen manchmal nur schwach ausgebildet, oberseits dunkelgrün. Flügelfrüchte fast waagrecht auseinandergespreizt. Äste oft mit Korkflügeln. Blütenstand aufrecht, scheindoldig, weichhaarig (Abb. Tafel 21, S. 776)

Acer campestre L., Feld-Ahorn: P, 15 m, V, kollin-montan, mässig trockene Laubwälder, Feldgehölze, (Ceph-Fage, Quer-pube, Carp), auch kultiviert, LC

\- Blatt 3-lappig, 3–5 cm lang, Lappen etwa gleich gross, ganzrandig, oberseits dunkelgrün, glänzend, unterseits graugrün, matt. Blütenstand wenigblütig. Flügelfrüchte einen spitzen Winkel bildend (Abb. Tafel 21, S. 776)

Acer monspessulanum L., Französischer Ahorn: P, 15 m, III–V, kollin, trockenwarme Laubwälder, kultivierter Neophyt

4 Blattunterseite weisslich. Pflanze zweihäusig. Kronblätter fehlend. Rinde glatt, grau. Zweige oft überhängend. Blätter 4–7 cm breit, tief eingeschnitten, mit schmalen Abschnitten (Abb. Tafel 21, S. 776)

Acer saccharinum L., Silber-Ahorn: P, 15 m, II–III, kollin-montan, Parkanlagen, Auenwälder, Gebüsche, Neophyt

\- Blattunterseite grün. Pflanze zwittrig. Kronblätter vorhanden 5

5 Blattabschnitte in lange Spitzen ausgezogen, Buchten zwischen den Lappen breit abgerundet. Rinde dunkelbraun, längsrissig (nicht schuppig). Zweige mit Milchsaft. Blütenstand scheindoldig, fast kahl. Flügelfrüchte fast waagrecht gespreizt (Abb. Tafel 21, S. 776)

Acer platanoides L., Spitz-Ahorn: P, 30 m, IV, kollin-montan, nährstoffreiche Laubwälder, Auenwälder, (Tili-plat, Frax), auch kultiviert, LC

\- Blattabschnitte nicht lang ausgezogen, Buchten zwischen den Lappen spitz 6

6 Blätter deutlich 5-lappig, die gut entwickelten über 10 cm breit. Die grossen Lappen zu ⅓ bis über ½ eingeschnitten. Lappen spitz gezähnt. Blüten- und Fruchtstand traubig, hängend. Rinde hellbraun, schuppig («platanenartig») (Abb. Tafel 21, S. 776)

Acer pseudoplatanus L., Berg-Ahorn: P, 30 m, IV–V, kollin-subalpin, Laubmischwälder, Bergwälder, Feldgehölze, (Abie-Fage, Luna-Acer, Abie-Pice), auch kultiviert, LC

\- Blätter wenig (bis zu ⅓) eingeschnitten, oft nur 3 Lappen deutlich erkennbar, bis 10 cm breit. Abschnitte stumpf gezähnt. Blüten- und Fruchtstand scheindoldig, büschelartig hängend. Flügel der Früchte einen spitzen Winkel bildend. Rinde graubraun, rissig (Abb. Tafel 21, S. 776)

Acer opalus Mill., Schneeballblättriger Ahorn: P, 10 m, IV, kollin (-montan), trockenwarme Laubwälder, (Quer-pube, Ceph-Fage), LC

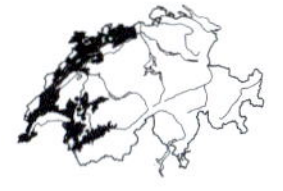

Tafel 21

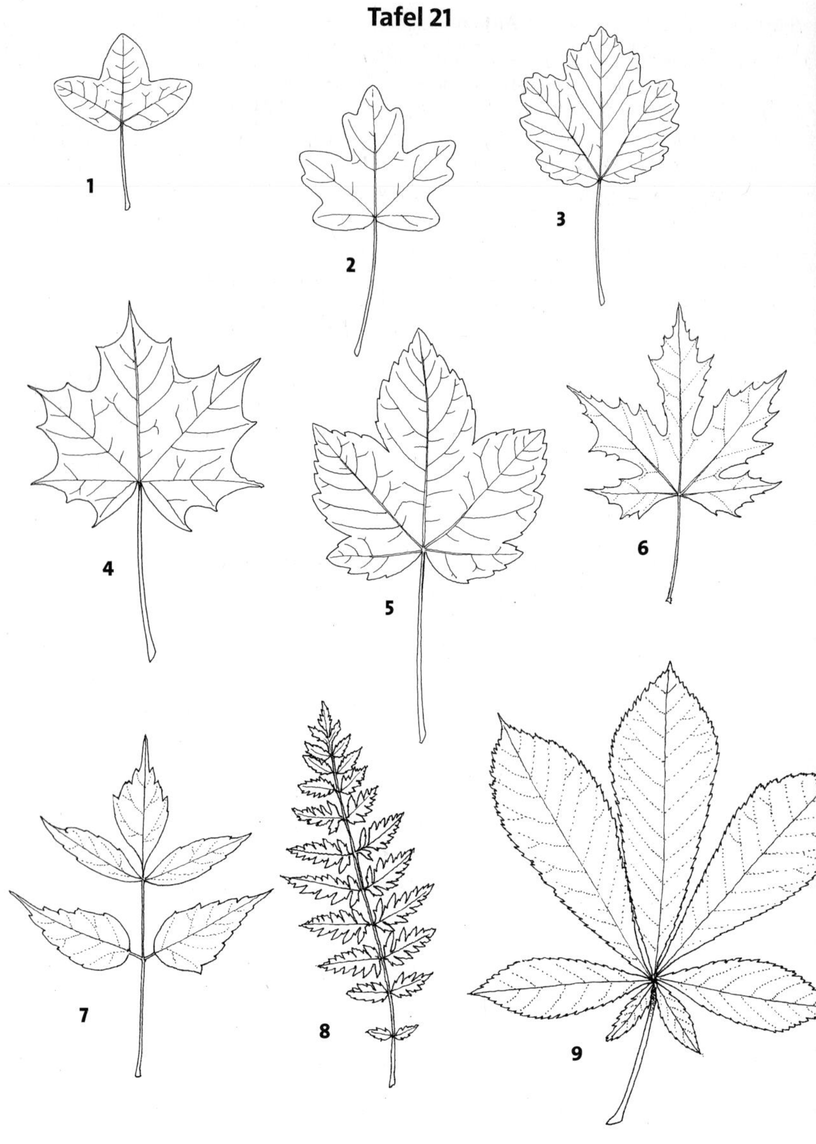

Sapindaceae. Blatt: 1. *Acer monspessulanum*, 2. *A. campestre*, 3. *A. opalus*, 4. *A. platanoides*, 5. *A. pseudoplatanus*, 6. *A. saccharinum*, 7. *A. negundo*, 8. *Koelreuteria paniculata*, 9. *Aesculus hippocastanum*

Aesculus Rosskastanie

- Blätter handförmig 5- bis 7-teilig (gefingert). Teilblätter bis über 20 cm lang, die grösste Breite über der Mitte. Blütentrauben aufrecht, 20–30 cm lang. Blütenblätter weiss, am Rand kraus, bewimpert, mit gelbem (später rotem) Fleck (Abb. Tafel 21, S. 776)

  Aesculus hippocastanum L., Rosskastanie: P, 30 m, IV–V, kollin-montan, Auenwälder, (Frax, Alni-inca), kultiviert und verwildert, Neophyt

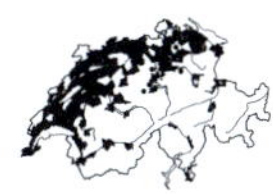

Koelreuteria Blasenesche

- Baum mit orangebrauner Rinde. Blätter wechselständig, gefiedert, mit gesägten bis fiederteiligen Teilblättchen, beim Austrieb auffallend rot. Blüten gelb, in rispigen Blütenständen. Früchte aufgeblasen (Abb. Tafel 21, S. 776)

  Koelreuteria paniculata Laxm., Blasenesche: P, 5–15 m, VI–VII, kollin-montan, Ruderalfluren, Gebüsche, kultiviert und selten verwildert, Neophyt

Sarraceniaceae Schlauchpflanzengewächse

Sarracenia Krugpflanze

- Insektenfressende Pflanze. Blätter grundständig, 5–15(–30) cm lange, bogig aufsteigende, bauchig erweiterte, oben halb trichterförmige, als Insektenfalle dienende Schläuche bildend. Blüten einzeln, auf blattlosem Stängel, gelbgrün bis rot, nickend, kugelig

  Sarracenia purpurea L., Krugpflanze: H.ca, 20–40 cm, VII, montan, Hochmoore, (Spha-mage), angepflanzt und verwildert, Neophyt

Saxifragaceae Steinbrechgewächse

1	Krone fehlend. Kelchblätter 4	***Chrysosplenium***
-	Krone vorhanden. Kron- und Kelchblätter 5 oder 6	**2**
2	Kronblätter fransig zerschlitzt	***Tellima***
-	Kronblätter nicht fransig zerschlitzt	**3**
3	Blätter 10–20 cm lang, rundlich bis oval	***Bergenia***
-	Blätter alle kleiner als 10 cm oder wenn grösser, dann lineal oder lineal-lanzettlich	***Saxifraga***

Bergenia Bergenie

- Pflanze mit dickfleischigem, oberirdischem Rhizom. Blätter 10–20 cm lang, rundlich oder oval. Blütenstand gedrängt doldenrispig, auf kurzem, dickfleischigem Stängel. Blüten rot, 5- oder 6-zählig

  Bergenia crassifolia (L.) Fritsch, Bergenie: Ch, 10–30 cm, II–IV, frische Krautsäume, Unkrautfluren, (Aego, Arct), kultiviert und verwildert, Neophyt

Chrysosplenium Milzkraut

1 Blätter wechselständig, die grundständigen herz- bis nierenförmig →, bis 5 cm lang

Chrysosplenium alternifolium L., Wechselblättriges Milzkraut: H, 5–20 cm, IV–VI, kollin-subalpin (-alpin), wechselfeuchte Wälder, Bachufer, Staudenfluren, (Card-Mont, Alni-inca, Luna-Acer), LC

- Blätter gegenständig, auch die grundständigen am Grund gestutzt →, nicht über 2 cm lang

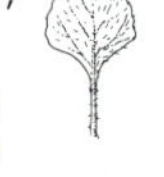

Chrysosplenium oppositifolium L., Gegenblättriges Milzkraut: H, 4–10 cm, IV–VII, (kollin-) montan (-subalpin), Bachufer, schattige Quellfluren, feuchte Wälder, (Card-Mont, Frax), NT

Saxifraga Steinbrech

1 Blätter gegenständig, ungeteilt. Blüten rot oder violett **2**

- Blätter wechsel- oder grundständig **4**

2 Kelchblätter nicht bewimpert. Staubblätter länger als Krone. Blätter an der Spitze mit 3–5 Kalk ausscheidenden Grübchen →

Saxifraga retusa Gouan, Gestutzter Steinbrech: Ch, 2–5 cm, V–VI, (subalpin-) alpin, kalkarme Felsen, (Andr-vand), VU

- Kelchblätter bewimpert. Staubblätter kürzer als Krone. Blätter an der Spitze mit 1–3 Kalk ausscheidenden Grübchen **3**

3 Blüten einzeln. Blätter bis 5 mm lang →. Meist ± dichte Polster bildend

Saxifraga oppositifolia L., Gegenblättriger Steinbrech: Ch, 2–10 cm, V–VII, (montan-) subalpin-alpin, kalkreiche, mässig feuchte Schieferschuttfluren, Schneetälchen, (Thla-rotu, Arab-caer), LC. Die Unterart *S. oppositifolia* subsp. *amphibia* wuchs ehemals am Bodensee und ist ausgestorben

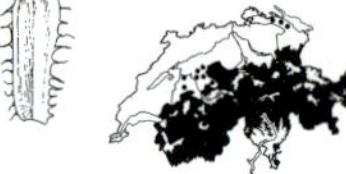

- Blüten meist zu 2–6. Blätter 5–9 mm lang →. Triebe lockerrasig

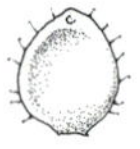

Saxifraga biflora aggr., Zweiblütiger Steinbrech: Ch, 4–15 cm, VII–VIII, (subalpin-) alpin

a Kronblätter lineal, weniger als 2 mm breit, mit 3 Nerven →

Saxifraga biflora All., Gewöhnlicher Zweiblütiger Steinbrech: Ch, 4–15 cm, VII–VIII, kalkreiche Schuttfluren, Grate, Moränen, (Drab-hopp), LC

- Kronblätter oval, über 2 mm breit, mit 5 Nerven →

Saxifraga ×kochii Hornung, (*S. biflora* subsp. *macropetala*), Kochs Steinbrech: Ch, 4–15 cm, VII–VIII, Felsschutt, kalkliebend. Hybride *S. oppositifolia* × *S. biflora*

4 Blätter am Rand mit mehreren Kalk ausscheidenden Grübchen (teilweise nur punktförmige Grübchen ohne sichtbare Kalkausscheidung) **5**

- Blätter ohne Kalk ausscheidende Grübchen am Blattrand **11**

5 Blätter 3–5(–10) mm lang, ganzrandig oder nur am Grund gezähnt **6**

- Blätter deutlich grösser, zungenförmig, vorne meist gezähnt **8**

6 Blätter bis 10 mm lang, allmählich in eine stechende Spitze verschmälert

Saxifraga vandellii Sternb., Vandellis Steinbrech: 4–9 cm, VI–VII, montan-alpin, kalkreiche Felsen, (Pote), Vorkommen im Ofenpass-Gebiet nur knapp ausserhalb der Schweiz

- Blätter bis 5 mm lang, nicht stechend, über der Mitte am breitesten **7**

7 Blätter zurückgebogen →. Stängel locker drüsenhaarig bis fast kahl. Kronblätter 3–4 mm lang

Saxifraga caesia L., Blaugrüner Steinbrech: Ch, 2–10 cm, VII–VIII, (montan-) subalpin-alpin, kalkreiche Felsrasen, (Cari-firm), LC

- Blätter nicht zurückgebogen →. Stängel dicht drüsig behaart. Kronblätter 6–9 mm lang

Saxifraga diapensioides Bellardi, Diapensien-Steinbrech: Ch, 1–10 cm, VI–VII, subalpin-alpin, kalkreiche, sonnige Felsen, Felsrasen, (Pote, Drab-Sesl), NT

8 Blüten dunkelgelb oder orange

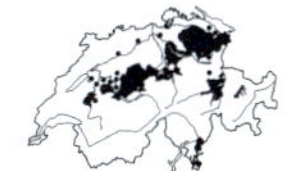

Saxifraga mutata L., Kies-Steinbrech: H.ha, 10–50 cm, VI–VII, kollin-subalpin, feuchte, schattige Felsen, (Cyst), NT

- Blüten weiss, manchmal rot überlaufen **9**

9 Stängel vom Grund an rispig verzweigt. Rosettenblätter nach vorne spatelig verbreitert →

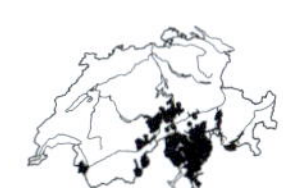

Saxifraga cotyledon L., Strauss-Steinbrech: Ch, 30–80 cm, V–VII, kollin-subalpin (-alpin), kalkarme Felsen, (Andr-vand), LC

- Stängel nur oben rispig verzweigt **10**

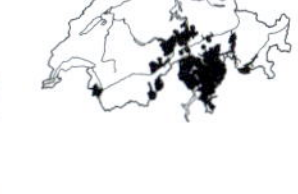

10 Rosettenblätter 1–3 cm lang (gelegentlich auch länger), flach ausgebreitet oder nach innen gebogen →. Unterste Rispenäste mit 1–3(–5) Blüten

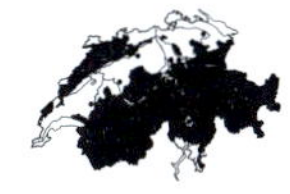

Saxifraga paniculata Mill., Trauben-Steinbrech: Ch, 5–50 cm, V–VII, (kollin-) subalpin-alpin, sonnige, eher kalkreiche Felsen, felsige Gebirgsrasen, (Pote, Drab-Sesl, Elyn, Fest-vari), LC. Variable, vielgestaltige Art

- Äussere Rosettenblätter 2–10 cm lang, nach aussen gebogen →. Unterste Rispenäste mit 3–10 Blüten

Saxifraga hostii subsp. ***rhaetica*** (A. Kern.) Braun-Blanq., Rätischer Trauben-Steinbrech: Ch, 20–60 cm, VI–VII, alpin, kalkreiche Felsen, (Pote), VU. In neuerer Zeit für Graubünden und das Tessin festgestellt

11 Stängel höchstens mit kleinen Deckblättern. Grundständige Blätter ungeteilt **12**

- Stängel beblättert oder grundständige Blätter handförmig geteilt **16**

12 Blätter mit spitzen Zähnen, Grund keilförmig →, ungestielt

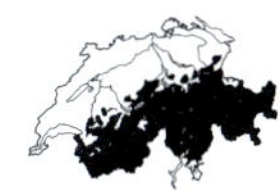

Saxifraga stellaris L., *(Micranthes stellaris)*, Sternblütiger Steinbrech: Ch, 5–20 cm, VII–VIII, montan-alpin, Quellfluren, Bachufer, Flachmoore, (Card-Mont, Cari-dava), LC

- Blätter mit stumpfen Zähnen und knorpeligem Rand, gestielt **13**

13 Blätter am Grund herzförmig oder gerundet **14**

\- Blätter am Grund keilförmig verschmälert **15**

14 Ohne Ausläufer. Alle Kronblätter gleich gross

Saxifraga hirsuta L., Nieren-Steinbrech: H, 20–40 cm, VII, montan, Gärten, feuchte Wälder, Neophyt

\- Mit Ausläufern. Kronblätter deutlich ungleich gross

Saxifraga stolonifera Meerb., Kriechender Steinbrech: H, 20–50 cm, V–VII, kollin, wärmeliebende Mauern, (Cent-Pari), Neophyt

15 Blattstiele kahl oder höchstens locker bewimpert →. Rispenäste mit 1–3 Blüten. Kronblätter weiss oder mit einem orangeroten Fleck

Saxifraga cuneifolia L., Keilblättriger Steinbrech: Ch, 10–20 cm, V–VII, montan-subalpin, kalkarme, schattige Wälder, Felsen, (Vacc-Pice, Luzu-Fage, Andr-vand), LC

\- Blattstiele kraus behaart →. Rispenäste mit 2–7 Blüten. Kronblätter mit roten Punkten und gelbem Grund

Saxifraga umbrosa L., Schatten-Steinbrech: Ch, 40 cm, VII, montan, Gärten, schattige Wälder, Neophyt

16 Blüten leuchtend zitronengelb bis orange, selten auch dunkelrot **17**

\- Blüten reinweiss, blassgelb bis blassrot. Selten Blüten dunkelrot, dann aber die Blätter geteilt oder gelappt **18**

17 Stängel niederliegend oder aufsteigend, dicht beblättert. Kronblätter bis 15 mm lang, zitronengelb, orange oder dunkelrot. Blätter lineal-lanzettlich, fleischig, bewimpert →

Saxifraga aizoides L., Bach-Steinbrech: Ch, 5–20 cm, VI–VIII, (kollin-) montan-alpin, kalkreiche Quellfluren, Bachufer, feuchte Schuttfluren, Moränen, (Card-Mont, Epil-flei, Thla-rotu), LC

\- Stängel aufrecht. Kronblätter 4–6 mm lang, goldgelb

Saxifraga hirculus L., Moor-Steinbrech: Ch, 10–30 cm, VII, montan-subalpin, Torfmoore, Gräben, (Cari-lasi), CR

18 Grundständige Blätter herz- bis nierenförmig **19**

\- Grundständige Blätter anders **22**

19 Kronblätter weiss, gelb und rot punktiert. Keine Brutknöllchen vorhanden. Grundständige Blätter → herz- bis nierenförmig, eingeschnitten-gezähnt, lang gestielt

Saxifraga rotundifolia L., Rundblättriger Steinbrech: H, 20–50 cm, VI–IX, (kollin-) montan-subalpin (-alpin), luftfeuchte Bergwälder, Hochstaudenfluren, Grünerlengebüsche, (Abie-Fage, Luna-Acer, Aden, Alne-viri), LC

\- Kronblätter weiss, ohne gelbe und rote Punkte. Pflanze mit Brutknöllchen in den Blattachseln **20**

20 Brutknöllchen nur in den unteren Blattachseln. Grundständige Blätter → lang gestielt, nierenförmig, mit unregelmässigen Einkerbungen. Kronblätter ca. 15 mm lang

Saxifraga granulata L., Knöllchen-Steinbrech: H, 20–50 cm, IV–V, kollin-montan, Halbtrockenrasen, trockene Fettwiesen, Mauern, (Meso, Arrh), VU

\- Brutknöllchen auch in den oberen Blattachseln. Kronblätter 5–9 mm lang **21**

21 20–30 cm hoch, mehrblütig. Grundständige Blätter tief 5- bis 7-spaltig oder -lappig →

Saxifraga bulbifera L., Zwiebel-Steinbrech: H, 20–40 cm, V, kollin-montan, trockenwarme Steppenrasen, Krautsäume, (Cirs-Brac), EN

\- 10–15 cm hoch, meist einblütig. Grundständige Blätter unregelmässig gekerbt →

Saxifraga cernua L., Nickender Steinbrech: H, 5–20 cm, VII, subalpin-alpin, kalkreiche, schuttige Schneetälchen, Felsbalmen, (Arab-caer), VU

22 Ohne sterile Triebe **23**

\- Mit sterilen (nicht blühenden) Trieben **24**

23 Blütenstiele 2–5x länger als die Blüten. Grundständige Blätter spatelförmig oder eingeschnitten 3- (bis 7-)zähnig →. Pflanze kollin-montaner Standorte

Saxifraga tridactylites L., Dreifingeriger Steinbrech: T, 2–10 cm, III–V, kollin-montan, trockenwarme, kalkreiche Pionierfluren, Wegränder, Mauern, Bahnareale, (Alyss-Sedi, Sisy), LC

\- Blütenstiele höchstens so lang wie die Blüten. Grundständige Blätter spatelförmig oder 3- bis 7-zähnig →. Pflanze subalpin-alpiner Standorte

Saxifraga adscendens L., Aufsteigender Steinbrech: T, 5–10 cm, VII–VIII, subalpin-alpin, kalkreiche Pionierfluren, Läger, (Drab-Sesl, Poio-supi), NT

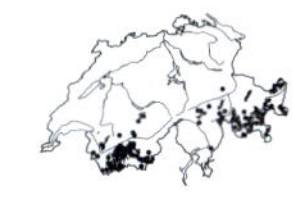

24 Alle Blätter ungeteilt, bisweilen kurz 3- bis 5-spitzig **25**

\- Untere Blätter zumindest teilweise 3-, 5- oder 9-spaltig **29**

25 Blätter grannig zugespitzt und dornig bewimpert **26**

\- Blätter nicht grannig zugespitzt, drüsig bewimpert **27**

26 5–15 cm hoch, 1- bis 7-blütig. Blätter 1–2 mm breit →

Saxifraga aspera L., Rauer Steinbrech: Ch, 5–20 cm, VII–VIII, (montan-) subalpin (-alpin), kalkarme Felsen, Felsgrusfluren, Schuttfluren, (Andr-alpi), LC

\- 2–5 cm hoch, meist einblütig. Blätter max. 1 mm breit →

Saxifraga bryoides L., Moosartiger Steinbrech: Ch, 2–5 cm, VII–VIII, (subalpin-) alpin, kalkarme Schutthalden, Moränen, Felsen, (Andr-alpi, Andr-vand), LC

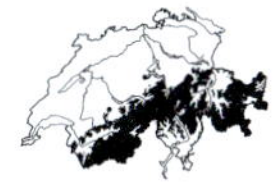

27 Grundständige Blätter lineal-länglich →. Die abgestorbenen und ausgetrockneten Blätter vorne silbergrau. Stängel 2- bis 5-blättrig. Pflanze feste Polster bildend

Saxifraga muscoides All., Flachblättriger Steinbrech: Ch, 2–5 cm, VII–VIII, (subalpin-) alpin, Felsrasen, Schuttfluren, (Sedo-Scle, Drab-Sesl), LC

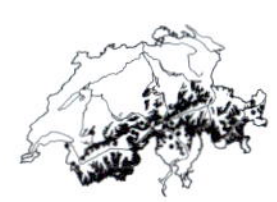

\- Grundständige Blätter spatelförmig. Stängel höchstens 3-blättrig. Pflanze lockere bis dichte Rasen bildend **28**

28 Kronblätter weiss, ca. 2x so lang wie der Kelch. Rosettenblätter an der Spitze teilweise mit 3–5 Zähnen →

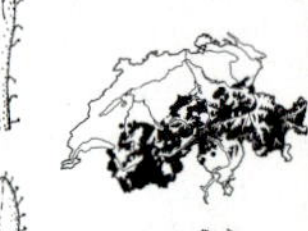

Saxifraga androsacea L., Mannsschild-Steinbrech: Ch, 2–6 cm, VII–VIII, (subalpin-) alpin, kalkreiche, schuttige Schneetälchen, (Arab-caer), LC

- Kronblätter gelblich, kaum länger als der Kelch. Blätter stets ganzrandig →

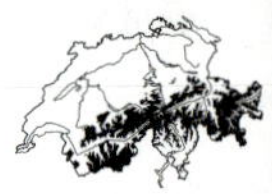

Saxifraga seguieri Spreng., Séguiers Steinbrech: Ch, 1–10 cm, VII–VIII, (subalpin-) alpin, kalkarme, humusreiche Schneetälchen, (Sali-herb), LC

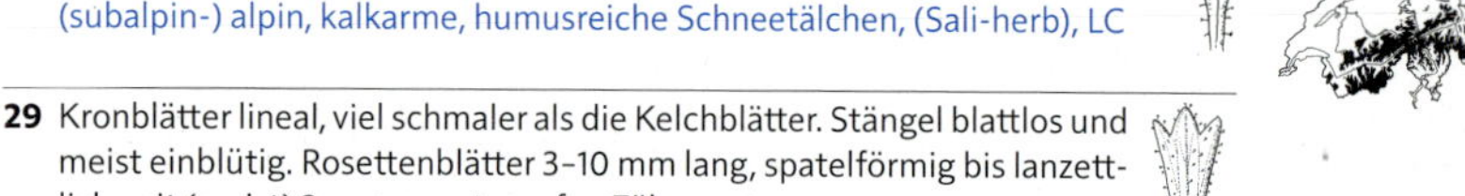

29 Kronblätter lineal, viel schmaler als die Kelchblätter. Stängel blattlos und meist einblütig. Rosettenblätter 3–10 mm lang, spatelförmig bis lanzettlich, mit (meist) 3 grossen, stumpfen Zähnen →

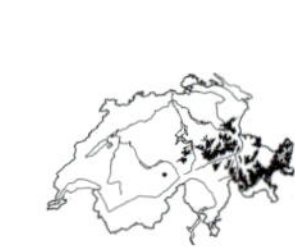

Saxifraga aphylla Sternb., Blattloser Steinbrech: Ch, 1–4 cm, VII–VIII, (subalpin-) alpin, kalkreiche Schutthalden, Schneetälchen, (Thla-rotu, Arab-caer), LC

- Kronblätter so breit wie die Kelchblätter oder breiter. Stängel meist beblättert und mehrblütig **30**

30 Dichtrasig. Kronblätter höchstens 5 mm lang

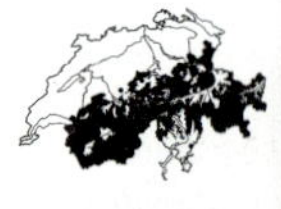

Saxifraga exarata Vill., Gefurchter Steinbrech: Ch, 2–12 cm, VI–VIII, Felsen, Felsrasen, LC. Die Unterscheidung der Unterarten ist nicht immer eindeutig, da verbreitet Introgressionen auftreten

a Blätter nicht gefurcht oder selten mit 1 Furche →

Saxifraga exarata subsp. ***moschata*** (Wulfen) Cavill., Moschus-Steinbrech: Ch, VII–VIII, subalpin-alpin, kalkreiche Felsen, Schuttfluren, Gratrasen, (Pote, Elyn, Thla-rotu), LC

- Blätter mit 3–5 Furchen → (deutlich, wenn trocken) **b**

b Kronblätter bis 2x so breit wie die Kelchblätter, meist weisslich. Meist alle Rosettenblätter geteilt

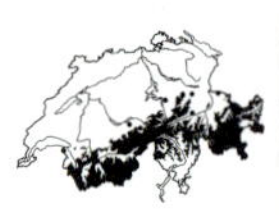

Saxifraga exarata Vill. subsp. ***exarata***, Gefurchter Steinbrech: Ch, (VI–)VII–VIII, (kollin-) subalpin-alpin, kalkarme Felsen, Pionierfluren, (Andr-vand, Sedo-Scle), LC

- Kronblätter kaum breiter als die Kelchblätter, meist gelblich, trübgrün oder trübrot. Rosettenblätter teilweise ganzrandig

Saxifraga exarata subsp. ***pseudoexarata*** (Braun-Blanq.) D. A. Webb, Gefurchter Moschus-Steinbrech: Ch, VII–VIII, subalpin-alpin, felsige, eher kalkreiche Gebirgsrasen, (Sesl), DD. Wird oft mit *S. exarata* subsp. *moschata* verwechselt

- Lockerrasig. Kronblätter 8–10 mm lang **31**

31 Alle Blätter 3- bis 7-spaltig. Seitensprosse ohne ruhende Knospen. Blütenknospen aufrecht

Saxifraga rosacea Moench, Rosen-Steinbrech: Ch, 5(-25) cm, V-VI, kollin-montan, Felsen, Mauern, (Andr-vand, Cent-Pari), kultivierter Neophyt. Natürliche Vorkommen in zwei Unterarten im französischen Jura und in Süddeutschland

- Seitentriebe zum Teil mit ganzrandigen Blättern, oft in ruhende Knospen endend. Blütenknospen nickend

Saxifraga hypnoides L., Moos-Steinbrech: Ch, 5(-25) cm, kollin-montan, kultiviert und verwildert, Neophyt

Tellima Fransenbecher

- Blätter 4-10 cm lang, herzförmig, 3- bis 9-lappig. Blütenstand lang gezogen, traubig. Kronblätter fransig zerschlitzt, grünlich weiss oder rötlich

Tellima grandiflora (Pursh) Lindl., Fransenbecher: Ch, 40(-90) cm, V-VI, kollin-montan, Gartenränder, Krautsäume, (Aego, Aego), Neophyt

Scrophulariaceae Braunwurzgewächse

1 Strauch mit violetten Blüten in langen, kegelförmigen Blütenständen ***Buddleja***

- Krautpflanze **2**

2 Pflanze sehr klein. Blätter alle grundständig, spatelförmig, ganzrandig →. Stängel blattlos. Blüten nur 3 mm breit ***Limosella***

- Stängelblätter vorhanden. Blätter gekerbt oder gesägt. Blüten grösser **3**

3 Blätter wechselständig. Blütenstand traubig. Blüten flach, 5-zipflig radiär, Staubblätter 5 ***Verbascum***

- Blätter gegenständig. Blütenstand rispenartig. Blüten glockig, undeutlich 2-lippig, Staubblätter 4 ***Scrophularia***

Buddleja Schmetterlingsstrauch

- Strauch mit langen Ästen. Blätter gegenständig, lanzettlich, fein gezähnt, unterseits von Sternhaaren graufilzig. Blüten in langen, dichten, zylindrischen Rispen. Krone violett, röhrenförmig, ca. 1 cm lang. Frucht eine Kapsel (Abb. Tafel 22, S. 784)

Buddleja davidii Franch., Schmetterlingsstrauch: Ph, 1-3 m, VII-VIII, kollin, trockenwarme Schuttplätze, Geröllfluren, Ufer, (Samb-Sali, Stip-cala, Epil-flei), Neophyt

Tafel 22

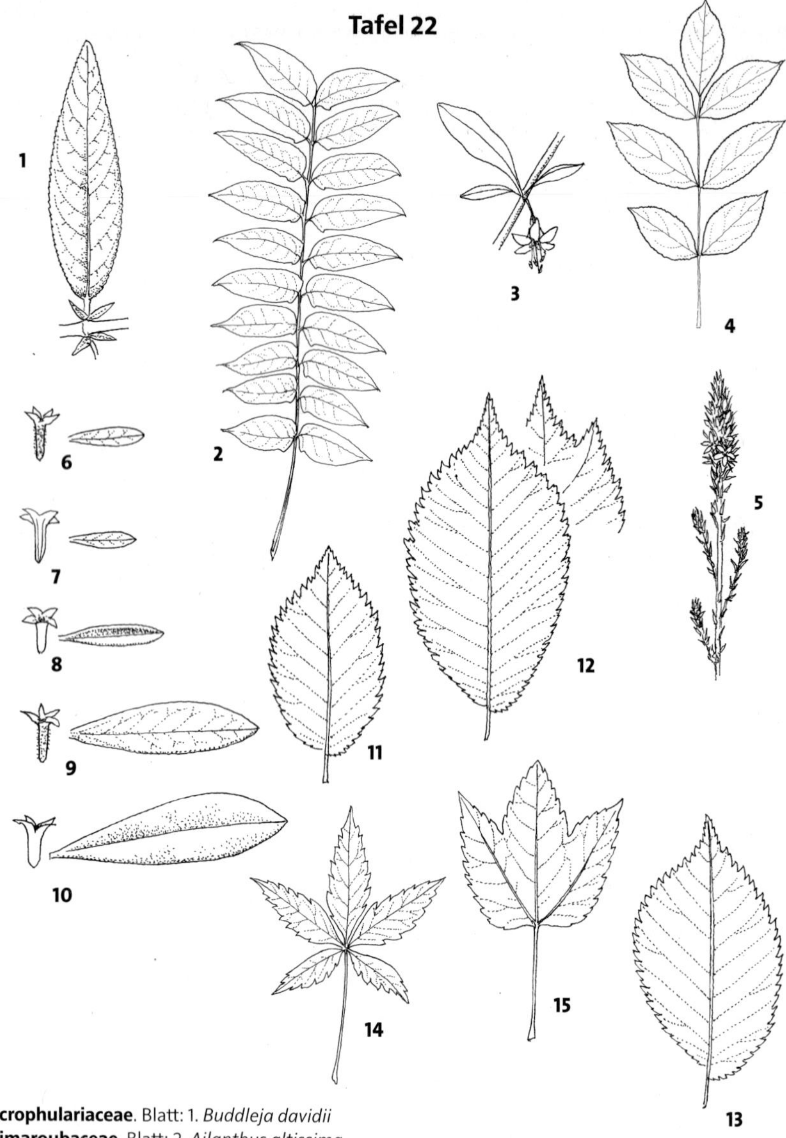

Scrophulariaceae. Blatt: 1. *Buddleja davidii*
Simaroubaceae. Blatt: 2. *Ailanthus altissima*
Solanaceae. Blatt: 3. *Lycium barbarum*
Staphyleaceae. Blatt: 4. *Staphylea pinnata*
Tamaricaceae. Zweig: 5. *Myricaria germanica*
Thymeleaceae. Blatt: 6. *Daphne cneorum*, 7. *D. striata*, 8. *D. alpina*, 9. *D. mezereum*, 10. *D. laureola*
Ulmaceae. Blatt: 11. *Ulmus minor*, 12. *U. glabra*, 13. *U. laevis*
Vitaceae. Blatt: 14. *Parthenocissus inserta*, 15. *P. tricuspidata*

Limosella Schlammkraut

- Pflanze kahl, Rasen bildend. Alle Blätter grundständig, spatelförmig →, 2–5 cm lang gestielt. Blüten einzeln, lang gestielt (aber kürzer als die Blätter). Krone weiss oder rötlich, 2–3 mm lang, mit kurzer Röhre und 5-teiligem Saum

  Limosella aquatica L., Schlammkraut: T, 3–7 cm, VII–IX, kollin-montan (-subalpin), schlammige Pionierfluren, Ufer, (Nano), CR

Scrophularia Braunwurz

1 Blätter 1- bis 2-fach fiederschnittig **2**

- Blätter ungeteilt (höchstens am Grund mit 2 kleinen Seitenlappen), gezähnt **3**

2 Kronenoberlippe kürzer als die halbe Kronröhre →. Pflanze unangenehm riechend. Untere Blätter tief fiederschnittig bis fiederteilig, die oberen kaum mehr geteilt. Blütenstand mit fast sitzenden Drüsen. Krone violettrot, die seitlichen Zipfel weiss, der unterste weiss berandet

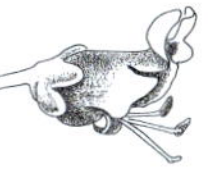

Scrophularia canina L., Hunds-Braunwurz: H, 20–60 cm, VI–VIII, kollin-montan, trockenwarme, kalkreiche Schuttfluren, Alluvionen, (Epil-flei, Stip-cala), NT

- Kronenoberlippe länger als die halbe Kronröhre →. Pflanze oft kaum riechend. Auch obere Blätter noch tief fiederteilig. Blütenstand mit deutlich gestielten Drüsen (Drüsenhaaren). Krone dunkelviolett, mit weiss berandeten Zipfeln

Scrophularia juratensis Schleich., *(S. hoppei)*, Jura-Braunwurz: H, 15–40 cm, VI–VIII, kollin-subalpin, kalkreiche Schuttfluren, Kiesgruben, (Stip-cala), NT

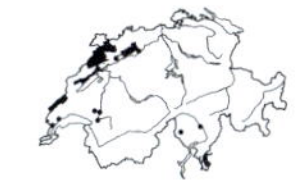

3 Krone gelbgrün. Stängel 4-kantig, wollig behaart →. Blätter herzförmig, gestielt. Blüten in lang gestielten, doldigen Teilblütenständen, diese in den oberen Blattwinkeln

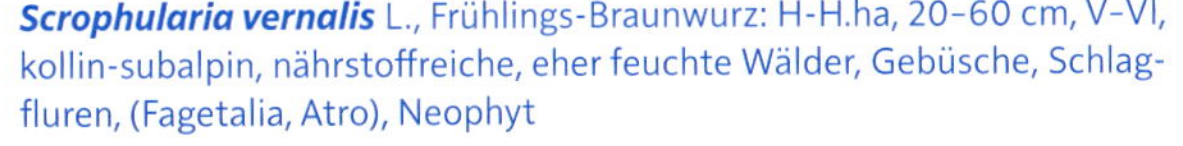

Scrophularia vernalis L., Frühlings-Braunwurz: H-H.ha, 20–60 cm, V–VI, kollin-subalpin, nährstoffreiche, eher feuchte Wälder, Gebüsche, Schlagfluren, (Fagetalia, Atro), Neophyt

- Krone rotbraun. Stängel 4-kantig, kahl. Blüten in einem rispigen Gesamtblütenstand **4**

4 Stängel nicht geflügelt, aber scharf 4-kantig →. Blatt länglich eiförmig, doppelt gesägt, am Grund verschmälert oder fast herzförmig. Kelchzipfel mit schmalem Hautrand. Krone 7–11 mm lang, braunrot mit grünem Grund (selten gelbgrün). Frucht eikegelförmig, spitz. Pflanze unangenehm riechend. Grundblätter fehlend

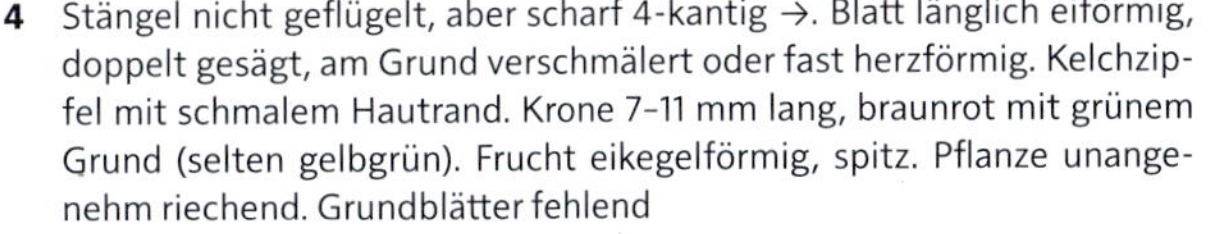

Scrophularia nodosa L., Knotige Braunwurz: H, 40–100 cm, VI–VII, kollin-subalpin, frische Krautsäume, Wälder, Schlagfluren, Ufer, (Frax, Fagetalia, Epil-flei), LC

- Stängel und Blattstiele breit geflügelt. Kelchzipfel breit weisshäutig berandet **5**

5 Flügel des Stängels bis ¼ so breit wie der Stängel →. Blätter am Grund herzförmig, meist mit 2 kleinen, abgetrennten Lappen, stumpf gekerbt. Krone 7–9 mm lang. Blütenstand schmal, verlängert, Äste kürzer als die Internodien. Staminodium fast kreisrund, kaum breiter als lang, nie ausgerandet

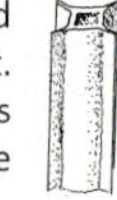

Scrophularia auriculata L., *(S. aquatica)*, Wasser-Braunwurz: H, 40–150 cm, VI–VIII, kollin, wechselfeuchte Krautsäume, Ufer, (Conv, Phal), EN

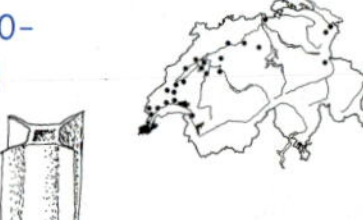

- Flügel bis fast ½ so breit wie der Stängel →. Blätter nicht herzförmig, ohne abgetrennte Abschnitte, scharf gesägt (zumindest die oberen). Krone 6–8 mm lang. Blütenstand pyramidenförmig, dicht, die Äste so lang oder länger als die Internodien. Staminodium mindestens doppelt so breit als lang, oft ausgerandet

Scrophularia umbrosa Dumort., *(S. alata)*, Geflügelte Braunwurz: H, 60–120 cm, VI–VIII, kollin-montan, feuchte Krautsäume, Bachufer, (Glyc-Spar, Conv), LC

Verbascum Königskerze

1 Blüten violett, 2–3,5 cm breit. Grundständige Rosettenblätter → dem Boden anliegend, gestielt, oberseits dunkelgrün und kahl. Blüten einzeln in den oberen Blattwinkeln, lang gestielt. Staubfäden violett-wollig

Verbascum phoeniceum L., Violette Königskerze: H.ha-T, 30–100 cm, V–VII, kollin, wärmeliebende, ruderale Trockenrasen, (Conv-Agro), Neophyt

- Blüten gelb oder gelbweiss **2**

2 Wollhaare an den Staubfäden violett, Blüte daher mit violettem Zentrum **3**

- Wollhaare an den Staubfäden gelblich weiss, Blüte daher nicht mit auffällig gefärbtem Zentrum **6**

3 Blütenstand drüsig. Untere Blätter beiderseits kahl. Traube oberwärts aus Einzelblüten **4**

- Blütenstand ohne Drüsenhaare. Blätter oberseits locker, unterseits filzig behaart. Traube bis oben aus Blütenbüscheln (zu 2–5) **5**

4 Blüten in der Blütentraube stets einzeln, deutlich gestielt, Stiele länger als ihre Tragblätter und länger als der Kelch. Tragblatt 1. Krone 3 cm breit, gelb oder gelbweiss, die Blütenknospen rötlich. Staubfäden über die ganze Länge violett wollhaarig. Stängelblatt ungleich gezähnt →, die unteren in einen Stiel verschmälert

Verbascum blattaria L., Schaben-Königskerze, Schabenkraut: H.ha, 30–120 cm, VI–VIII, kollin, trockenwarme Pionierfluren, Schuttplätze, Wegränder, (Onop, Dauc-Meli), NT

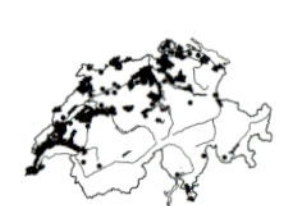

- Untere Blüten in der Blütentraube zu 1–3, sehr kurz gestielt, Stiele kürzer als ihre Tragblätter und kürzer als der Kelch. Tragblätter 2. Krone 3–4(–5) cm breit, gelb. Staubfäden oben weisswollig, unten violettwollig. Obere Blätter halb stängelumfassend, untere Blätter in einen Stiel verschmälert

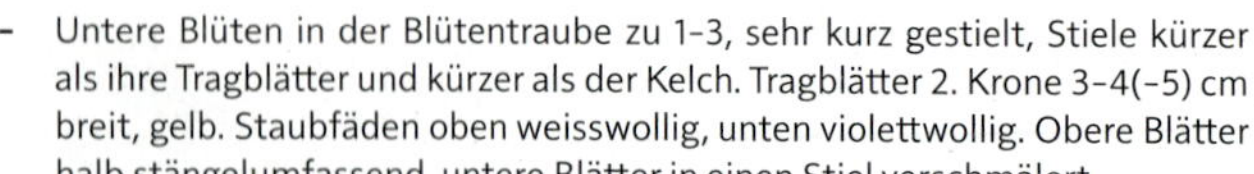

Verbascum virgatum Stokes, *(V. blattarioides)*, Ruten-Königskerze: H.ha, 50–200 cm, VI–IX, kollin, trockenwarme Pionierfluren, (Dauc-Meli), Neophyt

5 Unterste Blätter → am Grund herzförmig. Stängel oberwärts scharfkantig. Blütenstand lang ährig, unverzweigt oder am Grund mit wenigen Seitenzweigen. Blüten zu 2-5 in einem Knäuel. Blütenstiele ca. 2x so lang wie der Kelch. Krone 18-25 mm breit, wie die Frucht sternhaarig

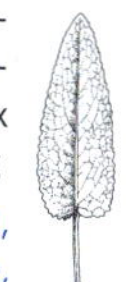

Verbascum nigrum L., Dunkle Königskerze: H-H.ha, 30-100 cm, VI-VIII, kollin-montan (-subalpin), sonnige, kalkreiche Wegränder, Schuttplätze, Krautsäume, (Atro, Arct, Dauc-Meli), LC

- Unterste Blätter → gerundet bis keilförmig, nicht herzförmig. Stängel und Äste schwach kantig, oft fast stielrund. Blütenstand stark verzweigt, auch oberhalb der Mitte. Blüten zu 2-5 in einem Knäuel. Blütenstiele kaum länger als der Kelch. Krone 15-20 mm breit

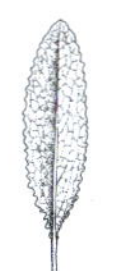

Verbascum chaixii Vill., Chaix' Königskerze: H-H.ha, 40-150 cm, VII-VIII, kollin-montan, wärmeliebende Krautsäume, Wegränder, Felsensteppen, (Gera-sang, Stip-Poio, Conv-Agro), EN

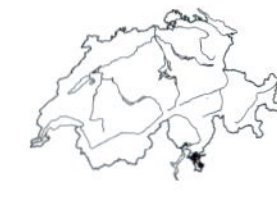

6 Alle 5 Staubfäden wollhaarig. Alle Staubbeutel gleich, nierenförmig. Blütenstand stark verästelt. Stängelblätter am Stängel nicht herablaufend. Krone 1-2,5 cm breit **7**

- Untere 2 Staubfäden kahl (zumindest an der Spitze), die oberen 3 wollhaarig. Staubbeutel ungleich. Blütenstand wenig verästelt. Stängelblätter herablaufend oder nicht herablaufend. Krone 1,5-6 cm breit **9**

7 Stängel fast stielrund. Jungpflanze abwischbar wollig-flockig, ältere Pflanze verkahlend, der Filz sich flockig lösend. Tragblätter der Blüten 3-5 mm lang, ca. so lang wie der Kelch. Krone ca. 2-2,5 cm breit. Staubfäden meist rötlich. Narbe keulig

Verbascum pulverulentum Vill., Flockige Königskerze: H.ha-T, 80-200 cm, VI-IX, kollin-subalpin, trockenwarme Unkrautfluren, Weinberge, Trockenrasen, (Onop), EN

- Stängel kantig, mit bleibender Behaarung. Tragblätter der Blüten (5-)8-16 mm lang, deutlich länger als der Kelch **8**

8 Blätter oberseits locker kurzhaarig bis fast kahl, unterseits hell graufilzig («Mehlstaub»). Oberste Stängelblätter länglich, nicht stängelumfassend. Krone ca. 1-2 cm breit

Verbascum lychnitis L., Lampen-Königskerze: H.ha, 50-150 cm, VI-IX, kollin-montan (-subalpin), trockenwarme, kalkreiche Krautsäume, Gebüsche, Wegränder, Unkrautfluren, (Gera-sang, Trif-medi, Onop), LC

- Blätter beiderseits bleibend dicht gelblich filzig. Stängelblätter zahlreich und sehr dicht stehend. An der Ansatzstelle des Blattes am Stängel unterseits mit einer typischen knorpeligen, buckeligen Auswölbung. Oberste Stängelblätter rundlich, stängelumfassend. Krone ca. 2-3 cm breit

Verbascum speciosum Schrad., Pracht-Königskerze: H.ha-T, 60-200 cm, VI-IX, kollin, trockenwarme Unkrautfluren, (Onop), Neophyt

9 Krone mittelgross, 1,5-3 cm breit. Staubbeutel der unteren, längeren Staubblätter nur 1-2 mm lang, die Staubfäden daher etwa 4x länger als die Staubbeutel. Narben kopfig, nierenförmig, nicht herablaufend. Blätter von Sternhaaren filzig, die unteren bis 40 cm lang, schwach gekerbt bis ganzrandig

Verbascum thapsus L., Kleinblütige Königskerze: H.ha-T, 50-200 cm, VI-IX, kollin-subalpin, Unkrautfluren, Wegränder, LC

a Pflanze gelblich weiss behaart. Grundständige Blätter kaum gestielt. Stängelblätter von Glied zu Glied herablaufend. Krone 1,5-2 cm breit. Die 2 längeren Staubfäden fast vollständig kahl

Verbascum thapsus L. subsp. ***thapsus***, Gewöhnliche Kleinblütige Königskerze: H.ha-T, 50-200 cm, VI-IX, kollin-subalpin, sonnige, ruderale Krautsäume, Wegränder, Schlagfluren, (Arct, Dauc-Meli, Atro), LC

- Pflanze gelblich bis etwas bräunlich behaart (Rostschimmer). Grundständige Blätter lang gestielt. Stängelblätter nur wenig herablaufend. Krone 2-3 cm breit. Die 2 längeren Staubfäden nur an der Spitze kahl

Verbascum thapsus subsp. ***montanum*** (Schrad.) Bonnier & Layens, *(V. crassifolium)*, Dickblättrige Kleinblütige Königskerze: H.ha-T, 80-200 cm, VI-IX, kollin-subalpin, trockenwarme Unkrautfluren, Krautsäume, Wegränder, (Onop, Arct), LC

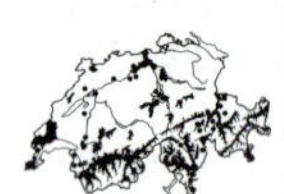

- Krone gross, 3,5-5 cm breit. Staubbeutel der unteren, längeren Staubblätter 3-6 mm lang, die Staubfäden daher nur etwa 2x so lang wie die Staubbeutel. Narben verlängert, keulenförmig, herablaufend **10**

10 Grundständige Blätter kaum gestielt. Stängelblätter bis zum nächsten unteren Blattansatz herablaufend. Stängel daher geflügelt erscheinend. Blätter deutlich gekerbt, graugelblich filzig

Verbascum densiflorum Bertol., *(V. thapsiforme)*, Grossblütige Königskerze: H.ha-T, 80-250 cm, VI-IX, kollin-montan (-subalpin), trockenwarme, kalkreiche Unkrautfluren, Schuttplätze, Kiesgruben, Alluvionen, (Onop), LC

- Grundständige Blätter deutlich gestielt. Stängelblätter nur wenig herablaufend (nie bis zum nächsten Blattansatz). Stängel daher ungeflügelt erscheinend, filzig behaart. Blätter schwach gekerbt

Verbascum phlomoides L., Filzige Königskerze: H.ha-T, 50-200 cm, VI-IX, kollin, trockenwarme Unkrautfluren, (Onop), NT

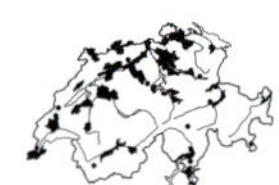

Simaroubaceae — Bittereschengewächse

Ailanthus — Götterbaum

- Laubwerfender Baum. Blätter (meist) unpaarig gefiedert, 40-60(-90) cm lang, mit 6-12 Fiederpaaren. Teilblätter lanzettlich, bis 10 cm lang, etwas asymmetrisch, am Grund mit 1-2 drüsigen Zähnen, sonst ganzrandig (im Gegensatz zu *Rhus typhina*). Blüten in vielblütigen Rispen. Kelch- und Kronblätter 5. Staubblätter 10 (Abb. Tafel 22, S. 784)

Ailanthus altissima (Mill.) Swingle, Götterbaum: P, 5-25 m, VI-VII, kollin-montan, Pioniergehölze, Schuttplätze, (Robi), kultiviert und verwildert. Stark in Ausbreitung begriffen, Neophyt

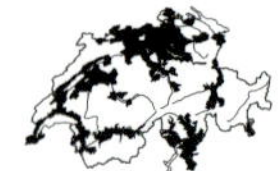

Solanaceae — Nachtschattengewächse

1	Pflanze ein 1–3 m hoher Strauch mit dünnen, überhängenden Zweigen. Frucht eine Beere (Abb. Tafel 22, S. 784)	***Lycium***
–	Pflanze krautig	**2**
2	Staubfäden sehr kurz, Staubbeutel zu einem Kegel (oder Röhre) zusammenneigend. Krone radförmig ausgebreitet	**3**
–	Staubfäden länger als Staubbeutel, diese nicht kegelförmig zusammenneigend	**5**
3	Blüten weiss, rosa oder violett	***Solanum***
–	Blüten gelb	**4**
4	Blätter mit Stacheln. Blüten (schwach) 5-zipflig. Samen kahl	***Solanum***
–	Blätter ohne Stacheln, aber drüsig behaart (zerrieben aromatisch). Blüten 5- bis 7-zipflig. Samen behaart	***Lycopersicon***
5	Blüten 6–18 cm lang, weiss. Frucht eine stachelige Kapsel, mit 4 Klappen aufspringend	***Datura***
–	Blüten höchstens bis 4 cm lang	**6**
6	Blüten glockig, mit kurzem Saum (3–5 mm), braunviolett (Aussenseite). Frucht eine schwarze Beere	***Atropa***
–	Blüten weit glockig, mit grossem Saum, weiss, gelb oder blau	**7**
7	Frucht eine Kapsel. Blüten blassgelb, dunkelviolett geadert. Blätter tief buchtig gezähnt	***Hyoscyamus***
–	Frucht → eine lampionartig verpackte Beere. Blüten nicht dunkel geadert. Blätter ganzrandig oder wellig gezähnt 	**8**
8	Blüten hellblau. Kelch mit 5 geflügelten Kanten	***Nicandra***
–	Blüten trübweiss oder gelb. Kelch ohne Flügelkanten	***Physalis***

Atropa — Tollkirsche

– Pflanze drüsig behaart. Blätter eilanzettlich, ganzrandig, im oberen Teil paarweise genähert (1 grosses und 1 kleines Blatt). Krone → glockig, ca. 3 cm lang, braunviolett. Beere schwarz, glänzend

Atropa bella-donna L., Tollkirsche: H, 50–150 cm, VI–VIII, kollin-montan, kalkreiche Schlagfluren, lichte Wälder, Waldränder, (Atro), LC

Datura — Stechapfel

Selten können auch andere *Datura*-Arten angetroffen werden.

1 Krone weiss, 6–10 cm lang. Kelch 3–5 cm lang. Kapsel zuletzt aufrecht, dicht bestachelt. Blätter buchtig und grob gezähnt, spitz, kahl, bis 20 cm lang

Datura stramonium L., Gewöhnlicher Stechapfel: T, 30–100 cm, VI–X, kollin (-montan), wärmeliebende Unkrautfluren, Schuttplätze, (Sisy), Neophyt

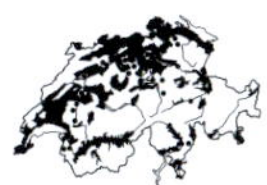

– Blüten weiss, aber viel grösser. Krone 12–19 cm lang. Kelch 6–10 cm lang. Kapsel zuletzt nickend, mit dünnen Stacheln. Blätter eiförmig, ganzrandig oder etwas buchtig gezähnt, drüsig graufilzig, bis 15 cm lang

Datura innoxia Mill., Grossblütiger Stechapfel: T, 40–150 cm, VII–IX, kollin, wärmeliebende Unkrautfluren, Schuttplätze, (Sisy), kultivierter Neophyt

Hyoscyamus Bilsenkraut

- Pflanze drüsig und zottig behaart. Blätter grob buchtig gezähnt. Blüten einzeln in den Blattachseln. Krone weit glockenförmig, blassgelb, ± violett geadert, 2–3 cm lang. Frucht eine krugförmige Kapsel

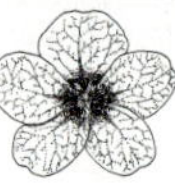

Hyoscyamus niger L., Schwarzes Bilsenkraut: H.ha-T, 20–80 cm, VI–IX, kollin-montan (-subalpin), trockenwarme Unkrautfluren, Schuttplätze, Mauern, (Onop, Sisy), VU

Lycium Bocksdorn

1 Kelch glockenförmig mit 3–5 bewimperten Zipfeln. Kronzipfel am Rand flaumhaarig, so lang oder länger als die Kronröhre. Pflanze 1–2 m hoch. Blätter eiförmig-elliptisch

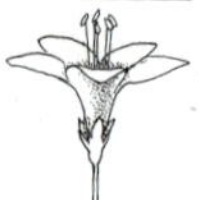

Lycium chinense Mill.

- Kelch glockenförmig mit 2 gezähnten Zipfeln. Kronzipfel kürzer als die Kronröhre. Pflanze ein 1–3 m hoher Strauch mit dünnen, überhängenden Zweigen. Blätter schmal lanzettlich, ganzrandig, graugrün, kahl. Blüten zu 1–3 in den Blattwinkeln, gestielt. Frucht eine rotorange Beere (Abb. Tafel 22, S. 784)

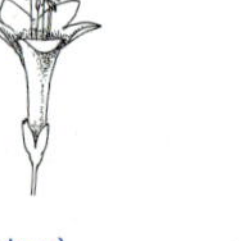

Lycium barbarum L., Bocksdorn: Ph, 1–3 m, VI–VIII, kollin (-montan), trockenwarme Gebüsche, Hecken, (Berb), kultiviert und selten verwildert, kultivierter Neophyt

Lycopersicon Tomate

- Pflanze niederliegend oder kletternd, drüsig behaart. Blätter sehr unregelmässig gefiedert, Teilblätter grob gezähnt bis fiederteilig. Blüten in seitenständigen Blütenständen. Krone gelb, mit 5–6 schmalen Zipfeln

Lycopersicon esculentum Mill., Tomate: T, 40–120 cm, VII–X, kollin (-montan), sonnige Unkrautfluren, Schuttplätze, Gartenränder, (Fuma-Euph), Neophyt

Nicandra Giftbeere

- Pflanze (fast) kahl. Blätter eiförmig, buchtig gezähnt, gestielt. Krone → hellblau, weit trichterförmig, mit 5-teiligem, ausgebreitetem Saum, 2–4 cm breit. Kelch scharf 5-kantig, zur Fruchtzeit lampionartig

Nicandra physalodes (L.) Gaertn., Giftbeere: T, 30–100 cm, VII–X, kollin, Unkrautfluren, Gartenränder, (Sisy), kultiviert und selten verwildert, Neophyt

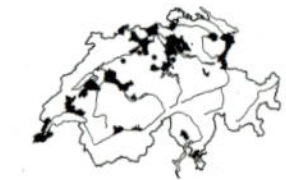

Physalis Blasenkirsche

1 Blüten trübweiss, einzeln, 1,5–2,5 cm im Durchmesser. Pflanze kurzhaarig. Blätter → breit eiförmig, (fast) ganzrandig, in den Stiel verschmälert. Kelch zur Fruchtreife lampionartig aufgeblasen, orange

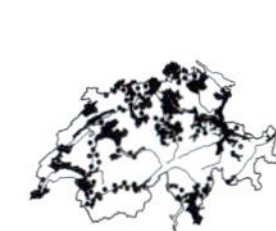

Physalis alkekengi L., Gewöhnliche Blasenkirsche: G, 30–60 cm, V–VIII, kollin (-montan), nährstoffreiche, eher feuchte Krautsäume, Wegränder, (Aego, Conv), kultivierter Archäophyt

\- Blüten gelb, mit dunklen Schlundflecken. Pflanze flaumig-filzig. Blätter → am Grund herzförmig. Kelch zur Fruchtreife 3–8 cm lang, lampionartig aufgeblasen, grün bis bräunlich

Physalis peruviana L., Peruanische Blasenkirsche: H, 100 cm, V–VIII, kollin, nährstoffreiche, mässig feuchte Unkrautfluren, Schuttplätze, (Dauc-Meli), Neophyt

Solanum Nachtschatten

1 Stängel und oft auch die Blätter mit gelben, spitzen Stacheln **2**

\- Pflanze ohne Stacheln **3**

2 Krone gelb. Blätter tief fiederteilig, Abschnitte lappig. Beere vom erweiterten, stacheligen Kelch umgeben (die Beere trocknet im Kelch)

Solanum rostratum Dunal, Stachel-Nachtschatten: T, 30–80 cm, VII–X, kollin, trockenwarme Unkrautfluren, Schuttplätze, (Sisy), Neophyt

\- Krone weiss oder lila. Blätter nur etwa bis zur Hälfte zum Mittelnerv buchtig gelappt. Beere gelb, ca. 2 cm breit

Solanum carolinense L., Carolina-Nachtschatten: H, 20–100 cm, VI–IX, kollin, sonnige Unkrautfluren, Schuttplätze, (Sisy), Neophyt

3 Blätter gefiedert, Teilblätter und Zwischenblättchen eiförmig bis breit lanzettlich, meist ganzrandig. Krone weiss, hellviolett oder rötlich, 2–3 cm breit

Solanum tuberosum L., Kartoffel: G, 40–80 cm, VI–VIII, kollin-montan (-subalpin), Äcker, Wegränder, (Poly-Chen, Sisy), selten verwilderte Nutzpflanze, kultivierter Neophyt

\- Blätter ungeteilt oder am Grund mit 1–2 Abschnitten **4**

4 Blüten violett. Stängel unten holzig, oft kletternd, kantig. Blätter → breit eilanzettlich, am Grund oft mit 1–2 freien Teilblättchen. Krone ca. 1 cm breit. Beere glänzend, rot, eiförmig

Solanum dulcamara L., Bittersüsser Nachtschatten: Ch.li, 30–150 cm, VI–VIII, kollin-montan (-subalpin), wechselfeuchte Krautsäume, Auenwälder, Ufer, (Conv, Phal, Sali-alba), LC

\- Blüten weiss. Stängel meist krautig, seltener verholzt, nicht kletternd **5**

5 Blütendurchmesser 2–4 cm, weiss oder hellviolett. Blätter eiförmig, ganzrandig oder grob buchtig gezähnt. Frucht 10–30 cm lang, schwarzviolett

Solanum melongena L., Aubergine: T, 30–60 cm, VI–VIII, kollin, Äcker, Wegränder, selten verwilderte Nutzpflanze, Neophyt

\- Blüten und Früchte kleiner **6**

6 Kelchzipfel 2,5–4 mm lang, zur Fruchtzeit die Beere halb bedeckend. Stängel und Blätter dicht abstehend und z. T. drüsig behaart (Kartoffelgeruch!). Krone weiss. Beeren glänzend grün, oft etwas marmoriert

Solanum physalifolium Rusby, Argentinischer Nachtschatten: T, 20–50 cm, VII–X, kollin, trockenwarme Unkrautfluren, Schuttplätze, Bahnareale, (Sisy, Dauc-Meli), Neophyt

- Kelchzipfel 0,5–1,5 mm lang, zur Fruchtzeit nur den Grund der Beere bedeckend. Beeren schwarz oder orangerot **7**

7 Pflanze am Grund verholzend, oft sterile Triebe bildend. Stängel dicht anliegend behaart, oft fast filzig →. Blätter eiförmig-lanzettlich, 2–3x so lang wie breit, ganzrandig. Beeren schwarzviolett

Solanum chenopodioides Lam., *(S. ottonis)*, Zierlicher Nachtschatten: H, 30–80 cm, VI–IX, kollin, wärmeliebende Unkrautfluren, Wegränder, (Sisy, Dauc-Meli), Neophyt

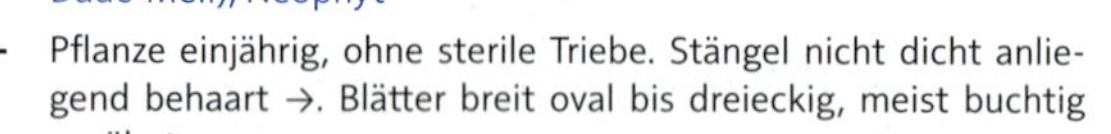

- Pflanze einjährig, ohne sterile Triebe. Stängel nicht dicht anliegend behaart →. Blätter breit oval bis dreieckig, meist buchtig gezähnt **8**

8 Zwischen den Kelchzipfeln sind spitze Buchten. Blütenstand mit 5–10 Blüten, (1–)1,5–3 cm lang gestielt. Blätter kahl oder zerstreut anliegend behaart. Frucht schwarz, dicker als lang →

Solanum nigrum L., Schwarzer Nachtschatten: T, 10–70 cm, VI–X, kollin-montan, Äcker, Wegränder, Schuttplätze, (Fuma-Euph, Sisy), LC

a Stängel und Blütenstiele kahl oder locker anliegend behaart. Blätter meist ganzrandig

Solanum nigrum L. subsp. ***nigrum***, Gewöhnlicher Schwarzer Nachtschatten: T, 10–70 cm, VI–X, kollin-montan, nährstoffreiche Unkrautfluren, Wegränder, (Fuma-Euph)

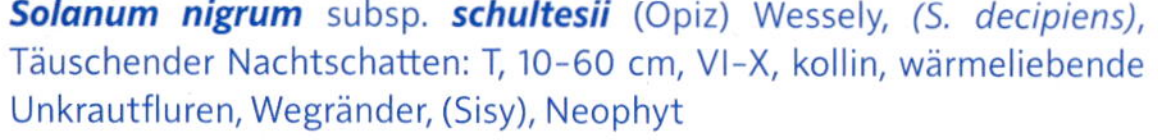

- Stängel und Blütenstiele abstehend behaart, teilweise mit Drüsenhaaren. Blätter meist buchtig gezähnt

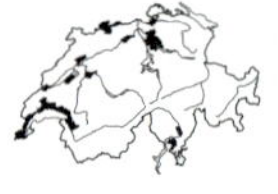

Solanum nigrum subsp. ***schultesii*** (Opiz) Wessely, *(S. decipiens)*, Täuschender Nachtschatten: T, 10–60 cm, VI–X, kollin, wärmeliebende Unkrautfluren, Wegränder, (Sisy), Neophyt

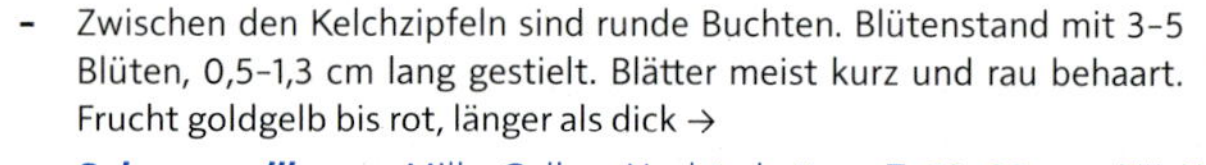

- Zwischen den Kelchzipfeln sind runde Buchten. Blütenstand mit 3–5 Blüten, 0,5–1,3 cm lang gestielt. Blätter meist kurz und rau behaart. Frucht goldgelb bis rot, länger als dick →

Solanum villosum Mill., Gelber Nachtschatten: T, 10–60 cm, VII–X, kollin, wärmeliebende Unkrautfluren, Wegränder, (Sisy), NT

a Pflanze gelbgrün. Blütenstiele abstehend behaart. Stängel fast stielrund. Beeren gelb

Solanum villosum Mill. subsp. ***villosum***, Gewöhnlicher Gelber Nachtschatten: T, 10–60 cm, VII–X, kollin, wärmeliebende Unkrautfluren, Wegränder, (Sisy), NT

- Pflanze dunkelgrün. Blütenstiele anliegend behaart. Stängel scharfkantig. Beeren rot

Solanum villosum subsp. ***miniatum*** (Willd.) Edmonds, *(S. alatum)*, Roter Nachtschatten: T, 10–60 cm, VII–X, kollin, wärmeliebende Unkrautfluren, Wegränder, (Sisy), DD

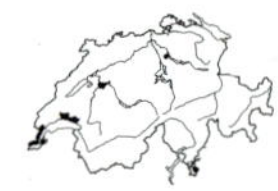

Staphyleaceae — Pimpernussgewächse

Staphylea — Pimpernuss

- Strauch. Blätter gegenständig, unpaarig gefiedert, mit 2-3 Fiederpaaren, kahl. Teilblätter eiförmig, zugespitzt, gesägt, nur das endständige gestielt. Blüten in hängenden Trauben, 5-zählig. Kelch- und Kronblätter etwa gleich gross, weisslich. Fruchtknoten oberständig, 2- bis 3-fächerig. Frucht aufgeblasen, 3-4 cm lang (Abb. Tafel 22, S. 784)

  Staphylea pinnata L., Pimpernuss: Ph, 2-4 m, V-VI, kollin, wärmeliebende Laubmischwälder, Waldränder, (Tili-plat, Berb), auch gepflanzt und verwildernd, VU

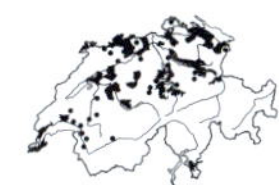

Tamaricaceae — Tamariskengewächse

Myricaria — Tamariske

- Strauch mit rutenartigen Zweigen. Blätter lineal-lanzettlich, 2-5 mm lang, bläulich grün, sich oft dachziegelig überdeckend. Blüten in endständigen, ährenartigen Blütenständen. Kronblätter blassrosa oder weiss, 4-5 mm lang (Abb. Tafel 22, S. 784)

  Myricaria germanica (L.) Desv., Deutsche Tamariske: Cp, 0,5-2 m, VI-VII, kollin-montan (-subalpin), kalkreiche Alluvionen, Flussufer, Weidengebüsche, (Epil-flei, Sali-elae), VU

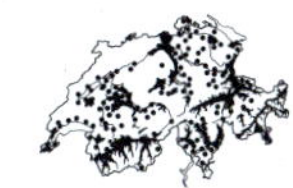

Thymelaeaceae — Seidelbastgewächse

1 Krautpflanze. Blütenstand eine schlanke, endständige Ähre. Blüten gelblich, zu 1-3 in den Blattwinkeln — ***Thymelaea***

\- Sträuchlein, Blüten rot, rosa, weisslich oder gelbgrün. Blütenstand ährig oder mit am Ende des Stängels oder in den Blattwinkeln gehäuften Blüten — ***Daphne***

Daphne — Seidelblast

1 Blüten → vor den Blättern erscheinend, rosa, in den Winkeln der vorjährigen (abgefallenen) Blätter ährig gehäuft. Früchte leuchtend rot (Abb. Tafel 22, S. 784)

  Daphne mezereum L., Echter Seidelbast: Ph, 25-120 cm, II-IV(-VII), kollin-subalpin (-alpin), kalkreiche Laubwälder, Gebüsche, Schuttfluren, (Ceph-Fage, Luzu-Fage, Berb, Peta-para), LC

\- Blüten nicht vor den Blättern erscheinend, am Ende des Stängels oder in Blattwinkeln gehäuft — **2**

2 Blüten → blattwinkelständig, gelbgrün. Frucht schwarz. Blätter immergrün, bis über 10 cm lang (Abb. Tafel 22, S. 784)

  Daphne laureola L., Lorbeer-Seidelbast: Ph, 40-120 cm, III-IV, kollin-montan, trockene Laubwälder, Gebüsche, (Quer-pube, Ceph-Fage, Loni-Fage), LC

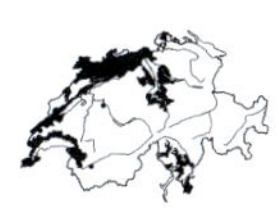

\- Blüten in endständigen Büscheln. Blätter nicht über 4 cm lang — **3**

3 Pflanze sommergrün. Blüten weiss. Frucht rot (Abb. Tafel 22, S. 784)

Daphne alpina L., Alpen-Seidelbast: Ph, 20–100 cm, V–VI, kollin-subalpin, kalkreiche Felsen, Föhrenwälder, (Pote, Eric-PiSy), NT

- Pflanze immergrün. Blüten rosa bis rot, selten weiss. Frucht braunorange **4**

4 Kelchröhre und Zweige kahl. Blüten rosa bis weiss (Abb. Tafel 22, S. 784)

Daphne striata Tratt., Gestreifter Seidelbast: Cp, 5–15 cm, VI–VII, subalpin-alpin, trockene Gebirgsrasen, Zwergstrauchheiden, Föhrenwälder, (Nard, Sesl, Eric), LC

- Kelchröhre und Zweige anliegend behaart. Blüten leuchtend rot (Abb. Tafel 22, S. 784)

Daphne cneorum L., Flaumiger Seidelbast: Cp, 30 cm, V, kollin-montan (-subalpin), kalkreiche Felsrasen, lichte Föhrenwälder, (Eric-PiSy, Sesl), VU

Thymelaea Spatzenzunge

- Pflanze steif aufrecht →, oben oft verzweigt, gelbgrün. Blätter schmal lanzettlich, ca. 1 mm lang. Blütenstand schlank, ährig. Blüten gelblich, seidig behaart

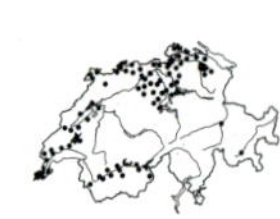

Thymelaea passerina (L.) Coss. & Germ., Spatzenzunge: T, 10–40 cm, VII–IX, kollin (-montan), trockenwarme, kalkreiche Pionierfluren, Äcker, (Alyss-Sedi, Cauc), CR

Tropaeolaceae Kapuzinerkressengewächse

Tropaeolum Kapuzinerkresse

- Blätter ganzrandig oder gelappt. Blüten gelb bis rotorange. Kelch zu einem 2–3 cm langen Sporn verwachsen. Kronblätter 5

Tropaeolum majus L., Grosse Kapuzinerkresse: T-H, 1–5 m, IV–IX, kollin, Gärten, Neophyt

Ulmaceae Ulmengewächse

Ulmus Ulme

1 Blätter auf der Unterseite samtig kraushaarig, oberseits rau oder glatt, jederseits mit 12–19 Seitennerven, bespitzt, scharf doppelt gesägt, am Grund asymmetrisch. Blüten und Früchte lang (> 1 cm) gestielt, hängend. Flügel der Früchte zottig bewimpert (Abb. Tafel 22, S. 784)

Ulmus laevis Pall., Flatter-Ulme: P, 30 m, III, kollin, wärmeliebende, nährstoffreiche Auenwälder, (Frax), EN

- Blätter beiderseits borstenhaarig bis fast kahl. Blüten und Früchte fast sitzend. Früchte kahl **2**

2 Vielgestaltig. Blätter 4-10 cm lang, jederseits mit 7-12(-15)Seitennerven, kaum auffällig zugespitzt, im unteren Teil meist nur einfach gesägt, oberseits schwach rau und oft glatt werdend, unterseits mit Bärtchen in den Nervenwinkeln, am Grund sehr asymmetrisch. Junge Zweige fast kahl, glänzend, rotbraun, oft mit Korkleisten. Früchte höchstens 2 cm lang, Same nahe bei der Ausrandung (Abb. Tafel 22, S. 784)

Ulmus minor Mill., *(U. campestris)*, Feld-Ulme: P, 25 m, III, kollin, wärmeliebende, lichte Wälder, Gebüsche, (Frax, Carp, Quer-pube, Berb), LC

- Blätter 7-15 cm lang, jederseits mit 13-20 Seitennerven, auffällig zugespitzt, oft auch noch mit seitlichen Spitzchen («Teufelchen»), doppelt gesägt, oberseits sehr rau («Schmirgelpapier»), unterseits mit Bärtchen in den Nervenwinkeln, am Grund asymmetrisch. Junge Zweige matt, behaart, ohne Korkleisten. Früchte bis 3 cm lang. Same etwa in der Mitte der Frucht (Abb. Tafel 22, S. 784)

Ulmus glabra Huds., *(U. scabra)*, Berg-Ulme: P, 30 m, III, kollin-montan, feuchte, nährstoffreiche Wälder, Auenwälder, (Frax, Luna-Acer, Tili-plat), LC

Urticaceae Brennnesselgewächse

1 Blätter gegenständig, gezähnt. Nebenblätter vorhanden. Pflanze mit Brennhaaren. Blüten in blattachselständigen Rispen ***Urtica***

- Blätter wechselständig, ganzrandig. Nebenblätter fehlend. Ohne Brennhaare **2**

2 Stängel fädig, dünn, kriechend (an Mauern hängend), an den Knoten wurzelnd. Blätter 0,3-0,8 cm lang. Blüten einzeln stehend ***Soleirolia***

- Stängel kräftig, niederliegend-aufsteigend oder aufrecht. Blätter 1,5-15 cm lang. Blüten geknäuelt ***Parietaria***

Parietaria Glaskraut

1 Stängel typischerweise aufrecht, unverzweigt, 2(-3) mm breit. Die meisten Blätter über 5 cm lang, lang zugespitzt →. Kelchartige Hochblätter am Grund frei. Zwitterblüten bauchig-glockig, in der Mitte verbreitert, gleich gross wie die rein männlichen Blüten. Nüsschen 1,5-2 mm lang

Parietaria officinalis L., Aufrechtes Glaskraut: H, 20-80(-100) cm, VI-VIII, kollin (-montan), wärmeliebende, nährstoffreiche Krautsäume, Unkrautfluren, (Aego), LC

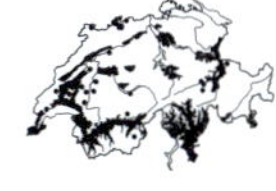

- Stängel niederliegend-aufsteigend, vom Grund an verzweigt, 3-6 mm breit. Die meisten Blätter weniger als 3 cm lang, stumpf oder spitz →. Kelchartige Hochblätter am Grund verwachsen. Zwitterblüten schmal röhrig, in der Mitte nicht verbreitert, viel länger als die rein männlichen Blüten. Nüsschen 1-1,2 mm lang

Parietaria judaica L., Niederliegendes Glaskraut: H, 5-40 cm, VI-VIII, kollin (-montan), Mauern, Wegränder, Steinhaufen, (Cent-Pari), LC

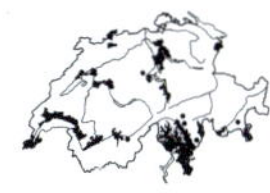

Soleirolia — Bubikopf

- Die dünnen, oft rötlichen Kriechtriebe bilden Teppiche oder Kissen. Pflanze spärlich behaart bis dicht flaumhaarig. Blättchen kurz gestielt, wechselständig →, nur 3–8 mm lang. Pflanze einhäusig. Blüten einzeln (ungeknäuelt)

  Soleirolia soleirolii (Req.) Dandy, Bubikopf: H, 2–20 cm, kollin, Mauern, Pflästerungen, Neophyt

Urtica — Brennnessel

1 Pflanze dunkelgrün. Ausgewachsene Blätter 5–15 cm lang, lang zugespitzt (meist etwa 3x so lang wie breit), gesägt, Endzahn deutlich länger als die Seitenzähne →, am Grund herzförmig oder abgerundet, die Blattspreiten länger als ihr Stiel. Blütenstände länger als der Blattstiel. Pflanze zweihäusig

Urtica dioica L., Grosse Brennnessel: H, 30–100 cm, VI–IX, kollin-subalpin (-alpin), nährstoffreiche Krautsäume, Unkrautfluren, Läger, Auenwälder, (Arct, Conv, Rumi-alpi, Alni-inca), LC

- Pflanze hellgrün. Blätter 1–4,5 cm lang, im Umriss rundlich bis kurz eiförmig (1–1,5x so lang wie breit), tief gesägt, Endzahn kaum länger als die Seitenzähne →, am Grund gestutzt oder keilförmig verschmälert, die unteren Blattspreiten kürzer als ihr Stiel. Blütenstände kürzer als der Blattstiel. Pflanze einhäusig (männliche und weibliche Blüten in denselben Blütenständen)

Urtica urens L., Kleine Brennnessel: T, 20–50 cm, VI–IX, kollin-montan (-subalpin), trockenwarme, kalkreiche Unkrautfluren, Schuttplätze, Wegränder, (Sisy), Archäophyt, VU

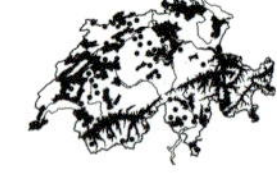

Verbenaceae — Eisenkrautgewächse

Verbena — Eisenkraut

1 Teilblütenstand eine schmale, lockere, lang gezogene Ähre. Stängel 4-kantig. Blätter gegenständig, die mittleren 3-teilig bis fiederteilig →, kurz gestielt, die oberen sitzend. Blüten hellrosa, röhrig, 3–5 mm lang

Verbena officinalis L., Gewöhnliches Eisenkraut: H.ha-T, 30–70 cm, VI–IX, kollin-montan (-subalpin), nährstoffreiche, wechseltrockene Schuttplätze, Unkrautfluren, (Agro-Rumi, Dauc-Meli, Poly-avic), Archäophyt, LC

- Teilblütenstand eine aus kurzen Ähren gebildete Scheindolde. Stängel 4-kantig →. Blätter gegenständig, sitzend, ungeteilt, lanzettlich, gesägt. Blüten violett

Verbena bonariensis L., Argentinisches Eisenkraut: H.ha-T, 40–150 cm, VI–IX, kollin, Unkrautfluren, Neophyt

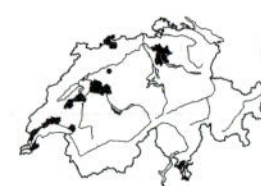

Violaceae — Veilchengewächse

Mitarbeit von Sabine Joss

Neben den normalen Blüten können ausserhalb der eigentlichen Blütezeit geschlossen bleibende, sich selbst bestäubende (kleistogame) Blüten ausgebildet werden, die für die Bestimmung nicht geeignet sind. Für die Bestimmung gewisser Arten ist die Form der Nektarien ein hilfreiches Merkmal. Die Nektarien sind Anhängsel von jeweils zwei Staubblättern, die in den Sporn hineinragen. Hybriden zwischen den Arten treten häufig auf und erschweren die Bestimmung.

Viola — Veilchen

1 Für die Bestimmung können Blütenmerkmale herangezogen werden **2**

- Für die Bestimmung liegen nur vegetative Merkmale vor **24**

2 Typ Veilchen: Die 2 seitlichen Kronblätter waagrecht oder abwärts geneigt (links) → **3**

- Typ Stiefmütterchen: Die 2 seitlichen Kronblätter zu den 2 oberen aufgerichtet (rechts) → **20**

3 Kelchblätter stumpf, Blatt und Blütenstiel grundständig, Pflanze ohne Stängel **4**

- Kelchblätter spitz, Pflanze mit beblättertem (oft nur kurzem) Stängel **13**

4 Blatt fast bis zum Grund fiederschnittig →

Viola pinnata L., Fiederblättriges Veilchen: H, 3-8 cm, V-VI, (montan-) subalpin, kalkreiche, schuttige Gebirgsrasen, Schuttfluren, Legföhrenbestände, (Peta-para, Eric-PiUn), NT

- Blatt nicht fiederschnittig **5**

5 Blatt rund, nierenförmig, kahl →

Viola palustris L., Sumpf-Veilchen: H, 4-10 cm, IV-VI, kollin-subalpin (-alpin), kalkarme Flachmoore, (Cari-fusc), LC

- Blatt zugespitzt, herzförmig, länglich, ± stark behaart **6**

6 Mit auffallender, über 5 mm dicker, fleischiger Grundachse (Rhizom). Ohne Ausläufer, aber oft mit mehreren dicht stehenden Rosetten. Blüten weiss, mit violetten Adern. Haare am Grund der seitlichen Kronblätter vorne etwas keulig verdickt

Viola cucullata Aiton, Amerikanisches Veilchen: G, 10-20 cm, V, kollin, wärmeliebende Parkanlagen, Wegränder, (Aego), kultiviert und verwildert, Neophyt. Die in der Schweiz üblicherweise als *V. cucullata* bezeichneten Pflanzen sind Teil eines komplexen nordamerikanischen Formenkreises. Die genaue Identität der Pflanzen in der Schweiz ist nicht abschliessend geklärt

- Grundachse nicht auffallend dick und fleischig, meist weniger als 5 mm dick. Mit oder ohne Ausläufer **7**

7 Mit ober- oder unterirdischen Ausläufern (bei *V. suavis* manchmal unscheinbar). Zur Blütezeit sind oft noch Vorjahresblätter vorhanden **8**

- Ohne Ausläufer, aber oft mit verzweigter Grundachse und mehreren dicht stehenden Rosetten. Zur Blütezeit ohne Vorjahresblätter **10**

8 Blüten meist violett (selten weiss). Oberirdische Ausläufer meist nicht blühend. Nebenblätter mit drüsigen Fransen **9**

- Blüten meist weiss (selten hellviolett). Oberirdische Ausläufer meist blühend. Nebenblätter mit drüsenlosen Fransen. Nektarien → wenig gekrümmt, dünn, < 1 mm breit

Viola alba Besser, Weisses Veilchen: H, 5–15 cm, III–IV, warme Lagen, lichte Wälder, Gebüsche, (Aego, Carp, Prun-Rubi, Quer-pube), LC

9 Nebenblätter sehr breit, fast oval →. Sporn gleichfarbig wie die Blüte. Nektarien → dick, mindestens 1 mm breit, meist stark gekrümmt

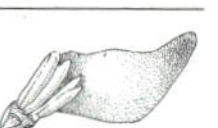

Viola odorata L., Wohlriechendes Veilchen: H, 5–15 cm, III–IV, kollin-montan, sonnige Krautsäume, Gebüsche, Parkanlagen, Auenwälder, (Aego, Prun-Rubi, Frax), LC

- Nebenblätter schmaler, lanzettlich →. Sporn heller als die Blüte. Nektarien → gekrümmt, höchstens 1 mm breit. Ausläufer oft unterirdisch, bis 2,5 mm dick, gelegentlich fehlend

Viola suavis M. Bieb., Duftendes Veilchen: H, 5–20 cm, III–IV, kollin, lichte Eichenwälder, Gebüsche, (Quer-pube), NT. Vielgestaltige Art, deren Abgrenzung zu anderen stängellosen *Viola*-Arten oft schwierig ist

10 Nebenblätter → ganzrandig oder mit wenigen Fransen. Fransen deutlich kürzer als die halbe Nebenblattbreite und nicht bewimpert. Blüten geruchlos. Frucht behaart

Viola hirta L., Rauhaariges Veilchen: H, 2–10 cm, III–IV, kollin-montan (-subalpin), trockenwarme, kalkreiche Krautsäume, Magerrasen, lichte Wälder, (Trif-medi, Gera-sang, Quer-pube), LC

- Nebenblätter mit mehreren bis zahlreichen Fransen. Fransen so lang oder länger als die halbe Nebenblattbreite, bewimpert oder kahl. Blüten duftend. Frucht behaart oder kahl **11**

11 Fruchtknoten und Frucht kahl. Fransen der Nebenblätter meist kahl →

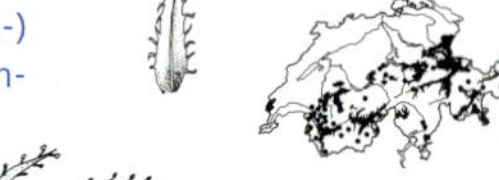

Viola pyrenaica DC., Pyrenäen-Veilchen: H, 6–10 cm, IV–V, (kollin-) montan-subalpin, lichte Bergwälder, Gebüsche, Hochstaudenfluren, NT

- Fruchtknoten und Frucht behaart. Fransen der Nebenblätter bewimpert → **12**

12 Blüten rötlich violett bis weisslich, Sporn gleichfarbig. Kelchblatt mit dem Anhängsel 3,5–5 mm lang. Ältere Blätter mit stumpfem Ausschnitt (Winkel 90–150°) →

Viola thomasiana Songeon & E. P. Perrier, Thomas' Veilchen: H, 5–10 cm, IV–VI, (kollin-) subalpin, trockene, kalkarme Gebirgsrasen, Zwergstrauchheiden, (Nard, Juni-nana), LC

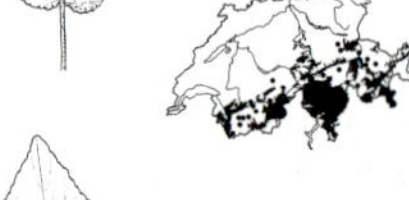

- Blüten hellviolett, Sporn weiss. Kelchblatt mit dem Anhängsel 5–7 mm lang. Ältere Blätter tief herzförmig eingeschnitten (Winkel 70–90°) →

Viola collina Besser, Hügel-Veilchen: H, 5–10 cm, IV, kollin-montan (-subalpin), trockenwarme, kalkreiche Krautsäume, lichte Wälder, (Gera-sang, Quer-pube, Eric-PiSy), LC

13 Blätter grund- und stängelständig. Grundblätter so gross oder grösser als die Stängelblätter. Sporn blau oder weisslich **14**

- Übergang von Grundachse zum Stängel meist ohne Blätter (Übergang kann mehrere cm über dem Erdboden liegen), oder gelegentlich mit vereinzelten kleinen Blättern. Sporn meist grünlich weiss **17**

14 Blattstiel 3-kantig, einzeilig (selten mehrzeilig) behaart. Nebenblätter ganzrandig, die jungen bewimpert →

Viola mirabilis L., Wunder-Veilchen: H, 30 cm, IV–V, kollin-montan (-subalpin), kalkreiche, eher trockene Gebüsche, lichte Wälder, (Quer-pube, Tili-plat, Berb), NT

- Blattstiel und/oder Nebenblätter anders **15**

15 Fruchtknoten und Frucht kurzhaarig-filzig. Blatt und Nebenblätter →

Viola rupestris F. W. Schmidt, Felsen-Veilchen: H, 1–6 cm, IV–V(–VII), kollin-subalpin (-alpin), trockenwarme, kalkreiche Föhrenwälder, Felsrasen, (Eric-PiSy, Onon-Pini), LC

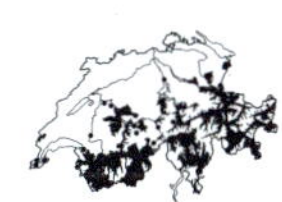

- Fruchtknoten und Frucht kahl. Fransen der Nebenblätter fadenförmig (vgl. die ähnliche *V. canina* mit breit linealen bis lanzettlichen Fransen) **16**

16 Blatt oberseits auf der Fläche behaart, aber auf den Nerven kahl, meist deutlich länger als breit. Kelchanhängsel kurz (ca. 12 % der Länge des Kelchblattes), während der Fruchtbildung sich nicht verlängernd →. Sporn gleichfarbig wie die Krone

Viola reichenbachiana Boreau, Wald-Veilchen: H, 5–25 cm, IV–V, kollin-montan, Buchenwälder, Bergwälder, (Fagetalia, Abie-Pice), LC

- Blatt oberseits entweder überall behaart oder gänzlich kahl, im Mittel etwa so lang wie breit. Kelchanhängsel länger als 12 % der Länge des Kelchblattes, sich während der Fruchtbildung weiter verlängernd →. Sporn meist (aber nicht immer) heller als Krone, weisslich

Viola riviniana Rchb., Rivinus' Veilchen: H, 5–25 cm, IV–V, kollin-montan, kalkarme, eher trockene Laubwälder, (Fagetalia, Carp, Quer-robo), LC

17 Obere Stängelblätter 2–5x so lang wie breit. Blattgrund schwach herzförmig oder gestutzt oder verschmälert. Seltene Pflanzen feuchter Standorte **18**

- Obere Stängelblätter max. 2x so lang wie breit, Blattgrund herzförmig. Fransen der Nebenblätter → lanzettlich bis breit lineal, zur Spitze hin allmählich verschmälert (vgl. die ähnlichen *V. reichenbachiana* und *V. riviniana* mit fadenförmigen Fransen)

Viola canina L., Hunds-Veilchen: H, 5–30 cm, V–VI, kalkarme Magerrasen, NT

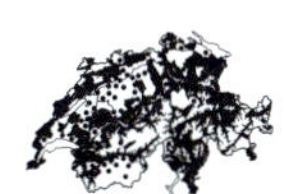

a Krone kaum höher als breit. Frucht stumpf

Viola canina L. subsp. ***canina***, Gewöhnliches Hunds-Veilchen: H, 15 cm, V–VI, kollin-subalpin, magere Krautsäume, Magerrasen, Zwergstrauchheiden, (Call-Geni, Meso), VU

- Krone deutlich höher als breit. Frucht spitz **b**

b Sporn 1–2x so lang wie das Kelchblattanhängsel, gerade oder wenig gebogen, bis zur Spitze nur wenig verengt

Viola canina subsp. ***montana*** auct., Berg-Hunds-Veilchen: H, 30 cm, V–VI, magere Zwergstrauchheiden, (Call-Geni), NT

- Sporn 2–3x so lang wie das Kelchblattanhängsel, bis 8 mm, deutlich (bis fast rechtwinklig) aufwärtsgebogen, allmählich zur Spitze hin verengt

Viola canina subsp. ***schultzii*** (Billot) Rouy & Foucaud, Schultz' Veilchen: H, 5–15 cm, V–VI, kollin, kalkarme Flachmoore, Riedwiesen, DD

18 Blattstiel ungeflügelt, auf einzelnen Linien behaart. Kelch und Kronblätter behaart

Viola elatior Fr., Hohes Veilchen: H, 50 cm, V–VI, kollin, wechselfeuchte Wiesen, Krautsäume, (Moli), EN

- Blattstiel schmal geflügelt, kahl. Kelch und Kronblätter kahl **19**

19 Griffel an Spitze kahl. Nebenblätter bis 4 cm lang und 4 mm breit

Viola pumila Chaix, Zwerg-Veilchen: H, 2–15 cm, V–VI, kollin, wechselfeuchte Magerrasen, Streuwiesen, (Moli), RE

- Griffel an Spitze behaart. Nebenblätter bis 2 cm lang und 3 mm breit

Viola persicifolia auct., Moor-Veilchen: H, 10–25 cm, V, kollin, magere, kalkarme Nasswiesen, Streuwiesen, Flachmoore, EN

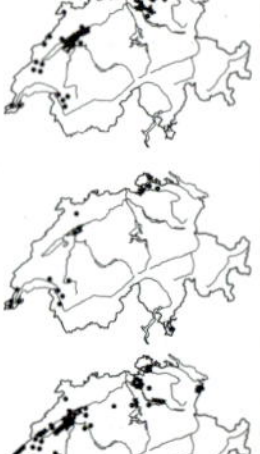

20 Blatt nierenförmig →. Blüte gelb

Viola biflora L., Gelbes Berg-Veilchen: H, 5–20 cm, V–VIII, (kollin-) subalpin-alpin, feuchte, schattige Krautsäume, Bergwälder, Hochstaudenfluren, Grünerlengebüsche, (Aden, Alne-viri), LC

- Blatt rundlich, eiförmig oder lanzettlich. Blüte gelb, blau, weiss oder mehrfarbig **21**

21 Stängel kaum entwickelt, daher die Blätter grundständig. Blatt ganzrandig oder seicht eingekerbt **22**

- Stängel deutlich entwickelt, beblättert. Blatt nie ganzrandig **23**

22 Blatt länger als breit, seicht eingekerbt →. Sporn 8–15 mm. Blüte 2,5–4 cm im Durchmesser, mit langen, dunklen Strichmarkierungen

Viola calcarata L., Langsporniges Stiefmütterchen: H, 3–10 cm, VI–VIII, subalpin-alpin, magere Gebirgsrasen, schuttige Bergweiden, (Nard, Poio-alpi), LC

- Blatt rund, ganzrandig →. Sporn 5–8 mm. Blüte 2–2,5 mm im Durchmesser

Viola cenisia L., Mont Cenis-Stiefmütterchen: Ch, 3–15 cm, VII, (subalpin-) alpin, kalkreiche Schuttfluren, (Thla-rotu), LC

23 Blüte gelb. Sporn, 5–10 mm lang, mehr als halb so lang wie der Rest des Kronblattes. Krone 3–4 cm hoch. Pflanze mit dünnen unterirdisch kriechenden Stängeln

Viola lutea Huds., Gelbes Alpen-Stiefmütterchen: H, 3–40(–90) cm, VI–VIII, (montan-) subalpin (-alpin), magere, eher trockene Bergwiesen und -weiden, (Nard, Sesl), LC

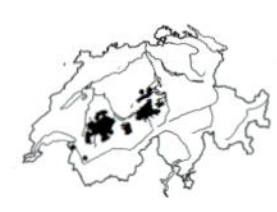

- Blüte meist mehrfarbig (selten reingelb), Sporn 1–6 mm lang, höchstens halb so lang wie der Rest des Kronblattes. Krone 0,5–3,5 cm hoch. Pflanze ohne unterirdisch kriechende Stängel

Viola tricolor aggr., Feld-Stiefmütterchen: H-T, 3–40(–90) cm, III–IX, kollin-alpin, LC

a Krone 1,5–3,5 cm im Durchmesser. Kronblätter länger als die Kelchblätter, abgerundet, kaum zugespitzt

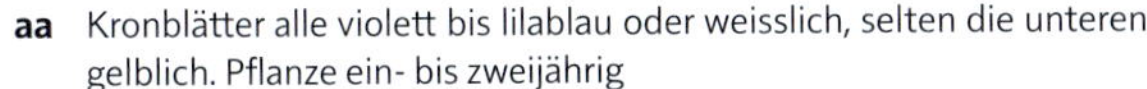

Viola tricolor L., Gewöhnliches Feld-Stiefmütterchen: H.ha-T, 10–40(–90) cm, III–IX, (kollin-) montan-subalpin, Bergwiesen, Wegränder, (Poly-Tris)

aa Kronblätter alle violett bis lilablau oder weisslich, selten die unteren gelblich. Pflanze ein- bis zweijährig

Viola tricolor L. subsp. **tricolor**, Gewöhnliches Feld-Stiefmütterchen: T, 5–30 cm, III–VII, kollin-subalpin, Bergwiesen, Wegränder, kalkmeidend, LC

- Kronblätter gelb, selten die oberen bläulich weiss. Pflanze meist mehrjährig

Viola tricolor subsp. **subalpina** Gaudin, *(V. saxatilis)*, Gebirgs-Stiefmütterchen: H, 5–30 cm, IV–VII, montan-subalpin, frische Wiesen, Schuttfluren, LC

- Krone 0,5–1,5 cm im Durchmesser. Kronblätter kürzer oder kaum länger als die Kelchblätter, leicht zugespitzt **b**

b Pflanze meist 10–20 cm hoch. Krone 1–2,5 cm hoch. Untere Kronblätter gelb, obere gelblich, oft mit violettem Fleck. Spreite der mittleren Stängelblätter meist länger als 1 cm, beiderseits mit je 4–5 Kerben. Blatt kaum behaart →

Viola arvensis Murray, Acker-Stiefmütterchen: T, 10–20 cm, III–IX, kollin-subalpin, Äcker, Wegränder, Schuttplätze, (Sisy, Cauc, Fuma-Euph, Poly-Chen), Archäophyt, LC

- Pflanze selten höher als 6 cm. Krone 0,5–1 cm hoch. Kronblätter blassgelb bis weiss, gelber Schlund. Spreite der mittleren Stängelblätter meist kürzer als 1 cm, beiderseits mit je 1–3 Kerben. Blatt dicht kurzhaarig →

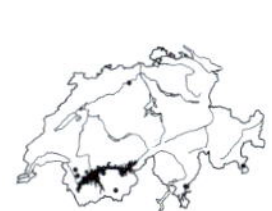

Viola kitaibeliana Schult., Zwerg-Stiefmütterchen: T, 3–6(–15) cm, III–IX, kollin-montan, trockenwarme Pionierfluren, Weinberge, (Sedo-Vero), VU

24 Blattstiel einzeilig (selten mehrzeilig) behaart, 3-kantig. Nebenblätter ganzrandig, nicht gefranst (aber die jungen bewimpert) → **14**

→ Viola mirabilis

- Blattstiel und/oder Nebenblätter anders **25**

25 Blatt bis fast zum Grund fiederschnittig (nicht mit den Nebenblättern verwechseln!) **4**

→ Viola pinnata

- Blatt nicht fiederschnittig **26**

26 Blatt rund, nierenförmig. Nebenblätter ganzrandig, ohne oder mit sehr kurzen Fransen **27**

- Blatt und/oder Nebenblätter anders **28**

27 Nebenblätter ganzrandig-stumpf. Blätter zerstreut behaart **20**

→ *Viola biflora*

\- Nebenblätter ganzrandig-spitz. Blätter kahl **5**

→ *Viola palustris*

28 Blatt rundlich eiförmig, ganzrandig, lederig. Selten mit 1-2 basalen Seitenzipfeln. Kalkschutt in höheren Lagen **22**

→ *Viola cenisia*

\- Blatt anders **29**

29 Stiefmütterchenblatt: Blatt rundlich bis lanzettlich, jederseits mind. 1-5 grobe Zähne →. Nebenblatt grob gezähnt bis fiederspaltig **30**

\- Veilchenblatt: Blatt ungeteilt, am Grund oft herzförmig, am Rand fein gezähnt →. Nebenblatt ganzrandig oder gefranst **33**

30 Nebenblätter max. ½ so lang wie die Blätter, gezähnt oder ganzrandig. Stängel kaum entwickelt, daher die Blätter grundständig **22**

→ *Viola calcarata*

\- Nebenblätter mind. ½ bis fast so lang wie die Blätter. Stängel deutlich entwickelt, beblättert **31**

31 Pflanze dicht behaart. Blätter meist kürzer als 1 cm **23**

→ *Viola kitaibeliana*

\- Pflanze wenig behaart oder kahl. Blätter meist grösser als 1 cm werdend **32**

32 Nebenblätter mit ganzrandigem, lineal-lanzettlichem Endabschnitt →. Pflanze mit dünnen, unterirdisch kriechenden Stängeln **23**

→ *Viola lutea*

\- Nebenblätter mit meist deutlich verbreitertem, meist gekerbtem Endabschnitt →. Pflanze ohne unterirdisch kriechende Stängel **23**

→ *Viola tricolor* aggr.

33 Pflanze ohne Stängel, mit oder ohne Ausläufer **34**

\- Pflanze mit beblättertem Stängel, ohne Ausläufer **41**

34 Mit über 5 mm dicker, fleischiger Grundachse. Junge Blätter tütenförmig eingerollt **6**

→ *Viola cucullata*

\- Ohne auffallend dicke, fleischige Grundachse **35**

35 Mit ober- oder unterirdischen Ausläufern (bei *V. suavis* oft schlecht sichtbar) **36**

\- Ohne Ausläufer, aber oft mit verzweigter Grundachse und dann mehrere dicht stehende Rosetten bildend **38**

36 Nebenblätter schmal lanzettlich, am Rand mit drüsenlosen Fransen **8**

→ *Viola alba*

\- Nebenblätter breit lanzettlich, mit drüsigen Fransen **37**

37 Nebenblätter sehr breit, fast oval, kurz gefranst (deutlich kürzer als die halbe Breite des Nebenblattes) →. Pflanze mit 5–20 cm langen, oberirdischen Ausläufern, diese meist dünner als 2 mm **9**

→ *Viola odorata*

- Nebenblätter schmaler, lanzettlich, länger gefranst (ca. so lang wie die halbe Breite des Nebenblattes) →. Ausläufer ober- oder unterirdisch, 2–5 cm lang, 2–2,5 mm dick, gelegentlich fehlend **9**

  → *Viola suavis*

38 Nebenblätter ganzrandig oder mit wenigen Fransen. Fransen deutlich kürzer als die halbe Nebenblattbreite und nicht bewimpert **10**

  → *Viola hirta*

- Nebenblätter mit mehreren bis zahlreichen Fransen. Fransen so lang oder länger als die halbe Nebenblattbreite, bewimpert oder kahl **39**

39 Nebenblätter meist kahl, mit kahlen Fransen **11**

  → *Viola pyrenaica*

- Nebenblätter behaart, mit behaarten Fransen **40**

40 Ältere Blätter tief herzförmig eingeschnitten (Winkel 30–90°) **12**

  → *Viola collina*

- Ältere Blätter mit stumpfem Ausschnitt (Winkel 90–150°) **12**

  → *Viola thomasiana*

41 Übergang von Grundachse zum Stängel meist ohne Blätter (Übergang kann mehrere cm über dem Erdboden liegen), oder gelegentlich mit vereinzelten kleinen Blättern **42**

- Blätter grund- und stängelständig. Grundblätter so gross oder grösser als die Stängelblätter **45**

42 Obere Stängelblätter max. 2x so lang wie breit, Blattgrund herzförmig. Fransen der Nebenblätter → lanzettlich bis breit lineal, zur Spitze hin allmählich verschmälert (vgl. die ähnlichen *V. reichenbachiana* und *V. riviniana* mit fadenförmigen Fransen) **17**

  → *Viola canina*

- Obere Stängelblätter 2–5x so lang wie breit. Blattgrund schwach herzförmig oder gestutzt oder verschmälert. Seltene Pflanze feuchter Standorte **43**

43 Blattstiel geflügelt, kahl **44**

- Blattstiel ungeflügelt, auf einzelnen Linien behaart **18**

  → *Viola elatior*

44 Nebenblätter 2–4 cm lang und 3–4 mm breit. Mittlere Nebenblätter so lang wie die Blattstiele **19**

  → *Viola pumila*

- Nebenblätter 1–2 cm lang und 1,5–3 mm breit. Mittlere Nebenblätter höchstens halb so lang wie der Blattstiel **19**

  → *Viola persicifolia*

45 Stängel ± dicht kurzhaarig. Blatt meist 1–2 cm lang. Pflanze 1–8 cm hoch **15**

  → *Viola rupestris*

- Stängel kahl oder nur spärlich behaart. Blatt meist 2–5 cm lang. Pflanze 5–25 cm hoch. Fransen der Nebenblätter fadenförmig (vgl. die ähnliche *V. canina* mit breit linealen bis lanzettlichen Fransen) **46**

46 Blätter oberseits auf der Fläche behaart, aber auf den Nerven kahl, meist deutlich länger als breit. Untere Fransen der Nebenblätter länger als die Breite des ungeteilten Restes → **16**

→ *Viola reichenbachiana*

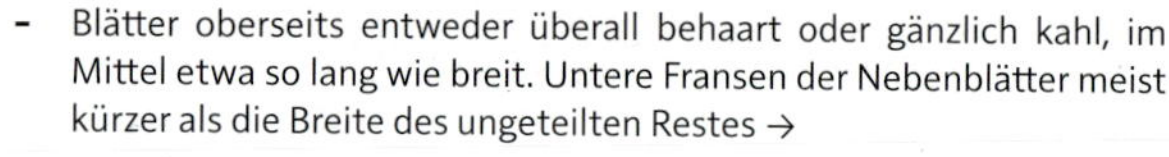

- Blätter oberseits entweder überall behaart oder gänzlich kahl, im Mittel etwa so lang wie breit. Untere Fransen der Nebenblätter meist kürzer als die Breite des ungeteilten Restes → **16**

→ *Viola riviniana*

Vitaceae — Weinrebengewächse

1 Ranken mit Haftscheiben →. Blätter fingerförmig 5- (7-)teilig oder 3-lappig — ***Parthenocissus***

- Ranken ohne Haftscheiben — **2**

2 Ranken nicht oder wenig verzweigt. Blätter 3- bis 5-lappig. Kronblätter an der Spitze verbunden — ***Vitis***

- Ranken stark verzweigt. Blätter fingerförmig 5- (7-)teilig. Kronblätter frei — ***Parthenocissus***

Parthenocissus — Jungfernrebe

Die meisten Jungfernreben-Arten sind kultiviert. Verwildert findet sich meist *P. inserta*. Es wird angenommen, dass diese Art zu Hybridisierung mit anderen *Parthenocissus*-Arten neigt.

1 Blätter ungeteilt, 3-lappig (seltener ungelappt), oberseits kahl, glänzend, unterseits auf den Nerven behaart. Ranken kurz, nur 2–3 *cm* lang, mit 6–10 Haftscheiben (Abb. Tafel 22, S. 784)

Parthenocissus tricuspidata (Siebold & Zucc.) Planch., Dreispitzige Jungfernrebe: P.li, 20 m, kletternd, VI–VIII, kollin (-montan), Mauern, kultiviert und verwildert, kultivierter Neophyt

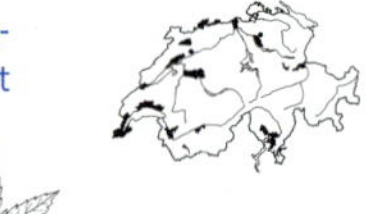

- Blätter → handförmig geteilt, mit 5(–7) länglich elliptischen Teilblättchen

Parthenocissus quinquefolia aggr.: 15 m, kletternd, VI–VIII, kollin (-montan), Neophyt

a Ranken mit 2–5 Seitenästchen, oft ohne Haftscheiben. Blätter beidseitig glänzend, glatt. Triebe und Knospen im Frühjahr grün. Beeren blauschwarz, meist bereift (Abb. Tafel 22, S. 784)

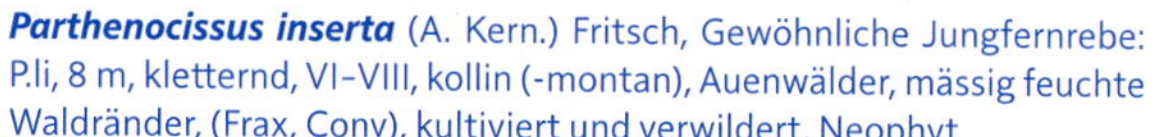

Parthenocissus inserta (A. Kern.) Fritsch, Gewöhnliche Jungfernrebe: P.li, 8 m, kletternd, VI–VIII, kollin (-montan), Auenwälder, mässig feuchte Waldränder, (Frax, Conv), kultiviert und verwildert, Neophyt

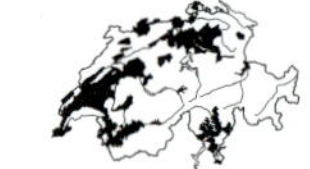

- Ranken mit 5–12 Seitenästchen, meist mit Haftscheiben. Blätter oberseits mattgrün, rau, unterseits blaugrün. Triebe und Knospen im Frühjahr rot. Beeren blauschwarz, kaum bereift

Parthenocissus quinquefolia (L.) Planch., Fünffingerige Jungfernrebe: P.li, 15 m, kletternd, VI–VIII, kollin (-montan), Mauern, Gebüsche, Auenwälder, (Cent-Pari, Prun-Rubi, Frax), kultiviert und verwildert, Neophyt

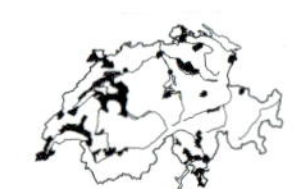

Vitis Weinrebe

1 Blätter undeutlich 3-lappig (Lappen weniger als ⅓ eingeschnitten) →, unterseits entweder überall dicht filzhaarig oder mit dichterer Behaarung an den Verzweigungsstellen der Nerven (falls kahl, dann entlang des Mittelnervs V-förmig gefaltet) **2**

\- Zumindest ein Teil der Blätter tief 3- bis 5-lappig (Lappen mehr als ⅓ eingeschnitten) →, unterseits höchstens leicht behaart und ohne dichtere Behaarung an den Verzweigungsstellen der Nerven **3**

2 Blätter unterseits überall dicht grau filzhaarig (später bräunlich filzig). Blattlappen stumpf oder spitz, aber nicht lang zugespitzt

Vitis labrusca L., Amerikanische Rebe: P.li, 5–20 m, kletternd, V–VI, kollin, Gebüsche, Krautsäume, kultiviert und verwildert, Neophyt

\- Blätter unterseits schwach behaart bis kahl, aber meist mit dichterer Behaarung an den Verzweigungsstellen der Nerven. Lappen spitz, oft lang zugespitzt

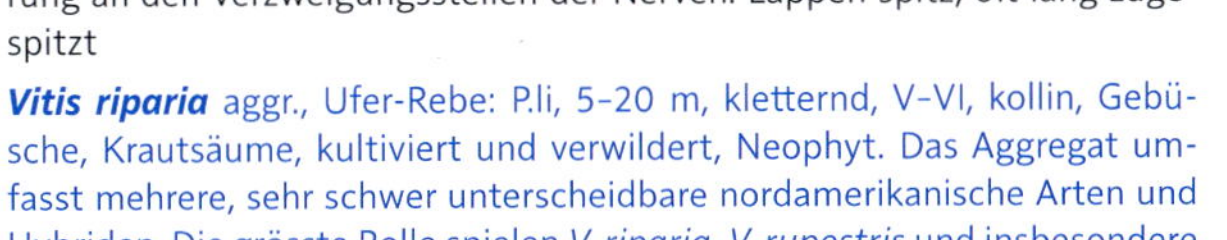

Vitis riparia aggr., Ufer-Rebe: P.li, 5–20 m, kletternd, V–VI, kollin, Gebüsche, Krautsäume, kultiviert und verwildert, Neophyt. Das Aggregat umfasst mehrere, sehr schwer unterscheidbare nordamerikanische Arten und Hybriden. Die grösste Rolle spielen *V. riparia*, *V. rupestris* und insbesondere der Hybride zwischen ihnen. Ursprünglich als Veredelungsunterlage für den Weinbau gezüchtet, zeigen sie heute starke Ausbreitungstendenz

3 Alle Blüten zwittrig. Beeren 10–22 mm lang, grün, rötlich oder dunkelblau

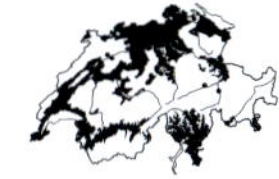

Vitis vinifera L., Europäische Weinrebe: P.li, 5–20 m, kletternd, VI, kollin, Gebüsche, Krautsäume, Unkrautfluren, kultiviert und verwildert, Neophyt. Grosse Vielfalt an gezüchteten Sorten. Die morphologische Abgrenzung zu *V. riparia* aggr. ist manchmal schwierig

\- Blüten eingeschlechtig, die Geschlechter auf verschiedenen Individuen (Pflanze zweihäusig). Beeren 5–7 mm lang, schwarzblau

Vitis sylvestris C. C. Gmel., Wilde Weinrebe: P.li, 10–20 m, kletternd, VI–VII, kollin, wärmeliebende Auenwälder, Laubmischwälder, (Sali-alba, Tili-plat), CR

Zygophyllaceae Jochblattgewächse

Tribulus Burzeldorn

\- Stängel niederliegend, verzweigt. Blätter gegenständig, paarig gefiedert, mit 5–8 Fiederpaaren, behaart. Teilblättchen 0,5–1 cm lang. Blüten einzeln in den Blattwinkeln. Kronblätter 5, gelb. Frucht dornig

Tribulus terrestris L., Burzeldorn: T, 10–60 cm, V–X, kollin-montan, trockenwarme Pionierfluren, Schuttplätze, (Sisy), Archäophyt, VU

11. Literatur

Im Text erwähnte Literatur

APG IV. 2016. «An update of the Angiosperm Phylogeny Group classification for the orders and families of flowering plants: APG IV». *Botanical Journal of the Linnean Society* 181: 1–20.

Bornand C., Gygax A., Juillerat P., Jutzi M., Möhl A., Rometsch S., Sager L., Santiago H., Eggenberg S. 2016. *Rote Liste Gefässpflanzen. Gefährdete Arten der Schweiz*. Bundesamt für Umwelt, Bern, und Info Flora, Genf. Umwelt-Vollzug Nr. 1621

Delarze R., Gonseth Y., Eggenberg S., Vust M. 2015. *Lebensräume der Schweiz*. 3. Auflage. Ott, Thun.

Hess H., Landolt E., Hirzel R. 1967/1972. *Flora der Schweiz*. 3 Bde. Birkhäuser, Basel.

Juillerat P., Bornand C., Gygax A., Jutzi M., Möhl A., Sager L., Santiago H., Eggenberg S. 2018. *Flora Helvetica – Kommentierte Checklist*.

Landolt E., Bäumler B., Erhardt A., Hegg O., Klötzli F., Lämmler W., Nobis M., Rudmann-Maurer K., Schweingruber F., Theurillat J.-P., Urmi E., Vust M., Wohlgemuth T. 2010. *Flora Indicativa: Ökologische Zeigerwerte und biologische Kennzeichen zur Flora der Schweiz und der Alpen*. Haupt, Bern.

Lauber K., Wagner G., Gygax A. 2018. *Flora Helvetica*. 6. Auflage. Haupt, Bern

PPG I. 2016. «A community-derived classification for extant lycophytes and ferns». *Journal of Systematics and Evolution* 54: 563–603.

Welten M., Sutter R. 1982. *Verbreitungsatlas der Farn- und Blütenpflanzen der Schweiz*. Birkhäuser, Basel.

Weitere konsultierte Literatur

Aeschimann D., Burdet H. M. 2008. *Flore de la Suisse*. 4e édition. Haupt, Bern.

Aeschimann D., Bäumler B., Latour C., Heitz Ch., Perret P. 2005. *Synonymie-Index der Schweizer Flora (SISF)*. 2. Auflage. ZDSF, Genf.

Aeschimann D., Lauber K., Moser D. M., Theurillat J.-P. 2004. *Flora Alpina*. 3 Bde. Haupt, Bern.

Binz A., Heitz Ch. 1990. *Schul- und Exkursionsflora für die Schweiz*. 19. Auflage. Schwabe, Basel.

Casper J., Krausch H.-D. 1980. *Süsswasserflora von Mitteleuropa. Bd. 34: Pteridophyta und Anthophyta, 1. Teil*. Spektrum, Heidelberg.

Casper J., Krausch H.-D. 1981. *Süsswasserflora von Mitteleuropa Bd. 24/2: Pteridophyta und Anthophyta, 2. Teil*. Spektrum, Heidelberg.

Eggenberg S., Möhl A. 2020. *Flora Vegetativa*. 4. Auflage. Haupt, Bern.

Fischer M. A., Adler W., Oswald, K. 2005. *Exkursionsflora für Österreich, Liechtenstein und Südtirol*. 2. Auflage. Oberösterreichische Landesmuseen, Linz.

Fitschen J. (Begr.). 2007. *Gehölzflora*. 12. Auflage. Quelle & Meyer, Wiebelsheim.

Hegi G. (Begr.). 1912–1998. *Illustrierte Flora von Mitteleuropa*. 2. und 3. Auflage. Berlin.

Haeupler H., Muer T. 2007. *Bildatlas der Farn- und Blütenpflanzen Deutschlands*. 2. Auflage. Ulmer, Stuttgart.

Hubbard C. E. 1985. *Gräser: Beschreibung, Verbreitung, Verwendung*. 2. Auflage. Ulmer, Stuttgart.

Jäger E. (Hrsg.). 2016. *Rothmaler, Exkursionsflora von Deutschland. Gefässpflanzen: Grundband*. 21. Auflage. Springer Spektrum, Berlin.

Jäger E. J., Ebel F., Hanelt P., Müller G. 2008. *Rothmaler, Exkursionsflora von Deutschland, Band 5. Krautige Zier- und Nutzpflanzen*. Springer Spektrum, Berlin.

Jalas J., Suominen J. ab 1972. *Atlas Flora Europaea*. 16 Bde. The Committee for Mapping the Flora of Europe & Societas Biologica Fennica Vanamo, Helsinki.

Lambinon J., Verloove F. 2012. *Nouvelle Flore de la Belgique, du Grand-Duché de Luxembourg, du Nord de la France et des Régions voisines*. 6e éd. Jardin botanique national de Belgique, Meise.

Oberdorfer E., Schwabe A., Müller T. 2001. *Pflanzensoziologische Exkursionsflora*. 8. Auflage. Ulmer, Stuttgart.

Parolly G., Rohwer J .G. (Hrsg.). 2016. *Schmeil-Fitschen; Die Flora Deutschlands und angrenzender Länder*. 96. Auflage. Quelle & Meyer, Wiebelsheim.

Pignatti, S. (Hrsg.). 1982. *Flora d'Italia*. 3 vol. Edagricola, Bologna.

Pignatti, S. (Hrsg.). 2017. *Flora d'Italia*. Vol. 1–2. 2° edizione. Edagricole, Milano.

Schinz, H. & Keller, R. 1923. *Flora der Schweiz*. 4. Auflage. Raustein, Zürich.

Sebald O., Philippi G., Seybold S., Wörz A. 1990–1998. *Die Farn- und Blütenpflanzen Baden-Württembergs*. 8 Bde. Ulmer, Stuttgart.

Stace, C. 2010. *New Flora of the British Isles*. 3rd edition. Cambridge University Press.

Tison J.-M., de Foucault B. 2014. *Flora Gallica. Flore de France*. Biotope Éditions, Mèze.

Tison J.-M., Jauzein P., Michaud H. 2014. *Flore de la France méditerranéenne continentale*. Naturalia publications, Porquerolles.

Tutin T. G., Heywood V. H., Burges N. A, Moore D. M., Valentine D. H., Walters S. M., Webb D. A. 1964–1980. *Flora Europaea*. 5 Bde. Cambridge University Press.

Van der Meijden R. 2005. *Heukels' Flora van Nederland*. 23. Auflage. Wolters-Noordhoff, Groningen.

Wisskirchen R., Haeupler H. 1998. *Standardliste der Farn- und Blütenpflanzen Deutschlands*. Ulmer, Stuttgart.

12. Verzeichnis der Arten für die Zertifikatsprüfungen

Artenlisten für die Zertifikatsprüfungen der Schweizerischen Botanischen Gesellschaft. Version ab 2021.

Es bedeuten
200: Zertifikatsprüfung Bellis (200 Arten);
400: Zertifikatsprüfung Iris (400 Arten);
600: Zertifikatsprüfung Dryas (600 Arten)

	200	400	600
Abies alba	*	*	*
Acer campestre	*	*	*
Acer opalus			*
Acer platanoides	*	*	*
Acer pseudoplatanus	*	*	*
Achillea atrata			*
Achillea erba-rotta subsp. moschata			*
Achillea macrophylla			*
Achillea millefolium	*	*	*
Acinos alpinus			*
Aconitum lycoctonum		*	*
Aconitum napellus		*	*
Adenostyles alliariae		*	*
Adenostyles alpina		*	*
Aegopodium podagraria	*	*	*
Agrostis capillaris		*	*
Agrostis stolonifera		*	*
Ajuga pyramidalis			*
Ajuga reptans	*	*	*
Alchemilla pentaphyllea			*
Alliaria petiolata	*	*	*
Allium schoenoprasum			*
Allium ursinum	*	*	*
Alnus glutinosa	*	*	*
Alnus incana	*	*	*
Alnus viridis			*
Alopecurus pratensis	*	*	*
Amelanchier ovalis		*	*
Anagallis arvensis		*	*
Androsace alpina			*
Androsace chamaejasme			*
Androsace helvetica			*
Androsace obtusifolia			*
Anemone nemorosa	*	*	*
Antennaria dioica			*
Anthericum liliago		*	*
Anthoxanthum odoratum	*	*	*
Anthriscus sylvestris	*	*	*
Anthyllis vulneraria	*	*	*
Aquilegia vulgaris		*	*
Arabidopsis thaliana	*	*	*
Arabis alpina			*
Arctium lappa			*
Arctostaphylos uva-ursi			*
Arenaria biflora			*
Arenaria serpyllifolia			*
Arnica montana			*
Arrhenatherum elatius	*	*	*
Artemisia absinthium		*	*
Artemisia campestris		*	*
Artemisia vulgaris	*	*	*
Arum maculatum	*	*	*
Asarum europaeum			*
Asperula cynanchica			*
Asplenium ruta-muraria	*	*	*
Asplenium trichomanes	*	*	*
Asplenium viride			*
Aster alpinus			*
Aster bellidiastrum			*
Astragalus alpinus			*

	200	400	600
Astragalus frigidus			*
Astrantia major		*	*
Athamanta cretensis			*
Athyrium filix-femina	*	*	*
Atropa bella-donna		*	*
Avenella flexuosa		*	*
Bartsia alpina			*
Bellis perennis	*	*	*
Berberis vulgaris		*	*
Betula pendula	*	*	*
Betula pubescens			*
Biscutella laevigata			*
Blechnum spicant			*
Botrychium lunaria			*
Brachypodium pinnatum		*	*
Brachypodium sylvaticum		*	*
Briza media	*	*	*
Bromus erectus	*	*	*
Bromus hordeaceus	*	*	*
Bromus sterilis	*	*	*
Bromus tectorum		*	*
Buddleja davidii		*	*
Calamagrostis varia		*	*
Calluna vulgaris	*	*	*
Caltha palustris	*	*	*
Calystegia sepium	*	*	*
Campanula barbata			*
Campanula cochleariifolia			*
Campanula rhomboidalis		*	*
Campanula rotundifolia	*	*	*
Campanula scheuchzeri			*
Campanula trachelium		*	*
Capsella bursa-pastoris	*	*	*
Cardamine heptaphylla		*	*
Cardamine hirsuta	*	*	*
Cardamine pratensis	*	*	*
Cardamine resedifolia			*
Carduus defloratus			*
Carduus personata		*	*
Carex acutiformis			*
Carex atrata			*
Carex caryophyllea	*	*	*
Carex curvula			*
Carex davalliana		*	*
Carex digitata		*	*
Carex echinata		*	*
Carex elata		*	*
Carex ferruginea			*
Carex firma			*
Carex flacca	*	*	*
Carex flava	*	*	*
Carex hirta		*	*
Carex muricata		*	*
Carex nigra	*	*	*
Carex pallescens		*	*
Carex panicea		*	*
Carex parviflora			*
Carex pendula		*	*
Carex sempervirens			*
Carex sylvatica	*	*	*
Carlina acaulis			*
Carpinus betulus	*	*	*
Carum carvi		*	*
Castanea sativa		*	*
Centaurea cyanus		*	*
Centaurea jacea	*	*	*
Centaurea montana		*	*
Centaurea scabiosa	*	*	*
Cerastium arvense			*
Cerastium fontanum	*	*	*
Cerastium latifolium			*
Cerastium uniflorum			*
Chaenorrhinum minus		*	*
Chaerophyllum hirsutum		*	*
Chelidonium majus	*	*	*
Chenopodium album		*	*
Chenopodium bonus-henricus			*
Chrysosplenium alternifolium		*	*
Cicerbita alpina			*
Cichorium intybus	*	*	*

	200	400	600
Circaea lutetiana		*	*
Cirsium arvense		*	*
Cirsium oleraceum		*	*
Cirsium spinosissimum			*
Clematis vitalba	*	*	*
Coeloglossum viride			*
Colchicum autumnale	*	*	*
Consolida regalis			*
Convallaria majalis	*	*	*
Convolvulus arvensis	*	*	*
Cornus mas			*
Cornus sanguinea	*	*	*
Corylus avellana	*	*	*
Cotoneaster integerrimus			*
Crataegus laevigata		*	*
Crataegus monogyna	*	*	*
Crepis aurea			*
Crepis biennis	*	*	*
Crepis capillaris		*	*
Crocus albiflorus			*
Cruciata laevipes		*	*
Cuscuta epithymum			*
Cymbalaria muralis	*	*	*
Cynosurus cristatus		*	*
Cypripedium calceolus	*	*	*
Cystopteris fragilis			*
Dactylis glomerata	*	*	*
Dactylorhiza maculata	*	*	*
Daphne mezereum		*	*
Daphne striata			*
Daucus carota	*	*	*
Deschampsia cespitosa		*	*
Dianthus carthusianorum	*	*	*
Dianthus superbus		*	*
Dianthus sylvestris	*	*	*
Digitalis grandiflora		*	*
Dipsacus fullonum			*
Doronicum clusii			*
Doronicum grandiflorum			*
Draba aizoides			*

	200	400	600
Drosera rotundifolia		*	*
Dryas octopetala			*
Dryopteris filix-mas	*	*	*
Echium vulgare		*	*
Elymus repens		*	*
Elyna myosuroides			*
Empetrum nigrum subsp. hermaphroditum			*
Epilobium angustifolium		*	*
Epilobium montanum		*	*
Equisetum arvense	*	*	*
Equisetum hyemale	*	*	*
Equisetum sylvaticum			*
Equisetum telmateia	*	*	*
Erica carnea		*	*
Erigeron alpinus			*
Erigeron annuus	*	*	*
Erigeron uniflorus			*
Eriophorum angustifolium	*	*	*
Eriophorum latifolium	*	*	*
Eriophorum scheuchzeri			*
Eriophorum vaginatum			*
Erodium cicutarium		*	*
Euonymus europaeus	*	*	*
Eupatorium cannabinum	*	*	*
Euphorbia amygdaloides		*	*
Euphorbia cyparissias	*	*	*
Euphorbia helioscopia			*
Euphrasia minima			*
Euphrasia rostkoviana			*
Fagus sylvatica	*	*	*
Festuca arundinacea			*
Festuca pratensis		*	*
Festuca rubra	*	*	*
Festuca valesiaca		*	*
Filipendula ulmaria		*	*
Fragaria vesca	*	*	*
Frangula alnus		*	*
Fraxinus excelsior	*	*	*
Fraxinus ornus			*

	200	400	600
Galanthus nivalis		*	*
Galeopsis tetrahit		*	*
Galium anisophyllon			*
Galium aparine	*	*	*
Galium mollugo	*	*	*
Galium odoratum	*	*	*
Galium verum		*	*
Gentiana acaulis	*	*	*
Gentiana campestris			*
Gentiana clusii		*	*
Gentiana germanica			*
Gentiana lutea			*
Gentiana punctata			*
Gentiana purpurea			*
Gentiana verna			*
Geranium pyrenaicum	*	*	*
Geranium robertianum	*	*	*
Geranium rotundifolium			*
Geranium sanguineum		*	*
Geranium sylvaticum	*	*	*
Geum montanum			*
Geum rivale	*	*	*
Geum urbanum	*	*	*
Glechoma hederacea	*	*	*
Globularia cordifolia		*	*
Globularia nudicaulis			*
Gnaphalium supinum			*
Gnaphalium sylvaticum			*
Gymnadenia conopsea		*	*
Gypsophila repens		*	*
Hedera helix	*	*	*
Hedysarum hedysaroides			*
Helianthemum alpestre			*
Helianthemum nummularium		*	*
Helictotrichon pubescens		*	*
Helleborus foetidus		*	*
Heracleum sphondylium	*	*	*
Herniaria glabra			*
Hieracium murorum	*	*	*
Hieracium pilosella	*	*	*

	200	400	600
Hieracium villosum			*
Hippocrepis comosa	*	*	*
Hippophaë rhamnoides		*	*
Holcus lanatus	*	*	*
Homogyne alpina			*
Hordeum murinum		*	*
Humulus lupulus		*	*
Huperzia selago			*
Hypericum perforatum	*	*	*
Ilex aquifolium		*	*
Impatiens glandulifera		*	*
Impatiens noli-tangere		*	*
Impatiens parviflora		*	*
Iris pseudacorus		*	*
Iris sibirica		*	*
Juglans regia		*	*
Juncus alpinoarticulatus		*	*
Juncus effusus	*	*	*
Juncus inflexus	*	*	*
Juncus trifidus			*
Juniperus communis subsp. communis	*	*	*
Juniperus communis subsp. alpina			*
Juniperus sabina		*	*
Kernera saxatilis			*
Knautia arvensis	*	*	*
Knautia dipsacifolia			*
Laburnum anagyroides		*	*
Lamium album		*	*
Lamium galeobdolon	*	*	*
Lamium maculatum	*	*	*
Lamium purpureum	*	*	*
Lapsana communis	*	*	*
Larix decidua	*	*	*
Laserpitium latifolium		*	*
Laserpitium siler		*	*
Lathyrus pratensis	*	*	*
Lathyrus vernus		*	*
Lemna minor			*
Leontodon helveticus			*
Leontodon hispidus	*	*	*

	200	400	600
Leontopodium alpinum			*
Leucanthemopsis alpina			*
Leucanthemum adustum			*
Leucanthemum vulgare	*	*	*
Leucojum vernum		*	*
Ligusticum mutellina			*
Ligustrum vulgare	*	*	*
Lilium martagon	*	*	*
Linaria alpina			*
Linaria vulgaris	*	*	*
Linum catharticum		*	*
Listera ovata	*	*	*
Lloydia serotina			*
Loiseleuria procumbens			*
Lolium multiflorum	*	*	*
Lolium perenne	*	*	*
Lonicera alpigena		*	*
Lonicera caerulea		*	*
Lonicera nigra		*	*
Lonicera xylosteum	*	*	*
Lotus corniculatus	*	*	*
Lunaria annua		*	*
Luzula campestris		*	*
Luzula lutea			*
Luzula pilosa		*	*
Luzula sylvatica	*	*	*
Lycopodium annotinum		*	*
Lysimachia nemorum		*	*
Maianthemum bifolium		*	*
Malus sylvestris			*
Malva neglecta		*	*
Malva sylvestris			*
Matricaria chamomilla		*	*
Matricaria discoidea		*	*
Medicago falcata			*
Medicago lupulina	*	*	*
Medicago sativa	*	*	*
Melampyrum pratense		*	*
Melampyrum sylvaticum		*	*
Melica nutans	*	*	*

	200	400	600
Melilotus albus		*	*
Melilotus officinalis		*	*
Melittis melissophyllum		*	*
Mercurialis annua			*
Mercurialis perennis	*	*	*
Milium effusum		*	*
Minuartia sedoides			*
Minuartia verna			*
Molinia caerulea		*	*
Myosotis alpestris			*
Myosotis arvensis		*	*
Narcissus poëticus			*
Narcissus pseudonarcissus			*
Nardus stricta		*	*
Neottia nidus-avis		*	*
Nigritella rhellicani			*
Nuphar lutea	*	*	*
Nymphaea alba		*	*
Oenothera biennis		*	*
Onobrychis montana			*
Onobrychis viciifolia	*	*	*
Ophrys insectifera		*	*
Orchis mascula		*	*
Orchis ustulata			*
Origanum vulgare	*	*	*
Orobanche alba		*	*
Ostrya carpinifolia			*
Oxalis acetosella	*	*	*
Oxyria digyna			*
Oxytropis campestris			*
Oxytropis jacquinii			*
Papaver rhoeas	*	*	*
Paris quadrifolia	*	*	*
Parnassia palustris		*	*
Pedicularis foliosa			*
Pedicularis tuberosa			*
Pedicularis verticillata		*	*
Petasites albus		*	*
Petasites hybridus		*	*
Peucedanum ostruthium		*	*

	200	400	600
Phleum alpinum			*
Phleum pratense	*	*	*
Phragmites australis	*	*	*
Phyllitis scolopendrium			*
Phyteuma betonicifolium		*	*
Phyteuma hemisphaericum			*
Phyteuma orbiculare			*
Phyteuma spicatum	*	*	*
Picea abies	*	*	*
Pinguicula alpina			*
Pinguicula vulgaris		*	*
Pinus cembra			*
Pinus mugo subsp. uncinata			*
Pinus mugo subsp. mugo			*
Pinus sylvestris	*	*	*
Plantago alpina			*
Plantago atrata			*
Plantago lanceolata	*	*	*
Plantago major	*	*	*
Plantago media	*	*	*
Poa alpina			*
Poa annua	*	*	*
Poa bulbosa		*	*
Poa pratensis	*	*	*
Poa trivialis	*	*	*
Polygala chamaebuxus		*	*
Polygala vulgaris		*	*
Polygonatum multiflorum	*	*	*
Polygonatum odoratum	*	*	*
Polygonatum verticillatum			*
Polygonum aviculare		*	*
Polygonum bistorta		*	*
Polygonum persicaria		*	*
Polygonum viviparum			*
Polypodium vulgare			*
Populus alba		*	*
Populus nigra			*
Populus tremula	*	*	*
Potentilla anserina	*	*	*
Potentilla aurea			*

	200	400	600
Potentilla crantzii			*
Potentilla erecta	*	*	*
Potentilla reptans	*	*	*
Potentilla sterilis		*	*
Prenanthes purpurea	*	*	*
Primula auricula			*
Primula elatior	*	*	*
Primula farinosa		*	*
Primula hirsuta			*
Primula veris	*	*	*
Pritzelago alpina			*
Prunella vulgaris	*	*	*
Prunus avium	*	*	*
Prunus mahaleb		*	*
Prunus padus		*	*
Prunus spinosa	*	*	*
Pteridium aquilinum	*	*	*
Pulmonaria obscura		*	*
Pulsatilla alpina subsp. alpina			*
Pulsatilla alpina subsp. apiifolia			*
Pulsatilla vernalis			*
Pyrus pyraster			*
Quercus petraea	*	*	*
Quercus pubescens		*	*
Quercus robur	*	*	*
Ranunculus aconitifolius		*	*
Ranunculus acris	*	*	*
Ranunculus alpestris			*
Ranunculus bulbosus	*	*	*
Ranunculus ficaria	*	*	*
Ranunculus glacialis			*
Ranunculus kuepferi			*
Ranunculus montanus			*
Ranunculus platanifolius		*	*
Ranunculus repens	*	*	*
Reynoutria japonica		*	*
Rhamnus cathartica		*	*
Rhinanthus alectorolophus	*	*	*
Rhinanthus minor		*	*
Rhododendron ferrugineum	*	*	*

	200	400	600
Rhododendron hirsutum		*	*
Robinia pseudoacacia		*	*
Rosa canina		*	*
Rosa pendulina			*
Rubus caesius	*	*	*
Rubus idaeus	*	*	*
Rumex acetosa	*	*	*
Rumex alpinus			*
Rumex obtusifolius	*	*	*
Rumex scutatus		*	*
Salix alba	*	*	*
Salix appendiculata			*
Salix caprea	*	*	*
Salix elaeagnos		*	*
Salix helvetica			*
Salix herbacea			*
Salix purpurea		*	*
Salix reticulata			*
Salix retusa			*
Salvia glutinosa		*	*
Salvia pratensis	*	*	*
Sambucus nigra	*	*	*
Sambucus racemosa		*	*
Sanguisorba minor		*	*
Sanicula europaea		*	*
Saponaria ocymoides		*	*
Saponaria officinalis		*	*
Saxifraga aizoides			*
Saxifraga androsacea			*
Saxifraga bryoides			*
Saxifraga caesia			*
Saxifraga oppositifolia			*
Saxifraga paniculata			*
Saxifraga rotundifolia		*	*
Saxifraga stellaris			*
Scabiosa columbaria	*	*	*
Schoenus nigricans		*	*
Scirpus sylvaticus		*	*
Securigera varia		*	*
Sedum acre			*

	200	400	600
Sedum album	*	*	*
Sedum atratum			*
Sedum sexangulare		*	*
Selaginella selaginoides			*
Sempervivum arachnoideum		*	*
Sempervivum montanum			*
Senecio alpinus			*
Senecio doronicum			*
Senecio incanus			*
Senecio vulgaris	*	*	*
Sesleria caerulea		*	*
Sibbaldia procumbens			*
Silene acaulis			*
Silene dioica	*	*	*
Silene flos-cuculi		*	*
Silene nutans	*	*	*
Silene pratensis		*	*
Silene rupestris			*
Silene vulgaris	*	*	*
Sinapis arvensis		*	*
Solanum dulcamara		*	*
Soldanella alpina			*
Soldanella pusilla			*
Solidago canadensis		*	*
Solidago gigantea		*	*
Solidago virgaurea		*	*
Sonchus oleraceus		*	*
Sorbus aria	*	*	*
Sorbus aucuparia	*	*	*
Sorbus torminalis		*	*
Spergularia rubra			*
Stachys recta		*	*
Stachys sylvatica		*	*
Stellaria media	*	*	*
Stellaria nemorum		*	*
Stipa pennata		*	*
Symphytum officinale		*	*
Taraxacum officinale	*	*	*
Taxus baccata	*	*	*
Teucrium chamaedrys			*

	200	400	600
Teucrium montanum			*
Thalictrum aquilegiifolium		*	*
Thesium alpinum			*
Thlaspi arvense		*	*
Thlaspi rotundifolium			*
Thymus serpyllum	*	*	*
Tilia cordata	*	*	*
Tilia platyphyllos	*	*	*
Tofieldia calyculata	*	*	*
Tragopogon pratensis	*	*	*
Traunsteinera globosa			*
Trichophorum cespitosum		*	*
Trifolium alpinum			*
Trifolium badium			*
Trifolium dubium		*	*
Trifolium medium		*	*
Trifolium montanum	*	*	*
Trifolium pratense	*	*	*
Trifolium repens	*	*	*
Trisetum flavescens	*	*	*
Trollius europaeus	*	*	*
Tulipa sylvestris			*
Tussilago farfara	*	*	*
Typha latifolia		*	*
Ulmus glabra	*	*	*
Ulmus minor			*
Urtica dioica	*	*	*
Vaccinium myrtillus	*	*	*
Vaccinium uliginosum		*	*
Vaccinium vitis-idaea			*
Valeriana montana			*
Valeriana officinalis	*	*	*
Valeriana tripteris			*
Valerianella locusta		*	*
Veratrum album			*
Verbascum lychnitis		*	*
Verbascum thapsus	*	*	*
Verbena officinalis		*	*
Veronica arvensis		*	*
Veronica beccabunga		*	*

	200	400	600
Veronica bellidioides			*
Veronica chamaedrys	*	*	*
Veronica filiformis		*	*
Veronica fruticans			*
Veronica hederifolia	*	*	*
Veronica persica	*	*	*
Veronica urticifolia		*	*
Viburnum lantana	*	*	*
Viburnum opulus	*	*	*
Vicia cracca	*	*	*
Vicia sativa		*	*
Vicia sepium	*	*	*
Vinca minor		*	*
Vincetoxicum hirundinaria		*	*
Viola arvensis			*
Viola biflora		*	*
Viola calcarata			*
Viola hirta		*	*
Viola reichenbachiana	*	*	*
Viola tricolor	*	*	*
Viscum album		*	*

13. Register der deutschen Namen

14. Register der wissenschaftlichen Namen

Synonyme kursiv

Lebensraumtypen

Abie-Fage	6.2.5 Abieti-Fagenion
Abie-Pice	6.6.1 Abieti-Piceion
Aden	5.2.4 Adenostylion
Adia	1.3.1 Adiantion
Aego	5.1.5 Aegopodion + Alliarion
Agro-Rumi	7.1.1 Agropyro-Rumicion
Alne-viri	5.3.9 Alnenion viridis
Alni-glut	6.1.1 Alnion glutinosae
Alni-inca	6.1.3 Alnion incanae
Alyss-Sedi	4.1.1 Alysso-Sedion
Andr-alpi	3.3.2.2 Androsacion alpinae
Andr-vand	3.4.2.2 Androsacion vandellii
Apha	8.2.1.1 Aphanion
Arab-caer	4.4.1 Arabidion caerulae
Arct	7.1.8 Arction
Arrh	4.5.1 Arrhenatherion
Aspl-serp	3.4.2.3 Asplenion serpentini
Atro	5.2.1 Atropion
Berb	5.3.2 Berberidion
Betu	6.5.1 Betulion pubescentis
Bide	2.5.2 Bidention
Cala	5.2.3 Calamagrostion
Call-Geni	5.4.1 Calluno-Genistion
Calt	2.3.2 Calthion
Card-Mont	1.3.3 Cardamino-Montion
Cari-aust	4.3.1.2 Caricenion austroalpinae
Cari-bico	2.2.5 Caricion bicolori-atrofuscae
Cari-curv	4.3.7 Caricion curvulae
Cari-dava	2.2.3 Caricion davallianae
Cari-ferr	4.3.3 Caricion ferrugineae
Cari-firm	4.3.2 Caricion firmae
Cari-fusc	2.2.2 Caricion fuscae
Cari-lasi	2.2.4 Caricion lasiocarpae
Carp	6.3.3 Carpinion betuli
Cauc	8.2.1.2 Caucalidion
Cent-Pari	7.2.1 Centrantho-Parietarion
Ceph-Fage	6.2.1 Cephalanthero-Fagenion
Cirs-Brac	4.2.1.2 Cirsio-Brachypodion
Clad	2.2.1.2 Cladietum
Conv	5.1.3 Convolvulion
Conv-Agro	4.6.1 Convolvulo-Agropyrion
Crat	1.3.2 Cratoneurion
Cyno	4.5.3 Cynosurion

Cyst	3.4.1.3 Cystopteridion
Dauc-Meli	7.1.6 Dauco-Melilotion
Dicr-Pini	6.4.4 Dicrano-Pinion
Dipl	4.2.3 Diplachnion
Drab-hopp	3.3.1.3 Drabion hoppeanae
Drab-Sesl	4.1.2 Drabo-Seslerion
Elyn	4.3.4 Elynion
Epil-angu	5.2.2 Epilobion angustifolii
Epil-flei	3.2.1.1 Epilobion fleischeri
Erag	8.2.3.4 Eragrostion
Eric	5.4.3 Ericion
Eric-PiSy	6.4.2 Erico-Pinion sylvestris
Eric-PiUn	6.6.5 Erico-Pinion uncinatae
Fagetalia	6.2 Fagetalia
Fest-vari	4.3.6 Festucion variae
Fili	2.3.3 Filipendulion
Font-anti	1.2.2 Fontinalidion antipyreticae
Frax	6.1.4 Fraxinion
Fuma-Euph	8.2.3.2 Fumario-Euphorbion
Gale-sege	3.3.2.3 Galeopsion segetum
Gali-Fage	6.2.3 Galio-Fagenion
Gera-sang	5.1.1 Geranion sanguinei
Glyc-Spar	2.1.4 Glycero-Sparganion
Juni-nana	5.4.4 Juniperion nanae
Juni-sabi	5.4.2 Juniperion sabinae
Lari-Pine	6.6.3 Larici-Pinetum cembrae
Ledo-Pini	6.5.2 Ledo-Pinion
Lemn	1.1.3 Lemnion
Litt	2.1.3 Littorellion
Lois-Vacc	5.4.6 Loiseleurio-Vaccinion
Loni-Fage	6.2.4 Lonicero-Fagenion
Luna-Acer	6.3.1 Lunario-Acerion
Luzu-Fage	6.2.2 Luzulo-Fagenion
Magn	2.2.1.1 Magnocaricion
Meso	4.2.4 Mesobromion
Moli	2.3.1 Molinion
Moli-Pini	6.4.1 Molinio-Pinion
Nano	2.5.1 Nanocyperion
Nard	4.3.5 Nardion
Nymp	1.1.4 Nymphaeion
Onon-Pini	6.4.3 Ononido-Pinion
Onop	7.1.5 Onopordion
Orno-Ostr	6.3.5 Orno-Ostryon